2022 全国勘察设计注册工程师
执业资格考试用书

Yiji Zhuce Jiegou Gongchengshi Zhiye Zige Kaoshi
Jichu Kaoshi Fuxi Tiji

一级注册结构工程师执业资格考试
基础考试复习题集
公共基础

注册工程师考试复习用书编委会/编
曹纬浚/主编

人民交通出版社股份有限公司
北京

内 容 提 要

本书根据现行考试大纲及近几年考试真题修订再版。

本书基于考培人员多年辅导经验和各科目出题特点编写而成，分为两部分。第一部分为公共基础，第二部分为专业基础，均为复习指导及练习题（含真题），内容覆盖面广，切合考试实际，满足大纲要求。所有习题均附有参考答案和解析。

相信本书能帮助考生复习好各门课程，巩固复习效果，提高解题准确率和解题速度，以顺利通过考试。

本书适合参加 2022 年一级注册结构工程师执业资格考试基础考试的考生复习使用，还可作为相关专业培训班的辅导教材。

图书在版编目（CIP）数据

2022 一级注册结构工程师执业资格考试基础考试复习题集 / 曹纬浚主编. -- 北京：人民交通出版社股份有限公司, 2022.4

2022 全国勘察设计注册工程师执业资格考试用书

ISBN 978-7-114-17783-5

Ⅰ.①2… Ⅱ.①曹… Ⅲ.①建筑结构 – 资格考试 – 习题集 Ⅳ.①TU3-44

中国版本图书馆 CIP 数据核字(2021)第 279552 号

书　　名：**2022 一级注册结构工程师执业资格考试基础考试复习题集**
著 作 者：曹纬浚
责任编辑：刘彩云
责任印制：刘高彤
出版发行：人民交通出版社股份有限公司
地　　址：（100011）北京市朝阳区安定门外外馆斜街 3 号
网　　址：http://www.ccpcl.com.cn
销售电话：（010）59757973
总 经 销：人民交通出版社股份有限公司发行部
经　　销：各地新华书店
印　　刷：北京印匠彩色印刷有限公司
开　　本：889×1194　1/16
印　　张：46.25
字　　数：1200 千
版　　次：2022 年 4 月　第 1 版
印　　次：2022 年 4 月　第 1 次印刷
书　　号：ISBN 978-7-114-17783-5
定　　价：158.00 元（含两册）

（有印刷、装订质量问题的图书，由本公司负责调换）

注册工程师考试复习用书
编 委 会

版权声明

目 录 CONTENTS

第一章　数学　/1

复习指导　/1

练习题、题解及参考答案　/3

（一）空间解析几何与向量代数　/3

（二）一元函数微分学　/11

（三）一元函数积分学　/26

（四）多元函数微分学　/39

（五）多元函数积分学　/44

（六）级数　/53

（七）常微分方程　/62

（八）线性代数　/69

（九）概率论与数理统计　/82

第二章　普通物理　/97

复习指导　/97

练习题、题解及参考答案　/97

（一）热学　/97

（二）波动学　/110

（三）光学　/118

第三章　普通化学　/130

复习指导　/130

练习题、题解及参考答案　/134

（一）物质结构与物质状态　/134

（二）溶液　/142

（三）化学反应速率与化学平衡　/147

（四）氧化还原反应与电化学　/152

（五）有机化合物 /157

第四章　理论力学 /161

复习指导 /161

练习题、题解及参考答案 /163

（一）静力学 /163

（二）运动学 /180

（三）动力学 /188

第五章　材料力学 /203

复习指导 /203

练习题、题解及参考答案 /204

（一）概论 /204

（二）轴向拉伸与压缩 /205

（三）剪切和挤压 /210

（四）扭转 /213

（五）截面图形的几何性质 /217

（六）弯曲梁的内力、应力和变形 /221

（七）应力状态与强度理论 /231

（八）组合变形 /238

（九）压杆稳定 /247

第六章　流体力学 /252

复习指导 /252

练习题、题解及参考答案 /253

（一）流体力学定义及连续介质假设 /253

（二）流体的主要物理性质 /253

（三）流体静力学 /254

（四）流体动力学 /258

（五）流动阻力和能量损失 /268

（六）孔口、管嘴及有压管流 /275

（七）明渠恒定流 /279

（八）渗流定律、井和集水廊道 /280

（九）量纲分析和相似原理 /282

第七章　电工电子技术 /285

　复习指导 /285

　练习题、题解及参考答案 /287

　（一）电场与磁场 /287

　（二）电路的基本概念和基本定律 /290

　（三）直流电路的解题方法 /294

　（四）正弦交流电路的解题方法 /298

　（五）电路的暂态过程 /307

　（六）变压器、电动机及继电接触控制 /312

　（七）二极管及其应用 /319

　（八）三极管及其基本放大电路 /323

　（九）集成运算放大器 /328

　（十）数字电路 /330

第八章　信号与信息技术 /336

　复习指导 /336

　练习题、题解及参考答案 /337

　（一）基本概念 /337

　（二）数字信号与信息 /339

第九章　计算机应用基础 /347

　复习指导 /347

　练习题、题解及参考答案 /347

　（一）计算机基础知识 /347

　（二）计算机程序设计语言 /350

　（三）信息表示 /351

　（四）常用操作系统 /354

　（五）计算机网络 /356

第十章　工程经济 /366

　复习指导 /366

　练习题、题解及参考答案 /367

　（一）资金的时间价值 /367

　（二）财务效益与费用估算 /369

　（三）资金来源与融资方案 /373

（四）财务分析 /376

（五）经济费用效益分析 /382

（六）不确定性分析 /384

（七）方案经济比选 /387

（八）改扩建项目的经济评价特点 /390

（九）价值工程 /390

第十一章 法律法规 /393

复习指导 /393

练习题、题解及参考答案 /393

（二）《建筑法》 /393

（三）《安全生产法》 /398

（四）《招标投标法》 /400

（五）《民法典》（合同编） /404

（六）《行政许可法》 /407

（七）《节约能源法》 /408

（八）《环境保护法》 /409

（九）《建设工程勘察设计管理条例等》 /410

（十）《建设工程质量管理条例》 /412

（十一）《建设工程安全生产管理条例》 /415

（十二）设计文件编制的有关规定 /417

（十四）房地产开发程序 /418

（十五）工程监理的有关规定 /419

附录一 全国勘察设计注册工程师执业资格考试公共基础考试大纲 /420

附录二 全国勘察设计注册工程师执业资格考试公共基础试题配置说明 /427

第一章 数学

复习指导

根据"考试大纲"的要求，本部分考试内容覆盖了高等数学、线性代数、概率统计及矢量代数课的知识。我们在复习时，首先要熟悉大纲，按大纲的要求分类进行，分清哪些是考试要求的，哪些不属于考试范围内的，做到有的放矢。对于要求的内容，必须把相关的知识掌握住，如定义、定理、性质以及相关的计算题等。对于概念的理解不能只停留在表面上，要理解深、理解透。对于计算题，要达到熟练掌握的程度，尽量记住解题思路。

另外，试题的题型均为单选题，给出四个选项，选出其中一个正确答案。这些选择题，包括基本概念、基本定理、基本性质、分析题、计算题及记忆判别类题目，有的试题还具有一定的深度。试卷中总共有 120 道题，答卷时间为 4 个小时，平均每道题 2 分钟。这一点也是我们在复习中应该注意到的。高等数学占 20 道题，工程数学占 4 道题，共有 24 道题，占总题数的1/5。冗长的定理证明、复杂的计算题不可能在试卷中出现，但强调的是应用这些定义、定理，利用由它们推出的性质去解题。最好能记住曾做过的题目的结论，并把这些结论灵活地应用于各种类型的计算题目中。对各类计算题的解题思路必须要记清。在做选择题时，应注意解题时的灵活性和技巧性。还要注意，由于题目都是单选题，在四个答案中，如能准确地选出某一选项，其余选项可不再考虑，这样就能节省时间。有时，如果正确答案一时确定不下来，可用逐一排查的方法，去掉其中三个错误选项，得到所要求的选项。以上这些，仅供参考。

以下举例说明。

【例 1-0-1】 已知函数$f(x)$在$x = 1$处可导，且$\lim\limits_{x \to 1} \frac{f(4-3x)-f(1)}{x-1} = 2$，则$f'(1)$等于：

A. 2   B. 1   C.$\frac{2}{3}$ D. $-\frac{2}{3}$

解 可利用函数在一点x_0可导的定义，通过计算得到最后结果。

$$\lim_{x \to 1} \frac{f(4-3x)-f(1)}{x-1} = \lim_{x \to 1} \frac{f[1+(3-3x)]-f(1)}{3(x-1)} \times 3$$

$$\xlongequal[x \to 1, t \to 0]{\text{设} 3-3x = t} 3 \lim_{t \to 0} \frac{f(1+t)-f(1)}{-t} = -3f'(1) = 2$$

$f'(1) = -\frac{2}{3}$，选 D。

【例 1-0-2】 $\int x f(x^2) \cdot f'(x^2)\mathrm{d}x$等于：

A.$\frac{1}{2}f(x^2)$ B.$\frac{1}{4}f(x^2)+C$ C.$\frac{1}{8}f(x^2)$ D.$\frac{1}{4}[f(x^2)]^2+C$

解 本题为抽象函数的不定积分。考查不定积分凑微分方法的应用及是否会应用不定积分的性质，$\int f'(x)\mathrm{d}x = f(x)+C$。

$$\int xf(x^2)f'(x^2)\mathrm{d}x = \int f'(x^2)f(x^2)\mathrm{d}\left(\frac{1}{2}x^2\right) = \frac{1}{2}\int f'(x^2)\cdot f(x^2)\mathrm{d}x^2$$

$$= \frac{1}{2}\int f(x^2)\mathrm{d}f(x^2) = \frac{1}{2}\times\frac{1}{2}[f(x^2)]^2$$

$$= \frac{1}{4}[f(x^2)]^2 + C$$

选 D。

【例 1-0-3】 设二重积分 $I = \int_0^2 \mathrm{d}x \int_{-\sqrt{2x-x^2}}^{0} f(x,y)\,\mathrm{d}y$，交换积分次序后，则 I 等于：

A. $\int_{-1}^{0}\mathrm{d}y\int_{1-\sqrt{1-y^2}}^{1+\sqrt{1-y^2}}f(x,y)\,\mathrm{d}x$ 　　　　　B. $\int_{-1}^{1}\mathrm{d}y\int_{1-\sqrt{1-y^2}}^{1+\sqrt{1-y^2}}f(x,y)\,\mathrm{d}x$

C. $\int_{-1}^{0}\mathrm{d}y\int_{0}^{1+\sqrt{1-y^2}}f(x,y)\,\mathrm{d}x$ 　　　　　D. $\int_{0}^{1}\mathrm{d}y\int_{1-\sqrt{1-y^2}}^{1+\sqrt{1+y^2}}f(x,y)\,\mathrm{d}x$

解　本题考查二重积分交换积分次序方面的知识。解这类题的基本步骤：通过原积分次序画出积分区域的图形（见解图），得到积分区域；然后写出先 x 后 y 的积分表达式。

由 $y = -\sqrt{2x-x^2}$，得 $y^2 = 2x - x^2$，$x^2 - 2x + y^2 = 0$，即

$$(x-1)^2 + y^2 = 1$$

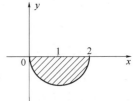

D_{xy}：$\begin{cases} -1 \leqslant y \leqslant 0 \\ 1 - \sqrt{1-y^2} \leqslant x \leqslant 1 + \sqrt{1-y^2} \end{cases}$

$$I = \int_{-1}^{0}\mathrm{d}y\int_{1-\sqrt{1-y^2}}^{1+\sqrt{1-y^2}}f(x,y)\,\mathrm{d}x$$

例 1-0-3 解图

选 A。

【例 1-0-4】 已知幂级数 $\sum\limits_{n=1}^{\infty}\dfrac{a^n-b^n}{a^n+b^n}x^n\,(0<a<b)$，则所得级数的收敛半径 R 等于：

A. b 　　　　　　B. $\dfrac{1}{a}$ 　　　　　　C. $\dfrac{1}{b}$ 　　　　　　D. R 值与 a、b 无关

解　本题考查幂级数收敛半径的求法。可通过连续两项系数比的极限得到 ρ 值，由 $R = \dfrac{1}{\rho}$ 得到收敛半径。

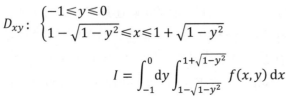

$$\lim_{n\to\infty}\left|\frac{a_{n+1}}{a_n}\right| = \lim_{n\to\infty}\frac{\dfrac{a^{n+1}-b^{n+1}}{a^{n+1}+b^{n+1}}}{\dfrac{a^n-b^n}{a^n+b^n}} = \lim_{n\to\infty}\frac{a^{n+1}-b^{n+1}}{a^{n+1}+b^{n+1}}\cdot\frac{a^n+b^n}{a^n-b^n}$$

$$= \lim_{n\to\infty}\frac{b^{n+1}\left(\dfrac{a^{n+1}}{b^{n+1}}-1\right)}{b^{n+1}\left(\dfrac{a^{n+1}}{b^{n+1}}+1\right)}\cdot\frac{b^n\left(\dfrac{a^n}{b^n}+1\right)}{b^n\left(\dfrac{a^n}{b^n}-1\right)} = \lim_{n\to\infty}\frac{\left(\dfrac{a}{b}\right)^{n+1}-1}{\left(\dfrac{a}{b}\right)^{n+1}+1}\cdot\frac{\left(\dfrac{a}{b}\right)^{n}+1}{\left(\dfrac{a}{b}\right)^{n}-1}$$

$$= (-1)\times(-1) = 1 = \rho$$

$R = \dfrac{1}{\rho} = 1$，选 D。

【例 1-0-5】 若 n 阶矩阵 $\boldsymbol{A}$ 的任意一行中 n 个元素的和都是 a，则 $\boldsymbol{A}$ 的一特征值为：

A. a 　　　　　　B. $-a$ 　　　　　　C. 0 　　　　　　D. a^{-1}

解　本题主要考查两个知识点：特征值的求法及行列式的运算。

设 n 阶矩阵 $\boldsymbol{A} = \begin{bmatrix} a_{11} & a_{12} & \cdots & a_{1n} \\ a_{21} & a_{22} & \cdots & a_{2n} \\ \vdots & \vdots & & \vdots \\ a_{n1} & a_{n2} & \cdots & a_{nn} \end{bmatrix}$，利用 $|\lambda\boldsymbol{E}-\boldsymbol{A}| = 0$ 求特征值，即

$$\begin{vmatrix} \lambda - a_{11} & -a_{12} & \cdots & -a_{1n} \\ -a_{21} & \lambda - a_{22} & \cdots & -a_{2n} \\ \vdots & \vdots & & \vdots \\ -a_{n1} & -a_{n2} & \cdots & \lambda - a_{nn} \end{vmatrix} \xrightarrow[\substack{c_1 + c_3 \\ \vdots \\ c_1 + c_n}]{c_1 + c_2} \begin{vmatrix} \lambda - (a_{11} + a_{12} + \cdots + a_{1n}) & -a_{12} & \cdots & -a_{1n} \\ \lambda - (a_{21} + a_{22} + \cdots + a_{2n}) & \lambda - a_{22} & \cdots & -a_{2n} \\ \vdots & \vdots & & \vdots \\ \lambda - (a_{n1} + a_{n2} + \cdots + a_{nn}) & -a_{n2} & \cdots & \lambda - a_{nn} \end{vmatrix}$$

$$= \begin{vmatrix} \lambda - a & -a_{12} & \cdots & -a_{1n} \\ \lambda - a & \lambda - a_{22} & \cdots & -a_{2n} \\ \vdots & \vdots & & \vdots \\ \lambda - a & -a_{n2} & \cdots & \lambda - a_{nn} \end{vmatrix} = (\lambda - a) \underbrace{\begin{vmatrix} 1 & -a_{12} & \cdots & -a_{1n} \\ 1 & \lambda - a_{22} & \cdots & -a_{2n} \\ \vdots & \vdots & & \vdots \\ 1 & -a_{n2} & \cdots & \lambda - a_{nn} \end{vmatrix}}_{\text{为 } n-1 \text{ 次多项式}} = 0$$

$\lambda - a = 0$，$\lambda = a$。

A 的一特征值为 a，选 A。

【例 1-0-6】　有 10 张奖券，其中 2 张有奖，每人抽取一张奖券，问前 4 人中有一人中奖的概率是多少?

解　设 A 为"前 4 人中有一人中奖"，B_i 为"第 i 人中奖"，$i = 1,2,3,4$。

所以 $A = B_1 \overline{B}_2 \overline{B}_3 \overline{B}_4 + \overline{B}_1 B_2 \overline{B}_3 \overline{B}_4 + \overline{B}_1 \overline{B}_2 B_3 \overline{B}_4 + \overline{B}_1 \overline{B}_2 \overline{B}_3 B_4$

$$P\left(B_1 \overline{B}_2 \overline{B}_3 \overline{B}_4\right) = \frac{2 \times 8 \times 7 \times 6}{10 \times 9 \times 8 \times 7} = \frac{2}{15}$$

或 $P\left(B_1 \overline{B}_2 \overline{B}_3 \overline{B}_4\right) = P(B_1)P\left(\overline{B}_2 | B_1\right)P\left(\overline{B}_3 | B_1 \overline{B}_2\right)P\left(\overline{B}_4 | B_1 \overline{B}_2 \overline{B}_3\right) = \frac{2}{10} \times \frac{8}{9} \times \frac{7}{8} \times \frac{6}{7} = \frac{2}{15}$

同理 $P\left(\overline{B}_1 B_2 \overline{B}_3 \overline{B}_4\right) = P\left(\overline{B}_1 \overline{B}_2 B_3 \overline{B}_4\right) = P\left(\overline{B}_1 \overline{B}_2 \overline{B}_3 B_4\right) = \frac{2}{15}$

所以 $P(A) = \frac{2}{15} \times 4 = \frac{8}{15}$

练习题、题解及参考答案

（一）空间解析几何与向量代数

1-1-1　设 $\vec{\alpha}$，$\vec{\beta}$，$\vec{\gamma}$ 都是非零向量，若 $\vec{\alpha} \times \vec{\beta} = \vec{\alpha} \times \vec{\gamma}$，则：

　　A. $\vec{\beta} = \vec{\gamma}$ 　　　　　　　　　　　　B. $\vec{\alpha} /\!/ \vec{\beta}$ 且 $\vec{\alpha} /\!/ \vec{\gamma}$

　　C. $\vec{\alpha} /\!/ \left(\vec{\beta} - \vec{\gamma}\right)$ 　　　　　　　　　D. $\vec{\alpha} \perp \left(\vec{\beta} - \vec{\gamma}\right)$

1-1-2　下面算式中哪一个是正确的?

　　A. $\vec{i} + \vec{j} = \vec{k}$ 　　　B. $\vec{i} \cdot \vec{j} = \vec{k}$ 　　　C. $\vec{i} \cdot \vec{i} = \vec{j} \cdot \vec{j}$ 　　　D. $\vec{i} \times \vec{j} = \vec{j} \cdot \vec{k}$

1-1-3　已知两点 $M(5,3,2)$、$N(1,-4,6)$，则与 $\overrightarrow{MN}$ 同向的单位向量可表示为：

　　A. $\{-4,-7,4\}$ 　　　B. $\left\{-\frac{4}{9}, -\frac{7}{9}, \frac{4}{9}\right\}$ 　　　C. $\left\{\frac{4}{9}, \frac{7}{9}, -\frac{4}{9}\right\}$ 　　　D. $\{4,7,-4\}$

1-1-4　设 $\vec{\alpha} = -\vec{i} + 3\vec{j} + \vec{k}$，$\vec{\beta} = \vec{i} + \vec{j} + t\vec{k}$，已知 $\vec{\alpha} \times \vec{\beta} = -4\vec{i} - 4\vec{k}$，则 t 等于：

　　A. -2 　　　　　B. 0 　　　　　C. -1 　　　　　D. 1

1-1-5　设 $\vec{\alpha} = \vec{i} + 2\vec{j} + 3\vec{k}$，$\vec{\beta} = \vec{i} - 3\vec{j} - 2\vec{k}$，则与 $\vec{\alpha}$、$\vec{\beta}$ 都垂直的单位向量为：

　　A. $\pm\left(\vec{i} + \vec{j} - \vec{k}\right)$ 　　　　　　　　B. $\pm\frac{1}{\sqrt{3}}\left(\vec{i} - \vec{j} + \vec{k}\right)$

　　C. $\pm\frac{1}{\sqrt{3}}\left(-\vec{i} + \vec{j} + \vec{k}\right)$ 　　　　　　D. $\pm\frac{1}{\sqrt{3}}\left(\vec{i} + \vec{j} - \vec{k}\right)$

1-1-6　已知 $\vec{\alpha} = \vec{i} + a\vec{j} - 3\vec{k}$，$\vec{\beta} = a\vec{i} - 3\vec{j} + 6\vec{k}$，$\vec{\gamma} = -2\vec{i} + 2\vec{j} + 6\vec{k}$，若 $\vec{\alpha}$，$\vec{\beta}$，$\vec{\gamma}$ 共面，则 a 等于：

    A. 1 或 2　　　　　　B. −1 或 2　　　　　　C. −1 或−2　　　　　　D. 1 或−2

1-1-7　设 $\vec{a}$、$\vec{b}$ 均为向量，下列等式中正确的是：

    A. $\left(\vec{a} + \vec{b}\right) \cdot \left(\vec{a} - \vec{b}\right) = |\vec{a}|^2 - |\vec{b}|^2$

    B. $\vec{a}\left(\vec{a} \cdot \vec{b}\right) = |\vec{a}|^2 b$

    C. $\left(\vec{a} \cdot \vec{b}\right)^2 = |a|^2|\vec{b}|^2$

    D. $\left(\vec{a} + \vec{b}\right) \times \left(\vec{a} - \vec{b}\right) = \vec{a} \times \vec{a} - \vec{b} \times \vec{b}$

1-1-8　已知 $|\vec{a}| = 1$，$|\vec{b}| = \sqrt{2}$，且 $(\widehat{\vec{a}, \vec{b}}) = \dfrac{\pi}{4}$，则 $|\vec{a} + \vec{b}|$ 等于：

    A. 1　　　　　　　　B. $1 + \sqrt{2}$　　　　　　C. 2　　　　　　　　D. $\sqrt{5}$

1-1-9　设向量 $\vec{a} \neq \vec{0}$，$\vec{b} \neq \vec{0}$，则以下结论中哪一个正确？

    A. $\vec{a} \times \vec{b} = 0$ 是 $\vec{a}$ 与 $\vec{b}$ 垂直的充要条件

    B. $\vec{a} \cdot \vec{b} = 0$ 是 $\vec{a}$ 与 $\vec{b}$ 平行的充要条件

    C. $\vec{a}$ 与 $\vec{b}$ 的对应分量成比例是 $\vec{a}$ 与 $\vec{b}$ 平行的充要条件

    D. 若 $\vec{a} = \lambda\vec{b}$，则 $\vec{a} \cdot \vec{b} = 0$

1-1-10　下列方程中代表锥面的是：

    A. $\dfrac{x^2}{3} + \dfrac{y^2}{2} - z^2 = 0$　　　　　　　　　　B. $\dfrac{x^2}{3} + \dfrac{y^2}{2} - z^2 = 1$

    C. $\dfrac{x^2}{3} - \dfrac{y^2}{2} - z^2 = 1$　　　　　　　　　　D. $\dfrac{x^2}{3} + \dfrac{y^2}{2} + z^2 = 1$

1-1-11　下列方程中代表单叶双曲面的是：

    A. $\dfrac{x^2}{2} + \dfrac{y^2}{3} - z^2 = 1$　　　　　　　　　　B. $\dfrac{x^2}{2} + \dfrac{y^2}{3} + z^2 = 1$

    C. $\dfrac{x^2}{2} - \dfrac{y^2}{3} - z^2 = 1$　　　　　　　　　　D. $\dfrac{x^2}{2} + \dfrac{y^2}{3} + z^2 = 0$

1-1-12　将椭圆 $\begin{cases} \dfrac{x^2}{9} + \dfrac{z^2}{4} = 1 \\ y = 0 \end{cases}$ 绕 x 轴旋转一周所生成的旋转曲面的方程是：

    A. $\dfrac{x^2}{9} + \dfrac{y^2}{9} + \dfrac{z^2}{4} = 1$　　　　　　　　　B. $\dfrac{x^2}{9} + \dfrac{z^2}{4} = 1$

    C. $\dfrac{x^2}{9} + \dfrac{y^2}{4} + \dfrac{z^2}{4} = 1$　　　　　　　　D. $\dfrac{x^2}{9} + \dfrac{y^2}{4} + \dfrac{z^2}{9} = 1$

1-1-13　下列方程中代表双叶双曲面的是：

    A. $\dfrac{x^2}{2} + \dfrac{y^2}{3} - z^2 = 1$　　　　　　　　　　B. $\dfrac{x^2}{2} + \dfrac{y^2}{3} + z^2 = 1$

    C. $\dfrac{x^2}{2} - \dfrac{y^2}{3} - z^2 = 1$　　　　　　　　　　D. $\dfrac{x^2}{2} + \dfrac{y^2}{3} + z^2 = 0$

1-1-14　球面 $x^2 + y^2 + z^2 = 9$ 与平面 $x + z = 1$ 的交线在 xOy 坐标面上投影的方程是：

    A. $x^2 + y^2 + (1-x)^2 = 9$　　　　　　　　B. $\begin{cases} x^2 + y^2 + (1-x)^2 = 9 \\ z = 0 \end{cases}$

C. $(1-z)^2 + y^2 + z^2 = 9$ D. $\begin{cases} (1-z)^2 + y^2 + z^2 = 9 \\ x = 0 \end{cases}$

1-1-15 设平面π的方程为$2x - 2y + 3 = 0$，以下选项中错误的是：

    A. 平面π的法向量为$i - j$

    B. 平面π垂直于z轴

    C. 平面π平行于z轴

    D. 平面π与xOy面的交线为$\dfrac{x}{1} = \dfrac{y - \frac{3}{2}}{1} = \dfrac{z}{0}$

1-1-16 设平面π的方程为$3x - 4y - 5z - 2 = 0$，以下选项中错误的是：

    A. 平面π过点$(-1, 0, -1)$

    B. 平面π的法向量为$-3\vec{i} + 4\vec{j} + 5\vec{k}$

    C. 平面π在z轴的截距是$-\dfrac{2}{5}$

    D. 平面π与平面$-2x - y - 2z + 2 = 0$垂直

1-1-17 过z轴和点$M(1, 2, -1)$的平面方程是：

    A. $x + 2y - z - 6 = 0$ B. $2x - y = 0$

    C. $y + 2z = 0$ D. $x + z = 0$

1-1-18 平面$3x - 3y - 6 = 0$的位置是：

    A. 平行于xOy平面   B. 平行于z轴，但不通过z轴

    C. 垂直于z轴   D. 通过z轴

1-1-19 已知两直线l_1：$\dfrac{x-4}{2} = \dfrac{y+1}{3} = \dfrac{z+2}{5}$和$l_2$：$\dfrac{x+1}{-3} = \dfrac{y-1}{2} = \dfrac{z-3}{4}$，则它们的关系是：

    A. 两条相交的直线   B. 两条异面直线

    C. 两条平行但不重合的直线   D. 两条重合的直线

1-1-20 设直线方程为$\begin{cases} x = t + 1 \\ y = 2t - 2 \\ z = -3t + 3 \end{cases}$，则直线：

    A. 过点$(-1, 2, -3)$，方向向量为$\vec{i} + 2\vec{j} - 3\vec{k}$

    B. 过点$(-1, 2, -3)$，方向向量为$-\vec{i} - 2\vec{j} + 3\vec{k}$

    C. 过点$(1, 2, -3)$，方向向量为$\vec{i} - 2\vec{j} + 3\vec{k}$

    D. 过点$(1, -2, 3)$，方向向量为$-\vec{i} - 2\vec{j} + 3\vec{k}$

1-1-21 设平面方程$x + y + z + 1 = 0$，直线的方程是$1 - x = y + 1 = z$，则直线与平面：

    A. 平行   B. 垂直   C. 重合   D. 相交但不垂直

1-1-22 已知平面π过点$M_1(1, 1, 0)$，$M_2(0, 0, 1)$，$M_3(0, 1, 1)$，则与平面π垂直且过点$(1, 1, 1)$的直线的对称方程为：

    A. $\dfrac{x-1}{1} = \dfrac{y-1}{0} = \dfrac{z-1}{1}$ B. $\dfrac{x-1}{1} = \dfrac{z-1}{1}$，$y = 1$

    C. $\dfrac{x-1}{1} = \dfrac{z-1}{1}$ D. $\dfrac{x-1}{1} = \dfrac{y-1}{0} = \dfrac{z-1}{-1}$

1-1-23 设直线的方程为 $\frac{x-1}{-2} = \frac{y+1}{-1} = \frac{z}{1}$，则直线：

    A. 过点$(1, -1, 0)$，方向向量为$2\vec{i} + \vec{j} - \vec{k}$

    B. 过点$(1, -1, 0)$，方向向量为$2\vec{i} - \vec{j} + \vec{k}$

    C. 过点$(-1, 1, 0)$，方向向量为$-2\vec{i} - \vec{j} + \vec{k}$

    D. 过点$(-1, 1, 0)$，方向向量为$2\vec{i} + \vec{j} - \vec{k}$

1-1-24 过点$M(3, -2, 1)$且与直线$L: \begin{cases} x - y - z + 1 = 0 \\ 2x + y - 3z + 4 = 0 \end{cases}$平行的直线方程是：

    A. $\frac{x-3}{1} = \frac{y+2}{-1} = \frac{z-1}{-1}$ B. $\frac{x-3}{2} = \frac{y+2}{1} = \frac{z-1}{-3}$

    C. $\frac{x-3}{4} = \frac{y+2}{-1} = \frac{z-1}{3}$ D. $\frac{x-3}{4} = \frac{y+2}{1} = \frac{z-1}{3}$

1-1-25 过点$M_1(0, -1, 2)$和$M_2(1, 0, 1)$且平行于z轴的平面方程是：

    A. $x - y = 0$ B. $\frac{x}{1} = \frac{y+1}{-1} = \frac{z-2}{0}$

    C. $x + y - 1 = 0$ D. $x - y - 1 = 0$

1-1-26 直线$l: \frac{x+3}{2} = \frac{y+4}{1} = \frac{z}{3}$与平面$\pi: 4x - 2y - 2z = 3$的位置关系为：

    A. 相互平行   B. L在π上   C. 垂直相交   D. 相交但不垂直

1-1-27 方程$\begin{cases} x^2 - 4y^2 + z^2 = 25 \\ x = -3 \end{cases}$表示下述哪种图形？

    A. 单叶双曲面   B. 双曲柱面

    C. 双曲柱面在平面$x = 0$上投影   D. $x = -3$平面上双曲线

1-1-28 设直线的方程为 $\frac{x-1}{-2} = \frac{y+1}{-1} = \frac{z}{1}$，则直线：

    A. 过点$(1, -1, 0)$，方向向量为$2\vec{i} + \vec{j} - \vec{k}$

    B. 过点$(1, -1, 0)$，方向向量为$2\vec{i} - \vec{j} + \vec{k}$

    C. 过点$(-1, 1, 0)$，方向向量为$-2\vec{i} + \vec{j} + \vec{k}$

    D. 过点$(-1, 1, 0)$，方向向量为$2\vec{i} + \vec{j} - \vec{k}$

1-1-29 xOy平面上的曲线$\begin{cases} y = e^x \\ z = 0 \end{cases}$，绕$Ox$轴旋转所得的旋转曲面方程是：

    A. $e^{2x} = y^2 + z^2$ B. $y = e^{\pm\sqrt{x^2+z^2}}$

    C. $\begin{cases} e^{2x} = y^2 + z^2 \\ x = 0 \end{cases}$ D. $\begin{cases} y = e^{\pm\sqrt{x^2+z^2}} \\ y = 0 \end{cases}$

1-1-30 过点$M_0(2, 2, 3)$既与直线$L_1: \frac{x-1}{4} = \frac{y+1}{8} = \frac{z-1}{5}$平行，又与平面$\pi: x + y + z + 1 = 0$垂直的平面方程为：

    A. $3x - y + 4z = 0$ B. $3x - y + 4z + 4 = 0$

    C. $3x + y - 4z + 2 = 0$ D. $3x + y - 4z + 4 = 0$

题解及参考答案

1-1-1 **解**：已知 $\vec{\alpha}\times\vec{\beta}=\vec{\alpha}\times\vec{\gamma}$，$\vec{\alpha}\times\vec{\beta}-\vec{\alpha}\times\vec{\gamma}=0$，得 $\vec{\alpha}\times\left(\vec{\beta}-\vec{\gamma}\right)=0$。由向量积的运算性质可知，$\vec{a}$，$\vec{b}$ 为非零向量，若 $\vec{a}/\!/\vec{b}$，则 $\vec{a}\times\vec{b}=0$；若 $\vec{a}\times\vec{b}=0$，则 $\vec{a}/\!/\vec{b}$，可知 $\vec{\alpha}/\!/\left(\vec{\beta}-\vec{\gamma}\right)$。

答案：C

1-1-2 **解**：本题考查向量代数的基本概念，用到两向量的加法、数量积、向量积的定义。

选项 A：$\vec{i}+\vec{j}=\vec{k}$ 错误在于两向量相加，利用平行四边形法则得到平行四边形的对角线向量，而不等于 $\vec{k}$。

选项 B：$\vec{i}\cdot\vec{j}=\vec{k}$ 错误在于两向量的数量积得一数量，$\vec{i}\cdot\vec{j}=|\vec{i}||\vec{j}|\cdot\cos\frac{\pi}{2}=0$。

选项 D：$\vec{i}\times\vec{j}=\vec{j}\cdot\vec{k}$ 错误在于等号左边由向量积定义求出，为一向量；右边由数量积定义求出，为一数量。因而两边不等。

选项 C 正确。$\vec{i}\cdot\vec{i}=|\vec{i}||\vec{i}|\cos0=1$，$\vec{j}\cdot\vec{j}=|\vec{j}||\vec{j}|\cos0=1$，左边等于右边。

答案：C

1-1-3 **解**：利用公式 $\vec{a}^0=\dfrac{\vec{a}}{|\vec{a}|}$ 计算，即 $\overrightarrow{MN}=\{-4,-7,4\}$，$\overrightarrow{MN}=\sqrt{16+49+16}=9$，$\overrightarrow{MN}^0=\dfrac{\overrightarrow{MN}}{|\overrightarrow{MN}|}=\dfrac{1}{9}\{-4,-7,4\}$。

答案：B

1-1-4 **解**：$\vec{\alpha}\times\vec{\beta}=\begin{vmatrix}\vec{i}&\vec{j}&\vec{k}\\-1&3&1\\1&1&t\end{vmatrix}=\vec{i}(-1)^{1+1}\begin{vmatrix}3&1\\1&t\end{vmatrix}+\vec{j}(-1)^{1+2}\begin{vmatrix}-1&1\\1&t\end{vmatrix}+\vec{k}(-1)^{1+3}\begin{vmatrix}-1&3\\1&1\end{vmatrix}$

$$=(3t-1)\vec{i}+(t+1)\vec{j}-4\vec{k}$$

已知 $\vec{\alpha}\times\vec{\beta}=-4\vec{i}-4\vec{k}$，则 $-4=3t-1$，$t=-1$，或 $t+1=0$，$t=-1$

答案：C

1-1-5 **解**：求出与 $\vec{\alpha}$、$\vec{\beta}$ 垂直的向量：

$$\vec{\alpha}\times\vec{\beta}=\begin{vmatrix}\vec{i}&\vec{j}&\vec{k}\\1&2&3\\1&-3&-2\end{vmatrix}=\vec{i}\begin{vmatrix}2&3\\-3&-2\end{vmatrix}+\vec{j}(-1)^{1+2}\begin{vmatrix}1&3\\1&-2\end{vmatrix}+\vec{k}(-1)^{1+3}\begin{vmatrix}1&2\\1&-3\end{vmatrix}$$

$$=5\vec{i}+5\vec{j}-5\vec{k}$$

利用 $\vec{a}^0=\dfrac{\vec{a}}{|\vec{a}|}$ 求单位向量，与 $\vec{a}^0$ 方向相同或相反的都符合要求。

因此，$\pm\vec{a}^0=\pm\dfrac{\vec{a}}{|\vec{a}|}=\pm\dfrac{1}{5\sqrt{3}}\left(5\vec{i}+5\vec{j}-5\vec{k}\right)=\pm\dfrac{1}{\sqrt{3}}\left(\vec{i}+\vec{j}-\vec{k}\right)$

注：$|\vec{a}|=\sqrt{5^2+5^2+(-5)^2}=5\sqrt{3}$。

答案：D

1-1-6 **解**：**方法 1**，因为 $\vec{\alpha}$，$\vec{\beta}$，$\vec{\gamma}$ 共面，则 $\vec{\alpha}\times\vec{\beta}$ 垂直于 $\vec{\gamma}$，即 $\left(\vec{\alpha}\times\vec{\beta}\right)\cdot\vec{\gamma}=0$

$\vec{\alpha}\times\vec{\beta}=\begin{vmatrix}\vec{i}&\vec{j}&\vec{k}\\1&a&-3\\a&-3&6\end{vmatrix}\xrightarrow{\text{按第一行展开}}\vec{i}\cdot(-1)^{1+1}\begin{vmatrix}a&-3\\-3&6\end{vmatrix}+\vec{j}\cdot(-1)^{1+2}\begin{vmatrix}1&-3\\a&6\end{vmatrix}+$

$\vec{k}\cdot(-1)^{1+3}\begin{vmatrix}1&a\\a&-3\end{vmatrix}=(6a-9)\vec{i}+(-3a-6)\vec{j}+(-a^2-3)\vec{k}$

$$\left(\vec{\alpha} \times \vec{\beta}\right) \cdot \vec{\gamma} = \{6a - 9, -3a - 6, -a^2 - 3\} \cdot \{-2, 2, 6\}$$
$$= -2(6a - 9) + 2(-3a - 6) + 6(-a^2 - 3)$$
$$= -6(a + 1)(a + 2) = 0$$

得 $a = -1$ 或 -2。

方法 2，直接利用 $\vec{\alpha}$, $\vec{\beta}$, $\vec{\gamma}$ 共面，混合积 $[\vec{\alpha}, \vec{\beta}, \vec{\gamma}] = 0$

即 $\begin{vmatrix} 1 & a & -3 \\ a & -3 & 6 \\ -2 & 2 & 6 \end{vmatrix} = 0$，利用行列式运算性质计算

$$[\vec{\alpha}, \vec{\beta}, \vec{\gamma}] = \begin{vmatrix} 1 & a & -3 \\ a & -3 & 6 \\ -2 & 2 & 6 \end{vmatrix} = -2 \begin{vmatrix} 1 & a & -3 \\ a & -3 & 6 \\ -1 & 1 & 3 \end{vmatrix} \xlongequal[3c_1 + c_3]{c_1 + c_2} -2 \begin{vmatrix} 1 & a+1 & 0 \\ a & -3+a & 6+3a \\ -1 & 0 & 0 \end{vmatrix}$$

$$= -2(-1)(-1)^{3+1} \begin{vmatrix} a+1 & 0 \\ -3+a & 6+3a \end{vmatrix} = 2(a+1)(6+3a) = 0$$

得 $a = -1$ 或 -2。

答案：C

1-1-7　解：利用向量数量积的运算性质及两向量数量积的定义计算：
$$\left(\vec{a} + \vec{b}\right) \cdot \left(\vec{a} - \vec{b}\right) = \vec{a} \cdot \vec{a} + \vec{b} \cdot \vec{a} - \vec{a} \cdot \vec{b} - \vec{b} \cdot \vec{b}$$
$$= |\vec{a}|^2 - |\vec{b}|^2$$

答案：A

1-1-8　解：由数量积定义 $\vec{a} \cdot \vec{a} = |\vec{a}| \cdot |\vec{a}| \cos 0° = |\vec{a}| \cdot |\vec{a}|$，得到 $|\vec{a}| = \vec{a} \cdot \vec{a}$，所以 $\left|\vec{a} + \vec{b}\right|^2 = \left(\vec{a} + \vec{b}\right) \cdot \left(\vec{a} + \vec{b}\right) = \vec{a} \cdot \vec{a} + \vec{b} \cdot \vec{a} + \vec{a} \cdot \vec{b} + \vec{b} \cdot \vec{b} = 1 + 2\,\vec{a} \cdot \vec{b} + 2 = 1 + 2 \times 1 \times \sqrt{2} \times \frac{\sqrt{2}}{2} + 2 = 5$，故 $\left|\vec{a} + \vec{b}\right| = \sqrt{5}$。

答案：D

1-1-9　解：利用下面结论确定：

①$\vec{a} \,/\!/\, \vec{b} \Leftrightarrow \vec{a} = \lambda \vec{b} \Leftrightarrow \frac{a_x}{b_x} = \frac{a_y}{b_y} = \frac{a_z}{b_z} \Leftrightarrow \vec{a} \times \vec{b} = \vec{0}$；

②$\vec{a} \perp \vec{b} \Leftrightarrow \vec{a} \cdot \vec{b} = 0$。

答案：C

1-1-10　解：以原点为顶点，z 轴为主轴的椭圆锥面标准方程为 $\frac{x^2}{a^2} + \frac{y^2}{b^2} = z^2 (a \neq b)$。

选项 A 中 $\frac{x^2}{3} + \frac{y^2}{2} - z^2 = 0$，变为 $\frac{x^2}{3} + \frac{y^2}{2} = z^2$，即 $\frac{x^2}{(\sqrt{3})^2} + \frac{y^2}{(\sqrt{2})^2} = z^2$。

答案：A

1-1-11　解：单叶双曲面的标准方程 $\frac{x^2}{a^2} + \frac{y^2}{b^2} - \frac{z^2}{c^2} = 1$，所以 $\frac{x^2}{2} + \frac{y^2}{3} - z^2 = 1$ 为单叶双曲面。

答案：A

1-1-12　解：利用平面曲线方程和旋转曲面方程的关系直接写出。

如已知平面曲线 $\begin{cases} F(x, z) = 0 \\ y = 0 \end{cases}$，绕 x 轴旋转得到的旋转曲面方程为 $F\left(x, \pm\sqrt{y^2 + z^2}\right) = 0$，绕 z 轴旋转，旋转曲面方程为 $F\left(\pm\sqrt{x^2 + y^2}, z\right) = 0$。

答案：C

1-1-13　解：由双叶双曲面的标准型可知选项 C 正确。

答案：C

1-1-14　解： 通过方程组 $\begin{cases} x^2+y^2+z^2=9 \\ x+z=1 \end{cases}$，消去$z$，得$x^2+y^2+(1-x)^2=9$为空间曲线在$xOy$平面上的投影柱面。

空间曲线在xOy平面上的投影曲线为 $\begin{cases} x^2+y^2+(1-x)^2=9 \\ z=0 \end{cases}$

答案： B

1-1-15　解： 平面π的法向量$\vec{n}=\{2,-2,0\}$，z轴方向向量$\vec{s}_z=\{0,0,1\}$，$\vec{n}$、$\vec{s}_z$坐标不成比例，因而$\vec{s}_z\nparallel\vec{n}$，所以平面$\pi$不垂直于$z$轴。若平面垂直于$z$轴，就应有平面的法向量和$z$轴的方向向量平行。

答案： B

1-1-16　解： 在选项 D 中已知平面π的法向量$\vec{n}=\{3,-4,-5\}$

平面$-2x-y-2z+2=0$的法向量$\vec{n}_2=\{-2,-1,-2\}$

若两平面垂直，则其法向量$\vec{n}_1$，$\vec{n}_2$应垂直，即$\vec{n}_1\cdot\vec{n}_2=0$

但$\vec{n}_1\cdot\vec{n}_2=-6+4+10=8\neq0$

故$\vec{n}_1$，$\vec{n}_2$不垂直，因此两平面不垂直。选项 D 错误，经验证，选项 A、B、C 成立。

答案： D

1-1-17　解： z轴的方向向量$\vec{s}=\{0,0,1\}$，$\overrightarrow{OM}=\{1,2,-1\}$

平面法向量$\vec{n}=\vec{s}\times\overrightarrow{OM}=\begin{vmatrix} \vec{i} & \vec{j} & \vec{k} \\ 0 & 0 & 1 \\ 1 & 2 & -1 \end{vmatrix}=-2\vec{i}+\vec{j}+0\vec{k}$

平面方程$-2(x-1)+1(y-2)=0$，化简得$2x-y=0$

答案： B

1-1-18　解： 平面法向量$\vec{n}=\{3,-3,0\}$，可看出$\vec{n}$在z轴投影为0，即$\vec{n}$和z垂直，判定平面与z轴平行或重合，又由于$D=-6\neq0$，所以平面平行于z轴但不通过z轴。

答案： B

1-1-19　解： $\vec{s}_1$、$\vec{s}_2$坐标不成比例，所以 C、D 项不成立；再利用混合积不等于 0，判定为两条异面直线，解法如下：$\vec{s}_1=\{2,3,5\}$，$\vec{s}_2=\{-3,2,4\}$，分别在直线L_1、L_2上取点$M(4,-1,-2)$、$N(-1,1,3)$，$\overrightarrow{MN}=\{-5,2,5\}$，计算$\left[\vec{s}_1,\vec{s}_2,\overrightarrow{MN}\right]\neq0$。

（注：若直线L_1，L_2共面，应有混合积$\left[\vec{s}_1,\vec{s}_2,\overrightarrow{MN}\right]=0$）

答案： B

1-1-20　解： 把直线的参数方程化成点向式方程，得到$\dfrac{x-1}{1}=\dfrac{y+2}{2}=\dfrac{z-3}{-3}$；

则直线L的方向向量取$\vec{s}=\{1,2,-3\}$或$\vec{s}=\{-1,-2,3\}$均可。另外由直线的点向式方程，可知直线过M点，$M(1,-2,3)$。

答案： D

1-1-21　解： 直线的点向式方程为$\dfrac{x-1}{-1}=\dfrac{y+1}{1}=\dfrac{z-0}{1}$，$\vec{s}=\{-1,1,1\}$。平面$x+y+z+1=0$，平面法向量$\vec{n}=\{1,1,1\}$。而$\vec{n}\cdot\vec{s}=\{1,1,1\}\cdot\{-1,1,1\}=1\neq0$，故$\vec{n}$不垂直于$\vec{s}$。且$\vec{s}$，$\vec{n}$坐标不成比例，即$\dfrac{-1}{1}\neq\dfrac{1}{1}$，因此$\vec{n}$不平行于$\vec{s}$。从而可知直线与平面不平行、不重合且直线也不垂直于平面。

答案： D

1-1-22　解： 求过M_1，M_2，M_3三点平面的方向向量：$\vec{s}_{M_1M_2}=\{-1,-1,1\}$，$\vec{s}_{M_1M_3}=\{-1,0,1\}$

平面法向量$\vec{n}=\vec{s}_{M_1M_2}\times\vec{s}_{M_1M_3}=\begin{vmatrix} \vec{i} & \vec{j} & \vec{k} \\ -1 & -1 & 1 \\ -1 & 0 & 1 \end{vmatrix}=-\vec{i}+0\vec{j}-\vec{k}$

直线的方向向量取$\vec{s} = \vec{n} = \{-1, 0, -1\}$

已知点坐标$(1,1,1)$，故所求直线的点向式方程$\frac{x-1}{-1} = \frac{y-1}{0} = \frac{z-1}{-1}$，即$\frac{x-1}{1} = \frac{y-1}{0} = \frac{z-1}{1}$

答案：A

1-1-23　解：由直线方程$\frac{x-x_0}{m} = \frac{y-y_0}{n} = \frac{z-z_0}{l}$可知，直线过$(x_0, y_0, z_0)$点，方向向量$\vec{s} = \{m, n, l\}$。所以直线过点$M(1, -1, 0)$，方向向量$\vec{s} = \{-2, -1, 1\}$；方向向量也可取为$\vec{s} = \{2, 1, -1\}$。

答案：A

1-1-24　解：利用两向量的向量积求出直线L的方向向量。

$$\vec{s} = \vec{n}_1 \times \vec{n}_2 = \begin{vmatrix} \vec{i} & \vec{j} & \vec{k} \\ 1 & -1 & -1 \\ 2 & 1 & -3 \end{vmatrix} = 4\vec{i} + \vec{j} + 3\vec{k}$$

再利用点向式写出直线L的方程，已知$M(3, -2, 1)$，$\vec{s} = \{4, 1, 3\}$

则L的方程$\frac{x-3}{4} = \frac{y+2}{1} = \frac{z-1}{3}$

答案：D

1-1-25　解：本题考查直线与平面平行时，直线的方向向量和平面法向量间的关系，求出平面的法向量及所求平面方程。

（1）求平面的法向量

设oz轴的方向向量$\vec{r} = (0, 0, 1)$，

$\vec{M}_1 = (1, 1, -1)$，$\vec{M}_1 \times \vec{r} = \begin{vmatrix} \vec{i} & \vec{j} & \vec{k} \\ 1 & 1 & -1 \\ 0 & 0 & 1 \end{vmatrix} = \vec{i} - \vec{j}$，

所求平面的法向量$\vec{n}_{平面} = \vec{i} - \vec{j} = (1, -1, 0)$。

（2）写出所求平面的方程

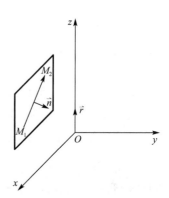

题 1-1-25 解图

已知$M_1(0, -1, 2)$，$\vec{n}_{平面} = (1, -1, 0)$，$1 \cdot (x-0) - 1 \cdot (y+1) + 0 \cdot (z-2) = 0$，即$x - y - 1 = 0$。

答案：D

1-1-26　解：$\vec{s} = \{2, 1, 3\}$，$\vec{n} = \{4, -2, -2\}$，$\vec{s} \cdot \vec{n} = 0$，$\vec{s} \perp \vec{n}$，表示直线和平面平行或直线在平面上，再进一步说明直线L和平面π相互平行。取直线上任一点不满足平面方程，取直线上一点$(-3, -4, 0)$，代入平面方程$4 \times (-3) - 2 \times (-4) - 2 \times 0 \neq 0$，从而得到结论 A。

答案：A

1-1-27　解：两曲面联立表示空间一曲线，进一步可断定为在$x = -3$平面上的双曲线。

解法如下，方程组消x：$9 - 4y^2 + z^2 = 25$，即$-4y^2 + z^2 = 16$，此方程表示双曲柱面，$\begin{cases} -4y^2 + z^2 = 16 \\ x = -3 \end{cases}$表示在$x = -3$平面上的双曲线。

答案：D

1-1-28　解：通过直线的对称式方程可知，直线通过点$(1, -1, 0)$，直线的方向向量$\vec{s} = \{-2, -1, 1\}$或$\vec{s} = \{2, 1, -1\}$。

答案：A

1-1-29　解：曲线$\begin{cases} y = e^x \\ z = 0 \end{cases}$绕$Ox$轴旋转，字母$x$不变，$y$写作$\pm\sqrt{y^2 + z^2}$，得曲面方程$e^x = \pm\sqrt{y^2 + z^2}$，即$e^{2x} = y^2 + z^2$。

答案：A

1-1-30　解： $\vec{s}_1 = \{4,8,5\}$；$\vec{n}_\pi = \{1,1,1\}$

设与平面 π 垂直，且与直线 L_1 平行的平面法向量为 $\vec{n}$，则

$$\vec{n} = \vec{s}_1 \times \vec{n}_\pi = \begin{vmatrix} \vec{i} & \vec{j} & \vec{k} \\ 4 & 8 & 5 \\ 1 & 1 & 1 \end{vmatrix} = \{3,1,-4\}$$

已知点 $M_0(2,2,3)$，那么所求平面为：

$$3(x-2) + 1(y-2) - 4(z-3) = 0$$

即 $3x + y - 4z + 4 = 0$（见解图）

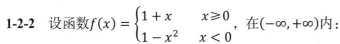

题 1-1-30 解图

答案： D

（二）一元函数微分学

1-2-1　设 $f(x) = \dfrac{e^{3x}-1}{e^{3x}+1}$，则：

    A. $f(x)$ 为偶函数，值域为 $(-1,1)$

    B. $f(x)$ 为奇函数，值域为 $(-\infty,0)$

    C. $f(x)$ 为奇函数，值域为 $(-1,1)$

    D. $f(x)$ 为奇函数，值域为 $(0,+\infty)$

1-2-2　设函数 $f(x) = \begin{cases} 1+x & x \geqslant 0 \\ 1-x^2 & x < 0 \end{cases}$，在 $(-\infty,+\infty)$ 内：

    A. 单调减少　　　　　　　　　　B. 单调增加

    C. 有界　　　　　　　　　　　　D. 偶函数

1-2-3　设 $f(x)$ 是定义在 $[-a,a]$ 上的任意函数，则下列答案中哪个函数不是偶函数？

    A. $f(x) + f(-x)$　　　　　　　B. $f(x) \cdot f(-x)$

    C. $[f(x)]^2$　　　　　　　　　　D. $f(x^2)$

1-2-4　当 $x \to 0$ 时，$x^2 + \sin x$ 是 x 的：

    A. 高阶无穷小　　　　　　　　　B. 同阶无穷小，但不是等价无穷小

    C. 低阶无穷小　　　　　　　　　D. 等价无穷小

1-2-5　若 $\lim\limits_{x \to 2} \dfrac{x-2}{x^2+ax+b} = \dfrac{1}{8}$，则 a、b 的值分别是：

    A. $a = -2$，$b = 4$　　　　　　B. $a = 4$，$b = -12$

    C. $a = 2$，$b = -8$　　　　　　D. $a = 1$，$b = -6$

1-2-6　若 $\lim\limits_{x \to \infty} \dfrac{(1+a)x^4+bx^3+2}{x^3+x^2-1} = -2$，则 a、b 的值分别为：

    A. $a = -3$，$b = 0$　　　　　　B. $a = 0$，$b = -2$

    C. $a = -1$，$b = 0$　　　　　　D. 以上都不对

1-2-7　若 $\lim\limits_{x \to \infty} \left(\dfrac{ax^2-3}{x^2+1} + bx + 2 \right) = \infty$，则 a 与 b 的值是：

    A. $b \neq 0$，a 为任意实数　　　B. $a \neq 0$，$b = 0$

    C. $a = 1$，$b = 0$　　　　　　　D. $a = 0$，$b = 0$

1-2-8　下列极限计算中，错误的是：

    A. $\lim\limits_{n \to \infty} \dfrac{2^n}{x} \cdot \sin \dfrac{x}{2^n} = 1$　　　　　　B. $\lim\limits_{x \to \infty} \dfrac{\sin x}{x} = 1$

C. $\lim\limits_{x \to 0}(1-x)^{\frac{1}{x}} = e^{-1}$ 　　　　　　　　　　D. $\lim\limits_{x \to \infty}\left(1+\frac{1}{x}\right)^{2x} = e^2$

1-2-9 设 $f(x) = \begin{cases} (1+kx)^{\frac{m}{x}} & x \neq 0 \\ a & x = 0 \end{cases}$，则 a 为何值时，$f(x)$ 在 $x = 0$ 点连续？

A. e^m 　　　　　　B. e^k 　　　　　　C. e^{-mk} 　　　　　　D. e^{mk}

1-2-10 极限 $\lim\limits_{x \to 0}\left(x\sin\frac{1}{x} - \frac{1}{x}\sin x\right)$ 的结果是：

A. -1 　　　　　　B. 1 　　　　　　C. 0 　　　　　　D. 不存在

1-2-11 若函数 $f(x)$ 在点 x_0 间断，$g(x)$ 在点 x_0 连续，则 $f(x)g(x)$ 在点 x_0：

A. 间断 　　　　　　　　　　　　B. 连续

C. 第一类间断 　　　　　　　　　　D. 可能间断可能连续

1-2-12 函数 $f(x) = \begin{cases} 2x & 0 \leq x < 1 \\ 4-x & 1 \leq x \leq 3 \end{cases}$，在 $x \to 1$ 时，$f(x)$ 的极限是：

A. 2 　　　　　　B. 3 　　　　　　C. 0 　　　　　　D. 不存在

1-2-13 设函数 $f(x) = (1-2x)^{\frac{1}{x}}$，当定义 $f(0)$ 为何值时，则 $f(x)$ 在 $x = 0$ 处连续？

A. e^2 　　　　　　B. e 　　　　　　C. e^{-2} 　　　　　　D. $e^{-\frac{1}{2}}$

1-2-14 设函数 $f(x) = \begin{cases} e^{-2x} + a & x \leq 0 \\ \lambda\ln(1+x) + 1 & x > 0 \end{cases}$，要使 $f(x)$ 在 $x = 0$ 处连续，则 a 的值是：

A. 0 　　　　　　B. 1 　　　　　　C. -1 　　　　　　D. λ

1-2-15 如果函数 $f(x) = \begin{cases} \frac{1}{x}\sin x & x < 0 \\ p & x = 0 \\ x\sin\frac{1}{x} + q & x > 0 \end{cases}$ 在 $x = 0$ 处连续，则 p、q 的值为：

A. $p = 0$，$q = 0$ 　　　　　　　　B. $p = 0$，$q = 1$

C. $p = 1$，$q = 0$ 　　　　　　　　D. $p = 1$，$q = 1$

1-2-16 下列命题正确的是：

A. 分段函数必存在间断点

B. 单调有界函数无第二类间断点

C. 在开区间内连续，则在该区间必取得最大值和最小值

D. 在闭区间上有间断点的函数一定有界

1-2-17 极限 $\lim\limits_{x \to 0}\frac{\ln(1-tx^2)}{x\sin x}$ 的值等于：

A. t 　　　　　　B. $-t$ 　　　　　　C. 1 　　　　　　D. -1

1-2-18 极限 $\lim\limits_{x \to 0}\frac{x^2\sin\frac{1}{x}}{|\sin x|}$ 的值是：

A. 1 　　　　　　B. 0 　　　　　　C. 2 　　　　　　D. 不存在

1-2-19 设 $f(x) = \begin{cases} \cos x + x\sin\frac{1}{x} & x < 0 \\ x^2 + 1 & x \geq 0 \end{cases}$，则 $x = 0$ 是 $f(x)$ 的：

A. 可去间断点 　　　　　　　　　　B. 跳跃间断点

C. 振荡间断点 　　　　　　　　　　D. 连续点

1-2-20 设函数 $f(x) = \begin{cases} \frac{4}{x+1} + a & 0 < x \leq 1 \\ k(x-1) + 3 & x > 1 \end{cases}$，要使 $f(x)$ 在点 $x = 1$ 处连续，则 a 的值应是：

A. -2　　　　　　B. -1　　　　　　C. 0　　　　　　D. 1

1-2-21 曲线$y = x^3 - 6x$上切线平行于x轴的点是：

A. $(0,0)$

B. $\left(\sqrt{2}, 1\right)$

C. $\left(-\sqrt{2}, 4\sqrt{2}\right)$和$\left(\sqrt{2}, -4\sqrt{2}\right)$

D. $(1,2)$和$(-1,2)$

1-2-22 设函数$f(x) = \begin{cases} \dfrac{2}{x^2+1} & x \leq 1 \\ ax + b & x > 1 \end{cases}$可导，则必有：

A. $a = 1,\ b = 2$

B. $a = -1,\ b = 2$

C. $a = 1,\ b = 0$

D. $a = -1,\ b = 0$

1-2-23 函数$y = \cos^2 \dfrac{1}{x}$在x处的导数是：

A. $\dfrac{1}{x^2} \sin \dfrac{2}{x}$

B. $-\sin \dfrac{2}{x}$

C. $-\dfrac{2}{x^2} \cos \dfrac{1}{x}$

D. $-\dfrac{1}{x^2} \sin \dfrac{2}{x}$

1-2-24 函数$y = \sin^2 \dfrac{1}{x}$在x处的导数$\dfrac{dy}{dx}$是：

A. $\sin \dfrac{2}{x}$　　B. $\cos \dfrac{1}{x}$　　C. $-\dfrac{1}{x^2} \sin \dfrac{2}{x}$　　D. $\dfrac{1}{x^2}$

1-2-25 设$f(x) = \begin{cases} x^2 \sin \dfrac{1}{x} & x > 0 \\ ax + b & x \leq 0 \end{cases}$在$x = 0$处可导，则$a$、$b$的值为：

A. $a = 1,\ b = 0$

B. $a = 0,\ b$为任意常数

C. $a = 0,\ b = 0$

D. $a = 1,\ b$为任意常数

1-2-26 设$\lim\limits_{\Delta x \to 0} \dfrac{f(x_0 + k\Delta x) - f(x_0)}{\Delta x} = \dfrac{1}{3} f'(x_0)$，则$k$的值是：

A. $\dfrac{1}{6}$　　　　　B. 1　　　　　　C. $\dfrac{1}{4}$　　　　　D. $\dfrac{1}{3}$

1-2-27 设函数$f(x) = \begin{cases} e^{-x} + 1 & x \leq 0 \\ ax + 2 & x > 0 \end{cases}$，若$f(x)$在$x = 0$处可导，则$a$的值是：

A. 1　　　　　　B. 2　　　　　　C. 0　　　　　　D. -1

1-2-28 已知函数在x_0处可导，且$\lim\limits_{x \to 0} \dfrac{x}{f(x_0 - 2x) - f(x_0)} = \dfrac{1}{4}$，则$f'(x_0)$的值是：

A. 4　　　　　　B. -4　　　　　　C. -2　　　　　　D. 2

1-2-29 函数$y = x + x|x|$，在$x = 0$处应：

A. 连续且可导　　B. 连续但不可导　　C. 不连续　　D. 以上均不对

1-2-30 设$\dfrac{d}{dx} f(x) = g(x)$，$h(x) = x^2$，则$\dfrac{d}{dx} f[h(x)]$等于：

A. $g(x^2)$　　B. $2xg(x)$　　C. $x^2 g(x^2)$　　D. $2xg(x^2)$

1-2-31 设曲线$y = e^{1-x^2}$与直线$x = -1$的交点为P，则曲线在点P处的切线方程是：

A. $2x - y + 2 = 0$

B. $2x + y + 1 = 0$

C. $2x + y - 3 = 0$

D. $2x - y + 3 = 0$

1-2-32 已知$\begin{cases} x = \dfrac{1-t^2}{1+t^2} \\ y = \dfrac{2t}{1+t^2} \end{cases}$，则$\dfrac{dy}{dx}$为：

A. $\frac{t^2-1}{2t}$　　　　B. $\frac{1-t^2}{2t}$　　　　C. $\frac{x^2-1}{2x}$　　　　D. $\frac{2t}{t^2-1}$

1-2-33 设参数方程 $\begin{cases} x = f(t) - \ln f(t) \\ y = t \cdot f(t) \end{cases}$，确定了 y 是 x 的函数，且 $f'(t)$ 存在，$f(0) = 2$，$f'(0) = 2$，则当 $t = 0$ 时，$\frac{\mathrm{d}y}{\mathrm{d}x}$ 的值等于：

A. $\frac{4}{3}$　　　　B. $-\frac{4}{3}$　　　　C. -2　　　　D. 2

1-2-34 已知 $f(x)$ 是二阶可导的函数，$y = e^{2f(x)}$，则 $\frac{\mathrm{d}^2 y}{\mathrm{d}x^2}$ 为：

A. $e^{2f(x)}$

B. $e^{2f(x)} f''(x)$

C. $e^{2f(x)}[2f'(x)]$

D. $2e^{2f(x)}\{2[f'(x)]^2 + f''(x)\}$

1-2-35 求极限 $\lim\limits_{x\to 0} \frac{x^2 \sin\frac{1}{x}}{\sin x}$ 时，下列各种解法中正确的是：

A. 用洛必达法则后，求得极限为 0

B. 因为 $\lim\limits_{x\to 0} \sin\frac{1}{x}$ 不存在，所以上述极限不存在

C. 原式 $= \lim\limits_{x\to 0} \frac{x}{\sin x} x \sin\frac{1}{x} = 0$

D. 因为不能用洛必达法则，故极限不存在

1-2-36 函数 $y = x\sqrt{a^2 - x^2}$ 在 x 点的导数是：

A. $\frac{a^2 - 2x^2}{\sqrt{a^2-x^2}}$

B. $\frac{1}{2\sqrt{a^2-x^2}}$

C. $\frac{-x}{2\sqrt{a^2-x^2}}$

D. $\sqrt{a^2 - x^2}$

1-2-37 函数 $y = \frac{x}{\sqrt{1-x^2}}$ 在 x 处的微分是：

A. $\frac{1}{(1-x^2)^{\frac{3}{2}}}\mathrm{d}x$

B. $2\sqrt{1-x^2}\mathrm{d}x$

C. $x\mathrm{d}x$

D. $\frac{1}{1-x^2}\mathrm{d}x$

1-2-38 已知由方程 $\sin y + xe^y = 0$，确定 y 是 x 的函数，则 $\frac{\mathrm{d}y}{\mathrm{d}x}$ 的值是：

A. $-\frac{e^y + \cos y}{xe^y}$　　B. $-\frac{xe^y}{\cos y}$　　C. $-\frac{e^y}{\cos y + xe^y}$　　D. $-\frac{\cos y}{xe^y}$

1-2-39 设参数方程 $\begin{cases} x = f'(t) \\ y = tf'(t) - f(t) \end{cases}$，确定了 y 是 x 的函数，$f''(t)$ 存在且不为零，则 $\frac{\mathrm{d}^2 y}{\mathrm{d}x^2}$ 的值是：

A. $-\frac{1}{f''(t)}$　　B. $\frac{1}{[f''(t)]^2}$　　C. $-\frac{1}{[f''(t)]^2}$　　D. $\frac{1}{f''(t)}$

1-2-40 已知曲线 L 的参数方程是 $\begin{cases} x = 2(t - \sin t) \\ y = 2(1 - \cos t) \end{cases}$，则曲线 L 上 $t = \frac{\pi}{2}$ 处的切线方程是：

A. $x + y = \pi$

B. $x - y = \pi - 4$

C. $x - y = \pi$

D. $x + y = \pi - 4$

1-2-41 过点 $M_0(-1,1)$ 且与曲线 $2e^x - 2\cos y - 1 = 0$ 上点 $\left(0, \frac{\pi}{3}\right)$ 的切线相垂直的直线方程是：

A. $y - \frac{\pi}{3} = \frac{\sqrt{3}}{2}x$

B. $y - \frac{\pi}{3} = -\frac{2}{\sqrt{3}}x$

C. $y - 1 = \frac{\sqrt{3}}{2}(x + 1)$

D. $y - 1 = -\frac{2}{\sqrt{3}}(x + 1)$

1-2-42 已知 $f\left(\frac{1}{x}\right) = xe^{-\frac{1}{x}}$，则 $\mathrm{d}f(x)$ 是：

A. $\frac{-(x+1)e^{-x}}{x^2}\mathrm{d}x$

B. $\frac{(x+1)e^{-x}}{x^2}\mathrm{d}x$

C. $\dfrac{-(x+1)e^{-x}}{x}\,\mathrm{d}x$　　　　　　　　　　　D. $\dfrac{(x+1)e^{-x}}{x}\,\mathrm{d}x$

1-2-43 设$f(x)$在$(-\infty,+\infty)$上是偶函数，若$f'(-x_0)=-K\neq 0$，则$f'(x_0)$等于：

　　A. $-K$　　　　　　B. K　　　　　　C. $-\dfrac{1}{K}$　　　　　　D. $\dfrac{1}{K}$

1-2-44 在区间$[0,8]$上，对函数$f(x)=\sqrt[3]{8x-x^2}$而言，下列中哪个结论是正确的？

　　A. 罗尔定理不成立　　　　　　　　　　B. 罗尔定理成立，且$\zeta=2$

　　C. 罗尔定理成立，且$\zeta=4$　　　　　　D. 罗尔定理成立，且$\zeta=8$

1-2-45 函数$f(x)=\dfrac{x+1}{x}$在$[1,2]$上符合拉格朗日定理条件的ζ值为：

　　A. $\sqrt{2}$　　　　　　B. $-\sqrt{2}$　　　　　　C. $\dfrac{1}{\sqrt{2}}$　　　　　　D. $-\dfrac{1}{\sqrt{2}}$

1-2-46 函数$f(x)=10\arctan x-3\ln x$的极大值是：

　　A. $10\arctan 2-3\ln 2$　　　　　　　B. $\dfrac{5}{2}\pi-3$

　　C. $10\arctan 3-3\ln 3$　　　　　　　D. $10\arctan\dfrac{1}{3}$

1-2-47 已知函数$f(x)=2x^3-6x^2+m$（m为常数）在$[-2,2]$上有最大值 3，则该函数在$[-2,2]$上的最小值是：

　　A. 3　　　　　　B. -5　　　　　　C. -40　　　　　　D. -37

1-2-48 曲线$y=x^3(x-4)$既单增又向上凹的区间为：

　　A. $(-\infty,0)$　　　B. $(0,+\infty)$　　　C. $(2,+\infty)$　　　D. $(3,+\infty)$

1-2-49 设一个三次函数的导数为x^2-2x-8，则该函数的极大值与极小值的差是：

　　A. -36　　　　　　B. 12　　　　　　C. 36　　　　　　D. 以上都不对

1-2-50 设$f(x)$在$(-\infty,+\infty)$二阶可导，$f'(x_0)=0$。问$f(x)$还要满足以下哪个条件，则$f(x_0)$必是$f(x)$的最大值？

　　A. $x=x_0$是$f(x)$的唯一驻点　　　　　B. $x=x_0$是$f(x)$的极大值点

　　C. $f''(x)$在$(-\infty,+\infty)$恒为负值　　　D. $f''(x_0)\neq 0$

1-2-51 点$(0,1)$是曲线$y=ax^3+bx+c$的拐点，则a、b、c的值分别为：

　　A. $a=1$，$b=-3$，$c=2$　　　　　　B. $a\neq 0$的实数，b为任意实数，$c=1$

　　C. $a=1$，$b=0$，$c=2$　　　　　　　D. $a=0$，b为任意实数，$c=1$

1-2-52 设$f(x)$在$(-\infty,+\infty)$上是奇函数，在$(0,+\infty)$上$f'(x)<0$，$f''(x)>0$，则在$(-\infty,0)$上必有：

　　A. $f'>0$，$f''>0$　　　　　　　　　B. $f'<0$，$f''<0$

　　C. $f'<0$，$f''>0$　　　　　　　　　D. $f'>0$，$f''<0$

1-2-53 设$y=f(x)$是(a,b)内的可导函数，x和$x+\Delta x$是(a,b)内的任意两点，则：

　　A. $\Delta y=f'(x)\Delta x$

　　B. 在x，$x+\Delta x$之间恰好有一点ξ，使$\Delta y=f'(\xi)\Delta x$

　　C. 在x，$x+\Delta x$之间至少有一点ξ，使$\Delta y=f'(\xi)\Delta x$

　　D. 在x，$x+\Delta x$之间任意一点ξ，使$\Delta y=f'(\xi)\Delta x$

1-2-54 函数$y=f(x)$在点$x=x_0$处取得极小值，则必有：

　　A. $f'(x_0)=0$　　　　　　　　　　　B. $f''(x_0)>0$

C. $f'(x_0) = 0$且$f''(x_0) > 0$ D. $f'(x_0) = 0$或导数不存在

1-2-55 函数$f(x) = \sin\left(x + \dfrac{\pi}{2} + \pi\right)$在区间$[-\pi, \pi]$上的最小值点$x_0$等于：

A. $-\pi$ B. 0 C. $\dfrac{\pi}{2}$ D. π

1-2-56 设函数$f(x)$在$(-\infty, +\infty)$上是偶函数，且在$(0, +\infty)$内有$f'(x) > 0$，$f''(x) > 0$，则在$(-\infty, 0)$内必有：

A. $f' > 0$，$f'' > 0$ B. $f' < 0$，$f'' > 0$

C. $f' > 0$，$f'' < 0$ D. $f' < 0$，$f'' < 0$

1-2-57 对于曲线$y = \dfrac{1}{5}x^5 - \dfrac{1}{3}x^3$，下列各形态不正确的是：

A. 有 3 个极值点   B. 有 3 个拐点

C. 有 2 个极值点   D. 对称原点

1-2-58 设函数$f(x) = \begin{cases} \dfrac{4}{x+1} + a & 0 < x \leq 1 \\ k(x-1) + 3 & x > 1 \end{cases}$，若$f(x)$在点$x = 1$处连续而且可导，则$k$的值是：

A. 2 B. -2 C. -1 D. 1

1-2-59 要使得函数$f(x) = \begin{cases} \dfrac{x \ln x}{1-x} & x > 0，且 x \neq 1 \\ a & x = 1 \end{cases}$在$(0, +\infty)$上连续，则常数$a$等于：

A. 0 B. 1 C. -1 D. 2

1-2-60 曲线$f(x) = xe^{-x}$的拐点是：

A. $(2, 2e^{-2})$ B. $(-2, -2e^2)$

C. $(-1, e)$ D. $(1, e^{-1})$

1-2-61 设$F(x) = \begin{cases} \dfrac{f(x)}{x} & x \neq 0 \\ f(0) & x = 0 \end{cases}$，其中$f(x)$在$x = 0$处可导，且$f'(0) \neq 0$，$f(0) = 0$，则$x = 0$是$F(x)$的：

A. 连续点   B. 第一类间断点

C. 第二类间断点   D. 以上都不是

1-2-62 设$f'(x) = [\varphi(x)]^2$，其中$\varphi(x)$在$(-\infty, +\infty)$恒为正值，其导数$\varphi'(x)$单调递减，且$\varphi'(x_0) = 0$，则：

A. $y = f(x)$所表示的曲线在$(x_0, f(x_0))$处有拐点

B. $x = x_0$是$y = f(x)$的极大值点

C. 曲线$y = f(x)$在$(-\infty, +\infty)$是凹的

D. x_0是$f(x)$在$(-\infty, +\infty)$上的最小值

题解及参考答案

1-2-1 **解：**用奇偶函数定义判定。有$f(-x) = -f(x)$成立，

$$f(-x) = \frac{e^{-3x} - 1}{e^{-3x} + 1} = \frac{1 - e^{3x}}{1 + e^{3x}} = -\frac{e^{3x} - 1}{e^{3x} + 1} = -f(x)$$

确定为奇函数。另外，由函数式可知定义域$(-\infty, +\infty)$，确定值域为$(-1, 1)$。

答案： C

1-2-2 解：方法 1，可通过画出函数图形判定（见解图）。

方法 2，求导数$f'(x) = \begin{cases} 1 & x > 0 \\ -2x & x < 0 \end{cases}$，在$(-\infty, +\infty)$内，$f'(x) > 0$。

答案： B

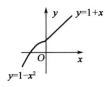

题 1-2-2 解图

1-2-3 解： 利用函数的奇偶性定义来判定。选项 A、B、D 均满足定义 $F(-x) = F(x)$，所以为偶函数，而 C 不满足，设$F(x) = [f(x)]^2$，$F(-x) = [f(-x)]^2$，因为$f(x)$是定义在$[-a, a]$上的任意函数，$f(x)$可以是奇函数，也可以是偶函数，也可以是非奇非偶函数，从而推不出$F(-x) = F(x)$或$F(-x) = -F(x)$。

答案： C

1-2-4 解： 通过求极限的结果来确定。

$$\lim_{x \to 0} \frac{x^2 + \sin x}{x} = \lim_{x \to 0} \left(x + \frac{\sin x}{x} \right) = 1$$

答案： D

1-2-5 解： 因为分子的极限$\lim_{x \to 2}(x - 2) = 0$，分母的极限$\lim_{x \to 2}(x^2 + ax + b)$只有为 0 时分式才会有极限。由$\lim_{x \to 2}(x^2 + ax + b) = 0$，得$4 + 2a + b = 0$，$b = -4 - 2a$，代入原式得：

$$\lim_{x \to 2} \frac{x - 2}{x^2 + ax + b} = \lim_{x \to 2} \frac{x - 2}{x^2 + ax - 4 - 2a} = \lim_{x \to 2} \frac{x - 2}{(x - 2)(x + 2 + a)}$$

$$= \lim_{x \to 2} \frac{1}{x + 2 + a} = \frac{1}{4 + a} = \frac{1}{8}$$

所以$a = 4$，$b = -12$。

答案： B

1-2-6 解： 利用公式，当$x \to \infty$时，有理分函数有极限为-2，所以分子的次数应为三次式，即x^4的系数为零，即$1 + a = 0$，$a = -1$，x^3的系数b为-2时，分式的极限为-2，求出a、b值，$a = -1$，$b = -2$。

答案： D

1-2-7 解： 将等式左边通分，利用多项式$x \to \infty$时的结论计算。

$$\lim_{x \to \infty} \left(\frac{ax^2 - 3}{x^2 + 1} + bx + 2 \right) = \lim_{x \to \infty} \frac{bx^3 + (a + 2)x^2 + bx - 1}{x^2 + 1} = \infty$$

只要最高次幂x^3的系数$b \neq 0$即可。

即$b \neq 0$，a可为任意实数。

答案： A

1-2-8 解： 利用无穷小的性质，无穷小量与有界函数乘积为无穷小量。

$$\lim_{x \to \infty} \frac{\sin x}{x} = \lim_{x \to \infty} \frac{1}{x} \cdot \sin x = 0$$

答案： B

1-2-9 解： 利用连续性的定义$\lim_{x \to 0} f(x) = f(0)$，计算如下：

$$\lim_{x \to 0} f(x) = \lim_{x \to 0} \left[(1 + kx)^{\frac{1}{kx}} \right]^{mk} = (e^k)^m = e^{mk}$$

而$f(0) = a$，所以$a = e^{mk}$。

答案：D

1-2-10　解：利用有界函数和无穷小乘积及第一重要极限计算。

$$原式 = \lim_{x \to 0}\left(x\sin\frac{1}{x} - \frac{\sin x}{x}\right) = 0 - 1 = -1$$

答案：A

1-2-11　解：通过举例说明。

设点 $x_0 = 0$，$f(x) = \begin{cases} 1 & x \geq 0 \\ 0 & x < 0 \end{cases}$，在 $x_0 = 0$ 间断，$g(x) = 0$，在 $x_0 = 0$ 连续，而 $f(x) \cdot g(x) = 0$，在 $x_0 = 0$ 连续。

设点 $x_0 = 0$，$f(x) = \begin{cases} 1 & x \geq 0 \\ 0 & x < 0 \end{cases}$，在 $x_0 = 0$ 间断，$g(x) = 1$，在 $x_0 = 0$ 连续，而 $f(x) \cdot g(x) = \begin{cases} 1 & x \geq 0 \\ 0 & x < 0 \end{cases}$，在 $x_0 = 0$ 间断。

答案：D

1-2-12　解：计算 $f(x)$ 在 $x = 1$ 的左、右极限：

$$\lim_{x \to 1^+} f(x) = \lim_{x \to 1^+}(4 - x) = 3, \quad \lim_{x \to 1^-} f(x) = \lim_{x \to 1^-} 2x = 2$$

$$\lim_{x \to 1^+} f(x) \neq \lim_{x \to 1^-} f(x)$$

答案：D

1-2-13　解：利用函数在一点连续的定义，计算 $\lim_{x \to 0} f(x)$ 极限值，确定 $f(0)$ 的值。$\lim_{x \to 0}(1 - 2x)^{\frac{1}{x}} = e^{-2}$，定义 $f(0) = e^{-2}$ 时，就有 $\lim_{x \to 0} f(x) = f(0)$ 成立，$f(x)$ 在 $x = 0$ 处连续。

答案：C

1-2-14　解：分段函数在分界点连续，要满足 $\lim_{x \to x_0^+} f(x) = \lim_{x \to x_0^-} f(x) = f(x_0)$。

求出 $f(0) = 1 + a$，$\lim_{x \to 0^-} f(x) = \lim_{x \to 0^-}(a + e^{-2x}) = a + 1$，$\lim_{x \to 0^+} f(x) = \lim_{x \to 0^+}[\lambda\ln(1 + x) + 1] = 1$

所以 $a = 0$。

答案：A

1-2-15　解：利用函数在 $x = 0$ 点连续的定义 $f(x + 0) = f(x - 0) = f(0)$，求 p、q 值。

$f(0 + 0) = \lim_{x \to 0^+} f(x) = \lim_{x \to 0^+}\left(x\sin\frac{1}{x} + q\right) = q$，$f(0 - 0) = \lim_{x \to 0^-} f(x) = \lim_{x \to 0^-}\frac{1}{x}\sin x = 1$，$f(0) = p$，

求出 $p = q = 1$。

答案：D

1-2-16　解：通过题中给出的命题，较容易判断选项 A、C、D 是错误的。

对于选项 B，给出条件"有界"，函数不含有无穷间断点，给出条件单调函数不会出现振荡间断点，从而可判定函数无第二类间断点。

答案：B

1-2-17　解：利用等价无穷小量替换。当 $x \to 0$ 时，$\ln(1 - tx^2) \sim -tx^2$，$x\sin x \sim x \cdot x$，再求极限，即

$$\lim_{x \to 0}\frac{\ln(1 - tx^2)}{x\sin x} = \lim_{x \to 0}\frac{-tx^2}{x \cdot x} = -t$$

答案：B

1-2-18 解： 求出当$x \to 0^+$及$x \to 0^-$时的极限值。

$$\lim_{x \to 0^+} \frac{x^2 \sin\frac{1}{x}}{|\sin x|} = \lim_{x \to 0^+} \frac{x \cdot x \sin\frac{1}{x}}{\sin x} = 1 \times 0 = 0, \quad \lim_{x \to 0^-} \frac{x \cdot x \sin\frac{1}{x}}{-\sin x} = -1 \times 0 = 0$$

答案： B

1-2-19 解： 求$x \to 0^+$、$x \to 0^-$时函数的极限值，利用可去间断点、跳跃间断点、振荡间断点、连续点定义判定，计算如下：

$$\lim_{x \to 0^-} \left(\cos x + x \sin\frac{1}{x} \right) = 1 + 0 = 1, \quad \lim_{x \to 0^+} (x^2 + 1) = 1, \ f(0) = 1$$

故$\lim_{x \to 0^+} f(x) = \lim_{x \to 0^-} f(x) = f(0)$，在$x = 0$处连续。

答案： D

1-2-20 解： 利用函数在一点连续的定义，通过计算$\lim_{x \to 1^+} f(x)$、$\lim_{x \to 1^-} f(x)$及$f(1)$的值确定a值。因为$f(x)$在$x = 1$处连续，则$\lim_{x \to 1^+} f(x) = \lim_{x \to 1^-} = f(1)$。$f(1) = 2 + a$，$\lim_{x \to 1^-} f(x) = \lim_{x \to 1^-} \left(\frac{4}{x+1} + a \right) = 2 + a$，$\lim_{x \to 1^+} f(x) = \lim_{x \to 1^+} [k(x-1) + 3] = 3$，所以$a = 1$。

答案： D

1-2-21 解： x轴的斜率$k = 0$，在曲线$y = x^3 - 6x$上找出一点在该点切线的斜率也为$k = 0$，对函数$y = x^3 - 6x$求导。

$y' = 3x^2 - 6$，令$3x^2 - 6 = 0$，得$x = \pm\sqrt{2}$。

当$x = \sqrt{2}$时，$y_1 = -4\sqrt{2}$；当$x = -\sqrt{2}$时，$y_2 = 4\sqrt{2}$。

答案： C

1-2-22 解： 根据给出的条件可知，函数在$x = 1$可导，则在$x = 1$必连续。就有$\lim_{x \to 1^+} f(x) = \lim_{x \to 1^-} f(x) = f(1)$成立，得到$a + b = 1$。

再通过给出条件在$x = 1$可导，即有$f'_+(1) = f'_-(1)$成立，利用定义计算$f(x)$在$x = 1$处左右导数：

$$f'_-(1) = \lim_{x \to 1^-} \frac{f(x) - f(1)}{x - 1} = \lim_{x \to 1^-} \frac{\frac{2}{x^2 + 1} - 1}{x - 1} = \lim_{x \to 1^-} \frac{1 - x^2}{(x^2 + 1)(x - 1)} = -1$$

$$f'_+(1) = \lim_{x \to 1^+} \frac{f(x) - f(1)}{x - 1} = \lim_{x \to 1^+} \frac{ax + b - 1}{x - 1} = \lim_{x \to 1^+} \frac{ax - a}{x - 1} = a$$

则$a = -1$，$b = 2$。

答案： B

1-2-23 解： 利用复合函数求导公式计算，本题由$y = u^2$，$u = \cos v$，$v = \frac{1}{x}$复合而成。

$$\frac{dy}{dx} = 2u \cdot (-\sin v)\left(-\frac{1}{x^2}\right) = 2\cos\frac{1}{x} \cdot \sin\frac{1}{x} \cdot \frac{1}{x^2} = \frac{1}{x^2}\sin\frac{2}{x}$$

答案： A

1-2-24 解： 利用复合函数导数计算公式：$y' = 2\sin\frac{1}{x} \cdot \cos\frac{1}{x} \cdot \left(-\frac{1}{x^2}\right) = -\frac{1}{x^2}\sin\frac{2}{x}$。

答案： C

1-2-25 解： 函数在一点可导必连续。利用在一点连续、可导定义，计算如下：

$f(x)$在$x = 0$处可导，$f(x)$在$x = 0$处连续，即有$\lim\limits_{x \to 0^+} f(x) = \lim\limits_{x \to 0^-} f(x) = f(0)$，$\lim\limits_{x \to 0^+} x^2 \sin\frac{1}{x} = 0$，$\lim\limits_{x \to 0^-}(ax + b) = b$，$f(0) = b$。

故$b = 0$。

又因$f(x)$在$x = 0$处可导，即$f'_+(0) = f'_-(0)$，则：

$$f'_+(0) = \lim\limits_{x \to 0^+} \frac{x^2 \sin\frac{1}{x} - b}{x - 0} = \lim\limits_{x \to 0^+} x \sin\frac{1}{x} = 0, \quad f'_-(0) = \lim\limits_{x \to 0^-} \frac{ax + b - b}{x - 0} = \lim\limits_{x \to 0^-} a = a$$

故$a = 0$。

答案：C

1-2-26 **解**：利用函数在一点导数的定义计算。

$$原式 = \lim\limits_{\Delta x \to 0} \frac{f(x_0 + k\Delta x) - f(x_0)}{k\Delta x} \cdot k = kf'(x_0) = \frac{1}{3}f'(x_0)$$

求出$k = \frac{1}{3}$。

答案：D

1-2-27 **解**：已知$f(x)$在$x = 0$处可导，要满足$f'_+(0) = f'_-(0)$。

计算$f(0) = 2$，$f'_+(0) = \lim\limits_{x \to 0^+} \frac{f(x) - f(0)}{x - 0} = \lim\limits_{x \to 0^+} \frac{ax + 2 - 2}{x} = a$

$$f'_-(0) = \lim\limits_{x \to 0^-} \frac{f(x) - f(0)}{x - 0} = \lim\limits_{x \to 0^-} \frac{e^{-x} + 1 - 2}{x} = \lim\limits_{x \to 0^-} \frac{e^{-x} - 1}{x} = \lim\limits_{x \to 0^-} \frac{-x}{x} = -1$$

得$a = -1$（当$x \to 0$，$e^{-x} - 1 \sim -x$）。

答案：D

1-2-28 **解**：用导数定义计算。

$$原式 = \lim\limits_{x \to 0} \frac{1}{\frac{f(x_0 - 2x) - f(x_0)}{x}} = \lim\limits_{x \to 0} \frac{1}{\frac{f(x_0 - 2x) - f(x_0)}{-2x} \times (-2)} = \frac{1}{-2f'(x_0)} = \frac{1}{4}$$

故$f'(x_0) = -2$。

答案：C

1-2-29 **解**：$y = x + x|x| = \begin{cases} x + x^2 & x \geq 0 \\ x - x^2 & x < 0 \end{cases}$，利用连续、可导的定义判定。计算如下：

$$\lim\limits_{x \to 0^+} f(x) = \lim\limits_{x \to 0^+}(x + x^2) = 0, \quad \lim\limits_{x \to 0^-} f(x) = \lim\limits_{x \to 0^-}(x - x^2) = 0, \quad f(0) = 0$$

故$x = 0$处连续。

$$f'_+(0) = \lim\limits_{x \to 0^+} \frac{x + x^2 - 0}{x - 0} = \lim\limits_{x \to 0^+}(1 + x) = 1$$

$$f'_-(0) = \lim\limits_{x \to 0^-} \frac{x - x^2 - 0}{x - 0} = \lim\limits_{x \to 0^-}(1 - x) = 1$$

故$x = 0$处可导。

答案：A

1-2-30 **解**：利用复合函数导数公式，计算如下：

$$\frac{\mathrm{d}}{\mathrm{d}x} f[h(x)] = g[h(x)]\frac{\mathrm{d}h}{\mathrm{d}x} = g(x^2) \cdot 2x = 2xg(x^2)$$

答案：D

1-2-31　解： 求出曲线 $y = e^{1-x^2}$ 和直线 $x = -1$ 交点，把 $x = -1$ 代入 $y = e^{1-x^2}$ 得 $y = 1$，P 的坐标 $(-1, 1)$。对函数 y 求导，$\dfrac{dy}{dx} = e^{1-x^2} \cdot (-2x) = -2xe^{1-x^2}$，$\dfrac{dy}{dx}\Big|_{x=-1} = 2$。斜率 $k = 2$，利用点斜式写出切线方程 $y - 1 = 2(x + 1)$，即 $2x - y + 3 = 0$。

答案： D

1-2-32　解： 利用参数方程的导数计算公式 $\dfrac{dy}{dx} = \dfrac{\frac{dy}{dt}}{\frac{dx}{dt}}$，计算如下：

$$\frac{dy}{dt} = \frac{2(1 - t^2)}{(1 + t^2)^2}, \quad \frac{dx}{dt} = \frac{-4t}{(1 + t^2)^2}$$

故 $\dfrac{dy}{dx} = \dfrac{t^2 - 1}{2t}$

答案： A

1-2-33　解： 利用参数方程导数公式计算出 $\dfrac{dy}{dx}$，代入 $t = 0$，得到 $t = 0$ 时的 $\dfrac{dy}{dx}$ 值。计算如下：

$$\frac{dy}{dt} = f(t) + tf'(t), \quad \frac{dx}{dt} = f'(t) - \frac{f'(t)}{f(t)}$$

$$\frac{dy}{dx} = \frac{\frac{dy}{dt}}{\frac{dx}{dt}} = \frac{f(t) + tf'(t)}{f'(t) - \frac{f'(t)}{f(t)}}, \quad \frac{dy}{dx}\Bigg|_{\substack{t = 0 \\ f(0) = 2 \\ f'(0) = 2}} = \frac{2}{1} = 2$$

答案： D

1-2-34　解： 计算抽象函数的复合函数的二次导数：

$$y' = e^{2f(x)} \cdot 2f'(x) = 2f'(x)e^{2f(x)}$$

$$y'' = 2[f''(x)e^{2f(x)} + f'(x) \cdot e^{2f(x)} \cdot 2f'(x)] = 2e^{2f(x)}\{f''(x) + 2[f'(x)]^2\}$$

答案： D

1-2-35　解： 分析题目给出的解法，选项 A、B、D 均不正确。

正确的解法为选项 C，原式 $= \lim\limits_{x \to 0} \dfrac{x}{\sin x} x \sin \dfrac{1}{x} = 1 \times 0 = 0$。

因 $\lim\limits_{x \to 0} \dfrac{x}{\sin x} = 1$，第一重要极限；而 $\lim\limits_{x \to 0} x \sin \dfrac{1}{x} = 0$ 为无穷小量乘有界函数极限。

答案： C

1-2-36　解： 利用两函数乘积的导数公式计算。

$$y' = x' \cdot \sqrt{a^2 - x^2} + x\left(\sqrt{a^2 - x^2}\right)' = \frac{a^2 - 2x^2}{\sqrt{a^2 - x^2}}$$

答案： A

1-2-37　解： $y = f(x)$，$dy = f'(x)dx$，计算 $y = f(x)$ 的导数。

$$y' = \left(\frac{x}{\sqrt{1 - x^2}}\right)' = \frac{\sqrt{1 - x^2} + \frac{x^2}{\sqrt{1 - x^2}}}{1 - x^2} = \frac{1 - x^2 + x^2}{(1 - x^2)^{\frac{3}{2}}} = \frac{1}{(1 - x^2)^{\frac{3}{2}}}$$

即 $dy = \dfrac{1}{(1 - x^2)^{\frac{3}{2}}}dx$

答案： A

1-2-38　解： 式子两边对 x 求导，把式子中的 y 看作是 x 的函数，计算如下：

$$\cos y \frac{dy}{dx} + e^y + xe^y \frac{dy}{dx} = 0$$

解出 $\dfrac{dy}{dx} = -\dfrac{e^y}{\cos y + xe^y}$

本题也可用二元隐函数的方法计算，$F(x, y) = 0$，$\dfrac{dy}{dx} = -\dfrac{F_x}{F_y}$。

答案： C

1-2-39 解： 利用参数方程求导公式求出 $\dfrac{\mathrm{d}y}{\mathrm{d}x}$；求二阶导数时，先对 t 求导后，再乘 t 对 x 的导数。计算如下：

$$\frac{\mathrm{d}x}{\mathrm{d}t} = f''(t), \quad \frac{\mathrm{d}y}{\mathrm{d}t} = f'(t) + tf''(t) - f'(t) = tf''(t)$$

$$\frac{\mathrm{d}y}{\mathrm{d}x} = \frac{\dfrac{\mathrm{d}y}{\mathrm{d}t}}{\dfrac{\mathrm{d}x}{\mathrm{d}t}} = \frac{tf''(t)}{f''(t)} = t, \quad \frac{\mathrm{d}^2 y}{\mathrm{d}x^2} = (t)' \cdot \frac{\mathrm{d}t}{\mathrm{d}x} = 1 \cdot \frac{1}{\dfrac{\mathrm{d}x}{\mathrm{d}t}} = \frac{1}{f''(t)}$$

答案： D

1-2-40 解： $t = \dfrac{\pi}{2}$ 对应点 $M_0(\pi - 2, 2)$，参数方程求导，$\dfrac{\mathrm{d}y}{\mathrm{d}x} = \dfrac{\sin t}{1 - \cos t}$，斜率 $k = \dfrac{\sin t}{1 - \cos t}\Big|_{t = \frac{\pi}{2}} = 1$，利用点斜式写出切线方程 $y - 2 = 1 \cdot (x - \pi + 2)$，即 $x - y = \pi - 4$。

答案： B

1-2-41 解： 求隐函数导数，对 $2e^x - 2\cos y - 1 = 0$ 求导，则 $2e^x - 2(-\sin y)\dfrac{\mathrm{d}y}{\mathrm{d}x} = 0$，即 $\dfrac{\mathrm{d}y}{\mathrm{d}x} = \dfrac{-2e^x}{2\sin y}$，得 $\dfrac{\mathrm{d}y}{\mathrm{d}x} = -\dfrac{e^x}{\sin y}$，切线斜率 $= -\dfrac{e^x}{\sin y}\Big|_{\left(0, \frac{\pi}{3}\right)} = -\dfrac{2}{\sqrt{3}}$，法线斜率 $\dfrac{\sqrt{3}}{2}$，再利用点斜式求出直线方程，即 $y - 1 = \dfrac{\sqrt{3}}{2}(x + 1)$。

答案： C

1-2-42 解： 把 $f\left(\dfrac{1}{x}\right) = xe^{-\frac{1}{x}}$ 化为 $f(x)$ 形式。

设 $\dfrac{1}{x} = t$，$x = \dfrac{1}{t}$，代入 $f(t) = \dfrac{1}{t}e^{-t}$，即 $f(x) = \dfrac{1}{x}e^{-x}$，求微分：

$$\mathrm{d}f(x) = \left(-\frac{1}{x^2}e^{-x} - \frac{1}{x}e^{-x}\right)\mathrm{d}x = \frac{-(x+1)e^{-x}}{x^2}\mathrm{d}x$$

答案： A

1-2-43 解： 利用结论"偶函数的导函数为奇函数"计算。

$f(-x) = f(x)$，求导，有 $-f'(-x) = f'(x)$，即 $f'(-x) = -f'(x)$。

将 $x = x_0$ 代入，得 $f'(-x_0) = -f'(x_0)$，已知 $f'(-x_0) = -K$，解出 $f'(x_0) = K$。

答案： B

1-2-44 解： 验证函数是否满足罗尔定理的条件，利用罗尔定理结论求出 ζ 值如下。

$f(x)$ 在 $[0,8]$ 上连续，在 $(0,8)$ 内可导，且 $f(0) = f(8) = 0$，函数满足罗尔定理条件。利用罗尔定理结论，在 $(0,8)$ 之间至少存在一点使

$$f'(x)\big|_{x=\zeta} = \frac{1}{3}\frac{8 - 2x}{\sqrt[3]{(8x - x^2)^2}}\Bigg|_{x=\zeta} = \frac{8 - 2\zeta}{3\sqrt[3]{(8\zeta - \zeta^2)^2}} = 0$$

即 $8 - 2\zeta = 0$，$\zeta = 4$。

答案： C

1-2-45 解： 验证函数满足拉格朗日定理的条件，利用它的结论求出 ζ 值。$f(x)$ 在 $[1,2]$ 上连续，在 $(1,2)$ 可导。利用拉格朗日中值定理结论，即有

$$f(2) - f(1) = f'(\zeta)(2 - 1), \quad \frac{3}{2} - 2 = -\frac{1}{x^2}\Big|_{x=\zeta}, \quad \frac{1}{2} = \frac{1}{\zeta^2}$$

得 $\zeta = \sqrt{2}$

答案： A

1-2-46 解： 函数的定义域 $(0, +\infty)$，求驻点，用驻点分割定义域，确定极大值。计算如下：

$$y' = \frac{10}{1+x^2} - \frac{3}{x} = \frac{10x - 3 - 3x^2}{x(1+x^2)} = \frac{(x-3)(-3x+1)}{x(1+x^2)} = \frac{-3\left(x - \frac{1}{3}\right)(x-3)}{x(1+x^2)}$$

驻点 $x = \frac{1}{3}$，$x = 3$，确定驻点邻近两侧 y' 符号。

当 $0 < x < \frac{1}{3}$ 时，$y' < 0$；当 $\frac{1}{3} < x < 3$ 时，$y' > 0$；当 $x > 3$ 时，$y' < 0$。

所以在 $x = 3$ 时，函数 $f(x)$ 取得极大值，$f_{极大}(3) = 10\arctan 3 - 3\ln 3$。

答案： C

1-2-47 解： 已知最大值为 3，经以下计算得 $m = 3$。

计算 $f(x) = 2x^3 - 6x^2 + m$，$f'(x) = 6x^2 - 12x = 6x(x-2) = 0$

得驻点 $x = 0$，$x = 2$，端点 $x = -2$

计算 $x = -2$、0、2 点处函数值：$f(-2) = -40 + m$，$f(0) = m$，$f(2) = -8 + m$

可知 $f_{\max}(0) = m$，$f_{\min}(-2) = -40 + m$

由已知 $f_{\max}(0) = 3 = m$，得 $m = 3$，所以 $f_{\min}(-2) = -40 + 3 = -37$

答案： D

1-2-48 解： $y = x^4 - 4x^3$

$$y' = 4x^3 - 12x^2, \quad y'' = 12x^2 - 24x$$

$y' = 4x^2(x-3)$，令 $y' = 0$，得 $x = 0$，$x = 3$

$y'' = 12x(x-2)$，令 $y'' = 0$，得 $x = 0$，$x = 2$

列表：

题 1-2-48 解表

x	$(-\infty, 0)$	0	$(0,2)$	2	$(2,3)$	3	$(3,+\infty)$
y'	$-$	0	$-$	$-$	$-$	0	$+$
y''	$+$	0	$-$	0	$+$	$+$	$+$

函数的单增区间为 $(3, +\infty)$，凹区间为 $(-\infty, 0)$，$(2, +\infty)$，故符合条件的区间为 $(3, +\infty)$。

答案： D

1-2-49 解： 设三次函数 $f(x)$ 的导函数 $f'(x)$ 为 $x^2 - 2x - 8$，已知 $f'(x) = x^2 - 2x - 8$，令 $f'(x) = 0$，求驻点，确定函数极大值、极小值。

解法如下：

$f'(x) = (x-4)(x+2)$，令 $f'(x) = 0$，则 $x_1 = 4$，$x_2 = -2$，$f(x) = \int f'(x)\mathrm{d}x = \frac{1}{3}x^3 - x^2 - 8x + C$。

经计算，$\begin{cases} f(-2) = -\frac{8}{3} - 4 + 16 + C \\ f(4) = \frac{64}{3} - 16 - 32 + C \end{cases}$

当 $-2 < x < 4$ 时，$f'(x) < 0$；当 $x < -2$ 时，$f'(x) > 0$；当 $x = -2$ 时，$f(x)$ 取得极大值。当 $-2 < x < 4$ 时，$f'(x) < 0$；当 $x > 4$ 时，$f'(x) > 0$；当 $x = 4$ 时，$f(x)$ 取得极小值。

$$f(-2) - f(4) = 9\frac{1}{3} - \left(-26\frac{2}{3}\right) = 36$$

答案： C

1-2-50 解： $f''(x)$ 在 $(-\infty, +\infty)$ 恒为负值，得出函数 $f(x)$ 图形在 $(-\infty, +\infty)$ 是向上凸，由 $f''(x)$ 在 $(-\infty, +\infty)$ 恒为负值，推出 $f'(x)$ 在 $(-\infty, +\infty)$ 单减，又知 $f'(x_0) = 0$。故当 $x < x_0$ 时，$f'(x) > 0$；$x > x_0$ 时，$f'(x) < 0$。所以 $f(x_0)$ 取得极大值。且 $f''(x_0) < 0$，所以 $f(x_0)$ 是 $f(x)$ 的最大值。

答案：C

1-2-51 解： 利用拐点的性质和计算方法计算。如(0,1)是曲线拐点，点在曲线上，代入方程有$1 = c$，另外，若$a = 0$，曲线$y = bx + c$为一条直线，无拐点，所以$a \neq 0$。

当$a \neq 0$时，$y'' = 6ax$，令$y'' = 0$，$x = 0$，在$x = 0$两侧y''异号。

答案：B

1-2-52 解：方法 1，已知$f(x)$在$(-\infty, +\infty)$上为奇函数，图形关于原点对称，由已知条件$f(x)$在$(0, +\infty)$，$f' < 0$单减，$f'' > 0$凹向，即$f(x)$在$(0, +\infty)$画出的图形为凹减，从而可推出关于原点对称的函数在$(-\infty, 0)$应为凸减，因而$f' < 0$，$f'' < 0$。

方法 2，由已知条件$f(x)$在$(-\infty, +\infty)$为奇函数，即$-f(-x) = f(x)$，两边求导可得$f'(-x) = f'(x)$，$-f''(-x) = f''(x)$，则当$x \in (0, +\infty)$，$f'(x) < 0$，$f''(x) > 0$，可得$x \in (-\infty, 0)$时，$-x \in (0, +\infty)$，$f'(x) = f'(-x) < 0$，$f''(x) = -f''(-x) < 0$。

答案：B

1-2-53 解： 利用拉格朗日中值定理计算，$f(x)$在$[x, x + \Delta x]$连续，在$(x, x + \Delta x)$可导，则有$f(x + \Delta x) - f(x) = f'(\xi)\Delta x$，即$\Delta y = f'(\xi)\Delta x$（至少存在一点$\xi$，$x < \xi < x + \Delta x$）。

答案：C

1-2-54 解： 已知$y = f(x)$在$x = x_0$处取得极小值，但在题中$f(x)$是否具有一阶、二阶导数，均未说明，从而选项 A、B、C 就不一定成立。选项 D 包含了在$x = x_0$可导或不可导两种情况，如$y = |x|$在$x = 0$处导数不存在，但函数$y = |x|$在$x = 0$取得极小值。

答案：D

1-2-55 解： 本题考查三角函数的基本性质，可以采用求导的方法直接求出。

$$f(x) = \sin\left(x + \frac{\pi}{2} + \pi\right) = -\cos x$$

注：公式$\sin\left(\frac{3}{2}\pi + x\right) = -\cos x$。

x：$[-\pi, \pi]$

$f'(x) = \sin x$，$f'(x) = 0$，即$\sin x = 0$，$x = 0$，$-\pi$，π为驻点

则$f(0) = -\cos 0 = -1$，$f(-\pi) = -\cos(-\pi) = 1$，$f(\pi) = -\cos\pi = 1$

所以$x = 0$，函数取得最小值，最小值点$x_0 = 0$

或者，通过作图（见解图），可以看出在$[-\pi, \pi]$上的最小值点$x_0 = 0$。

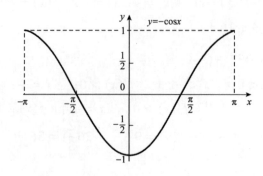

题 1-2-55 解图

答案：B

1-2-56　解：方法 1，已知$f(x)$在$(-\infty,+\infty)$上是偶函数，函数图像关于y轴对称，已知函数在$(0,+\infty)$，$f'(x)>0$，$f''(x)>0$表明在$(0,+\infty)$上函数图像为单增且凹向，由对称性可知，$f(x)$在$(-\infty,0)$单减且凹向，所以$f'(x)<0$，$f''(x)>0$。

方法 2，$f(x)$在$(-\infty,+\infty)$上是偶函数，故$f(-x)=f(x)$，可得$-f'(-x)=f'(x)$，$f''(-x)=f''(x)$。所以，当$x\in(-\infty,0)$时，$-x\in(0,+\infty)$，$f'(x)=-f'(-x)<0$，$f''(x)=f''(-x)>0$。

答案： B

1-2-57　解： 通过计算$f(x)$的极值点确定。

$$y'=x^4-x^2=x^2(x^2-1)=x^2(x+1)(x-1)$$

令$y'=0$，求驻点$x_1=0$，$x_2=1$，$x_3=-1$

利用驻点将定义域分割为$(-\infty,-1)$、$(-1,0)$、$(0,1)$、$(1,+\infty)$。

题 1-2-57 解表

x	$(-\infty,-1)$	-1	$(-1,0)$	0	$(0,1)$	1	$(1,+\infty)$
$f'(x)$	+	0	−	0	−	0	+
$f(x)$	↗	极大	↘	无极值	↘	极小	↗

函数只有 2 个极值点，选项 C 成立，选项 A 不正确。

还可判定选项 B、D 成立。

答案： A

1-2-58　解： 利用函数在一点连续且可导的定义确定k值。计算如下：

因$x=1$连续，$\lim\limits_{x\to1^+}[k(x-1)+3]=3$，$\lim\limits_{x\to1^-}\left(\dfrac{4}{x+1}+a\right)=2+a$，$f(1)=2+a$

故$2+a=3$，$a=1$。

$$f'_+(1)=\lim_{x\to1^+}\frac{k(x-1)+3-(2+a)}{x-1}=\lim_{x\to1^+}\frac{k(x-1)}{x-1}=k$$

$$f'_-(1)=\lim_{x\to1^-}\frac{\dfrac{4}{x+1}+a-(2+a)}{x-1}=\lim_{x\to1^-}\frac{-2(x-1)}{(x+1)(x-1)}=\lim_{x\to1^-}\frac{-2}{x+1}=-1$$

$$k=-1$$

答案： C

1-2-59　解： 本题考查分段函数的连续性问题。

要求在分段点$x=1$处函数的极限值等于该点的函数值，$f(1)=a$，则：

$$\lim_{x\to1}\frac{x\ln x}{1-x}\overset{\frac{0}{0}型}{=\!=\!=}\lim_{x\to1}\frac{(x\ln x)'}{(1-x)'}=\lim_{x\to1}\frac{1\cdot\ln x+x\cdot\dfrac{1}{x}}{-1}=-1$$

而$\lim\limits_{x\to1}\dfrac{x\ln x}{1-x}=f(1)=a\Rightarrow a=-1$

答案： C

1-2-60　解： 本题考查函数拐点的求法。

求解函数拐点即求函数的二阶导数为 0 的点，因此有：

$$f'(x)=e^{-x}-xe^{-x}$$

$$f''(x)=xe^{-x}-2e^{-x}=(x-2)e^{-x}$$

令$f''(x) = 0$，解出$x = 2$

当$x \in (-\infty, 2)$时，$f''(x) < 0$；当$x \in (2, +\infty)$时，$f''(x) > 0$

所以拐点为$(2, 2e^{-2})$。

答案： A

1-2-61 解： $\lim\limits_{x \to 0} F(x) = \lim\limits_{x \to 0} \frac{f(x)}{x} = \lim\limits_{x \to 0} \frac{f(x) - f(0)}{x - 0} = f'(0) \neq 0$

而$F(0) = f(0) = 0$，所以$\lim\limits_{x \to 0} F(x) \neq F(0)$

所以$x = 0$是$F(x)$的第一类间断点。

答案： B

1-2-62 解： 由已知条件可知$f'(x) = [\varphi(x)]^2 = 0$，$f''(x) = 2\varphi(x)\varphi'(x)$

因为$\varphi'(x)$单调递减，且$\varphi'(x_0) = 0$

当$x < x_0$时，$\varphi'(x) > 0$；当$x > x_0$时，$\varphi'(x) < 0$

所以，当$x < x_0$时，$f''(x) = 2\varphi(x)\varphi'(x) > 0$；当$x > x_0$时，$f''(x) = 2\varphi(x)\varphi'(x) < 0$

即$(x_0, f(x_0))$为曲线$y = f(x)$的拐点。

答案： A

（三）一元函数积分学

1-3-1 若函数$f(x)$的一个原函数是e^{-2x}，则$\int f''(x)\mathrm{d}x$等于：

A. $e^{-2x} + C$ 　　　　　　　　B. $-2e^{-2x}$

C. $-2e^{-2x} + C$ 　　　　　　　D. $4e^{-2x} + C$

1-3-2 $\int \frac{\cos 2x}{\sin^2 x \cos^2 x}\mathrm{d}x$等于：

A. $\cot x - \tan x + C$ 　　　　　B. $\cot x + \tan x + C$

C. $-\cot x - \tan x + C$ 　　　　D. $-\cot x + \tan x + C$

1-3-3 若在区间(a, b)内，$f'(x) = g'(x)$，则下列等式中错误的是：

A. $f(x) = Cg(x)$ 　　　　　　　B. $f(x) = g(x) + C$

C. $\int \mathrm{d}f(x) = \int \mathrm{d}g(x)$ 　　　　D. $\mathrm{d}f(x) = \mathrm{d}g(x)$

1-3-4 下列函数中，哪一个不是$f(x) = \sin 2x$的原函数？

A. $3\sin^2 x + \cos 2x - 3$ 　　　B. $\sin^2 x + 1$

C. $\cos 2x - 3\cos^2 x + 3$ 　　　D. $\frac{1}{2}\cos 2x + \frac{5}{2}$

1-3-5 下列等式中哪一个可以成立？

A. $\mathrm{d}\int f(x)\mathrm{d}x = f(x)$ 　　　　B. $\mathrm{d}\int f(x)\mathrm{d}x = f(x)\mathrm{d}x$

C. $\frac{\mathrm{d}}{\mathrm{d}x}\int f(x)\mathrm{d}x = f(x) + C$ 　　D. $\frac{\mathrm{d}}{\mathrm{d}x}\int f(x)\mathrm{d}x = f(x)\mathrm{d}x$

1-3-6 如果$\int \mathrm{d}f(x) = \int \mathrm{d}g(x)$，则下列各式中哪一个不一定成立？

A. $f(x) = g(x)$ 　　　　　　　　B. $f'(x) = g'(x)$

C. $\mathrm{d}f(x) = \mathrm{d}g(x)$ 　　　　D. $\mathrm{d}\int f'(x)\mathrm{d}x = \mathrm{d}\int g'(x)\mathrm{d}x$

1-3-7 如果$\int f(x)e^{-\frac{1}{x}}\mathrm{d}x = -e^{-\frac{1}{x}} + C$，则函数$f(x)$等于：

A. $-\frac{1}{x}$ B. $-\frac{1}{x^2}$ C. $\frac{1}{x}$ D. $\frac{1}{x^2}$

1-3-8 $\int f(x)\mathrm{d}x = \ln x + C$，则 $\int \cos x f(\cos x)\mathrm{d}x$ 等于：

A. $\cos x + C$ B. $x + C$ C. $\sin x + C$ D. $\ln\cos x + C$

1-3-9 若 $\int f(x)\mathrm{d}x = F(x) + C$，则 $\int \frac{1}{\sqrt{x}}f(\sqrt{x})\mathrm{d}x$ 等于：（式中 C 为任意常数）

A. $\frac{1}{2}F(\sqrt{x}) + C$ B. $2F(\sqrt{x}) + C$ C. $F(x) + C$ D. $\frac{F(\sqrt{x})}{\sqrt{x}}$

1-3-10 若 $\int f(x)\mathrm{d}x = x^3 + C$，则 $\int f(\cos x)\sin x\,\mathrm{d}x$ 等于：（式中 C 为任意常数）

A. $-\cos^3 x + C$ B. $\sin^3 x + C$ C. $\cos^3 x + C$ D. $\frac{1}{3}\cos^3 x + C$

1-3-11 已知函数 $f(x)$ 的一个原函数是 $1 + \sin x$，则不定积分 $\int x f'(x)\mathrm{d}x$ 等于：

A. $(1 + \sin x)(x - 1) + C$ B. $x\cos x - (1 + \sin x) + C$

C. $-x\cos x + (1 + \sin x) + C$ D. $1 + \sin x + C$

1-3-12 $\int x\sqrt{3 - x^2}\mathrm{d}x$ 等于：（式中 C 为任意常数）

A. $\frac{1}{\sqrt{3-x^2}} + C$ B. $-\frac{1}{3}(3 - x^2)^{\frac{3}{2}} + C$

C. $3 - x^2 + C$ D. $(3 - x^2)^2 + C$

1-3-13 设 $F(x)$ 是 $f(x)$ 的一个原函数，则 $\int e^{-x}f(e^{-x})\mathrm{d}x$ 等于下列哪一个函数？

A. $F(e^{-x}) + C$ B. $-F(e^{-x}) + C$

C. $F(e^x) + C$ D. $-F(e^x) + C$

1-3-14 设 $f'(\ln x) = 1 + x$，则 $f(x)$ 等于：

A. $\frac{\ln x}{2}(2 + \ln x) + C$ B. $x + \frac{1}{2}x^2 + C$

C. $x + e^x + C$ D. $e^x + \frac{1}{2}e^{2x} + C$

1-3-15 如果 $f(x) = e^{-x}$，则 $\int \frac{f'(\ln x)}{x}\mathrm{d}x$ 等于：

A. $-\frac{1}{x} + C$ B. $\frac{1}{x} + C$ C. $-\ln x + C$ D. $\ln x + C$

1-3-16 如果 $\int f(x)\mathrm{d}x = 3x + C$，那么 $\int x f(5 - x^2)\mathrm{d}x$ 等于：

A. $3x^2 + C_1$ B. $f(5 - x^2) + C$

C. $-\frac{1}{2}f(5 - x^2) + C$ D. $\frac{3}{2}x^2 + C_1$

1-3-17 下列各式中正确的是：（C 为任意常数）

A. $\int f'(3 - 2x)\mathrm{d}x = -\frac{1}{2}f(3 - 2x) + C$

B. $\int f'(3 - 2x)\mathrm{d}x = -f(3 - 2x) + C$

C. $\int f'(3 - 2x)\mathrm{d}x = f(x) + C$

D. $\int f'(3 - 2x)\mathrm{d}x = \frac{1}{2}f(3 - 2x) + C$

1-3-18 $\int x e^{-2x}\mathrm{d}x$ 等于：

A. $-\frac{1}{4}e^{-2x}(2x + 1) + C$ B. $\frac{1}{4}e^{-2x}(2x - 1) + C$

C. $-\frac{1}{4}e^{-2x}(2x-1)+C$ D. $-\frac{1}{2}e^{-2x}(x+1)+C$

1-3-19 不定积分 $\int xf''(x)\mathrm{d}x$ 等于：

A. $xf'(x)-f'(x)+C$ B. $xf'(x)-f(x)+C$

C. $xf'(x)+f'(x)+C$ D. $xf'(x)+f(x)+C$

1-3-20 不定积分 $\int \frac{f'(x)}{1+[f(x)]^2}\mathrm{d}x$ 等于：

A. $\ln|1+f(x)|f+C$ B. $\frac{1}{2}\ln|1+f^2(x)|+C$

C. $\arctan f(x)+C$ D. $\frac{1}{2}\arctan f(x)+C$

1-3-21 如果 $\int \frac{f'(\ln x)}{x}\mathrm{d}x=x^2+c$，则 $f(x)$ 等于：

A. $\frac{1}{x^2}+C$ B. e^x+C C. $e^{2x}+C$ D. xe^x+C

1-3-22 若 $\int_0^k (3x^2+2x)\mathrm{d}x=0\quad(k\neq 0)$，则 k 等于：

A. 1 B. -1 C. $\frac{3}{2}$ D. $\frac{1}{2}$

1-3-23 下列结论中，错误的是：

A. $\int_{-\pi}^{\pi} f(x^2)\mathrm{d}x=2\int_0^{\pi} f(x^2)\mathrm{d}x$ B. $\int_0^{2\pi}\sin^{10}x\,\mathrm{d}x=\int_0^{2\pi}\cos^{10}x\,\mathrm{d}x$

C. $\int_{-\pi}^{\pi}\cos 5x\sin 7x\,\mathrm{d}x=0$ D. $\int_0^1 10^x\mathrm{d}x=9$

1-3-24 设 $f(x)$ 在积分区间上连续，则 $\int_{-a}^{a}\sin x\cdot[f(x)+f(-x)]\mathrm{d}x$ 等于：

A. -1 B. 0 C. 1 D. 2

1-3-25 $\frac{\mathrm{d}}{\mathrm{d}x}\int_0^{\cos x}\sqrt{1-t^2}\,\mathrm{d}t$ 等于：

A. $\sin x$ B. $|\sin x|$ C. $-\sin^2 x$ D. $-\sin x\,|\sin x|$

1-3-26 设 $\int_0^x f(t)\mathrm{d}t=2f(x)-4$，且 $f(0)=2$，则 $f(x)$ 是：

A. $e^{\frac{x}{2}}$ B. $e^{\frac{x}{2}+1}$ C. $2e^{\frac{x}{2}}$ D. $\frac{1}{2}e^{2x}$

1-3-27 设函数 $f(x)$ 在区间 $[a,b]$ 上连续，则下列结论中不正确的是：

A. $\int_a^b f(x)\mathrm{d}x$ 是 $f(x)$ 的一个原函数

B. $\int_a^x f(t)\mathrm{d}t$ 是 $f(x)$ 的一个原函数 $(a<x<b)$

C. $\int_x^b f(t)\mathrm{d}t$ 是 $-f(x)$ 的一个原函数 $(a<x<b)$

D. $f(x)$ 在 $[a,b]$ 上是可积的

1-3-28 设函数 $Q(x)=\int_0^{x^2} te^{-t}\mathrm{d}t$，则 $Q'(x)$ 等于：

A. xe^{-x} B. $-xe^{-x}$ C. $2x^3 e^{-x^2}$ D. $-2x^3 e^{-x^2}$

1-3-29 极限 $\lim\limits_{x\to 0}\dfrac{\int_0^x t\sin t\,\mathrm{d}t}{\int_0^x \ln(1+t^2)\,\mathrm{d}t}$ 等于：

A. -1 B. 0 C. 1 D. 2

1-3-30 下列定积分中，等于零的是：

A. $\int_{-1}^1 x^2\cos x\,\mathrm{d}x$ B. $\int_0^1 x^2\sin x\,\mathrm{d}x$

C. $\int_{-1}^1 (x+\sin x)\,\mathrm{d}x$ D. $\int_{-1}^1 (e^x+x)\,\mathrm{d}x$

1-3-31 定积分 $\int_{-1}^{1}|x^2 - 3x|\,\mathrm{d}x$ 等于：

    A. 1　　　　　　　B. 2　　　　　　　C. 3　　　　　　　D. 4

1-3-32 设 $f(x)$ 函数在 $[0, +\infty)$ 上连续，且满足 $f(x) = xe^{-x} + e^x \int_0^1 f(x)\,\mathrm{d}x$，则 $f(x)$ 是：

    A. xe^{-x}　　　　　B. $xe^{-x} - e^{x-1}$　　C. e^{x-2}　　　　　D. $(x-1)e^{-x}$

1-3-33 $\int_{-3}^{3} x\sqrt{9 - x^2}\,\mathrm{d}x$ 等于：

    A. 0　　　　　　　B. 9π　　　　　　C. 3π　　　　　　D. $\dfrac{9}{2}\pi$

1-3-34 $\int_0^a f(x)\,\mathrm{d}x$ 等于下列哪个函数？

    A. $\int_0^{\frac{a}{2}}[f(x) + f(x - a)]\,\mathrm{d}x$　　　　　　B. $\int_0^{\frac{a}{2}}[f(x) + f(a - x)]\,\mathrm{d}x$

    C. $\int_0^{\frac{a}{2}}[f(x) - f(a - x)]\,\mathrm{d}x$　　　　　　D. $\int_0^{\frac{a}{2}}[f(x) - f(x - a)]\,\mathrm{d}x$

1-3-35 设函数 $f(x)$ 在 $[-a, a]$ 上连续，下列结论中错误的是：

    A. 若 $f(-x) = f(x)$，则有 $\int_{-a}^{a} f(x)\,\mathrm{d}x = 2\int_0^a f(x)\,\mathrm{d}x$

    B. 若 $f(-x) = -f(x)$，则有 $\int_{-a}^{a} f(x)\,\mathrm{d}x = 0$

    C. $\int_{-a}^{a} f(x)\,\mathrm{d}x = \int_0^a [f(x) - f(-x)]\,\mathrm{d}x$

    D. $\int_{-a}^{a} f(x)\,\mathrm{d}x = \int_0^a [f(x) + f(-x)]\,\mathrm{d}x$

1-3-36 下列等式中成立的是：

    A. $\int_{-2}^{2} x^2 \sin x\,\mathrm{d}x = 0$　　　　　　B. $\int_{-1}^{1} 2e^x\,\mathrm{d}x = 0$

    C. $\left[\int_3^5 \ln x\,\mathrm{d}x\right]' = \ln 5 - \ln 3$　　D. $\int_{-1}^{1}(e^x + x)\,\mathrm{d}x = 0$

1-3-37 下列广义积分中收敛的是：

    A. $\int_0^1 \dfrac{1}{x^2}\,\mathrm{d}x$　　　B. $\int_0^2 \dfrac{1}{\sqrt{2-x}}\,\mathrm{d}x$　　C. $\int_{-\infty}^0 e^{-x}\,\mathrm{d}x$　　D. $\int_1^{+\infty} \ln x\,\mathrm{d}x$

1-3-38 下列结论中正确的是：

    A. $\int_{-1}^1 \dfrac{1}{x^2}\,\mathrm{d}x$ 收敛　　　　　B. $\dfrac{\mathrm{d}}{\mathrm{d}x}\int_0^{x^2} f(t)\,\mathrm{d}t = f(x^2)$

    C. $\int_1^{+\infty} \dfrac{1}{\sqrt{x}}\,\mathrm{d}x$ 发散　　D. $\int_{-\infty}^0 e^{-\frac{x^2}{2}}\,\mathrm{d}x$ 发散

1-3-39 广义积分 $\int_0^{+\infty} \dfrac{C}{2 + x^2}\,\mathrm{d}x = 1$，则 $C = $

    A. π　　　　　　B. $\dfrac{\pi}{\sqrt{2}}$　　　　　C. $\dfrac{2\sqrt{2}}{\pi}$　　　　D. $-\dfrac{2}{\pi}$

1-3-40 $\int_0^{+\infty} xe^{-2x}\,\mathrm{d}x$ 等于：

    A. $-\dfrac{1}{4}$　　　　　B. $\dfrac{1}{2}$　　　　　C. $\dfrac{1}{4}$　　　　　D. 4

1-3-41 广义积分 $\int_2^{+\infty} \dfrac{\mathrm{d}x}{x^2 + x - 2}$ 等于：

    A. 收敛于 $\dfrac{2}{3}\ln 2$　　　　　　B. 收敛于 $\dfrac{3}{2}\ln 2$

    C. 收敛于 $\dfrac{1}{3}\ln\dfrac{1}{4}$　　　　　D. 发散

1-3-42 广义积分 $\int_0^1 \dfrac{x}{\sqrt{1 - x^2}}\,\mathrm{d}x$ 的值是：

A. 1　　　　　　　　　B. -1　　　　　　　C. $\dfrac{1}{2}$　　　　　　　　D. 广义积分发散

1-3-43 广义积分 $I = \int_e^{+\infty} \dfrac{dx}{x(\ln x)^2}$，则计算后是下列中哪个结果？

A. $I = 1$　　　　　　　　　　　　　　　　B. $I = -1$

C. $I = \dfrac{1}{2}$　　　　　　　　　　　　　　D. 此广义积分发散

1-3-44 直线 $y = \dfrac{H}{R}x(x \geqslant 0)$ 与 $y = H$ 及 y 轴所围图形绕 y 轴旋转一周所得旋转体的体积为：（式中 H，R 为任意常数）

A. $\dfrac{1}{3}\pi R^2 H$　　　　B. $\pi R^2 H$　　　　C. $\dfrac{1}{6}\pi R^2 H$　　　　D. $\dfrac{1}{4}\pi R^2 H$

1-3-45 曲线 $y = \dfrac{2}{3}x^{\frac{3}{2}}$ 上相应于 x 从 0 到 1 的一段弧的长度是：

A. $\dfrac{2}{3}\left(\sqrt[3]{4} - 1\right)$　　　B. $\dfrac{4}{3}\sqrt{2}$　　　C. $\dfrac{2}{3}\left(2\sqrt{2} - 1\right)$　　　D. $\dfrac{4}{15}$

1-3-46 曲线 $y = \cos x$ 在 $[0, 2\pi]$ 上与 x 轴所围成图形的面积是：

A. 0　　　　　　　　B. 4　　　　　　　　C. 2　　　　　　　　D. 1

1-3-47 由曲线 $y = e^x$，$y = e^{-2x}$ 及直线 $x = -1$ 所围成图形的面积是：

A. $\dfrac{1}{2}e^2 + \dfrac{1}{e} - \dfrac{1}{2}$　　　　　　　　B. $\dfrac{1}{2}e^2 + \dfrac{1}{e} - \dfrac{3}{2}$

C. $-e^2 + \dfrac{1}{e}$　　　　　　　　　　D. $e^2 + \dfrac{1}{e}$

1-3-48 曲线 $y = \dfrac{1}{2}x^2$，$x^2 + y^2 = 8$ 所围成图形的面积（上半平面部分）是：

A. $\int_{-2}^2 \left(\sqrt{8 - x^2} - \dfrac{x^2}{2}\right)dx$　　　　　　B. $\int_{-2}^2 \left(\dfrac{x^2}{2} - \sqrt{8 - x^2}\right)dx$

C. $\int_{-1}^1 \left(\sqrt{8 - x^2} - \dfrac{x^2}{2}\right)dx$　　　　　　D. $\int_{-1}^1 \left(\dfrac{x^2}{2} - \sqrt{8 - x^2}\right)dx$

1-3-49 曲线 $y = \sin x \left(0 \leqslant x \leqslant \dfrac{\pi}{2}\right)$ 与直线 $x = \dfrac{\pi}{2}$，$y = 0$ 围成一个平面图形。此平面图形绕 x 轴旋转产生的旋转体的体积是：

A. $\dfrac{\pi^2}{4}$　　　　　　B. $\dfrac{\pi}{2}$　　　　　　C. $\dfrac{\pi^2}{4} + 1$　　　　D. $\dfrac{\pi}{2} + 1$

1-3-50 椭圆 $\dfrac{x^2}{a^2} + \dfrac{y^2}{b^2} = 1(a > b > 0)$ 绕 x 轴旋转得到的旋转体积 V_1 与绕 y 轴旋转得到的旋转体体积 V_2 之间的关系为：

A. $V_1 > V_2$　　　　B. $V_1 < V_2$　　　　C. $V_1 = V_2$　　　　D. $V_1 = 3V_2$

1-3-51 由曲线 $y = \dfrac{x^2}{2}$ 和直线 $x = 1$，$x = 2$，$y = -1$ 围成的图形，绕直线 $y = -1$ 旋转所得旋转体的体积为：

A. $\dfrac{293}{60}\pi$　　　　B. $\dfrac{\pi}{60}$　　　　C. $4\pi^2$　　　　D. 5π

1-3-52 曲线 $y^2 = x(x - 4)^2$ 的封闭部分内的面积为：

A. $\int_0^4 \sqrt{x}(x - 4)dx$　　　　　　　　B. $\int_0^4 \sqrt{x}(4 - x)dx$

C. $2\int_0^4 \sqrt{x}(x - 4)dx$　　　　　　D. $2\int_0^4 \sqrt{x}(4 - x)dx$

题解及参考答案

1-3-1 **解：方法** 1，利用原函数的定义求出 $f(x) = (e^{-2x})' = -2e^{-2x}$，$f'(x) = 4e^{-2x}$，$f''(x) = -8e^{-2x}$，将 $f''(x)$ 代入积分即可。计算如下：$\int f''(x)dx = \int -8e^{-2x}dx = 4\int e^{-2x}\,d(-2x) = 4e^{-2x} + C$。

方法 2，$\int f''(x)\mathrm{d}x = f'(x) + C$，由原函数定义，$f(x) = (e^{-2x})' = -2e^{-2x}$，$f'(x) = 4e^{-2x}$，所以 $\int f''(x)\mathrm{d}x = 4e^{-2x} + C$。

答案： D

1-3-2 **解：** 利用公式 $\cos 2x = \cos^2 x - \sin^2 x$，将被积函数变形：

$$原式 = \int \frac{\cos^2 x - \sin^2 x}{\sin^2 x \cos^2 x}\mathrm{d}x = \int \left(\frac{1}{\sin^2 x} - \frac{1}{\cos^2 x}\right)\mathrm{d}x$$

$$= \int \frac{1}{\sin^2 x}\mathrm{d}x - \int \frac{1}{\cos^2 x}\mathrm{d}x$$

$$= -\cot x - \tan x + C$$

答案： C

1-3-3 **解：** 对选项 A 求导，得 $f'(x) = Cg'(x)$。

答案： A

1-3-4 **解：** 将选项 A、B、C、D 逐一求导，验证。

如 $\left(\frac{1}{2}\cos 2x + \frac{5}{2}\right)' = \frac{1}{2}(-\sin 2x) \cdot 2 = -\sin 2x$。

答案： D

1-3-5 **解：** 利用不定积分性质确定，$\mathrm{d}\int f(x)\mathrm{d}x = f(x)\mathrm{d}x$

答案： B

1-3-6 **解：** 举例，设 $f(x) = x^2$，$g(x) = x^2 + 2$，$\mathrm{d}f(x) = 2x\mathrm{d}x$，$\mathrm{d}g(x) = 2x\mathrm{d}x$，$\int \mathrm{d}f(x) = \int \mathrm{d}g(x)$，$f'(x) = g'(x)$，但 $f(x) \neq g(x)$。

答案： A

1-3-7 **解：** 方程两边对 x 求导，解出 $f(x)$。即 $\left(\int f(x)e^{-\frac{1}{x}}\mathrm{d}x\right)' = \left(-e^{-\frac{1}{x}} + C\right)'$，得 $f(x)e^{-\frac{1}{x}} = \frac{-1}{x^2}e^{-\frac{1}{x}}$，即 $f(x) = \frac{-1}{x^2}$。

答案： B

1-3-8 **解：** 本题考查不定积分的相关内容。

已知 $\int f(x)\mathrm{d}x = \ln x + C$，式子两边求导，得 $f(x) = \frac{1}{x}$

则 $f(\cos x) = \frac{1}{\cos x}$，即 $\int \cos x f(\cos x)\mathrm{d}x = \int \cos x \cdot \frac{1}{\cos x}\mathrm{d}x = x + C$

注：本题不适合采用凑微分的形式。

答案： B

1-3-9 **解：** 将题目变形 $\int \frac{1}{\sqrt{x}}f(\sqrt{x})\mathrm{d}x = \int f(\sqrt{x})\mathrm{d}(2\sqrt{x}) = 2\int f(\sqrt{x})\mathrm{d}\sqrt{x}$，利用已知式子 $\int f(x)\mathrm{d}x = F(x) + C$，写出结果：$\int \frac{1}{\sqrt{x}}f(\sqrt{x})\mathrm{d}x = 2F(\sqrt{x}) + C$。

答案： B

1-3-10 **解：** 已知 $\int f(x)\mathrm{d}x = x^3 + C$，利用此式得：

$$\int f(\cos x)\sin x\,\mathrm{d}x = -\int f(\cos x)\mathrm{d}(\cos x) = -\cos^3 x + C$$

答案： A

1-3-11 **解：** 本题考查函数原函数的概念及不定积分的计算方法。

已知函数 $f(x)$ 的一个原函数是 $1 + \sin x$，即 $f(x) = (1 + \sin x)' = \cos x$，$f'(x) = -\sin x$。

方法 1，$\displaystyle\int xf'(x)\mathrm{d}x = \int x(-\sin x)\mathrm{d}x = \int x\mathrm{d}\cos x = x\cos x - \int \cos x\,\mathrm{d}x = x\cos x - \sin x + c$

$$= x\cos x - \sin x - 1 + C = x\cos x - (1 + \sin x) + C \quad (\text{其中}\ C = 1 + c)$$

方法 2，$\displaystyle\int xf'(x)\mathrm{d}x = \int x\mathrm{d}f(x) = xf(x) - \int f(x)\mathrm{d}x$，因为 $f(x) = (1 + \sin x)' = \cos x$，则：

$$\text{原式} = x\cos x - \int \cos x\mathrm{d}x = x\cos x - \sin x + c = x\cos x - (1 + \sin x) + C$$

答案：B

1-3-12 解：利用不定积分第一类换元积分法计算。

$$\text{原式} = -\frac{1}{2}\int \sqrt{3 - x^2}\,\mathrm{d}(3 - x^2) = -\frac{1}{3}(3 - x^2)^{\frac{3}{2}} + C$$

答案：B

1-3-13 解：用凑微分法，得到 $\int f(u)\mathrm{d}u$ 形式，进而得到 $F(u) + C$。解法如下：

$$\int e^{-x}f(e^{-x})\mathrm{d}x = -\int f(e^{-x})\mathrm{d}e^{-x} = -F(e^{-x}) + C$$

答案：B

1-3-14 解：设 $\ln x = t$，$x = e^t$，代入题中得 $f'(t) = 1 + e^t$，写成 $f'(x) = 1 + e^x$，积分。

$$f(x) = \int (1 + e^x)\mathrm{d}x = x + e^x + C$$

答案：C

1-3-15 解：用凑微分法把式子写成以下形式：

$$\int \frac{f'(\ln x)}{x}\mathrm{d}x = \int f'(\ln x)\mathrm{d}\ln x = f(\ln x) + C$$

再把 $\ln x$ 代入 $f(x) = e^{-x}$，得：

$$f(\ln x) = e^{-\ln x} = e^{\ln x^{-1}} = \frac{1}{x}$$

所以 $\int \frac{f'(\ln x)}{x}\mathrm{d}x = \frac{1}{x} + C$

答案：B

1-3-16 解：用凑微分方法计算，注意利用题目已给出的积分结果。计算如下：

$$\int xf(5 - x^2)\mathrm{d}x = -\frac{1}{2}\int f(5 - x^2)\mathrm{d}(5 - x^2) = -\frac{1}{2}\times 3 \times (5 - x^2) + C \quad \left(\text{因为}\int f(x)\mathrm{d}x = 3x + C\right)$$

$$= -\frac{15}{2} + \frac{3}{2}x^2 + C = \frac{3}{2}x^2 + C_1$$

答案：D

1-3-17 解：凑成 $\int f'(u)\mathrm{d}u$ 的形式：

$$\int f'(3 - 2x)\mathrm{d}x = -\frac{1}{2}\int f'(3 - 2x)\mathrm{d}(-2x) = -\frac{1}{2}\int f'(3 - 2x)\mathrm{d}(3 - 2x)$$

$$= -\frac{1}{2}f(3 - 2x) + C$$

答案：A

1-3-18 解：利用分部积分方法计算 $\int u\mathrm{d}v = uv - \int v\mathrm{d}u$，即

$$\int xe^{-2x}\mathrm{d}x = -\frac{1}{2}\int xe^{-2x}d\left(-2x\right) = -\frac{1}{2}\int x\mathrm{d}e^{-2x}$$

$$= -\frac{1}{2}\left(xe^{-2x} - \int e^{-2x}\mathrm{d}x\right)$$

$$= -\frac{1}{2}\left[xe^{-2x} + \frac{1}{2}\int e^{-2x}d\left(-2x\right)\right]$$

$$= -\frac{1}{2}\left(xe^{-2x} + \frac{1}{2}e^{-2x}\right) + C$$

$$= -\frac{1}{4}(2x+1)e^{-2x} + C$$

答案： A

1-3-19 解： 利用分部积分公式计算。

$$\int xf''(x)\mathrm{d}x = \int x\mathrm{d}f'(x) = xf'(x) - \int f'(x)\mathrm{d}x = xf'(x) - f(x) + C$$

答案： B

1-3-20 解： 利用凑微分法计算如下：

$$\int \frac{f'(x)}{1+[f(x)]^2}\mathrm{d}x = \int \frac{1}{1+[f(x)]^2}\mathrm{d}f(x)$$

由公式 $\int \frac{1}{1+x^2}\mathrm{d}x = \arctan x + C$，得：

$$\int \frac{1}{1+[f(x)]^2}\mathrm{d}f(x) = \arctan[f(x)] + C$$

答案： C

1-3-21 解： 等号左边利用凑微分方法计算如下：

等式左边 $\int \frac{f'(\ln x)}{x}\mathrm{d}x = \int f'(\ln x)\mathrm{d}(\ln x) = f(\ln x) + C_1 = x^2 + C_2$

得到 $f(\ln x) = x^2 + C$

设 $\ln x = t$，$x = e^t$，得 $f(t) = e^{2t}$，换字母 $t \to x$，得 $f(x) = e^{2x} + C$

答案： C

1-3-22 解： 计算定积分。

$$\int_0^k (3x^2 + 2x)\mathrm{d}x = (x^3 + x^2)\Big|_0^k = k^3 + k^2 = k^2(k+1) = 0$$

又 $k \neq 0$，则 $k = -1$。

答案： B

1-3-23 解： 直接计算选项 A、B、C 较复杂，可先从简单选项入手，计算选项 D，$\int_0^1 10^x\mathrm{d}x = \frac{10^x}{\ln 10}\Big|_0^1 = \frac{9}{\ln 10}$，选项 D 错误。

选项 A、B、C 经计算，均成立。

答案： D

1-3-24 解： 利用奇函数，在对称区间积分为零的性质，计算如下：判定 $f_1(x) = \sin x$ 是奇函数，$f_2(x) = f(x) + f(-x)$ 是偶函数，乘积为奇函数，奇函数在对称区间积分为零。

答案： B

1-3-25 解： 本题为求复合的积分上限函数的导数，利用下列公式计算：

$$\frac{\mathrm{d}}{\mathrm{d}x}\int_0^{g(x)}\sqrt{1-t^2}\mathrm{d}t = \sqrt{1-g^2(x)}\cdot g'(x)$$

即 $\dfrac{\mathrm{d}}{\mathrm{d}x}\int_0^{\cos x}\sqrt{1-t^2}\mathrm{d}t = \sqrt{1-\cos^2 x}\cdot(-\sin x) = -\sin x\sqrt{\sin^2 x} = -\sin x\,|\sin x|$

答案：D

1-3-26　解：将方程两边求导，等式左边为积分上限函数的导数，求导后化为一阶微分方程，再利用一阶微分方程知识计算。

求导得$f(x) = 2f'(x)$，令$f(x) = y$，$f'(x) = y'$，得微分方程$2y' = y$

分离变量$\dfrac{2}{y}\mathrm{d}y = \mathrm{d}x$，求通解：

$2\ln y = x + C$，$y = e^{\frac{1}{2}(x+C)}$，$y = e^{\frac{1}{2}C}\cdot e^{\frac{1}{2}x}$，$y = C_1 e^{\frac{1}{2}x}$（其中$C_1 = e^{\frac{1}{2}c}$）

代入初始条件$x = 0$，$y = 2$，得$C_1 = 2$，所以$y = 2e^{\frac{x}{2}}$。

答案：C

1-3-27　解：$f(x)$在$[a,b]$上连续，$\int_a^b f(x)\mathrm{d}x$表示一个确定的数。

答案：A

1-3-28　解：求积分上限函数的导数，由于上限为x^2，用复合函数求导方法计算。设$u = x^2$，则函数可看作$Q = \int_0^u te^{-t}\mathrm{d}t$，$u = x^2$的复合函数。

$$Q(x) = \left(\int_0^u t\,e^{-t}\mathrm{d}t\right)'\cdot\frac{\mathrm{d}u}{\mathrm{d}x} = ue^{-u}\big|_{u=x^2}\cdot 2x = x^2\cdot e^{-x^2}\cdot 2x = 2x^3 e^{-x^2}$$

答案：C

1-3-29　解：本题属于"$\dfrac{0}{0}$"型，利用洛必达法则计算。注意分子、分母均为积分上限函数。

计算如下：原式$\overset{\frac{0}{0}}{=\!=\!=}\lim\limits_{x\to 0}\dfrac{x\sin x}{\ln(1+x^2)}$，再利用等价无穷小替换，当$x\to 0$，$\sin x\sim x$，$\ln(1+x^2)\sim x^2$。算出极限。原式$=\lim\limits_{x\to 0}\dfrac{x\cdot x}{x^2} = 1$。

答案：C

1-3-30　解：逐一计算每一小题验证，首先考虑利用奇函数在对称区间积分为零这一性质。被积函数$x+\sin x$为奇函数，在对称区间$[-1,1]$上积分为0。

答案：C

1-3-31　解：$|x^2-3x| = \begin{cases} x^2-3x, & -1\leqslant x\leqslant 0 \\ 3x-x^2, & 0\leqslant x\leqslant 1 \end{cases}$，分成两部分计算。

$$\int_{-1}^1 |x^2-3x|\mathrm{d}x = \int_{-1}^0 |x^2-3x|\mathrm{d}x + \int_0^1 |x^2-3x|\mathrm{d}x$$

$$= \int_{-1}^0 (x^2-3x)\mathrm{d}x + \int_0^1 3x-x^2\mathrm{d}x = \left(\frac{1}{3}x^3 - \frac{3}{2}x^2\right)\Big|_{-1}^0 + \left(\frac{3}{2}x^2 - \frac{1}{3}x^3\right)\Big|_0^1$$

$$= 3$$

答案：C

1-3-32　解：已知$f(x)$在$[0,+\infty)$上连续，则$\int_0^1 f(x)\mathrm{d}x$为一常数，设$\int_0^1 f(x)\mathrm{d}x = A$，于是原题化为

$$f(x) = xe^{-x} + Ae^x \qquad\qquad\qquad ①$$

对①式两边积分：$\int_0^1 f(x)\mathrm{d}x = \int_0^1 (xe^{-x} + Ae^x)\mathrm{d}x$

即
$$A = \int_0^1 xe^{-x}\mathrm{d}x + A\int_0^1 e^x\mathrm{d}x \qquad ②$$

分别计算出定积分值：

$$\int_0^1 xe^{-x}\mathrm{d}x = -\int_0^1 x\mathrm{d}e^{-x} = -\left(xe^{-x}\Big|_0^1 - \int_0^1 e^{-x}\mathrm{d}x\right) = \left(-xe^{-x}\Big|_0^1 + e^{-x}\Big|_0^1\right)$$

$$= -[(e^{-1}-0)+(e^{-1}-1)] = 1-\frac{2}{e}$$

$$\int_0^1 e^x\mathrm{d}x = e^x\Big|_0^1 = e-1$$

代入②式：$A = 1-\dfrac{2}{e}+A(e-1)$，$A(2-e)=\dfrac{e-2}{e}$，得 $A=-\dfrac{1}{e}$。

将 $A=-\dfrac{1}{e}$ 代入①式：$f(x) = xe^{-x}+e^x\left(-\dfrac{1}{e}\right)$，$f(x)=xe^{-x}-e^x-1$。

答案：B

1-3-33　解：$f(x)=x\sqrt{9-x^2}$ 为奇函数，$f(-x)=-f(x)$，积分区间 x：$[-3,3]$，由定积分的性质可知，奇函数在对称区间积分为零。

答案：A

1-3-34　解：式子 $\int_0^a f(x)\mathrm{d}x = \int_0^{\frac{a}{2}} f(x)\mathrm{d}x + \int_{\frac{a}{2}}^a f(x)\mathrm{d}x$，对后面式子做 $x=a-t$ 变量替换，计算如下：

设 $x=a-t$，$\mathrm{d}x=-\mathrm{d}t$，当 $x=a$ 时，$t=0$；当 $x=\dfrac{a}{2}$ 时，$t=\dfrac{a}{2}$。

$$\int_{\frac{a}{2}}^a f(x)\mathrm{d}x = \int_{\frac{a}{2}}^0 f(a-t)(-\mathrm{d}t) = \int_0^{\frac{a}{2}} f(a-t)\mathrm{d}t = \int_0^{\frac{a}{2}} f(a-x)\mathrm{d}x$$

答案：B

1-3-35　解：选项 A、B 不符合题目要求。

对于选项 C、D，可把式子写成：

$$\int_{-a}^a f(x)\mathrm{d}x = \int_{-a}^0 f(x)\mathrm{d}x + \int_0^a f(x)\mathrm{d}x$$

对式子 $\int_{-a}^0 f(x)\mathrm{d}x$ 做变量代换，设 $x=-t$，$\mathrm{d}x=-\mathrm{d}t$，当 $x=-a$，$t=a$，当 $x=0$，$t=0$，

$$\int_{-a}^0 f(x)\mathrm{d}x = \int_a^0 f(-t)(-\mathrm{d}t) = \int_0^a f(-t)\mathrm{d}t = \int_0^a f(-x)\mathrm{d}x$$

验证选项 C 是错误的。

答案：C

1-3-36　解：利用奇函数在对称区间上积分的这一性质，选项 A 成立。选项 C，定积分的值为常数，常数的导数为 0，选项 C 不成立，通过计算选项 B、D 也不成立。

答案：A

1-3-37　解：利用广义积分的方法计算。选项 B 的计算如下：

因 $\lim\limits_{x\to 2^-}\dfrac{1}{\sqrt{2-x}}=+\infty$，知 $x=2$ 为无穷不连续点

$$\int_0^2 \frac{1}{\sqrt{2-x}}\mathrm{d}x = -\int_0^2 (2-x)^{-\frac{1}{2}}\mathrm{d}(2-x) = -2(2-x)^{\frac{1}{2}}\Big|_0^2 = -2\left[\lim\limits_{x\to 2^-}(2-x)^{\frac{1}{2}}-\sqrt{2}\right] = 2\sqrt{2}$$

答案：B

1-3-38　解：逐项排除法。

选项 A：$x=0$ 为被积函数 $f(x)=\dfrac{1}{x^2}$ 的无穷不连续点，计算方法：

$$\int_{-1}^{1}\frac{1}{x^2}\mathrm{d}x=\int_{-1}^{0}\frac{1}{x^2}\mathrm{d}x+\int_{0}^{1}\frac{1}{x^2}\mathrm{d}x$$

只要判断其中一个发散，即广义积分发散，计算 $\int_0^1\frac{1}{x^2}\mathrm{d}x=-\left.\frac{1}{x}\right|_0^1=-1+\lim\limits_{x\to0^+}\frac{1}{x}=+\infty$，所以选项 A 错误。

选项 B：$\dfrac{\mathrm{d}}{\mathrm{d}x}\displaystyle\int_0^{x^2}f(t)\mathrm{d}t=f(x^2)\cdot2x$，显然错误。

选项 C：$\displaystyle\int_1^{+\infty}\frac{1}{\sqrt{x}}\mathrm{d}x=2\sqrt{x}\,\Big|_1^{+\infty}=2\left(\lim\limits_{x\to0}\sqrt{x}-1\right)=+\infty$ 发散，正确。

选项 D：由 $\dfrac{1}{\sqrt{2\pi}}e^{-\frac{x^2}{2}}$ 为标准正态分布的概率密度函数，可知 $\int_{-\infty}^0 e^{-\frac{x^2}{2}}\mathrm{d}x$ 收敛。

也可用下述方法判定：

因 $\displaystyle\int_{-\infty}^0 e^{-\frac{x^2}{2}}\mathrm{d}x=\int_{-\infty}^0 e^{-\frac{y^2}{2}}\mathrm{d}y$

$$\int_{-\infty}^0 e^{-\frac{x^2}{2}}\mathrm{d}x\int_{-\infty}^0 e^{-\frac{y^2}{2}}\mathrm{d}y=\int_{-\infty}^0\int_{-\infty}^0 e^{-\frac{x^2+y^2}{2}}\mathrm{d}x\mathrm{d}y=\int_{\pi}^{\frac{3}{2}\pi}\mathrm{d}\theta\int_0^{+\infty}re^{-\frac{r^2}{2}}\mathrm{d}r=\frac{\pi}{2}\left[-\int_0^{+\infty}e^{-\frac{r^2}{2}}\mathrm{d}\left(-\frac{r^2}{2}\right)\right]$$

$$=-\frac{\pi}{2}e^{-\frac{r^2}{2}}\,\Big|_0^{+\infty}=\frac{\pi}{2}$$

因此，$\left(\displaystyle\int_{-\infty}^0 e^{-\frac{x^2}{2}}\mathrm{d}x\right)^2=\frac{\pi}{2}$，$\displaystyle\int_{-\infty}^0 e^{-\frac{x^2}{2}}\mathrm{d}x=\sqrt{\frac{\pi}{2}}$ 收敛，选项 D 错误。

答案： C

1-3-39　解： 计算出左边广义积分即可。

$$\int_0^{+\infty}\frac{C}{2+x^2}\mathrm{d}x=C\int_0^{+\infty}\frac{1}{2+x^2}\mathrm{d}x=C\cdot\frac{1}{\sqrt{2}}\arctan\frac{x}{\sqrt{2}}\,\Big|_0^{+\infty}=\frac{C}{\sqrt{2}}\left(\lim\limits_{x\to+\infty}\arctan\frac{x}{\sqrt{2}}-0\right)=\frac{C}{\sqrt{2}}\cdot\frac{\pi}{2}=1$$

得 $C=\dfrac{2\sqrt{2}}{\pi}$

答案： C

1-3-40　解： 本题为函数 $f(x)$ 在无穷区间的广义积分。

计算如下：

$$\int_0^{+\infty}xe^{-2x}\mathrm{d}x=-\frac{1}{2}\int_0^{+\infty}xe^{-2x}\mathrm{d}(-2x)=-\frac{1}{2}\int_0^{+\infty}x\mathrm{d}e^{-2x}$$

$$=-\frac{1}{2}\left[xe^{-2x}\,\Big|_0^{+\infty}-\int_0^{+\infty}e^{-2x}\mathrm{d}x\right]$$

$$=-\frac{1}{2}\left[\lim\limits_{x\to+\infty}xe^{-2x}-0+\frac{1}{2}\int_0^{+\infty}e^{-2x}\mathrm{d}(-2x)\right]$$

$$=-\frac{1}{2}\left(\frac{1}{2}e^{-2x}\,\Big|_0^{+\infty}\right)$$

$$=-\frac{1}{2}\left[\frac{1}{2}\left(\lim\limits_{x\to+\infty}e^{-2x}-1\right)\right]=\frac{1}{4}$$

答案： C

1-3-41　解： 把分母配方或拆项。计算如下：

$$\int_2^{+\infty} \frac{\mathrm{d}x}{x^2+x-2} = \frac{1}{3}\int_2^{+\infty}\left(\frac{1}{x-1}-\frac{1}{x+2}\right)\mathrm{d}x$$

$$= \frac{1}{3}(\ln|x-1|-\ln|x+2|)\Big|_2^{+\infty}$$

$$= \frac{1}{3}\left(\ln\left|\frac{x-1}{x+2}\right|\right)\Big|_2^{+\infty} = \frac{1}{3}\left(\lim_{x\to\infty}\ln\left|\frac{x-1}{x+1}\right|-\ln\left|\frac{1}{4}\right|\right)$$

$$= \frac{1}{3}\left(-\ln\frac{1}{4}\right) = \frac{1}{3}\ln 4 = \frac{2}{3}\ln 2$$

答案： A

1-3-42 解： $x=1$ 为无穷不连续点，利用凑微分的方法计算如下：

$$\int_0^1 \frac{x}{\sqrt{1-x^2}}\mathrm{d}x = -\frac{1}{2}\int_0^1 \frac{1}{\sqrt{1-x^2}}\mathrm{d}(1-x^2) = -(1-x^2)^{\frac{1}{2}}\Big|_0^1$$

$$= -\left[\lim_{x\to 1^-} -(1-x^2)^{\frac{1}{2}}-1\right] = 1$$

答案： A

1-3-43 解： 用凑微分法计算如下：

$$\int_e^{+\infty} \frac{1}{x(\ln x)^2}\mathrm{d}x = \int_e^{+\infty}\frac{1}{(\ln x)^2}\mathrm{d}(\ln x) = -\frac{1}{\ln x}\Big|_e^{+\infty} = -\left(\lim_{x\to+\infty}\frac{1}{\ln x}-1\right) = 1$$

答案： A

1-3-44 解： 画出平面图形（见解图），平面图形绕y轴旋转，旋转体的体积可通过下面方法计算。

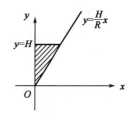

y：$[0,H]$

$[y,y+\mathrm{d}y]$：$\mathrm{d}V = \pi x^2\mathrm{d}y = \pi\frac{R^2}{H^2}y^2\mathrm{d}y$

$$V = \int_0^H \pi\cdot\frac{R^2}{H^2}y^2\mathrm{d}y = \frac{\pi R^2}{H^2}\int_0^H y^2\mathrm{d}y = \frac{1}{3}\pi R^2 H$$

题 1-3-44 解图

答案： A

1-3-45 解： 弧长 $S = \int_L 1\mathrm{d}S$

曲线 L 的参数方程：$\begin{cases} y = \frac{2}{3}x^{\frac{3}{2}} \\ x = x \end{cases}$ （$0\leqslant x\leqslant 1$）

$$\mathrm{d}S = \sqrt{(x')^2+\left[\left(\frac{2}{3}x^{\frac{3}{2}}\right)'\right]^2}\,\mathrm{d}x = \sqrt{1+x}\,\mathrm{d}x,\ \text{所以} S = \int_0^1\sqrt{1+x}\,\mathrm{d}x = \frac{2}{3}\left(2\sqrt{2}-1\right)$$

答案： C

1-3-46 解： 见解图。

$$A = \int_{\frac{\pi}{2}}^{\frac{3}{2}\pi}|\cos x|\mathrm{d}x = -\int_{\frac{\pi}{2}}^{\frac{3}{2}\pi}\cos x\,\mathrm{d}x = -\sin x\Big|_{\frac{\pi}{2}}^{\frac{3}{2}\pi} = 2$$

答案： C

1-3-47 解： 画图分析围成平面区域的曲线位置关系（见解图），得到 $A = \int_{-1}^0 (e^{-2x} - e^x)\mathrm{d}x$，计算如下：

$$A = \int_{-1}^0 (e^{-2x} - e^x)\mathrm{d}x = \left[-\frac{1}{2}e^{-2x} - e^x\right]_{-1}^0 = -\frac{1}{2}(1 - e^2) - (1 - e^{-1}) = \frac{1}{2}e^2 + \frac{1}{e} - \frac{3}{2}$$

答案： B

1-3-48 解： 画出平面图（见解图），交点为 $(-2,2)$、$(2,2)$，列式 $\int_{-2}^2 \left(\sqrt{8 - x^2} - \frac{1}{2}x^2\right)\mathrm{d}x$，注意曲线的上、下位置关系。

答案： A

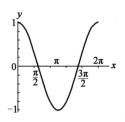
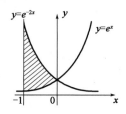
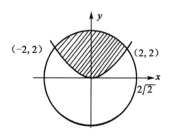

题 1-3-46 解图　　　　题 1-3-47 解图　　　　题 1-3-48 解图

1-3-49 解： 画出平面图形（见解图），绕 x 轴旋转得到旋转体，则旋转体体积为

$$V_x = \int_0^{\frac{\pi}{2}} \pi\sin^2 x\,\mathrm{d}x = \pi\int_0^{\frac{\pi}{2}} \frac{1 - \cos 2x}{2}\mathrm{d}x = \frac{\pi}{2}\left(x - \frac{1}{2}\sin 2x\right)\Big|_0^{\frac{\pi}{2}} = \frac{\pi^2}{4}$$

答案： A

1-3-50 解： 画出椭圆，分别计算该图形绕 x 轴、y 轴旋转体的体积，通过计算，绕 x 轴旋转一周体积 $V_1 = \frac{4}{3}\pi ab^2$，绕 y 轴旋转一周体积 $V_2 = \frac{4}{3}\pi a^2 b$，再比较大小。计算如下：

$$V_1 = \int_{-a}^a \pi\left(\frac{b}{a}\sqrt{a^2 - x^2}\right)^2 \mathrm{d}x = \pi\frac{b^2}{a^2}\left(a^2 x - \frac{1}{3}x^3\right)\Big|_{-a}^a = \frac{4}{3}\pi ab^2$$

同理可求出 $V_2 = \int_{-b}^b \pi\left(\frac{a}{b}\sqrt{b^2 - y^2}\right)^2 \mathrm{d}y = \frac{4}{3}\pi a^2 b$

因为 $a > b > 0$，所以 $V_2 > V_1$

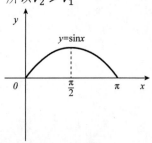
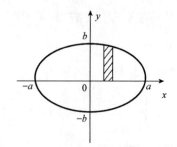

题 1-3-49 解图　　　　　题 1-3-50 解图

答案： B

1-3-51 解： 画出平面图形，列出绕直线 $y = -1$ 旋转的体积表达式，注意旋转体的旋转半径为 $\frac{x^2}{2} - (-1)$。计算如下：

$$V = \int_1^2 \pi\left(\frac{1}{2}x^2 + 1\right)^2 \mathrm{d}x = \pi\int_1^2 \left(\frac{1}{4}x^4 + x^2 + 1\right)\mathrm{d}x = \frac{293}{60}\pi$$

答案： A

1-3-52 解： 方程 $y^2 = x(x - 4)^2$ 满足 $f(x, -y) = f(x, y)$，即封闭部分关于 x 轴对称。

当$y = 0$，$x(x - 4)^2 = 0$，得$x = 0$，$x = 4$

图形与x轴的交点为$(0,0)$，$(4,0)$

面积$S = 2\int_0^4 \sqrt{x(x - 4)^2}\mathrm{d}x = 2\int_0^4 \sqrt{x}(4 - x)\mathrm{d}x$。

答案： D

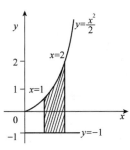

题 1-3-51 解图

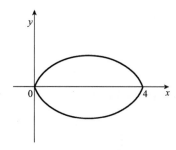

题 1-3-52 解图

（四）多元函数微分学

1-4-1 已知$xy = kz$（k为正常数），则$\dfrac{\partial x}{\partial y} \cdot \dfrac{\partial y}{\partial z} \cdot \dfrac{\partial z}{\partial x}$等于：

    A. 1   B. −1   C. k D. $\dfrac{1}{k}$

1-4-2 已知函数$f\left(xy, \dfrac{x}{y}\right) = x^2$，则$\dfrac{\partial f(x,y)}{\partial x} + \dfrac{\partial f(x,y)}{\partial y}$等于：

    A. $2x + 2y$ B. $x + y$

    C. $2x - 2y$ D. $x - y$

1-4-3 设$\varphi(x、y、z) = xy^2z$，$A = xz\,\vec{i} - xy^2\,\vec{j} + yz^2\,\vec{k}$，则$\dfrac{\partial(\varphi A)}{\partial z}$在点$(-1, -1, 1)$处的值为：

    A. $2\,\vec{i} - \vec{j} + 3\,\vec{k}$ B. $4\,\vec{i} - 4\,\vec{j} - 2\,\vec{k}$

    C. $\vec{i} - \vec{j} + \vec{k}$ D. $-\vec{i} + \vec{j} - \vec{k}$

1-4-4 $z = f(x,y)$在$P_0(x_0, y_0)$一阶偏导数存在是该函数在此点可微的什么条件？

    A. 必要条件   B. 充分条件   C. 充要条件   D. 无关条件

1-4-5 设$z = \dfrac{1}{x}e^{xy}$，则全微分$\mathrm{d}z|_{(1,-1)}$等于：

    A. $e^{-1}(\mathrm{d}x + \mathrm{d}y)$ B. $e^{-1}(-2\mathrm{d}x + \mathrm{d}y)$

    C. $e^{-1}(\mathrm{d}x - \mathrm{d}y)$ D. $e^{-1}(\mathrm{d}x + 2\mathrm{d}y)$

1-4-6 设$z = f(x^2 - y^2)$，则$\mathrm{d}z$等于：

    A. $2x - 2y$ B. $2x\mathrm{d}x - 2y\mathrm{d}y$

    C. $f'(x^2 - y^2)\mathrm{d}x$ D. $2f'(x^2 - y^2)(x\mathrm{d}x - y\mathrm{d}y)$

1-4-7 设$z = 2^{x+y^2}$，则z_y'等于：

    A. $y \cdot 2^{x+y^2}\ln 4$ B. $(x^2 + y^2)2y\ln 4$

    C. $2y(x + y^2)e^{x+y^2}$ D. $2y4^{x+y^2}$

1-4-8 设函数$z = f^2(xy)$，其中$f(u)$具有二阶导数，则$\dfrac{\partial^2 z}{\partial x^2}$等于：

    A. $2y^3f'(xy)f''(xy)$ B. $2y^2[f'(xy) + f''(xy)]$

    C. $2y\{[f'(xy)]^2 + f''(xy)\}$ D. $2y^2\{[f'(xy)]^2 + f(xy)f''(xy)\}$

1-4-9 设$z = u^2\ln v$，而$u = \varphi(x,y)$，$v = \psi(y)$均为可导函数，则$\dfrac{\partial z}{\partial y}$等于：

A. $2u\ln v + u^2\frac{1}{v}$ B. $2\varphi_y\ln v + u^2\frac{1}{v}$

C. $2u\varphi_y'\ln v + u^2\frac{1}{v}\psi'$ D. $2u\varphi_y\frac{1}{v}\psi'$

1-4-10 设$z = f(u,v)$具有一阶连续偏导数，其中$u = xy$，$v = x^2 + y^2$，则$\frac{\partial z}{\partial x}$等于：

A. $xf_u' + yf_v'$ B. $xf_u' + 2yf_v'$

C. $yf_u' + 2xf_v'$ D. $2xf_u' + 2yf_v'$

1-4-11 曲面$z = 1 - x^2 - y^2$在点$\left(\frac{1}{2},\frac{1}{2},\frac{1}{2}\right)$处的切平面方程是：

A. $x + y + z - \frac{3}{2} = 0$ B. $x - y - z + \frac{3}{2} = 0$

C. $x - y + z - \frac{3}{2} = 0$ D. $x - y + z + \frac{3}{2} = 0$

1-4-12 曲面$z = x^2 - y^2$在点$(\sqrt{2}, -1, 1)$处的法线方程是：

A. $\frac{x-\sqrt{2}}{2\sqrt{2}} = \frac{y+1}{-2} = \frac{z-1}{-1}$ B. $\frac{x-\sqrt{2}}{2\sqrt{2}} = \frac{y+1}{-2} = \frac{z-1}{1}$

C. $\frac{x-\sqrt{2}}{2\sqrt{2}} = \frac{y+1}{2} = \frac{z-1}{-1}$ D. $\frac{x-\sqrt{2}}{2\sqrt{2}} = \frac{y+1}{2} = \frac{z-1}{1}$

1-4-13 在曲线$x = t$，$y = t^2$，$z = t^3$上某点的切线平行于平面$x + 2y + z = 4$，则该点的坐标为：

A. $\left(-\frac{1}{3},\frac{1}{9},-\frac{1}{27}\right)$，$(-1,1,-1)$ B. $\left(-\frac{1}{3},\frac{1}{9},-\frac{1}{27}\right)$，$(1,1,1)$

C. $\left(\frac{1}{3},\frac{1}{9},\frac{1}{27}\right)$，$(1,1,1)$ D. $\left(\frac{1}{3},\frac{1}{9},\frac{1}{27}\right)$，$(-1,1,-1)$

1-4-14 曲面$z = x^2 + y^2$在$(-1,2,5)$处的切平面方程是：

A. $2x + 4y + z = 11$ B. $-2x - 4y + z = -1$

C. $2x - 4y - z = -15$ D. $2x - 4y + z = -5$

1-4-15 曲面$xyz = 1$上平行于$x + y + z + 3 = 0$的切平面方程是：

A. $x + y + z = 0$ B. $x + y + z = 1$

C. $x + y + z = 2$ D. $x + y + z = 3$

1-4-16 曲线$x = \frac{t^2}{2}$，$y = t + 3$，$z = \frac{1}{18}t^3 + 4(t \geqslant 0)$上对应于$t = \sqrt{6}$的点处的切线与$yOz$平面的夹角为：

A. $\frac{\pi}{3}$ B. $\frac{\pi}{6}$ C. $\frac{\pi}{2}$ D. $\frac{\pi}{4}$

1-4-17 曲线$\begin{cases} x^2 - y^2 = z \\ y = x \end{cases}$在原点处的法平面方程为：

A. $x - y = 0$ B. $y - z = 0$ C. $x + y = 0$ D. $x + z = 0$

1-4-18 函数$z = f(x,y)$在$P_0(x_0, y_0)$处可微分，且$f_x'(x_0, y_0) = 0$，$f_y'(x_0, y_0) = 0$，则$f(x,y)$在$P_0(x_0, y_0)$处有什么极值情况？

A. 必有极大值   B. 必有极小值   C. 可能取得极值   D. 必无极值

1-4-19 下列各点中为二元函数$z = x^3 - y^3 - 3x^2 + 3y - 9x$的极值点的是：

A. $(3, -1)$ B. $(3, 1)$ C. $(1, 1)$ D. $(-1, -1)$

1-4-20 二元函数 $f(x,y)$ 在点 (x_0,y_0) 处两个偏导数 $f_x'(x_0,y_0)$，$f_y'(x_0,y_0)$ 存在是 $f(x,y)$ 在该点连续的：

　　A. 充分条件而非必要条件　　　　　　B. 必要条件而非充分条件

　　C. 充分必要条件　　　　　　　　　　D. 既非充分条件又非必要条件

题解及参考答案

1-4-1　**解**：$xy = kz$，$xy - kz = 0$

设 $F(x,y,z) = xy - kz$，由 $F(x,y,z) = 0$，分别求出 F_x、F_y、F_z

$$\frac{\partial x}{\partial y} = -\frac{F_y}{F_x}, \quad \frac{\partial y}{\partial z} = -\frac{F_z}{F_y}, \quad \frac{\partial z}{\partial x} = -\frac{F_x}{F_z}$$

计算 $F_x = y$，$F_y = x$，$F_z = -k$

故 $\frac{\partial x}{\partial y} = -\frac{x}{y}$，$\frac{\partial y}{\partial z} = \frac{k}{x}$，$\frac{\partial z}{\partial x} = \frac{y}{k}$，即 $\frac{\partial x}{\partial y} \cdot \frac{\partial y}{\partial z} \cdot \frac{\partial z}{\partial x} = -1$

　　答案：B

1-4-2　**解**：将 $f\left(xy, \frac{x}{y}\right)$ 化为 $f(x,y)$ 形式。

设 $xy = u$，$\frac{x}{y} = v$，而 $u \cdot v = xy \cdot \frac{x}{y} = x^2$，即 $x^2 = uv$

代入 $f\left(xy, \frac{x}{y}\right) = x^2$，化为 $f(u,v) = uv$，即 $f(x,y) = xy$

对函数 $f(x,y)$ 求偏导，得 $\frac{\partial f}{\partial x} = y$，$\frac{\partial f}{\partial y} = x$，所以 $\frac{\partial f}{\partial x} + \frac{\partial f}{\partial y} = y + x$

　　答案：B

1-4-3　**解**：$\frac{\partial(\varphi A)}{\partial z} = \varphi\frac{\partial A}{\partial z} + \frac{\partial \varphi}{\partial z}A = xy^2z(x,0,2yz) + xy^2(xz,-xy^2,yz^2)$

$$\left.\frac{\partial(\varphi A)}{\partial z}\right|_{(-1,-1,1)} = (-1)\{-1,0,-2\} + (-1)\{-1,1,-1\} = \{2,-1,3\}$$

　　答案：A

1-4-4　**解**：函数在 $P_0(x_0,y_0)$ 可微，则在该点偏导一定存在。

　　答案：A

1-4-5　**解**：本题考查二元函数在一点的全微分的计算方法。

先求出二元函数的全微分，然后代入点 $(1,-1)$ 坐标，求出在该点的全微分。

$z = \frac{1}{x}e^{xy}$，$\frac{\partial z}{\partial x} = \left(-\frac{1}{x^2}\right)e^{xy} + \frac{1}{x}e^{xy} \cdot y = -\frac{1}{x^2}e^{xy} + \frac{y}{x}e^{xy} = e^{xy}\left(-\frac{1}{x^2} + \frac{y}{x}\right)$

$\frac{\partial z}{\partial y} = \frac{1}{x}e^{xy} \cdot x = e^{xy}$，$\mathrm{d}z = \left(-\frac{1}{x^2} + \frac{y}{x}\right)e^{xy}\mathrm{d}x + e^{xy}\mathrm{d}y$

$\mathrm{d}z|_{(1,-1)} = -2e^{-1}\mathrm{d}x + e^{-1}\mathrm{d}y = e^{-1}(-2\mathrm{d}x + \mathrm{d}y)$

　　答案：B

1-4-6　**解**：本题为二元复合函数求全微分，计算公式为：

$$\mathrm{d}z = \frac{\partial z}{\partial x}\mathrm{d}x + \frac{\partial z}{\partial y}\mathrm{d}y, \quad \frac{\partial z}{\partial x} = f'(x^2 - y^2) \cdot 2x, \quad \frac{\partial z}{\partial y} = f'(x^2 - y^2) \cdot (-2y)$$

代入得 $\mathrm{d}z = f'(x^2 - y^2) \cdot 2x\mathrm{d}x + f'(x^2 - y^2)(-2y)\mathrm{d}y = 2f'(x^2 - y^2)(x\mathrm{d}x - y\mathrm{d}y)$

　　答案：D

1-4-7　**解**：把 x 看作常量，对 y 求导：

$$z'_y = 2^{x+y^2} \ln 2 \cdot 2y = y \cdot 2^{x+y^2} \cdot 2 \ln 2 = y \cdot 2^{x+y^2} \cdot \ln 4$$

答案：A

1-4-8　解：本题为抽象函数的二元复合函数，利用复合函数的导数算法计算，注意函数复合的层次。

$$z = f^2(xy), \quad \frac{\partial z}{\partial x} = 2f(xy) \cdot f'(xy) \cdot y = 2y \cdot f(xy) \cdot f'(xy)$$

$$\frac{\partial^2 z}{\partial x^2} = 2y[f'(xy) \cdot y \cdot f'(xy) + f(xy) \cdot f''(xy) \cdot y]$$

$$= 2y^2\{[f'(xy)]^2 + f(xy) \cdot f''(xy)\}$$

答案：D

1-4-9　解：利用复合函数求偏导的公式计算。

$$\frac{\partial z}{\partial y} = 2uu'_y \ln v + u^2 \frac{1}{v} v'_y = 2u\varphi_y \ln v + u^2 \frac{1}{v} \psi'$$

答案：C

1-4-10　解：利用复合函数偏导数公式计算：

$$\frac{\partial z}{\partial x} = f'_u \cdot u'_x + f'_v \cdot v'_x = f'_u \cdot y + f'_v \cdot 2x$$

答案：C

1-4-11　解：把显函数化为隐函数形式。

设 $z + x^2 + y^2 - 1 = 0$，$F(x,y,z) = x^2 + y^2 + z - 1 = 0$

曲面切平面的法向量 $\vec{n} = \{F_x, F_y, F_z\} = \{2x, 2y, 1\}$

已知 M_0 的坐标为 $\left(\frac{1}{2}, \frac{1}{2}, \frac{1}{2}\right)$，$\vec{n}_{M_0} = \{2x, 2y, 1\}_{M_0} = \{1,1,1\}$

则切平面方程为 $1 \times \left(x - \frac{1}{2}\right) + 1 \times \left(y - \frac{1}{2}\right) + 1 \times \left(z - \frac{1}{2}\right) = 0$

整理得 $x + y + z - \frac{3}{2} = 0$

答案：A

1-4-12　解：写成隐函数 $F(x,y,z) = 0$，即 $z - x^2 + y^2 = 0$

切平面法线向量 $\vec{n}_{切平面} = \{F_x, F_y, F_z\}|_{M_0(\sqrt{2},-1,1)} = \{-2x, +2y, 1\}_{M_0(\sqrt{2},-1,1)} = \{-2\sqrt{2}, -2, 1\}$，即 $\vec{n}_{切平面} = \{-2\sqrt{2}, -2, 1\}$，取 $\vec{s}_{法线} = \{-2\sqrt{2}, -2, 1\}$，则

法线方程 $\frac{x-\sqrt{2}}{-2\sqrt{2}} = \frac{y+1}{-2} = \frac{z-1}{1}$，即 $\frac{x-\sqrt{2}}{2\sqrt{2}} = \frac{y+1}{2} = \frac{z-1}{-1}$

答案：C

1-4-13　解：切线平行于平面，那么切线的方向向量应垂直于平面的法线向量，利用向量垂直的条件得到 $\vec{s} \cdot \vec{n} = 0$，已知 $\vec{s} = \{1, 2t, 3t^2\}$，$\vec{n} = \{1, 2, 1\}$，则 $\vec{s} \cdot \vec{n} = 1 + 4t + 3t^2 = (3t+1)(t+1) = 0$，即 $t_1 = -\frac{1}{3}$，$t_2 = -1$，得到对应点的坐标。

答案：A

1-4-14　解：利用点法式，求切平面方程。曲面方程写成隐函数形式 $x^2 + y^2 - z = 0$，在 $(-1,2,5)$ 点处，法线的方向向量为 $\vec{s} = \{2x, 2y, -1\}|_{(-1,2,5)} = \{-2, 4, -1\}$。

取 $\vec{n} = \vec{s}$，$\vec{n} = \{-2, 4, -1\}$，在点 $(-1,2,5)$ 切平面方程为 $-2(x+1) + 4(y-2) - 1(z-5) = 0$，整理得 $2x - 4y + z = -5$。

答案：D

1-4-15　解： 利用两平面平行、法线向量平行、对应坐标成比例，求 M_0 坐标。

设 $M_0(x_0, y_0, z_0)$ 为曲面 $xyz = 1$ 所求的点，$xyz - 1 = 0$，$\vec{n}_1 = \{yz, xz, xy\}_{M_0} = \{y_0 z_0, x_0 z_0, x_0 y_0\}$，已知 $\vec{n}_2 = \{1,1,1\}$，因 $\vec{n}_1 // \vec{n}_2$，对应坐标成比例，故 $\frac{y_0 z_0}{1} = \frac{x_0 z_0}{1} = \frac{x_0 y_0}{1}$，得 $x_0 = y_0 = z_0$，代入求出 $M_0(1,1,1)$，$\vec{n}_1 = \{1,1,1\}$，利用点法式求出切平面方程。即 $1(x-1) + 1(y-1) + 1(z-1) = 0$，$x + y + z = 3$。

答案： D

1-4-16　解： 利用向量和平面的夹角的计算公式计算。

曲线在 $t = \sqrt{6}$ 时，切线的方向向量 $\vec{s}_{t=\sqrt{6}} = \{m,n,p\}_{t=\sqrt{6}} = \left\{t, 1, \frac{1}{6}t^2\right\}\big|_{t=\sqrt{6}} = \left\{\sqrt{6}, 1, 1\right\}$，$yOz$ 平面的法线向量 $\vec{n} = \{A, B, C\} = \{1, 0, 0\}$，利用直线和平面的夹角计算公式：

$$\sin \varphi = \frac{|Am + Bn + Cp|}{\sqrt{A^2 + B^2 + C^2}\sqrt{m^2 + n^2 + p^2}} = \frac{1 \times \sqrt{6} + 0 \times 1 + 0 \times 1}{\sqrt{1 + 0 + 0} \times \sqrt{6 + 1 + 1}} = \frac{\sqrt{6}}{\sqrt{8}} = \frac{\sqrt{3}}{2}$$

求出 $\varphi = \frac{\pi}{3}$。

答案： A

1-4-17　解： 曲线的参数方程为：$x = x$，$y = x$，$z = 0$。求出在原点处切线的方向向量，作为法平面的法线向量 $\vec{n} = \vec{s} = \{1,1,0\}$，写出法平面方程为 $1 \cdot (x - 0) + 1 \cdot (y - 0) + 0 \cdot (z - 0) = 0$，整理得 $x + y = 0$。

答案： C

1-4-18　解： $z = f(x, y)$ 在 $P_0(x_0, y_0)$ 可微，且 $f_x'(x_0, y_0) = 0$，$f_y'(x_0, y_0) = 0$，是取得极值的必要条件，因而可能取得极值。

答案： C

1-4-19　解： 利用多元函数极值存在的充分条件确定。

① 由 $\begin{cases} \frac{\partial z}{\partial x} = 0 \\ \frac{\partial z}{\partial y} = 0 \end{cases}$，即 $\begin{cases} 3x^2 - 6x - 9 = 0 \\ -3y^2 + 3 = 0 \end{cases}$，求出驻点 $(3,1)$，$(3,-1)$，$(-1,1)$，$(-1,-1)$。

② 求出 $\frac{\partial^2 z}{\partial x^2}$，$\frac{\partial^2 z}{\partial x \partial y}$，$\frac{\partial^2 z}{\partial y^2}$ 分别代入每一驻点，得到 A，B，C 的值。

当 $AC - B^2 > 0$ 取得极点，再由 $A > 0$ 取得极小值，$A < 0$ 取得极大值。

$$\frac{\partial^2 z}{\partial x^2} = 6x - 6, \quad \frac{\partial^2 z}{\partial x \partial y} = 0, \quad \frac{\partial^2 z}{\partial y^2} = -6y$$

计算驻点 $(3,-1)$ 是否取得极值：

将 $x = 3$，$y = -1$ 代入得 $A = 12$，$B = 0$，$C = 6$

$AC - B^2 = 72 > 0$，$A > 0$

所以在 $(3,-1)$ 点取得极小值，其他点均不取得极值。

答案： A

1-4-20　解： $z = f(x, y)$ 在点 (x_0, y_0) 处的两个偏导 $f_x'(x_0, y_0)$，$f_y'(x_0, y_0)$ 存在推不出函数 $z = f(x, y)$ 在 (x_0, y_0) 点连续，可从偏导存在的几何意义上说明。

反之，$z = f(x, y)$ 在 (x_0, y_0) 点连续，也推不出在 (x_0, y_0) 点处 $f_x'(x_0, y_0)$，$f_y'(x_0, y_0)$ 存在。

答案： D

（五）多元函数积分学

1-5-1 D 域由 x 轴、$x^2 + y^2 - 2x = 0(y \geq 0)$ 及 $x + y = 2$ 所围成，$f(x,y)$ 是连续函数，化 $\iint\limits_D f(x,y)\mathrm{d}x\mathrm{d}y$ 为二次积分是：

A. $\int_0^{\frac{\pi}{4}} \mathrm{d}\varphi \int_0^{2\cos\varphi} f(\rho\cos\varphi, \rho\sin\varphi)\rho\mathrm{d}\rho$

B. $\int_0^1 \mathrm{d}y \int_{1-\sqrt{1-y^2}}^{2-y} f(x,y)\mathrm{d}x$

C. $\int_0^{\frac{\pi}{3}} \mathrm{d}\varphi \int_0^1 f(\rho\cos\varphi, \rho\sin\varphi)\rho\mathrm{d}\rho$

D. $\int_0^1 \mathrm{d}x \int_0^{\sqrt{2x-x^2}} f(x,y)\mathrm{d}y$

1-5-2 若圆域D：$x^2 + y^2 \leq 1$，则二重积分$\iint\limits_D \frac{\mathrm{d}x\mathrm{d}y}{1+x^2+y^2}$等于：

A. $\frac{\pi}{2}$ B. π C. $2\pi\ln 2$ D. $\pi\ln 2$

1-5-3 设D是曲线$y = x^2$与$y = 1$所围闭区域，$\iint\limits_D 2x\mathrm{d}\sigma$等于：

A. 1   B. $\frac{1}{2}$ C. 0   D. 2

1-5-4 设$f(x,y)$是连续函数，则$\int_0^1 \mathrm{d}x \int_0^x f(x,y)\mathrm{d}y$等于：

A. $\int_0^x \mathrm{d}y \int_0^1 f(x,y)\mathrm{d}x$ B. $\int_0^1 \mathrm{d}y \int_0^x f(x,y)\mathrm{d}x$

C. $\int_0^1 \mathrm{d}y \int_0^1 f(x,y)\mathrm{d}x$ D. $\int_0^1 \mathrm{d}y \int_y^1 f(x,y)\mathrm{d}x$

1-5-5 设D是两个坐标轴和直线$x + y = 1$所围成的三角形区域，则$\iint\limits_D xy\mathrm{d}\sigma$的值为：

A. $\frac{1}{2}$ B. $\frac{1}{6}$ C. $\frac{1}{24}$ D. $\frac{1}{12}$

1-5-6 设D是矩形区域：$-1 \leq x \leq 1$，$-1 \leq y \leq 1$，则$\iint\limits_D e^{x+y}\mathrm{d}x\mathrm{d}y$等于：

A. $(e-1)^2$ B. $\frac{(e-e^{-1})^2}{4}$ C. $4(e-1)^2$ D. $(e-e^{-1})^2$

1-5-7 $I = \iint\limits_D xy\mathrm{d}\sigma$，$D$是由$y^2 = x$及$y = x - 2$所围成的区域，则化为二次积分后的结果为：

A. $I = \int_0^4 \mathrm{d}x \int_{y+2}^{y^2} xy\mathrm{d}y$

B. $I = \int_{-1}^2 \mathrm{d}y \int_{y^2}^{y+2} xy\mathrm{d}x$

C. $I = \int_0^1 \mathrm{d}x \int_{-\sqrt{x}}^{\sqrt{x}} xy\mathrm{d}y + \int_1^4 \mathrm{d}x \int_{x-2}^x xy\mathrm{d}y$

D. $I = \int_{-1}^2 \mathrm{d}x \int_{y^2}^{y+2} xy\mathrm{d}y$

1-5-8 将$I = \iint\limits_D e^{-x^2-y^2}\mathrm{d}\sigma$（其中$D$：$x^2 + y^2 \leq 1$）化为极坐标系下的二次积分，其形式为下列哪一式？

A. $I = \int_0^{2\pi} \mathrm{d}\theta \int_0^1 e^{-r^2}\mathrm{d}r$ B. $I = 4\int_0^{\frac{\pi}{2}} \mathrm{d}\theta \int_0^1 e^{-r^2}\mathrm{d}r$

C. $I = 2\int_0^{\frac{\pi}{2}} \mathrm{d}\theta \int_0^1 e^{-r^2}r\mathrm{d}r$ D. $I = \int_0^{2\pi} \mathrm{d}\theta \int_0^1 e^{-r^2}r\mathrm{d}r$

1-5-9 改变积分次序$\int_0^3 \mathrm{d}y \int_y^{6-y} f(x,y)\mathrm{d}x$，则有下列哪一式？

A. $\int_0^3 \mathrm{d}x \int_x^{6-x} f(x,y)\mathrm{d}y$

B. $\int_0^3 \mathrm{d}x \int_0^x f(x,y)\mathrm{d}y + \int_3^6 \mathrm{d}x \int_0^{6-x} f(x,y)\mathrm{d}y$

C. $\int_0^3 dx \int_0^x f(x,y)dy$

D. $\int_3^6 dx \int_0^{6-x} f(x,y)dy$

1-5-10 积分 $\iint\limits_{x^2+y^2\le 1} \sqrt[5]{x^2+y^2}dxdy$ 的值等于：

A. $\frac{5}{3}\pi$　　　　　　　　B. $\frac{5}{6}\pi$　　　　　　　　C. $\frac{10}{7}\pi$　　　　　　　　D. $\frac{10}{11}\pi$

1-5-11 设 $f(x,y)$ 为连续函数，则 $\int_0^1 dx \int_x^{\sqrt{x}} f(x,y)dy$ 等于：

A. $\int_0^1 dy \int_y^{\sqrt{y}} f(x,y)dx$ 　　　　　　B. $\int_0^1 dy \int_{y^2}^y f(x,y)dx$

C. $\int_0^1 dy \int_{y^2}^{\sqrt{y}} f(x,y)dx$ 　　　　　　D. $\int_0^1 dy \int_y^{y^2} f(x,y)dx$

1-5-12 设二重积分 $I = \int_0^2 dx \int_{-\sqrt{2x-x^2}}^0 f(x,y)dy$ 交换积分次序后，则 I 等于下列哪一式？

A. $\int_{-1}^0 dy \int_{1-\sqrt{1-y^2}}^{1+\sqrt{1-y^2}} f(x,y)dx$ 　　　　B. $\int_{-1}^1 dy \int_{1-\sqrt{1-y^2}}^{1+\sqrt{1-y^2}} f(x,y)dx$

C. $\int_1^0 dy \int_0^{1+\sqrt{1-y^2}} f(x,y)dx$ 　　　　D. $\int_0^1 dy \int_{1-\sqrt{1-y^2}}^{1+\sqrt{1-y^2}} f(x,y)dx$

1-5-13 设 D 为圆域 $x^2+y^2\le 4$，则下列式子中正确的是：

A. $\iint\limits_D \sin(x^2+y^2)dxdy = \iint\limits_D \sin 4 dxdy$

B. $\iint\limits_D \sin(x^2+y^2)dxdy = \int_0^{2\pi} d\theta \int_0^4 \sin r^2 dr$

C. $\iint\limits_D \sin(x^2+y^2)dxdy = \int_0^{2\pi} d\theta \int_0^2 r\sin r^2 dr$

D. $\iint\limits_D \sin(x^2+y^2)dxdy = \int_0^{2\pi} d\theta \int_0^2 \sin r^2 dr$

1-5-14 化二重积分为极坐标系下的二次积分，则 $\int_0^1 dx \int_0^{x^2} f(x,y)dy$ 等于：

A. $\int_0^{\frac{\pi}{3}} d\theta \int_0^{\sec\theta\tan\theta} f(r\cos\theta,r\sin\theta)rdr$

B. $\int_0^{\frac{\pi}{4}} d\theta \int_0^{\sec\theta\tan\theta} f(r\cos\theta,r\sin\theta)rdr$

C. $\int_0^{\frac{\pi}{3}} d\theta \int_{\sec\theta\tan\theta}^{\sec\theta} f(r\cos\theta,r\sin\theta)rdr$

D. $\int_0^{\frac{\pi}{4}} d\theta \int_{\sec\theta\tan\theta}^{\sec\theta} f(r\cos\theta,r\sin\theta)rdr$

1-5-15 设 D 为 $2\le x^2+y^2\le 2x$ 所确定的区域，则二重积分 $\iint\limits_D x\sqrt{x^2+y^2}dxdy$ 化为极坐标系下的二次积分时等于：

A. $\int_{-\frac{\pi}{4}}^{\frac{\pi}{4}} \cos\theta\, d\theta \int_{\sqrt{2}}^{2\cos\theta} r^2 dr$ 　　　　　　B. $\int_{-\frac{\pi}{4}}^{\frac{\pi}{4}} \cos\theta\, d\theta \int_{\sqrt{2}}^2 r^3 dr$

C. $\int_{-\frac{\pi}{2}}^{\frac{\pi}{2}} d\theta \int_{\sqrt{2}}^{2\cos\theta} \cos\theta\cdot r^3 dr$ 　　　　　　D. $\int_{-\frac{\pi}{4}}^{\frac{\pi}{4}} \cos\theta\, d\theta \int_{\sqrt{2}}^{2\cos\theta} r^3 dr$

1-5-16 计算 $I = \iiint\limits_\Omega zdV$，其中 Ω 为 $z^2=x^2+y^2$，$z=1$ 围成的立体，则正确的解法是：

A. $I = \int_0^{2\pi} d\theta \int_0^1 rdr \int_0^1 zdz$ 　　　　　　B. $I = \int_0^{2\pi} d\theta \int_0^1 rdr \int_r^1 zdz$

C. $I = \int_0^{2\pi} \mathrm{d}\theta \int_0^1 \mathrm{d}z \int_r^1 r\mathrm{d}r$ D. $I = \int_0^1 \mathrm{d}z \int_0^\pi \mathrm{d}\theta \int_0^z zr\mathrm{d}r$

1-5-17 计算由曲面 $z = \sqrt{x^2 + y^2}$ 及 $z = x^2 + y^2$ 所围成的立体体积的三次积分为:

A. $\int_0^{2\pi} \mathrm{d}\theta \int_0^1 r\mathrm{d}r \int_{r^2}^r \mathrm{d}z$ B. $\int_0^{2\pi} \mathrm{d}\theta \int_0^1 r\mathrm{d}r \int_{r^2}^1 \mathrm{d}z$

C. $\int_0^{2\pi} \mathrm{d}\theta \int_0^{\frac{\pi}{4}} \sin\varphi \mathrm{d}\varphi \int_0^1 r^2\mathrm{d}r$ D. $\int_0^{2\pi} \mathrm{d}\theta \int_{\frac{\pi}{4}}^{\frac{\pi}{2}} \sin\varphi \mathrm{d}\varphi \int_0^1 r^2\mathrm{d}r$

1-5-18 已知 Ω 由 $3x^2 + y^2 = z$, $z = 1 - x^2$ 所围成, 则 $\iiint\limits_\Omega f(x,y,z)\mathrm{d}V$ 等于:

A. $2\int_0^{\frac{1}{2}} \mathrm{d}x \int_0^{\sqrt{1-4x^2}} \mathrm{d}y \int_{3x^2+y^2}^{1-x^2} f(x,y,z)\mathrm{d}z$

B. $\int_0^{\frac{1}{2}} \mathrm{d}x \int_0^{\sqrt{1-4x^2}} \mathrm{d}y \int_{3x^2+y^2}^{1-x^2} f(x,y,z)\mathrm{d}z$

C. $\int_{-\frac{1}{2}}^{\frac{1}{2}} \mathrm{d}x \int_{-\sqrt{1-4x^2}}^{\sqrt{1-4x^2}} \mathrm{d}y \int_{3x^2+y^2}^{1-x^2} f(x,y,z)\mathrm{d}z$

D. $\int_{-\frac{1}{2}}^{\frac{1}{2}} \mathrm{d}x \int_{-\sqrt{1-4x^2}}^{\sqrt{1-4x^2}} \mathrm{d}y \int_{1-x^2}^{3x^2+y^2} f(x,y,z)\mathrm{d}z$

1-5-19 设 $I = \iiint\limits_\Omega (x^2 + y^2 + z^2)\mathrm{d}V$, Ω: $x^2 + y^2 + z^2 \leqslant 1$, 则 I 等于:

A. $\iiint\limits_\Omega \mathrm{d}V = \Omega$ 的体积 B. $\int_0^{2\pi} \mathrm{d}\theta \int_0^{2\pi} \mathrm{d}\varphi \int_0^1 r^4 \sin\theta \, \mathrm{d}r$

C. $\int_0^{2\pi} \mathrm{d}\theta \int_0^\pi \mathrm{d}\varphi \int_0^1 r^4 \sin\varphi \, \mathrm{d}r$ D. $\int_0^{2\pi} \mathrm{d}\theta \int_0^\pi \mathrm{d}\varphi \int_0^1 r^4 \sin\theta \, \mathrm{d}r$

1-5-20 设 Ω 是由 $x^2 + y^2 + z^2 \leqslant 2z$ 及 $z \leqslant x^2 + y^2$ 所确定的立体区域, 则 Ω 的体积等于:

A. $\int_0^{2\pi} \mathrm{d}\theta \int_0^1 r\mathrm{d}r \int_{r^2}^{\sqrt{1-r^2}} \mathrm{d}z$ B. $\int_0^{2\pi} \mathrm{d}\theta \int_0^r r\mathrm{d}r \int_1^{1-\sqrt{1-r^2}} \mathrm{d}z$

C. $\int_0^{2\pi} \mathrm{d}\theta \int_0^1 r\mathrm{d}r \int_{r^2}^{1-r^2} \mathrm{d}z$ D. $\int_0^{2\pi} \mathrm{d}\theta \int_0^1 r\mathrm{d}r \int_{1-\sqrt{1-r^2}}^{r^2} \mathrm{d}z$

1-5-21 Ω 是由曲面 $z = x^2 + y^2$, $y = x$, $y = 0$, $z = 1$ 在第一卦限所围成的闭区域, $f(x,y,z)$ 在 Ω 上连续, 则 $\iiint\limits_\Omega f(x,y,z)\mathrm{d}V$ 等于:

A. $\int_0^1 \mathrm{d}y \int_y^{\sqrt{1-y^2}} \mathrm{d}x \int_{x^2+y^2}^1 f(x,y,z)\mathrm{d}z$ B. $\int_0^{\frac{\sqrt{2}}{2}} \mathrm{d}x \int_y^{\sqrt{1-y^2}} \mathrm{d}y \int_{x^2+y^2}^1 f(x,y,z)\mathrm{d}z$

C. $\int_0^{\frac{\sqrt{2}}{2}} \mathrm{d}y \int_y^{\sqrt{1-y^2}} \mathrm{d}x \int_{x^2+y^2}^1 f(x,y,z)\mathrm{d}z$ D. $\int_0^{\frac{\sqrt{2}}{2}} \mathrm{d}y \int_y^{\sqrt{1-y^2}} \mathrm{d}x \int_0^1 f(x,y,z)\mathrm{d}z$

1-5-22 设 D 是 $(x-2)^2 + (y-2)^2 \leqslant 2$, $I_1 = \iint\limits_D (x+y)^4\mathrm{d}\sigma$, $I_2 = \iint\limits_D (x+y)\mathrm{d}\sigma$, $I_3 = \iint\limits_D (x+y)^2\mathrm{d}\sigma$, 则 I_1, I_2, I_3 之间的大小顺序为:

A. $I_1 < I_2 < I_3$ B. $I_3 < I_2 < I_1$

C. $I_2 < I_3 < I_1$ D. $I_3 < I_1 < I_2$

1-5-23 设 L 是椭圆 $\begin{cases} x = a\cos\theta \\ y = b\sin\theta \end{cases}$ $(a > 0, \ b > 0)$ 的上半椭圆周, 沿顺时针方向, 则曲线积分 $\int_L y^2\mathrm{d}x$ 等于:

A. $\frac{5}{3}ab^2$ B. $\frac{4}{3}ab^2$ C. $\frac{2}{3}ab^2$ D. $\frac{1}{3}ab^2$

1-5-24 设 L 为连接 $(0,0)$ 点与 $(1,1)$ 点的抛物线 $y = x^2$, 则对弧长的曲线积分 $\int_L x\mathrm{d}s$ 等于:

A. $\frac{1}{12}\left(5\sqrt{5}-1\right)$ 　　　　　　　　　　B. $\frac{5\sqrt{5}}{12}$

C. $\frac{2}{3}\left(5\sqrt{5}-1\right)$ 　　　　　　　　　　D. $\frac{10\sqrt{5}}{3}$

1-5-25 设L是从$A(1,0)$到$B(-1,2)$的线段，则曲线积分$\int_L (x+y)\mathrm{d}s$等于：

A. $-2\sqrt{2}$ 　　　　B. $2\sqrt{2}$ 　　　　C. 2 　　　　D. 0

1-5-26 设L是从点$(1,1)$到点$(2,2)$的直线段，则曲线积分$\int_L (x+y)\mathrm{d}x+(y-x)\mathrm{d}y$等于：

A. 5 　　　　B. 4 　　　　C. 3 　　　　D. 2

题解及参考答案

1-5-1 **解：** $x^2+y^2-2x=0$，$(x-1)^2+y^2=1$，D由$(x-1)^2+y^2=1(y\geqslant 0)$，$x+y=2$与$x$轴围成，画出平面区域$D$。

由$(x-1)^2+y^2=1$，$(x-1)^2=1-y^2$，$x-1=\pm\sqrt{1-y^2}$，$x=1\pm\sqrt{1-y^2}$，取$x=1-\sqrt{1-y^2}$。

由图形确定二重积分，先对x积分，后对y积分。

$$D:\begin{cases}0\leqslant y\leqslant 1\\1-\sqrt{1-y^2}\leqslant x\leqslant 2-y\end{cases}，\quad 故\iint_D f(x,y)\mathrm{d}x\mathrm{d}y=\int_0^1\mathrm{d}y\int_{1-\sqrt{1-y^2}}^{2-y}f(x,y)\mathrm{d}x$$

答案： B

1-5-2 **解：** 本题考查二重积分在极坐标下的运算规则。

注意二重积分，直角坐标和极坐标有如下关系：$x=r\cos\theta$，$y=r\sin\theta$，故$x^2+y^2=r^2$，圆域$x^2+y^2\leqslant 1$，可表示为$r^2\leqslant 1$，面积元素$\mathrm{d}x\mathrm{d}y=r\mathrm{d}r\mathrm{d}\theta$，故：在极坐标系中，积分区域可用极坐标不等式组$0\leqslant r\leqslant 1$，$0\leqslant\theta\leqslant 2\pi$表示。

$$\iint_D\frac{\mathrm{d}x\mathrm{d}y}{1+x^2+y^2}=\int_0^{2\pi}\mathrm{d}\theta\int_0^1\frac{1}{1+r^2}r\mathrm{d}r\xrightarrow{\theta和r无关直接积分，对r凑微分}$$

$$=2\pi\int_0^1\frac{1}{2}\frac{1}{1+r^2}\mathrm{d}(1+r^2)$$

$$=\pi\ln(1+r^2)\Big|_0^1=\pi\ln 2$$

答案： D

1-5-3 **解：** 画出积分区域图形。求$\begin{cases}y=x^2\\y=1\end{cases}$，得交点$(-1,1)$，$(1,1)$

区域$D:\begin{cases}-1\leqslant x\leqslant 1\\x^2\leqslant y\leqslant 1\end{cases}$

$$原式=\int_{-1}^1\mathrm{d}x\int_{x^2}^1 2x\mathrm{d}y=\int_{-1}^1 2xy\Big|_{x^2}^1\mathrm{d}x=\int_{-1}^1 2x(1-x^2)\mathrm{d}x$$

$$=\int_{-1}^1(2x-2x^3)\mathrm{d}x=\left(x^2-\frac{1}{2}x^4\right)\Big|_{-1}^1=0$$

或利用二重积分的对称性质计算。积分区域D关于y轴对称，函数满足$f(-x,y)=-f(x,y)$，即函数$f(x,y)$是关于x的奇函数，则二重积分$\iint_D f(x,y)\mathrm{d}x\mathrm{d}y=0$。

答案： C

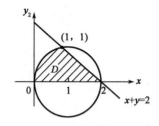

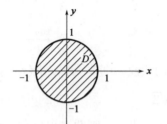

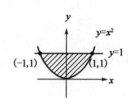

题 1-5-1 解图　　　　　　　　题 1-5-2 解图　　　　　　　　题 1-5-3 解图

1-5-4　解： 本题要求改变二重积分的积分顺序。将先对 y 积分，后对 x 积分，换成先对 x 后对 y 积分。

由给出的条件 D：$\begin{cases} 0 \le y \le x \\ 0 \le x \le 1 \end{cases}$，把积分区域 D 复原（见解图），再写出先对

x，后对 y 积分的顺序。

$$D：\begin{cases} 0 \le y \le 1 \\ y \le x \le 1 \end{cases}，\ 原式 = \int_0^1 \mathrm{d}y \int_y^1 f(x,y)\mathrm{d}x$$

题 1-5-4 解图

答案： D

1-5-5　解： 画出积分区域 D 的图形（见解图），把二重积分化为二次积分：

$$\iint\limits_D xy\mathrm{d}\sigma = \int_0^1 \mathrm{d}x \int_0^{1-x} xy\mathrm{d}y = \int_0^1 \frac{1}{2}xy^2 \Big|_0^{1-x} \mathrm{d}x$$

$$= \frac{1}{2}\int_0^1 x(1-x)^2\mathrm{d}x = \frac{1}{2}\int_0^1 (x^3 - 2x^2 + x)\mathrm{d}x = \frac{1}{24}$$

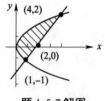

题 1-5-5 解图

答案： C

1-5-6　解： 把二重积分化为二次积分：

$$\iint\limits_D e^{x+y}\mathrm{d}x\mathrm{d}y = \int_{-1}^1 \mathrm{d}x \int_{-1}^1 e^{x+y}\mathrm{d}y = \int_{-1}^1 e^x\mathrm{d}x \int_{-1}^1 e^y\mathrm{d}y$$

$$= e^x\Big|_{-1}^1 \ e^y\Big|_{-1}^1 = \left(e - \frac{1}{e}\right)\left(e - \frac{1}{e}\right)$$

$$= \left(e - \frac{1}{e}\right)^2$$

答案： D

1-5-7　解： 画出积分区域 D 的图形（见解图），求出交点坐标 $(4,2)$，

$(1,-1)$，D：$\begin{cases} -1 \le y \le 2 \\ y^2 \le x \le y+2 \end{cases}$，按先 x 后 y 的积分顺序化为二次积分，即

$$I = \iint\limits_D xy\mathrm{d}\sigma = \int_{-1}^2 \mathrm{d}y \int_{y^2}^{y+2} xy\mathrm{d}x$$

题 1-5-7 解图

答案： B

1-5-8　解： 化为极坐标系下的二次积分，面积元素 $\mathrm{d}\sigma = r\mathrm{d}r\mathrm{d}\theta$，$D$：$\begin{cases} 0 \le r \le 1 \\ 0 \le \theta \le 2\pi \end{cases}$，把 $x = r\cos\theta$，

$y = r\sin\theta$ 代入被积函数，即

$$\iint\limits_D e^{-x^2-y^2}\mathrm{d}\sigma = \int_0^{2\pi} \mathrm{d}\theta \int_0^1 e^{-r^2}\cdot r\mathrm{d}r$$

答案： D

1-5-9　解： 把积分区域D复原，作直线$x=6-y$，$x=y$，并求交点；再作直线$y=3$，$y=0$，得到区域D（见解图），改变积分顺序，先y后x，由于上面边界曲线是由两个方程给出，则把D分割成两部分：D_1、D_2，然后分别按先y后x的积分顺序，写出二次积分的形式，即

$$\int_0^3 dy \int_y^{6-y} f(x,y)dx = \iint\limits_{D_1} f(x,y)dxdy + \iint\limits_{D_2} f(x,y)dxdy$$

$$= \int_0^3 dx \int_0^x f(x,y)dy + \int_3^6 dx \int_0^{6-x} f(x,y)dy$$

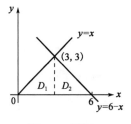

题 1-5-9 解图

答案： B

1-5-10　解： 化为极坐标计算。面积元素$dxdy=rdrd\theta$，$x=r\cos\theta$，$y=r\sin\theta$，写出极坐标系下的二次积分，即

$$原式 = \int_0^{2\pi} d\theta \int_0^1 r^{2/5}rdr = \int_0^{2\pi} d\theta \int_0^1 r^{7/5}dr = 2\pi \cdot \frac{5}{12}x^{12/5}\Big|_0^1 = \frac{5}{6}\pi$$

答案： B

1-5-11　解： 画出积分区域D的图形（见解图），再按先x后y顺序写成二次积分。

$$D: \begin{cases} 0 \leqslant y \leqslant 1 \\ y^2 \leqslant x \leqslant y \end{cases}, \quad 原式 = \int_0^1 dy \int_{y^2}^y f(x,y)dx$$

答案： B

1-5-12　解： 画出积分区域D的图形，再写出先x后y的积分表达式。如下：

由$y=-\sqrt{2x-x^2}$经配方得$(x-1)^2+y^2=1$，解出$x=1\pm\sqrt{1-y^2}$

写出先x后y积分的不等式组$\begin{cases} -1 \leqslant y \leqslant 0 \\ 1-\sqrt{1-y^2} \leqslant x \leqslant 1+\sqrt{1-y^2} \end{cases}$

$$I = \int_{-1}^0 dy \int_{1-\sqrt{1-y^2}}^{1+\sqrt{1-y^2}} f(x,y)dx$$

答案： A

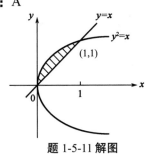

题 1-5-11 解图　　　　　　　题 1-5-12 解图

1-5-13　解： 化为极坐标系下的二次积分，面积元素为$rdrd\theta$，把$x=r\cos\theta$，$y=r\sin\theta$代入计算。

$$D: \begin{cases} 0 \leqslant \theta \leqslant 2\pi \\ 0 \leqslant r \leqslant 2 \end{cases}, \quad \iint\limits_D \sin(x^2+y^2)dxdy = \int_0^{2\pi} d\theta \int_0^2 (\sin r^2)rdr = \int_0^{2\pi} d\theta \int_0^2 r\sin r^2 dr$$

答案： C

1-5-14　解： 画出积分区域D的图形（见解图），确定r和θ的取值。

θ值：由$\theta=0$变化到$\theta=\frac{\pi}{4}$，$0 \leqslant \theta \leqslant \frac{\pi}{4}$；

r的确定：在$0\sim\frac{\pi}{4}$间任意做一条射线，得到穿入点的r值$r=\tan\theta\sec\theta$，穿出点的r值为$r=\sec\theta$。$\tan\theta\sec\theta \leqslant r \leqslant \sec\theta$，最后得$0 \leqslant \theta \leqslant \frac{\pi}{4}$，$\tan\theta\sec\theta \leqslant r \leqslant \sec\theta$。

则
$$\int_0^1 dx \int_0^{x^2} f(x,y)dy = \int_0^{\frac{\pi}{4}} d\theta \int_{\tan\theta\sec\theta}^{\sec\theta} f(r\cos\theta, r\sin\theta)rdr$$

答案：D

1-5-15 解： 画出积分区域 D 的图形（见解图），由 $x^2+y^2 \geqslant 2$ 得知在圆 $x^2+y^2=2$ 的外部，由 $x^2+y^2 \leqslant 2x$ 得知在圆 $(x-1)^2+y^2=1$ 的内部，D 为它们的公共部分，如解图画斜线部分。

求交点，解方程组 $\begin{cases} x^2+y^2=2 \\ x^2+y^2=2x \end{cases}$，得交点坐标 $(1,1)$、$(1,-1)$。

化为极坐标系下的二次积分：$-\dfrac{\pi}{4} \leqslant \theta \leqslant \dfrac{\pi}{4}$，$\sqrt{2} \leqslant r \leqslant 2\cos\theta$。

被积函数用 $x=r\cos\theta$，$y=r\sin\theta$ 代入，面积元素 $dxdy=rdrd\theta$，故

$$\iint\limits_D x\sqrt{x^2+y^2}dxdy = \int_{-\frac{\pi}{4}}^{\frac{\pi}{4}} d\theta \int_{\sqrt{2}}^{2\cos\theta} r\cos\theta \cdot r \cdot rdr = \int_{-\frac{\pi}{4}}^{\frac{\pi}{4}} \cos\theta d\theta \int_{\sqrt{2}}^{2\cos\theta} r^3 dr$$

答案：D

1-5-16 解： 通过题目给出的条件画出图形见解图，利用柱面坐标计算，联立消 z：$\begin{cases} z^2=x^2+y^2 \\ z=1 \end{cases}$，得 $x^2+y^2=1$。代入 $x=r\cos\theta$，$y=r\sin\theta$，$z^2=x^2+y^2$，$z^2=r^2$，得 $z=r$，$z=-r$，取 $z=r$（上半锥）。

$$D_{xy}: x^2+y^2 \leqslant 1, \quad \Omega: \begin{cases} r \leqslant z \leqslant 1 \\ 0 \leqslant r \leqslant 1 \\ 0 \leqslant \theta \leqslant 2\pi \end{cases}, \quad dV=rdrd\theta dz$$

则 $V=\iiint\limits_\Omega zdV = \iiint\limits_\Omega zrdrd\theta dz$，再化为柱面坐标系下的三次积分。先对 z 积，再对 r 积，最后对 θ 积分，即 $V=\int_0^{2\pi} d\theta \int_0^1 rdr \int_r^1 zdz$。

答案：B

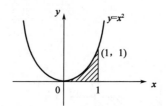
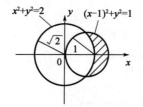
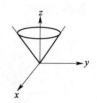

题 1-5-14 解图　　　　题 1-5-15 解图　　　　题 1-5-16 解图

1-5-17 解： 画出图形（见解图）。

立体体积 $V=\iiint\limits_\Omega 1dV$，求出投影区域 D_{xy}

利用方程组 $\begin{cases} z=\sqrt{x^2+y^2} \\ z=x^2+y^2 \end{cases}$ 消去字母 z，得 $D_{xy}: x^2+y^2 \leqslant 1$。

写出在柱面坐标系下计算立体体积的三次积分表示式。

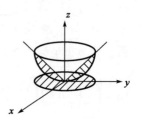

题 1-5-17 解图

$$\begin{cases} r^2 \leqslant z \leqslant r \\ 0 \leqslant r \leqslant 1 \\ 0 \leqslant \theta \leqslant 2\pi \end{cases}, dV=rdrd\theta dz$$

$$V=\iiint\limits_\Omega 1dV = \int_0^{2\pi} d\theta \int_0^1 rdr \int_{r^2}^r 1dz$$

答案：A

1-5-18　解： 画出Ω立体图的草图，注意分清曲面$3x^2 + y^2 = z$，$z = 1 - x^2$的上下位置关系，图形$z = 1 - x^2$在上，$3x^2 + y^2 = z$在下；或画出Ω在xOy平面上的投影图，消z得$4x^2 + y^2 = 1$，D_{xy}：$\dfrac{x}{\left(\frac{1}{2}\right)^2} + y^2 = 1$，按先$z$后$y$然后$x$的积分顺序，列出积分区域$\Omega$的不等式组：

$$\begin{cases} 3x^2 + y^2 \leqslant z \leqslant 1 - x^2 \\ -\sqrt{1 - 4x^2} \leqslant y \leqslant \sqrt{1 - 4x^2} \\ -\dfrac{1}{2} \leqslant x \leqslant \dfrac{1}{2} \end{cases}$$

化为三次积分，即可得出正确答案。

　　答案： C

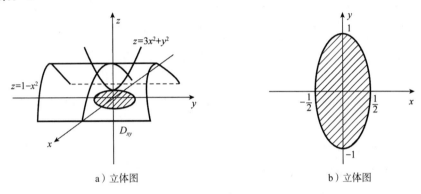

a）立体图　　　　　　　　b）立体图

题 1-5-18 解图

1-5-19　解： 把Ω化为球坐标系下的三次积分。

被积函数代入直角坐标与球面坐标的关系式：$\begin{cases} x = r \sin\varphi \cos\theta \\ y = r \sin\varphi \sin\theta \\ z = r \cos\varphi \end{cases}$，得$x^2 + y^2 + z^2 = r^2$

所以球面方程为$r^2 = 1$，$r = 1$，体积元素$dV = r^2 \sin\varphi \, dr d\theta d\varphi$

Ω：$\begin{cases} 0 \leqslant r \leqslant 1 \\ 0 \leqslant \theta \leqslant 2\pi \\ 0 \leqslant \varphi \leqslant \pi \end{cases}$，原式$= \displaystyle\int_0^{2\pi} d\theta \int_0^\pi d\varphi \int_0^1 r^2 \cdot r^2 \sin\varphi \, dr = \int_0^{2\pi} d\theta \int_0^\pi d\varphi \int_0^1 r^4 \sin\varphi \, dr$

　　答案： C

1-5-20　解： 本题Ω是由球面里面部分和旋转抛物面外部围成的（见解图），球面方程可化为$z = 1 \pm \sqrt{1 - x^2 - y^2}$，下半球面方程$z = 1 - \sqrt{1 - x^2 - y^2}$，旋转抛物面方程$z = x_2 + y_2$。立体在$xOy$平面上投影区域，$D_{xy}$：$x^2 + y^2 \leqslant 1$，$dV = r dr d\theta dz$，$\Omega$：$\begin{cases} 0 \leqslant \theta \leqslant 2\pi \\ 0 \leqslant r \leqslant 1 \\ 1 - \sqrt{1 - r^2} \leqslant z \leqslant r^2 \end{cases}$，利用柱面坐标写出三重积分，即

$$V = \iiint\limits_{\Omega} 1 dV = \int_0^{2\pi} d\theta \int_0^1 r dr \int_{1-\sqrt{1-r^2}}^{r^2} dz$$

　　答案： D

1-5-21　解： 作Ω的立体图形（见解图），并确定Ω在xOy平面上投影区域D_{xy}。

D_{xy}由曲线$x^2 + y^2 = 1$，直线$y = 0$，$y = x$围成。写出Ω在直角坐标系下先z后x最后y的三次积分：

$$\Omega：\begin{cases} x^2 + y^2 \leqslant z \leqslant 1 \\ y \leqslant x \leqslant \sqrt{1 - y^2} \\ 0 \leqslant y \leqslant \dfrac{\sqrt{2}}{2} \end{cases}，\quad \iiint\limits_{\Omega} f(x, y, z) dV = \int_0^{\frac{\sqrt{2}}{2}} dy \int_y^{\sqrt{1-y^2}} dx \int_{x^2+y^2}^1 f(x, y, z) dz$$

答案：C

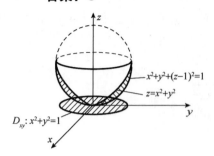
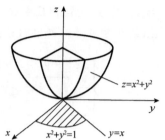
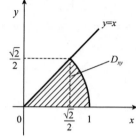

题 1-5-20 解图　　　　　　　　　　　题 1-5-21 解图

1-5-22　解：画出$(x-2)^2+(y-2)^2\leqslant 2$，$y=-x+2$图形（见解图）。两图形相切，求切点：

$$\begin{cases}(x-2)^2+(y-2)^2=2 & ① \\ y=-x+2 & ②\end{cases}$$

由②式得：　　　　　　　　　　　　　$x=2-y$　　　　　　　　　　　　　③

将③式代入①式，得$y^2+(y-2)^2=2$，化简得$y^2-2y+1=0$，即$(y-1)^2=0$，得$y=1$，二重根，代入求出$x=1$，切点$(1,1)$

在直线上的点满足方程$x+y=2$

在直线上方的点满足$x+y>2$（个别点、切点满足$x+y=2$）

所以在D上点满足$x+y<(x+y)^2<(x+y)^4$

由二重积分性质可知：$\iint\limits_{D}(x+y)\mathrm{d}\sigma<\iint\limits_{D}(x+y)^2\mathrm{d}\sigma\leqslant\iint\limits_{D}(x+y)^4\mathrm{d}\sigma$

即$I_2<I_3<I_1$

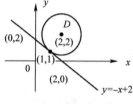

题 1-5-22 解图

答案：C

1-5-23　解：本题考查参数方程形式的对坐标的曲线积分（也称第二类曲线积分），注意绕行方向为顺时针。

积分路径L沿顺时针方向，取椭圆上半周，则角度θ的取值范围为π到 0。

根据$x=a\cos\theta$，可知$\mathrm{d}x=-a\sin\theta\,\mathrm{d}\theta$，因此原式有：

$$\int_L y^2\mathrm{d}x=\int_\pi^0(b\sin\theta)^2(-a\sin\theta)\mathrm{d}\theta$$

$$=\int_0^\pi ab^2\sin^3\theta\,\mathrm{d}\theta=ab^2\int_0^\pi\sin^2\theta\,\mathrm{d}(-\cos\theta)$$

$$=-ab^2\int_0^\pi(1-\cos^2\theta)\mathrm{d}(\cos\theta)$$

$$=\frac{4}{3}ab^2$$

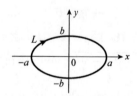

题 1-5-23 解图

注：对坐标的曲线积分应注意积分路径的方向，然后写出积分变量的上下限，即积分限应从起点所对应的参数$\theta=\pi$积分到终点所对应的参数$\theta=0$，本题$\theta:\pi\to0$，与积分限的数值大小无关。本题若取逆时针为绕行方向，则θ的范围应从 0 到π。简单作图即可观察和验证。

答案：B

1-5-24　解：本题为对弧长的曲线积分。

$$L:\begin{cases}y=x^2 \\ x=x\end{cases}(0\leqslant x\leqslant 1),\mathrm{d}s=\sqrt{1+4x^2}\,\mathrm{d}x$$

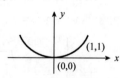

题 1-5-24 解图

$$原式 = \int_0^1 x\sqrt{1+4x^2}\,dx = \frac{1}{8}\int_0^1 \sqrt{1+4x^2}\,d(1+4x^2)$$

$$= \frac{1}{8} \times \frac{2}{3}(1+4x^2)^{\frac{3}{2}}\Big|_0^1$$

$$= \frac{1}{12}(5\sqrt{5}-1)$$

注：对弧长的曲线积分，参数变化范围写法为从小到大，与曲线的方向无关。

答案： A

1-5-25 解： 本题为对弧长的曲线积分L的方程$y=-x+1$，$x=x$，$ds=\sqrt{1^2+(-1)^2}\,dx=\sqrt{2}\,dx$，$-1\leqslant x\leqslant 1$，化为一元定积分：

$$\int_L (x+y)\,ds = \int_{-1}^1 [x+(-x+1)]\sqrt{2}\,dx$$

$$= \int_{-1}^1 \sqrt{2}\,dx = \sqrt{2}x\Big|_{-1}^1 = 2\sqrt{2}$$

答案： B

1-5-26 解： 本题为对坐标的曲线积分L的方程$y=x$，$x=x$，$x: 1\to 2$，化为一元定积分。

$$\int_L (x+y)\,dx + (y-x)\,dy = \int_1^2 2x\,dx + 0\,dx = \int_1^2 2x\,dx = x^2\Big|_1^2 = 3$$

答案： C

（六）级数

1-6-1 级数$\sum\limits_{n=1}^{\infty} a_n$收敛是$\lim\limits_{n\to\infty} a_n = 0$的什么条件？

　　A. 充分条件，但非必要条件　　　　B. 必要条件，但非充分条件

　　C. 充分必要条件　　　　　　　　　D. 既非充分条件，又非必要条件

1-6-2 下列各级数中发散的是：

　　A. $\sum\limits_{n=1}^{\infty} \frac{1}{\sqrt{n+1}}$　　　　　　　　B. $\sum\limits_{n=1}^{\infty} (-1)^{n-1}\frac{1}{\ln(n+1)}$

　　C. $\sum\limits_{n=1}^{\infty} \frac{n+1}{3^n}$　　　　　　　　　D. $\sum\limits_{n=1}^{\infty} (-1)^{n-1}\left(\frac{2}{3}\right)^n$

1-6-3 级数$\sum\limits_{n=1}^{\infty} \frac{(-1)^{n-1}}{n}$的收敛性是：

　　A. 绝对收敛　　　　　　　　　　B. 条件收敛

　　C. 等比级数收敛　　　　　　　　D. 发散

1-6-4 下列各级数发散的是：

　　A. $\sum\limits_{n=1}^{\infty} \sin\frac{1}{n}$　　　　　　　　B. $\sum\limits_{n=1}^{\infty} (-1)^{n-1}\frac{1}{\ln(n+1)}$

　　C. $\sum\limits_{n=1}^{\infty} \frac{n+1}{3^{\frac{n}{2}}}$　　　　　　　　D. $\sum\limits_{n=1}^{\infty} (-1)^{n-1}\left(\frac{2}{3}\right)^n$

1-6-5 下列级数发散的是：

　　A. $\sum\limits_{n=1}^{\infty} \frac{n^2}{3n^4+1}$　　　　　　　　B. $\sum\limits_{n=2}^{\infty} \frac{1}{\sqrt[3]{n(n-1)}}$

C. $\sum\limits_{n=1}^{\infty}\dfrac{(-1)^n}{\sqrt{n}}$ 　　　　　　　　　　　　D. $\sum\limits_{n=1}^{\infty}\dfrac{5}{3^n}$

1-6-6 级数 $\sum\limits_{n=1}^{\infty}\dfrac{\sin\frac{n\pi}{2}}{\sqrt{n^3}}$ 的收敛性是：

　　A. 绝对收敛 　　　　　　　　　　　　B. 发散

　　C. 条件收敛 　　　　　　　　　　　　D. 无法判定

1-6-7 级数 $\sum\limits_{n=1}^{\infty}u_n$ 收敛的充要条件是：

　　A. $\lim\limits_{n\to\infty}u_n=0$ 　　　　　　　　　　　　B. $\lim\limits_{n\to\infty}\dfrac{u_{n+1}}{u_n}=r<1$

　　C. $u_n\leqslant\dfrac{1}{n^2}$ 　　　　　　　　　　　　D. $\lim\limits_{n\to\infty}S_n$ 存在（其中 $S_n=u_1+u_2+\cdots+u_n$ ）

1-6-8 正项级数 $\sum\limits_{n=1}^{\infty}a_n$，判定 $\lim\limits_{n\to\infty}\dfrac{a_{n+1}}{a_n}=q<1$ 是此正项级数收敛的什么条件？

　　A. 充分条件，但非必要条件 　　　　　B. 必要条件，但非充分条件

　　C. 充分必要条件 　　　　　　　　　　D. 既非充分条件，又非必要条件

1-6-9 级数前 n 项和 $S_n=a_1+a_2+\cdots+a_n$，若 $a_n\geqslant0$，判断数列 $\{S_n\}$ 有界是级数 $\sum\limits_{n=1}^{\infty}a_n$ 收敛的什么条件？

　　A. 充分条件，但非必要条件 　　　　　B. 必要条件，但非充分条件

　　C. 充分必要条件 　　　　　　　　　　D. 既非充分条件，又非必要条件

1-6-10 设任意项级数 $\sum\limits_{n=1}^{\infty}a_n$，若 $|a_n|>|a_{n+1}|$，且 $\lim\limits_{n\to\infty}a_n=0$，则对该级数下列哪个结论正确？

　　A. 必条件收敛 　　　　　　　　　　　B. 必绝对收敛

　　C. 必发散 　　　　　　　　　　　　　D. 可能收敛，也可能发散

1-6-11 若级数 $\sum\limits_{n=1}^{\infty}a_n^2$ 收敛，则对级数 $\sum\limits_{n=1}^{\infty}a_n$ 下列哪个结论正确？

　　A. 必绝对收敛 　　　　　　　　　　　B. 必条件收敛

　　C. 必发散 　　　　　　　　　　　　　D. 可能收敛，也可能发散

1-6-12 正项级数 $\sum\limits_{n=1}^{\infty}a_n$ 收敛是级数 $\sum\limits_{n=1}^{\infty}a_n^2$ 收敛的什么条件？

　　A. 充分条件，但非必要条件 　　　　　B. 必要条件，但非充分条件

　　C. 充分必要条件 　　　　　　　　　　D. 既非充分条件，又非必要条件

1-6-13 下列级数中，发散的级数是哪一个？

　　A. $\sum\limits_{n=1}^{\infty}(-1)^n\dfrac{1}{\sqrt{n}}$ 　　　　　　　　　　B. $\sum\limits_{n=1}^{\infty}\dfrac{n}{2^n}$

　　C. $\sum\limits_{n=1}^{\infty}\left(\dfrac{1}{n}-\dfrac{1}{n+1}\right)$ 　　　　　　D. $\sum\limits_{n=1}^{\infty}\sin\dfrac{n\pi}{3}$

1-6-14 级数 $\sum\limits_{n=1}^{\infty}\dfrac{(-1)^n}{a_n}(a_n>0)$ 满足下列什么条件时收敛：

　　A. $\lim\limits_{n\to\infty}a_n=\infty$ 　　　　　　　　　　B. $\lim\limits_{n\to\infty}\dfrac{1}{a_n}=0$

　　C. $\sum\limits_{n=1}^{\infty}a_n$ 发散 　　　　　　　　　　D. a_n 单调递增且 $\lim\limits_{n\to\infty}a_n=+\infty$

1-6-15 幂级数 $\sum\limits_{n=1}^{\infty}\dfrac{(x-1)^n}{3^n n}$ 的收敛域是：

A. $[-2,4)$　　　　B. $(-2,4)$　　　　C. $(-1,1)$　　　　D. $\left[-\frac{1}{3},\frac{4}{3}\right)$

1-6-16 若级数 $\sum\limits_{n=1}^{\infty} a_n(x-2)^n$ 在 $x=-2$ 处收敛，则此级数在 $x=5$ 处的敛散性是怎样的？

A. 发散　　　　　　　　　　　　　B. 条件收敛

C. 绝对收敛　　　　　　　　　　　D. 收敛性不能确定

1-6-17 若幂级数 $\sum\limits_{n=1}^{\infty} a_n(x-2)^n$ 在 $x=0$ 处收敛，在 $x=-4$ 处发散，则幂级数 $\sum\limits_{n=1}^{\infty} a_n(x-1)^n$ 的收敛域是：

A. $(-1,3)$　　　　B. $[-1,3)$　　　　C. $(-1,3]$　　　　D. $[-1,3]$

1-6-18 函数 $\dfrac{1}{3-x}$ 展开成 $(x-1)$ 的幂级数是：

A. $\sum\limits_{n=0}^{\infty} \dfrac{x^n}{2^n}$　　$x \in (-2,2)$　　　　　　B. $\sum\limits_{n=0}^{\infty} \left(\dfrac{1-x}{2}\right)^n$　　$x \in (-1,3)$

C. $\sum\limits_{n=0}^{\infty} \dfrac{(x-1)^n}{2^{n+1}}$　　$x \in (-1,3)$　　　　D. $\sum\limits_{n=0}^{\infty} (-1)^n \dfrac{x^n}{4^{n+1}}$　　$x \in (-4,4)$

1-6-19 函数 e^x 展开成为 $x-1$ 的幂函数是：

A. $\sum\limits_{n=0}^{\infty} \dfrac{(x-1)^n}{n!}$　　　　B. $e\sum\limits_{n=0}^{\infty} \dfrac{(x-1)^n}{n!}$　　　　C. $\sum\limits_{n=0}^{\infty} \dfrac{(x-1)^n}{n}$　　　　D. $\sum\limits_{n=0}^{\infty} \dfrac{(x-1)^n}{ne}$

1-6-20 函数 $\dfrac{1}{x}$ 展开成 $(x-2)$ 的幂级数是：

A. $\sum\limits_{n=0}^{\infty} (-1)^n \dfrac{(x-2)^n}{2^{n+1}}$　　　　　　B. $\sum\limits_{n=0}^{\infty} \dfrac{(x-2)^n}{2^{n+1}}$

C. $\sum\limits_{n=0}^{\infty} \dfrac{(x-2)^n}{2^n}$　　　　　　　　　D. $\sum\limits_{n=0}^{\infty} (x-2)^n$

1-6-21 级数 $\sum\limits_{n=0}^{\infty} (-1)^n x^n$ 在 $|x| < 1$ 内收敛于函数：

A. $\dfrac{1}{1-x}$　　　　B. $\dfrac{1}{1+x}$　　　　C. $\dfrac{x}{1-x}$　　　　D. $\dfrac{x}{1+x}$

1-6-22 幂级数 $\sum\limits_{n=1}^{\infty} \dfrac{x^n}{n!}$ 的和函数 $S(x)$ 等于：

A. e^x　　　　　　B. $e^x + 1$　　　　C. $e^x - 1$　　　　D. $\cos x$

1-6-23 级数 $\sum\limits_{n=1}^{\infty} (-1)^{n-1} x^n$ 的和函数是：

A. $\dfrac{1}{1+x}(-1 < x < 1)$　　　　　　B. $\dfrac{x}{1+x}(-1 < x < 1)$

C. $\dfrac{x}{1-x}(-1 < x < 1)$　　　　　　D. $\dfrac{1}{1-x}(-1 < x < 1)$

1-6-24 幂级数 $x^2 - \dfrac{1}{2}x^3 + \dfrac{1}{3}x^4 - \cdots + \dfrac{(-1)^{n+1}}{n}x^{n+1} + \cdots$　　$(-1 < x \leqslant 1)$ 的和函数是：

A. $x\sin x$　　　　B. $\dfrac{x^2}{1+x^2}$　　　　C. $x\ln(1-x)$　　　　D. $x\ln(1+x)$

1-6-25 设 $f(x) = \begin{cases} x & 0 \leqslant x \leqslant \frac{\pi}{2} \\ \pi & \frac{\pi}{2} < x < \pi \end{cases}$，$S(x) = \sum\limits_{n=1}^{\infty} b_n \sin nx$，其中 $b_n = \dfrac{2}{\pi}\int_0^{\pi} f(x)\sin nx\,\mathrm{d}x$，则 $S\left(-\dfrac{\pi}{2}\right)$ 的值是：

A. $\dfrac{\pi}{2}$　　　　B. $\dfrac{3\pi}{4}$　　　　C. $-\dfrac{3\pi}{4}$　　　　D. 0

1-6-26 下列命题中，哪个是正确的？

A. 周期函数 $f(x)$ 的傅里叶级数收敛于 $f(x)$

B. 若 $f(x)$ 有任意阶导数，则 $f(x)$ 的泰勒级数收敛于 $f(x)$

C. 若正项级数 $\sum\limits_{n=1}^{\infty} a_n$ 收敛，则 $\sum\limits_{n=1}^{\infty} \sqrt{a_n}$ 必收敛

D. 正项级数收敛的充分且必要条件是级数的部分和数列有界

1-6-27 已知级数 $\sum\limits_{n=1}^{\infty}(u_{2n}-u_{2n+1})$ 是收敛的，则下列结论成立的是：

A. $\sum\limits_{n=1}^{\infty} u_n$ 必收敛

B. $\sum\limits_{n=1}^{\infty} u_n$ 未必收敛

C. $\lim\limits_{n\to\infty} u_n = 0$

D. $\sum\limits_{n=1}^{\infty} u_n$ 发散

1-6-28 下列说法中正确的是：

A. 若级数 $\sum\limits_{n=1}^{\infty} u_n$ 收敛，且 $u_n \geq v_n$，则 $\sum\limits_{n=1}^{\infty} v_n$ 也收敛

B. 若 $\sum\limits_{n=1}^{\infty} |u_n v_n|$ 收敛，则 $\sum\limits_{n=1}^{\infty} u_n^2$ 和 $\sum\limits_{n=1}^{\infty} v_n^2$ 都收敛

C. 若正项级数 $\sum\limits_{n=1}^{\infty} u_n$ 发散，则 $u_n \geq \dfrac{1}{n}$

D. 若 $\sum\limits_{n=1}^{\infty} u_n^2$ 和 $\sum\limits_{n=1}^{\infty} v_n^2$ 都收敛，则 $\sum\limits_{n=1}^{\infty}(u_n+v_n)^2$ 收敛

题解及参考答案

1-6-1 **解**：级数收敛的必要条件 $\lim\limits_{n\to\infty} a_n = 0$。反之，级数 $\sum\limits_{n=1}^{\infty}\dfrac{1}{n}$，而 $\lim\limits_{n\to\infty}\dfrac{1}{n}=0$，但 $\sum\limits_{n=1}^{\infty}\dfrac{1}{n}$ 发散。

答案：A

1-6-2 **解**：利用交错级数收敛法可判定选项 B 的级数收敛；利用正项级数比值法可判定选项 C 的级数收敛；利用等比级数收敛性的结论知选项 D 的级数收敛，故选项 A 级数发散。

选项 A 可直接通过正项级数比较法的极限形式判定，$\lim\limits_{n\to\infty}\dfrac{u_n}{v_n}=\lim\limits_{n\to\infty}\dfrac{\frac{1}{\sqrt{n+1}}}{\frac{1}{n}}=\lim\limits_{n\to\infty}\dfrac{n}{\sqrt{n+1}}=\infty$，因级数 $\sum\limits_{n=1}^{\infty}\dfrac{1}{n}$ 发散，故 $\sum\limits_{n=1}^{\infty}\dfrac{1}{\sqrt{n+1}}$ 发散。

答案：A

1-6-3 **解**：把级数各项取绝对值 $\sum\limits_{n=1}^{\infty}\left|\dfrac{(-1)^{n-1}}{n}\right|=\sum\limits_{n=1}^{\infty}\dfrac{1}{n}$，调和级数 $\sum\limits_{n=1}^{\infty}\dfrac{1}{n}$ 发散，即取绝对值后级数发散。

原级数为交错级数，满足 $u_n \geq u_{n+1}$，且 $\lim\limits_{n\to\infty} u_n = 0$，级数 $\sum\limits_{n=1}^{\infty}(-1)^{n-1}\dfrac{1}{n}$ 收敛。

故原级数条件收敛。

答案：B

1-6-4 **解**：选项 B 为交错级数，由莱布尼兹判别法判定其收敛级数 $\sum\limits_{n=1}^{\infty}(-1)^{n-1}\dfrac{1}{\ln(n+1)}$，$u_n=\dfrac{1}{\ln(n+1)}$，$u_{n+1}=\dfrac{1}{\ln(n+2)}$，因为 $0<\ln(n+1)<\ln(n+2)$，$\dfrac{1}{\ln(n+1)}>\dfrac{1}{\ln(n+2)}$，即 $u_n \geq u_{n+1}$，且 $\lim\limits_{n\to\infty} u_n = \lim\limits_{n\to\infty}\dfrac{1}{\ln(n+1)}=0$，级数收敛。选项 C，由正项级数比值收敛法判定其收敛。

$$\lim_{n\to\infty}\frac{u_{n+1}}{u_n}=\lim_{n\to\infty}\frac{\dfrac{n+2}{3^{\frac{n+1}{2}}}}{\dfrac{n+1}{3^{\frac{n}{2}}}}=\lim_{n\to\infty}\frac{1}{\sqrt{3}}\cdot\frac{n+2}{n+1}=\frac{1}{\sqrt{3}}<1$$

选项 D 为等比级数，公比 $|q|=\dfrac{2}{3}<1$，收敛。

选项 A 发散，用正项级数比较法判定。

$$\lim_{n\to\infty}\frac{\sin\dfrac{1}{n}}{\dfrac{1}{n}}=\lim_{t\to0}\frac{\sin t}{t}=1$$

因为调和级数 $\sum\limits_{n=1}^{\infty}\dfrac{1}{n}$ 发散，所以 $\sum\limits_{n=1}^{\infty}\sin\dfrac{1}{n}$ 发散。

答案： A

1-6-5　解： 本题考查正项级数、交错级数敛散性的判定。

选项 A，$\sum\limits_{n=1}^{\infty}\dfrac{n^2}{3n^4+1}$，因为 $\dfrac{n^2}{3n^4+1}<\dfrac{n^2}{3n^4}=\dfrac{1}{3n^2}$，级数 $\sum\limits_{n=1}^{\infty}\dfrac{1}{n^2}$，$P=2>1$，级数收敛，$\sum\limits_{n=1}^{\infty}\dfrac{1}{3n^2}$，利用正项级数的比较判别法，$\sum\limits_{n=1}^{\infty}\dfrac{n^2}{3n^4+1}$ 收敛。

选项 B，$\sum\limits_{n=2}^{\infty}\dfrac{1}{\sqrt[3]{n(n-1)}}$，因为 $n(n-1)<n^2$，$\sqrt[3]{n(n-1)}<\sqrt[3]{n^2}$，$\dfrac{1}{\sqrt[3]{n(n-1)}}>\dfrac{1}{\sqrt[3]{n^2}}=\dfrac{1}{n^{\frac{2}{3}}}$，级数 $\sum\limits_{n=2}^{\infty}\dfrac{1}{n^{\frac{2}{3}}}$，$P<1$，级数发散，利用正项级数的比较判别法，$\sum\limits_{n=2}^{\infty}\dfrac{1}{\sqrt[3]{n(n-1)}}$ 发散。

选项 C，$\sum\limits_{n=1}^{\infty}\dfrac{(-1)^n}{\sqrt{n}}$，级数为交错级数，利用莱布尼兹定理判定：

（1）因为 $n<(n+1)$，$\sqrt{n}<\sqrt{n+1}$，$\dfrac{1}{\sqrt{n}}>\dfrac{1}{\sqrt{n+1}}$，$u_n>u_{n+1}$；

（2）一般项 $\lim\limits_{n\to\infty}\dfrac{1}{\sqrt{n}}=0$，所以交错级数收敛。

选项 D，$\sum\limits_{n=1}^{\infty}\dfrac{5}{3^n}=5\sum\limits_{n=1}^{\infty}\dfrac{1}{3^n}$，级数为等比级数，公比 $q=\dfrac{1}{3}$，$|q|<1$，级数收敛。

答案： B

1-6-6　解： 将级数各项取绝对值得 $\sum\limits_{n=1}^{\infty}\left|\dfrac{\sin\frac{n}{2}\pi}{\sqrt{n^3}}\right|$，而 $\left|\dfrac{\sin\frac{n}{2}\pi}{\sqrt{n^3}}\right|\leqslant\dfrac{1}{n^{\frac{3}{2}}}$

级数 $\sum\limits_{n=1}^{\infty}\dfrac{1}{n^{\frac{3}{2}}}$ 中，$p=\dfrac{3}{2}>1$，故收敛。

由正项级数比较法，级数 $\sum\limits_{n=1}^{\infty}\left|\dfrac{\sin\frac{n}{2}\pi}{\sqrt{n^3}}\right|$ 收敛。

所以原级数 $\sum\limits_{n=1}^{\infty}\dfrac{\sin\frac{n}{2}\pi}{\sqrt{n^3}}$ 绝对收敛。

答案： A

1-6-7　解： 题中未说明级数是何种级数。

选项 B、C 仅适用于正项级数，故不一定适用。

选项 A 为级数收敛的必要条件，不是充分条件。

选项 D 对任何级数都适用，是级数收敛的充要条件。

答案： D

1-6-8　解： 利用正项级数比值法确定级数收敛，而判定正项级数收敛还有其他的方法，因而选 A。

答案： A

1-6-9　解： 利用正项级数基本定理判定。正项级数收敛的充分必要条件是数列 $\{S_n\}$ 有界。

答案： C

1-6-10 **解：** 举例说明，级数 $1 + \frac{1}{2} + \frac{1}{3} + \cdots$，$1 - \frac{1}{2} + \frac{1}{3} - \frac{1}{4} + \cdots$ 均满足条件，但前面级数发散，后面级数收敛，因而在此条件下级数敛散性不能确定。

　　　　答案： D

1-6-11 **解：** 举例说明，级数 $\sum \left[(-1)^n \frac{1}{n} \right]^2$、$\sum \left(\frac{1}{n} \right)^2$ 均收敛，但级数 $\sum (-1)^n \frac{1}{n}$、$\sum \frac{1}{n}$ 一个收敛，一个发散。

　　　　答案： D

1-6-12 **解：** 利用正项级数比较判别法——极限形式判定： $\lim\limits_{n \to \infty} \frac{a_n^2}{a_n} = \lim\limits_{n \to \infty} a_n = 0 < 1$，故级数 $\sum a_n^2$ 收敛，反之不一定正确。如 1-6-11 题。

　　　　答案： A

1-6-13 **解：** 利用级数敛散性判定法可断定 A、B、C 式收敛，D 式 $\lim\limits_{n \to \infty} u_n \neq 0$，所以级数发散。

　　　　答案： D

1-6-14 **解：** 本题考查级数收敛的充分条件。

注意本题有 $(-1)^n$，显然 $\sum\limits_{n=1}^{\infty} \frac{(-1)^n}{a_n} (a_n > 0)$ 是一个交错级数。

交错级数收敛，即 $\sum\limits_{n=1}^{\infty} (-1)^n a_n$ 只要满足：① $a_n > a_{n+1}$，② $a_n \to 0 (n \to \infty)$ 即可。

在选项 D 中，已知 a_n 单调递增，即 $a_n < a_{n+1}$，所以 $\frac{1}{a_n} > \frac{1}{a_{n+1}} (a_n > 0)$

又知 $\lim\limits_{n \to \infty} a_n = +\infty$，所以 $\lim\limits_{n \to \infty} \frac{1}{a_n} = 0$

故级数 $\sum\limits_{n=1}^{\infty} \frac{(-1)^n}{a_n} (a_n > 0)$ 收敛

其他选项均不符合交错级数收敛的判别方法。

　　　　答案： D

1-6-15 **解：** 设 $x - 1 = t$，级数化为 $\sum\limits_{n=1}^{\infty} \frac{t^n}{3^n n}$，求级数的收敛半径。

$$\lim_{n \to \infty} \left| \frac{a_{n+1}}{a_n} \right| = \lim_{n \to \infty} \frac{\dfrac{1}{3^{n+1}(n+1)}}{\dfrac{1}{3^n \cdot n}} = \lim_{n \to \infty} \frac{n \cdot 3^n}{(n+1)3^{n+1}} = \frac{1}{3}$$

则 $R = \frac{1}{\rho} = 3$，即 $|t| < 3$ 收敛。

再判定 $t = 3$，$t = -3$ 时的敛散性，当 $t = 3$ 时发散，$t = -3$ 时收敛。

计算如下： $t = 3$ 代入级数，$\sum\limits_{n=1}^{\infty} \frac{1}{n}$ 为调和级数发散；

$t = -3$ 代入级数，$\sum\limits_{n=1}^{\infty} (-1)^n \frac{1}{n}$ 为交错级数，满足莱布尼兹条件收敛。因此 $-3 \leqslant x - 1 < 3$，即 $-2 \leqslant x < 4$。

　　　　答案： A

1-6-16 **解：** 设 $x - 2 = z$，级数化为 $\sum\limits_{n=1}^{\infty} a_n z^n$，当 $x = -2$ 收敛，即 $z = -4$ 收敛，利用阿贝尔定理，z 在 $(-4,4)$ 收敛且绝对收敛，当 $x = 5$ 时，$z = 3$，级数收敛且绝对收敛。

　　　　答案： C

1-6-17 **解：** 本题考查幂级数 $\sum\limits_{n=1}^{\infty} a_n x^n$ 与幂级数 $\sum\limits_{n=1}^{\infty} a_n (x + x_0)^n$，$\sum\limits_{n=1}^{\infty} a_n (x + x_0)^n$ 收敛域之间的关系。

方法 1，已知幂级数 $\sum\limits_{n=1}^{\infty} a_n(x+2)^n$ 在 $x=0$ 处收敛，把 $x=0$ 代入级数，得到 $\sum\limits_{n=1}^{\infty} a_n 2^n$，收敛。又知 $\sum\limits_{n=1}^{\infty} a_n(x+2)^n$ 在 $x=-4$ 处发散，把 $x=-4$ 代入级数，得到 $\sum\limits_{n=1}^{\infty} a_n(-2)^n$，发散。得到对应的幂级数 $\sum\limits_{n=1}^{\infty} a_n x^n$，在 $x=2$ 点收敛，在 $x=-2$ 点发散，由阿贝尔定理可知 $\sum\limits_{n=1}^{\infty} a_n x^n$ 的收敛域为 $(-2,2)$。

以选项 C 为例，验证选项 C 是幂级数 $\sum\limits_{n=1}^{\infty} a_n(x-1)^n$ 的收敛域：

选项 C，$(-1,3)$，把发散点 $x=-1$，收敛点 $x=3$ 分别代入级数 $\sum\limits_{n=1}^{\infty} a_n(x-1)^n$ 中得到数项级数 $\sum\limits_{n=1}^{\infty} a_n(-2)^n$，$\sum\limits_{n=1}^{\infty} a_n 2^n$，由题中给出的条件可知 $\sum\limits_{n=1}^{\infty} a_n(-2)^n$ 散，$\sum\limits_{n=1}^{\infty} a_n 2^n$ 收敛，且当级数 $\sum\limits_{n=1}^{\infty} a_n(x-1)^n$ 在收敛域 $(-1,3)$ 变化时和 $\sum\limits_{n=1}^{\infty} a_n x^n$ 的收敛域 $(-2,2)$ 相对应。

所以级数 $\sum\limits_{n=1}^{\infty} a_n(x-1)^n$ 的收敛域为 $(-1,3]$。

可验证选项 A、B、D 均不成立。

方法 2，在方法 1 解析过程中得到 $\sum\limits_{n=1}^{\infty} a_n x^n$ 的收敛域为 $-2<x\leqslant 2$，当把级数中的 x 换成 $x-1$ 时，得到 $\sum\limits_{n=1}^{\infty} a_n(x-1)^n$ 的收敛域为 $-2<x-1\leqslant 2$，$-1<x\leqslant 3$，即 $\sum\limits_{n=1}^{\infty} a_n(x-1)^n$ 的收敛域为 $(-1,3]$。

答案：C

1-6-18 解：将函数 $\dfrac{1}{3-x}$ 变形，利用公式 $\dfrac{1}{1-x}=1+x+x^2+\cdots+x^n+\cdots$ $(-1,1)$，将函数展开成 $x-1$ 幂级数，即变形 $\dfrac{1}{3-x}=\dfrac{1}{2-(x-1)}=\dfrac{1}{2\left(1-\frac{x-1}{2}\right)}=\dfrac{1}{2}\cdot\dfrac{1}{1-\frac{x-1}{2}}$，利用公式写出最后结果。

所以 $\dfrac{1}{3-x}=\dfrac{1}{2}\left[1+\dfrac{x-1}{2}+\left(\dfrac{x-1}{2}\right)^2+\cdots+\left(\dfrac{x-1}{2}\right)^n+\cdots\right]=\dfrac{1}{2}\sum\limits_{n=0}^{\infty}\left(\dfrac{x-1}{2}\right)^n=\sum\limits_{n=0}^{\infty}\dfrac{(x-1)^n}{2^{n+1}}$

$-1<\dfrac{x-1}{2}<1$，即 $-1<x<3$

答案：C

1-6-19 解：已知 $e^x=e^{x-1+1}=e\cdot e^{x-1}$。

利用已知函数的展开式 $e^x=1+\dfrac{1}{1!}x+\dfrac{1}{2!}x^2+\cdots+\dfrac{1}{n!}x^n+\cdots$ $(-\infty,+\infty)$

函数 e^{x-1} 展开式为：

$$e^{x-1}=1+\dfrac{1}{1!}(x-1)+\dfrac{1}{2!}(x-1)^2+\cdots+\dfrac{1}{n!}(x-1)^n+\cdots$$

$$=\sum\limits_{n=0}^{\infty}\dfrac{1}{n!}(x-1)^n \quad (-\infty,+\infty)$$

所以 $e^x=e\cdot e^{x-1}=e\sum\limits_{n=0}^{\infty}\dfrac{1}{n!}(x-1)^n$ $(-\infty,+\infty)$

答案：B

1-6-20 解：将函数 $\dfrac{1}{x}$ 变形后，再利用已知函数 $\dfrac{1}{1+x}$ 的展开式写出结果。

$$\dfrac{1}{x}=\dfrac{1}{2+(x-2)}=\dfrac{1}{2}\dfrac{1}{1+\dfrac{x-2}{2}}$$

已知 $\dfrac{1}{1+x}=1-x+x^2-\cdots=\sum\limits_{n=0}^{\infty}(-1)^n x^n$ $x\in(-1,1)$

所以 $\dfrac{1}{x}=\dfrac{1}{2}\dfrac{1}{1+\dfrac{x-2}{2}}=\dfrac{1}{2}\sum\limits_{n=0}^{\infty}(-1)^n\left(\dfrac{x-2}{2}\right)^n$ $\dfrac{x-2}{2}\in(-1,1)$

$$=\sum\limits_{n=0}^{\infty}(-1)^n\dfrac{1}{2^{n+1}}(x-2)^n \quad x\in(0,4)$$

答案： A

1-6-21 解： 级数 $\sum\limits_{n=0}^{\infty}(-1)^n x^n = 1 - x + x^2 - x^3 + \cdots$，公比 $q = -x$，当 $|q| < 1$ 时收敛，即 $|-x| < 1$，$|x| < 1$，$-1 < x < 1$。

故级数收敛，和函数 $S(x) = \dfrac{a_1}{1-q} = \dfrac{1}{1+x}$。

答案： B

1-6-22 解： 本题考查幂级数的和函数的基本运算。

级数 $\sum\limits_{n=1}^{\infty}\dfrac{x^n}{n!} = \dfrac{x}{1!} + \dfrac{x^2}{2!} + \dfrac{x^3}{3!} + \cdots + \dfrac{x^n}{n!} + \cdots$

已知 $e^x = 1 + \dfrac{x}{1!} + \dfrac{x^2}{2!} + \cdots + \dfrac{x^n}{n!} + \cdots$ $(-\infty, +\infty)$

所以级数 $\sum\limits_{n=1}^{\infty}\dfrac{x^n}{n!}$ 的和函数 $S(x) = e^{x} - 1$

注：考试中常见的幂级数展开式有：

$\dfrac{1}{1-x} = 1 + x + x^2 + \cdots + x^k + \cdots = \sum\limits_{k=0}^{\infty} x^k$ $(|x| < 1)$

$\dfrac{1}{1+x} = 1 - x + x^2 - \cdots + (-1)^k x^k + \cdots = \sum\limits_{k=0}^{\infty}(-1)^k x^k$ $(|x| < 1)$

$e^x = 1 + x + \dfrac{x^2}{2!} + \cdots + \dfrac{x^k}{k!} + \cdots = \sum\limits_{k=0}^{\infty}\dfrac{x^k}{k!}$ $(-\infty, +\infty)$

答案： C

1-6-23 解： 级数 $\sum\limits_{n=1}^{\infty}(-1)^{n-1}x^n = x - x^2 + x^3 - \cdots + (-1)^{n-1}x^n\cdots$，公比 $q = -x$，当 $-1 < x < 1$ 时，$|q| < 1$。

级数的和函数 $S(x) = \dfrac{a_1}{1-q} = \dfrac{x}{1+x}$ $(-1, 1)$

答案： B

1-6-24 解： **方法** 1，利用 $\ln(1+x)$ 的展开式，即

$$\ln(1+x) = x - \frac{x^2}{2} + \frac{x^3}{3} - \frac{x^4}{4} + \cdots + (-)^n\frac{x^{n+1}}{n+1} + \cdots \quad (-1 < x \leqslant 1)$$

从已知级数中提出字母 x 和函数即可得到。

原级数：$x^2 - \dfrac{1}{2}x^3 + \dfrac{1}{3}x^4 - \cdots + \dfrac{(-1)^{n+1}}{n}x^{n+1} + \cdots$

$= x\left(x - \dfrac{1}{2}x^2 + \dfrac{1}{3}x^3 - \dfrac{1}{4}x^4 + \cdots + (-1)\dfrac{1}{n+1}x^{n+1} + \cdots\right)$

$= x\ln(1+x)$

方法 2，设 $S(x) = x^2 - \dfrac{1}{2}x^3 + \dfrac{1}{3}x^4 - \cdots + \dfrac{(-1)^{n+1}}{n}x^{n+1}$ $(-1 < x \leqslant 1)$

$$S'(x) = x \cdot \left(x - \frac{1}{2}x^2 + \frac{1}{3}x^3 - \cdots + \frac{(-1)^{n+1}}{n}x^n + \cdots\right)$$

$$f(x) = x - \frac{1}{2}x^2 + \frac{1}{3}x^3 - \cdots + \frac{(-1)^{n+1}}{n}x^n + \cdots$$

且 $f(0) = 0$，$f'(x) = 1 - x + x^2 + \cdots + (-1)^{n+1}x^{n-1} + \cdots = \dfrac{1}{1+x}$ $(-1 < x \leqslant 1)$

$$\int_0^x f'(x)\mathrm{d}x = \int_0^x \frac{1}{1+x}\mathrm{d}x$$

$f(x) - f(0) = \ln(1+x)$ $(-1 < x \leqslant 1)$

所以 $f(x) = \ln(1+x)$，$S(x) = x\ln(1+x)$ $(-1 < x \leqslant 1)$

答案： D

1-6-25 解： 将函数奇延拓，并作周期延拓。

画出在$(-\pi, \pi]$函数的图形（见解图），$x = -\dfrac{\pi}{2}$为函数的间断点

由狄利克雷收敛定理：

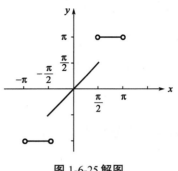

$$S\left(-\frac{\pi}{2}\right) = \frac{f\left(-\frac{\pi}{2}+0\right) + f\left(-\frac{\pi}{2}-0\right)}{2}$$

$$= \frac{-f\left(\frac{\pi}{2}-0\right) - f\left(\frac{\pi}{2}+0\right)}{2}$$

图 1-6-25 解图

$$= \frac{-\frac{\pi}{2}-\pi}{2} = -\frac{3}{4}\pi$$

答案： C

1-6-26 解： 本题先从熟悉的结论着手考虑，逐一分析每一个结论。

选项 D 是正项级数的基本定理，因而正确，其余选项均错误。

选项 A，只在函数的连续点处级数收敛于$f(x)$。

选项 B，级数收敛，还需判定$\lim\limits_{n \to \infty} R_n(x) = 0$。

选项 C，可通过举反例说明，级数$\sum \dfrac{1}{n^2}$收敛，但$\sum \dfrac{1}{n}$发散。

答案： D

1-6-27 解： 通过举例说明。

①取$u_n = 1$，级数$\sum\limits_{n=1}^{\infty} u_n = \sum\limits_{n=1}^{\infty} 1$，级数发散，而$\sum\limits_{n=1}^{\infty}(u_{2n} - u_{2n+1}) = \sum\limits_{n=1}^{\infty}(1-1) = \sum\limits_{n=1}^{\infty} 0$，级数收敛。

②取$u_n = 0$，$\sum\limits_{n=1}^{\infty} u_n = \sum\limits_{n=1}^{\infty} 0$，级数收敛，而$\sum\limits_{n=1}^{\infty}(u_{2n} - u_{2n+1}) = \sum\limits_{n=1}^{\infty} 0$，级数收敛。

答案： B

1-6-28 解： 选项 A，判别法：对正项级数成立。而题中级数$\sum\limits_{n=1}^{\infty} v_n$、$\sum\limits_{n=1}^{\infty} u_n$不一定是正项级数，所以选项 A 的结论不一定成立。

选项 B，判别法：举例，设$u_n = -n$，$v_n = \dfrac{1}{n^3}$，则$|u_n \cdot v_n| = \left|-n \cdot \dfrac{1}{n^3}\right| = \left|\dfrac{-1}{n^2}\right| = \dfrac{1}{n^2}$，级数$\sum\limits_{n=1}^{\infty}|u_n v_n|$收敛，但$\sum\limits_{n=1}^{\infty}(-n)^2$发散，$\sum\limits_{n=1}^{\infty}\left(\dfrac{1}{n^3}\right)^2$收敛，故选项 B 也不成立。

选项 C，判别法：举例，当$u_n \geqslant \dfrac{1}{n}$，正项级数$\sum\limits_{n=1}^{\infty} u_n$发散，但若正项级数$\sum\limits_{n=1}^{\infty} u_n$发散，不一定有$u_n \geqslant \dfrac{1}{n}$。例$\sum\limits_{n=1}^{\infty} \dfrac{1}{3n}$发散，但$\dfrac{1}{3n} \leqslant \dfrac{1}{n}$，故选项 C 也不成立。

选项 D，正确。

因为$(|u_n| - |v_n|)^2 \geqslant 0$，而$|u_n|^2 + |v_n|^2 - 2|u_n||v_n| \geqslant 0$，故$u_n^2 + v_n^2 \geqslant 2|u_n||v_n|$。

由正项级数比较判别法（级数$\sum\limits_{n=1}^{\infty} u_n^2$和$\sum\limits_{n=1}^{\infty} v_n^2$都收敛，则级数$\sum\limits_{n=1}^{\infty}|u_n||v_n|$收敛），可知$\sum\limits_{n=1}^{\infty}|u_n v_n|$收敛，

所以$\sum\limits_{n=1}^{\infty} u_n v_n$也收敛（级数绝对收敛，原级数收敛）。

故$\sum\limits_{n=1}^{\infty}(u_n^2 + v_n^2 + 2u_n v_n) = \sum\limits_{n=1}^{\infty}(u_n + v_n)^2$收敛。（级数收敛的运算性质）

答案： D

（七）常微分方程

1-7-1 微分方程 $y\mathrm{d}x + (x - y)\mathrm{d}y = 0$ 的通解是：（C 为任意常数）

    A. $\left(x - \dfrac{y}{2}\right)y = C$ B. $xy = C\left(x - \dfrac{y}{2}\right)$

    C. $xy = C$ D. $y = \dfrac{C}{\ln\left(x - \frac{y}{2}\right)}$

1-7-2 微分方程 $(3 + 2y)x\mathrm{d}x + (1 + x^2)\mathrm{d}y = 0$ 的通解为：（C 为任意常数）

    A. $1 + x^2 = Cy$ B. $(1 + x^2)(3 + 2y) = C$

    C. $(3 + 2y)^2 = \dfrac{C}{1 + x^2}$ D. $(1 + x^2)^2(3 + 2y) = C$

1-7-3 微分方程 $(1 + 2y)x\mathrm{d}x + (1 + x^2)\mathrm{d}y = 0$ 的通解为：（C 为任意常数）

    A. $\dfrac{1 + x^2}{1 + 2y} = C$ B. $(1 + x^2)(1 + 2y) = C$

    C. $(1 + 2y)^2 = \dfrac{C}{1 + x^2}$ D. $(1 + x^2)^2(1 + 2y) = C$

1-7-4 微分方程 $\cos y\mathrm{d}x + (1 + e^{-x})\sin y\mathrm{d}y = 0$ 满足初始条件 $y|_{x=0} = \dfrac{\pi}{3}$ 的特解是：

    A. $\cos y = \dfrac{1}{4}(1 + e^x)$ B. $\cos y = 1 + e^x$

    C. $\cos y = 4(1 + e^x)$ D. $\cos^2 y = 1 + e^x$

1-7-5 微分方程 $(1 + y)\mathrm{d}x - (1 - x)\mathrm{d}y = 0$ 的通解是：（C 为任意常数）

    A. $\dfrac{1 + y}{1 - x} = C$ B. $1 + y = C(1 - x)^2$

    C. $(1 - x)(1 + y) = C$ D. $\dfrac{1 + y}{1 + x} = C$

1-7-6 微分方程 $y' + \dfrac{1}{x}y = 2$ 满足初始条件 $y|_{x=1} = 0$ 的特解是：

    A. $x - \dfrac{1}{x}$ B. $x + \dfrac{1}{x}$

    C. $x + \dfrac{C}{x}$，C 为任意常数   D. $x + \dfrac{2}{x}$

1-7-7 方程 $y' = P(x)y$ 的通解是：

    A. $y = e^{-\int P(x)\mathrm{d}x} + C$ B. $y = e^{\int P(x)\mathrm{d}x} + C$

    C. $y = Ce^{-\int P(x)\mathrm{d}x}$ D. $y = Ce^{\int P(x)\mathrm{d}x}$

1-7-8 已知一阶微分方程 $x\dfrac{\mathrm{d}y}{\mathrm{d}x} = y\ln\dfrac{y}{x}$，问该方程的通解是下列函数中的哪个？

    A. $\ln\dfrac{y}{x} = x + 2$ B. $\ln\dfrac{y}{x} = cx + 1$

    C. $e^{\frac{y}{x}} = \dfrac{y}{x} + 2$ D. $\sin\dfrac{y}{x} = \dfrac{y}{x}$

1-7-9 微分方程 $y\mathrm{d}x + (y^2x - e^y)\mathrm{d}y = 0$ 是下述哪种方程？

    A. 可分离变量方程   B. 一阶线性的微分方程

    C. 全微分方程   D. 齐次方程

1-7-10 下列一阶微分方程中，哪一个是一阶线性方程？

    A. $(xe^y - 2y)\mathrm{d}y + e^y\mathrm{d}x = 0$ B. $xy' + y = e^{x+y}$

    C. $\dfrac{x}{1 + y}\mathrm{d}x - \dfrac{y}{1 + x}\mathrm{d}y = 0$ D. $\dfrac{\mathrm{d}y}{\mathrm{d}x} = \dfrac{x + y}{x - y}$

1-7-11 若$y_2(x)$是线性非齐次方程$y' + P(x)y = Q(x)$的解，$y_1(x)$是对应的齐次方程$y' + P(x)y = 0$的解，则下列函数中哪一个是$y' + P(x)y = Q(x)$的解？

A. $y = Cy_1(x) + y_2(x)$ 　　　　　　　　B. $y = y_1(x) + C_2 y_2(x)$

C. $y = C[y_1(x) + y_2(x)]$ 　　　　　　D. $y = C_1 y(x) - y_2(x)$

1-7-12 若$y_1(x)$是线性非齐次方程$y' + P(x)y = Q(x)$的一个特解，则该方程的通解是下列中哪一个方程？

A. $y = y_1(x) + e^{\int P(x)dx}$ 　　　　　B. $y = y_1(x) + Ce^{-\int P(x)dx}$

C. $y = y_1(x) + e^{-\int P(x)dx} + C$ 　　D. $y = y_1(x) + Ce^{\int P(x)dx}$

1-7-13 满足方程$f(x) + 2\int_0^x f(x)dx = x^2$的解$f(x)$是：

A. $-\frac{1}{2}e^{-2x} + x + \frac{1}{2}$ 　　　　　　B. $\frac{1}{2}e^{-2x} + x - \frac{1}{2}$

C. $Ce^{-2x} + x - \frac{1}{2}$ 　　　　　　　D. $Ce^{-2x} + x + \frac{1}{2}$

1-7-14 设$f(x)$、$f'(x)$为已知的连续函数，则微分方程$y' + f'(x)y = f(x)f'(x)$的通解是：

A. $y = f(x) + Ce^{-f(x)}$ 　　　　　　B. $y = f(x)e^{f(x)} - e^{f(x)} + C$

C. $y = f(x) - 1 + Ce^{-f(x)}$ 　　　　D. $y = f(x) - 1 + Ce^{f(x)}$

1-7-15 微分方程$y'' + ay'^2 = 0$满足条件$y|_{x=0} = 0$，$y'|_{x=0} = -1$的特解是：

A. $\frac{1}{a}\ln|1 - ax|$ 　　　　　　　B. $\frac{1}{a}\ln|ax| + 1$

C. $ax - 1$ 　　　　　　　　　　D. $\frac{1}{a}x + 1$

1-7-16 微分方程$y'' = y'^2$的通解是：（C_1、C_2为任意常数）

A. $\ln x + C$ 　　　　　　　　　B. $\ln(x + C)$

C. $C_2 + \ln|x + C_1|$ 　　　　　　D. $C_2 - \ln|x + C_1|$

1-7-17 微分方程$y'' = x + \sin x$的通解是：（C_1，C_2为任意常数）

A. $\frac{1}{3}x^2 + \sin x + C_1 x + C_2$ 　　　　B. $\frac{1}{6}x^3 - \sin x + C_1 x + C_2$

C. $\frac{1}{2}x^2 - \cos x + C_1 x - C_2$ 　　　　D. $\frac{1}{2}x^2 + \sin x - C_1 x + C_2$

1-7-18 设$f_1(x)$和$f_2(x)$为二阶常系数线性齐次微分方程$y'' + py' + q = 0$的两个特解，若由$f_1(x)$和$f_2(x)$能构成该方程的通解，下列哪个方程是其充分条件？

A. $f_1(x)f_2'(x) - f_2(x)f_1'(x) = 0$

B. $f_1(x)f_2'(x) - f_2(x)f_1'(x) \neq 0$

C. $f_1(x)f_2'(x) + f_2(x)f_1'(x) = 0$

D. $f_1(x)f_2'(x) + f_2(x)f_1'(x) \neq 0$

1-7-19 微分方程$y'' + 2y = 0$的通解是：

A. $y = A\sin 2x$ 　　　　　　　　B. $y = A\cos x$

C. $y = \sin\sqrt{2}x + B\cos\sqrt{2}x$ 　　D. $y = A\sin\sqrt{2}x + B\cos\sqrt{2}x$

1-7-20 下列函数中不是方程$y'' - 2y' + y = 0$的解的函数是：

A. $x^2 e^x$ 　　　　B. e^x 　　　　C. xe^x 　　　　D. $(x + 2)e^x$

1-7-21 微分方程 $y'' - 6y' + 9y = 0$，在初始条件 $y'|_{x=0} = 2$，$y|_{x=0} = 0$ 下的特解为：

  A. $\frac{1}{2}xe^{2x} + C$ B. $\frac{1}{2}xe^{3x} + C$

  C. $2x$ D. $2xe^{3x}$

1-7-22 函数 $y = C_1 e^{2x+C_2}$（其中 C_1、C_2 是任意常数）是微分方程 $\frac{d^2y}{dx^2} - \frac{dy}{dx} - 2y = 0$ 的哪一种解？

  A. 通解   B. 特解

  C. 不是解   D. 是解，但不是通解也不是特解

1-7-23 已知 $r_1 = 3$，$r_2 = -3$ 是方程 $y'' + py' + qy = 0$（p 和 q 是常数）的特征方程的两个根，则该微分方程是下列中哪个方程？

  A. $y'' + 9y' = 0$ B. $y'' - 9y' = 0$

  C. $y'' + 9y = 0$ D. $y'' - 9y = 0$

1-7-24 设线性无关函数 y_1、y_2、y_3 都是二阶非齐次线性方程 $y'' + P(x)y' + Q(x)y = f(x)$ 的解，C_1、C_2 是待定常数。则此方程的通解是：

  A. $C_1 y_1 + C_2 y_2 + y_3$ B. $C_1 y_1 + C_2 y_2 - (C_1 + C_3)y_3$

  C. $C_1 y_1 + C_2 y_2 - (1 - C_1 - C_2)y_3$ D. $C_1 y_1 + C_2 y_2 + (1 - C_1 - C_2)y_3$

1-7-25 微分方程 $y'' - 4y = 4$ 的通解是：（C_1，C_2 为任意常数）

  A. $C_1 e^{2x} - C_2 e^{-2x} + 1$ B. $C_1 e^{2x} + C_2 e^{-2x} - 1$

  C. $e^{2x} - e^{-2x} + 1$ D. $C_1 e^{2x} + C_2 e^{-2x} - 2$

1-7-26 微分方程 $y'' - 4y = 6$ 的通解是：（C_1，C_2 为任意常数）

  A. $C_1 e^{2x} - C_2 e^{-2x} + \frac{3}{2}$ B. $C_1 e^{2x} + C_2 e^{-2x} - \frac{3}{2}$

  C. $e^{2x} - e^{-2x} + 1$ D. $C_1 e^{2x} + C_2 e^{-2x} - 2$

1-7-27 已知 $y_1(x)$ 与 $y_2(x)$ 是方程 $y'' + P(x)y' + Q(x)y = 0$ 的两个线性无关的特解，$Y_1(x)$ 和 $Y_2(x)$ 分别是方程 $y'' + P(x)y' + Q(x)y = R_1(x)$ 和 $y'' + P(x)y' + Q(x)y = R_2(x)$ 的特解。那么方程 $y'' + P(x)y' + Q(x)y = R_1(x) + R_2(x)$ 的通解应是：

  A. $C_1 y_1 + C_2 y_2$ B. $C_1 Y_1(x) + C_2 Y_2(x)$

  C. $C_1 y_1 + C_2 y_2 + Y_1(x)$ D. $C_1 y_1 + C_2 y_2 + Y_1(x) + Y_2(x)$

题解及参考答案

1-7-1　**解：** 将微分方程化成 $\frac{dx}{dy} + \frac{1}{y}x = 1$，方程为一阶线性方程。

其中 $P(y) = \frac{1}{y}$，$Q(y) = 1$

代入求通解公式 $x = e^{-\int P(y)dy}\left[\int Q(y)e^{\int P(y)dy}dy + C\right]$

计算如下： $x = e^{-\int \frac{1}{y}dy}\left(\int e^{\int \frac{1}{y}dy}dy + C\right) = e^{-\ln y}\left(\int e^{\ln y}dy + C\right) = \frac{1}{y}\left(\int y dy + C\right) = \frac{1}{y}\left(\frac{1}{2}y^2 + C\right)$

变形得 $xy = \frac{1}{2}y^2 + C$，$\left(x - \frac{y}{2}\right)y = C$

或将方程化为齐次方程 $\frac{dy}{dx} = -\frac{\frac{y}{x}}{1 - \frac{y}{x}}$ 计算。

  答案： A

1-7-2　**解：** 方程的类型为可分离变量方程，将方程分离变量得 $-\frac{1}{3+2y}dy = \frac{x}{1+x^2}dx$，两边积分：

$$-\int \frac{1}{3+2y}dy = \int \frac{x}{1+x^2}dx$$

$$-\frac{1}{2}\int \frac{1}{3+2y}d(3+2y) = \frac{1}{2}\int \frac{1}{1+x^2}d(x^2+1)$$

$$-\frac{1}{2}\ln(3+2y) = \frac{1}{2}\ln(1+x^2) + C$$

$\frac{1}{2}\ln(1+x^2) + \frac{1}{2}\ln(3+2y) = -C$，则 $\ln(1+x^2) + \ln(3+2y) = -2C$，令 $-2C = \ln C_1$，则 $\ln(1+x^2) + \ln(3+2y) = \ln C_1$，故 $(1+x^2)(3+2y) = C_1$。

　　答案： B

1-7-3　**解：** 方程为一阶可分离变量方程，分离变量后求解。

$$(1+2y)xdx + (1+x^2)dy = 0$$

$$\frac{x}{1+x^2}dx + \frac{1}{1+2y}dy = 0$$

$$\int \frac{x}{1+x^2}dx + \int \frac{1}{1+2y}dy = 0$$

$$\frac{1}{2}\ln(1+x^2) + \frac{1}{2}\ln(1+2y) = \ln C$$

$$\ln(1+x^2) + \ln(1+2y) = 2\ln C$$

故 $(1+x^2)(1+2y) = C_1$，其中 $C_1 = C^2$。

　　答案： B

1-7-4　**解：** 本题为一阶可分离变量方程，分离变量后两边积分求解。

$$\cos y dx + (1+e^{-x})\sin y dy = 0$$

$$\frac{1}{1+e^{-x}}dx + \frac{\sin y}{\cos y}dy = 0$$

$$\frac{e^x}{1+e^x}dx + \frac{\sin y}{\cos y}dy = 0$$

$$\int \frac{e^x}{1+e^x}dx + \int \frac{\sin y}{\cos y}dy = C_1$$

$$\int \frac{1}{1+e^x}d(e^{x+1}) - \int \frac{1}{\cos y}d\cos y = C_1$$

$\ln(1+e^x) - \ln\cos y = \ln C_1$，$\ln\frac{e^x+1}{\cos y} = \ln C_1$，所以 $\frac{e^x+1}{\cos y} = C$

代入初始条件 $x = 0$，$y = \frac{\pi}{3}$，得 $C = 4$

因此 $\frac{e^x+1}{\cos y} = 4$，即 $\cos y = \frac{1}{4}(1+e^x)$

　　答案： A

1-7-5　**解：** 此题为一阶可分离变量方程，分离变量后，两边积分。

微分方程 $(1+y)dx - (1-x)dy = 0$，$\frac{1}{1-x}dx - \frac{1}{1+y}dy = 0$。

两边积分：$-\ln(1-x) - \ln(1+y) = -\ln c$，$(1-x)(1+y) = C$。

答案： C

1-7-6　解： 此题为一阶线性非齐次微分方程，直接代入公式计算，设方程为 $y' + P(x)y = Q(x)$，则通解 $y = e^{-\int P(x)\mathrm{d}x}\left[\int Q(x)e^{\int P(x)\mathrm{d}x}\mathrm{d}x + C\right]$，本题 $P(x) = \frac{1}{x}$，$Q(x) = 2$，代入公式：

$$y = e^{-\int \frac{1}{x}\mathrm{d}x}\left[\int 2e^{\int \frac{1}{x}\mathrm{d}x}\,\mathrm{d}x + C\right]$$

$$= e^{-\ln x}\left[\int 2e^{\ln x}\,\mathrm{d}x + C\right] = \frac{1}{x}\left(\int 2x\mathrm{d}x + C\right) = \frac{1}{x}(x^2 + C)$$

代入初始条件，当 $x = 1$，$y = 0$，即 $0 = \frac{1}{1}(1 + C)$，得 $C = -1$，故 $y = x - \frac{1}{x}$。

答案： A

1-7-7　解： 方程 $y' = P(x)y$ 为一阶可分离变量方程。

分离变量，$\frac{1}{y}\mathrm{d}y = P(x)\mathrm{d}x$

两边积分，$\ln y = \int P(x)\mathrm{d}x + C$

$$y = e^{\int P(x)\mathrm{d}x + C} = e^C e^{\int P(x)\mathrm{d}x} = C_1 e^{\int P(x)\mathrm{d}x}$$

答案： D

1-7-8　解： 方程 $\frac{\mathrm{d}y}{\mathrm{d}x} = \frac{y}{x}\ln\frac{y}{x}$ 是一阶齐次方程，设 $u = \frac{y}{x}$，$y = xu$，$\frac{\mathrm{d}y}{\mathrm{d}x} = u + x\frac{\mathrm{d}u}{\mathrm{d}x}$，代入化为可分离变量方程：

$$u + x\frac{\mathrm{d}u}{\mathrm{d}x} = u\ln u,\ x\frac{\mathrm{d}u}{\mathrm{d}x} = u\ln u - u,\ x\frac{\mathrm{d}u}{\mathrm{d}x} = u(\ln u - 1),\ \frac{\mathrm{d}u}{u(\ln u - 1)} = \frac{\mathrm{d}x}{x}$$

$$\ln(\ln u - 1) = \ln x + \ln C,\ \ln u - 1 = Cx,\ \ln u = Cx + 1,\ \text{即}\ \ln\frac{y}{x} = Cx + 1$$

答案： B

1-7-9　解： 方程可化为 $x' + P(y)x = Q(y)$ 的形式：

$$y\mathrm{d}x + (y^2x - e^y)\mathrm{d}y = 0,\ \frac{\mathrm{d}x}{\mathrm{d}y} + yx - \frac{1}{y}e^y = 0,\ \frac{\mathrm{d}x}{\mathrm{d}y} + yx = \frac{1}{y}e^y$$

方程为一阶线性非齐次方程，即一阶线性方程。

答案： B

1-7-10　解： 把一阶方程化为 $x' + P(y)x = Q(y)$ 的形式，把方程 $(xe^y - 2y)\mathrm{d}y + e^y\mathrm{d}x = 0$ 变形得：

$$xe^y - 2y + e^y\frac{\mathrm{d}x}{\mathrm{d}y} = 0,\ e^y\frac{\mathrm{d}x}{\mathrm{d}y} + xe^y = 2y,\ \frac{\mathrm{d}x}{\mathrm{d}y} + x = 2ye^{-y}$$

方程为一阶线性方程。

答案： A

1-7-11　解： 由一阶线性非齐次方程通解的结构确定，即由对应齐次方程的通解 $Cy_1(x)$ 加上非齐次的一特解 $y_2(x)$ 组成，即 $y = Cy_1(x) + y_2(x)$。

答案： A

1-7-12　解： 非齐次方程的通解是由齐次方程的通解加非齐次方程的特解构成，令 $Q(x) = 0$，求对应齐次方程 $y' + P(x)y = 0$ 的通解。

$$\frac{\mathrm{d}y}{\mathrm{d}x} = -P(x) \cdot y,\ \frac{1}{y}\mathrm{d}y = -P(x)\mathrm{d}x,\ \ln y = -\int P(x)\mathrm{d}x + C$$

$$y = e^{-\int P(x)\mathrm{d}x + C} = e^C \cdot e^{-\int P(x)\mathrm{d}x} = C_1 e^{-\int P(x)\mathrm{d}x}\quad (C_1 = e^C)$$

齐次方程的通解$y = Ce^{-\int P(x)\mathrm{d}x}$，非齐次方程的通解$y = y_1(x) + Ce^{-\int P(x)\mathrm{d}x}$。

答案：B

1-7-13 解：对方程两边求导，得一阶线性方程$f'(x) + 2f(x) = 2x$，求通解。

设$y = f(x)$，$y' = f'(x)$，$y' + 2y = 2x$

$$y = e^{-\int 2\mathrm{d}x}\left[\int 2xe^{\int 2\mathrm{d}x}\mathrm{d}x + C\right] = e^{-2x}\left[\int 2xe^{2x}\mathrm{d}x + C\right] = e^{-2x}\left(xe^{2x} - \frac{1}{2}e^{2x} + C\right) = x - \frac{1}{2} + Ce^{-2x}$$

故$f(x) = x - \frac{1}{2} + Ce^{-2x}$

答案：C

1-7-14 解：对关于y、y'的一阶线性方程求通解。其中$P(x) = f'(x)$，$Q(x) = f(x) \cdot f'(x)$，利用

公式$y = e^{-\int P(x)\mathrm{d}x}\left[\int Q(x)e^{\int P(x)\mathrm{d}x}\mathrm{d}x + C\right]$求通解，即：

$$y = e^{-\int f'(x)\mathrm{d}x}\left[\int f(x) \cdot f'(x)e^{\int f'(x)\mathrm{d}x}\mathrm{d}x + C\right] = e^{-f(x)}\left[\int f(x) \cdot f'(x)e^{f(x)}\mathrm{d}x + C\right]$$

$$= e^{-f(x)}\left[\int f(x)e^{f(x)}\mathrm{d}f(x) + C\right] = e^{-f(x)}\left[\int f(x)\mathrm{d}e^{f(x)} + C\right] = e^{-f(x)}\left[f(x)e^{f(x)} - \int e^{f(x)}f'(x)\mathrm{d}x + C\right]$$

$$= e^{-f(x)}\left[f(x)e^{f(x)} - e^{f(x)} + C\right] = f(x) - 1 + Ce^{-f(x)}$$

答案：C

1-7-15 解：本题为可降阶的高阶微分方程，按不显含变量y计算。设$y' = P$，$y'' = P'$，方程化为 $P' + aP^2 = 0$，$\frac{\mathrm{d}P}{\mathrm{d}t} = -aP^2$，分离变量，$\frac{1}{P^2}\mathrm{d}P = -a\mathrm{d}x$，积分得$-\frac{1}{P} = -ax + C_1$，代入初始条件$x = 0$，$P = y' = -1$，得$C_1 = 1$，即$-\frac{1}{P} = -ax + 1$，$P = \frac{1}{ax-1}$，$\frac{\mathrm{d}y}{\mathrm{d}x} = \frac{1}{ax-1}$，求出通解，代入初始条件，求出特解。

即$y = \int \frac{1}{ax-1}\mathrm{d}x = \frac{1}{a}\ln|ax - 1| + C$，代入初始条件$x = 0$，$y = 0$，得$C = 0$。

故特解为$y = \frac{1}{a}\ln|1 - ax|$。

答案：A

1-7-16 解：此题为可降阶的高阶微分方程，按方程不显含变量y计算。

设$y' = p$，$y'' = p'$，则方程为$p' = p^2$，$\frac{\mathrm{d}p}{\mathrm{d}x} = p^2$，$\frac{1}{p^2}\mathrm{d}p = \mathrm{d}x$

得$-\frac{1}{p} = x + C_1$，即$p = -\frac{1}{x+C_1}$

$\frac{\mathrm{d}y}{\mathrm{d}x} = -\frac{1}{x+C_1}$，$y = -\int \frac{1}{x+C_1}\mathrm{d}x$，得$y = -\ln|x + C_1| + C_2$

答案：D

1-7-17 解：本题为可降阶的高阶微分方程，连续积分二次，得通解。

$$y'' = x + \sin x，y' = \int (x + \sin x)\mathrm{d}x = \frac{1}{2}x^2 - \cos x + C_1$$

$$y = \int \left(\frac{1}{2}x^2 - \cos x + C_1\right)\mathrm{d}x = \frac{1}{6}x^3 - \sin x + C_1x + C_2$$

答案：B

1-7-18 解：二阶线性齐次方程通解的结构要求$f_1(x)$，$f_2(x)$线性无关，即$\frac{f_2}{f_1} \neq$常数，两边求导 $\left(\frac{f_2}{f_1}\right)' \neq 0$。即$\frac{f_2'f_1 - f_2f_1'}{f_1^2} \neq 0$，要求$f_2'f_1 - f_2f_1' \neq 0$。

答案：B

1-7-19 解：写出微分方程对应的特征方程$r^2 + 2 = 0$，得$r = \pm\sqrt{2}i$，即$\alpha = 0$，$\beta = \sqrt{2}$，写出通解$y = A\sin\sqrt{2}x + B\cos\sqrt{2}x$。

答案：D

1-7-20 解：**方法** 1，方程为二阶常系数线性齐次方程，对应特征方程为$r^2 - 2r + 1 = 0$，$r = 1$（二重根）。

通解$y = (C_1 + C_2 x)e^x$　（其中C_1，C_2为任意常数）

令C_1，C_2为一些特殊值，可验证选项 B、C、D 均为方程的解。C_1，C_2无论取何值均得不出选项 A，所以 A 不满足。

方法 2，把选项 A 设为函数，即$y = x^2 e^x$，对函数y，求y'、y''后代入方程$y'' - 2y' + y = 0$，不满足微分方程，因此选项 A 不满足。

答案：A

1-7-21 解：先求出二阶常系数齐次方程的通解，代入初始条件，求出通解中的C_1、C_2值，得特解，即$y'' - 6y' + 9y = 0$，$r^2 - 6r + 9 = 0$，$r_1 = r_2 = 3$，$y = (C_1 + C_2 x)e^{3x}$。

当$x = 0$，$y = 0$，代入得$C_1 = 0$，即$y = C_2 x e^{3x}$。

由$y' = C_2(e^{3x} + 3xe^{3x}) = C_2 e^{3x}(1 + 3x)$，当$x = 0$，$y' = 2$，代入得$C_2 = 2$，则$y = 2xe^{3x}$。

答案：D

1-7-22 解：经验证$y = C_1 e^{2x+C_2} = C_1 e^{C_2} \cdot e^{2x} = C_3 e^{2x}(C_3 = C_1 e^{C_2})$，$y = C_3 e^{2x}$是方程的解，但不是通解，也不是特解。（解中不含两个独立的任意常数，因而不是通解，另外，题中未给出初始条件，因而解也不是特解。）

答案：D

1-7-23 解：利用$r_1 = 3$，$r_2 = -3$写出对应的特征方程。$(r - 3)(r + 3) = 0$，得到$r^2 - 9 = 0$，即$y'' - 9y = 0$。

答案：D

1-7-24 解：可验证$y_1 - y_3$，$y_2 - y_3$为对应齐次方程的解，还可验证$y_1 - y_3$，$y_2 - y_3$线性无关，所以$C_1(y_1 - y_3) + C_2(y_2 - y_3)$是对应二阶线性齐次方程的通解，$y_3$是二阶非齐次方程的一个特解。方程通解$y = C_1(y_1 - y_3) + C_2(y_2 - y_3) + y_3$，整理$y = C_1 y_1 + C_2 y_2 + (1 - C_1 - C_2)y_3$。

答案：D

1-7-25 解：本题为二阶常系数线性非齐次方程。

非齐次通解$y=$齐次的通解$Y +$非齐次一个特解y^*，$y'' - 4y = 0$，特征方程$r^2 - 4 = 0$，$r = \pm 2$。齐次通解为$y = C_1 e^{-2x} + C_2 e^{2x}$。

将$y^* = -1$代入非齐次方程，满足方程，为非齐次特解。

故通解$y = C_1 e^{2x} + C_2 e^{-2x} - 1$。

答案：B

1-7-26 解：①求对应齐次方程通解。$r^2 - 4 = 0$，$r = \pm 2$，通解$y = C_1 e^{-2x} + C_2 e^{2x}$。

②把$y = -\dfrac{3}{2}$代入方程检验，得非齐次特解$y^* = -\dfrac{3}{2}$。

③非齐次通解=齐次通解+非齐次一个特解。

故方程通解$y = C_1 e^{-2x} + C_2 e^{2x} - \dfrac{3}{2}$。

答案： B

1-7-27　解： 按二阶线性非齐次方程通解的结构，写出对应二阶线性齐次方程的通解和非齐次方程的一个特解，得到非齐次方程的通解，因为 $y_1(x)$ 与 $y_2(x)$ 是方程 $y'' + P(x)y' + Q(x)y = 0$ 的两个线性无关的解，那么 $C_1y_1 + C_2y_2$ 为齐次方程的通解。由二阶线性非齐次方程解的性质，可知 $Y_1(x)$ 是方程 $y'' + P(x)y + Q(x) = R_1(x)$ 的特解，$Y_2(x)$ 是方程 $y'' + P(x)y + Q(x) = R_2(x)$ 的特解，$Y_1(x) + Y_2(x)$ 为方程 $y'' + P(x)y + Q(x)y = R_1(x) + R_2(x)$ 的一个特解，所以方程的通解为 $y = C_1y_1 + C_2y_2 + y_1(x) + y_2(x)$。其中，$Y_1(x) + Y_2(x)$ 为方程 $y'' + P(x)y' + Q(x)y = R_1(x) + R_2(x)$ 的一个特解。

答案： D

（八）线性代数

1-8-1 设行列式 $\begin{vmatrix} 2 & 1 & 3 & 4 \\ 1 & 0 & 2 & 0 \\ 1 & 5 & 2 & 1 \\ -1 & 1 & 5 & 2 \end{vmatrix}$，$A_{ij}$ 表示行列式元素 a_{ij} 的代数余子式，则 $A_{13} + 4A_{33} + A_{43}$ 等于：

A. -2　　　　　　B. 2　　　　　　C. -1　　　　　　D. 1

1-8-2 已知行列式 $D = \begin{vmatrix} a & b & c & d \\ b & a & c & d \\ d & a & c & b \\ d & b & c & a \end{vmatrix}$，则 $A_{11} + A_{21} + A_{31} + A_{41}$ 等于：

A. $a - b$　　　　　B. 0　　　　　　C. $a - d$　　　　　D. $b - d$

1-8-3 设 $D = \begin{vmatrix} 1 & 5 & 7 & 0 \\ 2 & 0 & 3 & 6 \\ 1 & 2 & 3 & 4 \\ 2 & 2 & 2 & 2 \end{vmatrix}$，求 $A_{11} + A_{12} + A_{13} + A_{14} = ($　　　　$)$。其中 A_{1j} 为元素 $a_{1j}(j = 1,2,3,4)$ 的代数余子式。

A. -1　　　　　　B. 1　　　　　　C. 0　　　　　　D. -2

1-8-4 设 A 为 n 阶方阵，B 是只对调 A 的一、二列所得的矩阵，若 $|A| \neq |B|$，则下面结论中一定成立的是：

A. $|A|$ 可能为 0　　B. $|A| \neq 0$　　C. $|A + B| \neq 0$　　D. $|A - B| \neq 0$

1-8-5 设 A 是 m 阶矩阵，B 是 n 阶矩阵，行列式 $\begin{vmatrix} 0 & A \\ B & 0 \end{vmatrix}$ 等于：

A. $-|A||B|$　　　　　　　　　　　B. $|A||B|$

C. $(-1)^{m+n}|A||B|$　　　　　　　D. $(-1)^{mn}|A||B|$

1-8-6 设 $A = \begin{bmatrix} a_1b_1 & a_1b_2 & \cdots & a_1b_n \\ a_2b_1 & a_2b_2 & \cdots & a_2b_n \\ \vdots & \vdots & \vdots & \vdots \\ a_nb_1 & a_nb_2 & \cdots & a_nb_n \end{bmatrix}$，其中 $a_i \neq 0$，$b_i \neq 0(i = 1,2\cdots,n)$，则矩阵 A 的秩等于：

A. n　　　　　　　B. 0　　　　　　C. 1　　　　　　D. 2

1-8-7　设 $A = \begin{bmatrix} a_1 & b_1 & c_1 & d_1 \\ a_2 & b_2 & c_2 & d_2 \\ a_3 & b_3 & c_3 & d_3 \\ a_4 & b_4 & c_4 & d_4 \end{bmatrix}$, $B = \begin{bmatrix} a_1 & b_1 & c_1 & e_1 \\ a_2 & b_2 & c_2 & e_2 \\ a_3 & b_3 & c_3 & e_3 \\ a_4 & b_4 & c_4 & e_4 \end{bmatrix}$, 且 $|A| = 5$, $|B| = 1$, 则 $|A + B|$ 的值是:

A. 24　　　　　　B. 36　　　　　　C. 12　　　　　　D. 48

1-8-8　设 A 是一个 n 阶方阵, 已知 $|A| = 2$, 则 $|-2A|$ 等于:

A. $(-2)^{n+1}$　　　B. $(-1)^n 2^{n+1}$　　　C. -2^{n+1}　　　D. -2^2

1-8-9　设 A 为三阶方阵, 且 $|A| = 3$, 则 $\left| \left(\frac{1}{2} A^2 \right) \right| =$

A. $\frac{9}{8}$　　　　　　B. $\frac{9}{2}$　　　　　　C. $\frac{9}{64}$　　　　　　D. $\frac{3}{2}$

1-8-10　设 A、B 都是 n 阶可逆矩阵, 则 $\left| (-3) \begin{bmatrix} A^{\mathrm{T}} & 0 \\ 0 & B^{-1} \end{bmatrix} \right| =$

A. $(-3)^n |A| |B|^{-1}$　　　　　　　　B. $-3 |A|^{\mathrm{T}} |B|^{\mathrm{T}}$

C. $-3 |A|^{\mathrm{T}} |B|^{-1}$　　　　　　　　D. $(-3)^{2n} |A| |B|^{-1}$

1-8-11　设 $A_{m \times n}$, $B_{n \times m} (m \neq n)$, 则下列运算结果不为 n 阶方阵的是:

A. BA　　　　　B. AB　　　　　C. $(BA)^{\mathrm{T}}$　　　　　D. $A^{\mathrm{T}} B^{\mathrm{T}}$

1-8-12　方程 $\begin{bmatrix} 2 & 5 \\ 1 & 3 \end{bmatrix} X = \begin{bmatrix} 4 & -6 \\ 2 & 1 \end{bmatrix}$ 的解 X 是:

A. $\begin{bmatrix} 8 & -23 \\ 0 & 2 \end{bmatrix}$　　　B. $\begin{bmatrix} 2 & -23 \\ 0 & 8 \end{bmatrix}$　　　C. $\begin{bmatrix} 22 & -10 \\ 8 & 4 \end{bmatrix}$　　　D. $\begin{bmatrix} 1 & 2 \\ 3 & 4 \end{bmatrix}$

1-8-13　设 α_1, α_2, α_3 是三维列向量, $|A| = |\alpha_1, \alpha_2, \alpha_3|$, 则与 $|A|$ 相等的是:

A. $|\alpha_2, \alpha_1, \alpha_3|$　　　　　　　　B. $|-\alpha_2, -\alpha_3, -\alpha_1|$

C. $|\alpha_1 + \alpha_2, \alpha_2 + \alpha_3, \alpha_3 + \alpha_1|$　　　　D. $|\alpha_1, \alpha_2, \alpha_3 + \alpha_2 + \alpha_1|$

1-8-14　设 A 是 3 阶矩阵, 矩阵 A 的第 1 行的 2 倍加到第 2 行, 得矩阵 B, 则下列选项中成立的是:
A. B 的第 1 行的 -2 倍加到第 2 行得 A
B. B 的第 1 列的 -2 倍加到第 2 列得 A
C. B 的第 2 行的 -2 倍加到第 1 行得 A
D. B 的第 2 列的 -2 倍加到第 1 列得 A

1-8-15　设 A 为 $m \times n$ 矩阵, 则齐次线性方程组 $Ax = 0$ 有非零解的充分必要条件是:
A. 矩阵 A 的任意两个列向量线性相关
B. 矩阵 A 的任意两个列向量线性无关
C. 矩阵 A 的任一列向量是其余列向量的线性组合
D. 矩阵 A 必有一个列向量是其余列向量的线性组合

1-8-16　设 A 是 $m \times n$ 的非零矩阵, B 是 $n \times l$ 非零矩阵, 满足 $AB = 0$, 以下选项中不一定成立的是:
A. A 的行向量组线性相关　　　　　　B. A 的列向量组线性相关
C. B 的行向量组线性相关　　　　　　D. $R(A) + R(B) \leqslant n$

1-8-17　设 A, B 为 n 阶方阵, $A \neq 0$, 且 $AB = 0$, 则:

A. $B = 0$

B. $|B| = 0$或$|A| = 0$

C. $BA = 0$

D. $(A + B)^2 = A^2 + B^2$

1-8-18 设A，B，$A + B$，$A^{-1} + B^{-1}$均为n阶可逆矩阵，则$(A^{-1} + B^{-1})^{-1}$为：

A. $A^{-1} + B^{-1}$　　　　B. $A + B$　　　　C. $A(A + B)^{-1}B$　　　D. $(A + B)^{-1}$

1-8-19 已知矩阵$A = \begin{bmatrix} 1 & 0 & 0 \\ 0 & 1 & 2 \\ 0 & 2 & 4 \end{bmatrix}$，则$A$的秩$r(A) =$

A. 0　　　　　　　　B. 1　　　　　　　　C. 2　　　　　　　　D. 3

1-8-20 设$A = \begin{bmatrix} 1 & -1 & 2 \\ 2 & 1 & 1 \\ -1 & 1 & -2 \end{bmatrix}$，$B = \begin{bmatrix} 2 & \alpha & 1 \\ 0 & 3 & \alpha \\ 0 & 0 & -1 \end{bmatrix}$，则秩$R(AB - A)$等于：

A. 1　　　　　　　　B. 2　　　　　　　　C. 3　　　　　　　D. 与α的取值有关

1-8-21 已知$P = \begin{bmatrix} 0 & 0 & 1 \\ 0 & 1 & 0 \\ 1 & 0 & 0 \end{bmatrix}$，$PA = \begin{bmatrix} 1 & 2 & 0 & 5 \\ 1 & -2 & 3 & 6 \\ 2 & 0 & 1 & 5 \end{bmatrix}$，则$R(A)$为：

A. 1　　　　　　　　B. 2　　　　　　　　C. 3　　　　　　　　D. 4

1-8-22 设β_1，β_2是线性方程组$Ax = b$的两个不同的解，α_1、α_2是导出组$Ax = 0$的基础解系，k_1、k_2是任意常数，则$Ax = b$的通解是：

A. $\frac{\beta_1 - \beta_2}{2} + k_1\alpha_1 + k_2(\alpha_1 - \alpha_2)$　　　　　B. $\alpha_1 + k_1(\beta_1 - \beta_2) + k_2(\alpha_1 - \alpha_2)$

C. $\frac{\beta_1 + \beta_2}{2} + k_1\alpha_1 + k_2(\alpha_1 - \alpha_2)$　　　　　D. $\frac{\beta_1 + \beta_2}{2} + k_1\alpha_1 + k_2(\beta_1 - \beta_2)$

1-8-23 设A，B是n阶矩阵，且$B \neq 0$，满足$AB = 0$，则以下选项中错误的是：

A. $R(A) + R(B) \leqslant n$　　　　　　　　B. $|A| = 0$或$|B| = 0$

C. $0 \leqslant R(A) < n$　　　　　　　　D. $A = 0$

1-8-24 设B是三阶非零矩阵，已知B的每一列都是方程组$\begin{cases} x_1 + 2x_2 - 2x_3 = 0 \\ 2x_1 - x_2 + tx_3 = 0 \\ 3x_1 + x_2 - x_3 = 0 \end{cases}$的解，则$t$等于：

A. 0　　　　　　　　B. 2　　　　　　　　C. -1　　　　　　　D. 1

1-8-25 设A和B都是n阶方阵，已知$|A| = 2$，$|B| = 3$，则$|BA^{-1}|$等于：

A. $\frac{2}{3}$　　　　　　　　B. $\frac{3}{2}$　　　　　　　　C. 6　　　　　　　　D. 5

1-8-26 设A为矩阵，$\alpha_1 = \begin{bmatrix} 1 \\ 0 \\ 2 \end{bmatrix}$，$\alpha_2 = \begin{bmatrix} 0 \\ 1 \\ -1 \end{bmatrix}$都是线性方程组$Ax = 0$的解，则矩阵$A$为：

A. $\begin{bmatrix} 0 & 1 & -1 \\ 4 & -2 & -2 \\ 0 & 1 & 1 \end{bmatrix}$　　B. $\begin{bmatrix} 2 & 0 & -1 \\ 0 & 1 & 1 \end{bmatrix}$　　C. $\begin{bmatrix} -1 & 0 & 2 \\ 0 & 1 & -1 \end{bmatrix}$　　D. $[-2, 1, 1]$

1-8-27 以下结论中哪一个是正确的？

A. 若方阵A的行列式$|A| = 0$，则$A = 0$

B. 若$A^2 = 0$，则$A = 0$

C. 若 A 为对称阵，则 A^2 也是对称阵

D. 对任意的同阶方阵 A、B 有 $(A+B)(A-B) = A^2 - B^2$

1-8-28 矩阵 $A = \begin{bmatrix} 1 & 2 & 0 & 0 & 1 \\ 0 & 3 & 7 & 2 & 0 \\ 1 & 1 & 0 & 0 & 3 \\ 2 & 1 & 0 & 6 & 6 \end{bmatrix}$ 的秩 =

A. 4　　　　　　　B. 3　　　　　　　C. 2　　　　　　　D. 1

1-8-29 设 A、B 均为 n 阶非零矩阵，且 $AB = 0$，则 $R(A)$，$R(B)$ 满足：

A. 必有一个等于 0　　　　　　　B. 都小于 n

C. 一个小于 n，一个等于 n　　　　　　　D. 都等于 n

1-8-30 若 A 是 n 阶方阵，且 $R(A) < n$，则线性方程组 $Ax = 0$：

A. 有唯一解　　　　　　　B. 有无穷多解

C. 无解　　　　　　　D. 以上选项皆不对

1-8-31 非齐次线性方程组 $\begin{cases} x_1 - x_2 + 6x_3 = 0 \\ 4x_2 - 8x_3 = -4 \\ x_1 + 3x_2 - 2x_3 = a \end{cases}$　有解时，a 应取下列何值？

A. -2　　　　　　　B. -4　　　　　　　C. -6　　　　　　　D. -8

1-8-32 设 A 为 n 阶方阵，且 $R(A) = n - 1$，α_1, α_2 是 $Ax = b$ 两个不同的解向量，则 $Ax = 0$ 的通解为：

A. $K\alpha_1$　　　　B. $K\alpha_2$　　　　C. $K(\alpha_1 - \alpha_2)$　　　　D. $K(\alpha_1 + \alpha_2)$

1-8-33 若 $\alpha_1, \alpha_2, \cdots, \alpha_r$ 是向量组 $\alpha_1, \alpha_2, \cdots, \alpha_r, \cdots, \alpha_n$ 的最大无关组，则结论不正确的是：

A. α_n 可由 $\alpha_1, \alpha_2, \cdots, \alpha_r$ 线性表示

B. α_1 可由 $\alpha_{r+1}, \alpha_{r+2}, \cdots, \alpha_n$ 线性表示

C. α_1 可由 $\alpha_1, \alpha_2, \cdots, \alpha_r$ 线性表示

D. α_n 可由 $\alpha_{r+1}, \alpha_{r+2}, \cdots, \alpha_n$ 线性表示

1-8-34 如果向量 β 可由向量组 $\alpha_1, \alpha_2, \cdots, \alpha_s$ 线性表示，则下列结论中正确的是：

A. 存在一组不全为零的数 $k_1, k_2, \cdots, k_s$ 使等式 $\beta = k_1\alpha_1 + k_2\alpha_2 + \cdots + k_s\alpha_s$ 成立

B. 存在一组全为零的数 $k_1, k_2, \cdots, k_s$ 使等式 $\beta = k_1\alpha_1 + k_2\alpha_2 + \cdots + k_s\alpha_s$ 成立

C. 存在一组数 $k_1, k_2, \cdots, k_s$ 使等式 $\beta = k_1\alpha_1 + k_2\alpha_2 + \cdots + k_s\alpha_s$ 成立

D. 对 β 的线性表达式唯一

1-8-35 向量组的秩为 r 的充要条件是：

A. 该向量组所含向量的个数必大于 r

B. 该向量组中任何 r 个向量必线性无关，任何 $r+1$ 个向量必线性相关

C. 该向量组中有 r 个向量线性无关，有 $r+1$ 个向量线性相关

D. 该向量组中有 r 个向量线性无关，任何 $r+1$ 个向量必线性相关

1-8-36 设齐次线性方程组 $\begin{cases} x_1 - kx_2 = 0 \\ kx_1 - 5x_2 + x_3 = 0 \\ x_1 + x_2 + x_3 = 0 \end{cases}$，当方程组有非零解时，$k$ 值为：

A. -2 或 3　　　　B. 2 或 3　　　　C. 2 或 -3　　　　D. -2 或 -3

1-8-37 设A是 3 阶实对称矩阵，P是 3 阶可逆矩阵，$B = P^{-1}AP$，已知α是A的属于特征值λ的特征向量，则B的属于特征值λ的特征向量是：

A. $P\alpha$　　　　　　　B. $P^{-1}\alpha$　　　　　　C. $P^T\alpha$　　　　　　D. $(P - I)^T\alpha$

1-8-38 设A是三阶矩阵，$\alpha_1 = (1,0,1)^T$，$\alpha_2 = (1,0,1)^T$是A的属于特征值 1 的特征向量，$\alpha_3 = (0,1,2)^T$是A的属于特征值-1的特征向量，则：

A. $\alpha_1 - \alpha_2$是A的属于特征值 1 的特征向量

B. $\alpha_1 - \alpha_3$是A的属于特征值 1 的特征向量

C. $\alpha_1 - \alpha_3$是A的属于特征值 2 的特征向量

D. $\alpha_1 + \alpha_2 + \alpha_3$是$A$的属于特征值 1 的特征向量

1-8-39 设$\vec{\alpha}$，$\vec{\beta}$，$\vec{\gamma}$，$\vec{\delta}$是n维向量，已知$\vec{\alpha}$，$\vec{\beta}$线性无关，$\vec{\gamma}$可以由$\vec{\alpha}$，$\vec{\beta}$线性表示，$\vec{\delta}$不能由$\vec{\alpha}$，$\vec{\beta}$线性表示，则以下选项中正确的是：

A. $\vec{\alpha}$，$\vec{\beta}$，$\vec{\gamma}$，$\vec{\delta}$线性无关　　　　B. $\vec{\alpha}$，$\vec{\beta}$，$\vec{\gamma}$线性无关

C. $\vec{\alpha}$，$\vec{\beta}$，$\vec{\delta}$线性相关　　　　　　D. $\vec{\alpha}$，$\vec{\beta}$，$\vec{\delta}$线性无关

1-8-40 矩阵$\begin{bmatrix} 3 & 4 \\ 5 & 2 \end{bmatrix}$的特征值是：

A. $\begin{cases} \lambda_1 = -2 \\ \lambda_2 = 7 \end{cases}$　　　B. $\begin{cases} \lambda_1 = -7 \\ \lambda_2 = 2 \end{cases}$　　　C. $\begin{cases} \lambda_1 = 7 \\ \lambda_2 = 2 \end{cases}$　　　D. $\begin{cases} \lambda_1 = -7 \\ \lambda_2 = -2 \end{cases}$

1-8-41 设三阶矩阵$A = \begin{bmatrix} 1 & 1 & 0 \\ 1 & 0 & 1 \\ 0 & 1 & 1 \end{bmatrix}$，则$A$的特征值是：

A. 1，0，1　　　　B. 1，1，2　　　　C. -1，1，2　　　　D. 1，-1，1

1-8-42 设$\lambda_1 = 6$，$\lambda_2 = \lambda_3 = 3$为三阶实对称矩阵$A$的特征值，属于$\lambda_2 = \lambda_3 = 3$的特征向量为$\xi_2 = (-1,0,1)^T$，$\xi_3 = (1,2,1)^T$，则属于$\lambda_1 = 6$的特征向量是：

A. $(1, -1, 1)^T$　　　B. $(1, 1, 1)^T$　　　C. $(0, 2, 2)^T$　　　D. $(2, 2, 0)^T$

1-8-43 设$\lambda = \frac{1}{2}$是非奇异矩阵A的特征值，则矩阵$(2A^3)^{-1}$有一个特征值为：

A. 3　　　　　　B. 4　　　　　　C. $\frac{1}{4}$　　　　　　D. 1

1-8-44 已知三维列向量α，β满足$\alpha^T\beta = 3$，设 3 阶矩阵$A = \beta\alpha^T$，则：

A. β是A的属于特征值 0 的特征向量　　　B. α是A的属于特征值 0 的特征向量

C. β是A的属于特征值 3 的特征向量　　　D. α是A的属于特征值 3 的特征向量

1-8-45 设λ_1，λ_2是矩阵A的 2 个不同的特征值，ξ，η是A的分别属于λ_1，λ_2的特征向量，则以下选项中正确的是：

A. 对任意的$k_1 \neq 0$和$k_2 \neq 0$，$k_1\xi + k_2\eta$都是A的特征向量

B. 存在常数$k_1 \neq 0$和$k_2 \neq 0$，使得$k_1\xi + k_2\eta$是A的特征向量

C. 对任意的$k_1 \neq 0$和$k_2 \neq 0$，$k_1\xi + k_2\eta$都不是A的特征向量

D. 仅当$k_1 = k_2 = 0$时，$k_1\xi + k_2\eta$是A的特征向量

1-8-46 设二次型$f = \lambda(x_1^2 + x_2^2 + x_3^2) + 2x_1x_2 + 2x_1x_3 - 2x_2x_3$，当$\lambda$为何值时，$f$是正定的？

A. $\lambda > 1$ B. $\lambda < 2$ C. $\lambda > 2$ D. $\lambda > 0$

1-8-47 二次型 $f(x_1, x_2, x_3) = \lambda x_1^2 + (\lambda - 1)x_2^2 + (\lambda 2 + 1)x_3^2$，当满足（ ）时，是正定二次型。

A. $\lambda > 0$ B. $\lambda > -1$

C. $\lambda > 1$ D. 以上选项均不成立

1-8-48 设 $A = \begin{bmatrix} 1 & 1 \\ 1 & 2 \end{bmatrix}$，与 A 合同的矩阵是：

A. $\begin{bmatrix} 1 & -1 \\ -1 & 2 \end{bmatrix}$ B. $\begin{bmatrix} -1 & 1 \\ 1 & -2 \end{bmatrix}$

C. $\begin{bmatrix} 1 & 1 \\ -1 & 2 \end{bmatrix}$ D. $\begin{bmatrix} 1 & -1 \\ 1 & 2 \end{bmatrix}$

题解及参考答案

1-8-1 **解：** 将行列式的第三列换成 1，0，4，1，得到新行列式 $\begin{vmatrix} 2 & 1 & 1 & 4 \\ 1 & 0 & 0 & 0 \\ 1 & 5 & 4 & 1 \\ -1 & 1 & 1 & 2 \end{vmatrix}$，新行列式按第三

列展开，即 $A_{13} + 4A_{33} + A_{43}$，因此

$$A_{13} + 4A_{33} + A_{43} = \begin{vmatrix} 2 & 1 & 1 & 4 \\ 1 & 0 & 0 & 0 \\ 1 & 5 & 4 & 1 \\ -1 & 1 & 1 & 2 \end{vmatrix} \xlongequal{\text{按第二行展开}} 1 \cdot (-1)^{2+1} \begin{vmatrix} 1 & 1 & 4 \\ 5 & 4 & 1 \\ 1 & 1 & 2 \end{vmatrix} \xlongequal{-r_1 + r_3} - \begin{vmatrix} 1 & 1 & 4 \\ 5 & 4 & 1 \\ 0 & 0 & -2 \end{vmatrix} = -2$$

答案： A

1-8-2 **解：** 计算 $A_{11} + A_{21} + A_{31} + A_{41}$ 的值，相当于计算行列式 $D_1 = \begin{vmatrix} 1 & b & c & d \\ 1 & a & c & d \\ 1 & a & c & b \\ 1 & b & c & a \end{vmatrix}$ 的值。利用行

列式运算性质，在 D_1 中有两列（第一列、第三列）对应元素成比例，行列式值为零。

答案： B

1-8-3 **解：** 分别求 A_{11}、A_{12}、A_{13}、A_{14} 计算较麻烦。可仿照上题方法计算，求 $A_{11} + A_{12} + A_{13} + A_{14}$ 的值，可把行列式的第一行各列换成 1 后，利用行列式的运算性质计算。

$$A_{11} + A_{12} + A_{13} + A_{14} = \begin{vmatrix} 1 & 1 & 1 & 1 \\ 2 & 0 & 3 & 6 \\ 1 & 2 & 3 & 4 \\ 2 & 2 & 2 & 2 \end{vmatrix} \xlongequal[\text{对应元素成比例}]{r_1, r_4} 0$$

答案： C

1-8-4 **解：** 由行列式性质可得 $|A| = -|B|$，又因 $|A| \neq |B|$，所以 $|A| \neq -|A|$，$2|A| \neq 0$，$|A| \neq 0$。

答案： B

1-8-5 **解：** ①将分块矩阵行列式变形为 $\begin{vmatrix} A & 0 \\ 0 & B \end{vmatrix}$ 的形式。

②利用分块矩阵行列式计算公式 $\begin{vmatrix} A & 0 \\ 0 & B \end{vmatrix} = |A| \cdot |B|$。

将矩阵 B 的第一行与矩阵 A 的行互换，换的方法是从矩阵 A 最下面一行开始换，逐行往上换，换到第一行一共换了 m 次，行列式更换符号 $(-1)^m$。再将矩阵 B 的第二行与矩阵 A 的各行互换，换到第二行，又更换符号为 $(-1)^m$，……，最后再将矩阵 B 的最后一行与矩阵 A 的各行互换到矩阵的第 n 行位置，这样原矩阵行列式：

$$\begin{vmatrix} \mathbf{0} & \mathbf{A} \\ \mathbf{B} & \mathbf{0} \end{vmatrix} = \underbrace{(-1)^m \cdot (-1)^m \cdots (-1)^m}_{n\text{个}} \begin{vmatrix} \mathbf{B} & \mathbf{0} \\ \mathbf{0} & \mathbf{A} \end{vmatrix} = (-1)^{m \cdot n} \begin{vmatrix} \mathbf{B} & \mathbf{0} \\ \mathbf{0} & \mathbf{A} \end{vmatrix} = (-1)^{mn} |\mathbf{B}||\mathbf{A}| = (-1)^{mn} |\mathbf{A}||\mathbf{B}|$$

答案： D

1-8-6　解：方法 1，$\mathbf{A} = \mathbf{BC} = \begin{bmatrix} a_1 \\ a_2 \\ \vdots \\ a_n \end{bmatrix} [b_1 b_2 \cdots b_n]$

由矩阵的性质可知，$R(\mathbf{A}) = R(\mathbf{BC}) \leqslant \min[R(\mathbf{B}), R(\mathbf{C})]$，因 $R(\mathbf{B}) = 1$，$R(\mathbf{C}) = 1$，而 $\mathbf{A}$ 是非零矩阵，故 $R(\mathbf{A}) = R(\mathbf{BC}) = 1$。

方法 2，$\mathbf{A} \xrightarrow[i=2,\cdots,n]{\frac{-a_i}{a_1}r_1+r_i} \begin{bmatrix} a_1b_1 & a_1b_2 & \cdots & a_1b_n \\ 0 & 0 & \cdots & 0 \\ \cdots & \cdots & \cdots & \cdots \\ 0 & 0 & \cdots & 0 \end{bmatrix}$，$R(\mathbf{A}) = 1$

答案： C

1-8-7　解： ① $|\mathbf{A} + \mathbf{B}| = \begin{vmatrix} 2a_1 & 2b_1 & 2c_1 & d_1 + e_1 \\ 2a_2 & 2b_2 & 2c_2 & d_2 + e_2 \\ 2a_3 & 2b_3 & 2c_3 & d_3 + e_3 \\ 2a_4 & 2b_4 & 2c_4 & d_4 + e_4 \end{vmatrix}$

②利用行列式性质 $\begin{vmatrix} a_{11} & a_{12} + b_1 \\ a_{21} & a_{22} + b_2 \end{vmatrix} = \begin{vmatrix} a_{11} & a_{12} \\ a_{21} & a_{22} \end{vmatrix} + \begin{vmatrix} a_{11} & b_1 \\ a_{21} & b_2 \end{vmatrix}$

则 $|\mathbf{A} + \mathbf{B}| = \begin{vmatrix} 2a_1 & 2b_1 & 2c_1 & d_1 \\ 2a_2 & 2b_2 & 2c_2 & d_2 \\ 2a_3 & 2b_3 & 2c_3 & d_3 \\ 2a_4 & 2b_4 & 2c_4 & d_4 \end{vmatrix} + \begin{vmatrix} 2a_1 & 2b_1 & 2c_1 & e_1 \\ 2a_2 & 2b_2 & 2c_2 & e_2 \\ 2a_3 & 2b_3 & 2c_3 & e_3 \\ 2a_4 & 2b_4 & 2c_4 & e_4 \end{vmatrix}$

$= 2^3|\mathbf{A}| + 2^3|\mathbf{B}| = 2^3 \times 5 + 2^3 \times 1 = 48$

答案： D

1-8-8　解：

$$|-2\mathbf{A}| = \begin{vmatrix} -2a_{11} & \cdots & -2a_{1n} \\ \vdots & & \vdots \\ -2a_{n1} & \cdots & -2a_{nn} \end{vmatrix} = (-2)^n \begin{vmatrix} a_{11} & \cdots & a_{1n} \\ \vdots & & \vdots \\ a_{n1} & \cdots & a_{nn} \end{vmatrix}$$

$$= (-2)^n \times 2 = (-1)^n \cdot 2^{n+1}$$

或直接利用公式 $|k\mathbf{A}| = k^n|\mathbf{A}|$，$|-2\mathbf{A}| = (-2)^n|\mathbf{A}| = (-2)^n \cdot 2 = (-1)^n \cdot 2^{n+1}$

答案： B

1-8-9　解： $\mathbf{A}^2$ 为三阶方阵，数乘矩阵时，用这个数乘矩阵的每一个元素。矩阵的行列式，按行列式运算法则进行：

$$\left|\left(\frac{1}{2}\mathbf{A}^2\right)\right| = \left(\frac{1}{2}\right)^3 |\mathbf{A}^2| = \frac{1}{8}|\mathbf{A}||\mathbf{A}| = \frac{9}{8}$$

答案： A

1-8-10　解： 因为 $\mathbf{A}$、$\mathbf{B}$ 都是 n 阶可逆矩阵，矩阵 $\begin{bmatrix} \mathbf{A}^{\mathrm{T}} & \mathbf{0} \\ \mathbf{0} & \mathbf{B}^{-1} \end{bmatrix}$ 为 $2n$ 阶矩阵：

$$\left| (-3) \begin{bmatrix} \boldsymbol{A}^{\mathrm{T}} & \mathbf{0} \\ \mathbf{0} & \boldsymbol{B}^{-1} \end{bmatrix} \right| = (-3)^{2n} \left| \begin{matrix} \boldsymbol{A}^{\mathrm{T}} & \mathbf{0} \\ \mathbf{0} & \boldsymbol{B}^{-1} \end{matrix} \right|$$

$$= (-3)^{2n} |\boldsymbol{A}^{\mathrm{T}}| |\boldsymbol{B}^{-1}| \xrightarrow[\ |\boldsymbol{B}^{-1}| = \frac{1}{|\boldsymbol{B}|}\ ]{\text{因}|\boldsymbol{A}| = |\boldsymbol{A}^{\mathrm{T}}|} (-3)^{2n} |\boldsymbol{A}| |\boldsymbol{B}|^{-1}$$

答案： D

1-8-11 解： 选项 A，$\boldsymbol{B}_{n\times m}\boldsymbol{A}_{m\times n} = (\boldsymbol{BA})_{n\times n}$，故 $\boldsymbol{BA}$ 为 n 阶方阵。

选项 B，$\boldsymbol{A}_{m\times n}\boldsymbol{B}_{n\times m} = (\boldsymbol{AB})_{m\times m}$，故 $\boldsymbol{AB}$ 为 m 阶方阵。

选项 C，因 $\boldsymbol{BA}$ 为 n 阶方阵，故其转置 $(\boldsymbol{BA})^{\mathrm{T}}$ 也为 n 阶方阵。

选项 D，因 $\boldsymbol{A}^{\mathrm{T}}\boldsymbol{B}^{\mathrm{T}} = (\boldsymbol{BA})^{\mathrm{T}}$，故 $\boldsymbol{A}^{\mathrm{T}}\boldsymbol{B}^{\mathrm{T}}$ 也是 n 阶方阵。

答案： B

1-8-12 解：方法 1，$\boldsymbol{AX} = \boldsymbol{B}$，若 $\boldsymbol{A}$ 可逆，则 $\boldsymbol{X} = \boldsymbol{A}^{-1}\boldsymbol{B}$

$\boldsymbol{A} = \begin{bmatrix} 2 & 5 \\ 1 & 3 \end{bmatrix}$，$\boldsymbol{A}^{-1} = \dfrac{1}{6-5}\begin{bmatrix} 3 & -5 \\ -1 & 2 \end{bmatrix} = \begin{bmatrix} 3 & -5 \\ -1 & 2 \end{bmatrix}$，$\boldsymbol{B} = \begin{bmatrix} 4 & -6 \\ 2 & 1 \end{bmatrix}$，

$$\boldsymbol{X} = \begin{bmatrix} 3 & -5 \\ -1 & 2 \end{bmatrix}\begin{bmatrix} 4 & -6 \\ 2 & 1 \end{bmatrix} = \begin{bmatrix} 2 & -23 \\ 0 & 8 \end{bmatrix}$$

方法 2，$(\boldsymbol{A} \mid \boldsymbol{B}) = \begin{bmatrix} 2 & 5 & 4 & -6 \\ 1 & 3 & 2 & 1 \end{bmatrix} \xrightarrow[(r_1 \leftrightarrow r_2)]{-2r_2 + r_1} \begin{bmatrix} 1 & 3 & 2 & 1 \\ 0 & -1 & 0 & -8 \end{bmatrix} \xrightarrow[-r_2]{3r_2 + r_1} \begin{bmatrix} 1 & 0 & 2 & -23 \\ 0 & 1 & 0 & 8 \end{bmatrix}$

$$\boldsymbol{X} = \begin{bmatrix} 2 & -23 \\ 0 & 8 \end{bmatrix}$$

方法 3，把选项中矩阵代入方程验算。

答案： B

1-8-13 解： 利用行列式的运算性质变形、化简。

A 项：$|\boldsymbol{\alpha}_2, \boldsymbol{\alpha}_1, \boldsymbol{\alpha}_3| \xlongequal{c_1 \leftrightarrow c_2} -|\boldsymbol{\alpha}_1, \boldsymbol{\alpha}_2, \boldsymbol{\alpha}_3|$，错误。

B 项：$|-\boldsymbol{\alpha}_2, -\boldsymbol{\alpha}_3, -\boldsymbol{\alpha}_1| = (-1)^3|\boldsymbol{\alpha}_2, \boldsymbol{\alpha}_3, \boldsymbol{\alpha}_1| \xlongequal{c_1 \leftrightarrow c_3} (-1)^3(-1)|\boldsymbol{\alpha}_1, \boldsymbol{\alpha}_3, \boldsymbol{\alpha}_2| \xlongequal{c_2 \leftrightarrow c_3}$

$\qquad\qquad (-1)^3(-1)(-1)|\boldsymbol{\alpha}_1, \boldsymbol{\alpha}_2, \boldsymbol{\alpha}_3| = -|\boldsymbol{\alpha}_1, \boldsymbol{\alpha}_2, \boldsymbol{\alpha}_3|$，错误。

C 项：$|\boldsymbol{\alpha}_1 + \boldsymbol{\alpha}_2, \boldsymbol{\alpha}_2 + \boldsymbol{\alpha}_3, \boldsymbol{\alpha}_3 + \boldsymbol{\alpha}_1| = |\boldsymbol{\alpha}_1, \boldsymbol{\alpha}_2 + \boldsymbol{\alpha}_3, \boldsymbol{\alpha}_3 + \boldsymbol{\alpha}_1| + |\boldsymbol{\alpha}_2, \boldsymbol{\alpha}_2 + \boldsymbol{\alpha}_3, \boldsymbol{\alpha}_3 + \boldsymbol{\alpha}_1|$

$\quad = |\boldsymbol{\alpha}_1, \boldsymbol{\alpha}_2 + \boldsymbol{\alpha}_3, \boldsymbol{\alpha}_3| + |\boldsymbol{\alpha}_1, \boldsymbol{\alpha}_2 + \boldsymbol{\alpha}_3, \boldsymbol{\alpha}_1| + |\boldsymbol{\alpha}_2, \boldsymbol{\alpha}_2, \boldsymbol{\alpha}_3 + \boldsymbol{\alpha}_1| + |\boldsymbol{\alpha}_2, \boldsymbol{\alpha}_3, \boldsymbol{\alpha}_3 + \boldsymbol{\alpha}_1|$

$\quad = |\boldsymbol{\alpha}_1, \boldsymbol{\alpha}_2 + \boldsymbol{\alpha}_3, \boldsymbol{\alpha}_3| + |\boldsymbol{\alpha}_2, \boldsymbol{\alpha}_3, \boldsymbol{\alpha}_3 + \boldsymbol{\alpha}_1| = |\boldsymbol{\alpha}_1, \boldsymbol{\alpha}_2, \boldsymbol{\alpha}_3| + |\boldsymbol{\alpha}_2, \boldsymbol{\alpha}_3, \boldsymbol{\alpha}_1|$

$\quad = |\boldsymbol{\alpha}_1, \boldsymbol{\alpha}_2, \boldsymbol{\alpha}_3| + |\boldsymbol{\alpha}_1, \boldsymbol{\alpha}_2, \boldsymbol{\alpha}_3| = 2|\boldsymbol{\alpha}_1, \boldsymbol{\alpha}_2, \boldsymbol{\alpha}_3|$，错误。

D 项：$|\boldsymbol{\alpha}_1, \boldsymbol{\alpha}_2, \boldsymbol{\alpha}_3 + \boldsymbol{\alpha}_2 + \boldsymbol{\alpha}_1| \xlongequal{-c_1 + c_3} |\boldsymbol{\alpha}_1, \boldsymbol{\alpha}_2, \boldsymbol{\alpha}_3 + \boldsymbol{\alpha}_2| \xlongequal{-c_2 + c_3} |\boldsymbol{\alpha}_1, \boldsymbol{\alpha}_2, \boldsymbol{\alpha}_3|$，正确。

答案： D

1-8-14 解： 由题目给出的运算写出相应矩阵，再验证还原到原矩阵时应用哪一种运算方法。

$$\boldsymbol{A} = \begin{bmatrix} a_{11} & a_{12} & a_{13} \\ a_{21} & a_{22} & a_{23} \\ a_{31} & a_{32} & a_{33} \end{bmatrix} \xrightarrow{2r_1 + r_2} \begin{bmatrix} a_{11} & a_{12} & a_{13} \\ 2a_{11} + a_{21} & 2a_{12} + a_{22} & 2a_{13} + a_{23} \\ a_{31} & a_{32} & a_{33} \end{bmatrix} \xrightarrow{-2r_1 + r_2} \begin{bmatrix} a_{11} & a_{12} & a_{13} \\ a_{21} & a_{22} & a_{23} \\ a_{31} & a_{32} & a_{33} \end{bmatrix}$$

答案： A

1-8-15 解：方法 1（举反例），$\boldsymbol{A} = \begin{bmatrix} 1 & 0 & 0 \\ 0 & 1 & 1 \\ 0 & 0 & 0 \end{bmatrix}$，$R(\boldsymbol{A}) = 2 < 3$，线性方程组 $\boldsymbol{Ax} = \mathbf{0}$ 有非零解。

然而A的第一列和第三列线性无关，选项 A 错误。

A的第二列和第三列线性相关，选项 B 错误。

A的第一列不是其余两列的线性组合，选项 C 错误。

$A = \begin{bmatrix} 1 & 0 & 0 \\ 0 & 1 & 1 \\ 0 & 0 & 0 \end{bmatrix}$，$R(A) = 2 < 3$，线性方程组$Ax = 0$，有非零解。然而矩阵$A$的第一列和第三列线性无关，选项 A 错；第二列和第三列线性相关，选项 B 错；第一列不是其余两列的线性组合，选项 C 错。

方法 2，$Ax = 0$有非零解$\Leftrightarrow R(A) < n \Leftrightarrow A$的$n$个列向量线性相关$\Leftrightarrow A$的列向量组中至少有一个向量可由其余向量线性表示（选项 D 对）。

答案：D

1-8-16 解：因为A、B为非零矩阵，所以$R(A) \geq 1$，$R(B) \geq 1$，又因为$AB = 0$，所以$R(A) + R(B) \leq n$（选项 D 对），$1 \leq R(A) < n$，知$A_{m \times n}$的n个列向量线性相关（选项 B 对），$1 \leq R(B) < n$，知$B_{n \times l}$的n个行向量线性相关（选项 C 对）。

答案：A

1-8-17 解：一般由$AB = 0$推不出$A = 0$或$B = 0$，故选项 A 不正确。只有当A可逆时，才有$B = 0$，但此条件题目未给出。

由方阵行列式性质$AB = 0$，$|AB| = 0$，可得$|AB| = |A||B| = 0$，所以$|A| = 0$或$|B| = 0$，故选项 B 正确。

矩阵乘积不满足交换律，即$AB \neq BA$，故选项 C 不正确。

选项 D 也不正确，因$(A + B)^2 = (A + B)(A + B) = A^2 + BA + AB + B^2 \neq A^2 + B^2$。

答案：B

1-8-18 解：只要验证$A^{-1} + B^{-1}$与某个选项中的矩阵乘积为E即可得到正确答案。验证选项 C 成立：

$$(A^{-1} + B^{-1})A(A + B)^{-1}B = A^{-1}A(A + B)^{-1}B + B^{-1}A(A + B)^{-1}B$$
$$= E(A + B)^{-1}B + B^{-1}A(A + B)^{-1}B$$
$$= (E + B^{-1}A)(A + B)^{-1}B = (B^{-1}B + B^{-1}A)(A + B)^{-1}B$$
$$= B^{-1}(B + A)(A + B)^{-1}B = B^{-1}(A + B)(A + B)^{-1}B$$
$$= B^{-1}EB = E$$

答案：C

1-8-19 解：可以利用矩阵秩的定义验证。

三阶行列式$\begin{vmatrix} 1 & 0 & 0 \\ 0 & 1 & 2 \\ 0 & 2 & 4 \end{vmatrix} = 0$，二阶行列式$\begin{vmatrix} 1 & 0 \\ 0 & 1 \end{vmatrix} \neq 0$。

故$R(A) = 2$。

答案：C

1-8-20 解：由矩阵秩的性质可知，若A可逆，则$R(AB) = R(B)$，若B可逆，则$R(AB) = R(A)$，

$AB - A = A(B - E)$，$B - E = \begin{bmatrix} 1 & \alpha & 1 \\ 0 & 2 & \alpha \\ 0 & 0 & -2 \end{bmatrix}$，$|B - E| = -4 \neq 0$，$B - E$可逆，$R[A(B - E)] = R(A)$。

计算矩阵A的秩：$A = \begin{bmatrix} 1 & -1 & 2 \\ 2 & 1 & 1 \\ -1 & 1 & -2 \end{bmatrix} \xrightarrow[r_1 + r_3]{-2r_1 + r_2} \begin{bmatrix} 1 & -1 & 2 \\ 0 & 3 & -3 \\ 0 & 0 & 0 \end{bmatrix}$，所以$R(A) = 2$。

答案：B

1-8-21　解： 因为$|P| = -1 \neq 0$，所以P可逆，由矩阵秩的性质可知$R(PA) = R(A)$。

而$PA = \begin{bmatrix} 1 & 2 & 0 & 5 \\ 1 & -2 & 3 & 6 \\ 2 & 0 & 1 & 5 \end{bmatrix} \xrightarrow[-2r_1+r_3]{-r_1+r_2} \begin{bmatrix} 1 & 2 & 0 & 5 \\ 0 & -4 & 3 & 1 \\ 0 & -4 & 1 & -5 \end{bmatrix} \xrightarrow{-r_2+r_3} \begin{bmatrix} 1 & 2 & 0 & 5 \\ 0 & -4 & 3 & 1 \\ 0 & 0 & -2 & -6 \end{bmatrix}$

所以$R(PA) = 3$，从而$R(A) = 3$。

答案： C

1-8-22　解：方法 1，非齐次方程组的通解$y = \overline{y}$（非齐次方程组对应的齐次方程组的通解）$+ y^*$（非齐次方程组的一个特解），可验证$\frac{1}{2}(\beta_1 + \beta_2)$是$Ax = b$的一个特解。

因为β_1，β_2是线性方程组$Ax = b$的两个不同的解：

$$A\left[\frac{1}{2}(\beta_1 + \beta_2)\right] = \frac{1}{2}A\beta_1 + \frac{1}{2}A\beta_2 = \frac{1}{2}b + \frac{1}{2}b = b$$

又已知α_1，α_2为导出组$Ax = 0$的基础解系，可知α_1，α_2是$Ax = 0$的线性无关解，同样可验证$\alpha_1 - \alpha_2$也是$Ax = 0$的解，$A(\alpha_1 - \alpha_2) = A\alpha_1 - A\alpha_2 = 0 - 0 = 0$。

还可验证α_1，$\alpha_1 - \alpha_2$线性无关。

设有两个实数K_1，K_2使$K_1\alpha_1 + K_2(\alpha_1 - \alpha_2) = 0$，即$(K_1 + K_2)\alpha_1 - K_2\alpha_2 = 0$，因$\alpha_1$，$\alpha_2$线性无关，所以只有$K_1 + K_2 = 0$，$-K_2 = 0$。

即$\begin{cases} K_1 + K_2 = 0 \\ K_2 = 0 \end{cases}$，只有$K_1 = 0$，$K_2 = 0$；因此$\alpha_1$，$\alpha_1 - \alpha_2$线性无关。

故$\overline{y} = k_1\alpha_1 + k_2(\alpha_1 - \alpha_2)$为齐次方程组$Ax = 0$的通解。

又$y^* = \frac{1}{2}(\beta_1 + \beta_2)$是$Ax = b$的一个特解；

所以$Ax = b$的通解为$y = \frac{\beta_1 + \beta_2}{2} + k_1\alpha_1 + k_2(\alpha_1 - \alpha_2)$。

方法 2，选项 A 中的$\frac{\beta_1 - \beta_2}{2}$与选项 B 中的$\alpha_1$是$Ax = 0$的解，但不是$Ax = b$的解，故选项 A、B 错。

选项 C 中的α_1，$\beta_1 - \beta_2$都是$Ax = 0$的非零解，但α_1，$\beta_1 - \beta_2$是否线性无关不清楚，故选项 D 错。

答案： C

1-8-23　解： 根据矩阵乘积的秩的性质，$AB = 0$，有$R(A) + R(B) \leqslant n$成立，选项 A 正确。$AB = 0$，取矩阵的行列式，$|A||B| = 0$，$|A| = 0$或$|B| = 0$，选项 B 正确。又因为$B \neq 0$，B为非零矩阵，$R(B) \geqslant 1$，由上式$R(A) + R(B) \leqslant n$，推出$0 \leqslant R(A) < n$，选项 C 也正确。所以错误选项为 D。

答案： D

1-8-24　解： 已知B是三阶非零矩阵，而B的每一列都是方程组的解，可知齐次方程组$Ax = 0$有非零解。所以齐次方程组的系数行列式$\begin{vmatrix} 1 & 2 & -2 \\ 2 & -1 & t \\ 3 & 1 & -1 \end{vmatrix} = 5t - 5 = 0$，$t = 1$。

答案： D

1-8-25　解： $|BA^{-1}| = |B||A^{-1}| = |B| \cdot \frac{1}{|A|} = \frac{3}{2}$。

答案： B

1-8-26　解： α_1，α_2是方程组$Ax = 0$的两个线性无关解，方程组含有 3 个未知量，所以$3 - R(A) \geqslant 2$，故矩阵A的秩$R(A) = 3 - 2 \leqslant 1$，选项 A、B、C、D 的矩阵的秩分别为 3、2、2、1，故选项 D 对。或用验证法，如用选项 D 中矩阵验证：$(-2,1,1)\begin{bmatrix} 1 \\ 0 \\ 2 \end{bmatrix} = 0$，$(-2,1,1)\begin{bmatrix} 0 \\ 1 \\ -1 \end{bmatrix} = 0$。

答案： D

1-8-27 解： 利用转置运算法则，$(AB)^{\mathrm{T}} = B^{\mathrm{T}} \cdot A^{\mathrm{T}}$：

$$(A^2)^{\mathrm{T}} = (AA)^{\mathrm{T}} = A^{\mathrm{T}} \cdot A^{\mathrm{T}} = AA = A^2$$

答案： C

1-8-28 解： 利用矩阵的初等行变换，把矩阵 A 化为行阶梯形，非零行的个数即为矩阵的秩。

$$\begin{bmatrix} 1 & 2 & 0 & 0 & 1 \\ 0 & 3 & 7 & 2 & 0 \\ 1 & 1 & 0 & 0 & 3 \\ 2 & 1 & 0 & 6 & 6 \end{bmatrix} \xrightarrow[-2r_1+r_4]{-r_1+r_3} \begin{bmatrix} 1 & 2 & 0 & 0 & 1 \\ 0 & 3 & 7 & 2 & 0 \\ 0 & -1 & 0 & 0 & 2 \\ 0 & -3 & 0 & 6 & 4 \end{bmatrix} \xrightarrow{r_2 \leftrightarrow r_3} \begin{bmatrix} 1 & 2 & 0 & 0 & 1 \\ 0 & -1 & 0 & 0 & 2 \\ 0 & 3 & 7 & 2 & 0 \\ 0 & -3 & 0 & 6 & 4 \end{bmatrix} \xrightarrow[-3r_2+r_4]{3r_2+r_3} \begin{bmatrix} 1 & 2 & 0 & 0 & 1 \\ 0 & -1 & 0 & 0 & 2 \\ 0 & 0 & 7 & 2 & 6 \\ 0 & 0 & 0 & 6 & -2 \end{bmatrix}$$

答案： A

1-8-29 解： 因为 A、B 均为 n 阶非零矩阵，所以 $1 \leqslant R(A) \leqslant n$，$1 \leqslant R(B) \leqslant n$，又因为 $AB = 0$，所以 $R(A) + R(B) \leqslant n$，所以 $R(A) < n$，$R(B) < n$。

答案： B

1-8-30 解： A 为 n 阶方阵，$Ax = 0$ 有唯一解的充要条件是 $R(A) = n$[或 $Ax = 0$ 有无穷多解的充要条件是 $R(A) < n$]，由此可判定选项 B 正确。

答案： B

1-8-31 解： a 应使增广矩阵秩 $R(\tilde{A}) =$ 系数矩阵秩 $R(A)$。

$$\tilde{A} = \begin{bmatrix} 1 & -1 & 6 & 0 \\ 0 & 4 & -8 & -4 \\ 1 & 3 & -2 & a \end{bmatrix} \xrightarrow{-r_1+r_3} \begin{bmatrix} 1 & -1 & 6 & 0 \\ 0 & 4 & -8 & -4 \\ 0 & 4 & -8 & a \end{bmatrix} \xrightarrow{-r_2+r_3} \begin{bmatrix} 1 & -1 & 6 & 0 \\ 0 & 4 & -8 & -4 \\ 0 & 0 & 0 & a+4 \end{bmatrix}$$

故 $a + 4 = 0$，$a = -4$。

答案： B

1-8-32 解： 因为 $R(A) = n - 1$，从而方程组 $Ax = 0$ 的基础解系中线性无关解向量的个数等于 $n - (n-1) = 1$，即只有一个非零解向量。只要求出方程组 $Ax = 0$ 的任一非零解即可，由于 α_1，α_2 满足 $Ax = b$，从而 $\alpha_1 - \alpha_2$ 满足 $Ax = 0$，又知 $\alpha_1 - \alpha_2 \neq 0$，所以 $Ax = 0$ 的通解为 $x = K(\alpha_1 - \alpha_2)$，故正确答案为 C。

答案： C

1-8-33 解： 根据向量组的最大无关组的定义，可知向量组中任一向量可由它的最大无关组线性表示，选项 A、C 成立。因为 $\alpha_n = 0 \cdot \alpha_{r+1} + 0 \cdot \alpha_{r+2} + \cdots + 0 \cdot \alpha_{n-1} + 1 \cdot \alpha_n$，故选项 D 也成立。选项 B 不成立。

答案： B

1-8-34 解： 向量 β 能由向量组 $\alpha_1, \alpha_2, \cdots, \alpha_s$ 线性表示，仅要求存在一组数 $k_1, k_2, \cdots, k_s$，使等式 $\beta = k_1\alpha_1 + k_2\alpha_2 + \cdots + k_s\alpha_s$ 成立，而对 $k_1, k_2, \cdots, k_s$ 是否为零，线性表达式是否唯一，都没有任何要求。选项 A、B、D 错。

答案： C

1-8-35 解： 向量组的秩为 r，表示向量组的最大线性无关组的向量个数是 r，由最大线性无关组定义，选项 D 正确。或举反例，$\begin{bmatrix} 1 \\ 0 \end{bmatrix}$，$\begin{bmatrix} 0 \\ 1 \end{bmatrix}$，$r = 2$，选项 A 错。$\begin{bmatrix} 1 \\ 0 \end{bmatrix}$，$\begin{bmatrix} 0 \\ 1 \end{bmatrix}$，$\begin{bmatrix} 0 \\ 2 \end{bmatrix}$，$r = 2$，$\begin{bmatrix} 0 \\ 1 \end{bmatrix}\begin{bmatrix} 0 \\ 2 \end{bmatrix}$ 相关，选项 B 错。$\begin{bmatrix} 1 \\ 0 \\ 0 \end{bmatrix}$，$\begin{bmatrix} 0 \\ 1 \\ 0 \end{bmatrix}$，$\begin{bmatrix} 0 \\ 0 \\ 1 \end{bmatrix}$，$\begin{bmatrix} 1 \\ 0 \\ 2 \end{bmatrix}$ 中 $\begin{bmatrix} 1 \\ 0 \\ 0 \end{bmatrix}\begin{bmatrix} 0 \\ 1 \\ 0 \end{bmatrix}\begin{bmatrix} 0 \\ 0 \\ 1 \end{bmatrix}$ 线性无关，$\begin{bmatrix} 0 \\ 1 \\ 0 \end{bmatrix}\begin{bmatrix} 0 \\ 0 \\ 1 \end{bmatrix}\begin{bmatrix} 0 \\ 1 \\ 2 \end{bmatrix}$ 线性相关，但 $r = 3$，故选项 C 错。

答案： D

1-8-36 解： 齐次线性方程组，当变量的个数与方程的个数相同时，方程组有非零解的充要条件是

系数行列式为零，即 $\begin{vmatrix} 1 & -k & 0 \\ k & -5 & 1 \\ 1 & 1 & 1 \end{vmatrix} = 0$

$$\begin{vmatrix} 1 & -k & 0 \\ k & -5 & 1 \\ 1 & 1 & 1 \end{vmatrix} \xrightarrow{-r_2 + r_3} \begin{vmatrix} 1 & -k & 0 \\ k & -5 & 1 \\ 1-k & 6 & 0 \end{vmatrix}$$

$$= 1 \cdot (-1)^{2+3} \begin{vmatrix} 1 & -k \\ 1-k & 6 \end{vmatrix}$$

$$= -[6 - (-k)(1-k)] = -(6 + k - k^2)$$

即 $k^2 - k - 6 = 0$，解得 $k_1 = 3$，$k_2 = -2$。

答案： A

1-8-37 解：方法 1，因为 $A\alpha = \lambda\alpha$，$B = P^{-1}AP$，所以 $PBP^{-1} = PP^{-1}APP^{-1} = A$，所以 $PBP^{-1}\alpha = \lambda\alpha$，$P^{-1}PBP^{-1}\alpha = P^{-1}(\lambda\alpha)$，$BP^{-1}\alpha = \lambda P^{-1}\alpha$，即 $B(P^{-1}\alpha) = \lambda(P^{-1}\alpha)$。

方法 2，把选项代入验算。

选项 A，$B(P\alpha) = P^{-1}APP\alpha$；

选项 B，$B(P^{-1}\alpha) = P^{-1}APP^{-1}\alpha = P^{-1}A\alpha = P^{-1}\lambda\alpha = \lambda(P^{-1}\alpha)$，选项 B 对。

答案： B

1-8-38 解： 已知 α_1，α_2 是矩阵 A 属于特征值 1 的特征向量，即有 $A\alpha_1 = 1 \cdot \alpha_1$，$A\alpha_2 = 1 \cdot \alpha_2$ 成立，则 $A(\alpha_1 - \alpha_2) = 1 \cdot (\alpha_1 - \alpha_2)$，$\alpha_1 - \alpha_2$ 为非零向量，因此 $\alpha_1 - \alpha_2$ 是 A 属于特征值 1 的特征向量。

答案： A

1-8-39 解： 已知 $\vec{\alpha}$，$\vec{\beta}$ 线性无关，$\vec{\gamma}$ 可以由 $\vec{\alpha}$，$\vec{\beta}$ 线性表示，故 $\vec{\alpha}$，$\vec{\beta}$，$\vec{\gamma}$ 线性相关，可推出 $\vec{\alpha}$，$\vec{\beta}$，$\vec{\gamma}$，$\vec{\delta}$ 也相关。所以选项 A、B 错误。

选项 C、D 其中有一个错误，用反证法。

设 $\vec{\alpha}$，$\vec{\beta}$，$\vec{\delta}$ 相关，由已知知 $\vec{\alpha}$，$\vec{\beta}$ 线性无关，而 $\vec{\alpha}$，$\vec{\beta}$，$\vec{\delta}$ 线性相关，则 $\vec{\delta}$ 可由 $\vec{\alpha}$，$\vec{\beta}$ 线性表示，与已知条件 $\vec{\delta}$ 不能由 $\vec{\alpha}$，$\vec{\beta}$ 线性表示矛盾。

所以 $\vec{\alpha}$，$\vec{\beta}$，$\vec{\delta}$ 线性无关。

答案： D

1-8-40 解：方法 1，令 $|A - \lambda E| = 0$，即 $\begin{vmatrix} 3-\lambda & 4 \\ 5 & 2-\lambda \end{vmatrix} = 0$，解得 $\lambda_1 = -2$，$\lambda_2 = 7$

方法 2，$\begin{cases} \lambda_1 + \lambda_2 = 3 + 2 = 5 \,(\text{选项 A 对}) \\ \lambda_1\lambda_2 = \begin{vmatrix} 3 & 4 \\ 5 & 2 \end{vmatrix} = -14 \,(\text{可省略}) \end{cases}$

答案： A

1-8-41 解：方法 1，解特征方程 $|\lambda E - A| = 0$。

$$|\lambda E - A| = \begin{vmatrix} \lambda-1 & -1 & 0 \\ -1 & \lambda & -1 \\ 0 & -1 & \lambda-1 \end{vmatrix} \xrightarrow{(\lambda-1)r_2 + r_3} \begin{vmatrix} 0 & \lambda(\lambda-1)-1 & -(\lambda-1) \\ -1 & \lambda & -1 \\ 0 & -1 & \lambda-1 \end{vmatrix} \xrightarrow[\text{展开}]{\text{按第一列}}$$

$$(-1)(-1)^3 \begin{vmatrix} \lambda(\lambda-1)-1 & -\lambda+1 \\ -1 & \lambda-1 \end{vmatrix} = (\lambda-1)\begin{vmatrix} \lambda^2-\lambda-1 & -1 \\ -1 & 1 \end{vmatrix}$$

$$= (\lambda-1)(\lambda+1)(\lambda-2) = 0$$

特征值为 1，-1，2。

方法 2，利用n阶矩阵A的特征值的性质，设矩阵A的特征值为$\lambda_1, \lambda_2, \cdots, \lambda_n$。

①$\lambda_1 \cdot \lambda_2 \cdot \lambda_3 \cdots \lambda_n = |A|$；

②$\lambda_1 + \lambda_2 + \cdots + \lambda_n = a_{11} + a_{22} + \cdots + a_{nn}$。

选项 B、D 中的$\lambda_1 + \lambda_2 + \lambda_3 \neq a_{11} + a_{22} + a_{33} = 2$。

选项 A、C 中的$\lambda_1 + \lambda_2 + \lambda_3 = a_{11} + a_{22} + a_{33} = 2$。

计算$|A| = \begin{vmatrix} 1 & 1 & 0 \\ 1 & 0 & 1 \\ 0 & 1 & 1 \end{vmatrix} \xlongequal{-r_1 + r_2} \begin{vmatrix} 1 & 1 & 0 \\ 0 & -1 & 1 \\ 0 & 1 & 1 \end{vmatrix} = -2$。

但选项 A 中的$\lambda_1 \cdot \lambda_2 \cdot \lambda_3 \neq |A| = -2$，而选项 C 满足$\lambda_1 \cdot \lambda_2 \cdot \lambda_3 = -2 = |A|$，故选项 C 成立。

答案： C

1-8-42　解： 利用结论：实对称矩阵的属于不同特征值的特征向量必然正交。

方法 1，设对应$\lambda_1 = 6$的特征向量$\xi_1 = (x_1 \quad x_2 \quad x_3)^T$，由于$A$是实对称矩阵，故$\xi_1^T \cdot \xi_2 = 0$，$\xi_1^T \cdot \xi_3 = 0$，即

$$\begin{cases} (x_1 \quad x_2 \quad x_3) \begin{bmatrix} -1 \\ 0 \\ 1 \end{bmatrix} = 0 \\ (x_1 \quad x_2 \quad x_3) \begin{bmatrix} 1 \\ 2 \\ 1 \end{bmatrix} = 0 \end{cases} \Rightarrow \begin{cases} -x_1 + x_3 = 0 \\ x_1 + 2x_2 + x_3 = 0 \end{cases}$$

$$\begin{bmatrix} -1 & 0 & 1 \\ 1 & 2 & 1 \end{bmatrix} \to \begin{bmatrix} 1 & 0 & -1 \\ 1 & 2 & 1 \end{bmatrix} \to \begin{bmatrix} 1 & 0 & -1 \\ 0 & 2 & 2 \end{bmatrix} \to \begin{bmatrix} 1 & 0 & -1 \\ 0 & 1 & 1 \end{bmatrix}$$

该同解方程组为$\begin{cases} x_1 - x_3 = 0 \\ x_2 + x_3 = 0 \end{cases} \Rightarrow \begin{cases} x_1 = x_3 \\ x_2 = -x_3 \end{cases}$

当$x_3 = 1$时，$x_1 = 1$，$x_2 = -1$

方程组的基础解系$\xi = (1 \quad -1 \quad 1)^T$，取$\xi_1 = (1 \quad -1 \quad 1)^T$。

方法 2，对四个选项进行验证，对于选项 A：

$(1 \quad -1 \quad 1) \begin{bmatrix} -1 \\ 0 \\ 1 \end{bmatrix} = 0$，$(1 \quad -1 \quad 1) \begin{bmatrix} 1 \\ 2 \\ 1 \end{bmatrix} = 0$，选项 A 正确。

答案： A

1-8-43　解： 利用结论：设λ为A的特征值，则矩阵kA、$aA + bE$、A^2、A^m、A^{-1}、A^*分别有特征值：$k\lambda$、$a\lambda + b$、λ^2、λ^m、$\dfrac{1}{\lambda}$、$\dfrac{|A|}{\lambda}(\lambda \neq 0)$，且特征向量相同。

A有特征值λ，则A^3有特征值λ^3，$2A^3$有特征值$2\lambda^3$，$(2A^3)^{-1}$有特征值$(2\lambda^3)^{-1}$，代入$\lambda = \dfrac{1}{2}$，即得 4。简言之，$(2A^3)^{-1}$中A改为$\lambda = \dfrac{1}{2}$即可。

答案： B

1-8-44　解： 因为$\alpha^T \beta = 3$，所以$\alpha \neq 0$，$\beta \neq 0$。

又因为$A = \beta \alpha^T$，所以$A \cdot \beta = \beta \alpha^T \cdot \beta = \beta(\alpha^T \beta) = 3\beta$。

答案： C

1-8-45　解： 特征向量必须是非零向量，选项 D 错误。

因为$A\xi = \lambda_1 \xi$，$A\eta = \lambda_2 \eta$，$\lambda_1 \neq \lambda_2$，所以ξ、η线性无关。

$k_1 \neq 0$，$k_2 \neq 0$时，假设$A(k_1 \xi + k_2 \eta) = \lambda(k_1 \xi + k_2 \eta)$，$\lambda$是常数。

即$k_1 \lambda_1 \xi + k_2 \lambda_2 \eta = k_1 \lambda \xi + k_2 \lambda \eta$，$k_1(\lambda_1 - \lambda)\xi + k_2(\lambda_2 - \lambda)\eta = 0$

因为ξ、η线性无关，只有$k_1(\lambda_1 - \lambda) = k_2(\lambda_2 - \lambda) = 0$，而又因$k_1 \neq 0$，$k_2 \neq 0$，故只能$\lambda_1 = \lambda = \lambda_2$，这与$\lambda_1 \neq \lambda_2$矛盾，假设错误。选项 A、B 错，选项 C 对。〔可直接用特征值特征向量的重要性质（6）中注意判定〕

答案： C

1-8-46 **解：** 二次型f对应的矩阵$\boldsymbol{A} = \begin{bmatrix} \lambda & 1 & 1 \\ 1 & \lambda & -1 \\ 1 & -1 & \lambda \end{bmatrix}$，$f$是正定的，只要$\boldsymbol{A}$的各阶顺序主子式大于0。

$\lambda > 0$；$\begin{vmatrix} \lambda & 1 \\ 1 & \lambda \end{vmatrix} > 0$，即$\lambda^2 - 1 > 0$，$\lambda^2 > 1$，故$\lambda > 1$或$\lambda < -1$；

$\begin{vmatrix} \lambda & 1 & 1 \\ 1 & \lambda & -1 \\ 1 & -1 & \lambda \end{vmatrix} > 0$，即$\begin{vmatrix} \lambda & 1 & 1 \\ 1 & \lambda & -1 \\ 1 & -1 & \lambda \end{vmatrix} \xrightarrow[-\lambda r_1 + r_3]{r_1 + r_2} \begin{vmatrix} \lambda & 1 & 1 \\ 1 + \lambda & 1 + \lambda & 0 \\ 1 - \lambda^2 & -1 - \lambda & 0 \end{vmatrix} = \begin{vmatrix} 1 + \lambda & 1 + \lambda \\ (1 - \lambda)(1 + \lambda) & -(1 + \lambda) \end{vmatrix}$

$$= (1 + \lambda)^2 (\lambda - 2) > 0，知\lambda > 2$$

由$\lambda > 0$，$\lambda > 1$或$\lambda < -1$，$\lambda > 2$，得公共解$\lambda > 2$。

答案： C

1-8-47 **解：** 二次型$f(x_1, x_2, x_3)$正定的充分必要条件是二次型的正惯性指数等于变量的个数，它的标准形中的系数全为正，即$\lambda > 0$，$\lambda - 1 > 0$，$\lambda^2 + 1 > 0$，推出$\lambda > 1$。

答案： C

1-8-48 **解：** **方法** 1，由合同矩阵定义知，若存在一个可逆矩阵$\boldsymbol{C}$，使$\boldsymbol{C}^{\mathrm{T}}\boldsymbol{A}\boldsymbol{C} = \boldsymbol{B}$，则称$\boldsymbol{A}$合同于$\boldsymbol{B}$。取$\boldsymbol{C} = \begin{bmatrix} -1 & 0 \\ 0 & 1 \end{bmatrix}$，$|\boldsymbol{C}| = -1 \neq 0$，$\boldsymbol{C}$可逆，可验证$\boldsymbol{C}^{\mathrm{T}}\boldsymbol{A}\boldsymbol{C} = \begin{bmatrix} 1 & -1 \\ -1 & 2 \end{bmatrix}$。

方法 2，利用结论，设$\boldsymbol{A}$与$\boldsymbol{B}$合同：①若$\boldsymbol{A}$是对称阵，则$\boldsymbol{B}$也是对称阵；②若$\boldsymbol{A}$是正定阵，则$\boldsymbol{B}$也是正定阵。由①可知选项 C、D 错，由②可知选项 B 错。

答案： A

（九）概率论与数理统计

1-9-1 当下列哪项成立时，事件A与B为对立事件？

    A. $AB = \phi$ B. $A + B = \Omega$

    C. $\overline{A} + \overline{B} = \Omega$ D. $AB = \phi$且$A + B = \Omega$

1-9-2 有A、B、C三个事件，下列选项中与事件A互斥的事件是：

    A. $\overline{B \cup C}$ B. $\overline{A \cup B \cup C}$

    C. $\overline{A}B + A\overline{C}$ D. $A(B + C)$

1-9-3 设A、B、C为三个事件，则A、B、C中至少有两个发生可表示为：

    A. $A \cup B \cup C$ B. $A(B \cup C)$

    C. $AB \cup AC \cup BC$ D. $\overline{A} \cup \overline{B} \cup \overline{C}$

1-9-4 重复进行一项试验，事件A表示"第一次失败且第二次成功"，则事件$\overline{A}$表示：

    A. 两次均失败   B. 第一次成功或第二次失败

    C. 第一次成功且第二次失败   D. 两次均成功

1-9-5 若$P(A) = 0.5$，$P(B) = 0.4$，$P(\overline{A} - B) = 0.3$，则$P(A \cup B)$等于：

    A. 0.6   B. 0.7   C. 0.8   D. 0.9

1-9-6 若$P(A) = 0.8$，$P(A\overline{B}) = 0.2$，则$P(\overline{A} \cup \overline{B})$等于：

A. 0.4 　　　　　B. 0.6 　　　　　C. 0.5 　　　　　D. 0.3

1-9-7 设 A、B 为随机事件，$P(A) = a$，$P(B) = b$，$P(A+B) = c$，则 $P(A\overline{B})$ 为：

A. $a - b$ 　　　　B. $c - b$ 　　　　C. $a(1-b)$ 　　　　D. $a(1-c)$

1-9-8 袋中有 5 个大小相同的球，其中 3 个是白球，2 个是红球，一次随机地取出 3 个球，其中恰有 2 个是白球的概率是：

A. $\left(\dfrac{3}{5}\right)^2 \dfrac{2}{5}$ 　　B. $C_5^3 \left(\dfrac{3}{5}\right)^2 \dfrac{1}{5}$ 　　C. $\left(\dfrac{3}{5}\right)^2$ 　　D. $\dfrac{C_3^2 C_2^1}{C_5^3}$

1-9-9 将 3 个球随机地放入 4 个杯子中，则杯中球的最大个数为 2 的概率为：

A. $\dfrac{1}{16}$ 　　　　B. $\dfrac{3}{16}$ 　　　　C. $\dfrac{9}{16}$ 　　　　D. $\dfrac{4}{27}$

1-9-10 10 张奖券含有 2 张有奖的奖券，每人购买 1 张，则前四个购买者恰有 1 人中奖的概率是：

A. 0.8^4 　　　　B. 0.1 　　　　C. $C_{10}^6 0.2\, 0.8^3$ 　　　　D. $0.8^3 0.2$

1-9-11 设 $P(B) > 0$，$P(A|B) = 1$，则必有：

A. $P(A+B) = P(A)$ 　　　　　　　　B. $A \subset B$

C. $P(A) = P(B)$ 　　　　　　　　　D. $P(AB) = P(A)$

1-9-12 设 A、B 是两事件，$P(A) = \dfrac{1}{4}$，$P(B|A) = \dfrac{1}{3}$，$P(A|B) = \dfrac{1}{2}$，则 $P(A \cup B)$ 等于：

A. $\dfrac{3}{4}$ 　　　　B. $\dfrac{3}{5}$ 　　　　C. $\dfrac{1}{2}$ 　　　　D. $\dfrac{1}{3}$

1-9-13 盒内装有 10 个白球，2 个红球，每次取 1 个球，取后不放回。任取两次，则第二次取得红球的概率是：

A. $\dfrac{1}{7}$ 　　　　B. $\dfrac{1}{6}$ 　　　　C. $\dfrac{1}{5}$ 　　　　D. $\dfrac{1}{3}$

1-9-14 某人从远方来，他乘火车、轮船、汽车、飞机来的概率分别是 0.3、0.2、0.1、0.4。如果他乘火车、轮船、汽车来的话，迟到的概率分别为 $\dfrac{1}{4}$、$\dfrac{1}{3}$、$\dfrac{1}{12}$，而乘飞机则不会迟到。则他迟到的概率是多少？如果他迟到了，则乘火车来的概率是多少？

A. 0.10，0.4 　　B. 0.15，0.5 　　C. 0.20，0.6 　　D. 0.25，0.7

1-9-15 设有一箱产品由三家工厂生产，第一家工厂生产总量的 $\dfrac{1}{2}$，其他两厂各生产总量的 $\dfrac{1}{4}$；又知各厂次品率分别为 2%、2%、4%。现从此箱中任取一件产品，则取到正品的概率是：

A. 0.85 　　　　B. 0.765 　　　　C. 0.975 　　　　D. 0.95

1-9-16 两个小组生产同样的零件，第一组的废品率是 2%，第二组的产量是第一组的 2 倍而废品率是 3%。若将两组生产的零件放在一起，从中任取一件。经检查是废品，则这件废品是第一组生产的概率为：

A. 15% 　　　　B. 25% 　　　　C. 35% 　　　　D. 45%

1-9-17 发报台分别以概率 0.6 和 0.4 发出信号 "·" 和 "—"，由于受到干扰，接受台不能完全准确收到信号，当发报台发出 "·" 时，接受台分别以概率 0.8 和 0.2 收到 "·" 和 "—"；当发报台发出 "—" 时，接受台分别以概率 0.9 和 0.1 收到 "—" 和 "·"，那么当接受台收到 "·" 时，发报台发出 "·" 的概率是：

A. $\dfrac{13}{25}$ 　　　　B. $\dfrac{12}{13}$ 　　　　C. $\dfrac{12}{25}$ 　　　　D. $\dfrac{24}{25}$

1-9-18 设事件A，B相互独立，且$P(A) = \frac{1}{2}$，$P(B) = \frac{1}{3}$，则$P(B|A \cup \overline{B})$等于：

A. $\frac{5}{6}$ B. $\frac{1}{6}$ C. $\frac{1}{3}$ D. $\frac{1}{5}$

1-9-19 若$P(A) > 0$，$0 < P(B) < 1$，$P(A|B) = P(A)$，则下列各式不成立的是：

A. $P(B|A) = P(B)$ B. $P(A|\overline{B}) = P(A)$

C. $P(AB) = P(A)P(B)$ D. A，B互斥

1-9-20 甲乙两人独立地向同一目标各射击一次，命中率分别为 0.8 和 0.6，现已知目标被击中，则它是甲射中的概率为：

A. 0.26   B. 0.87   C. 0.52   D. 0.75

1-9-21 设$F_1(x)$与$F_2(x)$分别为随机变量X_1与X_2的分布函数。为使$F(x) = aF_1(x) - bF_2(x)$成为某一随机变量的分布函数，则a与b分别是：

A. $a = \frac{3}{5}$，$b = -\frac{2}{5}$ B. $a = \frac{2}{3}$，$b = \frac{2}{3}$

C. $a = -\frac{1}{2}$，$b = \frac{3}{2}$ D. $a = \frac{1}{2}$，$b = -\frac{2}{3}$

1-9-22 设随机变量X的分布函数

$$F(x) = \begin{cases} \frac{1}{2}e^x & x < 0 \\ \frac{1}{2} + x & 0 \leqslant x < \frac{1}{2} \\ 1 & x \geqslant \frac{1}{2} \end{cases}$$

则$P\left(-1 < x \leqslant \frac{1}{4}\right) =$

A. $\frac{1}{2}$ B. $\frac{1}{2}e^{-1}$ C. $\frac{3}{4} - \frac{1}{2}e^{-1}$ D. $\frac{3}{4}$

1-9-23 离散型随机变量X的分布为$P(X = k) = C\lambda^k (k = 0,1,2\cdots)$，则不成立的是：

A. $C > 0$ B. $0 < \lambda < 1$ C. $C = 1 - \lambda$ D. $C = \frac{1}{1-\lambda}$

1-9-24 某人连续向一目标独立射击（每次命中率都是$\frac{3}{4}$），一旦命中，则射击停止，设X为射击的次数，那么射击 3 次停止射击的概率是：

A. $\left(\frac{3}{4}\right)^3$ B. $\left(\frac{3}{4}\right)^2 \frac{1}{4}$ C. $\left(\frac{1}{4}\right)^2 \frac{3}{4}$ D. $C_3^2 \left(\frac{1}{4}\right)^2 \frac{3}{4}$

1-9-25 设$\varphi(x)$为连续型随机变量的概率密度，则下列结论中一定正确的是：

A. $0 \leqslant \varphi(x) \leqslant 1$ B. $\varphi(x)$在定义域内单调不减

C. $\int_{-\infty}^{+\infty} \varphi(x)\mathrm{d}x = 1$ D. $\lim\limits_{x \to +\infty} \varphi(x) = 1$

1-9-26 设随机变量的概率密度为$f(x) = \begin{cases} axe^{-\frac{x^2}{2\sigma^2}} & x \geqslant 0 \\ 0 & x < 0 \end{cases}$。则$a$的值是：

A. $\frac{1}{\sigma^2}$ B. $\frac{1}{\pi}$ C. $\frac{\pi}{\sigma^2}$ D. $\frac{\pi}{\sigma}$

1-9-27 设随机变量X的概率密度为$f(x) = \begin{cases} \frac{1}{x^2} & x \geqslant 1 \\ 0 & 其他 \end{cases}$，则$P(0 \leqslant X \leqslant 3)$等于：

A. $\frac{1}{3}$ B. $\frac{2}{3}$ C. $\frac{1}{2}$ D. $\frac{1}{4}$

1-9-28 设随机变量X的概率密度为$f(x)=\begin{cases}x & 0\leqslant x<1 \\ 2-x & 1\leqslant x\leqslant 2 \\ 0 & \text{其他}\end{cases}$，则$P(0.5<X<3)$等于：

A. $\dfrac{7}{8}$ B. $\dfrac{1}{8}$ C. $\dfrac{1}{2}$ D. $\dfrac{1}{4}$

1-9-29 一个工人看管 3 台车床，在 1 小时内任 1 台车床不需要人看管的概率为 0.8，3 台机床工作相互独立，则 1 小时内 3 台车床中至少有 1 台不需要人看管的概率是：

A. 0.875   B. 0.925   C. 0.765   D. 0.992

1-9-30 设书籍中每页的印刷错误个数服从泊松分布。若某书中有一个印刷错误的页数与有两个印刷错误的页数相等，今任意检验两页（两页错误个数相互独立），则每页上都没有印刷错误的概率为：

A. e^{-2} B. e^{-4} C. $\dfrac{1}{2}e^{-2}$ D. $\dfrac{1}{2}e^{-4}$

1-9-31 设随机变量$X\sim N(0,\sigma^2)$，则对于任何实数λ，都有：

A. $P(X\leqslant\lambda)=P(X\geqslant\lambda)$ B. $P(X\geqslant\lambda)=P(X\leqslant-\lambda)$

C. $X-\lambda\sim N(\lambda,\sigma^2-\lambda^2)$ D. $\lambda X\sim N(0,\lambda\sigma^2)$

1-9-32 设服从$N(0,1)$分布的随机变量X，其分布函数为$\varPhi(x)$。如果$\varPhi(1)=0.84$，则$P\{|X|\leqslant1\}$的值是：

A. 0.25   B. 0.68   C. 0.13   D. 0.20

1-9-33 某有奖储蓄每开户定额为 60 元，按规定，1 万个户头中，头等奖 1 个为 500 元，二等奖 10 个每个为 100 元，三等奖 100 个每个为 10 元，四等奖 1000 个每个为 2 元。某人买了 5 个户头，他得奖的期望值是：

A. 2.20   B. 2.25   C. 2.30   D. 2.45

1-9-34 设X的概率密度$f(x)=\begin{cases}\dfrac{|x|}{4} & |x|<2 \\ 0 & \text{其他}\end{cases}$，则$E(X)=$

A. 0   B. $\dfrac{1}{2}$ C. $-\dfrac{1}{2}$ D. 1

1-9-35 X的分布函数$F(x)$，而$F(x)=\begin{cases}0 & x<0 \\ x^3 & 0\leqslant x<1 \\ 1 & x\geqslant1\end{cases}$，则$E(X)$等于：

A. 0.7   B. 0.75   C. 0.6   D. 0.8

1-9-36 设X的分布函数$F(x)=\begin{cases}0 & x<0 \\ \dfrac{x}{4} & 0\leqslant x\leqslant 4 \\ 1 & x\geqslant4\end{cases}$，则$E(X^2)=$

A. 2   B. $\dfrac{4}{3}$ C. 1   D. $\dfrac{16}{3}$

1-9-37 设随机变量X的概率密度为$f(x)=\begin{cases}\dfrac{3}{8}x^2 & 0<x<2 \\ 0 & \text{其他}\end{cases}$，则$Y=\dfrac{1}{X}$数学期望是：

A. $\dfrac{3}{4}$ B. $\dfrac{1}{2}$ C. $\dfrac{2}{3}$ D. $\dfrac{1}{4}$

1-9-38 设随机变量(X, Y)服从二维正态分布，其概率密度为$f(x, y) = \frac{1}{2\pi}e^{-\frac{1}{2}(x^2+y^2)}$，则$E(X^2 + Y^2)$等于：

A. 2　　　　　　　B. 1　　　　　　　C. $\frac{1}{2}$　　　　　　　D. $\frac{1}{4}$

1-9-39 已知随机变量X服从二项分布，且$E(X) = 2.4$，$D(X) = 1.44$，则二项分布的参数n、p分别是：

A. $n = 4$，$p = 0.6$　　　　　　　　　B. $n = 6$，$p = 0.4$

C. $n = 8$，$p = 0.3$　　　　　　　　　D. $n = 24$，$p = 0.1$

1-9-40 设X、Y相互独立，$X \sim N(4,1)$，$X \sim N(1,4)$，$Z = 2X - Y$，则$D(Z) =$

A. 0　　　　　　　B. 8　　　　　　　C. 15　　　　　　　D. 16

1-9-41 设随机变量X服从自由度为 2 的t分布，$t_{0.05}(2) = 2.920$，$t_{0.025}(2) = 4.303$，$t_{0.02}(2) = 4.503$，$t_{0.01}(2) = 6.965$则$P\{|X| \geqslant \lambda\} = 0.05$中$\lambda$的值是：

A. 2.920　　　　　　　B. 4.303　　　　　　　C. 4.503　　　　　　　D. 6.965

1-9-42 设总体$X \sim N(9, 10^2)$，$X_1, X_2, \cdots, X_{10}$是一组样本，$\overline{X} = \frac{1}{10}\sum\limits_{i=1}^{10} X_i$服从的分布是：

A. $N(9, 10)$　　　　B. $N(9, 10^2)$　　　　C. $N(9, 5)$　　　　D. $N(9, 2)$

1-9-43 设$X_1, X_2, \cdots, X_{16}$为正态总体$N(\mu, 4)$的一个样本，样本均值$\overline{X} = \frac{1}{16}\sum\limits_{i=1}^{16} X_i$，已知$\Phi(1) = 0.8413$，$\Phi(1.82) = 0.9656$，$\Phi(2.0) = 0.9772$，则$P\{|\overline{X} - \mu| < 1\}$的值为：

A. 0.9544　　　　　　　B. 0.9312　　　　　　　C. 0.9607　　　　　　　D. 0.9722

1-9-44 设（$X_1, X_2, \cdots, X_{10}$）是抽自正态总体$N(\mu, \sigma^2)$的一个容量为 10 的样本，其中$-\infty < \mu < +\infty$，$\sigma^2 > 0$，记$\overline{X}_9 = \frac{1}{9}\sum\limits_{i=1}^{9} X_i$，则$\overline{X}_9 - X_{10}$所服从的分布是：

A. $N\left(0, \frac{10}{9}\sigma^2\right)$　　　　　　　　　　B. $N\left(0, \frac{8}{9}\sigma^2\right)$

C. $N(0, \sigma^2)$　　　　　　　　　　　D. $N\left(0, \frac{11}{9}\sigma^2\right)$

1-9-45 设总体X服从$N(\mu, \sigma^2)$分布，$X_1, X_2, \cdots, X_n$为样本，记$\overline{X} = \frac{1}{n}\sum\limits_{i=1}^{n} X_i$，$S^2 = \frac{1}{n-1}\sum\limits_{i=1}^{n}\left(X_i - \overline{X}\right)^2$。则$T = \frac{\overline{X} - \mu}{S}\sqrt{n}$服从的分布是：

A. $\chi^2(n-1)$　　　B. $\chi^2(n)$　　　C. $t(n-1)$　　　D. $t(n)$

1-9-46 设总体X的概率密度为$f(x) = \begin{cases} (\theta+1)x^\theta & 0 < x < 1 \\ 0 & \text{其他} \end{cases}$，其中$\theta > -1$是未知参数，$X_1, X_2, \cdots, X_n$是来自总体$X$的样本，则$\theta$的矩估计量是：

A. $\overline{X}$　　　　　　B. $\frac{2\overline{X}-1}{1-\overline{X}}$　　　　　　C. $2\overline{X}$　　　　　　D. $\overline{X} - 1$

1-9-47 设$\hat{\theta}$是参数θ的一个无偏估计量，又方差$D(\hat{\theta}) > 0$，下面结论中正确的是：

A. $\left(\hat{\theta}\right)^2$是$\theta^2$的无偏估计量

B. $\left(\hat{\theta}\right)^2$不是$\theta^2$的无偏估计量

C. 不能确定$\left(\hat{\theta}\right)^2$是不是$\theta^2$的无偏估计量

D. $\left(\hat{\theta}\right)^2$不是$\theta^2$的估计量

1-9-48 设总体X的概率密度为$f(x,\theta)=\begin{cases}e^{-(x-\theta)} & x\geq\theta \\ 0 & x<\theta\end{cases}$，而$x_1,x_2,\cdots,x_n$是来自总体的样本值，则未知参数$\theta$的最大似然估计是：

A. $\overline{x}-1$ B. $n\overline{x}$

C. $\min(x_1,x_2,\cdots,x_n)$ D. $\max(x_1,x_2,\cdots,x_n)$

1-9-49 设总体$X\sim N(\mu,\sigma^2)$，μ与σ^2均未知，$X_1,X_2,\cdots,X_9$为其样本，$\overline{X}$、S^2为样本均值和样本方差，则μ的置信度为0.9的置信区间是：

A. $\left(\overline{X}-z_{0.05}\dfrac{\sigma}{3},\ \overline{X}+z_{0.05}\dfrac{\sigma}{3}\right)$ B. $\left(\overline{X}-z_{0.1}\dfrac{\sigma}{3},\ \overline{X}+z_{0.1}\dfrac{\sigma}{3}\right)$

C. $\left(\overline{X}-t_{0.05}(8)\dfrac{S}{3},\ \overline{X}+t_{0.05}(8)\dfrac{S}{3}\right)$ D. $\left(\overline{X}-t_{0.05}(9)\dfrac{S}{3},\ \overline{X}+t_{0.05}(9)\dfrac{S}{3}\right)$

1-9-50 设总体$X\sim N(\mu,\sigma^2)$，μ、σ^2均未知，$X_1,X_2,\cdots,X_n$为其样本，检验假设H_0：$\sigma^2=\sigma_0^2$，H_1：$\sigma^2\neq\sigma_0^2$，当$\chi^2=\dfrac{1}{\sigma_0^2}\sum\limits_{i=1}^{n}\left(X_i-\overline{X}\right)^2$满足下列哪一项时，拒绝$H_0$（显著性水平$\alpha=0.05$）？

A. $\chi^2>\chi_{0.05}^2(n-1)$

B. $\chi^2<\chi_{0.95}^2(n-1)$

C. $\chi^2<\chi_{0.975}^2(n-1)$或$\chi^2>\chi_{0.025}^2(n-1)$

D. $\chi^2<\chi_{0.95}^2(n-1)$或$\chi^2>\chi_{0.05}^2(n-1)$

题解及参考答案

1-9-1 **解：** 依据对立事件的定义判定。

答案： D

1-9-2 **解：** $A(\overline{B\cup C})=A\overline{B}\,\overline{C}$可能发生，选项A错。

$A(\overline{A\cup B\cup C})=A\overline{A}\,\overline{B}\,\overline{C}=\varnothing$，选项B对。

或见解图，图a）中的$\overline{B\cup C}$（斜线区域）与A有交集。图b）中的$\overline{A\cup B\cup C}$（斜线区域）与A无交集。

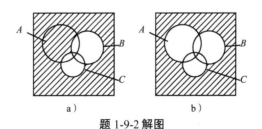

题 1-9-2 解图

答案： B

1-9-3 **解：** A、B、C中有两个发生的情况有AB、AC、BC三种。

"至少"对应"和"，则A、B、C中至少有两个发生，可表示为$AB\cup AC\cup BC$。

也可利用图判定。

"A、B、C中至少有两个发生"对应解图a）的阴影部分，即$AB\cup AC\cup BC$。

选项A：$A\cup B\cup C$表示A、B、C中至少有一个发生，见解图b）的阴影部分。

选项 B：$A(B \cup C) = AB \cup AC$，见解图 c）的阴影部分。

选项 D：$\overline{A} \cup \overline{B} \cup \overline{C} = \overline{ABC}$，见解图 d）的阴影部分。

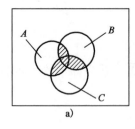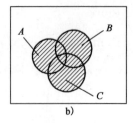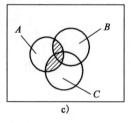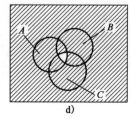

a)   b)   c)   d)

题 1-9-3 解图

答案：C

1-9-4 **解**：设 B 表示"第一次失败"，C 表示"第二次成功"，则 $A = BC$，$\overline{A} = \overline{BC} = \overline{B} \cup \overline{C}$，而 $\overline{B}$ 表示"第一次成功"，$\overline{C}$ 表示"第二次失败"，所以 $\overline{A}$ 表示"第一次成功"或"第二次失败"。

答案：B

1-9-5 **解**：$P(\overline{A} - B) = P(\overline{A}\,\overline{B}) = P(\overline{A \cup B}) = 0.3$，$P(A \cup B) = 1 - P(\overline{A \cup B}) = 0.7$

答案：B

1-9-6 **解**：$P(A\overline{B}) = P(A - B) = P(A) - P(AB)$，$P(AB) = P(A) - P(A\overline{B}) = 0.8 - 0.2 = 0.6$，$P(\overline{A} \cup \overline{B}) = P(\overline{AB}) = 1 - P(AB) = 1 - 0.6 = 0.4$

答案：A

1-9-7 **解**：$P(A\overline{B}) = P(A) - P(AB)$

$P(A + B) = P(A) + P(B) - P(AB)$

$P(AB) = P(A) + P(B) - P(A + B)$

$P(A\overline{B}) = P(A) - [P(A) + P(B) - P(A + B)]$

$\qquad\quad = P(A + B) - P(B) = c - b$

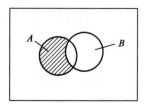

题 1-9-7 解图

或看解图：$A + B = B + (A\overline{B})$，$B$ 与 $A\overline{B}$ 互不相容。（$A\overline{B}$ 是图中斜线部分）

$P(A + B) = P(B) + P(A\overline{B})$

$P(A\overline{B}) = P(A + B) - P(B) = c - b$

答案：B

1-9-8 **解**：用公式 $P(A) = \dfrac{C_M^m C_{N-M}^{n-m}}{C_N^n}$，代入 $N = 5$，$n = 3$，$M = 3$，$m = 2$。

或用古典概型公式 $P(A) = \dfrac{m}{n}$，分母 n 为所有可能结果数（从 5 个中取出 3 个），$n = C_5^3$；分子 m 为 A 包含的可能结果数（从 3 个白球中取出 2 个，从 2 个红球中取出 1 个），$m = C_3^2 C_2^1$。

答案：D

1-9-9 **解**：显然为古典概型，$P(A) = \dfrac{m}{n}$。

一个球一个球地放入杯中，每个球都有 4 种放法，所以所有可能结果数 $n = 4 \times 4 \times 4 = 64$，事件 A "杯中球的最大个数为 2"即 4 个杯中有一个杯子里有 2 个球，有 1 个杯子有 1 个球，还有两个空杯。第一个球有 4 种放法，从第二个球起有两种情况：①第 2 个球放到已有一个球的杯中（一种放法），第 3 个球可放到 3 个空杯中任一个（3 种放法）；②第 2 个球放到 3 个空杯中任一个（3 种放法），第 3 个球可放到两个有球杯中（2 种放法）。则 $m = 4 \times [1 \times 3 + 3 \times 2] = 36$，因此 $P(A) = \dfrac{36}{64} = \dfrac{9}{16}$。或设 $A_i(i = 1,2,3)$ 表示"杯中球的最大个数为 i"，则

$$P(A_2) = 1 - P(A_1) - P(A_3) = 1 - \frac{4 \times 3 \times 2}{4 \times 4 \times 4} - \frac{4 \times 1 \times 1}{4 \times 4 \times 4} = \frac{9}{16}$$

答案： C

1-9-10 解： 设A_i表示第i个买者中奖$(i = 1,2,3,4)$，B表示前4个购买者恰有1个人中奖。

则$B = A_1\overline{A}_2\,\overline{A}_3\,\overline{A}_4 + \overline{A}_1A_2\overline{A}_3\,\overline{A}_4 + \overline{A}_1\,\overline{A}_2A_3\overline{A}_4 + \overline{A}_1\,\overline{A}_2\,\overline{A}_3A_4$

显然$A_1\overline{A}_2\,\overline{A}_3\,\overline{A}_4$、$\overline{A}_1A_2\overline{A}_3\,\overline{A}_4$、$\overline{A}_1\,\overline{A}_2A_3\overline{A}_4$和$\overline{A}_1\,\overline{A}_2\,\overline{A}_3A_4$两两互斥

$P(B) = P(A_1\overline{A}_2\,\overline{A}_3\,\overline{A}_4) + P(\overline{A}_1A_2\overline{A}_3\,\overline{A}_4) + P(\overline{A}_1\,\overline{A}_2A_3\overline{A}_4) + P(\overline{A}_1\,\overline{A}_2\,\overline{A}_3A_4)$

而$P(A_1\overline{A}_2\,\overline{A}_3\,\overline{A}_4) = \dfrac{2 \times 8 \times 7 \times 6}{10 \times 9 \times 8 \times 7} = \dfrac{2}{15}$

或$P(A_1\overline{A}_2\,\overline{A}_3\,\overline{A}_4) = P(\overline{A}_1)P(\overline{A}_2|A_1)P(\overline{A}_3|A_1\overline{A}_2)P(\overline{A}_4|A_1\overline{A}_2\,\overline{A}_3)$

$$= \frac{2}{10} \times \frac{8}{9} \times \frac{7}{8} \times \frac{6}{7} = \frac{2}{15}$$

同理$P(\overline{A}_1A_2\overline{A}_3\,\overline{A}_4) = P(\overline{A}_1\,\overline{A}_2A_3\overline{A}_4) = P(\overline{A}_1\,\overline{A}_2\,\overline{A}_3A_4) = \dfrac{2}{15}$，则$P(B) = 4 \times \dfrac{2}{15} = \dfrac{8}{15}$

说明：因为买到的奖券不能放回去，所以不能把前4个人买奖券看成4次独立重复试验。$P(A_2|A_1) = \dfrac{1}{9}$，$P(A_2|\overline{A}_1) = \dfrac{2}{9}$，表明第一个人中奖与否，对第二人中奖有影响（不独立）。另外，只有两张有奖奖券，那么前4个人中3人中奖、4人中奖都是不可能的。

选项A、B、C、D均不正确。

答案： 无

1-9-11 解： $P(A|B) = \dfrac{P(AB)}{P(B)} = 1$，$P(AB) = P(B)$

$\qquad P(A + B) = P(A) + P(B) - P(AB) = P(A)$

答案： A

1-9-12 解： $P(A \cup B) = P(A) + P(B) - P(AB)$

$\qquad P(AB) = P(A)P(B|A) = \dfrac{1}{4} \times \dfrac{1}{3} = \dfrac{1}{12}$

$\qquad P(B)P(A|B) = P(AB)$，$\dfrac{1}{2}P(B) = \dfrac{1}{12}$，$P(B) = \dfrac{1}{6}$

$\qquad P(A \cup B) = \dfrac{1}{4} + \dfrac{1}{6} - \dfrac{1}{12} = \dfrac{1}{3}$

答案： D

1-9-13 解： 设第一次取一个红球为A，第一次取一个白球为$\overline{A}$，第二次取一个红球为B。

方法1，$P(B) = P(AB) + P(\overline{A}B) = \dfrac{2 \times 1}{12 \times 11} + \dfrac{10 \times 2}{12 \times 11} = \dfrac{1}{6}$

方法2，用全概率公式计算。

$P(B) = P(A)P(B|A) + P(\overline{A})P(B|\overline{A})$

$P(A) = \dfrac{2}{12}$，$P(\overline{A}) = \dfrac{10}{12}$

用压缩样本空间方法求条件概率：

A发生条件下，还剩下11个球（10个白球，1个红球），$P(B|A) = \dfrac{1}{11}$

$\overline{A}$发生条件下，还剩下11个球（9个白球，2个红球），$P(B|\overline{A}) = \dfrac{2}{11}$

$$P(B) = \frac{2}{12} \times \frac{1}{11} + \frac{10}{12} \times \frac{2}{11} = \frac{1}{6}$$

答案： B

1-9-14　说明： $\frac{1}{4}$、$\frac{1}{3}$、$\frac{1}{12}$ 都是条件概率。已知一组事件 $A_1, A_2, \cdots, A_n$ 的概率 $P(A_1), P(A_2), \cdots, P(A_n)$ 和一组条件概率 $P(B|A_1), P(B|A_2), \cdots, P(B|A_n)$，应想到全概率公式和贝叶斯公式。

解： 设 A_1 表示乘火车，A_2 表示乘轮船，A_3 表示乘汽车，A_4 表示乘飞机，B 表示迟到。

则有：

$$P(A_1) = 0.3, \ P(A_2) = 0.2, \ P(A_3) = 0.1, \ P(A_4) = 0.4$$

$$P(B|A_1) = \frac{1}{4}, \ P(B|A_2) = \frac{1}{3}, \ P(B|A_3) = \frac{1}{12}, \ P(B|A_4) = 0 \text{（乘飞机不会迟到）}$$

$$P(B) = \sum_{k=1}^{4} P(A_k)P(B|A_k) = 0.3 \times \frac{1}{4} + 0.2 \times \frac{1}{3} + 0.1 \times \frac{1}{12} = 0.15 \text{（只能选 B）}$$

$$P(A_1|B) = \frac{P(A_1 B)}{P(B)} = \frac{P(A_1)P(B|A_1)}{P(B)} = \frac{0.3 \times \frac{1}{4}}{0.15} = 0.5 \text{（可不计算）}$$

答案： B

1-9-15　解：（注意各厂次品率 2%、2%、4% 是一组条件概率。）

设 A_i 表示取到第 i 厂产品，$i = 1, 2, 3$；B 表示取到次品，则 $\overline{B}$ 表示取到正品。

$$P(A_1) = \frac{1}{2}, \ P(A_2) = \frac{1}{4}, \ P(A_3) = \frac{1}{4}$$

$$P(B|A_1) = 0.02, \ P(B|A_2) = 0.02, \ P(B|A_3) = 0.04$$

$$P(\overline{B}) = 1 - P(B) = 1 - \sum_{i=1}^{3} P(A_i)P(B|A_i)$$

$$= 1 - \left(\frac{1}{2} \times 0.02 + \frac{1}{4} \times 0.02 + \frac{1}{4} \times 0.04 \right) = 0.975$$

或 $P(\overline{B}) = \sum_{i=1}^{3} P(A_i)P(\overline{B}|A_i) = \sum_{i=1}^{3} P(A_i)[1 - P(B|A_i)]$

$$= \frac{1}{2} \times 0.98 + \frac{1}{4} \times 0.98 + \frac{1}{4} \times 0.96 = 0.975$$

答案： C

1-9-16　解： 设 A_i 表示取到第 i 组产品，$i = 1, 2$；B 表示取到废品。

$$P(A_1) = \frac{1}{3}, \ P(A_2) = \frac{2}{3};$$

$$P(B|A_1) = 0.02, \ P(B|A_2) = 0.03。$$

所求条件概率为（用贝叶斯公式）：

$$P(A_1|B) = \frac{P(A_1)P(B|A_1)}{P(A_1)P(B|A_1) + P(A_2)P(B|A_2)} = \frac{\frac{1}{3} \times 0.02}{\frac{1}{3} \times 0.02 + \frac{2}{3} \times 0.03} = 0.25$$

答案： B

1-9-17　解： 注意题中 0.8、0.2、0.9、0.1 都是条件概率。条件概率涉及两个事件，一个作条件，一个不作条件，应分别设。

设 A 为发报台发出信号"·"，则 $\overline{A}$ 为发报台发出信号"—"。

$$P(A) = 0.6, \ P(\overline{A}) = 0.4。$$

设 B 为接收台收到信号"·"，则 $\overline{B}$ 为接收台收到信号"—"。

$P(B|A) = 0.8$，$P(\overline{B}|A) = 0.2$，$P(\overline{B}|\overline{A}) = 0.9$，$P(B|\overline{A}) = 0.1$

$$P(A|B) = \frac{P(AB)}{P(B)} \quad （此步可省略，直接用贝叶斯公式）$$

$$= \frac{P(A)P(B|A)}{P(A)P(B|A) + P(\overline{A})P(B|\overline{A})} = \frac{0.6 \times 0.8}{0.6 \times 0.8 + 0.4 \times 0.1}$$

$$= \frac{12}{13}$$

答案：B

1-9-18　解：

$$P\left(B|A \cup \overline{B}\right) = \frac{P\left(B\left(A \cup \overline{B}\right)\right)}{P\left(A \cup \overline{B}\right)} = \frac{P\left(AB \cup B\overline{B}\right)}{P\left(A \cup \overline{B}\right)} = \frac{P(AB)}{P(A) + P(\overline{B}) - P(A\overline{B})}$$

因为 A、B 相互独立，所以 A、$\overline{B}$ 也相互独立。

有 $P(AB) = P(A)P(B)$，$P(A\overline{B}) = P(A)P(\overline{B})$

$$P\left(B|A \cup \overline{B}\right) = \frac{P(A)P(B)}{P(A) + P(\overline{B}) - P(A)P(\overline{B})} = \frac{\frac{1}{2} \times \frac{1}{3}}{\frac{1}{2} + \left(1 - \frac{1}{3}\right) - \frac{1}{2}\left(1 - \frac{1}{3}\right)} = \frac{1}{5}$$

答案：D

1-9-19　解：因 $P(A) > 0$，$P(B) > 0$，$P(A|B) = P(A)$，所以 $\frac{P(AB)}{P(B)} = P(A)$，$P(AB) = P(A)P(B) > 0$，选项 D 不成立。

或由 $P(AB) = P(A)P(B)$，可知 A 与 B 独立，A 与 $\overline{B}$ 独立，选项 A、B、C 都成立。

答案：D

1-9-20　解：设 A 为甲命中，B 为乙命中，则目标被击中可表示为 $A \cup B$。

因为 $A \subset (A \cup B)$，所以 $A(A \cup B) = A$。

因为两人独立射击，所以 A、B 相互独立，$P(AB) = P(A)P(B)$。

所求条件概率为：

$$P(A|A \cup B) = \frac{P(A(A \cup B))}{P(A \cup B)} = \frac{P(A)}{P(A) + P(B) - P(AB)} = \frac{P(A)}{P(A) + P(B) - P(A)P(B)}$$

$$= \frac{0.8}{0.8 + 0.6 - 0.8 \times 0.6} = 0.87$$

答案：B

1-9-21　解：因为 $F_1(x)$，$F_2(x)$，$F(x) = aF_1(x) - bF_2(x)$ 都是随机变量的分布函数，

$$\lim_{x \to +\infty} F(x) = \lim_{x \to +\infty} aF_1(x) - \lim_{x \to +\infty} bF_2(x) = a - b = 1$$

只有选项 A：$a = \frac{3}{5}$，$b = -\frac{2}{5}$ 符合。

答案：A

1-9-22　解：$P\left(-1 < X \leqslant \frac{1}{4}\right) = F\left(\frac{1}{4}\right) - F(-1) = \left(\frac{1}{2} + \frac{1}{4}\right) - \frac{1}{2}e^{-1}$

答案：C

1-9-23　解：由分布律性质（1）

$$P(X = k) = C\lambda^k \geqslant 0, \quad k = 0,1,2,\cdots$$

得 $C > 0, \lambda > 0$。

由分布律性质（2），$\sum\limits_{k=0}^{\infty} P(X=k) = \sum\limits_{k=0}^{\infty} C\lambda^k = 1$；

因等比级数 $\sum\limits_{k=0}^{\infty} C\lambda^k$ 收敛，则有 $|\lambda| < 1$；

因为 $\sum\limits_{k=0}^{\infty} C\lambda^k = \frac{C}{1-\lambda} = 1$，$C = 1 - \lambda$；

所以 $C > 0$，$0 < \lambda < 1$，$C = 1 - \lambda$，选项 D 不成立。

答案： D

1-9-24 解： 独立射击三次停止射击，可表示为 $X = 3$，即第一次射击未中，第二次射击未中，第三次射击命中，$P(X = 3) = \frac{1}{4} \times \frac{1}{4} \times \frac{3}{4}$。

或设 A_i 表示第 i 次射击命中，$i = 1,2,3$。A_1、A_2、A_3 相互独立。

$X = 3$ 也可表示为 $\overline{A}_1\,\overline{A}_2 A_3$。$\overline{A}_1$、$\overline{A}_2$、$A_3$ 也相互独立。

所以 $P(X = 3) = P(\overline{A}_1\,\overline{A}_2 A_3) = P(\overline{A}_1)P(\overline{A}_2)P(A_3) = \left(\frac{1}{4}\right)^2 \frac{3}{4}$

答案： C

1-9-25 解： 因为 $\varphi(x)$ 为连续型随机变量的概率密度，不是分布函数，所以有 $\int_{-\infty}^{+\infty} \varphi(x)\mathrm{d}x = 1$。

答案： C

1-9-26 解： 因为

$$\int_{-\infty}^{+\infty} f(x)\mathrm{d}x = 1$$

$$\int_{-\infty}^{+\infty} f(x)\mathrm{d}x = \int_{-\infty}^{0} f(x)\mathrm{d}x + \int_{0}^{+\infty} f(x)\mathrm{d}x = \int_{0}^{+\infty} axe^{-\frac{x^2}{2\sigma^2}}\mathrm{d}x$$

$$= -a\sigma^2 \int_{0}^{+\infty} e^{-\frac{x^2}{2\sigma^2}}\mathrm{d}\left(-\frac{x^2}{2\sigma^2}\right)$$

$$= -a\sigma^2 \left[e^{-\frac{x^2}{2\sigma^2}}\right]_{0}^{+\infty} = a\sigma^2 = 1$$

所以 $a = \frac{1}{\sigma^2}$

答案： A

1-9-27 解：

$$P(0 \leqslant X \leqslant 3) = \int_{0}^{3} f(x)\mathrm{d}x = \int_{1}^{3} \frac{1}{x^2}\mathrm{d}x = \frac{1}{x}\Big|_{1}^{3} = \frac{2}{3}$$

答案： B

1-9-28 解：

$$P(0.5 < X < 3) = \int_{0.5}^{3} f(x)\mathrm{d}x$$

$$= \int_{0.5}^{1} x\mathrm{d}x + \int_{1}^{2} (2-x)\mathrm{d}x = \frac{7}{8}$$

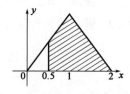

题 1-9-28 解图

或 $P(0.5 < X < 3) = 1 - \int_{0}^{0.5} f(x)\mathrm{d}x$

$$= 1 - \int_{0}^{0.5} x\mathrm{d}x = \frac{7}{8}$$

或用定积分几何意义判定（解图中斜线区域面积）。

答案：A

1-9-29 解：这是 3 次独立重复试验。

设 A 为"在 1 小时内任一台车床不需要人看管"，则 $P(A) = 0.8$。

设 X 为"3 台车床 1 小时内不需要人看管的台数"，则 $X \sim B(3, 0.8)$。

$$P(X \geqslant 1) = \sum_{k=1}^{3} P(X = k) = \sum_{k=1}^{3} C_3^k 0.8^k 0.2^{3-k}$$

或 $P(X \geqslant 1) = 1 - P(X = 0) = 1 - 0.2^3 = 0.992$

答案：D

1-9-30 解：①设 X 表示书中每页的印刷错误个数，X 服从参数为 λ 的泊松分布，"书中有一个印刷错误的页数与有两个印刷错误的页数相等"，即 $P(X = 1) = P(X = 2)$，$\frac{\lambda}{1!} e^{-\lambda} = \frac{\lambda^2}{2!} e^{-\lambda}$，且 $\lambda > 0$，所以 $\lambda = 2$。

②设 A 表示"检验两页中的一页上无印刷错误"，B 表示"检验两页中的另一页上无印刷错误"，$P(A) = P(B) = P(X = 0) = \frac{\lambda^0}{0!} e^{-2} = e^{-2}$（规定 $0! = 1$）。

因为 A、B 独立，所以 $P(AB) = P(A)P(B) = e^{-2}e^{-2} = e^{-4}$。

或设 Y 为"检验两页中无印刷错误的页数"，则 $Y \sim B(2, e^{-2})$，$P(Y = 2) = (e^{-2})^2 = e^{-4}$。

答案：B

1-9-31 解：①判断选项 A、B 对错。

方法 1，利用定积分、广义积分的几何意义 $P(a < X < b) = \int_a^b f(x)\mathrm{d}x = S$，$S$ 为 $[a, b]$ 上曲边梯形的面积。

$N(0, \sigma^2)$ 的概率密度为偶函数，图形关于直线 $x = 0$ 对称。

因此选项 B 对，选项 A 错。

方法 2，利用正态分布概率计算公式

$$P(X \leqslant \lambda) = \Phi\left(\frac{\lambda - 0}{\sigma}\right) = \Phi\left(\frac{\lambda}{\sigma}\right)$$

$$P(X \geqslant \lambda) = 1 - P(X < \lambda) = 1 - \Phi\left(\frac{\lambda}{\sigma}\right)$$

$$P(X \leqslant -\lambda) = \Phi\left(\frac{-\lambda}{\sigma}\right) = 1 - \Phi\left(\frac{\lambda}{\sigma}\right)$$

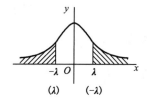

题 1-9-31 解图

选项 B 对，选项 A 错。

②判断选项 C、D 对错。

方法 1，验算数学期望与方差

$E(X - \lambda) = \mu - \lambda = 0 - \lambda = -\lambda \neq \lambda$（$\lambda \neq 0$ 时），选项 C 错；

$D(\lambda X) = \lambda^2 \sigma^2 \neq \lambda \sigma^2$（$\lambda \neq 0$，$\lambda \neq 1$ 时），选项 D 错。

方法 2，利用结论判断

若 $X \sim N(\mu, \sigma^2)$，a、b 为常数且 $a \neq 0$，则 $aX + b \sim N(a\mu + b, a^2\sigma^2)$；

$X - \lambda \sim N(-\lambda, \sigma^2)$，选项 C 错；$\lambda X \sim N(0, \lambda^2\sigma^2)$，选项 D 错。

答案：B

1-9-32 解：因为 $X \sim N(0, 1)$，$a > 0$ 时，$P(|X| \leqslant a) = 2\Phi(a) - 1$，所以 $P(|X| \leqslant 1) = 2\Phi(1) - 1 = 0.68$。或 $P(|X| \leqslant 1) = P(-1 \leqslant X \leqslant 1) = \Phi(1) - \Phi(-1) = \Phi(1)[1 - \Phi(1)] = 2\Phi(1) - 1$。

答案：B

1-9-33 解： 设 X_i 为某人购买第 i 个户头中奖数，$i = 1,2,3,4,5$。X_1, X_2, X_3, X_4, X_5 的分布律相同，即：

X_i	500	100	10	2	0
P	$\dfrac{1}{10^4}$	$\dfrac{1}{10^3}$	$\dfrac{1}{10^2}$	$\dfrac{1}{10}$	P_0

$$E(X_i) = 500 \times \frac{1}{10^4} + 100 \times \frac{1}{10^3} + 10 \times \frac{1}{10^2} + 2 \times \frac{1}{10} + 0 \times P_0 = 0.45$$

某人得奖数 $X = \sum_{i=1}^{5} X_i$

某人得奖期望值：$E(X) = E(\sum_{i=1}^{5} X_i) = \sum_{i=1}^{5} E(X_i) = 5 \times 0.45 = 2.25$

注意：某人得奖数 $X = \sum_{i=1}^{5} X_i$（5 个户头得奖数之和），而不是 $X = 5X_i$（某个户头得奖数的 5 倍），但 $E(X) = 5E(X_i)$。

答案： B

1-9-34 解： $E(X) = \int_{-\infty}^{+\infty} x f(x)\mathrm{d}x = \int_{-2}^{0} x\left(-\frac{x}{4}\right)\mathrm{d}x + \int_{0}^{2} x\frac{x}{4}\mathrm{d}x = 0$

或 $E(X) = \int_{-2}^{2} x\frac{|x|}{4}\mathrm{d}x = 0$（奇函数在有限对称区间上积分为 0）

结论：若 X 的概率密度 $f(x)$ 为偶函数，且 $E(X)$ 存在，则 $E(X) = 0$。

答案： A

1-9-35 解： X 的概率密度 $f(x) = F'(x) = \begin{cases} 3x^2 & 0 \leq x < 1 \\ 0 & \text{其他} \end{cases}$

$$E(X) = \int_{-\infty}^{+\infty} x f(x)\mathrm{d}x = \int_{0}^{1} x \cdot 3x^2 \mathrm{d}x = \frac{3}{4}$$

答案： B

1-9-36 解： X 的概率密度为 $f(x) = F'(x) = \begin{cases} \frac{1}{4} & 0 < x < 4 \\ 0 & \text{其他} \end{cases}$

$$E(X^2) = \int_{0}^{4} x^2 \frac{1}{4}\mathrm{d}x = \frac{16}{3}$$

或由 $F(x)$ 或 $f(x)$ 可知，X 在 $(0,4)$ 上服从均匀分布，则

$$E(X) = \frac{0+4}{2} = 2,\ D(X) = \frac{(4-0)^2}{12} = \frac{4}{3},\ E(X^2) = D(X) + [E(X)]^2 = \frac{16}{3}$$

答案： D

1-9-37 解： $E(Y) = E\left(\frac{1}{x}\right) = \int_{0}^{2} \frac{1}{x}\frac{3}{8}x^2\mathrm{d}x = \frac{3}{4}$。

答案： A

1-9-38 解： 因 $f(x,y) = \frac{1}{2\pi}e^{-\frac{x^2+y^2}{2}} = \frac{1}{\sqrt{2\pi}}e^{-\frac{x^2}{2}} \cdot \frac{1}{\sqrt{2\pi}}e^{-\frac{y^2}{2}}$

所以 $X \sim N(0,1)$，$Y \sim N(0,1)$，X，Y 相互独立。$E(X) = E(Y) = 0$，$D(X) = D(Y) = 1$。

$$E(X^2 + Y^2) = E(X^2) + E(Y^2) = D(X) + [E(X)]^2 + D(Y) + [E(Y)]^2 = 1 + 1 = 2$$

$$或 E(X^2 + Y^2) = \int_{-\infty}^{+\infty} \int_{-\infty}^{+\infty} (x^2 + y^2) \frac{1}{2\pi} e^{-\frac{x^2+y^2}{2}} dx dy$$

$$= \int_0^{2\pi} \int_0^{+\infty} r^2 \frac{1}{2\pi} e^{-\frac{r^2}{2}} r dr d\theta$$

$$= \int_0^{2\pi} d\theta \int_0^{+\infty} r^2 \frac{1}{4\pi} e^{-\frac{r^2}{2}} dr^2 \left(令 t = r^2 \right)$$

$$= 2\pi \cdot \frac{1}{4\pi} \int_0^{+\infty} t e^{-\frac{t}{2}} dt$$

$$= \frac{1}{2} \left(-2t e^{-\frac{t}{2}} \Big|_0^{+\infty} + \int_0^{+\infty} 2 e^{-\frac{t}{2}} dt \right)$$

$$= -2 e^{-\frac{t}{2}} \Big|_0^{+\infty} = 2$$

答案：A

1-9-39　解：因为 $X \sim B(n,p)$，所以 $E(X) = np$，$D(X) = npq = np(1-p)$
$q = \frac{D(X)}{E(X)} = 1.44/2.4 = 0.6$，$p = 1 - q = 0.4$（选项B对），$n = E(X)/p = 2.4/0.4 = 6$。

或逐个验证：

$n = 4$，$p = 0.6$，$E(X) = 2.4$，$D(X) = 0.96$，选项 A 错误。

$n = 6$，$p = 0.4$，$E(X) = 2.4$，$D(X) = 1.44$，选项 B 正确。

答案：B

1-9-40　解：$D(Z) = D(2X - Y) = D(2X) + D(Y) = 4D(X) + D(Y) = 4 \times 1 + 4 = 8$

答案：B

1-9-41　解：由于 t 分布的概率密度函数为偶函数，所以由 $P(|X| \geq \lambda) = 0.05$，可知 $P(X \geq \lambda) = 0.025$，$\lambda = t_{0.025}(2)$，查表得 $\lambda = 4.303$。

答案：B

1-9-42　解：因为总体 $X \sim N(\mu, \sigma^2)$ 时，样本均值 $\overline{X} = \frac{1}{n} \sum_{i=1}^{n} X_i \sim N\left(\mu, \frac{\sigma^2}{n}\right)$，所以总体 $X \sim N(9, 10^2)$ 时，样本均值 $\overline{X} = \frac{1}{10} \sum_{i=1}^{10} X_i \sim N(9, 10)$。

答案：A

1-9-43　解：因为总体 $X \sim N(\mu, 4)$，所以 $\overline{X} = \frac{1}{16} \sum_{i=1}^{16} X_i \sim N\left(\mu, \frac{4}{16}\right)$，$\frac{\overline{X} - \mu}{\sqrt{\frac{4}{16}}} = 2(\overline{X} - \mu) \sim N(0,1)$，$P(|\overline{X} - \mu| < 1) = P(|2(\overline{X} - \mu)| < 2) = 2\Phi(2) - 1 = 0.9544$。

答案：A

1-9-44　解：因为 $X_1, X_2, \cdots, X_{10}$ 相互独立，且都服从 $N(\mu, \sigma^2)$ 分布，所以 $\overline{X}_9 = \frac{1}{9} \sum_{i=1}^{9} X_i \sim N\left(\mu, \frac{\sigma^2}{9}\right)$，$X_{10} \sim N(\mu, \sigma^2)$，$\overline{X}_9$ 与 X_{10} 独立，$E(\overline{X}_9 - X_{10}) = E(\overline{X}_9) - E(X_{10}) = 0$，$D(\overline{X}_9 - X_{10}) = D(\overline{X}_9) + D(X_{10}) = \frac{10}{9} \sigma^2$。

答案：A

1-9-45　解：由正态总体常用抽样分布的结论可知，$T = \frac{\overline{X} - \mu}{S} \sqrt{n} = \frac{\overline{X} - \mu}{\frac{S}{\sqrt{n}}} \sim t(n-1)$。

答案：C

1-9-46　解：$E(X) = \int_0^1 x(\theta+1)x^\theta \mathrm{d}x = \frac{\theta+1}{\theta+2}$

$$(\theta+2)E(X) = \theta+1, \quad \theta = \frac{2E(X)-1}{1-E(X)}$$

用$\overline{X}$替换$E(X)$，得θ的矩估计量$\hat{\theta} = \frac{2\overline{X}-1}{1-\overline{X}}$。

答案：B

1-9-47　解：因为$\hat{\theta}$是θ的无偏估计量，所以$E(\hat{\theta}) = \theta$。$E\left[(\hat{\theta})^2\right] = D(\hat{\theta}) + \left[E(\hat{\theta})\right]^2 = D(\hat{\theta}) + \theta^2$，又因为$D(\hat{\theta}) > 0$，所以$E[(\hat{\theta}^2)] > \theta^2$，$(\hat{\theta})^2$不是$\theta^2$的无偏估计量。

答案：B

1-9-48　解：似然函数[把$f(x)$中的x改为x_i并写在$\prod\limits_{i=1}^{n}$后面]：

$$L(\theta) = \prod_{i=1}^{n} e^{-(x_i-\theta)} \quad (x_1, x_2, \cdots, x_n \geqslant \theta)$$

$$\ln L(\theta) = \sum_{i=1}^{n} \ln e^{-(x_i-\theta)} = \sum_{i=1}^{n}(\theta-x_i) = n\theta - \sum_{i=1}^{n} x_i$$

$$\frac{\mathrm{d}\ln L(\theta)}{\mathrm{d}\theta} = n > 0$$

$\ln L(\theta)$及$L(\theta)$均为θ的单调增函数，θ取最大值时，$L(\theta)$取最大值。

由于$x_1, x_2\cdots, x_n \geqslant \theta$，因此$\theta$的最大似然估计值为$\min(x_1, x_2, \cdots, x_n)$。

答案：C

1-9-49　解：总体$X \sim N(\mu, \sigma^2)$，当σ^2未知时，μ的$(1-\alpha)$置信区间为$\left(\overline{X} - t_{\frac{\alpha}{2}}(n-1)\frac{S}{\sqrt{n}}, \ \overline{X} + t_{\frac{\alpha}{2}}(n-1)\frac{S}{\sqrt{n}}\right)$，置信度$1-\alpha = 0.9$，$\alpha = 0.1$。

把$n = 9$，$\alpha = 0.1$代入即可求得结果。

答案：C

1-9-50　解：总体$X \sim N(\mu, \sigma^2)$，μ，σ^2未知，检验H_0：$\sigma^2 = \sigma_0^2$，H_1：$\sigma^2 \neq \sigma_0^2$，拒绝域为：$\chi^2 < \chi_{1-\frac{\alpha}{2}}^2(n-1)$或$\chi^2 > \chi_{\frac{\alpha}{2}}^2(n-1)$，代入$\alpha = 0.05$，得选项C正确。

说明：选项A为检验H_0：$\sigma^2 = \sigma_0^2$（或$\sigma^2 \leqslant \sigma_0^2$），$H_1$：$\sigma^2 > \sigma_0^2$，$\alpha = 0.05$的拒绝域；

选项B为检验H_0：$\sigma_2 = \sigma_0^2$（或$\sigma^2 \geqslant \sigma_0^2$），$H_1$：$\sigma^2 < \sigma_0^2$，$\alpha = 0.05$的拒绝域；

选项D为检验H_0：$\sigma^2 = \sigma_0^2$，H_1：$\sigma^2 \neq \sigma_0^2$，$\alpha = 0.1$的拒绝域。

答案：C

第二章 普通物理

复习指导

1. 热学

热学包含气体分子运动论和热力学基础两部分。

气体分子运动论部分习题以考查基本概念为主，没有复杂的计算。考生一定要掌握气体分子运动的统计规律。

热力学基础部分习题主要围绕热力学第一定律、循环过程的计算。解题前首先弄清是什么过程，掌握各个过程的特点。

2. 波动学

波动学部分习题以平面简谐波的波动方程为重点。

3. 光学

光学部分习题以光的干涉、衍射、偏振为重点，尤其是光的干涉，一定要掌握光干涉中几个基本概念，如相干光、光程、光程差、半波损失、干涉加强减弱需要满足的基本条件。

练习题、题解及参考答案

（一）热学

2-1-1 已知某理想气体的压强为p，体积为V，温度为T，气体的摩尔质量为M，k为玻兹曼常量，R为摩尔气体常量。则该理想气体的密度为：

A. $\frac{M}{V}$ B. $\frac{pM}{RT}$ C. $\frac{pM}{kT}$ D. $\frac{p}{RT}$

2-1-2 已知某理想气体的体积为V，压强为p，温度为T，k为玻耳兹曼常量，R为摩尔气体常量，则该理想气体单位体积内的分子数为：

A. $\frac{pV}{kT}$ B. $\frac{p}{kT}$ C. $\frac{pV}{RT}$ D. $\frac{p}{RT}$

2-1-3 如果一定量理想气体的体积V和压强p依照$V = \frac{a}{\sqrt{p}}$的规律变化，式中a为常量，当气体从V_1膨胀到V_2时，温度T_1和T_2的关系为：

A. $T_1 > T_2$ B. $T_1 = T_2$ C. $T_1 < T_2$ D. 无法确定

2-1-4 有两种理想气体，第一种的压强记作p_1，体积记作V_1，温度记作T_1，总质量记作m_1，摩尔质量记作M_1；第二种的压强记作p_2，体积记作V_2，温度记作T_2，总质量记作m_2，摩尔质量记作M_2。当$V_1 = V_2$，$T_1 = T_2$，$m_1 = m_2$时，则$\frac{M_1}{M_2}$为：

A. $\frac{M_1}{M_2} = \sqrt{\frac{p_1}{p_2}}$ B. $\frac{M_1}{M_2} = \frac{p_1}{p_2}$

C. $\dfrac{M_1}{M_2} = \sqrt{\dfrac{p_2}{p_1}}$　　　　　　　　　　　　　　D. $\dfrac{M_1}{M_2} = \dfrac{p_2}{p_1}$

2-1-5　理想气体的压强公式是：

A. $p = \dfrac{1}{3} n m v^2$　　　　　　　　　　　　　B. $p = \dfrac{1}{3} n m \bar{v}$

C. $p = \dfrac{1}{3} n m \overline{v}^2$　　　　　　　　　　　　D. $p = \dfrac{1}{3} n \overline{v}^2$

2-1-6　一个容器内储有 1mol 氢气和 1mol 氦气，若两种气体各自对器壁产生的压强分别为p_1和p_2，则两者的大小关系是：

A. $p_1 > p_2$　　　　　　　　　　　　　B. $p_1 < p_2$

C. $p_1 = p_2$　　　　　　　　　　　　　D. 不能确定

2-1-7　一定量的刚性双原子分子理想气体储于一容器中，容器的容积为V，气体压强为p，则气体的内能为：

A. $\dfrac{3}{2} pV$　　　　　B. $\dfrac{5}{2} pV$　　　　　C. $\dfrac{1}{2} pV$　　　　　D. pV

2-1-8　1mol 刚性双原子理想气体，当温度为T时，每个分子的平均平动动能为：

A. $\dfrac{3}{2} RT$　　　　　B. $\dfrac{5}{2} RT$　　　　　C. $\dfrac{3}{2} kT$　　　　　D. $\dfrac{5}{2} kT$

2-1-9　质量相同的氢气（H_2）和氧气（O_2），处在相同的室温下，则它们的分子平均平动动能和内能的关系是：

　　A. 分子平均平动动能相同，氢气的内能大于氧气的内能

　　B. 分子平均平动动能相同，氧气的内能大于氢气的内能

　　C. 内能相同，氢气的分子平均平动动能大于氧气的分子平均平动动能

　　D. 内能相同，氧气的分子平均平动动能大于氢气的分子平均平动动能

2-1-10　已知某理想气体的摩尔数为ν，气体分子的自由度为i，k为玻尔兹曼常量，R为摩尔气体常量。当该气体从状态 $1(p_1, V_1, T_1)$ 到状态 $2(p_2, V_2, T_2)$ 的变化过程中，其内能的变化为：

A. $\nu \dfrac{i}{2} k(T_2 - T_1)$　　　　　　　　　　B. $\dfrac{i}{2}(p_2 V_2 - p_1 V_1)$

C. $\dfrac{i}{2} R(T_2 - T_1)$　　　　　　　　　　　D. $\nu \dfrac{i}{2}(p_2 V_2 - p_1 V_2)$

2-1-11　两种摩尔质量不同的理想气体，它们压强相同，温度相同，体积不同。则它们的：

　　A. 单位体积内的分子数不同

　　B. 单位体积内气体的质量相同

　　C. 单位体积内气体分子的总平均平动动能相同

　　D. 单位体积内气体的内能相同

2-1-12　一容器内储有某种理想气体，如果容器漏气，则容器内气体分子的平均平动动能和容器内气体内能变化情况是：

　　A. 分子的平均平动动能和气体的内能都减少

　　B. 分子的平均平动动能不变，但气体的内能减少

　　C. 分子的平均平动动能减少，但气体的内能不变

　　D. 分子的平均平动动能和气体的内能都不变

2-1-13　两瓶不同类的理想气体，其分子平均平动动能相等，但它们单位体积内的分子数不相同，

则这两种气体的温度和压强关系为：

<blockquote>
A. 温度相同，但压强不同   B. 温度不相同，但压强相同

C. 温度和压强都相同   D. 温度和压强都不相同
</blockquote>

2-1-14 1mol 刚性双原子分子理想气体，当温度为 T 时，其内能为：

<blockquote>
A. $\frac{3}{2}RT$ B. $\frac{3}{2}kT$ C. $\frac{5}{2}RT$ D. $\frac{5}{2}kT$
</blockquote>

2-1-15 温度、压强相同的氦气和氧气，其分子的平均平动动能 $\overline{\omega}$ 和平均动能 $\overline{\varepsilon}$ 有以下哪种关系？

<blockquote>
A. $\overline{\varepsilon}$ 和 $\overline{\omega}$ 都相等   B. $\overline{\varepsilon}$ 相等，而 $\overline{\omega}$ 不相等

C. $\overline{\varepsilon}$ 不相等，而 $\overline{\omega}$ 相等   D. $\overline{\varepsilon}$ 和 $\overline{\omega}$ 都不相等
</blockquote>

2-1-16 两瓶理想气体A和B，A为 1mol 氧，B为 1mol 甲烷（CH_4），它们的内能相同。那么它们分子的平均平动动能之比 $\overline{\omega}_A : \overline{\omega}_B$ 为：

<blockquote>
A. 1/1   B. 2/3   C. 4/5   D. 6/5
</blockquote>

2-1-17 在相同的温度和压强下，单位体积的氦气与氢气（均视为刚性分子理想气体）的内能之比为：

<blockquote>
A. 1   B. 2   C. 3/5   D. 5/6
</blockquote>

2-1-18 在麦克斯韦速率分布律中，速率分布函数 $f(v)$ 的意义可理解为：

<blockquote>
A. 速率大小等于 v 的分子数

B. 速率大小在 v 附近的单位速率区间内的分子数

C. 速率大小等于 v 的分子数占总分子数的百分比

D. 速率大小在 v 附近的单位速率区间内的分子数占总分子数的百分比
</blockquote>

2-1-19 某种理想气体的总分子数为 N，分子速率分布函数为 $f(v)$，则速率在 $v_1 \to v_2$ 区间内的分子数是：

<blockquote>
A. $\int_{v_1}^{v_2} f(v)\mathrm{d}v$ B. $N\int_{v_1}^{v_2} f(v)\mathrm{d}v$

C. $\int_0^{\infty} f(v)\mathrm{d}v$ D. $N\int_0^{\infty} f(v)\mathrm{d}v$
</blockquote>

2-1-20 设某种理想气体的麦克斯韦分子速率分布函数为 $f(v)$，则速率在 $v_1 \to v_2$ 区间内分子的平均速率 $\overline{v}$ 表达式为：

<blockquote>
A. $\int_{v_1}^{v_2} vf(v)\mathrm{d}v$ B. $\int_{v_1}^{v_2} f(v)\mathrm{d}v$

C. $\dfrac{\int_{v_1}^{v_2} vf(v)\mathrm{d}v}{\int_{v_1}^{v_2} f(v)\mathrm{d}v}$ D. $\dfrac{\int_{v_1}^{v_2} f(v)\mathrm{d}v}{\int_0^{\infty} f(v)\mathrm{d}v}$
</blockquote>

2-1-21 两容器内分别盛有氢气和氦气，若它们的温度和质量分别相等，则下列哪条结论是正确的？

<blockquote>
A. 两种气体分子的平均平动动能相等

B. 两种气体分子的平均动能相等

C. 两种气体分子的平均速率相等

D. 两种气体的内能相等
</blockquote>

2-1-22 某理想气体分子在温度 T_1 时的方均根速率等于温度 T_2 时的最概然速率，则该二温度之比 $\frac{T_2}{T_1}$ 等于：

A. $\frac{3}{2}$ B. $\frac{2}{3}$ C. $\sqrt{\frac{3}{2}}$ D. $\sqrt{\frac{2}{3}}$

2-1-23 假定氧气的热力学温度提高 1 倍，氧分子全部离解为氧原子，则氧原子的平均速率是氧分子平均速率的多少倍？

     A. 4 倍   B. 2 倍   C. $\sqrt{2}$ 倍   D. $1/\sqrt{2}$

2-1-24 三个容器A、B、C中装有同种理想气体，其分子数密度n相同，而方均根速率之比为$\sqrt{\overline{v_A}^2} : \sqrt{\overline{v_B}^2} : \sqrt{\overline{v_C}^2} = 1 : 2 : 4$，则其压强之比$p_A : p_B : p_C$为：

     A. $1 : 2 : 4$ B. $4 : 2 : 1$
     C. $1 : 4 : 16$ D. $1 : 4 : 8$

2-1-25 图示给出温度为T_1与T_2的某气体分子的麦克斯韦速率分布曲线，则T_1与T_2的关系为：

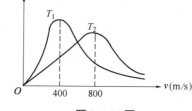

     A. $T_1 = T_2$
     B. $T_1 = T_2/2$
     C. $T_1 = 2T_2$
     D. $T_1 = T_2/4$

题 2-1-25 图

2-1-26 在恒定不变的压强下，气体分子的平均碰撞频率$\overline{Z}$与温度T的关系为：

     A. $\overline{Z}$与T无关   B. $\overline{Z}$与$\sqrt{T}$成正比
     C. $\overline{Z}$与$\sqrt{T}$成反比   D. $\overline{Z}$与T成反比

2-1-27 容器内储有一定量的理想气体，若保持容积不变，使气体的温度升高，则分子的平均碰撞次数$\overline{Z}$和平均自由程$\overline{\lambda}$的变化情况是：

     A. $\overline{Z}$增大，但$\overline{\lambda}$不变   B. $\overline{Z}$不变，但$\overline{\lambda}$增大
     C. $\overline{Z}$和$\overline{\lambda}$都增大   D. $\overline{Z}$和$\overline{\lambda}$都不变

2-1-28 一定质量的理想气体，在温度不变的条件下，当压强降低时，分子的平均碰撞次数$\overline{Z}$和平均自由程$\overline{\lambda}$的变化情况是：

     A. $\overline{Z}$和$\overline{\lambda}$都增大   B. $\overline{Z}$和$\overline{\lambda}$都减小
     C. $\overline{\lambda}$减小而$\overline{Z}$增大   D. $\overline{\lambda}$增大而$\overline{Z}$减小

2-1-29 气缸内盛有一定量的氢气（可视作理想气体），当温度不变而压强增大 1 倍时，氢气分子的平均碰撞次数$\overline{Z}$和平均自由程$\overline{\lambda}$的变化情况是：

     A. $\overline{Z}$和$\overline{\lambda}$都增大 1 倍   B. $\overline{Z}$和$\overline{\lambda}$都减为原来的一半
     C. $\overline{Z}$增大 1 倍，而$\overline{\lambda}$减为原来的一半   D. $\overline{Z}$减为原来的一半，而$\overline{\lambda}$增大 1 倍

2-1-30 一定量的理想气体，由一平衡态p_1, V_1, T_1变化到另一平衡态p_2, V_2, T_2，若$V_2 > V_1$，但$T_2 = T_1$，无论气体经历什么样的过程：

     A. 气体对外做的功一定为正值   B. 气体对外做的功一定为负值
     C. 气体的内能一定增加   C. 气体的内能保持不变

2-1-31 气缸内有一定量的理想气体，先使气体做等压膨胀，直至体积加倍，然后做绝热膨胀，直至降到初始温度，在整个过程中，气体的内能变化ΔE和对外做功A为：

     A. $\Delta E = 0$, $A > 0$ B. $\Delta E = 0$, $A < 0$

C. $\Delta E > 0$，$A > 0$　　　　　　　　　　D. $\Delta E < 0$，$A < 0$

2-1-32 一定量的理想气体对外做了 500J 的功，如果过程是绝热的，则气体内能的增量为：

　　A. 0J　　　　　　B. 500J　　　　　　C. -500J　　　　　　D. 250J

2-1-33 一个气缸内有一定量的单原子分子理想气体，在压缩过程中外界做功 209J，此过程中气体的内能增加 120J，则外界传给气体的热量为：

　　A. -89J　　　　　　B. 89J　　　　　　C. 329J　　　　　　D. 0

2-1-34 有 1mol 氧气（O_2）和 1mol 氦气（He），均视为理想气体，它们分别从同一状态开始做等温膨胀，终态体积相同，则此两种气体在这一膨胀过程中：

　　A. 对外做功和吸热都相同　　　　　　B. 对外做功和吸热都不相同

　　C. 对外做功相同，但吸热不同　　　　D. 对外做功不同，但吸热相同

2-1-35 一定量理想气体，从同一状态开始，分别经历等压、等体和等温过程。若气体在各过程中吸收的热量相同，则气体对外做功为最大的过程是：

　　A. 等压过程　　　　　　　　　　　　B. 等体过程

　　C. 等温过程　　　　　　　　　　　　D. 三个过程相同

2-1-36 一定量的理想气体经等压膨胀后，气体的：

　　A. 温度下降，做正功　　　　　　　　B. 温度下降，做负功

　　C. 温度升高，做正功　　　　　　　　D. 温度升高，做负功

2-1-37 理想气体向真空做绝热膨胀，则：

　　A. 膨胀后，温度不变，压强减小　　　B. 膨胀后，温度降低，压强减小

　　C. 膨胀后，温度升高，压强减小　　　D. 膨胀后，温度不变，压强升高

2-1-38 1mol 的单原子分子理想气体从状态 A 变为状态 B，如果不知是什么气体，变化过程也不知道，但 A、B 两态的压强、体积和温度都知道，则可求出下列中的哪一项？

　　A. 气体所做的功　　　　　　　　　　B. 气体内能的变化

　　C. 气体传给外界的热量　　　　　　　D. 气体的质量

2-1-39 质量一定的理想气体，从状态 A 出发，分别经历等压、等温和绝热过程（AB、AC、AD），使其体积增加 1 倍。那么下列关于气体内能改变的叙述，哪一条是正确的？

　　A. 气体内能增加的是等压过程，气体内能减少的是等温过程

　　B. 气体内能增加的是绝热过程，气体内能减少的是等压过程

　　C. 气体内能增加的是等压过程，气体内能减少的是绝热过程

　　D. 气体内能增加的是绝热过程，气体内能减少的是等温过程

2-1-40 两个相同的容器，一个盛氦气，一个盛氧气（视为刚性分子），开始时它们的温度和压强都相同。现将 9J 的热量传给氦气，使之升高一定的温度。若使氧气也升高同样的温度，则应向氧气传递的热量是：

　　A. 9J　　　　　　B. 15J　　　　　　C. 18J　　　　　　D. 6J

2-1-41 对于室温下的单原子分子理想气体，在等压膨胀的情况下，系统对外所做的功与从外界吸收的热量之比 A/Q 等于：

　　A. 1/3　　　　　　B. 1/4　　　　　　C. 2/5　　　　　　D. 2/7

2-1-42 一物质系统从外界吸收一定的热量，则系统的温度有何变化？

A. 系统的温度一定升高

B. 系统的温度一定降低

C. 系统的温度一定保持不变

D. 系统的温度可能升高，也可能降低或保持不变

2-1-43 图示一定量的理想气体，由初态a经历acb过程到达终态b，已知a、b两态处于同一条绝热线上，则下列叙述中，哪一条是正确的？

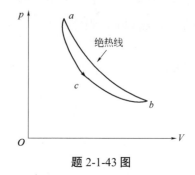

题 2-1-43 图

A. 内能增量为正，对外做功为正，系统吸热为正

B. 内能增量为负，对外做功为正，系统吸热为正

C. 内能增量为负，对外做功为正，系统吸热为负

D. 不能判断

2-1-44 一定量的理想气体，经历某过程后，它的温度升高了，由此有下列论断，正确的是：

①该理想气体系统在此过程中吸了热；

②在此过程中外界对理想气体系统做了正功；

③该理想气体系统的内能增加了。

A. ①　　　　　　B. ②　　　　　　C. ③　　　　　　D. ①、②

2-1-45 对于理想气体系统来说，在下列过程中，哪个过程系统所吸收的热量、内能的增量和对外做的功三者均为负值？

A. 等容降压过程　　　　　　　　B. 等温膨胀过程

C. 绝热膨胀过程　　　　　　　　D. 等压压缩过程

2-1-46 设一理想气体系统的定压摩尔热容为C_p，定容摩尔热容为C_V，R表示摩尔气体常数，则C_V、C_p和R的关系为：

A. $C_V - C_p = R$

B. $C_p - C_V = R$

C. $C_p - C_V = 2R$

D. C_p与C_V的差值不定，取决于气体种类是单原子还是多原子

2-1-47 如图所示，一定量的理想气体，沿着图中直线从状态a（压强$p_1 = 4\text{atm}$，体积$V_1 = 2\text{L}$）变到状态b（压强$p_2 = 2\text{atm}$，体积$V_2 = 4\text{L}$），则在此过程中气体做功情况，下列哪个叙述正确？

A. 气体对外做正功，向外界放出热量

B. 气体对外做正功，从外界吸热

C. 气体对外做负功，向外界放出热量

D. 气体对外做正功，内能减少

2-1-48 一定量的理想气体，起始温度为T，体积为V_0。后经历绝热过程，体积变为$2V_0$。再经过等压过程，温度回升到起始温度。最后再经过等温过程，回到起始状态（见图）。则在此循环过程中，下列对气体的叙述，哪一条是正确的？

A. 气体从外界净吸的热量为负值

B. 气体对外界净做的功为正值

C. 气体从外界净吸的热量为正值

D. 气体内能减少

2-1-49 图示为一定量的理想气体经历acb过程时吸热 500J。则经历acbda过程时，吸热量为：

    A.−1600J   B.−1200J   C.−900J   D.−700J

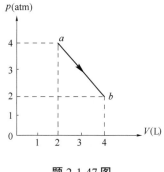

        题 2-1-47 图   题 2-1-48 图

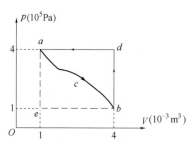

题 2-1-49 图

2-1-50 一定量的理想气体在进行卡诺循环时，高温热源的温度为 500K，低温热源的温度为 400K，则该循环的效率为：

        A.56%   B.34%   C.80%   D.20%

2-1-51 某理想气体在进行卡诺循环时，低温热源的温度为T，高温热源的温度为nT，则该理想气体在一次卡诺循环中，从高温热源吸取的热量与向低温热源放出的热量之比为：

        A.$(n+1)/n$ B.$(n-1)/n$ C.n D.$n-1$

2-1-52 某单原子分子理想气体进行卡诺循环时，高温热源温度为227℃，低温热源温度为127℃。则该循环的效率为：

        A.56%   B.34%   C.80%   D.20%

2-1-53 设高温热源的热力学温度是低温热源的热力学温度的n倍，则理想气体在一次卡诺循环中，传给低温热源的热量是从高温热源吸取的热量的多少倍？

        A.n B.$n-1$ C.$1/n$ D.$(n+1)/n$

2-1-54 一定量的理想气体，在 $p\text{-}T$ 图上经历一个如图所示的循环过程（$a \rightarrow b \rightarrow c \rightarrow d \rightarrow a$），其中$a \rightarrow b$、$c \rightarrow d$两个过程是绝热过程，则该循环的效率$\eta$等于：

        A.75%   B.50%   C.25%   D.15%

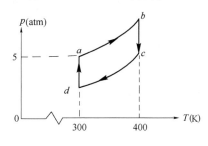

题 2-1-54 图

2-1-55 "理想气体和单一热源接触做等温膨胀时，吸收的热量全部用来对外做功。"对此说法，有如下几种讨论，哪种是正确的：

        A. 不违反热力学第一定律，但违反热力学第二定律

        B. 不违反热力学第二定律，但违反热力学第一定律

        C. 不违反热力学第一定律，也不违反热力学第二定律

        D. 违反热力学第一定律，也违反热力学第二定律

2-1-56 热力学第二定律的开尔文表述和克劳修斯表述中，下述正确的是：

A. 开尔文表述指出了功热转换的过程是不可逆的

B. 开尔文表述指出了热量由高温物体传到低温物体的过程是不可逆的

C. 克劳修斯表述指出通过摩擦而做功变成热的过程是不可逆的

D. 克劳修斯表述指出气体的自由膨胀过程是不可逆的

2-1-57 根据热力学第二定律可知：

A. 功可以完全转换为热量，但热量不能全部转换为功

B. 热量可以从高温物体传到低温物体，但不能从低温物体传到高温物体

C. 不可逆过程就是不能向相反方向进行的过程

D. 一切自发过程都是不可逆的

2-1-58 根据热力学第二定律判断下列哪种说法是正确的：

A. 热量能从高温物体传到低温物体，但不能从低温物体传到高温物体

B. 功可以全部变为热，但热不能全部变为功

C. 气体能够自由膨胀，但不能自动收缩

D. 有规则运动的能量能够变为无规则运动的能量，但无规则运动的能量不能变为有规则运动的能量

2-1-59 关于热功转换和热量传递过程，下列哪些叙述是正确的？

①功可以完全变为热量，而热量不能完全变为功；

②一切热机的效率都不可能等于 1；

③热量不能从低温物体向高温物体传递；

④热量从高温物体向低温物体传递是不可逆的。

A. ②④　　　　　B. ②③④　　　　　C. ①③④　　　　　D. ①②③④

题解及参考答案

2-1-1 **解**：注意"气体的密度"不是气体分子数密度，气体的密度 $= \dfrac{m(\text{气体质量})}{V(\text{气体体积})}$。

由气体状态方程 $pV = \dfrac{m}{M}RT$，得 $\dfrac{m}{V} = \dfrac{pM}{RT}$。

答案：B

2-1-2 **解**：由气体状态方程的压强表述公式：$p = nkT$，$n = \dfrac{N}{V}$ 为单位体积内分子数，因此 $n = \dfrac{p}{kT}$。

答案：B

2-1-3 **解**：$V = \dfrac{a}{\sqrt{p}}$，$V^2 = \dfrac{a^2}{p}$，$p = \dfrac{a^2}{V^2}$，$pV = \nu RT$，$\dfrac{a^2}{V^2}V = \dfrac{a^2}{V} = \nu RT$，知 V 与 T 成反比，$V\uparrow$，$T\downarrow$，故 $T_1 > T_2$。

答案：A

2-1-4 **解**：由 $pV = \dfrac{m}{M}RT$，今 $V_1 = V_2$，$T_1 = T_2$，$m_1 = m_2$，故

$$\frac{p_1 V_1}{p_2 V_2} = \frac{\frac{m_1}{M_1}RT_1}{\frac{m_2}{M_2}RT_2}, \quad \frac{p_1}{p_2} = \frac{M_2}{M_1}$$

答案：D

2-1-5 解：$p = \frac{2}{3}n\overline{\omega} = \frac{2}{3}n\left(\frac{1}{2}m\overline{v}^2\right) = \frac{1}{3}nm\overline{v}^2$。

答案：C

2-1-6 解：用$p = nkT$或$pV = \frac{m}{M}RT$分析，注意到氢气、氦气都为 1mol，在同一容器中，温度相同。

答案：C

2-1-7 解：由$E_内 = \frac{m}{M}\frac{i}{2}RT$，又$pV = \frac{m}{M}RT$，$E_内 = \frac{i}{2}pV$，对双原子分子$i = 5$。

答案：B

2-1-8 解：分子平均平动动能$\overline{\omega} = \frac{3}{2}kT$。

答案：C

2-1-9 解：由$\overline{\omega} = \frac{3}{2}kT$知分子平均平动能相同。又$E_内 = \frac{m}{M}\frac{i}{2}RT$，摩尔质量$M(H_2) < M(O_2)$；摩尔数不同，$\frac{m}{M}(H_2) > \frac{m}{M}(O_2)$。$H_2$和$O_2$均为双原子分子，$i = 5$，故$E_内(H_2) > E_内(O_2)$。

答案：A

2-1-10 解：由$E_内 = \frac{i}{2}\frac{m}{M}RT = \frac{i}{2}pV$，可得$\Delta E_内 = \frac{i}{2}\frac{m}{M}R(T_2 - T_1) = \frac{i}{2}(p_2V_2 - p_1V_1)$。

答案：B

2-1-11 解：①由$p = nkT$，知选项 A 不正确；

②由$pV = \frac{m}{M}RT$，知选项 B 不正确；

③由$\overline{\omega} = \frac{3}{2}kT$，温度、压强相等，单位体积分子数相同，知选项 C 正确；

④由$E_内 = \frac{i}{2}\frac{m}{M}RT = \frac{i}{2}pV$，知选项 D 不正确。

答案：C

2-1-12 解：由$\overline{\omega} = \frac{3}{2}kT$，容器漏气温度并没有改变，温度不变则平均平动动能不变。$E = \frac{m}{M}\frac{i}{2}RT$，容器漏气，即$m$减少。

答案：B

2-1-13 解：$\overline{\omega} = \frac{3}{2}kT$，$\overline{\omega}$相等，则温度相同。又$p = nkT$，知$n$不同，则$p$不同。

答案：A

2-1-14 解：刚性双原子理想气体$i = 5$，摩尔数$\frac{m}{M} = 1$。

$$E = \frac{m}{M} \times \frac{i}{2}RT = \frac{5}{2}RT$$

答案：C

2-1-15 解：$\overline{\omega} = \frac{3}{2}kT$，知$\overline{\omega}(He) = \overline{\omega}(O_2)$

由分子的平均动能$\overline{\varepsilon} = \frac{i}{2}kT$，其中$i(He) = 3$，$i(O_2) = 5$，知$\overline{\varepsilon}(He) \neq \overline{\varepsilon}(O_2)$。

答案：C

2-1-16 解：由$E = \frac{m}{M}\frac{i}{2}RT$，有$\frac{5}{2}RT_A = 3RT_B$，故$\frac{T_A}{T_B} = \frac{6}{5}$

又$\overline{\omega} = \frac{3}{2}kT$，$\frac{\overline{\omega}_A}{\overline{\omega}_B} = \frac{T_A}{T_B} = \frac{6}{5}$

答案：D

2-1-17 解：由$E = \frac{m}{M}\frac{i}{2}RT = \frac{i}{2}pV$

本题中$p_氦 = p_氢$，单位体积内能之比$\frac{E_氦}{E_氢} = \frac{i_氦}{i_氢} = \frac{3}{5}$

答案： C

2-1-18 解： 由麦克斯韦速率分布律定义：$f(v) = \dfrac{\mathrm{d}N}{N\mathrm{d}v}$。

答案： D

2-1-19 解： 由上题麦氏速率分布函数定义 $f(v) = \dfrac{\mathrm{d}N}{N\mathrm{d}v}$，$N\int_{v_1}^{v_2} f(v)\mathrm{d}v$ 表示速率在 $v_1 \to v_2$ 区间内的分子数。

答案： B

2-1-20 解： 设分子速率在 $v_1 \sim v_2$ 区间内的分子数为 N，其速率的算术平均值为 $\bar{v}$，则

$$\bar{v} = \frac{v_1\Delta N_1 + v_2\Delta N_2 + \cdots + v_i\Delta N_i + \cdots + v_N\Delta N_N}{N}$$

即 $\bar{v} = \dfrac{\int_{v_1}^{v_2} v\,\mathrm{d}N}{\int_{v_1}^{v_2} \mathrm{d}N}$

由 $f(v) = \dfrac{\mathrm{d}N}{N\mathrm{d}v}$，得

$$\bar{v} = \frac{\int_{v_1}^{v_2} v\,Nf(v)\mathrm{d}v}{\int_{v_1}^{v_2} Nf(v)\mathrm{d}v} = \frac{\int_{v_1}^{v_2} vf(v)\mathrm{d}v}{\int_{v_1}^{v_2} f(v)\mathrm{d}v}$$

答案： C

2-1-21 解： 氢气 $i = 5$，氦气 $i = 3$

理想气体分子平均平动动能公式 $\bar{\omega} = \dfrac{3}{2}kT$

理想气体分子平均动能公式 $\varepsilon = \dfrac{i}{2}kT$

理想气体分子平均速率公式 $\bar{v} = \sqrt{\dfrac{8}{\pi}\dfrac{RT}{M}}$

理想气体分子平均动能公式 $E = \dfrac{m}{M} \times \dfrac{i}{2}RT$

两种气体温度相同，质量相同，自由度不等，摩尔质量不等，摩尔数不等。

选项 B 自由度不同，选项 C 摩尔质量不等，选项 D 摩尔数与自由度均不同。

答案： A

2-1-22 解： 气体分子运动的最概然速率：$v_{\mathrm{p}} = \sqrt{\dfrac{2RT}{M}}$

方均根速率：$\sqrt{\bar{v^2}} = \sqrt{\dfrac{3RT}{M}}$

由 $\sqrt{\dfrac{3RT_1}{M}} = \sqrt{\dfrac{2RT_2}{M}}$，可得到 $\dfrac{T_2}{T_1} = \dfrac{3}{2}$

答案： A

2-1-23 解： $\bar{v} \propto \sqrt{\dfrac{RT}{M}}$，$M_{\mathrm{O}} = 16\mathrm{g}$，$M_{\mathrm{O_2}} = 32\mathrm{g}$，$\dfrac{\bar{v}_{原子}}{\bar{v}_{分子}} = \dfrac{\sqrt{\frac{2RT}{16}}}{\sqrt{\frac{RT}{32}}} = 2$。

答案： B

2-1-24 解： 由 $\sqrt{\bar{v^2}} = \sqrt{\dfrac{3RT}{M}}$，知 $\sqrt{\bar{v}_{\mathrm{A}}^2} : \sqrt{\bar{v}_{\mathrm{B}}^2} : \sqrt{\bar{v}_{\mathrm{C}}^2} = 1 : 2 : 4 = \sqrt{T_{\mathrm{A}}} : \sqrt{T_{\mathrm{A}}} : \sqrt{T_{\mathrm{C}}}$，于是 $T_{\mathrm{A}} : T_{\mathrm{B}} : T_{\mathrm{C}} = 1 : 4 : 16$，又由 $p = nkT$，得 $p_{\mathrm{A}} : p_{\mathrm{B}} : p_{\mathrm{C}} = 1 : 4 : 16$。

答案： C

2-1-25 解： 最概然速率 $v_{\mathrm{p}} = \sqrt{\dfrac{2RT}{M}}$，故 $\dfrac{T_1}{T_2} = \dfrac{v_{p_1}^2}{v_{p_2}^2} = \dfrac{400^2}{800^2} = \dfrac{1}{4}$。

答案： D

2-1-26 解： 气体分子的平均碰撞频率 $\bar{Z} = \sqrt{2}\pi d^2 n\bar{v}$，其中 $\bar{v}$ 为分子的平均速率，n 为分子数密度

（单位体积内分子数），$\bar{v} = 1.6\sqrt{\dfrac{RT}{M}}$，$p = nkT$，于是 $\overline{Z} = \sqrt{2}\pi d^2 \dfrac{p}{kT} 1.6\sqrt{\dfrac{RT}{M}} = \sqrt{2}\pi d^2 \dfrac{p}{k} 1.6\sqrt{\dfrac{R}{MT}}$。

所以 p 不变时，$\overline{Z}$ 与 $\sqrt{T}$ 成反比。

答案：C

2-1-27 解： 平均碰撞次数 $\overline{Z} = \sqrt{2}\pi d^2 n\bar{v}$，平均速率 $\bar{v} = 1.6\sqrt{\dfrac{RT}{M}}$，平均自由程 $\bar{\lambda} = \dfrac{\bar{v}}{\overline{Z}} = \dfrac{1}{\sqrt{2}\pi d^2 n}$。

答案：A

2-1-28 解： $\bar{\lambda} = \dfrac{kT}{\sqrt{2}\pi d^2 p}$，$\bar{\lambda} = \dfrac{\bar{v}}{\overline{Z}}$。

注意：温度不变，$\bar{v}$ 不变。

答案：D

2-1-29 解： $\bar{\lambda} = \bar{v}/\overline{Z}$，$\bar{\lambda} = \dfrac{kT}{\sqrt{2}\pi d^2 p}$。

答案：C

2-1-30 解： 对于给定的理想气体，内能的增量只与系统的起始和终了状态有关，与系统所经历的过程无关。

内能增量 $\Delta E = \dfrac{i}{2}\dfrac{m}{M}R(T_2 - T_1) = \dfrac{i}{2}\dfrac{m}{M}R\Delta T$，若 $T_2 = T_1$，则 $\Delta E = 0$，气体内能保持不变。

答案：D

2-1-31 解： 因为气体内能与温度有关，今"降到初始温度"，$\Delta T = 0$，则 $\Delta E_{内} = 0$；又等压膨胀和绝热膨胀都对外做功，$A > 0$。

注意：功是过程量，与所经过程有关，内能是状态量，只与起始温度有关。

答案：A

2-1-32 解： 热力学第一定律 $Q = W + \Delta E$

绝热过程做功等于内能增量的负值，即 $\Delta E = -W = -500\text{J}$

答案：C

2-1-33 解： 根据热力学第一定律 $Q = \Delta E + W$，注意到"在压缩过程中外界做功 209J"，即系统对外做功 $W = -209\text{J}$。又 $\Delta E = 120\text{J}$，故 $Q = 120 + (-209) = -89\text{J}$，即系统对外放热 89J，也就是说外界传给气体的热量为 -89J。

答案：A

2-1-34 解： 理想气体在等温膨胀中从外界吸收的热量全部转化为对外做功（内能不变）。即 $Q_{\text{T}} = A_{\tau} = \dfrac{m}{M}RT\ln\dfrac{V_2}{V_1}$，现"两种 1mol 理想气体，它们分别从同一状态开始等温膨胀，终态体积相同"，所以它们对外做功和吸热都相同。

答案：A

2-1-35 解： 因等体过程做功为零，现只要考查等压和等温过程。

由等压过程 $Q_{\text{P}} = A_{\text{P}} + \Delta E_{\text{P}}$；等温过程温度不变，$\Delta T = 0$，$\Delta E_{\text{T}} = 0$，$Q_{\text{T}} = A_{\text{T}}$；令 $Q_{\text{P}} = Q_{\text{T}}$，即 $Q_{\text{P}} = A_{\text{P}} + \Delta E_{\text{P}} = A_{\text{T}}$，因 $\Delta E_{\text{P}} > 0$，故 $A_{\text{T}} > A_{\text{P}}$。

答案：C

2-1-36 解： 一定量的理想气体经等压膨胀（注意等压和膨胀），由热力学第一定律 $Q = \Delta E + W$，体积单向膨胀做正功，内能增加，温度升高。

答案：C

2-1-37 解： 见解图，气体向真空膨胀相当于气体向真空扩散，气体不做功，绝热情况下，由热力

学第一定律 $Q = \Delta E + A$，$\Delta E = 0$，温度不变；气体向真空膨胀体积增大，单位体积分子数减小，$P = nkT$，故压强减小。

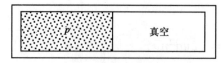

题 2-1-37 解图

答案： A

2-1-38 解： 内能的增量只与系统的起始和终了状态有关，与系统所经历的过程无关。

答案： B

2-1-39 解： 画 p-V 图（见解图），注意：当容积增加时，等压过程内能增加（T 增加），绝热过程内能减少，而等温过程内能不变。

答案： C

2-1-40 解： 由 $pV = \dfrac{m}{M}RT$，知 $\dfrac{m}{M}$（氦）$= \dfrac{m}{M}$（氧）

对氦气有 $\dfrac{m}{M}\dfrac{3}{2}R\Delta T = 9$，即 $\dfrac{m}{M}R\Delta T = 6$

对氧气 $Q(O_2) = \dfrac{m}{M}\dfrac{5}{2}R\Delta T = \dfrac{5}{2} \times 6$

答案： B

2-1-41 解： 等压过程中：

功 $A_p = p(V_2 - V_1) = p\Delta V$

热量 $Q_p = A_p + \dfrac{m}{M}\dfrac{i}{2}R(T_2 - T_1) = p\Delta V + \dfrac{i}{2}p\Delta V = \left(1 + \dfrac{i}{2}\right)p\Delta V$

故 $\dfrac{A_p}{Q_p} = \dfrac{p\Delta V}{\left(1 + \dfrac{i}{2}\right)p\Delta V} = \dfrac{1}{1 + \dfrac{i}{2}} = \dfrac{2}{5}$　（单原子分子 $i = 3$）

答案： C

2-1-42 解： 此题需要对热力学第一定律在各种过程中的应用有全面理解。系统吸收热量有可能造成温度改变，也有可能不变，例如等温过程——系统吸收热量全部用于对外做功，温度不变。

答案： D

2-1-43 解： ①由图知 $T_a > T_b$，所以沿 acb 过程内能减少（内能增量为负）。

②由图知沿 acb 过程 $A > 0$。

③$Q_{acb} = E_b - E_a + A_{acb}$，又 $E_b - E_a = -A_{绝热} = -$(绝热曲线下面积)，比较 $A_{绝热}$、A_{acb}，知 $Q_{acb} < 0$。

答案： C

2-1-44 解： 对于给定的理想气体，内能的增量与系统所经历的过程无关，$\Delta E = \dfrac{m}{M} \cdot \dfrac{i}{2}R\Delta T$，温度升高，内能增大。而热量与功都是过程量。

答案： C

2-1-45 解： 膨胀过程做功都为正值，等容过程做功为零，绝热过程 $Q = 0$。

答案： D

2-1-46 解： 定容摩尔热容 $C_V = \dfrac{i}{2}R$，定压摩尔热容 $C_p = \left(\dfrac{i}{2} + 1\right)R$。

答案： B

2-1-47 解：注意本题中 $p_aV_a = p_bV_b$，即 $T_a = T_b$，因此气体从状态 a 变到状态 b，内能不变，$\Delta E_{ab} = 0$，又由图看出，功 $A_{ab} > 0$，而 $Q_{ab} = \Delta E_{ab} + A_{ab} = A_{ab} > 0$，即吸热。

答案： B

2-1-48 解：画 p-V 图，逆循环 $Q(循环) = A(净)$，$A(净) < 0$。

答案： A

2-1-49 解：$Q_{acbda} = A_{acbda} = A_{acb} + A_{da}$，由图知 $A_{da} = -1200$J。已知 $Q_{acb} = 500 = E_b - E_a + A_{acb}$，由图知 $p_aV_a = p_bV_b$，即 $T_a = T_b$，$E_a = E_b$，所以 $A_{acb} = 500$J，故 $Q_{acbda} = 500 - 1200 = -700$J。

答案： D

2-1-50 解：对卡诺循环：$\eta_卡 = 1 - \dfrac{T_2}{T_1} = 1 - \dfrac{400}{500} = 20\%$。

答案： D

2-1-51 解：由 $\eta_卡 = 1 - \dfrac{T_低}{T_高} = 1 - \dfrac{Q_放}{Q_吸}$，知 $\dfrac{Q_吸}{Q_放} = \dfrac{T_高}{T_低} = n$。

答案： C

2-1-52 解：$\eta_卡 = 1 - \dfrac{T_2}{T_1} = 1 - \dfrac{400}{500} = 20\%$，注意一定要把摄氏温度转换为热力学温度。

答案： D

2-1-53 解：$\eta_{卡诺} = 1 - \dfrac{Q_2}{Q_1} = 1 - \dfrac{T_2}{T_1}$，今 $\dfrac{T_1}{T_2} = \eta$，故 $\dfrac{Q_低}{Q_高} = \dfrac{Q_2}{Q_1} = \dfrac{T_2}{T_1} = \dfrac{1}{n}$。

答案： C

2-1-54 解：由图知 $d \to a$ 及 $b \to c$ 都是等温过程，而 $a \to b$ 和 $c \to d$ 是绝热过程，因而循环 $a \to b \to c \to d \to a$ 是卡诺循环，其效率 $\eta_{卡诺} = 1 - \dfrac{T_低}{T_高} = 1 - \dfrac{300}{400} = 25\%$。

答案： C

2-1-55 解：单一等温膨胀过程并非循环过程，可以做到从外界吸收的热量全部用来对外做功，既不违反热力学第一定律也不违反热力学第二定律。

答案： C

2-1-56 解：此题考查对热力学第二定律两种表述与可逆过程概念的正确理解。开尔文表述的是关于热功转换过程中的不可逆性，克劳修斯表述则指出热传导过程的不可逆性。

答案： A

2-1-57 解：同 2-1-56 题，此题考查对热力学第二定律两种表述与可逆过程概念的正确理解。选项 A 功可以完全转化为热量，但热量不能全部转化为功而不产生其他影响；选项 B 热量不能自动的从低温物体传到高温物体；选项 C 不可逆过程不是不能向相反方向进行，而是逆过程不能重复正过程而不产生其他影响；选项 D 一切自发过程都是不可逆的，正确。

答案： D

2-1-58 解：同 2-1-56 题，此题考查对热力学第二定律两种表述与可逆过程概念的正确理解。气体能够自由膨胀，但不能自动收缩，是正确的。

答案： C

2-1-59 解：同 2-1-56 题，此题考查对热力学第二定律两种表述与可逆过程概念的正确理解。①不符合开尔文表述；③不符合克劳修斯表述。

答案： A

（二）**波动学**

2-2-1 通常声波的频率范围是：

A. 20~200Hz

B. 20~2000Hz

C. 20~20000Hz

D. 20~200000Hz

2-2-2 在下面几种说法中，正确的是：

A. 波源不动时，波源的振动周期与波动的周期在数值上是不同的

B. 波源振动的速度与波速相同

C. 在波传播方向上的任一质点振动相位总是比波源的相位滞后

D. 在波传播方向上的任一质点的振动相位总是比波源的相位超前

2-2-3 一平面谐波以 u 的速率沿 x 轴正向传播，角频率为 ω。那么，距原点 x 处（$x > 0$）质点的振动相位与原点处质点的振动相位相比，有下列哪种关系？

A. 滞后 $\omega x/u$　　B. 滞后 x/u　　C. 超前 $\omega x/u$　　D. 超前 x/u

2-2-4 横波以波速 u 沿 x 轴负方向传播，t 时刻波形曲线如图。则关于该时刻各点的运动状态，下列叙述正确的是：

A. A 点振动速度大于零

B. B 点静止不动

C. C 点向下运动

D. D 点振动速度小于零

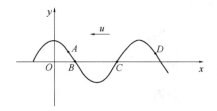

题 2-2-4 图

2-2-5 已知平面简谐波的方程为 $y = A\cos(Bt - Cx)$，式中 A、B、C 为正常数，此波的波长和波速为：

A. $\dfrac{B}{C}$，$\dfrac{2\pi}{C}$　　B. $\dfrac{2\pi}{C}$，$\dfrac{B}{C}$　　C. $\dfrac{\pi}{C}$，$\dfrac{2B}{C}$　　D. $\dfrac{2\pi}{C}$，$\dfrac{C}{B}$

2-2-6 一平面谐波的表达式为 $y = 0.03\cos(8t + 3x + \pi/4)$（SI），则该波的频率 ν（Hz），波长 λ（m）和波速 u（m/s）依次为：

A. $\dfrac{4}{\pi}$，$\dfrac{2\pi}{3}$，$\dfrac{8}{3}$　　B. $\dfrac{2\pi}{3}$，$\dfrac{4}{\pi}$，$\dfrac{8}{3}$　　C. $\dfrac{\pi}{4}$，$\dfrac{2\pi}{3}$，$\dfrac{8}{3}$　　D. $\dfrac{\pi}{4}$，$\dfrac{3}{2\pi}$，$\dfrac{3}{8}$

2-2-7 一横波沿绳子传播时的波动方程为 $y = 0.05\cos(4\pi x - 10\pi t)$（SI）则下面关于其波长、波速的叙述，哪个是正确的？

A. 波长为 0.5m

B. 波长为 0.05m

C. 波速为 25m/s

D. 波速为 5m/s

2-2-8 机械波的表达式为 $y = 0.03\cos 6\pi(t + 0.01x)$（SI），则：

A. 其振幅为 3m

B. 其周期为 $\dfrac{1}{3}$s

C. 其波速为 10m/s

D. 波沿 x 轴正向传播

2-2-9 一平面简谐波沿 x 轴正向传播，已知 $x = L(L < \lambda)$ 处质点的振动方程为 $y = A\cos(\omega t + \varphi_0)$，波速为 u，那么 $x = 0$ 处质点的振动方程为：

A. $y = A\cos[\omega(t + L/u) + \varphi_0]$

B. $y = A\cos[\omega(t - L/u) + \varphi_0]$

C. $y = A\cos[\omega t + L/u + \varphi_0]$

D. $y = A\cos[\omega t - L/u + \varphi_0]$

2-2-10 下列函数 $f(x, t)$ 表示弹性介质中的一维波动，式中 A、a 和 b 是正常数。其中哪个函数表示

沿x轴负向传播的行波？

    A. $f(x,t) = A\cos(ax + bt)$　　　　　　B. $f(x,t) = A\cos(ax - bt)$

    C. $f(x,t) = A\cos ax \cdot \cos bt$　　　　　D. $f(x,t) = A\sin ax \cdot \sin bt$

2-2-11 一振幅为A、周期为T、波长为λ平面简谐波沿x负向传播，在$x = \frac{1}{2}\lambda$处，$t = T/4$时振动相位为π，则此平面简谐波的波动方程为：

    A. $y = A\cos(2\pi t/T - 2\pi x/\lambda - \pi/2)$

    B. $y = A\cos(2\pi t/T + 2\pi x/\lambda + \pi/2)$

    C. $y = A\cos(2\pi t/T + 2\pi x/\lambda - \pi/2)$

    D. $y = A\cos(2\pi t/T - 2\pi x/\lambda + \pi/2)$

2-2-12 一平面简谐波表达式为$y = -0.05\sin\pi(t - 2x)$ (SI)，则该波的频率ν(Hz)、波速u(m/s)及波线上各点振动的振幅A(m)依次为：

    A. $\frac{1}{2}$，$\frac{1}{2}$，-0.05　　　　　　B. $\frac{1}{2}$，1，-0.05

    C. $\frac{1}{2}$，$\frac{1}{2}$，0.05　　　　　　D. 2，2，0.05

2-2-13 一平面简谐波的波动方程为$y = 0.1\cos(3\pi t - \pi x + \pi)$ (SI)，$t = 0$时的波形曲线如图所示，则下列叙述正确的是：

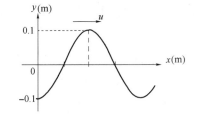

    A. O点的振幅为-0.1m

    B. 频率$\nu = 3$Hz

    C. 波长为2m

    D. 波速为9m/s

题 2-2-13 图

2-2-14 一平面简谐波沿x轴正向传播，已知$x = -5$m 处质点的振动方程为$y = A\cos\pi t$，波速为$u = 4$m/s，则波动方程为：

    A. $y = A\cos\pi[t - (x - 5)/4]$　　　　B. $y = A\cos\pi[t - (x + 5)/4]$

    C. $y = A\cos\pi[t + (x + 5)/4]$　　　　D. $y = A\cos\pi[t + (x - 5)/4]$

2-2-15 一平面简谐波沿x轴正向传播，已知波长λ，频率ν，角频率ω，周期T，初相Φ_0，则下列表示波动方程的式子中，正确的是：

    ①$y = A\cos\left(\omega t - \dfrac{2\pi x}{\lambda} + \Phi_0\right)$；

    ②$y = A\cos\left[2\pi\left(\dfrac{t}{T} - \dfrac{x}{\lambda}\right) + \Phi_0\right]$；

    ③$y = A\cos\left[2\pi\left(\nu t - \dfrac{x}{\lambda}\right) + \Phi_0\right]$。

    A. ①　　　　　　B. ①②　　　　　　C. ②③　　　　　　D. ①②③

2-2-16 一平面谐波的表达式为$y = 0.05\cos(20\pi t + 4\pi x)$ (SI)，取$k = 0, \pm1, \pm2, \cdots$，则$t = 0.5$s时各波峰所处的位置为：（单位：m）

    A. $\dfrac{2k-10}{4}$　　　　B. $\dfrac{k+10}{4}$　　　　C. $\dfrac{2k-9}{4}$　　　　D. $\dfrac{k+9}{4}$

2-2-17 一平面谐波的表达式为$y = 0.002\cos(400\pi t - 20\pi x)$ (SI)，取$k = 0, \pm1, \pm2, \cdots$，则$t = 1$s时

各波谷所在的位置为：（单位：m）

      A. $\frac{400-2k}{20}$ B. $\frac{400+k}{20}$ C. $\frac{399-2k}{20}$ D. $\frac{399+k}{20}$

2-2-18 有两列频率不同的声波在空气中传播，已知频率$\nu_1 = 500Hz$的声波在其传播方向相距为l的两点的振动相位差为π，那么频率$\nu_2 = 1000Hz$的声波在其传播方向相距为$\frac{l}{2}$的两点的相位差为：

      A. $\pi/2$ B. π C. $3\pi/4$ D. $3\pi/2$

2-2-19 频率 4Hz 沿x轴正向传播的简谐波，波线上有两点a和b，若它们开始振动的时间差为0.25s，则它们的相位差为：

      A. $\pi/2$ B. π C. $3\pi/2$ D. 2π

2-2-20 频率为 100Hz，传播速度为 300m/s的平面简谐波，波线上两点振动的相位差为$\frac{\pi}{3}$，则此两点相距：

      A. 2m   B. 2.19m   C. 0.5m   D. 28.6m

2-2-21 在波的传播方向上，有相距为3m的两质元，两者的相位差为$\frac{\pi}{6}$，若波的周期为4s，则此波的波长和波速分别为：

      A. 36m 和 6m/s   B. 36m 和 9m/s

      C. 12m 和 6m/s   D. 12m 和 9m/s

2-2-22 沿波的传播方向（x轴）上，有A、B两点相距1/3m（$\lambda > 1/3m$），B点的振动比A点滞后1/24s，相位比A点落后$\pi/6$，此波的频率ν为：

      A. 2Hz   B. 4Hz   C. 6Hz   D. 8Hz

2-2-23 如图所示两相干波源S_1和S_2相距$\lambda/4$（λ为波长），S_1的相位比S_2的相位超前$\pi/2$。在S_1、S_2的连线上，S_1外侧各点（例如P点）两波引起的简谐振动的相位差是：

      A. 0   B. π

      C. $\pi/2$ D. $3\pi/2$

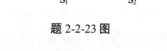

题 2-2-23 图

2-2-24 在简谐波传播过程中，沿传播方向相距为$\frac{1}{2}\lambda$（λ为波长）的两点的振动速度必定有下列中哪种关系？

      A. 大小相同，而方向相反   B. 大小和方向均相同

      C. 大小不同，方向相同   D. 大小不同，而方向相反

2-2-25 一简谐横波沿Ox轴传播，若Ox轴上P_1和P_2两点相距$\lambda/8$（其中λ为该波的波长），则在波的传播过程中，这两点振动速度有下列中哪种关系？

      A. 方向总是相同   B. 方向总是相反

      C. 方向有时相同，有时相反   D. 大小总是不相等

2-2-26 对平面简谐波而言，波长λ反映：

      A. 波在时间上的周期性   B. 波在空间上的周期性

      C. 波中质元振动位移的周期性   D. 波中质元振动速度的周期性

2-2-27 一平面简谐波在弹性媒质中传播时，某一时刻在传播方向上一质元恰好处在负的最大位移处，则它的：

      A. 动能为零，势能最大   B. 动能为零，势能为零

C. 动能最大，势能最大 　　　　　　　　D. 动能最大，势能为零

2-2-28 一平面简谐波在弹性媒质中传播，在某一瞬间，某质元正处于其平衡位置，此时它的：

A. 动能为零，势能最大 　　　　　　　　B. 动能为零，热能为零

C. 动能最大，势能最大 　　　　　　　　D. 动能最大，势能为零

2-2-29 图示为一平面简谐机械波在t时刻的波形曲线，若此时A点处媒质质元的弹性势能在减小，则：

A. A点处质元的振动动能在减小

B. A点处质元的振动动能在增加

C. B点处质元的振动动能在增加

D. B点处质元正向平衡位置处运动

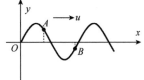

题 2-2-29 图

2-2-30 机械波在媒质中传播过程中，当一媒质质元的振动动能的相位是$\pi/2$时，它的弹性势能的相位是：

A. $\pi/2$ 　　　　　B. π 　　　　　C. 2π 　　　　　D. 无法确定

2-2-31 一平面简谐机械波在媒质中传播时，若一媒质质元在t时刻的波的能量是 10J，则在$(t+T)$（T为波的周期）时刻该媒质质元的振动动能是：

A. 10J 　　　　　B. 5J 　　　　　C. 2.5J 　　　　　D. 0

2-2-32 两列相干的平面简谐波振幅都是 4cm，两波源相距 30cm，相位差为π，在两波源连线的中垂线上任意一点P，两列波叠加后合振幅为：

A. 8cm 　　　　　B. 16cm 　　　　　C. 30cm 　　　　　D. 0

2-2-33 在波长为λ的驻波中，两个相邻的波腹之间的距离为：

A. $\lambda/2$ 　　　　　B. $\lambda/4$ 　　　　　C. $3\lambda/4$ 　　　　　D. λ

2-2-34 在一根很长的弦线上形成的驻波，下列对其形成的叙述，哪个是正确的？

A. 由两列振幅相等的相干波，沿着相同方向传播叠加而形成的

B. 由两列振幅不相等的相干波，沿着相同方向传播叠加而形成的

C. 由两列振幅相等的相干波，沿着反方向传播叠加而形成的

D. 由两列波，沿着反方向传播叠加而形成的

2-2-35 在驻波中，关于两个相邻波节间各质点振动振幅和相位的关系，下列哪个叙述正确？

A. 振幅相同，相位相同 　　　　　　　　B. 振幅不同，相位相同

C. 振幅相同，相位不同 　　　　　　　　D. 振幅不同，相位不同

2-2-36 有两列沿相反方向传播的相干波，其波动方程分别为$y_1 = A\cos 2\pi(vt - x/\lambda)$和$y_2 = A\cos 2\pi(vt + x/\lambda)$叠加后形成驻波，其波腹位置的坐标为：

A. $x = \pm k\lambda$ 　　　　　　　　　　B. $x = \pm(2k+1)\lambda/2$

C. $x = \pm k\lambda/2$ 　　　　　　　　　D. $x = \pm(2k+1)\lambda/4$

（其中$k = 0, 1, 2, \cdots$）

2-2-37 一声波波源相对媒质不动，发出的声波频率是v_0。设一观察者的运动速度为波速的$1/2$，当观察者迎着波源运动时，他接收到的声波频率是：

A. $2v_0$ 　　　　　B. $v_0/2$ 　　　　　C. v_0 　　　　　D. $3v_0/2$

2-2-38 一列火车驶过车站时，站台边上观察者测得火车鸣笛声频率的变化情况（与火车固有的鸣

笛声频率相比）为：

    A. 始终变高   B. 始终变低

    C. 先升高，后降低   D. 先降低，后升高

2-2-39 一警车以$v_s = 25\text{m/s}$的速度在静止的空气中追赶一辆速度$v_R = 15\text{m/s}$的客车，若警车警笛的频率为800Hz，空气中声速$u = 330\text{m/s}$，则客车上人听到的警笛声波的频率是：

    A. 710Hz   B. 777Hz   C. 905Hz   D. 826Hz

题解及参考答案

2-2-1 **解：**基本常识，声波的频率范围是 20~20000Hz。低于 20Hz 为次声波，高于 20000Hz 为超声波。

    答案：C

2-2-2 **解：**选项 A 波源不动时，波源的振动周期与波动周期在数值上是相等的；选项 B 波源的振动速度和波速是两个完全不同的概念，波速由媒质决定，而振动速度是时间的周期性函数；选项 C 由波的传播性质，在波传播方向上的任一点振动相位总是比波源的相位滞后是正确的；选项 D 在波传播方向上的任一点振动相位总是比波源的相位超前不正确。

    答案：C

2-2-3 **解：**在波传播方向上的任一点振动相位总是比波源的相位滞后，由$\Delta\varphi = \omega\frac{x}{u}$得选项 A 正确。

    答案：A

2-2-4 **解：**横波虽然沿x轴负方向传播，但质点沿y轴方向上下振动，所谓"振动速度大于零"指质点向y轴正方向运动，"振动速度小于零"即质点向y轴负方向运动。

    画$t + \Delta t$时波形图，即$t + \Delta t$时刻各质点位置（将波形曲线沿x轴负方向平移，见解图），看$ABCD$四点移动方向。

    可见A向下移动，速度小于零；B向下移动，C向上移动，D向下移动即速度小于零。

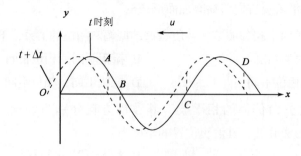

题 2-2-4 解图

    答案：D

2-2-5 **解：**比较平面谐波的波动方程$y = A\cos 2\pi\left(\frac{t}{T} - \frac{x}{\lambda}\right)$

$$y = A\cos(Bt - Cx) = A\cos 2\pi\left(\frac{Bt}{2\pi} - \frac{Cx}{2\pi}\right) = A\cos 2\pi\left(\frac{t}{\frac{2\pi}{B}} + \frac{x}{\frac{2\pi}{C}}\right)$$

故周期$T = \frac{2\pi}{B}$，频率$\nu = \frac{B}{2\pi}$，波长$\lambda = \frac{2\pi}{C}$，由此波速$u = \lambda\nu = \frac{B}{C}$。

答案： B

2-2-6　解： 比较波动方程 $y = A\cos 2\pi\left(\dfrac{1}{T} + \dfrac{x}{\lambda} + \varphi_0\right) = A\cos\left(2\pi\nu t + \dfrac{2\pi x}{\lambda} + \varphi_0\right)$，$T = \dfrac{1}{\nu}$

$$原式\ y = 0.03\cos\left(8t + 3x + \dfrac{\pi}{4}\right) = 0.03\cos\left[2\pi\left(\dfrac{8t}{2\pi} + \dfrac{x}{\frac{2\pi}{3}}\right) + \dfrac{\pi}{4}\right]$$

由此可知 $T = \dfrac{2\pi}{8}$，则 $\nu = \dfrac{4}{\pi}$，$\lambda = \dfrac{2\pi}{3}$。又 $u = \lambda\nu = \dfrac{8}{3}$。

答案： A

2-2-7　解： 将波动方程化为标准形式，再比较计算。注意到 $\cos\varphi = \cos(-\varphi)$

$$y = 0.05\cos(4\pi x - 10\pi t) = 0.05\cos(10\pi t - 4\pi x) = 0.05\cos\left[10\pi\left(t - \dfrac{x}{2.5}\right)\right]$$

由此知 $\omega = 10\pi = 2\pi\nu$，$\nu = 5\text{Hz}$，波速 $u = 2.5\text{m/s}$，波长 $\lambda = \dfrac{u}{\nu} = 0.5\text{m}$

答案： A

2-2-8　解： 与波动方程标准式比较：$y = A\cos\left[\omega\left(t - \dfrac{x}{u}\right) + \varphi_0\right]$

此题 $A = 0.03\text{m}$，$T = \dfrac{2\pi}{\omega} = \dfrac{1}{3}\text{s}$，$u = 100\text{m/s}$，波沿 x 轴负向传播。

答案： B

2-2-9　解： 以 L 为原点写出波动方程 $y = A\cos\left[\omega\left(t - \dfrac{x}{u}\right) + \varphi_0\right]$

令 $x = -L$，即得 $x = 0$ 处振动方程：

$$y = A\cos\left[\omega\left(t - \dfrac{-L}{u}\right) + \varphi_0\right] = A\cos\left[\omega\left(t + \dfrac{L}{u}\right) + \varphi_0\right]$$

答案： A

2-2-10　解： 掌握一维平面简谐波波动方程的公式，注意沿 x 轴正方向传播的平面简谐波的波动方程与沿 x 轴负方向传播的平面简谐波的波动方程有何不同。

波沿 x 轴正向传播的波动方程表达式为：

$$y = A\cos\left[\omega\left(t - \dfrac{x}{u}\right) + \varphi_0\right]$$

若平面简谐波沿 x 轴负向以波速 u 传播，则波动方程为：

$$y = A\cos\left[\omega\left(t + \dfrac{x}{u}\right) + \varphi_0\right]$$

答案： A

2-2-11　解： 简谐波沿 x 负向传播，波动方程的表达式为：

$$y = A\cos\left[2\pi\left(\dfrac{t}{T} + \dfrac{x}{\lambda}\right) + \varphi_0\right]$$

令 $x = \dfrac{\lambda}{2}$，$t = \dfrac{T}{4}$，代入得：

$$y = A\cos\left[2\pi\left(\dfrac{\frac{T}{4}}{T} + \dfrac{\frac{\lambda}{2}}{\lambda}\right) + \varphi_0\right] = A\cos\left[2\pi\left(\dfrac{1}{4} + \dfrac{1}{2}\right) + \varphi_0\right]$$

此时振动相位 $\varphi = \pi = 2\pi\left(\dfrac{3}{4}\right) + \varphi_0$，故 $\varphi_0 = -\dfrac{\pi}{2}$

由此得 $y = A\cos\left[2\pi\left(\dfrac{t}{T} + \dfrac{x}{\lambda}\right) - \dfrac{\pi}{2}\right] = A\cos\left(\dfrac{2\pi t}{T} + \dfrac{2\pi x}{\lambda} - \dfrac{\pi}{2}\right)$

答案： C

2-2-12 解：

$$y = -0.05 \sin \pi(t - 2x) = +0.05 \cos\left(\pi t - 2\pi x + \frac{1}{2}\pi\right)$$

$$= 0.05 \cos\left[\pi\left(t - \frac{x}{\frac{1}{2}}\right) + \frac{1}{2}\pi\right]$$

由此知$\omega = 2\pi\nu = \pi$，解得：频率$\nu = \frac{1}{2}$，波速$u = \frac{1}{2}$，振幅$A = 0.05$。

答案：C

2-2-13 解：原式化为$y = 0.1 \cos\left[2\pi\left(\frac{t}{\frac{2}{3}} - \frac{x}{2}\right) + \pi\right]$

比较波动方程标准形式$y = A\cos\left[2\pi\left(\frac{t}{T} - \frac{x}{\lambda}\right) + \varphi_0\right]$

得：振幅$A = 0.1\mathrm{m}$，频率$\nu = \frac{1}{\frac{2}{3}} = \frac{3}{2}\mathrm{Hz}$，波长$\lambda = 2\mathrm{m}$，波速$u = 3\mathrm{m/s}$

答案：C

2-2-14 解：先以$x = -5\mathrm{m}$处为原点写出波动方程：

$$y_{-5} = A\cos\pi\left(t - \frac{x}{4}\right)$$

再令$x = 5$，得$x = 0$处振动方程为：

$$y_0 = A\cos\pi\left(t - \frac{5}{4}\right) = A\cos\left(\pi t - \frac{5\pi}{4}\right)$$

则波动方程为：

$$y = A\cos\left[\pi\left(t - \frac{x}{4}\right) - \frac{5}{4}\pi\right] = A\cos\pi\left(t - \frac{x+5}{4}\right)$$

答案：B

2-2-15 解：$\omega = 2\pi\nu$，$\nu = 1/T$，三个表达式均正确。注意判断表达式的对错可以通过量纲来判断，注意余弦函数括号中的单位应为弧度。

答案：D

2-2-16 解：依题意，$t = 0.5s$，$y = +0.05\mathrm{m}$代入波动方程：

$$\cos(10\pi + 4\pi x) = 1, \quad (10\pi + 4\pi x) = 2k\pi, \quad x = \frac{2k - 10}{4}$$

答案：A

2-2-17 解：波谷位置应满足$y = -0.002$，得出$\cos(400\pi t - 20\pi x) = -1$，即$400\pi t - 20\pi x = (2k+1)\pi$，推出

$$x = \frac{400\pi t - (2k+1)\pi}{20\pi} = \frac{400t - (2k+1)}{20}$$

令$t = 1s$，得：

$$x = \frac{400 - (2k+1)}{20} = \frac{399 - 2k}{20}$$

答案：C

2-2-18 解：$\Delta\varphi = \frac{2\pi\nu\Delta x}{u}$，令$\Delta\varphi = \pi$，$\Delta x = l$，$\nu_1 = 500\mathrm{Hz}$，$\pi = \frac{2\pi l \times 500}{u}$，即$l = \frac{u}{1000}$，又$\nu_2 = 1000\mathrm{Hz}$，$\Delta x' = \frac{l}{2}$，故

$$\Delta\varphi' = \frac{2\pi \times 1000 \times \frac{l}{2}}{u} = \frac{\pi \times 1000 \times l}{u} = \frac{\pi \times 1000 \times \frac{u}{1000}}{u} = \pi$$

答案：B

2-2-19 解：对同一列波，振动频率为 4Hz，周期即为 $1/4 = 0.25s$，a、b 两点时间差正好是一周期，那么它们的相位差为 2π。

答案： D

2-2-20 解： $\Delta\varphi = \dfrac{2\pi\nu\Delta x}{u}$，代入数据，即

$$\Delta x = \frac{\Delta\varphi \cdot u}{2\pi\nu} = \frac{\frac{\pi}{3} \times 300}{2\pi \times 100} = \frac{1}{2}\text{m}$$

答案： C

2-2-21 解：由描述波动的基本物理量之间的关系得：$\dfrac{\lambda}{3} = \dfrac{2\pi}{\pi/6}$，即波长 $\lambda = 36$，则波速 $u = \dfrac{\lambda}{T} = \dfrac{36}{4} = 9$。

答案： B

2-2-22 解：

$$u = \frac{\Delta x_{AB}}{\Delta t} = \frac{1/3}{1/24} = 8\text{m/s}$$

由 $\Delta\varphi = \dfrac{2\pi(\Delta x_{AB})}{\lambda}$，得 $\lambda = \dfrac{2\pi(\Delta x_{AB})}{\Delta\varphi} = \dfrac{2\pi \times \frac{1}{3}}{\frac{\pi}{6}} = 4\text{m}$

另由 $u = \lambda\nu$，得 $\nu = \dfrac{u}{\lambda} = \dfrac{8}{4} = 2\text{Hz}$

答案： A

2-2-23 解： $\Delta\varphi = \varphi_{02} - \varphi_{01} - 2\pi\dfrac{r_2 - r_1}{\lambda}$

如解图所示，S_1 外侧任取 P 点，由图知 $r_2 - r_1 = \dfrac{\lambda}{4}$

又由题意，S_1 的相位比 S_2 的相位超前 $\dfrac{\pi}{2}$，即 $\varphi_{01} - \varphi_{02} = \dfrac{\pi}{2}$ 或 $\varphi_{02} - \varphi_{01} = -\dfrac{\pi}{2}$

故 $\Delta\varphi = -\dfrac{\pi}{2} - 2\pi\dfrac{\frac{\lambda}{4}}{\lambda} = -\pi$

答案： B

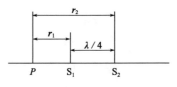

题 2-2-23 解图

2-2-24 解： $\Delta\varphi = \dfrac{2\pi}{\lambda}\Delta x = \dfrac{2\pi}{\lambda}\dfrac{\lambda}{2} = \pi$

波线上相位差为 π 的两个点振动速度大小相同，方向相反。注意：沿传播方向相距为半波长奇数倍的两点振动速度大小相同，方向相反；为半波长偶数倍的两点振动速度大小、方向均相同。

答案： A

2-2-25 解： $\Delta\varphi = \dfrac{2\pi}{\lambda}\Delta x = \dfrac{2\pi}{\lambda}\dfrac{\lambda}{8} = \dfrac{\pi}{4}$

波线上相位差为 $\dfrac{\pi}{4}$ 的两点振动速度方向有时相同，有时相反。

答案： C

2-2-26 解：波长 λ 反映的是波在空间上的周期性，周期 T 与频率 ν 反映波在时间上的周期性。

答案： B

2-2-27 解：波动的能量特征，动能与势能是同相的。质元在最大位移处，速度为零，"形变"为零，故质元的动能为零，势能也为零。

答案： B

2-2-28 解：质元经过平衡位置时，速度最大，故动能最大。根据机械波动特征，质元动能最大，势能也最大。

答案： C

2-2-29 解： 此题考查波的能量特征。波动的动能与势能是同相的，同时达到最大最小。若此时A点处媒质质元的弹性势能在减小，则其振动动能也在减小。此时B点正向负最大位移处运动，振动动能在减小。

答案： A

2-2-30 解： $W_k = W_p$，波动质元动能与势能是同相的。

答案： A

2-2-31 解： $W = W_k + W_p = 2W_k = 2W_p = 10$。

答案： B

2-2-32 解： 见解图，根据简谐振动合成理论，$\Delta\varphi = \varphi_{02} - \varphi_{01} - \frac{2\pi(r_2 - r_1)}{\lambda}$为$2\pi$的整数倍时，合振幅最大；$\Delta\varphi = \varphi_{02} - \varphi_{01} - \frac{2\pi(r_2 - r_1)}{\lambda}$为$\pi$的奇数倍时，合振幅最小。

本题中，$\varphi_{02} - \varphi_{01} = \pi$，$r_2 - r_1 = 0$，

所以$\Delta\varphi = \pi$，合振幅$A = |A_1 - A_2| = 0$。

答案： D

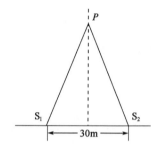

题 2-2-32 解图

2-2-33 解： 波腹的位置由公式$x_{腹} = k\frac{\lambda}{2}$（$k$为整数）决定。相邻两波腹之间距离，即

$$\Delta x = x_{k+1} - x_k = (k+1)\frac{\lambda}{2} - k\frac{\lambda}{2} = \frac{\lambda}{2}$$

答案： A

2-2-34 解： 驻波形成的条件：两列振幅相同的相干波，在同一直线上沿相反方向传播。

答案： C

2-2-35 解： 此题需正确理解驻波现象的基本规律，两相邻波节间的各质点在做振幅不同、相位相同的谐振动。

答案： B

2-2-36 解： 记住驻波振幅$\left|2A\cos 2\pi\frac{x}{\lambda}\right|$，波腹处$\cos 2\pi\frac{x}{\lambda} = \pm 1$，$2\pi\frac{x}{\lambda} = k\pi$，$x = k \cdot \frac{\lambda}{2}(k = 0, \pm 1, \pm 2, \cdots)$。

答案： C

2-2-37 解： 按多普勒效应公式$\nu = \frac{u + v_0}{u}\nu_0$，今$v_0 = \frac{u}{2}$，故$\nu = \frac{u + \frac{u}{2}}{u}\nu_0 = \frac{3}{2}\nu_0$。

答案： D

2-2-38 解： 考虑多普勒效应：观察者和波源相互靠近，接收到的频率就高于原来波源的频率。反之，两者相互远离，则接收到的频率就低于原波源频率。

答案： C

2-2-39 解： $\nu' = (330 - 15) \times \nu/(330 - 25) = 826\text{Hz}$

答案： D

（三）光学

2-3-1 一束波长为λ的单色光分别在空气中和在玻璃中传播，则在相同的传播时间内：

A.传播的路程相等，走过的光程相等

B.传播的路程相等，走过的光程不相等

C. 传播的路程不相等，走过的光程相等

D. 传播的路程不相等，走过的光程不相等

2-3-2　真空中波长为λ的单色光，在折射率为n的均匀透明媒质中，从A点沿某一路径传播到B点（如图所示）。设路径的长度为l，A、B两点光振动相位差记为$\Delta\varphi$，则l和$\Delta\varphi$的值分别为：

A. $l = 3\lambda/2$，$\Delta\varphi = 3\pi$

B. $l = 3\lambda/(2n)$，$\Delta\varphi = 3n\pi$

C. $l = 3\lambda/(2n)$，$\Delta\varphi = 3\pi$

D. $l = 3n\lambda/2$，$\Delta\varphi = 3n\pi$

题 2-3-2 图

2-3-3　在双缝干涉实验中，两缝间距离为d，双缝与屏幕之间的距离为 $D(D\gg d)$，波长为λ的平行单色光垂直照射到双缝上，屏幕上干涉条纹中相邻两暗纹之间的距离是：

A. $2\lambda D/d$　　　　B. $\lambda d/D$　　　　C. dD/λ　　　　D. $\lambda D/d$

2-3-4　在双缝干涉实验中，光的波长 600nm，双缝间距 2mm，双缝与屏的间距为 300cm，则屏上形成的干涉图样的相邻明条纹间距为：

A. 0.45mm　　　　B. 0.9mm　　　　C. 9mm　　　　D. 4.5mm

2-3-5　在双缝干涉实验中，若在两缝后（靠近屏一侧）各覆盖一块厚度均为d，但折射率分别为n_1和$n_2(n_2 > n_1)$的透明薄片，从两缝发出的光在原来中央明纹处相遇时，光程差为：

A. $d(n_2 - n_1)$　　　B. $2d(n_2 - n_1)$　　　C. $d(n_2 - 1)$　　　D. $d(n_1 - 1)$

2-3-6　在空气中用波长为λ的单色光进行双缝干涉实验，观测到相邻明条纹间的间距为 1.33mm，当把实验装置放入水中（水的折射率$n = 1.33$）时，则相邻明条纹的间距变为：

A. 1.33mm　　　　B. 2.66mm　　　　C. 1mm　　　　D. 2mm

2-3-7　在双缝干涉实验中，设缝是水平的，若双缝所在的平板稍微向上平移，其他条件不变，则屏上的干涉条纹：

A. 向下平移，且间距不变　　　　　　B. 向上平移，且间距不变

C. 不移动，但间距改变　　　　　　　D. 向上平移，且间距改变

2-3-8　在双缝干涉实验中，入射光的波长为λ，用透明玻璃纸遮住双缝中的一条缝（靠近屏一侧），若玻璃纸中光程比相同厚度的空气的光程大2.5λ，则屏上原来的明纹处：

A. 仍为明条纹　　　　　　　　　　　B. 变为暗条纹

C. 既非明条纹也非暗条纹　　　　　　D. 无法确定是明条纹还是暗条纹

2-3-9　在双缝干涉实验中，在给定入射单色光的情况下，用一片能透过光的薄介质片（不吸收光线）遮住下面的一条缝，则屏幕上干涉条纹的变化情况是：

A. 零级明纹仍在中心，其他条纹上移

B. 零级明纹仍在中心，其他条纹下移

C. 零级明纹和其他条纹一起上移

D. 零级明纹和其他条纹一起下移

2-3-10　在双缝干涉实验中，当入射单色光的波长减小时，屏幕上干涉条纹的变化情况是：

A. 条纹变密并远离屏幕中心　　　　　B. 条纹变密并靠近屏幕中心

C. 条纹变宽并远离屏幕中心　　　　　D. 条纹变宽并靠近屏幕中心

2-3-11 在双缝干涉实验中，对于给定的入射单色光，当双缝间距增大时，则屏幕上干涉条纹的变化情况是：

A. 条纹变密并远离屏幕中心　　　　　B. 条纹变密并靠近屏幕中心

C. 条纹变宽并远离屏幕中心　　　　　D. 条纹变宽并靠近屏幕中心

2-3-12 在双缝干涉实验中，若用透明的云母片遮住上面的一条缝，则干涉图样如何变化？

A. 干涉图样不变　　　　　　　　　　B. 干涉图样下移

C. 干涉图样上移　　　　　　　　　　D. 不产生干涉条纹

2-3-13 用白光光源进行双缝干涉实验，若用一个纯红色的滤光片遮盖住一条缝，用一个纯蓝色的滤光片遮盖住另一条缝，则将发生何种干涉条纹现象？

A. 干涉条纹的宽度将发生改变

B. 产生红光和蓝光的两套彩色干涉条纹

C. 干涉条纹的亮度将发生改变

D. 不产生干涉条纹

2-3-14 波长为λ的单色平行光垂直入射到薄膜上，已知$n_1 < n_2 > n_3$，如图所示。则从薄膜上、下两表面反射的光束①与②的光程差是：

A. $2n_2e$

B. $2n_2e + \dfrac{1}{2}\lambda$

C. $2n_2e + \lambda$

D. $2n_2e + \dfrac{\lambda}{2n_2}$

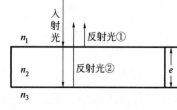

题 2-3-14 图

2-3-15 一束波长为λ的单色光由空气垂直入射到折射率为n的透明薄膜上，透明薄膜放在空气中，要使反射光得到干涉加强，则薄膜最小的厚度为：

A. $\lambda/4$　　　　B. $\lambda/(4n)$　　　　C. $\lambda/2$　　　　D. $\lambda/(2n)$

2-3-16 波长为λ的单色光垂直照射到置于空气中的玻璃劈尖上，玻璃的折射率为n，则第三级暗条纹处的玻璃厚度为：

A. $3\lambda/(2n)$　　　　B. $\lambda/(2n)$　　　　C. $3\lambda/2$　　　　D. $2n/(3\lambda)$

2-3-17 两块平玻璃构成空气劈尖，左边为棱边，用单色平行光垂直入射（见图）。若上面的平玻璃慢慢地向上平移，则干涉条纹如何变化？

A. 向棱边方向平移，条纹间隔变小

B. 向棱边方向平移，条纹间隔变大

C. 向棱边方向平移，条纹间隔不变

D. 向远离棱边的方向平移，条纹间隔不变

题 2-3-17 图

2-3-18 用波长为λ的单色光垂直照射到空气劈尖上，从反射光中观察干涉条纹，距顶点为L处是暗条纹。使劈尖角θ连续变大，直到该点处再次出现暗条纹为止（见图），则劈尖角的改变量$\Delta\theta$是：

A. $\lambda/(2L)$　　　　B. λ/L　　　　C. $2\lambda/L$　　　　D. $\lambda/(4L)$

2-3-19 用劈尖干涉法可检测工件表面缺陷，当波长为λ的单色平行光垂直入射时，若观察到的干

涉条纹如图所示，每一条纹弯曲部分的顶点恰好与其左边条纹的直线部分的连线相切，则工件表面与条纹弯曲处对应的部分应：

    A. 凸起，且高度为$\lambda/4$ B. 凸起，且高度为$\lambda/2$

    C. 凹陷，且深度为$\lambda/2$ D. 凹陷，且深度为$\lambda/4$

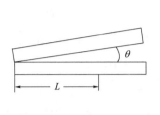 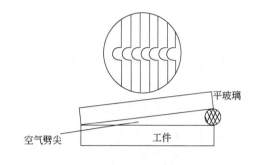

   题 2-3-18 图   题 2-3-19 图

2-3-20 一单色光垂直照射在空气劈尖上，左边为棱边，当劈尖的劈角增大时，各级干涉条纹将有下列中的何种变化？

    A. 向右移，且条纹的间距变大

    B. 向右移，且条纹的间距变小

    C. 向左移，且条纹的间距变小

    D. 向左移，且条纹的间距变大

2-3-21 在迈克尔逊干涉仪的一条光路中，放入一折射率为n、厚度为d的透明薄片（如图所示），放入后，这条光路的光程改变了多少？

    A. $2(n-1)d$

    B. $2nd$

    C. $2(n-1)d + \frac{1}{2}\lambda$

    D. nd

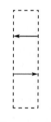

                          题 2-3-21 图

2-3-22 若在迈克尔逊干涉仪的可动反射镜M移动 0.620mm 过程中，观察到干涉条纹移动了 2300 条，则所用光波的波长为：

    A. 269nm   B. 539nm   C. 2690nm   D. 5390nm

2-3-23 在空气中做牛顿环实验，如图所示，当平凸透镜垂直向上缓慢平移而远离平面玻璃时，可以观察到这些环状干涉条纹：

    A. 向右平移

    B. 静止不动

    C. 向外扩张

    D. 向中心收缩

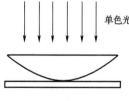

                          题 2-3-23 图

2-3-24 在单缝夫琅禾费衍射实验中，屏上第三级明纹对应的缝间的波阵面，可划分的半波带的数目为：

    A. 5个   B. 6个   C. 7个   D. 8个

2-3-25 在单缝夫琅禾费衍射实验中，若单缝两端处的光线到达屏幕上某点的光程差为$\delta = 2.5\lambda$（λ为入射单色光的波长），则此衍射方向上的波阵面可划分的半波带数目和屏上该点的衍射情况是：

    A. 4个半波带，明纹   B. 4个半波带，暗纹

C. 5 个半波带，明纹 D. 5 个半波带，暗纹

2-3-26 在单缝夫琅禾费衍射实验中，屏上第三级暗纹对应的缝间波阵面，可划分为半波带数目为：

A. 3 个 B. 6 个 C. 9 个 D. 2 个

2-3-27 波长为λ的单色平行光垂直入射到一狭缝上，若第一级暗纹的位置对应的衍射角为$\theta = \pm\pi/6$，则缝宽的大小为：

A. $\lambda/2$ B. λ C. 2λ D. 3λ

2-3-28 在单缝夫琅禾费衍射实验中，若将缝宽缩小一半，则原来第三级暗纹处将出现的条纹是：

A. 第一级明纹 B. 第一级暗纹

C. 第二级明纹 D. 第二级暗纹

2-3-29 在单缝夫琅禾费衍射实验中，若增大缝宽，其他条件不变，则中央明条纹的变化是：

A. 宽度变小 B. 宽度变大

C. 宽度不变，且中心强度也不变 D. 宽度不变，但中心强度增大

2-3-30 在单缝夫琅禾费衍射实验中，波长为λ的单色光垂直入射在宽度为$a = 4\lambda$的单缝上，对应于衍射角为30°的方向上，单缝处波阵面可分成的半波带数目为：

A. 2 个 B. 4 个 C. 6 个 D. 8 个

2-3-31 在单缝夫琅禾费衍射实验中，波长为λ的单色光垂直入射在单缝上，对应于衍射角为30°的方向上，若单缝处波面可分成 3 个半波带，则缝宽度a等于：

A. λ B. 1.5λ C. 2λ D. 3λ

2-3-32 一单色平行光束垂直照射在宽度为 1.0mm 的单缝上，在缝后放一焦距为 2.0m 的汇聚透镜。已知位于透镜焦平面处屏幕上的中央明条纹宽度为 2.0mm，则入射光波长约为：

A. 10000Å B. 4000Å C. 5000Å D. 6000Å

2-3-33 若用衍射光栅准确测定一单色可见光的波长，在下列各种光栅常数的光栅中，选用哪一种最好：

A. 1.0×10^{-1}mm B. 5.0×10^{-1}mm

C. 1.0×10^{-2}mm D. 1.0×10^{-3}mm

2-3-34 一束白光垂直射到一光栅上，在形成的同一级光栅光谱中，偏离中央明纹最远的是：

A. 红光 B. 绿光 C. 黄光 D. 紫光

2-3-35 波长分别为$\lambda_1 = 450$nm 和$\lambda_2 = 750$nm 的单色平行光，垂直射入到光栅上，在光栅光谱中，这两种波长的谱线有重叠现象，重叠处波长为λ_2谱线的级数为：

A. 2,3,4,5,… B. 5,10,15,20,…

C. 2,4,6,8,… D. 3,6,9,12,…

2-3-36 为了提高光学仪器的分辨本领，通常可以采用的措施有：

A. 减小望远镜的孔径，或者减小光的波长

B. 减小望远镜的孔径，或者加大光的波长

C. 加大望远镜的孔径，或者加大光的波长

D. 加大望远镜的孔径，或者减小光的波长

2-3-37 用一台显微镜来观察细微物体时，应作出下列哪种选择？

A. 选物镜直径较小的为好（在相同放大倍数下）

B. 选红光光源比绿光好（在相同放大倍数下）

C. 选绿光光源比红光好（在相同放大倍数下）

D. 只要显微镜放大倍数足够大，任何细微的东西都可看清楚

2-3-38 在正常照度下，人眼的最小分辨角（对黄绿色光）$\theta_0 = 2.3 \times 10^{-4}$rad。若物体放在明视距离 25cm 处，则两物点相距多少才能被分辨？

    A. 0.0058cm   B. 0.0116cm   C. 25cm   D. 2.63cm

2-3-39 波长为 λ 的X射线，投射到晶体常数为 d 的晶体上，取 $k = 0, 2, 3, \cdots$，出现X射线衍射加强的衍射角 θ（衍射的X射线与晶面的夹角）满足的公式为：

    A. $2d\sin\theta = k\lambda$ B. $d\sin\theta = k\lambda$

    C. $2d\cos\theta = k\lambda$ D. $d\cos\theta = k\lambda$

2-3-40 如果两个偏振片堆叠在一起，且偏振化方向之间夹角为 $45°$，假设两者对光无吸收，光强为 I_0 的自然光垂直射在偏振片上，则出射光强为：

    A. $I_0/4$ B. $3I_0/8$ C. $I_0/2$ D. $3I_0/4$

2-3-41 如果两个偏振片堆叠在一起，且偏振化方向之间夹角为 $30°$，假设二者对光无吸收，光强为 I_0 的自然光垂直入射在偏振片上，则出射光强为：

    A. $I_0/2$ B. $3I_0/2$ C. $3I_0/4$ D. $3I_0/8$

2-3-42 如果两个偏振片堆叠在一起，且偏振化方向之间夹角为 $60°$，假设二者对光无吸收，光强为 I_0 的自然光垂直入射在偏振片上，则出射光强为：

    A. $I_0/2$ B. $I_0/4$ C. $3I_0/8$ D. $I_0/8$

2-3-43 一束自然光通过两块叠放在一起的偏振片，若两偏振片的偏振化方向间夹角由 α_1 转到 α_2，则转动前后透射光强度之比为：

    A. $\cos^2\alpha_2 / \cos^2\alpha_1$ B. $\cos\alpha_2 / \cos\alpha_1$

    C. $\cos^2\alpha_1 / \cos^2\alpha_2$ D. $\cos\alpha_1 / \cos\alpha_2$

2-3-44 一束光是自然光和线偏振光的混合光，让它垂直通过一偏振片。若以此入射光束为轴旋转偏振片，测得透射光强度最大值是最小值的 5 倍，那么入射光束中自然光与线偏振光的光强比值为：

    A. 1/2   B. 1/5   C. 1/3   D. 2/3

2-3-45 使一光强为 I_0 的平面偏振光先后通过两个偏振片 P_1 和 P_2，P_1 和 P_2 的偏振化方向与原入射光光矢量振动方向的夹角分别是 α 和 $90°$，则通过这两个偏振片后的光强 I 是：

    A. $\frac{1}{2}I_0\cos^2\alpha$ B. 0

    C. $\frac{1}{4}I_0\sin^2(2\alpha)$ D. $\frac{1}{4}I_0\sin^2\alpha$

2-3-46 三个偏振片 P_1、P_2 与 P_3 堆叠在一起，P_1 与 P_3 的偏振化方向相互垂直，P_2 与 P_1 的偏振化方向间的夹角为 $30°$。强度为 I_0 的自然光垂直入射于偏振片 P_1，并依次透过偏振片 P_1、P_2 与 P_3，则通过三个偏振片后的光强为：

    A. $I_0/4$ B. $3I_0/8$ C. $3I_0/32$ D. $I_0/16$

2-3-47 一束自然光从空气投射到玻璃板表面上，当折射角为 $30°$ 时，反射光为完全偏振光，则此玻璃的折射率为：

    A. $\sqrt{3}/2$ B. $1/2$ C. $\sqrt{3}/3$ D. $\sqrt{3}$

2-3-48 自然光以布儒斯特角由空气入射到一玻璃表面上，则下列关于反射光的叙述，哪个是正

确的？

　　A. 在入射面内振动的完全偏振光

　　B. 平行于入射面的振动占优势的部分偏振光

　　C. 垂直于入射面振动的完全偏振光

　　D. 垂直于入射面的振动占优势的部分偏振光

2-3-49 自然光以$60°$的入射角照射到某两介质交界面时，反射光为完全偏振光，则知折射光应为下列中哪条所述？

　　A. 完全偏振光且折射角是$30°$

　　B. 部分偏振光且只是在该光由真空入射到折射率为$\sqrt{3}$的介质时，折射角是$30°$

　　C. 部分偏振光，但须知两种介质的折射率才能确定折射角

　　D. 部分偏振光且折射角是$30°$

2-3-50 $ABCD$为一块方解石的一个截面，AB为垂直于纸面的晶体平面与纸面的交线。光轴方向在纸面内且与AB成一锐角θ，如图所示。一束平行的单色自然光垂直于AB端面入射。在方解石内折射光分解为o光和e光，关于o光和e光的关系，下列叙述正确的是？

　　A. 传播方向相同，电场强度的振动方向互相垂直

　　B. 传播方向相同，电场强度的振动方向不互相垂直

　　C. 传播方向不同，电场强度的振动方向互相垂直

　　D. 传播方向不同，电场强度的振动方向不互相垂直

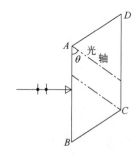

题 2-3-50 图

题解及参考答案

2-3-1 **解：** 设光波在空气中传播速率为v，则在玻璃中传播速率为$\dfrac{v}{n_{玻璃}}$，因而在相同传播时间内传播的路程不相等，根据光程的概念，它们走过的光程相等。

　　答案： C

2-3-2 **解：** 注意，在折射率为n的媒质中，单色光的波长为真空中波长的$\dfrac{1}{n}$。

本题中，由题图知$l=\dfrac{3}{2}\lambda_{媒质}=\dfrac{3\lambda}{2n}$（$\lambda$为真空中波长），又相位差$\Delta\phi=\dfrac{2\pi\delta}{\lambda}$，式中$\delta$为光程差，而本题中$\delta=nl=n\dfrac{3\lambda}{2n}$，于是$\Delta\phi=\dfrac{2\pi\times\frac{3\lambda}{2}}{\lambda}=3\pi$。

　　答案： C

2-3-3 **解：** 双缝暗纹位置$x_{暗}=\pm(2k+1)\dfrac{D\lambda}{2nd}$，$k=0,1,2,\cdots$空气中，$n=1$，相邻两暗纹的间距为$\Delta x_{暗}=x_{k+1}-x_k=2\times\dfrac{D\lambda}{2d}=\dfrac{D\lambda}{d}$。

　　答案： D

2-3-4 **解：** 注意，所谓双缝间距指缝宽d。由$\Delta x=\dfrac{D}{d}\lambda$（$\Delta x$为相邻两明纹之间距离），所以$\Delta x=\dfrac{3000}{2}\times600\times10^{-6}\text{mm}=0.9\text{mm}$。

　　注：$1\text{nm}=10^{-9}\text{m}=10^{-6}\text{mm}$。

　　答案： B

2-3-5 **解：** 如图所示，光程差：

$$\delta = n_2 d + r_2 - d - (n_1 d + r_1 - d)$$

注意到 $r_1 = r_2$，$\delta = (n_2 - n_1)d$。

答案： A

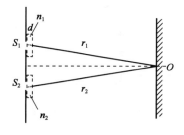

2-3-6 解： 双缝干涉时，条纹间距 $\Delta x = \lambda_n \dfrac{D}{d}$，在空气中干涉，有 $1.33 \approx \lambda \dfrac{D}{d}$，此光在水中的波长为 $\lambda_n = \dfrac{\lambda}{n}$，此时条纹间距：

$$\Delta x (水) = \frac{\lambda D}{nd} = \frac{1.33}{n} = 1\text{mm}$$

答案： C

题 2-3-5 解图

2-3-7 解： 由双缝干涉相邻明纹（暗纹）的间距公式：$\Delta x = \dfrac{D}{a}\lambda$，若双缝所在的平板稍微向上平移，中央明纹与其他条纹整体向上稍做平移，其他条件不变，则屏上的干涉条纹间距不变。

答案： B

2-3-8 解： 光的干涉和衍射现象反映了光的波动性质，光的偏振现象反映了光的横波性质。

答案： B

2-3-9 解： 考查零级明纹向何方移动，如图所示。

①薄介质片未遮住时，光程差 $\delta = r_1 - r_2 = 0$，O 处为零级明纹；

②薄介质片遮住下缝后，光程差 $\delta' = r_1 - (nd + r_2 - d) = r_1 - [r_2 + (n-1)d]$。显然 $(n-1)d > 0$，要 $\delta' = 0$，只有零级明纹下移至 O' 处才能实现。

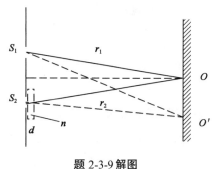

题 2-3-9 解图

答案： D

2-3-10 解： 条纹之间间距 $\Delta x = \dfrac{D\lambda}{nd}$，明纹位置 $x_{明} = \pm\dfrac{kD\lambda}{nd}$。

答案： B

2-3-11 解： 注意区别"双缝间距"和"条纹之间间距"。条纹之间间距 $\Delta x = \dfrac{D\lambda}{nd}$，题中"双缝间距增大"指的是缝宽 d 增大，条纹之间间距变小，即条纹变密。又明纹距中心位置为 $x_{明} = \pm\dfrac{kD\lambda}{nd}$，令缝宽 d 增大，$x_{明}$ 变小，靠近中央明纹即屏幕中心。

答案： B

2-3-12 解： 考虑覆盖上面一条缝后零级明纹的移动方向。

根据双缝的干涉条件 $\delta = \pm k\lambda$，其中 $k = 0,1,2,\cdots$，所谓零级明纹，即 $k = 0$ 时 $(\delta = 0)$，两束相干光在屏幕正中央形成的明纹。如解图所示，未覆盖前 $\delta = r_2 - r_1 = 0(r_1 = r_2)$，零级明纹在中央 O 处（见解图）。覆盖上面一条缝后 $\delta = (nd + r_1 - d) - r_2 = (n-1)d + r_1 - r_2 > 0$，而零级明纹要求 $\delta = 0$，故只有缩短 r_1 使 $\delta = (n-1)d + r_1' - r_2' = 0$，即零级明纹上移至 O' 处，各级条纹也上移。

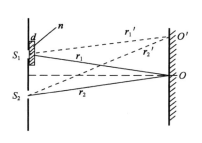

题 2-3-12 解图

答案： C

2-3-13 解： 相干光源（波源）的条件为频率相同，振动方向相同，相位差恒定，白光通过红、蓝两滤光片出来的光是频率不同的单色光，不是相干光。

答案： D

2-3-14 解： 考虑是否有半波损失，注意损失的是真空中的半个波长。

答案： B

2-3-15 解： 薄膜干涉加强应满足式 $2ne + \frac{\lambda}{2} = k$，$k = 1,2,\cdots$

本题中，$2ne + \frac{\lambda}{2} = \lambda$，$e = \frac{\frac{\lambda}{2}}{2n} = \frac{\lambda}{4n}$

答案： B

2-3-16 解： 劈尖暗纹出现的条件为 $\delta = 2nd + \frac{\lambda}{2} = (2k+1)\frac{\lambda}{2}$，$k = 0,1,2,\cdots$。令 $k = 3$，有 $2nd + \frac{\lambda}{2} = \frac{7\lambda}{2}$，得出 $d = \frac{3\lambda}{2n}$。

答案： A

2-3-17 解： 同一明纹（暗纹）对应相同厚度的空气层，条纹间距 $= \frac{\lambda}{2\sin\theta}$。

答案： C

2-3-18 解： 劈尖角 $\theta \approx \frac{d}{L}$（$d$ 为空气层厚度），劈尖角改变量 $\Delta\theta = \frac{\Delta d}{L}$，又相邻两明纹对应的空气层厚度差 $\Delta d = d_{k+1} - d_k = \frac{\lambda}{2}$，故 $\Delta\theta = \frac{\frac{\lambda}{2}}{L} = \frac{\lambda}{2L}$。

答案： A

2-3-19 解： 劈尖干涉中，同一明纹（暗纹）对应相同厚度的空气层。

本题中，每一条纹（k 级）弯曲部分的顶点恰好与其左边条纹（$k-1$ 级）的直线部分的连线相切，说明条纹弯曲处对应的空气层厚度与右边条纹对应的空气层厚度 e_k 相同，如解图所示，工件有凹陷部分。凹陷深度即相邻两明纹对应的空气层厚度差 $\Delta e = e_k - e_{k-1} = \frac{\lambda}{2}$。

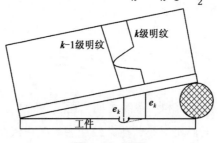

题 2-3-19 解图

答案： C

2-3-20 解： 劈尖干涉中，同一明纹对应相同厚度的空气层。如解图所示，k 级明纹对应的空气层厚度为 d_k，若劈尖的劈角增大，k 级明纹对应的空气层厚度 d_k 将左移至虚线处，亦即 k 级（各级）条纹向左移。又条纹间距 $\Delta x = \frac{\lambda}{2\sin\theta} \approx \frac{\lambda}{2\theta}$，若 θ 增大，则条纹间距变小。

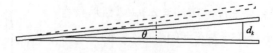

题 2-3-20 解图

答案： C

2-3-21 解： 如图所示，未放透明薄片前，光走过的光程为 $2d$，在虚线处放入透明薄片后，光走过的光程为 $2nd$，光程改变了 $2nd - 2d$。

答案： A

2-3-22 解： 对迈克尔逊干涉仪，条纹移动 $\Delta x = \Delta n \frac{\lambda}{2}$，令 $\Delta x = 0.62$，$\Delta n = 2300$，则：

$$\lambda = \frac{2 \times \Delta x}{\Delta n} = \frac{2 \times 0.62}{2300} = 5.39 \times 10^{-4} \text{mm} = 539 \text{nm}$$

注：$1 \text{nm} = 10^{-9} \text{m} = 10^{-6} \text{mm}$。

答案：B

2-3-23　解：牛顿环属超纲题（超出大纲范围）。牛顿环与劈尖一样属于等厚干涉，同一级条纹对应同一个厚度，平凸透镜向上平移，圆环向中心收缩。

答案：D

2-3-24　解：$\delta = (2k+1)\frac{\lambda}{2} = (2 \times 3 + 1)\frac{\lambda}{2} = \frac{7}{2}\lambda$。

答案：C

2-3-25　解：光程差为2.5λ，满足明纹条件，$\delta = 2.5\lambda = (2k+1)\frac{\lambda}{2}$，即$2.5\lambda = 5 \times \frac{\lambda}{2}$。

答案：C

2-3-26　解：按单缝夫琅禾费衍射暗纹条件，$a\sin\varphi = k\lambda = 2k\frac{\lambda}{2}$，令$k = 3$，即6个半波带$\left(\frac{\lambda}{2}\right)$。

答案：B

2-3-27　解：$a\sin\theta = k\lambda$，代入数据，即$a = k\lambda/\sin\theta = 1 \cdot \lambda/\sin\frac{\pi}{6} = 2\lambda$。

答案：C

2-3-28　解：由$a\sin\varphi = k\lambda$(暗纹)知$a\sin\varphi = 3\lambda$，现$a'\sin\varphi = \frac{3}{2}\lambda\left(a' = \frac{a}{2}\right)$，应满足明纹条件，即$a'\sin\varphi = \frac{3}{2}\lambda = (2k+1)\frac{\lambda}{2}$，$k = 1$。

答案：A

2-3-29　解：Δx(中央明纹宽度)$= 2f\lambda/a$(f为焦距，a为缝宽)。增大缝宽a，中央明条纹宽度Δx变小。

答案：A

2-3-30　解：比较单缝夫琅禾费衍射暗纹条件$a\sin\phi = 2k\frac{\lambda}{2}$，即$4\lambda\sin30° = 2\lambda = 4 \times \frac{\lambda}{2}$。

答案：B

2-3-31　解：比较单缝夫琅禾费衍射明纹条件$a\sin\phi = (2k+1)\frac{\lambda}{2}$，即$a\sin30° = 3 \times \frac{\lambda}{2}$

答案：D

2-3-32　解：Δx(中央明纹宽度)$= \frac{2f\lambda}{a}$(f为焦距，a为缝宽)

注意到$1\overset{\circ}{A} = 10^{-10}\text{m} = 10^{-7}\text{mm}$

本题中，$2\text{mm} = \frac{2 \times 2 \times 10^3\lambda}{1}$，得：$\lambda = \frac{1}{2 \times 10^3} = 0.5 \times 10^{-3} = 5000 \times 10^{-7}\text{mm} = 5000\overset{\circ}{A}$

答案：C

2-3-33　解：由光栅公式$d\sin\varphi = k\lambda$，对同一级条纹，光栅常数越小，衍射角越大，分辨率越高，所以选光栅常数小的。

答案：D

2-3-34　解：$(a+b)\sin\varphi = \pm k\lambda$。注意：衍射角$\varphi$与波长成正比，白光中红光波长最长，衍射角大偏离中央明纹最远，紫光波长短，衍射角小靠近中央明纹。

答案：A

2-3-35　解：$(a+b)\sin\phi = k\lambda$，$k = 0,1,2,\cdots$，即$k_1\lambda_1 = k_2\lambda_2$，$\frac{k_1}{k_2} = \frac{\lambda_2}{\lambda_1} = \frac{750}{450} = \frac{5}{3}$，故重叠处波长$\lambda_2$的级数$k_2$必须是3的整数倍，即$3,6,9,12,\cdots$。

答案：D

2-3-36 解： 最小分辨角$\theta = 1.22\frac{\lambda}{D}$。注意：对光学仪器，最小分辨角越小，越精密。

答案： D

2-3-37 解： 由光学仪器的分辨率公式$R = \frac{D}{1.22\lambda}$，波长越小，分辨率越高，显然在相同放大倍数下，绿光波长比红光波长短，选绿光光源比红光好。

答案： C

2-3-38 解： $\theta_0 \approx \frac{\Delta x}{25} = 2.3 \times 10^{-4}$，解得$\Delta x = 2.3 \times 10^{-4} \times 25 = 0.0058$cm。

答案： A

2-3-39 解： 根据布拉格公式：$2d\sin\theta = k\lambda(k = 0,1,2,3,\cdots)$。

答案： A

2-3-40 解： 由$I = I_0 \cos^2\alpha$注意到自然光通过偏振片后，光强减半。

$$出射光强 I = \frac{I_0}{2}\cos^2 45° = \frac{I_0}{4}$$

答案： A

2-3-41 解： $I = I_0 \cos^2\alpha$，注意到自然光通过偏振片后，光强减半。

$$出射光强 I = \frac{I_0}{2}\cos^2 30° = \frac{3I_0}{8}$$

答案： D

2-3-42 解： $I = I_0 \cos^2\alpha$，注意：自然光通过偏振片后，光强减半为$\frac{I_0}{2}$，由马吕斯定律得出射光强为

$$I = \frac{I_0}{2}\cos^2 60° = \frac{I_0}{8}$$

答案： D

2-3-43 解： 转动前$I_1 = I_0 \cos^2\alpha_1$，转动后$I_2 = I_0 \cos^2\alpha_2$，$\frac{I_1}{I_2} = \frac{\cos^2\alpha_1}{\cos^2\alpha_2}$。

答案： C

2-3-44 解： $I_{\max} = \frac{1}{2}I_0 + I'$，$I_{\min} = \frac{1}{2}I_0$（$I'$为线偏振光光强）。令

$$\frac{I_{\max}}{I_{\min}} = 5 = \frac{\frac{I_0}{2} + I'}{\frac{I_0}{2}}$$

得$I' = 2I_0$，所以$\frac{I_0}{I'} = \frac{1}{2}$。

答案： A

2-3-45 解： 根据马吕斯定律，偏振光通过P_1后光强$I_1 = I_0 \cos^2\alpha$，方向转过α角，再通过P_2后光强：

$$I = I_1 \cos^2(90° - \alpha) = I_0 \cos^2\alpha \cos^2(90° - \alpha) = I_0 \cos^2\alpha \sin^2\alpha = \frac{1}{4}I_0 \sin^2(2\alpha)$$

答案： C

2-3-46 解： 因P_1与P_3的偏振化方向相互垂直且P_2与P_1的偏振化方向间的夹角为$30°$，则P_3与P_2的偏振化方向间的夹角为$60°$。

注意到自然光通过偏振片后光强减半（$\frac{I_2}{2}$）。

根据马吕斯定律通过三个偏振片后的光强：$I = \frac{I_0}{2}\cos^2 30° \cos^2 60° = \frac{3}{32}I_0$。

答案： C

2-3-47 解： 注意到"当折射角为$30°$时，反射光为完全偏振光"，说明此时入射角即起偏角i_0。

根据$i_0 + \gamma_0 = \frac{\pi}{2}$，$i_0 = 60°$，再由$\tan i_0 = \frac{n_2}{n_1}$，$n_1 \approx 1$，可得$n_2 = \sqrt{3}$。

答案： D

2-3-48 解： 布儒斯特角入射的反射光为垂直于入射面振动的完全偏振光。

答案： C

2-3-49 解： $i_0 + \gamma_0 = 90^\circ$，注意此题表述是两介质交界面，不能选 B。

答案： D

2-3-50 解： 双折射现象，o光和e光为传播方向不同、振动方向相互垂直的线偏振光。

答案： C

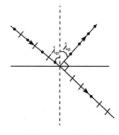

题 2-3-48 解图

第三章 普通化学

复习指导

在基础考试中,普通化学部分的试题均为单选题。命题覆盖考试大纲,题目大致均匀分布。题型分基本概念选择、计算类选择、比较类选择、记忆类选择等。普通化学的基本概念和基本理论较多;相反,有关计算公式较简单,计算量较少。因此,考生在复习时应将重点放在对基本概念和基本理论的理解上,达到概念清楚、能灵活应用基本理论解决实际问题,以及利用提供的公式进行简单的计算。

下面选择若干例题,进行具体的分析说明,以供复习时参考。

【例 3-0-1】 下列说法中正确的是:

    A. 原子轨道是电子运动的轨迹

    B. 原子轨道是电子的空间运动状态,即波函数

    C. 主量子数为 3 时,有 3s、3p、3d 三个轨道

    D. s 轨道绕核旋转时,其轨道为一圆圈,而 p 电子的轨道为"8"字形

解: 选项 A 错误。电子质量极小且带负电荷,在原子那样小的体积内以极大的速度运动时,不可能测出它的运动轨迹。

选项 B 正确。在量子力学中,用波函数来表示核外电子的运动状态,波函数也叫原子轨道。

选项 C 错误。主量子数为 3 时,有 3s、3p、3d 三个亚层,共 9 个轨道。

选项 D 错误。s 轨道的角度分布平面示意图才是以原子核为圆心的一个圆圈;而 p 轨道的角度分布平面示意图才是以原子核为切点的两个相切的圆圈。

正确答案应为 B。

【例 3-0-2】 某元素最高氧化数为+6,最外层电子数为 1,原子半径是同族元素中最小的。下列叙述中不正确的是:

    A. 外层电子排布为 $3d^5 4s^1$

    B. 该元素为第四周期、VIB 族元素铬

    C. +3 价离子的外层电子排布式为 $3d^2 4s^1$

    D. 该元素的最高价氧化物的水合物为强酸

解: 本题涉及核外电子排布与周期表的问题,根据题意,最高氧化数为+6 的元素有 VIA 族和 VIB 族元素;而最外层只有一个电子的条件就排除了 VIA 族元素;最后一个条件是原子半径为同族中最小,可确定该元素是 VIB 族中的铬。Cr 的电子排布式为 $1s^2 2s^2 2p^6 3s^2 3p^6 3d^5 4s^1$,所以得出以下结论。

选项 A 正确。外层电子排布为 $3d^5 4s^1$。

选项 B 正确。因为周期数等于电子层数,等于最高主量子数,即第四周期。它的量后一个电子填充在 d 亚层上,所以它是副族元素,而副族元素的族数等于 $[(n-1)d + ns]$ 层上的电子数,对铬来讲为

$5+1=6$，即 VIB 族元素。

选项 C 错误。因为原子失去电子时，首先失去最外层上的电子，继而再失去次外层上的 d 电子。所以 +3 价离子的外层电子排布为 $3s^23p^63d^3$。

选项 D 正确。Cr 的最高氧化物 CrO_3，其水合物为 H_2CrO_4 或 $H_2Cr_2O_7$ 均为强酸。

所以答案应为 C。

【例 3-0-3】 下列物质的熔点由高到低排列顺序正确的是：

    A. HI>HBr>HCl>HF   B. HF>HI>HBr>HCl

    C. $SiC>SiCl_4>CaO>MgO$ D. $SiC>CaO>MgO>SiCl_4$

解： SiC 为原子晶体，熔点最高；CaO 和 MgO 为离子晶体，熔点次之；HF、HCl、HBr、HI 和 $SiCl_4$ 为分子晶体，熔点较低。离子晶体中，晶格能 $U \propto \frac{|z_+ \cdot z_-|}{r_+ + r_-}$，故 MgO 的熔点大于 CaO 的熔点。从色散力判断：HI>HBr>HCl>HF，但由于 HF 分子之间存在分子间氢键，其熔点较 HI 高。故应选择 B。

【例 3-0-4】 下列说法中正确的是：

    A. 凡是含氢的化合物其分子间必有氢键

    B. 取向力仅存在于极性分子之间

    C. HCl 分子溶于水生成 H^+ 和 Cl^-，所以 HCl 为离子晶体

    D. 酸性由强到弱的顺序为：$H_2SO_4>HClO_4>H_2SO_3$

解： 选项 A 错误。氢键形成的条件是：氢原子与电负性大、半径小、有孤对电子的原子形成强极性共价键后，还能吸引另一电负性较大的原子中的孤对电子而形成氢键。符合该条件的原子只有如 O、N、F 等原子，故并非所有含氢化合物中均存在氢键。

选项 B 正确。只有极性分子之间才有取向力。当然极性分子之间除存在取向力外，还存在色散力和诱导力。某些含氢的极性分子中，还可能有氢键，如 HF、H_2O。

选项 C 错误。只有电负性大的非金属原子（如 VIIA 族元素的原子）和电负性小的金属原子（如 I A 族元素的原子）形成化合物时，以离子键结合，其晶体为离子晶体。H 与 Cl 均为非金属元素，它们以共价键结合形成共价型化合物，其晶体为分子晶体。HCl 溶于水后，由于水分子的作用 HCl 才解离成 H^+ 和 Cl^-。

选项 D 错误。根据鲍林规则：含氧酸中不与氢结合的氧原子数（n）越大，酸性越强。所以酸性由强到弱的顺序为 $HClO_4>H_2SO_4>H_2SO_3$。

所以正确答案为 B。

【例 3-0-5】 下列各组物质中，键有极性，分子也有极性的是：

    A. CO_2 和 SO_3 B. CCl_4 与 Cl_2

    C. H_2O 和 SO_2 D. $HgCl_2$ 与 NH_3

解： 以上四组分子中，只有 Cl_2 分子中的共价键无极性，其余分子中的共价键均有极性。首先可以排除选项 B。CO_2、SO_3、$HgCl_2$、CCl_4 为非极性分子，NH_3、H_2O、SO_2 为极性分子。所以最后排除选项 A 和 D，只有选项 C 为正确答案。

【例 3-0-6】 往醋酸溶液中加入少量下列哪种物质时，可使醋酸电离度和溶质的 pH 值都增大？

    A. NaAc 晶体   B. NaOH 晶体

    C. HCl(g)   D. NaCl 晶体

解： 醋酸溶液中存在下列电离平衡

$$\text{HAc} \rightleftharpoons \text{H}^+ + \text{Ac}^-$$

若加入 NaAc 或 HCl，均会由于同离子效应使醋酸的电离度下降；当加入 NaAc 时，降低了 H^+浓度而使 pH 值升高；当加 HCl 时，增加了 H^+浓度而使 pH 值下降。

若加入 NaCl，由于盐效应使醋酸电离平衡向右移动，使醋酸电离度增加，H^+浓度升高、pH 值下降。

若加入 NaOH，由于 OH^-与 H^+结合成 H_2O，降低了 H^+浓度，使 pH 值升高；同时使醋酸电离平衡向右移动而增加了醋酸的电离度。

所以答案为 B。

【例 3-0-7】 $Ca(OH)_2$ 和 $CaSO_4$ 的溶度积大致相等，则两物质在纯水中溶解度的关系是：

A. $S_{Ca(OH)_2} = S_{CaSO_4}$ 　　　　　　　 B. $S_{Ca(OH)_2} < S_{CaSO_4}$

C. $S_{Ca(OH)_2} > S_{CaSO_4}$ 　　　　　　　 D. 无法判断

解： $Ca(OH)_2$ 属于 AB_2 型，$CaSO_4$ 属 AB 型的难溶电解质，两者类型不同，不能用溶度积直接比较。溶解度大小，必须通过溶解度与溶度积的关系式，计算出溶解度后才能进行比较。

对 AB 型　　　$S_1 = \sqrt{K_{sp}}$

对 AB_2 型　　$S_2 = \sqrt[3]{\dfrac{K_{sp}}{4}}$

由此两式比较：$S_1 > S_2$，即 $S_{CaSO_4} > S_{Ca(OH)_2}$。

所以答案为 C。

【例 3-0-8】 反应温度改变时，对反应的速率、速率常数、平衡常数等均有影响。下列叙述中错误的是：

　　A. 反应温度升高，正、逆反应速率均增加

　　B. 对吸热反应，温度升高使平衡向右移动

　　C. 对放热反应，温度升高使平衡常数增加

　　D. 温度升高使速率常数增加

解： 根据阿仑尼乌斯公式，当温度升高时，速率常数变大；再由质量作用定律可得出反应速率增加，所以 A 和 D 都正确。

对吸热反应，温度升高时平衡常数 K 增加，使 $K > Q$，平衡向右移动。所以 B 也正确。

对放热反应，温度升高时平衡常数减小，所以 C 不正确，答案为 C。

【例 3-0-9】 已知反应 $NO(g) + CO(g) \rightleftharpoons \frac{1}{2}N_2(g) + CO_2(g)$ 的 $\Delta H < 0$。有利于 NO 和 CO 转化的措施是：

　　A. 低温低压　　　　　　　　　 B. 低温高压

　　C. 高温高压　　　　　　　　　 D. 高温低压

解： 反应的 $\Delta H < 0$ 为放热反应，温度降低使平衡常数 K 增加。当 $K > Q$ 时平衡向右进行，有利 NO 和 CO 的转化。

反应式左边的气体分子总数为 2，右边的气体分子总数为 1.5，加压有利于向气体分子总数减少的方向移动。高压有利 NO 和 CO 的转化。

所以答案应为 B。

【例 3-0-10】 下列叙述中不正确的是：

　　A. 对半反应 $Cu^{2+} + 2e^- \rightleftharpoons Cu^-$ 和 $I_2 + 2e^- \rightleftharpoons 2I^-$，离子浓度升高，它们的电极电势增加

B. 已知 $\varphi^{\ominus}_{Cr_2O_7^{2-}/Cr^{3+}} < \varphi^{\ominus}_{MnO_4^-/Mn^{2+}}$，所以氧化性的强弱为 $MnO_4^- > Cr_2O_7^{2-}$

C. 反应 $2Fe^{3+} + Cu \rightleftharpoons 2Fe^{2+} + Cu^{2+}$ 能自发进行，组成原电池时正极为 $Fe^{3+}(C_1)$、$Fe^{2+}(C_2)|P_t$，负极为 $Cu|Cu^{2+}(C_3)$

D. 腐蚀电池中，电极电势低的是阳极，可被腐蚀掉

解：选项 A 不正确。因为对半反应 $Cu^{2+} + 2e^- \rightleftharpoons Cu$，能斯特方程为：$\varphi_{Cu^{2+}/Cu} = \varphi^{\ominus}_{Cu^{2+}/Cu} + \frac{0.059}{2}\lg C_{Cu^{2+}}$，$C_{Cu^{2+}}$ 升高，$\varphi_{Cu^{2+}/Cu}$ 升高。而对半反应 $I_2 + 2e^- \rightleftharpoons 2I^-$，能斯特方程为：$\varphi_{I_2/I^-} = \varphi^{\ominus}_{I_2/I^-} + \frac{0.059}{2}\lg[1/C_{I^-}^2]$，$C_{I^-}$ 升高时 φ_{I_2/I^-} 下降。

选项 B 正确。利用电极电势的大小，可以判断电对中氧化态物质的氧化性强弱和还原性强弱。电极电势越高的电对中，氧化态物质的氧化性越强。所以氧化性：$MnO_4^- > Cr_2O_7^{2-}$。

选项 C 正确。自发进行的氧化还原反应组成原电池时，其电动势（E）一定大于零，即

$$E = \varphi_{正} - \varphi_{负} = \varphi_{氧化剂} - \varphi_{还原剂} > 0$$

从反应前后物质的氧化数变化来分析，可得出 Fe^{3+} 为氧化剂，Cu 为还原剂，所以 $\varphi_{Fe^{3+}/Fe^{2+}} > \varphi_{Cu^{2+}/Cu}$。电极电势高的为正极，电极电势低的为负极。故原电池中正极为 $Fe^{3+}(C_1)$、$Fe^{2+}(C_2) \mid P_t$，负极为 $Cu \mid Cu^{2+}(C_3)$。

选项 D 正确。因为在腐蚀电池中，电极电势低的为阳极，发生氧化反应而被腐蚀掉；电极电势高的为阴极，发生还原反应不可能被腐蚀。

所以答案为 A。

【**例 3-0-11**】 下列防止金属腐蚀的方法中不能采用的是：

A. 在金属表面涂刷油漆

B. 为保护铁管，可使其与锌片相连

C. 被保护金属与外加直流电源的负极相连

D. 被保护金属与外加直流电源的正极相连

解：选项 A 可以采用。

选项 B 可以采用。因为将被保护的铁管与锌片相连组成了原电池，活泼的锌片电极电势低，作为腐蚀电池的阳极被腐蚀掉，而被保护的铁管作为腐蚀电池的阴极得到了保护。

选项 C 可以采用。

选项 D 不可采用。

因为在外加电流保护法中，将被保护的金属与另一附加电极组成电解池。被保护的金属若与电源负极相连，则金属为电解池的阴极，发生还原反应而被保护；若与电源正极相连，则金属为电解池的阳极，发生氧化反应而被腐蚀掉。

所以答案为 D。

【**例 3-0-12**】 下列说法中不正确的是：

A. ABS 树脂是丁二烯、苯乙烯、丙烯腈的共聚物

B. PVC 是氯乙烯加聚而成的高聚物

C. 环氧树脂是双酚 A 和环氧氯丙烷通过缩聚反应得到的高聚物

D. 天然橡胶的主要化学组成是 1.4-聚丁二烯

解：因为天然橡胶的主要化学组成是聚异戊二烯。

所以答案为 D。

练习题、题解及参考答案

（一）物质结构与物质状态

3-1-1 按近代量子力学的观点，核外电子运动的特征：

　　A. 具有波粒二象性

　　B. 可用 ψ^2 表示电子在核外出现的几率

　　C. 原子轨道的能量呈连续变化

　　D. 电子运动的轨道可用 ψ 的图像表示

3-1-2 确定原子轨道函数 ψ 形状的量子数是：

　　A. 主量子数　　　　　　　　　B. 角量子数

　　C. 磁量子数　　　　　　　　　D. 自旋量子数

3-1-3 P_z 波函数角度分布的形状是：

　　A. 双球形　　　　　　　　　　B. 球形

　　C. 四瓣梅花形　　　　　　　　D. 橄榄形

3-1-4 3d 轨道的磁量子数 m 的合理值是：

　　A. 1、2、3　　　B. 0、1、2　　　C. 3　　　D. 0、±1、±2

3-1-5 下列各波函数不合理的是：

　　A. $\psi(1,1,0)$　　　　　　　　B. $\psi(2,1,0)$

　　C. $\psi(3,2,0)$　　　　　　　　D. $\psi(5,3,0)$

3-1-6 当某原子的外层电子分布式写成 ns^2np^7 时，违背了下列哪个原则？

　　A. 保利不相容原理　　　　　　B. 能量最低原理

　　C. 电子分布特例　　　　　　　D. 洪特规则

3-1-7 对于多电子原子来说，下列说法中正确的是：

　　A. 主量子数（n）决定原子轨道的能量

　　B. 主量子数（n）和角量子数（l）决定原子轨道的能量

　　C. n 值越大，电子离核的平均距离越近

　　D. 角量子数（l）决定主量子数（n）的取值

3-1-8 某元素基态原子最外电子层上有两个电子，其量子数 $n=5$，$l=0$，它是哪个区的元素？

　　A. s 区元素　　　　　　　　　B. d、ds 区元素

　　C. 两者均有可能　　　　　　　D. 两者均不可能

3-1-9 若一个原子的最高主量子数为 3，则它处于基态时，下列叙述正确的是：

　　A. 只有 s 电子和 p 电子　　　　B. 只有 p 电子和 d 电子

　　C. 有 s、p 和 d 电子　　　　　　D. 有 s、p、d 和 f 电子

3-1-10 26 号元素基态原子的价层电子构型为：

　　A. $3d^54s^2$　　　B. $3d^64s^2$　　　C. $3d^6$　　　D. $4s^2$

3-1-11 某原子序数为 15 的元素，其基态原子的核外电子分布中，未成对电子数是：

　　A. 0　　　　　B. 1　　　　　C. 2　　　　　D. 3

3-1-12 24 号元素 Cr 的基态原子价电子构型正确的是：

    A. $3d^64s^0$ B. $3d^54s^1$ C. $3d^44s^2$ D. $3d^34s^24p^1$

3-1-13 下列原子或离子的外层电子排布式，不正确的是：

    A. Si $3s^23p^2$ B. Ag^+ $4s^24p^64d^{10}$

    C. Cl^- $3s^23p^6$ D. Fe^{2+} $3d^44s^2$

3-1-14 下列电子构型中，原子属于基态的是：

    A. $1s^22s^22p^53d^1$ B. $1s^22s^2$ C. $1s^22p^2$ D. $1s^22s^12p^1$

3-1-15 32 号元素最外层的电子构型为：

    A. $4s^24p^5$ B. $3s^23p^4$ C. $4s^24p^4$ D. $4s^24p^2$

3-1-16 下列离子中具有 18+2 电子构型的是：

    A. Fe^{3+} B. Zn^{2+} C. Pb^{2+} D. Ca^{2+}

3-1-17 47 号元素 Ag 的基态价层电子结构为 $4d^{10}5s^1$，它在周期表中的位置是：

    A. ds 区   B. s 区   C. d 区   D. p 区

3-1-18 属于第四周期的某一元素的原子，失去 3 个电子后，在角量子数为 2 的外层轨道上电子恰好处于半充满状态。该元素为：

    A. Mn   B. Co   C. Ni   D. Fe

3-1-19 已知某元素+3 价离子的电子排布式为 $1s^22s^22p^63s^23p^63d^5$，则该元素在周期表中哪一周期、哪一族？

    A. 四，VIII   B. 五，VB

    C. 三，VA   D. 六，IIIB

3-1-20 在下列元素电负性大小顺序中，正确的是：

    A. B>Al>Be≈Mg   B. B>Be≈Al>Mg

    C. B≈Al<Be<Mg   D. Be>B>Al>Mg

3-1-21 下列各组元素中，其性质的相似是由镧系收缩引起的是：

    A. Zr 与 Hf   B. Fe 与 Co、Ni   C. Li 与 Mg   D. 锕系

3-1-22 下列各系列中，按电离能增加的顺序排列的是：

    A. Li, Na, K   B. B, Be, Li   C. O, F, Ne   D. C, B, As

3-1-23 下列物质中，酸性最强的是：

    A. H_3BO_3 B. HVO_3 C. HNO_3 D. H_2SiO_3

3-1-24 下列氧化物中既可与稀 H_2SO_4 溶液作用，又可与稀 NaOH 溶液作用的是：

    A. Al_2O_3 B. Cu_2O C. SiO_2 D. CO

3-1-25 下列物质中酸性最强的是：

    A. HClO   B. $HClO_2$ C. $HClO_4$ D. $HClO_3$

3-1-26 下列物质中碱性最强的是：

    A. $Sn(OH)_4$ B. $Pb(OH)_2$ C. $Sn(OH)_2$ D. $Pb(OH)_4$

3-1-27 下列各物质的化学键中，只存在σ键的是：

    A. C_2H_2 B. H_2O C. CO_2 D. CH_3COOH

3-1-28 下列分子中，键角最大的是：

    A. NH_3 B. H_2S C. $BeCl_2$ D. CCl_4

3-1-29 下列化合物中既有离子键又有共价键的是：

    A. H_2O B. NaOH   C. BaO   D. CO_2

3-1-30 $BeCl_2$ 中 Be 的原子轨道杂化类型为：

    A. sp   B. sp^2 C. sp^3 D. 不等性 sp^3

3-1-31 用杂化轨道理论推测下列分子的空间构型，其中为平面三角形的是：

    A. NF_3 B. BF_3 C. AsH_3 D. SbH_3

3-1-32 下列分子中，属于极性分子的是：

    A. O_2 B. CO_2 C. BF_3 D. C_2H_3F

3-1-33 下列物质中，分子的空间构型为 "V" 字形的是：

    A. CO_2 B. BF_3 C. $BaCl_2$ D. H_2S

3-1-34 下列化合物中，键的极性最大的是：

    A. $AlCl_3$ B. PCl_3 C. $MgCl_2$ D. $CaCl_2$

3-1-35 下列分子中，偶极矩不等于零的是：

    A. $BeCl_2$ B. NH_3 C. BF_3 D. CO_2

3-1-36 下列各种化合物中，分子间有氢键的是：

    A. CH_3Br B. NH_3 C. CH_4 D. CH_3Cl

3-1-37 石墨能够导电的原因，是由于石墨晶体：

    A. 层内存在自由电子   B. 层内有杂化轨道

    C. 属金属晶体   D. 层内存在着离域大 π 键

3-1-38 甲醇（CH_3OH）和 H_2O 分子之间存在的作用力是：

    A. 色散力   B. 色散力、诱导力、取向力、氢键

    C. 色散力、诱导力   D. 色散力、诱导力、取向力

3-1-39 将 0.125L 压强为 $6.08×10^4Pa$ 的气体 A 与 0.150L 压强为 $8.11×10^4Pa$ 的气体 B，在等温下混合在 0.500L 的真空容器中，混合后的总压强为：

    A. $1.42×10^5Pa$ B. $3.95×10^4Pa$

    C. 1.40atm   D. 3.90atm

3-1-40 某容器中含氨 0.32mol、氧 0.18mol、氮 0.70mol，总压强为 100kPa 时，氨、氧、氮的分压强分别为：

    A. $(15、27、58)×10^3Pa$ B. $(10、30、60)×10^3Pa$

    C. $(27、15、58)×10^3Pa$ D. $(25、20、55)×10^3Pa$

3-1-41 在下列 CaO、MgO、NaF 晶格能大小的顺序中，正确的是：

    A. MgO>CaO>NaF   B. NaF>CaO>MgO

    C. CaO>MgO>NaF   D. NaF>MgO>CaO

3-1-42 下列晶体中熔点最高的是：

    A. NaCl   B. 冰   C. SiC   D. Cu

3-1-43 下列晶体熔化时要破坏共价键的是：

    A. MgO   B. CO_2 C. SiC   D. Cu

题解及参考答案

3-1-1 **解：**核外电子属于微观粒子，微观粒子具有波粒二象性。

答案： A

3-1-2 **解：**一组合理的量子数 n, l, m 取值对应一个合理的波函数 $\psi = \psi_{n,l,m}$，即可以确定一个原子轨道。

（1）主量子数

①$n = 1,2,3,4,\cdots$ 对应于第一、第二、第三、第四，…电子层，用 $K, L, M, N,\cdots$ 表示。

②表示电子到核的平均距离。

③决定原子轨道能量。

（2）角量子数

①$l = 0,1,2,3$ 的原子轨道分别为 s, p, d, f 轨道。

②确定原子轨道的形状。s 轨道为球形、p 轨道为双球形、d 轨道为四瓣梅花形。

③对于多电子原子，与 n 共同确定原子轨道的能量。

（3）磁量子数

①确定原子轨道的取向。

②确定亚层中轨道数目。

答案： B

3-1-3 **解：**s, p, d 波函数角度分布的形状分别为球形、双球形、四瓣梅花形等。

答案： A

3-1-4 **解：**3d 轨道的 $n = 3$，$l = 2$，磁量子数 m 可取 $0,\pm1,\pm2$。

答案： D

3-1-5 **解：**波函数 $\psi(n,l,m)$ 可表示一个原子轨道的运动状态。n, l, m 的取值范围：主量子数 n 可取的数值为 $1,2,3,4,\cdots$；角量子数 l 可取的数值为 $0,1,2,\cdots,(n-1)$；磁量子数 m 可取的数值为 $0,\pm1,\pm2,\pm3,\cdots,\pm l$。选项 A 中 n 取 1 时，l 最大取 $n - 1 = 0$。

答案： A

3-1-6 **解：**根据保利不相容原理，在每一轨道上最多只能容纳两个自旋相反的电子。当 $l = 1$ 时，m 可取 $0,\pm1$，即有三个轨道，最多只能容纳 6 个电子。

答案： A

3-1-7 **解：**角量子数不同的原子轨道形状不同，受到其他电子的屏蔽作用不同，轨道能量也不同，所以多电子原子中，n 与 l 共同决定原子轨道的能量。

答案： B

3-1-8 **解：**该元素的最外层为 5s²，第五周期的 IIA、IIB 及其他副族的部分元素符合该条件。所以四个选项中选择 C 更为合适。

答案： C

3-1-9 **解：**最高主量子数为 3 时，有 3s、3p 和 3d 亚层，当它填充 3s²3p⁶ 电子后，电子即将进入 4s 亚层，这时将出现最高主量子数为 4，与题意不符。若电子填充到 3d 亚层上，则它处于激发态，与题意也不符。

答案： A

3-1-10 解： 根据原子核外电子排布规律，26 号元素的基态原子核外电子排布为：$1s^2 2s^2 2p^6 3s^2 3p^6 3d^6 4s^2$，为 d 区副族元素。其价电子构型为 $3d^6 4s^2$。

答案： B

3-1-11 解： 原子序数为 15 的元素，原子核外有 15 个电子，基态原子的核外电子排布式为 $1s^2\ 2s^2\ 2p^6\ 3s^2\ 3p^3$，根据洪特规则，$3p^3$ 中 3 个电子分占三个不同的轨道，并且自旋方向相同。所以原子序数为 15 的元素，其基态原子核外电子分布中，有 3 个未成对电子。

答案： D

3-1-12 解： 洪特规则：同一电子亚层，电子处于全充满、半充满状态时较稳定。

答案： B

3-1-13 解： 离子是原子失去（得到）电子形成的。原子失去电子时，首先失去最外层电子，然后进一步失去次外层上的 d 电子。Fe^{2+} 的外层电子排布式为 $3s^2 3p^6 3d^6$。

答案： D

3-1-14 解： 按保利不相容原理和能量最低原理排布核外电子时，选项 A、C、D 项均违背了上述原理。

答案： B

3-1-15 解： 32 号元素有 32 个电子，其电子排布为：$1s^2 2s^2 2p^6 3s^2 3p^6 3d^{10} 4s^2 4p^2$。

答案： D

3-1-16 解： 具有 18+2 电子构型的离子一般为 P 区元素，Pb^{2+} 的核外电子排布式为 $1s^2\ 2s^2\ 2p^6\ 3s^2\ 3p^6\ 3d^{10}\ 4s^2\ 4p^6\ 4d^{10}\ 4f^{14}\ 5s^2\ 5p^6\ 5d^{10}\ 6s^2$，次外层 18 个电子，最外层 2 个电子，为 18+2 电子构型。

答案： C

3-1-17 解： 核外电子排布与周期表的关系：元素所在周期数等于该元素原子基态时电子层数；核外电子排布与族的关系：主族及 IB、IIB 的族数等于最外层电子数；IIIB~VIIB 的族数等于最外层 s 电子数加次外层的 d 电子数 $[(n-1)d + ns]$；$[(n-1)d + ns] = 8 \sim 10$ 时为第 VIII 族。

元素的分区：s 区，包括 IA、IIA 元素；p 区，包括 IIIA~VIIA 和零族元素；d 区，包括 IIIB~VIIB 和 VIII 族元素；ds 区，包括 IB、IIB 元素；f 区，包括镧系和锕系元素。Ag 为 IB 元素，为 ds 区。

答案： A

3-1-18 解： 第四周期有 4 个电子层，最外层有 4s、4p 亚层，次外层有 3s、3p、3d 亚层。当原子失去 3 个电子后，角量子数为 2 的亚层为 3d，3d 处于半充满即 $3d^5$。所以该元素原子基态价电子构型为 $3d^6 4s^2$，为 Fe。

答案： D

3-1-19 解： 根据题意，该原子的价电子层的电子分布为 $3d^6 4s^2$。由此得：周期数等于电子层数，等于最高主量子数，等于 4；最后电子填充在 d 亚层，所以它属于副族元素，而族数等于 $[(n-1)d + ns]$ 电子层上的电子数，即 $6+2 = 8$。

答案： A

3-1-20 解： 四元素在周期表的位置见解表。

周　期	族	
	IIA	IIIA
二	Be	B
三	Mg	Al

同周期从左到右，主族元素的电负性逐渐增大；同主族从上到下，元素电负性逐渐减小。所以电负性 B 最大，Mg 最小，左上右下对角线上的 Be、Al 居中，且相近。

答案： B

3-1-21 解： 第五、六周期副族元素由于镧系收缩原子半径相差很小，性质极为相似。镧系收缩的结果使 Zr 和 Hf，Nb 和 Ta，Mo 和 W 性质极为相似。

答案： A

3-1-22 解： 同一周期主族元素自左至右，第一电离能一般增加，但有一些波动。满或半充满时，其第一电离能相应较大。主族（包括IIIB 族），自上而下第一电离能依次减小；副族，自上而下第一电离能略有增加。

答案： C

3-1-23 解： 元素周期表中，元素最高价态的氧化物及其水合物，同周期从左至右酸性增强，碱性减弱；同族自上而下酸性减弱，碱性增强。也就是元素周期表中，右上角元素最高价态的氧化物及其水合物酸性最强，所以 HNO_3 酸性最强。

答案： C

3-1-24 解： Al_2O_3 为两性氧化物，两性氧化物既可以与稀酸作用，又可以与稀碱作用。

答案： A

3-1-25 解： 同一元素不同价态氧化物的水合物，依价态升高的顺序酸性增强，碱性减弱。

答案： C

3-1-26 解： 同族元素、相同价态的氧化物的水合物，从上到下碱性增加；同一元素不同价态氧化物的水合物，依价态升高的顺序酸性增加，碱性减弱。

答案： B

3-1-27 解： 共价单键中只存在 σ 键；双键存在一个 σ 键，一个 π 键；三键存在一个 σ 键，两个 π 键。CO_2 和乙酸中存在双键，乙炔中有三键。

答案： B

3-1-28 解： NH_3 中 N 为不等性 sp^3 杂化，分子为三角锥形，键角小于109°28′；H_2S 中 S 为不等性 sp^3 杂化，分子为"V"字形，键角小于109°28′；$BeCl_2$ 中 Be 为 sp 杂化，$BeCl_2$ 为直线型分子，键角为180°；CCl_4 中 C 为 sp^3 杂化，分子为正四面体型，键角等于109°28′。

答案： C

3-1-29 解： 非金属元素间化学键为共价键，电负性大的非金属原子与电负性小的金属原子间化学键为离子键。NaOH 中 Na^+ 与 OH^- 间是离子键，O 与 H 间是共价键。

答案： B

3-1-30 解： 利用价电子对互斥理论确定杂化类型及分子空间构型的方法。

对于 AB_n 型分子、离子（A 为中心原子）：

（1）确定 A 的价电子对数（x）

$$x = \frac{1}{2}[A \text{ 的价电子数} + B \text{ 提供的价电子数} \pm \text{离子电荷数}(负/正)]$$

原则：A 的价电子数＝主族序数；B 原子为 H 和卤素每个原子各提供一个价电子，为氧与硫不提供价电子；正离子应减去电荷数，负离子应加上电荷数。

（2）确定杂化类型（见解表）

题 3-1-30 解表

价电子对数	2	3	4
杂化类型	sp 杂化	sp² 杂化	sp³ 杂化

（3）确定分子空间构型

原则：根据中心原子杂化类型及成键情况确定分子空间构型。如果中心原子的价电子对数等于σ键电子对数，杂化轨道构型为分子空间构型；如果中心原子的价电子对数大于σ键电子对数，分子空间构型发生变化。

$$\text{价电子对数}(x) = \sigma \text{键电子对数} + \text{孤对电子数}$$

根据价电子对互斥理论：$BeCl_2$ 的中心原子 Be 的价电子对数 $x = \frac{1}{2}$(Be 的价电子数 + 两个 Cl 提供的价电子数) $= \frac{1}{2} \times (2 + 2) = 2$，$BeCl_2$ 分子中，Be 形成了两 Be-Cl σ 键，价电子对数等于σ键数，所以两个 Be-Cl 夹角为 180°，$BeCl_2$ 为直线型分子，Be 为 sp 杂化。

答案：A

3-1-31 解： B 原子的价电子为 $2s^2 2p^1$，在 B 原子与 F 原子形成化学键的过程中，一个 2s 轨道上的电子跃迁到 2p 轨道上，采取 sp² 杂化形成三个 sp² 杂化轨道，三个 sp² 杂化轨道采取最大夹角原则在空间伸展，形成平面三角形排布。每个杂化轨道与 F 原子形成一个σ键。故 BF_3 为三角形。

答案：C

3-1-32 解： 分子极性不仅看化学键是否有极性，还要看分子的空间构型。当分子的正负电荷中心不重合时为极性分子。CO_2 为直线型分子，BF_3 为平面三角形分子，均为非极性分子。C_2H_3F 可以看作乙烯分子的一个 H 原子被 F 取代，分子中正负电荷重心不重合，为极性分子。

答案：D

3-1-33 解： H_2S 中 S 为 sp³ 不等性杂化，四个杂化轨道中，两个杂化轨道有孤对电子，两个杂化轨道有单电子，有单电子的杂化轨道与 H 原子形成两个共价键，H_2S 分子呈 "V" 形。

答案：D

3-1-34 解： 四种离子同为氯化物，钙元素电负性最小，金属性最强，与氯原子形成化学键的极性最大。

答案：D

3-1-35 解： 偶极矩等于零的是非极性分子，偶极矩不等于零的为极性分子。分子是否有极性，取决于整个分子中正、负电荷中心是否重合。$BeCl_2$ 和 CO_2 为直线型分子，BF_3 为三角形构型，三个分子的正负电荷中心重合，为非极性分子，偶极矩为零；NH_3 为三角锥构型，正负电荷中心不重合，为极性分子，偶极矩不为零。

答案：B

3-1-36 解： 形成氢键条件：氢原子与电负性大、半径小、有孤对电子的原子 X（如 F、O、N）形成强极性共价键后，还能吸引另一个电负性较大的原子 Y（如 F、O、N）中的弧对电子而形成氢键。只有 B 符合形成氢键条件。

答案：B

3-1-37 解： 石墨为层状结构晶体，层内 C 原子为 sp² 杂化，层内 C 原子上没有参与杂化的 P 轨道互相平行，形成碳碳间大π键，电子可以在大π键内自由移动。

答案：D

3-1-38 解： 甲醇和水分子均为极性分子，极性分子和极性分子的分子间力包括色散力、诱导力、取向力。另外，两个分子中氢原子与氧原子直接结合，符合形成氢键条件，还存在氢键。

答案：B

3-1-39 解： 理想气体状态方程 $pV = nRT$ 既适用于混合气体中的总气体，也适用于分气体。

对于 A 气体：$p_1V_1 = n_1RT_1$，$n_1 = \frac{p_1V_1}{RT_1}$；

对于 B 气体：$p_2V_2 = n_2RT_2$，$n_2 = \frac{p_2V_2}{RT_2}$；

对于混合气体：$pV = nRT$，$p = \frac{nRT}{V}$。

温度不变，$T_1 = T_2 = T$，$n = n_1 + n_2 = \frac{p_1V_1+p_2V_2}{RT}$

将数值代入：$p = \frac{nRT}{V} = \frac{p_1V_1+p_2V_2}{V} = 3.95 \times 10^4 Pa$

答案：B

3-1-40 解： 根据分压定律 $p_i = p_{总}\frac{n_i}{n_{总}}$。$\frac{n_i}{n_{总}}$ 为摩尔分数。

氨气的摩尔分数 $= \frac{0.32}{0.32+0.18+0.70} = \frac{4}{15}$；

氧气的摩尔分数 $= \frac{3}{20}$；

氮气的摩尔分数 $= \frac{7}{12}$。

所以，氨气分压 $= 100 \times \frac{4}{15} \approx 27kPa$，氧气分压 $= 100 \times \frac{3}{20} = 15kPa$

氮气分压 $= 100 \times \frac{7}{12} \approx 58kPa$。

答案：C

3-1-41 解： 影响晶格能的因素主要是离子电荷与离子半径。它们的关系可粗略表示为：

$$U \propto \frac{|Z_+ \cdot Z_-|}{r_+ + r_-}$$

在 MgO 和 CaO 中，Z_+、Z_-、r_- 都相同，不同的是 r_+，由于 $r_{Mg^{2+}} < r_{Ca^{2+}}$，所以晶格能：MgO>CaO。

在 CaO 和 NaF 中，Na 与 Ca 在周期表中处于对角线位置，它们的半径近似相等。虽然 $r_{O^{2-}}$ 略大于 r_{F^-}，但决定晶格能大小的主要因素仍为 Z_+ 和 Z_-。在 CaO 中 Z_+ 与 Z_- 均高于 NaF 中的 Z_+ 与 Z_-，所以晶格能 CaO>NaF。

答案：A

3-1-42 解： NaCl 是离子晶体，冰是分子晶体，SiC 是原子晶体，Cu 是金属晶体。所以 SiC 的熔点最高。

答案：C

3-1-43 解： MgO 为离子晶体，熔化时要破坏离子键；CO_2 为分子晶体，熔化时要破坏分子间力；SiC 为原子晶体，熔化时要破坏共价键力；Cu 为金属晶体，熔化时要破坏金属键力。

答案： C

（二）溶液

3-2-1 分别在四杯 $100cm^3$ 水中加入 5g 乙二酸、甘油、季戊四醇、蔗糖形成四种溶液，则这四种溶液的凝固点：

  A. 都相同   B. 加蔗糖的低

  C. 加乙二酸的低   D. 无法判断

3-2-2 将 15.0g 糖（$C_6H_{12}O_6$）溶于 200g 水中。该溶液的冰点（$k_{fp}=1.86$）是：

  A. $-0.258℃$ B. $-0.776℃$ C. $-0.534℃$ D. $-0.687℃$

3-2-3 在 20℃时，将 7.50g 葡萄糖（$C_6H_{12}O_6$）溶于 100g 水中。该溶液的渗透压为：

  A. 69.3Pa B. $1.02×10^3kPa$ C. $1.02×10^3Pa$ D. 69.3kPa

3-2-4 下列水溶液沸点最高的是：

  A. $0.1mol/LC_6H_{12}O_6$ B. $0.1mol/LNaCl$

  C. $0.1mol/LCaCl_2$ D. $0.1mol/LHAc$

3-2-5 将 pH = 2.00 的 HCl 溶液与 pH = 13.00 的 NaOH 溶液等体积混合后，溶液的 pH 是：

  A. 7.00 B. 12.65 C. 3.00 D. 11.00

3-2-6 已知 $K_b^\ominus(NH_3)=1.77×10^{-5}$，用广泛 pH 试纸测定 $0.10mol/dm^3$ 氨水液的 pH 值约是：

  A. 13 B. 12 C. 14 D. 11

3-2-7 某温度时，已知 $0.100mol/dm^3$ 氢氰酸（HCN）的电离度为 0.010%，该温度时 HCN 的标准电离常数 $K_a^\ominus$ 是：

  A. $1.0×10^{-5}$ B. $1.0×10^{-4}$ C. $1.0×10^{-9}$ D. $1.0×10^{-6}$

3-2-8 已知某一元弱酸的浓度为 0.010mol/L，pH=4.55，则其电离常数 K_a 为：

  A. $5.8×10^{-2}$ B. $9.8×10^{-3}$ C. $8.6×10^{-7}$ D. $7.9×10^{-8}$

3-2-9 pH 值、体积均相同的醋酸和盐酸溶液，分别与过量碳酸钠反应。在相同条件下，两种酸放出二氧化碳体积的比较，下列叙述中正确的是：

  A. 一样多   B. 醋酸比盐酸多

  C. 盐酸比醋酸多   D. 无法比较

3-2-10 将 $0.1mol·L^{-1}$ 的 HOAc 溶液冲稀一倍，下列叙述中正确的是：

  A. HOAc 的电离度增大   B. 溶液中有关离子浓度增大

  C. HOAc 的电离常数增大   D. 溶液的 pH 值降低

3-2-11 在 0.1mol/L HAc 溶液中，下列叙述中不正确的是：

  A. 加入少量 NaOH 溶液，HAc 电离平衡向右移动

  B. 加 H_2O 稀释后，HAc 的电离度增加

  C. 加入浓 HAc，由于增加反应物浓度，使 HAc 电离平衡向右移动，结果使 HAc 电离度增加

  D. 加入少量 HCl，使 HAc 电离度减小

3-2-12 在氨水中加入一些 NH_4Cl 晶体，会有下列中哪种变化？

A. $NH_3 \cdot H_2O$ 的电离常数K_b增大   B. $NH_3 \cdot H_2O$ 的电离度增大

C. 溶液的 pH 值增加   D. 溶液的 pH 值减小

3-2-13 把 NaAc 晶体加到 0.1mol/L HAc 溶液中，将会有下列中哪种变化？

A. 溶液 pH 值升高   B. 溶液 pH 值下降

C. K_a 增加   D. K_a 减小

3-2-14 常温下，在 CH_3COOH 与 CH_3COONa 的混合溶液中，若它们的浓度均为 $0.10mol \cdot L^{-1}$，测得 pH 是 4.75，现将此溶液与等体积的水混合后，溶液的 pH 值是：

A. 2.38   B. 5.06   C. 4.75   D. 5.25

3-2-15 各物质浓度均为 $0.10mol/dm^3$ 的下列水溶液中，其 pH 最小的是：

$$\left[已知 K_b^{\ominus}(NH_3) = 1.77 \times 10^{-5}, \ K_b^{\ominus}(CH_3COOH) = 1.76 \times 10^{-5} \right]$$

A. NH_4Cl B. NH_3

C. CH_3COOH D. $CH_3COOH + CH_3COONa$

3-2-16 在某温度时，下列溶液体系中属缓冲溶液的是：

A. $0.100mol/dm^3$ 的 NH_4Cl 溶液

B. $0.100mol/dm^3$ 的 NaAC 溶液

C. $0.400mol/dm^3$ 的 HCl 与 $0.200mol/dm^3$ 的 $NH_3 \cdot H_2O$ 等体积混合后的溶液

D. $0.400mol/dm^3$ 的 NH_3H_2O 与 $0.200mol/dm^3$ 的 HCl 等体积混合后的溶液

3-2-17 将 1L 4mol/L 氨水和 1L 2mol/L 盐酸溶液混合，混合后 OH^- 离子浓度为：

A. 1mol/L   B. 2mol/L

C. $8.0 \times 10^{-6}mol/L$ D. $1.8 \times 10^{-5}mol/L$

3-2-18 将 0.2mol/L 的醋酸与 0.2mol/L 醋酸钠溶液混合，为使溶液 pH 值维持在 4.05，则酸和盐的比例应为（$K_a = 1.76 \times 10^{-5}$）：

A. 6：1   B. 4：1   C. 5：1   D. 10：1

3-2-19 某一弱酸 HA 的标准解离常数为 1.0×10^{-5}，则相应的弱酸强碱盐 MA 的标准水解常数为：

A. 1.0×10^{-9} B. 1.0×10^{-2} C. 1.0×10^{-19} D. 1.0×10^{-5}

3-2-20 已知 $K^{\ominus}(HOAc) = 1.8 \times 10^{-5}$，$0.1mol \cdot L^{-1}NaOAc$ 溶液的 pH 值为：

A. 2.87   B. 11.13   C. 5.13   D. 8.88

3-2-21 $K_{sp}^{\ominus}(Mg(OH)_2) = 5.6 \times 10^{-12}$，则 $Mg(OH)_2$ 在 $0.01mol \cdot L^{-1}NaOH$ 溶液中的溶解度为：

A. $5.6 \times 10^{-9}mol \cdot L^{-1}$ B. $5.6 \times 10^{-10}mol \cdot L^{-1}$

C. $5.6 \times 10^{-8}mol \cdot L^{-1}$ D. $5.6 \times 10^{-5}mol \cdot L^{-1}$

3-2-22 PbI_2 的溶解度为 $1.52 \times 10^{-3}mol/L$，它的溶度积常数为：

A. 1.40×10^{-8} B. 3.50×10^{-7} C. 2.31×10^{-6} D. 2.80×10^{-8}

3-2-23 已知 $CaCO_3$ 和 PbI_2 的溶度积均约为 1×10^{-9}，两者在水中的溶解度分别为 S_1 和 S_2。下列有关两者的关系正确的是：

A. $S_1 < S_2$ B. $2S_1 = S_2$ C. $S_1 > S_2$ D. $S_1 \approx S_2$

3-2-24 难溶电解质 $BaCO_3$ 在下列溶液中溶解度最大的是：

A. $0.1 mol/dm^3 HAc$ 溶液   B. 纯水

C. $0.1 mol/dm^3 BaCl_2$ 溶液   D. $0.1 mol/dm^3 Na_2CO_3$ 溶液

3-2-25 难溶电解质 AgCl 在浓度为 $0.01mol/dm^3$ 的下列溶液中，溶解度最小的是：

A. NH₃ B. NaCl C. H₂O D. Na₂S₂O₂

3-2-26 25℃时，在[Cu(NH₃)₄]SO₄水溶液中，滴加 BaCl₂ 溶液时有白色沉淀产生，滴加 NaOH 时无变化，而滴加 Na₂S 时则有黑色沉淀，以上现象说明该溶液中：

A. 已无 SO₄²⁻

B. 已无游离 NH₃

C. 已无 Cu²⁺

D. $C_{Ba^{2+}} \cdot C_{SO_4^{2-}} > K_{sp(BaSO_4)}$，$C_{Cu^{2+}} \cdot C_{(OH^-)}^2 < K_{sp[Cu(OH)_2]}$和$C_{Cu^{2+}} \cdot C_{S^{2-}} > K_{sp(CuS)}$

3-2-27 已知 Ag₂SO₄ 的K_{sp}=1.2×10⁻⁵，CaSO₄ 的K_{sp}=7.1×10⁻⁵，BaSO₄ 的K_{sp}=1.07×10⁻¹⁰。在含有浓度均为1moL/L的 Ag⁺、Ca²⁺、Ba²⁺的混合溶液中，逐滴加入 H₂SO₄ 时，最先和最后沉淀的产物分别是：

A. BaSO₄ 和 Ag₂SO₄   B. BaSO₄ 和 CaSO₄

C. Ag₂SO₄ 和 CaSO₄   D. CaSO₄ 和 Ag₂SO₄

3-2-28 能同时溶解 Zn(OH)₂、AgI 和 Fe(OH)₃ 三种沉淀的试剂是：

A. 氨水 B. 草酸 C. KCN 溶液 D. 盐酸

3-2-29 为使 AgCl 沉淀溶解，可采用的方法是加入下列中的哪种溶液？

A. HCl 溶液 B. AgNO₃ 溶液 C. NaCl 溶液 D. 浓氨水

题解及参考答案

3-2-1 **解：**溶液沸点上升和凝固点下降的定量关系为拉乌尔定律。根据拉乌尔定律，溶液中粒子浓度越大，溶液凝固点越低。根据分子量和电离综合考虑，C 中粒子浓度最大，凝固点最低。

答案：C

3-2-2 **解：**质量摩尔浓度为 1000g 溶剂中所含溶质的物质的量。所以糖的质量摩尔浓度$m_{糖} = \frac{15 \div 180}{0.2} = 0.417\text{mol/kg}$，凝固点下降，$\Delta T_{fp} = K_{fp} \cdot m_{糖} = 1.86 \times 0.417 \approx 0.776℃$，所以该溶液的冰点是−0.776℃。

答案：B

3-2-3 **解：**$p_{渗} = CRT$，$C \approx m$，所以$p_{渗} = mRT = 0.417 \times 8.31 \times 293 \approx 1.02 \times 10^3\text{Pa}$。

答案：C

3-2-4 **解：**稀溶液定律不适用于浓溶液和电解质溶液，但可作定性比较。溶液沸点升高（ΔT_{bp}）正比于溶液中的粒子数；ΔT_{fp}越高，溶液沸点越高。CaCl₂ 为强电解质，水中全部电离为 Ca²⁺和 Cl⁻，粒子浓度约为 0.3mol，最大。

答案：C

3-2-5 **解：**pH = 2的 HCl 溶液，$C_{H^+} = 0.01\text{M}$，pH = 13的 NaOH 溶液，$C_{OH^-} = 0.1\text{M}$。等体积混合后溶液中$C_{OH}^- = (0.1 - 0.01) \div 2 = 0.045\text{M}$，则$C_H^+ = 10^{-14} \div 0.045 = 2.22 \times 10^{-13}$，$\text{pH} = -\lg C_H^+ = 12.65$。

答案：B

3-2-6 **解：**NH₃ 为一元弱碱，$C_{OH^-} = \sqrt{K_b \cdot C} = \sqrt{1.77 \times 10^{-5} \times 0.1} = 1.33 \times 10^3\text{mol/L}^{-3}$，$C_{H^+} = 10^{-14} \div C_{OH^-} = 7.52 \times 10^{-12}$，$\text{pH} = -\lg C_{H^+} \approx 11$。

答案： D

3-2-7　解： 电离度与电离常数的关系：$K_\alpha^\Theta = \frac{C\alpha^2}{1-\alpha} = \frac{0.1 \times (0.0001)^2}{1 - 0.0001} \approx 1.0 \times 10^{-9}$。

答案： C

3-2-8　解： pH = 4.55，pH = $-\lg C_{H^+}$，求得 $C_{H^+} \approx 2.8 \times 10^{-5}$mol/L，一元弱酸的电离常数 K_a 与 C_{H^+} 的关系为：$C_{H^+} = \sqrt{K_a \cdot C}$，则 $K_a = \frac{C_{H^+}^2}{C} = \frac{(2.8 \times 10^{-5})^2}{0.01} \approx 7.9 \times 10^{-8}$。

答案： D

3-2-9　解： 因为 HAc 为弱酸，相同 pH 的 HAc 和 HCl 的各自浓度并不相同，HAc 的浓度大，与过量碳酸钠反应，放出的二氧化碳醋酸比盐酸多。

答案： B

3-2-10　解： 根据稀释定律 $\alpha = \sqrt{K_a/C}$，一元弱酸 HOAc 的浓度越小，电离度越大。所以 HOAc 浓度稀释一倍，电离度增大。溶液中有关离子浓度减小，溶液的 pH 值增大，电离常数不变。

注：HOAc 一般写为 HAc，普通化学书中常用 HAc。

答案： A

3-2-11　解： HAc 是弱电解质，存在 HAc $\rightleftharpoons$ H$^+$ + Ac$^-$ 平衡。当加入少量酸或碱时，均可使平衡移动。电离度与浓度有关：$\alpha = \sqrt{K_a/C}$，即 $C \downarrow$，$\alpha \uparrow$；$C \uparrow$，$\alpha \downarrow$。

答案： C

3-2-12　解： K_b 只与温度有关。加入 NH$_4$Cl 使 NH$_3 \cdot$H$_2$O 电离平衡向左移动，影响 NH$_3 \cdot$H$_2$O 的电离度和 OH$^-$浓度。氨水中加入 NH$_4$Cl，氨水电离度减小，溶液 OH$^-$浓度减小，H$^+$浓度增大，pH 减小。

答案： D

3-2-13　解： K_a 只与温度有关。HAc 溶液中加入 NaAc 使 HAc 的电离平衡向左移动，$C_{H^+} \downarrow$。

答案： A

3-2-14　解： 醋酸和醋酸钠组成缓冲溶液，醋酸和醋酸钠的浓度相等，与等体积水稀释后，醋酸和醋酸钠的浓度仍然相等。缓冲溶液的 pH = pK_a $- \lg \frac{C_{酸}}{C_{盐}}$，溶液稀释 pH 值不变。

答案： C

3-2-15　解： 选项 A 为强酸弱碱盐，选项 B 为一元弱碱，选项 C 为一元弱酸，选项 D 为缓冲溶液。

选项 A 的氢离子浓度计算公式：

$$C_{H^+} = \sqrt{C \cdot K_W/K_b} = \sqrt{0.1 \times \frac{10^{-14}}{1.77 \times 10^{-5}}} \approx 7.5 \times 10^{-6}\text{mol/L}, \quad \text{pH} = -\lg C_{H^+} = -\lg 7.5 \times 10^{-6} \approx 5.1$$

选项 B 的氢离子浓度计算公式：

$$C_{OH^-} = \sqrt{K_b \cdot C} = \sqrt{1.77 \times 10^{-5} \times 0.1} \approx 1.33 \times 10^{-3}\text{mol/L}$$

$$C_{H^+} = \frac{K_W}{C_{OH^-}} = \frac{10^{-14}}{1.33 \times 10^{-3}} \approx 7.5 \times 10^{-12}\text{mol/L}, \quad \text{pH} = -\lg C_{H^+} = -\lg 7.5 \times 10^{-12} \approx 11.1$$

选项 C 的氢离子浓度计算公式：

$$C_{H^+} = \sqrt{K_a \cdot C} = \sqrt{1.76 \times 10^{-5} \times 0.1} \approx 1.33 \times 10^{-3}\text{mol/L}, \quad \text{pH} = -\lg C_{H^+} = -\lg 1.33 \times 10^{-3} \approx 2.9$$

选项 D 的氢离子浓度计算公式：

$$C_{H^+} = K_a \frac{C_{酸}}{C_{盐}} = 1.76 \times 10^{-5} \times \frac{0.1}{0.1} = 1.76 \times 10^{-5}\text{mol/L}, \quad \text{pH} = -\lg C_{H^+} = -\lg 1.76 \times 10^{-5} \approx 4.8$$

答案：C

3-2-16 解：选项 D 中 $NH_3 \cdot H_2O$ 过量，反应后溶液中存在等浓度的 $NH_3 \cdot H_2O$ 和 NH_4Cl 混合溶液，形成 $NH_3 \cdot H_2O$—NH_4Cl 缓冲溶液。

答案：D

3-2-17 解：$K_{bNH_3 \cdot H_2O} = 1.8 \times 10^{-5}$

混合后为 $NH_3 \cdot H_2O$—NH_4Cl 的碱性缓冲溶液

$$C_{OH^-} = K_b \cdot \frac{C_{碱}}{C_{盐}} = 1.8 \times 10^{-5} \times \frac{1}{1} = 1.8 \times 10^{-5} mol/L$$

答案：D

3-2-18 解：根据弱酸和共轭碱组成的缓冲溶液 H^+ 浓度计算公式 $C_{H^+} = K_a \cdot \frac{C_{酸}}{C_{盐}}$，则 $\frac{C_{酸}}{C_{盐}} = \frac{C_{H^+}}{K_a} = 5$。

答案：C

3-2-19 解：弱酸强碱盐的标准水解常数为：

$$K_h = \frac{K_w}{K_a} = \frac{1.0 \times 10^{-14}}{1.0 \times 10^{-5}} = 1.0 \times 10^{-9}$$

答案：A

3-2-20 解：NaOAc 为强碱弱酸盐，可以水解，水解常数 $K_h = \frac{K_w}{K_a}$，$0.1 mol \cdot L^{-1} NaOAc$ 溶液的

$$C_{OH^-} = \sqrt{C \cdot K_h} = \sqrt{C \cdot \frac{K_w}{K_a}} = \sqrt{0.1 \times \frac{1 \times 10^{-14}}{1.8 \times 10^{-5}}} \approx 7.5 \times 10^{-6} mol \cdot L^{-1}$$

$$C_{H^+} = \frac{K_w}{C_{OH^-}} = \frac{1 \times 10^{-14}}{7.5 \times 10^{-6}} \approx 1.3 \times 10^{-9} mol \cdot L^{-1}, \quad pH = -\lg C_{H^+} \approx 8.88$$

答案：D

3-2-21 解：$Mg(OH)_2$ 的溶解度为 s，则 $K_{sp} = s(0.01 + 2s)^2$，因 s 很小，$0.01 + 2s \approx 0.01$，则 $5.6 \times 10^{-12} = s \times 0.01^2$，$s = 5.6 \times 10^{-8}$。

答案：C

3-2-22 解：设 PbI_2 的溶解度为 S，则 $K_{sp} = 4S^3 = 4 \times (1.52 \times 10^{-3})^3 \approx 1.40 \times 10^{-8}$。

答案：A

3-2-23 解：$CaCO_3$ 属于 AB 型，PbI_2 属于 AB_2 型难溶电解质。其溶解度与溶度积之间的关系分别为：

AB 型 $\quad S = \sqrt{K_{sp}}$，$S_1 = \sqrt{1 \times 10^{-9}} \approx 3.2 \times 10^{-5} mol/L$

AB_2 型 $\quad S = \sqrt[3]{K_{sp}/4}$，$S_2 = \sqrt[3]{\frac{1 \times 10^{-9}}{4}} \approx 6.3 \times 10^{-4} mol/L$

答案：A

3-2-24 解：在难溶电解质饱和溶液中，加入含有与难溶物组成相同离子的强电解质，使难溶电解质的溶解度降低的现象称为多相同离子效应。由于同离子效应，选项 C、D 溶液使 $BaCO_3$ 的溶解度减小。选项 A 溶液中的氢离子和碳酸根离子结合生成 CO_2，使 $BaCO_3$ 的溶解平衡向溶解方向移动，溶解度增大。

答案：A

3-2-25 解：AgCl 溶液中存在如下平衡：$AgCl \rightleftharpoons Ag^+ + Cl^-$，加入 NH_3 和 $Na_2S_2O_3$ 后，NH_3 和 $S_2O_3^{2-}$ 与 Ag^+ 形成配离子，使平衡向右移动，AgCl 溶解度增大；加入 NaCl，溶液中 Cl^- 浓度增大，平衡

向左移动，AgCl溶解度减小。

答案：B

3-2-26 解：因为溶液中存在$[Cu(NH_3)_4]^{2+} \rightleftharpoons Cu^{2+} + 4NH_3$和$BaSO_4 \rightleftharpoons Ba^{2+} + SO_4^{2-}$两个平衡，溶液中永远存在 SO_4^{2-}、NH_3 和 Cu^{2+}。根据溶度积规则，滴加 $BaCl_2$ 有白色沉淀，$C_{Ba^{2+}} \cdot C_{SO_4^{2-}} > K_{sp(BaSO_4)}$；滴加 $NaOH$ 无沉淀，$C_{Cu^{2+}} \cdot C_{OH^-}^2 > K_{sp[Cu(OH)_2]}$；滴加 Na_2S 有黑色沉淀，$C_{Cu^{2+}} \cdot C_{S^{2-}} > K_{sp(CuS)}$。

答案：D

3-2-27 解：Ag_2SO_4的$K_{sp} = C_{Ag^+}^2 \cdot C_{SO_4^{2-}}$，为使 Ag^+沉淀生成 Ag_2SO_4，所需SO_4^{2-}的最小浓度为：

$$C_{SO_4^{2-}} = \frac{K_{sp}}{C_{Ag^+}^2} = \frac{1.2 \times 10^{-5}}{1^2} = 1.2 \times 10^{-5} \text{mol/L}$$

同理，为使 Ca^{2+}沉淀生成 $CaSO_4$，所需SO_4^{2-}的最小浓度为：

$$C_{SO_4^{2-}} = \frac{K_{sp}}{C_{Ca^{2+}}} = \frac{7.1 \times 10^{-5}}{1} = 7.1 \times 10^{-5} \text{mol/L}$$

为使 Ba^{2+}沉淀生成 $BaSO_4$，所需SO_4^{2-}的最小浓度为：

$$C_{SO_4^{2-}} = \frac{K_{sp}}{C_{Ba^{2+}}} = \frac{1.07 \times 10^{-10}}{1} = 1.07 \times 10^{-10} \text{mol/L}$$

答案：B

3-2-28 解：沉淀溶解的条件：降低溶度积常数中相关离子的浓度，使得$Q < K_{sp}$。沉淀溶解的方法：酸解溶解法、氧化还原溶解法、配合溶解法。CN^-能和 Zn^{2+}、Ag^+和 Fe^{3+}形成非常稳定的配离子，使沉淀溶解平衡向溶解方向移动。

答案：C

3-2-29 解：在 AgCl 的溶解平衡中，若再加入 Ag^+，或 Cl^-，则只能使 AgCl 进一步沉淀。加入浓氨水，Ag^+与 NH_3形成配离子$[Ag(NH_3)_2]^+$，使 AgCl 沉淀溶解平衡向溶解方向移动。

答案：D

（三）化学反应速率与化学平衡

3-3-1 对一个化学反应来说，下列叙述正确的是：

　　A. $\Delta_r G_m^\ominus$越小，反应速率越快　　　　B. $\Delta_r H_m^\ominus$越小，反应速率越快

　　C. 活化能越小，反应速率越快　　　　D. 活化能越大，反应速率越快

3-3-2 升高温度，反应速率常数最大的主要原因是：

　　A. 活化分子百分数增加　　　　　　　B. 混乱度增加

　　C. 活化能增加　　　　　　　　　　　D. 压力增大

3-3-3 关于化学反应速率常数k的说法正确的是：

　　A. k值较大的反应，其反应速率在任何情况下都大

　　B. 通常一个反应的温度越高，其k值越大

　　C. 一个反应的k值大小与反应的性质无关

　　D. 通常一个反应的浓度越大，其k值越大

3-3-4 一般来说，某反应在其他条件一定时，温度升高其反应速率会明显增加，主要原因是：

　　A. 分子碰撞机会增加　　　　　　　　B. 反应物压力增加

C. 活化分子百分率增加 D. 反应的活化能降低

3-3-5 反应$N_2 + 3H_2 \rightleftharpoons 2NH_3$的平均速率，在下面的表示方法中不正确的是？

A. $\dfrac{-\Delta c_{H_2}}{\Delta t}$ B. $\dfrac{-\Delta c_{N_2}}{\Delta t}$ C. $\dfrac{\Delta c_{NH_3}}{\Delta t}$ D. $\dfrac{-\Delta c_{NH_3}}{\Delta t}$

3-3-6 反应速率常数的大小取决于下述中的哪一项？

A. 反应物的本性和反应温度 B. 反应物的浓度和反应温度

C. 反应物浓度和反应物本性 D. 体系压力和活化能大小

3-3-7 增加反应物浓度可改变下列量中哪种性能？

A. 正反应速率 B. 化学平衡常数

C. 反应速率常数 D. 反应活化能

3-3-8 某反应的速率方程为$v = kC_A^2 \cdot C_B$，若使密闭的反应容积减小一半，则反应速率为原来速率的多少？

A. $\dfrac{1}{6}$ B. $\dfrac{1}{8}$ C. 8 D. $\dfrac{1}{4}$

3-3-9 在298K时，$H_2(g) + \dfrac{1}{2}O_2(g) = H_2O(l)$，$\Delta H = -285.8kJ/mol$。若温度升高，则有下列中何种变化？

A. 正反应速率增大，逆反应速率减小

B. 正反应速率增大，逆反应速率增大

C. 正反应速率减小，逆反应速率增大

D. 正反应速率减小，逆反应速率减小

3-3-10 某放热反应正反应活化能是15kJ/mol，逆反应的活化能是：

A. $-15kJ/mol$ B. 大于15kJ/mol

C. 小于15kJ/mol D. 无法判断

3-3-11 下列反应中$\Delta_r S_m^\ominus > 0$的是：

A. $2H_2(g) + O_2(g) \longrightarrow 2H_2O(g)$

B. $N_2(g) + 3H_2(g) \longrightarrow 2NH_3(g)$

C. $NH_4Cl(s) \longrightarrow NH_3(g) + HCl(g)$

D. $CO_2(g) + 2NaOH(aq) \longrightarrow Na_2CO_3(aq) + H_2O(l)$

3-3-12 化学反应低温自发，高温非自发，该反应的：

A. $\Delta H < 0$, $\Delta S < 0$ B. $\Delta H > 0$, $\Delta S < 0$

C. $\Delta H < 0$, $\Delta S > 0$ D. $\Delta H > 0$, $\Delta S > 0$

3-3-13 暴露在常温空气中的碳并不燃烧，这是由于反应$C(s) + O_2(g) = CO_2(g)$的：

$\left[\text{已知：}CO_2(g)\text{的}\Delta_f G_m^\ominus(298.15K) = -394.36kJ/mol\right]$

A. $\Delta_r G_m^\ominus > 0$，不能自发进行

B. $\Delta_r G_m^\ominus < 0$，但反应速率缓慢

C. 逆反应速率大于正反应速率

D. 上述原因均不正确

3-3-14 在一定温度下，下列反应$2CO(g) + O_2(g) = 2CO_2(g)$的$K_p$与$K_c$之间的关系正确的是：

A. $K_p = K_c$ B. $K_p = K_c \times (RT)$

C. $K_p = K_c/(RT)$ 　　　　　　　　D. $K_p = 1/K_c$

3-3-15 一定温度下，某反应的标准平衡常数$K^{\ominus}$的数值：

　　A. 恒为常数，并与反应方程式的写法有关

　　B. 由反应方程式的写法而定

　　C. 由平衡浓度及平衡分压而定

　　D. 由加入反应物的量而定

3-3-16 在一定条件下，已建立化学平衡的某可逆反应，当改变反应条件使化学平衡向正反应方向移动时，下列有关叙述肯定不正确的是：

　　A. 生成物的体积分数一定增加　　　　　B. 生成物的产量一定增加

　　C. 反应物浓度一定降低　　　　　　　　D. 使用了合适的催化剂

3-3-17 为了减少汽车尾气中 NO 和 CO 污染大气，拟按下列反应进行催化转化$NO(g) + CO(g) = \frac{1}{2}N_2(g) + CO_2(g)$，$\Delta_r H_m^{\ominus}(298.15K) = -374kJ/mol$。为提高转化率，应采取的措施是：

　　A. 低温高压　　　B. 高温高压　　　C. 低温低压　　　D. 高温低压

3-3-18 可逆反应$2SO_2(g) + O_2(g) \rightleftharpoons 2SO_3(g)$的$\Delta H < 0$。下列叙述正确的是：

　　A. 降压时，平衡常数减小　　　　　　　B. 升温时，平衡常数增大

　　C. 降温时，平衡常数增大　　　　　　　D. 降压时，平衡常数增大

3-3-19 某气体反应在密闭容器中建立了化学平衡，如果温度不变但体积缩小了一半，则平衡常数为原来的：

　　A. 3 倍　　　　　　B. 1/2　　　　　　C. 2 倍　　　　　　D. 不变

3-3-20 平衡反应

$$2NO(g) + O_2(g) \rightleftharpoons 2NO(g) \quad (\Delta H < 0)$$

使平衡向右移动的条件是下列中的哪一项？

　　A. 升高温度和增加压力　　　　　　　　B. 降低温度和压力

　　C. 降低温度和增加压力　　　　　　　　D. 升高温度和降低压力

3-3-21 已知在一定温度下

$$SO_3(g) \rightleftharpoons SO_2(g) + \frac{1}{2}O_2 \quad (K_1 = 0.050)$$

$$NO_2(g) \rightleftharpoons NO(g) + \frac{1}{2}O_2 \quad (K_2 = 0.012)$$

则在相同条件下

$$SO_2(g) + NO_2(g) \rightleftharpoons SO_3(g) + NO(g)$$

反应的平衡常数K为：

　　A. 0.038　　　　　B. 4.2　　　　　　C. 0.026　　　　　D. 0.24

3-3-22 有反应：$Fe_2O_3(s) + 3H_2(g) \rightleftharpoons 2Fe(s) + 3H_2O(l)$，此反应的标准平衡常数表达式应是：

　　A. $K^{\ominus} = \dfrac{p_{H_2O}/p^{\ominus}}{p_{H_2}/p^{\ominus}}$ 　　　　　　　　B. $K^{\ominus} = \dfrac{(p_{H_2O}/p^{\ominus})^3}{(p_{H_2}/p^{\ominus})^3}$

　　C. $K^{\ominus} = \dfrac{1}{p_{H_2}/p^{\ominus}}$ 　　　　　　　　　D. $K^{\ominus} = \dfrac{1}{(p_{H_2}/p^{\ominus})^3}$

3-3-23 已知 298K 时，反应$N_2O_4(g) \rightleftharpoons 2NO_2(g)$的$K^{\ominus} = 0.1132$，在 298K 时，如$p(N_2O_4) =$

$p(NO_2) = 100kPa$，则上述反应进行的方向是：

A. 反应向正向进行　　　　　　B. 反应向逆向进行

C. 反应达平衡状态　　　　　　D. 无法判断

题解及参考答案

3-3-1 解： 由阿仑尼乌斯公式 $k = Ze^{\frac{-\varepsilon}{RT}}$ 可知：温度一定时，活化能越小，速率常数就越大，反应速率也越大。活化能越小，反应越易正向进行。

答案： C

3-3-2 解： 反应速率常数：表示反应物均为单位浓度时的反应速率。升高温度能使更多分子获得能量而成为活化分子，活化分子百分数可显著增加，发生化学反应的有效碰撞增加，从而增大反应速率常数。

答案： A

3-3-3 解： 速率常数表示反应物均为单位浓度时的反应速率。速率常数的大小取决于反应的本质及反应温度，而与浓度无关。

反应速率常数与温度的定量关系式（阿伦尼乌斯公式）：$k = Ae^{-\frac{E_a}{RT}}$，A 指前因子；E_a 为反应的活化能。A 与 E_a 都是反应的特性常数，基本与温度无关。

结论：反应温度越高，速率常数越大，速率也越大；温度一定时，活化能越大，速率常数越小，速率越小。

答案： B

3-3-4 解： 温度升高，分子获得能量，活化分子百分率增加。

答案： C

3-3-5 解： 反应速率通常由单位时间内反应物或生成物的变化量来表示。

答案： D

3-3-6 解： 速率常数为反应物浓度均为单位浓度时的反应速率。它的大小取决于反应物的本性和反应温度，而与反应物浓度无关。

答案： A

3-3-7 解： 反应速率与反应物浓度及速率常数有关。速率常数与反应温度、活化能有关，化学平衡常数仅是温度的函数。

答案： A

3-3-8 解： 反应容积减小一半，相当于反应物浓度增加到原来的两倍。反应速率 $v = k(2C_A)^2 \cdot (2C_B) = 8kC_A^2 \cdot C_B$。

答案： C

3-3-9 解： 无论是吸热反应还是放热反应，温度升高时由阿仑尼乌斯公式得出，速率常数均增加。因此反应速率也都增加。

答案： B

3-3-10 解： 化学反应的热效应 ΔH 与正、逆反应活化能的关系为

$$\Delta H = \varepsilon_{正} - \varepsilon_{逆}$$

且放热反应的$\Delta H < 0$，吸热反应的$\Delta H > 0$。本反应为放热反应，$\Delta H = \varepsilon_{正} - \varepsilon_{逆} < 0$，$\varepsilon_{逆} > \varepsilon_{正}$，所以$\varepsilon_{逆} > 15\text{kJ/mol}$。

答案：B

3-3-11 解：物质的标准熵值大小一般规律：

①对于同一种物质，$S_g > S_l > S_s$。

②同一物质在相同的聚集状态时，其熵值随温度的升高而增大，$S_{高温} > S_{低温}$。

③对于不同种物质，$S_{复杂分子} > S_{简单分子}$。

④对于混合物和纯净物，$S_{混合物} > S_{纯物质}$。

⑤对于一个化学反应的熵变，反应前后气体分子数增加的反应熵变大于零，反应前后气体分子数减小的反应熵变小于零。

4个选项化学反应前后气体分子数的变化：

A 选项，$2 - 2 - 1 = -1$

B 选项，$2 - 1 - 3 = -2$

C 选项，$1 + 1 - 0 = 2$

D 选项，$0 - 1 = -1$

答案：C

3-3-12 解：反应自发性判据（最小自由能原理）：$\Delta G < 0$，自发过程，过程能向正方向进行；$\Delta G = 0$，平衡状态；$\Delta G > 0$，非自发过程，过程能向逆方向进行。

由公式$\Delta G = \Delta H - T\Delta S$及自发判据可知，当$\Delta H$和$\Delta S$均小于零时，$\Delta G$在低温时小于零，所以低温自发，高温非自发。转换温度$T = \frac{\Delta H}{\Delta S}$。

答案：A

3-3-13 解：根据化学反应的摩尔吉布斯函数变化值的计算公式：

$$\Delta_r G_m^{\ominus}(298.15\text{K}) = \sum v_r \Delta_f G_m^{\ominus}(生成物) - \sum v_r \Delta_f G_m^{\ominus}(反应物)$$

求得反应的$\Delta_r G_m^{\ominus}(298.15\text{K}) = -394.36\text{kJ/mol}$

根据反应自发性判据，$\Delta_r G_m^{\ominus}(298.15\text{K}) < 0$，反应能够正向进行，但常温下反应速率很慢。

答案：B

3-3-14 解：K_p与K_c均为实验平衡常数。对于气体反应，实验平衡常数既可以用浓度表示，也可以用平衡时各气体的分压表示。K_p与K_c的关系为：$K_p = K_c(RT)^{\Delta n}$（Δn为气体生成物系数之和减去气体反应物系数之和）。本反应$\Delta n = -1$，根据公式计算，$K_p = K_c/(RT)$。

答案：C

3-3-15 解：标准平衡常数特征：不随压力和组成而变，只是温度的函数。符合多重平衡规则，与方程式的书写有关。

答案：A

3-3-16 解：催化剂的主要特征：改变反应途径，降低活化能，使反应速率增大；只能改变达到平衡的时间而不能改变平衡的状态。催化剂能够同时增加正、反向反应速率，不会使平衡移动。

答案：D

3-3-17 解：压力对固相或液相的平衡没有影响，对反应前后气体计量数不变的反应的平衡也没有影响。对于反应前后气体计量系数不同的反应，增大压力，平衡向气体分子数减少的方向移动；减少压力，平衡向气体分子数增加的方向移动。

温度对化学平衡影响，是通过K^Θ值改变，从而使平衡发生移动。对于吸热反应，温度T升高，K^Θ值增大，平衡正向移动；对于放热反应，温度T升高，K^Θ降低，平衡逆向移动。

此反应为气体分子数减少的反应，所以增加压力平衡正向移动；此反应还是放热反应，降低温度平衡正向移动。

答案： A

3-3-18 解： 温度不变时，压力和浓度对平衡常数没有影响。对放热反应，温度升高，平衡常数下降；对吸热反应，温度升高，平衡常数增大。

答案： C

3-3-19 解： 平衡常数是温度的函数，温度不变，平衡常数不变。

答案： D

3-3-20 解： 对吸热反应升高温度、对放热反应降低温度有利反应向右移动；对反应前后分子数增加的反应减压、对反应前后分子总数减少的反应加压均有利反应向右移动。此反应为气体分子数减小的放热反应，所以降温加压有利于反应正向移动。

答案： C

3-3-21 解： 多重平衡规则：当n个反应相加（或相减）得总反应时，总反应的平衡常数等于各个反应平衡常数的乘积（或商）。本题中第三个反应等于第二个反应减第一个反应。所以，第三个反应的$K = K_2/K_1 = 0.012/0.050 = 0.24$。

答案： D

3-3-22 解： 纯固体、纯液体的浓度不写入平衡常数表达式中；反应式中物质前的计量数是平衡常数表达式中浓度的指数。

答案： D

3-3-23 解： $p(N_2O_4) = p(NO_2) = 100\text{kPa}$时，$N_2O_4(g) \rightleftharpoons 2NO_2(g)$的反应熵：

$$Q = \frac{\left[\dfrac{p(NO_2)}{p^\Theta}\right]^2}{\dfrac{p(N_2O_4)}{p^\Theta}} = 1 > K^\Theta = 0.1132$$

根据反应熵判据，反应逆向进行。

答案： B

（四）氧化还原反应与电化学

3-4-1 将反应$MnO_2 + HCl \longrightarrow MnCl_2 + Cl_2 + H_2O$配平后，方程中$MnCl_2$的系数是：

    A. 1   B. 2   C. 3   D. 4

3-4-2 对于化学反应$3Cl_2 + 6NaOH \rightleftharpoons NaClO_3 + 5NaCl + 3H_2O$，下列叙述正确的是：

    A. Cl_2既是氧化剂，又是还原剂   B. Cl_2是氧化剂，不是还原剂

    C. Cl_2是还原剂，不是氧化剂   D. Cl_2既不是氧化剂，又不是还原剂

3-4-3 关于盐桥叙述错误的是：

    A. 分子通过盐桥流动

    B. 盐桥中的电解质可以中和两个半电池中的过剩电荷

    C. 可维持氧化还原反应进行

D. 盐桥中的电解质不参加电池反应

3-4-4 反应 $Sn^{2+} + 2Fe^{3+} = Sn^{4+} + 2Fe^{2+}$ 能自发进行，将其设计为原电池，电池符号为：

A. $(-)C \mid Fe^{2+}(C_1)、Fe^{3+}(C_2) \parallel Sn^{4+}(C_3)、Sn^{2+}(C_4) \parallel Pt(+)$

B. $(-)Pt \mid Sn^{4+}(C_1)、Sn^{2+}(C_2) \parallel Fe^{3+}(C_3)、Fe^{2+}(C_4) \parallel C(+)$

C. $(+)C \mid Fe^{2+}(C_1)、Fe^{3+}(C_2) \parallel Sn^{4+}(C_3)、Sn^{2+}(C_4) \parallel Sn(-)$

D. $(-)Pt \mid Sn^{4+}(C_1)、Sn^{2+}(C_2) \parallel Fe^{2+}(C_3)、Fe^{3+}(C_4) \parallel Fe(+)$

3-4-5 已知氯电极的标准电势为 1.358V，当氯离子浓度为 $0.1mol \cdot L^{-1}$，氯气分压为 $0.1 \times 100kPa$ 时，该电极的电极电势为：

A. 1.358V　　　　B. 1.328V　　　　C. 1.388V　　　　D. 1.417V

3-4-6 已知下列电对电极电势的大小顺序为：$E(F_2/F) > E(Fe^{3+}/Fe^{2+}) > E(Mg^{2+}/Mg) > E(Na^+/Na)$，则下列离子中最强的还原剂是：

A. F　　　　B. Fe^{2+}　　　　C. Na^+　　　　D. Mg^{2+}

3-4-7 下列物质与 H_2O_2 水溶液相遇时，能使 H_2O_2 显还原性的是：

[已知：$\varphi^{\ominus}_{MnO_4^-/Mn^{2+}} = 1.507V$，$\varphi^{\ominus}_{Sn^{4+}/Sn^{2+}} = 0.151V$，$\varphi^{\ominus}_{Fe^{3+}/Fe^{2+}} = 0.771V$，$\varphi^{\ominus}_{O_2/H_2O_2} = 0.695V$，$\varphi^{\ominus}_{H_2O/H_2O_2} = 1.776V$，$\varphi^{\ominus}_{O_2/OH^-} = 0.401V$]

A. $KMnO_4$（酸性）　B. $SnCl_2$　　　　C. Fe^{2+}　　　　D. NaOH

3-4-8 标准电极电势是：

A. 电极相对于标准氢电极的电极电势

B. 在标准状态下，电极相对于标准氢电极的电极电势

C. 在任何条件下，可以直接使用的电极电势

D. 与物质的性质无关的电极电势

3-4-9 已知 $\varphi^{\ominus}_{Cu^{2+}/Cu} = 0.342V$，$\varphi^{\ominus}_{I_2/I^-} = 0.536V$，$\varphi^{\ominus}_{Fe^{3+}/Fe^{2+}} = 0.771V$，$\varphi^{\ominus}_{Sn^{4+}/Sn^{2+}} = 0.151V$，试判断下列还原剂的还原性由强到弱的是：

A. Cu、I^-、Fe^{2+}、Sn^{2+}　　　　　　B. I^-、Fe^{2+}、Sn^{2+}、Cu

C. Sn^{2+}、Cu、I^-、Fe^{2+}　　　　　　D. Fe^{2+}、Sn^{2+}、I^-、Cu

3-4-10 根据反应 $2Fe^{3+} + Sn^{2+} \longrightarrow Sn^{4+} + 2Fe^{2+}$ 构成的原电池，测得 $E^{\ominus} = 0.616V$，已知 $\varphi^{\ominus}_{Fe^{3+}/Fe^{2+}} = 0.770V$，则 $\varphi^{\ominus}_{Sn^{4+}/Sn^{2+}}$ 为：

A. 1.386V　　　　B. 0.154V　　　　C. −0.154V　　　　D. −1.386V

3-4-11 电极反应，$Al^{3+} + 3e^- = Al$，$\varphi^{\ominus} = -1.66V$，推测电极反应 $3Al - 6e^- = 2Al^{3+}$ 的标准电极电势是：

A. −3.32V　　　　B. 1.66V　　　　C. −1.66V　　　　D. 3.32V

3-4-12 下列两个电极反应

$Cu^{2+} + 2e^- = Cu$　　　　　　　　　　（1）$\varphi_{Cu^{2+}/Cu}$

$I_2 + 2e^- = 2I^-$　　　　　　　　　　（2）φ_{I_2/I^-}

当离子浓度增大时，关于电极电势的变化下列叙述中正确的是：

A. （1）变小，（2）变小　　　　　　B. （1）变大，（2）变大

C. （1）变小，（2）变大　　　　　　D. （1）变大，（2）变小

3-4-13 已知 $\varphi^{\ominus}_{Zn^{2+}/Zn} = -0.76V$，$\varphi^{\ominus}_{Cu^{2+}/Cu} = -0.34V$，$\varphi^{\ominus}_{Fe^{2+}/Fe} = -0.44V$，当在 $ZnSO_4$（1.0mol/L）

和 $CuSO_4$（1.0mol/L）的混合溶液中放入一枚铁钉得到的产物是：

    A. Zn、Fe^{2+}和 Cu　　　　　　　　　B. Fe^{2+}和 Cu

    C. Zn、Fe^{2+}和 H_2　　　　　　　　　D. Zn 和 Fe^{2+}

3-4-14 下列反应能自发进行

$$2Fe^{3+} + Cu = 2Fe^{2+} + Cu^{2+}$$

$$Cu^{2+} + Fe = Fe^{2+} + Cu$$

由此比较，a)$\varphi_{Fe^{3+}/Fe^{2+}}$，b)$\varphi_{Cu^{2+}/Cu}$，c)$\varphi_{Fe^{2+}/Fe}$的代数值大小顺序应为：

    A. c > b > a　　　　B. b > a > c　　　　C. a > c > b　　　　D. a > b > c

3-4-15 pH 值对电极电势有影响的是下列中哪个电对？

    A. Sn^{4+}/Sn^{2+}　　　　B. $Cr_2O_7^{2-}/Cr^{3+}$　　　　C. Ag^+/Ag　　　　D. Br_2/Br^-

3-4-16 在铜锌原电池中，往 $CuSO_4$ 溶液中加入氨水，电池电动势将有何变化？

    A. 变大　　　　B. 不变　　　　C. 变小　　　　D. 无法确定

3-4-17 由电对 MnO_4^-/Mn^{2+}和电对 Fe^{3+}/Fe^{2+}组成原电池，已知$\varphi_{MnO_4^-/Mn^{2+}} > \varphi_{Fe^{3+}/Fe^{2+}}$，则电池反应的产物为：

    A. Fe^{3+}和 Mn^{2+}　　　　　　　　　B. MnO_4^-和 Fe^{3+}

    C. Mn^{2+}和 Fe^{2+}　　　　　　　　　D. MnO_4^-和 Fe^{2+}

3-4-18 已知$\varphi^{\Theta}_{Cu^{2+}/Cu} = 0.34V$、$\varphi^{\Theta}_{Sn^{4+}/Sn^{2+}} = 0.15V$，在标准状态下反应$Sn^{2+} + Cu^{2+} \rightleftharpoons Cu + Sn^{4+}$达到平衡时，该反应的$\lg K$为：

    A. 3.2　　　　B. 6.4　　　　C. −6.4　　　　D. −3.2

3-4-19 用铜作电极，电解 $CuCl_2$ 溶液时，阳极的主要反应是：

    A. $2H^+ + 2e^- \rightleftharpoons H_2$　　　　　　　B. $4OH^- - 4e^- \rightleftharpoons 2H_2O + O_2$

    C. $Cu - 2e^- \rightleftharpoons Cu^{2+}$　　　　　　D. $2Cl^- - 2e^- \rightleftharpoons Cl_2$

3-4-20 电解熔融的 $MgCl_2$，以 Pt 作电极。阴极产物是：

    A. Mg　　　　B. Cl_2　　　　C. O_2　　　　D. H_2

3-4-21 为保护轮船不被海水腐蚀，可做阳极牺牲的金属：

    A. Zn　　　　B. Na　　　　C. Cu　　　　D. Pb

3-4-22 下列说法中错误的是：

    A. 金属表面涂刷油漆可以防止金属腐蚀

    B. 金属在潮湿空气中主要发生吸氧腐蚀

    C. 牺牲阳极保护法中，被保护金属作为腐蚀电池的阳极

    D. 在外加电流保护法中，被保护金属接外加直流电源的负极

题解及参考答案

3-4-1　**解：** 可以用氧化还原配平法。配平后的方程式为$MnO_2 + 4HCl = MnCl_2 + Cl_2 + 2H_2O$。

    答案： A

3-4-2　**解：** Cl_2 一部分变成 ClO_3^-，化合价升高，是还原剂；一部分变为 Cl^-，化合价降低，是氧化剂。

    答案： A

3-4-3　**解：** 盐桥的作用为沟通内电路，补充电荷，维持电荷平衡，使电流持续产生。分子不通过盐桥流动。

　　答案： A

3-4-4　**解：** 由反应方程式可得出 $\varphi_{Fe^{3+}/Fe^{2+}} > \varphi_{Sn^{4+}/Sn^{2+}}$；电极电势高的是正极，低的是负极；原电池的负极写在左边，正极写在右边；同种金属不同价态的离子必须用惰性电极作导体。

　　答案： B

3-4-5　**解：** 根据电极电势的能斯特方程式：

$$\varphi(Cl_2/Cl^-) = \varphi^{\ominus}(Cl_2/Cl^-) + \frac{0.0592}{n} \times \lg \frac{\left[\dfrac{p(Cl_2)}{p^{\ominus}}\right]}{\left[\dfrac{C(Cl^-)}{C^{\ominus}}\right]^2} = 1.358 + \frac{0.0592}{2} \times \lg 10 = 1.388 V$$

　　答案： C

3-4-6　**解：** 电对中，斜线右边为氧化态，斜线左边为还原态。电对的电极电势越大，表示电对中氧化态的氧化能力越强，是强氧化剂；电对的电极电势越小，表示电对中还原态的还原能力越强，是强还原剂。所以依据电对电极电势大小顺序，知氧化剂强弱顺序：$F_2 > Fe^{3+} > Mg^{2+} > Na^+$；还原剂强弱顺序：$Na > Mg > Fe^{2+} > F$。

　　答案： B

3-4-7　**解：** 电对中，斜线右边为氧化态，斜线左边为还原态。电对的电极电势越大，表示电对中氧化态的氧化能力越强，是强氧化剂；电对的电极电势越小，表示电对中还原态的还原能力越强，是强还原剂。H_2O_2 作为还原剂被氧化为 O_2 时的电极电势为 0.695V，所以电极电势大于 0.695V 的电对的氧化态可以将 H_2O_2 氧化为 O_2. MnO_4^{2-} 和 Fe^{3+} 可以使 H_2O_2 显还原性。

　　答案： A

3-4-8　**解：** 标准电极电势定义：标准状态时，电极相对于标准氢电极的电极电势。标准状态：当温度为 298K，离子浓度为 1mol/L，气体分压为 100kPa，固体为纯固体，液体为纯液体的状态。

　　答案： B

3-4-9　**解：** $\varphi^{\ominus}$ 值越小，表示电对中还原态的还原能力越强。

　　答案： C

3-4-10　**解：** 将反应组成原电池时，反应物中氧化剂为正极，还原剂为负极，电动势等于正极电极电势减负极电极电势。本反应中 $E^{\ominus} = \varphi^{\ominus}_{Fe^{3+}/Fe^{2+}} - \varphi^{\ominus}_{Sn^{4+}/Sn^{2+}}$，则

$$\varphi^{\ominus}_{Sn^{4+}/Sn^{2+}} = \varphi^{\ominus}_{Fe^{3+}/Fe^{2+}} - E^{\ominus} = 0.770 - 0.616 = 0.154 V$$

　　答案： B

3-4-11　**解：** 标准电极电势数值的大小只取决于物质的本性，与物质的数量和电极反应的方向无关。

　　答案： C

3-4-12　**解：** 根据能斯特方程式，两个电极的电极电势分别为：

$$\varphi_{Cu^{2+}/Cu} = \varphi^{\ominus}_{Cu^{2+}/Cu} + \frac{0.059}{2} \lg C_{Cu^{2+}}$$

$$\varphi_{I_2/I^-} = \varphi^{\ominus}_{I_2/I^-} + \frac{0.059}{2} \lg \frac{1}{(C_{I^-})^2} = \varphi^{\ominus}_{I_2/I^-} - 0.059 \lg C_{I^-}$$

所以，当离子浓度增大时，$\varphi_{Cu^{2+}/Cu}$ 变大，φ_{I_2/I^-} 变小。

答案： D

3-4-13 解： 加入铁钉是还原态，它能和电极电势比$\varphi^{\Theta}_{Fe^{2+}/Fe}$高的电对中的氧化态反应。所以 Fe 和 Cu^{2+}反应生成 Fe^{2+}和 Cu。

答案： B

3-4-14 解： 两个反应能自发进行，所以两个反应的电动势都大于零，即正极电极电势大于负极电极电势。由反应 1 可知：$\varphi_{Fe^{3+}/Fe^{2+}} > \varphi_{Cu^{2+}/Cu}$；由反应 2 可知：$\varphi_{Cu^{2+}/Cu} > \varphi_{Fe^{2+}/Fe}$。

答案： D

3-4-15 解： 有氢离子参加电极反应时，pH 值对该电对的电极电势有影响。它们的电极反应为：

A. $Sn^{4+} + 2e^- == Sn^{2+}$ 　　　　B. $Cr_2O_7^{2-} + 14H^+ + 3e^- == 2Cr^{3+} + 7H_2O$

C. $Ag^+ + e^- == Ag$ 　　　　　　D. $Br_2 + 2e^- == 2Br^-$

答案： B

3-4-16 解： 在铜锌原电池中，铜电极为正极，锌电极为负极，电池电动势 $E = \varphi_{Cu^{2+}/Cu} - \varphi_{Zn^{2+}/Zn}$。在 $CuSO_4$溶液中加入氨水，溶液中 Cu^{2+}与 NH_3形成配离子，Cu^{2+}浓度降低。根据电极电势能斯特方程式 $\varphi_{Cu^{2+}/Cu} = \varphi^{\Theta}_{Cu^{2+}/Cu} + \dfrac{0.059}{2}\lg C_{Cu^{2+}}$ 可知，Cu^{2+}浓度降低，$\varphi_{Cu^{2+}/Cu}$减小，电池电动势减小。

答案： C

3-4-17 解： 电极电势高的电对作正极，电极电势低的电对作负极。正极发生的电极反应是氧化剂的还原反应，负极发生的是还原剂的氧化反应。即

$$MnO_4^- + 8H^+ + 5e^- == Mn^{2+} + 4H_2O$$
$$Fe^{2+} - e^- == Fe^{3+}$$

答案： A

3-4-18 解： 将反应组成原电池时，反应物中氧化剂为正极，还原剂为负极，电动势等于正极电极电势减负极电极电势。本反应中 $E^{\Theta} = \varphi^{\Theta}_{Cu^{2+}/Cu} - \varphi^{\Theta}_{Sn^{4+}/Sn^{2+}} = 0.34 - 0.15 = 0.19V$，则

$$\lg K = nE^{\Theta}/0.059 = 2 \times 0.19/0.059 \approx 6.4$$

答案： B

3-4-19 解： 电解池中，与外电源负极相连的极叫阴极，与外电源正极相连的极叫阳极。电解时阴极发生还原反应，阳极发生氧化反应。析出电势代数值较大的氧化型物质首先在阴极还原，析出电势代数值较小的还原型物质首先在阳极氧化。电解时，阳极如果是可溶性电极，可溶性电极首先被氧化，阳极如果是惰性电极，简单负离子被氧化，如 Cl^-、Br^-、I^-、S^{2-}分别析出 Cl_2、Br_2、I_2、S。

答案： C

3-4-20 解： 熔融的 $MgCl_2$中只有 Mg^{2+}和 Cl^-，阴极反应是还原反应，$Mg^{2+} + 2e^- == Mg$。

答案： A

3-4-21 解： 牺牲阳极保护法指用较活泼的金属（Zn、Al）连接在被保护的金属上组成原电池，活泼金属作为腐蚀电池的阳极而被腐蚀，被保护的金属作为阴极而达到不遭腐蚀的目的。此法常用于保护海轮外壳及海底设备。所以应使用比轮船外壳 Fe 活泼的金属作为阳极。四个选项中 Zn、Na 比 Fe 活泼，但 Na 可以和水强烈反应，Zn 作为阳极最合适。

答案： A

3-4-22 解： 牺牲阳极保护法中，被保护的金属作为腐蚀电池的阴极。

答案： C

（五）有机化合物

3-5-1 下列各组有机物中属于同分异构体的是哪一组？

A. $CH_3-C\equiv C-CH_3$ 和 $CH_3-CH=CH-CH_3$

B. $CH_3-CH=\underset{\underset{CH_3}{|}}{C}-CH_2-CH_3$ 和

C. $CH_3-\underset{\underset{CH_3}{|}}{CH}-CH_2-CH_3$ 和 $CH_3-CH_2-\underset{\underset{CH_3}{\overset{\overset{CH_3}{|}}{}}}{C}=CH_2$

D. $CH_3-\underset{\underset{CH_2-CH_2-CH_3}{|}}{\overset{\overset{CH_3}{|}}{C}}-CH_3$ 和 $CH_3-\underset{\underset{CH_3-CH-CH_2-CH_3}{|}}{CH}-CH_3$

3-5-2 下列化合物中命名为 2,4-二氯苯乙酸的物质是：

A. 　B. 　C. 　D.

3-5-3 下列有机物不属于烃的衍生物的是：

A. $CH_2=CHCl$　　　　　　　　　　B. $CH_2=CH_2$

C. $CH_3CH_2NO_2$　　　　　　　　　　D. CCl_4

3-5-4 下列各化合物的结构式，不正确的是：

A. 聚乙烯：$\text{---}CH_2-CH_2\text{---}_n$　　　　B. 聚氯乙烯：$\text{---}CH_2-\underset{\underset{Cl}{|}}{CH}\text{---}_n$

C. 聚丙烯：$\text{---}CH_2CH_2CH_2\text{---}_n$　　　D. 聚 1-丁烯：$\text{---}CH_2CH(C_2H_5)\text{---}_n$

3-5-5 六氯苯的结构式正确的是：

A. 　　　B.

C. 　　　D.

3-5-6 某化合物的结构式为 ，该有机化合物不能发生的化学反应类型是：

A. 加成反应　　　B. 还原反应　　　C. 消除反应　　　D. 氧化反应

3-5-7 聚丙烯酸酯的结构式为 $\text{---}CH_2-\underset{\underset{CO_2R}{|}}{CH}\text{---}_n$，它属于：

①无机化合物；②有机化合物；③高分子化合物；④离子化合物；⑤共价化合物。

A. ①③④ 　　　　B. ①③⑤ 　　　　C. ②③⑤ 　　　　D. ②③④

3-5-8 下列物质中不能使酸性高锰酸钾溶液褪色的是：

A. 苯甲醛 　　　B. 乙苯 　　　C. 苯 　　　D. 苯乙烯

3-5-9 已知柠檬醛的结构式为 $(CH_3)_2C\!\!=\!\!CHCH_2CH_2\overset{\underset{\displaystyle CH_3}{|}}{C}\!\!=\!\!CHCHO$ ，下列说法不正确的是：

A. 它可使 $KMnO_4$ 溶液褪色 　　　　B. 可以发生银镜反应

C. 可使溴水褪色 　　　　D. 催化加氢产物为 $C_{10}H_{20}O$

3-5-10 下列化合物中不能发生加聚反应的是：

A. $CF_2\!\!=\!\!CF_2$ 　　　　B. CH_3CH_2OH

C. $CH_2\!\!=\!\!CHCl$ 　　　　D. $CH_2\!\!=\!\!CH\!-\!CH\!\!=\!\!CH_2$

3-5-11 下列化合物中不能进行缩聚反应的是：

A. $\begin{matrix} CH_2COOH \\ | \\ CH_2 \\ | \\ CH_2COOH \end{matrix}$ 　　B. $\begin{matrix} CH_2\!-\!OH \\ | \\ CH_2\!-\!OH \end{matrix}$ 　　C. $\bigcirc\!-\!CH\!\!=\!\!CH_2$ 　　D. $\begin{matrix} CH_2\!-\!OH \\ | \\ (CH_2)_5 \\ | \\ COOH \end{matrix}$

3-5-12 下列化合物中不能进行加成反应的是：

A. $CH\!\!\equiv\!\!CH$ 　　　　B. $RCHO$

C. $C_2H_5OC_2H_5$ 　　　　D. CH_3COCH_3

3-5-13 下列化合物中，没有顺、反异构体的是：

A. $CHCl\!\!=\!\!CHCl$ 　　　　B. $CH_3CH\!\!=\!\!CHCH_2Cl$

C. $CH_2\!\!=\!\!CHCH_2CH_3$ 　　　　D. $CHF\!\!=\!\!CClBr$

3-5-14 下列各组物质中，只用水就能鉴别的一组物质是：

A. 苯　乙酸　四氯化碳 　　　　B. 乙醇　乙醛　乙酸

C. 乙醛　乙二醇　硝基苯 　　　　D. 甲醇　乙醇　甘油

3-5-15 下列物质中与乙醇互为同系物的是：

A. $CH_2\!\!=\!\!CHCH_2OH$ 　　　　B. 甘油

C. $\bigcirc\!-\!CH_2OH$ 　　　　D. $CH_3CH_2CH_2CH_2OH$

3-5-16 在热力学标准条件下，0.100mol 的某不饱和烃在一定条件下能和 0.200gH_2 发生加成反应生成饱和烃，完全燃烧时生成 0.300molCO_2 气体，该不饱和烃是：

A. $CH_2\!\!=\!\!CH_2$ 　　　　B. $CH_3CH_2CH\!\!=\!\!CH_2$

C. $CH_3CH\!\!=\!\!CH_2$ 　　　　D. $CH_3CH_2C\!\!\equiv\!\!CH$

3-5-17 已知乙酸与乙酸乙酯的混合物中氢（H）的质量分数为 7%，其中碳（C）的质量分数是：

A. 42.0% 　　B. 44.0% 　　C. 48.6% 　　D. 91.9%

3-5-18 天然橡胶的化学组成是：

A. 聚异戊二烯 　　　　B. 聚碳酸酯

C. 聚甲基丙烯酸甲酯 　　　　D. 聚酰胺

3-5-19 某高聚物分子的一部分为：

$$—CH_2—CH—CH_2—CH—CH_2—CH—$$
$$\qquad\quad COOCH_3 \qquad COOCH_3 \qquad COOCH_3$$

下列叙述中，正确的是：

    A. 它是缩聚反应的产物

    B. 它的链节为

$$\qquad\qquad\qquad CH_3 \quad H$$
$$—C—C—$$
$$\qquad\qquad\qquad H \quad\; COOCH_3$$

    C. 它的单体为 $CH_2{=}CHCOOCH_3$ 和 $CH_2{=}CH_2$

    D. 它的单体为 $CH_2{=}CHCOOCH_3$

题解及参考答案

3-5-1 **解：** 一种分子式可以表示几种性能完全不同的化合物，这些化合物叫同分异构体。同分异构体的分子式相同，选项 A、B、C 中两种物质分子式不相同，不是同分异构体。

    答案： D

3-5-2 **解：** 考查芳香烃及其衍生物的命名原则。

    答案： D

3-5-3 **解：** 烃类化合物是碳氢化合物的统称，是由碳与氢原子所构成的化合物，主要包含烷烃、环烷烃、烯烃、炔烃、芳香烃。烃分子中的氢原子被其他原子或者原子团所取代而生成的一系列化合物称为烃的衍生物。

    答案： B

3-5-4 **解：** 聚丙烯的结构式为 $\left[CH_2—CH\right]_n$。
$$\qquad\qquad\qquad\qquad\qquad\qquad\; CH_3$$

    答案： C

3-5-5 **解：** 苯环上六个氢被氯取代为六氯苯。

    答案： C

3-5-6 **解：** 苯环含有双键，可以发生加成反应；醛基既可以发生氧化反应，也可以发生还原反应。

    答案： C

3-5-7 **解：** 聚丙烯酸酯不是无机化合物，是有机化合物，是高分子化合物，不是离子化合物，是共价化合物。

    答案： C

3-5-8 **解：** 苯甲醛和乙苯可以被高锰酸钾氧化为苯甲酸而使高锰酸钾溶液褪色，苯乙烯的乙烯基可以使高锰酸钾溶液褪色。苯不能使高锰酸钾褪色。

    答案： C

3-5-9 **解：** 柠檬醛含有三个不饱和基团，可以和高锰酸钾和溴水反应，醛基可以发生银镜反应，它在催化剂的作用下加氢，最后产物为醇，分子式为 $C_{10}H_{22}O$。

    答案： D

3-5-10 解： 由低分子化合物通过加成反应，相互结合成高聚物的反应叫加聚反应。发生加聚反应的单体必须含有不饱和键。

答案： B

3-5-11 解： 由一种或多种单体缩合成高聚物，同时析出其他低分子物质的反应为缩聚反应。发生缩聚反应的单体必须含有两个以上（包括两个）官能团。

答案： C

3-5-12 解： 不饱和分子中双键、叁键打开即分子中的 π 键断裂，两个一价的原子或原子团加到不饱和键的两个碳原子上的反应为加成反应。所以发生加成反应的前提是分子中必须含有双键或叁键。

答案： C

3-5-13 解： 烯烃双键两边 C 原子均通过 σ 键与不同基团连接时，才有顺反异构体。

答案： C

3-5-14 解： 苯不溶水，密度比水小；乙酸溶于水；四氯化碳不溶水，密度比水大。所以分别向盛有三种物质的试管中加入水，与水互溶的物质为乙酸，不溶水且密度比水小的为苯，不溶水且密度比水大的为四氯化碳。

答案： A

3-5-15 解： 同系物是指结构相似、分子组成相差若干个—CH_2—原子团的有机化合物。

答案： D

3-5-16 解： 根据题意，0.100mol 的不饱和烃可以和 0.200g（0.100mol）H_2 反应，所以一个不饱和烃分子中含有一个不饱和键；0.100mol 的不饱和烃完全燃烧生成 0.300molCO_2，该不饱和烃的一个分子应该含三个碳原子。选项 C 符合条件。

答案： C

3-5-17 解： 设混合物中乙酸的质量分数为 x，则乙酸乙酯的质量分数为 $1-x$，

乙酸中 H 的质量分数 $= \dfrac{4}{12\times2+4+16\times2} = \dfrac{1}{15}$，C 的质量分数 $= \dfrac{2}{5}$；

乙酸乙酯中 H 的质量分数 $= \dfrac{8}{12\times4+8+16\times2} = \dfrac{1}{11}$，C 的质量分数 $= \dfrac{6}{11}$；

混合物中 H 的质量分数 $= x\times\dfrac{1}{15}+(1-x)\times\dfrac{1}{11} = \dfrac{7}{100}$，则 $x = 86.25\%$。

混合物中 C 的质量分数 $= x\times\dfrac{2}{5}+(1-x)\times\dfrac{6}{11} = 42.0\%$。

答案： A

3-5-18 解： 天然橡胶是由异戊二烯互相结合起来而成的高聚物。

答案： A

3-5-19 解： 该高聚物的重复单元为 —CH_2—$\underset{\underset{\displaystyle COOCH_3}{|}}{CH}$— ，是由单体 CH_2=$CHCOOCH_3$ 通过加聚反应形成的。

答案： D

第四章 理论力学

复习指导

1. 基本要求

（1）静力学

熟练掌握并能灵活运用静力学中的基本概念及公理，分析相关问题，特别是对物体的受力分析；掌握不同力系的简化方法和简化结果；能够根据各种力系和滑动摩擦的特性，定性或定量地分析和解决物体系统的平衡问题。

（2）运动学

熟练运用直角坐标法和自然法求解点的各运动量；能根据刚体的平行移动（平动）、绕定轴转动和平面运动的定义及其运动特征，求解刚体的各运动量；掌握刚体上任一点的速度和加速度的计算公式及刚体上各点速度和加速度的分布规律。

（3）动力学

能应用动力学基本定律列出质点运动微分方程；能正确理解并熟练地计算动力学普遍定理中各基本物理量（如动量、动量矩、动能、功、势能等），熟练掌握动力学普遍定理（包括动量定理、质心运动定理、动量矩定理、刚体定轴转动微分方程、动能定理）及相应的守恒定理；掌握刚体转动惯量的计算公式及方法，熟记杆、圆盘及圆环的转动惯量，并会利用平行移轴定理计算简单组合形体的转动惯量；能正确理解惯性力的概念，并能正确表示出各种不同运动状态的刚体上惯性力系主矢和主矩的大小、方向、作用点，能应用动静法求解质点、质点系的动力学问题；能应用质点运动微分方程列出单自由度系统线性振动的微分方程，并会求其周期、频率和振幅，掌握阻尼对自由振动振幅的影响，受迫振动的幅频特性和共振的概念。

2. 复习要点

本章内容属基础考试部分，在试卷中有 12 道题，每题 1 分。要在平均不到两分钟的时间内解一道题，说明题目的计算量不会很大，但概念性会很强，这就要求我们在复习的时候把重点放在基本理论和基本概念上。过去学习理论力学课程时，通常是把注意力集中在定量解题上，而现在的复习是要注重对问题的定性分析。要想快速准确地作出定性分析，就要熟练掌握并能灵活运用理论力学中的定义、定理及基本概念。

（1）静力学

静力学所研究的是物体受力作用后的平衡规律，重点主要是以下三部分内容。

①静力学的基本概念（平衡、刚体、力、力偶等）和公理，约束的类型及约束力的确定，物体的受力分析和受力图。这一部分的难点就是物体的受力分析。在画受力图时，除根据约束的类型确定约束力的方向外，还要会利用二力平衡原理、三力汇交平衡定理、力偶的性质等，来确定铰链或固定铰支座约束力的方向。

②各种力系的简化方法及简化结果。其难点在于主矢和主矩的概念及计算。可通过力的平移定理加深对主矢、主矩、合力、合力偶的认识；通过熟练掌握力的投影、力对点之矩和力对轴之矩的计算，来得到主矢和主矩的正确结果。

③各种力系的平衡条件及与之相对应的平衡方程，平衡方程的不同形式及对应的附加条件。难点在于物体及物体系统（包括考虑摩擦）平衡问题的求解。解题时要灵活选取合适的研究对象进行受力分析；列平衡方程时要选取适当的投影轴和矩心（矩轴），使问题能够得到快速准确地解答。

（2）运动学

运动学研究物体运动的几何性质。重点主要是以下四部分内容。

①描述点的运动的矢量法、直角坐标法和自然法。要明确用不同的方法所表示的同一个点的运动量，形式不同，但不同形式的结果之间是相互有关系的；要熟练掌握这些关系，并将这些关系应用到解题当中去。

②刚体的平动及其运动特性（尤其是作曲线平动的刚体）；作定轴转动刚体的转动方程、角速度和角加速度及刚体内各点速度、加速度的计算方法。这是运动学的基本内容，在物理学中都学习过，正是这些看似简单的问题，却往往容易出现概念性错误且不能熟练应用。解决的方法是在认真分析刚体运动形式的基础上，根据其运动特征，选择相应的计算公式。

③点的复合运动。解题时首先要明确一个动点、两个坐标系以及与之相应的三种运动，合理选择动点、动系，其原则是相对运动轨迹易于判断。这一部分的难点是牵连点的概念，以及对牵连速度、牵连加速度的判断与计算。要把动系看成是 $x'O'y'$ 平面，在此平面上与所选动点相重合的点，即为牵连点。该点相对于定参考系的速度、加速度，称为牵连速度和牵连加速度。解题时一定要深刻理解这些定义。

④刚体的平面运动。要会正确判断机构中作平面运动的刚体，熟练掌握并能灵活运用求平面运动刚体上点的速度的三种方法——基点法、瞬心法和速度投影法；会应用基点法求平面运动刚体上点的加速度。特别要熟悉刚体瞬时平动时的运动特征为：刚体的角速度为零，角加速度不为零；刚体上各点的速度相同，加速度不同，但其上任意两点的加速度在该两点连线上的投影相等。

（3）动力学

动力学研究物体受力作用后的运动规律。重点主要是以下三部分内容。

①会应用动力学基本定律（牛顿第二定律）和动力学普遍定理（动量定理、动量矩定理和动能定理）列出质点和质点系（包括平动、定轴转动、平面运动的刚体）的运动微分方程。解微分方程时要注意，初始条件只能用于确定微分方程解中的积分常数；要熟练掌握动量、动量矩、动能、势能、功的概念与计算方法，正确选择及综合应用动力学普遍定理求解质点系动力学问题。动力学普遍定理的综合应用，大体上包含两方面含义：一是对几个定理，即动量定理、质心运动定理、动量矩定理、定轴转动微分方程、平面运动微分方程和动能定理的特点、应用条件、可求解何类问题等有透彻的了解；能根据不同类型问题的已知条件和待求量，选择适当的定理，包括各种守恒情况的判断，相应守恒定理的应用；二是对比较复杂的问题，应能采用多个定理联合求解。此外，求解动力学问题，往往需要进行运动分析，以提供运动学补充方程。因而对动力学普遍定理的综合应用；必须熟悉有关定理及应用范围和条件，多做练习，通过比较总结（包括一题多解的讨论）从中摸索出规律。其解题步骤是：首先选取研究对象，对其进行受力分析和运动分析；其次是根据分析的结果，针对物体不同的运动选择不同的定理，通常可先应用动能定理求解系统的各运动量（速度、加速度、角速度和角加速

度），再应用质心运动定理或动量矩定理（定轴转动微分方程）求解未知力。

②刚体系统惯性力系的简化及达朗贝尔原理的应用。这一部分的关键是要分析物体的运动形式，并根据其运动形式确定惯性力并将其画在受力图上，根据受力图列平衡方程，求解未知量。要注意的是：因为达朗伯原理是采用静力平衡方程求解未知量，故未知量的数目不能超过独立的平衡方程数。未知量中包括速度、加速度、角速度、角加速度、约束力等，若未知量数目超过了独立的平衡方程数，则需要建立补充方程；在多数情况下，是建立运动学的补充方程。当单独使用达朗贝尔原理解题出现计算上的困难（如需解微分方程）时，由于质点系的达朗贝尔原理实际是动量定理、动量矩定理的另一种表达形式，故可联合应用达朗贝尔原理与动能定理求解质点系的动力学问题。

③质点的直线振动是用牛顿第二定律列出自由振动、衰减振动和受迫振动微分方程，并求出固有频率、周期、振幅。这一部分的关键是要会求自由振动的固有频率，了解阻尼对自由振动振幅的影响，通过幅频特性，掌握共振时的频率与固有频率的关系。

练习题、题解及参考答案

（一）静力学

4-1-1 将大小为 100N 的力 F 沿 x、y 方向分解，如图所示，若 F 在 x 轴上的投影为 50N，而沿 x 方向的分力的大小为 200N，则 F 在 y 轴上的投影为：

  A. 0   B. 50N   C. 200N   D. 100N

4-1-2 直角构件受力 $F = 150N$，力偶 $M = \frac{1}{2}Fa$ 作用，如图所示，$a = 50cm$，$\theta = 30°$，则该力系对 B 点的合力矩为：

  A. $M_B = 3750N \cdot cm$（顺时针）   B. $M_B = 3750N \cdot cm$（逆时针）

  C. $M_B = 12990N \cdot cm$（逆时针）   D. $M_B = 12990N \cdot cm$（顺时针）

4-1-3 图示等边三角形 ABC，边长 a，沿其边缘作用大小均为 F 的力，方向如图所示。则此力系简化为：

  A. $F_R = 0$；$M_A = \frac{\sqrt{3}}{2}Fa$ B. $F_R = 0$；$M_A = Fa$

  C. $F_R = 2F$；$M_A = \frac{\sqrt{3}}{2}Fa$ D. $F_R = 2F$；$M_A = \sqrt{3}Fa$

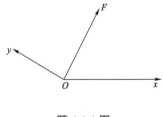 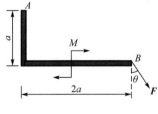 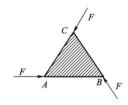

题 4-1-1 图   题 4-1-2 图   题 4-1-3 图

4-1-4 三铰拱上作用有大小相等，转向相反的二力偶，其力偶矩大小为 M，如图所示。略去自重，则支座 A 的约束力大小为：

  A. $F_{Ax} = 0$；$F_{Ay} = \frac{M}{2a}$ B. $F_{Ax} = \frac{M}{2a}$；$F_{Ay} = 0$

  C. $F_{Ax} = \frac{M}{a}$；$F_{Ay} = 0$ D. $F_{Ax} = \frac{M}{2a}$；$F_{Ay} = M$

4-1-5　简支梁受分布荷载作用如图所示。支座*A*、*B*的约束力为：

A. $F_A = 0$, $F_B = 0$

B. $F_A = \frac{1}{2}qa \uparrow$, $F_B = \frac{1}{2}qa \uparrow$

C. $F_A = \frac{1}{2}qa \uparrow$, $F_B = \frac{1}{2}qa \downarrow$

D. $F_A = \frac{1}{2}qa \downarrow$, $F_B = \frac{1}{2}qa \uparrow$

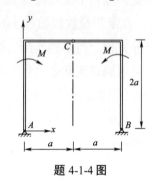

题 4-1-4 图

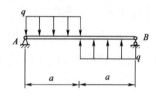

题 4-1-5 图

4-1-6　设力*F*在*x*轴上的投影为*F*，则该力在与*x*轴共面的任一轴上的投影：

A. 一定不等于零

B. 不一定不等于零

C. 一定等于零

D. 等于*F*

4-1-7　等边三角形*ABC*，边长为*a*，沿其边缘作用大小均为*F*的力F_1、F_2、F_3，方向如图所示，力系向*A*点简化的主矢及主矩的大小分别为：

A. $F_R = 2F$, $M_A = \frac{\sqrt{3}}{2}Fa$

B. $F_R = 0$, $M_A = \frac{\sqrt{3}}{2}Fa$

C. $F_R = 2F$, $M_A = \sqrt{3}Fa$

D. $F_R = 2F$, $M_A = Fa$

4-1-8　已知杆*AB*和杆*CD*的自重不计，且在*C*处光滑接触，若作用在杆*AB*上的力偶矩为m_1，则欲使系统保持平衡，作用在*CD*杆上的力偶矩m_2，转向如图所示，其矩的大小为：

A. $m_2 = m_1$　　　B. $m_2 = \frac{4m_1}{3}$　　　C. $m_2 = 2m_1$　　　D. $m_2 = 3m_1$

4-1-9　物块重力的大小$W = 100\text{kN}$，置于$\alpha = 60°$的斜面上，与斜面平行力的大小$F_P = 80\text{kN}$（如图所示），若物块与斜面间的静摩擦系数$f = 0.2$，则物块所受的摩擦力*F*为：

A. $F = 10\text{kN}$，方向为沿斜面向上

B. $F = 10\text{kN}$，方向为沿斜面向下

C. $F = 6.6\text{kN}$，方向为沿斜面向上

D. $F = 6.6\text{kN}$，方向为沿斜面向下

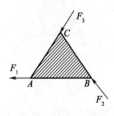

题 4-1-7 图

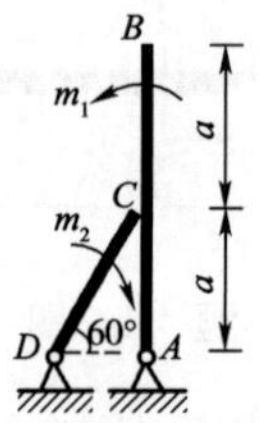

题 4-1-8 图

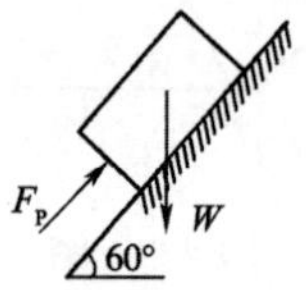

题 4-1-9 图

4-1-10　作用在平面上的三力F_1、F_2、F_3，组成图示等边三角形，此力系的最后简化结果为：

A. 平衡力系　　　B. 一合力　　　C. 一合力偶　　　D. 一合力与一合力偶

4-1-11 图示水平梁CD的支承力与荷载均已知，其中$F_p = aq$，$M = a^2q$，支座A、B的约束力分别为：

A. $F_{Az} = 0$，$F_{Ay} = aq(\uparrow)$，$F_{By} = \frac{3}{2}aq(\uparrow)$

B. $F_{Az} = 0$，$F_{Ay} = \frac{3}{4}aq(\uparrow)$，$F_{By} = \frac{5}{4}aq(\uparrow)$

C. $F_{Az} = 0$，$F_{Ay} = \frac{1}{2}aq(\uparrow)$，$F_{By} = \frac{5}{2}aq(\uparrow)$

D. $F_{Az} = 0$，$F_{Ay} = \frac{1}{4}aq(\uparrow)$，$F_{By} = \frac{7}{4}aq(\uparrow)$

4-1-12 重力大小为W的物块能在倾斜角为α的粗糙斜面上往下滑，为了维持物块在斜面上平衡，在物块上作用向左的水平力F_Q（如图所示）。在求解力F_Q的大小时，物块与斜面间的摩擦力F的方向为：

A. F只能沿斜面向上

B. F只能沿斜面向下

C. F既可能沿斜面向上，也可能向下

D. $F = 0$

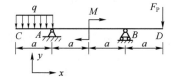

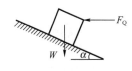

题 4-1-10 图　　　　　　　　题 4-1-11 图　　　　　　　　题 4-1-12 图

4-1-13 图示平面桁架的尺寸与荷载均已知。其中，杆1的内力F_{S1}为：

A. $F_{S1} = \frac{5}{3}F_P$（压）　　　　　　　B. $F_{S1} = \frac{5}{3}F_P$（拉）

C. $F_{S1} = \frac{3}{4}F_P$（压）　　　　　　　D. $F_{S1} = \frac{3}{4}F_P$（拉）

4-1-14 图示平面刚性直角曲杆的支撑力、尺寸与荷载均已知，且$F_{Pa} > m$，B处插入端约束的全部约束力各为：

A. $F_{Bx} = 0$，$F_{By} = F_P(\uparrow)$，力偶$m_B = F_Pa(\curvearrowleft)$

B. $F_{Bx} = 0$，$F_{By} = F_P(\uparrow)$，力偶$m_B = 0$

C. $F_{Bx} = 0$，$F_{By} = F_P(\uparrow)$，力偶$m_B = F_Pa - m(\curvearrowleft)$

D. $F_{Bx} = 0$，$F_{By} = F_P(\uparrow)$，力偶$m_B = F_Pb - m(\curvearrowleft)$

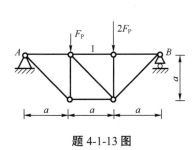

题 4-1-13 图　　　　　　　　　　　题 4-1-14 图

4-1-15 力F_1、F_2、F_3、F_4分别作用在刚体上同一平面内的A、B、C、D四点，各力矢首尾相连形成一矩形如图所示。该力系的简化结果为：

A. 平衡　　　　　　　B. 一合力　　　　　　　C. 一合力偶　　　　　　　D. 一力和一力偶

4-1-16 图示三力矢$\boldsymbol{F}_1$，$\boldsymbol{F}_2$，$\boldsymbol{F}_3$的关系是：

A. $\boldsymbol{F}_1 + \boldsymbol{F}_2 + \boldsymbol{F}_3 = 0$

B. $\boldsymbol{F}_3 = \boldsymbol{F}_1 + \boldsymbol{F}_2$

C. $\boldsymbol{F}_2 = \boldsymbol{F}_1 + \boldsymbol{F}_3$

D. $\boldsymbol{F}_1 = \boldsymbol{F}_2 + \boldsymbol{F}_3$

4-1-17 均质圆柱体重力为P，直径为D，置于两光滑的斜面上。设有图示方向力F作用，当圆柱不移动时，接触面2处的约束力F_{N2}的大小为：

A. $F_{\mathrm{N2}} = \frac{\sqrt{2}}{2}(P - F)$

B. $F_{\mathrm{N2}} = \frac{\sqrt{2}}{2}F$

C. $F_{\mathrm{N2}} = \frac{\sqrt{2}}{2}P$

D. $F_{\mathrm{N2}} = \frac{\sqrt{2}}{2}(P + F)$

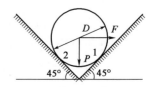

题 4-1-15 图　　　　　　題 4-1-16 图　　　　　　題 4-1-17 图

4-1-18 重W的圆球置于光滑的斜槽内（如图所示）。右侧斜面对球的约束力F_{NB}的大小为：

A. $F_{\mathrm{NB}} = \frac{W}{2\cos\theta}$

B. $F_{\mathrm{NB}} = \frac{W}{\cos\theta}$

C. $F_{\mathrm{NB}} = W\cos\theta$

D. $F_{\mathrm{NB}} = \frac{W}{2}\cos\theta$

4-1-19 图示物块A重$W = 10\mathrm{N}$，被用水平力$F_{\mathrm{p}} = 50\mathrm{N}$挤压在粗糙的铅垂墙面$B$上，且处于平衡。物块与墙间的摩擦系数$f = 0.3$。$A$与$B$间的摩擦力大小为：

A. $F = 15\mathrm{N}$

B. $F = 10\mathrm{N}$

C. $F = 3\mathrm{N}$

D. 只依据所给条件则无法确定

4-1-20 桁架结构形式与荷载$\boldsymbol{F}_{\mathrm{P}}$均已知（见图）。结构中杆件内力为零的杆件数为：

A. 0 根　　　　B. 2 根　　　　C. 4 根　　　　D. 6 根

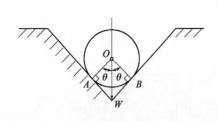

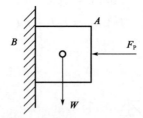

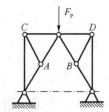

题 4-1-18 图　　　　　　題 4-1-19 图　　　　　　題 4-1-20 图

4-1-21 水平梁AB由铰A与杆BD支撑。在梁上O处用小轴安装滑轮。轮上跨过软绳。绳一端水平地系于墙上，另端悬持重W的物块（如图所示）。构件均不计重。铰A的约束力大小为：

A. $F_{\mathrm{Ax}} = \frac{5}{4}W$，$F_{\mathrm{Ay}} = \frac{3}{4}W$

B. $F_{\mathrm{Ax}} = W$，$F_{\mathrm{Ay}} = \frac{1}{2}W$

C. $F_{\mathrm{Ax}} = \frac{3}{4}W$，$F_{\mathrm{Ay}} = \frac{1}{4}W$

D. $F_{\mathrm{Ax}} = \frac{1}{2}W$，$F_{\mathrm{Ay}} = W$

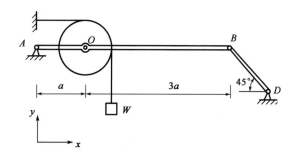

题 4-1-21 图

4-1-22 平面平行力系处于平衡状态时，应有独立的平衡方程个数为：

A. 1   B. 2   C. 3   D. 4

4-1-23 若平面力系不平衡，则其最后简化结果为：

A. 一定是一合力   B. 一定是一合力偶

C. 或一合力，或一合力偶   D. 一定是一合力与一合力偶

4-1-24 图示桁架结构中只作用悬挂重块的重力 W，此桁架中杆件内力为零的杆数为：

A. 2   B. 3   C. 4   D. 5

4-1-25 已知图示斜面的倾角为 θ，若要保持物块 A 静止，则物块与斜面之间的摩擦因数 f 所应满足的条件为：

A. $\tan f \leqslant \theta$ B. $\tan f > \theta$

C. $\tan \theta \leqslant f$ D. $\tan \theta > f$

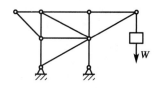   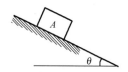

题 4-1-24 图   题 4-1-25 图

4-1-26 图中结构的荷载与尺寸均已知。B 处约束的全部约束力为：

A. 力 $F_{Bx} = ql(\leftarrow)$, $F_{By} = ql(\downarrow)$, 力矩 $M_B = \dfrac{3}{2}ql^2(\curvearrowleft)$

B. 力 $F_{Bx} = ql(\leftarrow)$, $F_{By} = ql(\downarrow)$, 力矩 $M_B = 0$

C. 力 $F_{Bx} = ql(\leftarrow)$, $F_{By} = 0$, 力矩 $M_B = \dfrac{3}{2}ql^2(\curvearrowright)$

D. 力 $F_{Bx} = ql(\leftarrow)$, $F_{By} = ql(\uparrow)$, 力矩 $M_B = \dfrac{3}{2}ql^2(\curvearrowleft)$

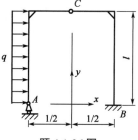

题 4-1-26 图

4-1-27 平面汇交力系（$\bar{F}_1$、$\bar{F}_2$、$\bar{F}_3$、$\bar{F}_4$、$\bar{F}_5$）的力多边形如图所示，该力系的合力 $\bar{R}$ 等于：

A. $\bar{F}_3$ B. $-\bar{F}_3$ C. $\bar{F}_2$ D. $\bar{F}_5$

4-1-28 若将图示三铰刚架中 AC 杆上的力偶移至 BC 杆上，则 A、B、C 处的约束反力：

A. 都改变   B. 都不改变

C. 仅 C 处改变   D. 仅 C 处不变

4-1-29 重力 W 的物块置于倾角为 $\alpha = 30°$ 的斜面上，如图所示。若物块与斜面间的静摩擦系数 $f_s = 0.6$，则该物块：

A. 向下滑动   B. 处于临界下滑状态

C. 静止   D. 加速下滑

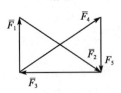

题 4-1-27 图   题 4-1-28 图   题 4-1-29 图

4-1-30 图示结构在水平杆 AB 的 B 端作用一铅直向下的力 P，各杆自重不计，铰支座 A 的反力 F_A 的作用线应该是：

     A. F_A 沿铅直线   B. F_A 沿水平线

     C. F_A 沿 A、D 连线   D. F_A 与水平杆 AB 间的夹角为 30°

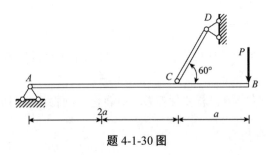

题 4-1-30 图

4-1-31 图示为大小都不为零的三个力 F_1、F_2、F_3 组成的平面汇交力系，其中 F_1 和 F_3 共线，则这三个力的关系应该：

     A. 一定是平衡力系   B. 一定不是平衡力系

     C. 可能是平衡力系   D. 不能确定

4-1-32 已知 F_1、F_2、F_3、F_4 为作用于刚体上的平面共点力系，其力矢关系如图所示为平行四边形，则下列关于力系的叙述哪个正确？

     A. 力系可合成为一个力偶   B. 力系可合成为一个力

     C. 力系简化为一个力和一力偶   D. 力系的合力为零，力系平衡

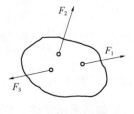 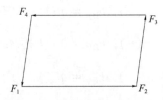

题 4-1-31 图   题 4-1-32 图

4-1-33 图示结构受一逆时针转向的力偶作用，自重不计，铰支座 B 的反力 F_B 的作用线应该是：

     A. F_B 沿水平线   B. F_B 沿铅直线

     C. F_B 沿 B、C 连线   D. F_B 平行于 A、C 连线

4-1-34 图示结构受一对等值、反向、共线的力作用，自重不计，铰支座 A 的反力 F_A 的作用线应该是：

     A. F_A 沿铅直线   B. F_A 沿 A、B 连线

     C. F_A 沿 A、C 连线   D. F_A 平行于 B、C 连线

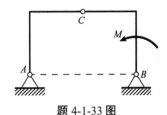

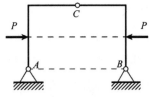

题 4-1-33 图　　　　　　　　题 4-1-34 图

4-1-35 图示一等边三角形板，边长为a，沿三边分别作用有力F_1、F_2和F_3，且$F_1 = F_2 = F_3$。

则此三角形板处于什么状态？

A. 平衡　　　　　　　　　　B. 移动

C. 转动　　　　　　　　　　D. 既移动又转动

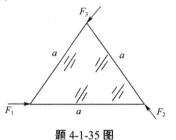

题 4-1-35 图

4-1-36 图示水平简支梁AB上，作用一对等值、反向、沿铅直向作用的力，其大小均为P，间距为h，梁的跨度为L，其自重不计。则支座A的反力F_A的大小和方向为：

A. $F_A = \dfrac{Ph}{L}$，方向铅直向上

B. $F_A = \dfrac{Ph}{L}$，方向铅直向下

C. $F_A = \dfrac{\sqrt{2}Ph}{L}$，$F_A$与$AB$方向的夹角为$-45°$，指向右下方

D. $F_A = \dfrac{\sqrt{2}Ph}{L}$，$F_A$与$AB$方向的夹角为$135°$，指向左上方

4-1-37 图示杆件AB长 2m，B端受一顺时针向的力偶作用，其力偶矩的大小$m = 100\mathrm{N \cdot m}$，杆重不计，杆的中点$C$为光滑支承，支座$A$的反力$F_A$的大小和方向为：

A. $F_A = 200\mathrm{N}$，方向铅直向下

B. $F_A = 115.5\mathrm{N}$，方向水平向右

C. $F_A = 173.2\mathrm{N}$，方向沿AB杆轴线

D. $F_A = 100\mathrm{N}$，其作用线垂直AB杆，指向右下方

4-1-38 图示力P的大小为 2kN，则它对点A之矩的大小为：

A. $m_A(\boldsymbol{P}) = 20\mathrm{kN \cdot m}$　　　　　　B. $m_A(\boldsymbol{P}) = 10\sqrt{3}\mathrm{kN \cdot m}$

C. $m_A(\boldsymbol{P}) = 10\mathrm{kN \cdot m}$　　　　　　D. $m_A(\boldsymbol{P}) = 5\sqrt{3}\mathrm{kN \cdot m}$

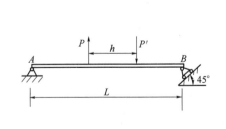

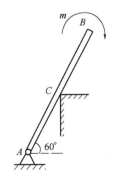

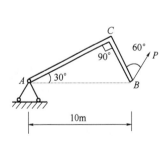

题 4-1-36 图　　　　　　　　题 4-1-37 图　　　　　　　　题 4-1-38 图

4-1-39 图示结构固定端的反力F_{Bx}、F_{By}、M_B的大小分别为：

A. $F_{Bx} = 50\mathrm{kN}$（向右），$F_{By} = 0$，$M_B = 100\mathrm{kN \cdot m}$（逆时针向）

B. $F_{Bx} = 50\text{kN}$（向左），$F_{By} = 0$，$M_B = 100\text{kN·m}$（逆时针向）

C. $F_{Bx} = 50\text{kN}$（向右），$F_{By} = 0$，$M_B = 100\text{kN·m}$（顺时针向）

D. $F_{Bx} = 50\text{kN}$（向左），$F_{By} = 0$，$M_B = 100\text{kN·m}$（顺时针向）

4-1-40 图示三铰支架上作用两个大小相等、转向相反的力偶 $\boldsymbol{m}_1$ 和 $\boldsymbol{m}_2$，其大小均为 100kN·m，支架重力不计。支座 B 的反力 $\boldsymbol{F}_B$ 的大小和方向为：

A. $F_B = 0$

B. $F_B = 100\text{kN}$，方向铅直向上

C. $F_B = 50\sqrt{2}\text{kN}$，其作用线平行于 A、B 连线

D. $F_B = 100\sqrt{2}\text{kN}$，其作用线沿 B、C 连线

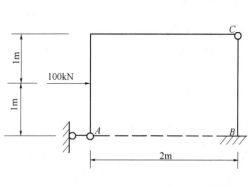
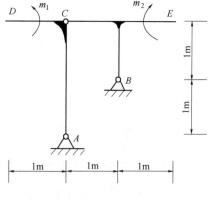

题 4-1-39 图 　　　　　　　　　　　　　题 4-1-40 图

4-1-41 在图示系统中，绳 DE 能承受的最大拉力为 10kN，杆重不计。则力 $\boldsymbol{P}$ 的最大值为：

A. 5kN　　　　　　B. 10kN　　　　　　C. 15kN　　　　　　D. 20kN

4-1-42 平面力系向点 1 简化时，主矢 $\boldsymbol{F}'_R = 0$，主矩 $\boldsymbol{M}_1 \neq 0$，如将该力系向另一点 2 简化，则 $\boldsymbol{F}'_R$ 和 $\boldsymbol{M}_2$ 分别等于：

A. $\boldsymbol{F}'_R \neq 0$，$\boldsymbol{M}_2 \neq 0$　　　　　　　　B. $\boldsymbol{F}'_R = 0$，$\boldsymbol{M}_2 \neq \boldsymbol{M}_1$

C. $\boldsymbol{F}'_R = 0$，$\boldsymbol{M}_2 = \boldsymbol{M}_1$　　　　　　　　D. $\boldsymbol{F}'_R \neq 0$，$\boldsymbol{M}_2 \neq \boldsymbol{M}_1$

4-1-43 杆 AF、BE、EF 相互铰接，并支承如图所示。今在 AF 杆上作用一力偶（$\boldsymbol{P},\boldsymbol{P}'$），若不计各杆自重，则 A 支座反力作用线的方向应：

A. 过 A 点平行力 $\boldsymbol{P}$　　　　　　　　　　B. 过 A 点平行 BG 连线

C. 沿 AG 直线　　　　　　　　　　　　D. 沿 AH 直线

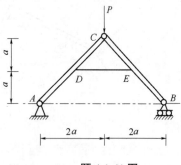
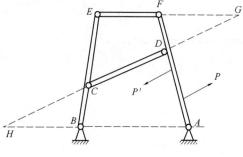

题 4-1-41 图 　　　　　　　　　　　　题 4-1-43 图

4-1-44 一平面力系向点 1 简化时，主矢 $\boldsymbol{F}'_R \neq 0$，主矩 $\boldsymbol{M}_1 = 0$。若将该力系向另一点 2 简化，其主矢 $\boldsymbol{R}'$ 和主矩 $\boldsymbol{M}_2$ 将分别为：

A. 可能为 $F_R' \neq 0$，$M_2 \neq 0$
B. 可能为 $F_R' = 0$，$M_2 \neq M_1$

C. 可能为 $F_R' = 0$，$M_2 = M_1$
D. 不可能为 $F_R' \neq 0$，$M_2 = M_1$

4-1-45 力系简化时若取不同的简化中心，则会有下列中哪种结果？

A. 力系的主矢、主矩都会改变

B. 力系的主矢不会改变，主矩一般会改变

C. 力系的主矢会改变，主矩一般不改变

D. 力系的主矢、主矩都不会改变，力系简化时与简化中心无关

4-1-46 力 F_1、F_2 共线如图所示，且 $F_1 = 2F_2$，方向相反，其合力 F_R 可表示为：

A. $F_R = F_1 - F_2$　　　　　　　　　B. $F_R = F_2 - F_1$

C. $F_R = \frac{1}{2}F_1$　　　　　　　　　D. $F_R = F_2$

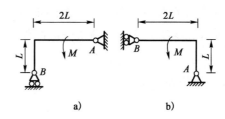

题 4-1-46 图

4-1-47 图示三铰刚架受力 F 作用，则 B 处约束力的大小为：

A. $\frac{F}{2}$　　　　　B. $\frac{1}{\sqrt{2}}F$　　　　　C. $\sqrt{2}F$　　　　　D. $2F$

4-1-48 曲杆自重不计，其上作用一力偶矩为 M 的力偶，则题图 a）中 B 处约束力比图 b）中 B 处约束力：

A. 大　　　　　B. 小　　　　　C. 相等　　　　　D. 无法判断

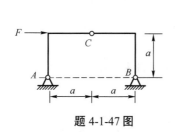

题 4-1-47 图

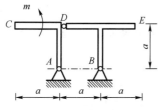

题 4-1-48 图

4-1-49 直角杆 CDA 和 T 字形杆 BDE 在 D 处铰接，并支承如图所示。若系统受力偶矩为 M 的力偶作用，不计各杆自重，则支座 A 约束力的方向为：

A. F_A 的作用线沿水平方向　　　　B. F_A 的作用线沿铅垂方向

C. F_A 的作用线平行于 D、B 连线　　D. F_A 的作用线方向无法确定

4-1-50 不经计算，通过直接判定得知图示桁架中零杆的数目为：

A. 1 根　　　　　B. 2 根　　　　　C. 3 根　　　　　D. 4 根

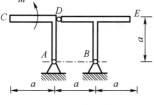

题 4-1-49 图

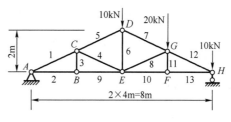

题 4-1-50 图

4-1-51 不经计算，通过直接判定得知图示桁架中零杆的数目为：

A. 4 根　　　　　B. 5 根　　　　　C. 6 根　　　　　D. 7 根

4-1-52 五根等长的细直杆铰接成图示杆系结构，各杆重力不计。若 $P_A = P_C = P$，且垂直 BD。则

杆 BD 内力 S_{BD} 为：

A. $-P$（压）

B. $-\sqrt{3}P$（压）

C. $-\sqrt{3}P/3$（压）

D. $-\sqrt{3}P/2$（压）

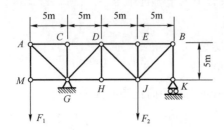

题 4-1-51 图   题 4-1-52 图

4-1-53 如图所示，物体 A 重力大小为 100kN，物 B 重力大小为 25kN，物体 A 与地面摩擦系数为 0.2，滑轮处摩擦不计。则物体 A 与地面间摩擦力的大小为：

A. 20kN   B. 16kN   C. 15kN   D. 12kN

4-1-54 已知（图示）杆 OA 重力 W，物块 M 重力 Q，杆与物块间有摩擦。而物体与地面间的摩擦略去不计。当水平力 P 增大而物块仍然保持平衡时，杆对物块 M 的正压力有何变化？

A. 由小变大   B. 由大变小

C. 不变   D. 不能确定

4-1-55 物块重力的大小为 5kN，与水平面间的摩擦角为 $\varphi_m = 35°$。今用与铅垂线成 60°角的力 P 推动物块（如图所示），若 $P = 5$kN，则物块是否滑动？

A. 不动   B. 滑动

C. 处于临界状态   D. 滑动与否无法确定

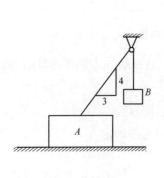 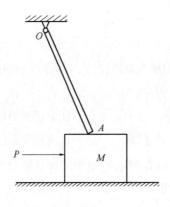 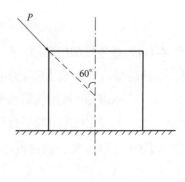

题 4-1-53 图   题 4-1-54 图   题 4-1-55 图

4-1-56 图示物块重力 $F_p = 100$N 处于静止状态，接触面处的摩擦角 $\varphi_m = 45°$，在水平力 $F = 100$N 的作用下，物块将：

A. 向右加速滑动   B. 向右减速滑动

C. 向左加速滑动   D. 处于临界平衡状态

4-1-57 重力 $W = 80$kN 的物体自由地放在倾角为 30°的斜面上（如图），若物体与斜面间的静摩擦系数 $f = \sqrt{3}/4$，动摩擦系数 $f' = 0.4$，则作用在物体上的摩擦力的大小为：

A. 30kN   B. 40kN   C. 27.7kN   D. 0

4-1-58 已知力 $P = 40$kN，$S = 20$kN，物体与地面间的静摩擦系数 $f = 0.5$，动摩擦系数 $f' = 0.4$

（如图），则物体所受摩擦力的大小为：

A. 15kN　　　　B. 12kN　　　　C. 17.3kN　　　　D. 0

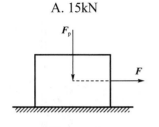
题 4-1-56 图

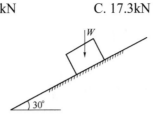
题 4-1-57 图

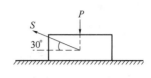
题 4-1-58 图

题解及参考答案

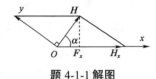
题 4-1-1 解图

4-1-1 **解：** 如解图，根据力的投影公式，$F_x = F\cos\alpha$，故 $\alpha = 60°$。
而分力 F_x 的大小是力 F 大小的 2 倍，故力 F 与 y 轴垂直。

答案： A

4-1-2 **解：** 由图可知力 F 过 B 点，故对 B 点的力矩为 0，因此该力系对 B 点的合力矩为：

$$M_B = M = \frac{1}{2}Fa = \frac{1}{2} \times 150 \times 50 = 3750\text{N} \cdot \text{cm}(\text{顺时针})$$

答案： A

4-1-3 **解：** 将力系向 A 点简化，作用于 C 点的力 F 沿作用线移到 A 点，作用于 B 点的力 F 平移到 A 点附加的力偶即主矩：

$$M_A = M_A(F) = \frac{\sqrt{3}}{2}aF$$

三个力的主矢：

$$F_{Ry} = 0, \quad F_{Rx} = F - F\sin 30° - F\sin 30° = 0$$

答案： A

4-1-4 **解：** 由于系统所受主动力系为平衡力系，根据系统的整体平衡，A、B 处的约束力也应构成平衡力系，故应满足二力平衡的条件：二力等值、反向、共线（沿 AB 水平连线）。拆开 AC、BC，又因为力偶的平衡条件，C 处约束力应分别与 A、B 处约束力构成力偶，与主动力偶平衡，即 $F_{Ax}2a - M = 0$，则有 $F_{Ax} = \frac{M}{2a}$，$F_{Ay} = 0$。

答案： B

4-1-5 **解：** 均布力组成了力偶矩为 qa^2 的逆时针转向力偶。A、B 处的约束力沿铅垂方向组成顺时针转向力偶，根据力偶系的平衡方程：$qa^2 - F_A \cdot 2a = 0$，故 $F_A = F_B = \frac{qa}{2}$。

答案： C

4-1-6 **解：** 根据力的投影公式，$F_x = F\cos\alpha$，当 $\alpha = 0$ 时 $F_x = F$，即力 F 与 x 轴平行，故只有当力 F 在与 x 轴垂直的 y 轴 $(\alpha = 90°)$ 上投影为 0 外，在其余与 x 轴共面轴上的投影均不为 0。

答案： B

4-1-7 **解：** 将力系向 A 点简化，F_3 沿作用线移到 A 点，F_3 平移到 A 点附加力偶即主矩：

$$M_A = M_A(F_2) = \frac{\sqrt{3}}{2}aF$$

三个力的主矢：

$$F_{Ry} = 0, \quad F_{Rx} = F_1 + F_2 \sin 30° + F_3 \sin 30° = 2F \text{（向左）}。$$

答案：A

4-1-8　解：根据受力分析，A、C、D处的约束力均为水平方向（见解图），考虑杆AB的平衡：

$$\sum M = 0, \quad m_1 - F_{NC} \cdot a = 0, \quad F_{NC} = \frac{m_1}{a}$$

分析杆DC，采用力偶的平衡方程：

$$F'_{NC} \cdot a - m_2 = 0, \quad F'_{NC} = F_{NC}$$

即得$m_2 = m_1$

答案：A

题 4-1-8 解图

4-1-9　解：根据摩擦定律$F_{max} = W \cos 60° \times f = 10\text{kN}$，沿斜面的主动力为$W \sin 60° - F_P = 6.6\text{kN}$，方向向下。由平衡方程得摩擦力的大小应为 6.6kN。

答案：C

4-1-10　解：根据平面力系简化理论，若将各力向O点简化，可得一主矢和一主矩，只要主矢不为零，简化的最后结果为一合力。该题中的三个力并未形成首尾相连的自行封闭的三角形，故主矢不为零。

答案：B

4-1-11　解：根据平衡方程：$\sum M_B = 0, \quad qa \cdot 2.5a - M - F_p 2a - F_{Av}a = 0$，得$F_{Av} = \frac{1}{4}aq(\uparrow)$，便可作出选择。

答案：D

4-1-12　解：维持物块平衡的力F_Q可在一个范围内，求F_{Qmax}时摩擦力F向下，求F_{Qmin}时摩擦力F向上。

答案：C

4-1-13　解：先取整体为研究对象计算出B处约束力，即：

$$\sum M_A = 0, \quad F_B \cdot 3a - F_P \cdot a - 2F_P \cdot 2a = 0, \quad F_B = \frac{3}{5}F_P$$

再用$m - m$截面将桁架截开，取右半部分（如图），列平衡方程：

$$\sum M_O = 0, \quad F_B \cdot a + F_{s1} \cdot a = 0$$

可得杆 1 受压，其内力与F_B大小相等。

题 4-1-13 解图

答案：A

4-1-14　解：将B处的约束解除，固定端处有约束力F_{Bx}、F_{By}及约束力矩M_B，对整体列出力矩的平衡方程：

$$\sum M_B = 0, \quad M_B + m - F_P \cdot a = 0, \quad M_B = F_P \cdot a - m$$

答案：C

4-1-15　解：根据力系简化结果分析，分力首尾相连组成自行封闭的力多边形，则简化后的主矢为零，而F_1与F_3、F_2与F_4分别组成逆时针转向的力偶，合成后为一合力偶。

答案：C

4-1-16　解：根据力多边形法则：各分力首尾相连，而合力则由第一个分力的起点指向最后一个分力的终点（矢端），题中F_2、F_3首尾相连为分力，而F_1由F_2的起点指向F_3的终点为两分力的合力，所以表达式为：$F_1 = F_2 + F_3$。

答案： D

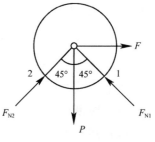

4-1-17 解： 以圆柱体为研究对象，沿 1、2 接触点的法线方向有约束力F_{N1}和F_{N2}，受力如解图所示。对圆柱体列F_{N2}方向的平衡方程：

$$\sum F_2 = 0,\quad F_{N2} - P\cos 45° + F\sin 45° = 0,\quad F_{N2} = \frac{\sqrt{2}}{2}(P - F)$$

题 4-1-17 解图

答案： A

4-1-18 解： 采用平面汇交力系的两个平衡方程求解：以圆球为研究对象，沿OA、OB方向有约束力F_{NA}和F_{NB}（见解图），由对称性可知两约束力大小相等，对圆球列铅垂方向的平衡方程：

$$\sum F_y = 0,\quad F_{NA}\cos\theta + F_{NB}\cos\theta - W = 0$$

得

$$F_{NB} = \frac{W}{2\cos\theta}$$

题 4-1-18 解图

答案： A

4-1-19 解： 因为$F_{max} = F_p \cdot f = 50 \times 0.3 = 15\text{N}$，所以此时物体处于平衡状态，可用铅垂方向的平衡方程计算摩擦力$F = 10\text{N}$。

答案： B

4-1-20 解： 应用零杆的判断方法，先分别分析结点A和B的平衡，可知杆AC、BD为零杆，再分别分析结点C和D的平衡，两水平和铅垂杆均为零杆。

答案： D

4-1-21 解： 取AB为研究对象，受力如解图所示。列平衡方程：

$$\sum M_B(F) = 0,\quad F_T \cdot r - F_{Ay} \cdot 4a + W(3a - r) = 0$$
因为$F_T = W$，所以$F_{Ay} = \dfrac{3}{4}W$。

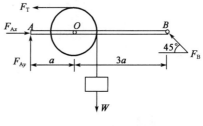

题 4-1-21 解图

答案： A

4-1-22 解： 根据平面平行力系向任意点的简化结果，可得一主矢和一主矩，由于主矢与平行力系中各分力平行，故满足平衡条件所需的平衡方程：主矢为零需要一个力的投影方程$\sum F_x = 0$（投影轴x与平行力系中各力不垂直），主矩为零需要一个力矩方程$\sum M_O(F) = 0$。

答案： B

4-1-23 解： 根据平面任意力系的简化结果分析，见解表。

题 4-1-23 解表

F_R'（主矢）	M_O（主矩）	最后结果	说　　明
$F_R' \neq 0$	$M_O \neq 0$	合力	合力作用线：$d = \dfrac{\lvert M_O \rvert}{F_R'}$
	$M_O = 0$	合力	合力作用线通过简化中心
$F_R' = 0$	$M_O \neq 0$	合力偶	主矩与简化中心无关

答案： C

4-1-24　解：根据结点法，见解图，由结点 E 的平衡，可判断出杆 EC、EF 为零杆，再由结点 C 和 G，可判断出杆 CD、GD 为零杆；由系统的整体平衡可知，支座 A 处只有铅垂方向的约束力，故通过分析结点 A，可判断出杆 AD 为零杆。

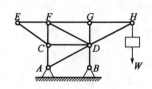

题 4-1-24 解图

答案：D

4-1-25　解：根据斜面自锁的条件：$\theta \leqslant \varphi_m = \arctan f$，故 $\tan \theta \leqslant f$。

答案：C

4-1-26　解：选 AC 为研究对象，受力如解图 b）所示，列平衡方程：

$$\sum M_C(F) = 0, \quad qL \cdot \frac{L}{2} - F_A \cdot \frac{L}{2} = 0, \quad F_A = qL$$

再选结构整体为研究对象，受力如解图 a）所示，列平衡方程：

$$\sum F_x = 0, \quad F_{Bx} + qL = 0, \quad F_{Bx} = -qL$$

$$\sum F_y = 0, \quad F_A + F_{By} = 0, \quad F_{By} = -qL$$

$$\sum M_B(F) = 0, \quad M_B - qL \cdot \frac{L}{2} - F_A \cdot L = 0, \quad M_B = \frac{3}{2}qL^2$$

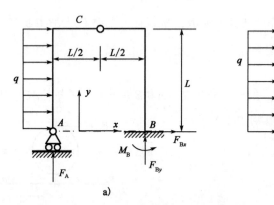

题 4-1-26 解图

答案：A

4-1-27　解：平面汇交力系几何法求合力时，先将各分力首尾相连，而合力则由第一个分力的起点指向最后一个分力的终点（矢端）。此题可从分力 $\boldsymbol{F}_1$ 起依次将分力首尾相连到 $\boldsymbol{F}_5$，则合力应从 $\boldsymbol{F}_1$ 的起点指向 $\boldsymbol{F}_5$ 的矢端。

答案：B

4-1-28　解：力偶作用在 AC 杆时，BC 杆是二力杆，A、B、C 处的约束力均沿 BC 方向；力偶作用在 BC 杆时，AC 杆是二力杆，此时，A、B、C 处约束力均沿 AC 方向。

答案：A

4-1-29　解：摩擦角 $\varphi_m = \arctan f_s = 30.96° > \alpha$。

答案：C

4-1-30　解：由于杆 CD 为二力杆，根据二力平衡原理，D 处约束力 $\boldsymbol{F}_D$ 必沿杆 CD 方向；因为系统整体受三个力作用，由三力平衡汇交定理知，A 处约束力 $\boldsymbol{F}_A$ 与力 $\boldsymbol{F}_D$、$\boldsymbol{P}$ 应汇交于一点（如解图），故 $\boldsymbol{F}_A$ 与水平杆 AB 间的夹角为 30°。

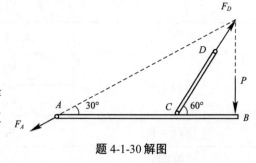

题 4-1-30 解图

答案：D

4-1-31 解： 三个不为零的力组成的平面汇交力系平衡的几何条件有两种情况：①三个力组成自行封闭的力三角形；②三个力作用在同一直线上。而题中给出的三个力不能满足上述两个条件，故一定不是平衡力系。

答案： B

4-1-32 解： 平面共点力系平衡的几何条件是力多边形自行封闭，题中的四个力满足平衡条件，故力系的合力为零，力系平衡。

答案： D

4-1-33 解： 因为AC是二力构件，A处约束力作用线沿AC连线，而系统只受外力偶m作用，根据力偶的性质，A、B处约束力应组成一力偶才能使系统平衡，故B处约束力与A处约束力平行，即平行于AC连线。

答案： D

4-1-34 解： 由于系统所受主动力系为平衡力系，根据系统的整体平衡，A、B处的约束力也应构成平衡力系，故应满足二力平衡的条件：二力等值、反向、共线（沿AB水平连线）。

答案： B

4-1-35 解： 将力系向A点平移（见解图），F_3可沿其作用线移至A点，F_2平移至A点，同时附加力偶矩：

$$M_A = M_A(F_2) = F\cos 30° \cdot a = \frac{\sqrt{3}}{2}Fa$$

此即力系向A点简化的主矩。

主矢：
$$\boldsymbol{F}_R = \boldsymbol{F}_1 + \boldsymbol{F}_2 + \boldsymbol{F}_3$$
$$= (F_1 - F_2\cos 60° - F_3\cos 60°)\boldsymbol{i} + (F_2\sin 60° - F_3\sin 60°)\boldsymbol{j} = 0$$

由于主矢为零，主矩不为零，力系简化的结果为一合力偶，只能使物体转动。

答案： C

题 4-1-35 解图

4-1-36 解： 梁上作用的一对力组成了一顺时针转向的外力偶，则A、B处约束力应组成一逆时针转向的力偶才能使系统平衡。根据B处约束的性质，其约束力应垂直于支撑面，与AB梁成45°夹角，指向左上方，故A处约束力与B处约束力平行，指向右下方。应用力偶的平衡方程，$F_A\cos 45°L - Ph = 0$，得：$F_A = \frac{\sqrt{2}Ph}{L}$。

答案： C

4-1-37 解： 杆AB上作用一顺时针转向的外力偶m，则A、C处约束力应组成一逆时针转向的力偶才能使系统平衡。根据C处约束的性质，其约束力应垂直于杆AB并指向杆，故A处约束力与C处约束力平行，指向右下方。应用力偶的平衡方程，$F_A \times 1 - m = 0$，得：$F_A = \frac{m}{1} = 100N$。

答案： D

4-1-38 解： P力到A点的垂直距离$L = AB\cos 30° = 5\sqrt{3}m$，则$P$力对$A$点之矩的大小为：$P \cdot L = 10\sqrt{3}kN \cdot m$。

答案： B

4-1-39 解： 根据系统的整体平衡，列平衡方程：

$$\sum M_B = 0, \quad M_B = 100kN \cdot m\text{（逆时针）}, \quad \sum F_y = 0, \quad F_{By} = 0$$

然后研究AC，列平衡方程：

$$\sum M_C = 0, \quad 2F_A - 100kN = 0, \quad F_A = 50kN\text{（水平向左）}$$

再通过整体平衡：

$$\sum F_x = 0, \quad 100\text{kN} - F_{Bx} - F_A = 0, \quad F_{Bx} = 50\text{kN}(\text{向左})$$

答案： B

4-1-40 解： 从整体平衡看，因为 $m_1 = m_2$，且两力偶转向相反，外力偶已自行平衡，选 A 和 C（A 和 B 处的约束力可构成二力平衡，两力共线）均可，但若将系统拆开考查构件 BC，选 A 则无法保证 BC 平衡，所以无须计算，仅从约束力的方向即可判断，只有选项 C 正确。

答案： C

4-1-41 解： 从整体平衡看，系统沿 P 力铅垂方向两侧对称，故 A、B 处约束力铅垂向上，大小均为 $P/2$，若取 BC 杆为研究对象，E 处的绳索拉力 $F_T = 10\text{kN}$，方向水平向左，利用对 C 点的力矩平衡方程：

$$\frac{P}{2} \cdot 2a - F_T \cdot a = 0, \quad P = F_T = 10\text{kN}$$

答案： B

4-1-42 解： 根据平面力系简化最后结果分析，当主矢（与简化中心无关）为零，主矩不为零时，力系简化的最后结果为一合力偶。根据力偶的性质，其结果亦与简化中心无关，故向平面内任意一点简化的结果是相同的。

答案： C

4-1-43 解： 题中杆 CD、EF 为二力杆，故 C 处约束力沿 CD 方向，E 处约束力沿 EF 方向，分析 BE 杆，应用三力平衡汇交定理得 B 处约束力的作用线应汇交于 G 点（也是 C、E 两处约束力的汇交点）；再分析结构整体平衡，A、B 处约束力应组成一力偶与主动力偶（P，P'）平衡，故 A 处约束力的方向与 B 处约束力的反向平行（平行于 BG 连线）。

答案： B

4-1-44 解： 因为主矢与简化中心的选择无关，故无论选择 1 还是 2 点为简化中心，均不会改变主矢不等于零的结果，所以只有选项 A 正确。

答案： A

4-1-45 解： 力系的主矢与简化中心的选择无关，而主矩一般与简化中心的选择有关，所以只有选项 B 正确。

答案： B

4-1-46 解： 依据矢量的表达式 $F_R = F_1 + F_2$，且 $F_1 = -2F_2$。

答案： C

4-1-47 解： 因为 BC 是二力构件，B 处约束力作用线沿 BC 连线，利用系统整体的平衡，列 A 点的力矩平衡方程：

$$F_B \cos 45° \cdot 2a - F \cdot a = 0, \quad F_B = \frac{F}{\sqrt{2}}$$

答案： B

4-1-48 解： 根据力偶的平衡，A、B 处的约束力应构成一力偶与主动力偶平衡，题图 a）中 A、B 处约束力沿铅垂方向，其大小为 $F_{Ba} = \dfrac{M}{2L}$；题图 b）中 A、B 处约束力沿水平方向，其大小为 $F_{Bb} = \dfrac{M}{L}$。

答案： B

4-1-49 解： BD 为二力构件，B 处约束力应沿 BD 方向。对结构整体，根据力偶的性质，A、B 处约束力应组成一力偶。

答案：C

4-1-50 解：根据结点法，由结点B、F平衡，可分别判断出杆3、11为零杆，再由结点C平衡，可判断出杆4为零杆。

答案：C

4-1-51 解：根据结点法，由结点M平衡，可判断出杆MG为零杆，再由结点C、H、E平衡，可分别判断出杆CG、HD、EJ为零杆；再分析K结点的平衡，由于其约束力为铅垂方向，故水平方向的KJ杆为零杆。

答案：B

4-1-52 解：应用截面法，受力如解图所示。设y轴与BC垂直，则

$$\sum F_y = 0,\ P_C \cos 60° + F_{DB} \cos 30° = 0,\ F_{DB} = -\frac{\sqrt{3}P}{3}(\text{压})$$

答案：C

4-1-53 解：物体A受力见解图，其中由物体B的重力通过绳索作用在物体A上的$F_T = 25\text{kN}$，物体A的重力大小$W = 100\text{kN}$，$\sin\theta = 4/5 = 0.8$，$\cos\theta = 3/5 = 0.6$，F为摩擦力，F_N为正压力。列平衡方程：

$$\sum F_y = 0,\ F_T \sin\theta + F_N - W = 0,\ F_N = 80\text{kN}$$

应用摩擦定律可得最大静滑动摩擦力$F_{\max} = F_N \cdot f = 16\text{kN}$（$f = 0.2$为摩擦系数），应用水平方向平衡方程可得：$F = F_T \cos\theta = 15\text{kN}$，由此可知，物体$A$处于平衡状态，摩擦力大小为15kN。

答案：C

4-1-54 解：由于物体M处于平衡状态，故其上A处的摩擦力大小与P力大小相等，方向相反。分析杆OA的受力见解图，列平衡方程：

$$\sum M_O = 0,\ F \cdot l \sin\theta + F_N \cdot l \cos - W \cdot \frac{l}{2} \cos\theta = 0,\ F_N = \frac{W}{2} - F \tan\theta$$

随着P力的增加，F增大，F_N减小。

答案：B

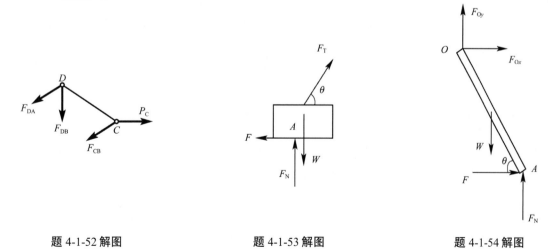

题 4-1-52 解图　　　　　题 4-1-53 解图　　　　　题 4-1-54 解图

4-1-55 解：由于物块的重力与力P（均为主动力）大小相等，故其合力的作用线与支撑面法线（铅垂）方向的夹角为30°，小于摩擦角，物块自锁，处于平衡状态。

答案：A

4-1-56 解：由于主动力F_p、F大小均为 100N，故其二力合力作用线与接触面法线方向的夹角为

45°，与摩擦角相等，根据自锁条件的判断，物块处于临界平衡状态。

答案：D

4-1-57 解：此题中摩擦角$\varphi_m = \arctan f = 23.4°$，小于斜面倾角 30°，根据斜面物块的自锁条件，物块不自锁，处于滑动状态。故动摩擦力$F_d = F_N \cdot f' = W\cos30° \times 0.4 = 27.7\text{kN}$。

答案：C

4-1-58 解：物块的正压力$F_N = P - S\sin30° = 30\text{kN}$，其最大静滑动摩擦力$F_{\max} = F_N \cdot f = 15\text{kN}$，而水平方向主动力为$S\cos30° = 17.3\text{kN} > F_{\max}$，故物体滑动，其动摩擦力$F_d = F_N \cdot f' = 12\text{kN}$。

答案：B

（二）运动学

4-2-1 已知质点沿半径为 40cm 的圆周运动，其运动规律为$s = 20t$（s以 cm 计，t以s计）。若$t = 1$s，则点的速度与加速度的大小为：

    A. 20cm/s；$10\sqrt{2}$cm/s^2 B. 20cm/s；10cm/s^2

    C. 40cm/s；20cm/s^2 D. 40cm/s；10cm/s^2

4-2-2 已知点的运动方程为$x = 2t$，$y = t^2 - t$，则其轨迹方程为：

    A. $y = t^2 - t$ B. $x = 2t$

    C. $x^2 - 2x - 4y = 0$ D. $x^2 + 2x + 4y = 0$

4-2-3 点沿直线运动，其速度$v = 20t + 5$，已知：当$t = 0$时，$x = 5$m，则点的运动方程为：

    A. $x = 10t^2 + 5t + 5$ B. $x = 20t + 5$

    C. $x = 10t^2 + 5t$ D. $x = 20t^2 + 5t + 5$

4-2-4 若某点按$s = 8 - 2t^2$（s以 m 计，t以 s 计）的规律运动，则$t = 3$s时点经过的路程为：

    A. 10m   B. 8m

    C. 18m   D. 8~18m 以外的一个数值

4-2-5 杆$OA = l$，绕固定轴O转动，某瞬时杆端A点的加速度a如图所示，则该瞬时杆OA的角速度及角加速度为：

    A. 0，$\dfrac{a}{l}$ B. $\sqrt{\dfrac{a}{l}}$，$\dfrac{a}{l}$ C. $\sqrt{\dfrac{a}{l}}$，0   D. 0，$\sqrt{\dfrac{a}{l}}$

4-2-6 杆$OA = l$，绕固定轴O转动，某瞬时杆端A点的加速度a如图所示，则该瞬时杆OA的角速度及角加速度为：

    A. 0，$\dfrac{a}{l}$ B. $\sqrt{\dfrac{a\cos\alpha}{l}}$，$\dfrac{a\sin\alpha}{l}$ C. $\sqrt{\dfrac{a}{l}}$，0   D. 0，$\sqrt{\dfrac{a}{l}}$

4-2-7 图示绳子的一端绕在滑轮上，另一端与置于水平面上的物块 B 相连，若物块 B 的运动方程为$x = kt^2$，其中k为常数，轮子半径为R。则轮缘上A点的加速度的大小为：

    A. $2k$ B. $\sqrt{\dfrac{4k^2t^2}{R}}$ C. $\dfrac{2k + 4k^2t^2}{R}$ D. $\sqrt{4k^2 + \dfrac{16k^4t^4}{R^2}}$

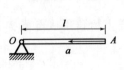

                  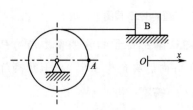

题 4-2-5 图   题 4-2-6 图   题 4-2-7 图

4-2-8 点在平面xOy内的运动方程为$\begin{cases} x = 3\cos t \\ y = 3 - 5\sin t \end{cases}$（式中，$t$为时间）。点的运动轨迹应为：

    A. 直线   B. 圆   C. 正弦曲线   D. 椭圆

4-2-9 图示杆$OA = l$，绕定轴O以角速度ω转动，同时通过A端推动滑块 B 沿轴x运动，设分析运动的时间内杆与滑块并不脱离，则滑块的速度v_B的大小用杆的转角φ与角速度ω表示为：

    A. $v_B = l\omega\sin\varphi$ B. $v_B = l\omega\cos\varphi$

    C. $v_B = l\omega\cos^2\varphi$ D. $v_B = l\omega\sin^2\varphi$

4-2-10 图示点沿轨迹已知的平面曲线运动时，其速度大小不变，加速度a应为：

    A. $a_n = a \neq 0,\ a_\tau = 0$ B. $a_n = 0,\ a_\tau = a \neq 0$

    C. $a_n \neq 0,\ a_\tau \neq 0,\ a_n + a_\tau = a$ D. $a = 0$

（a_n：法向加速度，a_τ：切向加速度）

4-2-11 一绳缠绕在半径为r的鼓轮上，绳端系一重物M，重物M以速度v和加速度a向下运动，如图所示。则绳上两点A、D和轮缘上两点B、C的加速度是：

    A. A、B两点的加速度相同，C、D两点的加速度相同

    B. A、B两点的加速度不相同，C、D两点的加速度不相同

    C. A、B两点的加速度相同，C、D两点的加速度不相同

    D. A、B两点的加速度不相同，C、D两点的加速度相同

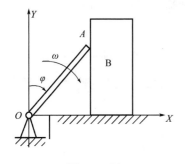 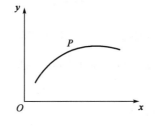 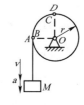

    题 4-2-9 图   题 4-2-10 图   题 4-2-11 图

4-2-12 点在铅垂平面Oxy内的运行方程$\begin{cases} x = v_0 t \\ y = \frac{1}{2}gt^2 \end{cases}$，式中，$t$为时间，$v_0$、$g$为常数。点的运动轨迹应为：

    A. 直线   B. 圆   C. 抛物线   D. 直线与圆连接

4-2-13 直角刚杆OAB在图示瞬间角速度$\omega = 2\text{rad/s}$，角加速度$\varepsilon = 5\text{rad/s}^2$，若$OA = 40\text{cm}$，$AB = 30\text{cm}$，则$B$点的速度大小、法向加速度的大小和切向加速度的大小为：

    A. 100cm/s；200cm/s^2；250cm/s^2

    B. 80cm/s^2；160cm/s^2；200cm/s^2

    C. 60cm/s^2；120cm/s^2；150cm/s^2

    D. 100cm/s^2；200cm/s^2；200cm/s^2

4-2-14 图示圆轮上绕一细绳，绳端悬挂物块。物块的速度v、加速度a。圆轮与绳的直线段相切之点为P，该点速度与加速度的大小分别为：

    A. $v_P = v,\ a_P > a$ B. $v_P > v,\ a_P < a$

    C. $v_P = v,\ a_P < a$ D. $v_P > v,\ a_P > a$

4-2-15 图示单摆由长 l 的摆杆与摆锤 A 组成，其运动规律 $\varphi = \varphi_0 \sin \omega t$。锤 A 在 $t = \dfrac{\pi}{4\omega}$ s 的速度、切向加速度与法向加速度分别为：

A. $v = \dfrac{1}{2} l \varphi_0 \omega$，$a_\tau = -\dfrac{1}{2} l \varphi_0 \omega^2$，$a_n = \dfrac{\sqrt{2}}{2} l \varphi_0^2 \omega^2$

B. $v = \dfrac{1}{2} l \varphi_0 \omega$，$a_\tau = \dfrac{1}{2} l \varphi_0 \omega^2$，$a_n = -\dfrac{\sqrt{2}}{2} l \varphi_0^2 \omega^2$

C. $v = \dfrac{\sqrt{2}}{2} l \varphi_0 \omega$，$a_\tau = \dfrac{\sqrt{2}}{2} l \varphi_0 \omega^2$，$a_n = \dfrac{1}{2} l \varphi_0^2 \omega^2$

D. $v = \dfrac{\sqrt{2}}{2} l \varphi_0 \omega$，$a_\tau = \dfrac{\sqrt{2}}{2} l \varphi_0 \omega^2$，$a_n = -\dfrac{1}{2} l \varphi_0^2 \omega^2$

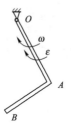 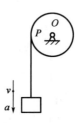 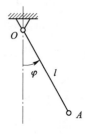

题 4-2-13 图　　　　　　　题 4-2-14 图　　　　　　　题 4-2-15 图

4-2-16 已知点 P 在 Oxy 平面内的运动方程 $\left.\begin{array}{l} x = \dfrac{4 \sin \pi}{3} t \\ y = \dfrac{4 \cos \pi}{3} t \end{array}\right\}$，则点的运动为：

A. 直线运动　　　　　B. 圆周运动　　　　　C. 椭圆运动　　　　　D. 不能确定

4-2-17 半径 r 的圆盘以其圆心 O 为轴转动，角速度 ω，角加速度为 α。盘缘上点 P 的速度 v_P，切向加速度 $a_{P\tau}$ 与法向加速度 a_{Pn} 的方向如图，它们的大小分别为：

A. $v_P = r\omega$，$a_{P\tau} = r\alpha$，$a_{Pn} = r\omega^2$

B. $v_P = r\omega$，$a_{P\tau} = r\alpha^2$，$a_{Pn} = r^2\omega$

C. $v_P = r/\omega$，$a_{P\tau} = r\alpha^2$，$a_{Pn} = r\omega^2$

D. $v_P = r/\omega$，$a_{P\tau} = r\alpha$，$a_{Pn} = r\omega^2$

4-2-18 图示细直杆 AB 由另二细杆 O_1A 与 O_2B 铰接悬挂。O_1ABO_1 并组成平等四边形。杆 AB 的运动形式为：

A. 平移（或称平动）

B. 绕点 O_1 的定轴转动

C. 绕点 D 的定轴转动 $(O_1D = DO_2 = BC = \dfrac{l}{2}$，$AB = l)$

D. 圆周运动

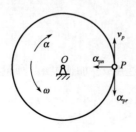 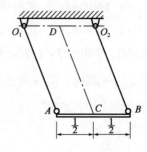

题 4-2-17 图　　　　　　　　　题 4-2-18 图

4-2-19 已知点做直线运动，其运动方程为 $x = 12 - t^3$（x 以 cm 计，t 以秒计）。则点在前 3 秒钟内走过的路程为：

    A. 27cm   B. 15cm   C. 12cm   D. 30cm

4-2-20 图示两个相啮合的齿轮，A、B 分别为齿轮 O_1，O_2 上的啮合点，则 A、B 两点的加速度关系是：

    A. $a_{A\tau} = a_{B\tau}$，$a_{An} = a_{Bn}$ B. $a_{A\tau} = a_{B\tau}$，$a_{An} \neq a_{Bn}$

    C. $a_{A\tau} \neq a_{B\tau}$，$a_{An} = a_{Bn}$ D. $a_{A\tau} \neq a_{B\tau}$，$a_{An} \neq a_{Bn}$

4-2-21 点 M 沿平面曲线运动，在某瞬时，速度大小 $v = 6\text{m/s}$，加速度大小 $a = 8\text{m/s}^2$，两者之间的夹角为 30°，如图所示。则此点 M 所在之处的轨迹曲率半径 ρ 为：

    A. $\rho = 1.5\text{m}$ B. $\rho = 4.5\text{m}$ C. $\rho = 3\sqrt{3}m$ D. $\rho = 9\text{m}$

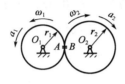 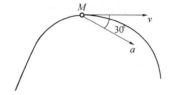

               题 4-2-20 图   题 4-2-21 图

4-2-22 点做直线运动，已知某瞬时加速度 $a = -2\text{m/s}^2$，$t = 1\text{s}$ 时速度为 $v_1 = 2\text{m/s}$，则 $t = 2\text{s}$ 时，该点的速度大小为：

    A. 0   B. -2m/s C. 4m/s   D. 无法确定

4-2-23 所谓"刚体作定轴转动"，指的是刚体运动时有下列中哪种特性？

    A. 刚体内必有一直线始终保持不动

    B. 刚体内必有两点始终保持不动

    C. 刚体内各点的轨迹为圆周

    D. 刚体内或其延展部分内有一直线始终保持不动

4-2-24 刚体作定轴转动时，其角速度 ω 和角加速度 α 都是代数量。判定刚体是加速或减速转动的标准是下列中的哪一项？

    A. $\alpha > 0$ 为加速转动

    B. $\omega < 0$ 为减速转动

    C. $\omega > 0$、$\alpha > 0$ 或 $\omega < 0$、$\alpha < 0$ 为加速转动

    D. $\omega < 0$ 且 $\alpha < 0$ 为减速转动

4-2-25 如图所示，绳子的一端绕在滑轮上，另一端与置于水平面上的物块 B 相连。若物块 B 的运动方程为 $x = kt^2$，其中 k 为常数，轮子半径为 R。则轮缘上 A 点加速度的大小为：

    A. $2k$ B. $(4k^2t^2/R)^{\frac{1}{2}}$

    C. $(4k^2 + 16k^4t^4/R^2)^{\frac{1}{2}}$ D. $2k + 4k^2\text{t}^2/\text{R}$

4-2-26 半径 $R = 10\text{cm}$ 的鼓轮，由挂在其上的重物带动而绕 O 轴转动，如图所示。重物的运动方程为 $x = 100t^2$（x 以 m 计，t 以 s 计）。则鼓轮的角加速度 α 的大小和方向是：

    A. $\alpha = 2000\text{rad/s}^2$，顺时针向   B. $\alpha = 2000\text{rad/s}^2$，逆时针向

C. $\alpha = 200\text{rad/s}^2$，顺时针向 　　　　　 D. $\alpha = 200\text{rad/s}^2$，逆时针向

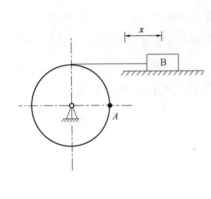 　　　　　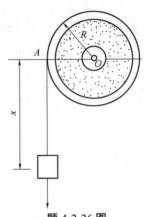

题 4-2-25 图 　　　　　　　　　　　 题 4-2-26 图

4-2-27 汽轮机叶轮由静止开始做等加速转动。轮上 M 点离轴心为 0.4m，在某瞬时其加速度的大小为 40m/s^2，方向与 M 点和轴心连线成 $\beta = 30°$ 角，如图所示。则叶轮的转动方程 $\varphi = f(t)$ 为：

A. $\varphi = 50t^2$ 　　　　　　　　　　 B. $\varphi = 25t^2$

C. $\varphi = 50\sqrt{3}t^2$ 　　　　　　　　 D. $\varphi = 25\sqrt{3}t^2$

4-2-28 一机构由杆件 O_1A、O_2B 和三角形板 ABC 组成。已知：O_1A 杆转动的角速度为 ω（逆时针向），$O_1A = O_2B = r$，$AB = L$，$AC = h$，则在图示位置时，C 点速度 $\boldsymbol{v}_C$ 的大小和方向为：

A. $v_C = r\omega$，方向水平向左 　　　　 B. $v_C = r\omega$，方向水平向右

C. $v_C = (r+h)\omega$，方向水平向左 　　 D. $v_C = (r+h)\omega$，方向水平向右

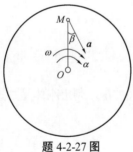 　　　　　　　　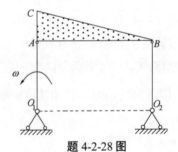

题 4-2-27 图 　　　　　　　　　　　 题 4-2-28 图

4-2-29 直角刚杆 OAB 在图示瞬时有 $\omega = 2\text{rad/s}$，$\alpha = 5\text{rad/s}^2$，若 $OA = 40\text{cm}$，$AB = 30\text{cm}$，则 B 点的速度大小为：

A. 100cm/s 　　　 B. 160cm/s 　　　 C. 200cm/s 　　　 D. 250cm/s

4-2-30 如图所示，直角刚杆 $AO = 2\text{m}$，$BO = 3\text{m}$，已知某瞬时 A 点的速度 $v_A = 6\text{m/s}$，而 B 点的加速度与 BO 成 $\beta = 60°$。则该瞬时刚杆的角加速度 α 的大小为：

A. 3rad/s^2 　　 B. $\sqrt{3}\text{rad/s}^2$ 　　 C. $5\sqrt{3}\text{rad/s}^2$ 　　 D. $9\sqrt{3}\text{rad/s}^2$

4-2-31 直角刚杆 OAB 可绕固定轴 O 在图示平面内转动，已知 $OA = 40\text{cm}$，$AB = 30\text{cm}$，$\omega = 2\text{rad/s}$，$\alpha = 1\text{rad/s}^2$，则图示瞬时，B 点加速度在 y 方向的投影为：

A. 40cm/s^2 　　　　　　　　　　 B. 200cm/s^2

C. 50cm/s^2 　　　　　　　　　　 D. -200cm/s^2

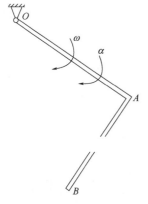

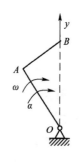

题 4-2-29 图　　　　　　　　题 4-2-30 图　　　　　　　　题 4-2-31 图

4-2-32 图示圆盘某瞬时以角速度ω，角加速度α绕O轴转动，其上A、B两点的加速度分别为a_A和a_B，与半径的夹角分别为θ和φ。若$OA=R$，$OB=R/2$，则a_A与a_B，θ与φ的大小关系分别为：

A. $a_A = a_B$，$\theta = \varphi$

B. $a_A = a_B$，$\theta = 2\varphi$

C. $a_A = 2a_B$，$\theta = \varphi$

D. $a_A = 2a_B$，$\theta = 2\varphi$

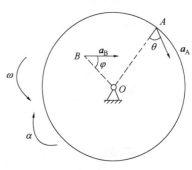

题 4-2-32 图

题解及参考答案

4-2-1 **解：**点的速度、切向加速度和法向加速度分别为：

$$v = \frac{\mathrm{d}s}{\mathrm{d}t} = 20\,\text{cm/s},\ a_\tau = \frac{\mathrm{d}v}{\mathrm{d}t} = 0,\ a_n = \frac{v^2}{R} = \frac{400}{40} = 10\,\text{cm/s}^2$$

答案：B

4-2-2 **解：**将运动方程中的参数t消去，即$t = \frac{x}{2}$，$y = \left(\frac{x}{2}\right)^2 - \frac{x}{2}$，整理易得$x^2 - 2x - 4y = 0$。

答案：C

4-2-3 **解：**因为速度$v = \frac{\mathrm{d}x}{\mathrm{d}t}$，积一次分，即：$\int_5^x \mathrm{d}x = \int_0^t (20t + 5)\mathrm{d}t$，得$x - 5 = 10t^2 + 5t$。

答案：A

4-2-4 **解：**当$t = 0$s时，$s = 8$m，当$t = 3$s时，$s = -10$m，点的速度$v = \frac{\mathrm{d}s}{\mathrm{d}t} = -4t$，即沿与$s$正方向相反的方向从8m处经过坐标原点运动到了$-10$m处，故所经路程为18m。

答案：C

4-2-5 **解：**根据定轴转动刚体上一点加速度与转动角速度、角加速度的关系：$a_n = \omega^2 l$，$a_\tau = \alpha l$，而题中$a_n = a = \omega^2 l$，所以$\omega = \sqrt{\frac{a}{l}}$，$a_\tau = 0 = \alpha l$，所以$\alpha = 0$。

答案：C

4-2-6 **解：**根据定轴转动刚体上一点加速度与转动角速度、角加速度的关系：$a_n = \omega^2 l$，$a_\tau = \alpha l$，而题中$a_n = a\cos\alpha = \omega^2 l$，$\omega = \sqrt{\frac{a\cos\alpha}{l}}$，$a_\tau = a\sin\alpha = \alpha l$，$\alpha = \frac{a\sin\alpha}{l}$。

答案：B

4-2-7 解： 物块 B 的速度为：$v_B = \frac{dx}{dt} = 2kt$；加速度为：$a_B = \frac{d^2x}{dt^2} = 2k$；而轮缘点 A 的速度与物块 B 的速度相同，即 $v_A = v_B = 2kt$；轮缘点 A 的切向加速度与物块 B 的加速度相同，则

$$a_A = \sqrt{a_{An}^2 + a_{A\tau}^2} = \sqrt{\left(\frac{v_B^2}{R}\right)^2 + a_B^2} = \sqrt{\frac{16k^4t^4}{R^2} + 4k^2}$$

答案： D

4-2-8 解： 将两个运动方程平方相加，即可得到轨迹方程 $\frac{x^2}{3^2} + \frac{(3-y)^2}{5^2} = 1$ 为一椭圆。

答案： D

4-2-9 解： 根据速度合成图可知：

$$v_A = \omega l, \quad v_B = v_e = v_A \cos\varphi = l\omega\cos\varphi$$

答案： B

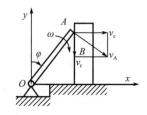

题 4-2-9 解图

4-2-10 解： 点作匀速曲线运动，其切向加速度为零，法向加速度不为零即为点的全加速度。

答案： A

4-2-11 解： 绳上各点的加速度大小均为 a，而轮缘上各点的加速度为其切向加速度和法向加速度的矢量和，大小为 $\sqrt{a^2 + \left(\frac{v^2}{r}\right)^2}$。

答案： B

4-2-12 解： 将运动方程中的参数 t 消去。即 $t = \frac{x}{v_0}$，代入运动方程，$y = \frac{1}{2}g\left(\frac{x}{v_0}\right)^2$，为抛物线方程。

答案： C

4-2-13 解： 根据定轴转动刚体上一点速度、加速度与转动角速度、角加速度的关系，得：

$$v_B = OB \cdot \omega = 50 \times 2 = 100 \text{cm/s}$$

$$a_B^\tau = OB \cdot \varepsilon = 50 \times 5 = 250 \text{cm/s}^2, \quad a_B^n = OB \cdot \omega^2 = 50 \times 2^2 = 200 \text{cm/s}^2$$

答案： A

4-2-14 解： 定轴转动刚体上 P 点与绳直线段的速度和切向加速度相同，而 P 点还有法向加速度，即 $a_P = \sqrt{a^2 + a_n^2} > a$。

答案： A

4-2-15 解： 根据定轴转动刚体的转动方程、角速度、角加速度以及刚体上一点的速度、加速度公式：

$$v = l\dot{\varphi} = l\varphi_0\omega\cos\omega t, \quad a_\tau = l\ddot{\varphi} = -l\varphi_0\omega^2\sin\omega t, \quad a_n = l\dot{\varphi}^2 = l\varphi_0^2\omega^2\cos^2\omega t$$

将 $t = \frac{\pi}{4\omega}$ 代入可得：

$$v = \frac{\sqrt{2}}{2}l\varphi_0\omega, \quad a_\tau = \frac{\sqrt{2}}{2}l\varphi_0\omega^2, \quad a_n = \frac{1}{2}l\varphi_0^2\omega^2$$

答案： C

4-2-16 解： 将两个运动方程平方相加：$x^2 + y^2 = 4^2\left(\sin^2\frac{\pi}{3}t + \cos^2\frac{\pi}{3}t\right) = 4^2$，为一圆方程。

答案： B

4-2-17 解： 根据定轴转动刚体上一点的速度、加速度公式：$v_P = r\omega$，$a_{P\tau} = r\alpha$，$a_{Pn} = r\omega^2$。

答案： A

4-2-18 解： 因为点 A、B 的速度、加速度方向相同，大小相等，根据刚体作平行移动时的定义和

特性，可判断杆AB的运动形式为平行移动。

答案：A

4-2-19 解：点的初始位置（$t=0$s时）在坐标 12cm 处，点的速度为：$v=\dot{x}=-3t^2$，故点沿x轴负方向运动，$t=3$s时到达坐标-15cm处，所以点在前3s内走过的路程为$12-(-15)=27$cm。

答案：A

4-2-20 解：两轮啮合点的速度和切向加速度应相等，而法向加速度为：$a_n=\dfrac{v^2}{R}$，因两轮半径不同，所以法向加速度不同，即：$a_{A\tau}=a_{B\tau}$，$a_{An}\neq a_{Bn}$。

答案：B

4-2-21 解：用自然法分析点的曲线运动，将加速度$\boldsymbol{a}$分解到曲线的法线方向，即：$a_n=a\sin30°=4$m/s^2，根据点的法向加速度公式：$a_n=\dfrac{v^2}{\rho}$，可得：$\rho=\dfrac{v^2}{a_n}=\dfrac{6^2}{4}=9$m。

答案：D

4-2-22 解：因为$\mathrm{d}v=a\mathrm{d}t$，故只知a的瞬时值，无法通过积分确定v。

答案：D

4-2-23 解：刚体作定轴转动的定义如选项D所描述。选项A只强调了刚体内有一条保持不动的直线而忽视了刚体延展部分；在转动轴上有无穷多点始终保持不动，不只是两点，故选项 B 不完整；转动轴上的点轨迹不是圆周，所以选项 C 不正确。

答案：D

4-2-24 解：定轴转动刚体的角速度ω和角加速度α是代数量，但其正负只表示两种不同的转向，所以，当ω和α同号时刚体加速转动，异号时刚体减速转动。

答案：C

4-2-25 解：根据物块B的运动方程，可知其速度、加速度为：$v_B=\dot{x}=2kt$、$a_B=\dot{x}=2k$。轮缘点A的速度与物块B的速度相同；轮缘点A的切向加速度与物块B的加速度相同，而轮缘上A的法向加速度$a_{An}=\dfrac{v_B^2}{R}$，故

$$a_A=\sqrt{a_{An}^2+a_{A\tau}^2}=\sqrt{a_B^2+\left(\dfrac{v_B^2}{R}\right)^2}=\sqrt{4k^2+\dfrac{16k^4t^4}{R^2}}$$

答案：C

4-2-26 解：根据定轴转动刚体上轮缘上一点的切向加速度$\boldsymbol{a}_\tau$与刚体角加速度α的关系知：$a_\tau=R\alpha$，轮缘上一点与重物的切向加速度相同，即$a_\tau=a=\ddot{x}=200$m/s^2。故轮的角加速度为：

$$\alpha=\dfrac{a_\tau}{R}=\dfrac{200}{0.1}=2000\text{rad/s}^2\text{（逆时针）}$$

答案：B

4-2-27 解：因为叶轮作等加速转动，故其角加速度为常量，根据定轴转动刚体上M点的切向加速度$a_{M\tau}$与刚体角加速度α的关系知：$a_{M\tau}=r_M\alpha$，已知某瞬时$a_{M\tau}=a\sin\beta=r_M\alpha$，所以角加速度为：

$$\alpha=\dfrac{a\sin\beta}{r_M}=\dfrac{40\sin30°}{0.4}=50\text{rad/s}^2$$

由角加速度α、角速度ω和转角φ的微分关系知：$\mathrm{d}\omega=\alpha\mathrm{d}t=50\mathrm{d}t$，积一次分：$\int_0^\omega\mathrm{d}\omega=\int_0^t50\mathrm{d}t$，得：$\omega=50t$；再积一次分：$\int_0^\varphi\mathrm{d}\varphi=\int_0^t50t\mathrm{d}t$，得叶轮的转动方程为：$\varphi=25t^2$。

答案：B

4-2-28 解：因为三角形板ABC为平行移动的刚体，根据其刚体上各点有相同的速度和加速度的性

质，可知：$v_C = v_A = r\omega$（方向水平向左）。

答案： A

4-2-29 解： 根据定轴转动刚体上一点的速度公式：$v_B = OB \cdot \omega = 50 \times 2 = 100\text{cm/s}$。

答案： A

4-2-30 解： 根据定轴转动刚体上一点的速度和加速度公式：$v_A = OA \cdot \omega$，所以刚体的角速度为：

$$\omega = \frac{v_A}{OA} = \frac{6}{2} = 3\text{rad/s}$$

B点的法向加速度为：

$$a_{B\tau} = OB \cdot \omega^2 = 27\text{m/s}^2 = a\cos\beta$$

由此可知B点的切向加速度为：

$$a_{Bt} = a\sin\beta = a_{B\tau}\tan\beta = 27\sqrt{3}\text{m/s}^2$$

则角加速度为：

$$\alpha = \frac{a_{Bt}}{OB} = \frac{27\sqrt{3}}{3} = 9\sqrt{3}\text{rad/s}^2$$

答案： D

4-2-31 解： 根据定轴转动刚体上一点的加速度公式：$a_{Bn} = OB \cdot \omega^2 = 50 \times 2^2 = 200\text{cm/s}^2$，方向铅垂指向$O$点，故$B$点加速度在$y$方向的投影为$-200\text{cm/s}^2$。

答案： D

4-2-32 解： 根据定轴转动刚体上各点加速度的分布规律知：加速度的大小与转动半径（点到转动轴的垂直距离）成正比，各点加速度的方向与其转动半径的夹角均相同。由于A点的转动半径是B点转动半径的2倍，因此，$a_A = 2a_B$，且两点加速度与其转动半径的夹角相同，即：$\varphi = \theta$。

答案： C

（三）动力学

4-3-1 汽车重力大小为$W = 2800\text{N}$，并以匀速$v = 10\text{m/s}$的行驶速度驶入刚性洼地底部，洼地底部的曲率半径$\rho = 5\text{m}$，取重力加速度$g = 10\text{m/s}^2$，则在此处地面给汽车约束力的大小为：

  A. 5600N   B. 2800N   C. 3360N   D. 8400N

4-3-2 重为W的货物由电梯载运下降，当电梯加速下降、匀速下降及减速下降时，货物对地板的压力分别为R_1、R_2、R_3，它们之间的关系为：

  A. $R_1 = R_2 = R_3$ B. $R_1 > R_2 > R_3$

  C. $R_1 < R_2 < R_3$ D. $R_1 < R_2 > R_3$

4-3-3 质量为m的小球，放在倾角为α的光滑面上，并用平行于斜面的软绳将小球固定在图示位置，如斜面与小球均以a的加速度向左运动，则小球受到斜面的约束力N应为：

  A. $N = mg\cos\alpha - ma\sin\alpha$

  B. $N = mg\cos\alpha + ma\sin\alpha$

  C. $N = mg\cos\alpha$

  D. $N = ma\sin\alpha$

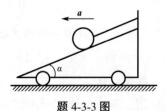

题 4-3-3 图

4-3-4　如图所示，两重物M_1和M_2的质量分别为m_1和m_2，两重物系在不计质量的软绳上，绳绕过匀质定滑轮，滑轮半径为r，质量为m，则此滑轮系统对转轴O之动量矩为：

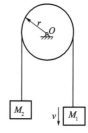

题 4-3-4 图

A. $L_O = \left(m_1 + m_2 - \frac{1}{2}m\right)rv\downarrow$

B. $L_O = \left(m_1 - m_2 - \frac{1}{2}m\right)rv\downarrow$

C. $L_O = \left(m_1 + m_2 + \frac{1}{2}m\right)rv\downarrow$

D. $L_O = \left(m_1 + m_2 + \frac{1}{2}m\right)rv\uparrow$

4-3-5　质量为m，长为$2l$的均质杆初始位于水平位置，如图所示。A端脱落后，杆绕轴B转动，当杆转到铅垂位置时，AB杆B处的约束力大小为：

A. $F_{Bx} = 0$, $F_{By} = 0$

B. $F_{Bx} = 0$, $F_{By} = \frac{mg}{4}$

C. $F_{Bx} = l$, $F_{By} = mg$

D. $F_{Bx} = 0$, $F_{By} = \frac{5mg}{2}$

4-3-6　图示均质圆轮，质量为m，半径为r，在铅垂图面内绕通过圆盘中心O的水平轴转动，角速度为ω，角加速度为ε，此时将圆轮的惯性力系向O点简化，其惯性力主矢和惯性力主矩的大小分别为：

A. 0; 0　　　B. $mr\varepsilon$; $\frac{1}{2}mr^2\varepsilon$　　　C. 0; $\frac{1}{2}mr^2\varepsilon$　　　D. 0; $\frac{1}{4}mr^2\omega^2$

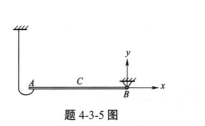

题 4-3-5 图　　　　　　　　题 4-3-6 图

4-3-7　5根弹簧系数均为k的弹簧，串联与并联时的等效弹簧刚度系数分别为：

A. $5k$; $\frac{k}{5}$　　　B. $\frac{5}{k}$; $5k$　　　C. $\frac{k}{5}$; $5k$　　　D. $\frac{1}{5k}$; $5k$

4-3-8　图示质量为m的质点M，受有两个力F和R的作用，产生水平向左的加速度a，它在x轴方向的动力学方程为：

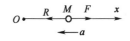

题 4-3-8 图

A. $m_a = F - R$

B. $-ma = F - R$

C. $ma = R + F$

D. $-ma = R - F$

4-3-9　均质圆盘质量为m，半径为R，在铅垂平面内绕O轴转动，图示瞬时角速度为ω，则其对O轴的动量矩和动能大小分别为：

A. $mR\omega$, $\frac{1}{4}mR\omega$

B. $\frac{1}{2}mR\omega$, $\frac{1}{2}mR\omega$

C. $\frac{1}{2}mR^2\omega$, $\frac{1}{2}mR^2\omega^2$

D. $\frac{3}{2}mR^2\omega$, $\frac{3}{4}mR^2\omega^2$

4-3-10　质量为m，长为$2l$的均质细杆初始位于水平位置，如图所示。A端脱落后，杆绕轴B转动，当杆转到铅垂位置时，AB杆角加速度的大小为：

A. 0　　　　　　　B. $\frac{3g}{4l}$　　　　　　C. $\frac{3g}{2l}$　　　　　　D. $\frac{6g}{l}$

4-3-11 均质细杆AB重力为P，长为$2l$，A端铰支，B端用绳系住，处于水平位置，如图所示。当B端绳突然剪断瞬时，AB杆的角加速度大小为$\frac{3g}{4l}$，则A处约束力大小为：

A. $F_{Ax} = 0$，$F_{Ay} = 0$　　　　　　　　B. $F_{Ax} = 0$，$F_{Ay} = \frac{P}{4}$

C. $F_{Ax} = P$，$F_{Ay} = \frac{P}{2}$　　　　　　　　D. $F_{Ax} = 0$，$F_{Ay} = P$

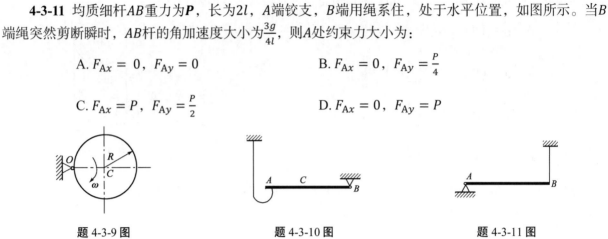

题 4-3-9 图　　　　　　　题 4-3-10 图　　　　　　　题 4-3-11 图

4-3-12 图示一弹簧质量系统，置于光滑的斜面上，斜面的倾角α可以在 0°~90°间改变，则随α的增大系统振动的固有频率：

A. 增大　　　　　　B. 减小　　　　　　C. 不变　　　　　　D. 不能确定

4-3-13 图示匀质杆AB长l，质量为m，质心为C。点D距点A为$\frac{1}{4}l$。杆对通过点D且垂直于AB的轴y的转动惯量为：

A. $J_{Dy} = \frac{1}{12}ml^2 + m\left(\frac{1}{4}l\right)^2$　　　　　　B. $J_{Dy} = \frac{1}{3}ml^2 + m\left(\frac{1}{4}l\right)^2$

C. $J_{Dy} = \frac{1}{12}ml^2 + m\left(\frac{3}{4}l\right)^2$　　　　　　D. $J_{Dy} = m\left(\frac{1}{4}l\right)^2$

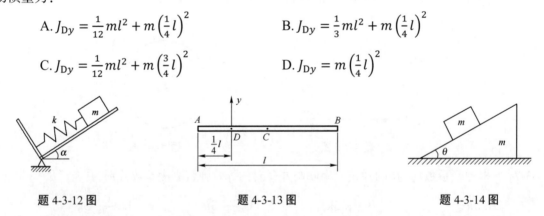

题 4-3-12 图　　　　　　　题 4-3-13 图　　　　　　　题 4-3-14 图

4-3-14 图示质量为m的三角形物块，其倾斜角为θ，可在光滑的水平地面上运动。质量为m的矩形物块又沿斜面运动。两块间也是光滑的。该系统的动力学特征（动量、动量矩、机械能）有守恒情形的数量为：

A. 0个　　　　　　B. 1个　　　　　　C. 2个　　　　　　D. 3个

4-3-15 图示质量为m，半径为r的定滑轮O上绕有细绳，依靠摩擦使绳在轮上不打滑，并带动滑轮转动。绳之两端均系质量m的物块A与B。块B放置的光滑斜面倾角为α，$0 < \alpha < \frac{\pi}{2}$。假设定滑轮$O$的轴承光滑，当系统在两物块的重力作用下运动时，$B$与$O$间，$A$与$O$间的绳力$F_{T1}$和$F_{T2}$的大小有关系：

A. $F_{T1} = F_{T2}$　　　　　　　　　　B. $F_{T1} < F_{T2}$

C. $F_{T1} > F_{T2}$　　　　　　　　　　D. 只依据已知条件不能确定

4-3-16 图示弹簧—物块直线振动系统中，物块质量m，两根弹簧的刚度系数各为k_1和k_2。若用一根等效弹簧代替这两根弹簧，则其刚度系数k为：

A. $k = \frac{k_1 k_2}{k_1 + k_2}$　　　　B. $k = \frac{2k_1 k_2}{k_1 + k_2}$　　　　C. $k = \frac{k_1 + k_2}{2}$　　　　D. $k = k_1 + k_2$

4-3-17 三角形物块沿水平地面运动的加速度为a，方向如图。物块倾斜角为α。重W的小球在斜面上用细绳拉住，绳另端固定在斜面上。设物块运动中绳不松软，则小球对斜面的压力F_N的大小为：

　　A. $F_N < W \cos\alpha$　　　　　　　　　B. $F_N > W \cos\alpha$

　　C. $F_N = W \cos\alpha$　　　　　　　　　D. 只根据所给条件则不能确定

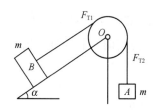
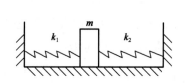
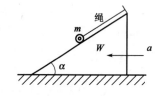

题 4-3-15 图　　　　　　　　　题 4-3-16 图　　　　　　　　　图 4-3-17 图

4-3-18 忽略质量的细杆$OC = l$，其端部固结匀质圆盘（见图）。杆上点C为圆盘圆心。盘质量为m，半径为r。系统以角速度ω绕轴O转动。系统的动能是：

　　A.$T = \frac{1}{2}m(l\omega)^2$　　　　　　　　　B.$T = \frac{1}{2}m[(l + r)\omega]^2$

　　C.$T = \frac{1}{2}\left(\frac{1}{2}mr^2\right)\omega^2$　　　　　　　D.$T = \frac{1}{2}\left(\frac{1}{2}mr^2 + ml^2\right)\omega^2$

4-3-19 图示弹簧—物块直线振动系统位于铅垂面内。弹簧刚度系数为k，物块质量为m。若已知物块的运动微分方程为$m\ddot{x} + kx = 0$，则描述运动的坐标Ox的坐标原点应为：

　　A. 弹簧悬挂处点O_1

　　B. 弹簧原长l_0处之点O_2

　　C. 弹簧由物块重力引起静伸长δ_{st}之点O_3

　　D. 任意点皆可

4-3-20 图示两重物的质量均为m，分别系在两软绳上。此两绳又分别绕在半径各为r与$2r$并固结在一起的两轮上。两圆轮构成之鼓轮的质量亦为m，对轴O的回转半径为ρ_O。两重物中一铅垂悬挂，一置于光滑平面上。当系统在左重物重力作用下运动时，鼓轮的角加速度α为：

　　A.$\alpha = \frac{2gr}{5r^2 + \rho_o^2}$　　　　B.$\alpha = \frac{2gr}{3r^2 + \rho_o^2}$　　　　C.$\alpha = \frac{2gr}{\rho_o^2}$　　　　D.$\alpha = \frac{gr}{5r^2 + \rho_o^2}$

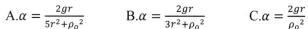
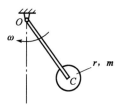
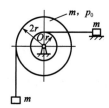

题 4-3-18 图　　　　　　　　　题 4-3-19 图　　　　　　　　　题 4-3-20 图

4-3-21 铅垂振动台的运动规律$y = a\sin\omega t$。图上点 0，1，2 各为台的平衡位置。振动最高点与最低点。台上颗粒重W。设颗粒与台面永不脱离，则振动台在这三个位置作用于颗粒的约束力F_N大小的

关系为:

A. $F_{N1} < F_{N0} = W < F_{N2}$

B. $F_{N1} > F_{N0} = W > F_{N2}$

C. $F_{N1} = F_{N0} = F_{N2} = W$

D. $F_{N1} = F_{N2} < F_{N0} = W$

4-3-22 匀质杆 OA 质量为 m，长为 l，角速度为 ω，如图所示。则其动量大小为:

A. $\frac{1}{2}ml\omega$ B. $ml\omega$ C. $\frac{1}{3}ml\omega$ D. $\frac{1}{4}ml\omega$

4-3-23 匀质杆质量为 m，长 $OA = l$，在铅垂面内绕定轴 O 转动。杆质心 C 处连接刚度系数 k 较大的弹簧，弹簧另端固定。图示位置为弹簧原长，当杆由此位置逆时针方向转动时，杆上 A 点的速度为 v_A，若杆落至水平位置的角速度为零，则 v_A 的大小应为:

A. $\sqrt{\frac{1}{2}\left(2-\sqrt{2}\right)^2\frac{k}{m}l^2 - 2gl}$

B. $\sqrt{\frac{1}{4}\left(2-\sqrt{2}\right)^2\frac{k}{m}l^2 - gl}$

C. $\sqrt{\frac{1}{2}\left(2-\sqrt{2}\right)^2\frac{k}{m}l^2 - 8gl}$

D. $\sqrt{\frac{3}{4}\left(2-\sqrt{2}\right)^2\frac{k}{m}l^2 - 3gl}$

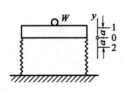

题 4-3-21 图

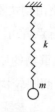

题 4-3-22 图

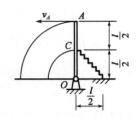

题 4-3-23 图

4-3-24 质点质量 m，悬挂质点的弹簧刚度系数 k（如图所示），系统作直线自由振动的固有频率 ω_0 与周期 T 的正确表达式为:

A. $\omega_0 = \frac{k}{m},\ T = \frac{1}{\omega_0}$

B. $\omega_0 = \frac{k}{m},\ T = \frac{2\pi}{\omega_0}$

C. $\omega_0 = \sqrt{\frac{m}{k}},\ T = \frac{1}{\omega_0}$

D. $\omega_0 = \sqrt{\frac{m}{k}},\ T = \frac{2\pi}{\omega_0}$

题 4-3-24 图

4-3-25 自由质点受力作用而运动时，质点的运动方向是:

A. 作用力的方向

B. 加速度的方向

C. 速度的方向

D. 初速度的方向

4-3-26 如图所示，重力大小为 W 的质点，由长为 l 的绳子连接，则单摆运动的固有频率为:

A. $\sqrt{\frac{g}{2l}}$

B. $\sqrt{\frac{W}{l}}$

C. $\sqrt{\frac{g}{l}}$

D. $\sqrt{\frac{2g}{l}}$

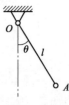

题 4-3-26 图

4-3-27 均质细直杆OA长为l，质量为m，A端固结一质量为m的小球（不计尺寸），如图所示。当OA杆以匀角速度绕O轴转动时，该系统对O轴的动量矩为：

A. $\frac{1}{3}ml^2\omega$ 　　　　　　　　　 B. $\frac{2}{3}ml^2\omega$

C. $ml^2\omega$ 　　　　　　　　　　　 D. $\frac{4}{3}ml^2\omega$

题 4-3-27 图

4-3-28 在上题图中，将系统的惯性力系向O点简化，其主矢$\boldsymbol{F}_{\mathrm{I}}$和主矩$\boldsymbol{M}_{\mathrm{IO}}$的数值分别为：

A. $F_{\mathrm{I}} = \frac{1}{2}ml\omega^2$，$M_{\mathrm{IO}} = 0$ 　　　　　 B. $F_{\mathrm{I}} = \frac{3}{2}ml\omega^2$，$M_{\mathrm{IO}} = 0$

C. $F_{\mathrm{I}} = \frac{1}{2}ml\omega^2$，$M_{\mathrm{IO}} \neq 0$ 　　　　　 D. $F_{\mathrm{I}} = \frac{3}{2}ml\omega^2$，$M_{\mathrm{IO}} \neq 0$

4-3-29 已知A物重力的大小$P = 20\mathrm{N}$，B物重力的大小$Q = 30\mathrm{N}$（见图所示），滑轮C、D不计质量，并略去各处摩擦，则绳水平段的拉力为：

A. 30N 　　　　　 B. 20N 　　　　　 C. 16N 　　　　　 D. 24N

4-3-30 图示质量为m的物体自高H处水平抛出，运动中受到与速度一次方成正比的空气阻力$\boldsymbol{R}$作用，$\boldsymbol{R} = -km\boldsymbol{v}$，$k$为常数。则其运动微分方程为：

A. $m\ddot{x} = -km\dot{x}$，$m\ddot{y} = -km\dot{y} - mg$ 　　　 B. $m\ddot{x} = km\dot{x}$，$m\ddot{y} = km\dot{y} - mg$

C. $m\ddot{x} = -km\dot{x}$，$m\ddot{y} = km\dot{y} - mg$ 　　　 D. $m\ddot{x} = -km\dot{x}$，$m\ddot{y} = -km\dot{y} + mg$

4-3-31 汽车以匀速率$\boldsymbol{v}$在不平的道路上行驶，当汽车通过A、B、C三个位置时（见图所示），汽车对路面的压力分别为$\boldsymbol{N}_A$、$\boldsymbol{N}_B$、$\boldsymbol{N}_C$，则下述哪个关系式能够成立？

A. $N_A = N_B = N_C$ 　　　　　　　 B. $N_A < N_B < N_C$

C. $N_A > N_B > N_C$ 　　　　　　　 D. $N_A = N_B > N_C$

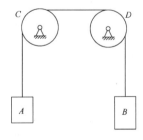

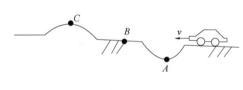

题 4-3-29 图 　　　　　　　　 题 4-3-30 图 　　　　　　　　 题 4-3-31 图

4-3-32 重力为$\boldsymbol{W}$的人乘电梯上升时，当电梯加速上升、匀速上升及减速上升时，人对地板的压力分别为$\boldsymbol{P}_1$、$\boldsymbol{P}_2$、$\boldsymbol{P}_3$，它们之间的大小关系为：

A. $P_1 = P_2 = P_3$ 　　　　　　　 B. $P_1 > P_2 > P_3$

C. $P_1 < P_2 < P_3$ 　　　　　　　 D. $P_1 < P_3 > P_2$

4-3-33 汽车重力$\boldsymbol{P}$，以匀速$\boldsymbol{v}$驶过拱桥，如图所示。在桥顶处，桥面中心线的曲率半径为R，在此处，桥面给汽车约束反力$\boldsymbol{N}$的大小等于：

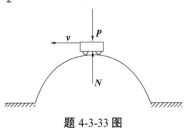

A. P 　　　　　　　　　　　 B. $P + \frac{Pv^2}{gR}$

C. $P - \frac{Pv^2}{gR}$ 　　　　　　　 D. $P - \frac{Pv}{gR}$

题 4-3-33 图

4-3-34 图示质量为m、长为l的杆OA以的角速度绕轴O转动，则其动量为：

    A. $ml\omega$ B. 0   C. $\frac{1}{2}ml\omega$ D. $\frac{1}{3}ml\omega$

4-3-35 图示 a)、b）系统中的均质圆盘质量、半径均相同，角速度与角加速度分别为ω_1、ω_2和α_1、α_2，则有：

    A. $\alpha_1 = \alpha_2$ B. $\alpha_1 > \alpha_2$ C. $\alpha_1 < \alpha_2$ D. $\omega_1 = \omega_2$

4-3-36 均质细直杆AB长为l，质量为m，以匀角速度ω绕O轴转动，如图所示，则AB杆的动能为：

    A. $\frac{1}{12}ml^2\omega^2$ B. $\frac{7}{24}ml^2\omega^2$ C. $\frac{7}{48}ml^2\omega^2$ D. $\frac{7}{96}ml^2\omega^2$

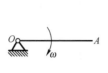
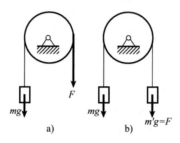
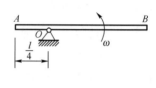

题 4-3-34 图   题 4-3-35 图   题 4-3-36 图

4-3-37 图示鼓轮半径$r = 3.65$cm，对转轴O的转动惯量$J_O = 0.92$kg·m²；绕在鼓轮上的绳端挂有质量$m = 30$kg的物体A。不计系统质量与摩擦，欲使鼓轮以角加速度$\alpha = 37.8$rad/s²转动来提升重物，需对鼓轮作用的转矩$\boldsymbol{M}$的大小是：

    A. 37.8N·m   B. 47N·m   C. 36.3N·m   D. 45.5N·m

4-3-38 图示两种不同材料的均质细长杆焊接成直杆ABC。AB段为一种材料，长度为a，质量为m_1；BC段为另一种材料，长度为b，质量为m_2。杆ABC以匀角速度ω转动，则其对A轴的动量矩L_A为：

    A. $L_A = (m_1 + m_2)(a + b)^2\omega/3$

    B. $L_A = [m_1 a^2/3 + m_2 b^2/12 + m_2(b/2 + a)^2]\omega$

    C. $L_A = [m_1 a^2/3 + m_2 b^2/3 + m_2 a^2]\omega$

    D. $L_A = m_1 a^2\omega/3 + m_2 b^2\omega/3$

4-3-39 图示一弹簧常数为k的弹簧下挂一质量为m的物体，若物体从静平衡位置（设静伸长为δ）下降Δ距离，则弹性力所做的功为：

    A. $\frac{1}{2}k\Delta^2$ B. $\frac{1}{2}k(\delta + \Delta)^2$

    C. $\frac{1}{2}k[(\Delta + \delta)^2 - \delta^2]$ D. $\frac{1}{2}k[\delta^2 - (\Delta + \delta)^2]$

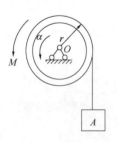
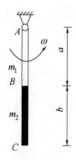
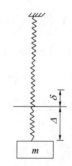

题 4-3-37 图   题 4-3-38 图   题 4-3-39 图

4-3-40 A、B两物块置于光滑水平面上，并用弹簧相连，如图所示。当压缩弹簧后无初速地释放，释放后系统的动能和动量分别用T、p表示，则有：

A. $T \neq 0$，$p = 0$　　　　　　　　　　　B. $T = 0$，$p \neq 0$

C. $T = 0$，$p = 0$　　　　　　　　　　　D. $T \neq 0$，$p \neq 0$

4-3-41 均质圆环的质量为m，半径为R，圆环绕O轴的摆动规律为$\varphi = \omega t$，ω为常数。图示瞬时圆环对转轴O的动量矩为：

A. $mR^2\omega$　　　　　B. $2mR^2\omega$　　　　　C. $3mR^2\omega$　　　　　D. $\frac{1}{2}mR^2\omega$

4-3-42 物块A质量为 8kg，静止放在无摩擦的水平面上。另一质量为 4kg 的物块B被绳系住，如图所示，滑轮无摩擦。若物块A的加速度$a = 3.3\text{m/s}^2$，则物块B的惯性力是：

A. 13.2N（铅垂向上）　　　　　　　　　B. 13.2N（铅垂向下）

C. 26.4N（铅垂向上）　　　　　　　　　D. 26.4N（铅垂向下）

　　　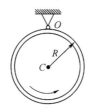　　　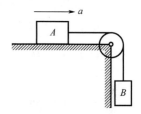

题 4-3-40 图　　　　　　　　题 4-3-41 图　　　　　　　　题 4-3-42 图

4-3-43 在题 4-3-41 图中，将圆环的惯性力系向O点简化，其主矢F_I和主矩M_IO的数值为：

A. $F_\text{I} = 0$，$M_\text{IO} = 0$　　　　　　　　　B. $F_\text{I} = mR\omega^2$，$M_\text{IO} = 0$

C. $F_\text{I} = mR\omega^2$，$M_\text{IO} \neq 0$　　　　　　　D. $F_\text{I} = 0$，$M_\text{IO} \neq 0$

4-3-44 图示均质圆盘作定轴转动，其中图 a）、c）的转动角速度为常数$(\omega = C)$，而图 b）、d）的角速度不为常数$(\omega \neq C)$，则哪个图示圆盘的惯性力系简化的结果为平衡力系？

A. 图 a）　　　　　B. 图 b）　　　　　C. 图 c）　　　　　D. 图 d）

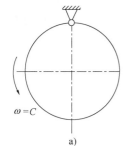　　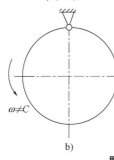　　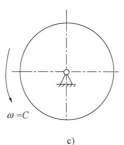　　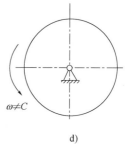

a)　　　　　　　b)　　　　　　　c)　　　　　　　d)

题 4-3-44 图

4-3-45 物重力的大小为Q，用细绳BA、CA悬挂（如图所示），$\alpha = 60°$，若将BA绳剪断，则该瞬时CA绳的张力大小为：

A. 0　　　　　B. $0.5Q$　　　　　C. Q　　　　　D. $2Q$

4-3-46 图示均质杆AB的质量为m，长度为L，且$O_1A = O_2B = R$，$O_1O_2 = AB = L$。当$\varphi = 60°$时，O_1A杆绕O_1轴转动的角速度为ω，角加速度为α，此时均质杆AB的惯性力系向其质心C简化的主矢F_I和主矩M_C^I的大小分别为：

A. $F_\text{I} = mR\alpha$，$M_C^\text{I} = \frac{1}{3}mL^2\alpha$　　　　　　　B. $F_\text{I} = mR\omega^2$，$M_C^\text{I} = 0$

C. $F_\text{I} = mR\sqrt{\alpha^2 + \omega^4}$，$M_C^\text{I} = 0$　　　　　D. $F_\text{I} = mR\sqrt{\alpha^2 + \omega^4}$，$M_C^\text{I} = \frac{1}{12}mL^2\alpha$

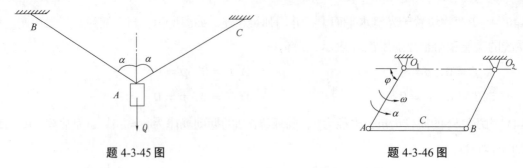

題 4-3-45 图　　　　　　　　題 4-3-46 图

4-3-47 偏心轮为均质圆盘，其质量为m，半径为R，偏心距$OC = \dfrac{R}{2}$。若在图示位置时，轮绕O轴转动的角速度为ω，角加速度为α，则该轮的惯性力系向O点简化的主矢$\boldsymbol{F}_\mathrm{I}$和主矩$M_O^\mathrm{I}$的大小为：

A. $F_\mathrm{I} = \dfrac{1}{2}mR\sqrt{\alpha^2 + \omega^4}$, $M_O^\mathrm{I} = \dfrac{3}{4}mR^2\alpha$

B. $F_\mathrm{I} = \dfrac{1}{2}mR\sqrt{\alpha^2 + \omega^4}$, $M_O^\mathrm{I} = \dfrac{1}{2}mR^2\alpha$

C. $F_\mathrm{I} = \dfrac{1}{2}mR\omega^2$, $M_O^\mathrm{I} = \dfrac{1}{4}mR^2\alpha$

D. $F_\mathrm{I} = \dfrac{1}{2}mR\alpha$, $M_O^\mathrm{I} = \dfrac{5}{4}mR^2\alpha$

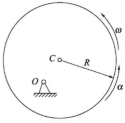

題 4-3-47 图

4-3-48 在图示三个振动系统中，物块的质量均为m，弹簧的刚性系数均为k，摩擦和弹簧的质量不计。设图 a）、b）、c）中弹簧的振动频率分别为f_1、f_2、f_3，则三者的关系有：

A. $f_1 = f_2 \neq f_3$　　　　　　　　B. $f_1 \neq f_2 = f_3$

C. $f_1 = f_2 = f_3$　　　　　　　　D. $f_1 \neq f_2 \neq f_3$

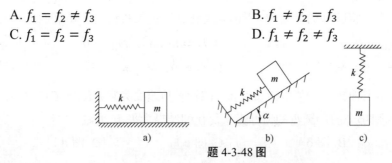

題 4-3-48 图

4-3-49 设图 a）、b）、c）三个质量弹簧系统的固有频率分别为ω_1、ω_2、ω_3，则它们之间的关系是：

A. $\omega_1 < \omega_2 = \omega_3$　　　　　　B. $\omega_2 < \omega_3 = \omega_1$

C. $\omega_3 < \omega_1 = \omega_2$　　　　　　D. $\omega_1 = \omega_2 = \omega_3$

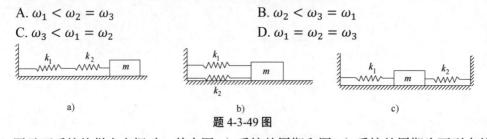

題 4-3-49 图

4-3-50 图示两系统均做自由振动，其中图 a）系统的周期和图 b）系统的周期为下列中的哪一组？

A. $2\pi\sqrt{m/k}$, $2\pi\sqrt{m/k}$　　　　　　B. $2\pi\sqrt{2m/2k}$, $2\pi\sqrt{m/2k}$

C. $2\pi\sqrt{m/2k}$, $2\pi\sqrt{m/2k}$　　　　　　D. $2\pi\sqrt{4m/k}$, $2\pi\sqrt{4m/k}$

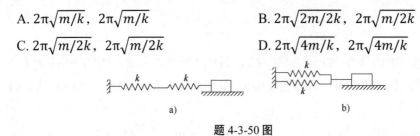

題 4-3-50 图

4-3-51 图示在倾角为α的光滑斜面上置一弹性系数为k的弹簧，一质量为m的物块沿斜面下滑s距离与弹簧相碰，碰后弹簧与物块不分离并发生振动，则自由振动的固有圆频率应为：

    A. $(k/m)^{1/2}$ B. $[k/(ms)]^{1/2}$

    C. $[k/(m\sin\alpha)]^{1/2}$ D. $(k\sin\alpha/m)^{1/2}$

4-3-52 图示质量为m的物块，用两根弹性系数为k_1和k_2的弹簧连接，不计阻尼，当物体受到干扰力$F = h\sin\omega t$的作用时，系统发生共振的受迫振动频率ω为：

    A. $\sqrt{\dfrac{k_1 k_2}{m(k_1+k_2)}}$ B. $\sqrt{\dfrac{m(k_1+k_2)}{mk_1 k_2}}$ C. $\sqrt{\dfrac{k_1+k_2}{m}}$ D. $\sqrt{\dfrac{m}{k_1+k_2}}$

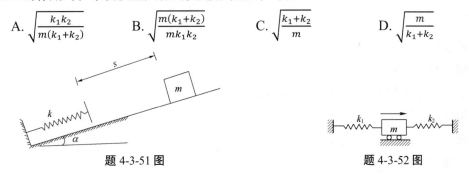

题 4-3-51 图   题 4-3-52 图

题解及参考答案

4-3-1 **解：** 汽车运动到洼地底部时加速度的大小为$a = a_n = \dfrac{v^2}{\rho}$，其运动及受力如解图所示，按照牛顿第二定律，在铅垂方向有$ma = F_N - W$，$\boldsymbol{F}_N$为地面给汽车的合约束力。

$$F_N = \frac{W}{g}\cdot\frac{v^2}{\rho} + W = \frac{2800}{10}\times\frac{10^2}{5} + 2800 = 8400\text{N}$$

答案： D

题 4-3-1 解图

4-3-2 **解：** 根据质点运动微分方程$m\boldsymbol{a} = \sum\boldsymbol{F}$，当货物加速下降、匀速下降和减速下降时，加速度分别向下、为零、向上，代入公式有：

$$ma = W - R_1,\ \ 0 = W - R_2,\ \ -ma = W - R_3$$

答案： C

4-3-3 **解：** 小球的运动及受力分析如解图所示。根据质点运动微分方程$m\boldsymbol{a} = \boldsymbol{F}$，将方程沿着$N$方向投影有：

$$ma\sin\alpha = N - mg\cos\alpha$$

解得：$N = mg\cos\alpha + ma\sin\alpha$

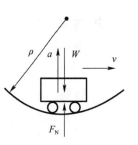

题 4-3-3 解图

答案： B

4-3-4 **解：** 根据动量矩定义和公式：

$$L_O = M_O(m_1 v) + M_O(m_2 v) + J_{O\,轮}\omega = m_1 vr + m_2 vr + \frac{1}{2}mr^2\omega$$

$$\omega = \frac{v}{r},\ \ L_O = \left(m_1 + m_2 + \frac{1}{2}m\right)rv$$

答案： C

4-3-5 **解：** 根据动能定理，当杆从水平转动到铅垂位置时：

$$T_1 = 0;\ \ T_2 = \frac{1}{2}J_B\omega^2 = \frac{1}{2}\cdot\frac{1}{3}m(2l)^2\omega^2 = \frac{2}{3}ml^2\omega^2$$

将$W_{12} = mgl$代入$T_2 - T_1 = W_{12}$，得：

$$\omega^2 = \frac{3g}{2l}$$

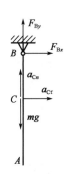

题 4-3-5 解图

再根据定轴转动微分方程：$J_B\alpha = M_B(F) = 0$，$\alpha = 0$

根据质心运动定理：质心的加速度 $a_{C\tau} = l\alpha = 0$，$a_{Cn} = 1\omega^2 = \frac{3g}{2}$

受力如解图所示：$ml\omega^2 = F_{By} - mg$，$F_{By} = \frac{5}{2}mg$，$F_{Bx} = 0$

答案：D

4-3-6　解：根据定轴转动刚体惯性力系的简化结果，惯性力主矢和主矩的大小分别为：

$$F_I = ma_c = 0, \quad M_{IO} = J_O\varepsilon = \frac{1}{2}mr^2\varepsilon$$

答案：C

4-3-7　解：根据串并联弹簧等效弹簧刚度的公式：串联时，$\frac{1}{k} + \frac{1}{k} + \frac{1}{k} + \frac{1}{k} + \frac{1}{k} = \frac{5}{k}$，等效弹簧刚度为 $\frac{k}{5}$；并联时，等效弹簧刚度为 $k + k + k + k + k = 5k$。

答案：C

4-3-8　解：将动力学矢量方程 $m\boldsymbol{a} = \boldsymbol{F} + \boldsymbol{R}$，在 x 方向投影，有 $-ma = F - R$。

答案：B

4-3-9　解：根据定轴转动刚体动量矩和动能的公式：

$$L_O = J_O\omega, \quad T = \frac{1}{2}J_O\omega^2$$

其中：$J_O = \frac{1}{2}mR^2 + mR^2 = \frac{3}{2}mR^2$，$L_O = \frac{3}{2}mR^2\omega$，$T = \frac{3}{4}mR^2\omega^2$。

答案：D

4-3-10　解：根据定轴转动微分方程 $J_B\alpha = M_B(F)$，当杆转动到铅垂位置时，受力见解图，杆上所有外力对 B 点的力矩为零，即 $M_B(F) = 0$，所以有 $a = 0$。

答案：A

4-3-11　解：绳剪断瞬时（见解图），杆的 $\omega = 0$，$\alpha = \frac{3g}{4l}$；则质心的加速度 $a_{Cx} = 0$，$a_{Cy} = \alpha l = \frac{3g}{4}$。根据质心运动定理：

$$\frac{P}{g}a_{Cy} = P - F_{Ay}, \quad F_{Ax} = 0, \quad F_{Ay} = P - \frac{P}{g} \times \frac{3}{4}g = \frac{P}{4}$$

答案：B

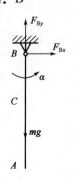

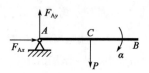

题 4-3-10 解图　　　　　　　　　　　　题 4-3-11 解图

4-3-12　解：质点振动的固有频率与倾角无关。

答案：C

4-3-13　解：根据平行移轴公式计算：

$$J_{Dy} = J_{Cy} + md^2 = \frac{1}{12}ml^2 + m\left(\frac{1}{4}\right)^2$$

答案：A

4-3-14　解：因为整个系统水平方向所受外力为零，故系统水平方向动量守恒；又因为做功的力为保守力，有系统机械能守恒，故有守恒情形的数量为 2 个。

答案：C

4-3-15 解：在右侧物体重力作用下，滑轮顺时针方向转动，故轮上作用的合力矩应有：$(F_{T2} - F_{T1})r > 0$，即 $F_{T1} < F_{T2}$。

答案：B

4-3-16 解：系统为并联弹簧，其等效的弹簧刚度应为两弹簧刚度之和。

答案：D

4-3-17 解：小球受力如解图所示，应用牛顿第二定律，沿垂直于斜面方向：

$$\frac{W}{g} a \sin \alpha = F_N' - W \cos \alpha$$

题 4-3-17 解图

所以 $F_N = F_N' = \frac{W}{g} a \sin \alpha + W \cos \alpha > W \cos \alpha$

答案：B

4-3-18 解：圆盘绕轴 O 作定轴转动，其动能为 $T = \frac{1}{2} J_O \omega^2$，且 $J_O = \frac{1}{2} mr^2 + ml^2$。

答案：D

4-3-19 解：参考微分方程的推导过程。

答案：C

4-3-20 解：应用动能定理：

$$T_2 - T_1 = W_{12}$$

若设重物 A 下降 h 时鼓轮的角速度为 ω_O，则系统的动能为：

$$T_2 = \frac{1}{2} m v_A^2 + \frac{1}{2} m v_B^2 + \frac{1}{2} J_O \omega_O^2, \quad T_1 = 常量$$

其中，$v_A = 2r\omega_O$；$v_B = r\omega_O$；$J_O = m\rho_0^2$。

力所做的功为 $W_{12} = mgh$

代入动能定理

$$\frac{5}{2} mr^2 \omega_O^2 + \frac{1}{2} m\rho_0^2 \omega_O^2 - T_1 = mgh$$

将上式的等号两边同时对时间 t 求导数，可得：

$$5mr^2 \omega_O \alpha + \frac{1}{2} m\rho_0^2 \omega_O \alpha = (mg\dot{h})$$

式中，$\dot{h} = v_A = 2r\omega_O$，则鼓轮的角加速度为 $\alpha = \frac{2rg}{5r^2 + \rho_0^2}$。

答案：A

4-3-21 解：应用牛顿第二定律：$\frac{W}{g} \ddot{y} = F_N - W$，0 位置时 $\ddot{y} < 0$；1 位置时 $\ddot{y} < 0$；2 位置时 $\ddot{y} > 0$；因此 $F_{N0} = W$，$F_{N1} < W$，$F_{N2} > W$。

答案：A

4-3-22 解：动量的大小等于杆 AB 的质量乘以其质心速度，即 $m \cdot \frac{l}{2} \omega$。

答案：A

4-3-23 解：应用动能定理：$T_2 - T_1 = W_{12}$

其中，$T_2 = 0$；$T_1 = \frac{1}{2} \cdot \frac{1}{3} ml^2 \left(\frac{v_A}{l}\right)^2$；$W_{12} = mg\frac{l}{2} - \frac{1}{2} k \left(l - \frac{\sqrt{2}l}{2}\right)^2$。

答案：D

4-3-24 解： 根据公式：$\omega_0 = \sqrt{\dfrac{k}{m}}$；$T = \dfrac{2\pi}{\omega_0}$。

　　　　答案： D

4-3-25 解： 质点的运动方向应与速度方向一致。

　　　　答案： C

4-3-26 解： 单摆运动的固有频率公式：$\omega_n = \sqrt{\dfrac{g}{l}}$。

　　　　答案： C

4-3-27 解： 动量矩 $L_O = \dfrac{1}{3}ml^2\omega + ml^2\omega$。

　　　　答案： D

4-3-28 解： 定轴转动刚体的惯性力系向转动轴 O 处简化的公式：$F_I = \sum m_i a_{Ci}$，$M_{IO} = J_{IO}\alpha$。因为杆作匀角速度转动（$\alpha = 0$），故杆的质心和小球A都只有法向加速度，系统惯性力系主矢的大小为：$F_I = m\dfrac{l}{2}\omega^2 + ml\omega^2 = \dfrac{3}{2}ml\omega^2$，主矩为零，即：$M_{IO} = J_O\alpha = 0$。

　　　　答案： B

4-3-29 解： 因为不计滑轮质量，忽略各处摩擦，所以作用在 A、B 物块上绳索的拉力与绳水平段的拉力均相等，用 F_T 表示，对 A、B 物块分别应用牛顿第二定律（设 B 物块加速度 a 向下），有：$\dfrac{P}{g}a = F_T - P$，$\dfrac{Q}{g}a = Q - F_T$，通过此两式可解得：$F_T = 24\text{kN}$。

　　　　答案： D

4-3-30 解： 将质点所受的阻力和重力分解到直角坐标系中：阻力 $R = -km\dot{x}i - km\dot{y}j$，重力 $P = -mgj$；运用直角坐标的质点运动微分方程，有 $m\ddot{x} = -km\dot{x}$，$m\ddot{y} = -km\dot{y} - mg$。

　　　　答案： A

4-3-31 解： 根据质点运动微分方程 $ma = \sum F$，当汽车经过 A、B、C 三点时，其加速度分别向上 $\left(a = \dfrac{v^2}{R}\right)$、零、向下 $\left(a = \dfrac{v^2}{R}\right)$，代入质点运动微分方程，分别有：$ma = N_A - P$，$0 = N_B - P$，$ma = P - N_C$。所以：$N_A = P + ma$，$N_B = P$，$N_C = P - ma$。

　　　　答案： C

4-3-32 解： 根据质点运动微分方程 $ma = \sum F$，当电梯加速上升、匀速上升及减速上升时，加速度分别向上、零、向下，代入质点运动微分方程，分别有：$ma = P_1 - W$，$0 = W - P_2$，$ma = W - P_3$。所以：$P_1 = W + ma$，$P_2 = W$，$P_3 = W - ma$。

　　　　答案： B

4-3-33 解： 参照 4-3-31 题，汽车到达 C 点的情况，有质点运动微分方程：

$$ma = P - N, \quad N = P - \dfrac{P}{g} \cdot \dfrac{v^2}{R}$$

　　　　答案： C

4-3-34 解： 根据动量的定义：$p = mv_C$，OA 杆质心的速度为：$v_C = \dfrac{1}{2}\omega l$，故其动量为：$\dfrac{1}{2}ml\omega$。

　　　　答案： C

4-3-35 解： 应用动量矩定理 $\dfrac{dL_O}{dt} = \sum M_O(F)$，系统 a）的动量矩 $L_{Oa} = J_O\omega_1 + mr^2\omega_1$，系统 b）的动量矩 $L_{Ob} = J_O\omega_2 + mr^2\omega_2 + m'r^2\omega_2$，两系统的外力矩均为：$\sum M_O(F) = (mg - F)r$（$O$ 为圆盘的转动中心），代入动量矩定理有：

$$\dfrac{dL_O}{dt} = (J_O + mr^2)\alpha_1 = (J_O + mr^2 + m'r^2)\alpha_2 = (mg - F)r$$

从中可判断出α_1大于α_2。

答案：B

4-3-36　解：根据定轴转动刚体动能的公式：$T = \frac{1}{2}J_O\omega^2$，其中转动惯量$J_O$可根据平行移轴公式计算，即$J_O = \frac{1}{12}ml^2 + m\left(\frac{l}{4}\right)^2 = \frac{7}{48}ml^2$，代入动能公式可得：$T = \frac{1}{96}ml^2\omega^2$。

答案：D

4-3-37　解：应用动量矩定理$\frac{\mathrm{d}L_O}{\mathrm{d}t} = \sum M_O(F)$，系统的动量矩$L_O = J_O\omega + mr^2\omega$，代入动量矩定理有：

$$\frac{\mathrm{d}L_O}{\mathrm{d}t} = (J_O + mr^2)\alpha = M - mgr$$

可解得：$M = (J_O + mr^2)\alpha + mgr = 47\mathrm{N}\cdot\mathrm{m}$

答案：B

4-3-38　解：根据定轴转动刚体动量矩的公式：$L_A = J_A\omega$，其中转动惯量J_A可根据定义和平行移轴公式计算，即：

$$J_A = J_{A(AB)} + J_{A(BC)} = \frac{1}{3}m_1a^2 + \frac{1}{12}m_2b^2 + m_2\left(a + \frac{b}{2}\right)^2$$

代入动量矩公式可得：

$$L_A = \left[\frac{1}{3}m_1a^2 + \frac{1}{12}m_2b^2 + m_2\left(a + \frac{b}{2}\right)^2\right]\omega$$

答案：B

4-3-39　解：根据弹性力做功的公式：$W = \frac{1}{2}k(\delta_1^2 - \delta_2^2)$，其中$\delta_1$、$\delta_2$分别为弹簧的始、末变形，弹簧初始在静平衡位置，其变形为δ，下降Δ后，其变形为$\Delta + \delta$，代入公式得：

$$W = \frac{1}{2}k[\delta^2 - (\Delta + \delta)^2]$$

答案：D

4-3-40　解：由于系统为保守系统，故机械能守恒，弹簧压缩时系统所具有的势能，释放后转换成动能，所以系统动能不为零；又系统所受合外力为零，故动量守恒，两物块初始速度为零，即动量$P = 0$，则释放后仍有动量为零。

答案：A

4-3-41　解：根据定轴转动刚体动量矩的公式：$L_O = J_O\omega$，其中转动惯量J_O可根据定义和平行移轴公式计算，即$J_O = mR^2 + mR^2 = 2mR^2$，角速度为$\dot{\varphi} = \omega$，代入动量矩公式可得：$L_O = 2mR^2\omega$。

答案：B

4-3-42　解：根据惯性力的定义：$F_I = -ma$，物块B的加速度与物块A的加速度大小相同，且向下，故物块B的惯性力大小为$F_{BI} = 4 \times 3.3 = 13.2\mathrm{N}$，方向与其加速度方向相反，即铅垂向上。

答案：A

4-3-43　解：由于刚体的角速度为常量，角加速度为零，故惯性力系简化的主矩为：$M_{IO} = J_O\alpha = 0$，而主矢的大小为：$F_I = ma_C = mR\omega^2$。

答案：B

4-3-44　解：因为定轴转动刚体惯性力系简化的主矢大小为：$\boldsymbol{F}_I = ma_C$，主矩为：$M_{IO} = J_O\alpha$，只有当$a_C = 0$，$\alpha = 0$时才有主矢、主矩同时为零，惯性力系为平衡力系，只有选项C转动轴在质心，即$a_C = 0$，角速度为常量，即$\alpha = 0$。

答案： C

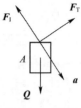

4-3-45 解： 如解图所示，AB绳被剪断瞬时，物块A有一垂直于AC的切向加速度a，其惯性力的大小可表示为：$F_I = ma$，方向亦与AC垂直，

根据达朗贝尔原理，重力Q，AC绳拉力F_T，惯性力F_I组成平衡力系，沿AC方向列平衡方程：$F_T - Q\cos 60° = 0$，所以有：$F_T = 0.5Q$。

题 4-3-45 解图

答案： B

4-3-46 解： 由于AB杆为平行移动刚体，根据其惯性力系简化结果为主矢$F_I = ma_C$，主矩为零；又根据平行移动刚体上各点加速度相同的运动性质知：$a_C = a_A$，A点为定轴转动刚体O_1A上一点，根据其加速度公式：$a_A = R\sqrt{\alpha^2 + \omega^4}$，所以惯性力系简化的主矢大小为：$F_I = mR\sqrt{\alpha^2 + \omega^4}$。

答案： C

4-3-47 解： 定轴转动刚体的惯性力系向转动轴O处简化的公式：$F_I = ma_C$，$M_O^I = J_O\alpha$，其中$a_C = \dfrac{R}{2}\sqrt{\alpha^2 + \omega^4}$，$J_O = \dfrac{1}{2}mR^2 + m\left(\dfrac{R}{2}\right)^2 = \dfrac{3}{4}mR^2$，代入公式，有：$F_I = \dfrac{1}{2}mR\sqrt{\alpha^2 + \omega^4}$，$M_O^I = \dfrac{3}{4}mR^2\alpha$。

答案： A

4-3-48 解： 振动系统的振动频率的公式为：$f = \sqrt{\dfrac{k}{m}}$，只与质点的质量和弹簧的刚度有关，与系统的摆放位置无关，所以三个振动系统的振动频率相等。

答案： C

4-3-49 解： 因为振动频率的公式为：$\omega = \sqrt{\dfrac{k}{m}}$，三个系统的等效弹簧刚度分别为：a）系统$k_a = \dfrac{k_1 k_2}{k_1 + k_2}$；b）和 c）系统两弹簧并联，$k_b = k_c = k_1 + k_2$。由此可知，a）系统的等效弹簧刚度小于 b）和 c）系统，故振动频率$\omega_1 < \omega_2 = \omega_3$。

答案： A

4-3-50 解： 振动系统的周期公式为：$T = 2\pi\sqrt{\dfrac{m}{k}}$，a）系统两弹簧串联，等效的弹簧刚度为$\dfrac{k}{2}$；b）系统两弹簧并联，等效的弹簧刚度为$2k$。代入周期公式，两系统的振动周期分别为$2\pi\sqrt{\dfrac{2m}{k}}$，$2\pi\sqrt{\dfrac{m}{2k}}$。

答案： B

4-3-51 解： 振动发生后，其振动频率为$\sqrt{\dfrac{k}{m}}$，与其他条件无关。

答案： A

4-3-52 解： 系统的自由振动频率为$\sqrt{\dfrac{k_1 + k_2}{m}}$（两弹簧并联），当受迫振动频率与自由振动频率相等时，发生共振。所以，受迫振动频率$\omega = \sqrt{\dfrac{k_1 + k_2}{m}}$。

答案： C

第五章 材料力学

复习指导

根据"考试大纲"的要求，结合以往的考试，考生在复习材料力学部分时，应注意以下几点。

（1）轴向拉伸和压缩部分重点考查基本概念，考题以概念类、记忆类、简单计算类为主。

（2）剪切和挤压实用计算部分，受力分析和破坏形式是重点，剪切面和挤压面的区分是难点，挤压面面积的计算容易混淆，考试题以概念题、比较判别题和简单计算题为主。

（3）扭转部分考题以概念、记忆和一般计算为主，对于实心圆截面和空心圆截面两种情形，截面上剪应力的分布、极惯性矩与抗扭截面系数计算要严格区分。

（4）截面的几何性质部分的考试题，侧重于平行移轴公式的应用，形心主轴概念的理解和有一对称轴的组合截面惯性矩的计算步骤与计算方法。

（5）弯曲内力部分考试题主要考查作Q、M图的熟练程度，熟练掌握用简便法计算指定截面的Q、M和用简便法作Q、M图是这部分的关键所在。

（6）弯曲应力部分考试题重点考查：①正应力最大的危险截面、剪应力最大的危险截面的确定；②梁受拉侧、受压侧的判断，对于 U 形、T 形等截面中性轴为非对称轴的情形尤其重要；③焊接工字形截面梁三类危险点的确定，即除了正应力危险点、剪应力危险点外，还有一类危险点，即在M、Q均较大的截面上腹板与翼缘交界处的点；但该类危险点处于复杂应力状态，需要用强度理论进行强度计算。题型以分析、计算为主。

（7）弯曲变形部分考试题重点考查给定梁的边界条件和连续条件的正确写法和用叠加法求梁的位移的灵活应用。叠加法有三方面的应用：①荷载分解、变形或位移叠加，这是叠加法的直接应用；②计算梁不变形部分的位移的叠加法，就是变形部分的位移叠加上不变形部分的位移；③逐段刚化法，是上面两种方法的进一步延拓。

（8）应力状态与强度理论部分考试题重点测试：①应力状态的有关概念；②主应力、最大剪应力的计算；③主应力、最大剪应力计算与强度理论的综合应用；④在各种应力状态下，尤其是单向应力状态、纯剪切应力状态下材料的破坏原因分析。考试题多属于概念理解、分析计算类。

（9）组合变形部分考试题重点考查：①各种基本变形组合时的分析方法；②对于有两根对称轴、四个角点的截面杆，在斜弯曲、拉（压）弯曲、偏心拉（压）时最大正应力计算；③用强度理论解决弯-扭组合变形的强度计算问题。

（10）压杆稳定部分考试题重点测试：①压杆稳定性的概念，压杆的极限应力不但与材料有关，而且与λ有关，而λ又与长度、支承情况、截面形状和尺寸有关；②压杆临界应力的计算思路，即先计算压杆在两个形心主惯性平面内的柔度，取其中最大的一个作为依据，再根据该最大柔度的范围选择适当的临界应力计算公式计算临界应力。考试题多属概念类和比较判别类。

本章的重点是弯曲内力、弯曲应力、应力状态、强度理论以及压杆稳定，其他各部分均有考题，覆盖了全部内容。

　　材料力学本身概念性很强，基本内容要求相当熟练，少数部分内容如应力状态分析和压杆稳定还要求能深入进行分析。一般来说，计算都不复杂，但因题量大，时间紧，所以不会涉及很复杂的计算。

练习题、题解及参考答案

（一）概论

5-1-1　在低碳钢拉伸实验中，冷作硬化现场发生在：

　　A. 弹性阶段　　　　　　　　　　　　　B. 屈服阶段

　　C. 强化阶段　　　　　　　　　　　　　D. 局部变形阶段

5-1-2　图示三种金属材料拉伸时的σ-ε曲线，下列中的哪一组判断三曲线的特性是正确的？

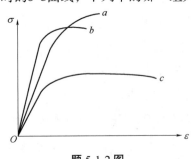

题 5-1-2 图

　　A. a强度高，b刚度大，c塑性好　　　　B. b强度高，c刚度大，a塑性好

　　C. c强度高，b刚度大，a塑性好　　　　D. 无法判断

　　5-1-3　对低碳钢试件进行拉伸试验，测得其弹性模量$E = 200$GPa。当试件横截面上的正应力达到320MPa 时，测得其轴向线应变$\varepsilon = 3.6 \times 10^{-3}$，此时开始卸载，直至横截面上正应力$\sigma = 0$。最后试件中纵向塑性应变（残余应变）是：

　　A. 2.0×10^{-3}　　　B. 1.5×10^{-3}　　　C. 2.3×10^{-3}　　　D. 3.6×10^{-3}

题解及参考答案

　　5-1-1　**解：**由低碳钢拉伸实验的应力—应变曲线图可知，卸载时的直线规律和再加载时的冷作硬化现象都发生在强化阶段。

　　答案：C

　　5-1-2　**解：**纵坐标最大者强度高，直线段斜率大者刚度大，横坐标最大者塑性好。

　　答案：A

　　5-1-3　**解：**低碳钢试件拉伸试验中的卸载规律如解图所示。

　　因$E = \tan \alpha = \dfrac{\sigma}{\varepsilon - \varepsilon_{\mathrm{p}}}$

　　故塑性应变$\varepsilon_{\mathrm{p}} = \varepsilon - \dfrac{\sigma}{E} = 2 \times 10^{-3}$。

　　答案：A

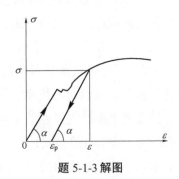

题 5-1-3 解图

（二）轴向拉伸与压缩

5-2-1　等截面杆，轴向受力如图所示。杆的最大轴力是：

    A. 8kN   B. 5kN   C. 3kN   D. 13kN

5-2-2　已知拉杆横截面面积 $A = 100\text{mm}^2$，弹性模量 $E = 200\text{GPa}$，横向变形系数 $\mu = 0.3$，轴向拉力 $F = 20\text{kN}$，则拉杆的横向应变 ε' 是：

    A. $\varepsilon' = 0.3 \times 10^{-3}$ B. $\varepsilon' = -0.3 \times 10^{-3}$

    C. $\varepsilon' = 10^{-3}$ D. $\varepsilon' = -10^{-3}$

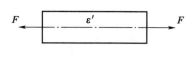

题 5-2-1 图   题 5-2-2 图

5-2-3　图示拉杆承受轴向拉力 P 的作用，设斜截面 $m\text{-}m$ 的面积为 A，则 $\sigma = P/A$ 为：

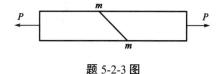

题 5-2-3 图

    A. 横截面上的正应力   B. 斜截面上的正应力

    C. 斜截面上的应力   D. 斜截面上的剪应力

5-2-4　两拉杆的材料和所受拉力都相同，且均处在弹性范围内，若两杆长度相等，横截面面积 $A_1 > A_2$，则：

    A. $\Delta l_1 < \Delta l_2$，$\varepsilon_1 = \varepsilon_2$ B. $\Delta l_1 = \Delta l_2$，$\varepsilon_1 < \varepsilon_2$

    C. $\Delta l_1 < \Delta l_2$，$\varepsilon_1 < \varepsilon_2$ C. $\Delta l_1 = \Delta l_2$，$\varepsilon_1 = \varepsilon_2$

5-2-5　等直杆的受力情况如图所示，则杆内最大轴力 $N_{\max}$ 和最小轴力 $N_{\min}$ 分别为：

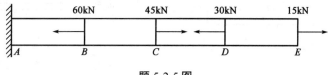

题 5-2-5 图

    A. $N_{\max} = 60\text{kN}$，$N_{\min} = 15\text{kN}$ B. $N_{\max} = 60\text{kN}$，$N_{\min} = -15\text{kN}$

    C. $N_{\max} = 30\text{kN}$，$N_{\min} = -30\text{kN}$ D. $N_{\max} = 90\text{kN}$，$N_{\min} = -60\text{kN}$

5-2-6　图示刚梁 AB 由标 1 和杆 2 支承。已知两杆的材料相同，长度不等，横截面面积分别为 A_1 和 A_2，若荷载 P 使刚梁平行下移，则其横截面面积：

    A. $A_1 < A_2$ B. $A_1 = A_2$

    C. $A_1 > A_2$ D. A_1、A_2 为任意数

5-2-7　如图所示变截面杆中，AB 段、BC 段的轴力为：

    A. $N_{AB} = -10\text{kN}$，$N_{BC} = 4\text{kN}$

    B. $N_{AB} = 6\text{k}N$，$N_{BC} = 4\text{kN}$

    C. $N_{AB} = -6\text{kN}$，$N_{BC} = 4\text{kN}$

    D. $N_{AB} = 10\text{kN}$，$N_{BC} = 4\text{kN}$

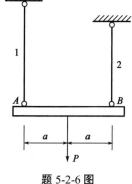

题 5-2-6 图

5-2-8 变形杆如图所示，其中在*BC*段内：

A. 有位移，无变形　　　　　　B. 有变形，无位移

C. 既有位移，又有变形　　　　D. 既无位移，又无变形

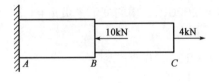

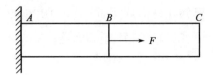

题 5-2-7 图　　　　　　　　　　　题 5-2-8 图

5-2-9 图示等截面直杆，拉压刚度为*EA*，杆的总伸长为：

A. $\dfrac{2Fa}{EA}$

B. $\dfrac{3Fa}{EA}$

C. $\dfrac{4Fa}{EA}$

D. $\dfrac{5Fa}{EA}$

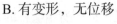

题 5-2-9 图

5-2-10 已知图示等直杆的轴力图（*N*图），则该杆相应的荷载图如哪个图所示？（图中集中荷载单位均为 kN，分布荷载单位均为kN/m）

A. 图 a）　　　　B. 图 b）　　　　C. 图 c）　　　　D. 图 d）

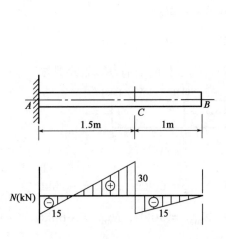

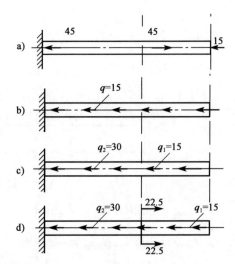

题 5-2-10 图

5-2-11 有一横截面面积为*A*的圆截面杆件受轴向拉力作用，在其他条件不变时，若将其横截面改为面积仍为*A*的空心圆，则杆：

A. 内力、应力、轴向变形均增大　　　B. 内力、应力、轴向变形均减小

C. 内力、应力、轴向变形均不变　　　D. 内力、应力不变，轴向变形增大

5-2-12 图示桁架，在节点*C*处沿水平方向受***P***力作用。各杆的抗拉刚度相等。若节点*C*的铅垂位移以V_C表示，*BC*杆的轴力以N_{BC}表示，则：

A. $N_{BC} = 0$, $V_C = 0$　　　　　B. $N_{BC} = 0$, $V_C \neq 0$

C. $N_{BC} \neq 0$, $V_C = 0$　　　　　D. $N_{BC} \neq 0$, $V_C \neq 0$

5-2-13 轴向受拉压杆横截面面积为A，受荷载如图所示，则m-m截面上的正应力σ为：

A. $-6\dfrac{P}{A}$　　　　　B. $-3\dfrac{P}{A}$　　　　　C. $2\dfrac{P}{A}$　　　　　D. $-2\dfrac{P}{A}$

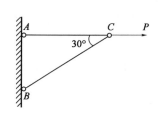

题 5-2-12 图　　　　　　　　　　　　题 5-2-13 图

5-2-14 如图所示两杆AB、BC的横截面面积均为A，弹性模量均为E，夹角$\alpha = 30°$。设在外力P作用下，变形微小，则B点的位移为：

A. $\delta_B = \dfrac{Pl}{EA}$　　　　　　　　　　B. $\delta_B = \dfrac{\sqrt{3}Pl}{EA}$

C. $\delta_B = \dfrac{2Pl}{EA}$　　　　　　　　　　D. $\delta_B = \dfrac{Pl}{EA}\left(\sqrt{3}+l\right)$

5-2-15 如图所示结构中，圆截面拉杆BD的直径为d，不计该杆的自重，则其横截面上的应力为：

A. $\dfrac{ql}{2\pi d^2}$　　　　　B. $\dfrac{2ql}{\pi d^2}$　　　　　C. $\dfrac{8ql}{\pi d^2}$　　　　　D. $\dfrac{4ql}{\pi d^2}$

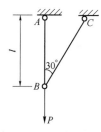

题 5-2-14 图　　　　　　　　　　　　题 5-2-15 图

5-2-16 如图所示受力杆件中，下列说法中正确的是：

A. AB段内任一横截面均无位移　　　　B. BC段内任一点均无应力

C. AB段内任一点处均无应变　　　　　D. BC段内任一横截面均无位移

5-2-17 如图所示受力杆件中，n-n截面上的轴力为：

A. P　　　　　　B. $2P$　　　　　C. $3P$　　　　　D. $6P$

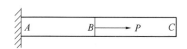

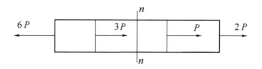

题 5-2-16 图　　　　　　　　　　　　题 5-2-17 图

5-2-18 低碳钢试件受拉时，下列叙述正确的是：

A. $\sigma < \sigma_s$时，$\sigma = E\varepsilon$成立　　　　　B. $\sigma < \sigma_b$时，$\sigma = E\varepsilon$成立

C. $\sigma < \sigma_p$时，$\sigma = E\varepsilon$成立　　　　　D. $\sigma < \sigma_{0.2}$时，$\sigma = E\varepsilon$成立

5-2-19 Q235 钢的$\sigma_p = 200\text{MPa}$，$\sigma_s = 235\text{MPa}$，$\sigma_b = 450\text{MPa}$，弹性模量$E = 2 \times 10^5\text{MPa}$。在单向拉伸时，若测得拉伸方向的线应变$\varepsilon = 2000 \times 10^{-6}$，此时杆横截面上正应力$\sigma$约为：

A. 200MPa　　　　B. 235MPa　　　　C. 400MPa　　　　D. 450MPa

5-2-20 杆件受力情况如图所示。若用N_{max}和N_{min}分别表示杆内的最大轴力和最小轴力，则下列结论中正确的是：

A. $N_{max} = 50\text{kN}$，$N_{min} = -5\text{kN}$　　　　B. $N_{max} = 55\text{kN}$，$N_{min} = -40\text{kN}$

C. $N_{max} = 55\text{kN}$，$N_{min} = -25\text{kN}$　　　　D. $N_{max} = 20\text{kN}$，$N_{min} = -5\text{kN}$

题 5-2-20 图

5-2-21 材料相同的两根杆件受力如图所示。若杆①的伸长量为Δl_1，杆②的伸长量为Δl_2，则下列结论中正确的是：

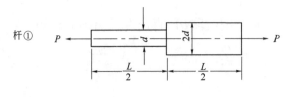

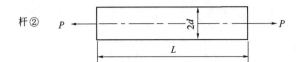

题 5-2-21 图

A. $\Delta l_1 = \Delta l_2$　　　　B. $\Delta l_1 = 1.5\Delta l_2$　　　　C. $\Delta l_1 = 2\Delta l_2$　　　　D. $\Delta l_1 = 2.5\Delta l_2$

题解及参考答案

5-2-1　**解：** 轴向受力杆左段轴力是-3kN，右段轴力是 5kN。

答案： B

5-2-2　**解：**

$$\varepsilon' = -\mu\varepsilon = -\mu\frac{\sigma}{E} = -\mu\frac{F_N}{AE}$$
$$= -0.3 \times \frac{20 \times 10^3\text{N}}{100\text{mm}^2 \times 200 \times 10^3\text{MPa}} = -0.3 \times 10^{-3}$$

答案： B

5-2-3　**解：** 由于A是斜截面$m\text{-}m$的面积，轴向拉力P沿斜截面是均匀分布的，所以$\sigma = \frac{P}{A}$应为力斜截面上沿轴线方向的总应力，而不是垂直于斜截面的正应力。

答案： C

5-2-4　**解：** $\Delta l_1 = \frac{F_N l}{EA_1}l$，$\Delta l_2 = \frac{F_N l}{EA_2}$，因为$A_1 > A_2$，所以$\Delta l_1 < \Delta l_2$。又$\varepsilon_1 = \frac{\Delta l_1}{l}$，$\varepsilon_2 = \frac{\Delta l_2}{l}$，故

$\varepsilon_1 < \varepsilon_2$。

答案： C

5-2-5　解： 用直接法求轴力可得$N_{AB} = -30\text{kN}$，$N_{BC} = 30\text{kN}$，$N_{CD} = -15\text{kN}$，$N_{DE} = 15\text{kN}$。

答案： C

5-2-6　解： $N_1 = N_2 = \dfrac{P}{2}$若使刚梁平行下移，则应使两杆位移相同：

$$\Delta l_2 = \frac{\dfrac{P}{2}}{E\ A_1}l_1 = \Delta l_2\frac{\dfrac{P}{2}l_2}{EA_2}$$

即$\dfrac{A_1}{A_2} = \dfrac{l_1}{l_2} > 1$

答案： C

5-2-7　解： 用直接法求轴力，可得$N_{AB} = -6\text{kN}$，$N_{BC} = 4\text{kN}$。

答案： C

5-2-8　解： 用直接法求内力，可得AB段轴力为$\boldsymbol{F}$，既有变形，又有位移；BC段没有轴力，所以没有变形，但是由于AB段的位移带动BC段有一个向右的位移。

答案： A

5-2-9　解： AB段轴力是$3F$，$\Delta l_{AB} = \dfrac{3Fa}{EA}$，$BC$段轴力是$2F$，$\Delta l_{BC} = \dfrac{2Fa}{EA}$，杆的总伸长为：

$$\Delta l = \Delta l_{AB} + \Delta l_{BC} = \frac{3Fa}{EA} + \frac{2Fa}{EA} = \frac{5Fa}{EA}$$

答案： D

5-2-10　解： 由轴力图（N图）可见，轴力沿轴线是线性渐变的，所以杆上必有沿轴线分布的均布荷载，同时在C截面两侧轴力的突变值是45kN，故在C截面上一定对应有集中力45kN。

答案： D

5-2-11　解： 受轴向拉力杆件的内力$F_N = \sum F_x$（截面一侧轴向外力代数和），应力$\sigma = \dfrac{F_N}{A}$，轴向变形$\Delta l = \dfrac{F_N l}{EA}$，若横截面面积$A$和其他条件不变，则内力、应力、轴向变形均不变。

答案： C

5-2-12　解： 由零杆判别法可知BC杆为零杆，$N_{BC} = 0$。但是AC杆受拉伸长后与BC杆仍然相连，由杆的小变形的威利沃特法（Williot）可知变形后C点位移到C'点，如解图所示。

答案： B

5-2-13　解： 由截面法可求出$m\text{-}m$截面上的轴力为$-2P$，正应力为：

$$\sigma = \frac{N}{A} = -2\frac{P}{A}$$

答案： D

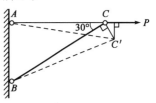

题 5-2-12 解图

5-2-14　解： 由B点的受力分析可知BA杆受拉力$N = P$，伸长$\Delta l = \dfrac{Pl}{EA}$；而$BC$杆受力为零，$\Delta l' = 0$；但变形后两杆仍然连在一起。由于是小变形，可以用切线代替圆弧的方法找出变形后的位置B'，则：

$$BB' = \frac{\Delta l}{\sin 30°}\frac{2Pl}{EA}$$

答案： C

5-2-15　解： 拉杆BD受拉力$N = \dfrac{ql}{2}$，而应力：

$$\sigma = \frac{N}{A} = \frac{\dfrac{ql}{2}}{\dfrac{\pi}{4}d^2} = \frac{2ql}{\pi d^2}$$

答案： B

5-2-16 解： 由截面法可知，*AB*段内各横截面均有轴力，而*BC*段内各横截面均无轴力，故无应力。

答案： B

5-2-17 解： 由截面法可知，*n-n*截面上的轴力$N = 6P - 3P = 3P$。

答案： C

5-2-18 解： 只有当应力小于比例极限σ_p时，虎克定律才成立。

答案： C

5-2-19 解： 当正应力$\sigma \leq \sigma_P$时，胡克定律才成立，此时的最大应变为$\varepsilon_P = \frac{\sigma_P}{E} = \frac{200}{2 \times 10^5} = 0.001$，当$\varepsilon = 2000 \times 10^{-6} = 0.002$时已经进入屈服阶段，此时的正应力$\sigma$约等于$\sigma_s$的值。

答案： B

5-2-20 解： 从左至右四段杆中的轴力分别为 10kN、50kN、−5kN、20kN。

答案： A

5-2-21 解： 由公式$\Delta l = \frac{N_1 l_1}{EA_1} + \frac{N_2 l_2}{EA_2}$分别计算杆①和杆②的伸长量，再加以比较，可以得到选项 D 是正确的。

答案： D

（三）剪切和挤压

5-3-1 钢板用两个铆钉固定在支座上，铆钉直径为*d*，在图示荷载下，铆钉的最大切应力是：

    A. $\tau_{\max} = \frac{4F}{\pi d^2}$ B. $\tau_{\max} = \frac{8F}{\pi d^2}$ C. $\tau_{\max} = \frac{12F}{\pi d^2}$ D. $\tau_{\max} = \frac{2F}{\pi d^2}$

5-3-2 螺钉受力如图所示，已知螺钉和钢板的材料相同，拉伸许用应力$[\sigma]$是剪切许用应力$[\tau]$的 2 倍，即$[\sigma] = 2[\tau]$，钢板厚度*t*是螺钉头高度*h*的 1.5 倍，则螺钉直径*d*的合理值为：

    A. $d = 2h$ B. $d = 0.5h$ C. $d^2 = 2Dt$ D. $d^2 = Dt$

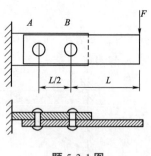

题 5-3-1 图

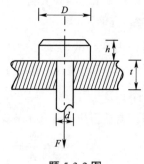

题 5-3-2 图

5-3-3 图示连接件，两端受拉力***P***作用，接头的挤压面积为：

    A. *ab*   B. *cb*   C. *lb*   D. *lc*

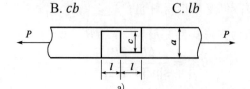

题 5-3-3 图

5-3-4 如图所示，在平板和受拉螺栓之间垫上一个垫圈，可以提高：

    A. 螺栓的拉伸强度   B. 螺栓的剪切强度

C. 螺栓的挤压强度　　　　　　　　　　D. 平板的挤压强度

5-3-5 图示铆接件，设钢板和铝铆钉的挤压应力分别为$\sigma_{jy,1}$、$\sigma_{jy,2}$，则二者的大小关系是：

A. $\sigma_{jy,1} < \sigma_{jy,2}$　　B. $\sigma_{jy,1} = \sigma_{jy,2}$　　C. $\sigma_{jy,1} > \sigma_{jy,2}$　　　D. 不确定的

5-3-6 如图所示，插销穿过水平放置平板上的圆孔，在其下端受有一拉力P，该插销的剪切面积和挤压面积分别为：

A. πdh，$\frac{1}{4}\pi D^2$　　　　　　　　　　B. πdh，$\frac{1}{4}\pi(D^2 - d^2)$

C. πDh，$\frac{1}{4}\pi D^2$　　　　　　　　　　D. πDh，$\frac{1}{4}\pi(D^2 - d^2)$

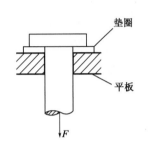 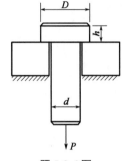

题 5-3-4 图　　　　　　　题 5-3-5 图　　　　　　　题 5-3-6 图

5-3-7 要用冲床在厚度为t的钢板上冲出一个圆孔，则冲力大小：

A. 与圆孔直径的平方成正比　　　　B. 与圆孔直径的平方根成正比

C. 与圆孔直径成正比　　　　　　　D. 与圆孔直径的三次方成正比

5-3-8 已知图示杆件的许用拉应力$[\sigma] = 120\text{MPa}$，许用剪应力$[\tau] = 90\text{MPa}$，许用挤压应力$[\sigma_{bs}] = 240\text{MPa}$，则杆件的许用拉力$[P]$等于：

A. 18.8kN　　　　B. 67.86kN　　　　C. 117.6kN　　　　D. 37.7kN

5-3-9 用夹剪剪直径 3mm 的钢丝（如图所示），设钢丝的剪切强度极限$\tau_0 = 100\text{MPa}$，剪子销钉的剪切许用应力为$[\tau] = 90\text{MPa}$，要求剪断钢丝，销钉满足剪切强度条件，则销钉的最小直径应为：

A. 3.5mm　　　　B. 1.8mm　　　　C. 2.7mm　　　　D. 1.4mm

5-3-10 如图所示，钢板用钢轴连接在铰支座上，下端受轴向拉力F，已知钢板和钢轴的许用挤压应力均为$[\sigma_{bs}]$，则钢轴的合理直径d是：

A. $d \geqslant \dfrac{F}{t[\sigma_{bs}]}$　　　　　　　　　　B. $d \geqslant \dfrac{F}{b[\sigma_{bs}]}$

C. $d \geqslant \dfrac{F}{2t[\sigma_{bs}]}$　　　　　　　　　　D. $d \geqslant \dfrac{F}{2b[\sigma_{bs}]}$

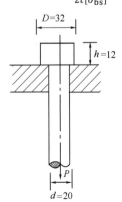 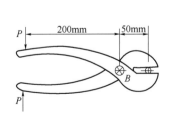 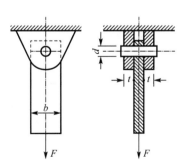

题 5-3-8 图　　　　　　　题 5-3-9 图　　　　　　　题 5-3-10 图

5-3-11 如图所示连接件中，螺栓直径为d，材料剪切容许应力为$[\tau]$，则螺栓的剪切强度条件为：

A. $\tau = \dfrac{P}{\pi d^2} \leqslant [\tau]$

B. $\tau = \dfrac{4P}{3\pi d^2} \leqslant [\tau]$

C. $\tau = \dfrac{4P}{\pi d^2} \leqslant [\tau]$

D. $\tau = \dfrac{2P}{\pi d^2} \leqslant [\tau]$

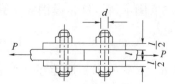

题 5-3-11 图

题解及参考答案

5-3-1 **解：** 把F力平移到铆钉群中心O，并附加一个力偶$m = F \cdot \frac{5}{4}L$，在铆钉上将产生剪力Q_1和Q_2，其中$Q_1 = \frac{F}{2}$，而Q_2计算方法如下。

$$\sum M_O = 0, \quad Q_2 \cdot \frac{L}{2} = F \cdot \frac{5}{4}L \Rightarrow Q_2 = \frac{5}{2}F$$

所以
$$Q = Q_1 + Q_2 = 3F, \quad \tau_{max} = \frac{Q}{\frac{\pi}{4}d^2} = \frac{12F}{\pi d^2}$$

答案： C

5-3-2 **解：** 把螺钉杆拉伸强度条件$\sigma = \dfrac{F}{\frac{\pi}{4}d^2} = [\sigma]$和螺母的剪切强度条件$\tau = \dfrac{F}{\pi dh} = [\tau]$代入$[\sigma] = 2[\tau]$，即得$d = 2h$。

答案： A

5-3-3 **解：** 当挤压的接触面为平面时，接触面面积cb就是挤压面积。

答案： B

5-3-4 **解：** 加垫圈后，螺栓的剪切面、挤压面、拉伸面积都无改变，只有平板的挤压面积增加了，平板的挤压强度提高了。

答案： D

5-3-5 **解：** 挤压应力等于挤压力除以挤压面积。钢板和铝铆钉的挤压力互为作用力和反作用力，大小相等、方向相反；而挤压面积就是相互接触面的正投影面积，也相同。

答案： B

5-3-6 **解：** 插销中心部分有向下的趋势，插销帽周边部分受平板支撑有向上的趋势，故插销的剪切面积是一个圆柱面积πdh，而插销帽与平板的接触面积就是挤压面积，为一个圆环面积$\frac{\pi}{4}(D^2 - d^2)$。

答案： B

5-3-7 **解：** 在钢板上冲断的圆孔板，如解图所示。设冲力为F，剪力为Q，钢板的剪切强度极限为τ_b，圆孔直径为d，则有$\tau = \frac{Q}{\pi dt} = \tau_b$，故冲力$F = Q = \pi dt\tau_b$。

答案： C

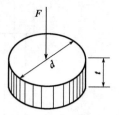

题 5-3-7 解图

5-3-8 **解：** 由$\sigma = \dfrac{P}{\frac{1}{4}\pi d^2} \leqslant [\sigma]$，$\tau = \dfrac{P}{\pi dh} \leqslant [\tau]$，$\sigma_{bs} = \dfrac{P}{\frac{\pi}{4}(D^2 - d^2)} \leqslant [\sigma_{bs}]$分别求出$[P]$，然后取最小值即为杆件的许用拉力。

答案： D

5-3-9 **解：** 剪断钢丝所需剪力$Q = \tau_0 A_0 = 100 \times \frac{\pi}{4} \times 3^2$，而销钉承受的力$R = [\tau]A = 90 \times \frac{\pi}{4}d^2$；取夹剪的一半研究其平衡，即可求得销钉的最小直径$d$的值。

答案： A

5-3-10　解： 钢板和钢轴的计算挤压面积是dt，由钢轴的挤压强度条件$\sigma_{bs}=\frac{F}{dt}\leqslant[\sigma_{bs}]$，得

$d\geqslant\frac{F}{t[\sigma_{bs}]}$。

答案： A

5-3-11　解： $\tau=\frac{Q}{A}=\frac{\frac{P}{2}}{\frac{\pi}{4}d^2}=\frac{2P}{\pi d^2}$，此题中每个螺栓有两个剪切面。

答案： D

（四）扭转

5-4-1　圆轴直径为d，剪切弹性模量为G，在外力作用下发生扭转变形，现测得单位长度扭转角为θ，圆轴的最大切应力是：

  A. $\tau=\frac{16\theta G}{\pi d^3}$ B. $\tau=\theta G\frac{\pi d^3}{16}$ C. $\tau=\theta Gd$ D. $\tau=\frac{\theta Gd}{2}$

5-4-2　直径为d的实心圆轴受扭，为使扭转最大切应力减小一半，圆轴的直径应改为：

  A. $2d$ B. $0.5d$ C. $\sqrt{2}d$ D. $\sqrt[3]{2}d$

5-4-3　直径为d的实心圆轴受扭，若使扭转角减小一半，圆轴的直径需变为：

  A. $\sqrt[4]{2}d$ B. $\sqrt[3]{\sqrt{2}}d$ C. $0.5d$ D. $2d$

5-4-4　图示圆轴抗扭截面模量为W_t，剪切模量为G，扭转变形后，圆轴表面A点处截取的单元体互相垂直的相邻边线改变了γ角，如图所示。圆轴承受的扭矩T为：

  A. $T=G\gamma W_t$ B. $T=\frac{G\gamma}{W_t}$ C. $T=\frac{\gamma}{G}W_t$ D. $T=\frac{W_t}{G\gamma}$

5-4-5　如图所示，左端固定的直杆受扭转力偶作用，在截面 1-1 和 2-2 处的扭矩为：

  A. 12.5kN·m，−3kN·m   B. −2.5kN·m，−3kN·m

  C. −2.5kN·m，3kN·m   D. 2.5kN·m，−3kN·m

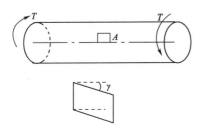   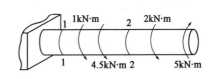

     题 5-4-4 图   题 5-4-5 图

5-4-6　直径为D的实心圆轴，两端受扭转力矩作用，轴内最大剪应力为τ。若轴的直径改为$D/2$，则轴内的最大剪应力应为：

   A. 2τ B. 4τ C. 8τ D. 16τ

5-4-7　如图所示，圆轴的扭矩图为：

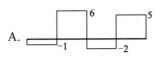   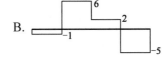

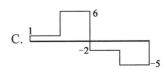   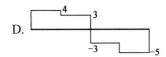

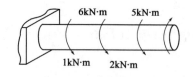

题 5-4-7 图

5-4-8 两端受扭转力偶矩作用的实心圆轴，不发生屈服的最大许可荷载为M_0，若将其横截面面积增加 1 倍，则最大许可荷载为：

A. $\sqrt{2}M_0$ B. $2M_0$ C. $2\sqrt{2}M_0$ D. $4M_0$

5-4-9 如图所示，直杆受扭转力偶作用，在截面 1-1 和 2-2 处的扭矩为：

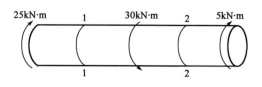

题 5-4-9 图

A. 5kN·m，5kN·m

B. 25kN·m，−5kN·m

C. 35kN·m，−5kN·m

D. −25kN·m，25kN·m

5-4-10 受扭实心等直圆轴，当直径增大一倍时，其最大剪应力τ_{2max}和两端相对扭转角φ_2与原来的τ_{1max}和φ_1的比值为：

A. $\tau_{2max} : \tau_{1max} = 1 : 2$，$\varphi_2 : \varphi_1 = 1 : 4$

B. $\tau_{2max} : \tau_{1max} = 1 : 4$，$\varphi_2 : \varphi_1 = 1 : 8$

C. $\tau_{2max} : \tau_{1max} = 1 : 8$，$\varphi_2 : \varphi_1 = 1 : 16$

D. $\tau_{2max} : \tau_{1max} = 1 : 4$，$\varphi_2 : \varphi_1 = 1 : 16$

5-4-11 空心圆轴和实心圆轴的外径相同时，截面的抗扭截面模量较大的是：

A. 空心轴

B. 实心轴

C. 一样大

D. 不能确定

5-4-12 阶梯轴如图 a）所示，已知轮 1、2、3 所传递的功率分别为$N_1 = 21\text{kW}$，$N_2 = 84\text{kW}$，$N_3 = 63\text{kW}$，轴的转速$n = 200\text{rad/min}$，图示该轴的扭矩图中哪个正确？

A. 图 d）

B. 图 e）

C. 图 b）

D. 图 c）

题 5-4-12 图

5-4-13 等截面传动轴，轴上安装a、b、c三个齿轮，其上的外力偶矩的大小和转向一定，如图所示。但齿轮的位置可以调换。从受力的观点来看，齿轮a的位置应放置在下列中何处？

A. 任意处

B. 轴的最左端

C. 轴的最右端

D. 齿轮b与c之间

5-4-14 已知轴两端作用外力偶转向相反、大小相等，如图所示，其值为T。则该轴离开两端较远处横截面上剪应力的正确分布图是：

A. 图a）

B. 图b）

C. 图c）

D. 图d）

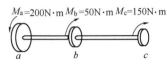

| a) | b) | c) | d) |

题 5-4-13 图 　　　　　　　　　题 5-4-14 图

5-4-15 如图所示空心轴的抗扭截面模量为：

A. $W_p = \dfrac{\pi d^3}{16}$

B. $W_p = \dfrac{\pi D^3}{16}$

C. $W_p = \dfrac{\pi D^3}{16}\left[1 - \left(\dfrac{d}{D}\right)^4\right]$

D. $W_p = \dfrac{\pi}{16}(D^3 - d^3)$

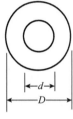

题 5-4-15 图

5-4-16 空心截面圆轴，其外径为D，内径为d，某横截面上的扭矩为M_n，则该截面上的最大剪应力为：

A. $\tau_{max} = \dfrac{M_n}{\frac{\pi}{16}(D^3 - d^3)}$

B. $\tau_{max} = \dfrac{M_n}{\frac{\pi D^3}{32}\left(1 - \frac{d^4}{D^4}\right)}$

C. $\tau_{max} = \dfrac{M_n}{\frac{\pi D^3}{16}\left(1 - \frac{d^4}{D^4}\right)}$

D. $\tau_{max} = \dfrac{M_n}{\frac{\pi}{16}D^3}$

5-4-17 有两根圆轴，一根是实心轴，一根是空心轴。它们的长度、横截面面积、所用材料、所受转矩m均相同。若用$\varphi_{实}$和$\varphi_{空}$分别表示实心轴和空心轴的扭转角，则二者间的关系是：

A. $\varphi_{实} = \varphi_{空}$

B. $\varphi_{实} < \varphi_{空}$

C. $\varphi_{实} > \varphi_{空}$

D. $\varphi_{实}$与$\varphi_{空}$的大小无法比较

题解及参考答案

5-4-1 **解：** 由$\theta = \dfrac{T}{GI_p}$，得$\dfrac{T}{I_p} = \theta G$，故$\tau_{max} = \dfrac{T}{I_p} \cdot \dfrac{d}{2} = \dfrac{\theta G d}{2}$。

答案： D

5-4-2 **解：** 为使$\tau_1 = \dfrac{1}{2}\tau$，应使$\dfrac{T}{\frac{\pi}{16}d_1^3} = \dfrac{1}{2}\dfrac{T}{\frac{\pi}{16}d^3}$，即$d_1^3 = 2d^3$，故$d_1 = \sqrt[3]{2}d$。

答案： D

5-4-3 **解：** 使$\varphi_1 = \dfrac{\varphi}{2}$，即$\dfrac{T}{GI_{p1}} = \dfrac{1}{2}\dfrac{T}{GI_p}$，所以$I_{p1} = 2I_p$，$\dfrac{\pi}{32}d_1^4 = 2\dfrac{\pi}{32}d^4$，得$d_1 = \sqrt[4]{2}d$。

答案：A

5-4-4　解： 圆轴表面 $\tau = \dfrac{T}{W_t}$，又 $\tau = G\gamma$，所以 $T = \tau W_t = G\gamma W_t$。

答案：A

5-4-5　解： 首先考虑整体平衡，设左端反力偶 m 由外向里转，则有 $\sum M_x = 0$，$m - 1 - 4.5 - 2 + 5 = 0$，得 $m = 2.5\text{kN}\cdot\text{m}$。再由截面法平衡求出：$T_1 = m = 2.5\text{kN}\cdot\text{m}$，$T_2 = 2 - 5 = -3\text{kN}\cdot\text{m}$。

答案：D

5-4-6　解： 设直径为 D 的实心圆轴最大剪应力 $\tau = \dfrac{T}{\frac{\pi}{16}D^3}$，则直径为 $\dfrac{D}{2}$ 的实心圆轴最大剪应力为：

$$\tau_1 = \frac{T}{\frac{\pi}{16}\left(\frac{D}{2}\right)^3} = 8\frac{T}{\frac{\pi}{16}D^3} = 8\tau$$

答案：C

5-4-7　解： 首先考虑整体平衡，设左端反力偶 m 在外表面由外向里转，则有 $\sum M_x = 0$，即 $m - 1 - 6 - 2 + 5 = 0$，所以 $m = 4\text{kN}\cdot\text{m}$。

再由直接法求出各段扭矩，从左至右各段扭矩分别为 4kN·m、3kN·m、-3kN·m、-5kN·m，在各集中力偶两侧截面上扭矩的变化量就等于集中偶矩的大小。显然符合这些规律的扭矩图只有 D 图。

答案：D

5-4-8　解： 设实心圆轴原来横截面面积为 $A = \dfrac{\pi}{4}d^2$，增大后面积 $A_1 = \dfrac{\pi}{4}d_1^2$，则有：$A_1 = 2A$，即 $\dfrac{\pi}{4}d_1^2 = 2\dfrac{\pi}{4}d^2$，所以 $d_1 = \sqrt{2}d$。原面积不发生屈服时，$\tau_{\max} = \dfrac{M_0}{W_p} = \dfrac{M_0}{\frac{\pi}{16}d^3} \leqslant \tau_s$，$M_0 \leqslant \dfrac{\pi}{16}d^3\tau_s$，将面积增大后，$\tau_{\max 1} = \dfrac{M_1}{W_{p1}} = \dfrac{M_1}{\frac{\pi}{16}d_1^3} \leqslant \tau_s$，最大许可荷载 $M_1 \leqslant \dfrac{\pi}{16}d_1^3\tau_s = 2\sqrt{2}\dfrac{\pi}{16}d^3\tau_s = 2\sqrt{2}M_0$。

答案：C

5-4-9　解： 用截面法（或直接法）可求出截面 1-1 处扭矩为 25kN·m，截面 2-2 处的扭矩为 -5kN·m。

答案：B

5-4-10　解：

$$\tau_{2\max} = \frac{T}{\frac{\pi}{16}(2d)^3} = \frac{1}{8}\cdot\frac{T}{\frac{\pi}{16}d^3} = \frac{1}{8}\tau_{1\max}$$

$$\varphi_2 = \frac{Tl}{G\frac{\pi}{32}(2d)^4} = \frac{1}{16}\frac{Tl}{G\frac{\pi}{32}d^4} = \frac{1}{16}\varphi_1$$

答案：C

5-4-11　解： 实心圆轴截面的抗扭截面模量 $W_{p1} = \dfrac{\pi}{16}D^3$，空心圆轴截面的抗扭截面模量 $W_{p2} = \dfrac{\pi}{16}D^3\left(1 - \dfrac{d^4}{D^4}\right)$，当外径 D 相同时，显然 $W_{p1} > W_{p2}$。

答案：B

5-4-12　解： 图 b）中的斜线不对，图 d）、e）中扭矩的变化与荷载的分段不对应，只有图 c）无错。

答案：D

5-4-13　解： 由于 a 轮上的外力偶矩 M_a 最大，当 a 轮放在两端时轴内将产生较大扭矩；只有当 a 轮放在中间时，轴内扭矩才较小。

答案： D

5-4-14　解： 扭转轴横截面上剪应力沿直径呈线性分布，而且与扭矩T的转向相同。

答案： A

5-4-15　解： 由抗扭截面模量的定义可知：

$$W_p = \frac{I_p}{\rho_{max}} = \frac{\frac{\pi}{32}(D^4 - d^4)}{\frac{D}{2}} = \frac{\pi D^3}{16}\left(1 - \frac{d^4}{D^4}\right)$$

答案： C

5-4-16　解： $\tau_{max} = \dfrac{T}{W_p}$，而由上题可知$W_p = \dfrac{\pi D^3}{16}\left(1 - \dfrac{d^4}{D^4}\right)$，故只有选项 C 是正确的。

答案： C

5-4-17　解： 由实心轴和空心轴截面极惯性矩I_p的计算公式可以推导出，如果它们的横截面面积相同，则空心轴的极惯性矩$I_{p空}$必大于实心轴的极惯性矩$I_{p实}$。根据扭转角的计算公式$\varphi = \dfrac{Tl}{GI_p}$可知，$\varphi_{实} > \varphi_{空}$。

答案： C

（五）截面图形的几何性质

5-5-1 图示矩形截面对z_1轴的惯性矩I_{z1}为：

A. $I_{z1} = \dfrac{bh^3}{12}$　　　　　　　　　　　　B. $I_{z1} = \dfrac{bh^3}{3}$

C. $I_{z1} = \dfrac{7bh^3}{6}$　　　　　　　　　　　　D. $I_{z1} = \dfrac{13bh^3}{12}$

5-5-2 矩形截面挖去一个边长为a的正方形，如图所示，该截面对z轴的惯性矩I_z为：

A. $I_z = \dfrac{bh^3}{12} - \dfrac{a^4}{12}$　　　　　　　　B. $I_z = \dfrac{bh^3}{12} - \dfrac{13a^4}{12}$

C. $I_z = \dfrac{bh^3}{12} - \dfrac{a^4}{3}$　　　　　　　　D. $I_z = \dfrac{bh^3}{12} - \dfrac{7a^4}{12}$

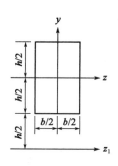

题 5-5-1 图　　　　　　　　　　题 5-5-2 图

5-5-3 在yOz正交坐标系中，设图形对y、z轴的惯性矩分别为I_y和I_z，则图形对坐标原点的极惯性矩为：

A. $I_P = 0$　　　　　　　　　　　　B. $I_P = I_z + I_y$

C. $I_P = \sqrt{I_z^2 + I_y^2}$　　　　　　　　D. $I_P = I_z^2 + I_y^2$

5-5-4 面积相等的两个图形分别如图 a）和图 b）所示。它们对对称轴y、z轴的惯性矩之间的关系为：

A. $I_z^a < I_z^b$，$I_y^a = I_y^b$

B. $I_z^a > I_z^b$，$I_y^a = I_y^b$

C. $I_z^a = I_z^b$，$I_y^a = I_y^b$

D. $I_z^a = I_z^b$，$I_y^a > I_y^b$

5-5-5　图示矩形截面，m-m线以上部分和以下部分对形心轴z的两个静矩:

A. 绝对值相等，正负号相同

B. 绝地值相等，正负号不同

C. 绝地值不等，正负号相同

D. 绝对值不等，正负号不同

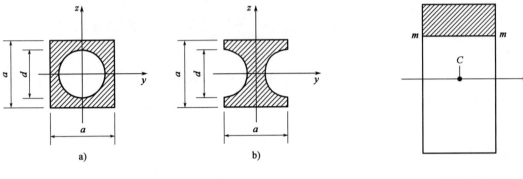

题 5-5-4 图　　　　　　　　　　　　　　　　　题 5-5-5 图

5-5-6　直径为d的圆形对其形心轴的惯性半径i等于:

A. $d/2$　　　　B. $d/4$　　　　C. $d/6$　　　　D. $d/8$

5-5-7　图示的矩形截面和正方形截面具有相同的面积。设它们对对称轴y的惯性矩分别为I_y^a、I_y^b，对对称轴z的惯性矩分别为I_z^a、I_z^b，则:

A. $I_z^a > I_z^b$，$I_y^a < I_y^b$

B. $I_z^a > I_z^b$，$I_y^a > I_y^b$

C. $I_z^a < I_z^b$，$I_y^a > I_y^b$

D. $I_z^a < I_z^b$，$I_y^a < I_y^b$

5-5-8　在图形对通过某点的所有轴的惯性矩中，图形对主惯性轴的惯性矩一定:

A. 最大　　　　B. 最小　　　　C. 最大或最小　　　　D. 为零

5-5-9　图示截面，其轴惯性矩的关系为:

A. $I_{Z_1} = I_{Z_2}$　　　　B. $I_{Z_1} > I_{Z_2}$　　　　C. $I_{Z_1} < I_{Z_2}$　　　　D. 不能确定

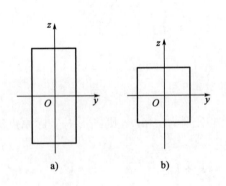

题 5-5-7 图　　　　　　　　　　　　　　　　　题 5-5-9 图

5-5-10 图示 a ）、b ）两截面，其惯性矩关系应为:

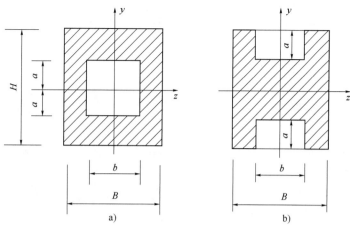

题 5-5-10 图

A. $(I_y)_1 > (I_y)_2$, $(I_z)_1 = (I_z)_2$ B. $(I_y)_1 = (I_y)_2$, $(I_z)_1 > (I_z)_2$

C. $(I_y)_1 = (I_y)_2$, $(I_z)_1 < (I_z)_2$ D. $(I_y)_1 < (I_y)_2$, $(I_z)_1 = (I_z)_2$

5-5-11 下面关于截面的形心主惯性轴 y、z 的定义，正确的是：

A. $S_y = S_z = 0$ B. $I_{yz} = 0$

C. $I_y = I_z = 0$ D. $S_y = S_z = 0$，$I_{yz} = 0$

5-5-12 如图所示圆截面直径为 d，则截面对 O 点的极惯性矩为：

A. $I_p = \dfrac{3\pi d^4}{32}$ B. $I_p = \dfrac{\pi d^4}{64}$ C. $I_p = 0$ D. $I_p = -\dfrac{\pi d^3}{16}$

5-5-13 如图所示正方形截面对 z_1 轴的惯性矩与对 z 轴惯性矩的关系是：

A. $I_{z_1} = \sqrt{2} I_z$ B. $I_{z_1} > I_z$ C. $I_{z_1} < I_z$ D. $I_{z_1} = I_z$

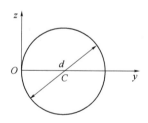

题 5-5-12 图

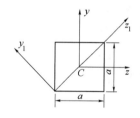

题 5-5-13 图

5-5-14 上题图所示正方形截面对 y_1 轴的惯性矩应为：

A. $I_{y_1} = \dfrac{6+\sqrt{2}}{12} a^4$ B. $I_{y_1} = \dfrac{a^4}{12}\left(6 - \sqrt{2}\right)$

C. $I_{y_1} = \dfrac{7}{12} a^4$ D. $I_{y_1} = -\dfrac{5}{12} a^4$

5-5-15 如图所示一矩形截面，面积为 A，高度为 b，对称轴为 z，z_1 和 z_2 均平行于 z，下列计算式中正确的是：

A. $I_{z_1} = I_{z_2} + b^2 A$ B. $I_{z_2} = I_z + \dfrac{b^2}{4} A$

C. $I_z = I_{z_2} + \dfrac{b^2}{4} A$ D. $I_{z_2} = I_{z_1} + b^2 A$

5-5-16 若三对直角坐标轴的原点均通过正方形的形心 C（如图所示），则下列结论正确的是：

A. $I_{z_1 y_1} = I_{z_2 y_2} \neq I_{z_3 y_3}$

B. $I_{z_1} = I_{y_1} \neq I_{z_2}$

C. $I_{z_1} = I_{z_2} = I_{z_3} = I_{y_1}$

D. $I_{z_1} = I_{z_2} \neq I_{z_3}$

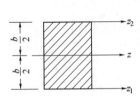

题 5-5-15 图

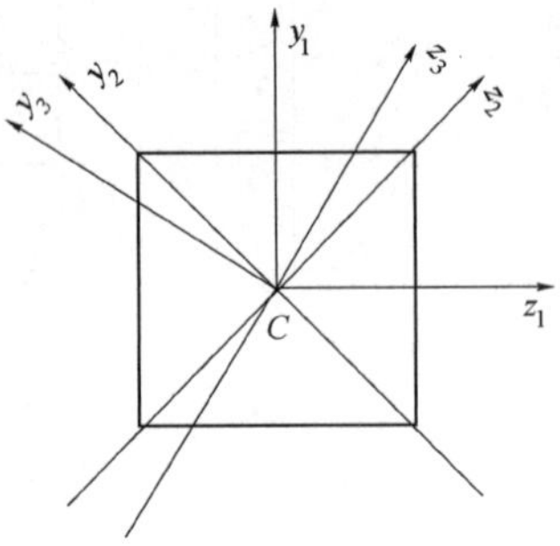

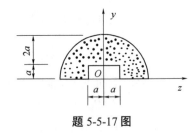

题 5-5-16 图

5-5-17 对如图所示平面图形来说，下列结论中错误的是：

A. $I_{zy} = 0$

B. y 轴和 z 轴均为形心主惯性轴

C. y 轴是形心主惯性轴，z 轴不是形心主惯性轴

D. y 轴和 z 轴均是主惯性轴

题 5-5-17 图

题解及参考答案

5-5-1 **解：** $I_{z1} = I_z + a^2 A = \dfrac{bh^3}{12} + h^2 \cdot bh = \dfrac{13}{12} bh^3$

答案： D

5-5-2 **解：** 图中正方形截面 $I_z^{方} = \dfrac{a^4}{12} + \left(\dfrac{a}{2}\right)^2 \cdot a^2 = \dfrac{a^4}{3}$，整个截面 $I_z = I_z^{矩} - I_z^{方} = \dfrac{bh^3}{12} - \dfrac{a^4}{3}$。

答案： C

5-5-3 **解：** 由定义 $I_P = \int_A \rho^2 \mathrm{d}A$，$I_z = \int_A y^2 \mathrm{d}A$，$I_y = \int_A z^2 \mathrm{d}A$，以及勾股定理 $\rho^2 = y^2 + z^2$，两边积分就可得 $I_P = I_z + I_y$。

答案： B

5-5-4 **解：** 由定义 $I_z = \int_A y^2 \mathrm{d}A$ 可知，a）、b）两图形面积相同，但图 a）中的面积距离 z 轴较远，因此 $I_z^a > I_z^b$；而两图面积距离 y 轴远近相同，故 $I_y^a = I_y^b$。

答案： B

5-5-5 **解：** 根据静矩定义 $S_z = \int_A y \mathrm{d}A$，图示矩形截面的静矩等于 m-m 线以上部分和以下部分静矩之和，即 $S_z = S_z^{上} + S_z^{下}$，又由于 z 轴是形心轴，$S_z = 0$，故 $S_z^{上} + S_z^{下} = 0$，$S_z^{上} = -S_z^{下}$。

答案： B

5-5-6 **解：** $i = i_y = i_z = \sqrt{\dfrac{I_z}{A}} = \sqrt{\dfrac{\pi}{64} d^4 / \left(\dfrac{\pi}{4} d^2\right)} = \dfrac{d}{4}$

答案： B

5-5-7 **解：** 根据矩的定义 $I_z = \int_A y^2 \mathrm{d}A$，$I_y = \int_a z^2 \mathrm{d}A$，可知惯性矩的大小与面积到轴的距离有关。面积分布离轴越远，其惯性矩越大；面积分布离轴越近，其惯性矩越小。可见 I_y^a 最大，I_z^a 最小。

答案： C

5-5-8 **解：** 图形对主惯性轴的惯性积为零，对主惯性轴的惯性矩是对通过某点的所有轴的惯性矩

中的极值，也就是最大或最小的惯性矩。

答案：C

5-5-9 解：由移轴定理$I_z = I_{zc} + a^2 A$可知，在所有与形心轴平行的轴中，距离形心轴越远，其惯性矩越大。图示截面为一个正方形与一半圆形的组合截面，其形心轴应在正方形形心和半圆形形心之间。所以z_1轴距离截面形心轴较远，其惯性矩较大。

答案：B

5-5-10 解：两截面面积相同，但图a）截面分布离z轴较远，故I_z较大。对y轴惯性矩相同。

答案：B

5-5-11 解：形心主惯性轴y、z都过形心，故$S_z = S_y = 0$；又都是主惯性轴，故$I_{yz} = 0$。两条必须同时满足。

答案：D

5-5-12 解：$I_p = I_y + I_z$，$I_z = I_{zc} + a^2 A$（平行移轴公式）。

答案：A

5-5-13 解：正方形截面的任何一条形心轴均为形心主轴，其形心主惯性矩都相等。

答案：D

5-5-14 解：过C点作形心轴y_C与y_1轴平行，则$I_{y_1} = I_{yc} + b^2 A$。

答案：C

5-5-15 解：平行移轴公式$I_{z_1} = I_z + a^2 A$中，I_z必须是形心轴，因此只有选项B是正确的。

答案：B

5-5-16 解：正方形截面的任一形心轴均为形心主轴，其惯性矩均为形心主矩，其值都相等。

答案：C

5-5-17 解：z轴未过此平面图形的形心，不是形心主惯性轴。

答案：C

（六）弯曲梁的内力、应力和变形

5-6-1 图示外伸梁，在C、D处作用相同的集中力F，截面A的剪力和截面C的弯矩分别是：

A. $F_{SA} = 0$，$M_C = 0$ B. $F_{SA} = F$，$M_C = FL$

C. $F_{SA} = F/2$，$M_C = FL/2$ D. $F_{SA} = 0$，$M_C = 2FL$

5-6-2 图示悬臂梁AB，由三根相同的矩形截面直杆胶合而成，材料的许可应力为$[\sigma]$。若胶合面开裂，假设开裂后三根杆的挠曲线相同，接触面之间无摩擦力，则开裂后的梁承载能力是原来的：

A. 1/9   B. 1/3   C. 两者相同   D. 3倍

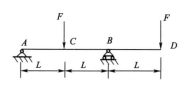 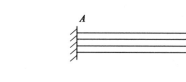

题 5-6-1 图   题 5-6-2 图

5-6-3 悬臂梁AB由两根相同的矩形截面梁胶合而成（如图所示）。若胶合面全部开裂，假设开裂后两杆的弯曲变形相同，接触面之间无摩擦力，则开裂后梁的最大挠度是原来的：

    A. 两者相同　　　　　B. 2倍　　　　　　　C. 4倍　　　　　　　D. 8倍

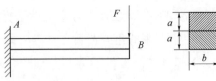

题 5-6-3 图

5-6-4　图示悬臂梁自由端承受集中力偶矩M。若梁的长度减小一半，梁的最大挠度是原来的：

    A. 1/2　　　　　　　B. 1/4　　　　　　　C. 1/8　　　　　　　D. 1/16

5-6-5　图示外伸梁，A截面的剪力为：

    A. 0　　　　　　　　B. $\dfrac{3m}{2L}$　　　　　　　C. $\dfrac{m}{L}$　　　　　　　D. $-\dfrac{m}{L}$

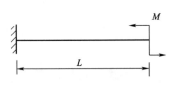
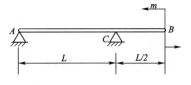

题 5-6-4 图　　　　　　　　　　　　　　　　题 5-6-5 图

5-6-6　两根梁长度、截面形状和约束条件完全相同，一根材料为钢，另一根为铝。在相同的外力作用下发生弯曲形变，两者不同之处为：

    A. 弯曲内力　　　　　　　　　　　　B. 弯曲正应力

    C. 弯曲切应力　　　　　　　　　　　D. 挠曲线

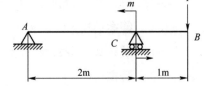

5-6-7　梁AB的弯矩图如图所示，则梁上荷载F、m的值为：

    A. $F = 8\text{kN}$，$m = 14\text{kN} \cdot \text{m}$

    B. $F = 8\text{kN}$，$m = 6\text{kN} \cdot \text{m}$

    C. $F = 6\text{kN}$，$m = 8\text{kN} \cdot \text{m}$

    D. $F = 6\text{kN}$，$m = 14\text{kN} \cdot \text{m}$

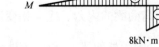

题 5-6-7 图

5-6-8　图示四个悬臂梁中挠曲线是圆弧的为：

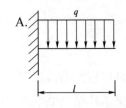
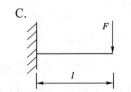
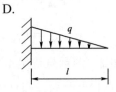

5-6-9　带有中间铰的静定梁受载情况如图所示，则：

    A. a越大，则M_A越大　　　　　　　　B. l越大，则M_A越大

    C. a越大，则R_A越大　　　　　　　　D. l越大，则R_A越大

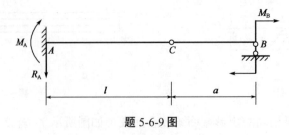

题 5-6-9 图

5-6-10 设图示两根圆截面梁的直径分别为d和$2d$，许可荷载分别为$[P_1]$和$[P_2]$。若两梁的材料相同，则$[P_2]/[P_1] =$

A. 2　　　　　　　B. 4　　　　　　　C. 8　　　　　　　D. 16

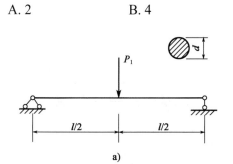
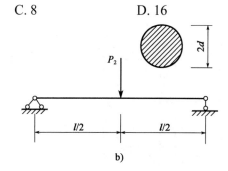

题 5-6-10 图

5-6-11 悬臂梁受载情况如图所示，在截面C上：

　　A. 剪力为零，弯矩不为零　　　　　B. 剪力不为零，弯矩为零

　　C. 剪力和弯矩均为零　　　　　　　D. 剪力和弯矩均不为零

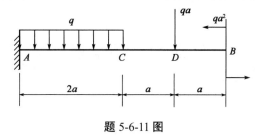

题 5-6-11 图

5-6-12 已知图示两个梁的抗弯截面刚度EI相同，若二者自由端的挠度相等，则P_1/P_2为：

A. 2　　　　　　　B. 4　　　　　　　C. 8　　　　　　　D. 16

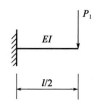
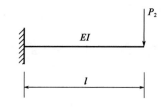

题 5-6-12 图

5-6-13 一跨度为l的简支架，若仅承受一个集中力P，当P在梁上任意移动时，梁内产生的最大剪力Q_{max}和最大弯矩M_{max}分别满足：

　　A. $Q_{max} \leqslant P$，$M_{max} = Pl/4$　　　　　B. $Q_{max} \leqslant P/2$，$M_{max} = Pl/4$

　　C. $Q_{max} \leqslant P$，$M_{max} = Pl/2$　　　　　D. $Q_{max} \leqslant P/2$，$M_{max} = Pl/2$

5-6-14 矩形截面梁横力弯曲时，在横截面的中性轴处：

　　A. 正应力最大，剪应力为零　　　　B. 正应力为零，剪应力最大

　　C. 正应力和剪应力均最大　　　　　D. 正应力和剪应力均为零

5-6-15 梁的横截面形状如图所示，则截面对Z轴的抗弯截面模量W_z为：

　　A. $\dfrac{1}{12}(BH^3 - bh^3)$　　　　　　　B. $\dfrac{1}{6}(BH^2 - bh^2)$

　　C. $\dfrac{1}{6H}(BH^3 - bh^3)$　　　　　　　D. $\dfrac{1}{6h}(BH^3 - bh^3)$

5-6-16 如图所示梁，剪力等于零的截面位置*x*之值为：

A. $\frac{5a}{6}$　　　　　　B. $\frac{6a}{5}$　　　　　　C. $\frac{6a}{7}$　　　　　　D. $\frac{7a}{6}$

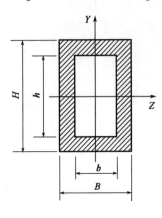
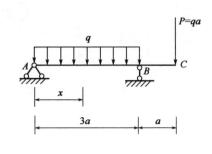

題 5-6-15 图　　　　　　　　　　　　　題 5-6-16 图

5-6-17 就正应力强度而言，如图所示的梁，以下列哪个图所示的加载方式最好？

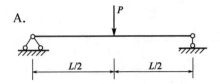
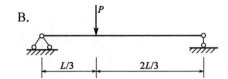

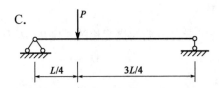
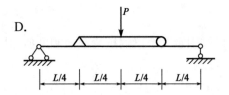

5-6-18 在等直梁平面弯曲的挠曲线上，曲率最大值发生在下面哪个值最大的截面上？

A. 挠度最大　　　　B. 转角最大　　　　D. 弯矩最大　　　　D. 剪力最大

5-6-19 若梁的荷载及支承情况对称于梁的中央截面*C*，如图所示，则下列结论中哪一个是正确的？

A. Q图对称，M图对称，且$Q_C = 0$　　　　　　B. Q图对称，M图反对称，且$M_C = 0$

C. Q图反对称，M图对称，且$Q_C = 0$　　　　　　D. Q图反对称，M图反对称，且$M_C = 0$

5-6-20 已知简支梁受如图所示荷载，则跨中点*C*截面上的弯矩为：

A. 0　　　　　　B. $\frac{1}{2}ql^2$　　　　　　C. $\frac{1}{4}ql^2$　　　　　　D. $\frac{1}{8}ql^2$

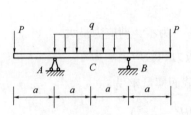
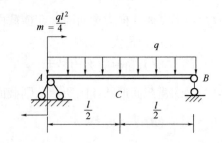

題 5-6-19 图　　　　　　　　　　　　　題 5-6-20 图

5-6-21 当力P直接作用在简支梁AB的中点时，梁内的σ_{max}超过许用应力值 30%。为了消除过载现象，配置了如图所示的辅助梁CD，则此辅助梁的跨度a的长度应为：

A. 1.385m　　　　B. 2.77m　　　　C. 5.54m　　　　D. 3m

5-6-22 已知图示梁抗弯刚度EI为常数，则用叠加法可得自由端C点的挠度为：

A. $\dfrac{55ql^4}{24EI}$　　　　B. $\dfrac{15ql^4}{8EI}$　　　　C. $\dfrac{2ql^4}{EI}$　　　　D. $\dfrac{41ql^4}{24EI}$

5-6-23 已知图示梁抗弯刚度EI为常数，则用叠加法可得跨中点C的挠度为：

A. $\dfrac{5ql^4}{384EI}$　　　　B. $\dfrac{5ql^4}{576EI}$　　　　C. $\dfrac{5ql^4}{768EI}$　　　　D. $\dfrac{5ql^4}{1152EI}$

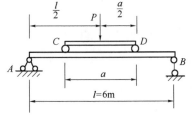
题 5-6-21 图

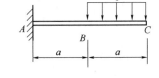
题 5-6-22 图

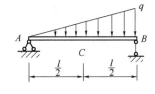
题 5-6-23 图

5-6-24 如图所示悬臂梁，其正确的弯矩图应是：

A. 图 a）

B. 图 b）

C. 图 c）

D. 图 d）

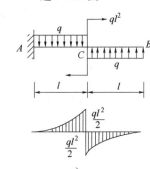

5-6-25 图示悬臂梁和简支梁长度相同，关于两梁的Q图和M图有下述哪种关系？

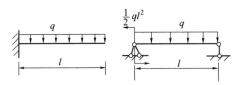
题 5-6-25 图

A. Q图和M图均相同

B. Q图和M图均不同

C. Q图相同，M图不同

D. Q图不同，M图相同

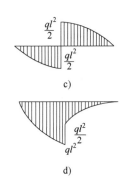
题 5-6-24 图

5-6-26 如图所示两跨等截面梁，受移动荷载P作用，截面相同，为使梁充分发挥强度，尺寸a应为：

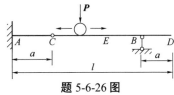
题 5-6-26 图

A. $a=\dfrac{l}{2}$　　　B. $a=\dfrac{l}{6}$　　　C. $a=\dfrac{l}{3}$　　　D. $a=\dfrac{l}{4}$

5-6-27 悬臂梁的自由端作用横向力$\boldsymbol{P}$，若各梁的横截面分别如图 a）~h）所示，该力$\boldsymbol{P}$的作用线为各图中的虚线，则梁发生平面弯曲的是：

A. 图 a）、图 g）所示截面梁　　　B. 图 c）、图 e）所示截面梁

C. 图 b）、图 d）所示截面　　　　D. 图 f）、图 h）所示截面

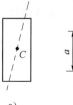 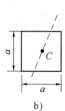 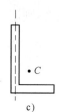 

a)　　　　　b)　　　　　c)　　　　　d)

 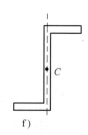  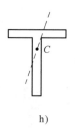

e)　　　　　f)　　　　　g)　　　　　h)

题 5-6-27 图

5-6-28 一铸铁梁如图所示，已知抗拉的许用应力$[\sigma_{\rm t}]$<抗压许用应力$[\sigma_{\rm c}]$，则该梁截面的摆放方式应如何图所示？

A. 图 a）　　　B. 图 b）　　　C. 图 c）　　　D. 图 d）

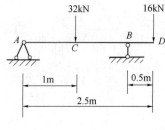 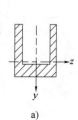 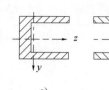

a)　　　　　b)　　　　　c)　　　　　d)

题 5-6-28 图

5-6-29 图示薄壁截面受竖向荷载作用，发生平面弯曲的只有何图所示截面？

A. 图 a）　　　B. 图 b）　　　C. 图 c）　　　D. 图 d）

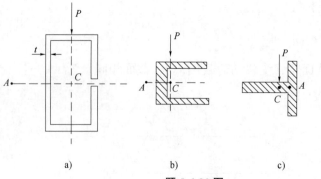

a)　　　　　b)　　　　　c)　　　　　d)

题 5-6-29 图

5-6-30 矩形截面简支梁中点承受集中力F。若$h = 2b$，分别采用图 a）、图 b）两种方式放置，图 a）梁的最大挠度是图 b）梁的：

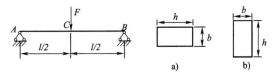

题 5-6-30 图

A. 1/2　　　　　　B. 2 倍　　　　　　C. 4 倍　　　　　　D. 8 倍

5-6-31 如图所示两根梁中的l、b和P均相同，若梁的横截面高度h减小为$\frac{h}{2}$，则梁中的最大正应力是原梁的多少倍？

A. 2　　　　　　B. 4　　　　　　C. 6　　　　　　D. 8

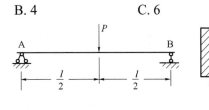

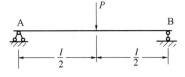

题 5-6-31 图

5-6-32 如图所示梁的剪力方程应分几段来表述？

A. 4　　　　　　B. 3　　　　　　C. 2　　　　　　D. 5

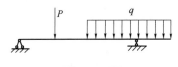

题 5-6-32 图

5-6-33 梁的截面尺寸扩大一倍，在其他条件不变的情况下，梁的强度是原来的多少倍？

A. 2　　　　　　B. 4　　　　　　C. 8　　　　　　D. 16

题解及参考答案

5-6-1 **解：** 考虑梁的整体平衡：$\sum M_{\mathrm{B}} = 0$，$F_{\mathrm{A}} = 0$，应用直接法求剪力和弯矩，得$F_{\mathrm{SA}} = 0$，$M_{\mathrm{C}} = 0$。

答案： A

5-6-2 **解：**

$$开裂前 \quad \sigma_{\max} = \frac{M}{W_z} = \frac{M}{\frac{b}{6}(3a)^2} = \frac{2M}{3ba^2}$$

$$开裂后 \quad \sigma_{1\max} = \frac{\frac{M}{3}}{W_{z1}} = \frac{\frac{M}{3}}{\frac{ba^2}{6}} = \frac{2M}{ba^2}$$

开裂后最大正应力是原来的 3 倍，故梁承载能力是原来的1/3。

答案：B

5-6-3　解：

$$开裂前 \quad f = \frac{Fl^3}{3EI}, \quad 其中 I = \frac{b(2a)^3}{12} = 8\frac{ba^3}{12} = 8I_1$$

$$开裂后 \quad f_1 = \frac{\frac{F}{2}l^3}{3EI_1} = \frac{\frac{1}{2}Fl^3}{3E\frac{I}{8}} = 4\frac{Fl^3}{3EI} = 4f$$

答案：C

5-6-4　解：原来，$f = \frac{Ml^2}{2EI}$；梁长减半后，$f_1 = \frac{M\left(\frac{l}{2}\right)^2}{2EI} = \frac{1}{4}f$。

答案：B

5-6-5　解：设 F_A 向上，$\sum M_C = 0$，$m - F_A L = 0$，则 $F_A = \frac{m}{L}$，再用直接法求 A 截面的剪力 $F_s = F_A = \frac{m}{L}$。

答案：C

5-6-6　解：因为钢和铝的弹性模量不同，而 4 个选项之中只有挠曲线与弹性模量有关，所以选挠曲线。

答案：D

5-6-7　解：由最大负弯矩为 8kN·m，可以反推：$M_{max} = F \times 1m$，故 $F = 8kN$。

再由支座 C 处（即外力偶矩 M 作用处）两侧的弯矩的突变值是 14kN·m，可知外力偶矩=14kN·m。

答案：A

5-6-8　解：由集中力偶 M 产生的挠曲线方程 $f = \frac{Mx^2}{2EI}$ 是 x 的二次曲线可知，挠曲线是圆弧的为选项 B。

答案：B

5-6-9　解：由中间铰链 C 处断开，分别画出 AC 和 BC 的受力图（见解图）。

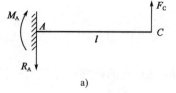

a)

先取 BC 杆：$\sum M_B = 0$，$F_C \cdot a = M_O$，即 $F_C = \frac{M_O}{a}$

再取 AC 杆：$\sum F_y = 0$，$R_A = F_C = \frac{M_O}{a}$

$$\sum M_A = 0, \quad M_A = F_C l = \frac{M_O}{a}l$$

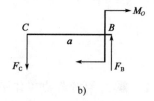

b)

可见只有选项 B 是正确的。

答案：B

题 5-6-9 解图

5-6-10　解：对图 a），$M_{max} = \frac{P_1 l}{4}$，$\sigma_{max} = \frac{M_{max}}{W_z} = \frac{\frac{P_1 l}{4}}{\frac{\pi}{32}d^3} = \frac{8P_1 l}{\pi d^3} \leqslant [\sigma]$，所以 $P_1 \leqslant \frac{\pi d^3 [\sigma]}{8l}$；对图 b），$M_{max} = \frac{P_2 l}{4}$，同理 $P_2 \leqslant \frac{\pi (2d^3)[\sigma]}{8l}$，可见 $\frac{P_2}{P_1} = \frac{(2d)^3}{d^3} = 8$。

答案：C

5-6-11　解：用直接法，取截面 C 右侧计算比较简单：$F_{CD} = qa$，$M_C = qa^2 - qa \cdot a = 0$。

答案：B

5-6-12　解：设 $f_1 = \frac{P_1\left(\frac{l}{2}\right)^3}{3EI}$，$f_2 = \frac{P_2 l^3}{3EI}$，令 $f_1 = f_2$，则有 $P_1\left(\frac{l}{2}\right)^3 = P_2 l^3$，$\frac{P_1}{P_2} = 8$。

答案：C

5-6-13 解：经分析可知，移动荷载作用在跨中 $\frac{l}{2}$ 处时，有最大弯矩 $M_{max} = \frac{Pl}{4}$，支反力和弯矩图如解力 a）所示。当移动荷载作用在支座附近、无限接近支座时，有最大剪力 Q_{max} 趋近于 P 值，如解图 b）所示。

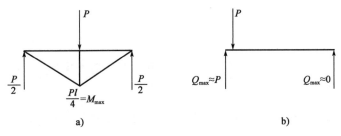

题 5-6-13 解图

答案：A

5-6-14 解：矩形截面梁横力弯曲时，横截面上的正应力 σ 沿截面高度线性分布，如解图 a）所示。在上下边缘 σ 最大，在中性轴上正应力为零。横截面上的剪应力 τ 沿截面高度呈抛物线分布，如解图 b）所示。在上下边缘 τ 为零，在中性轴处剪应力最大。

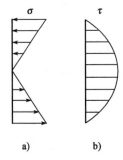

题 5-6-14 解图

答案：B

5-6-15 解：根据定义：

$$W_z = \frac{I_z}{y_{max}} = \frac{\frac{BH^3}{12} - \frac{bh^3}{12}}{\frac{H}{2}} = \frac{BH^3 - bh^3}{6H}$$

答案：C

5-6-16 解：首先求支反力，设 F_A 向上，取整体平衡：

$$\sum M_B = 0, \quad F_A \cdot 3a + qa \cdot a = 3qa \cdot \frac{3}{2}a$$

所以 $F_A = \frac{7}{6}qa$。由 $F_s(x) = F_A - qx = 0$，得 $x = \frac{F_A}{q} = \frac{7}{6}a$。

答案：D

5-6-17 解：题图所示四个梁，其支反力和弯矩图如下（见解图）：

A.

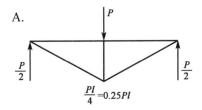

B.

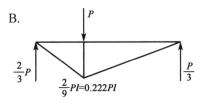

C.

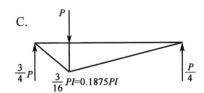

D.

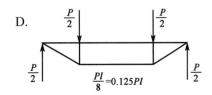

题 5-6-17 解图

就梁的正应力强度条件而言，$\sigma_{max} = \frac{M_{max}}{W_z} \leqslant [\sigma]$，$M_{max}$越小，$\sigma_{max}$越小，梁就越安全。上述四个弯矩图中显然 D 图$M_{max}$最小。

答案： D

5-6-18 解： 根据公式梁的弯曲曲率$\frac{1}{\rho} = \frac{M}{EI}$与弯矩成正比，故曲率的最大值发生在弯矩最大的截面上。

答案： C

5-6-19 解： 结构对称、荷载对称，则剪力图反对称，弯矩图对称，对称轴上C点剪力为零。

答案： C

5-6-20 解： 此题用叠加法最简单，C截面弯矩等于均布荷载产生的中点弯矩和集中力偶m产生的中点弯矩的代数和。

答案： C

5-6-21 解： 分别求出配置辅助梁前后的最大弯矩，代入配置辅助梁前后的强度条件，加以比较，即可确定a的长度。

答案： A

5-6-22 解： 为了查表方便，先求整个梁布满向下均布荷载时C点的挠度，再减去AB段承受向上均布荷载时C点的挠度。

答案： D

5-6-23 解： 图示梁荷载为均布荷载q的一半，中点挠度也是均布荷载简支梁的一半。

答案： C

5-6-24 解： 计算C截面左、右两侧的弯矩值，可知图 a) 是正确的。

答案： A

5-6-25 解： 求出两梁的支反力和反力偶，可见两梁的荷载与反力均相同，故Q图和M图均相同。

答案： A

5-6-26 解： 考虑两种危险情况，一是移动荷载P位于右端点D，一是P位于BC段中点E，分别求出这两种情况的最大弯矩并使两者相等，则可使梁充分发挥强度。

答案： B

5-6-27 解： 图 b) 正方形和图 d) 正三角形的任一形心轴均为形心主轴，P作用线过形心即可产生平面弯曲。其他图P作用线均不是形心主轴。

答案： C

5-6-28 解： 经作弯矩图可知，此梁的最大弯矩在C截面处，为$+12kN \cdot m$，下边缘受拉。为保证最大拉应力最小，摆放方式应如图 a) 所示。

答案： A

5-6-29 解： 发生平面弯曲时，竖向荷载必须过弯心A。

答案： D

5-6-30 解： 由跨中受集中力F作用的简支梁最大挠度的公式$f_c = \frac{Fl^3}{48EI}$，可知最大挠度与截面对中性轴的惯性矩成反比。

因为$I_a = \frac{hb^2}{12} = \frac{b^3}{6}$，而$I_b = \frac{bh^2}{12} = \frac{2b^3}{3}$，所以$\frac{f_a}{f_b} = \frac{I_b}{I_a} = \frac{\frac{2}{3}b^3}{\frac{b^3}{6}} = 4$

答案： C

5-6-31 解： $\sigma_{\max} = \frac{M_{\max}}{W_z}$，原梁的 $W_z = \frac{bh^2}{6}$，h 减小为 $\frac{h}{2}$ 后 $W'_z = \frac{b}{6}\left(\frac{h}{2}\right)^2 = \frac{1}{4}W_z$，故最大正应力是原梁的 4 倍。

答案： B

5-6-32 解： 在外力有变化处、有支座反力处均应分段表述。

答案： A

5-6-33 解： 以矩形截面为例，$W'_z = \frac{(2b)}{6}(2h)^2 = 8 \cdot \frac{bh^2}{6} = 8W_z$，梁的最大正应力相应减少为原来的 $\frac{1}{8}$，强度是原来的 8 倍。

答案： C

（七）应力状态与强度理论

5-7-1 在图示 4 种应力状态中，切应力值最大的应力状态是：

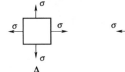

A.   B.   C.   D.

5-7-2 受力体一点处的应力状态如图所示，该点的最大主应力 σ_1 为：

A. 70MPa   B. 10MPa

C. 40MPa   D. 50MPa

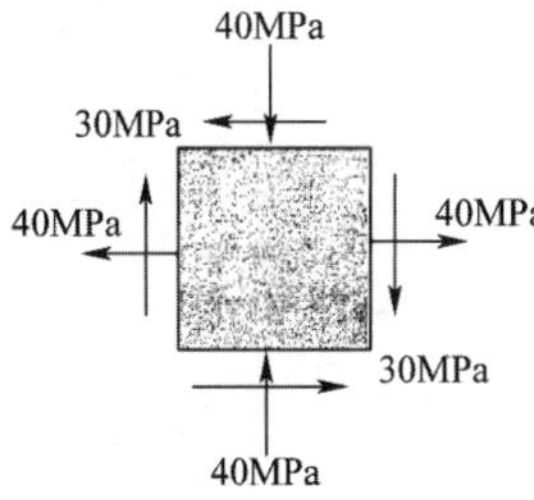

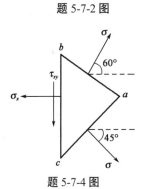

题 5-7-2 图

5-7-3 设受扭圆轴中的最大剪应力为 τ，则最大正应力：

     A. 出现在横截面上，其值为 τ

     B. 出现在 45° 斜截面上，其值为 2τ

     C. 出现在横截面上，其值为 2τ

     D. 出现在 45° 斜截面上，其值为 τ

5-7-4 图示为三角形单元体，已知 ab、ca 两斜面上的正应力为 σ，剪应力为零。在竖正面 bc 上有：

     A. $\sigma_x = \sigma$，$\tau_{xy} = 0$

     B. $\sigma_x = \sigma$，$\tau_{xy} = \sin 60° - \sigma \sin 45°$

     C. $\sigma_x = \sigma \cos 60° + \sigma \cos 45°$，$\tau_{xy} = 0$

     D. $\sigma_x = \sigma \cos 60° + \sigma \cos 45°$，$\tau_{xy} = \sigma \sin 60° - \sigma \sin 45°$

题 5-7-4 图

5-7-5 四种应力状态分别如图所示，按照第三强度理论，其相当应力最大的是：

     A. 状态（1）   B. 状态（2）   C. 状态（3）   D. 状态（4）

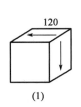 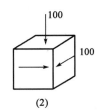 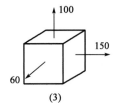 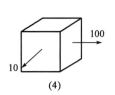

题 5-7-5 图

5-7-6 图示为等腰直角三角形单元体，已知两直角边表示的截面上只有剪应力，且等于 τ_0，则底边表示截面上的正应力 σ 和剪应力 τ 分别为：

     A. $\sigma = \tau_0$，$\tau = \tau_0$ B. $\sigma = \tau_0$，$\tau = 0$

C. $\sigma = \sqrt{2}\tau_0$, $\tau = \tau_0$ D. $\sigma = \sqrt{2}\tau_0$, $\tau = 0$

5-7-7 单元体的应力状态如图所示，若已知其中一个主应力为 5MPa，则另一个主应力为：

A. -85MPa   B. 85MPa   C. -75MPa   D. 75MPa

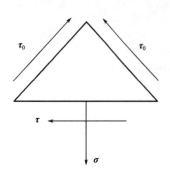
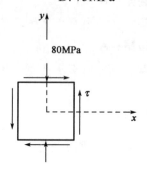

题 5-7-6 图   题 5-7-7 图

5-7-8 如图 a）所示悬臂梁，给出了 1、2、3、4 点处的应力状态如图 b）所示，其中应力状态错误的位置点是：

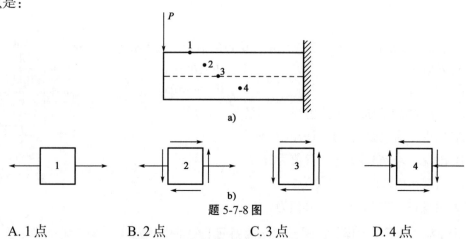

题 5-7-8 图

A. 1 点   B. 2 点   C. 3 点   D. 4 点

5-7-9 单元体的应力状态如图所示，其 σ_1 的方向：

A. 在第一、三象限内，且与 x 轴成小于 45° 的夹角

B. 在第一、三象限内，且与 y 轴成小于 45° 的夹角

C. 在第二、四象限内，且与 x 轴成小于 45° 的夹角

D. 在第二、四象限内，且与 y 轴成小于 45° 的夹角

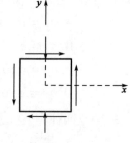

5-7-10 三种平面应力状态如图所示（图中用 n 和 s 分别表示正应力和剪应力），它们之间的关系是：

A. 全部等价   B. a）与 b）等价

C. a）与 c）等价   D. 都不等价

题 5-7-9 图

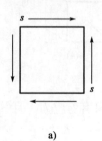
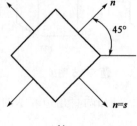
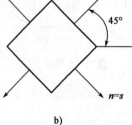

a)   b)   c)

题 5-7-10 图

5-7-11 对于平面应力状态，以下说法正确的是：

    A. 主应力就是最大正应力

    B. 主平面上无剪应力

    C. 最大剪力作用的平面上正应力必为零

    D. 主应力必不为零

5-7-12 某点的应力状态如图所示，则过该点垂直于纸面的任意截面均为主平面。如何判断此结论？

    A. 此结论正确

    B. 此结论有时正确

    C. 此结论不正确

    D. 论据不足

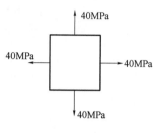

题 5-7-12 图

5-7-13 已知某点的应力状态如图所示，则该点的主应力方位应为四个选项中哪一个图所示？

题 5-7-13 图

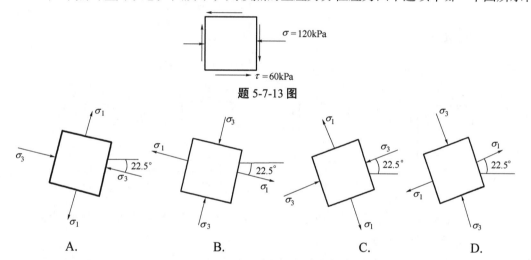

    A.   B.   C.   D.

5-7-14 已知图示单元体上的 $\sigma > \tau$，则按第三强度理论其强度条件为：

    A. $\sigma - \tau \leqslant [\sigma]$ B. $\sigma + \tau \leqslant [\sigma]$

    C. $\sqrt{\sigma^2 + 4\tau^2} \leqslant [\sigma]$ D. $\sqrt{\left(\dfrac{\sigma}{2}\right)^2 + \tau^2} \leqslant [\sigma]$

5-7-15 图示单元体中应力单位为 MPa，则其最大剪应力为：

    A. 60   B. −60   C. 20   D. −20

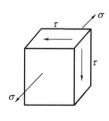

题 5-7-14 图

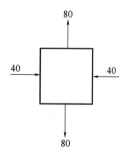

题 5-7-15 图

5-7-16 如图所示构件上 a 点处，原始单元体的应力状态应为下列何图所示？

    A. 图 b）   B. 图 c）   C. 图 d）   D. 图 e）

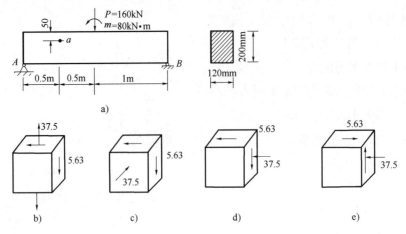

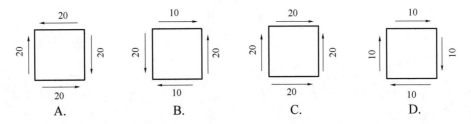

题 5-7-16 图

5-7-17 受力物体内一点处，其最大剪应力所在平面上的正应力应：

A. 一定为最大　　　　　　　　　B. 一定为零

C. 不一定为零　　　　　　　　　D. 一定不为零

5-7-18 如图所示诸单元体中，标示正确的是：（应力单位：MPa）

A. 　　　　　　B. 　　　　　　C. 　　　　　　D.

5-7-19 一个二向应力状态与另一个单向应力状态相叠加，其结果是下列中的哪种状态？

A. 一定为二向应力状态

B. 一定为二向应力状态或三向应力状态

C. 可能是单向、二向或三向应力状态

D. 可能是单向、二向、三向应力状态，也可能为零应力状态

5-7-20 单元体处于纯剪应力状态，其主应力特点为：

A. $\sigma_1 = \sigma_2 > 0$, $\sigma_3 = 0$

B. $\sigma_1 = 0$, $\sigma_2 = \sigma_3 < 0$

C. $\sigma_1 > 0$, $\sigma_2 = 0$, $\sigma_3 < 0$, $|\sigma_1| = |\sigma_3|$

D. $\sigma_1 > 0$, $\sigma_2 = 0$, $\sigma_3 < 0$, $|\sigma_1| > |\sigma_3|$

5-7-21 某点平面应力状态如图所示，则该点的应力圆为：

A. 一个点圆

B. 圆心在原点的点圆

C. 圆心在（5MPa，0）点的点圆

D. 圆心在原点、半径为 5MPa 的圆

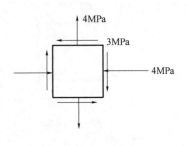

5-7-22 如图所示单元体取自梁上哪一点？

A. *a*　　　　　　B. *b*

C. *c*　　　　　　D. *d*

题 5-7-21 图

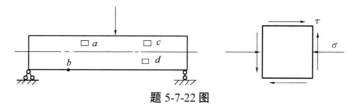

题 5-7-22 图

5-7-23 平面应力状态如图所示，下列结论中正确的是：

A. $\sigma_\alpha = \dfrac{\sigma}{2} + \tau$，$\varepsilon_\alpha = \dfrac{\frac{\sigma}{2} + \tau}{E}$ 　　　　　　　B. $\sigma_\alpha = \dfrac{\sigma}{2} - \tau$，$\varepsilon_\alpha = \dfrac{\frac{\sigma}{2} - \tau}{E}$

C. $\sigma_\alpha = \dfrac{\sigma}{2} + \tau$，$\varepsilon_\alpha = \dfrac{(1-\mu)\sigma}{2E} + \dfrac{(1+\mu)\tau}{E}$ 　　　D. $\sigma_\alpha = \dfrac{\sigma}{2} - \tau$，$\varepsilon_\alpha = \dfrac{(1-\mu)\sigma}{2E} - \dfrac{(1+\mu)\tau}{E}$

5-7-24 如图所示的应力状态单元体若按第四强度理论进行强度计算，则其相当应力 σ_{r4} 等于：

A. $\dfrac{3}{2}\sigma$ 　　　　　　B. 2σ 　　　　　　C. $\dfrac{\sqrt{7}}{2}\sigma$ 　　　　　　D. $\dfrac{\sqrt{5}}{2}\sigma$

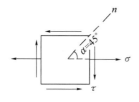　　　　　　　　　　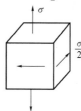

题 5-7-23 图　　　　　　　　　　　　　题 5-7-24 图

题解及参考答案

5-7-1　**解**：图 c）中 σ_1 和 σ_3 的差值最大。

$$\tau_{\max} = \frac{\sigma_1 - \sigma_3}{2} = \frac{2\sigma - (-2\sigma)}{2} = 2\sigma$$

答案：C

5-7-2　**解**：

$$\sigma_1 = \frac{\sigma_x + \sigma_y}{2} + \sqrt{\left(\frac{\sigma_x - \sigma_y}{2}\right)^2 + \tau_x^2} = \frac{40 + (-40)}{2} + \sqrt{\left[\frac{40 - (-40)}{2}\right]^2 + 30^2} = 50\text{MPa}$$

答案：D

5-7-3　**解**：受扭圆轴最大剪应力 τ 发生在圆轴表面，是剪切应力状态（见解图 a），而其主应力 $\sigma_1 = \tau$ 出现在 45°斜截面上（见解图 b），其值为 τ。

答案：D

5-7-4　**解**：设单元体厚度为 1，则 ab、bc、ac 三个面的面积就等于 ab、bc、ac；在单元体图上作辅助线 ad，则从图中可以看出如下几何关系：

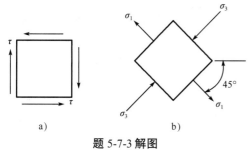　　　　　　　　　　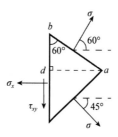

题 5-7-3 解图　　　　　　　　　　　　题 5-7-4 解图

$$ad = ab \sin 60° = ac \sin 45°$$

$$bc = bd + dc = ac \cos 60° + ac \cos 45°$$

由单元体的整体平衡方程，可得：

$$\sum F_x = 0, \quad \sigma_x \cdot bc = \sigma \cos 60° \cdot ab + \sigma \cos 45° \cdot ac$$

$$= \sigma(bd + dc) = \sigma \cdot bc$$

$$\sigma_x = \sigma$$

$$\sum F_y = 0, \quad \tau_{xy} \cdot bc = \sigma \sin 60° \cdot ab - \sigma \sin 45° \cdot ac$$

$$= \sigma(ad - ad) = 0$$

$$\tau_{xy} = 0$$

答案：A

5-7-5　**解**：状态（1）：$\sigma_{r3} = \sigma_1 - \sigma_3 = 120 - (-120) = 240$；

状态（2）：$\sigma_{r3} = \sigma_1 - \sigma_3 = 100 - (-100) = 200$；

状态（3）：$\sigma_{r3} = \sigma_1 - \sigma_3 = 150 - 60 = 90$；

状态（4）：$\sigma_{r3} = \sigma_1 - \sigma_3 = 100 - 0 = 100$；

显然状态（1）相当应力 σ_{r3} 最大。

答案：A

5-7-6　**解**：该题有两种解法。

方法 1，对比法

把图示等腰三角形单元体与纯剪切应力状态对比。把两个直角边看作是纯剪切应力状态中单元体的两个边，则 σ 和 τ 所在截面就相当于纯剪切单元体的主平面，故 $\sigma = \tau_0$，$\tau = 0$。

方法 2，小块平衡法

设两个直角边截面面积为 A，则底边截面面积为 $\sqrt{2}A$。由平衡方程：

$$\sum F_y = 0, \quad \sigma \cdot \sqrt{2}A = 2\tau_0 A \cdot \sin 45°, \quad 所以 \sigma = \tau_0;$$

$$\sum F_x = 0, \quad \tau \cdot \sqrt{2}A + \tau_0 A \cos 45° = \tau_0 A \cdot \cos 45°, \quad 所以 \tau = 0。$$

答案：B

5-7-7　**解**：图示单元体应力状态类同于梁的应力状态：$\sigma_2 = 0$ 且 $\sigma_x = 0$（或 $\sigma_y = 0$），故其主应力的特点与梁相同，即有如下规律

$$\sigma_1 = \frac{\sigma}{2} + \sqrt{\left(\frac{\sigma}{2}\right)^2 + \tau^2} > 0; \quad \sigma_3 = \frac{\sigma}{2} - \sqrt{\left(\frac{\sigma}{2}\right)^2 + \tau^2} < 0$$

已知其中一个主应力为 5MPa>0，即 $\sigma_1 = \frac{-80}{2} + \sqrt{\left(\frac{-80}{2}\right)^2 + \tau^2} = 5\text{MPa}$，所以 $\sqrt{\left(\frac{-80}{2}\right)^2 + \tau^2} = 45\text{MPa}$，

则另一个主应力必为 $\sigma_3 = \frac{-80}{2} - \sqrt{\left(\frac{-80}{2}\right)^2 + \tau^2} = -85\text{MPa}$。

答案：A

5-7-8　**解**：首先分析各横截面上的内力——剪力 Q 和弯矩 M，如解图 a）所示。再分析各横面上的正应力 σ 和剪应力 τ 沿高度的分布，如解图 b）和 c）所示。可见 4 点的剪应力方向不对。

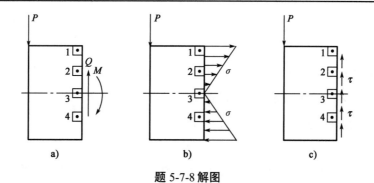

题 5-7-8 解图

答案： D

5-7-9　解： 题图单元体的主方向可用叠加法判断。把图中单元体看成是单向压缩和纯剪切两种应力状态的叠加，如解图 a）和 b）所示。

其中，图 a）主压应力 σ_3' 的方向即为 σ_y 的方向（沿 y 轴），而图 b）与图 c）等价，其主应压力 σ_3'' 的方向沿与 y 轴成 45° 的方向。因此题中单元体主力主应力 σ_3 的方向应为 σ_3' 和 σ_3'' 的合力方向。根据求合力的平行四边形法则，σ_3 与 y 轴的夹角 σ 必小于 45°，而 σ_1 与 σ_3 相互垂直，故 σ_1 与 x 轴夹角也是 $\alpha < 45°$，如图 d）所示。

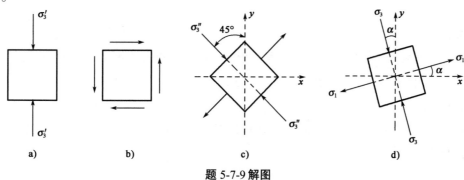

题 5-7-9 解图

答案： A

5-7-10　解： 图 a）为纯剪切应力状态，经分析可知其主应力为 $\sigma_1 = s$，$\sigma_2 = 0$，$\sigma_3 = -s$，方向如图 c）所示。

答案： C

5-7-11　解： 根据定义，剪应力等于零的平面为主平面，主平面上的正应力为主应力。可以证明，主应力为该点平面中的最大或最小正应力。主应力可以是零。

答案： B

5-7-12　解： 斜截面上剪应力 $\tau_\alpha = \dfrac{\sigma_x - \sigma_y}{2} \sin 2\alpha + \tau_x \cos 2\alpha$，在本题中 $\sigma_x - \sigma_y = 0$，$\tau_x = 0$，故任意斜截面上都有 $\tau_\alpha = 0$，即任意斜截面均为主平面。

答案： A

5-7-13　解： 根据主平面方位角 α_0 的公式 $\tan 2\alpha_0 = \dfrac{-2\tau_x}{\sigma_x - \sigma_y}$ 和三角函数的定义，可知 $2\alpha_0$ 在第三象限，α_0 在第二象限。

答案： C

5-7-14　解： 首先求出三个主应力：$\sigma_1 = \sigma$，$\sigma_2 = \tau$，$\sigma_3 = -\tau$，再由第三强度理论得 $\sigma_{r3} = \sigma_1 - \sigma_3 = \sigma + \tau \leqslant [\sigma]$。

答案： B

5-7-15　解：根据主应力的定义，显然$\sigma_1 = 80\text{MPa}$，$\sigma_2 = 0$，$\sigma_3 = -40\text{MPa}$，$\tau_{\max} = \frac{\sigma_1 - \sigma_3}{2} = 60\text{MPa}$。

　　答案：A

5-7-16　解：由受力分析可知，A端支座反力向上，故a点剪力为正，弯矩也为正，又a点在中性轴的上方，故受压力；因此横截面上σ为压应力，τ为顺时针方向。

　　答案：C

5-7-17　解：最大正应力所在平面上剪应力一定为零，而最大剪应力所在平面上正应力不一定为零。

　　答案：C

5-7-18　解：根据剪应力互等定理，只有选项A是正确的。

　　答案：A

5-7-19　解：二向应力状态有2个主应力不为零，单向应力状态有1个主应力不为零。

　　答案：C

5-7-20　解：设纯剪切应力状态的剪应力为τ，则根据主应力公式计算可知，$\sigma_1 = \tau$，$\sigma_2 = 0$，$\sigma_3 = -\tau$。

　　答案：C

5-7-21　解：根据应力圆的做法，两个基准面所对应的应力圆上点的坐标分别为$(-4,3)$和$(4,-3)$，以这两点连线为直径作出的是圆心在原点、半径为5MPa的圆。

　　答案：D

5-7-22　解：梁上a、b、c、d四点中只有c点横截面上的剪应力为负，同时正应力又为压应力。

　　答案：C

5-7-23　解：由公式$\sigma_\alpha = \frac{\sigma_x + \sigma_y}{2} + \frac{\sigma_x - \sigma_y}{2}\cos 2\alpha - \tau_x \sin 2\alpha$，可求得$\sigma_{45°} = \frac{\sigma}{2} - \tau$，$\sigma_{-45°} = \frac{\sigma}{2} + \tau$；再由广义胡克定律$\varepsilon_{45°} = \frac{1}{E}(\sigma_{45°} - \mu\sigma_{-45°})$，可求出$\varepsilon_\alpha$值。

　　答案：D

5-7-24　解：三个主应力为$\sigma_1 = \sigma$，$\sigma_2 = \frac{\sigma}{2}$，$\sigma_3 = -\frac{\sigma}{2}$，代入$\sigma_{r4}$的公式即得结果。

　　答案：C

（八）组合变形

5-8-1　图示矩形截面杆AB，A端固定，B端自由。B端右下角处承受与轴线平行的集中力F，杆的最大正应力是：

　　A. $\sigma = \frac{3F}{bh}$　　　　B. $\sigma = \frac{4F}{bh}$　　　　C. $\sigma = \frac{7F}{bh}$　　　　D. $\sigma = \frac{13F}{bh}$

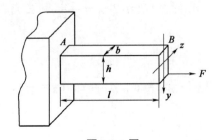

题 5-8-1 图

5-8-2 图示圆轴固定端最上缘A点的单元体的应力状态是：

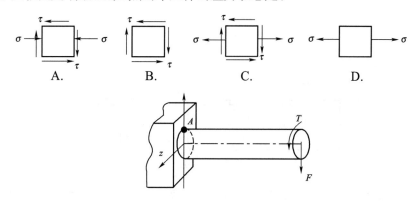

题 5-8-2 图

5-8-3 图示 T 形截面杆，一端固定一端自由，自由端的集中力F作用在截面的左下角点，并与杆件的轴线平行。该杆发生的变形为：

A. 绕y和z轴的双向弯曲   B. 轴向拉伸和绕y、z轴的双向弯曲

C. 轴向拉伸和绕z轴弯曲   D. 轴向拉伸和绕y轴弯曲

5-8-4 图示圆轴，在自由端圆周边界承受竖直向下的集中F，按第三强度理论，危险截面的相当应力σ_{eq3}为：

A. $\sigma_{eq3} = \dfrac{16}{\pi d^3}\sqrt{(FL)^2 + 4\left(\dfrac{Fd}{2}\right)^2}$ B. $\sigma_{eq3} = \dfrac{16}{\pi d^3}\sqrt{(FL)^2 + \left(\dfrac{Fd}{2}\right)^2}$

C. $\sigma_{eq3} = \dfrac{32}{\pi d^3}\sqrt{(FL)^2 + 4\left(\dfrac{Fd}{2}\right)^2}$ D. $\sigma_{eq3} = \dfrac{32}{\pi d^3}\sqrt{(FL)^2 + \left(\dfrac{Fd}{2}\right)^2}$

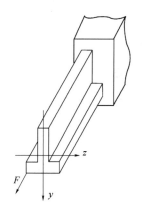 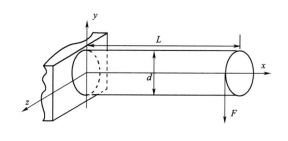

题 5-8-3 图   题 5-8-4 图

5-8-5 图示为正方形截面等直杆，抗弯截面模量为W，在危险截面上，弯矩为M，扭矩为M_n，A点处有最大正应力σ和最大剪应力γ。若材料为低碳钢，则其强度条件为：

A. $\sigma \leqslant [\sigma]$，$\tau < [\tau]$

B. $\dfrac{1}{W}\sqrt{M^2 + 0.75M_n^2} \leqslant [\sigma]$

C. $\dfrac{1}{W}\sqrt{M^2 + M_n^2} \leqslant [\sigma]$

D. $\sqrt{\sigma + 4\tau^2} \leqslant [\sigma]$

题 5-8-5 图

5-8-6　工字形截面梁在图示荷载作用上，截面m-m上的正应力分布为：

　　　A. 图（1）　　　　　　　　　　B. 图（2）

　　　C. 图（3）　　　　　　　　　　D. 图（4）

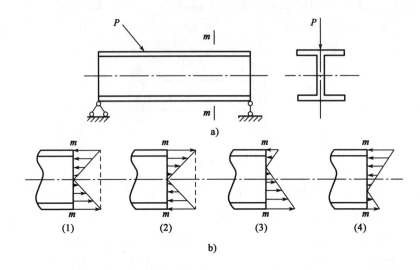

题 5-8-6 图

5-8-7　矩形截面杆的截面宽度沿杆长不变，杆的中段高度为$2a$，左、右高度为$3a$，在图示三角形分布荷载作用下，杆的截面m-m和截面n-n分别发生：

　　　A. 单向拉伸、拉弯组合变形　　　　　B. 单向拉伸、单向拉伸变形

　　　C. 拉弯组合、单向拉伸变形　　　　　D. 拉弯组合，拉弯组合变形

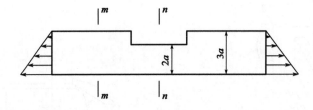

题 5-8-7 图

5-8-8　一正方形截面短粗立柱（见图 a），若将其底面加宽一倍（见图 b），原厚度不变，则该立柱的强度：

　　　A. 提高一倍　　　　　　　　　　B. 提高不到一倍

　　　C. 不变　　　　　　　　　　　　D. 降低

5-8-9　图示应力状态为其危险点的应力状态，则杆件为：

　　　A. 斜弯曲变形　　　　　　　　　B. 偏心拉弯变形

　　　C. 拉弯组合变形　　　　　　　　D. 弯扭组合变形

5-8-10　折杆受力如图所示，以下结论中错误的为：

　　　A. 点B和D处于纯剪状态

　　　B. 点A和C处为二向应力状态，两点处$\sigma_1 > 0$，$\sigma_1 = 0$，$\sigma_3 < 0$

　　　C. 按照第三强度理论，点A及C比点B及D危险

　　　D. 点A及C的最大主应力σ_1数值相同

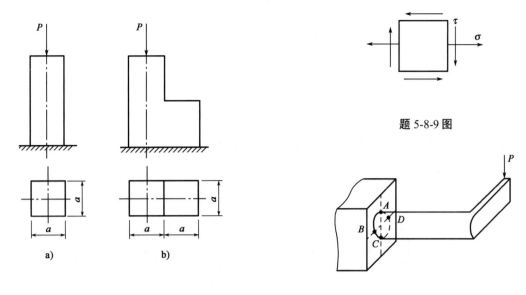

题 5-8-9 图

题 5-8-8 图   题 5-8-10 图

5-8-11 图示两根相同的脆性材料等截面直杆，其中一根有沿横截面的微小裂纹。在承受图示拉伸荷载时，有微小裂纹的杆件的承载能力比没有裂纹杆件的承载能力明显降低，其主要原因是：

A. 横截面积小　　　　　　　　B. 偏心拉伸

C. 应力集中　　　　　　　　　D. 稳定性差

5-8-12 如图所示，正方形截面悬臂梁AB，在自由端B截面形心作用有轴向力F，若将轴向力F平移到B截面下缘中点，则梁的最大正应力是原来的：

A. 1 倍　　　　　B. 2 倍　　　　　C. 3 倍　　　　　D. 4 倍

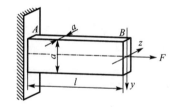

题 5-8-11 解图   题 5-8-12 解图

5-8-13 矩形截面拉杆中间开一深为$\dfrac{h}{2}$的缺口（见图），与不开缺口时的拉杆相比（不计应力集中影响），杆内最大正应力是不开口时正应力的多少倍？

A. 2　　　　　　B. 4　　　　　　C. 8　　　　　　D. 16

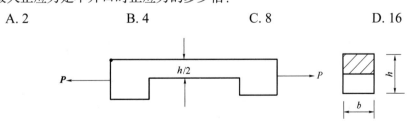

题 5-8-13 图

5-8-14 结构如图，折杆AB与直杆BC的横截面面积为$A = 42\text{cm}^2$，$W_y = W_z = 420\text{cm}^3$，$[\sigma] = 100\text{MPa}$，则此结构的许可荷载$[P]$为：

A. 15kN　　　　　B. 30kN　　　　　C. 45kN　　　　　D. 60kN

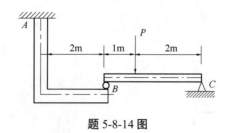

题 5-8-14 图

5-8-15 矩形截面拉杆两端受线性荷载作用，最大线荷载为 q（N/m），中间开一深为 a 的缺口（见图），则其最大拉应力为：

A. $2\dfrac{q}{a}$ B. $\dfrac{q}{a}$ C. $\dfrac{3q}{4a}$ D. $\dfrac{q}{2a}$

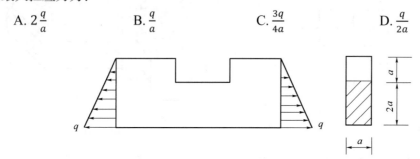

题 5-8-15 图

5-8-16 图示矩形截面梁，高度 $h = 120\text{mm}$，跨度 $l = 1\text{m}$，梁中点受集中力 $\boldsymbol{P}$，两端受拉力 $S = 50\text{kN}$，此拉力作用在横截面的对称轴 y 上，距上表面 $a = 50\text{mm}$，若横截面内最大正应力与最小正应力之比为 5/3，则 P 为：

A. 5kN   B. 4kN   C. 3kN   D. 2kN

5-8-17 图示钢制竖直杆 DB 与水平杆 AC 刚接于 B，A 端固定，$\boldsymbol{P}$、l、a 与圆截面杆直径 d 为已知。按第三强度理论，相当应力 σ_{r3} 为：

A. $-\dfrac{4P}{\pi d^2} + \dfrac{32\sqrt{(2Pl)^2+(Pl)^2+(Pa)^2}}{\pi d^3}$

B. $\dfrac{4P}{\pi d^2} + \dfrac{32\sqrt{(2Pl)^2+(Pl)^2+(Pa)^2}}{\pi d^3}$

C. $\sqrt{\sigma^2 + 3\tau^2}$，其中 $\sigma = -\dfrac{4P}{\pi d^2} - \dfrac{32\sqrt{(2Pl)^2+(Pl)^2}}{\pi d^3}$，$\tau = \dfrac{16Pa}{\pi d^3}$

D. $\sqrt{\sigma^2 + 4\tau^2}$，其中 $\sigma = -\dfrac{4P}{\pi d^2} - \dfrac{32\sqrt{(2Pl)^2+(Pl)^2}}{\pi d^3}$，$\tau = \dfrac{16Pa}{\pi d^3}$

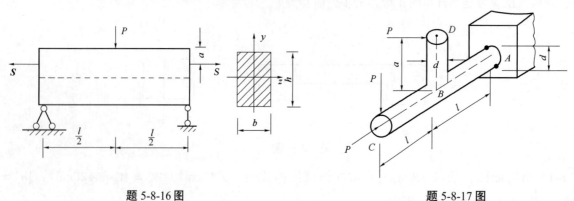

题 5-8-16 图   题 5-8-17 图

5-8-18 矩形截面梁在形心主惯性平面（xy 平面、xz 平面）内分别发生平面弯曲，若梁中某截面上的弯矩分别为M_z和M_y，则该截面上的最大正应力为：

A. $\sigma_{\max} = \left|\dfrac{M_y}{W_y}\right| + \left|\dfrac{M_z}{W_z}\right|$

B. $\sigma_{\max} = \left|\dfrac{M_y}{W_y} + \dfrac{M_z}{W_z}\right|$

C. $\sigma_{\max} = \dfrac{M_y + M_z}{W}$

D. $\sigma_{\max} = \dfrac{\sqrt{M_y^2 + M_z^2}}{W}$

5-8-19 槽形截面梁受力如图所示，该梁的变形为下述中哪种变形？

A. 平面弯曲

B. 斜弯曲

C. 平面弯曲与扭转的组合

D. 斜弯曲与扭转的组合

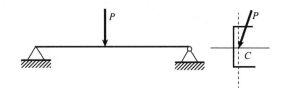

题 5-8-19 图

5-8-20 槽钢梁一端固定，一端自由，自由端受集中力$\boldsymbol{P}$作用，梁的横截面和力$\boldsymbol{P}$作用线如图所示（C点为横截面形心），其变形状态为：

A. 平面弯曲

B. 斜弯曲

C. 平面弯曲加扭转

D. 斜弯曲加扭转

5-8-21 如图所示梁（等边角钢构成）发生的变形是下述中的哪种变形？

A. 平面弯曲

B. 斜弯曲

C. 扭转和平面弯曲

D. 扭转和斜弯曲

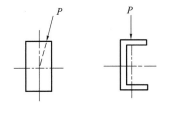

题 5-8-20 图

题 5-8-21 图

5-8-22 悬臂梁在自由端受集中力$\boldsymbol{P}$作用，横截面形状和力$\boldsymbol{P}$的作用线如图所示，其中产生斜弯曲与扭转组合变形的是哪种截面？

A. 矩形　　　　B. 槽钢　　　　C. 工字钢　　　　D. 等边角钢

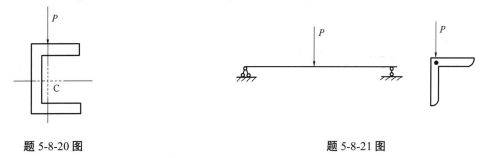

题 5-8-22 图

5-8-23 如图所示悬臂梁受力$\boldsymbol{P}$作用。在图示四种截面的情况下，其最大正应力（绝对值）不能用公式$\sigma_{\max} = \dfrac{M_y}{W_y} + \dfrac{M_z}{W_z}$计算的是哪种截面？

A. 圆形　　　　　　B. 槽形　　　　　　C. T形　　　　　　D. 等边角钢

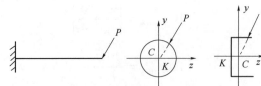

题 5-8-23 图（图中 C 为形心，K 为弯曲中心）

5-8-24 三种受压杆如图所示。若用 $\sigma_{\max 1}$、$\sigma_{\max 2}$、$\sigma_{\max 3}$ 分别表示杆①、杆②、杆③中横截面上的最大压应力，则下列四个结论中正确的结论是：

A. $\sigma_{\max 1} = \sigma_{\max 2} = \sigma_{\max 3}$

B. $\sigma_{\max 1} > \sigma_{\max 2} = \sigma_{\max 3}$

C. $\sigma_{\max 2} > \sigma_{\max 1} = \sigma_{\max 3}$

D. $\sigma_{\max 2} > \sigma_{\max 1} > \sigma_{\max 3}$

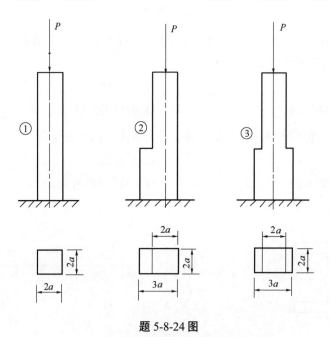

题 5-8-24 图

题解及参考答案

5-8-1　解： 图示杆是偏心拉伸，等价于轴向拉伸和两个方向弯曲的组合变形。

$$\sigma_{\max}^+ = \frac{F_N}{bh} + \frac{M_g}{W_g} + \frac{M_y}{W_y} = \frac{F}{bh} + \frac{F\frac{h}{2}}{\frac{bh^2}{6}} + \frac{F\frac{b}{2}}{\frac{hb^2}{6}} = 7\frac{F}{bh}$$

答案： C

5-8-2　解： 力 F 产生的弯矩引起 A 点的拉应力，力偶 T 产生的扭矩引起 A 点的切应力 τ，故 A 点应为既有拉应力 σ 又有 τ 的复杂应力状态。

答案： C

5-8-3　解： 这显然是偏心拉伸，而且对 y、z 轴都有偏心。把力 F 平移到截面形心，要加两个附加力偶矩，该杆将发生轴向拉伸和绕 y、z 轴的双向弯曲。

答案： B

5-8-4　解： 把力 F 沿轴线 z 平移至圆轴截面中心，并加一个附加力偶，则使圆轴产生弯曲和扭转组合变形。最大弯矩 $M = Fl$，最大扭矩 $T = F\dfrac{d}{2}$，$\sigma_{eq3} = \dfrac{\sqrt{M^2+T^2}}{W_z} = \dfrac{32}{\pi d^3}\sqrt{(FL)^2 + \left(\dfrac{Fd}{2}\right)^2}$。

答案： D

5-8-5　解： 在弯扭组合变形情况下，A 点属于复杂应力状态，既有最大正应力，又有最大剪应力 τ（见解图）。和梁的应力状态相同：$\sigma_y = 0$，$\sigma_2 = 0$，$\sigma_1 = \dfrac{\sigma}{2} + \sqrt{\left(\dfrac{\sigma}{2}\right)^2 + \tau^2}$，$\sigma_3 = \dfrac{\sigma}{2} - \sqrt{\left(\dfrac{\sigma}{2}\right)^2 + \tau^2}$，$\sigma_{r3} = \sigma_1 - \sigma_3 = \sqrt{\sigma^2 + 4\tau^2}$。

选项中，A 为单向应力状态，B、C 只适用于圆截面。

题 5-8-5 解图

答案： D

5-8-6　解： 从截面 $m\text{-}m$ 截开后取右侧部分分析可知，右边只有一个铅垂的反力，只能在 $m\text{-}m$ 截面上产生图（1）所示的弯曲正应力。

答案： A

5-8-7　解： 图中三角形分布荷载可简化为一个合力，其作用线距杆的截面下边缘的距离为 $\dfrac{3a}{3} = a$，所以这个合力对 $m\text{-}m$ 截面是一个偏心拉力，$m\text{-}m$ 截面要发生拉弯组合变形；而这个合力作用线正好通过 $n\text{-}n$ 截面的形心，$n\text{-}n$ 截面要发生单向拉伸变形。

答案： C

5-8-8　解： 图 a）是轴向受压变形，最大压应力 $\sigma_{max}^{a} = -\dfrac{P}{a^2}$；图 b）底部是偏心受压力变形，偏心矩为 $\dfrac{a}{2}$，最大压应力 $\sigma_{max}^{b} = \dfrac{F_N}{A} - \dfrac{M_z}{W_z} = -\dfrac{P}{2a^2} - \dfrac{P \cdot \frac{a}{2}}{\frac{a}{6}(2a)^2} = -\dfrac{5P}{4a^2}$。显然图 b）最大压应力数值大于图 a），该立柱的强度降低了。

答案： D

5-8-9　解： 斜弯曲、偏心拉弯和拉弯组合变形中单元体上只有正应力没有剪应力，只有弯扭组合变形中才既有正应力 σ，又有剪应力 τ。

答案： D

5-8-10　解： 把 P 力平移到圆轴线上，再加一个附加力偶。可见圆轴为弯扭组合变形。其中 A 点的应力状态如解图 a）所示，C 点的应力状态如解图 b）所示。A、C 两点的应力状态与梁中各点相同，而 B、D 两点位于中性轴上，为纯剪应力状态。但由于 A 点的正应力为拉应力，而 C 点的正应力为压应力，所以最大拉力 $\sigma_1 = \dfrac{\sigma}{2} + \sqrt{\left(\dfrac{\sigma}{2}\right)^2 + \tau^2}$，计算中，$\sigma$ 的正负号不同，σ_1 的数值也不相同。

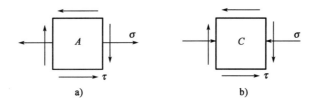

题 5-8-10 解图

答案： D

5-8-11　解： 由于沿横截面有微小裂纹，使得横截面的形心有变化，杆件由原来的轴向拉伸变成了偏心拉伸，其应力 $\sigma = \dfrac{F_N}{A} + \dfrac{M_z}{W_z}$ 明显变大，故有裂纹的杆件比没有裂纹杆件的承载能力明显降低。

答案：B

5-8-12 解：移动前杆是轴向受拉：

$$\sigma_{\max} = \frac{F}{A} = \frac{F}{a^2}$$

移动后杆是偏心受拉，属于拉伸与弯曲的组合受力与变形：

$$\sigma_{\max} = \frac{F}{A} + \frac{0.5aF}{\dfrac{a^3}{6}} = \frac{F}{a^2} + \frac{3F}{a^2} = \frac{4F}{a^2}$$

答案：D

5-8-13 解：开缺口的截面是偏心受拉，偏心距为 $\dfrac{h}{4}$，由公式 $\sigma_{\max} = \dfrac{P}{A} + \dfrac{P \cdot \frac{h}{4}}{W_z}$ 可求得结果。

答案：C

5-8-14 解：首先从中间铰链 B 处断开，选取 BC 杆研究，求出 B 点的相互作用力。显然 AB 杆比 BC 杆受的弯矩大，而且 AB 杆中的竖杆受到偏心拉伸，$\sigma_{\max} = \dfrac{N}{A} + \dfrac{M}{W}$，由强度条件 $\sigma_{\max} \leqslant [\sigma]$ 即可求出许可荷载 $[P]$ 的值。

答案：B

5-8-15 解：先求出线性荷载的合力，它作用在距底边为 a 的水平线上，因而中间开缺口的截面受轴向拉伸，而未开缺口部分受偏心拉伸。分别计算两部分的最大拉应力，取最大者即可。

答案：B

5-8-16 解：此题为拉伸与弯曲的组合变形问题，最大正应力与最小正应力发生在跨中截面上下边缘。$\dfrac{\sigma_{\max}}{\sigma_{\min}} = \dfrac{P}{A} \pm \dfrac{M_z}{W_z}$，其中 M_z 应包含两项，一项是由力 P 引起的弯矩，一项是由偏心拉力 S 引起的弯矩，两者引起的正应力符号相反。根据 $\dfrac{\sigma_{\max}}{\sigma_{\min}} = \dfrac{5}{3}$，可求出 P 的值。

答案：C

5-8-17 解：这是压缩、双向弯曲和扭转的组合变形问题，危险点在 A 截面的右下部。

答案：D

5-8-18 解：对于矩形截面梁这种带棱角的截面，其最大正应力应该用 A 式计算。

答案：A

5-8-19 解：槽形截面的弯心在水平对称轴上槽形的外侧。受力没有过弯心，又与形心主轴不平行，故既有扭转又有斜弯曲。

答案：D

5-8-20 解：槽钢截面的弯曲中心在水平对称轴的外侧。力 P 不通过弯心，但通过形心主轴，故产生平面弯曲加扭转。

答案：C

5-8-21 解：外力通过截面弯曲中心，无扭转变形；但外力不与形心主轴（45°方向）平行，故产生斜弯曲。

答案：B

5-8-22 解：D 图中的外力 P 不通过弯曲中心又不与形心主轴平行，将产生扭转和斜弯曲的组合变形。

答案：D

5-8-23 解：公式 $\sigma_{\max} = \dfrac{M_y}{W_y} + \dfrac{M_z}{W_z}$ 只适用于有棱角的截面，不适用于圆截面。

答案：A

5-8-24　解：杆①、杆③均为轴向压缩，其最大压应力是 $\dfrac{P}{4a^2}$；而杆②下部是偏心压缩，最大压应力 $\sigma_{\max 2} = \dfrac{P}{A} + \dfrac{P \cdot e}{W_z} = \dfrac{P}{3a^2}$。

答案： C

（九）压杆稳定

5-9-1　一端固定另一端自由的细长（大柔度）压杆，长度为 L（图 a），当杆的长度减少一半时（图 b），其临界载荷是原来的：

A. 4 倍　　　　　　B. 3 倍　　　　　　C. 2 倍　　　　　　D. 1 倍

5-9-2　图示三根压杆均为细长（大柔度）压杆，且弯曲刚度均为 EI。三根压杆的临界荷载 F_{cr} 的关系为：

A. $F_{cra} > F_{crb} > F_{crc}$
C. $F_{crc} > F_{cra} > F_{crb}$

B. $F_{crb} > F_{cra} > F_{crc}$
D. $F_{crb} > F_{crc} > F_{cra}$

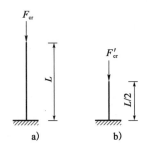

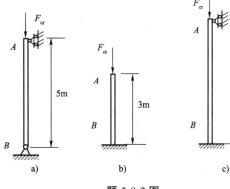

题 5-9-1 图　　　　　　　　　　　　　　　题 5-9-2 图

5-9-3　两根完全相同的细长（大柔度）压杆 AB 和 CD 如图所示，杆的下端为固定铰链约束，上端与刚性水平杆固结。两杆的弯曲刚度均为 EI，其临界荷载 F_a 为：

A. $2.04 \times \dfrac{\pi^2 EI}{L^2}$　　　B. $4.08 \times \dfrac{\pi^2 EI}{L^2}$　　　C. $8 \times \dfrac{\pi^2 EI}{L^2}$　　　D. $2 \times \dfrac{\pi^2 EI}{L^2}$

5-9-4　圆截面细长压杆的材料和杆端约束保持不变，若将其直径缩小一半，则压杆的临界压力为原压杆的：

A. $1/2$　　　　　　B. $1/4$　　　　　　C. $1/8$　　　　　　D. $1/16$

5-9-5　压杆下端固定，上端与水平弹簧相连，如图所示，该杆长度系数 μ 值为：

A. $\mu < 0.5$
C. $0.7 < \mu < 2$

B. $0.5 < \mu < 0.7$
D. $\mu > 2$

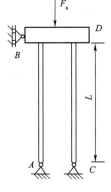

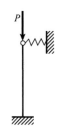

题 5-9-3 图　　　　　　　　　　　　　　　题 5-9-5 图

5-9-6 压杆失衡是指压杆在轴向压力的作用下：

　　A. 局部横截面的面积迅速变化

　　B. 危险截面发生屈服或断裂

　　C. 不能维持平衡状态而突然发生运动

　　D. 不能维持直线平衡而突然变弯

5-9-7 假设图示三个受压结构失稳时临界压力分别为 P_{cr}^a、P_{cr}^b、P_{cr}^c，比较三者的大小，则：

　　A. P_{cr}^a 最小　　　B. P_{cr}^b 最小　　　C. P_{cr}^c 最小　　　D. $P_{cr}^a = P_{cr}^b = P_{cr}^c$

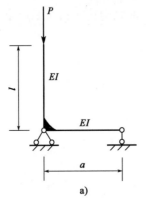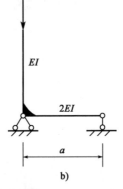

题 5-9-7 图

5-9-8 图示两端铰支压杆的截面为矩形，当其失稳时：

　　A. 临界压力 $P_{cr} = \pi^2 EI_y/l^2$，挠曲线位于 xy 面内

　　B. 临界压力 $P_{cr} = \pi^2 EI_z/l^2$，挠曲线位于 xz 面内

　　C. 临界压力 $P_{cr} = \pi^2 EI_z/l^2$，挠曲线位于 xy 面内

　　D. 临界压力 $P_{cr} = \pi^2 EI_z/l^2$，挠曲线位于 xz 面内

5-9-9 在材料相同的条件下，随着柔度的增大：

　　A. 细长杆的临界应力是减小的，中长杆不是

　　B. 中长杆的临界应力是减小的，细长杆不是

　　C. 细长杆和中长杆的临界应力均是减小的

　　D. 细长杆和中长杆的临界应力均不是减小的

5-9-10 一端固定，一端为球形铰的大柔度压杆，横截面为矩形（如图所示），则该杆临界力 P_{cr} 为：

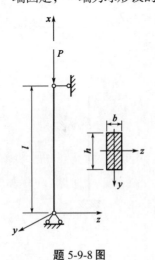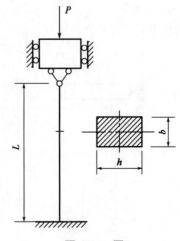

题 5-9-8 图　　　　　　　　　　　　题 5-9-10 图

A. $1.68\dfrac{Ebh^3}{L^2}$　　　　　　　　　　B. $3.29\dfrac{Ebh^3}{L^2}$

C. $1.68\dfrac{Eb^3h}{L^2}$　　　　　　　　　　D. $0.82\dfrac{Eb^3h}{L^2}$

5-9-11 图示矩形截面细长压杆，$h = 2b$（图 a），如果将宽度 b 改为 h 后（图 b，仍为细长压杆），临界力 F_{cr} 是原来的：

　　A. 16 倍　　　　　　　　　　B. 8 倍

　　C. 4 倍　　　　　　　　　　D. 2 倍

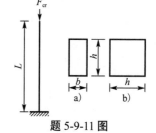

题 5-9-11 图

5-9-12 图示结构，由细长压杆组成，各杆的刚度均为 EI，则 P 的临界值为：

　　A. $\dfrac{\pi^2 EI}{a^2}$　　　　　　　　　　B. $\dfrac{\sqrt{2}\pi^2 EI}{a^2}$

　　C. $\dfrac{2\pi^2 EI}{a^2}$　　　　　　　　　　D. $\dfrac{2\sqrt{2}\pi^2 EI}{a^2}$

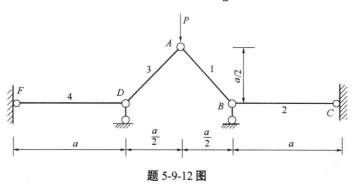

题 5-9-12 图

5-9-13 细长压杆常用普通碳素钢制造，而不用高强度优质钢制造，这是因为：

　　A. 普通碳素钢价格便宜

　　B. 普通碳素钢的强度极限高

　　C. 普通碳素钢价格便宜，而弹性模量与高强度优质钢差不多

　　D. 高强度优质钢的比例极限低

5-9-14 如图所示平面杆系结构，设三杆均为细长压杆，长度均为 l，截面形状和尺寸相同，但三杆约束情况不完全相同，则杆系丧失承载能力的情况应是下述中哪一种？

　　A. 当 AC 杆的压力达到其临界压力时，杆系丧失承载力

　　B. 当三杆所承受的压力都达到各自的临界压力时，杆系才丧失承载力

　　C. 当 AB 杆和 AD 杆的压力达到其临界压力时，杆系则丧失承载力

　　D. 三杆中，有一根杆的应力达到强度极限，杆系则丧失承载能力

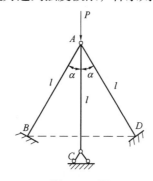

题 5-9-14 图

5-9-15 若用σ_{cr}表示细长压杆的临界应力，则下列结论中正确的是：

A. σ_{cr}与压杆的长度、压杆的横截面面积有关，而与压杆的材料无关

B. σ_{cr}与压杆的材料和柔度λ有关，而与压杆的横截面面积无关

C. σ_{cr}与压杆的材料和横截面的形状尺寸有关，而与其他因素无关

D. σ_{cr}的值不应大于压杆材料的比例极限σ_p

题解及参考答案

5-9-1 **解：** 由一端固定、另一端自由的细长压杆的临界力计算公式$F_{cr}=\frac{\pi^2 EI}{(2L)^2}$，可知$F_{cr}$与$L^2$成反比，故有

$$F'_{cr}=\frac{\pi^2 EI}{\left(2\cdot\frac{L}{2}\right)^2}=4\frac{\pi^2 EI}{(2L)^2}=4F_{cr}$$

答案： A

5-9-2 **解：** 图 a）$\mu l=1\times 5=5\text{m}$，图 b）$\mu l=2\times 3=$ 6m，图 c）$\mu l=0.7\times 6=4.2\text{m}$。由公式$F_{cr}=\frac{\pi^2 EI}{(\mu l)^2}$，可知图 b）$F_{crb}$最小，图 c）$F_{crc}$最大。

答案： C

5-9-3 **解：** 当压杆AB和CD同时达到临界荷载时，结构的临界荷载$F_a=2F_{cr}=2\times\frac{\pi^2 EI}{(0.7l)^2}=4.08\frac{\pi^2 EI}{l^2}$。

答案： B

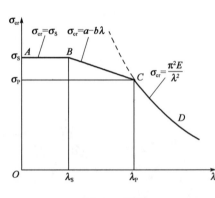

题 5-9-9 解图

5-9-4 **解：** 细长压杆临界力：$P_{cr}=\frac{\pi EL}{(\mu l)^2}$，对圆截面：$I=\frac{\pi}{64}d^4$，当直径$d$缩小一半变为$\frac{d}{2}$时，压杆的临界压力$P_{cr}$为压杆的$\left(\frac{1}{2}\right)^4=\frac{1}{16}$。

答案： D

5-9-5 **解：** 从常用的四种杆端约束压杆的长度系数μ的值变化规律中可看出，杆端约束越强，μ值越小（压杆的临界力越大）。图示压杆的杆端约束一端固定、一端弹性支承，比一端固定、一端自由时（$\mu=2$）强，但又比一端固定、一端支铰支进（$\mu=0.7$）弱，故$0.7<\mu<2$，即为 C 的范围内。

答案： C

5-9-6 **解：** 根据压杆稳定的概念，压杆稳定是指压杆直线平衡的状态在微小外力干扰去除后自我恢复的能力。因此只有选项 D 正确。

答案： D

5-9-7 **解：** 根据压杆临界压力的公式P_{cr}可知，当EI相同时，杆端约束超强，μ值越小，压杆的临界压力越大，图 a）中压杆下边杆端约束最弱（刚度为EI），图 c）中杆端约束最强（刚度为无穷大），故P_{cr}^a最小。

答案： A

5-9-8 **解：** 根据临界压力的概念，临界压力是指压杆由稳定开始转化为不稳定的最小轴向压力。由公式$P_{cr}=\frac{\pi EL}{(\mu l)^2}$可知，当压杆截面对某轴惯性矩最小时，则压杆截面绕该轴转动并发生弯曲最省力，即这时的轴向压力最小。显然图示矩形截面中I_y是最小惯性矩，且挠曲线应位于xz面内。

答案： B

5-9-9 **解**：不同压杆的临界应力如解图所示。图中AB段表示短杆的临界应力，BC段表示中长杆的临界应力，CD段表示细长杆的临界应力。从图中可以看出，在材料相同的条件下，随着柔度的增大，细长杆和中长杆的临界应力均是减小的。

答案：C

5-9-10 **解**：压杆临界力公式中的惯性矩应取压杆横截面上的最小惯性矩$I_{\min}$，故

$$P_{\mathrm{cr}} = \frac{\pi E I_{\min}}{(\mu l)^2} = \frac{\pi^2 E \frac{1}{12} h b^3}{(0.7L)^2} = 1.68 \frac{E b^3 h}{L^2}$$

答案：C

5-9-11 **解**：压杆总是在惯性矩最小的方向失稳，对图a）：$I_{\mathrm{a}} = \frac{hb^3}{12}$；对图b）：$I_{\mathrm{b}} = \frac{h^4}{12}$。

$$F_{\mathrm{cr}}^{\mathrm{a}} = \frac{\pi^2 E I_{\mathrm{a}}}{(\mu L)^2} = \frac{\pi^2 E \frac{hb^3}{12}}{(2L)^2} = \frac{\pi^2 E \frac{2b \times b^3}{12}}{(2L)^2} = \frac{\pi^2 E b^4}{24 L^2}$$

$$F_{\mathrm{cr}}^{\mathrm{b}} = \frac{\pi^2 E I_{\mathrm{b}}}{(\mu L)^2} = \frac{\pi^2 E \frac{2b \times (2b)^3}{12}}{(2L)^2} = \frac{\pi^2 E b^4}{3 L^2} = 8 F_{\mathrm{cr}}^{\mathrm{a}}$$

故临界力是原来的8倍。

答案：B

5-9-12 **解**：由静力平衡可知B、D两点的支座反力为$\frac{P}{2}$，方向向上。首先求出1、3杆的临界力P_{cr1}，由节点A的平衡求出$[P]_1$的临界值；再求出2、4杆的临界力P_{cr2}，由节点B的平衡求出$[P]_2$的临界值。比较两者取小的即可。

答案：C

5-9-13 **解**：由欧拉公式$P_{\mathrm{cr}} = \frac{\pi^2 EI}{(\mu l)^2}$可知，细长压杆的临界力与材料的比例极限和强度极限无关，而与材料的弹性模量有关。

答案：C

5-9-14 **解**：AC杆失稳时，AB、AD杆可承受荷载；AB、AD杆失稳时，AC杆可承受荷载；只有当3杆同时失稳，杆系才丧失承载力。

答案：B

5-9-15 **解**：欧拉公式$\sigma_{\mathrm{cr}} = \frac{\pi^2 E}{\lambda^2}$。其中，$E$与压杆的材料有关，而$\lambda$为压杆的柔度，与其他因素无关。

答案：B

第六章　流体力学

复习指导

　　本考试的特点是题型固定（均为单项选择题），做题时间短（平均每 2 分钟应做完一道题），知识覆盖面宽且侧重于基本概念、基本理论、基本公式的应用，较少涉及艰深复杂的理论和繁琐的计算。根据以上特点，在复习时应注意对基本概念的准确理解以提高分析判断能力。例如，复习题中的 6-2-2 题，其中的 B 项中有"剪切变形"，而 D 项中有"剪切变形速度"，二者只差"速度"两字。如果对牛顿内摩擦定律有准确的理解，可立刻判断出 D 项为正确答案。在单选题中，有一部分是数字答案提供选择，这部分题是需要经过计算后确定的，所以在复习时应记住重要的基本公式，并掌握其运用方法，结合复习题灵活运用，勤加练习。例如，复习题 6-3-8，就是应用静水压强基本方程和压强的三种表示方法解答的。在单选题中，有一部分题是要靠记住一些基本结论来回答的。例如，复习题 6-5-25、题 6-5-27，只有记住层流与紊流核心区的流速分布图才能正确选择。所以，复习时对一些重要结论应该加强记忆。在单选题中，还有一部分要用基本原理或基本方程去分析的题。例如，圆柱形外管嘴流量增加的原因，就要用能量方程去分析，证明管内收缩断面处存在真空值，产生吸力，增加了作用水头，从而使流量增加。如果理解了能量方程的物理意义，就能解释在位能不变的条件下，流速增加的地方，压强将减少。所以在复习基本方程时，不仅要记住其表达式，更重要的是应理解其物理意义，并学会应用这些方程分析问题。

　　下面按考试大纲的顺序列出一部分需要准确理解、熟练掌握、灵活运用的基本概念，基本理论和基本方程，供复习时参考。

　　连续介质、流体的黏性及牛顿内摩擦定律，$\tau = \mu \dfrac{\mathrm{d}u}{\mathrm{d}y}$。

　　静水压强及其特性；静水压强的基本方程：$p = p_0 + \rho g h$；压强分布图；测管水头 $Z + \dfrac{p}{\rho g}$ 的物理意义；等压面的性质和画法以及运用等压面求解压力计计算题的方法；平面总压力的大小、方向和作用点（公式 $P = \gamma h_c A$，$y_d = y_c + \dfrac{J_c}{y_c A}$，或图解法公式 $P = \Omega b$）；曲面总压力水平分力和垂直分力的计算公式：$P_x = \gamma h_c A_z$，$P_z = \gamma V$，$\theta = \arctan \dfrac{P_z}{P_x}$。

　　流线、元流、总流的性质，过流断面及水力要素；流量、平均流速关系式：$Q = vA$，连续性方程：$v_1 A_1 = v_2 A_2$；能量方程：$Z_1 + \dfrac{p_1}{\gamma} + \dfrac{\alpha_1 v_1^2}{2g} = Z_2 + \dfrac{p_2}{\gamma} + \dfrac{\alpha_2 v_2^2}{2g} + h_{w1\text{-}2}$ 的物理意义、应用范围和应用方法（选断面、基准面、选点）；动量方程 $\sum F = \rho Q(\alpha_{02} v_2 - \alpha_{01} v_1)$ 的物理意义、应用范围和应用方法（选控制体、选坐标），总水头线、测压管水头线的画法和变化规律。

　　层流与紊流的判别标准；圆管层流的流速分布和沿程损失的基本公式 $\left(h_f = \lambda \dfrac{L}{d} \dfrac{v^2}{2g} \right)$；紊流的流速分布和紊流沿程阻力系数的变化规律（尼古拉兹图）；局部水头损失产生原因及计算公式 $\left(h_m = \zeta \dfrac{v^2}{2g} \right)$；突然放大局部阻力系数公式；边界层及边界层的分离现象、绕流阻力。

　　孔口及管嘴出流的流速、流量公式（$v = \phi \sqrt{2gH_0}$；$Q = \mu A \sqrt{2gH_0}$）；流速系数、收缩系数、流量

系数的相互关系；圆柱形外管嘴流量增加的原因；串联管路总水头；并联管路水头损失相等、流量与阻抗平方根成反比等概念。

明渠均匀流水力坡度、水面坡度、渠底坡度相等的概念；发生明渠均匀流的条件；谢才公式（$v = C\sqrt{Ri}$）与曼宁公式$\left(C = \frac{1}{n}R^{1/6}\right)$公式的联合运用；梯形断面水力要素的计算；水力最佳断面的概念。

渗流模型必须遵循的条件；达西定律（$v = KJ$，$Q = KAJ$）的物理意义，应用范围，潜水井、承压井、廊道的流量计算。

基本量纲与导出量纲、量纲和谐原理的应用，无量纲量的组合方法，π定理；两个流动力学相似的条件；重力、黏性力、压力相似准则的物理意义；在何种情况下选用何种相似准则。

流速、压强、流量的量测仪器和量测方法。

练习题、题解及参考答案

（一）流体力学定义及连续介质假设

6-1-1　连续介质模型既可摆脱研究流体分子运动的复杂性，又可：

A. 不考虑流体的压缩性

B. 不考虑流体的黏性

C. 运用高等数学中连续函数理论分析流体运动

D. 不计及流体的内摩擦力

题解及参考答案

6-1-1　**解：**运用高等数学中连续函数理论分析流体运动。

答案：C

（二）流体的主要物理性质

6-2-1　已知空气的密度ρ为1.205kg/m³，动力黏度（动力黏滞系数）μ为1.83×10^{-5}Pa·s，那么它的运动黏性（运动黏滞系数）ν为：

A. 2.2×10^{-5}s/m²　　　　　　　　　B. 2.2×10^{-5}m²/s

C. 15.2×10^{-6}s/m²　　　　　　　　　D. 15.2×10^{-6}m²/s

6-2-2　与牛顿内摩擦定律直接有关的因素是：

A. 压强、速度和黏度　　　　　　　　B. 压强、速度和剪切变形

C. 切应力、温度和速度　　　　　　　D. 黏度、切应力与剪切变形速度

6-2-3　某平面流动的流速分布方程为$u_x = 2y - y^2$，流体的动力黏度为$\mu = 0.8 \times 10^{-3}$Pa·s，在固壁处$y = 0$。距壁面$y=7.5$cm处的黏性切应力τ为：

A. 2×10^3Pa　　　　B. -32×10^{-3}Pa　　　　C. 1.48×10^{-3}Pa　　　　D. 3.3×10^{-3}Pa

6-2-4　水的动力黏度随温度的升高如何变化？

A. 增大　　　　　　B. 减少　　　　　　C. 不变　　　　　　D. 不定

题解及参考答案

6-2-1 解：

$$\nu = \frac{\mu}{\rho} = \frac{1.83 \times 10^{-5} \text{Pa} \cdot \text{s}}{1.205 \text{kg/m}^3} = 15.2 \times 10^{-6} \text{m/s}^2$$

答案： D

6-2-2 解： 内摩擦力与压强无关，与速度梯度$\frac{\mathrm{d}u}{\mathrm{d}y} = \frac{\mathrm{d}\alpha}{\mathrm{d}t}$即剪切变形速度有关。

答案： D

6-2-3 解： $\tau = \mu\frac{\mathrm{d}u}{\mathrm{d}y} = \mu(2 - 2y) = 0.8 \times 10^{-3} \times (2 - 2 \times 0.075) = 1.48 \times 10^{-3} \text{Pa}$

答案： C

6-2-4 解： 水的动力黏度随温度的升高而减少。

答案： B

（三）流体静力学

6-3-1 如图，上部为气体下部为水的封闭容器装有 U 形水银测压计，其中 1、2、3 点位于同一平面上，其压强的关系为：

    A. $p_1 < p_2 < p_3$ B. $p_1 > p_2 > p_3$

    C. $p_2 < p_1 < p_3$ D. $p_2 = p_1 = p_3$

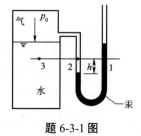

题 6-3-1 图

6-3-2 静止的流体中，任一点压强的大小与下列哪一项无关？

    A. 当地重力加速度   B. 受压面的方向

    C. 该点的位置   D. 流体的种类

6-3-3 静止油面（油面上为大气）下 3m 深度处的绝对压强为：

（油的密度为800kg/m³，当地大气压为 100kPa）

    A. 3kPa   B. 23.5kPa   C. 102.4kPa   D. 123.5kPa

6-3-4 盛水容器a和b的上方密封，测压管水面位置如图所示，其底部压强分别为p_a和p_b。若两容器内水深相等，则p_a和p_b的关系为：

    A. $p_a > p_b$ B. $p_a < p_b$

    C. $p_a = p_b$ D. 无法确定

题 6-3-4 图

6-3-5 根据静水压强的特性，静止液体中同一点各方向的压强：

    A. 数值相等   B. 数值不等

    C. 仅水平方向数值相等   D. 铅直方向数值最大

6-3-6 液体中某点的绝对压强为100kN/m²，则该点的相对压强为：

（注：当地大气压强为 1 个工程大气压，98kN/m²）

    A. 1kN/m²   B. 2kN/m²   C. 5kN/m²   D. 10kN/m²

6-3-7 金属压力表的读值是：

    A. 相对压强   B. 相对压强加当地大气压

C. 绝对压强
D. 绝对压强加当地大气压

6-3-8 已知油的密度ρ为850kg/m³，在露天油池油面下5m处相对压强为：

A. 4.25Pa
B. 4.25kPa
C. 41.68Pa
D. 41.68kPa

6-3-9 与大气相连通的自由水面下5m处的相对压强为：

A. 5at
B. 0.5at
C. 98kPa
D. 40kPa

6-3-10 某点的相对压强为-39.2kPa，则该点的真空高度为：

A. 4mH$_2$O
B. 6mH$_2$O
C. 3.5mH$_2$O
D. 2mH$_2$O

6-3-11 相对压强的起点是指：

A. 绝对真空
B. 一个标准大气压

C. 当地大气压
D. 液面压强

6-3-12 绝对压强p_{abs}与相对压强p、当地大气压p_a、真空度p_v之间的关系是：

A. $p_{abs} = p + p_v$
B. $p = p_{abs} + p_a$

C. $p_v = p_a - p_{abs}$
D. $p = p_v + p_a$

6-3-13 图示垂直放置的矩形平板，一侧挡水，该平板由置于上、下边缘的拉杆固定，则拉力之比T_1/T_2应为：

A. 1/4
B. 1/3
C. 1/2
D. 1

6-3-14 图示容器，面积A_1=1cm²，A_2=100cm²，容器中水对底面积A_2上的作用力为：

A. 98N
B. 24.5N
C. 9.8N
D. 1.85N

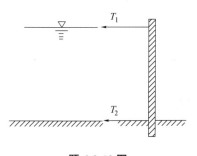

题 6-3-13 图

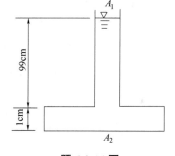

题 6-3-14 图

6-3-15 图示垂直置于水中的矩形平板闸门，宽度b=1m，闸门高h=3m，闸门两侧水深分别为H_1=5m，H_2=4m，闸门所受总压力为：

A. 29.4kN

B. 132.3kN

C. 58.8kN

D. 73.5kN

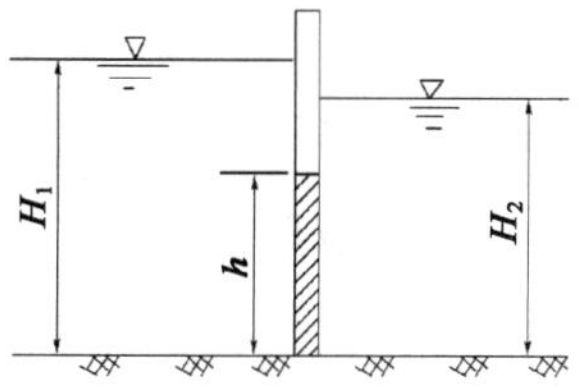

题 6-3-15 图

6-3-16 资料同上题，总压力作用点距闸门底部的铅直距离为：

A. 2.5m
B. 1.5m

C. 2m
D. 1m

6-3-17 如图所示桌面上三个容器，容器中水深相等，底面积相等（容器自重不计），但容器中水体积不相等。下列哪种结论是正确的？

A. 容器底部总压力相等，桌面的支撑力也相等

B. 容器底部的总压力相等，桌面的支撑力不等

C. 容器底部的总压力不等，桌面的支撑力相等

D. 容器底部的总压力不等，桌面的支撑力不等

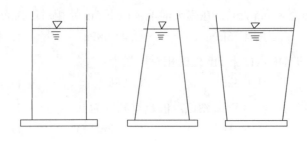

题 6-3-17 图

6-3-18 图示有压水管，断面1及2与水银压差计相连，水管水平，压差计水银面高差$\Delta h = 30$cm，该两断面之压差为：

　　A. 37.04kPa　　　　B. 39.98kPa　　　　C. 46.3kPa　　　　D. 28.65kPa

6-3-19 图示空气管道横断面上的压力计液面高差h=0.8m，该断面的空气相对压强为：

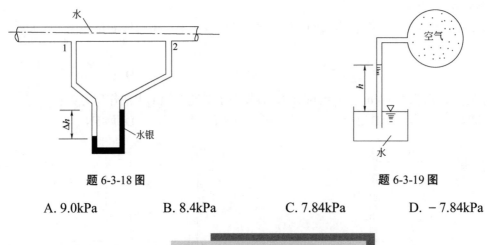

题 6-3-18 图　　　　　　　　　　　　题 6-3-19 图

　　A. 9.0kPa　　　　B. 8.4kPa　　　　C. 7.84kPa　　　　D. -7.84kPa

题解及参考答案

6-3-1 **解：**静止流体等压面应是一水平面，且应绘出于连通、连续同一种流体中，据此可绘出两个等压面以判断压强p_1、p_2、p_3的大小。

　　答案： A

6-3-2 **解：**静压强特性为流体静压强的大小与受压面的方向无关。

　　答案： B

6-3-3 **解：**绝对压强要计及液面大气压强，即$p = p_0 + \rho gh$，已知p_0=100kPa，则代入题设数据后有：

$$p = 100 + 0.8 \times 9.8 \times 3 = 123.52\text{kPa}$$

　　答案： D

6-3-4 **解：**静止流体中，仅受重力作用的等压面是水平面（小范围）。

　　答案： A

6-3-5 **解：**静止流体中同一点压强，各方向数值相等。

　　答案： A

6-3-6 **解：**相对压强等于绝对压强减去当地大气压强，即$p = 100 - 98 = 2\text{kN/m}^2$。

答案： B

6-3-7　解： 参见压强的测量相关内容。金属压力表的读值为相对压强。

答案： A

6-3-8　解： $p = \rho gh = 0.85 \times 9.8 \times 5 = 41.68\text{kPa}$。

答案： D

6-3-9　解： $p = \rho gh = 9.8 \times 5 = 49\text{kPa} = 0.5\text{atm}$。

答案： B

6-3-10　解： 真空高度为：

$$h_V = \frac{p_V}{\rho_g} = \frac{39.2\text{kPa}}{9.8\text{kN/m}^3} = 4\text{mH}_2\text{O}$$

答案： A

6-3-11　解： 相对压强的起点为当地大气压。

答案： C

6-3-12　解： 参见压强的两种基准及真空概念。真空度$p_V = p_a - p_{\text{abs}}$。

答案： C

6-3-13　解： 总压力P作用在距水面2/3水深处。对P的作用点取矩得：

$$T_1 \times \frac{2}{3}H = T_2 \times \frac{1}{3}H, \quad T_1/T_2 = \frac{1}{2}$$

答案： C

6-3-14　解： 底部总压力$P = \rho gh_c A = 9800\text{N/m}^3 \times 1\text{m} \times 0.01\text{m}^2 = 98\text{N}$。

答案： A

6-3-15　解： 用图解法求闸门总压力：

$$P = \Omega \cdot b = (5\text{m} - 4\text{m}) \times 9.8\text{kN/m}^3 \times 3\text{m} \times 1\text{m} = 29.4\text{kN}$$

答案： A

6-3-16　解： 压强分布为矩形，如解图所示。总压力作用点过压强分布图的形心，距底部1.5m。

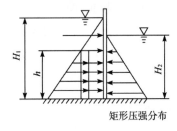

矩形压强分布

题 6-3-16 解图

答案： B

6-3-17　解： 桌面支撑力是容器中水体的质量，不是底部总压力。

答案： B

6-3-18　解： 压差为

$$\Delta P = (\gamma_{\text{水银}} - \gamma_{\text{水}})\Delta h = (13.6\gamma - \gamma)\Delta h = 12.6\gamma\Delta h = 12.6 \times 9.8 \times 0.3 = 37.04\text{kPa}$$

答案： A

6-3-19　解： 空气柱重量可不计，内部为真空即负压，$P = P' - P_a = -\gamma_{\text{水}}h = -7.84\text{kPa}$。

答案： D

（四）流体动力学

6-4-1 图示，下列说法中，错误的是：

A. 对理想流体，该测压管水头线（H_p 线）应该沿程无变化

B. 该图是理想流体流动的水头线

C. 对理想流体，该总水头线（H_0 线）沿程无变化

D. 该图不适用于描述实际流体的水头线

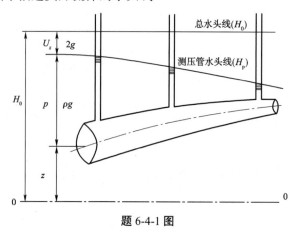

题 6-4-1 图

6-4-2 根据恒定流的定义，下列说法中正确的是：

A. 各断面流速分布相同

B. 各空间点上所有运动要素均不随时间变化

C. 流线是相互平行的直线

D. 流动随时间按一定规律变化

6-4-3 欧拉法描述液体运动时，表示同一时刻因位置变化而形成的加速度称为：

A. 当地加速度   B. 迁移加速度

C. 液体质点加速度   D. 加速度

6-4-4 图中相互之间可以列总流伯努利方程的断面是：

A. 1-1 断面和 2-2 断面   B. 2-2 断面和 3-3 断面

C. 1-1 断面和 3-3 断面   D. 3-3 断面和 4-4 断面

6-4-5 如图所示，一倒置 U 形管，上部为油，其密度 $\rho_{油} = 800 \text{kg/m}^3$，用来测定水管中的 A 点流速 u_A，若读数 $\Delta h = 200\text{mm}$，则该点流速 u_A 为：

A. 0.885m/s   B. 1.980m/s   C. 1.770m/s   D. 2.000m/s

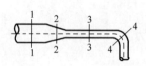

题 6-4-4 图

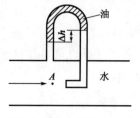

题 6-4-5 图

6-4-6 理想流体的基本特征是：

A. 黏性系数是常数   B. 不可压缩

C. 无黏性   D. 符合牛顿内摩擦定律

6-4-7 描述液体运动有迹线和流线的概念：

A. 流线上质点不沿迹线运动

B. 质点运动的轨迹称为流线

C. 流线上质点的流速矢量与流线相切

D. 质点的迹线和流线都重合

6-4-8 黏性流体总水头线沿程的变化是：

A. 沿程下降   B. 沿程上升

C. 保持水平   D. 前三种情况都有可能

6-4-9 理想液体与实际液体的主要差别在于：

A. 密度   B. 黏性

C. 压缩性   D. 表面张力

6-4-10 非恒定均匀流是：

A. 当地加速度为零，迁移加速度不为零

B. 当地加速度不为零，迁移加速度为零

C. 当地加速度与迁移加速度均不为零

D. 当地加速度与迁移加速度均不为零，但合加速度为零

6-4-11 有一引水虹吸管，出口通大气（如图所示）。已知 $h_1 = 1.5\text{m}$，$h_2 = 3\text{m}$，不计水头损失，取动能修正系数 $\alpha = 1$。则断面 c-c 中心处的压强 p_c 为：

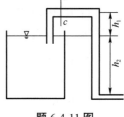

A. 14.7kPa   B. − 14.7kPa

C. 44.1kPa   D. − 44.1kPa

题 6-4-11 图

6-4-12 输水管道的直径为 200mm，输水量为 1177kN/h（重力流量），其断面平均流速为：

A. 1.06m/s   B. 2.06m/s   C. 3.06m/s   D. 4.06m/s

6-4-13 有一垂直放置的渐缩管，内径由 $d_1 = 300\text{mm}$ 渐缩至 $d_2 = 150\text{mm}$（见图），水从下而上自粗管流入细管。测得水在粗管 1-1 断面和细管 2-2 断面处的相对压强分别为 98kPa 和 60kPa，两断面间垂直距离为 1.5m，若忽略摩擦阻力，则通过渐缩管的流量为：

A. 0.125m³/s   B. 0.25m³/s   C. 0.50m³/s   D. 1.00m³/s

6-4-14 如图所示，一压力水管渐变段，水平放置，已知 $d_1 = 1.5\text{m}$，$d_2 = 1\text{m}$，渐变段开始断面相对压强 $p_1 = 388\text{kPa}$，管中通过流量 $Q = 2.2\text{m}^3/\text{s}$，忽略水头损失，渐变段支座所受的轴心力为：

A. 320kN   B. 340kN   C. 360kN   D. 380kN

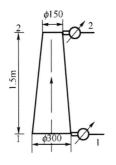

题 6-4-13 图

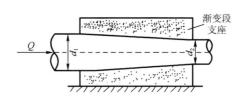

题 6-4-14 图

6-4-15 圆管层流运动过流断面上速度分布为（式中r_0为圆管半径）：

A. $u = u_{\max}\left[1 - \left(\dfrac{r}{r_0}\right)^2\right]$　　　　B. $u = u_{\max}\left[1 - \left(\dfrac{r}{r_0}\right)\right]^n$

C. $u = v_0\left(5.75\lg\dfrac{yv_0}{v} + 5.5\right)$　　　　D. $u = v_0\left(5.75\lg\dfrac{y}{k_s} + 8.48\right)$

6-4-16 恒定流具有下述哪种性质？

A. 当地加速度$\dfrac{\partial u}{\partial t} = 0$　　　　B. 迁移加速度$\dfrac{\partial u}{\partial s} = 0$

C. 当地加速度$\dfrac{\partial u}{\partial t} \neq 0$　　　　D. 迁移加速度$\dfrac{\partial u}{\partial s} \neq 0$

6-4-17 实践中，均匀流可用下述哪个说法来定义？

A. 流线夹角很小，曲率也很小的流动　　B. 流线为平行直线的流动

C. 流线为平行曲线的流动　　　　D. 流线夹角很小的直线流动

6-4-18 空气以断面平均速度$v = 2\text{m/s}$流过断面为 40cm×40cm 的送风管，然后全部经 4 个断面为 10cm×10cm 的排气孔流出。假定每孔出流速度相等，则排气孔的平均流速为：

A. 8m/s　　　　B. 4m/s　　　　C. 2m/s　　　　D. 1m/s

6-4-19 密度$\rho = 1.2\text{kg/m}^3$的空气，经直径$d = 1000\text{mm}$的风管流入下游两支管中如图所示，支管 1 的直径$d_1 = 500\text{mm}$，支管 2 的直径$d_2 = 300\text{mm}$，支管的断面流速分别为$v_1 = 6\text{m/s}$，$v_2 = 4\text{m/s}$，则上游干管的质量流量为：

A. 1.95kg/s　　　　B. 1.75kg/s

C. 1.65kg/s　　　　D. 1.45kg/s

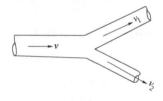

题 6-4-19 图

6-4-20 资料同上题，干管的断面平均流速v为：

A. 2.20m/s　　　　B. 1.68m/s

C. 1.86m/s　　　　D. 1.95m/s

6-4-21 能量方程中$z + \dfrac{p}{\gamma} + \dfrac{\alpha v^2}{2g}$表示下述哪种能量？

A. 单位重量流体的势能　　B. 单位重量流体的动能

C. 单位重量流体的机械能　　D. 单位质量流体的机械能

6-4-22 用毕托管测流速，其比压计中的水头差为：

A. 单位动能与单位压能之差　　B. 单位动能与单位势能之差

C. 测压管水头与流速水头之差　　D. 总水头与测压管水头之差

6-4-23 黏性流体测压管水头线的沿程变化是：

A. 沿程下降　　　　B. 沿程上升

C. 保持水平　　　　D. 前三种情况均有可能

6-4-24 黏性流体总水头线的沿程变化是：

A. 沿程上升　　　　B. 沿程下降

C. 保持水平　　　　D. 前三种情况均有可能

6-4-25 实际流体一维总流中，判别流动方向的正确表述是：

A. 流体从高处向低处流动

B. 流体从压力大的地方向压力小的地方流动

C. 流体从单位机械能大的地方向单位机械能小的地方流动

D. 流体从速度快的地方向速度慢的地方流动

6-4-26 在应用实际流体总流能量方程时，过流断面应选择：

A. 水平面 　　　　　　　　　　　B. 任意断面

C. 垂直面 　　　　　　　　　　　D. 渐变流断面

6-4-27 图示一流线夹角很小、曲率很小的渐变流管道，$A\text{-}A$ 为过流断面，$B\text{-}B$ 为水平面，1、2 为过流断面上的点，3、4 为水平面上的点，各点的运动物理量有以下哪种关系？

A. $p_1 = p_2$ 　　　　　　　　　　B. $p_3 = p_4$

C. $z_1 + \dfrac{p_1}{\gamma} = Z_2 + \dfrac{p_2}{\gamma}$ 　　　　　D. $z_3 + \dfrac{p_3}{\gamma} = z_4 + \dfrac{p_4}{\gamma}$

6-4-28 铅直有压圆管如图所示，其中流动的流体密度 $\rho = 800\text{kg/m}^3$，上、下游两断面压力表读数分别为 $p_1 = 196\text{kPa}$，$p_2 = 392\text{kPa}$，管道直径及断面平均流速均不变，不计水头损失，则两断面的高差 H 为：

A. 10m 　　　　　B. 15m 　　　　　C. 20m 　　　　　D. 25m

6-4-29 如图所示等径有压圆管断面 1 的压强水头 $p_1/\gamma = 20\text{mH}_2\text{O}$，两断面中心点高差 $H = 1\text{m}$，断面 1-2 的水头损失 $h_{w1\text{-}2} = 3\text{mH}_2\text{O}$，则断面 2 的压强水头 p_2/γ 为：

A. $18\text{mH}_2\text{O}$ 　　　　B. $24\text{mH}_2\text{O}$ 　　　　C. $20\text{mH}_2\text{O}$ 　　　　D. $23\text{mH}_2\text{O}$

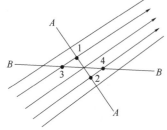 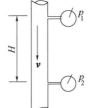 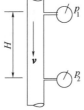 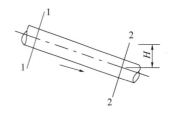

題 6-4-27 图 　　　　　　　　　題 6-4-28 图 　　　　　　　　　題 6-4-29 图

6-4-30 图示有压管路，水箱液面与管道出口断面的高差 $H = 6\text{m}$，水箱至管道出口断面的水头损失 $h_w = 2\text{mH}_2\text{O}$，则出口断面水流平均流速 v 为：

A. 10.84m/s 　　　　B. 8.85m/s 　　　　C. 7.83m/s 　　　　D. 6.25m/s

6-4-31 图示有压恒定流水管直径 $d = 50\text{mm}$，末端阀门关闭时压力表读数为 21kPa，阀门打开后读值降至 5.5kPa，如不计水头损失，则该管的通过流量 Q 为：

A. 15L/s 　　　　B. 18L/s 　　　　C. 10.9L/s 　　　　D. 9L/s

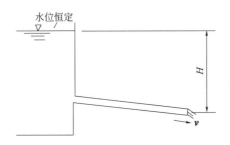 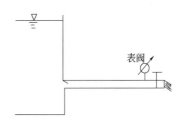

題 6-4-30 图 　　　　　　　　　　題 6-4-31 图

6-4-32 用图示的毕托管测水管中某点流速 u，与毕托管相连的水银压差计液面高差 $\Delta h = 1\text{mHg}$，则该点流速u的大小为：

    A. 16.32m/s   B. 4.43m/s   C. 9.81m/s   D. 15.71m/s

6-4-33 如图所示恒定流水箱，水头$H = 5$m，直径$d_1 = 200$mm，直径$d_2 = 100$mm，不计水头损失。则粗管中断面平均流速v_1为：

    A. 2.47m/s   B. 3.52m/s   C. 4.95m/s   D. 4.35m/s

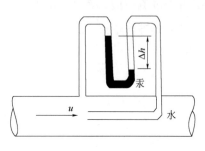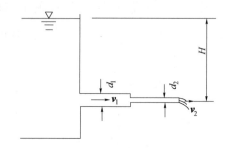

题 6-4-32 图   题 6-4-33 图

6-4-34 图示一高压喷水入大气的喷嘴，喷嘴出口断面 1-1 的平均流速v_1为 30m/s，喷至 2-2 断面的平均流速v_2减少为 1m/s，不计水头损失，则喷射高度H为：

    A. 45.86m   B. 3.25m   C. 5.81m   D. 6.22m

6-4-35 如图所示水泵吸水系统，水箱与水池液面高差$Z = 30$m，断面 1-1 至 2-2 的总水头损失$h_w = 3$mH$_2$O，则水泵的扬程H至少应为：

    A. 30mH$_2$O   B. 33mH$_2$O

    C. 29mH$_2$O   D. 40mH$_2$O

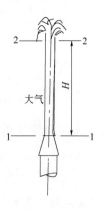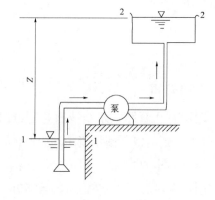

题 6-4-34 图   题 6-4-35 图

6-4-36 利用文丘里管喉部的负压抽取基坑中的积水，如图所示，若喉部流速$v_1 = 10$m/s，出口速度$v_2 = 1$m/s，不计损失，吸水高度h最多为：

    A. 4.5mH$_2$O   B. 6.05mH$_2$O   C. 5.05mH$_2$O   D. 5.82mH$_2$O

6-4-37 图示平底单宽渠道闸下出流，闸前水深$H = 2$m，闸后水深$h = 0.8$m，不计水头损失，则闸后流速v_2为：

    A. 4.14m/s   B. 3.87m/s   C. 6.11m/s   D. 5.29m/s

6-4-38 水由图示喷嘴射出，流量$Q = 0.4$m^3/s，喷嘴出口流速$v_2 = 50.93$m/s，喷嘴前粗管断面流速$v_1 = 3.18$m/s，总压力$P_1 = 162.33$kN，喷嘴所受到的反力大小R_x为：

    A. 143.23kN   B. 110.5kN   C. 121.41kN   D. 150.52kN

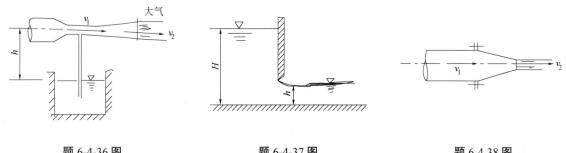

题 6-4-36 图　　　　　　　题 6-4-37 图　　　　　　　题 6-4-38 图

6-4-39 图示流量 $Q = 36\text{L/s}$ 的水平射流，被垂直于流向的水平平板阻挡，截去流量 $Q_1 = 12\text{L/s}$，并引起其余部分射流向左偏转，不计阻力，则偏转角 θ 为：

A. 20°　　　　　　B. 30°　　　　　　C. 40°　　　　　　D. 45°

6-4-40 图示射流流量 $Q = 100\text{L/s}$，出口流速 $v = 20\text{m/s}$，不计水头损失和摩擦阻力，则水射流对垂直壁面的冲力 F_x 为：

A. 1600N　　　　　B. $2 \times 10^6\text{N}$　　　　C. 2000N　　　　D. $2 \times 10^5\text{N}$

6-4-41 如图所示，设水在闸门下流过的流量 $Q = 4.24\text{m}^3/\text{s}$，门前断面 1 的总水压力为 $P_1 = 19.6\text{kN}$，门后断面 2 的总水压力为 $P_2 = 3.13\text{kN}$，闸门前、后的断面平均流速分别为 $v_1 = 2.12\text{m/s}$，$v_2 = 5.29\text{m/s}$，不计水头损失和摩擦阻力，则作用于单位宽度（1m）上闸门的推力 F 的大小为：

A. 2506N　　　　　B. 3517N　　　　　C. 2938N　　　　　D. 3029N

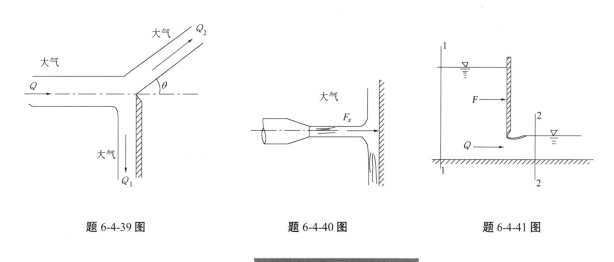

题 6-4-39 图　　　　　　　题 6-4-40 图　　　　　　　题 6-4-41 图

> ## 题解及参考答案

6-4-1　**解：** 测压管水头线的变化是由于过流断面面积的变化引起流速水头的变化，进而引起压强水头的变化，而与是否理想流体无关，故说法 A 是错误的。

　　答案： A

6-4-2　**解：** 各空间点上所有运动要素均不随时间变化的流动为恒定流。

　　答案： B

6-4-3　**解：** 参见描述流体运动的欧拉方法中关于加速度的定义。按题意，应为迁移加速度。

　　答案： B

6-4-4　**解：** 伯努利方程只能用于流线近于平行直线的渐变流。

答案：C

6-4-5 **解**：参见毕托管求流速公式 $u_A = C\sqrt{2g\Delta h_u}$，并由压差计公式知，$\Delta h_u = \left(\frac{\rho_水 - \rho_油}{\rho_水}\right)\Delta h$。

代入题设数据有

$$\Delta h_u = \left(\frac{1000 - 800}{1000}\right) \times 0.02\text{m} = 0.04\text{m}$$

$$u_A = \sqrt{2 \times 9.8 \times 0.04} = 0.885\text{m/s}$$

答案：A

6-4-6 **解**：理想流体为无黏性流体。

答案：C

6-4-7 **解**：流线上质点的流速矢量与流线相切。

答案：C

6-4-8 **解**：参看黏性流体总水头线的图示。总水头线沿程下降。

答案：A

6-4-9 **解**：参见理想流体元流能量方程相关内容（理想流体与实体流体的主要区别在于黏性）。

答案：B

6-4-10 **解**：非恒定流当地加速度不为零，均匀流迁移加速度为零。

答案：B

6-4-11 **解**：运用能量方程求解。对 c-c 断面与管道出口断面写能量方程：

$$h_1 + h_2 + \frac{p_c}{\rho g} + \frac{v_c^2}{2g} = 0 + 0 + \frac{v_c^2}{2g}$$

$$p_c = -\rho(h_1 + h_2) = -9.8 \times (1.5 + 3) = -44.1\text{kPa}$$

答案：D

6-4-12 **解**：

$$v = \frac{Q_G}{\rho g A} = \frac{1177}{1 \times 9.8 \times \frac{\pi}{4} \times 0.2^2 \times 3600} = 1.06\text{m/s}$$

答案：A

6-4-13 **解**：对过流断面 1-1 及 2-2 写能量方程：

$$0 + \frac{p_1}{\rho g} + \frac{\alpha_1 v_1^2}{2g} = 1.5 + \frac{p_2}{\rho g} + \frac{\alpha_2 v_2^2}{2g} + 0$$

代入数据：

$$\frac{98}{9.8} + \frac{v_1^2}{2g} = 1.5 + \frac{60}{9.8} + \frac{v_2^2}{2g}$$

由连续方程得：$v_2 = v_1\left(\frac{d_1}{d_2}\right)^2 = 4v_1$，代入上式，即 $10 - 1.5 - 6.122 = 15\frac{v_1^2}{2g}$，得 $v_1 = 1.672\text{m/s}$

则流量 $Q = v_1 \times \frac{\pi}{4}d_1^2 = 1.672 \times \frac{\pi}{4} \times 0.3^2 = 0.125\text{m}^3/\text{s}$

答案：A

6-4-14 **解**：管中断面平均流速：

$$v_1 = \frac{2.2}{\frac{\pi}{4} \times 1.5^2} = 1.245\text{m/s}, \quad v_2 = \frac{2.2}{\frac{\pi}{4} \times 1^2} = 2.801\text{m/s}$$

对断面 1-1 及 2-2 写能量方程：

$$\frac{p_2}{\rho g} = \frac{p_1}{\rho g} + \frac{v_1^2 - v_2^2}{2g} = 39.27\text{m}$$

$$p_2 = \rho g \times 39.27 = 384.85\text{kPa}$$

由动量方程得：$\sum F_x = \rho Q(v_{2x} - v_{1x})$，即 $p_1 A_1 - p_2 A_2 - R = \rho Q(v_2 - v_1)$

解出反力

$$R = p_1 A_1 - p_2 A_2 - \rho Q(v_2 - v_1)$$

$$= 388 \times \frac{\pi}{4} \times 1.5^2 - 384.85 \times \frac{\pi}{4} \times 1^2 - 1 \times 2.2 \times (2.801 - 1.248)$$

$$= 380\text{kN}$$

支座所受轴心力与 R 大小相等、方向相反，即 $P = -R$。

答案：D

6-4-15 解：圆管层流流速分布曲线为二次抛物线。

答案：A

6-4-16 解：恒定流运动要素不随时间而变化。

答案：A

6-4-17 解：区别均匀流与渐变流的流动。均匀流流线为平行直线的流动。

答案：B

6-4-18 解：流量 $= v \cdot A = 2 \times 0.4 \times 0.4 = 0.32\text{m}^3/\text{s}$，每孔流速 $v = \frac{Q}{A} = \frac{0.32}{4 \times 0.1 \times 0.1} = 8\text{m/s}$。

答案：A

6-4-19 解：干管质量流量为：

$$Q_\text{m} = \rho(v_1 A_1 + v_2 A_2) = \rho\left(v_1 \frac{\pi}{4} d_1^2 + v_2 \frac{\pi}{4} d_2^2\right) = 1.2 \times \left(6 \times \frac{\pi}{4} \times 0.5^2 + 4 \times \frac{\pi}{4} \times 0.3^2\right) = 1.752\text{kg/s}$$

答案：B

6-4-20 解：

$$v = \frac{Q_\text{m}}{\rho A} = \frac{1.752}{1.2 \times \frac{\pi}{4} \times 1^2} = 1.86\text{m/s}$$

答案：C

6-4-21 解：参见能量方程的物理意义，应选择单位重量流体的机械能。

答案：C

6-4-22 解：参见元流能量方程的应用，比压计中的水头差为总水头与测压管水头差。

答案：D

6-4-23 解：测压管水头线升降与流速水头有关，可升、可降、可水平。

答案：D

6-4-24 解：黏性流体的阻力始终存在，克服阻力使机械能沿程减少，水头线沿程下降。

答案：B

6-4-25 解：根据一维总流能量方程判断，从单位机械能大的地方向单位机械能小的地方流动。

答案：C

6-4-26 解：参见能量方程应用条件，应选择应用范围更广泛的渐变流，因均匀流是渐变流的极限情况，即当渐变流的流线夹角为零、曲率也为零时的极限。

答案：D

6-4-27 解： 渐变流性质为同一过流断面各点测压管水头相等。

答案： C

6-4-28 解： 对两压力表所在断面写能量方程：

$$H + \frac{p_1}{\rho g} + \frac{\alpha_1 v_1^2}{2g} = 0 + \frac{p_2}{\rho g} + \frac{\alpha_2 v_2^2}{2g} + 0$$

因 $v_1 = v_2$，所以 $H = \frac{p_2 - p_1}{\rho g} = \frac{392 - 196}{0.8 \times 9.8} = 25\text{m}$

答案： D

6-4-29 解： 对断面 1-1 及 2-2 写能量方程有：

$$H + \frac{p_1}{\gamma} = 0 + \frac{p_2}{\gamma} + h_{\text{w1-2}}$$

因 $v_1 = v_2$，所以 $\frac{p_2}{\gamma} = H + \frac{p_1}{\gamma} - h_{\text{w1-2}} = 1 + 20 - 3 = 18\text{m}$

答案： A

6-4-30 解： 对自由液面与出口断面写能量方程：

$$H + 0 + 0 = 0 + 0 + \frac{\alpha^2 v_2^2}{2g} + h_{\text{w1-2}}$$

$$v_2 = \sqrt{2g(H - h_\text{w})} = \sqrt{2 \times 9.8 \times (6-2)} = 8.85\text{m/s}$$

答案： B

6-4-31 解： 阀门关闭时的静水头 $H = \frac{p}{\gamma} = \frac{21}{9.8} = 2.143\text{m}$

对自由液面及压力表所在断面写能量方程：

$$H + 0 + 0 = 0 + \frac{p_2}{\gamma} + \frac{\alpha v_2^2}{2g} + 0$$

$$v_2 = \sqrt{\left(H - \frac{p_2}{\gamma}\right)2g} = \sqrt{2 \times 9.8 \times \left(2.143 - \frac{5.5}{9.8}\right)} = 5.568\text{m/s}$$

$$Q = v_2 \times \frac{\pi}{4}d_2^2 = 5.568 \times \frac{\pi}{4} \times 0.05^2 = 0.0109\text{m}^3/\text{s} = 10.9\text{L/s}$$

答案： C

6-4-32 解： 点流速 $u = c\sqrt{2gh_\text{u}}$，$h_\text{u} = \left(\frac{p'}{\rho} - 1\right)\Delta h$

$$u = \sqrt{2g\left(\frac{p'}{p} - 1\right)\Delta h} = \sqrt{2 \times 9.8 \times \left(\frac{13.6}{1} - 1\right) \times 1} = 15.71\text{m/s}$$

答案： D

6-4-33 解： 对自由液面及出口断面写能量方程：

$$H + 0 + 0 = 0 + 0 + \frac{v_2^2}{2g} + 0$$

$$v_2 = \sqrt{2gH} = \sqrt{2 \times 9.8 \times 5} = 9.9\text{m/s}$$

$$v_1 = v_2\left(\frac{d_2}{d_1}\right)^2 = 9.9 \times \left(\frac{100}{200}\right)^2 = 2.47\text{m/s}$$

答案： A

6-4-34 解： 对断面 1-1 及 2-2 写能量方程：

$$\frac{v_1^2}{2g} = H + \frac{v_2^2}{2g}$$

$$H = \frac{v_1^2 - v_2^2}{2g} = \frac{30^2 - 1^2}{2 \times 9.8} = 45.86\text{m}$$

答案： A

6-4-35 解： 设水泵扬程为 H，对断面 1-1 及 2-2 写能量方程：

$$H = Z + h_\text{w} = 30 + 3 = 33\text{m}$$

答案： B

6-4-36 解： 对断面 1-1 及 2-2 写能量方程：

$$\frac{p_1}{\gamma} + \frac{v_1^2}{2g} = \frac{v_2^2}{2g}$$

则 $\frac{p_1}{\gamma} = \frac{v_2^2 - v_1^2}{2g} = \frac{1^2 - 10^2}{2 \times 9.8} = -5.05\text{m}$（负压长吸力）

吸水高度 $h \leqslant 5.05\text{m}$

答案： C

6-4-37 解： 对上、下游水面点写能量方程：

$$H + \frac{\alpha_1 v_1^2}{2g} = h + \frac{\alpha_2 v_2^2}{2g}$$

即 $H - h = \frac{v_2^2 - v_1^2}{2g}$

又由连续方程 $v_1 H = v_2 h$，则

$$v_1 = v_2 \frac{h}{H} = \frac{0.8}{2} v_2 = 0.4 v_2$$

代入数据：$2 - 0.8 = \frac{v_2^2 - (0.4 v_2)^2}{2 \times 9.8}$

得 $v_2 = 5.29\text{m/s}$

答案： D

6-4-38 解： 由动量方程求解反力 $R_x = p_1 - \rho Q(v_2 - v_1)$

代入数据得 $R_x = 162.33 - 1 \times 0.4 \times (50.93 - 3.18) = 143.23\text{kN}$

答案： A

6-4-39 解： 由于反力在铅直坐标 y 方向的投影为零，所以 $\sum F_y = 0$。

则由动量方程可写出 $\sum F_y = 0 = \rho Q_2 v_2 \sin\theta - \rho Q_1 v_1$，则 $\sin\theta = \frac{\rho Q_1 v_1}{\rho Q_2 v_2}$

又由能量方程知 $v_1 = v_2$

所以 $\sin\theta = \frac{Q_1}{Q_2} = \frac{12}{36 - 12} = \frac{1}{2}$，即 $\theta = 30°$

答案： B

6-4-40 解： 由动量方程求解反力 $R_x = \rho Q(v_{2x} - v_{1x})$

代入数据得 $R_x = -\rho Q v_1 = -(1000 \times 0.1 \times 20) = -2000\text{N}$

则平板所受冲力 $F_x = -R_x = 2000\text{N}$

答案： C

6-4-41 解： 用动量方程求闸门对水流的反力 R_x，推力 F 与 R_x 大小相等、方向相反。

$$\sum F_x = p_1 - p_2 - R_x = \rho Q(v_2 - v_1)$$

代入数据，得

$$R_x = p_1 - p_2 - \rho Q(v_2 - v_1)$$

$$= 19.6 - 3.13 - 1 \times 4.24 \times (5.29 - 2.12) = 3.029 \text{kN} = 3029 \text{N}$$

$$F = -R_x = -3029 \text{N}$$

答案： D

（五）流动阻力和能量损失

6-5-1　一管径 $d = 50\text{mm}$ 的水管，在水温 $t = 10℃$ 时，管内要保持层流的最大流速是：（ $10℃$ 时水的运动黏滞系数 $\nu = 1.31 \times 10^{-6}\text{m}^2/\text{s}$ ）

A. 0.21m/s 　　　　　　　　　　　　　　B. 0.115m/s

C. 0.105m/s 　　　　　　　　　　　　　　D. 0.0525m/s

6-5-2　管道长度不变，管中流动为层流，允许的水头损失不变，当直径变为原来 2 倍时，若不计局部损失，流量将变为原来的多少倍？

A. 2 　　　　　　　B. 4 　　　　　　　C. 8 　　　　　　　D. 16

6-5-3　A、B 两根圆形输水管，管径相同，雷诺数相同，A 管为热水，B 管为冷水，则两管流量 q_{V_A}、q_{V_B} 的关系为：

A. $q_{V_A} > q_{V_B}$ 　　　　　　　　　　　　B. $q_{V_A} = q_{V_B}$

C. $q_{V_A} < q_{V_B}$ 　　　　　　　　　　　　D. 不能确定大小

6-5-4　紊流附加切应力 $\overline{\tau_2}$ 等于：

A. $\rho \overline{u_x' u_y'}$ 　　　　B. $-\rho \overline{u_x' u_y'}$ 　　　　C. $\overline{u_x' u_y'}$ 　　　　D. $-\overline{u_x' u_y'}$

6-5-5　边界层分离的必要条件是：

A. 来流流速分布均匀 　　　　　　　　　　B. 有逆压梯度和物面黏性阻滞作用

C. 物面形状不规则 　　　　　　　　　　　D. 物面粗糙

6-5-6　变直径圆管流，细断面直径 d_1，粗断面直径 $d_2 = 2d_1$，粗细断面雷诺数的关系是：

A. $\text{Re}_1 = 0.5\text{Re}_2$ 　　　　　　　　　　B. $\text{Re}_1 = \text{Re}_2$

C. $\text{Re}_1 = 1.5\text{Re}_2$ 　　　　　　　　　　D. $\text{Re}_1 = 2\text{Re}_2$

6-5-7　层流沿程阻力系数 λ：

A. 只与雷诺数有关 　　　　　　　　　　　B. 只与相对粗糙度有关

C. 只与流程长度和水力半径有关 　　　　　D. 既与雷诺数有关又与相对粗糙度有关

6-5-8　如图所示，两个水箱用两段不同直径的管道连接，1~3 管段长 $l_1 = 10\text{m}$，直径 $d_1 = 200\text{mm}$，$\lambda_1 = 0.019$；3~6 管段长 $l_2 = 10\text{m}$，直径 $d_2 = 100\text{mm}$，$\lambda_2 = 0.018$。管道中的局部管件：1 为入口（ $\zeta_1 = 0.5$ ）；2 和 5 为 90°弯头（ $\zeta_2 = \zeta_5 = 0.5$ ）；3 为渐缩管（ $\zeta_3 = 0.024$ ）；4 为闸阀（ $\zeta_4 = 0.5$ ）；6 为管道出口（ $\zeta_6 = 1$ ）。若输送流量为 40L/s，两水箱水面高度差为：

A. 3.501m 　　　　B. 4.312m 　　　　C. 5.204m 　　　　D. 6.123m

6-5-9　两水箱水位恒定，水面高差 $H = 10\text{m}$，管道直径 $d = 10\text{cm}$，总长度 $l = 20\text{m}$，沿程阻力系数 $\lambda = 0.042$，已知所有的转弯、阀门、进、出口局部水头损失合计为 $h_i = 3.2\text{m}$，如图所示。则通过管道的平均流速为：

A. 3.98m/s 　　　　B. 4.38m/s 　　　　C. 2.73m/s 　　　　D. 15.8m/s

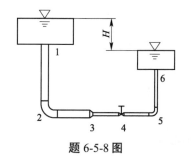

题 6-5-8 图

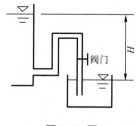

题 6-5-9 图

6-5-10 温度为 10℃时水的运动黏性系数为$1.31 \times 10^{-6}\text{m}^2/\text{s}$，要保持直径 25mm 的水管管中水流为层流，允许的最大流速为：

    A. 1.00m/s   B. 0.02m/s   C. 2.00m/s   D. 0.1m/s

6-5-11 在附壁紊流中，黏性底层厚度δ比绝对粗糙高度Δ大得多的壁面称为：

    A. 水力光滑面   B. 水力过渡粗糙面

    C. 水力粗糙面   D. 以上答案均不对

6-5-12 图示两水箱水位恒定，水面高差$H = 10\text{m}$，已知管道沿程水头损失$h_\text{f} = 6.8\text{m}$，局部阻力系数：转弯 0.8、阀门 0.26、进口 0.5、出口 0.8，则通过管道的平均流速为：

    A. 3.98m/s   B. 5.16m/s

    C. 7.04m/s   D. 5.80m/s

题 6-5-12 图

6-5-13 边界层分离不会：

    A. 产生漩涡   B. 减小摩擦阻力

    C. 产生压强阻力   D. 增加能量损失

6-5-14 一圆断面风道，直径为 250mm，输送 10℃的空气，其运动黏度为$14.7 \times 10^{-6}\text{m}^2/\text{s}$，若临界雷诺数为 2000，则保持层流流态的最大流量为：

    A. 12m³/h   B. 18m³/h   C. 21m³/h   D. 30m³/h

6-5-15 有压圆管恒定流，若断面 1 的直径是其下游断面 2 直径的 2 倍，则断面 1 的雷诺数Re_1与断面 2 的雷诺数Re_2的关系是：

    A. $Re_1 = Re_2$ B. $Re_1 = 0.5Re_2$ C. $Re_1 = 1.5Re_2$ D. $Re_1 = 2Re_2$

6-5-16 有压圆管均匀流的切应力τ沿断面的分布是：

    A. 均匀分布   B. 管壁处是零，向管轴线性增大

    C. 管轴处是零，与半径成正比   D. 按抛物线分布

6-5-17 圆管层流的流速是如何分布的？

    A. 直线分布   B. 抛物线分布

    C. 对数曲线分布   D. 双曲线分布

6-5-18 圆管层流运动，轴心处最大流速与断面平均流速的比值是：

    A. 1.2   B. 1.5   C. 2.5   D. 2

6-5-19 圆管紊流核心区的流速是如何分布的？

    A. 直线分布   B. 抛物线分布   C. 对数曲线分布   D. 双曲线分布

6-5-20 圆管有压流中紊流粗糙区的沿程阻力系数λ与下述哪些因素有关？

    A. 与相对粗糙度Δ/d有关   B. 与雷诺数 Re 有关

C.与相对粗糙度及雷诺数均有关　　　　D.与雷诺数及管长有关

6-5-21 圆管有压流中紊流过渡区的沿程阻力系数λ与下述哪些因素有关？

A.仅与相对粗糙度有关　　　　　　　B.仅与雷诺数有关

C.与相对粗糙度及雷诺数均有关　　　　D.仅与管长有关

6-5-22 谢才公式$v = c\sqrt{RJ}$仅适用于什么区？

A.紊流粗糙区（即阻力平方区）　　　　B.紊流光滑区

C.紊流过渡区　　　　　　　　　　　D.流态过渡区

6-5-23 水管直径$d = 100mm$，管中流速$v = 1m/s$，运动黏度$\nu = 1.31 \times 10^{-6}m^2/s$，管中雷诺数为：

A.54632　　　　　　　　　　　　B.67653

C.76335　　　　　　　　　　　　D.84892

6-5-24 半圆形明渠如图所示，半径$r_0 = 4m$，其水力半径R为：

A.4m　　　　　　　　　　　　　B.3m

C.2.5m　　　　　　　　　　　　D.2m

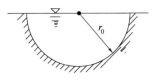

题 6-5-24 图

6-5-25 某一圆形有压油管的直径为$d = 150mm$，流速$v = 0.256m/s$，长1km，雷诺数 Re=1921，其沿程损失h_f为：

A.74.25cm 油柱　　　　　　　　　B.74.25mH$_2$O

C.95.26cm 油柱　　　　　　　　　D.62.26m 油柱

6-5-26 有一圆形压力水管，直径$d = 6mm$，在长为 2m 的流程上，沿程水头损失$h_f = 4.228mH_2O$，管中流速$v = 2.723m/s$，其沿程阻力系数λ为：

A.0.025　　　　B.0.0335　　　　C.0.0262　　　　D.0.041

6-5-27 图示一矩形断面通风管道，断面尺寸为$1.2m \times 0.6m$，空气密度$\rho = 1.20kg/m^3$，流速$v = 16.2m/s$，沿程阻力系数$\lambda = 0.0145$，流程长度$L = 12m$的沿程压强损失为：

A.31N/m^2　　　　　　　　　　B.28.14N/m^2

C.34.25N/m^2　　　　　　　　　D.45.51N/m^2

6-5-28 矩形排水沟，底宽 5m，水深 3m，则水力半径为：

A.5m　　　　B.3m　　　　C.1.36m　　　　D.0.94m

6-5-29 矩形断面输水明渠如图所示，断面尺寸为$2m \times 1m$，渠道的谢才系数$C = 48.5m^{\frac{1}{2}}/s$，输水1000m 长度后水头损失为 1m，则断面平均流速v为：

A.1.511m/s　　　　　　　　　　B.1.203m/s

C.0.952m/s　　　　　　　　　　D.1.084m/s

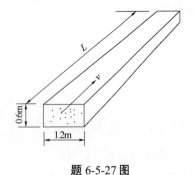

题 6-5-27 图　　　　　　　　　　　　题 6-5-29 图

6-5-30 若某明渠均匀流渠壁粗糙系数$n = 0.025$，水力半径$R = 0.5$m，则其沿程阻力系数λ为：

A. 0.0261   B. 0.0617   C. 0.0452   D. 0.0551

6-5-31 如图所示突然放大有压管流，放大前细管直径$d_1 = 100$mm，放大后粗管直径$d_2 = 200$mm，若放大后断面平均流速$v_2 = 1$m/s，则局部水头损失h_m为：

A. 0.613m   B. 0.556m   C. 0.459m   D. 0.343m

6-5-32 突然放大管道尺寸同上题，若已知放大前断面平均流速$v_1 = 4$m/s，则局部水头损失h_m为：

A. 0.256m   B. 0.347m   C. 0.612m   D. 0.459m

6-5-33 图示某半开的阀门，阀门前后测压管水头差$\Delta h = 1$m水柱，管径不变，管中平均流速$v = 2$m/s，则该阀门的局部阻力系数ζ为：

A. 4.9   B. 6.1   C. 3.4   D. 4.2

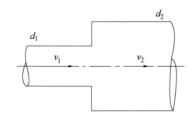   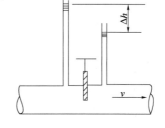

题 6-5-31 图   题 6-5-33 图

6-5-34 具有任意断面形状的均匀流的沿程水头损失h_f有以下哪些特性？

A. 与流程长度成正比，与壁面平均切应力、水力半径成反比

B. 与壁面平均切应力成正比，与流路长度、水力半径成反比

C. 与流路长度、水力半径成正比，与壁面平均切应力成反比

D. 与流路长度、平均切应力成正比，与水力半径成反比

6-5-35 边界层分离现象的重要后果是下述哪一条？

A. 减少了边壁与液流的摩擦力

B. 仅仅增加了流体的紊动性

C. 产生了有大量涡流的尾流区，增加绕流运动的压差阻力

D. 增加了绕流运动的摩擦阻力

6-5-36 减少绕流阻力的物体形状应为：

A. 圆形   B. 流线形   C. 三角形   D. 矩形

6-5-37 流体绕固体流动时所形成的绕流阻力，除了黏性摩擦力外，更主要的是因为下述哪种原因形成的形状阻力（或压差阻力）？

A. 流速和密度的加大

B. 固体表面粗糙

C. 雷诺数加大，表面积加大

D. 有尖锐边缘的非流线型物体，产生边界层的分离和旋涡区

6-5-38 某压力水管，直径$d = 250$mm，流量$Q = 3.12 \times 10^{-1}$m³/s，沿程阻力系数$\lambda = 0.02$，则管道的壁面处水流切应力τ_0为：

A. 101.1N/m²   B. 110N/m²   C. 95.1N/m²   D. 86.2N/m²

题解及参考答案

6-5-1　**解**：由判别流态的下临界雷诺数$\text{Re}_k = \frac{v_k d}{v}$解出下临界流速$v_k$即可，$v_k = \frac{\text{Re}_k v}{d}$，而$\text{Re}_k = 2000$。代入题设数据后有：$v_k = \frac{2000 \times 1.31 \times 10^{-6}}{0.05} = 0.0524\text{m/s}$。

答案：D

6-5-2　**解**：根据沿程损失计算公式$h_f = \lambda \frac{L}{d} \frac{v^2}{2g}$及层流阻力系数计算公式$\lambda = \frac{64}{\text{Re}}$和雷诺数$\text{Re} = \frac{vd}{v}$联立求解可得：$\frac{v_1}{d_1^2} = \frac{v_2}{d_2^2}$。

代入题设条件后有：$\frac{v_1}{d_1^2} = \frac{v_2}{d_2^2}$，而$v_2 = v_1\left(\frac{d_2}{d_1}\right)^2 = v_1(2)^2 = 4v_1$，则$\frac{Q_2}{Q_1} = \frac{v_2}{v_1}\left(\frac{d_2}{d_1}\right)^2 = 4 \times 2^2 = 16$。

答案：D

6-5-3　**解**：热水的运动黏度小于冷水的运动黏度，即$v_A < v_B$，又因$\text{Re}_A = \text{Re}_B$，即$\frac{v_A d}{v_A} = \frac{v_B d}{v_B}$，得$v_A < v_B$，因此$q_{v_A} < q_{v_B}$。

答案：C

6-5-4　**解**：紊流附加切应力$\overline{\tau_2}$即为紊流的惯性切应力。$\overline{\tau_2} = -\rho \overline{u_x' u_y'}$。

答案：B

6-5-5　**解**：参见边界层分离相关内容（由于逆压梯度与边界上的黏性阻力而形成）。

答案：B

6-5-6　**解**：$\text{Re} = \frac{vd}{v}$，$v_2 = v_1 \frac{d_1^2}{d_2^2}$，因$d_2 = 2d_1$，则$v_2 = \frac{v_1}{4}$，$\text{Re}_1 = \frac{v_1 d_1}{v} = 2\frac{v_2 d_2}{v} = 2\text{Re}_2$。

答案：D

6-5-7　**解**：参见沿程阻力系数相关内容（层流沿程阻力系数与雷诺数有关），$\lambda = \frac{64}{\text{Re}}$。

答案：A

6-5-8　**解**：对两水箱水面写能量方程可得：$H = h_w = h_{w_1} + h_{w_2}$

1~3 管段中的流速$v_1 = \frac{Q}{\frac{\pi}{4}d_1^2} = \frac{0.04}{\frac{\pi}{4} \times 0.2^2} = 1.27\text{m/s}$

$h_{w_1} = \left(\lambda_1 \frac{l_1}{d_1} + \sum \zeta_1\right)\frac{v_1^2}{2g} = \left(0.019 \times \frac{10}{0.2} + 0.5 + 0.5 + 0.024\right) \times \frac{1.27^2}{2 \times 9.8} = 0.162\text{m}$

4~6 管段中的流速$v_2 = \frac{Q}{\frac{\pi}{4}d_2^2} = \frac{0.04}{\frac{\pi}{4} \times 0.1^2} = 5.1\text{m/s}$

$h_{w_2} = \left(\lambda_2 \frac{l_2}{d_2} + \sum \zeta_2\right)\frac{v_2^2}{2g} = \left(0.018 \times \frac{10}{0.1} + 0.5 + 0.05 + 1\right) \times \frac{5.1^2}{2 \times 9.8} = 5.042\text{m}$

$H = h_{w_1} + h_{w_2} = 0.162 + 5.042 = 5.2042\text{m}$

答案：C

6-5-9　**解**：对水箱自由液面与管道出口水池自由液面写能量方程：

$$H = h_w = h_f + h_j = \lambda \frac{L}{d}\frac{v^2}{2g} + h_j$$

$$v = \sqrt{\frac{2gd(H - h_j)}{\lambda L}} = \sqrt{\frac{2 \times 9.8 \times 0.1 \times (10 - 3.2)}{0.042 \times 20}} = 3.98\text{m/s}$$

答案：A

6-5-10 解：临界雷诺数$\text{Re}_k = 2000$，而$\text{Re}_k = \frac{v_k d}{\nu}$，则：

$$v_k = \frac{\text{Re}_k \nu}{d} = \frac{2000 \times 1.31 \times 10^{-6}}{0.025} = 0.10 \text{m/s}$$

答案：D

6-5-11 解：黏性底层厚度δ比绝对粗糙度Δ大得多的壁面称为水力光滑壁面。

答案：A

6-5-12 解：短管淹没出流，平均流速为：

$$v = \sqrt{\frac{2g(H - h_f)}{\sum \zeta}} = \sqrt{\frac{2 \times 9.8 \times (10 - 6.8)}{0.5 + 3 \times 0.8 + 0.26 + 0.8}} = 3.98 \text{m/s}$$

答案：A

6-5-13 解：边界层分离不会减小摩擦阻力。

答案：B

6-5-14 解：由临界雷诺数公式$\text{Re}_k = \frac{v_k d}{\nu}$，解出临界流速$v_k = \frac{\text{Re}_k \nu}{d} = \frac{2000 \times 14.7 \times 10^{-6}}{0.25} = 0.117 \text{m/s}$，流量$Q = v_k A = 0.135 \times \frac{\pi}{4} \times 0.25^2 = 6.64 \times 10^{-3} \text{m}^3/\text{s} = 21 \text{m}^3/\text{h}$。

答案：C

6-5-15 解：本题考查内容同题 6-5-6。$\text{Re}_1 = \frac{vd}{\nu}$，直径减小一半，流速增加 4 倍。Re 随$d$减少而增加。

答案：B

6-5-16 解：均匀流基本方程$\tau = \gamma \frac{r}{2} J$，表明切应力$\tau$随圆管半径增大而增大，管轴处$r = 0$，$\tau = 0$。

答案：C

6-5-17 解：圆管层流流速分布为抛物线分布。

答案：B

6-5-18 解：圆管层流最大流速是断面平均流速的 2 倍。

答案：D

6-5-19 解：圆管紊流核心区的流速分布为对数分布曲线。

答案：C

6-5-20 解：圆管紊流粗糙区的沿程阻力系数λ与相对粗糙度$\frac{\Delta}{d}$有关。

答案：A

6-5-21 解：圆管紊流过渡区的沿程阻力系数λ与相对粗糙度及雷诺数有关。

答案：C

6-5-22 解：谢才公式仅适用于紊流粗糙区。

答案：A

6-5-23 解：雷诺数$\text{Re} = \frac{v \cdot d}{\nu} = \frac{1 \times 0.1}{1.31 \times 10^{-6}} = 76335$。

答案：C

6-5-24 解：水力半径$R = \frac{A}{\chi} = \frac{\frac{1}{2} \pi r_0^2}{\frac{1}{2} \times 2 r_0 \pi} = \frac{r_0}{2} = \frac{4}{2} = 2 \text{m}$。

答案：D

6-5-25 解： $h_f = \frac{64}{\text{Re}} \cdot \frac{L}{d} \cdot \frac{v^2}{2g} = \frac{64}{1921} \times \frac{1000}{0.15} \times \frac{0.256^2}{2 \times 9.8} = 0.7425\text{m}$ 油柱 $= 74.25\text{cm}$ 油柱

答案： A

6-5-26 解： 沿程阻力系数 $\lambda = \frac{2gd \cdot h_f}{L \cdot v^2} = \frac{2 \times 9.8 \times 0.006 \times 4.228}{2 \times 2.723^2} = 0.0335$

答案： B

6-5-27 解： 水力半径 $R = \frac{A}{\chi} = \frac{1.2 \times 0.6}{2 \times (1.2 + 0.6)} = 0.2\text{m}$

压强损失 $p_f = \lambda \frac{L}{4R} \cdot \frac{\rho v^2}{2} = 0.0145 \times \frac{12}{4 \times 0.2} \times \frac{1.2 \times 16.2^2}{2} = 34.25\text{N/m}^2$

答案： C

6-5-28 解： 矩形排水管水力半径 $R = \frac{A}{\chi} = \frac{5 \times 3}{5 + 2 \times 3} = 1.36\text{m}$。

答案： C

6-5-29 解： 水力半径 $R = \frac{A}{\chi} = \frac{2 \times 1}{2 + 2 \times 1} \times \frac{1}{2} = 0.5\text{m}$, $J = \frac{h_f}{L} = \frac{1}{1000} = 0.001$

流速 $v = C\sqrt{RJ} = 48.5 \times \sqrt{0.5 \times 0.001} = 1.084\text{m/s}$

答案： D

6-5-30 解： 谢才系数 $C = \frac{1}{n} R^{\frac{1}{6}} = \frac{1}{0.025} \times (0.5)^{\frac{1}{6}} = 35.64\text{m}^{\frac{1}{2}}/\text{s}$

阻力系数 $\lambda = \frac{8g}{C^2} = \frac{8 \times 9.8}{35.64^2} = 0.0617$

答案： B

6-5-31 解： 局部阻力系数 $\zeta_2 = \left(\frac{A_2}{A_1} - 1\right)^2 = \left[\left(\frac{d_2}{d_1}\right)^2 - 1\right]^2 = (2^2 - 1)^2 = 9$

局部水头损失 $h_m = \zeta_2 \frac{v_2^2}{2g} = 9 \times \frac{1}{2 \times 9.8} = 0.459\text{m}$

答案： C

6-5-32 解： 局部阻力系数 $\zeta_1 = \left(1 - \frac{A_1}{A_2}\right)^2 = \left[1 - \left(\frac{d_1}{d_2}\right)^2\right]^2 = \left[1 - \left(\frac{1}{2}\right)^2\right]^2 = 0.563$

局部水头损失 $h_m = \zeta_1 \frac{v_1^2}{2g} = 0.563 \times \frac{4^2}{2 \times 9.8} = 0.459\text{m}$

答案： D

6-5-33 解： 局部阻力系数 $\zeta = \frac{2gh_m}{v^2} = \frac{2 \times 9.8 \times 1}{2^2} = 4.9$

答案： A

6-5-34 解： 根据均匀流基本方程 $h_f = \frac{\tau L}{\gamma R}$ 来判断。

答案： D

6-5-35 解： 边界层分离会增加绕流运动的压差阻力。

答案： C

6-5-36 解： 减少绕流阻力的物体形状应为流线形。

答案： B

6-5-37 解： 有尖锐边缘的非流线形物体是形成压差阻力的主要原因。

答案： D

6-5-38 解： 断面平均流速 $v = \frac{Q}{\frac{\pi}{4}d^2} = \frac{3.12 \times 10^{-1}}{\frac{\pi}{4} \times 0.25^2} = 6.357\text{m/s}$

切应力 $\tau_0 = \frac{\lambda}{8}\rho v^2 = \frac{0.02}{8} \times 1000 \times 6.357^2 = 101.1\text{N/m}^2$

答案： A

（六）孔口、管嘴及有压管流

6-6-1 圆柱形管嘴的长度为l，直径为d，管嘴作用水头为H_0，则其正常工作条件为：

  A. $l = (3\sim4)d$，$H_0 > 9\text{m}$ B. $l = (3\sim4)d$，$H_0 < 9\text{m}$

  C. $l > (7\sim8)d$，$H_0 > 9\text{m}$ D. $l > (7\sim8)d$，$H_0 < 9\text{m}$

6-6-2 如图所示，当阀门的开度变小时，流量将：

  A. 增大

  B. 减小

  C. 不变

  D. 条件不足，无法确定

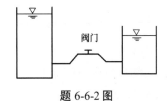
题 6-6-2 图

6-6-3 正常工作条件下的薄壁小孔口与圆柱形外管嘴，直径d相等，作用水头H相等，则孔口流量Q_1和孔口收缩断面流速v_1与管嘴流量Q_2和管嘴出口流速v_2的关系是：

  A. $v_1 < v_2$，$Q_1 < Q_2$ B. $v_1 < v_2$，$Q_1 > Q_2$

  C. $v_1 > v_2$，$Q_1 < Q_2$ D. $v_1 > v_2$，$Q_1 > Q_2$

6-6-4 图示直径为 20mm、长 5m 的管道自水池取水并泄入大气中，出口比水池水面低 2m，已知沿程水头损失系数$\lambda = 0.02$，进口局部水头损失系数$\zeta = 0.5$，则泄流量Q为：

  A. 0.88L/s   B. 1.90L/s

  C. 0.77L/s   D. 0.39L/s

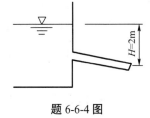
题 6-6-4 图

6-6-5 作用水头相同时，孔口的过流量要比相同直径的管嘴过流量：

  A. 大   B. 小   C. 相同   D. 无法确定

6-6-6 长管并联管段 1、2，两管段长度l相等（见图），直径$d_1 = 2d_2$，沿程阻力系数相等，则两管段的流量比Q_1/Q_2为：

  A. 8.00   B. 5.66

  C. 2.83   D. 2.00

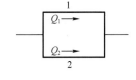
题 6-6-6 图

6-6-7 如上题图所示，长管并联管段 1、2，两管段直径相等$d_1 = d_2$，沿程阻力系数相等，长度$l_1 = 2l_2$。两管段的流量比Q_1/Q_2为：

  A. 0.71   B. 0.50   C. 1.41   D. 2.00

6-6-8 A、B两点之间并联了三根管道，则AB之间的水头损失h_{fAB}等于：

  A. $h_{f1} + h_{f2}$ B. $h_{f2} + h_{f3}$

  C. $f_{f1} + h_{f2} + h_{f3}$ D. $h_{f1} = h_{f2} = h_{f3}$

6-6-9 如图所示，两水箱间用一简单管道相连接，在计算该管道的流量时，其作用水头H_0为：

  A. $h_1 + h_2$ B. $h_1 + \dfrac{p_1}{\gamma}$ C. $h_2 + \dfrac{p_1}{\gamma}$ D. $h_1 + h_2 + \dfrac{p_1}{\gamma}$

6-6-10 如图所示，用一附有水压差计的毕托管测定某风道中空气流速。已知压差计的读数$\Delta h = 185\text{mm}$，水的密度$\rho = 1000\text{kg/m}^3$，空气的密度$\rho_a = 1.20\text{kg/m}^3$，测得的气流速度$u$约为：

  A. 50m/s   B. 55m/s   C. 60m/s   D. 65m/s

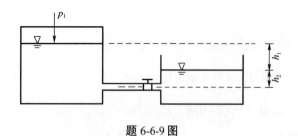

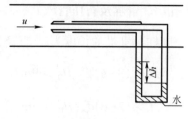

题 6-6-9 图　　　　　　　　　　　　题 6-6-10 图

6-6-11 孔口出流试验中测得孔口出流的局部阻力系数 $\zeta = 0.06$，则其流速系数 ϕ 为：

　　A. 0.91　　　　　　B. 0.93　　　　　　C. 0.95　　　　　　D. 0.97

6-6-12 已知孔口出流的流速系数 $\phi = 0.97$，收缩系数 $\varepsilon = 0.64$，则其流量系数 μ 为：

　　A. 0.62　　　　　　B. 0.66　　　　　　C. 1.51　　　　　　D. 1.61

6-6-13 在满足正常工作条件下的圆柱形外管嘴出流流量为 Q_1，与相同直径、相同作用水头的圆形孔口出流流量 Q_2 相比较，两者关系为：

　　A. $Q_1 < Q_2$　　　　　　　　　　　　B. $Q_1 > Q_2$

　　C. $Q_1 = Q_2$　　　　　　　　　　　　D. $Q_1 = 1.5Q_2$

6-6-14 相同直径和作用水头的圆柱形外管嘴和孔口，前者比后者出流流量增加的原因是下述哪一条?

　　A. 阻力减少了　　　　　　　　　　　　B. 收缩系数减少了

　　C. 收缩断面处有真空　　　　　　　　　D. 水头损失减少了

6-6-15 有一恒定出流的薄壁小孔口如图所示，作用水头 $H_0 = 4\text{m}$，孔口直径 $d = 2\text{cm}$，则其出流量 Q 为：

　　A. $1.82 \times 10^{-3}\text{m}^3/\text{s}$　　　　　　　　B. $1.63 \times 10^{-3}\text{m}^3/\text{s}$

　　C. $1.54 \times 10^{-3}\text{m}^3/\text{s}$　　　　　　　　D. $1.72 \times 10^{-3}\text{m}^3/\text{s}$

6-6-16 直径及作用水头与上题相同的圆柱形外管嘴（见图）的出流流量为：

　　A. $2.28 \times 10^{-3}\text{m}^3/\text{s}$　　　　　　　　B. $2.00 \times 10^{-3}\text{m}^3/\text{s}$

　　C. $3.15 \times 10^{-3}\text{m}^3/\text{s}$　　　　　　　　D. $2.55 \times 10^{-3}\text{m}^3/\text{s}$

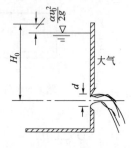

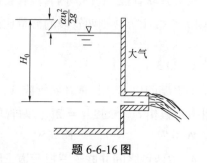

题 6-6-15 图　　　　　　　　　　　题 6-6-16 图

6-6-17 两根完全相同的长管道如图所示，只是 2 管安装位置低于 1 管，两管的流量关系为：

　　A. $Q_1 < Q_2$

　　B. $Q_1 > Q_2$

　　C. $Q_1 = Q_2$

　　D. 不定

6-6-18 长管并联管道，若管长、管径、粗糙度均不相等，但其下述哪个因素相等?

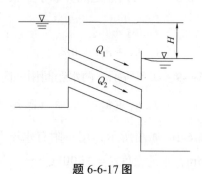

题 6-6-17 图

A. 水头损失相等　　　　　　　　　　B. 通过流量相等

C. 总的能量损失相等　　　　　　　　D. 水力坡度相等

6-6-19 某并联长管如图所示，已知分流点前干管流量 $Q = 100\text{L/s}$，并联管阻抗分别为 $S_1 = 2092\text{s}^2/\text{m}^5$，$S_2 = 8370\text{s}^2/\text{m}^5$，则并联管之一的流量 Q_1 为：

A. 33.35L/s　　　　　B. 66.7L/s　　　　　C. 42.7L/s　　　　　D. 77.25L/s

6-6-20 串联长管如图所示。通过流量为 $Q = 50\text{L/s}$，管道阻抗分别为 $S_1 = 902.9\text{s}^2/\text{m}^5$，$S_2 = 4185\text{s}^2/\text{m}^5$，则水头 H 为：

A. 15.64m　　　　　B. 13.53m　　　　　C. 12.72m　　　　　D. 14.71m

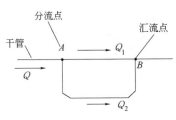

题 6-6-19 图

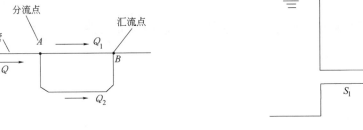

题 6-6-20 图

题解及参考答案

6-6-1　**解：** 圆柱形外管嘴正常工作的条件：$L = (3\sim4)d$，$H_0 < 9\text{m}$。

答案： B

6-6-2　**解：** 根据有压管基本公式 $H = SQ^2$，可解出流量 $Q = \sqrt{\dfrac{H}{S}}$。H 不变，阀门关小，阻抗 S 增加，流量应减小。

答案： B

6-6-3　**解：** 孔口流速系数 $\varphi = 0.97$，流量系数 $\mu = 0.62$；管嘴的 $\varphi = 0.82$，$\mu = 0.82$。相同直径、相同水头的孔口流速大于圆柱形外管嘴流速，但流量小于后者。

答案： C

6-6-4　**解：** 可按自由出流短管计算，$H = \dfrac{\alpha v^2}{2g} + h_{\text{w}} = \dfrac{\alpha v^2}{2g} + \left(\lambda\dfrac{L}{d} + \zeta\right)\dfrac{v^2}{2g}$。

代入题设数据后有：

$$2 = \left(1 + 0.02 \times \frac{5}{0.02} + 0.5\right)\frac{v^2}{2g} = 6.5\frac{v^2}{2g}$$

得 $v = \sqrt{\dfrac{2 \times 2g}{6.5}} = \sqrt{\dfrac{2 \times 2 \times 9.8}{6.5}} = 2.456\text{m/s}$

$$Q = v \times \frac{\pi}{4}d^2 = 2.456 \times \frac{\pi}{4} \times (0.02)^2 = 7.7 \times 10^{-4}\text{m}^3/\text{s} = 0.77\text{L/s}$$

答案： C

6-6-5　**解：** 由于圆柱形外管嘴收缩断面处有真空，故流量大于同水头、同直径的孔口。

答案： B

6-6-6　**解：** 并联管，$\dfrac{Q_1}{Q_2} = \sqrt{\dfrac{S_2}{S_1}}$，$S = \dfrac{8\lambda L}{\pi^2 g d^5}$。代入题设数据有：

$$\frac{Q_1}{Q_2} = \sqrt{\frac{8\lambda L}{\pi^2 g d_2^5} \Big/ \frac{8\lambda L}{\pi^2 g d_1^5}} = \sqrt{\left(\frac{d_1}{d_2}\right)^5} = \sqrt{2^5} = 5.66$$

答案： B

6-6-7　解： 并联管道流量与阻抗平方根成反比即：

$$\frac{Q_1}{Q_2} = \sqrt{\frac{S_2}{S_1}} = \sqrt{\frac{8\lambda L_2}{\pi^2 g d^5} \Big/ \frac{8\lambda L_1}{\pi^2 g d^5}} = \sqrt{\frac{L_2}{L_1}} = \sqrt{0.5} = 0.707$$

答案： A

6-6-8　解： 参见并联管道相关内容，并联管道分流点与汇流间管道水头损失相等。

答案： D

6-6-9　解： 参见淹没或短管出流相关内容。本题作用水头 $H = h_1 + \frac{p_1}{\gamma}$。

答案： B

6-6-10　解： 参见元流能量方程的应用——毕托管测流速相关内容。

点流速 $u = C\sqrt{2gh_u}$，$h_u = \left(\frac{\rho}{\rho_a} - 1\right)\Delta h$，$C \approx 1$，则

$$u = C\sqrt{2g\left(\frac{\rho}{\rho_a} - 1\right)\Delta h} = \sqrt{2 \times 9.8 \times \left(\frac{1000}{1.2} - 1\right) \times 0.185} = 55\text{m/s}$$

答案： B

6-6-11　解： 流速系数 $\phi = \frac{1}{\sqrt{1+\zeta}} = \frac{1}{\sqrt{1+0.06}} = 0.97$

答案： D

6-6-12　解： $\mu = \varepsilon\phi = 0.64 \times 0.97 = 0.62$

答案： A

6-6-13　解： 圆柱形外管嘴出流流量大于同直径、同作用水头的孔口出流流量。

答案： B

6-6-14　解： 对收缩断面及出口断面写能量方程，可证明收缩断面处有真空。

答案： C

6-6-15　解： 孔口出流量 $Q = \mu A\sqrt{2gH_0} = 0.62 \times \frac{\pi}{4} \times 0.02^2 \times \sqrt{2 \times 9.8 \times 4} = 1.72 \times 10^{-3}\text{m}^3/\text{s}$

答案： D

6-6-16　解： 管嘴出流量 $Q = \mu A\sqrt{2gH_0} = 0.82 \times \frac{\pi}{4} \times 0.02^2 \times \sqrt{2 \times 9.8 \times 4} = 2.28 \times 10^{-3}\text{m}^3/\text{s}$

答案： A

6-6-17　解： 两管道水头差 H 相等，两完全相同管道的阻抗应一样，则由 $S_1 Q_1^2 = S_2 Q_2^2$，可判断出 $Q_1 = Q_2$。

答案： C

6-6-18　解： 并联长管道水头损失相等。

答案： A

6-6-19　解： $\frac{Q_1}{Q_2} = \sqrt{\frac{S_2}{S_1}} = \sqrt{\frac{8370}{2092}} = 2$，即 $Q_1 = 2Q_2$

干管流量 $Q = Q_1 + Q_2 = 2Q_2 + Q_2 = 3Q_2$

即 $Q_2 = \frac{Q}{3}$，$Q_1 = \frac{2}{3}Q = \frac{2}{3} \times 100 = 66.7\text{L/s}$

答案：B

6-6-20 解：总水头 $H = (S_1 + S_2)Q^2 = (902.9 + 4185) \times 0.05^2 = 12.72\text{m}$

答案：C

（七）明渠恒定流

6-7-1 明渠均匀流只能发生在：

　　A.顺坡棱柱形渠道　　　　　　　　　B.平坡棱柱形渠道

　　C.逆坡棱柱形渠道　　　　　　　　　D.变坡棱柱形渠道

6-7-2 在流量、渠道断面形状和尺寸、壁面粗糙系数一定时，随底坡的增大，正常水深将会：

　　A.减小　　　　　　B.不变　　　　　　C.增大　　　　　　D.随机变化

6-7-3 明渠均匀流的流量一定，当渠道断面形状、尺寸和壁面粗糙程度一定时，正常水深随底坡增大而：

　　A.增大　　　　　　B.减小　　　　　　C.不变　　　　　　D.不确定

6-7-4 梯形断面水渠按均匀流设计，已知过水断面 $A = 5.04\text{m}^2$，湿周 $\chi = 6.73\text{m}$，粗糙系数 $n = 0.025$，按曼宁公式计算谢才系数 C 为：

　　A.$30.80\text{m}^{\frac{1}{2}}/\text{s}$　　　B.$30.13\text{m}^{\frac{1}{2}}/\text{s}$　　　C.$38.80\text{m}^{\frac{1}{2}}/\text{s}$　　　D.$38.13\text{m}^{\frac{1}{2}}/\text{s}$

6-7-5 对明渠恒定均匀流，在已知通过流量 Q、渠道底坡 i、边坡系数 m 及粗糙系数 n 的条件下，计算梯形断面渠道尺寸的补充条件及设问不能是：

　　A.给定水深 h，求底宽 b

　　B.给定宽深比 β，求水深 h 与底宽 b

　　C.给定最大允许流速 $[v]_{\max}$，求水深与底宽 b

　　D.给定水力坡度 J，求水深 h 与底宽 b

6-7-6 明渠均匀流的特征是：

　　A.断面面积沿程不变　　　　　　　　B.壁面粗糙度及流量沿程不变

　　C.底坡不变的长渠　　　　　　　　　D.水力坡度、水面坡度、渠底坡度皆相等

6-7-7 方形和矩形断面的渠道断面 1 及 2 如图所示。若两渠道的过水断面面积相等，底坡 i 及壁面的粗糙系数 n 皆相同，均匀流的流量关系是：

　　A.$Q_1 = Q_2$　　　B.$Q_1 > Q_2$　　　C.$Q_1 < Q_2$　　　　D.不确定

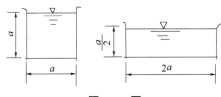

题 6-7-7 图

6-7-8 一梯形断面的明渠，水力半径 $R = 0.8\text{m}$，底坡 $i = 0.0006$，粗糙系数 $n = 0.025$，作均匀流时该渠的断面平均流速为：

　　A.0.96m/s　　　　B.1.0m/s　　　　C.0.84m/s　　　　D.1.2m/s

6-7-9 明渠水力最优矩形断面的宽深比是：

　　A.0.5　　　　　　B.1.0　　　　　　C.3　　　　　　　D.2

题解及参考答案

6-7-1 **解：**根据明渠均匀流发生的条件可得（明渠均匀流只能发生在顺坡渠道中）。

答案： A

6-7-2 **解：**根据谢才公式 $v = C\sqrt{Ri}$，当底坡 i 增大时，流速增大，在题设条件下，水深应减小。

答案： A

6-7-3 **解：**可用谢才公式分析，$Q = CA\sqrt{Ri}$，$C = \frac{1}{n}R^{\frac{1}{6}}$，在题设条件下，随底坡 i 增大，流速增大，水深应减小。

答案： B

6-7-4 **解：**$C = \frac{1}{n}R^{\frac{1}{6}}$，$R = \frac{A}{\chi}$，$C = \frac{1}{0.025} \times \left(\frac{5.04}{6.73}\right)^{1/6} = 38.13\text{m}^{\frac{1}{2}}/\text{s}$。

答案： D

6-7-5 **解：**明渠均匀流的水力坡度 J 与河底坡度 i 相等，题中已经给定上底坡 i，补充条件就不能再给定 J。

答案： D

6-7-6 **解：**明渠均匀流为等深、等速无压流，水头线、水面线、河底线平行。

答案： D

6-7-7 **解：**谢才、曼宁公式：$Q = \frac{1}{n}R^{\frac{2}{3}}i^{\frac{1}{2}}A$，当 i、n、A 相同时，Q 取决于水力半径 R，而 $R = \frac{\text{面积}}{\text{湿周}}$。按题设条件知两断面 R 相等，故流量相等。

答案： A

6-7-8 **解：**平均流速 $v = \frac{1}{n}R^{\frac{2}{3}}i^{\frac{1}{2}} = \frac{1}{0.025} \times 0.8^{\frac{2}{3}} \times 0.0006^{\frac{1}{2}} = 40. \times 0.8617 \times 0.0245 = 0.84\text{m/s}$

答案： C

6-7-9 **解：**矩形渠道水力最优宽深比 $\beta = 2$。

答案： D

（八）渗流定律、井和集水廊道

6-8-1 在实验室中，根据达西定律测定某种土壤的渗透系数，将土样装在直径 $d = 30\text{cm}$ 的圆筒中，在 90cm 水头差作用下，8h 的渗透水量为 100L，两测压管的距离为 40cm，该土壤的渗透系数为：

    A. 0.9m/d   B. 1.9m/d   C. 2.9m/d   D. 3.9m/d

6-8-2 均匀砂质土填装在容器中，已知水力坡度 $J = 0.5$，渗透系数 k 为 0.005cm/s，则渗流速度为：

    A. 0.0025cm/s   B. 0.0001cm/s   C. 0.001cm/s   D. 0.015cm/s

6-8-3 有一个普通完全井，其直径为 1m，含水层厚度为 $H = 11\text{m}$，土壤渗透系数 $k = 2\text{m/h}$。抽水稳定后的井中水深 $h_0 = 8\text{m}$，估算井的出水量：

    A. 0.084m³/s   B. 0.016m³/s   C. 0.17m³/s   D. 0.84m³/s

6-8-4 图示承压含水层的厚度 $t = 7.5\text{m}$，用完全井进行抽水试验，在半径 $r_1 = 6\text{m}$、$r_2 = 24\text{m}$ 处，测得相应的水头降落 $s_1 = 0.76\text{m}$、$s_2 = 0.44\text{m}$，井的出流量 $Q = 0.01\text{m}^3/\text{s}$，则承压含水层的渗流系数 k 为：

［注：$s = \dfrac{Q}{2\pi kt}(\ln R - \ln r)$，$R$为影响半径］

　　A. 9.2×10^{-3}m/s　　　　　　　　B. 8.2×10^{-4}m/s

　　C. 9.2×10^{-4}m/s　　　　　　　　D. 8.2×10^{-3}m/s

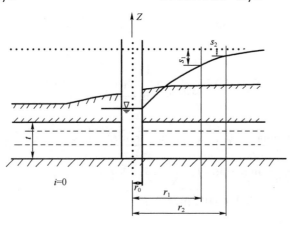

题 6-8-4 图

6-8-5　潜水完全井抽水量大小与相关物理量的关系是：

　　A. 与井半径成正比　　　　　　　　B. 与井的影响半径成正比

　　C. 与含水层厚度成正比　　　　　　D. 与土体渗透系数成正比

6-8-6　用完全潜水井进行抽水试验计算渗透系数k，两位工程师各按一种经验公式选取影响半径R，分别为$R_1 = 3000r_0$，$R_2 = 2000r_0$，其他条件相同，则计算结构k_1/k_2为：

　　A. 1.50　　　　　　B. 0.95　　　　　　C. 0.67　　　　　　D. 1.05

6-8-7　对一维渐变渗流，完全潜水井的含水层厚度H为 8m，井的半径r_0为 0.2m，抽水对井的涌水量Q为 0.03m³/s，井中水深h为 5m，若取影响半径$R = 400$m，计算渗流系数k为：

　　A. 0.0025m/s　　　　B. 0.0018m/s　　　　C. 0.018m/s　　　　D. 0.025m/s

6-8-8　渗流速度v正比于水力坡度J的多少次幂？

　　A. 1　　　　　　　B. 0.5　　　　　　　C. 1.5　　　　　　D. 2

6-8-9　一普通完全井，半径$r_0 = 0.2$m，含水层水头$H = 10$m，渗透系数$k = 0.0006$m/s，影响半径$R = 294$m，抽水稳定后井中水深$h = 6$m，此时该井的出水流量Q为：

　　A. 20.53L/s　　　　B. 18.52L/s　　　　C. 14.54L/s　　　　D. 16.56L/s

题解及参考答案

6-8-1　**解：**按达西公式$Q = kAJ$，可解出渗流系数：

$$k = \frac{Q}{AJ} = \frac{0.1}{\dfrac{\pi}{4} \times 0.3^2 \times \dfrac{90}{40} \times 8 \times 3600} = 2.183 \times 10^{-5}\text{m/s} = 1.886\text{m/d}$$

答案： B

6-8-2　**解：**均匀砂质土壤适用达西渗透定律：$v = kJ$，代入题设数据，则渗流速度$v = 0.005 \times 0.5 = 0.0025$cm/s。

答案： A

6-8-3　**解：**先用经验公式$R = 3000S\sqrt{k}$求影响半径R，再用普通完全井公式求Q：

$$Q = 1.366 \frac{k(H^2 - h^2)}{\lg \frac{R}{r_0}}$$

代入题设数据后有：

$$R = 3000 \times (11 - 8) \times \sqrt{2/3600} = 212.1 \text{m}$$

则流量：

$$Q = 1.366 \times \frac{2}{3600} \times \frac{11^2 - 8^2}{\lg \frac{212.1}{0.5}} = 0.0164 \text{m}^3/\text{s}$$

答案：B

6-8-4 解：先由$\frac{s_1}{s_2} = \frac{\ln R - \ln r_1}{\ln R - \ln r_2}$，则$\ln R = \frac{s_1 \ln r_2 - s_2 \ln r_1}{s_1 - s_2}$，求得影响半径$R$，再由承压井流量公式$Q = \frac{2\pi kts}{\ln \frac{R}{r}}$，反求渗流系数$k = \frac{Q}{2\pi st}(\ln R - \ln r)$，式中的$s$和$r$应该对应代入，例如可用$s_1$、$r_1$代入，$k = \frac{0.01}{2\pi \times 0.76 \times 0.75}(\ln 161.277 - \ln 6) = 9.2 \times 10^{-4} \text{m/s}$。

答案：C

6-8-5 解：潜水完全井流量$Q = 1.36 k \frac{H^2 - h^2}{\lg \frac{R}{r}}$，因此$Q$与土体渗透数$k$成正比。

答案：D

6-8-6 解：由完全潜水井公式$Q = 1.366 \frac{k(H^2 - h^2)}{\lg \frac{R}{r_0}}$，反求$k$。代入题设数据后有：

$$\frac{k_1}{k_2} = \lg \frac{3000}{2000} = 1.053$$

答案：D

6-8-7 解：由完全潜水井流量公式$Q = 1.366 \frac{k(H^2 - h^2)}{\lg \frac{R}{r_0}}$，反求$k$。代入题设数据后有：

$$k = \frac{Q \lg \frac{R}{r_0}}{1.366(H^2 - h^2)} = \frac{0.03 \times \lg \frac{400}{0.2}}{1.366 \times (8^2 - 5^2)} = 0.00185 \text{m/s}$$

答案：B

6-8-8 解：参见达西渗透定律，流速$v = kJ$。

答案：A

6-8-9 解：普通井流量

$$Q = 1.366 \frac{k(H^2 - h^2)}{\lg \frac{R}{r_0}}$$

$$= 1.366 \times \frac{0.0006 \times (10^2 - 6^2)}{\lg \frac{294}{0.2}} = 0.01656 \text{m}^3/\text{s} = 16.56 \text{L/s}$$

答案：D

（九）量纲分析和相似原理

6-9-1 合力F、密度ρ、长度l、速度v组合的无量纲数是：

A. $\frac{F}{\rho vl}$ B. $\frac{F}{\rho v^2 l}$ C. $\frac{F}{\rho v^2 l^2}$ D. $\frac{F}{\rho vl^2}$

6-9-2 流体的压强p、速度v、密度ρ，正确的无量纲数组合是：

A. $\dfrac{p}{\rho v^2}$　　　　B. $\dfrac{\rho p}{v^2}$　　　　C. $\dfrac{\rho}{pv^2}$　　　　D. $\dfrac{p}{\rho v}$

6-9-3 进行水力模型试验，要实现有压管流的相似，应选用的相似准则是：

A. 雷诺准则　　　B. 弗劳德准则　　　C. 欧拉准则　　　D. 马赫数

6-9-4 速度 v、长度 l、运动黏度 ν 的无量纲组合是：

A. $\dfrac{vl^2}{\nu}$　　　　B. $\dfrac{v^2 l}{\nu}$　　　　C. $\dfrac{v^2 l^2}{\nu}$　　　　D. $\dfrac{vl}{\nu}$

6-9-5 速度 v、长度 L、重力加速度 g 的无量纲组合是：

A. $\dfrac{Lv}{g}$　　　　B. $\dfrac{v}{gL}$　　　　C. $\dfrac{L}{gv}$　　　　D. $\dfrac{v^2}{gL}$

6-9-6 研究船体在水中航行的受力试验，其模型设计应采用：

A. 雷诺准则　　　B. 弗劳德准则　　　C. 韦伯准则　　　D. 马赫准则

6-9-7 模型与原形采用相同介质，为满足黏性阻力相似，若原形与模型的几何比尺为 10，设计模型应使流速比尺为：

A. 10　　　　B. 1　　　　C. 0.1　　　　D. 5

6-9-8 物理量的单位指的是：

A. 物理量的量纲

B. 物理量的类别和性质的标志

C. 度量同一类物理量大小所选用的标准量

D. 物理量的大小

6-9-9 量纲和谐原理是指：

A. 不同性质的物理量不能作加、减运算

B. 不同性质的物理量可作乘、除运算

C. 物理方程式中，各项量纲必须一致

D. 以上答案均不对

6-9-10 雷诺数的物理意义是指：

A. 黏性力与重力之比　　　　　　　B. 黏性力与压力之比

C. 重力与惯性力之比　　　　　　　D. 惯性力与黏性力之比

6-9-11 弗劳德数的物理意义是指：

A. 黏性力与重力之比　　　　　　　B. 重力与压力之比

C. 惯性力与重力之比　　　　　　　D. 惯性力与黏性力之比

6-9-12 对于明渠重力流中的水工建筑物进行模型试验时，应选用的相似准则为：

A. 弗劳德准则　　　B. 雷诺准则　　　C. 欧拉准则　　　D. 韦伯准则

6-9-13 明渠水流中建筑物模型试验，已知长度比尺 $\lambda_L = 4$，则模型流量应为原型流的：

A. 1/2　　　　B. 1/32　　　　C. 1/8　　　　D. 1/4

6-9-14 模型设计中的自动模型区是指下述的哪种区域？

A. 只要原型与模型雷诺数相等，即自动相似的区域

B. 只要原型与模型弗劳德数相等，即自动相似的区域

C. 处于紊流光滑区时，两个流场的雷诺数不需要相等即自动相似的区域

D. 在紊流粗糙区，只要满足几何相似及边界粗糙度相似，即可自动满足力学相似的区域

题解及参考答案

6-9-1　**解**：无量纲量即量纲为 1 的量，$\dim \frac{F}{\rho v^2 l^2} = \frac{\rho v^2 l^2}{\rho v^2 l^2} = 1$。

　　　　答案：C

6-9-2　**解**：无量纲量即量纲为 1 的量，$\dim \frac{p}{\rho v^2} = \frac{ML^{-1}T^{-2}}{ML^{-3}(LT^{-1})^2} = 1$。

　　　　答案：A

6-9-3　**解**：压力管流的模型试验应选择雷诺准则。

　　　　答案：A

6-9-4　**解**：无量纲组合应是量纲为 1 的量，$\dim \frac{vL}{\nu} = \frac{LT^{-1} \cdot L}{L^2 T^{-1}} = 1$。

　　　　答案：D

6-9-5　**解**：无量纲组合应是量纲为 1 的量，$\dim \frac{v^2}{gL} = \frac{(LT^{-1})^2}{LT^{-1} \cdot L} = 1$。

　　　　答案：D

6-9-6　**解**：船在明渠中航行试验，属于明渠重力流性质，应选用弗劳德准则。

　　　　答案：B

6-9-7　**解**：应使用雷诺准则设计该模型，其比尺公式为 $\frac{\lambda_v \lambda_L}{\lambda_\nu} = 1$。因为用相同介质，故 $\lambda_\nu = 1$，所以流速比尺 $\lambda_v = \frac{1}{\lambda_L} = \frac{1}{10} = 0.1$。

　　　　答案：C

6-9-8　**解**：物理量的单位是指度量同一类物理量的大小所选用的标准量。

　　　　答案：C

6-9-9　**解**：参见量纲和谐原理相关内容。

　　　　答案：C

6-9-10　**解**：雷诺数的物理意义是惯性力与黏性力之比。

　　　　答案：D

6-9-11　**解**：弗劳德数的物理意义是惯性力与重力之比。

　　　　答案：C

6-9-12　**解**：对明渠重力流的水工模型试验应选用弗劳德准则。

　　　　答案：A

6-9-13　**解**：采用弗劳德准则，比尺关系为 $\lambda_Q = \lambda_L^{2.5} = 4^{2.5} = 32$，$Q_m = \frac{Q_p}{\lambda_Q} = \frac{1}{32}Q_p$。

　　　　答案：B

6-9-14　**解**：自动模型区在紊流粗糙区。

　　　　答案：D

第七章 电工电子技术

复习指导

电工电子技术内容可以分为电场与磁场、电路分析方法、电机及拖动基础、模拟电子技术、数字电子技术五个部分。复习重点及要点如下。

1. 电场与磁场

该部分属于物理学中电学部分的内容，是分析电学现象的基础，主要包括：库仑定律、高斯定律、安培环路定律、电磁感应定律。利用这些定理分析电磁场问题时物理概念一定要清楚，要注意所用公式、定律的使用条件和公式中各物理量的意义。

2. 电路分析方法

（1）直流电路重点

重点内容包括：电路的基本元件、欧姆定律、基尔霍夫定律、叠加原理、戴维南定理。

电路分析的任务是分析线性电路的电压、电流及功率关系。重点是要弄清有源原件（电压源和电流源）和无源元件（电阻、电感和电容）在电路中的作用；电路中电压、电流受基尔霍夫电压定律和电流定律约束，欧姆定律控制了电路元件中的电压电流关系；使用公式时必须注意电路图中电压、电流正方向和实际方向的关系。叠加原理和戴维南定理是分析线性电路的重要定理，必须通过大量的练习灵活地处理电路问题。

（2）正弦交流电路重点

重点内容包括：正弦量三要素的表示方法、单相和三相电路计算、功率及功率因数、串联与并联谐振的概念。

交流电路与直流电路的分析方法相同，关键是建立正弦交流电路大小、相位和频率的概念和正确地表示正弦量的最大值、有效值、初相位、相位差和角频率，熟悉各种表示方法间的关系并进行转换，能用相量法和复数法计算正弦交流电路。

交流电路的无功功率反映电路中储能元件与电源进行能量交换的规模，有功功率才是电路中真正消耗掉的功率，它不仅与电路中电压和电流的大小有关，还与功率因数 $\cos\varphi$ 有关。

谐振是交流电路中电压的相位与电流的相位相同时的特殊现象。此时电路对外呈电阻性质，注意掌握串联谐振、并联谐振的条件和电压电流特征。

三相电路中负载连接的原则是保证负载上得到额定电压，分清对称性负载和非对称性负载的条件，并会计算对称性负载三相电路中电压、电流和有功功率的大小，注意星形接法中中线的作用。

（3）一阶电路的暂态过程

理解暂态过程出现的条件和物理意义。含有储能元件 C、L 的电路中，电容电压和电感电流不会发生跃变。电路换路（如开关动作）时必须经过一段时间，各物理量才会从旧的稳态过渡到新的稳态。重点是建立电路暂态的概念，用一阶电路三要素法分析电路换路时，电路的电压电流的变化规律。关键在于确定电压电流的初始值、稳态值和时间常数，并用典型公式计算。

3. 电机及拖动基础

主要内容：变压器、三相异步电动机的基本工作原理和使用方法、常用继电器——接触器控制电路、安全用电常识。

了解变压器的基本结构、工作原理，单相变压器原副边电压、电流、阻抗关系及变压器额定值的意义，经济运行条件。了解三相交流异步电动机转速、转矩、功率关系、名牌数据的意义，特别是电动机的常规使用方法。例如：对三相交流异步电动机启动进行控制的目的是限制电动机的起动电流。正常运行为三角形接法的电动机，起动时采用星形接法，起动电流减少的程度可根据三相电路理论，将三相电动机视为一个三相对称形负载便可确定。

掌握常用低压电气控制电路的绘图方法。必须明确，控制电路图中控制电器符号是按照电器未动作的状态表示的。阅读继电接触器控制电路图时要特别要注意自锁、联锁的作用，了解过载，短路和失压保护的方法。

安全用电属于基本用电知识，重点是了解接零、接地的区别和应用场合。

4. 模拟电子技术

主要内容：二极管及二极管整流电路、电容电感滤波原理、稳压电路的基本结构；三极管及单管电压放大电路，能够确定三极管电压放大器的主要技术指标。

了解半导体器件结构、原理、伏安特性、主要参数及使用方法。学习半导体器件的重点是要掌握PN结的单向导电性，难点是正确理解和应用二极管的非线性、三极管的电流分配关系。

能正确计算二极管整流电路中输入电压的有效值和整流输出电压平均值的大小关系，理解电容滤波电路的滤波原理和稳压管稳压电路的原理和对电路输出电压的影响。

分析分离元件放大电路的基础在于正确读懂放大电路图（静态偏置、交流耦合、反馈环节的主要特点），正确计算放大电路的静态参数，并会用微变等效电路分析放大器的动态指标（放大倍数、输入电阻、输出电阻）。

分析理想运算放大器组成的线性运算电路（比例、加法、减法和积分运算电路）的基础是正确理解应用运算放大器的理想条件（虚短路——同相输入端和反向输入端的电位相同，虚断路——运放的输入电流为零，输出电阻很小——恒压输出），然后根据线性电流理论分析输出电压（电流）与输入电压（电流）的关系。

5. 数字电子技术

数字电路是利用晶体管的开关特性工作的，分析数字电路时要注意输入和输出信号的逻辑关系，而不是大小关系。复习要点是正确对电路进行化简，并会用波形图和逻辑代数式表示电路输出和输入逻辑关系。基础元件是与门、或门、与非门和异或门电路。考生必需熟练地应用这些器件的逻辑功能，组合逻辑电路就是这些元件的逻辑组合，组合电路没有存储和记忆功能，输出只与当前的输入逻辑有关。

时序逻辑电路有保持、记忆和计数功能，这种触发器主要有三种：R-S、D、J-K 型触发器。分析时序电路时必须注意时钟作用，复习时必须记住这三种触发器的逻辑状态表，会分析时序电路输入、输出信号的时序关系。

练习题、题解及参考答案

（一）电场与磁场

7-1-1 在图中，线圈 a 的电阻为 R_a，线圈 b 的电阻为 R_b，两者彼此靠近如图所示，若外加激励 $u = U_M \sin \omega t$，则：

    A. $i_a = \dfrac{u}{R_a}$, $i_b = 0$ B. $i_a \neq \dfrac{u}{R_a}$, $i_b \neq 0$

    C. $i_a = \dfrac{u}{R_a}$, $i_b \neq 0$ D. $i_a \neq \dfrac{u}{R_a}$, $i_b = 0$

7-1-2 由图示长直导线上的电流产生的磁场：

    A. 方向与电流方向相同

    B. 方向与电流方向相反

    C. 顺时针方向环绕长直导线（自上向下俯视）

    D. 逆时针方向环绕长直导线（自上向下俯视）

7-1-3 在静电场中，有一个带电体在电场力的作用下移动，由此所做的功的能量来源是：

    A. 电场能   B. 带电体自身的能量

    C. 电场能和带电体自身的能量   D. 电场外部能量

7-1-4 图示电路中，磁性材料上绕有两个导电线圈，若上方线圈加的是 100V 的直流电压，则：

    A. 下方线圈两端不会产生磁感应电动势

    B. 下方线圈两端产生方向为左 "–" 右 "+" 的磁感应电动势

    C. 下方线圈两端产生方向为左 "+" 右 "–" 的磁感应电动势

    D. 磁性材料内部的磁通取逆时针方向

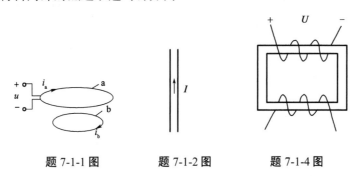

题 7-1-1 图   题 7-1-2 图   题 7-1-4 图

7-1-5 设真空中点电荷 $+q_1$ 和点电荷 $+q_2$ 相距 $2a$，以 $+q_1$ 为中心、a 为半径形成封闭球面，则通过该球面的电通量为：

    A. $3q_1$ B. $2q_1$ C. q_1 D. 0

7-1-6 两个电量都是 $+q$ 的点电荷，在真空中相距 a，如果在这两个点电荷连线的中点放上另一个点电荷 $+q'$，则点电荷 $+q'$ 受力为：

    A. 0   B. $\dfrac{qq'}{4\pi\varepsilon_0 a^2}$ C. $\dfrac{qq'}{\pi\varepsilon_0 a^2}$ D. $\dfrac{2qq'}{4\pi\varepsilon_0 a^2}$

7-1-7 以点电荷 q 所在点为球心，距点电荷 q 的距离为 r 处的电场强度应为：

    A. $\dfrac{q\varepsilon_0}{4\pi r^2}$ B. $\dfrac{q}{4\pi r^2 \varepsilon_0}$ C. $\dfrac{4\pi r^2 \varepsilon}{q}$ D. $\dfrac{4\pi q\varepsilon_0}{r^2}$

7-1-8 同心球形电容器，两极的半径分别为R_1和$R_2(R_2 > R_1)$，中间充满相对介电系数为ε_r的均匀介质，则两极间场强的分布曲线为下列哪个图所示？

A.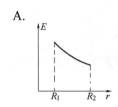

B.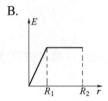

C.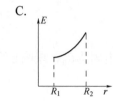

D.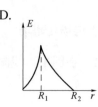

7-1-9 无限大平行板电容器，两极板相隔 5cm，板上均匀带电，$\sigma = 3 \times 10^{-6}C/m^2$，若将负极板接地，则正极板的电势为：

A. $\frac{7.5}{\varepsilon_0} \times 10^{-8}V$　　　B. $\frac{15}{\varepsilon_0} \times 10^{-8}V$　　　C. $\frac{30}{\varepsilon_0} \times 10^{-6}V$　　　D. $\frac{7.5}{\varepsilon_0} \times 10^{-6}V$

7-1-10 应用安培环路定律$\oint H \cdot dL = \sum I$对半径为$R$的无限长载流圆柱导体的磁场计算，计算结果应为：

A. 在其外部，即$r > R$处的磁场与载同等电流的长直导线的磁场相同

B. $r > R$处任一点的磁场强度大于载流长直导线在该点的磁场强度

C. $r > R$处任一点的磁场强度小于载流长直导线在该点的磁场强度

D. 在其内部，即$r < R$处的磁场强度与r成反比

7-1-11 真空中有两根互相平行的无限长直导线L_1和L_2，相距 0.1m。通有方向相反的电流，$I_1 = 20A$，$I_2 = 10A$，a点位于L_1、L_2之间的中点，且与两导线在同一平面内，如图所示，a点的磁感应强度T为：

A. $\frac{300}{\pi}\mu_0$　　　B. $\frac{100}{\pi}\mu_0$　　　C. $\frac{200}{\pi}\mu_0$　　　D. 0

7-1-12 如图所示，两长直导线的电流$I_1 = I_2$，L是包围I_1、I_2的闭合曲线，以下说法中正确的是哪一个？

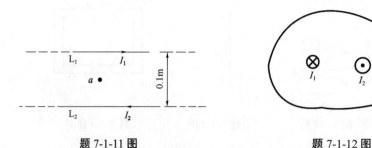

题 7-1-11 图　　　　　　　　题 7-1-12 图

A. L上各点的磁场强度H的量值相等，不等于 0

B. L上各点的H等于 0

C. L上任一点的H等于I_1、I_2在该点的磁场强度的叠加

D. L上各点的H无法确定

7-1-13 如图所示，导体回路处在一均匀磁场中，$B = 0.5T$，$R = 2\Omega$，ab边长$L = 0.5m$，可以滑动，$\alpha = 60°$，现以速度$v = 4m/s$将ab边向右匀速平行移动，通过 R 的感应电流为：

A. 0.5A　　　　　B. $-1A$　　　　　C. $-0.86A$　　　　　D. 0.43A

7-1-14 用一根硬导线弯成半径为R的半圆形，将其置于磁感应强度为B的均匀磁场中，以频率f旋

转，如图所示，这个导体回路中产生的感应电动势ε等于：

A. $\left(6R^2 + \frac{1}{2}\pi R^2\right)2\pi fB\sin(2\pi ft)$ 　　　B. $\left(6R^2 + \frac{1}{2}\pi R^2\right)fB\sin(2\pi ft)$

C. $\frac{1}{2}\pi R^2 fB\sin(2\pi ft)$ 　　　D. $(\pi R)^2 fB\sin(2\pi ft)$

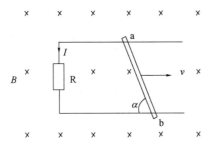

题 7-1-13 图 　　　　　　题 7-1-14 图

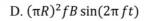

题解及参考答案

7-1-1 **解：**根据电磁感应定律，线圈 a 中是变化的电源，将产生变化的电流，考虑电磁作用$i_a \neq \frac{u}{R_a}$；变化磁通将与线圈 b 交链，由此产生感应电流$i_b \neq 0$。

答案：B

7-1-2 **解：**电流与磁场的方向可以根据右手螺旋定则确定，即让右手大拇指指向电流的方向，则四指的指向就是磁感线的环境方向。

答案：D

7-1-3 **解：**带电体是在电场力的作用下做功，其能量来自电场和自身的能量。

答案：C

7-1-4 **解：**根据电磁感应定律$e = -\frac{d\phi}{dt}$，当外加压U为直流量时，$e = \frac{d\phi}{dt} = 0$，且$e = 0$，因此下方的线圈中不会产生感应电动势。

答案：A

7-1-5 **解：**根据电场高斯定理，真空中通过任意闭合曲面的电通量为所包围自由电荷的代数和。

答案：C

7-1-6 **解：**根据静电场的叠加定理可见，两个正电荷$+q$对于$+q'$的作用力大小相等，方向相反（见解图）。可见$+q'$所受的合力为 0。

答案：A

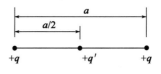

题 7-1-6 解图

7-1-7 **解：**电场强度公式$E = \frac{q}{4\pi\varepsilon_0 r^3}r$，取绝对值$E = \frac{q}{4\pi\varepsilon_0 r^2}$。

答案：B

7-1-8 **解：**根据电场强度与电荷关系：$E = \frac{g}{4\pi\varepsilon_0 r^2}$

由题意可知，$r < R_1$时，$E = 0$；当$R_1 < r < R_2$，$E \propto r^2$；当$r > R_2$时，$E = 0$。

答案：A

7-1-9 **解：**复习平板电容器与电势关系，其中σ为电荷密度参数，利用公式即可求出。

答案：B

7-1-10 解： 长直导线中的电流I与距离导线r远处产生的磁场B符合关系：$B = KI/r$，其中K是常量，与导线粗细无关。

答案： A

7-1-11 解： 无限长载流导体外r处的磁感应强度的大小为$B = KI/r$，双向电流相反的导体r处产生的磁场方向相同。

答案： A

7-1-12 解： 用安培环路定律$\oint H \mathrm{d}L = \sum I$，这里电流是代数和，注意它们的方向。

答案： C

7-1-13 解： 载流导体在均匀磁场中均速运动，产生的感应电动热$E \propto BIv$，再利用欧姆定律即可求出结果。

答案： D

7-1-14 解： 用电磁感应定律，当通过线圈的磁通量变化时，在线圈中产生感应电动势ε。

答案： D

（二）电路的基本概念和基本定律

7-2-1 图示电路中，电流源的端电压U等于：

A. 20V B. 10V

C. 5V D. 0V

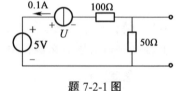

题 7-2-1 图

7-2-2 图示电路中，$u_C = 10V, i = 1mA$，则：

A. 因为$i_2 = 0$，使电流$i_1 = 1mA$

B. 因为参数C未知，无法求出电流i

C. 虽然电流i_2未知，但是$i > i_1$成立

D. 电容存储的能量为 0

7-2-3 图示电路中，I_{s1}、I_{s2}、U_s均为已知的恒定直流量，设流过电阻上的电流I_R如图所示，则以下说法正确的是：

A. 按照基尔霍夫定律可求得$I_R = I_{s1} + I_{s2}$

B. $I_R = I_{s1} - I_{s2}$

C. 因为电感元件的直流电路模型是短接线，所以$I_R = \dfrac{U_s}{R}$

D. 因为电感元件的直流电路模型是断路，所以$I_R = I_{s2}$

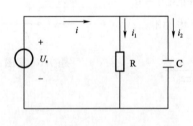

题 7-2-2 图

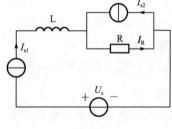

题 7-2-3 图

7-2-4 RLC 串联电路如图所示，其中，$R = 1k\Omega$，$L = 1mH$，$C = 1\mu F$。如果用一个 100V 的直流电压加在该电路的 A-B 端口，则电路电流i为：

A. 0A B. 0.1A C. −0.1A D. 100A

7-2-5 观察图示的直流电路。可知在该电路中：

    A. I_s 和 R_1 形成一个电流源模型，U_s 和 R_2 形成一个电压源模型

    B. 理想电流源 I_s 的端电压为 0

    C. 理想电流源 I_s 的端电压由 U_1 和 U_s 共同决定

    D. 流过理想电压源的电流与 I_s 无关

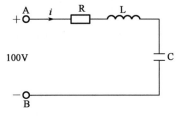 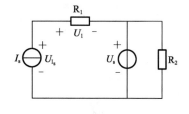

题 7-2-4 图   题 7-2-5 图

7-2-6 如图所示电路，$U = 12\text{V}$，$U_E = 10\text{V}$，$R = 0.4\text{k}\Omega$，则电流 I 等于：

    A. 0.055A   B. 0.03A   C. 0.025A   D. 0.005A

7-2-7 电路如图所示，若 R、U_s、I_s 均大于零，则电路的功率情况为下述中哪种？

    A. 电阻吸收功率，电压源与电流源供出功率

    B. 电阻与电压源吸收功率，电流源供出功率

    C. 电阻与电流源吸收功率，电压源供出功率

    D. 电阻吸收功率，电流源供出功率，电压源无法确定

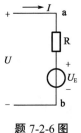 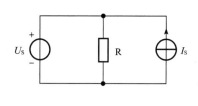

题 7-2-6 图   题 7-2-7 图

7-2-8 电路如图所示，U_s 为独立电压源，若外电路不变，仅电阻 R 变化时，将会引起下述哪种变化？

    A. 端电压 U 的变化   B. 输出电流 I 的变化

    C. 电阻 R 支路电流的变化   D. 上述三者同时变化

7-2-9 已知图示电路中 $U_s = 2\text{V}$，$I_s = 2\text{A}$。电阻 R_1 和 R_2 消耗的功率由何处供给？

    A. 电压源   B. 电流源

    C. 电压源和电流源   D. 不一定

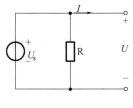 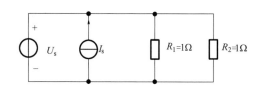

题 7-2-8 图   题 7-2-9 图

7-2-10 某电热器的额定功率为 2W，额定电压为 100V。拟将它串联一电阻后接在额定电压为 200V 的直流电源上使用，则该串联电阻 R 的阻值和额定功率 P_N 应为：

A. $R = 5\text{k}\Omega$, $P_N = 1\text{W}$ B. $R = 5\text{k}\Omega$, $P_N = 2\text{W}$

C. $R = 10\text{k}\Omega$, $P_N = 2\text{W}$ D. $R = 10\text{k}\Omega$, $P_N = 1\text{W}$

7-2-11 在图示的电路中，用量程为 10V、内阻为20kΩ/V级的直流电压表，测得A、B两点间的电压U_{AB}为：

A. 6V   B. 5V   C. 4V   D. 3V

7-2-12 在图示的电路中，当开关S闭合后，流过开关S的电流I为：

A. 1mA   B. 0mA   C. −1mA   D. 无法判定

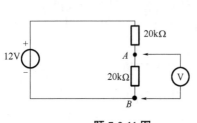
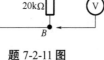
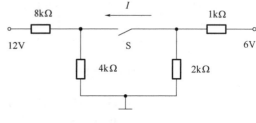

题 7-2-11 图   题 7-2-12 图

7-2-13 图示电路中，已知：$U_1 = U_2 = 12\text{V}$，$R_1 = R_2 = 4\text{k}\Omega$，$R_3 = 16\text{k}\Omega$。S断开后$A$点电位$V_{A0}$和S闭合后$A$点电位$V_{AS}$分别是：

A. −4V，3.6V

B. 6V，0V

C. 4V，−2.4V

D. −4V，2.4V

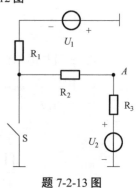

题 7-2-13 图

7-2-14 某二端网络的端口$u-i$特性曲线如图所示，则该二端网络的等效电路为：

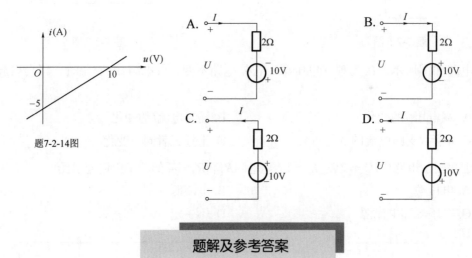

题7-2-14图

题解及参考答案

7-2-1 **解：** 电流源的端电压由外电路决定：$U = 5 + 0.1 \times (100 + 50) = 20\text{V}$。

答案： A

7-2-2 **解：** 在直流电源的作用下电容相当于断路，$i_2 = 0$，$i = i_1 + i_2 = i_1$，电容元件存储的能量与电压的平方成正比。此题中电容电压为$u_c \neq 0$，电容存储能量不为0，并且可知$i = i_1 + i_2 = i_1$。

答案： A

7-2-3　**解**：因为此题中的电源均为直流量，则电感线圈可用作短路处理，原电路图等效图见解图，但该电路符合节点电流关系。因此在电路的节点a有$I_{s1} + I_{s2} = I_R$。

答案：A

7-2-4　**解**：直流电源的频率为0，则感抗$X_L = 0\Omega$，容抗$X_C \to \infty$（电容开路），因此电路电流$I = 0A$。

答案：A

7-2-5　**解**：实际的电压源模型内阻与电压源串联，实际的电流源模型内阻与电流源并联。此题中电阻R_1和R_2均不属于电源内阻。另外，电流源的端电压由外电路U_1和U_s决定，即$U_{I_s} = U_1 + U_s$。

答案：C

7-2-6　**解**：设参考点为b点，如题图所示。$I = \dfrac{U - U_s}{R} = \dfrac{12 - 10}{400} = 0.005A$。

答案：D

7-2-7　**解**：电路元件是否做功的判断是依据功率计算的结果。在元件电压、电流正方向一致的条件下，根据公式$P = UI$计算元件的功率。当P大于零时，该元件消耗电功率；当P小于零时，该元件发出电功率。

答案：D

7-2-8　**解**：注意理想电压源和实际电压源的区别，该题是理想电压源，$U_s = U$。

答案：C

7-2-9　**解**：首先求电压源和电流源的电压、电流大小（必须采用关联方向），然后计算功率$P = UI$。如果$P > 0$，为负载；如果$P < 0$，为电源。即：

$$P_{I_s} = -U_s I_s = -4W < 0; \quad P_{U_s} = U_s \times \left(I_s - \frac{U_s}{R_1} - \frac{U_s}{R_2} \right) = -4W < 0$$

答案：C

7-2-10　**解**：利用串联电路中电流相同、电压分压的特点。

答案：B

7-2-11　**解**：当电压表接在电路的A、B两点之间时，电压表内阻与电流下方电阻并联：

$$U_{AB} = \frac{20 /\!/ 20}{20 + 20 /\!/ 20} \times 12 = 4V$$

答案：C

7-2-12　**解**：求开关S断开时其左右两端的电位差V_S：

$$V_{SL} = 12 \times \frac{4}{4 + 8} = 4V, \quad V_{SR} = 6 \times \frac{2}{1 + 2} = 4V, \quad V_S = V_{SL} - V_{SR} = 0$$

无电位差，当S闭合后无电流，$I = 0$。

答案：B

7-2-13　**解**：当S分开时，电路元件U_1、U_2、R_1、R_2、R_3构成串联电路，则：

$$V_{A0} = U_2 + [(-U_1) - U_2] \frac{R_3}{R_1 + R_2 + R_3} = -4V$$

当S闭合时，A点电位U_A为电阻R_2上的电压，则：

$$V_{AS} = \frac{R_2}{R_2 + R_3} U_2 = \frac{4}{4 + 16} \times 12 = 2.4V$$

答案：D

7-2-14　**解**：二端网络伏安特性中，与电压轴交点的坐标为开路电压点，与电流轴交点的坐标为短路电流点。

答案：B

（三）直流电路的解题方法

7-3-1 已知电路如图所示，若使用叠加原理求解图中电流源的端电压U，正确的方法是：

A. $U' = (R_2 /\!/ R_3 + R_1)I_s$，$U'' = 0$，$U = U'$

B. $U' = (R_1 + R_2)I_s$，$U'' = 0$，$U = U'$

C. $U' = (R_2 /\!/ R_3 + R_1)I_s$，$U'' = \dfrac{R_2}{R_2 + R_3}U_s$，$U = U' - U''$

D. $U' = (R_2 /\!/ R_3 + R_1)I_s$，$U'' = \dfrac{R_2}{R_2 + R_3}U_s$，$U = U' + U''$

7-3-2 图示电路中，A_1、A_2、V_1、V_2均为交流表，用于测量电压或电流的有效值I_1、I_2、U_1、U_2，若$I_1 = 4A$，$I_2 = 2A$，$U_1 = 10V$，则电压表V_2的读数应为：

A. 40V　　　　　B. 14.14V　　　　　C. 31.62V　　　　　D. 20V

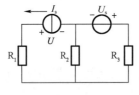 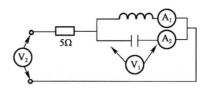

题 7-3-1 图　　　　　　　　　　题 7-3-2 图

7-3-3 图示电路中，电流I_1和电流I_2分别为：

A. 2.5A 和 1.5A　　　　　　　　　B. 1A 和 0A

C. 2.5A 和 0A　　　　　　　　　　D. 1A 和 1.5A

7-3-4 图 a）电路按戴维南定理等效成图 b）所示电压源时，计算R_0的正确算式为：

A. $R_0 = R_1 /\!/ R_2$　　　　　　　B. $R_0 = R_1 + R_2$

C. $R_0 = R_1$　　　　　　　　　　D. $R_0 = R_2$

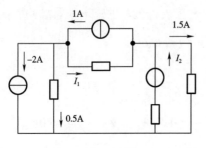 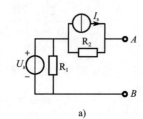

题 7-3-3 图　　　　　　　　　　题 7-3-4 图

7-3-5 如图 b）所示电源与图 a）所示电路等效，则计算U_s'和R_0的正确算式为：

A. $U_s' = U_s + I_s R_1$，$R_0 = R_1 /\!/ R_2 + R_3$

B. $U_s' = U_s - I_s R_1$，$R_0 = R_1 /\!/ R_2 + R_3$

C. $U_s' = U_s - I_s R_1$，$R_0 = R_1 + R_3$

D. $U_s' = U_s + I_s R_1$，$R_0 = R_1 + R_3$

7-3-6 已知电路如图所示，其中响应电流I在电流源单独作用时的分量为：

A. 因电阻R未知，故无法求出　　　B. 3A

C. 2A　　　　　　　　　　　　　　D. $-2A$

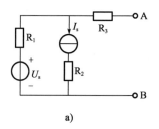
a)

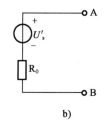
b)

题 7-3-5 图

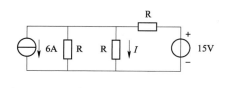

题 7-3-6 图

7-3-7 图示电路中，电压源 U_{s2} 单独作用时，电流源端电压分量 U'_{I_s} 为：

A. $U_{s2} - I_s R_2$

B. U_{s2}

C. 0

D. $I_s R_2$

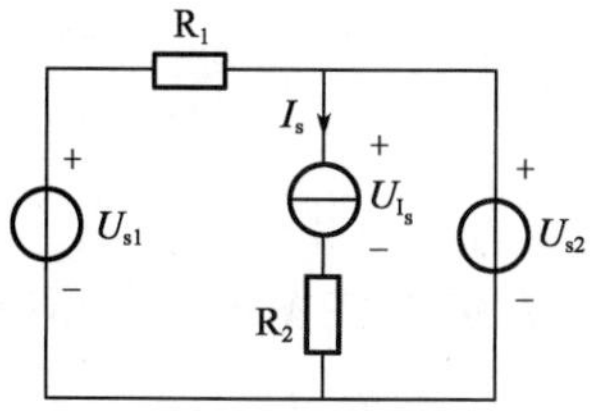

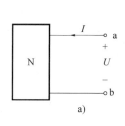

题 7-3-7 图

7-3-8 叠加原理只适用于分析哪种电压、电流问题？

A. 无源电路

B. 线路电路

C. 非线性电路

D. 不含电感、电容元件的电路

7-3-9 图示电路中，N 为含源线性电阻网络，其端口伏安特性曲线如图 b）所示，其戴维南等效电路参数应为：

A. $\begin{cases} U_{0C} = -12V \\ R_0 = -3\Omega \end{cases}$

B. $\begin{cases} U_{0C} = -12V \\ R_0 = 3\Omega \end{cases}$

C. $\begin{cases} U_{0C} = 12V \\ R_0 = 3\Omega \end{cases}$

D. $\begin{cases} U_{0C} = 12V \\ R_0 = -3\Omega \end{cases}$

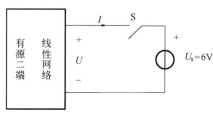

a)　　　　　　　　b)

题 7-3-9 图

7-3-10 在图示电路中，当开关 S 断开时，电压 $U = 10V$，当 S 闭合后，电流 $I = 1A$，则该有源二端线性网络的等效电压源的内阻值为：

A. 16Ω　　　　B. 8Ω　　　　C. 4Ω　　　　D. 2Ω

题 7-3-10 图

7-3-11 图示左侧电路的等效电路是哪个电路？

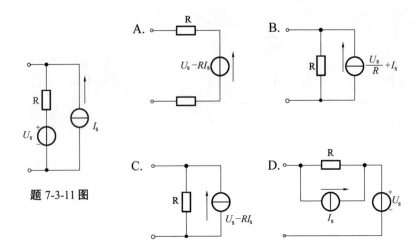

题 7-3-11 图

7-3-12 在图示的电路中，$I_{s1} = 3A$，$I_{s2} = 6A$。当电流源I_{s1}单独作用时，流过$R = 1\Omega$电阻的电流 $I = 1A$，则流过电阻R的实际电流I值为：

A. − 1A　　　　　B. +1A　　　　　C. − 2A　　　　　D. +2A

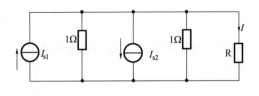

题 7-3-12 图

7-3-13 在图 a）电路中有电流I时，可将图 a）等效为图 b），其中等效电压源电动势E_s和等效电源内阻R_0为：

A. −1V，5.143Ω　　B. 1V，5Ω　　　C. −1V，5Ω　　　D. 1V，5.143Ω

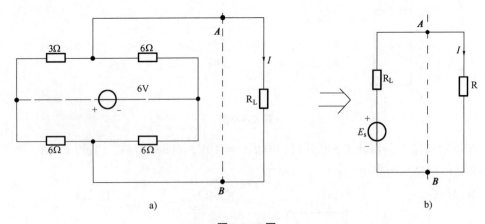

题 7-3-13 图

7-3-14 电路如图所示，用叠加定理求电阻R_L消耗的功率为：

A. 1/24W

B. 3/8W

C. 1/8W

D. 12W

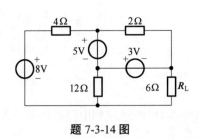

题 7-3-14 图

题解及参考答案

7-3-1　**解：** 用叠加原理分析，将电路分解为各个电源单独作用的电路。不作用的电压源短路，不作用的电流源断路。

$$U = U' + U''$$

U' 为电流源作用： $U' = I_s(R_1 + R_2 /\!/ R_3)$；

U'' 为电压源作用： $U'' = \dfrac{R_2}{R_2+R_3}U_s$。

答案： D

7-3-2　**解：** 交流电路中电压电流符合相量关系，画出相量模型如解图所示。

$$\dot{I}_R = \dot{I}_L + \dot{I}_C, \quad \dot{U}_2 = \dot{U}_R + \dot{U}_1$$

$\dot{I}_L$ 与 $\dot{I}_C$ 相量反向，$I_R = 2A$，$U_R = 10V$，又知 $\dot{U}_R$ 与 $\dot{U}_1$ 的相位差 $90°$，可得 $U_2 = \sqrt{U_R^2 + U_1^2} = 10\sqrt{2}V$。

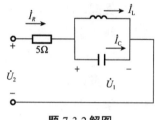

题 7-3-2 解图

答案： B

7-3-3　**解：** 根据节电的电流关系 KCL 分析，$I_1 = 1 - (-2) - 0.5 = 2.5A$，$I_2 = 1 + 1.5 - I_1 = 0A$。

答案： C

7-3-4　**解：** 图 b）中的 R_0 等效于图 a）的端口 AB 间除源电阻（电源作用为零:将电压源短路，电流源断路），即 $R_0 = R_2$。

答案： D

7-3-5　**解：** 根据戴维南定理，图 b）中的电压源 U_s' 为图 a）的开路电压，电阻 R_0 的数值为图 a）的除源电阻。

$$U_s' = U_s + R_1(-I_s)$$
$$R_0 = R_1 + R_3$$

答案： C

7-3-6　**解：** 见图解，电流源单独作用时，15V 的电压源做短路处理，则

$$I = \frac{1}{3} \times (-6) = -2A$$

答案： D

7-3-7　**解：** 电压源 U_{s2} 单独作用时需将 U_{s1} 短路，电流源 I_s 断路处理。题图的电路应等效为解图所示电路，即 $U'_{I_s} = U_{s2}$。

答案： B

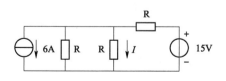

题 7-3-6 解图

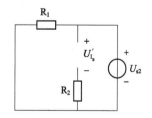

题 7-3-7 解图

7-3-8　**解：** 叠加原理只适用于分析线性电路的电压、电流问题（线性电路是指由独立电源和线性元件构成的电路）。

答案： B

7-3-9　**解：** 二端线性有源电路的端口伏安特性为一直线。直线与电压轴的交点是电路的开路电压 U_{oC}；与电流轴的交点为电路短路电流 I_{sC}；直线的斜率为电源内部电阻 R_0。即 $R_0 = \dfrac{U_{oC}}{I_{sC}} = 3\Omega$，$U_{oC} = -12V$。

答案： B

7-3-10　**解：** 将有源二端线网络等效为电压源与电阻的串联结构。电源电压 $U_{oC} = U = 10V$；电源内阻 $R_0 = \dfrac{U - U_s}{I} = 4\Omega$。

答案： C

7-3-11　**解：** ①应用戴维南定理，求等效电源电压：$U = U_s + I_s R$，等效电源电阻为 R。②利用电源变换得 B 图。

答案： B

7-3-12　**解：** 利用叠加原理分析，不作用的电流源断路处理，分析时注意电流的正方向。

画出 I_{s2} 单独作用的电路图（见解图），求 I''。电流源 I_{s2} 为电流源 I_{s1} 的 2 倍，方向相反，则 I'' 为电流源 I_{s1} 作用时电流量 I' 的 "−2" 倍，即 $I'' = -2A$。利用叠加原理，计算电路实际电流：

$I = I' + I'' = 1 + (-2) = -1A$。

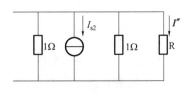

图 7-3-12 解图

答案： A

7-3-13　**解：** 利用等效电压源定理。在求等效电压源电动势时，将 A、B 两点开路后，电压源上方的两个电阻和下方两个电阻均为串联。

$$E_s = U_{AB0} = 6 \times \frac{6}{6+3} - 6 \times \frac{6}{6+6} = 1V$$

$$R_0 = 6 /\!/ 3 + 6 /\!/ 6 = 5\Omega$$

答案： B

7-3-14　**解：** 先将 R_L 以外电路化为电压源后，再求 R_L 消耗的功率等效电源电压：

$$V_{OC} = -3 + U_{12\Omega} = -3 + (8 - 5) \times \frac{12}{12 + 4} = -0.75V$$

等效电源内阻 $R_0 = 4 /\!/ 12 = 3\Omega$

R_L 中电流 $I_L = \dfrac{0.75}{R_L + R_0}A$，则 $P_L = I_L^2 R_L = \dfrac{1}{24}W$

答案： A

（四）正弦交流电路的解题方法

7-4-1　某滤波器的幅频特性波特图如图所示，该电路的传递函数为：

A. $\dfrac{j\omega/10}{1 + j\omega/10}$ 　　　　　　　　　　B. $\dfrac{j\omega/20\pi}{1 + j\omega/20\pi}$

C. $\dfrac{j\omega/2\pi}{1 + j\omega/2\pi}$ 　　　　　　　　　　D. $\dfrac{1}{1 + j\omega/20\pi}$

7-4-2　正弦交流电压的波形图如图所示，该电压的时域解析表达式为：

A. $u(t) = 155.56 \sin(\omega t - 5°)$ V　　　　　B. $u(t) = 110\sqrt{2} \sin(314t - 90°)$ V

C. $u(t) = 110\sqrt{2} \sin(50t + 60°)$ V　　　　D. $u(t) = 155.6 \sin(314t - 60°)$ V

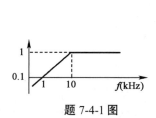
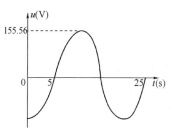

題 7-4-1 图　　　　　　　　　　　　題 7-4-2 图

7-4-3 图示电路中，若 $u = U_M \sin(\omega t + \psi_u)$，则下列表达式中一定成立的是：

式 1：$u = u_R + u_L + u_C$

式 2：$u_X = u_L - u_C$

式 3：$U_X < U_L$ 及 $U_X < U_C$

式 4：$U^2 = U_R^2 + (U_L + U_C)^2$

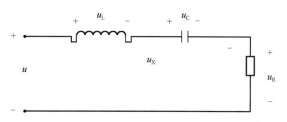

A. 式 1 和式 3

B. 式 2 和式 4

C. 式 1，式 3 和式 4

D. 式 2 和式 3

題 7-4-3 图

7-4-4 有三个 100Ω 的线性电阻接成△三相对称负载，然后挂接在电压为 220V 的三相对称电源上，这时供电线路上的电流为：

　　A. 6.6A　　　　　　B. 3.8A　　　　　　C. 2.2A　　　　　　D. 1.3A

7-4-5 某 $\cos\varphi$ 为 0.4 的感性负载，外加 100V 的直流电压时，消耗功率 100W，则该感性负载的感抗为：

　　A. 100Ω　　　　　　B. 229Ω　　　　　　C. 0.73Ω　　　　　　D. 329Ω

7-4-6 当 RLC 串联电路发生谐振时，一定有：

　　A. $L = C$　　　　　B. $\omega L = \omega C$　　　　　C. $\omega L = \dfrac{1}{\omega C}$　　　　　D. $U_L + U_C = 0$

7-4-7 当图示电路的激励电压 $u_i = \sqrt{3} U_i \sin(\omega t + \varphi)$ 时，电感元件上的响应电压 u_L 的初相位为：

A. $90° - \arctan\dfrac{\omega L}{R}$

B. $90° - \arctan\dfrac{\omega L}{R} + \varphi$

C. $\arctan\dfrac{\omega L}{R}$

D. $\varphi - \arctan\dfrac{\omega L}{R}$

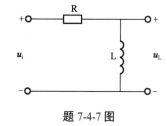

題 7-4-7 图

7-4-8 图示某正弦电压的波形图，由图可知，该正弦量的：

A. 有效值为 10V　　　　　　　　　　B. 角频率为 314rad/s

C. 初相位为 60°　　　　　　　　　　D. 周期为 5~20ms

7-4-9 当上题图所示电路的激励电压 $u_1 = \sqrt{2} U_1 \sin(\omega t + \varphi)$ 时，电感元件上的响应电压 u_L 为：

A. $\dfrac{L}{R+L}U_i$ 　　　　B. $\dfrac{\omega L}{R+\omega L}U_i$ 　　　　C. $\dfrac{\omega L}{|R+j\omega L|}U_i$ 　　　　D. $\dfrac{j\omega L}{R+j\omega L}U_i$

7-4-10 图示电路，正弦电流i_2的有效值$I_2 = 1A$，电流i_3的有效值$I_3 = 2A$，因此电流i_1的有效值I_1等于：

A. $\sqrt{1+2^2} \approx 2.24A$ 　　　　　　B. $1+2 = 3A$

C. $2-1 = 1A$ 　　　　　　　　　　D. 不能确定

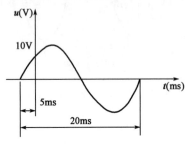

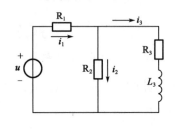

题 7-4-8 图 　　　　　　　　　　　　　题 7-4-10 图

7-4-11 用电压表测量图示电路$u(t)$和$i(t)$的结果是 10V 和 0.2A，设电流$i(t)$的初相位为 10°，电压与电流呈反相关系，则如下关系成立的是：

A. $\dot{U} = 10\angle -10°V$ 　　　　　　　B. $\dot{U} = -10\angle -10°V$

C. $\dot{U} = 10\sqrt{2}\angle -170°V$ 　　　　　　D. $\dot{U} = 10\angle -170°V$

7-4-12 图示电路中，$u = 141\sin(314t - 30°)V$，$i = 14.1\sin(314t - 60°)A$，这个电路的有功功率$P$等于：

A. 500W 　　　　B. 866W 　　　　C. 1000W 　　　　D. 1988W

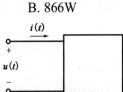

题 7-4-11 图 　　　　　　　　　题 7-4-12 图

7-4-13 已知某正弦交流电压的周期为 10ms，有效值 220V，在$t = 0$时，正处在由正值过渡为负值的零值，则其表达式可写作：

A. $u = 380\sin(100t + 180°)(V)$ 　　　　B. $u = -311\sin 200\pi t(V)$

C. $u = 220\sin(628t + 180°)(V)$ 　　　　D. $u = 220\sin(100t + 180°)(V)$

7-4-14 在 R、L、C 元件串联电路中（见图），施加正弦电压u，当$X_C > X_L$时，电压u与i的相位关系应是：

A. u超前于i 　　　　　　　　　B. u滞后于i

C. u与i反相 　　　　　　　　　D. 无法判定

7-4-15 图示电路中，电流有效值$I_1 = 10A$，$I_C = 8A$，总功率因数$\cos\varphi$为 1，则电流I是：

A. 2A 　　　　B. 6A 　　　　C. 不能确定 　　　　D. 18A

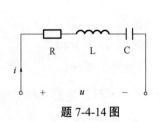

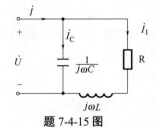

题 7-4-14 图 　　　　　　　　　题 7-4-15 图

7-4-16 图示正弦交流电路中，各电压表读数均为有效值。已知电压表 V、V_1和V_2的读数分别为10V、6V 和 3V，则电压表V_3读数为：

    A. 1V   B. 5V   C. 4V   D. 11V

7-4-17 图示正弦电路中，$Z = (40 + j30)\Omega$，$X_L = 10\Omega$，有效值$U_2 = 200V$，则总电压有效值U为：

    A. 178.9V   B. 226V   C. 120V   D. 60V

7-4-18 图示电路中，已知Z_1是纯电阻负载，电流表 A、A_1、A_2的读数分别为 5A、4A、3A，那么Z_2负载一定是：

    A. 电阻性的   B. 纯电感性或纯电容性质
    C. 电感性的   D. 电容性的

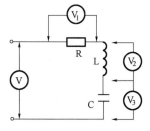

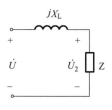
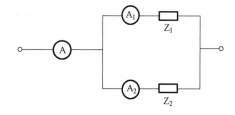

    题 7-4-16 图   题 7-4-17 图   题 7-4-18 图

7-4-19 已知无源二端网络如图所示，输入电压和电流为：$u(t) = 220\sqrt{2}\sin(314t + 30°)\,(V)$，$i(t) = 4\sqrt{2}\sin(314t - 25°)\,(A)$。则该网络消耗的电功率为：

    A. 721W   B. 880W   C. 505W   D. 850W

7-4-20 图示正弦交流电路中，已知$u = 100\sin(10t + 45°)(V)$，$i_1 = i = 10\sin(10t + 45°)(A)$，$i_2 = 20\sin(10t + 135°)(A)$，元件 1、2、3 的等效参数值为：

    A. $R = 5\Omega$，$L = 0.5H$，$C = 0.02F$ B. $L = 0.5H$，$C = 0.02F$，$R = 20\Omega$

    C. $R_1 = 10\Omega$，$R_2 = 10H$，$C = 5F$ D. $R = 10\Omega$，$C = 0.02F$，$L = 0.5H$

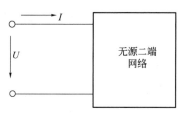
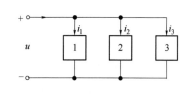

    题 7-4-19 图   题 7-4-20 图

7-4-21 在如图 a）所示的电路中，已知$U_{1m} = 100\sqrt{3}V$，$U_{2m} = 100V$，给定$\dot{U}_1$，$\dot{U}_2$的向量图如图 b）所示，则U为：

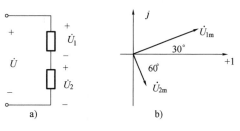

题 7-4-21 图

A. $200 \sin \omega t (\text{V})$ B. $200\sqrt{2} \sin \omega t (\text{V})$

C. $200\sqrt{2} \sin(\omega t - 30°)(\text{V})$ D. $200\sqrt{2} \sin(\omega t + 30°)(\text{V})$

7-4-22 供电电路提高功率因数的目的在于：

A. 减少用电设备的有功功率

B. 减少用电设备的无功功率

C. 减少电源向用电设备提供的视在功率

D. 提高电源向用电设备提供的视在功率

7-4-23 某三相电路中，三个线电流分别为

$i_A = 18 \sin(314t + 23°)\,(\text{A})$

$i_B = 18 \sin(314t - 97°)\,(\text{A})$

$i_C = 18 \sin(314t + 143°)\,(\text{A})$

当 $t = 10\text{s}$ 时，三个电流之和为：

A. 18A B. 0A C. $18\sqrt{2}$A D. $18\sqrt{3}$A

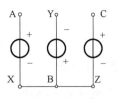

题 7-4-24 图

7-4-24 对称三相电压源作星形连接，每相电压有效值均为 220V，但其中 BY 相连反了，如图所示，则电压 U_{AY} 有效值等于：

A. 220V B. 380V C. 127V D. 0

7-4-25 星形连接对称三相负载，每相电阻为 11Ω、电流为 20A，则三相负载的线电压为：

A. $20×11$（V） B. $2×20×11$（V）

C. $\sqrt{2}×20×11$（V） D. $\sqrt{3}×20×11$（V）

7-4-26 图示 RLC 串联电路原处于感性状态，今保持频率不变欲调节可变电容使其进入谐振状态，则电容 C 值的变化应：

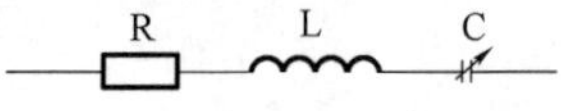

A. 必须增大 B. 必须减小

C. 不能预知其增减 D. 先增大后减小

题 7-4-26 图

7-4-27 将一个直流电源通过电阻 R 接在电感线圈两端，如图所示。如果 $U = 10\text{V}$，$I = 1\text{A}$，那么，将直流电源换成交流电源后，该电路的等效模型为：

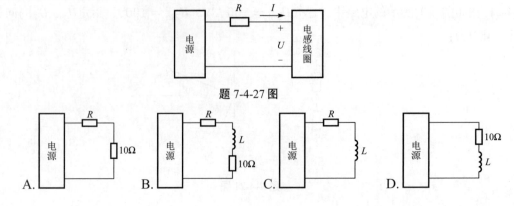

题 7-4-27 图

7-4-28 今拟用电阻丝制作一三相电炉，功率为 20kW，电源线电压为 380V。若三相电阻接成对称星形，则每相电阻等于：

A. 12.5Ω   B. 7.22Ω   C. 17.52Ω   D. 4.18Ω

7-4-29 在三相对称电路中，负载每相的复阻抗为Z，且电源电压保持不变。若负载接成 Y 形时消耗的有功功率为P_Y，接成△形时消耗的功率为$P_\triangle$，则两种连接法的有功功率关系为：

A. $P_\triangle = 3P_Y$ B. $P_\triangle = 1/3P_Y$ C. $P_\triangle = P_Y$ D. $P_\triangle = 1/2P_Y$

7-4-30 图示为刀闸、熔断器与电源的三种连接方法，其中正确的接法是下列哪个图所示？

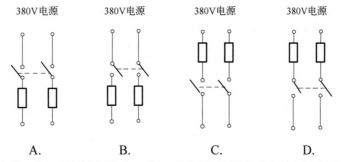

A.   B.   C.   D.

7-4-31 中性点接地的三相五线制电路中，所有单相电气设备电源插座的正确接线是图中的哪个图示接线？

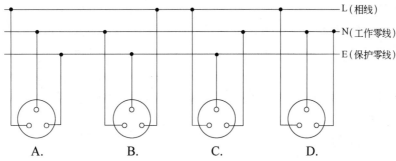

A.   B.   C.   D.

7-4-32 在图示的三相四线制低压供电系统中，如果电动机M₁采用保护接中线，电动机M₂采用保护接地。当电动机M₂的一相绕组的绝缘破坏导致外壳带电，则电动机M₁的外壳与地的电位应：

A. 相等或不等   B. 不相等   C. 不能确定   D. 相等

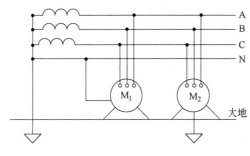

题 7-4-32 图

7-4-33 一台三相电动机运行于中性点接地的低压电力系统中，操作员碰及外壳导致意外触电事故。事故原因是：

A. 输入电机的两相电源线短路，导致机壳带电

B. 输入电机的某相电源线碰壳，而电机未采取过载保护

C. 电机某相绝缘损坏碰壳，而电机未采取接地保护

D. 电机某相绝缘损坏碰壳，而电机未采取接零保护

题解及参考答案

7-4-1　**解：** 从图形判断这是一个高通滤波器的频率特性图。它反映了电路的输出电压和输入电压对于不同频率信号的响应关系，利用高通滤波器的传递函数分析如下。

高通滤波器的传递函数为：

$$H(jw) = \frac{j\omega/\omega_c}{1 + j\omega/\omega_c}$$

$\omega_c = 2\pi f_c$，f_c 为截止频率，取 10kHz，代入公式可得：

$$H(jw) = \frac{j\omega/20\pi}{1 + j\omega/20\pi}$$

答案： B

7-4-2　**解：** 对正弦交流电路的三要素在函数式和波形图表达式的关系分析可知：

$$U_m = 155.56\text{V}；\ \psi_u = -90°；\ \omega = 2\pi/T = 314\text{rad/s}$$

答案： B

7-4-3　**解：** 在正弦交流电路中，分电压与总电压的大小符合相量关系，电感电压超前电流 90°，电容电流落后电流 90°。

式 2 应该为：$u_X = u_L + u_C$

式 4 应该为：$U^2 = U_R^2 + (U_L - U_C)^2$。

答案： A

7-4-4　**解：** 根据题意可画出三相电路图（见解图），它是一个三角形接法的对称电路，各线电线 I_A、I_B、I_C 相同，即

$$I_A = I_B = I_C = I_{线} = \sqrt{3} I_{相}$$

$$I_{相} = \frac{U_{相}}{R} = \frac{220}{100} = 2.2\text{A}$$

$$I_{线} = \sqrt{3} \times 2.2 = 3.8\text{A}$$

答案： B

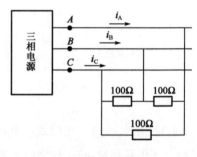

题 7-4-4 解图

7-4-5　**解：** 该电路等效为 RL 串联电路，外加直流电源时感抗为 0，可以计算电阻 R 值为：

$$R = \frac{U^2}{P} = \frac{100^2}{100} = 100\Omega$$

由 $\cos\varphi = 0.4$，得 $\varphi = \arccos 0.4 = 66.42°$，电路中电阻和感抗数值可以用三角形说明。$\tan\varphi = \frac{X_L}{R}$。则 $X_L = R\tan\varphi = 100\tan 66.42° = 229\Omega$。

答案： B

7-4-6　**解：** 交流电路中如果有储能元件 L、C 同时存在，且总电压与电流同相，则称"谐振"。

RLC 串联电路谐振条件 $X_L = X_C$，且 $\begin{cases} X_L = \omega L \\ X_C = 1/(\omega C) \end{cases}$，可知选项 C 正确。

答案： C

7-4-7　**解：** 用复数符号法分析。

$$\dot{U}_L = \frac{j\omega L}{R + j\omega L} \dot{U}_i = |U_L| \angle \psi_L$$

$$\psi_L = 90° - \arctan\frac{\omega L}{R} + \psi$$

答案： B

7-4-8　解： 由图观察交流电的三要素。

最大值：$U_m = 10V$，有效值 $U = 10/\sqrt{2} = 7.07V$

初相位：$\psi = \dfrac{5}{20} \times 360° = 90°$

角频率：$\omega = 2\pi f = 2\pi \dfrac{1}{T} = \dfrac{2\pi}{20 \times 10^{-3}} = 3.14rad/s$，符合题意。

答案： B

7-4-9　解： 该题可以用复数符号法分析，画出电路的复电路模型如解图所示，计算如下：

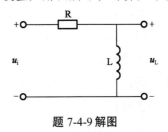

$$\dot{U}_L = \frac{jX_L}{R + jX_L}\dot{U}_i$$

$$U_L = |\dot{U}_L| = \frac{|jX_L\dot{U}_i|}{|R + jX_L|}$$

$$= \frac{X_L U_i}{|R + jX_L|} = \frac{\omega L U_i}{|R + j\omega L|}$$

题 7-4-9 解图

答案： C

7-4-10　解： 首先画出该电路的复数电路图如解图 a）所示，然后画相量图分析（见解图 b），可见，由于电参数未定，各相量之间的关系不定。

注意此题可以用"排除法"完成，分析会简单些。

答案： D

7-4-11　解： 画相量图分析（见解图），电压表和电流表读数为有效值。

答案： D

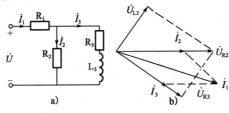

题 7-4-10 解图

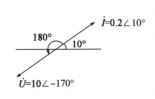

题 7-4-11 解图

7-4-12　解： 交流电路中有功功率的计算公式：

$$P = UI\cos\varphi = \frac{141}{\sqrt{2}} \times \frac{14.1}{\sqrt{2}} \cos[-30° - (-60°)]$$

$$= 100 \times 10 \times \cos30° = 866W$$

答案： B

7-4-13　解： 正弦交流电压的瞬时值表达式：$u(t) = U_m\sin(\omega t + \varphi_u)V$。其中，$U_m$ 为最大值；ω 为角频率；φ_u 为电压初相位。

答案： B

7-4-14　解： 注意交流电路中电感元件感抗大小与电源频率成正比，$X_L = \omega L$；电容元件的容抗与电源的频率成反比，$X_C = \dfrac{1}{\omega c}$。当电源频率提高时，感抗增加，容抗减小。$X_C > X$ 电路显示容抗性质。

答案： B

7-4-15　解： 该电路中，$\dot{I} = \dot{I}_C + \dot{I}_{RL}$，$\dot{U} = \dot{U}_R + \dot{U}_L$。画如图所示相量图。

答案： B

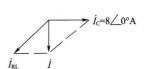

题 7-4-15 解图

7-4-16　解： 在 RLC 串联电流中施加正弦交流电压时，各元件上电压有效值的关系为：$U^2 = U_R^2 + (U_L - U_C)^2 = V_1^2 + (V_2 - V_3)^2$，求解$V_3 = 11V$。

答案： D

7-4-17 解： 在串联交流电路中，各元件的电流相等，由：

$$\frac{U}{U_2} = \frac{|Z + jX_L|}{|Z|} = \frac{\sqrt{40^2 + (30 + 10)^2}}{50}$$

知$U = 226V$。

答案： B

7-4-18 解： 利用交流电流的节点电流关系判断：$\dot{I}_A = \dot{I}_{A1} + \dot{I}_{A2}$。

答案： B

7-4-19 解： 电路消耗的功率为$P = UI\cos\varphi$。其中，$\cos\varphi$为电路的功率因数，$\varphi = \varphi_u - \varphi_i$。

答案： C

7-4-20 解： 由电压电流的相位关系可知，该电路为纯电阻性电路，2、3两部分电路处于谐振状态。因为$\omega L = \frac{1}{\omega C}$，$\omega = \frac{1}{\sqrt{LC}} = 10$，所以$L \cdot C = 0.01$，且$R = \frac{U}{I} = \frac{100}{10} = 10\Omega$。

答案： D

7-4-21 解： 利用串联电流电压的复数关系$\dot{U} = \dot{U}_1 + \dot{U}_2$，然后将结果改写为瞬时电压表达式。

答案： A

7-4-22 解： 负载的功率因素由负载的性质决定，通常电网电压不变，电源向用电设备提供的有功功率为$P = UI\cos\varphi$，$\cos\varphi$提高后供电电流减少，从而电源的视在功率（$S = UI$）减少。

答案： C

7-4-23 解： 对称三相交流电路中，任何时刻三相电流之和为零。

答案： B

7-4-24 解： 本题中 BY 相电源首尾线接错（应是 B、Y 点对调），使得 B 相电源反相 180°。电源U_{AY}有效值计算过程如下：根据相量图，$U_{AY} = |\dot{U}_{AX} + \dot{U}_{BY}| = 220V$。

答案： A

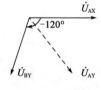

题 7-4-24 解图

7-4-25 解： 三相星形连接的对称负载电压关系是$U_线 = \sqrt{3}U_相$，由给定条件可知每相负载电压$U_相 = 11 \times 20 = 220(V)$，则三相负载的线电压$U_线 = \sqrt{3}U_相 = \sqrt{3} \times 11 \times 20V$。

答案： D

7-4-26 解： RLC 串联电路阻抗$Z = R + j\left(\omega L - \frac{1}{wC}\right) = |Z|\angle\varphi$，则$\varphi = \arctan\left(\frac{\omega L - \frac{1}{\omega C}}{R}\right)$，其中$-90° < \varphi < 90°$。

感性电路：$0° < \varphi < 90°$，即$\omega L > \frac{1}{\omega C}$；谐振电路：$\varphi = 0°$，即$\omega L = \frac{1}{\omega C}$

只有电容C减小时才可以满足电路的谐振条件。

答案： B

7-4-27 解： 通常电感线圈的等效电路是 R-L 串联电路。当线圈通入直流电时，电感线圈的感应电压为 0，可以计算线圈电阻为$R' = \frac{U}{I} = \frac{10}{1} = 10\Omega$。在交流电源作用下线圈的感应电压不为 0，要考虑线圈中感应电压的影响必须将电感线圈等效为 R-L 串联电路。因此，该电路的等效模型为：10Ω 电阻与电感 L 串联后再与传输线电阻 R 串联。

答案： B

7-4-28　解： 三相电炉电路的功率计算公式为 $P = \dfrac{3U_{相}^2}{R_{相}}$，其中 $U_{相} = \dfrac{U_{线}}{\sqrt{3}} = 220\text{V}$，则 $R_{相} = \dfrac{3U_{相}^2}{P} = 7.22\Omega$。

答案： B

7-4-29　解： 三相对称电路中电源的线、相电压关系是 $U_{线} = \sqrt{3}U_{相}$，每一相负载消耗的功率分别是 P'_Δ、P'_Y。其中，$P'_\Delta = \dfrac{U_{线}^2}{R}$，$P'_Y = \dfrac{U_{相}^2}{R} = \dfrac{\left(U_{线}/\sqrt{3}\right)^2}{R}$。则有 $\dfrac{P_\Delta}{P_Y} = 3$。

答案： A

7-4-30　解： 从用电安全的规范考虑，刀闸的刀柄和保险丝均应连接在负载方。

答案： A

7-4-31　解： 解答此题应首先了解设备插头的规范（见解图），其中 L 为电源火线，N 为电源中线。

答案： B

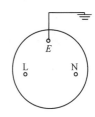

题 7-4-31 解图

7-4-32　解： 将事故状态下的实际电路整理为简单电路模型，电动机的机壳电位是电源的中点电位，接地电阻大约是 4Ω。

答案： B

7-4-33　解： 中性点接地的低压电力系统中，负载应采用接地保护。

答案： C

（五）电路的暂态过程

7-5-1　如图 a）所示电路的激励电压如图 b）所示，那么，从 $t = 0$ 时刻开始，电路出现暂态过程的次数和在换路时刻发生突变的量分别是：

A. 3 次，电感电压　　　　　　　　　B. 4 次，电感电压和电容电流

C. 3 次，电容电流　　　　　　　　　D. 4 次，电阻电压和电感电压

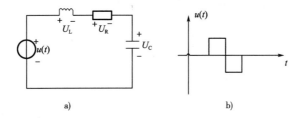

题 7-5-1 图

7-5-2　已知电路如图所示，设开关在 $t = 0$ 时刻断开，那么：

A. 电流 i_C 从 0 逐渐增长，再逐渐衰减为 0

B. 电压从 3V 逐渐衰减到 2V

C. 电压从 2V 逐渐增长到 3V

D. 时间常数 $\tau = 4C$

7-5-3　图示电路中，电容的初始能量为 0，设开关 S 在 $t = 0$ 时刻闭合，此后电路将发生过渡过程，那么，决定该过渡过程的时间常数 τ 为：

A. $\tau = (R_1 + R_2)C$　　　　　　　　B. $\tau = (R_1 /\!/ R_2)C$

C. $\tau = R_2 C$　　　　　　　　　　　D. 与电路的外加激励 U_i 有关

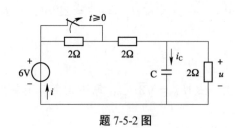

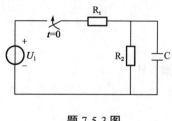

题 7-5-2 图　　　　　　　　　　　　　题 7-5-3 图

7-5-4　如图所示电路中，$R = 1\text{k}\Omega$，$C = 1\mu\text{F}$，$U_1 = 1\text{V}$，电容无初始储能，如果开关 S 在 $t = 0$ 时刻闭合，则给出输出电压波形的是：

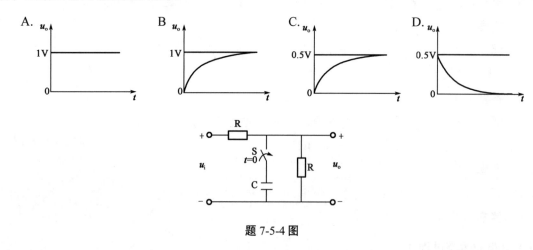

题 7-5-4 图

7-5-5　图 a）所示电路中，$R_1 = 500\Omega$，$R_2 = 500\Omega$，$L = 1\text{H}$，电路激励 u_i 如图 b）所示，如果用三要素法求解电压 u_o，$t \geq 0$，则：

A. $u_{o(1+)} = u_{o(1-)}$　　　　　　　B. $u_{o(1+)} = 0.5\text{V}$

C. $u_{o(1+)} = 0\text{V}$　　　　　　　　D. $u_{o(1+)} = I_{L(1-)}R_2$

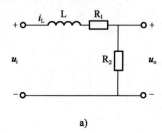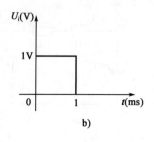

a)　　　　　　　　　　　b)

题 7-5-5 图

7-5-6　图示电路中，换路前 $U_{C(0-)} = 0.2U_i$，$U_{R(0-)} = 0$，电路换路后 $U_{C(0+)}$ 和 $U_{R(0+)}$ 分别为：

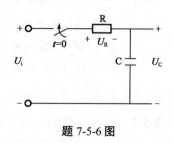

　　A. $U_{C(0+)} = 0.2U_i$，$U_{R(0+)} = 0$

　　B. $U_{C(0+)} = 02U_i$，$U_{R(0+)} = 0.2U_i$

　　C. $U_{C(0-)} = 0.2U_i$，$U_{R(0+)} = 0.8U_i$

　　D. $U_{C(0+)} = 0.2U_1$，$U_{R(0+)} = U_i$

题 7-5-6 图

7-5-7　电路如图 a）所示，$i_L(t)$ 的波形为图 b）中的哪个图所示？

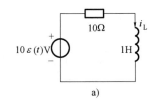

a)

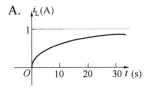

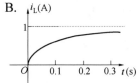

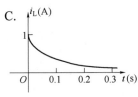

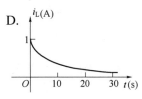

b)

题 7-5-7 图

7-5-8　在开关 S 闭合瞬间，图示电路中的 i_R、i_L、i_C 和 i 这四个量中，发生跃变的量是：

A. i_R 和 i_C　　　　　B. i_C 和 i　　　　　C. i_C 和 i_L　　　　　D. i_R 和 i

7-5-9　电路如图所示，则电路的时间常数为：

A. $\dfrac{5}{16}$s　　　　　B. $\dfrac{1}{3}$s　　　　　C. 3s　　　　　D. 2s

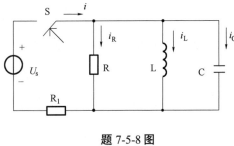

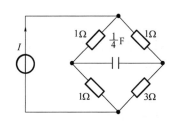

题 7-5-8 图　　　　　　　　　　　题 7-5-9 图

7-5-10　电路如图所示，电容初始电压为零，开关在 $t = 0$ 时闭合，则 $t \geqslant 0$ 时 $u(t)$ 为：

A. $(1 - e^{-0.5t})$V　　　　　　　　B. $(1 + e^{-0.5t})$V

C. $(1 - e^{-2t})$V　　　　　　　　D. $(1 + e^{-2t})$V

7-5-11　图示电路在 $t = 0$ 时开关闭合，$t \geqslant 0$ 时 $u_C(t)$ 为：

A. $-100(1 - e^{-100t})$V　　　　　　　B. $(-50 + 50e^{-50t})$V

C. $-100e^{-100t}$V　　　　　　　　D. $-50(1 - e^{-100t})$V

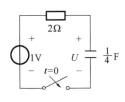

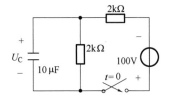

题 7-5-10 图　　　　　　　　　　题 7-5-11 图

7-5-12　图示电路在开关 S 闭合后的时间常数 τ 值为：

A. 0.1s　　　　　B. 0.2s　　　　　C. 0.3s　　　　　D. 0.5s

7-5-13 图示电路当开关S在位置"1"时已达稳定状态。在$t = 0$时刻将开关S瞬间合到位置"2"，则在$t > 0$后电流i_C应：

A. 与图示方向相同且逐渐增大 B. 与图示方向相反且逐渐衰减到零

C. 与图示方向相同且逐渐减少 D. 与图示方向相同且逐渐衰减到零

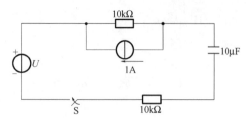

题 7-5-12 图

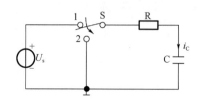

题 7-5-13 图

7-5-14 电路如图所示，当$t = 0$时开关 S 闭合，开关 S 闭合前电路已处于稳态，电流$i(t)$在$t \geqslant 0$以后的变化规律是：

A. $4.5 - 0.5e^{-6.7t}$(A)

B. $4.5 - 4.5e^{-6.7t}$(A)

C. $3 + 0.5e^{-6.7t}$(A)

D. $4.5 - 0.5e^{-5t}$(A)

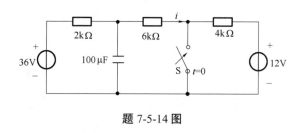

题 7-5-14 图

题解及参考答案

7-5-1 解： 在有储能原件存在的电路中，电感电流和电容电压不能跃变。本电路的输入电压发生了三次跃变。在图示的 RLC 串联电路中，因为电感电流不改变，电阻的电流、电压和电容的电流不会发生跃变。

答案： A

7-5-2 解： 开关未动作前，$u = U_{C(0-)}$

在直流稳态电路中，电容为开路状态时，

$$U_{C(0-)} = \frac{1}{2} \times 6 = 3V$$

电源充电进入新的稳压时，

$$U_{C(\infty)} = \frac{1}{3} \times 6 = 2V$$

因此换路电容电压逐步衰减到 2V。

答案： B

7-5-3 解： RC 一阶电路的时间常数为：$\tau = R \cdot C$，$R = R_1 /\!/ R_2$，$\tau = (R_1 /\!/ R_2) \cdot C$。

答案： B

7-5-4 解： 电容无初始储能，即$U_{C(0-)} = 0$。由换路定则可知

$$U_{C(0+)} = U_{C(0-)} = 0V$$

开关闭合后，经过一定时间，电路重新进入稳态，电容开路

$$U_o = U_{C(\infty)} = U_i \frac{R}{R + R} = \frac{1}{2} U_i = 0.5V$$

题 7-5-2 解图

根据初始值$U_{C(0+)}$和稳态值$U_{C(\infty)}$,即可判断。

答案: C

7-5-5　解: 根据$u_o = R_2 i_L$,我们用一阶暂态电路的三要素公式先来分析电感电流$i_{L(t)}$的关系。

$$i_{L(t)} = I_{L(\infty)} + \left[I_{L(t_0{}^+)} - I_{L(\infty)}\right]e^{-\frac{1}{\tau}}$$

当$0 < t < 1\text{ms}$时

$$I_{L(0_+)} = I_{L(0_-)} = \frac{0}{R_1 + R_2} = 0\text{A}$$

$$I_{L(\infty)} = \frac{1}{2 \times 500} = 0.001\text{A}$$

$$\tau = \frac{L}{(R_1 + R_2)} = 1/2 \times 500 = 1\text{ms}$$

$$i_{L(\tau)} = 0.001 - 0.001 \times e^{-1000t} \qquad (0 \leqslant t < 1)$$

$$U_{o(1+)} = I_{L(1+)} \times R_2 = (0.001 - 0.001e^{-1}) \times 500 = 0.316\text{V}$$

所以选项 B、C、D 错误。

$$U_{o(1+)} = I_{L(1+)}R_2 = I_{L(1-)}R_2 = U_{o(1-)}$$

答案: A

7-5-6　解: 根据换路定则

$$U_{C(0+)} = U_{C(0-)} = 0.2U_1$$

$$U_{R(0+)} = U_i - U_{C(0+)} = 0.8U_1$$

答案: C

7-5-7　解: 电路为 RL 一阶暂态电路,电感电流$i_L(t)$可用下述公式计算:

$i_L(t) = I_{L(\infty)} + \left(I_{L(0+)} - I_{L(\infty)}\right)e^{-t/\tau}$, 其中, $I_{L(0+)} = I_{L(0-)} = 0\text{A}$, $I_{L(\infty)} = 1\text{A}$, $\tau = \frac{L}{R} = 0.1\text{s}$。
因此, $i_L(t) = 1 - e^{-10t}(\text{A})$,绘制波形与选项 B 一致。

答案: B

7-5-8　解: 含有储能元件的电路,电容电压和电感电流受换路定则控制,不会发生跃变。其余各个电压、电流是否发生跃变由基尔霍夫定律决定,可能发生跃变,也可能不发生跃变。由u_c不跃变可知u_R、i_R不跃变,且i_L不跃变。

答案: B

7-5-9　解: R-C 电路暂态分析的时间常数公式为$\tau = RC$。计算等效电阻R时,应先取消独立电流源的作用(断开),然后分析电路 C 两端点间的并联电阻。电阻$R = (1+1)//(1+3) = \frac{4}{3}\Omega$,则$\tau = \frac{4}{3} \times \frac{1}{4} = \frac{1}{3}\text{s}$。

答案: B

7-5-10　解: 该电路为线性一阶电路,电压依据下述公式计算: $u(t) = U_{(\infty)} + \left(U_{(0+)} - U_{(\infty)}\right)e^{-t/\tau}$, 其中, $U_{(0+)} = U_{(0-)} = 0\text{V}$, $U_{(\infty)} = 1\text{V}$, $\tau = RC = 0.5\text{s}$。因此, $u(t) = 1 - e^{-2t}(\text{V})$。

答案: C

7-5-11　解: 与上题分析方法类似, $u_C(t) = U_{C(\infty)} + \left(U_{C(0+)} - U_{C(\infty)}\right)e^{-t/\tau}$, 其中, $U_{C(0+)} = U_{C(0-)} = 0\text{V}$, $U_{C(\infty)} = -100 \times \frac{1}{2+2} = -50\text{V}$, $\tau = RC = 10 \times (2//2) \times 10^{-6+3} = 10\text{ms}$。因此, $u_C(t) = -50(1 - e^{-100t})(\text{V})$。

答案: D

7-5-12　解： RC 暂态电路时间常数公式 $\tau = RC$，去掉独立电源后的电路模型如解图所示。$\tau = (10 + 10) \times 10 \times 10^{3-6} = 0.2s$。

答案： B

7-5-13　解： 开关由 1 合到 2 的瞬间：$I_{C(0+)} = -\dfrac{U_{C(0+)}}{R} = -\dfrac{U_s}{R}$，开关继续在 2 位，达到稳态时：$I_{(\infty)} = 0$ 电流的变化过程见解图。

答案： B

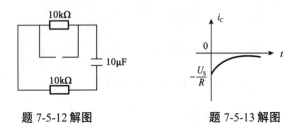

题 7-5-12 解图　　　　　　题 7-5-13 解图

7-5-14　解： 利用一阶暂态电路公式计算：$I_{(t)} = I_{(\infty)} + \left[I_{(t0+)} - I_{(\infty)} \right] e^{-t/\tau}$。

答案： A

（六）变压器、电动机及继电接触控制

7-6-1　三相五线供电机制下，单相负载 A 的外壳引出线应：

　　A. 保护接地　　　　　B. 保护接中　　　　　C. 悬空　　　　　D. 保护接 PE 线

7-6-2　若希望实现三相异步电动机的向上向下平滑调速，则应采用：

　　A. 串转子电阻调速方案　　　　　　　　B. 串定子电阻调速方案

　　C. 调频调速方案　　　　　　　　　　　D. 变磁极对数调速方案

7-6-3　为实现对电动机的过载保护，除了将热继电器的热元件串接在电动机的供电电路中外，还应将其：

　　A. 常开触点串接在控制电路中　　　　　B. 常闭触点串接在控制电路中

　　C. 常开触点串接在主电路中　　　　　　D. 常闭触点串接在主电路中

7-6-4　在电动机的继电接触控制电路中，具有短路保护、过载保护、欠压保护和行程保护，其中，需要同时接在主电路和控制电路中的保护电器是：

　　A. 热继电器和行程开关　　　　　　　　B. 熔断器和行程开关

　　C. 接触器和行程开关　　　　　　　　　D. 接触器和热继电器

7-6-5　在信号源（u_s，R_s）和电阻 R_L 之间插入一个理想变压器，如图所示，若电压表和电流表的读数分别为 100V 和 2A，则信号源供出电流的有效值为：

　　A. 0.4A　　　　　　　　　　　　　　B. 10A

　　C. 0.28A　　　　　　　　　　　　　　D. 7.07A

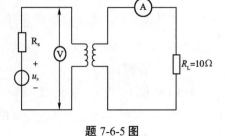

题 7-6-5 图

7-6-6　三相异步电动机的工作效率与功率因素随负载的变化规律是：

　　A. 空载时，工作效率为 0，负载越大功率越高

　　B. 空载时，功率因素较小，接近满负荷时达到最大值

　　C. 功率因素与电动机的结构和参数有关，和负载无关

　　D. 负载越大，功率因素越大

7-6-7 实际变压器工作时：

A. 存在铁损，不存在铜损　　　　　　　B. 存在铜损，不存在铁损

C. 铁损、铜损均存在　　　　　　　　　D. 铁损、铜损均不存在

7-6-8 在电动机的断电接触控制电路中，实现零压保护的电器是：

A. 停止按钮　　　　　　　　　　　　　B. 热继电器

C. 时间继电器　　　　　　　　　　　　D. 交流接触器

7-6-9 图示变压器为理想变压器，且$N_1 = 100$匝，若希望$I_1 = 1$A时，$P_{R2} = 40$W，则N_2应为：

A. 50 匝　　　　B. 200 匝　　　　C. 25 匝　　　　D. 400 匝

7-6-10 如果把图示电路中的变压器视为理想器件，则当$U_1 = 110\sqrt{2}\sin(\omega t)$V时，有：

A. $U_2 = \frac{N_1}{N_2}U_1$　　　　B. $I_2 = \frac{N_1}{N_2}I_1$　　　　C. $P_2 = \frac{N_1}{N_2}P_1$　　　　D. 以上均不成立

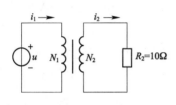　　　　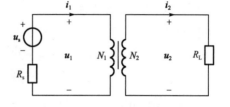

题 7-6-9 图　　　　　　　　　　题 7-6-10 图

7-6-11 有一台 6kW 的三相异步电动机，其额定运行转速为 1480r/min，额定电压为 380V，全压启动转矩是额定运行转矩的 1.2 倍，现采用△-Y 启动以降低其启动电流，此时的启动转矩为：

A. 15.49N·m　　　　B. 26.82N·m　　　　C. 38.7N·m　　　　D. 46.44N·m

7-6-12 图示电路中，$u_1 = 220\sqrt{2}\sin(ax)$，变压器视为理想的，$\frac{N_1}{N_2} = 2$，$R_2 = R_1$，则输出电压与输入电压的有效值之比$\frac{U_1}{U_2}$为：

A. 1/4　　　　B. 1　　　　C. 4　　　　D. 1/2

7-6-13 额定转速为 1450r/min 的三相异步电动机，空载运行时转差率为：

A. $s = \frac{1500-1450}{1500} = 0.033$　　　　　　B. $s = \frac{1500-1450}{1450} = 0.035$

C. $0.033 < s < 0.035$　　　　　　　　　D. $s < 0.033$

7-6-14 图示变压器，一次额定电压$U_{1N} = 220$V，一次额定电流$I_{1N} = 11$A，二次额定电压$U_{2N} = 600$V。该变压器二次额定值I_{2N}约为：

A. 1A　　　　　B. 4A　　　　　C. 7A　　　　　D. 11A

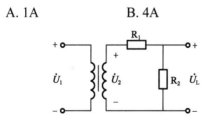　　　　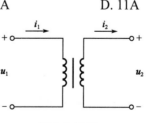

题 7-6-12 图　　　　　　　　　　题 7-6-14 图

7-6-15 三相交流异步电动机可带负载起动，也可空载起动，比较两种情况下，电动机的起动电流I_{st}的大小：

A. 有载>空载　　　　　　　　　　　　B. 有载<空载

C. 两种情况下起动电流值相同　　　　　D. 不好确定

7-6-16 有一容量为 10kV·A 的单相变压器，电压为3300/220V，变压器在额定状态下运行。在理想的情况下副边可接 40W、220V、功率因数$\cos\varphi = 0.44$的日光灯多少盏？

  A. 110   B. 200   C. 250   D. 125

7-6-17 某理想变压器的变化$k = 10$，其副边负载的电阻$R_L = 8\Omega$。若将此负载电阻折到原边，其阻值R'_L为：

  A. 80Ω B. 8Ω C. 0.8Ω D. 800Ω

7-6-18 三相异步电动机的转动方向由下列中哪个因素决定？

  A. 电源电压的大小   B. 电源频率

  C. 定子电流相序   D. 起动瞬间定转子相对位置

7-6-19 三相异步电动机的接线盒中有六个接线端，可以改变三相定子绕组的接线方法，某电动机铭牌上标有"额定电压380/220V，接法 Y-△"，其含义是下列中的哪一条？

  A. 当电源相电压为 220V 时，将定子绕组接成三角形；相电压为 380V 时，接成星形

  B. 当电源相电压为 220V，线电压为 380V 时，采用 Y-△换接

  C. 当电源线电压为 380V 时，将定子绕组接成星形；线电压为 220V 时，接成三角形

  D. 当电源线电压为 380V 时，将定子绕组接成三角形；线电压为 220V 时，接成星形

7-6-20 2.2kW 的异步电动机，运行于相电压为 220V 的三相电路。已知电动机效率为 81%，功率因数为 0.82，则电动机的额定电流为：

  A. 4A   B. 5A   C. 8.7A   D. 15A

7-6-21 设三相交流异步电动机的空载功率因数为λ_1，20%的额定负载时的功率因数为λ_2，满载时功率因数为λ_3，那么以下关系成立的是：

  A. $\lambda_1 > \lambda_2 > \lambda_3$ B. $\lambda_3 > \lambda_2 > \lambda_1$

  C. $\lambda_2 > \lambda_1 > \lambda_3$ D. $\lambda_3 > \lambda_1 > \lambda_2$

7-6-22 三相异步电动机空载起动与满载起动时的起动转矩关系是：

  A. 两者相等   B. 满载起动转矩

  C. 空载起动转矩大   D. 无法估计

7-6-23 针对三相异步电动机起动的特点，采用 Y-△换接起动可减小起动电流和起动转矩，下列中哪个说法是正确的？

  A. Y 连接的电动机采用 Y-△换接起动，起动电流和起动转矩都是直接起动的1/3

  B. Y 连接的电动机采用 Y-△换接起动，起动电流是直接起动的1/3，起动转矩是直接起动的$1/\sqrt{3}$

  C. △连接的电动机采用 Y-△换接起动，起动电流是直接起动的$1/\sqrt{3}$，起动转矩是直接起动的1/3

  D. △连接的电动机采用 Y-△换接起动，起动电流和起动转矩均是直接起动的1/3

7-6-24 三相异步电动机在额定负载下，欠压运行，定子电流将：

  A. 小于额定电流   B. 大于额定电流

  C. 等于额定电流   D. 不变

7-6-25 在继电器接触器控制电路中，自锁环节的功能是：

  A. 保证可靠停车

  B. 保证起动后持续运行

C.兼有点动功能

D.保证安全启动

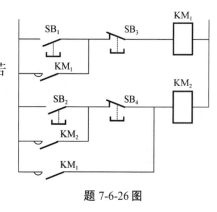

7-6-26 图示的控制电路中，SB为按钮，KM为接触器，若按动SB₂，试判断下列哪个结论正确？

A.接触器KM₂通电动作后KM₁跟着动作

B.只有接触器KM₂动作

C.只有接触器KM₁动作

D.以上答案都不对

题 7-6-26 图

7-6-27 能够实现用电设备连续工作的控制电路：

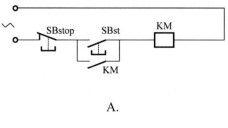

A.

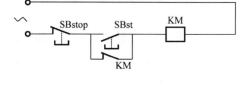

B.

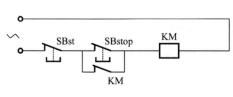

C.

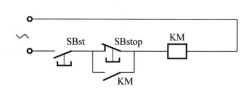

D.

7-6-28 如图所示控制电路的错误接线不能使电动机M起动。要使M起动并能连续运转，且具备过载保护、失压保护、短路保护的功能，正确的接线是：

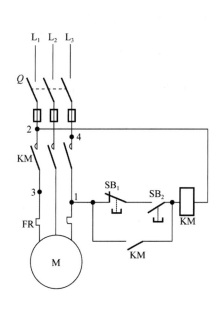

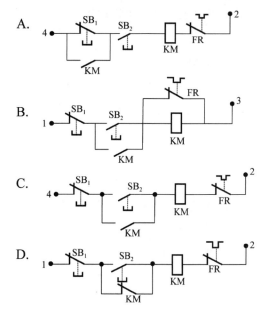

题 7-6-28 图

7-6-29 图示为两台电动机M₁、M₂的控制电路，两个交流接触器KM₁、KM₂的主常开触头分别接入M₁、M₂的主电路，该控制电路所起的作用是：

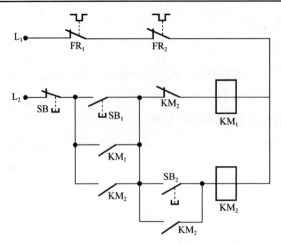

题 7-6-29 图

A. 必须 M_1 先起动，M_2 才能起动，然后两机连续运转

B. M_1、M_2 可同时起动，必须 M_1 先停机，M_2 才能停机

C. 必须 M_1 先起动、M_2 才能起动，M_2 起动后，M_1 自动停机

D. 必须 M_2 先起动，M_1 才能起动，M_1 起动后，M_2 自动停机

题解及参考答案

7-6-1 **解：** 三相五线制供电系统中单相负载的外壳引出线应该与"PE线"（保护零线）连接。

答案： D

7-6-2 **解：** 三相交流异步电动机的转速关系公式为 $n \approx n_0 = \frac{60f}{p}$，可以看到电动机的转速 n 取决于电源的频率 f 和电机的极对数 p，要想实现平滑调速应该使用改变频率 f 的方法。

另外，电动机转子串电阻的方法调速只能用于向下平滑调速。只有选用调频调速的方法才能满足题目要求。

答案： C

7-6-3 **解：** 实现对电动机的过载保护，除了将热继电器的热元件串联在电动机的主电路外，还应将热继电器的常闭触点串接在控制电路中。

当电机过载时，这个常闭触点断开，控制电路供电通路断开。

答案： B

7-6-4 **解：** 在电动机的继电接触控制电路中，熔断器对电路实现短路保护，热继电器对电路实现过载保护，交流接触器起欠压保护的作用，需同时接在主电路和控制电路中；行程开关一般只连接在电机的控制回路中。

答案： D

7-6-5 **解：** 理想变压器的内部损耗为零，$U_1I_1 = U_2I_2$，$U_2 = I_2R_L$。

答案： A

7-6-6 **解：** 三相交流电动机的功率因数和效率均与负载的大小有关，电动机接近空载时，功率因数和效率都较低，只有当电动机接近满载工作时，电动机的功率因数和效率才达到较大的数值。

答案： B

7-6-7　解：变压器铁损（P_{Fe}）与铁芯磁通量的大小有关，磁通量中与电流电压成正比，与负载变化无关，而铜损（P_{Cu}）的大小与变压器工作用状态（I_1、I_2）的情况有关，变压器有载工作时两种损耗都存在。

答案：C

7-6-8　解：在电动机的继电接触控制电路中，交流接触器具有零压保护作用，热继电器具有过载保护功能，停止按钮的作用是切断或接通电源。

答案：D

7-6-9　解：如解图所示，根据理想变压器关系有

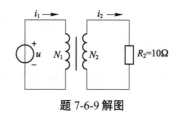

$$I_2 = \sqrt{\frac{P_2}{R_2}} = \sqrt{\frac{40}{10}} = 2\mathrm{A}$$

$$K = \frac{I_2}{I_1} = 2$$

$$N_2 = \frac{N_1}{K} = \frac{100}{2} = 50 \text{ 匝}$$

题 7-6-9 解图

答案：A

7-6-10　解：根据变压器基本关系式，得

$$k = \frac{N_1}{N_2} = \frac{U_1}{U_2} = \frac{I_2}{I_1}$$

可以写出

$$l_2 = l_1 \frac{N_1}{N_2}$$

答案：B

7-6-11　解：电动机采用△-Y 起动时，电动机的起动转矩是额定力矩的1/3，则三角形接法时额定转矩和起动转矩分别是

$$T_{\mathrm{N}\triangle} = 9550 \times \frac{P_{\mathrm{N}}}{n_{\mathrm{N}}} = 9550 \times \frac{6}{1480} = 38.72\mathrm{N \cdot m}$$

$$T_{\mathrm{N}\triangle\mathrm{st}} = 1.2 T_{\mathrm{N}\triangle} = 46.46\mathrm{N \cdot m}$$

当采用△-Y 起动时，起动转矩时

$$T_{\mathrm{NYst}} = \frac{1}{3} T_{\mathrm{N}\triangle\mathrm{st}} = \frac{46.46}{3} = 15.49\mathrm{N \cdot m}$$

答案：A

7-6-12　解：根据变压器的变化关系，得

$$k = \frac{N_1}{N_2} = \frac{U_1}{U_2} = 2$$

$$\frac{U_{\mathrm{L}}}{U_1} = \frac{U_{\mathrm{L}}}{U_2} \cdot \frac{U_2}{U_1} = \frac{1}{2} \times \frac{1}{2} = \frac{1}{4}$$

答案：A

7-6-13　解：①电动机的自然机械特性如解图所示。

电动机正常工作时转速运行在Ⓐ Ⓑ段。电动机空载转速接近Ⓐ点，当负载增加时转速下降。

②电动机的转差率公式为

$$s_{\mathrm{N}} = \frac{n_0 - n_{\mathrm{N}}}{n_0} \times 100\%$$

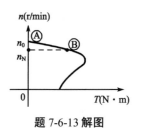

题 7-6-13 解图

通常 s 为 1%~9%，当电动机的额定转速 $n_N = 1450\text{r/min}$ 时，可判定空载转速 $n_0 = 1500\text{r/min}$。

因此 $s_N = \frac{1500-1450}{1500} \times 100\% = 0.033 \times 100\% = 3.3\%$

电动机的空载转差率 s_0 小于额定转差率 s_N。

答案： D

7-6-14　解： 该题可以按理想变压器分析（即变压器内部的损耗为 0），则

$$I_{1N}U_{1N} = I_{2N}U_{2N}$$

$$I_{2N} = \frac{U_{1N}I_{1N}}{U_{2N}} = \frac{220 \times 11}{600} = 4.03\text{A} \approx 4\text{A}$$

答案： B

7-6-15　解： 三相交流异步电动机的起动电流与定子电压和转子的电阻和电抗有关，与负载大小无关。

答案： C

7-6-16　解： 理想变压器原副边容量可以表示为 $S_{1N} = S_{2N} = 10\text{kV} \cdot \text{A}$，又 $P_{2N} = S_{2N} \times \cos\varphi = 4400\text{W}$，则接入日光灯盏数 $n = \frac{P_{2N}}{40} = 110$ 盏。

答案： A

7-6-17　解： 理想变压器的原边折合电阻 $R'_L = k^2 R_L$，其中 k 是变压器的变比。

答案： D

7-6-18　解： 三是异步电动机的转动方向由定子电流的相序决定。

答案： C

7-6-19　解： 电动机铭牌所标为电源线电压和对应定子绕组的接线方式。本题意为，对 380V 的电源电压，定子绕组为星形接法；对于 220V 电源电压，定子绕组为△形接法。

答案： C

7-6-20　解： 三相异步电动机属于对称性三相负载，额定功率指的是转子输出的机械功率 P_{2N}，定子吸收的电源功率，因此电动机额定电流为 $P_{1N} = \frac{P_{2N}}{\eta_N} = \sqrt{3}U_{线}I_{线}\cos\varphi_N$，则 $I_{1N} = I_{线} = \frac{P_{2N}/\eta_N}{\sqrt{3}U_{线}\cos\varphi_N} = 5\text{A}$。

答案： B

7-6-21　解： 三相交流异步电动机的空载功率因数较小，为 0.2~0.3，随着负载的增加，功率因数增加，当电机达到满载时功率因数最大，可以达到 0.9 以上。

答案： B

7-6-22　解： 三相异步电动机的起动力矩由定子电源、转子电阻等参数决定，与负载无关。

答案： A

7-6-23　解： 正常运行时为三角形接法的电动机，在起动时暂时接成星形，电动机的起动电流和起动转矩将为正常接法时的1/3。

答案： D

7-6-24　解： 三相异步电动机在额定负载时输入定子的功率确定，根据 $P \propto UI$ 关系，当电压下降时，定子电流增加到大于额定的定子电流。

答案： B

7-6-25　解： 继电接触控制电路中自锁环节的功能是利用电器自身的接触点接通，保持接触器线圈

的通电状态。

答案：B

7-6-26　解： 控制电路图中各个控制电器的符号均为电器未动作时的状态。当有启动按钮按下时，相关电器通电动作，各个控制触点顺序动作。读图可见，按下 SB_2 后 KM_2 线圈通电，同时 KM_2 常开触点闭合，保持 KM_2 的通电状态。

答案：B

7-6-27　解： 控制电路图中所有控制元件均是未工作的状态，同一电器用同一符号注明。要保持电气设备连续工作必须有自锁环节。

选项 B 图的自锁环节使用了 KM 接触器的常闭触点，选项 C 图、D 图中的停止按钮 SBstop 两端不能并入 KM 接触器的常闭触点或常开触点，因此选项 B、C、D 图都是错误的。

选项 A 图的电路符合设备连续工作的要求：按启动按钮 SBst（动合）后，接触器 KM 线圈通电，KM 常开触点闭合（实现自锁）；按停止按钮 SBstop（动断）后，接触器 KM 线圈断电，用电设备停止工作。可见四个选项中选项 A 图符合电气设备连续工作的要求。

答案：A

7-6-28　解： 电动机连续运行的要求之一是有正确的自锁环节，并且控制电路能正常供电。SB_1 为停止按钮，SB_2 是启动按钮。

答案：C

7-6-29　解： 分析本题时注意线圈 KM 通电，表示电机的主回路接通电机运转，注意各开关的制约关系。其中 FR_1 和 FR_2 是两台电机的保护环节。按下开关 SB_1 后 KM_1 线圈通电，同时 KM_1 的常开触点闭合后，再按下 SB_2 按钮，KM_2 线圈方可通电，这时 KM_2 常闭触点打开，KM_1 失电。

答案：C

（七）二极管及其应用

7-7-1　电路如图所示，D 为理想二极管，$u_i = 6\sin(\omega t)\,\text{V}$，则输出电压的最大值 U_{oM} 为：

A. 6V　　　　　　B. 3V　　　　　　C. −3V　　　　　　D. −6V

7-7-2　图示电路中，若输入电压 $u_i = 10\sin(\omega t + 30°)\,\text{V}$，则输出直电压数值 U_L 为：

A. 3.18V　　　　　B. 5V　　　　　　C. 6.36V　　　　　D. 10V

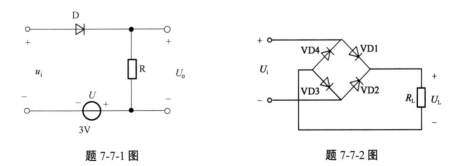

题 7-7-1 图　　　　　　　　　　　　题 7-7-2 图

7-7-3　全波整流、滤波电路如图所示，如果输入信号 $u_i = 10\sin(\omega t + 30°)\,\text{V}$，则开关 S 闭合前输出端有直流电压 u_o 为：

A. 0V　　　　　　B. 7.64V　　　　　C. 10V　　　　　　D. 12V

7-7-4　图示电路中，设 VD 为理想二极管，输入电压u_i按正弦规律变化，则在输入电压的负半周，输出电压为：

A. $u_o = u_i$　　　　　　　　　　　B. $u_o = 0$

C. $u_o = -u_i$　　　　　　　　　　D. $u_o = \frac{1}{2}u_i$

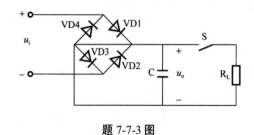

题 7-7-3 图　　　　　　　　　　题 7-7-4 图

7-7-5　半导体二极管的正向伏安（V-A）特性是一条：

　　A. 过坐标轴零点的直线

　　B. 过坐标轴零点，I随U按指数规律变化的曲线

　　C. 正向电压超过某一数值后才有电流的直线

　　D. 正向电压超过某一数值后I随U按指数规律变化的曲线

7-7-6　如果把一个小功率二极管直接同一个电源电压为 1.5V、内阻为零的电池实行正向连接，电路如图所示，则后果是该管：

　　A. 击穿　　　　　　　　　　　B. 电流为零

　　C. 电流正常　　　　　　　　　D. 电流过大使管子烧坏

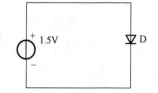

题 7-7-6 图

7-7-7　在图示的二极管电路中，设二极管 D 是理想的（正向电压为0V，反向电流为0A），且电压表内阻为无限大，则电压表的读数为：

　　A. 15V　　　　B. 3V　　　　C. −18V　　　　D. −15V

7-7-8　图示电路中，A点和B点的电位分别是：

　　A. 2V，−1V　　　　　　　　　B. −2V，1V

　　C. 2V，1V　　　　　　　　　　D. 1V，2V

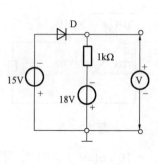

题 7-7-7 图　　　　　　　　　　题 7-7-8 图

7-7-9　单相桥式整流电路如图 a）所示，变压器副边电压U_2的波形如图 b）所示，设4个二极管均为理想元件，则二极管D_1两端的电压u_{D1}的波形是图 c）中哪个图所示？

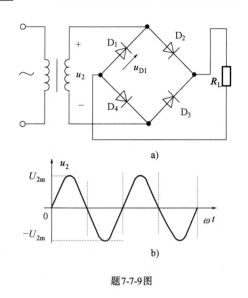

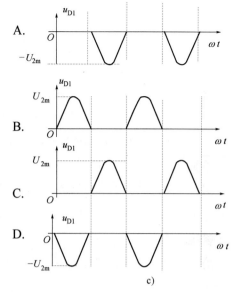

题7-7-9图

7-7-10 图示的桥式整流电路中，已知$u_i = 100\sin(\omega t)$V，$R_i = 1k\Omega$，若忽略二极管的正压降和反相电流，负载电阻R_L两端的电压平均值和电流平均值分别为：

  A. 90V，90mA   B. 50V，100mA

  C. 100V，100mA   D. 63.64V，63.64mA

7-7-11 稳压管电路如图所示，稳压管D_{Z1}的稳定电压$U_{Z1} = 12$V，D_{Z2}的稳定电压为$U_{Z2} = 6$V，则电压U_o等于：

  A. 12V   B. 20V   C. 6V   D. 18V

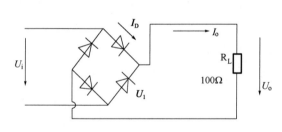

题 7-7-10 图

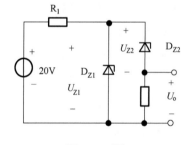

题 7-7-11 图

7-7-12 整流滤波电路如图所示，已知$U_1 = 30$V，$U_o = 12$V，$R = 2k\Omega$，$R_L = 4k\Omega$，稳压管的稳定电流$I_{Zmin} = 5$mA与$I_{Zmax} = 18$mA。通过稳压管的电流和通过二极管的平均电流分别是：

  A. 5mA，2.5mA   B. 8mA，8mA

  C. 6mA，2.5mA   D. 6mA，4.5mA

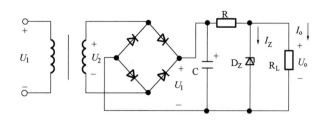

题 7-7-12 图

题解及参考答案

7-7-1　解： 分析二极管电路的方法，是先将二极管视为断路，判断二极管的端部电压。如果二极管处于正向偏置状态，可将二极管视为短路；如果二极管处于反向偏置状态，可将二极管视为断路。简化后含有二极管的电路已经成为线性电路，用线性电路理论分析可得结果。

答案： B

7-7-2　解： 该电路为桥式整流电路：$U_L = 0.9U_i = 0.9 \times \dfrac{10}{\sqrt{2}} = 6.36\text{V}$。

其中，U_L 为输出电压平均值，U_i 为输入交流电压有效值。

答案： C

7-7-3　解： 该电路为全波整流电容滤波电路，当开关 S 闭合前输出端有直流电压 u_o 与输入交流电压 u_i 的有效值 U_i 关系为

$$U_o = \sqrt{2}U_i$$

因此

$$U_o = \sqrt{2} \times \frac{10}{\sqrt{2}} = 10\text{V}$$

答案： C

7-7-4　解： 分析理想二极管电路的电压电流关系时，通常的做法是首先设二极管截止，然后判断二极管的偏置电压。如二极管是正向偏置，可以按二极管短路分析；如果二极管是反偏的，则将二极管用断路模型代替。

此题中，$u_i < 0$，则二极管反向偏置，将其断开，则横向连接的电阻 R 上无压降，$u_o = u_i$。

答案： A

7-7-5　解： 二极管是非线性元件，伏安特性如解图所示。由于半导体性质决定当外辊正向电压高于某一数值（死区电压 U_{on}）以后，电流随电压按指数规律变化。因此，只有选项 D 正确。

答案： D

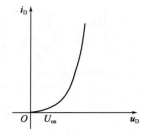

题 7-7-5 解图

7-7-6　解： 由半导体二极管的单向导电性可知，正常工作时硅材料二极管的正向导通电压是 0.7V，锗材料二极管的导通电压是 0.3V，此题中二极管有 1.5V 的电压，将引起过大的工作电流使二极管损坏。

答案： D

7-7-7　解： 分析理想二极管电路时通常的做法是，首先假设二极管截止，计算二极管阳极和阴极电位，确定二极管偏置后，用等效的电路模型置换（开路或短路）。此题中的二极管判断结果为导通状态。

答案： D

7-7-8　解： 参考上题做法，判断二极管为开路状态，求二极管两端电位，$V_R = 6 \times \dfrac{10}{10+50} = 1\text{V}$，$V_A = 6 \times \dfrac{5}{5+25} + 10 \times \dfrac{2}{18+2} = 2\text{V}$，则 $V_A > V_B$，二极管截止，所以上述计算与假设一致。

答案： C

7-7-9　解： 桥式整流电路中的四个二极管是两两交替工作的，当二极管导通时，其两端电压为 0。

分析此题时，需要注意处于截止状态的二极管的电压大小及其方向。

答案： B

7-7-10 **解：** 复习二极管整流电路的电压、电流关系，公式：$U_o = 0.9U_i$，其中 U_o 是直流电压有效值，U_i 是交流电压有效值。

答案： D

7-7-11 **解：** 经分析可知，图中两个稳压管在 20V 直流电源作用下，均工作在反向击穿状态，$U_{Z1} = 12V$，$U_{Z2} = 6V$，$U_o = U_{Z1} - U_{Z2}$。

答案： C

7-7-12 **解：** 该电路为直流稳压电源电路。对于输出的直流信号，电容在电路中可视为断路。桥式整流电路中的二极管通过的电流平均值是电阻 R 中通过电流的一半。

$I_R = \dfrac{U_I - U_o}{R} = \dfrac{30 - 12}{2} = 9\text{mA}$，$I_o = \dfrac{U_o}{R_L} = 3\text{mA}$，则 $I_Z = I_R - I_o = 6\text{mA}$，流过二极管的电流 $I_D = I_R/2 = 4.5\text{mA}$。

答案： D

（八）三极管及其基本放大电路

7-8-1 某晶体管放大电路的空载放大倍数 $A_k = -80$、输入电阻 $r_i = 1\text{k}\Omega$ 和输出电阻 $r_o = 3\text{k}\Omega$，将信号源 $[u_s = 10\sin(\omega t)\,\text{mV}$，$R_s = 1\text{k}\Omega]$ 和负载（$R_L = 5\text{k}\Omega$）接于该放大电路之后（见图），负载电压 u_o 将为：

    A. $-0.8\sin(\omega t)\text{V}$　　　　　　　　B. $-0.5\sin(\omega t)\text{V}$

    C. $-0.4\sin(\omega t)\text{V}$　　　　　　　　D. $-0.25\sin(\omega t)\text{V}$

题 7-8-1 图

7-8-2 将放大倍数为 1，输入电阻为 100Ω，输出电阻为 50Ω 的射极输出器插接在信号源（u_s，R_s）与负载（R_L）之间，形成图 b）电路，与图 a）电路相比，负载电压的有效值：

    A. $U_{L2} > U_{L1}$　　　　　　　　　　B. $U_{L2} = U_{L1}$

    C. $U_{L2} < U_{L1}$　　　　　　　　　　D. 因为 u_s 未知，不能确定 U_{L1} 和 U_{L2} 之间的关系

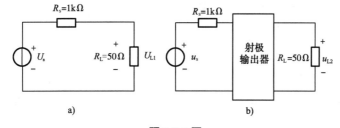

题 7-8-2 图

7-8-3 晶体管单管放大电路如图所示，当晶体管工作于线性区时，晶体管的输入电阻为 R_{be}，那么，该放大电路的输入电阻为：

A. R_{be}

B. $R_{B1} /\!/ R_{B2} /\!/ R_{be}$

C. $R_{B1} /\!/ R_{B2} /\!/ (R_E + R_{be})$

D. $R_{B1} /\!/ R_{B2} /\!/ [R_E + (1 + \beta)R_{be}]$

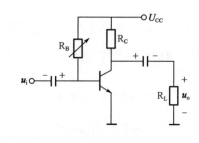

题 7-8-3 图

7-8-4 晶体管单管放大电路如图 a）所示时，其中电阻R_B可调，当输入U_i、输出U_o的波形如图 b）所示，输出波形：

　　A. 出现了饱和失真，应调大R_B

　　B. 出现了饱和失真，应调小R_B

　　C. 出现了截止失真，应调大R_B

　　D. 出现了截止失真，应调小R_B

7-8-5 图示单管放大电路中，设晶体工作于线性区，此时，该电路的电压放大倍数为：

A. $A_u = \dfrac{\beta R_C}{r_{be}}$ 　　　　　　　　　　B. $A_u = \dfrac{\beta R_C}{r_{be} /\!/ R_B}$

C. $A_u = \dfrac{-\beta(R_C /\!/ R_L)}{r_{be}}$ 　　　　　　D. $A_u = \dfrac{\beta(R_C /\!/ R_L)}{r_{be} /\!/ R_B}$

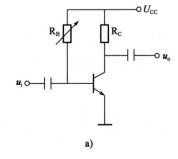 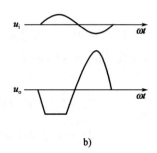 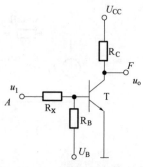

　　　　题 7-8-4 图 　　　　　　　　　　　　　　　　题 7-8-5 图

7-8-6 如图所示电路中，$R_1 = 50k\Omega$，$R_2 = 10k\Omega$，$R_E = 1k\Omega$，$R_C = 5k\Omega$，晶体管的$\beta = 60$，静态$U_{BE} = 0.7V$。静态基极电流I_B等于：

　　A. 0.0152mA　　　　B. 0.0213mA　　　　C. 0.0286mA　　　　D. 0.0328mA

7-8-7 晶体管非门电路如图所示，已知$U_{CC} = 15V$，$U_B = -9V$，$R_C = 3k\Omega$，$R_B = 20k\Omega$，$\beta = 40$，当输入电压$U_1 = 5V$时，要使晶体管饱和导通，R_X值不得大于多少？

（设$U_{BE} = 0.7V$，集电极和发射极之间的饱和电压$U_{CES} = 0.3V$）

　　A. 7.1kΩ　　　　B. 35kΩ　　　　C. 3.55kΩ　　　　D. 17.5kΩ

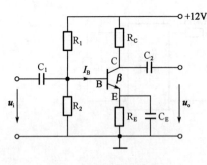

　　　　题 7-8-6 图 　　　　　　　　　　　　　　　　题 7-8-7 图

7-8-8 图中的晶体管均为硅管，测量的静态电位如图所示，处于放大状态的晶体管是哪个图所示？

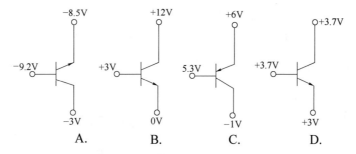

7-8-9 图示电路中的晶体管，当输入信号为 3V 时，工作状态是：

    A. 饱和   B. 截止   C. 放大   D. 不确定

7-8-10 图示为共发射极单管电压放大电路（$U_{BE} = 0.7V$），估算静态工作点I_B、I_C、V_{CE}分别为：

    A. 56.5μA，2.26mA，5.22V   B. 57μA，2.8mA，8V

    C. 57μA，4mA，0V   D. 30μA，2.8mA，3.5V

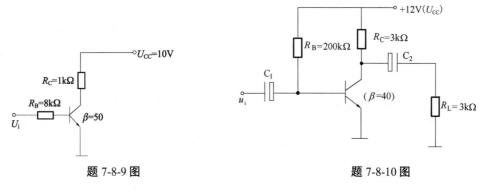

              题 7-8-9 图   题 7-8-10 图

7-8-11 如上题图所示，晶体管输入电阻$r_{be} = 1.25kΩ$，放大器的输入电阻R_i、输出电阻R_o和电压放大倍数A_u分别为：

    A. 200kΩ，3kΩ，47.5 倍   B. 1.25kΩ，3kΩ，47.5 倍

    C. 1.25kΩ，3kΩ，−47.5 倍   D. 1.25kΩ，1.5kΩ，−47.5 倍

7-8-12 下列电路中能实现交流放大的是哪个图所示？

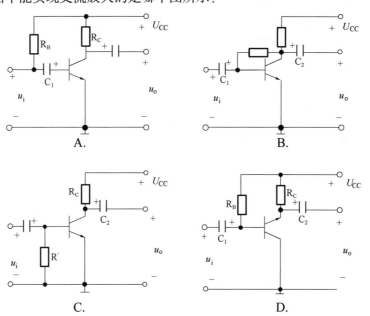

7-8-13 分压偏置单管放大电路如图所示，图中发射极旁路电容C_E因损坏而断开，则该电路的电压

放大倍数将：

　　　　A. 增大　　　　　　　B. 减小　　　　　　　C. 不变　　　　　　　D. 无法判断

　　7-8-14　共集电极放大电路如图所示，三极管的输入电阻R_{be}和电流放大倍数β为已知数，该放大器的电压放大倍数表达式为：

A. $-\dfrac{\beta(R_E /\!/ R_L)}{R_{be}}$

B. $\dfrac{(1+\beta)R_E}{R_{be}+(1+\beta)R_E}$

C. $\dfrac{(1+\beta)(R_E /\!/ R_L)}{R_{be}}$

D. $\dfrac{(1+\beta)(R_E /\!/ R_L)}{R_{be}+(1+\beta)(R_E /\!/ R_L)}$

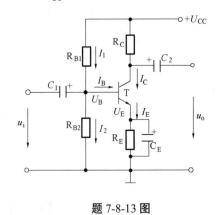

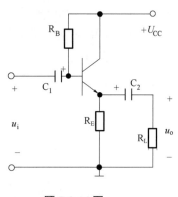

題 7-8-13 图　　　　　　　　　　　题 7-8-14 图

题解及参考答案

　　7-8-1　**解：** 首先应清楚放大电路中输入电阻和输出电阻的概念，然后将放大电路的输入端等效成一个输入电阻，输出端等效成一个等效电压源，如解图所示，最后用电路理论计算可得结果。

　　其中：$u_i = \dfrac{r_i}{R_s+r_i}u_s$；$u_{os}=A_k u_i$；$u_o = \dfrac{R_L}{r_o+R_L}u_{os}$。

　　答案： D

　　7-8-2　**解：** 理解放大电路输入电阻和输出电阻的概念，利用其等效电路计算可得结果。

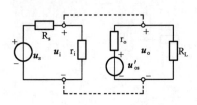

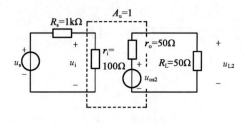

題 7-8-1 解图　　　　　　　　　　　題 7-8-2 解图

　　图 a）：$U_{L1} = \dfrac{R_L}{R_s+R_L}U_s = \dfrac{50}{1000+50}U_s = \dfrac{U_s}{21}$

　　图 b）：等效电路图（见解图）

　　$u_i = \dfrac{r_i \cdot u_s}{r_i+R_s} = \dfrac{u_s}{11}$，$u_{os2}=A_u u_i = \dfrac{u_s}{11}$，$u_{L2} = \dfrac{R_L}{R_L+r_o}u_{os2} = \dfrac{u_s}{22}$，

所以取有效值后 $U_{os2} = \dfrac{U_s}{22}$，$U_{L2} < U_{L1}$。

　　答案： C

　　7-8-3　**解：** 画出放大电路的微变等效电路如解图所示。

　　可见该电路的输入电阻为：$r_i = R_{be} /\!/ R_{B1} /\!/ R_{B2}$。

　　答案： B

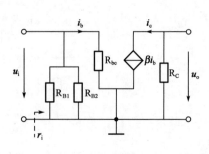

題 7-8-3 解图

7-8-4　解： 根据放大电路的输出特征曲线分析可知，该反相放大电路出现了饱和失真，原因是静态工作点对应的基极电流 I_{BQ} 过大，可以通过加大 R_B 电阻的数值来调整。

答案： A

7-8-5　解： 该电路为固定偏置放在电路，放大倍数为 $A_u = \dfrac{-\beta(R_C /\!/ R_L)}{\gamma_{be}}$。

答案： C

7-8-6　解： 根据放大电路的直流通道分析，直流通道如解图所示。

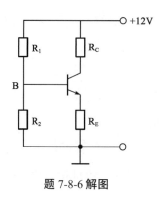

题 7-8-6 解图

$$U_B = \frac{R_2}{R_1 + R_2} \times 12 = \frac{10}{50 + 10} \times 12 = 2V$$

$$I_E = \frac{U_B - U_{BE}}{R_E} = \frac{2 - 0.7}{1} = 1.3mA$$

$$I_B = \frac{I_E}{1 + \beta} = \frac{1.3}{61} = 0.0213mA$$

答案： B

7-8-7　解： 晶体管非门电路必须工作在饱和或截止状态。根据晶体三极管工作状态的判断条件，当晶体管处于饱和状态时，基极电流与集电极电流的关系是：

$$I_B > I_{BS} = \frac{1}{\beta} I_{CS} = \frac{1}{\beta}\left(\frac{U_{CC} - U_{CES}}{R_C}\right), \quad I_B = \frac{U_1 - U_{BE}}{R_X} - \frac{U_{BE} - U_B}{R_B}$$

答案： A

7-8-8　解： 判断三极管是否工作在放大状态的依据共有两点：发射结正偏，集电结反偏。对于 NPN 型三极管来说，基极电位高于发射极电位（硅材料管的电压 U_{BE} 大约为 0.7V，锗材料管的电压 U_{BE} 大约为 0.3V），集电极电位高于基极电位。对于 PNP 型三极管来说，基极电位低于发射极电位，集电极电位低于基极电位。

答案： C

7-8-9　解： 由图计算 $I_B = \frac{U_i - U_{BE}}{R_B} = 0.288A$（实际值），$I_{Bmax} = \frac{I_{Cmax}}{\beta} \approx \frac{V_{CC}}{R_C\beta} 0.2A$（最大值），可见 $I_B > I_{Bmax}$，三极管处于饱和状态。

答案： A

7-8-10　解： 根据等效的直流通道计算，在直流等效电路中电容断路，$I_B = \frac{V_{CC} - U_{BE}}{R_B}$；$I_C = \beta I_B$；$U_{CE} = V_{CC} - I_C R_C$。

答案： A

7-8-11　解： 根据微变等效电路计算，见解图，在微变等效电路中电容短路，$R_i = R_B /\!/ r_{be}$；$R_o = R_C$；$A_u = -\dfrac{\beta(R_C /\!/ R_L)}{r_{be}}$。

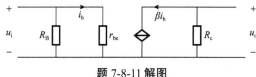

题 7-8-11 解图

答案： C

7-8-12　解： 分析交流放大器的结构图主要有两步：首先判断晶体管是否工作在放大区；然后检查交流信号是否畅通地到达输出端。对于放大中频信号的交流放大器来讲，电容元件在直流通道中等效为断路，对中频交流信号电容可以视为短路。A 图输入端电容 C_1，将直流偏置电流 I_B 阻断；C 图缺少

R_B偏置电阻；D 图中晶体管集电极和发射极管脚接错了。

答案： B

7-8-13 解： 图示分压偏置放大电路的电压放大倍数公式，当没有电容作用时：

$$A_u = \frac{-\beta R_C}{R_{be} + (1+\beta)R_E}$$

如果接入电容 C：$A_u = \frac{-\beta R_C}{R_{bc}}$

说明：放大器的耦合电容在交流信号源作用下可作为短路。

答案： B

7-8-14 解： 根据放大电路的微变等效电路分析，电压放大倍数 $A_u = \frac{(1+\beta)R_L{}'}{r_{be}+(1+\beta)R_L{}'}$；$R'_L = R_E /\!/ R_L$。

答案： D

（九）集成运算放大器

7-9-1 将运算放大器直接用于两信号的比较，如图 a）所示，其中，$u_a = -1V$，u_a 的波形由图 b）给出，则输出电压 u_o 等于：

    A. u_a B. $-u_a$ C. 正的饱和值   D. 负的饱和值

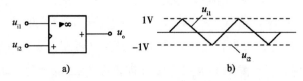

题 7-9-1 图

7-9-2 运算放大器应用电路如图所示，在运算放大器线性工作区，输出电压与输入电压之间的运算关系是：

    A. $u_o = -\frac{1}{R_1 C}\int u_i dt$ B. $u_o = \frac{1}{R_1 C}\int u_i dt$

    C. $u_o = -\frac{1}{(R_1+R_2)C}\int u_i dt$ D. $u_o = \frac{1}{(R_1+R_2)C}\int u_i dt$

7-9-3 运算放大器应用电路如图所示，在运算放大器线性工作区，输出电压与输入电压之间的运算的关系是：

    A. $u_o = 10(u_1 - u_2)$ B. $u_o = 10(u_2 - u_1)$

    C. $u_o = -10u_1 + 11u_2$ D. $u_o = 10u_1 - 11u_2$

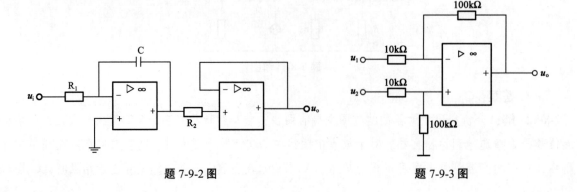

          题 7-9-2 图   **题 7-9-3 图**

7-9-4 运算放大器应用电路如图所示，在运算放大器线性工作区，输出电压与输入电压之间的运算关系是：

A. $u_o = -10u_i$　　　B. $u_o = 10u_i$　　　C. $u_o = 11u_i$　　　D. $u_o = +5.5u_i$

7-9-5 图示电路中，输出电压U_o与输入电压U_{i1}、U_{i2}的关系式为：

A. $\dfrac{R_F}{R_f}(U_{i1} + U_{i2})$

B. $\left(1 + \dfrac{R_F}{R_f}\right)(U_{i1} + U_{i2})$

C. $\dfrac{R_F}{2R_f}(U_{i1} + U_{i2})$

D. $\dfrac{1}{2}\left(1 + \dfrac{R_F}{R_f}\right)(U_{i1} + U_{i2})$

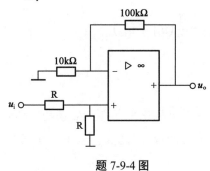

題 7-9-4 图　　　　　　題 7-9-5 图

7-9-6 图示电路中，运算放大器输出电压的极限值$\pm U_{oM}$，输入电压$u_i = U_m \sin \omega t$，现将信号电压u_i从电路的"A"端送入，电路的"B"端接地，得到输出电压u_{o1}。而将信号电压u_i从电路的"B"端输入，电路的"A"接地，得到输出电压u_{o2}。则以下正确的是：

A. 图 a）　　　　B. 图 b）　　　　C. 图 c）　　　　D. 图 d）

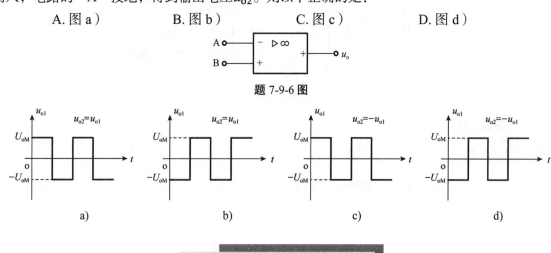

題 7-9-6 图

a)　　　　　　b)　　　　　　c)　　　　　　d)

题解及参考答案

7-9-1　解：该电路是电压比较电路。当反向输入信号u_{i1}大于基准信号u_{i2}时，输出为负的饱和值；当反向输入信号u_{i1}小于基准信号u_{i2}时，输出为正的饱和值。

答案：D

7-9-2　解：该题为两级放大电路，第一级为积分器，$u_{o1} = -\dfrac{1}{R_1 C}\int u_i \mathrm{d}t$，第二级是电压跟随电路$u_o = u_{o1}$，因此$u_o = -\dfrac{1}{R_1 C}\int u_i \mathrm{d}t$。

答案：A

7-9-3　解：

$$u_o = u_{o1} + u_{o2} = -\frac{100}{10}u_1 + \left(\frac{10+100}{10}\right)\frac{100}{10+100},\ u_2 = -10u_1 + \frac{110}{10}\times\frac{100}{110}u_2 = -10(u_1 - u_2)$$

答案：B

7-9-4　**解：**该电路是同相比例放大电路，分析时注意同相端电阻的作用。

$$u_+ = \frac{R}{R+R}u_i = \frac{1}{2}u_i$$

$$u_o = \left(1 + \frac{100}{10}\right)\frac{R}{R+R}u_i = 11 \times \frac{1}{2}u_i = 5.5u_i$$

答案：D

7-9-5　**解：**因为

$$U_o = \left(1 + \frac{R_F}{R_f}\right)u_+$$

$$U_+ = \frac{R}{R+R}u_{i1} + \frac{R}{R+R}u_{i2} = \frac{1}{2}(u_{i1} + u_{i2})$$

所以

$$U_o = \left(1 + \frac{R_F}{R_f}\right)\frac{u_{i1}+u_{i2}}{2}$$

答案：D

7-9-6　**解：**本电路属于运算放大器非线性应用，是一个电压比较电路。A 点是反相输入端，B 点是同相输入端。当 B 点电位高于 A 点电位时，输出电压有正的最大值U_{oM}。当 B 点电位低于 A 点电位时，输出电压有负的最大值$-U_{oM}$。

解图 a)、b) 表示输出端u_{o1}和u_{o2}的波形正确关系。

选项 D 的u_{o1}波形分析正确，并且$u_{o1} = -u_{o2}$，符合题意。

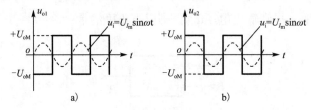

题 7-9-6 解图

答案：D

（十）数字电路

7-10-1　D 触发器的应用电路如图所示，设输出 Q 的初值为 0，那么，在时钟脉冲cp的作用下，输出 Q 为：

A. 1

B. cp

C. 脉冲信号，频率为时钟脉冲频率的1/2

D. 0

7-10-2　由 JK 触发器组成的应用电器如图所示，设触发器的初值都为 0，经分析可知是一个：

A. 同步二进制加法计数器　　　　　　B. 同步四进制加法计数器

C. 同步三进制加法计数器　　　　　　D. 同步三进制减法计数器

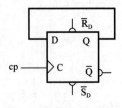

题 7-10-1 图

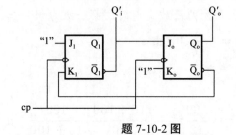

题 7-10-2 图

7-10-3 数字信号 B=1 时，图示两种基本门的输出分别为：

A. $F_1 = A$，$F_2 = 1$

B. $F_1 = 1$，$F_2 = A$

C. $F_1 = 1$，$F_2 = 0$

D. $F_1 = 0$，$F_2 = A$

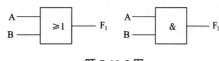

题 7-10-3 图

7-10-4 JK 触发器及其输入信号波形图如图所示，该触发器的初值为 0，则它的输出 Q 为：

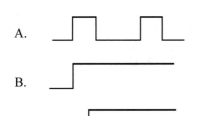

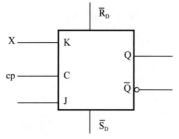

题 7-10-4 图

7-10-5 如图所示电路中，Q_1、Q_0 的原始状态为"1 1"，当送入两个脉冲后的新状态为：

A. "0 0"   B. "0 1"   C. "1 1"   D. "1 0"

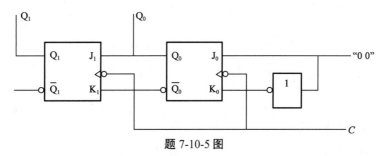

题 7-10-5 图

7-10-6 图示电路具有：

A. 保持功能   B. 置"0"功能   C. 置"1"功能   D. 计数功能

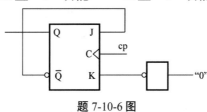

题 7-10-6 图

7-10-7 逻辑图和输入 A、B 的波形如图所示，分析当输出 F 为"1"时刻应是：

A. t_1 B. t_2 C. t_3 D. t_4

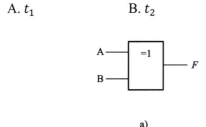

a)

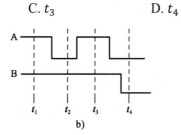

b)

题 7-10-7 图

7-10-8 图示电路中，二极管视为理想元件，即正向电压降为零，反向电阻为无穷大。三极管的 $\beta = 100$。输入信号 U_A、U_B 的高电平是 3.5V（逻辑 1），低电平是 0.3V（逻辑 0），若该电路的输出电压 U_o 高电平时定为逻辑 1，如图所示电路应为：

A. 与门 　　　　　　　　　　　　　B. 与非门

C. 或门 　　　　　　　　　　　　　D. 或非门

7-10-9 图为三个二极管和电阻 R 组成一个基本逻辑门电路，输入二极管的高电平和低电平分别是 3V 和 0V，电路的逻辑关系式是：

A. $Y = ABC$ 　　　　　　　　　　B. $Y = A + B + C$

C. $Y = AB + C$ 　　　　　　　　　D. $Y = (A + B)C$

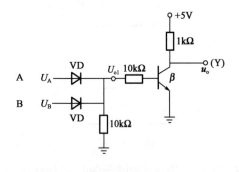 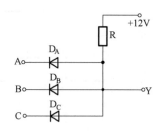

題 7-10-8 图 　　　　　　　　　　　　題 7-10-9 图

7-10-10 现有一个三输入端与非门，需要把它用作反相器（非门），请问图示电路中哪种接法正确？

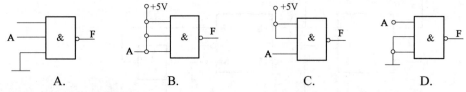

A. 　　　　B. 　　　　C. 　　　　D.

7-10-11 图示电路的逻辑式是：

A. $Y = AB(\bar{A} + \bar{B})$ 　　　　　　B. $Y = A\bar{B} + \bar{A}B$

C. $Y = (A + B)\bar{A}\bar{B}$ 　　　　　　D. $Y = AB + \bar{A}\bar{B}$

7-10-12 逻辑电路如图所示，A="1"时，C 脉冲来到后，D 触发器应：

A. 具有计数器功能 　　　　　　　B. 置"0"

C. 置"1" 　　　　　　　　　　　D. 无法确定

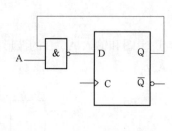

題 7-10-11 图 　　　　　　　　　　題 7-10-12 图

7-10-13 D 触发器组成的电路如图 a）所示。设 Q_1、Q_2 的初始态是 0、0，已知 cp 脉冲波形，Q_2 的波形是图 b）中哪个图形？

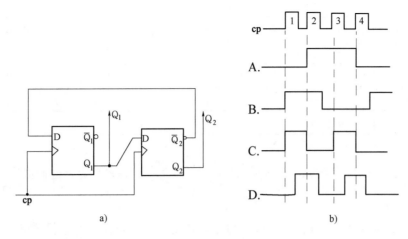

题 7-10-13 图

7-10-14 由两个主从型 JK 触发器组成的逻辑电路如图 a）所示，设 Q_1、Q_2 的初始态是 0、0，已知输入信号 A 和脉冲信号 cp 的波形，如图 b）所示，当第二个 cp 脉冲作用后，Q_1、Q_2 将变为：

A. 1、1　　　　　　　　　　　B. 1、0

C. 0、1　　　　　　　　　　　D. 保持 0、0 不变

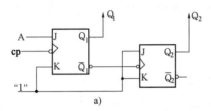 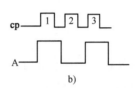

题 7-10-14 图

7-10-15 逻辑电路如图所示，A="0" 时，C 脉冲来到后，JK 触发器应：

A. 具有计数功能　　　　　　　B. 置 "0"

C. 置 "1"　　　　　　　　　　D. 保持不变

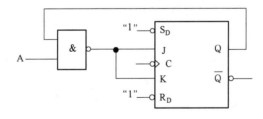

题 7-10-15 图

题解及参考答案

7-10-1 解： 该电路是 D 触发器，这种连接方法构成保持状态：$Q_{n+1} = D = Q_n$。

答案： D

7-10-2 解： 本题为两个 JK 触发器构成的时序逻辑电路。时钟信号同时接在两个触发器上，为同步触发方式。初始状态，$Q_1 = Q_0 = 0$，时序分析见解表。

cp	Q_1	Q_0	$J_1 = 1$	$K_1 = \overline{Q_0}$	$J_0 = \overline{Q_1}$	$K_0 = 1$	$Q_1' = \overline{Q_1}$	$Q_0' = Q_0$
0	0	0	1	1	1	1	1	0
1	1	1	1	0	0	1	0	1
2	1	0	1	1	0	1	0	0
3	0	0	1	1	1	1	1	0

可见三个时钟后完成一次循环，顺序为 $10 \rightarrow 01 \rightarrow 00$ ，即电路为三进制减法计数器。

答案：D

7-10-3 解：左边电路是或门 $F_1 = A + B$ ，右边电路是与门 $F_2 = A \cdot B$ 。根据逻辑电路的基本关系即可得到答案 B。

答案：B

7-10-4 解：图示电路是电位触发的 JK 触发器。当 cp 在上升沿时，触发器取输入信号 JK。触发器的状态由 JK 触发器的功能表（略）确定。

答案：B

7-10-5 解：该电路为时序逻辑电路，具有移位、存储功能，两个脉冲过后的新状态为 $Q_1 Q_0 = 00$ 。

答案：A

7-10-6 解：JK 触发器的功能表分析，该电路 $K = 1$ ，$J = \overline{Q}$ 。

当 $Q = 0$ ，$\overline{Q} = 1 = J$ 时，输出端 Q 的下一个状态为 1；当 $Q = 1$ ，$\overline{Q} = 0 = J$ 时，输出端 Q 的状态为 0，即 $Q_{n+1} = \overline{Q_n}$ ，所以该电路有计数功能。

答案：D

7-10-7 解：该电路为异或门电路，逻辑关系为

$$F = A\overline{B} + \overline{A}B$$

当 $t = t_2$ 时，A=0，B=1，F=1，其余时刻 F 均为 0。

答案：B

7-10-8 解：当 U_A 或 U_B 中有高电位时，u_{o1} 输出高电位，u_{o1} 与 U_A、U_B 符合或门逻辑电路。u_o 与 u_{o1} 的电位关系符合非门逻辑，因此，该电路的输出与输入之间有或非逻辑。电位分析见解表 1 和解表 2。

U_A	U_B	U_o
0.3V	0.3V	5V
0.3V	3.5V	0.3V
3.5V	0.3V	0.3V
3.5V	3.5V	0.3V

A	B	Y
0	0	1
0	1	0
1	0	0
1	1	0

答案：D

7-10-9 解：首先确定在不同输入电压下三个二极管的工作状态，依此确定输出端的电位 U_Y ；然后判断各电位之间的逻辑关系，当点电位高于 2.4V 时视为逻辑状态"1"，电位低于 0.4V 时视为逻辑"0"状态。该电路输入信号 A、B、C 与输入端 Y 的电位有与逻辑关系，Y=ABC。

答案： A

7-10-10 解： 处于悬空状态的逻辑输入端可以按逻辑"1"处理，接地为"0"状态，$F_A = \overline{1 \cdot A \cdot 0} = 1$；B 图输入端接线错误；$F_C = \overline{1 \cdot 1 \cdot A} = \overline{A}$；$F_D = \overline{\overline{A} \cdot 0 \cdot 0} = 1$。

答案： C

7-10-11 解： 用逻辑代数分析并化简。$Y = (A + B) \cdot (\overline{A} + \overline{B}) = A\overline{A} + B\overline{A} + A\overline{B} + B\overline{B} = \overline{A}B + A\overline{B}$。

答案： B

7-10-12 解： 复习 D 触发器的关系 $Q_{n+1} = D_n$。本题，当 A = "1" 时，$D = \overline{Q}$，因此 $Q_{n+1} = \overline{Q_n}$ 为计数状态。

答案： A

7-10-13 解： 从时钟输入端的符号可见，该触发器同步触发，且为正边沿触发方式。即：当时钟信号由低电平上升为高电平时刻，输出端的状态可能发生改变，变化的逻辑结果由触发器的逻辑表决定。

答案： A

7-10-14 解： 该触发器为负边沿触发方式，即当时钟信号由高电平下降为低电平时刻输出端的状态可能发生改变。

答案： C

7-10-15 解： 复习 JK 触发器的功能表，当 A = "0" 时，$J = K = 1$，$Q_{n+1} = \overline{Q_n}$ 为计数状态。

答案： A

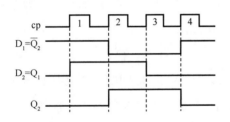

题 7-10-13 解图

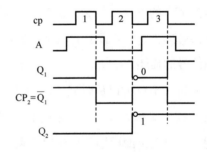

题 7-10-14 解图

第八章 信号与信息技术

复习指导

目前，信号与信息技术快速发展，内容涉及面广，主要包括计算机基础知识、电路电子技术、信息通信技术等。但是，具体来讲，该部分内容正是目前工程技术人员在工作中经常用到的知识。复习的重点是信息技术应用的系统化、规范化。

根据"考试大纲"的要求，本次复习应该注意以下几项内容：

1. 信息、消息与信号的概念

信息、消息和信号之间的关系，是借助于信号形式，传送信息，使受信者从所得到的消息中获取信息。

2. 信号的分类

要搞清楚信号的概念：什么是确定性信号和随机信号、连续信号和离散信号，特别要搞清楚模拟信号和数字信号形式上的不同，并区别它们的不同表示方法。

3. 模拟信号的描述

在信号分析中不仅可以从时域考虑问题，而且还可以从频域考虑问题。在复习本部分内容时，一般是以正弦函数为基本信号，分析常用的周期和非周期信号的一些基本特性以及信号在系统中的传输问题。抓住基本概念，即周期信号频谱的离散性、谐波性和收敛性。

频谱分析是模拟信号分析的重要方法，也是模拟信号处理的基础，在工程中有着重要的应用。

要了解模拟信号滤波、模拟信号变换、模拟信号识别的知识。

数字电子信号的处理采用了与模拟信号不同的方式，电子器件的工作状态也不同。数字电路的工作信号是二值信号，要用它来表示数并进行数的运算，就必须采取二进制形式表示。复习内容主要包括：

（1）了解数字信号的数制和代码，掌握几种常用进制表示，数制转换、数字信号的常用代码。

（2）搞清楚算术运算和逻辑运算的特点和区别，逻辑函数化简处理后能突显其内在的逻辑关系，通常还可以使硬件电路结构简单。

（3）了解数字信号的符号信息处理方法，数字信号的存储技术，模拟信号与数字信号的互换知识。

数字信号是信息的编码形式，可以用电子电路或电子计算机方便、快速地对它进行传输、存储和处理。因此，将模拟信号转换为数字信号，或者说用数字信号对模拟信号进行编码，从而将模拟信号问题转化为数字信号问题加以处理，是现代信息技术中的重要内容。

练习题、题解及参考答案

（一）基本概念

8-1-1 设周期信号$u(t)$的幅值频谱如图所示，则该信号：

A. 是一个离散时间信号

B. 是一个连续时间信号

C. 在任意瞬间均取正值

D. 最大瞬时值为 1.5V

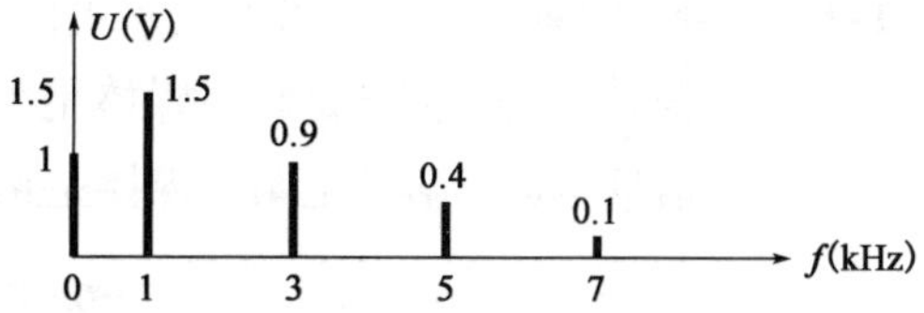

题 8-1-1 图

8-1-2 信息可以以编码的方式载入：

A. 数字信号之中   B. 模拟信号之中

C. 离散信号之中   D. 采样保持信号之中

8-1-3 某电压信号随时间变化的波形图如图所示，该信号应归类于：

A. 周期信号   B. 数字信号   C. 离散信号   D. 连续时间信号

题 8-1-3 图

8-1-4 非周期信号的幅度频谱是：

A. 连续的   B. 离散的，谱线正负对称排列

C. 跳变的   D. 离散的，谱线均匀排列

8-1-5 图 a）所示电压信号波形经电路 A 变换成图 b）波形，再经电路 B 变换成图 c）波形，那么，电路 A 和电路 B 应依次选用：

A. 低通滤波器和高通滤波器

B. 高通滤波器和低通滤波器

C. 低通滤波器和带通滤波器

D. 高通滤波器和带通滤波器

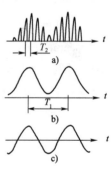

题 8-1-5 图

8-1-6 以下几种说法中正确的是：

A. 滤波器会改变正弦波信号的频率

B. 滤波器会改变正弦波信号的波形形状

C. 滤波器会改变非正弦周期信号的频率

D. 滤波器会改变非正弦周期信号的波形形状

8-1-7 在如下关系信号和信息的说法中，正确的是：

A. 信息含于信号之中

B. 信号含于信息之中

C. 信息是一种特殊的信号

D. 同一信息只能承载在一种信号之中

8-1-8 信息与消息和信号意义不同，但三者又是互相关联的概念，信息指受信者预先不知道的新内容。下列对于信息的描述正确的是：

A.信号用来表示信息的物理形式，消息是运载消息的工具

B.信息用来表示消息的物理形式，信号是运载消息的工具

C.消息用来表示信号的物理形式，信息是运载消息的工具

D.消息用来表示信息的物理形式，信号是运载消息的工具

8-1-9　信号、信息和媒体三者的关系可以比喻为：

A.信息是货，信号是路，媒体是车　　　B.信息是车，信号是货，媒体是路

C.信息是货，信号是车，媒体是路　　　D.信息是路，信号是车，媒体是货

题解及参考答案

8-1-1　**解：**周期信号的幅值频谱是离散且收敛的。这个周期信号一定是时间上的连续信号。

答案： B

8-1-2　**解：**信息通常是以编码的方式载入数字信号中的。

答案： A

8-1-3　**解：**图示电压信号是连续的时间信号，在各个时间点的数值确定；对其他的周期信号、数字信号、离散信号的定义均不符合。

答案： D

8-1-4　**解：**根据对模拟信号的频谱分析可知：周期信号的频谱是离散的，非周期信号的频谱是连续的。

答案： A

8-1-5　**解：**该电路是利用滤波技术进行信号处理，从图 a）到图 b）经过了低通滤波，从图 b）到图 c）利用了高通滤波技术（消去了直流分量）。

答案： A

8-1-6　**解：**滤波器是频率筛选器，通常根据信号的频率不同进行处理。它不改变正弦波信号的形状，而是通过正弦波信号的频率来识别，保留有用信号，滤除干扰信号。而非正弦周期信号可以分解为多个不同频率正弦波信号的合成，它的频率特性是收敛的。对非正弦周期信号滤波时要保留基波和低频部分的信号，滤除高频部分的信号。这样做虽然不会改变原信号的频率，但是滤除高频分量以后会影响非正弦周期信号波形的形状。

答案： D

8-1-7　**解：**"信息"指的是人们通过感官接收到的关于客观事物的变化情况；"信号"是信息的表示形式，是传递信息的工具，如声、光、电等。信息是存在于信号之中的。

答案： A

8-1-8　**解：**必须了解信息、消息和信号的意义。信息是指受信者预先不知道的新内容；消息是表示信息的物理形式（如声音、文字、图像等）；信号是运载消息的工具（如声、光、电）。

答案： D

8-1-9　**解：**信息是抽象的，信号是物理的。信息必须以信号为载体，才能通过物理媒体进行传输和处理。所以，信号是载体，信息是内容，媒体是传输介质。

答案： C

（二）数字信号与信息

8-2-1 七段显示器的各段符号如图所示，那么，字母"E"的共阴极七段显示器的显示码 abcdefg 应该是：

A. 1001111　　　　　　　　　　　B. 0110000

C. 10110111　　　　　　　　　　D. 10001001

题 8-2-1 图

8-2-2 已知数字信号 A 和数字信号 B 的波形如图所示，则数字信号 $F = \overline{A + B}$ 的波形为：

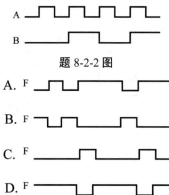

题 8-2-2 图

A. F

B. F

C. F

D. F

8-2-3 由图示数字逻辑信号的波形可知，三者的函数关系是：

A. $F = \overline{A}\,\overline{B}$　　　　　　　　　　B. $F = \overline{A + B}$

C. $F = AB + \overline{A}\,\overline{B}$　　　　　　　　D. $F = \overline{A}B + A\overline{B}$

8-2-4 数字信号如图所示，如果用其表示数值，那么，该数字信号表示的数量是：

A. 3个0和3个1　　B. 一万零一十一　　C. 3　　　　　　　D. 19

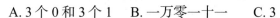
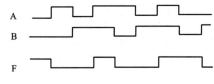

题 8-2-3 图　　　　　　　　　　　题 8-2-4 图

8-2-5 用传感器对某管道中流动的液体流量$x(t)$进行测量，测量结果为$u(t)$，用采样器对$u(t)$采样后得到信号$u^*(t)$，那么：

A. $x(t)$和$u(t)$均随时间连续变化，因此均是模拟信号

B. $u^*(t)$仅在采样点上有定义，因此是离散信号

C. $u^*(t)$仅在采样点上有定义，因此是数字信号

D. $u^*(t)$是$x(t)$的模拟信号

8-2-6 模拟信号$u(t)$的波形图如图所示，它的时间域描述形式是：

A. $u(t) = 2(1 - e^{-10t}) \cdot 1(t)$

B. $u(t) = 2(1 - e^{-0.1t}) \cdot 1(t)$

C. $u(t) = [2(1 - e^{-10t}) - 2] \cdot 1(t)$

D. $u(t) = 2(1 - e^{-10t}) \cdot 1(t) - 2 \cdot 1(t - 2)$

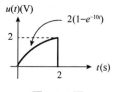

题 8-2-6 图

8-2-7 模拟信号放大器是完成对输入模拟量：

A. 幅度的放大　　　　　　　　　　B. 频率的放大

C. 幅度和频率的放大　　　　　　　　D. 低频成分的放大

8-2-8 对逻辑表达式AC + DC + $\overline{A}\,\overline{D}$C的化简结果是：

A. C　　　　　　　B. A+D+C　　　　　　C. AC+DC　　　　　　D. $\overline{A} + \overline{C}$

8-2-9 某逻辑问题的真值表如表所示，由此可以得到，该逻辑问题的输入输出之间的关系为：

题 8-2-9 表

C	A	B	F
0	0	0	0
0	0	1	0
0	1	0	0
0	1	1	0
1	0	0	1
1	0	1	0
1	1	0	0
1	1	1	1

A. $F = 0 + 1 = 1$　　　　　　　　　　B. $F = \overline{A}\,\overline{B}C + ABC$

C. $F = A\overline{B}C + ABC$　　　　　　　　D. $F = \overline{A}\,\overline{B} + AB$

8-2-10 逻辑函数$F = f(A, B, C)$的真值表如下，由此可知：

题 8-2-10 表

A	B	C	F
0	0	0	0
0	0	1	0
0	1	0	0
0	1	1	1
1	0	0	0
1	0	1	0
1	1	0	1
1	1	1	1

A. $F = BC + AB + \overline{A}\,\overline{B}C + B\overline{C}$　　　　B. $F = \overline{A}\,\overline{B}\,\overline{C} + AB\overline{C} + AC + ABC$

C. $F = AB + BC + AC$　　　　　　　　D. $F = \overline{A}BC + AB\overline{C} + ABC$

8-2-11 下述信号中哪一种属于时间信号？

A. 数字信号　　　　　　　　　　　B. 模拟信号

C. 数字信号和模拟信号　　　　　　D. 数字信号和采样信号

8-2-12 模拟信号是：

A. 从对象发出的原始信号

B. 从对象发出并由人的感官所接收的信号

C. 从对象发出的原始信号的采样信号

D. 从对象发出的原始信号的电模拟信号

8-2-13 下列信号中哪一种是代码信号？

A. 模拟信号　　　　　　　　　　　B. 模拟信号的采样信号

C. 采样保持信号　　　　　　　　　D. 数字信号

8-2-14 下述哪种说法是错误的？

A. 在时间域中，模拟信号是信息的表现形式，信息装载于模拟信号的大小和变化之中

B. 在频率域中，信息装载于模拟信号特定的频谱结构之中

C. 模拟信号既可描述为时间的函数，又可以描述为频率的函数

D. 信息装载于模拟信号的传输媒体之中

8-2-15 周期信号中的谐波信号频率是：

　　A. 固定不变的　　　　　　　　　　　B. 连续变化的

　　C. 按周期信号频率的整倍数变化　　　　D. 按指数规律变化

8-2-16 非周期信号的频谱是：

　　A. 离散的

　　B. 连续的

　　C. 高频谐波部分是离散的，低频谐波部分是连续的

　　D. 有离散的也有连续的，无规律可循

8-2-17 图示为电报信号、温度信号、触发脉冲信号和高频脉冲信号的波形，其中是连续信号的是：

　　A. a）、c）、d）　　B. b）、c）、d）　　C. a）、b）、c）　　D. a）、b）、d）

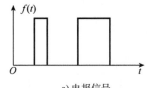
a) 电报信号

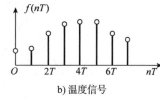
b) 温度信号

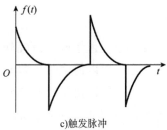
c)触发脉冲

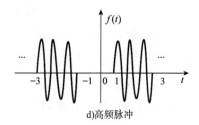
d)高频脉冲

题 8-2-17 图

8-2-18 模拟信号经过下列哪种转换，才能转化为数字信号？

　　A. 信号幅度的量化　　　　　　　　　B. 信号时间上的量化

　　C. 幅度和时间的量化　　　　　　　　D. 抽样

8-2-19 连续时间信号与通常所说的模拟信号的关系是：

　　A. 完全不同　　　B. 是同一个概念　　C. 不完全相同　　D. 无法回答

8-2-20 根据如图所示信号 $f(t)$ 画出的 $f(2t)$ 波形是：

　　A. a）　　　　　　B. b）　　　　　　C. c）　　　　　　D. 均不正确

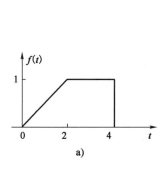
a)

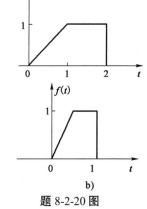
b)

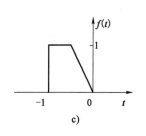
c)

题 8-2-20 图

8-2-21 单位冲激信号 $\delta(t)$ 是：

A. 奇函数 　　　　　　　　　　　　　B. 偶函数

C. 非奇非偶函数 　　　　　　　　　　D. 奇异函数，无奇偶性

8-2-22 单位阶跃函数信号$\varepsilon(t)$具有：

A. 周期性 　　　　　B. 抽样性 　　　　　C. 单边性 　　　　　D. 截断性

8-2-23 单位阶跃信号$\varepsilon(t)$是物理量单位跃变现象，而单位冲激信号$\delta(t)$是物理量产生单位跃变什么的现象？

A. 速度 　　　　　B. 幅度 　　　　　C. 加速度 　　　　　D. 高度

8-2-24 如图所示的周期为T的三角波信号，在用傅氏级数分析周期信号时，系数a_0、a_n和b_n判断正确的是：

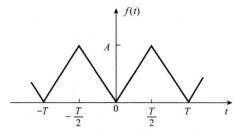

题 8-2-24 图

A. 该信号是奇函数且在一个周期的平均值为零，所以傅里叶系数a_0和b_n是零

B. 该信号是偶函数且在一个周期的平均值不为零，所以傅里叶系数a_0和a_n不是零

C. 该信号是奇函数且在一个周期的平均值不为零，所以傅里叶系数a_0和b_n不是零

D. 该信号是偶函数且在一个周期的平均值为零，所以傅里叶系数a_0和b_n是零

8-2-25 $(70)_{10}$的二进制数是：

A. $(0011100)_2$ 　　　B. $(1000110)_2$ 　　　C. $(1110000)_2$ 　　　D. $(0111001)_2$

8-2-26 将$(10010.0101)_2$转换成十进制数是：

A. 36.1875 　　　B. 18.1875 　　　C. 18.3125 　　　D. 36.3125

8-2-27 将$(11010010.01010100)_2$表示成十六进制数是：

A. $(D2.54)_H$ 　　　B. D2.54 　　　C. $(D2.A8)_H$ 　　　D. $(D2.54)_B$

8-2-28 数-4的二进制补码是：

A. 10100 　　　B. 00110 　　　C. 11100 　　　D. 11011

8-2-29 使用四位二进制补码运算，$7-4=?$的运算式是：

A. $0111+1011=?$ 　　　　　　　　B. $1001+0110=?$

C. $1001+1100=?$ 　　　　　　　　D. $0111+1100=?$

8-2-30 实现 AD 转换的核心环节是：

A. 信号采样、量化和编码 　　　　　　B. 信号放大和滤波

C. 信号调制和解调 　　　　　　　　　D. 信号发送和接收

8-2-31 为保证模拟信号经过采样而不丢失信号，采样频率必须不低于信号频带宽度的：

A. 4 倍 　　　　　B. 8 倍 　　　　　C. 10 倍 　　　　　D. 2 倍

8-2-32 用一个8位逐次比较型AD转换器组成一个5V量程的直流数字电压表，该电压表测量误差是：

A. 313mV 　　　B. 9.80mV 　　　C. 39.2mV 　　　D. 19.6mV

题解及参考答案

8-2-1 解： 七段显示器的各段符号是用发光二极管制作的，各段符号如图所示。在共阴极七段显示器电路中，高电平"1"字段发光，"0"熄灭。显示字母"E"的共阴极七段显示器显示时 b、c 段熄灭，显示码 abcdefg 应该是 1001111。

答案： A

8-2-2 解： $\overline{A+B}=F$，F 是个或非关系，可以用"有 1 则 0"的口诀处理。

答案： B

8-2-3 解： 此题的分析方法是先根据给定的波形图写输出和输入之间的真值表，然后观察输出与输入的逻辑关系，写出逻辑表达式即可。观察 $F=AB+\overline{A}\,\overline{B}$，属同或门关系。

答案： C

8-2-4 解： 图示信号是用电位高低表示的二进制数 010011，将其转换为十进制的数值是 19。即：

$$(010011)_B = 1\times 2^4 + 1\times 2^1 + 1\times 2^0 = 16+2+1 = 19$$

答案： D

8-2-5 解： $x(t)$ 是原始信号，$u(t)$ 是模拟信号，它们都是时间的连续信号；而 $u^*(t)$ 是经过采样器以后的采样信号，是离散信号。

答案： B

8-2-6 解： 此题可以用叠加原理分析，将信号分解为一个指数信号和一个阶跃信号的叠加（见解图）。

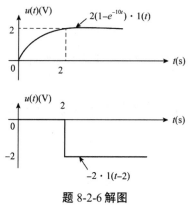

题 8-2-6 解图

答案： D

8-2-7 解： 模拟信号放大器的基本要求是不能失真，即要求放大信号的幅度，不可以改变信号的频率。

答案： A

8-2-8 解： $AC+DC+\overline{A}\,\overline{D}\cdot C$

$$= \left(A+D+\overline{A}\,\overline{D}\right)\cdot C = \left(A+D+\overline{A}+\overline{D}\right)\cdot C$$

$$= 1\cdot C = C$$

答案： A

8-2-9 解： 此题要求掌握如何将真值表转换成逻辑表达式，简单说：真值表中的输出量 F 是在输入变量A、B、C与逻辑组合下的或逻辑。做法上分两步进行：第一步，根据真值表写出对应F为 1 所对应输入变量A、B、C与逻辑，某个变量为 1 时写原变量，否则写反变量；第二步，将写出的与项用或式连接。本题写出的结果为$F = \overline{A}\,\overline{B}C + ABC$。

答案： B

8-2-10 解： 根据真值表写出逻辑表达式的方法是：找出真值表输出信号F＝1对应的输入变量取值组合，每组输入变量取值为一个乘积项（与），输入变量值为 1 的写原变量，输入变量值为 0 的写反变量。最后将这些变量相加（或），即可得输出函数F的逻辑表达式。

根据该给定的真值表可以写出：$F = \overline{A}BC + AB\overline{C} + ABC$。

答案： D

8-2-11 解： 数字信号是代码信号不是时间信号，所以只有选项 B 正确。

答案： B

8-2-12 解： 从对象发出信号是物理形态各异的信号，它必须转换为统一的电信号，即模拟信号的形式，以便于传输和处理。

答案： D

8-2-13 解： 模拟信号是连续时间信号，它的采样信号是离散时间信号，而采样保持信号是采样信号的一种特殊形式，仍然是时间信号，数字信号是代码表示的信号。

答案： D

8-2-14 解： 传输媒体只是一种物理介质，它传送信号但不表示信息。

答案： D

8-2-15 解： 周期信号中的谐波信号是从傅里叶级数分解中得到的，它的频率是周期信号频率的整倍数。

答案： C

8-2-16 解： 非周期信号的傅里叶变换形式是频率的连续函数，它的频谱是连续频谱。

答案： B

8-2-17 解： 参见信号的分类，连续信号和离散信号部分；连续信号是在全部时间范围内均有定义的。

答案： A

8-2-18 解： 模拟信号与数字信号的区别：模拟信号是在时间上和数值上都连续的信号，而数字信号是在时间和数值上均离散且用二进制编码表示的信号。

答案： C

8-2-19 解： 模拟信号是指连续变化的物理信号，信号的时间连续且幅值随时间连续变化。简单说，模拟信号是在时间和数值上都是连续的物理信号，连续时间信号与模拟信号是不完全相同的。

答案： C

8-2-20 解： 本题考查信号的处理知识：压缩与扩展、反转。选项 C 对信号反转了，本题不涉及。关于对信号的压缩和扩展关系，可以把信号$f(t)$的自变量换为at（a为正实数），当$a > 1$时，信号在时间轴上压缩，否则扩展。其中选项 B 是$a = 2$情况。

答案： B

8-2-21 解： 单位冲激信号$\delta(t)$定义为一个"面积"等于 1 的理想化窄脉冲，通常是对称于时轴，是偶函数。这个脉冲的幅度等于它的宽度的倒数。当脉冲的宽度愈小时，它的幅度就愈大。当它的宽度趋近于零时，幅度就趋近于无限大。

答案：B

8-2-22　解：单位阶跃函数信号$\varepsilon(t)$是常用于模拟信号的描述，定义为：$\varepsilon(t)$在负时间域幅值恒定为0，而在$t = 0$发生跃变到1，所以具有单边性。

答案：C

8-2-23　解：在信号分析中常用单位阶跃信号$\varepsilon(t)$描述物理量单位跃变现象，单位冲激信号$\delta(t)$是单位阶跃函数信号$\varepsilon(t)$的变化率。单位冲激信号$\delta(t)$的物理意义，是指单位阶跃信号$\varepsilon(t)$产生跃变的速度。

答案：A

8-2-24　解：周期信号的傅氏级数分析，利用周期函数的分解公式考虑：

$$f(\omega t) = a_0 + \sum_{k=1}^{\infty} [a_k \cos(k\omega t) + b_k \sin(k\omega t)]$$

答案：B

8-2-25　解：$(70)_{10}$中的角标10说明数字的数制，这是一个十进制数的70，将其转换为二进制数，必须用角标2表示。根据二-十进制的变换公式$D = \sum k_i \times 2^i$计算：

$$(70)_{10} = (64 + 4 + 2)_{10}$$
$$= (2^6 + 2^2 + 2^1)_{10}$$
$$= (1000\,110)_2$$

答案：B

8-2-26　解：根据二-十进制的变换公式$D = \sum k_i \times 2^i$计算，将二进制数展开为十进制数即可，十进制的下角标可以省略。

$$(10010.0101)_2 = 2^4 + 2^1 + 2^{-2} + 2^{-4}$$
$$= 16 + 2 + 0.25 + 0.0625$$
$$= 18.3125$$

答案：C

8-2-27　解：根据二-十六进制的关系转换，通常将四位二进制放在一起来表示一位十六进制的数，以小数点为界，将整数部分和小数部分分开写出。十六进制的书写中下标"H"不能省去。即$(11010010.01010100)_2$写为$(1101\,0010.0101\,0100)_2 = (D2.54)_H$。

答案：A

8-2-28　解：数-4的二进制有符号代码是10100，其反码是11011。则补码为11011+1=11100。

答案：C

8-2-29　解：$7 - 4 = 7 + (-4)$，数7的二进制代码是0111，-4用二进制补码1100表示。则运算式是：$0111 + 1100 = ?$。

答案：D

8-2-30　解：模拟信号先经过采样处理转换为离散信号，再将每个瞬间的数值与基准的单位电压进行比较取得该数值的量化值，然后对这个量化值进行数字编码，最终完成模拟信号到数字信号的转换。

答案：A

8-2-31　解：根据采样定理，这个数值是2倍。

答案: D

8-2-32　解: 因为直流数字电压表存在一个字的误差,即一个量化单位的误差。8 位逐次比较型 AD 转换器可以产生 255 个阶梯形逐次增长的电压,并与被测电压进行比较。对于 5V 量程而言,要求经过 255 次的比较完成对 5V 电压的测量,每一个阶梯的电压值就是量化单位: $\Delta u = \dfrac{5V}{255} \approx 19.6\text{mV}$。

答案: D

第九章　计算机应用基础

复习指导

计算机应用基础这一部分在考试中共有 10 道题，每题 1 分。其涉及的面较广，主要包含以下几个部分的内容：计算机系统的组成，数制，Windows 操作系统，计算机程序设计语言，计算机网络及网络安全。在复习时，考生应将重点放在计算机基本操作、常见概念、网络基础知识及计算机系统的组成与功能上。从 2009~2021 年的考题来看，没涉及 FORTRAN 程序设计语言这部分，因此该部分取消。

练习题、题解及参考答案

（一）计算机基础知识

9-1-1 总线能为多个部件服务，它可分时地发送与接收各部件的信息。所以，可以把总线看成是：

  A. 一组公共信息传输线路

  B. 微机系统的控制信息传输线路

  C. 操作系统和计算机硬件之间的控制线

  D. 输入/输出的控制线

9-1-2 计算机系统的内存储器是：

  A. 计算机软件系统的一个组成部分

  B. 计算机硬件系统的一个组成部分

  C. 隶属于外围设备的一个组成部分

  D. 隶属于控制部件的一个组成部分

9-1-3 存储器的主要功能是：

  A. 自动计算   B. 进行输入输出

  C. 存放程序和数据   D. 进行数值计算

9-1-4 按照应用和虚拟机的观点，软件可分为：

  A. 系统软件，多媒体软件，管理软件

  B. 操作系统，硬件管理软件和网络软件

  C. 网络系统，应用软件和程序设计语言

  D. 系统软件，支撑软件和应用类软件

9-1-5 在 Windows 中，对存储器采用分页存储管理技术时，规定一个页的大小为：

  A. 4G 字节   B. 4K 字节   C. 128M 字节   D. 16K 字节

9-1-6 在微机组成系统中用于传输信息的总线指的是：

A. 数据总线，连接硬盘的总线，连接软盘的总线

B. 地址线，与网络连接的总线，与打印机连接的总线

C. 数据总线，地址总线，控制总线

D. 控制总线，光盘的连接总线，U 盘的连接总线

9-1-7 一个完整的计算机系统应该指的是：

A. 硬件系统和软件系统　　　　　　　B. 主机与外部设备

C. 运算器、控制器和寄存器　　　　　D. 操作系统与应用程序系统

9-1-8 计算机软件系统包括：

A. 系统软件和工程软件　　　　　　　B. 系统软件和应用软件

C. 字处理和图形软件　　　　　　　　D. 多媒体和系统软件

9-1-9 在微机系统中，对输入输出进行管理的基本程序放在何处？

A. RAM 中　　　　　　　　　　　　　B. ROM 中

C. 硬盘上　　　　　　　　　　　　　D. 虚拟存储器中

9-1-10 在内存中，每个基本单位都被赋予一个唯一的序号，这个序号称之为：

A. 字节　　　　　B. 编号　　　　　C. 地址　　　　　D. 容量

9-1-11 系统软件包括下述哪些部分？

A. 操作系统、语言处理程序、数据库管理系统

B. 文件管理系统、网络系统、文字处理系统

C. 语言处理程序、文字处理系统、操作系统

D. WPS、DOS、dBASE

9-1-12 多媒体计算机的 CD-ROM 作为外存储器，它是：

A. 只读存储器　　　　　　　　　　　B. 只读光盘存储器

C. 只读硬磁盘　　　　　　　　　　　D. 只读大容量软磁盘

9-1-13 如果电源突然中断，哪种存储器中的信息会丢失而无法恢复？

A. ROM　　　　　B. ROM 和 RAM　　　C. RAM　　　　　D. 软盘

9-1-14 当前计算机的发展趋势向多个方向发展，下面四条叙述中，正确的一条是：

A. 高性能、人性化、网络化　　　　　B. 多极化、多媒体、智能化

C. 高性能、多媒体、智能化　　　　　D. 高集成、低噪声、低成本

9-1-15 Windows XP 中，不能在"任务栏"内进行的操作是：

A. 设置系统日期的时间　　　　　　　B. 排列桌面图标

C. 排列和切换窗口　　　　　　　　　D. 启动"开始"菜单

9-1-16 第一台电子计算机使用的逻辑部件是：

A. 集成电路　　　　　　　　　　　　B. 大规模集成电路

C. 晶体管　　　　　　　　　　　　　D. 电子管

9-1-17 在 Windows 操作系统中，"回收站"可以恢复什么设备上使用〈Del〉键删除的文件或文件夹？

A. 软盘　　　　　B. 硬盘　　　　　C. U 盘　　　　　D. 软盘和硬盘

9-1-18 使用"资源管理器"时，下列哪项不能删除文件或文件夹？

A. 在驱动器或文件夹窗口中，选择要删除的文件并单击退格键

B. 在驱动器或文件夹窗口中，选择要删除的文件同时按下〈Shift〉+〈Del〉键

C. 在要删除的文件或文件夹上单击鼠标右键，选择"删除"

D. 用鼠标直接拖曳选中的文件夹到"回收站"

9-1-19 在计算机系统的日常维护工作中，应当注意硬盘工作时不能：

A. 大声喧哗　　　　B. 有强烈震动　　　　C. 装入程序　　　　D. 有日光照射

题解及参考答案

9-1-1 **解：** 总线是计算机各种功能部件之间传送信息的公共通信干线，它是由导线组成的传输线路。

答案： A

9-1-2 **解：** 计算机硬件的组成包括输入/输出设备、存储器、运算器、控制器。内存储器是主机的一部分，属于计算机的硬件系统。

答案： B

9-1-3 **解：** 存放正在执行的程序和当前使用的数据，它具有一定的运算能力。

答案： C

9-1-4 **解：** 按照应用和虚拟机的观点，计算机软件可分为系统软件、支撑软件、应用软件三类。

答案： D

9-1-5 **解：** Windows 中，对存储器的管理采取分段存储、分页存储管理技术。一个存储段可以小至 1 个字节，大至 4G 字节，而一个页的大小规定为 4K 字节。

答案： B

9-1-6 **解：** 在计算机内部，每个有效信息必须具有 3 个基本属性：内容、指向和行为，这 3 个属性要通过 3 个总线实现：数据总线、地址总线、控制总线。

答案： C

9-1-7 **解：** 计算机系统包括硬件系统和软件系统。

答案： A

9-1-8 **解：** 计算机系统包括硬件和软件部分，而计算机软件系统包括系统软件和应用软件两大类。

答案： B

9-1-9 **解：** 因为输入输出基本程序是放在只读存储器中的。

答案： B

9-1-10 **解：** 在计算机中，所有信息都被数字化为二进制的 0 和 1，一个数据、一条命令记到内存中的一个位置。每一个位置都有序号，就像门牌号码一样，这个序号就称为地址。

答案： C

9-1-11 **解：** 计算机软件包括系统软件和应用软件，而系统软件包括操作系统、语言处理程序、和数据库管理系统。

答案： A

9-1-12 **解：** CD-RAM 是随机存取存储器，而 CD-ROM 是只读光盘存储器。

　　　答案： B

9-1-13 **解：** RAM 是随机存取存储器，它上面的内容会随着电源的中断而丢失，并且无法恢复。

　　　答案： C

9-1-14 **解：** 当前计算机的发展趋势是高性能、人性化、网络化、多极化、多媒体和智能化。不在此范围的叙述均属不当表述。

　　　答案： D

9-1-15 **解：** Windows XP 中，不能在任务栏内进行的操作是排列桌面图标。

　　　答案： B

9-1-16 **解：** 第一台电子计算机使用的逻辑部件是电子管。

　　　答案： D

9-1-17 **解：** 在 Windows 操作系统中，"回收站"可以恢复硬盘上使用〈Del〉键删除的文件或文件夹。"回收站"只能回收硬盘上被删除的文件或文件夹，不能回收软盘、U 盘上被删除的文件或文件夹。也就是说，软盘、U 盘上被删除的文件或文件夹，是不能从"回收站"恢复的，因为它根本就没有存放在"回收站"中。如果选择〈Shift〉+〈Del〉键删除，删除的文件或文件夹将不移入回收站，而是将文件或文件夹彻底删除，这样被删除的文件就不能被恢复了。

　　　答案： B

9-1-18 **解：** Windows 的资源管理器可以对计算机的所有资源进行管理。利用"资源管理器"删除文件或文件夹的主要方法有：

①在"资源管理器"中选择要删除的文件或文件夹，打开窗口的"文件"菜单，单击"删除"命令，即可删除文件或文件夹。

②在驱动器或文件夹的窗口中选择要删除的文件或文件夹，直接按〈Del〉键。

③在"资源管理器"中选择要删除的文件或文件夹，用鼠标直接拖曳选中的文件夹到"回收站"。

④在要删除的文件或文件夹图标上单击鼠标右键，选择"删除"命令。

⑤在驱动器或文件夹窗口中，选择要删除的文件同时按下〈Shift〉+〈Del〉键。

　　　答案： A

9-1-19 **解：** 计算机系统的日常维护工作中，硬盘运行时应该尽量避免有强烈的震动，这是显而易见的。

　　　答案： B

（二）计算机程序设计语言

9-2-1　编译程序的作用是：

　　　A. 将高级语言源程序翻译成目标程序

　　　B. 将汇编语言源程序翻译成目标程序

　　　C. 对源程序边扫描边翻译执行

　　　D. 对目标程序装配连接

9-2-2　在计算机内部，不需要编译计算机就能够直接执行的语言是：

　　　A. 汇编语言　　　　B. 自然语言　　　　C. 机器语言　　　　D. 高级语言

9-2-3　一般使用高级程序设计语言编写的应用程序称为源程序，这种程序不能直接在计算机中运行，需要有相应的语言处理程序翻译成以下什么程序后才能运行？

　　　　A. C 语言　　　　　　B. 汇编语言　　　　　C. PASCAL 语言　　　D. 机器语言

9-2-4　机器语言程序在机器内是以什么形式表示的？

　　　　A. BCD 码　　　　　　B. 二进制编码　　　　C. ASCII码　　　　　D. 汉字编码

题解及参考答案

9-2-1　**解：** 编译程序一般是编译器公司（如微软）做的，它将源代码转化为机器可识别的文件，经过链接，生成可执行程序。

　　　答案： A

9-2-2　**解：** 计算机只识别二进制码，因此在计算机内部，不需要编译计算机就能够直接执行的语言是机器语言。

　　　答案： C

9-2-3　**解：** 计算机高级程序设计语言编写的应用程序不是用二进制码编写的，因此要翻译成二进制码编写的程序后才能运行。

　　　答案： D

9-2-4　**解：** 计算机只识别二进制码，因此机器语言在机器内是以二进制编码形式表示的。

　　　答案： B

（三）信息表示

9-3-1　计算机的信息数量的单位常用 KB、MB、GB、TB 表示，它们中表示信息数量最大的一个是：

　　　　A. KB　　　　　　　B. MB　　　　　　　C. GB　　　　　　　D. TB

9-3-2　计算机内的数字信息、文字信息、图像信息、视频信息、音频信息等所有信息，都是用：

　　　　A. 不同位数的八进制数来表示的

　　　　B. 不同位数的十进制数来表示的

　　　　C. 不同位数的二进制数来表示的

　　　　D. 不同位数的十六进制数来表示的

9-3-3　将二进制小数 0.101 010 1111 转换成相应的八进制数，其正确结果是：

　　　　A. 0.2536　　　　　B. 0.5274　　　　　C. 0.5236　　　　　D. 0.5281

9-3-4　影响计算机图像质量的主要参数有：

　　　　A. 颜色深度、显示器质量、存储器大小

　　　　B. 分辨率、颜色深度、存储空间大小

　　　　C. 分辨率、存储器大小、图像加工处理工艺

　　　　D. 分辨率、颜色深度、图像文件的尺寸

9-3-5　信息化社会是信息革命的产物，它包含多种信息技术的综合应用。构成信息化社会的三个主要技术支柱是：

　　　　A. 计算机技术、信息技术、网络技术

B. 计算机技术、通信技术、网络技术

C. 存储器技术、航空航天技术、网络技术

D. 半导体工艺技术、网络技术、信息加工处理技术

9-3-6 信息有多个特征，下列四条关于信息特征的叙述中，有错误的一条是：

A. 信息的可识别性，信息的可变性，信息的可流动性

B. 信息的可处理性，信息的可存储性，信息的属性

C. 信息的可再生性，信息的有效和无效性，信息的可使用性

D. 信息的可再生性，信息的存在独立性，信息的不可失性

9-3-7 将八进制数 763 转换成相应的二进制数，其正确的结果是：

A. 110 101 110　　　　　　　　　　B. 110 111 100

C. 100 110 101　　　　　　　　　　D. 111 110 011

9-3-8 计算机的内存储器以及外存储器的容量通常是：

A. 以字节即 8 位二进制数为单位来表示

B. 以字节即 16 位二进制数为单位来表示

C. 以二进制数为单位来表示

D. 以双字即 32 位二进制数为单位来表示

9-3-9 与二进制数 11011101.1101 等值的八进制数是：

A. 135.61　　　　B. 335.64　　　　C. 235.61　　　　D. 235.64

9-3-10 在不同进制的数中，下列最小的数是：

A. $(125)_{10}$　　　　B. $(1101011)_2$　　　　C. $(347)_8$　　　　D. $(FF)_{16}$

9-3-11 与二进制数 11110100 等值的八进制数是：

A. 364　　　　B. 750　　　　C. 3310　　　　D. 154

9-3-12 与十进制数 254 等值的二进制数是：

A. 11111110　　　　　　　　　　B. 11011111

C. 11110111　　　　　　　　　　D. 11011101

9-3-13 十进制数 256.625，用八进制表示则是：

A. 412.5　　　　B. 326.5　　　　C. 418.8　　　　D. 400.5

9-3-14 十进制数 122 转换成八进制数和转换成十六进制数分别是：

A. 144，8B　　　B. 136，6A　　　C. 336，6B　　　D. 172，7A

9-3-15 在计算机中采用二进制，是因为：

A. 可降低硬件成本　　　　　　　　B. 两个状态的系统具有稳定性

C. 二进制的运算法则简单　　　　　D. 上述三个原因

9-3-16 堆栈操作中，保持不变的是：

A. 堆栈的顶　　　　　　　　　　　B. 堆栈中的数据

C. 堆栈指针　　　　　　　　　　　D. 堆栈的底

9-3-17 执行指令时，以寄存器的内容作为操作数的地址，这种寻址方式称为什么寻址？

A. 寄存器　　　B. 相对　　　C. 基址变址　　　D. 寄存器间接

9-3-18 在下列四种码中，不能用于表示机器数的一种是：

A. 原码　　　　　B. ASCII码　　　　C. 反码　　　　D. 补码

题解及参考答案

9-3-1 **解**：$1KB = 2^{10}B = 1024B$，$1MB = 2^{20}B = 1024KB$

$1GB = 2^{30}B = 1024MB = 1024 \times 1024KB$，$1TB = 2^{40}B = 1024GB = 1024 \times 1024MB$。

答案：D

9-3-2 **解**：信息可采用某种度量单位进行度量，并进行信息编码。现代计算机使用的是二进制。

答案：C

9-3-3 **解**：三位二进制对应一位八进制，将小数点后每三位二进制分成一组，101 对应 5，010 对应 2，111 对应 7，100 对应 4。

答案：B

9-3-4 **解**：图像的主要参数有分辨率（包括屏幕分辨率、图像分辨率、像素分辨率）、颜色深度、图像文件的大小。

答案：B

9-3-5 **解**：构成信息化社会的三个主要技术支柱是计算机技术、通信技术和网络技术。

答案：B

9-3-6 **解**：信息有以下主要特征：可识别性、可变性、可流动性、可存储性、可处理性、可再生性、有效性和无效性、属性和可使用性。

答案：D

9-3-7 **解**：一位八进制对应三位二进制，7 对应 111，6 对应 110，3 对应 011。

答案：D

9-3-8 **解**：内存储器容量是指内存存储容量，即内容储存器能够存储信息的字节数。外储器是可将程序和数据永久保存的存储介质，可以说其容量是无限的。字节是信息存储中常用的基本单位。

答案：A

9-3-9 **解**：三位二进制数对应一位八进制数，小数点向后每三位为一组，110 对应 6，100 对应 4，小数点向前每三位为一组 101 对应 5，011 对应 3，011 对应 3。

答案：B

9-3-10 **解**：125 十进制数转换为二进制数为 1111101，347 八进制数转换为二进制数为 011100111，FF 十六进制数转换为二进制数为 11111111。

答案：B

9-3-11 **解**：三位二进制数对应一位八进制数，从最后一位开始向前每三位为一组，100 对应 4，110 对应 6，011 对应 3。

答案：A

9-3-12 **解**：十进制的偶数对应的二进制整数的尾数一定是 0。

答案：A

9-3-13 **解**：先将十进制数转换为二进制数（100000000+0.101=100000000.101），而后三位二进制数对应于一位八进制数。

答案：D

9-3-14 解： 此题可先将 122 转换成二进制数（1111010），而后根据二进制数与八进制数及十六进制数的对应关系得出运算结果。

答案： D

9-3-15 解： 因为二进制只有 0 和 1 两个数码，所以只有两个状态，这使得系统具有稳定性，用逻辑部件容易实现，成本低，运算简单。

答案： D

9-3-16 解： 在 CPU 执行程序的过程中，会执行有关的堆栈操作指令。执行这样的指令，无论是压入堆栈还是弹出堆栈，堆栈指针和栈顶肯定随着指令的执行而发生改变。同时，堆栈中的数据也会随着压入数据的不同而改变。唯一不会改变的就是在堆栈初始化时设置的堆栈的底。

答案： D

9-3-17 解： 根据题目中所描述，操作数的地址是存放在寄存器中，指令执行时，是以该寄存器的内容作为操作数的地址。这是典型的寄存器间接寻址方式。

答案： D

9-3-18 解： 机器数的表示有原码表示法、反码表示法、补码表示法。

答案： B

（四）常用操作系统

9-4-1 在 Windows 中，对存储器采用分页存储管理时，每一个存储器段可以小至 1 个字节，大至：

    A. 4K 字节   B. 16K 字节   C. 4G 字节   D. 128M 字节

9-4-2 Windows 的设备管理功能部分支持即插即用功能，下面四条后续说明中有错误的一条是：

    A. 这意味着当将某个设备连接到计算机上后即可立刻使用

    B. Windows 自动安装有即插即用设备及其设备驱动程序

    C. 无需在系统中重新配置该设备或安装相应软件

    D. 无需在系统中重新配置该设备但需安装相应软件才可立刻使用

9-4-3 操作系统是一个庞大的管理系统控制程序，通常包括几大功能模块，下列不属于其功能模块的是：

    A. 作业管理，存储器管理   B. 设备管理，文件管理

    C. 进程管理，存储器管理   D. 中断管理，电源管理

9-4-4 为解决主机与外围设备操作速度不匹配的问题，Windows 采用了：

    A. 缓冲技术   B. 流水线技术   C. 中断技术   D. 分段分页技术

9-4-5 Windows 2000 以及以后更新的操作系统版本是：

    A. 一种单用户单任务的操作系统

    B. 一种多任务的操作系统

    C. 一种不支持虚拟存储器管理的操作系统

    D. 一种不适用于商业用户的营组系统

9-4-6 处理器执行的指令被分为两类，其中有一类称为特权指令，这类指令由谁来完成？

    A. 操作员   B. 联机用户   C. 操作系统   D. 目标程序

9-4-7 在 Windows 的窗口菜单中，若某命令项后面有向右的黑三角，则表示该命令项为：

A. 有下级子菜单   B. 单击鼠标可直接执行

C. 双击鼠标可直接执行   D. 右击鼠标可直接执行

9-4-8 在 Windows 操作下，要获取屏幕上的显示内容，把它复制在剪贴板上可以通过下列哪个按键来实现？

A. Home   B. Ctrl+C   C. Shift+C   D. Print Screen

9-4-9 Windows 系统下可执行的文件名是：

A. *. doc   B. *. bmp   C. *. exp   D. *. exe

9-4-10 在 Windows 中，文件系统目录的组织形式属于：

A. 关系型结构   B. 网络型结构   C. 树型结构   D. 直线型结构

9-4-11 在 Windows 中，有的对话框右上角有"?"按钮，它的功能是：

A. 关闭对话框   B. 获取帮助信息

C. 便于用户输入问号（？）   D. 将对话框最小化

9-4-12 操作系统是一种：

A. 应用软件   B. 系统软件   C. 工具软件   D. 杀毒软件

9-4-13 允许多个用户以交互方式使用计算机的操作系统是：

A. 批处理单道系统   B. 分时操作系统

C. 实时操作系统   D. 批处理多道系统

9-4-14 在进程管理中，当下列哪种情况发生时，进程从阻塞状态变为就绪状态？

A. 进程被进程调度程序选中   B. 等待某一事件

C. 等待的事件发生   D. 时间片用完

题解及参考答案

9-4-1 **解：**一个存储器段可以小至一个字节，可大至 4G 字节。而一个页的大小则规定为 4K 字节。

答案：C

9-4-2 **解：**Windows 的设备管理功能部分支持即插即用功能，Windows 自动安装有即插即用设备及其设备驱动程序。即插即用就是在加上新的硬件以后不用为此硬件再安装驱动程序了，而 D 项说需安装相应软件才可立刻使用是错误的。

答案：D

9-4-3 **解：**操作系统通常包括处理器管理、作业管理、存储器管理、设备管理、文件管理、进程管理等功能模块。

答案：D

9-4-4 **解：**Windows 采用了缓冲技术来解决主机与外设的速度不匹配问题，如使用磁盘高速缓冲存储器，以提高磁盘存储速率，改善系统整体功能。

答案：A

9-4-5 **解：**多任务操作系统是指可以同时运行多个应用程序。比如：在操作系统下，在打开网页的同时还可以打开 QQ 进行聊天，可以打开播放器看视频等。目前的操作系统都是多任务的操作系统。

答案：B

9-4-6 **解**：所谓特权指令，是指具有特殊权限的指令，由于这类指令的权限最大，所以如果使用不当，就会破坏系统中或其他用户信息。因此，为了安全，这类指令只能由操作系统完成。

答案：C

9-4-7 **解**：若在 Windows 的窗口菜单中，某项命令后有向右的黑三角则表示有下级子菜单。

答案：A

9-4-8 **解**：获取屏幕上显示的内容，是指全屏幕拷贝，而 Print Screen 键是用来完成全屏幕拷贝的。

答案：D

9-4-9 **解**：Windows 系统下可执行的文件名有*.exe，*.bat。

答案：D

9-4-10 **解**：在 Windows 中资源管理器的文件栏中，文件夹是按照树型组织的。

答案：C

9-4-11 **解**：在 Windows 中，有的对话框右上角有"？"按钮，表示单击此按钮可以获取帮助。

答案：B

9-4-12 **解**：计算机系统中的软件极为丰富，通常分为系统软件和应用软件两大类。

应用软件是指计算机用户利用计算机的软件、硬件资源为某一专门的应用目的而开发的软件。例如，科学计算、工程设计、数据处理、事务处理、过程控制等方面的程序，以及文字处理软件、表格处理软件、辅助设计软件（CAD）、实时处理软件等。

系统软件是计算机系统的一部分，由它支持应用软件的运行。它为用户开发应用系统提供一个平台，用户可以使用它，但不能随意修改它。一般常用的系统软件有操作系统、语言处理程序、链接程序、诊断程序、数据库管理系统等。操作系统是计算机系统中的核心软件，其他软件建立在操作系统的基础上，并在操作系统的统一管理和支持下运行。

答案：B

9-4-13 **解**：允许多个用户以交互方式使用计算机的操作系统是分时操作系统。分时操作系统是使一台计算机同时为几个、几十个甚至几百个用户服务的一种操作系统。它将系统处理机时间与内存空间按一定的时间间隔，轮流地切换给各终端用户。

答案：B

9-4-14 **解**：在多道程序系统中，多个进程在处理器上交替运行，状态也不断地发生变化，因此进程一般有三种基本状态：运行、就绪和阻塞。当一个就绪进程被调度程序选中时，该进程的状态从就绪变为运行；当正在运行的进程等待某事件或申请的资源得不到满足时，该进程的状态从运行变为阻塞；当一个阻塞进程等待的事件发生时，该进程的状态从阻塞变为就绪；当一个运行进程时间片用完时，该进程的状态从运行变为就绪。

答案：C

（五）计算机网络

9-5-1 数字签名是最普遍、技术最成熟、可操作性最强的一种电子签名技术，当前已得到实际应用的是在：

  A.电子商务、电子政务中   B.票务管理、股票交易中

C. 股票交易、电子政务中　　　　　　　D. 电子商务、票务管理中

9-5-2 网络软件是实现网络功能不可缺少的软件环境。网络软件主要包括：

A. 网络协议和网络操作系统　　　　　　B. 网络互联设备和网络协议

C. 网络协议和计算机系统　　　　　　　D. 网络操作系统和传输介质

9-5-3 因特网是一个联结了无数个小网而形成的大网，也就是说：

A. 因特网是一个城域网　　　　　　　　B. 因特网是一个网际网

C. 因特网是一个局域网　　　　　　　　D. 因特网是一个广域网

9-5-4 计算机网络技术涉及：

A. 通信技术和半导体工艺技术　　　　　B. 网络技术和计算机技术

C. 通信技术和计算机技术　　　　　　　D. 航天技术和计算机技术

9-5-5 计算机网络是一个复合系统，共同遵守的规则称为网络协议，网络协议主要由：

A. 语句、语义和同步三个要素构成

B. 语法、语句和同步三个要素构成

C. 语法、语义和同步三个要素构成

D. 语句、语义和异步三个要素构成

9-5-6 Internet 网使用的协议是：

A. Token　　　　B. x .25/x .75　　　　C. CSMA/CD　　　　D. TCP/IP

9-5-7 TCP/IP 体系结构中的 TCP 和 IP 所提供的服务分别为：

A. 链路层服务和网络层服务　　　　　　B. 网络层服务和运输层服务

C. 运输层服务和应用层服务　　　　　　D. 运输层服务和网络层服务

9-5-8 关于网络协议，下列选项中正确的是：

A. 它是网民们签订的合同

B. 协议，简单地说就是为了网络信息传递，共同遵守的约定

C. TCP/IP 协议只能用于 Internet，不能用于局域网

D. 拨号网络对应的协议是 IPX/SPX

9-5-9 提供不可靠传输的传输层协议是：

A. TCP　　　　　B. IP　　　　　　C. UDP　　　　　D. PPP

9-5-10 传输控制协议/网际协议即为下列哪一项，属工业标准协议，是 Internet 采用的主要协议？

A. Telnet　　　　B. TCP/IP　　　　C. HTTP　　　　D. FTP

9-5-11 配置 TCP/IP 参数的操作主要包括三个方面：指定网关、指定域名服务器地址和：

A. 指定本地机的 IP 地址及子网掩码

B. 指定本地机的主机名

C. 指定代理服务器

D. 指定服务器的 IP 地址

9-5-12 TCP/IP 协议是 Internet 中计算机之间通信所必须共同遵循的一种：

A. 信息资源　　　B. 通信规定　　　　C. 软件　　　　　D. 硬件

9-5-13 TCP 协议称为：

A. 网际协议　　　　　　　　　　　　　B. 传输控制协议

C. Network 内部协议   D. 中转控制协议

9-5-14 按照网络分布和覆盖的地理范围，可以将计算机网络划分为：

    A. Internet 网   B. 广域网、互联网和城域网

    C. 局域网、互联网和 Internet 网   D. 广域网、局域网和城域网

9-5-15 当个人计算机以拨号方式接入因特网时，使用的专门接入设备是：

    A. 网卡   B. 调制解调器   C. 浏览器软件   D. 传真卡

9-5-16 下述电子邮件地址正确的是（其中□表示空格）：

    A. MALIN&NS.CNC. AC. CN   B. MALIN@NS.CNC. AC. CN

    C. LIN□MA&NS.CNC. AC. CN   D. LIN□MANS.CNC. AC. CN

9-5-17 OSI 参考模型中的第二层是：

    A. 网络层   B. 数据链路层   C. 传输层   D. 物理层

9-5-18 决定网络使用性能的关键是：

    A. 传输介质   B. 网络硬件   C. 网络软件   D. 网络操作系统

9-5-19 WWW 的中文名称为：

    A. 因特网   B. 环球信息网   C. 综合服务数据网   D. 电子数据交换

9-5-20 在电子邮件中所包含的信息是什么？

    A. 只能是文字   B. 只能是文字与图形、图像信息

    C. 只能是文字与声音信息   D. 可以是文字、声音、图形、图像信息

9-5-21 下列选项中不属于局域网拓扑结构的是：

    A. 星形   B. 互联形   C. 环形   D. 总线型

9-5-22 在局域网中，运行网络操作系统的设备是：

    A. 网络工作站   B. 网络服务器   C. 网卡   D. 网桥

9-5-23 在以下关于电子邮件的叙述中，不正确的是：

    A. 打开来历不明的电子邮件附件可能会传染计算机病毒

    B. 在网络拥塞的情况下，发送电子邮件后，接收者可能过几个小时后才能收到

    C. 在试发电子邮件时，可向自己的 Email 邮箱发送一封邮件

    D. 电子邮箱的容量指的是用户当前使用的计算机上，分配给电子邮箱的硬盘容量

9-5-24 需要注意防范病毒，而不会被感染病毒的是：

    A. 电子邮件   B. 硬盘   C. 软盘   D. ROM

9-5-25 计算机网络的主要功能包括：

    A. 软、硬件资源共享、数据通信、提高可靠性、增强系统处理功能

    B. 计算机计算功能、通信功能和网络功能

    C. 信息查询功能、快速通信功能、修复系统软件功能

    D. 发送电报、拨打电话、进行微波通信等功能

9-5-26 一台 PC 机调制解调器属于：

    A. 输入和输出设备   B. 数据复用设备

    C. 数据终端设备 DTE   D. 数据通信设备 DCE

9-5-27 一台 PC 机调制解调器的数据传送方式为：

A. 频带传输　　　　B. 数字传输　　　　C. 基带传输　　　　D. IP 传输

9-5-28 在 Windows 的网络属性配置中，"默认网关"应该设置为下列哪项的地址？

A. DNS 服务器　　B. Web 服务器　　　C. 路由器　　　　D. 交换机

9-5-29 在 Internet 中，主机的 IP 地址与域名的关系是：

A. IP 地址是域名中部分信息的表示

B. 域名是 IP 地址中部分信息的表示

C. IP 地址和域名是等价的

D. IP 地址和域名分别表达不同含义

9-5-30 计算机网络最突出的优点是：

A. 运算速度快　　　　　　　　　B. 联网的计算机能够相互共享资源

C. 计算精度高　　　　　　　　　D. 内存容量大

9-5-31 关于 Internet，下列说法不正确的是：

A. Internet 是全球性的国际网络　　　B. Internet 起源于美国

C. 通过 Internet 可以实现资源共享　　D. Internet 不存在网络安全问题

9-5-32 当前我国的什么网络主要以科研和教育为目的，从事非经营性的活动？

A. 金桥信息网（GBN）　　　　　B. 中国公用计算机网（ChinaNet）

C. 中科院网络（CSTNET）　　　D. 中国教育和科研网（CERNET）

9-5-33 在网络连接设备中，交换机工作于：

A. 物理层　　　　B. 数据链路层　　　C. 网络层　　　　D. 表示层

9-5-34 Internet 是由什么发展而来的？

A. 局域网　　　　B. ARPANET　　　C. 标准网　　　　D. WAN

9-5-35 计算机网络按使用范围划分为：

A. 广域网和局域网　　　　　　　B. 专用网和公用网

C. 低速网和高速网　　　　　　　D. 部门网和公用网

9-5-36 网上共享的资源有：

A. 硬件、软件和数据　　　　　　B. 软件、数据和信道

C. 通信子网、资源子网和信道　　D. 硬件、软件和服务

9-5-37 调制调解器（modem）的功能是实现：

A. 数字信号的编码　　　　　　　B. 数字信号的整形

C. 模拟信号的放大　　　　　　　D. 模拟信号与数字信号的转换

9-5-38 LAN 通常是指：

A. 广域网　　　　B. 局域网　　　　C. 资源子网　　　D. 城域网

9-5-39 Internet 是全球最具影响力的计算机互联网，也是世界范围的重要：

A. 信息资源网　　B. 多媒体网络　　　C. 办公网络　　　D. 销售网络

9-5-40 Internet 主要由四大部分组成，其中包括路由器、主机、信息资源与：

A. 数据库　　　　B. 管理员　　　　C. 销售商　　　　D. 通信线路

9-5-41 网址 www.zzu.edu.cn 中 zzu 是在 Internet 中注册的：

A. 硬件编码　　　　B. 密码　　　　C. 软件编码　　　　D. 域名

9-5-42 域名服务 DNS 的主要功能为：

A. 通过请求及回答获取主机和网络相关信息

B. 查询主机的 MAC 地址

C. 为主机自动命名

D. 合理分配 IP 地址

9-5-43 域名服务器的作用是：

A. 为连入 Internet 网的主机分配域名

B. 为连入 Internet 网的主机分配 IP 地址

C. 为连入 Internet 网的一个主机域名寻找所对应的 IP 地址

D. 将主机的 IP 地址转换为域名

9-5-44 下列对 Internet 叙述正确的是：

A. Internet 就是 WWW

B. Internet 就是 "信息高速公路"

C. Internet 是众多自治子网和终端用户机的互联

D. Internet 就是局域网互联

9-5-45 下列选项中属于 Internet 专有的特点为：

A. 采用TCP/IP协议

B. 采用ISO/OSI 7 层协议

C. 用户和应用程序不必了解硬件连接的细节

D. 采用 IEEE 802 协议

9-5-46 中国的顶级域名是：

A. cn　　　　　　B. ch　　　　　　C. chn　　　　　　D. china

9-5-47 局域网常用的设备是：

A. 路由器　　　　　　　　　　B. 程控交换机

C. 以太网交换机　　　　　　　D. 调制解调器

9-5-48 网站向网民提供信息服务，网络运营商向用户提供接入服务，因此，分别称它们为：

A. ICP、IP　　　　B. ICP、ISP　　　　C. ISP、IP　　　　D. UDP、TCP

9-5-49 在一幢大楼内的一个计算机网络系统，是属于：

A. 局域网（LAN）　　　　　　B. 因特网（Internet）

C. 城域网（MAN）　　　　　　D. 广域网（WAN）

9-5-50 IP 地址能唯一地确定 Internet 上每台计算机与每个用户的：

A. 距离　　　　　　B. 费用　　　　　　C. 位置　　　　　　D. 时间

9-5-51 将文件从 FTP 服务器传输到客户机的过程称为：

A. 上传　　　　　　B. 下载　　　　　　C. 浏览　　　　　　D. 计费

9-5-52 保护信息机密性的手段有两种，一是信息隐藏，二是数据加密。下面四条表述中，有错误的一条是：

A. 数据加密的基本方法是编码，通过编码将明文变换为密文

B. 信息隐藏是使非法者难以找到秘密信息而采用"隐藏"的手段

C. 信息隐藏与数据加密所采用的技术手段不同

D. 信息隐藏与数字加密所采用的技术手段是一样的

题解及参考答案

9-5-1 **解：** 在网上正式传输的书信或文件常常要根据亲笔签名或印章来证明真实性，数字签名就是用来解决这类问题的，目前在电子商务、电子政务中应用最为普遍，也是技术最成熟、可操作性最强的一种电子签名方法。

答案： A

9-5-2 **解：** 网络软件是实现网络功能不可缺少的软件环境，主要包括网络传输协议和网络操作系统。

答案： A

9-5-3 **解：** 因特网是多个不同的网络通过网络互连设备互联而成的大型网络。因特网是一个网际网，也就是说，因特网是一个连接了无数个小网而形成的大网。

答案： B

9-5-4 **解：** 计算机网络是计算机技术和通信技术的结合产物。

答案： C

9-5-5 **解：** 计算机网络协议的三要素：语法、语义、同步。

答案： C

9-5-6 **解：** TCP/IP是运行在 Internet 上的一个网络通信协议。

答案： D

9-5-7 **解：** TCP 是传输层的协议，和 UDP 同属传输层。IP 是网络层的协议，它包括 ICMP、IMGP、RIP、RSVP、X.25、BGP、ARP、NAPP 等协议。

答案： D

9-5-8 **解：** 网络协议就是在网络传输中的一项规则，只有遵循规则，网络才能实现通信。就像是交通规则一样，什么时候汽车走，什么时候汽车停。在网络中它被用来规范网络数据包的传输与暂停。

答案： B

9-5-9 **解：** 传输层/运输层的两个重要协议是：用户数据报协议 UDP（User Datagram Protocol）和传输控制协议 TCP（Transmission Control Protocol），而其中提供不可靠传输的是 UDP，相反，TCP 提供的服务就是可靠的了。

答案： C

9-5-10 **解：** TCP/IP协议是 Internet 中计算机之间进行通信时必须共同遵循的一种信息规则，包括传输控制协议/网际协议。

答案： B

9-5-11 **解：** 配置TCP/IP参数，本地机的 IP 地址及子网掩码是必不可少的，同时还要指定网关和域名服务器地址。

答案： A

9-5-12 解： TCP/IP 属于网络协议的一种，可以认为是通信设备之间的语言，通信双方定义一下通信的规则、通信的地址、封转等，跟人说话的语法是一样的。

答案： B

9-5-13 解： TCP 为 Transmission Control Protocol 的简写，译为传输控制协议，又名网络通信协议，是 Internet 最基本的协议。

答案： B

9-5-14 解： 按照地理范围划分可以把各种网络类型划分为局域网、城域网、广域网。

答案： D

9-5-15 解： 一台计算机、一个 Modem 和可通话的电话。将电话线从电话机上拨下来，插在 Modem 的接口就可以拨号上网了。

答案： B

9-5-16 解： Email 地址由三个部分组成：用户名、分隔符@、域名。

答案： B

9-5-17 解： OSI 参考模型共有 7 层，分别是：①物理层；②数据链路层；③网络层；④传输层；⑤会话层；⑥表示层；⑦应用层。

答案： B

9-5-18 解： 网络操作系统决定了网络的使用性能。

答案： D

9-5-19 解： WWW 的中文名称是环球信息网。

答案： B

9-5-20 解： 在电子邮件中可包含的信息可以是文字、声音、图形、图像信息。

答案： D

9-5-21 解： 常见的局域网拓扑结构分为星形网、环形网、总线型网，以及它们的混合型。

答案： B

9-5-22 解： 局域网中，用户是通过服务器访问网站，运行操作系统的设备是服务器。

答案： B

9-5-23 解： 电子邮件附件可以是文本文件、图像、程序、软件等，有可能携带或被感染计算机病毒，如果打开携带或被感染计算机病毒的电子邮件附件（来历不明的电子邮件附件有可能携带计算机病毒）就可能会使所使用的计算机系统传染上计算机病毒。

当发送者发送电子邮件成功后，由于接收者端与接收端邮件服务器间网络拥塞，接收者可能需要很长时间后才能收到邮件。

当我们通过申请（注册）获得邮箱或收邮件者收不到邮件时（原因很多，如邮箱、邮件服务器、线路等），往往需要对邮箱进行测试，判别邮箱是否有问题。用户对邮箱进行测试，最简单的方法是向自己的邮箱发送一封邮件，判别邮箱是否正常。

电子邮箱通常由 Internet 服务提供商或局域网（企业网、校园网等）网管中心提供，电子邮件一般存放在邮件服务器、邮件数据库中。因此，电子邮箱的容量由 Internet 服务提供商或局域网（企业网、校园网）网管中心提供，而不是在用户当前使用的计算机上给电子邮箱分配硬盘容量。

答案： D

9-5-24　解：相比电子邮件、硬盘、软盘而言，ROM 是只读器件，因此能够抵抗病毒的恶意窜改，是不会感染病毒的。

答案：D

9-5-25　解：计算机网络的主要功能包括软、硬件资源共享、数据通信、提高可靠性、增强系统处理功能。

答案：A

9-5-26　解：用户的数据终端或计算机叫作数据终端设备 DTE（Data Terminal Equipment），这些设备代表数据链路的端结点。在通信网络的一边，有一个设备管理网络的接口，这个设备叫作数据终端设备 DCE（Data Circuit Equipment），如调制解调器、数传机、基带传输器、信号变换器、自动呼叫和应答设备等。

答案：D

9-5-27　解：调制解调器（Modem）的功能是将数字信号变成模拟信号、并把模拟信号变成数字信号的设备。它通常由电源、发送电路和接收电路组成。因此调制解调器的数据传送方式为频带传输。

答案：A

9-5-28　解：只有在计算机上正确安装网卡驱动程序和网络协议，并正确设置 IP 地址信息之后，服务器才能与网络内的计算机进行正常通信。

在正确安装了网卡等网络设备，系统可自动安装TCP/IP协议。主要配置的属性有 IP 地址、子网掩码、默认网关以及 DNS 服务器的 IP 地址等信息。在 Windows 的网络属性配置中，"默认网关"应该设置为路由器的地址。

答案：C

9-5-29　解：简单地说，IP 就是门牌号码，域名就是房子的主人名字。IP 地址是 Internet 网中主机地址的一种数字标志，IP 就使用这个地址在主机之间传递信息。所谓域名，是互联网中用于解决地址对应问题的一种方法。域名的功能是映射互联网上服务器的 IP 地址，从而使人们能够与这些服务器连通。

答案：C

9-5-30　解：计算机网络最突出的优点就是资源共享。

答案：B

9-5-31　解：众所周知，Internet 是存在网络安全问题的。

答案：D

9-5-32　解：中国教育和科研计算机网（CERNET）是由国家投资建设，教育部负责管理，清华大学等高等学校承担建设和管理运行的全国性学术计算机互联网络。它主要面向教育和科研单位，是全国最大的公益性互联网络。

答案：D

9-5-33　解：交换机是一种工作在数据链路层上的、基于 MAC 识别、能完成封装转发数据包功能的网络设备。

答案：B

9-5-34　解：Internet 始于 1969 年，是在 ARPANET（美国国防部研究计划署）制定的协定下将美国西南部的大学——UCLA（加利福尼亚大学洛杉矶分校）、Stanford Research Institute（史坦福大学研究学院）、UCSB（加利福尼亚大学）和 University of Utah（犹他州大学）的四台主要的计算机连接起来。此后经历了文本、图片，以及现在的语音、视频等阶段，带宽越来越快，功能越来越强。

答案： B

9-5-35　解： 计算机网络按使用范围划分为公用网和专用网。公用网由电信部门或其他提供通信服务的经营部门组建、管理和控制，网络内的传输和转接装置可供任何部门和个人使用；公用网常用于广域网络的构造，支持用户的远程通信。如我国的电信网、广电网、联通网等。专用网是由用户部门组建经营的网络，不容许其他用户和部门使用；由于投资的因素，专用网常为局域网或者是通过租借电信部门的线路而组建的广域网络。如由学校组建的校园网、由企业组建的企业网等。

答案： B

9-5-36　解： 资源共享是现代计算机网络最主要的作用，它包括软件共享、硬件共享及数据共享。软件共享是指计算机网络内的用户可以共享计算机网络中的软件资源，包括各种语言处理程序、应用程序和服务程序。硬件共享是指可在网络范围内提供对处理资源、存储资源、输入输出资源等硬件资源的共享，特别是对一些高级和昂贵的设备，如巨型计算机、大容量存储器、绘图仪、高分辨率的激光打印机等。数据共享是对网络范围内的数据共享。网上信息包罗万象，无所不有，可以供每一个上网者浏览、咨询、下载。

答案： A

9-5-37　解： 调制调解器（modem）的功能是在计算机与电话线之间进行信号转换，也就是实现模拟信号和数字信号之间的相互转换。

答案： D

9-5-38　解： 按计算机联网的区域大小，我们可以把网络分为局域网（LAN，Local Area Network）和广域网（WAN，Wide Area Network）。局域网（LAN）是指在一个较小地理范围内的各种计算机网络设备互联在一起的通信网络，可以包含一个或多个子网，通常局限在几千米的范围之内。如在一个房间、一座大楼，或是在一个校园内的网络就称为局域网。

答案： B

9-5-39　解： 资源共享是现代计算机网络的最主要的作用。

答案： A

9-5-40　解： Internet 主要由四大部分组成，其中包括路由器、主机、信息资源与通信线路。

答案： D

9-5-41　解： 网址 www.zzu.edu.cn 中 zzu 是在 Internet 中注册的域名。

答案： D

9-5-42　解： DNS 就是将各个网页的 IP 地址转换成人们常见的网址。

答案： A

9-5-43　解： 如果要寻找一个主机名所对应的 IP 地址，则需要借助域名服务器来完成。当 Internet 应用程序收到一个主机域名时，它向本地域名服务器查询该主机域名对应的 IP 地址。如果在本地域名服务器中找不到该主机域名对应的 IP 地址，则本地域名服务器向其他域名服务器发出请求，要求其他域名服务器协助查找，并将找到的 IP 地址返回给发出请求的应用程序。

答案： C

9-5-44　解： Internet 是一个计算机交互网络，又称网间网。它是一个全球性的巨大的计算机网络体系，它把全球数万个计算机网络，数千万台主机连接起来，包含了难以计数的信息资源，向全世界提供信息服务。Internet 是一个以TCP/IP网络协议连接各个国家、各个地区、各个机构的计算机网络的数据通信网。

答案： C

9-5-45 解： Internet专有的特点是采用TCP/IP协议。

答案： A

9-5-46 解： 中国的顶级域名是 cn。

答案： A

9-5-47 解： 局域网常用设备有网卡（NIC）、集线器（Hub）、以太网交换机（Switch）。

答案： C

9-5-48 解： ICP是电信与信息服务业务经营许可证，ISP是互联网接入服务商的许可。

答案： B

9-5-49 解： 按照计算机网络作用范围的大小，将其分为局域网、城域网和广域网。局域网是将小区域内的各种通信设备互连在一起的网络，其分布范围局限在一个办公室、一幢大楼或一个校园内，用于连接个人计算机、工作站和各类外围设备，以实现资源共享和信息交换。

答案： A

9-5-50 解： IP地址能唯一地确定Internet上每台计算机与每个用户的位置。

答案： C

9-5-51 解： 将文件从FTP服务器传输到客户机的过程称为文件的下载。

答案： B

9-5-52 解： 给数据加密，是隐蔽信息的可读性，将可读的信息数据转换为不可读的信息数据，称为密文。把信息隐藏起来，即隐藏信息的存在性，将信息隐藏在一个容量更大的信息载体之中，形成隐秘载体。信息隐藏和数据加密的方法是不一样的。

答案： D

第十章 工程经济

复习指导

1. 资金的时间价值

掌握资金时间价值的概念，熟悉现金流量和现金流量图，重点掌握资金等值计算，应会利用公式和复利系数表进行计算，掌握实际利率和名义利率的概念及计算公式。

对于资金等值计算公式，应该注意等额系列计算公式中 F、P、A 发生的时点，应用时注意它的应用条件。应熟悉复利系数表的应用。

2. 财务效益与费用估算

了解项目的分类和项目的计算期，熟悉财务效益与费用所包含的内容，重点掌握建设投资的构成、建设期利息的计算、经营成本的概念、项目评价涉及的税费以及总投资形成的资产。

3. 资金来源与融资方案

了解资金筹措的主要方式，掌握资金成本的概念及计算，熟悉债务偿还的主要方式。

4. 财务分析

应熟练掌握盈利能力分析的相关指标的概念和计算，重点掌握净现值、内部收益率、净年值、费用现值、费用年值、投资回收期的含义和计算方法，熟悉利用这些指标评价方案盈利能力时的判别标准。熟悉偿债能力分析、财务生存能力的概念，熟悉相关财务分析报表。

5. 经济费用效益分析

应理解社会折现率、影子价格、影子汇率、影子工资的概念，复习时应注意经济净现值、经济内部收益率指标与财务净现值、财务内部收益率的区别。了解效益费用比的概念。掌握经济净现值、经济内部收益率、效益费用比的判别标准。

6. 不确定性分析

对于盈亏平衡分析，应熟悉固定成本、可变成本的概念，熟练掌握盈亏平衡分析的计算，了解盈亏平衡点的含义。

对于单因素敏感性分析，应了解该方法的概念、敏感度系数和临界点的含义，熟悉敏感性分析图。

7. 方案经济比选

应熟悉独立型方案与互斥型方案的区别，掌握互斥方案比选的效益比选法、费用比选法和判别标准，了解最低价格法的概念；熟悉计算期不同的互斥方案的比选可采用的方法和指标。

8. 项目经济评价特点

对于改扩建项目，应了解其与新建项目在经济评价上的不同特点。

9. 价值工程

重点掌握价值工程的基本概念，包括价值工程中价值、功能及成本的概念，掌握价值的公式，根据公式可知提高价值的途径。

了解价值工程的实施步骤，掌握价值工程的核心。

本章的复习，应注重掌握相关的基本概念、基本公式和计算方法。在复习的同时，应该通过做习题训练，进一步巩固考试大纲要求掌握的内容。做习题时，应注意掌握习题考核的知识点。

练习题、题解及参考答案

（一）资金的时间价值

10-1-1 某公司拟向银行贷款 100 万元，贷款期为 3 年，甲银行的贷款利率为 6%（按季计息），乙银行的贷款利率为 7%，该公司向哪家银行贷款付出的利息较少：

    A. 甲银行   B. 乙银行

    C. 两家银行的利息相等   D. 不能确定

10-1-2 关于现金流量的下列说法中，正确的是：

    A. 同一时间点上现金流入和现金流出之和，称为净现金流量

    B. 现金流量图表示现金流入、现金流出及其与时间的对应关系

    C. 现金流量图的零点表示时间序列的起点，同时也是第一个现金流量的时间点

    D. 垂直线的箭头表示现金流动的方向，箭头向上表示现金流出，即表示费用

10-1-3 某人第 1 年年初向银行借款 10 万元，第 1 年年末又借款 10 万元，第 3 年年初再次借 10 万元，年利率为 10%，到第 4 年末连本带利一次还清，应付的本利和为：

    A. 31.00 万元   B. 76.20 万元

    C. 52.00 万元   D. 40.05 万元

10-1-4 某投资项目原始投资额为 200 万元，使用寿命为 10 年，预计净残值为零，已知该项目第 10 年的经营净现金流量为 25 万元，回收营运资金 20 万元，则该项目第 10 年的净现金流量为：

    A. 20 万元   B. 25 万元   C. 45 万元   D. 65 万元

10-1-5 某公司准备建立一项为期 10 年的奖励基金，用于奖励有突出贡献的员工，每年计划颁发 100000 元奖金，从第 1 年开始至第 10 年正好用完账户中的所有款项，若利率为 6%，则第 1 年初存入的奖励基金应为：

    A. 1318079 元   B. 1243471 元

    C. 780169 元   D. 736009 元

10-1-6 在下面的现金流量图（见图）中，若横轴时间单位为年，则大小为 40 的现金流量的发生时点为：

    A. 第 2 年年末   B. 第 3 年年初

    C. 第 3 年年中   D. 第 3 年年末

10-1-7 某现金流量如图所示，如果利率为 i，则下面的 4 个表达式中，正确的是：

    A. $P(P/F,i,l) = A(P/A,i,n-m)(P/F,i,m)$

    B. $P(F/P,i,m-l) = A(P/A,i,n-m)$

    C. $P = A(P/A,i,n-m)(P/F,i,m-l)$

    D. $P(F/P,i,n-l) = A(F/A,i,n-m+1)$

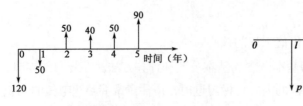

题 10-1-6 图　　　　　　　　　　　　　　题 10-1-7 图

10-1-8　某项贷款年利率 12%，每季计息一次，则年实际利率为：

A. 12%　　　　　　B. 12.48%　　　　　　C. 12.55%　　　　　　D. 12.68%

10-1-9　某公司年初从银行得到一笔贷款，原约定连续 5 年每年年末还款 10 万元，年利率 11%，按复利计息。后与银行协商，还款计划改为到第 5 年年末一次偿还本利，利率不变，则第 5 年年末应偿还本利和：

A. 54.400 万元　　　B. 55.500 万元　　　C. 61.051 万元　　　D. 62.278 万元

10-1-10　某公司从银行贷款，年利率 8%，按复利计息，借贷期限 5 年，每年年末偿还等额本息 50 万元。到第 3 年年初，企业已经按期偿还 2 年本息，现在企业有较充裕资金，与银行协商，计划第 3 年年初一次偿还贷款，需还款金额为：

A. 89.2 万元　　　　B. 128.9 万元　　　　C. 150 万元　　　　D. 199.6 万元

10-1-11　某学生从银行贷款上学，贷款年利率 5%，上学期限 3 年，与银行约定从毕业工作的第 1 年年末开始，连续 5 年以等额本息还款方式还清全部贷款，预计该生每年还款能力为 6000 元。该学生上学期间每年年初可从银行得到等额贷款：

A. 7848 元　　　　　B. 8240 元　　　　　C. 9508 元　　　　　D. 9539 元

题解及参考答案

10-1-1　**解：**比较两家银行的年实际利率，其中较低者利息较少。

甲银行的年实际利率：$i_甲 = \left(1 + \dfrac{r}{m}\right)^m - 1 = \left(1 + \dfrac{6\%}{4}\right)^4 - 1 = 6.14\%$；乙银行的年实际利率为 7%，故向甲银行贷款付出的利息较少。

答案： A

10-1-2　**解：**现金流量图表示的是现金流入、现金流出与时间的对应关系。同一时间点上的现金流入和现金流出之差，称为净现金流量。箭头向上表示现金流入，向下表示现金流出。现金流量图的零点表示时间序列的起点，但第一个现金流量不一定发生在零点。

答案： B

10-1-3　**解：**①应用资金等值公式计算：$F = A(P/A, 10\%, 3)(F/P, 10\%, 5)$。

②按 $F = A(F/A, 10\%, 3)(F/P, 10\%, 2)$ 计算。

③按复利公式计算：$F = 10(1 + 10\%)^4 + 10(1 + 10\%)^3 + 10(1 + 10\%)^2 = 40.05$ 万元。

答案： D

10-1-4　**解：**回收营运资金为现金流入，故项目第 10 年的净现金流量为 25+20=45 万元。

答案： C

10-1-5　**解：**根据等额支付现值公式计算：

$$P = 100000(P/A, 6\%, 10) = 100000 \times 7.36009 = 736009 \text{ 元}$$

答案：D

10-1-6 解：在现金流量图中，横轴上任意一时点t表示第t期期末，同时也是第$t+1$期的期初。

答案：D

10-1-7 解：根据安全等值计算公式，将现金流入和现金流出折算到同一年进行比较判断。根据资金等值计算公式，选项D的方程两边是分别将现金流出和现金流入折算到n年末，等式成立。

答案：D

10-1-8 解：利用名义利率与实际利率换算公式计算。

$$i = \left(1 + \frac{r}{m}\right)^m - 1 = \left(1 + \frac{12\%}{4}\right)^4 - 1 = 12.55\%$$

答案：C

10-1-9 解：已知A求F，用等额支付系列终值公式计算。

$$F = A\frac{(1+i)^n - 1}{i} = A(F/A, 11\%, 5) = 10 \times 6.2278 = 62.278 \text{ 万元}$$

答案：D

10-1-10 解：已知A求P，用等额支付系列现值公式计算。第 3 年年初已经偿还 2 年等额本息，还有 3 年等额本息没有偿还。所以$n = 3$，$A = 50$，$P = 50(P/A, 8\%, 3) = 128.9$万元。

答案：B

10-1-11 解：可绘出现金流量图（见解图），利用资金等值计算公式，将借款和还款等值计算折算到同一年，求A。

$$A(P/A, 5\%, 3)(1+i) = 6\,000(P/A, 5\%, 5)(P/F, 5\%, 3)$$

$$A \times 2.7232 \times 1.05 = 6000 \times 4.3295 \times 0.8638$$

或：$A(P/A, 5\%, 3)(F/P, 5\%, 4) = 6000(P/A, 5\%, 5)$

$$A \times 2.7232 \times 1.2155 = 6000 \times 4.3295$$

解得：$A = 7848$

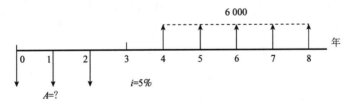

题 10-1-11 解图

答案：A

（二）财务效益与费用估算

10-2-1 以下关于项目总投资中流动资金的说法正确的是：

A. 是指工程建设其他费用和预备费之和

B. 是指投产后形成的流动资产和流动负债之和

C. 是指投产后形成的流动资产和流动负债的差额

D. 是指投产后形成的流动资产占用的资金

10-2-2 关于总成本费用的计算公式，下列正确的是：

A. 总成本费用=生产成本+期间费用

B. 总成本费用=外购原材料、燃料和动力费+工资及福利费+折旧费

C. 总成本费用=外购原材料、燃料和动力费+工资及福利费+折旧费+摊销费

D. 总成本费用=外购原材料、燃料和动力费+工资及福利费+折旧费+摊销费+修理费

10-2-3 某项目建设期 3 年，共贷款 1000 万元，第一年贷款 200 万元，第二年贷款 500 万元，第三年贷款 300 万元，贷款在各年内均衡发生，贷款年利率为 7%，建设期内不支付利息，建设期利息为：

A. 98.00 万元　　　　　　　　　　　B. 101.22 万元

C. 138.46 万元　　　　　　　　　　　D. 62.33 万元

10-2-4 下面不属于工程建设其他投资的是：

A. 土地使用费　　　　　　　　　　　B. 与项目建设有关的其他费用

C. 预备费　　　　　　　　　　　　　D. 联合试运转费

10-2-5 下面不属于产品销售收入的是：

A. 材料销售收入　　　　　　　　　　B. 工业性劳务收入

C. 自制半成品销售收入　　　　　　　D. 产成品销售收入

10-2-6 下面属于变动成本的是：

A. 折旧费　　　　　　　　　　　　　B. 无形资产摊销费

C. 管理费　　　　　　　　　　　　　D. 包装费

10-2-7 生产性项目总投资包括铺底流动资金和：

A. 设备工器具投资　　　　　　　　　B. 建筑安装工程投资

C. 流动资金　　　　　　　　　　　　D. 建设投资

10-2-8 销售收入的决定因素不包括：

A. 生产负荷　　　B. 销售价格　　　C. 销售量　　　　D. 所得税

10-2-9 经营成本中包括：

A. 工资及福利费　　　　　　　　　　B. 固定资产折旧费

C. 贷款利息支出　　　　　　　　　　D. 无形资产摊销费

10-2-10 固定成本是总成本费用的一部分，它是指其中的：

A. 不随产量变动而变动的费用

B. 不随生产规模变动而变动的费用

C. 不随人员变动而变动的费用

D. 在一定生产规模限度内不随产量变动而变动的费用

10-2-11 某企业预计明年销售收入将达到 6000 万元，总成本费用将为 5600 万元，该企业明年应缴纳：

A. 销售税金　　　　　　　　　　　　B. 所得税

C. 固定资产投资方向调节税　　　　　D. 所得税和销售税金

10-2-12 无形资产是企业资产的重要组成部分，它的特点是会遭受：

A. 有形磨损和无形磨损　　　　　　　B. 有形磨损

C. 无形磨损　　　　　　　　　　　　D. 物理磨损

10-2-13 建设投资的全部组成包括：

A. 建筑安装工程费、预备费、流动资金

B. 工程费用、建设期利息、预备费

C. 工程费用、工程建设其他费用、预备费

D. 建筑工程费、设备购置费、安装工程费

10-2-14 构成建设项目总投资的三部分费用是：

A. 工程费用、预备费、流动资金

B. 建设投资、建设期利息、流动资金

C. 建设投资、建设期利息、预备费

D. 建筑安装工程费、工程建设其他费用、预备费

10-2-15 某新建项目，建设期 2 年，第 1 年年初借款 1500 万元，第 2 年年初借款 1000 万元，借款按年计息，利率为 7%，建设期内不支付利息，第 2 年借款利息为：

A. 70 万元   B. 77.35 万元   C. 175 万元   D. 182.35 万元

10-2-16 某公司购买一台计算机放置一年未用，一年期间又有新型号计算机出现，原购买的计算机的损耗为：

A. 有形损耗   B. 物理损耗   C. 自然损耗   D. 无形损耗

10-2-17 某建设项目固定资产投资 1140 万元，建设期贷款利息为 150 万元，折旧年限 20 年，预计净残值 80 万元，则该项目按直线折旧的年折旧额为：

A. 48.5 万元   B. 50.5 万元   C. 53.0 万元   D. 60.5 万元

10-2-18 某企业购置一台设备，固定资产原值为 20 万元，采用双倍余额递减法折旧，折旧年限为 10 年，则该设备第 2 年折旧额为：

A. 2 万元   B. 2.4 万元   C. 3.2 万元   D. 4.0 万元

10-2-19 某工业企业预计今年销售收入可达 8000 万元，总成本费用为 8200 万元，则该企业今年可以不缴纳：

A. 企业所得税   B. 营业税金及附加

C. 企业自有车辆的车船税   D. 企业自有房产的房产税

10-2-20 在建设项目总投资中，以下应计入固定资产原值的是：

A. 建设期利息   B. 外购专利权   C. 土地使用权   D. 开办费

题解及参考答案

10-2-1 解： 项目总投资中的流动资金是指运营期内长期占用并周转使用的营运资金。估算流动资金的方法有扩大指标法或分项详细估算法。采用分项详细估算法估算时，流动资金是流动资产与流动负债的差额。

答案： C

10-2-2 解： 总成本费用有生产成本加期间费用和按生产要素两种估算方法。生产成本加期间费用计算公式为：总成本费用＝生产成本＋期间费用。

答案： A

10-2-3 解： 根据题意，贷款在各年内均衡发生，建设期内不支付利息，则

第一年利息：$(200/2) \times 7\% = 7$万元

第二年利息：$(200 + 500/2 + 7) \times 7\% = 31.99$万元

第三年利息：$(200 + 500 + 300/2 + 7 + 31.99) \times 7\% = 62.23$万元

建设期贷款利息：$7 + 31.99 + 62.23 = 101.22$万元

答案： B

10-2-4　解： 建设投资由工程费用（包括建筑工程费、设备购置费、安装工程费），工程建设其他费用和预备费（包括基本预备费和涨价预备费）所组成。工程建设其他费用包括土地使用费、与项目建设有关的其他费用（包括建设单位管理费、研究试验费、勘察设计费、工程监理费、工程保险费、建设单位临时设施费、引进技术和设备进口项目的其他费用、环境影响评价费、劳动安全卫生评价费、特殊设备安全监督检验费、市政公用设施费）和与未来企业生产经营有关的费用（包括联合试运转费、生产准备费、办公和生活家具购置费）。

答案： C

10-2-5　解： 产品销售收入包括企业销售的产成品、自制半成品及工业性劳务所获得的收入。

答案： A

10-2-6　解： 固定成本一般包括折旧费、摊销费、管理费、工资及福利费（计件工资除外）和其他费用等。通常把运营期间发生的全部利息也作为固定成本。包装费随产量变动而变动，属于变动成本。

答案： D

10-2-7　解： 生产性项目总投资包括建设投资、建设期贷款利息和铺底流动资金（粗略计算时，建设期贷款利息可并入建设投资）。

答案： D

10-2-8　解： 销售收入的多少与生产负荷大小、销售价格高低以及销售量的多少有关，但与所得税无关。

答案： D

10-2-9　解： 经营成本中不包括折旧费、摊销费和贷款利息支出。经营成本是指建设项目总成本费用扣除折旧费、摊销费和财务费用以后的全部费用。

答案： A

10-2-10　解： 总成本费用可分为固定成本和变动成本（可变成本），固定成本是指在一定生产规模限度内不随产量变动而变动的费用。

答案： D

10-2-11　解： 根据所得税法，企业每一纳税年度的收入总额，减除不征税收入、免税收入、各项扣除以及允许弥补的以前年度亏损后的余额，为应纳税所得额。该企业有利润，所以应缴纳所得税。企业有销售收入，就应缴纳销售税金。

答案： D

10-2-12　解： 无形资产的损耗是由于无形损耗（无形磨损）形成的，即由于社会科学技术进步而引起无形资产价值减少。

答案： C

10-2-13　解： 建设投资由工程费用、工程建设其他费用、预备费所组成。

答案： C

10-2-14 解： 建设项目总投资由建设投资、建设期利息、流动资金三部分构成。

　　　　答案： B

10-2-15 解： 按借款在年初发生的建设利息计算公式计算。第 1 年利息：$1500 \times 7\% = 105$ 万元，第 2 年利息：$(1500 + 105 + 1000) \times 7\% = 182.35$ 万元

　　　　答案： D

10-2-16 解： 根据损耗的概念判断。

　　　　答案： D

10-2-17 解： 利用年限平均法折旧公式计算。

　　　　答案： D

10-2-18 解： 用双倍余额递减法公式计算，注意计算第 2 年折旧额时，要用固定资产净值计算。第 1 年折旧额：$20 \times \dfrac{2}{10} = 4$ 万元。第 2 年折旧额：$(20 - 4) \times \dfrac{2}{10} = 3.2$ 万元。

　　　　答案： C

10-2-19 解： 无营业利润可以不缴纳所得税。

　　　　答案： A

10-2-20 解： 按规定，建设期利息应计入固定资产原值。

　　　　答案： A

（三）资金来源与融资方案

10-3-1 下列筹资方式中，属于项目债务资金的筹集方式是：

A. 优先股　　　　　　　　　　　　B. 政府投资

C. 融资租赁　　　　　　　　　　　D. 可转换债券

10-3-2 关于准股本资金的下列说法中，正确的是：

A. 准股本资金具有资本金性质，不具有债务资金性质

B. 准股本资金主要包括优先股股票和可转换债券

C. 优先股股票在项目评价中应视为项目债务资金

D. 可转换债券在项目评价中应视为项目资本金

10-3-3 下列不属于股票融资特点的是：

A. 股票融资所筹备的资金是项目的股本资金，可作为其他方式筹资的基础

B. 股票融资所筹资金没有到期偿还问题

C. 普通股票的股利支付，可视融资主体的经营好坏和经营需要而定

D. 股票融资的资金成本较低

10-3-4 融资前分析和融资后分析的关系，下列说法中正确的是：

A. 融资前分析是考虑债务融资条件下进行的财务分析

B. 融资后分析应广泛应用于各阶段的财务分析

C. 在规划和机会研究阶段，可以只进行融资前分析

D. 一个项目财务分析中融资前分析和融资后分析两者必不可少

10-3-5 现代主要的权益投资方式不包括：

A. 股权式合资结构　　　　　　　　B. 契约式合资式结构

C. 合资式结构　　　　　　　　　　D. 合伙制结构

10-3-6　某投资项目全投资的净现金流量见表：

年　　份	0	1~10
净现金流量（万元）	−5000	600

若该项目初始投资中借款比例为 50%，贷款年利率为 8%，初始投资中自有资金的筹资成本为 12%，则当计算该项目自有资金的净现值时，基准折现率至少应取：

　　　　A. 10%　　　　　　B. 12%　　　　　　C. 8%　　　　　　D. 20%

10-3-7　某公司发行普通股筹资 8000 万元，筹资费率为 3%，第一年股利率为 10%，以后每年增长 5%，所得税率为 25%，则普通股资金成本为：

　　　　A. 7.73%　　　　　B. 10.31%　　　　　C. 11.48%　　　　　D. 15.31%

10-3-8　某项目有一项融资，税后资金成本为 6.5%，若通货膨胀率为 2%，则考虑通货膨胀的资金成本为：

　　　　A. 4.4%　　　　　　B. 5.4%　　　　　　C. 6.4%　　　　　　D. 8.7%

10-3-9　某扩建项目总投资 1000 万元，筹集资金的来源为：原有股东增资 400 万元，资金成本为 15%；银行长期借款 600 万元，年实际利率为 6%。该项目年初投资当年获利，所得税税率 25%，该项目所得税后加权平均资金成本为：

　　　　A. 7.2%　　　　　　B. 8.7%　　　　　　C. 9.6%　　　　　　D. 10.5%

10-3-10　某项目总投资 13000 万元，融资方案为：普通股 5000 万元，资金成本为 16%；银行长期借款 8000 万元，税后资金成本为 8%。该项目的加权平均资金成本为：

　　　　A. 10%　　　　　　B. 11%　　　　　　C. 12%　　　　　　D. 13%

10-3-11　某项目从银行借款 1000 万元，年利率为 6%，期限 10 年，按年度还款，每年年末偿还本金 100 万元，并偿还相应未还本金的利息。该偿还债务方式为：

　　　　A. 等额利息法　　　　　　　　　　B. 等额本息法
　　　　C. 等额本金法　　　　　　　　　　D. 偿债基金法

10-3-12　某项目从银行贷款 500 万元，期限 5 年，年利率 5%，采取等额还本利息照付方式还本付息，每年年末还本付息一次，第二年应付利息是：

　　　　A. 5 万元　　　　　B. 20 万元　　　　　C. 23 万元　　　　　D. 25 万元

10-3-13　某公司发行普通股筹资 10000 万元，筹资费率为 3%，第一年股利率为 8%，以后每年增长 6%，所得税率为 25%，则普通股资金成本为：

　　　　A. 8.25%　　　　　B. 10.69%　　　　　C. 14.00%　　　　　D. 14.25%

10-3-14　某公司向银行借款 150 万元，期限为 5 年，年利率为 8%，每年年末等额还本付息一次（即等额本息法），到第五年年末还完本息。则该公司第二年年末偿还的利息为：

　　　　[已知：(A/P,8%,5) = 0.2505]

　　　　A. 9.954 万元　　　　B. 12 万元　　　　C. 25.575 万元　　　　D. 37.575 万元

10-3-15　某公司向银行借款 2400 万元，期限为 6 年，年利率为 8%，每年年末付息一次，每年等额还本，到第六年年末还完本息。请问该公司第四年年末应还的本息和是：

　　　　A. 432 万元　　　　B. 464 万元　　　　C. 496 万元　　　　D. 592 万元

题解及参考答案

10-3-1 解：资本金（权益资金）的筹措方式有股东直接投资、发行股票、政府投资等，债务资金的筹措方式有商业银行贷款、政策性银行贷款、外国政府贷款、国际金融组织贷款、出口信贷、银团贷款、企业债券、国际债券和融资租赁等。

优先股股票和可转换债券属于准股本资金，是一种既具有资本金性质又具有债务资金性质的资金。

答案：C

10-3-2 解：准股本资金是一种既具有资本金性质、又具有债务资金性质的资金，主要包括优先股股票和可转换债券。

答案：B

10-3-3 解：股票融资（权益融资）的资金成本一般要高于债权融资的资金成本。

答案：D

10-3-4 解：融资前分析不考虑融资方案，在规划和机会研究阶段，一般只进行融资前分析。

答案：C

10-3-5 解：现代主要的权益投资有股权式合资结构、契约式合资式结构和合伙制结构3种方式。

答案：C

10-3-6 解：自有资金现金流量表中包括借款还本付息。计算自有资金的净现金流量时，借款还本付息要计入现金流出，也就是说计算自有资金净现金流量时，已经扣除了借款还本付息，因此计算该项目自有资金的净现值时，基准折现率应至少不低于自有资金的筹资成本。

答案：B

10-3-7 解：普通股资金成本为：

$$K_s = \frac{8000 \times 10\%}{8000 \times (1-3\%)} + 5\% = 15.31\%$$

答案：D

10-3-8 解：按考虑通货膨胀率资金成本计算公式计算：

$$\frac{1+6.5\%}{1+2\%} - 1 = 4.4\%$$

答案：A

10-3-9 解：权益资金成本不能抵减所得税。

$$15\% \times \frac{400}{1000} + 6\% \times \frac{600}{1000} \times (1-25\%) = 8.7\%$$

答案：B

10-3-10 解：按加权资金成本公式计算：

$$16\% \times \frac{5000}{13000} + 8\% \times \frac{8000}{13000} = 11\%$$

答案：B

10-3-11 解：等额本金法的还款方式为每年偿还相等的本金和相应的利息。

答案：C

10-3-12 解：等额还本，则每年还本100万元，次年以未还本金为基数计算利息。

第一年应还本金＝500/5＝100万元，应付利息＝500×5%＝25万元；

第二年应还本金＝500/5＝100万元，应付利息＝(500－100)×5%＝20万元。

答案： B

10-3-13 解： 根据股利增长模型法，普通股资金成本为：

$$K_s = \frac{D_i}{P_0 \times (1-f)} + g$$

$$= \frac{10000 \times 8\%}{10000 \times (1-3\%)} + 6\% = 14.25\%$$

由于股利必须在企业税后利润中支付，所以不能抵减所得税的缴纳。

答案： D

10-3-14 解： 绘出现金流量图（见解图）。

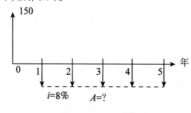

题 10-3-14 解图

注意题目所问的是第二年年末偿还的利息（不包括本金）。等额本息法每年还款的本利和相等，根据等额支付资金回收公式（已知 P 求 A），每年年末还本付息金额为：

$$A = P\left[\frac{i(1+i)^n}{(1+i)^n - 1}\right]$$

$$= P(A/P, 8\%, 5) = 150 \times 0.2505 = 37.575 \text{ 万元}$$

注意 37.575 万元为每年偿还的本金与利息之和。

则第一年年末应偿还的利息为：$150 \times 8\% = 12$ 万元，偿还本金为：$37.575 - 12 = 25.575$ 万元

第一年已经偿还本金 25.575 万元，尚未偿还本金为：$(150 - 25.575) = 124.425$ 万元

第二年末应偿还的利息为：$(150 - 25.575) \times 8\% = 9.954$ 万元

答案： A

10-3-15 解： 该公司借款偿还方式为等额本金法。每年应偿还的本金均为：$2400/6 = 400$ 万元

前三年已经偿还本金为：$400 \times 3 = 1200$ 万元；尚未还款本金：$2400 - 1200 = 1200$ 万元

第四年应还利息为：$I_4 = 1200 \times 8\% = 96$ 万元

则第四年年末应还本息和为：$A_4 = 400 + 96 = 496$ 万元

或按等额本金法公式计算：

$$A_t = \frac{I_c}{n} + I_c \cdot \left(1 - \frac{t-1}{n}\right) \cdot i$$

$$= \frac{2400}{6} + 2400 \times \left(1 - \frac{4-1}{6}\right) \times 8\% = 496 \text{ 万元}$$

答案： C

（四）财务分析

10-4-1 某项目建设工期为两年，第一年初投资 200 万元，第二年初投资 300 万元，投产后每年净现金流量为 150 万元，项目计算期为 10 年，基准收益率 10%，则此项目的财务净现值为：

A. 331.97 万元   B. 188.63 万元   C. 171.18 万元   D. 231.60 万元

10-4-2 某项目初期投资 150 万元，年运营成本 90 万元，寿命期 5 年，寿命期末回收残值 20 万元，企业基准折现率 10%，则该项目的费用现值为：

     A. 478.75 万元   B. 503.59 万元   C. 511.63 万元   D. 538.95 万元

10-4-3 当社会通货膨胀率趋于上升，其他因素没有变化时，基准折现率应：

     A. 降低   B. 提高   C. 保持不变   D. 无法确定

10-4-4 全投资财务现金流量表中不包括：

     A. 销售收入   B. 贷款成本   C. 经营成本   D. 资产回收

10-4-5 以下有关现金流量表的描述中，说法不正确的是：

     A. 财务现金流量表主要用于财务评价

     B. 自有资金现金流量表反映投资者各方权益投资的获得能力

     C. 通过全投资财务现金流量表可计算项目财务内部收益率、财务净现值和投资回收期等评价指标

     D. 全投资财务现金流量表是以项目为一独立系统，从融资前的角度进行设置的

10-4-6 某项目的净年值小于零，则：

     A. 该项目是可行的

     B. 该项目的内部收益率小于基准折现率

     C. 该项目的动态投资回收期小于寿命期

     D. 该项目的内部收益率大于基准折现率

10-4-7 与静态投资回收期计算无关的量是：

     A. 现金流入   B. 现金流出   C. 净现金流量   D. 基准收益率

10-4-8 在投资项目盈利能力分析中，若选取的基准年发生变动，则该项目的净现值（NPV）的内部收益率（IRR）的数值将是：

     A. NPV 变 IRR 不变   B. NPV 和 IRR 均变

     C. NPV 不变 IRR 变   D. NPV 和 IRR 均不变

10-4-9 投资项目 W 的净现金流量见表：

题 10-4-9 表

年 份	0	1	2	3	4	5	6
净现金流量（万元）	−3000	900	1000	1100	1100	1100	1100

则项目 W 的静态投资回收期为：

     A. 3.65 年   B. 3.87 年   C. 3 年   D. 3.55 年

10-4-10 某投资项目，当基准折现率取 15% 时，项目的净现值等于零，则该项目的内部收益率：

     A. 等于 15%   B. 大于 15%   C. 等于 0   D. 小于 15%

10-4-11 采用净现值指标对某项目进行财务盈利能力分析，设定的折现率为 i，该项目财务上可行的条件是：

     A. NPV ≤ 企业可接受的水平   B. NPV < 折现率

     C. NPV ≥ 0   D. NPV > i

10-4-12 某项目第一年年初投资 100 万元,当年年末开始收益,每年年末净收益 25 万元,项目计算期 5 年,设定的折现率为 10%,该项目的净现值为:

A. 0   B. − 5.23   C. 5.23   D. 25

10-4-13 对建设项目进行财务现金流量分析时,若采用的折现率提高,则该项目:

A. 净现金流量减少,财务净现值减小   B. 净现金流量增加,财务净现值增加

C. 净现金流量减少,财务净现值增加   D. 净现金流量不变,财务净现值减小

10-4-14 在对独立方案的财务评价中,若采用内部收益率评价指标,则项目可行的标准是:

A. IRR<基准收益率   B. IRR≥基准收益率

C. IRR<0   D. IRR≥0

10-4-15 某投资项目一次性投资 200 万元,当年投产并收益,评价该项目的财务盈利能力时,计算财务净现值选取的基准收益率为i_c,若财务内部收益率小于i_c,则有:

A. i_c低于贷款利率   B. 内部收益率低于贷款利率

C. 净现值大于零   D. 净现值小于零

10-4-16 设选取的基准收益率为i_c,如果某投资方案在财务上可行,则有:

A. 财务净现值小于零,财务内部收益率大于i_c

B. 财务净现值小于零,财务内部收益率小于i_c

C. 财务净现值不小于零,财务内部收益率不小于i_c

D. 财务净现值不小于零,财务内部收益率小于i_c

10-4-17 某小区建设一块绿地,需一次性投资 20 万元,每年维护费用 5 万元,设基准折现率 10%,绿地使用 10 年,则费用年值为:

A. 4.750 万元   B. 5 万元   C. 7.250 万元   D. 8.255 万元

10-4-18 某项目总投资为 2000 万元,投产后正常年份运营期每年利息支出为 150 万元,若使总投资收益率不低于 20%,则年利润总额至少为:

A. 250 万元   B. 370 万元   C. 400 万元   D. 550 万元

10-4-19 某项目建设投资 400 万元,建设期贷款利息 40 万元,流动资金 60 万元。投产后正常运营期每年净利润为 60 万元,所得税为 20 万元,利息支出为 10 万元。则该项目的总投资收益率为:

A. 19.6%   B. 18%   C. 16%   D. 12%

10-4-20 某项目总投资 16000 万元,资本金 5000 万元。预计项目运营期总投资收益率为 20%,年利息支出为 900 万元,所得税率为 25%,则该项目的资本金利润率为:

A. 30%   B. 32.4%   C. 34.5%   D. 48%

10-4-21 某企业去年利润总额 300 万元,上缴所得税 75 万元,在成本中列支的利息 100 万元,折旧和摊销费 30 万元,还本金额 120 万元,该企业去年的偿债备付率为:

A. 1.34   B. 1.55   C. 1.61   D. 2.02

10-4-22 判断投资项目在财务上的生存能力所依据的指标是:

A. 内部收益率和净现值

B. 利息备付率和偿债备付率

C. 投资利润率和资本金利润率

D. 各年净现金流量和累计盈余资金

10-4-23 下列关于现金流量表的表述中，说法不正确的是：

A.项目资本金现金流量表反映投资者各方权益投资的获利能力

B.项目资本金现金流量表考虑了融资，属于融资后分析

C.通过项目投资现金流量表可计算项目财务内部收益、财务净现值等评价指标

D.项目投资现金流量表以项目所需总投资为计算基础，不考虑融资方案影响

10-4-24 下列关于现金流量表的表述中，正确的是：

A.项目资本金现金流量表排除了融资方案的影响

B.通过项目投资现金流量表计算的评价指标反映投资者各方权益投资的获利能力

C.通过项目投资现金流量表可计算财务内部收益、财务净现值和投资回收期等评价指标

D.通过项目资本金现金流量表进行的分析反映了项目投资总体的获利能力

10-4-25 项目投资现金流量表中的现金流出不包括：

A.所得税   B.营业税金   C.利息支出   D.经营成本

10-4-26 投资项目的现金流量表可分为项目投资和项目资本金现金流量表，以下说法正确的是：

A.项目投资现金流量表中包括借款本金偿还

B.项目资本金现金流量表将折旧作为支出列出

C.项目投资现金流量表考察的是项目本身的财务盈利能力

D.项目资本金现金流量表中不包括借款利息支付

10-4-27 为了从项目权益投资者整体角度考察盈利能力，应编制：

A.项目资本金现金流量表   B.项目投资现金流量表

C.借款还本付息计划表   D.资产负债表

题解及参考答案

10-4-1 **解：** 按计算财务净现值的公式计算。项目建设期 2 年，生产经营年限为 $(10-2)=8$ 年。

$$FNPV = -200 - 300(P/F, 10\%, 1) + 150(P/A, 10\%, 8)(P/F, 10\%, 2)$$

$$= -200 - 300 \times 0.90909 + 150 \times 5.33493 \times 0.82645 = 188.63 \text{ 万元}$$

答案： B

10-4-2 **解：** 由于残值可以回收，未形成费用消耗，故应从费用中扣除。根据资金等值公式计算：

$$90 \times (P/A, 10\%, 5) + 150 - 20/(1+10\%)^5 = 487.75 \text{ 万元}$$

答案： A

10-4-3 **解：** 基准收益率的计算公式为：

$$i_c = (1+i_1)(1+i_2)(1+i_3) - 1$$

式中，i_c 为基准收益率；i_1 为年资金费用率与机会成本中较高者；i_2 为年风险贴补率；i_3 为年通货膨胀率。在 i_1、i_2、i_3 都很小的情况下，公式可简化为：$i_c = i_1 + i_2 + i_3$。因此当通货膨胀率上升，则基准折现率应提高。

答案： B

10-4-4 **解：** 全投资财务现金流量表（现称为项目投资现金流量表）属于融资前分析，不考虑融

资方案，表中不包括贷款成本。

答案： B

10-4-5 解： 自有资金现金流量表（资本金现金流量表）反映自有资金投资的获得能力，投资者各方权益投资的获得能力采用投资各方现金流量表。项目资本现金流量表是从项目法人（或投资者整体）角度出发，以项目资本金作为计算的基础，用以计算资本金内部收益率，反映投资者权益投资的获得能力。投资各方现金流量表是分别从各个投资者的角度出发，以投资者的出资额作为计算的基础，用以计算投资各方收益率。

答案： B

10-4-6 解： 从解图的净现值函数曲线中可以看出，当某项目的净现值小于零时，该项目的内部收益率 IRR 小于基准折现率 i_e。

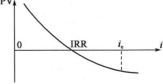

题 10-4-6 解图

答案： B

10-4-7 解： 计算静态投资回收期仅考虑各年的现金流入、现金流出和净现金流量，不考虑资金的时间价值，基准收益率是反映资金时间价值的参数，因此基准收益率是与静态投资回收期计算无关的量。

答案： D

10-4-8 解： 由 NPV 公式或 $P = F/(1+i)^n$，显然在不同基准年，净现值不同。由求 IRR 的公式 $\sum(CI - CO)_t(1 + IRR)^{-t} = 0$，方程两边同乘以 $(1 + IRR)^{-m}$，公式不变。或者说折算到基准年的 NPV 为零，将其再折算到其他年（基准年），净现值还是零。

答案： A

10-4-9 解： 投资项目 W 的累计净现金流量见解表：

题 10-4-9 解表

年 份	0	1	2	3	4	5	6
净现金流量（万元）	−3000	900	1000	1100	1100	1100	1100
累计净现金流量（万元）	−3000	−2100	−1100	0	1100	2200	3300

计算累计净现金流量，到第 3 年累计现金流量正好为 0，故项目投资回收期为 3 年。

答案： C

10-4-10 解： 内部收益率是指使一个项目在整个计算期内各年净现金流量的现值累计为零时的利率，基准折现率取 15%时，项目的净现值等于零，故该项目的内部收益率为 15%。

答案： A

10-4-11 解： 采用净现值指标的判定依据是净现值是否大于或等于 0。

答案： C

10-4-12 解： 利用资金等值公式计算：

$$净现值 NPV = 25 \times (P/A, 10\%, 5) - 100 = -5.23$$

答案： B

10-4-13 解： 净现金流量与采用的折现率无关，根据净现金流量函数曲线可以判断折现率与净现值的变化规律。

答案： D

10-4-14 解：采用内部收益率指标的判定依据是内部收益率是否不小于基准收益率。

答案：B

10-4-15 解：根据净现值函数曲线可判断。

答案：D

10-4-16 解：根据财务净现值和财务内部收益率的判定标准和净现值函数曲线进行判断。

答案：C

10-4-17 解：费用年值$AC = 5 + 20(A/P, 10\%, 10) = 8.255$万元。

答案：D

10-4-18 解：根据总投资收益率公式计算。

答案：A

10-4-19 解：项目总投资为建设投资、建设期利息和流动资金之和，计算总投资收益率要用息税前利润。

项目总投资$= 400 + 40 + 60 = 500$万元，息税前利润$= 60 + 20 + 10 = 90$万元

$$总投资收益率 = \frac{90}{500} = 18\%$$

答案：B

10-4-20 解：先根据总投资收益率计算息税前利润，然后计算总利润、净利润，最后计算资本金利润率。

息税前利润=总投资×总投资收益率$= 16000 \times 20\% = 3200$万元

总利润$3200 - 900 = 2300$万元，净利润$= 2300 \times (1 - 25\%) = 1725$万元

资本金净利润率$= \frac{1725}{5000} = 34.5\%$

答案：C

10-4-21 解：按偿债备付率公式计算：

用于计算还本付息的资金=息税前利润+折旧和摊销−所得税$= 300 + 100 + 30 - 75 = 355$万元

偿债备付率$= 355/(120 + 100) = 1.61$

答案：C

10-4-22 解：根据投资项目在计算期内的净现金流量和累计盈余资金，判断项目在财务上的生存能力。

答案：D

10-4-23 解：项目资本金现金流量表反映项目权益投资者整体在该项目上的盈利能力分析。投资各方现金流量表反映投资各方权益投资的获利能力。

答案：A

10-4-24 解：项目投资现金流量表反映了项目投资总体的获利能力，主要用来计算财务内部收益、财务净现值和投资回收期等评价指标。

答案：C

10-4-25 解：项目投资现金流量分析属于融资前分析，表中的现金流出不包括利息支出。

答案：C

10-4-26 解：项目投资现金流量表考查的是项目投资的总体获利能力，不考虑融资方案，属于融资前分析。

答案： C

10-4-27 解： 项目资本金现金流量表从项目权益投资者的整体角度考查盈利能力。

答案： A

（五）经济费用效益分析

10-5-1 某项目的产出物为可外贸货物，其离岸价格为 100 美元，影子汇率为 6 元人民币/美元，出口费用为每件 100 元人民币，则该货物的影子价格为：

A. 500 元人民币　　　B. 600 元人民币　　　C. 700 元人民币　　　D. 800 元人民币

10-5-2 可外贸货物的投入或产出的影子价格应根据口岸价格计算，下列公式正确的是：

A. 出口产出的影子价格（出厂价）=离岸价（FOB）×影子汇率+出口费用

B. 出口产出的影子价格（出厂价）=到岸价（CIF）×影子汇率−出口费用

C. 进口投入的影子价格（到厂价）=到岸价（CIF）×影子汇率+进口费用

D. 进口投入的影子价格（到厂价）=离岸价（FOB）×影子汇率−进口费用

10-5-3 经济效益计算的原则是：

A. 增量分析的原则　　　　　　　　B. 考虑关联效果的原则

C. 以全国居民作为分析对象的原则　　D. 支付意愿原则

10-5-4 某项目财务现金流量见表，则该项目的静态投资回收期为多少年？

A. 5.4　　　　　　B. 5.6　　　　　　C. 7.4　　　　　　D. 7.6

题 10-5-4 表

时　　间	1	2	3	4	5	6	7	8	9	10
净现金流量（万元）	−1200	−1000	200	300	500	500	500	500	500	500

10-5-5 下列关于经济效益和经济费用的表述中，正确的是：

A. 经济效益只考虑项目的直接效益

B. 项目对提高社会福利和社会经济所作的贡献都记为经济效益

C. 计算经济费用效益指标采用企业设定的折现率

D. 影子价格是项目投入物和产出物的市场平均价格

10-5-6 对建设项目进行经济费用效益分析所使用的影子价格的正确含义是：

A. 政府为保证国计民生为项目核定的指导价格

B. 使项目产出品具有竞争力的价格

C. 项目投入物和产出物的市场最低价格

D. 反映项目投入物和产出物真实经济价值的价格

10-5-7 计算经济效益净现值采用的折现率应是：

A. 企业设定的折现率　　　　　　B. 国债平均利率

C. 社会折现率　　　　　　　　　D. 银行贷款利率

10-5-8 从经济资源配置的角度判断建设项目可以被接受的条件是：

A. 财务净现值大于或等于零

B. 经济内部收益率小于或等于社会折现率

C. 财务内部收益率大于或等于基准收益率

D. 经济净现值大于或等于零

10-5-9 进行经济费用效益分析时，评价指标效益费用比是指在项目计算期内：

　　A. 经济净现值与财务净现值之比

　　B. 经济内部收益率与社会折现率之比

　　C. 效益流量的现值与费用流量的现值之比

　　D. 效益流量的累计值与费用流量的累计值之比

10-5-10 某地区为减少水灾损失，拟建水利工程。项目投资预计 500 万元，计算期按无限年考虑，年维护费 20 万元。项目建设前每年平均损失 300 万元。若利率 5%，则该项目的费用效益比为：

　　A. 6.11　　　　　　B. 6.67　　　　　　C. 7.11　　　　　　D. 7.22

题解及参考答案

10-5-1　解：该货物的影子价格为：

直接出口产出物的影子价格（出厂价）＝离岸价（FOB）×影子汇率－出口费用

$$= 100 \times 6 - 100 = 500 \text{ 元人民币}$$

　　答案：A

10-5-2　解：可外贸货物影子价格：

直接进口投入物的影子价格（到厂价）＝到岸价（CIF）×影子汇率＋进口费用

　　答案：C

10-5-3　解：经济效益的计算应遵循支付意愿原则和接受补偿原则（受偿意愿原则）。

　　答案：D

10-5-4　解：计算项目的累积净现金流量，见解表：

题 10-5-4 解表

时　　间	1	2	3	4	5	6	7	8	9	10
净现金流量（万元）	−1200	−1000	200	300	500	500	500	500	500	500
累计净现金流量（万元）	−1200	−2200	−2000	−1700	−1200	−700	−200	300	800	1300

静态投资回收期：$T = 8 - 1 + |-200|/500 = 7.4$ 年

　　答案：C

10-5-5　解：项目对提高社会福利和社会经济所作的贡献都应记为经济效益，包括直接效益和间接效益。

　　答案：B

10-5-6　解：影子价格反映项目投入物和产出物的真实经济价值。

　　答案：D

10-5-7　解：进行经济费用效益分析采用社会折现率参数。

　　答案：C

10-5-8　解：经济净现值大于或等于零，表明项目的经济盈利性达到或超过了社会折现率的基本要求。

　　答案：D

10-5-9 解： 根据效益费用比的定义。

答案： C

10-5-10 解： 项目建成每年减少损失，视为经济效益。若 $n \to \infty$，则 $(P/A, i, n) = 1/i$。按效益费用比公式计算。

$$B = 300 \times \frac{1}{i} = 6000, C = 500 + 20 \times \frac{1}{i} = 900$$

$$R_{BC} = 6000/90 = 6.67$$

答案： B

（六）不确定性分析

10-6-1 关于盈亏平衡点的下列说法中，错误的是：

A. 盈亏平衡点是项目的盈利与亏损的转折点

B. 盈亏平衡点上，销售（营业、服务）收入等于总成本费用

C. 盈亏平衡点越低，表明项目抗风险能力越弱

D. 盈亏平衡分析只用于财务分析

10-6-2 某建设项目年设计生产能力为 8 万台，年固定成本为 1200 万元，产品单台售价为 1000 元，单台产品可变成本为 600 元，单台产品销售税金及附加为 150 元，则该项目的盈亏平衡点的产销量为：

A. 48000 台   B. 12000 台   C. 30000 台   D. 21819 台

10-6-3 在单因素敏感分析图中，下列哪一项影响因素说明该因素越敏感？

A. 直线的斜率为负   B. 直线的斜率为正

C. 直线的斜率绝对值越大   D. 直线的斜率绝对值越小

10-6-4 盈亏平衡分析是一种特殊形式的临界点分析，它适用于财务评价，其计算应按项目投产后以下哪项计算？

A. 正常年份的销售收入和成本费用数据利润总额

B. 计算期内的平均值

C. 年产量

D. 单位产品销售价格

10-6-5 成本可分为固定成本和可变成本，假设生产规模一定，以下说法中正确的是：

A. 产量增加，但固定成本在单位产品中的成本不变

B. 单位产品中固定成本部分随产量增加而减少

C. 固定成本低于可变成本时才能盈利

D. 固定成本与可变成本相等时利润为零

10-6-6 某吊车生产企业，以产量表示的盈亏平衡点为 600 台。预计今年的固定成本将增加20%，若其他条件不变，则盈亏平衡点将变为：

A. 720 台   B. 600 台   C. 500 台   D. 480 台

10-6-7 某项目设计生产能力为年产 5000 台，每台销售价格 500 元，单位产品可变成本 350 元，每台产品税金 50 元，年固定成本 265000 元，则该项目的盈亏平衡产量为：

A. 2650 台   B. 3500 台   C. 4500 台   D. 5000 台

10-6-8 某企业拟投资生产一种产品，设计生产能力为 15万件/年，单位产品可变成本 120 元，总固定成本 1500 万元，达到设计生产能力时，保证企业不亏损的单位产品售价最低为：

    A. 150元　　　　　B. 200元　　　　　C. 220元　　　　　D. 250元

10-6-9 对项目进行单因素敏感性分析时，以下各项中，可作为敏感性分析因素的是：

    A. 净现值　　　　B. 年值　　　　　C. 内部收益率　　　D. 折现率

10-6-10 为了判断某种因素对财务或经济评价指标的影响，敏感性分析采取的分析方法是：

    A. 对不同评价指标进行比较

    B. 考察不确定性因素的变化导致评价指标的变化幅度

    C. 考察盈亏平衡点的变化对评价指标的影响

    D. 计算不确定因素变动的概率分布并分析对方案的影响

10-6-11 对某项目进行敏感性分析，采用的评价指标为内部收益，基本方案的内部收益率为 15%，当不确定性因素原材料价格增加 10%时，内部收益率为 13%，则原材料的敏感度系数为：

    A. −1.54　　　　　B. −1.33　　　　　C. 1.33　　　　　D. 1.54

10-6-12 对某项目投资方案进行单因素敏感性分析，基准收益率 15%，采用内部收益率作为评价指标，投资额、经营成本、销售收入为不确定性因素，计算其变化对 IRR 的影响如表所示。则敏感性因素按对评价指标影响的程度从大到小排列依次为：

    A. 投资额、经营成本、销售收入　　　　B. 销售收入、经营成本、投资额

    C. 经营成本、投资额、销售收入　　　　D. 销售收入、投资额、经营成本

不确定性因素变化对 IRR 的影响　　　　　　　　　题 10-6-12 表

不确定性因素	变化幅度		
	− 20%	0	+20%
投资额	22.4	18.2	14
经营成本	23.2	18.2	13.2
销售收入	4.6	18.2	31.8

10-6-13 对某投资方案进行单因素敏感性分析，选取的分析指标为净现值 NPV，考虑投资额、产品价格、经营成本为不确定性因素，计算结果如图所示，则敏感性大小依次为：

    A. 经营成本、投资额、产品价格　　　　B. 投资额、经营成本、产品价格

    C. 产品价格、投资额、经营成本　　　　D. 产品价格、经营成本、投资额

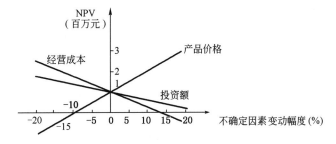

题 10-6-13 图　敏感性分析图

10-6-14 对某投资方案进行单因素敏感性分析，选取的分析指标为净现值NPV，考虑投资额、产品价格、经营成本为不确定性因素，计算结果如上题图所示，不确定性因素产品价格变化的临界点

约为:

    A. −10%   B. 0   C. 10%   D. 20%

10-6-15 对某投资项目进行敏感性分析,采用的评价指标为内部收益率,基准收益率为 15%,基本方案的内部收益率为 18%,对于不确定性因素销售收入,当销售收入降低 10%,内部收益率为 15% 时,销售收入变化的临界点为:

    A. −10%   B. 3%   C. 10%   D. 15%

题解及参考答案

10-6-1 **解:**盈亏平衡点越低,说明项目盈利的可能性越大,项目抵抗风险的能力越强。

    答案: C

10-6-2 **解:**盈亏平衡点产销量 $=\dfrac{1200\times10^4}{1000-600-150}=48000$ 台

    答案: A

10-6-3 **解:**在单因素敏感性分析图中,直线斜率的绝对值越大,较小的不确定性因素变化幅度会引起敏感性分析评价指标较大的变化,即该因素越敏感。

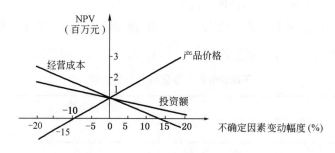

题 10-6-3 解图

    答案: C

10-6-4 **解:**盈亏平衡分析应按项目投产后,正常年份的销售收入和成本费用数据利润总额进行计算。

    答案: A

10-6-5 **解:**固定成本不随产量变化。单位产品固定成本是固定成本与产量的商,产量增加时,成本减少。

    答案: B

10-6-6 **解:**根据盈亏平衡分析计算公式,若其他条件不变,以产量表示的盈亏平衡点与固定成本成正比。

    答案: A

10-6-7 **解:**用盈亏平衡分析公式计算,考虑每台产品的税金。

$$盈亏平衡产量 = \dfrac{265000}{500-350-50} = 2650 \ 台$$

    答案: A

10-6-8 **解:**用盈亏平衡分析公式计算。

$$单位产品最低售价 = \frac{年固定成本}{设计生产能力} + 单位产品可变成本$$

$$= \frac{1500}{15} + 120 = 220 \ 元$$

答案： C

10-6-9 解： 注意评价指标和敏感性因素的区别。

答案： D

10-6-10 解： 根据敏感性分析的含义。

答案： B

10-6-11 解： 按敏感度系数公式计算：

$$\Delta A = (13\% - 15\%)/15\% = -0.133, \ S_{AF} = \frac{-0.133}{10\%} = -1.33$$

答案： B

10-6-12 解： 变化幅度的绝对值相同时（如变化幅度为±20%），敏感性系数较大者对应的因素较敏感。

答案： B

10-6-13 解： 图中与水平线夹角较大的因素较敏感。

答案： D

10-6-14 解： 当不确定性因素产品价格降低10%时，净现值变为0。

答案： A

10-6-15 解： 依据临界点的含义确定。

答案： A

（七）方案经济比选

10-7-1 现有两个寿命期相同的互斥投资方案 A 和 B，B 方案的投资额和净现值都大于 A 方案，A 方案的内部收益率为 14%，B 方案的内部收益率为 15%，差额的内部收益率为 13%，则使 A、B 两方案优劣相等时的基准收益率应为：

  A. 13%   B. 14%   C. 15%   D. 13%至15%之间

10-7-2 在进行互斥方案选优时，若备选方案的收益基本相同，且难于估计时，比选计算应考虑采用：

  A. 内部收益率   B. 净现值   C. 投资回收期   D. 费用现值

10-7-3 采用净现值（NPV）、内部收益率（IRR）和差额内部收益率（ΔIRR）进行互斥方案比选，它们的评价结论是：

  A. NPV 和 ΔIRR 总是不一致的

  B. IRR 和 ΔIRR 总是一致的

  C. NPV 和 ΔIRR 总是一致的

  D. NPV、IRR 和 ΔIRR 总是不一致的

10-7-4 两个初始投资相同、寿命期相同的投资方案，下列说法中正确的是：

  A. $NPV_1 = NPV_2$，则 $IRR_1 = IRR_2$

  B. $NPV_1 > NPV_2$，则 $IRR_1 > IRR_2$

      C. $NPV_1 > NPV_2$，则$IRR_1 < IRR_2$

      D. $NPV_1 > NPV_2 \geq 0$，则方案 1 较优

10-7-5　某项目有甲乙丙丁 4 个投资方案，寿命期都是 8 年，设定的折现率 8%，$(A/P,8\%,8) =$ 0.1740，各方案各年的净现金流量如表所示，采用年值法应选用：

      A. 甲方案　　　　B. 乙方案　　　　C. 丙方案　　　　D. 丁方案

各方案各年的净现金流量表（单位：万元）　　　　　　　题 10-7-5 表

方　案	年　份		方　案	年　份	
	0	1~8		0	1~8
甲	−500	92	丙	−420	76
乙	−500	90	丁	−400	77

10-7-6　若两个互斥方案的计算期相同，每年的收益基本相同但无法准确估计，应采用的财务评价指标是：

      A. 内部收益率　　B. 净现值　　　　C. 投资回收期　　D. 费用年值

10-7-7　某项目有三个产出相同的方案，方案寿命期均为 10 年，期初投资和各年运营费用如表所示，设基准折现率为 7%，已知$(P/A,7\%,10) = 7.204$。则方案优劣的排序为：

      A. 甲乙丙　　　　B. 甲丙乙　　　　C. 乙甲丙　　　　D. 丙乙甲

期初投资和各年运营费用（单位：万元）　　　　　　　题 10-7-7 表

方　案	期初投资	1~10年每年运营费用	方　案	期初投资	1~10年每年运营费用
甲	100	15	丙	60	21
乙	80	17			

10-7-8　有甲乙丙丁四个互斥方案，投资额分别为 1000 万元、800 万元、700 万元、600 万元，方案计算期均为 10 年，基准收益率为 15%，计算差额内部收益率结果$\Delta IRR_{甲-乙}$、$\Delta IRR_{乙-丙}$、$\Delta IRR_{丙-丁}$分别为 14.2%、16%、15.1%，应选择：

      A. 甲方案　　　　B. 乙方案　　　　C. 丙方案　　　　D. 丁方案

10-7-9　有甲乙丙丁四个投资方案，设定的基准折现率为 12%，已知 $(A/P,12\%,8) =$ 0.2013，$(A/P,12\%,9) = 0.1877$，$(A/P,12\%,10) = 0.1770$。各方案寿命期及各年净现金流量如表所示，用年值法评价方案，应选择：

      A. 甲方案　　　　B. 乙方案　　　　C. 丙方案　　　　D. 丁方案

各年的净现金流量（单位：万元）　　　　　　　题 10-7-9 表

方　案	寿命期（年）	年　份			
		0	1~8	9	10
甲	8	−5000	980	—	—
乙	8	−4800	980	—	—
丙	9	−4800	900	900	—
丁	10	−5000	900	900	900

10-7-10 在几个产品相同的备选方案比选中，最低价格法是：

A.按主要原材料推算成本，其中原材料价格较低的方案为优

B.按净现值为0计算方案的产品价格，其中产品价格较低的方案为优

C.按市场风险最低推算产品价格，其中产品价格较低的方案为优

D.按市场需求推算产品价格，其中产品价格较低的方案为优

10-7-11 两个计算期不等的互斥方案比较，可直接采用的方法是：

A.净现值法   B.内部收益率法

C.差额内部收益率法   D.年值法

题解及参考答案

10-7-1 **解**：差额投资内部收益率是两个方案各年净现金流量差额的现值之和等于零时的折现率。差额内部收益率等于基准收益率时，两方案的净现值相等，即两方案的优劣相等。

答案：A

10-7-2 **解**：在进行互斥方案选优时，若备选方案的收益基本相同，可计算方案的费用现值或费用年值进行方案比选。

答案：D

10-7-3 **解**：采用净现值（NPV）、内部收益率（IRR）进行互斥方案比选，其结论可能不一致；采用净现值（NPV）和差额内部收益率（ΔIRR）进行互斥方案比选的评价结论的总是一致的。

答案：C

10-7-4 **解**：$NPV_1 > NPV_2$，不一定$IRR_1 > IRR_2$，不能直接用内部收益率比较两个方案的优劣。

答案：D

10-7-5 **解**：甲乙年投资相等，但甲方案年收益较大，所以淘汰乙方案；丙乙方案比较，丙方案投资大但年收益值较小，淘汰丙方案，比较甲丁方案净年值。

答案：D

10-7-6 **解**：互斥方案的收益相同时，可用费用年值进行方案的比选。

答案：D

10-7-7解：由于产出相同，可以只计算费用现值。分别计算费用现值，费用现值较低的方案较优。

答案：C

10-7-8 **解**：ΔIRR 大于基准收益率时，应选投资额较大的方案，反之应选投资额较小的方案。

答案：B

10-7-9 **解**：甲乙方案寿命期、年收益值相同，但甲方案投资额大，应先淘汰，分别计算乙丙丁方案的年值。

答案：D

10-7-10 **解**：最低价格法是在相同产品方案比选中，按净现值为0推算备选方案的产品价格，以最低产品价格较低的方案为优。

答案：B

10-7-11 **解**：计算期不等的方案比较可以用年值法。

答案：D

（八）改扩建项目的经济评价特点

10-8-1 以下关于社会折现率的说法中，不正确的是：

A. 社会折现率可用作经济内部收益率的判别基准

B. 社会折现率可用作衡量资金时间经济价值

C. 社会折现率可用作不同年份之间资金价值转化的折现率

D. 社会折现率不能反映资金占用的机会成本

10-8-2 属于改扩建项目经济评价中使用的五种数据之一的是：

A. 资产　　　　　B. 资源　　　　　C. 效益　　　　　D. 增量

10-8-3 对于改扩建项目的经济评价，以下表述中正确的是：

A. 仅需要估算"有项目""无项目""增量"三种状态下的效益和费用

B. 只对项目本身进行经济性评价，不考虑对既有企业的影响

C. 财务分析一般只按项目一个层次进行财务分析

D. 需要合理确定原有资产利用、停产损失和沉没成本

题解及参考答案

10-8-1　解： 社会折现率是用以衡量资金时间经济价值的重要参数，代表资金占用的机会成本，并且用作不同年份之间资金价值换算的折现率。

答案： D

10-8-2　解： 改扩建项目盈利能力分析可能涉及的五套数据，包括：①"现状"数据；②"无项目"数据；③"有项目"数据；④新增数据；⑤增量数据。

答案： D

10-8-3　解： 改扩建项目的经济评价应考虑原有资产的利用、停产损失和沉没成本等问题。

答案： D

（九）价值工程

10-9-1 ABC 分类法中，部件数量占 60%~80%、成本占 5%~10% 的为：

A. A 类　　　　　B. B 类　　　　　C. C 类　　　　　D. 以上都不对

10-9-2 下列可以提高产品价值的是：

A. 功能不变，提高成本

B. 成本不变，降低功能

C. 成本增加一些，功能有很大提高

D. 功能很大降低，成本降低一些

10-9-3 价值工程的价值是：

A. 研究对象的使用价值

B. 研究对象的交换价值

C. 研究对象的使用和交换价值

D. 研究对象所具有的功能与获得该功能的全部费用的比值

10-9-4 开展价值工程活动的目的是：

    A. 思想方法的更新和技术管理

    B. 对功能和成本进行系统分析和不断创新

    C. 提高功能对成本的比值

    D. 多领域协作降低产品成本

10-9-5 价值工程的"价值（V）"对于产品来说，可以表示为 $V = F/C$，F指产品的功能，而C则是指：

    A. 产品的制造成本　　　　　　　　　B. 产品的寿命周期成本

    C. 产品的使用成本　　　　　　　　　D. 产品的研发成本

10-9-6 价值工程的"价值V"对于产品来说，可以表示为 $V = F/C$，式中C是指：

    A. 产品的寿命周期成本　　　　　　　B. 产品的开发成本

    C. 产品的制造成本　　　　　　　　　D. 产品的销售成本

10-9-7 价值工程的核心是：

    A. 尽可能降低产品成本　　　　　　　B. 降低成本提高产品价格

    C. 功能分析　　　　　　　　　　　　D. 有组织的活动

10-9-8 某企业原采用甲工艺生产某种产品，现采用新技术乙工艺生产，不仅达到甲工艺相同的质量，而且成本降低了15%。根据价值工程原理，该企业提高产品价值的途径是：

    A. 功能不变，成本降低

    B. 功能和成本都降低，但成本降幅较大

    C. 功能提高，成本降低

    D. 功能提高，成本不变

10-9-9 已知某产品的零件甲的功能评分为 5，成本为 20 元，该产品各零件功能积分之和为 40，产品成本为100 元，则零件甲的价值系数为：

    A. 0.2　　　　　　B. 0.625　　　　　　C. 0.8　　　　　　D. 1.6

10-9-10 某企业价值工程工作人员对某产品分析，计算得到 4 个部件的价值系数如表所示，应选择作为价值工程分析对象的部件是：

    A. 甲　　　　　　B. 乙　　　　　　C. 丙　　　　　　D. 丁

各部件价值系数　　　　　　　　　　　　　　　　　题 10-9-10 表

部件	甲	乙	丙	丁
价值系数	1.12	1.08	0.92	0.51

10-9-11 某产品的实际成本为 8000 元，该产品由多个零部件组成，其中一个零部件的实际成本为850 元，功能评价系数为 0.095，则该零部件的价值指数为：

    A. 0.106　　　　　　B. 0.896　　　　　　C. 0.95　　　　　　D. 1.116

题解及参考答案

10-9-1 **解：** ABC 分类法中，A 类部件占部件总数的比例较小，但占总成本的比重较大；C 类部件占部件总数的比例较大，为 60%~80%，但占总成本的比例较小，为 5%~10%。

答案：C

10-9-2 解：根据价值公式进行判断：价值(V) = 功能(F)/成本(C)。

答案：C

10-9-3 解：价值工程中的"价值"，是指产品或作业的功能与实现其功能的总成本（寿命周期成本）的比值。

答案：D

10-9-4 解：开展价值工程活动的目的是提高产品的价值，即提高功能对成本的比值。

答案：C

10-9-5 解：价值工程中的价值可以表示为 $V = F/C$，其中 C 是指产品的寿命周期成本。

答案：B

10-9-6 解：依据价值工程定义。

答案：A

10-9-7 解：价值工程的核心是功能分析。

答案：C

10-9-8 解：质量相同，功能上没有变化。

答案：A

10-9-9 解：利用价值公式计算，$\frac{5/40}{20/100} = 0.625$。

答案：B

10-9-10 解：应选择价值系数远小于 1 的部件作为分析对象。

答案：D

10-9-11 解：该零部件的成本系数 C 为该零部件实际成本/所有零部件实际成本，即

$$C = 850 \div 8000 = 0.106$$

该零部件的价值指数 V 为该零部件的功能评价系数/该零部件的成本系数，即

$$V = 0.095 \div 0.106 = 0.896$$

答案：B

第十一章　法律法规

复习指导

本章包括上午段考试"法律法规"和下午段考试"职业法规"的内容。

与工程建设有关的法规应当是重点复习的内容，尤其是建筑法、招标投标法中的内容。

各种法规中与设计工作有关的规定要给予重点关注。房地产开发、工程监理及职业道德准则等方面的内容可作一般了解。

练习题、题解及参考答案

（二）《建筑法》

11-2-1 实行强制监理的建筑工程的范围由：

A. 国务院规定

B. 省自治区直辖市人民政府规定

C. 县级以上人民政府规定

D. 建筑工程所在地人民政府规定

11-2-2 按照《建筑法》的规定，建筑单位申领施工许可证，应该具备的条件之一是：

A. 拆迁工作已经完成

B. 已经确定监理企业

C. 有保证工程质量和安全的具体措施

D. 建设资金全部到位

11-2-3 根据《建筑法》的规定，建设单位应当自领取施工许可证之日起多长时间内开工？在建的建筑工程，因故终止施工的，建设单位应自终止施工之日起多长时间内向发证机关报告，并按规定做好建筑工程的维护工作。

A. 1个月，1个月　　　　　　　　B. 3个月，3个月

C. 3个月，1个月　　　　　　　　D. 1个月，3个月

11-2-4 建筑工程开工前，建筑单位应当按照国家有关规定向工程所在地以下何部门申请领取施工许可证？

A. 市级以上政府建设行政主管　　　B. 县级以上城市规划

C. 县级以上政府建设行政主管　　　D. 乡、镇级以上政府主管

11-2-5 《建筑法》中所指的建筑活动是：

①各类房屋建筑；②高速公路；③铁路；④水库大坝等。

A. ①　　　　　　B. ①②　　　　　　C. ①②③　　　　　　D. ①②③④

11-2-6 建设单位在领取开工证之后，应当在几个月内开工？

A. 3　　　　　　　　B. 6　　　　　　　　C. 9　　　　　　　　D. 12

11-2-7 关于建筑工程监理，下列哪种描述是正确的？

A. 所有国内的工程都应监理

B. 由业主决定是否要监理

C. 国务院可以规定实行强制监理的工程范围

D. 监理是一种服务，所以不能强迫业主接受监理服务

11-2-8 施工许可证的申请者是：

A. 监理单位　　　B. 设计单位　　　C. 施工单位　　　D. 建设单位

11-2-9 根据《建筑法》规定，施工企业可以将部分工程分包给其他具有相应资质的分包单位施工，下列情形中不违反有关承包的禁止性规定的是：

A. 建筑施工企业超越本企业资质等级许可的业务范围或者以任何形式用其他建筑施工企业的名义承揽工程

B. 承包单位将其承包的全部建筑工程转包给他人

C. 承包单位将其承包的全部建筑工程肢解以后以分包的名义分别转包给他人

D. 两个不同资质等级的承包单位联合共同承包

11-2-10 监理与工程施工的关系，下列表述中哪一项不合适？

A. 工程施工不符合设计要求的，监理人员有权要求施工企业改正

B. 工程施工不符技术标准要求的，监理人员有权要求施工企业改正

C. 工程施工不符合合同约定要求的，监理人员有权要求施工企业改正

D. 监理人员人为设计不符合质量标准的，有权要求设计人员改正

11-2-11 违法分包是指下列中的哪几项？

①总承包单位将建设工程分包给不具备相应资质条件的单位；

②总承包单位将建设工程主体分包给其他单位；

③分包单位将其承包的工程再分包的；

④分包单位多于3个以上的。

A. ①　　　　　　B. ①②③④　　　　C. ①②③　　　　D. ②③④

11-2-12 关于工程建设的承发包问题，下列论述中正确的组合是：

①发包人可以与总承包人订立建设工程合同，也可以分别与勘察人、设计人、施工人订立勘察、设计、施工承包合同；

②发包人不得将应当由一个承包人完成的建设工程肢解成若干部分发包给几个承包人；

③总承包人或者勘察、设计、施工承包人经发包人同意，可以将自己承包的部分工作交由第三人完成，第三人就其完成的工作成果与总承包人或者勘察、设计、施工承包人向发包人承担连带责任；

④分包单位可以并只能将其承包的工程再分包一次。

A. ①　　　　　　B. ①②③④　　　　C. ①②③　　　　D. ②③④

11-2-13 《建筑法》中所指的建筑活动是：

A. 各类房屋建筑

B. 各类房屋建筑及其附属设施的建造和与其配套的线路、管道、设备的安装活动

C. 国内的所有建筑工程

D. 国内所有工程，包括中国企业在境外承包的工程

11-2-14 监理的依据是以下哪几项？

①法规；②技术标准；③设计文件；④工程承包合同。

A. ①②③④　　　　B. ①　　　　　　C. ①②③　　　　D. ④

11-2-15 两个以上不同资质等级的单位如何联合共同承包工程？

A. 应当按照资质等级低的单位的业务许可范围承揽工程

B. 按任何一个单位的资质承包均可

C. 应当按照资质等级高的单位的业务许可范围承揽工程

D. 不允许联合承包

11-2-16 《建筑法》规定了申领开工证的必备条件，下列条件中不符合《建筑法》要求的是：

A. 已办理用地手续材料　　　　　　B. 已确定施工企业

C. 已有了方案设计图　　　　　　　D. 资金已有安排

11-2-17 我国推行建筑工程监理制度的项目范围应该是：

A. 由国务院规定实行强制监理的建筑工程的范围

B. 所有工程必须强制接受监理

C. 由业主自行决定是否聘请监理

D. 只有国家投资的项目才需要监理

11-2-18 工程监理人员发现工程设计不符合建筑工程质量标准或者合同约定的质量要求的应当：

A. 报告建设单位要求设计单位改正

B. 书面要求设计单位改正

C. 报告上级主管部门

D. 要求施工单位改正

11-2-19 监理工程师不得在以下哪些单位兼职？

①工程设计；②工程施工；③材料供应；④政府机构；⑤科学研究；⑥设备厂家。

A. ①②③④　　　　　　　　　　　B. ②③④⑤

C. ②③④⑥　　　　　　　　　　　D. ①②③④⑥

11-2-20 下列分包情形中，不属于非法分包的是：

A. 总承包合同中未有约定，承包单位又未经建设单位许可，就将其全部劳务作业交由劳务单位完成

B. 总承包单位将工程分包给不具备相应资质条件的单位

C. 施工总承包单位将工程主体结构的施工分包给其他单位

D. 分包单位将其承包的建设工程再分包的

11-2-21 依据《建筑法》规定，下列说法正确的是：

A. 承包人可以将其承包的全部建设工程转包给第三人

B. 承包人经发包人同意，可以将其承包的部分工程交由相应资质的第三人完成

C. 承包人可以将其承包的全部建设工程分解以后以分包的名义转包给第三方完成

D. 分包单位可以将其承包的工程再分包

11-2-22 根据《建筑法》，建筑设计单位不按照建筑工程质量、安全标准进行设计的，应：

A.降低资质等级　　　　　　　　　B.承担赔偿责任

C.吊销资质证书　　　　　　　　　D.责令改正，处以罚款

题解及参考答案

11-2-1 **解：**《建筑法》第三十条规定，国家推行建筑工程监理制度。国务院可以规定实行强制监理的建筑工程的范围。

答案：A

11-2-2 **解：**《建筑法》第八条规定，申请领取施工许可证，应当具备下列条件：

（一）已经办理该建筑工程用地批准手续；

（二）依法应当办理建设工程规划许可证的，已经取得规划许可证；

（三）需要拆迁的，其拆迁进度符合施工要求；

（四）已经确定建筑施工企业；

（五）有满足施工需要的资金安排、施工图纸及技术资料；

（六）有保证工程质量和安全的具体措施。

拆迁进度符合施工要求即可，不是拆迁全部完成，所以 A 项错；并非所有工程都需要监理，所以B 项错；建设资金有安排即可，不是资金全部到位，所以 D 项错。

答案：C

11-2-3 **解：**见《建筑法》第九条、第十条。

第九条：建设单位应当自领取施工许可证之日起三个月内开工。因故不能按期开工的，应当向发证机关申请延期；延期以两次为限，每次不超过三个月。既不开工又不申请延期或者超过延期时限的，施工许可证自行废止。

第十条：在建的建筑工程因故中止施工的，建设单位应当自中止施工之日起一个月内，向发证机关报告，并按照规定做好建筑工程的维护管理工作。

答案：C

11-2-4 **解：**《建筑法》第七条规定，建筑工程开工前，建设单位应当按照国家有关规定向工程所在地县级以上人民政府建设行政主管部门申请领取施工许可证；但是，国务院建设行政主管部门确定的限额以下的小型工程除外。

答案：C

11-2-5 **解：**《建筑法》第二条规定，在中华人民共和国境内从事建筑活动，实施对建筑活动的监督管理，应当遵守本法。本法所称建筑活动，是指各类房屋建筑及其附属设施的建造和与其配套的线路、管道、设备的安装活动。

答案：A

11-2-6 **解：**《建筑法》第九条规定，建设单位应当自领取施工许可证之日起三个月内开工。因故不能按期开工的，应当向发放机关申请延期；延期以两次为限，每次不超过三个月。既不开工又不申请延期或者超过延期时限的，施工许可证自行废止。

答案：A

11-2-7　解:《建筑法》第三十条规定,国家推行建筑工程监理制度。国务院可以规定实行强制监理的建筑工程的范围。

答案: C

11-2-8　解:《建筑法》第七条规定,建筑工程开工前,建设单位应当按照国家有关规定向工程所在地县级以上人民政府建设行政主管部门申请领取施工许可证;但是,国务院建设行政主管部门确定的限额以下的小型工程除外。按照国务院规定的权限和程序批准开工报告的建筑工程,不再领取施工许可证。

答案: D

11-2-9　解:《建筑法》第二十七条规定,大型建筑工程或者结构复杂的建筑工程,可以由两个以上的承包单位联合共同承包。共同承包的各方对承包合同的履行承担连带责任。

两个以上不同资质等级的单位实行联合共同承包的,应当按照资质等级低的单位的业务许可范围承揽工程。

答案: D

11-2-10　解:《建筑法》第三十条规定,建筑工程监理应当依照法律、行政法规及有关的技术标准、设计文件和建筑工程承包合同,对承包单位在施工质量、建设工期和建设资金使用等方面,代表建设单位实施监督。工程监理人员认为工程施工不符合工程设计要求、施工技术标准和合同约定的,有权要求建筑施工企业改正。工程监理人员发现工程设计不符合建筑工程质量标准或者合同约定的质量要求的,应当报告建设单位要求设计单位改正。

答案: D

11-2-11　解:见《建筑法》第二十八条和第二十九条。

第二十八条:禁止承包单位将其承包的全部建筑工程转包给他人,禁止承包单位将其承包的全部建筑工程肢解以后以分包的名义分别转包给他人。

第二十九条:建筑工程总承包单位可以将承包工程中的部分工程发包给具有相应资质条件的分包单位;但是,除总承包合同中约定的分包外,必须经建设单位认可。施工总承包的,建筑工程主体结构的施工必须由总承包单位自行完成。

建筑工程总承包单位按照总承包合同的约定对建设单位负责;分包单位按照分包合同的约定对总承包单位负责。总承包单位和分包单位就分包工程对建设单位承担连带责任。

禁止总承包单位将工程分包给不具备相应资质条件的单位。禁止分包单位将其承包的工程再分包。

答案: C

11-2-12　解:《建筑法》第二十九条及《合同法》第二百七十二条均规定,分包单位不能再将工程分包出去。

答案: C

11-2-13　解:《建筑法》第二条规定,在中华人民共和国境内从事建筑活动,实施对建筑活动的监督管理,应当遵守本法。本法所称建筑活动,是指各类房屋建筑及其附属设施的建造和与其配套的线路、管道、设备的安装活动。

答案: B

11-2-14　解:《建筑法》第三十二条规定,建筑工程监理应当依照法律、行政法规及有关的技术标准、设计文件和建筑工程承包合同,对承包单位在施工质量、建设工期和建设资金使用等方面,代表建设单位实施监督。

答案： A

11-2-15 解：《建筑法》第二十七条规定，大型建筑工程或者结构复杂的建筑工程，可以由两个以上的承包单位联合共同承包。共同承包的各方对承包合同的履行承担连带责任。两个以上不同资质等级的单位实行联合共同承包的，应当按照资质等级低的单位的业务许可范围承揽工程。

答案： A

11-2-16 解： 依据《建筑法》第八条，选项 A、B、D 均符合，关于施工图纸是要求有满足施工需要的图纸及技术资料，仅方案设计图显然不行。

答案： C

11-2-17 解： 依据《建筑法》第三十条，国务院可以规定实行强制监理的建筑工程的范围。

答案： A

11-2-18 解： 依据《建筑法》第三十二条，应当报告建设单位要求设计单位改正。

答案： A

11-2-19 解：《建筑法》第三十四条规定，工程监理单位与被监理工程的承包单位以及建筑材料、建筑配件和设备供应单位不得有隶属关系或者其他利害关系。

答案： C

11-2-20 解：《建筑法》第二十九条规定，建筑工程总承包单位可以将承包工程中的部分工程发包给具有相应资质条件的分包单位；但是，除总承包合同中约定的分包外，必须经建设单位认可。施工总承包的，建筑工程主体结构的施工必须由总承包单位自行完成。

建筑工程总承包单位按照总承包合同的约定对建设单位负责，分包单位按照分包合同的约定对总承包单位负责。总承包单位和分包单位就分包工程对建设单位承担连带责任。

禁止总承包单位将工程分包给不具备相应资质条件的单位。禁止分包单位将其承包的工程再分包。

按照上述条文，选项 B、C、D 均属于非法分包。

答案： A

11-2-21 解： 根据《建筑法》第二十八条，禁止承包单位将其承包的全部建筑工程转包给他人，禁止承包单位将其承包的全部建筑工程肢解以后以分包的名义分别转包给他人。

第二十九条，建筑工程总承包单位可以将承包工程中的部分工程发包给具有相应资质条件的分包单位；但是，除总承包合同中约定的分包外，必须经建设单位认可。施工总承包的，建筑工程主体结构的施工必须由总承包单位自行完成。

禁止总承包单位将工程分包给不具备相应资质条件的单位。禁止分包单位将其承包的工程再分包。

答案： B

11-2-22 解：《建筑法》第七十三条规定，建筑设计单位不按照建筑工程质量、安全标准进行设计的，责令改正，处以罚款；造成工程质量事故的，责令停业整顿，降低资质等级或者吊销资质证书，没收违法所得，并处罚款；造成损失的，承担赔偿责任；构成犯罪的，依法追究刑事责任。

选项 D 是对的，选项 A、B、C 是当造成工程质量事故时，才采用的处罚。

答案： D

（三）《安全生产法》

11-3-1 根据《安全生产法》的规定，生产经营单位使用的涉及生命安全、危险性较大的特种设备，以及危险物品的容器、运输工具，必须按照国家有关规定，由专业生产单位生产，并经取得专业资质的检测，检验机构检测、检验合格，取得：

  A. 安全使用证和安全标志，方可投入使用

  B. 安全使用证或安全标志，方可投入使用

  C. 生产许可证和安全使用证，方可投入使用

  D. 生产许可证或安全使用证，方可投入使用

11-3-2 重点工程建设项目应当坚持：

  A. 安全第一的原则

  B. 为保证工程质量不怕牺牲

  C. 确保进度不变的原则

  D. 投资不超过预算的原则

11-3-3 根据《安全生产法》规定，从业人员享有权利并承担义务，下列情形中属于从业人员履行义务的是：

  A. 张某发现直接危及人身安全的紧急情况时禁止作业撤离现场

  B. 李某发现事故隐患或者其他不安全因素，立即向现场安全生产管理人员或者本单位负责人报告

  C. 王某对本单位安全生产工作中存在的问题提出批评、检举、控告

  D. 赵某对本单位的安全生产工作提出建议

11-3-4 对本单位的安全生产工作全面负责的人员应当是：

  A. 生产经营单位的主要负责人   B. 主管安全生产工作的副手

  C. 项目经理   D. 专职安全员

题解及参考答案

11-3-1 **解**：《安全生产法》第三十四条规定，生产经营单位使用的危险物品的容器、运输工具，以及涉及人身安全、危险性较大的海洋石油开采特种设备和矿山井下特种设备，必须按照国家有关规定，由专业生产单位生产，并经具有专业资质的检测、检验机构检测、检验合格，取得安全使用证或者安全标志，方可投入使用。检测、检验机构对检测、检验结果负责。

  答案：B

11-3-2 **解**：《安全生产法》第三条规定，安全生产工作应当以人为本，坚持安全发展，坚持安全第一、预防为主、综合治理的方针，强化和落实生产经营单位的主体责任，建立生产经营单位负责、职工参与、政府监管、行业自律和社会监督的机制。

  答案：A

11-3-3 **解**：选项 B 属于义务，其他几条属于权利。

  答案：B

11-3-4 **解**：《安全生产法》第五条规定，生产经营单位的主要负责人对本单位的安全生产工作全面负责。

  答案：A

（四）《招标投标法》

11-4-1　根据《招标投标法》的规定，招标人和中标人按照招标文件和中标人的投标文件，订立书面合同的时间要求是：

        A. 自中标通知书发出之日起 15 日内

        B. 自中标通知书发出之日起 30 日内

        C. 自中标单位收到中标通知书之日起 15 日内

        D. 自中标单位收到中标通知书之日起 30 日内

11-4-2　根据《招标投标法》的规定，下列包括在招标公告中的是：

        A. 招标项目的性质、数量　　　　　　B. 招标项目的技术要求

        C. 对投标人员资格的审查的标准　　　D. 拟签订合同的主要条款

11-4-3　根据《招标投标法》的规定，关于投标下列表述错误的是：

        A. 投标人在招标文件要求提交投标文件的截止时间内，可以补充修改或者撤回已投标的文件，并书面通知招标人

        B. 投标人根据招标文件载明的项目实际情况，拟在中标后将中标项目的部分进行分包的，应当在投标文件中载明

        C. 投标人根据招标文件载明的项目实际情况，拟在中标后将中标项目的部分非主体、非关键性工作进行分包的，应当在投标文件中载明

        D. 投标人不得以低于成本的报价竞标，也不得以他人名义投标

11-4-4　有关评标方法的描述，下列说法错误的是：

        A. 最低投标价法适合没有特殊要求的招标项目

        B. 综合评估法适合没有特殊要求的招标项目

        C. 最低投标价法通常带来恶性削价竞争，工程质量不容乐观

        D. 综合评估法可用打分的方法或货币的方法评估各项标准

11-4-5　招标人应当确定投标人编制投标文件所需要的合理时间，自招标文件开始发出之日起至投标人提交投标文件截止之日止的时间应该为：

        A. 最短不得少于 45 天　　　　　　　B. 最短不得少于 30 天

        C. 最短不得少于 20 天　　　　　　　D. 最短不得少于 15 天

11-4-6　建设单位工程招标应具备下列条件：

        ①有与招标工程相适应的经济技术管理人员；

        ②必须是一个经济实体，注册资金不少于一百万元人民币；

        ③有编制招标文件的能力；

        ④有审查投标单位资质的能力；

        ⑤具有组织开标、评标、定标的能力。

        A.①②③④⑤　　　　　　　　　　　B.①②③④

        C.①②④⑤　　　　　　　　　　　　D.①③④⑤

11-4-7　施工招标的形式有以下几种：

        ①公开招标；②邀请招标；③议标；④指定招标。

        A.①②　　　　　B.①②④　　　　　C.①④　　　　　D.①②③

11-4-8 开标应由什么人主持，邀请所有投标人参加？

A. 招标人　　　　　　　　　　　　B. 招标人代表

C. 公证人员　　　　　　　　　　　D. 贷款人

11-4-9 下列关于开标流程的叙述正确的是：

A. 开标时间应定于提交投标文件后 15 日

B. 招标人应邀请最有竞争力的投标人参加开标

C. 开标时，由推选代表确认每一投标文件为密封，由工作人员当场拆封

D. 投标文件拆封后即可立即进入评标程序

11-4-10 招标委员会的成员中，技术、经济等方面的专家不得少于：

A. 3 人　　　　　　　　　　　　　B. 5 人

C. 成员总数的2/3　　　　　　　　D. 成员总数的1/2

11-4-11 在中华人民共和国境内进行下列工程建设项目必须要招标的条件，下面哪一条是不准确的说法？

A. 大型基础设施、公用事业等关系社会公共利益、公众安全的项目

B. 全部或者部分使用国有资金投资或者国家融资的项目

C. 使用国际组织或者外国政府贷款、援助资金的项目

D. 所有住宅项目

11-4-12 招标人和中标人应当自中标通知书发出之日起多少天之内，按照招标文件和中标人的投标文件订立书面合同？

A. 15　　　　　B. 30　　　　　C. 60　　　　　D. 90

11-4-13 建筑工程的评标活动应当由何人负责？

A. 建设单位　　　　　　　　　　B. 市招标办公室

C. 监理单位　　　　　　　　　　D. 评标委员会

11-4-14 下列说法符合《招标投标法》规定的是：

A. 招标人自行招标，应当具有编制招标文件和组织评标的能力

B. 招标人必须自行办理招标事宜

C. 招标人委托招标代理机构办理招标事宜，应当向有关行政监督部门备案

D. 有关行政监督部门有权强制招标人委托招标代理机构办理招标事宜

11-4-15 招标代理机构若违反《招标投标法》，损害他人合法利益，应对其进行处罚，下列处罚中不正确的是：

A. 处 5 万元以上 25 万元以下的罚款

B. 有违法所得的，应没收违法所得

C. 情节严重的，暂停甚至取消招标代理资格

D. 对单位直接负责人处单位罚款 10%以上 15%以下的罚款

题解及参考答案

11-4-1 **解：**《招标投标法》第四十六条规定，招标人和中标人应当自中标通知书发出之日起三十

日内，按照招标文件和中标人的投标文件订立书面合同。招标人和中标人不得再行订立背离合同实质性内容的其他协议。

答案：B

11-4-2　解：《招标投标法》第十六条规定，招标人采用公开招标方式的，应当发布招标公告。依法必须进行招标的项目的招标公告，应当通过国家指定的报刊、信息网络或者其他媒介发布。招标公告应当载明招标人的名称的地址、招标项目的性质、数量、实施地点和时间以及获取招标文件的办法等事项。所以选项 A 对。

其他几项内容应在招标文件中载明，而不是招标公告中。

答案：A

11-4-3　解：见《招标投标法》第二十九条、第三十条、第三十三条。

第二十九条：投标人在招标文件要求提交投标文件的截止时间前，可以补充、修改或者撤回已提交的投标文件，并书面通知招标人。补充、修改的内容为投标文件的组成部分。所以选项 A 对。

第三十条：投标人根据招标文件载明的项目实际情况，拟在中标后将中标项目的部分非主体、非关键性工作进行分包的，应当在投标文件中载明。所以选项 C 对。

第三十三条：投标人不得以低于成本的报价竞标，也不得以他人名义投标或者以其他方式弄虚作假，骗取中标。所以选项 D 也对。

答案：B

11-4-4　解：2018 年 9 月 28 日，住房和城乡建设部决定对《房屋建筑和市政基础设施工程施工招标投标管理办法》作出修改后公布。其中，第四十条规定，评标可以采用综合评估法、经评审的最低投标标价法或者法律法规允许的其他评标方法。

采用综合评估法的，应当对投标文件提出的工程质量、施工工期、投标价格、施工组织设计或者施工方案、投标人及项目经理业绩等，能否最大限度地满足招标文件中规定的各项要求和评价标准进行评审和比较。以评分方式进行评估的，对于各种评比奖项不得额外计分。

采用经评审的最低投标价法的，应当在投标文件能够满足招标文件实质性要求的投标人中，评审出投标价格最低的投标人，但投标价格低于其企业成本的除外。

由此可以看出，采用经评审的最低投标价法的前提是在能够满足招标文件实质性要求的投标人中，评审出投标价格最低的投标人中标。如果有人恶性竞争，报价低于成本价，而不能满足招标文件的实质性要求是不能中标的。选项 C 完全否定了最低投标价法，是不符合文件精神的。

答案：C

11-4-5　解：《招标投标法》第二十四条规定，招标人应当确定投标人编制投标文件所需要的合理时间；但是，依法必须进行招标的项目，自招标文件开始发出之日起至投标人提交投标文件截止之日止，最短不得少于二十日。

答案：C

11-4-6　解：《招标投标法》第十二条规定，投标人具有编制招标文件和组织评标能力的，可以自行办理招标事宜。任何单位和个人不得强制其委托招标代理机构办理招标事宜。

答案：D

11-4-7　解：《招标投标法》第十条规定，招标分为公开招标和邀请招标。

公开招标，是指招标人以招标公告的方式邀请不特定的法人或者其他组织投标。

邀请招标，是指招标人以投标邀请书的方式邀请特定的法人或者其他组织投标。

答案：A

11-4-8　解：《招标投标法》第三十五条规定，开标由招标人主持，邀请所有投标人参加。

答案：A

11-4-9　解：《招标投标法》第三十四条规定，开标应当在招标文件确定的提交投标文件截止时间的同一时间公开进行。所以选项 A 错误。

第三十五条规定，开标由招标人主持，邀请所有投标人参加。所以选项 B 错误。

选项 C 没有明确是谁来推举代表，所以表述也是不准确的，按照第三十六条的规定：开标时，由投标人或者其推选的代表检查投标文件的密封情况，也可以由招标人委托的公证机构检查并公证；经确认无误后，由工作人员当众拆封，宣读投标人名称、投标价格和投标文件的其他主要内容。

评标要在保密的情况下进行，开标后尽快评标有利于保密，所以选项 D 正确。

答案：D

11-4-10　解：《招标投标法》第三十七条规定，评标由招标人依法组建的评标委员会负责。

依法必须进行招标的项目，其评标委员会由招标人的代表和有关技术、经济等方面的专家组成，成员人数为五人以上单数，其中技术、经济等方面的专家不得少于成员总数的三分之二。

前款专家应当从事相关领域工作满八年并具有高级职称或者具有同等专业水平，由招标人从国务院有关部门或者省、自治区、直辖市人民政府有关部门提供的专家名册或者招标代理机构的专家库内的相关专业的专家名单中确定；一般招标项目可以采取随机抽取方式，特殊招标项目可以由招标人直接确定。

与投标人有利害关系的人不得进入相关项目的评标委员会，已经进入的应当更换。

评标委员会成员的名单在中标结果确定前应当保密。

答案：C

11-4-11　解：见《招标投标法》第三条，可知 A、B、C 项工程均必须招标。另，不是所有住宅项目都要招标。

答案：D

11-4-12　解：见《招标投标法》第四十六条，应为 30 天内。

答案：B

11-4-13　解：见《招标投标法》第三十七条，评标由招标人依法组建的评委会负责。

答案：D

11-4-14　解：《招标投标法》第十二条规定，招标人有权自行选择招标代理机构，委托其办理招标事宜。任何单位和个人不得以任何方式为招标人指定招标代理机构。招标人具有编制招标文件和组织评标能力的，可以自行办理招标事宜。任何单位和个人不得强制其委托招标代理机构办理招标事宜。依法必须进行招标的项目，招标人自行办理招标事宜的，应当向有关行政监督部门备案。

从上述条文可以看出选项 A 正确，选项 B 错误，因为招标人可以委托代理机构办理招标事宜。选项 C 错误，招标人自行招标时才需要备案，不是委托代理人才需要备案。选项 D 明显不符合第十二条的规定。

答案：A

11-4-15　解：《招标投标法》第五十条规定，招标代理机构违反本法规定，泄露应当保密的与招标投标活动有关的情况和资料的，或者与招标人、投标人串通损害国家利益、社会公共利益或者他人合法权益的，处五万元以上二十五万元以下的罚款，对单位直接负责的主管人员和其他直接责任人员处单位罚款数额百分之五以上百分之十以下的罚款；有违法所得的，并处没收违法所得；情节严重的，禁止其一年至二年内代理依法必须进行招标的项目并予以公告，直至由工商行政管理机关吊销营业执照；构成犯罪的，依法追究刑事责任。给他人造成损失的，依法承担赔偿责任。

答案：D

（五）《民法典》（合同编）

11-5-1 按照《民法典》的规定，招标人在招标时，招标公告属于合同订立过程中的：

A. 邀约　　　　　B. 承诺　　　　　C. 要约邀请　　　D. 以上都不是

11-5-2 《民法典》规定了无效合同的一些条件，下列哪几种情况符合无效合同的条件？

①违反法律和行政法规的合同；

②采取欺诈、胁迫等手段所签订的合同；

③代理人签订的合同；

④违反国家利益或社会公共利益的经济合同。

A.①②③　　　　B.②③④　　　　C.①②③④　　　D.①②④

11-5-3 隐蔽工程在隐蔽以前，承包人应当通知发包人检查。发包人没有及时检查的，承包人可以：

A.顺延工程日期，并有权要求赔偿停工、窝工等损失

B.顺延工程日期，但应放弃其他要求

C.发包人默认隐蔽工程质量，可继续施工

D.工期不变，建设单位承担停工、窝工等损失

11-5-4 建设工程合同包括：

①工程勘察合同；②工程设计合同；③工程监理合同；④工程施工合同；

⑤工程检测合同。

A.①②③④⑤　　B.①②③④　　　C.①②③　　　　D.①②④

11-5-5 设计合同的主要内容应包括：

①工程范围；②质量要求；③费用；

④提交有关基础资料和文件（包括概预算）的期限；⑤工程造价。

A.①②③④⑤　　B.①②③　　　　C.②③④　　　　D.③④⑤

11-5-6 撤销要约时，撤销要约的通知应当在受要约人发出承诺通知（　　）到达受要约人。

A.之前　　　　　B.当日　　　　　C.后五天　　　　D.后十日

11-5-7 有关合同标的数量、质量、价款或者报酬、履行期限、履行地点和方式、违约责任和解决争议方法等的变更，是对要约内容什么性质的变更？

A.重要性　　　　B.必要性　　　　C.实质性　　　　D.一般性

11-5-8 承诺通知到达要约人时生效。承诺不需要通知的，根据什么行为生效？

A.通常习惯或者要约的要求

B.交易习惯或者要约的要求作出承诺行为

C.要约的要求

D. 通常习惯

11-5-9 签订建筑工程合同如何有效?

A. 必须同时盖章和签字才有效 　　　　B. 签字或盖章均可有效

C. 只有盖章才有效 　　　　　　　　　D. 必须签字才有效

11-5-10 确认经济合同无效与否的是:

A. 人民政府 　　　　　　　　　　　　B. 公安机关

C. 人民检察院 　　　　　　　　　　　D. 人民法院或仲裁机构

11-5-11 《民法典》规定,当事人一方可向对方给付定金,给付定金的一方不履行合同的,无权请求返回定金,接受定金的一方不履行合同的应当返还定金的:

A. 2 倍　　　　　　B. 5 倍　　　　　　C. 8 倍　　　　　　D. 10 倍

11-5-12 当事人的什么文件即是要约邀请?

A. 招标公告　　　　B. 投诉书　　　　C. 投标担保书　　　D. 中标函

11-5-13 某学校与某建筑公司签订一份学生公寓建设合同,其中约定:采用总价合同形式,工程全部费用于验收合格后一次付清,保修期限为 6 个月等。而竣工验收时,学校发现承重墙体有较多裂缝,但建筑公司认为不影响使用而拒绝修复。8 个月后,该学生公寓内的承重墙倒塌造成 1 人死亡 3 人受伤致残。基于法律规定,下列合同条款认定与后续处理选项正确的是:

A. 双方的质量期限条款无效,故建筑公司无须赔偿受害者

B. 事故发生时已超过合同质量期限条款,故建筑公司无须赔偿受害者

C. 双方质量期限条款无效,建筑公司应当向受害者承担赔偿责任

D. 虽然事故发生时已超过合同质量管理期限,但人命关天,故建筑公司必须赔偿死者而非伤者

11-5-14 甲乙双方于 4 月 1 日约定采用数据电文的方式订立合同,但双方没有指定特定系统,乙方于 4 月 8 日下午收到甲方以电子邮件方式发出的要约,于 4 月 9 日上午又收到甲方发出同样内容的传真,甲方于 4 月 9 日下午给乙方打电话通知对方,邀约已经发出,请对方尽快做出承诺,则该要约生效的时间是:

A. 4 月 8 日下午 　　　　　　　　　　B. 4 月 9 日上午

C. 4 月 9 日下午 　　　　　　　　　　D. 4 月 1 日

题解及参考答案

11-5-1 **解:**《民法典》第四百七十三条规定,要约邀请是希望他人向自己发出要约的意思表示。寄送的价目表、拍卖广告、招标广告、招股说明书、商业广告等为要约邀请。

答案: C

11-5-2 **解:**《民法典》第一百六十一条规定,可以委托代理人实施民事法律行为。

答案: D

11-5-3 **解:**《民法典》第七百九十八条规定,隐蔽工程在隐蔽以前,承包人应当通知发包人检查。发包人没有及时检查的,承包人可以顺延工程日期,并有权要求赔偿停工、窝工等损失。

答案: A

11-5-4 解：《民法典》第七百八十八条规定，建设工程合同是承包人进行工程建设，发包人支付价款的合同。建设工程合同包括工程勘察、设计、施工合同。

答案： D

11-5-5 解：《民法典》第七百九十四条规定，勘察、设计合同的内容包括提交有关基础资料和文件（包括概预算）的期限、质量要求、费用以及其他协作条件等条款。

答案： C

11-5-6 解：《民法典》第一百四十一条规定，要约可以撤销，撤销要约的通知应当在受要约人发出通知之前到达受约人。

答案： A

11-5-7 解：《民法典》第四百八十八条规定，承诺的内容应当与要约的内容一致。受要约人对要约的内容作出实质性变更的，为新要约。有关合同标的、数量、质量、价款或者报酬、履行期限、履行地点和方式、违约责任和解决争议方法等的变更，是对要约内容的实质性变更。

答案： C

11-5-8 解：《民法典》第四百八十条规定，承诺通知到达要约人时生效。承诺不需要通告的，根据交易习惯或者要约的要求作出承诺的行为时生效。

答案： B

11-5-9 解：《民法典》第四百九十条规定，当事人采用合同书形式订立合同的，自双方当事人签字或者盖章时合同成立。

答案： B

11-5-10 解：《民法典》第一百四十七条、一百四十八条等规定，一方以欺诈、胁迫的手段或者乘人之危，使对方在违背真实意思的情况下订立的合同，受损害有权请求人民法院或者仲裁机构变更或者撤销。

答案： D

11-5-11 解：《民法典》第五百八十七条规定，给付定金的一方不履行约定的债务的，无权要求返还定金；收受定金的一方不履行约定的债务的，应当双倍返还定金。

答案： A

11-5-12 解：《民法典》第四百七十三条规定，要约邀请是希望他人向自己发出要约的意思表示。寄送的价目表、拍卖公告、招标公告、招股说明书、商业广告等为要约邀请。

答案： A

11-5-13 解：《民法典》第八百零二条规定，因承包人的原因致使建设工程在合理使用期限内造成人身和财产损害的，承包人应当承担损害赔偿责任。

保修期限是国务院规定的，企业自定期限不能小于国家规定。

答案： C

11-5-14 解：《民法典》第一百三十七条规定，以对话方式作出的意思表示，相对人知道其内容时生效。

以非对话方式作出的意思表示，到达相对人时生效。以非对话方式作出的采用数据电文形式的意思表示，相对人指定特定系统接收数据电文的，该数据电文进入该特定系统时生效；未指定特定系统的，相对人知道或者应当知道该数据电文进入其系统时生效。当事人对采用数据电文形式的意思表示的生效时间另有约定的，按照其约定。

答案： A

（六）《行政许可法》

11-6-1 根据《行政许可法》的规定，下列可以不设行政许可事项的是：

　　A.有限自然资源开发利用等需要赋予特定权利的事项

　　B.提供公众服务等需要确定资质的事项

　　C.企业或者其他组织的设立等，需要确定主体资格的事项

　　D.行政机关采用事后监督等其他行政管理方式能够解决的事项

11-6-2 行政机关实施行政许可和对行政许可事项进行监督检查：

　　A.不得收取任何费用　　　　　　　　B.应当收取适当费用

　　C.收费必须上缴　　　　　　　　　　D.收费必须开收据

11-6-3 行政机关应当自受理行政许可申请之日起多少日内作出行政许可决定。

　　A.二十日内　　　　　　　　　　　　B.三十日内

　　C.十五日内　　　　　　　　　　　　D.四十五日内

11-6-4 根据《行政许可法》规定，行政许可采取统一办理或者联合办理的，办理的时间不得超过：

　　A.10日　　　　　B.15日　　　　　C.30日　　　　　D.45日

题解及参考答案

11-6-1 **解：**《行政许可法》第十三条规定，本法第十二条所列事项，通过下列方式能够予以规范的，可以不设行政许可：

（一）公民、法人或者其他组织能够自主决定的；

（二）市场竞争机制能够有效调节的；

（三）行业组织或者中介机构能够自律管理的；

（四）行政机关采用事后监督等其他行政管理方式能够解决的。

答案： D

11-6-2 **解：**《行政许可法》第五十八条规定，行政机关实施行政许可和对行政许可事项进行监督检查，不得收取任何费用。但是，法律、行政法规另有规定的，依照其规定。

答案： A

11-6-3 **解：**《行政许可法》第四十二条规定，除可以当场作出行政许可决定的外，行政机关应当自受理行政许可申请之日起二十日内作出行政许可决定。二十日内不能作出决定的，经本行政机关负责人批准，可以延长十日，并应当将延长期限的理由告知申请人。但是，法律、法规另有规定的，依照其规定。

答案： A

11-6-4 **解：**依照《行政许可法》第二十六条的规定，行政许可采取统一办理或者联合办理、集中办理的，办理的时间不得超过四十五日；四十五日内不能办结的，经本级人民政府负责人批准，可

以延长十五日，并应当将延长期限的理由告知申请人。

答案： D

（七）《节约能源法》

11-7-1 根据《节约能源法》的规定，对固定资产投资项目国家实行：

A. 节能目标责任制和节能考核评价制度

B. 节能审查和监管制度

C. 节能评估和审查制度

D. 能源统计制度

11-7-2 根据《节约能源法》的规定，为了引导用能单位和个人使用先进的节能技术、节能产品，国务院管理节能工作的部门会同国务院有关部门：

A. 发布节能的技术政策大纲

B. 公布节能技术，节能产品的推广目录

C. 支持科研单位和企业开展节能技术的应用研究

D. 开展节能共性和关键技术，促进节能技术创新和成果转化

11-7-3 我国《节约能源法》规定，对直接负责的主管人员和其他直接责任人员依法给予处分，是因为批准或者核准的项目建设不符合：

A. 推荐性节能标准   B. 设备能效标准

C. 设备经济运行标准   D. 强制性节能标准

11-7-4 用能产品的生产者、销售者，提出节能产品认证申请：

A. 可以根据自愿原则   B. 必须在产品上市前申请

C. 不贴节能标志不能生产销售   D. 必须取得节能证书后销售

11-7-5 建筑工程的建设、设计、施工和监理单位应当遵守建筑工节能标准，对于：

A. 不符合建筑节能标准的建筑工程，建设主管部门不得批准开工建设

B. 已经开工建设的除外

C. 已经售出的房屋除外

D. 不符合建筑节能标准的建筑工程必须降价出售

题解及参考答案

11-7-1 解：《节约能源法》第十五条规定，国家实行固定资产投资项目节能评估和审查制度。不符合强制性节能标准的项目，依法负责项目审批或者核准的机关不得批准或者核准建设；建设单位不得开工建设；已经建成的，不得投入生产、使用。具体办法由国务院管理节能工作的部门会同国务院有关部门制定。

答案： C

11-7-2 解：《节约能源法》五十八条规定，国务院管理节能工作的部门会同国务院有关部门制定并公布节能技术、节能产品的推广目录，引导用能单位和个人使用先进的节能技术、节能产品。

答案： B

11-7-3 **解：**《节约能源法》第六十八条规定，负责审批或者核准固定资产投资项目的机关违反本法规定，对不符合强制性节能标准的项目予以批准或者核准建设的，对直接负责的主管人员和其他直接责任人员依法给予处分。

答案： D

11-7-4 **解：**《节约能源法》第二十条规定，用能产品的生产者、销售者，可以根据自愿原则，按照国家有关节能产品认证的规定，向经国务院认证认可监督管理部门认可的从事节能产品认证的机构提出节能产品认证申请；经认证合格后，取得节能认证证书，可以在用能产品或者其包装物上使用节能产品认证标志。

答案： A

11-7-5 **解：**《节约能源法》第三十条规定，建筑工程的建设、设计、施工和监理单位应当遵守建筑节能标准。

不符合建筑节能标准的建筑工程，建设主管部门不得批准开工建设；已经开工建设的，应当责令停止施工、限期改正；已经建成的，不得销售或者使用。

答案： A

（八）《环境保护法》

11-8-1 根据《环境保护法》的规定，对建设项目中的防治污染的设施实行"三同时"制度，下列各选项中哪些不属于"三同时"的内容？
A. 同时设计　　　B. 同时施工　　　C. 同时投产使用　　D. 同时拆除

11-8-2 根据《建设项目环境保护设计规定》，环保设施与主体工程的关系为：
A. 先后设计、施工、投产　　　　　　B. 同时设计，先后施工、投产
C. 同时设计、施工，先后投产　　　　D. 同时设计、施工、投产

11-8-3 建设项目的环境影响报告书应当包括：
①建设项目概况及其周围环境现状；
②建设项目对环境可能造成的影响的分析、预测和评估；
③建设项目对环境保护措施及其技术、经济论证；
④建设项目对环境影响的经济损益分析；
⑤对建设项目实施环境监测的建议；
⑥环境影响评价的结论。
A. ①②③④⑤⑥　　B. ①②③⑤⑥　　　C. ①②③④⑥　　　D. ①②④⑤⑥

11-8-4 设计单位必须严格按国家有关环境保护规定做好各项工作，以下选项错误的是：
A. 承担或参与建设项目的环境影响评价
B. 接受设计任务书后，按环境影响报告书（表）及其审批意见所确定的各种措施开展初步设计，认真编制环境保护篇（章）
C. 严格执行"三同时"制度，做好防治污染及其他公害的设施与主体工程同时设计
D. 未经有关部门批准环境影响报告书（表）的建设项目，必须经市（县）长特批后才可以进行设计

11-8-5 建设项目防治污染的设施必须与主体工程做到几个同时，下列说法中不必要的是：
A. 同时设计　　　B. 同时施工　　　C. 同时投产使用　　D. 同时备案登记

11-8-6 在环境保护严格地区，企业的排污量大大超过规定值，该如何处理?

  A.立即拆除 B.限期搬迁 C.停业整治 D.经济罚款

题解及参考答案

11-8-1 **解:**《环境保护法》第四十一条规定，建设项目中防治污染的设施，应当与主体工程同时设计、同时施工、同时投产使用。防治污染的设施应当符合经批准的环境影响评价文件的要求，不得擅自拆除或者闲置。

  答案: D

11-8-2 **解:**《建设项目环境保护设计规定》第六十五条规定，设计单位必须严格按国家有关环境保护规定做好以下工作:

"……

三、严格执行'三同时'制度，做到防治污染及其他公害的设施与主体工程同时设计。"

  答案: D

11-8-3 **解:**《环境影响评价法》第十七条规定，建设项目的环境影响报告书应当包括下列内容:

（一）建设项目概况;

（二）建设项目周围环境现状;

（三）建设项目对环境可能造成影响的分析、预测和评估;

（四）建设项目环境保护措施及其技术、经济论证;

（五）建设项目对环境影响的经济损益分析;

（六）对建设项目实施环境监测的建议;

（七）环境影响评价的结论。

  答案: A

11-8-4 **答案:** D

11-8-5 **解:**《环境保护法》第四十一条规定，建设项目中防治污染的设施，应当与主体工程同时设计、同时施工、同时投产使用。防治污染的设施应当符合经批准的环境影响评价文件的要求，不得擅自拆除或者闲置。

  答案: D

11-8-6 **解:** 依据《中华人民共和国环境保护法》（2014 年修订版）第六十条，企业事业单位和其他生产经营者超过污染物排放标准或者超过重点污染物排放总量控制指标排放污染物的，县级以上人民政府环境保护主管部门可以责令其采取限制生产、停产整治等措施;情节严重的，报经有批准权的人民政府批准，责令停业、关闭。

  答案: C

（九）《建设工程勘察设计管理条例等》

11-9-1 根据《建设工程勘察设计管理条例》的规定，编辑初步设计文件应当:

  A.满足编制方案设计文件和控制概算的需要

  B.满足编制施工招标文件，主要设备材料订货和编制施工图设计文件的需要

C. 满足非标准设备制作，并说明建筑工程合理使用年限

D. 满足设备材料采购和施工的需要

11-9-2 下列行为违反了《建设工程勘察设计管理条例》的是：

A. 将建筑艺术造型有特定要求项目的勘察设计任务直接发包

B. 业主将一个工程建设项目的勘察设计分别发包给几个勘察设计单位

C. 勘察设计单位将所承揽的勘察设计任务进行转包

D. 经发包方同意，勘察设计单位将所承揽的勘察设计任务的非主体部分进行分包

11-9-3 工程建设标准强制性标准是设计或施工时：

A. 重要的参考指标
B. 必须绝对遵守的技术法规

C. 必须绝对遵守的管理标准
D. 必须绝对遵守的工作标准

11-9-4 建设工程勘察，设计单位将所承揽的建设工程勘察、设计转包的，责令改正，没收违法所得，处罚款为：

A. 合同约定的勘察费、设计费 25%以上 50%以下

B. 合同约定的勘察费、设计费 50%以上 75%以下

C. 合同约定的勘察费、设计费 75%以上 100%以下

D. 合同约定的勘察费、设计费 50%以上 100%以下

题解及参考答案

11-9-1 **解：**《建设工程勘察设计管理条例》第二十六条规定，编制建设工程勘察文件，应当真实、准确，满足建设工程规划、选址、设计、岩土治理和施工的需要。编制方案设计文件，应当满足编制初步设计文件和控制概算的需要。编制初步设计文件，应当满足编制施工招标文件、主要设备材料订货和编制施工图设计文件的需要。编制施工图设计文件，应当满足设备材料采购、非标准设备制作和施工的需要，并注明建设工程合理使用年限。

答案： B

11-9-2 **解：**《建设工程勘察设计管理条例》第二十条规定，建设工程勘察、设计单位不得将所承揽的建设工程勘察、设计转包。

答案： C

11-9-3 **解：**《建设工程勘察设计管理条例》第二十五条规定，编制建设工程勘察、设计文件，应当以下列规定为依据：

（一）项目批准文件；

（二）城乡规划；

（三）工程建设强制性标准；

（四）国家规定的建设工程勘察、设计深度要求。

铁路、交通、水利等专业建设工程，还应当以专业规划的要求为依据。

答案： B

11-9-4 **解：**《建设工程勘察设计管理条例》第三十九条规定，违反本条例规定，建设工程勘察、设计单位将所承揽的建设工程勘察、设计转包的，责令改正，没收违法所得，处合同约定的勘察费、

设计费 25%以上 50%以下的罚款，可以责令停业整顿，降低资质等级；情节严重的，吊销资质证书。

答案：A

（十）《建设工程质量管理条例》

11-10-1 按照《建设工程质量管理条例》规定，施工人员对涉及结构安全的试块、试件以及有关材料进行现场取样时应当：

A. 在设计单位监督现场取样

B. 在监督单位或监理单位监督下现场取样

C. 在施工单位质量管理人员监督下现场取样

D. 在建设单位或监理单位监督下现场取样

11-10-2 根据《建设工程质量管理条例》，下列表述中，哪项不符合施工单位的质量责任和义务的规定：

A. 施工单位在施工过程中发现设计文件和图纸有差错的，应当及时提出意见和建议

B. 施工单位必须按照工程设计要求、施工技术标准和合同约定对建筑材料建筑构配件设备和商品混凝土进行试验，并有书面记录和专人签字

C. 施工单位对建设工程的质量负责

D. 施工单位对建设工程的施工质量负责

11-10-3 在正常使用条件下，建设工程的最低保修期限，对屋面防水工程，有防水要求的卫生间、房间和外墙面的防渗为：

A. 2 年   B. 3 年   C. 4 年   D. 5 年

11-10-4 建设单位应在竣工验收合格后多长时间内，向工程所在地的县级以上的地方人民政府行政主管部门备案报送有关竣工资料？

A. 1 个月   B. 3 个月   C. 15 天   D. 1 年

11-10-5 工程完工后必须履行下面的哪项手续才能使用？

A. 由建设单位组织设计、施工、监理四方联合竣工验收

B. 由质量监督站开具使用通知单

C. 由备案机关认可后下达使用通知书

D. 由建设单位上级机关批准认可后即可

11-10-6 《建筑工程质量管理条例》规定，建设单位拨付工程款必须经何人签字？

A. 总经理   B. 总经济师

C. 总工程师   D. 总监理工程师

11-10-7 工程勘察设计单位超越其资质等级许可的范围承揽建设工程勘察设计业务的，将责令停止违法行为，处罚款额为合同约定的勘察费、设计费：

A. 1 倍以下   B. 1 倍以上，2 倍以下

C. 2 倍以上，5 倍以下   D. 5 倍以上，10 倍以下

11-10-8 设计单位未按照工程建设强制性进行设计的，责令改正，并处罚款：

A. 5 万元以下   B. 5 万~10 万元

C. 10 万~30 万元   D. 30 万元以上

11-10-9 某监理人员对不合格的工程按合格工程验收后造成了经济损失，则：

    A. 应撤销该责任人员的监理资质　　　　B. 应由该责任人员承担赔偿责任

    C. 应追究该责任人员的刑事责任　　　　D. 应给予该责任人员行政处分

11-10-10 下列说法中符合《建设工程质量管理条例》的是：

    A. 成片开发的住宅小区工程必须实行监理

    B. 隐蔽工程在实施隐蔽前，施工单位必须通知建设单位及工程质量监督机构

    C. 建设工程的保修期自竣工验收合格之日起算，具体期限可由建设方与承包方商定

    D. 总包方对按合同分包的工程质量承担连带责任

题解及参考答案

11-10-1 解：《建设工程质量管理条例》第三十一条规定，施工人员对涉及结构安全的试块、试件以及有关材料，应当在建设单位或者工程监理单位监督下现场取样，并送具有相应资质等级的质量检测单位进行检测。

    答案： D

11-10-2 解：《建设工程质量管理条例》第二十六条：施工单位对建设工程的施工质量负责。

    答案： C

11-10-3 解： 见《建设工程质量管理条例》第四十条，在正常使用条件下，建设工程的最低保修期限为：

（一）基础设施工程、房屋建筑的地基基础工程和主体结构工程，为设计文件规定的该工程的合理使用年限；

（二）屋面防水工程、有防水要求的卫生间、房间和外墙面的防渗漏，为 5 年；

（三）供热与供冷系统，为 2 个采暖期、供冷期；

（四）电气管线、给排水管道、设备安装和装修工程，为 2 年。

其他项目的保修期限由发包方与承包方约定。

建设工程的保修期，自竣工验收合格之日起计算。

    答案： D

11-10-4 解：《建筑工程质量管理条例》第四十九条规定，建设单位应当自建设工程竣工验收合格之日起 15 日内，将建设工程竣工验收报告和规划、公安消防、环保等部门出具的认可文件或者准许使用文件报建设行政主管部门或者其他有关部门备案。

    答案： C

11-10-5 解：《建筑工程质量管理条例》第十六条规定，建设单位收到建设工程竣工报告后，应当组织设计、施工、工程监理等有关单位进行竣工验收。建设工程竣工验收应当具备以下条件：（注：按最新规定，竣工验收还应有勘察单位参加，共五方验收）

（一）完成建设工程设计和合同约定的各项内容；

（二）有完整的技术档案和施工管理资料；

（三）有工程使用的主要建筑材料、建筑构配件和设备的进场试验报告；

（四）有勘察、设计、施工、工程监理等单位分别签署的质量合格文件；

（五）有施工单位签署的工程保修书。建设工程经验收合格的，方可交付使用。

答案： A

11-10-6 解：《建设工程质量管理条例》第三十七条规定，工程监理单位应当选派具备相应资格的总监理工程师和监理工程师进驻施工现场。未经监理工程师签字，建筑材料、建筑构配件和设备不得在工程上使用或者安装，施工单位不得进行下一道工序的施工。未经总监理工程师签字，建设单位不拨付工程款，不进行竣工验收。

答案： D

11-10-7 解：《建筑工程质量管理条例》第六十条规定，违反本条例规定，勘察、设计、施工、工程监理单位超越本单位资质等级承揽工程的，责令停止违法行为，对勘察、设计单位或者工程监理单位处合同约定的勘察费、设计费或者监理酬金 1 倍以上 2 倍以下的罚款；对施工单位处工程合同价款 2%以上 4%以下的罚款，可以责令停业整顿，降低资质等级；情节严重的，吊销资质证书；有违法所得的，予以没收。未取得资质证书的承揽工程的，予以取缔，依照前款规定处以罚款；有违法所得的，予以没收。

答案： B

11-10-8 解：《建设工程质量管理条例》第六十三条规定，违反本条例规定，有下列行为之一的，责令改正，处 10 万元以上 30 万元以下的罚款：

（一）勘察单位未按照工程建设强制性标准进行勘察的；

（二）设计单位未根据勘察成果文件进行工程设计的；

（三）设计单位指定建筑材料、建筑构配件的生产厂、供应商的；

（四）设计单位未按照工程建设强制性标准进行设计的。

有前款所列行为，造成重大工程质量事故的，责令停业整顿，降低资质等级；情节严重的，吊销资质证书；造成损失的，依法承担赔偿责任。

答案： C

11-10-9 解：《建筑工程质量管理条例》第六十七条规定，工程监理单位有下列行为之一的，责令改正，处 50 万元以上 100 万元以下的罚款，降低资质等级或者吊销资质证书；有违法所得的，予以没收；造成损失的，承担连带赔偿责任：

（一）与建设单位或者施工单位串通，弄虚作假、降低工程质量的；

（二）将不合格的建设工程、建筑材料、建筑构配件和设备按照合格签字的。

第七十二条　违反本条例规定，注册建筑师、注册结构工程师、监理工程师等注册执业人员因过错造成质量事故的，责令停止执业 1 年；造成重大质量事故的，吊销执业资格证书，5 年以内不予注册；情节特别恶劣的，终身不予注册。

第七十三条　依照本条例规定，给予单位罚款处罚的，对单位直接负责的主管人员和其他直接责任人员处单位罚款数额 5%以上 10%以下的罚款。

第七十四条　建设单位、设计单位、施工单位、工程监理单位违反国家规定，降低工程质量标准，造成重大安全事故，构成犯罪的，对直接责任人员依法追究刑事责任。

答案： B

11-10-10 解：《建筑工程质量管理条例》第二十七条规定，总承包单位与分包单位对分包工程的质量承担连带责任。所以选项 D 是对的。

选项 A 错，不是所有成片开发的住宅都一定需要监理，还有面积大小的要求。

选项 B 错，不是每一项隐蔽工程隐蔽之前都要通知质量监督机构，有监理单位验收即可。

选项 C 错，保修期限是国务院规定的。

答案： D

（十一）《建设工程安全生产管理条例》

11-11-1 根据《建设工程安全生产管理条例》规定，建设单位确定建设工程安全作业环境及安全施工措施所需费用的时间是：

    A. 编制工程概算时   B. 编制设计预算时

    C. 编制施工预算时   D. 编制投资估算时

11-11-2 根据《建设工程安全生产管理条例》，不属于建设单位的责任和义务是：

    A. 向施工单位提供施工现场毗邻地区地下管线资料

    B. 及时报告安全生产责任事故

    C. 保证安全生产投入

    D. 将拆除工程发包给具有相应资质的施工单位

11-11-3 按照《建设工程安全生产管理条例》规定，工程监理单位在实施监理过程中，发现存在安全事故隐患的，应当要求施工单位整改；情况严重的，应当要求施工单位暂时停止施工，并及时报告：

    A. 施工单位   B. 监理单位   C. 有关主管部门   D. 建设单位

11-11-4 施工现场及毗邻区域内的各种管线及地下工程的有关资料：

    A. 应由建设单位向施工单位提供

    B. 施工单位必须在开工前自行查清

    C. 应由监理单位提供

    D. 应由政府有关部门提供

11-11-5 深基坑支护与降水工程、模板工程、脚手架工程的施工专项方案必须经下列哪些人员签字后实施？

    ①经施工单位技术负责人；②总监理工程师；③结构设计人；④施工方法人代表。

    A. ①②   B. ①②③   C. ①②③④   D. ①④

11-11-6 下列说法中，不适用《建设工程安全生产管理条例》的是：

    A. 线路管道和设备安装工程

    B. 土木工程和建筑工程

    C. 设备安装工程及装修工程

    D. 抢险救灾和农民自建低层住宅

题解及参考答案

11-11-1 解：《建设工程安全生产管理条例》第八条规定，建设单位在编制工程概算时，应当确定建设工程安全作业环境及安全施工措施所需费用。

    答案： A

11-11-2 解： 根据《建设工程安全生产管理条例》：

第六条 建设单位应当向施工单位提供施工现场及毗邻区域内供水、排水、供电、供气、供热、通信、广播电视等地下管线资料，气象和水文观测资料，相邻建筑物和构筑物、地下工程的有关资料，并保证资料的真实、准确、完整。（据此知选项A是属于建设单位的责任和义务）

第五十条 施工单位发生生产安全事故，应当按照国家有关伤亡事故报告和调查处理的规定，及时、如实地向负责安全生产监督管理的部门、建设行政主管部门或者其他有关部门报告；特种设备发生事故的，还应当同时向特种设备安全监督管理部门报告。接到报告的部门应当按照国家有关规定，如实上报。实行施工总承包的建设工程，由总承包单位负责上报事故。（据此知选项B不属于建设单位的责任和义务。及时报告安全生产责任事故是施工单位的责任）

第八条 建设单位在编制工程概算时，应当确定建设工程安全作业环境及安全施工措施所需费用。（据此知选项C也应属于建设单位的责任）

第十一条 建设单位应当将拆除工程发包给具有相应资质等级的施工单位。（据此知选项D也是建设单位的责任）

答案： B

11-11-3 解：《建设工程安全生产管理条例》第十四条规定，工程监理单位应当审查施工组织设计中的安全技术措施或者专项施工方案是否符合工程建设强制性标准。

工程监理单位在实施监理过程中，发现存在安全事故隐患的，应当要求施工单位整改；情况严重的，应当要求施工单位暂时停止施工，并及时报告建设单位。施工单位拒不整改或者不停止施工的，工程监理单位应当及时向有关主管部门报告。

答案： D

11-11-4 解：《建设工程安全生产管理条例》第六条规定，建设单位应当向施工单位提供施工现场及毗邻区域内供水、排水、供电、供气、供热、通信、广播电视等地下管线资料，气象和水文观测资料，相邻建筑物和构筑物、地下工程的有关资料，并保证资料的真实、准确、完整。

答案： A

11-11-5 解：《建设工程安全生产管理条例》第二十六条规定，施工单位应当在施工组织设计中编制安全技术措施和施工现场临时用电方案；对下列达到一定规模的危险性较大的分部分项工程编制专项施工方案，并附具安全验算结果，经施工单位技术负责人、总监理工程师签字后实施，由专职安全生产管理人员进行现场监督：

（一）基坑支护与降水工程；

（二）土方开挖工程；

（三）模板工程；

（四）起重吊装工程；

（五）脚手架工程；

（六）拆除、爆破工程。

答案： A

11-11-6 解：《建设工程安全生产管理条例》第二条规定，在中华人民共和国境内从事建设工程的新建、扩建、改建和拆除等有关活动及实施对建设工程安全生产的监督管理，必须遵守本条例。

本条例所称建设工程，是指土木工程、建筑工程、线路管道和设备安装工程及装修工程。

答案： D

（十二）设计文件编制的有关规定

11-12-1 建筑工程设计文件编制深度的规定中，施工图设计文件的深度应满足下列哪几项要求？
①能据以编制预算；
②能据以安排材料、设备订货和非标准设备的制作；
③能据以进行施工和安装；
④能据以进行工程验收。
A.①②③④　　　B.②③④　　　　C.①②④　　　D.③④

11-12-2 工程初步设计，说明书中总指标应包括：
①总用地面积、总建筑面积、总建筑占地面积；
②总概算及单项建筑工程概算；
③水、电、气、燃料等能源消耗量与单位消耗量；主要建筑材料（三材）总消耗量；
④其他相关的技术经济指标及分析；
⑤总建筑面积、总概算（投资）存在的问题。
A.①②③⑤　　　B.①②④⑤　　　C.①③④⑤　　　D.①②③④

11-12-3 结构初步设计说明书中应包括：
A.设计依据、设计要求、结构设计、需提请在设计审批时解决或确定的主要问题
B.自然条件、设计要求、对施工条件的要求
C.设计依据、设计要求、结构选型
D.自然条件、结构设计、需提请在设计审批时解决或确定的主要问题

11-12-4 民用建筑设计项目一般应包括哪几个设计阶段？
①方案设计阶段；②初步设计阶段；③技术设计阶段；④施工图设计阶段。
A.①②③④　　　B.①②④　　　　C.②③④　　　D.①③④

题解及参考答案

11-12-1 解：见《建筑工程设计文件编制深度规定》第 1.0.5 条，施工图设计文件应满足设备材料采购、非标准设备制造和施工的需要。另外，该文件的施工图设计的最后一项，4.9 条即是预算。
答案：A

11-12-2 解：见《建筑工程设计文件编制深度规定》第 3.2.3 条。
3.2.3 总指标：
1 总用地面积、总建筑面积和反映建筑功能规模的技术指标；
2 其他有关的技术经济指标。
答案：D

11-12-3 解：见《建筑工程设计文件编制深度规定》第 3.5.2 条。
答案：D

11-12-4 解：见《建筑工程设计文件编制深度规定》第 1.0.4 条。民用建筑工程一般应分为方案设计、初步设计和施工图设计三个阶段。
答案：B

（十四）房地产开发程序

11-14-1 《城市房地产管理法》中所称房地产交易不包括：

A. 房产中介 B. 房地产抵押

C. 房屋租赁 D. 房地产转让

11-14-2 房地产开发企业销售商品房不得采取的方式是：

A. 分期付款 B. 收取预售款

C. 收取定金 D. 返本销售

11-14-3 《城市房地产管理法》规定，下列哪项所列房地产不得转让？

①共有房地产，经其他共有人书面同意的；

②依法收回土地使用权的；

③权属有争议的；

④未依法登记领取权属证书的。

A.①②④ B.①②③ C.②③④ D.①③④

11-14-4 房地产开发企业应向工商行政部门申请登记，并获得什么证件后才允许经营？

A. 营业执照 B. 土地使用权证

C. 商品预售许可证 D. 建设规划许可证

11-14-5 商品房在预售前应具备下列哪些条件？

①已交付全部土地使用权出让金，取得土地使用权证书；

②持有建设工程规划许可证；

③按提供预售的商品房计算，投入开发建设的资金达到工程建设总投资的百分之十五以上，并已确定施工进度和竣工交付日期；

④向县级以上人民政府房地产管理部门办理预售登记，取得商品房预售许可证明。

A.①②③ B.②③④ C.①②④ D.③④

题解及参考答案

11-14-1 解：见《城市房地产管理法》第二条，所称房地产交易，包括房地产转让、房地产抵押和房屋租赁。

答案：A

11-14-2 解：《商品房销售管理办法》第四十二条规定，房地产开发企业在销售商品房中有下列行为之一的，处以警告，责令限期改正，并可处以 1 万元以上 3 万元以下罚款。其中第（三）款为：返本销售或者变相返本销售商品房的。

答案：D

11-14-3 解：《城市房地产管理法》第三十八条规定，下列房地产，不得转让：

（一）以出让方式取得土地使用权的，不符合本法第三十九条规定的条件的；

（二）司法机关和行政机关依法裁定、决定查封或者以其他形式限制房地产权利的；

（三）依法收回土地使用权的；

（四）共有房地产，未经其他共有人书面同意的；

（五）权属有争议的；

（六）未依法登记领取权属证书的；

（七）法律、行政法规规定禁止转让的其他情形。

从以上规定可知②③④项不得转让。

答案：C

11-14-4 解：《城市房地产管理法》第三十条规定，房地产开发企业是以营利为目的，从事房地产开发和经营的企业。设立房地产开发企业，应当具备下列条件：

（一）有自己的名称和组织机构；

（二）有固定的经营场所；

（三）有符合国务院规定的注册资本；

（四）有足够的专业技术人员，

（五）法律、行政法规规定的其他条件。

设立房地产开发企业，应当向工商行政管理部门申请设立登记。工商行政管理部门对符合本法规定条件的，应当予以登记，发给营业执照；对不符合本法规定条件的，不予登记。

设立有限责任公司、股份有限公司，从事房地产开发经营的，还应当执行公司法的有关规定。

房地产开发企业在领取营业执照后的一个月内，应当到登记机关所在地的县级以上地方人民政府规定的部门备案。

答案：A

11-14-5 解：其中③是错误的，投入开发建设的资金应达到工程建设总投资的25%以上。

答案：C

（十五）工程监理的有关规定

11-15-1 从事工程建设监理活动的原则是：

A. 为业主负责　　　　　　　　　B. 为承包商负责

C. 全面贯彻设计意图原则　　　　D. 公平、独立、诚信、科学的准则

11-15-2 监理单位与项目业主的关系是：

A. 雇佣与被雇佣关系

B. 平等主体间的委托与被委托关系

C. 监理单位是项目业主的代理人

D. 监理单位是业主的代表

题解及参考答案

11-15-1 解：《建设工程监理规范》（GB/T 50319—2013）第 1.0.9 条规定，工程监理单位应公平、独立、诚信、科学地开展建设工程监理与相关服务活动。

答案：D

11-15-2 解：《建设法》第三十一条规定，实行监理的建筑工程，由建设单位委托具有相应资质条件的工程监理单位监理，建设单位与其委托的工程监理单位应当订立书面委托监理合同。

答案：B

附录一

全国勘察设计注册工程师执业资格考试
公共基础考试大纲

I.工程科学基础

一、数学

1.1 空间解析几何

向量的线性运算；向量的数量积、向量积及混合积；两向量垂直、平行的条件；直线方程；平面方程；平面与平面、直线与直线、平面与直线之间的位置关系；点到平面、直线的距离；球面、母线平行于坐标轴的柱面、旋转轴为坐标轴的旋转曲面的方程；常用的二次曲面方程；空间曲线在坐标面上的投影曲线方程。

1.2 微分学

函数的有界性、单调性、周期性和奇偶性；数列极限与函数极限的定义及其性质；无穷小和无穷大的概念及其关系；无穷小的性质及无穷小的比较极限的四则运算；函数连续的概念；函数间断点及其类型；导数与微分的概念；导数的几何意义和物理意义；平面曲线的切线和法线；导数和微分的四则运算；高阶导数；微分中值定理；洛必达法则；函数的切线及法平面和切平面及法线；函数单调性的判别；函数的极值；函数曲线的凹凸性、拐点；偏导数与全微分的概念；二阶偏导数；多元函数的极值和条件极值；多元函数的最大、最小值及其简单应用。

1.3 积分学

原函数与不定积分的概念；不定积分的基本性质；基本积分公式；定积分的基本概念和性质（包括定积分中值定理）；积分上限的函数及其导数；牛顿-莱布尼兹公式；不定积分和定积分的换元积分法与分部积分法；有理函数、三角函数的有理式和简单无理函数的积分；广义积分；二重积分与三重积分的概念、性质、计算和应用；两类曲线积分的概念、性质和计算；求平面图形的面积、平面曲线的弧长和旋转体的体积。

1.4 无穷级数

数项级数的敛散性概念；收敛级数的和；级数的基本性质与级数收敛的必要条件；几何级数与p级数及其收敛性；正项级数敛散性的判别法；任意项级数的绝对收敛与条件收敛；幂级数及其收敛半径、收敛区间和收敛域；幂级数的和函数；函数的泰勒级数展开；函数的傅里叶系数与傅里叶级数。

1.5 常微分方程

常微分方程的基本概念；变量可分离的微分方程；齐次微分方程；一阶线性微分方程；全微分方程；可降阶的高阶微分方程；线性微分方程解的性质及解的结构定理；二阶常系数齐次线性微分方程。

1.6　线性代数

行列式的性质及计算；行列式按行展开定理的应用；矩阵的运算；逆矩阵的概念、性质及求法；矩阵的初等变换和初等矩阵；矩阵的秩；等价矩阵的概念和性质；向量的线性表示；向量组的线性相关和线性无关；线性方程组有解的判定；线性方程组求解；矩阵的特征值和特征向量的概念与性质；相似矩阵的概念和性质；矩阵的相似对角化；二次型及其矩阵表示；合同矩阵的概念和性质；二次型的秩；惯性定理；二次型及其矩阵的正定性。

1.7　概率与数理统计

随机事件与样本空间；事件的关系与运算；概率的基本性质；古典型概率；条件概率；概率的基本公式；事件的独立性；独立重复试验；随机变量；随机变量的分布函数；离散型随机变量的概率分布；连续型随机变量的概率密度；常见随机变量的分布；随机变量的数学期望、方差、标准差及其性质；随机变量函数的数学期望；矩、协方差、相关系数及其性质；总体；个体；简单随机样本；统计量；样本均值；样本方差和样本矩；χ^2分布；t分布；F分布；点估计的概念；估计量与估计值；矩估计法；最大似然估计法；估计量的评选标准；区间估计的概念；单个正态总体的均值和方差的区间估计；两个正态总体的均值差和方差比的区间估计；显著性检验；单个正态总体的均值和方差的假设检验。

二、物理学

2.1　热学

气体状态参量；平衡态；理想气体状态方程；理想气体的压强和温度的统计解释；自由度；能量按自由度均分原理；理想气体内能；平均碰撞频率和平均自由程；麦克斯韦速率分布律；方均根速率；平均速率；最概然速率；功；热量；内能；热力学第一定律及其对理想气体等值过程的应用；绝热过程；气体的摩尔热容量；循环过程；卡诺循环；热机效率；净功；制冷系数；热力学第二定律及其统计意义；可逆过程和不可逆过程。

2.2　波动学

机械波的产生和传播；一维简谐波表达式；描述波的特征量；波面，波前，波线；波的能量、能流、能流密度；波的衍射；波的干涉；驻波；自由端反射与固定端反射；声波；声强级；多普勒效应。

2.3　光学

相干光的获得；杨氏双缝干涉；光程和光程差；薄膜干涉；光疏介质；光密介质；迈克尔逊干涉仪；惠更斯-菲涅尔原理；单缝衍射；光学仪器分辨本领；衍射光栅与光谱分析；X射线衍射；布拉格公式；自然光和偏振光；布儒斯特定律；马吕斯定律；双折射现象。

三、化学

3.1　物质的结构和物质状态

原子结构的近代概念；原子轨道和电子云；原子核外电子分布；原子和离子的电子结构；原子结构和元素周期律；元素周期表；周期族；元素性质及氧化物及其酸碱性。离子键的特征；共价键的特征和类型；杂化轨道与分子空间构型；分子结构式；键的极性和分子的极性；分子间力与氢键；晶体与非晶体；晶体类型与物质性质。

3.2 溶液

溶液的浓度；非电解质稀溶液通性；渗透压；弱电解质溶液的解离平衡；分压定律；解离常数；同离子效应；缓冲溶液；水的离子积及溶液的 pH 值；盐类的水解及溶液的酸碱性；溶度积常数；溶度积规则。

3.3 化学反应速率及化学平衡

反应热与热化学方程式；化学反应速率；温度和反应物浓度对反应速率的影响；活化能的物理意义；催化剂；化学反应方向的判断；化学平衡的特征；化学平衡移动原理。

3.4 氧化还原反应与电化学

氧化还原的概念；氧化剂与还原剂；氧化还原电对；氧化还原反应方程式的配平；原电池的组成和符号；电极反应与电池反应；标准电极电势；电极电势的影响因素及应用；金属腐蚀与防护。

3.5 有机化学

有机物特点、分类及命名；官能团及分子构造式；同分异构；有机物的重要反应：加成、取代、消除、氧化、催化加氢、聚合反应、加聚与缩聚；基本有机物的结构、基本性质及用途：烷烃、烯烃、炔烃、芳烃、卤代烃、醇、苯酚、醛和酮、羧酸、酯；合成材料：高分子化合物、塑料、合成橡胶、合成纤维、工程塑料。

四、理论力学

4.1 静力学

平衡；刚体；力；约束及约束力；受力图；力矩；力偶及力偶矩；力系的等效和简化；力的平移定理；平面力系的简化；主矢；主矩；平面力系的平衡条件和平衡方程式；物体系统（含平面静定桁架）的平衡；摩擦力；摩擦定律；摩擦角；摩擦自锁。

4.2 运动学

点的运动方程；轨迹；速度；加速度；切向加速度和法向加速度；平动和绕定轴转动；角速度；角加速度；刚体内任一点的速度和加速度。

4.3 动力学

牛顿定律；质点的直线振动；自由振动微分方程；固有频率；周期；振幅；衰减振动；阻尼对自由振动振幅的影响——振幅衰减曲线；受迫振动；受迫振动频率；幅频特性；共振；动力学普遍定理；动量；质心；动量定理及质心运动定理；动量及质心运动守恒；动量矩；动量矩定理；动量矩守恒；刚体定轴转动微分方程；转动惯量；回转半径；平行轴定理；功；动能；势能；动能定理及机械能守恒；达朗贝尔原理；惯性力；刚体作平动和绕定轴转动（转轴垂直于刚体的对称面）时惯性力系的简化；动静法。

五、材料力学

5.1 材料在拉伸、压缩时的力学性能

低碳钢、铸铁拉伸、压缩试验的应力—应变曲线；力学性能指标。

5.2 拉伸和压缩

轴力和轴力图；杆件横截面和斜截面上的应力；强度条件；虎克定律；变形计算。

5.3 剪切和挤压

剪切和挤压的实用计算；剪切面；挤压面；剪切强度；挤压强度。

5.4 扭转

扭矩和扭矩图；圆轴扭转切应力；切应力互等定理；剪切虎克定律；圆轴扭转的强度条件；扭转角计算及刚度条件。

5.5 截面几何性质

静矩和形心；惯性矩和惯性积；平行轴公式；形心主轴及形心主惯性矩概念。

5.6 弯曲

梁的内力方程；剪力图和弯矩图；分布荷载、剪力、弯矩之间的微分关系；正应力强度条件；切应力强度条件；梁的合理截面；弯曲中心概念；求梁变形的积分法、叠加法。

5.7 应力状态

平面应力状态分析的解析法和应力圆法；主应力和最大切应力；广义虎克定律；四个常用的强度理论。

5.8 组合变形

拉/压-弯组合、弯-扭组合情况下杆件的强度校核；斜弯曲。

5.9 压杆稳定

压杆的临界荷载；欧拉公式；柔度；临界应力总图；压杆的稳定校核。

六、流体力学

6.1 流体的主要物性与流体静力学

流体的压缩性与膨胀性；流体的黏性与牛顿内摩擦定律；流体静压强及其特性；重力作用下静水压强的分布规律；作用于平面的液体总压力的计算。

6.2 流体动力学基础

以流场为对象描述流动的概念；流体运动的总流分析；恒定总流连续性方程、能量方程和动量方程的运用。

6.3 流动阻力和能量损失

沿程阻力损失和局部阻力损失；实际流体的两种流态——层流和紊流；圆管中层流运动；紊流运动的特征；减小阻力的措施。

6.4 孔口管嘴管道流动

孔口自由出流、孔口淹没出流；管嘴出流；有压管道恒定流；管道的串联和并联。

6.5 明渠恒定流

明渠均匀水流特性；产生均匀流的条件；明渠恒定非均匀流的流动状态；明渠恒定均匀流的水力计算。

6.6 渗流、井和集水廊道

土壤的渗流特性；达西定律；井和集水廊道。

6.7 相似原理和量纲分析

力学相似原理；相似准数；量纲分析法。

II.现代技术基础

七、电气与信息

7.1 电磁学概念

电荷与电场；库仑定律；高斯定理；电流与磁场；安培环路定律；电磁感应定律；洛仑兹力。

7.2 电路知识

电路组成；电路的基本物理过程；理想电路元件及其约束关系；电路模型；欧姆定律；基尔霍夫定律；支路电流法；等效电源定理；叠加原理；正弦交流电的时间函数描述；阻抗；正弦交流电的相量描述；复数阻抗；交流电路稳态分析的相量法；交流电路功率；功率因数；三相配电电路及用电安全；电路暂态；R-C、R-L 电路暂态特性；电路频率特性；R-C、R-L 电路频率特性。

7.3 电动机与变压器

理想变压器；变压器的电压变换、电流变换和阻抗变换原理；三相异步电动机接线、启动、反转及调速方法；三相异步电动机运行特性；简单继电-接触控制电路。

7.4 信号与信息

信号；信息；信号的分类；模拟信号与信息；模拟信号描述方法；模拟信号的频谱；模拟信号增强；模拟信号滤波；模拟信号变换；数字信号与信息；数字信号的逻辑编码与逻辑演算；数字信号的数值编码与数值运算。

7.5 模拟电子技术

晶体二极管；极型晶体三极管；共射极放大电路；输入阻抗与输出阻抗；射极跟随器与阻抗变换；运算放大器；反相运算放大电路；同相运算放大电路；基于运算放大器的比较器电路；二极管单相半波整流电路；二极管单相桥式整流电路。

7.6 数字电子技术

与、或、非门的逻辑功能；简单组合逻辑电路；D 触发器；JK 触发器数字寄存器；脉冲计数器。

7.7 计算机系统

计算机系统组成；计算机的发展；计算机的分类；计算机系统特点；计算机硬件系统组成；CPU；存储器；输入/输出设备及控制系统；总线；数模/模数转换；计算机软件系统组成；系统软件；操作系统；操作系统定义；操作系统特征；操作系统功能；操作系统分类；支撑软件；应用软件；计算机程序设计语言。

7.8 信息表示

信息在计算机内的表示；二进制编码；数据单位；计算机内数值数据的表示；计算机内非数值数据的表示；信息及其主要特征。

7.9 常用操作系统

Windows 发展；进程和处理器管理；存储管理；文件管理；输入/输出管理；设备管理；网络服务。

7.10 计算机网络

计算机与计算机网络；网络概念；网络功能；网络组成；网络分类；局域网；广域网；因特网；网络管理；网络安全；Windows 系统中的网络应用；信息安全；信息保密。

III.工程管理基础

八、法律法规

8.1 中华人民共和国建筑法

总则；建筑许可；建筑工程发包与承包；建筑工程监理；建筑安全生产管理；建筑工程质量管理；法律责任。

8.2 中华人民共和国安全生产法

总则；生产经营单位的安全生产保障；从业人员的权利和义务；安全生产的监督管理；生产安全事故的应急救援与调查处理。

8.3 中华人民共和国招标投标法

总则；招标；投标；开标；评标和中标；法律责任。

8.4 中华人民共和国合同法

一般规定；合同的订立；合同的效力；合同的履行；合同的变更和转让；合同的权利义务终止；违约责任；其他规定。

8.5 中华人民共和国行政许可法

总则；行政许可的设定；行政许可的实施机关；行政许可的实施程序；行政许可的费用。

8.6 中华人民共和国节约能源法

总则；节能管理；合理使用与节约能源；节能技术进步；激励措施；法律责任。

8.7 中华人民共和国环境保护法

总则；环境监督管理；保护和改善环境；防治环境污染和其他公害；法律责任。

8.8 建设工程勘察设计管理条例

总则；资质资格管理；建设工程勘察设计发包与承包；建设工程勘察设计文件的编制与实施；监督管理。

8.9 建设工程质量管理条例

总则；建设单位的质量责任和义务；勘察设计单位的质量责任和义务；施工单位的质量责任和义务；工程监理单位的质量责任和义务；建设工程质量保修。

8.10 建设工程安全生产管理条例

总则；建设单位的安全责任；勘察设计工程监理及其他有关单位的安全责任；施工单位的安全责任；监督管理；生产安全事故的应急救援和调查处理。

九、工程经济

9.1 资金的时间价值

资金时间价值的概念；利息及计算；实际利率和名义利率；现金流量及现金流量图；资金等值计算的常用公式及应用；复利系数表的应用。

9.2 财务效益与费用估算

项目的分类；项目计算期；财务效益与费用；营业收入；补贴收入；建设投资；建设期利息；流动资金；总成本费用；经营成本；项目评价涉及的税费；总投资形成的资产。

9.3 资金来源与融资方案

资金筹措的主要方式；资金成本；债务偿还的主要方式。

9.4 财务分析

财务评价的内容；盈利能力分析（财务净现值、财务内部收益率、项目投资回收期、总投资收益率、项目资本金净利润率）；偿债能力分析（利息备付率、偿债备付率、资产负债率）；财务生存能力分析；财务分析报表（项目投资现金流量表、项目资本金现金流量表、利润与利润分配表、财务计划现金流量表）；基准收益率。

9.5 经济费用效益分析

经济费用和效益；社会折现率；影子价格；影子汇率；影子工资；经济净现值；经济内部收益率；经济效益费用比。

9.6 不确定性分析

盈亏平衡分析（盈亏平衡点、盈亏平衡分析图）；敏感性分析（敏感度系数、临界点、敏感性分析图）。

9.7 方案经济比选

方案比选的类型；方案经济比选的方法（效益比选法、费用比选法、最低价格法）；计算期不同的互斥方案的比选。

9.8 改扩建项目经济评价特点

改扩建项目经济评价特点。

9.9 价值工程

价值工程原理；实施步骤。

全国勘察设计注册工程师执业资格考试
公共基础试题配置说明

I.工程科学基础（共 78 题）

数学基础	24 题	理论力学基础	12 题
物理基础	12 题	材料力学基础	12 题
化学基础	10 题	流体力学基础	8 题

II.现代技术基础（共 28 题）

电气技术基础	12 题	计算机基础	10 题
信号与信息基础	6 题		

III.工程管理基础（共 14 题）

工程经济基础	8 题	法律法规	6 题

注：试卷题目数量合计 120 题，每题 1 分，满分为 120 分。考试时间为 4 小时。

2022 全国勘察设计注册工程师
执业资格考试用书

Yiji Zhuce Jiegou Gongchengshi Zhiye Zige Kaoshi
Jichu Kaoshi Fuxi Tiji

一级注册结构工程师执业资格考试
基础考试复习题集
专业基础

注册工程师考试复习用书编委会/编
曹纬浚/主编

人民交通出版社股份有限公司
北京

内 容 提 要

本书根据现行考试大纲及近几年考试真题修订再版。

本书基于考培人员多年辅导经验和各科目出题特点编写而成，分为两部分。第一部分为公共基础，第二部分为专业基础，均为复习指导及练习题（含真题），内容覆盖面广，切合考试实际，满足大纲要求。所有习题均附有参考答案和解析。

相信本书能帮助考生复习好各门课程，巩固复习效果，提高解题准确率和解题速度，以顺利通过考试。

本书适合参加 2022 年一级注册结构工程师执业资格考试基础考试的考生复习使用，还可作为相关专业培训班的辅导教材。

图书在版编目（CIP）数据

2022一级注册结构工程师执业资格考试基础考试复习题集 / 曹纬浚主编. -- 北京：人民交通出版社股份有限公司, 2022.4

2022全国勘察设计注册工程师执业资格考试用书

ISBN 978-7-114-17783-5

Ⅰ.①2… Ⅱ.①曹… Ⅲ.①建筑结构 – 资格考试 – 习题集 Ⅳ.①TU3-44

中国版本图书馆 CIP 数据核字(2021)第 279552 号

书　　　名：**2022一级注册结构工程师执业资格考试基础考试复习题集**
著 作 者：曹纬浚
责任编辑：刘彩云
责任印制：刘高彤
出版发行：人民交通出版社股份有限公司
地　　　址：（100011）北京市朝阳区安定门外外馆斜街 3 号
网　　　址：http：//www.ccpcl.com.cn
销售电话：（010）59757973
总 经 销：人民交通出版社股份有限公司发行部
经　　　销：各地新华书店
印　　　刷：北京印匠彩色印刷有限公司
开　　　本：889×1194　1/16
印　　　张：46.25
字　　　数：1200 千
版　　　次：2022年4月　第 1 版
印　　　次：2022年4月　第 1 次印刷
书　　　号：ISBN 978-7-114-17783-5
定　　　价：158.00 元（含两册）

（有印刷、装订质量问题的图书，由本公司负责调换）

版权声明

目 录 CONTENTS

第十二章　土木工程材料 /1

复习指导 /1

练习题、题解及参考答案 /4

　（一）材料科学知识与土木工程材料的基本性质 /4

　（二）气硬性无机胶凝材料 /9

　（三）水泥 /11

　（四）混凝土 /17

　（五）建筑钢材 /26

　（六）沥青及改性沥青 /29

　（七）木材 /32

　（八）石材 /33

　（九）黏土 /34

第十三章　工程测量 /36

复习指导 /36

练习题、题解及参考答案 /38

　（一）测量基本概念 /38

　（二）水准测量 /39

　（三）角度测量 /42

　（四）距离测量及直线定线 /46

　（五）测量误差的基本知识 /49

　（六）控制测量 /52

　（七）地形图测绘 /55

　（八）地形图应用 /59

　（九）建筑工程测量 /60

　（十）全球导航卫星系统（GNSS）简介 /62

第十四章　土木工程施工与管理 /63

复习指导 /63

练习题、题解及参考答案 /65

（一）土石方工程与桩基础工程 /65

（二）钢筋混凝土工程与预应力混凝土工程 /68

（三）结构吊装工程与砌体工程 /79

（四）施工组织设计 /86

（五）流水施工原理 /88

（六）网络计划技术 /91

（七）施工管理 /94

第十五章　结构力学 /96

复习指导 /96

练习题、题解及参考答案 /96

（一）平面体系的几何组成分析 /96

（二）静定结构的受力分析与特性 /102

（三）结构的位移计算 /118

（四）超静定结构的受力分析与特性 /132

（五）影响线及应用 /163

（六）结构的动力特性与动力反应 /167

第十六章　结构设计 /178

复习指导 /178

练习题、题解及参考答案 /179

（一）钢筋混凝土结构材料性能 /179

（二）基本设计原则 /180

（三）钢筋混凝土构件承载能力极限状态计算 /183

（四）正常使用极限状态验算 /190

（五）预应力混凝土 /192

（七）钢筋混凝土梁板结构 /194

（八）单层厂房 /196

（九）钢筋混凝土多层及高层房屋 /197

（十）抗震设计要点 /199

（十一）钢结构钢材性能 /201

（十二）钢结构基本构件 /203

（十三）钢结构的连接设计计算 /206

（十四）钢屋盖结构 /210

（十五）砌体结构材料性能 /212

（十六）砌体结构设计基本原则 /214

（十七）砌体墙、柱的承载力计算 /215

（十八）混合结构房屋设计 /216

（十九）砌体结构房屋部件 /220

（二十）配筋砖砌体构件 /222

（二十一）砌体结构抗震设计要点 /222

第十七章　土力学与地基基础 /225

复习指导 /225

练习题、题解及参考答案 /227

（一）土的物理性质和工程分类 /227

（二）地基中的应力 /233

（三）地基变形 /237

（四）土的抗剪强度和地基承载力 /242

（五）土压力和边坡稳定 /247

（六）地基勘察 /252

（七）浅基础 /252

（八）深基础 /260

（九）地基处理 /265

第十八章　结构试验 /270

复习指导 /270

练习题、题解及参考答案 /270

（一）试件设计、荷载设计、观测设计与材料试验 /270

（二）结构试验的加载设备和量测仪器 /273

（三）结构静力（单调）加载试验 /277

（四）结构低周反复加载试验 /279

（五）结构动力试验 /282

（六）模型试验 /283

（七）结构试验的非破损检测技术 /285

附录一　一级注册结构工程师执业资格考试专业基础考试大纲 /289

附录二　一级注册结构工程师执业资格考试专业基础试题配置说明 /293

第十二章　土木工程材料

复习指导

　　本章"考试大纲"为复习提供了一个基本指南与宏观框架，但很多具体、详细的复习内容不可能在考试大纲中给出，必须加以注意。如果仅仅关注大纲的宏观框架，很可能对复习内容的一些细节掉以轻心，复习得不够全面、充分，致使做题的准确率不高，最终影响考试成绩。因此，在这里综合常见的教材、复习资料、练习题资料和考生易出现的普遍、常见性问题，对复习内容整理出尽量具体、详细的提示，希望能对考生的自学复习起到良好的指导作用。

　　总体而言，各节中以混凝土占的篇幅最多，且混凝土在土木工程中往往是用量最大、作用最为重要的一种结构材料，故第四节混凝土应引起特别重视，作为复习的首要重点。水泥本来仅是混凝土的原材料之一，但由于水泥性能与应用的复杂性，必须将水泥单列一节，给出专门详细的讲解，故从第四节混凝土往前延伸，应先行掌握水泥的内容，在掌握好水泥内容的基础上方可掌握好混凝土的内容，因此，第三节的水泥也很重要。水泥仅是胶凝材料的一种，石膏、石灰也属于胶凝材料，但石膏、石灰与水泥有何不同之处，必须明确区分，故在第二节中专门给出胶凝材料的定义与划分以及石膏、石灰的具体特点。第一节则在本教材的开始即给出一些基本、普遍的概念与定义，准确掌握这些概念与定义是十分重要的，因为这些概念与定义在后面的各节中经常要用到。沥青及改性沥青、建筑钢材、木材、石材、黏土作为各具特色的具体材料品种，则在各节中分别列出，虽然相对于混凝土这些具体材料的内容较为简短，但也须分别掌握这些材料的特点。

　　1. 材料科学与物质结构基础知识

　　土木工程材料按化学组成可划分为三大类。通常材料的组成包含化学组成与矿物组成两个不同的含义。在材料的微观结构中，首先应掌握晶体、非晶体的区别。在非晶体中掌握玻璃体与胶体的区别，在晶体中掌握四种晶体即原子晶体、离子晶体、分子晶体与金属晶体的区别。

　　三种密度的区别应注意掌握。密度与孔隙率、空隙率无关，反映材料的本质与化学组成特征；表观密度与密度、孔隙率有关；堆积密度与表观密度、空隙率有关。应掌握用密度、表观密度计算孔隙率，用表观密度、堆积密度计算空隙率的公式。应掌握孔隙与空隙的区别。

　　在与水有关的性质中，应掌握亲水性与憎水性的工程意义，掌握润湿边角或接触角 θ 的含义。应掌握吸水性与吸湿性的区别与联系，掌握计算公式，尤其应注意公式中分母是材料干燥时的质量。在耐水性中，应掌握材料的软化系数 K、分母与分子的确切含义。在导热性中，应了解定义与工程意义。在以上性质中，应注意掌握各自的影响因素。

　　在力学性质中，应掌握在不同受力状态下强度表达式含有哪些参数，掌握强度与孔隙率的关系。区别掌握弹性与塑性、徐变与应力松弛、脆性与韧性的不同含义，了解其工程意义。

2. 气硬性胶凝材料

应掌握胶凝材料、水硬性、气硬性的特征。在石灰中，应掌握过火石灰的危害与陈伏的作用。在石灰的硬化中，应掌握两个过程结晶与碳化的含义，掌握建筑石灰和石灰硬化产物的化学组成，分别理解石灰硬化速度慢和气硬性的根源所在。了解石灰的应用，如灰土、三合土、灰砂砖、碳化石灰板。

在石膏中，应掌握建筑石膏与石膏硬化产物的化学组成，理解石膏凝结、硬化过程，理解石膏气硬性的根源所在。了解石膏的性能特点与应用，如凝结硬化快、硬化体积微膨胀、孔隙率高、耐水性与抗冻性差、抗火性好，用于内装饰、装修板材。

3. 水泥

总体而言，主要应掌握六大通用水泥（即硅酸盐水泥、普通硅酸盐水泥、矿渣硅酸盐水泥、火山灰质硅酸盐水泥、粉煤灰硅酸盐水泥和复合硅酸盐水泥）。可根据共性特点将六大通用水泥分为两大类，即硅酸盐水泥、普通硅酸盐水泥为一类，矿渣水泥、火山灰水泥、粉煤灰水泥和复合水泥为另一类，分别掌握；具体在矿渣水泥、火山灰水泥、粉煤灰水泥和复合水泥中，还可分别掌握四种水泥的各自特性。这样就便于化繁为简，理解准确而不易混淆、遗忘，牢固掌握水泥的主要内容。

在硅酸盐水泥中，首先应掌握熟料四大矿物的水化速度、放热量、硬化速度。不必背诵水化的每一个化学方程式，但应知主要由哪些反应物得到哪些主要产物，可将 C_3S、C_2S 同等看待，然后了解 C_3A，C_4AF 也可看作与 C_3A 类似。其中以 C_3A 较为复杂，石膏即因 C_3A 而掺入水泥中，故石膏的作用由此而被牢固掌握。应了解水泥硬化产物的组成与结构。应理解水泥细度、凝结（初凝、终凝）时间的实际意义，理解颗粒尺寸与比表面积的关系。掌握体积安定性的含义，牢固掌握引起安定性不良的三种因素及有关检验方法与标准规定。了解水泥废品与不合格品的规定。了解易导致水泥石侵蚀的组成与结构方面的原因，了解防侵蚀的措施。凡硅酸盐水泥的特点基本也适用于普通水泥。

首先应了解活性混合材料与非活性混合材料的区别。在掺混合材料水泥中应掌握矿渣水泥、火山灰水泥、粉煤灰水泥这三种水泥的共性，也应区别掌握三者的特性。应理解以上主要五种水泥的性能特点与工程选用。复合水泥一般不需专门了解。

此外简要掌握铝酸盐水泥和硫铝酸盐水泥。注意掌握这些水泥的主要熟料、主要水化产物，凝结硬化的主要特征，水化产物的强度与耐久性，在哪些工程上适用，有哪些使用禁忌。白水泥与彩色水泥只需简要了解。

4. 混凝土

主要应掌握普通混凝土的组成材料，各个阶段的混凝土性能如和易性、力学性能、耐久性、配合比设计。了解重混凝土与轻混凝土的特点与应用。

在混凝土组成材料中，应理解水泥与水组成水泥浆、砂石构成骨料、水泥浆与骨料分别所起的作用。在砂石中，结合第一节的空隙率概念，考虑砂或石子堆积形成骨架、填充空隙的效果，从颗粒尺寸-比表面积-水泥消耗量的关系和级配-空隙率-水泥消耗量的关系两个主要角度，理解砂石细度与级配的技术要求，以满足良好的和易性与降低水泥用量的要求。在以上学习中应重点掌握集料细度与级配这两个概念。了解砂的细度模数与筛分曲线的数据来源及二者的关系。了解砂石中的其他性能要求。了解混凝土拌和水的要求。在混凝土外加剂中，主要应掌握减水剂、引气剂、速凝剂、缓凝剂与早强剂的作用，了解五种减水剂、三乙醇胺早强剂的特点。在混凝土掺和料中，主要了解掺和料与水泥混合材料的异同。

了解混凝土和易性的含义与测定方法，了解坍落度的范围划分，了解施工中混凝土坍落度选择的原则与要求。理解和易性的影响因素，理解改善和易性的措施。掌握坍落度太大或太小时的调整方法。了解混凝土强度几个主要概念的实际含义。理解强度的影响因素，理解改善强度的措施。牢固掌握混凝土强度公式（即保罗米公式）。了解影响强度测试结果的因素。了解混凝土变形中非荷载变形的几种方式、引起变形的原因、变形是否可引起混凝土开裂。了解混凝土在短期荷载下的应力-应变关系、弹性模量测定及其影响因素，了解徐变的影响因素及其对混凝土结构的作用。

了解混凝土耐久性的各分项内容如抗渗性、抗冻性、碱-集料反应、抗碳化性、抗化学侵蚀性。了解其影响因素、改善措施。了解抗渗性、抗冰性的表达方法。化学侵蚀性可与第三节水泥石的侵蚀与防侵蚀内容相联系。了解氯离子对钢筋混凝土结构耐久性的影响。

了解混凝土配合比设计的三大步骤，即设计计算、试配与调整、施工配合比换算。在设计计算中，掌握配制强度的计算、水灰比的确定。掌握施工配合比换算公式。

5. 建筑钢材

了解建筑钢材按化学成分与脱氧程度的划分方式。掌握钢材的主要力学性能、工艺性能及指标，注意掌握其中低碳钢与硬钢的应力-应变曲线特点、屈服点、$\sigma_{0.2}$、屈强比、伸长率、冷脆性。了解钢材中合金元素与有害元素的划分，了解各有害元素对钢材性能的影响。了解脱氧程度对钢材性能的影响。掌握钢材的冷加工和冷加工时效两个概念及其对钢材性能的不同影响。

掌握钢材牌号的表达方法与含义，了解常用的 Q235 钢的特点和沸腾钢的使用限制。了解型钢与钢板的使用。了解各种钢筋和钢丝的特点，尤其注意掌握热轧钢筋 Ⅰ、Ⅱ、Ⅲ级的选用特点，了解冷拉热轧钢筋 Ⅰ、Ⅱ、Ⅲ、Ⅳ级的选用特点，掌握最为经济、常用的冷拔低碳钢丝的甲级、乙级的选用，了解冷轧扭钢筋的特点，了解预应力钢丝、钢绞线的材质与适用范围。了解钢材防锈与防火的措施。

6. 沥青及改性沥青

主要掌握石油沥青的相关内容。了解石油沥青的组成特点、组丛的划分及其对沥青性能的影响、沥青胶体结构特征。掌握沥青主要技术性质如黏性、塑性、温度稳定性、大气稳定性，尤其是前三个的表达方式、与沥青性能的关系。了解煤沥青的主要优缺点。了解石油沥青改性的主要方式与效果。

了解沥青的主要应用方式，冷底子油、沥青胶、嵌缝油膏的组成原材料与施工应用特点。了解沥青防水卷材，尤其是石油沥青油毡的标号划分方法、石油沥青卷材和煤沥青卷材的黏结方式及特点。

了解合成高分子防水材料相对于沥青防水材料的主要特点，了解三元乙丙橡胶防水卷材的使用温度范围与优缺点。

7. 木材

掌握木材的分类。掌握纤维饱和点、平衡含水率、窑干含水率的含义，掌握大于或小于饱和点的含水率对木材强度与体积膨胀的不同影响。掌握木材在不同方向的胀缩变化特点。掌握木材强度的各向异性，如顺纹抗拉、横纹抗拉、横纹抗压等的数值高低。了解木材的防腐、木材初级产品种类。

8. 石材

掌握花岗岩与大理石的岩石属性、造岩矿物、主要化学成分、酸碱性。掌握花岗岩与大理石的主要优缺点、工程适用范围。

9. 黏土

了解土的组成。了解土粒的大小与土的级配。了解颗粒分析两参数与级配的关系。了解土的液相类型。掌握土的干密度与干重度的含义。了解土的相对密实度。了解黏性土的稠度与三种界限含水率的含义。掌握影响土的压实性的因素。

3

练习题、题解及参考答案

（一）材料科学知识与土木工程材料的基本性质

12-1-1　下列矿物中仅含有碳元素的是：

A. 石膏　　　　　B. 石灰　　　　　C. 石墨　　　　　D. 石英

12-1-2　玻璃态物质：

A. 具有固定熔点　　　　　　　　　　B. 不具有固定熔点

C. 是各向异性材料　　　　　　　　　D. 内部质点规则排列

12-1-3　为测定材料密度，量测材料绝对密实状态下体积的方法是下述中哪种方法？

A. 磨成细粉烘干后用李氏瓶测定其体积

B. 度量尺寸，计算其体积

C. 破碎后放在广口瓶中浸水饱和，测定其体积

D. 破碎后放在已知容积的容器中测定其体积

12-1-4　对于同一种材料，各种密度参数的大小排列为：

A. 密度>堆积密度>表观密度　　　　B. 密度>表观密度>堆积密度

C. 堆积密度>密度>表观密度　　　　D. 表观密度>堆积密度>密度

12-1-5　已知某材料的表观密度是 $1400kg/m^3$，密度是 $1600kg/m^3$，则其孔隙率是：

A. 14.3%　　　　B. 14.5%　　　　C. 87.5%　　　　D. 12.5%

12-1-6　一种材料的孔隙率增大时，以下哪几种性质一定下降？

①密度；②表观密度；③吸水率；④强度；⑤抗冻性

A. ①②③　　　　B. ①③　　　　C. ②④　　　　D. ②④⑤

12-1-7　下列与材料的孔隙率没有关系的是：

A. 强度　　　　　B. 绝热性　　　　C. 密度　　　　　D. 耐久性

12-1-8　具有封闭孔隙特征的多孔材料，适合用作以下哪种建筑材料？

A. 吸声　　　　　B. 隔声　　　　　C. 保温　　　　　D. 承重

12-1-9　憎水材料的润湿角：

A. >90°　　　　B. ≤90°　　　　C. >45°　　　　D. ≤180°

12-1-10　含水率为5%的湿砂100g，其中所含水的质量是：

A. $100 \times 5\% = 5g$　　　　　　　B. $(100 - 5) \times 5\% = 4.75g$

C. $100 - 100/(1 + 0.05) = 4.76g$　　D. $100/(1 - 0.05) - 100 = 5.26g$

12-1-11　集料的以下密度中，最小的是：

A. 表现密度　　　B. 真密度　　　　C. 毛体积密度　　D. 堆积密度

12-1-12　500g潮湿的砂经过烘干后，质量变为475g，其含水率为：

A. 5.0%　　　　B. 5.26%　　　　C. 4.75%　　　　D. 5.50%

12-1-13　含水率5%的砂220g，其中所含的水量为：

A. 10g　　　　　B. 10.48g　　　　C. 11g　　　　　D. 11.5g

12-1-14　材料的耐水性可用软化系数表示，软化系数是：

A. 吸水后的表观密度与干表观密度之比

B. 饱水状态的抗压强度与干燥状态的抗压强度之比

C. 饱水后的材料质量与干燥质量之比

D. 饱水后的材料体积与干燥体积之比

12-1-15 某材料吸水饱和后重 100g，比干燥时重了 10g，此材料的吸水率等于：

A. 10% B. 8% C. 7% D. 11.1%

12-1-16 耐水材料的软化系数应大于：

A. 0.8 B. 0.85 C. 0.9 D. 1.0

12-1-17 下列材料与水有关的性质中，叙述正确的是：

A. 润湿边角 $\theta \leqslant 90°$ 的材料称为憎水性材料

B. 石蜡、沥青均是亲水性材料

C. 材料吸水后，将使强度与保温性提高

D. 软化系数越小，表面材料的耐水性越差

12-1-18 选用墙体材料时，为使室内能够尽可能冬暖夏凉，材料应：

A. 导热系数小，比热值大 B. 导热系数大，比热值大

C. 导热系数小，比热值小 D. 导热系数大，比热值小

12-1-19 材料孔隙中可能存在三种介质，水、空气、冰，其导热能力顺序为：

A. 水>冰>空气 B. 冰>水>空气

C. 空气>水>冰 D. 空气>冰>水

12-1-20 绝热材料的导热系数与含水率的正确关系是：

A. 含水率越大，导热系数越小 B. 导热系数与含水率无关

C. 含水率越小，导热系数越小 D. 含水率越小，导热系数越大

12-1-21 关于绝热材料的性能，下列叙述错误的是：

A. 材料中的固体部分的导热能力比空气小

B. 材料受潮后，导热系数增大

C. 各向异性的材料中与热流平行方向的热阻小

D. 导热系数随温度升高而增大

12-1-22 材料积蓄热量的能力称为：

A. 导热系数 B. 热容量

C. 温度 D. 传热系数

12-1-23 吸声材料的孔隙特征应该是：

A. 均匀而密闭 B. 小而密闭

C. 小而连通、开口 D. 大而连通、开口

12-1-24 材料的抗弯强度与下列试件的哪些条件有关？

①受力情况；②材料重量；③截面形状；④支承条件。

A. ①②③ B. ②③④

C. ①③④ D. ①②④

12-1-25 承受振动或冲击荷载作用的结构，应选择的材料：

A. 抗拉强度较抗压强度大许多倍

B. 变形很小，抗拉强度很低

C. 变形很大，且取消外力后，仍保持原来的变形

D. 能够吸收较大能量且能产生一定的变形而不破坏

12-1-26 脆性材料的特征是：

A. 破坏前无明显变形　　　　　　　　　B. 抗压强度与抗拉强度均较高

C. 抗冲击破坏时吸收能量大　　　　　　D. 受力破坏时，外力所做的功大

12-1-27 导热系数的单位是：

A. J/m　　　　　　B. cm/s　　　　　　C. kg/cm^2　　　　　　D. $W/(m \cdot K)$

12-1-28 物质通过多孔介质发生渗透，必须在多孔介质的不同区域存在着：

A. 浓度差　　　　　B. 温度差　　　　　C. 压力差　　　　　D. 密度差

12-1-29 同一材料，在干燥状态下，随着孔隙率的提高，材料性能不降低的是：

A. 密度　　　　　　B. 体积密度　　　　C. 表观密度　　　　D. 堆积密度

题解及参考答案

12-1-1　**解：** 石膏的主要成分为硫酸钙，石灰的成分为氧化钙，石墨的成分为碳，石英的成分为氧化硅。所以，仅含碳元素的是石墨。

答案： C

12-1-2　**解：** 物质按照微观粒子的排列方式分为晶体和非晶体（也称玻璃体）。玻璃体的粒子呈无序排列，也称无定型体。其主要特征是无固定熔点，各向同性，导热性差，且具有潜在的化学活性，在一定条件下容易与其他物质发生化学反应。

答案： B

12-1-3　**解：** 测定密度采用先磨成细粉，然后在李氏瓶中排液的方法。磨成细粉可以消除孔隙，达到绝对密实状态。

答案： A

12-1-4　**解：** 密度是指材料在绝对密实状态下单位体积的质量（体积中只有固体物质的体积，不包括孔隙体积），表观密度是指材料在自然状态下单位体积的质量（体积中包含了孔隙体积），堆积密度是指散粒材料在堆积状态下单位体积的质量（体积中还包括颗粒间的空隙体积），所以对于同一种材料，各种密度参数的排列为：密度>表观密度>堆积密度。

答案： B

12-1-5　**解：** 孔隙率 = 1 − 表观密度/密度 = 1 − 1400/1600 = 1 − 0.875 = 12.5%。

答案： D

12-1-6　**解：** 孔隙率变化，一定引起强度与表观密度的变化，可能引起吸水率和抗冻性的变化。若增加的是开口孔，则吸水率增大而抗冻性降低；若增加的是闭口孔，则吸水率降低而抗冻性提高。密度与孔隙率变化无关，故孔隙率变化时，密度保持不变。所以，材料孔隙率增大时，表现密度和强度一定下降。

答案： C

12-1-7　**解：** 密度是指材料在绝对密实状态单位体积的质量，与孔隙率无关。强度随孔隙率增大而降低；绝热性和耐久性随开口孔隙增多而降低，随闭口孔隙增多而提高。

答案：C

12-1-8　**解：**因为空气的导热系数为 0.023W/(m·K)，封闭孔隙中含有很多的空气，使其导热系数小，可以用作保温材料。吸声材料需要具有开孔孔隙特征，隔声和承重要求密实性高，即孔隙率小的材料。所以，具有封闭孔隙特征的多孔材料适合用作保温材料。

答案：C

12-1-9　**解：**根据建筑材料的表面与水接触的状况，可将建筑材料分为亲水性材料与憎水性材料两类。亲水性材料能被水浸润，在材料与水接触界面处的接触角≤90°；憎水性材料不能被水浸润，接触角>90°。

答案：A

12-1-10　**解：**含水率 = 水重/干砂重，湿砂重 = 水重 + 干砂重，水重 = 湿砂重 − 干砂重。

答案：C

12-1-11　**解：**表现密度指单位表观体积（包括固体实体和闭口孔隙的体积）的质量，真密度指单位矿物实体的质量，毛体积密度指单位毛体积（包括固体实体、开口孔隙和闭口孔隙的体积）的质量，堆积密度指单位堆积体积（包括固体实体、开口孔隙、闭口孔隙和颗粒间空隙的体积）的质量。四个密度从小到大的顺序为：堆积密度、毛体积密度、表观密度、真密度。所以最小的是堆积密度。

答案：D

12-1-12　**解：**含水率 = 所含水的质量/材料的干燥质量 = (500 − 475)/475 = 5.26%。

答案：B

12-1-13　**解：**含水率 = 所含水的质量/干燥材料的质量。故 $1 + 1$/含水率 =(含水材料的水的质量+干燥材料的质量) / 水的质量。因此，水的质量=含水材料的总质量×$1/(1 + 1$/含水率)。含水率 5%的砂220g，其所含的水量为：$220 × 1/(1 + 1/5\%) = 10.476$g。

答案：B

12-1-14　**解：**软化系数定义为材料饱水状态抗压强度与干燥状态抗压强度之比。

答案：B

12-1-15　**解：**材料的吸水率 = 吸收水重/材料干燥质量 = 10/90 = 11.1%

答案：D

12-1-16　**解：**软化系数大于 0.85 的材料为耐水材料。

答案：B

12-1-17　**解：**软化系数越小，说明泡水后材料的强度下降越明显，耐水性越差。润滑边角θ>90°的材料为憎水性材料，如石蜡、沥青。材料吸水后强度和保温性降低。

答案：D

12-1-18　**解：**为使室内冬暖夏凉，墙体材料要求具有很好的保温性能和较大的热容量，而导热系数越小，保温性能越好；比热值越大，表明热容量越大，所以要选择导热系数小，比热值大的材料。

答案：A

12-1-19　**解：**空气的导热系数为 0.023W/(m·K)，水的导热系数为 0.58W/(m·K)，冰的导热系数为 2.20W/(m·K)，故三种介质的导热能力顺序为：冰>水>空气，所以保温材料为多孔材料且要保持干燥，防潮。

答案：B

12-1-20 **解：** 水的导热能力强，大于空气的导热能力，所以孔隙中含水率越大则导热系数越大。

答案： C

12-1-21 **解：** 材料中固体部分的导热能力比空气强。

答案： A

12-1-22 **解：** 导热系数和传热系数表示材料的传递热量的能力。热容量反映材料的蓄热能力。

答案： B

12-1-23 **解：** 多孔性吸声材料通过声波进入孔隙，与孔壁摩擦使声能转换为热能而吸收声音，所以孔隙为开口孔，且孔隙尺寸较大。因此吸声材料要求具有大而且连通开口的孔隙。

答案： D

12-1-24 **解：** 抗弯强度如三点弯曲强度公式为：

$$f_{\text{tm}} = \frac{3FL}{2bh^2}$$

式中：f_{tm} ——抗弯强度；

　　　F ——破坏荷载；

　　　L ——支点间跨距；

　　b、h ——分别为试件截面宽与高。

从该式可看出，抗弯强度与受力情况（F）、截面形状（b、h）和支承条件（L）有关。材料重计入荷载F之中。当然受力情况还应包括加载速度。

答案： C

12-1-25 **解：** 承受振动和冲击荷载作用的结构，应该选择韧性材料，即能够吸收较大能量，且能产生一定变形而不破坏的材料。

答案： D

12-1-26 **解：** 脆性与韧性的区别在于破坏前没有或有明显变形、受力破坏吸收的能量低或高。脆性材料破坏前没有明显变形，抗拉强度远小于抗压强度，受力破坏时吸收能量小，外力做功小。

答案： A

12-1-27 **解：** 导热性是指当材料存在温差时，热量从温度高的一侧向温度低的一侧传导的性质。材料的导热性用导热系数表示。导热系数λ计算公式如下：

$$\lambda = \frac{Qa}{At(T_2 - T_1)}$$

式中：　λ ——导热系数［W/(m·K)］；

　　　Q ——传导热量（J）；

　　　a ——材料厚度（m）；

　　　A ——热传导面积（m²）；

　　　t ——热传导时间（h）；

　$T_2 - T_1$ ——材料两面温差（K）。

答案： D

12-1-28 **解：** 由于物质在多孔介质的不同区域中存在浓度差，所以其可以通过多孔介质发生扩散迁移，即从高浓度区域向低浓度区域迁移。

答案： A

12-1-29 解：密度是指材料在绝对密实状态下，单位体积（包括固体颗粒的体积，不包括孔隙体积）的质量，所以随着孔隙率的提高，密度不变（选项 A 正确）。

体积密度是指材料在自然状态下，单位自然体积（包括固体颗粒体积与孔隙体积）的质量；表观密度是指单位表观体积（包括固体颗粒体积与闭口孔隙体积）的质量；堆积密度是指散粒材料在堆积状态下，单位堆积体积（包括固体颗粒体积、孔隙体积和空隙体积）的质量。体积密度、表观密度和堆积密度均随孔隙率的提高而降低。

答案：A

（二）气硬性无机胶凝材料

12-2-1 消石灰的主要化学成分为：

A. 氧化钙 　　　　B. 氧化镁 　　　　C. 氢氧化钙 　　　　D. 硫酸钙

12-2-2 下列哪一组材料全部属于气硬性胶凝材料？

A. 石灰、水泥 　　　　　　　　B. 玻璃、水泥

C. 石灰、建筑石膏 　　　　　　D. 沥青、建筑石膏

12-2-3 煅烧石灰石可作为无机胶凝材料，其具有气硬性的原因是能够反应生成：

A. 氢氧化钙 　　　　　　　　　B. 水化硅酸钙

C. 二水石膏 　　　　　　　　　D. 水化硫铝酸钙

12-2-4 下列胶凝材料中，哪种材料的凝结硬化过程属于结晶、碳化过程？

A. 石灰 　　　　　　　　　　　B. 石膏

C. 矿渣硅酸盐水泥 　　　　　　D. 硅酸盐水泥

12-2-5 石灰的陈伏期应为：

A. 两个月以上 　　　　　　　　B. 两星期以上

C. 一个星期以上 　　　　　　　D. 两天以上

12-2-6 建筑石灰熟化时进行陈伏的目的是：

A. 使 $Ca(OH)_2$ 结晶与碳化 　　　　B. 消除过火石灰的危害

C. 减少熟化产生的热量并增加产量 　　D. 消除欠火石灰的危害

12-2-7 石灰不适用于下列哪一种情况？

A. 用于基础垫层 　　　　　　　B. 用于硅酸盐水泥的原料

C. 用于砌筑砂浆 　　　　　　　D. 用于屋面防水隔热层

12-2-8 用石灰浆罩墙面时，为避免收缩开裂，应掺入下列中的哪种材料？

A. 适量盐 　　　　　　　　　　B. 适量纤维材料

C. 适量石膏 　　　　　　　　　D. 适量白水泥

12-2-9 配制石膏砂浆时，所采用的石膏是下列中的哪一种？

A. 建筑石膏 　　　　　　　　　B. 地板石膏

C. 高强石膏 　　　　　　　　　D. 模型石膏

12-2-10 下列建筑石膏的哪一项性质是正确的？

A. 硬化后出现体积收缩 　　　　B. 硬化后吸湿性强，耐水性较差

C. 制品可长期用于 65℃以上高温中 　　D. 石膏制品的强度一般比石灰制品低

12-2-11 下列关于建筑石膏的描述正确的是：

①建筑石膏凝结硬化的速度快；
②凝结硬化后表现密度小，而强度降低；
③凝结硬化后的建筑石膏导热性小，吸声性强；
④建筑石膏硬化后体积发生微膨胀。

A. ①②③④
B. ①②
C. ③④
D. ①④

12-2-12 下列胶凝材料哪一种在凝结硬化时发生体积微膨胀？

A. 火山灰水泥
B. 铝酸盐水泥
C. 石灰
D. 石膏

12-2-13 石膏制品具有良好的抗火性，是因为：

A. 石膏制品保温性好
B. 石膏制品含大量结晶水
C. 石膏制品孔隙率大
D. 石膏制品高温下不变形

12-2-14 建筑石膏不具备下列哪一种性能？

A. 干燥时不开裂
B. 耐水性好
C. 机械加工方便
D. 抗火性好

12-2-15 一般，石灰、石膏、水泥三者的胶结强度的关系是：

A. 石灰>石膏>水泥
B. 石灰<石膏<水泥
C. 石膏<石灰<水泥
D. 石膏>水泥>石灰

12-2-16 水玻璃的模数是下列哪项摩尔数的比值？

A. 二氧化硅/氯化钠
B. 二氧化硅/氧化钠
C. 二氧化硅/碳酸钠
D. 二氧化硅/氧化铁钠

题解及参考答案

12-2-1　**解：** 消石灰是生石灰水化而成的，主要成分为氢氧化钙。

答案： C

12-2-2　**解：** 水泥属水硬性胶凝材料，沥青属有机胶凝材料，玻璃不属于胶凝材料，气硬性胶凝材料有石灰、石膏、水玻璃、菱苦土。

答案： C

12-2-3　**解：** 石灰石煅烧后生成石灰（成分为 CaO），其水化反应生成 $Ca(OH)_2$ 后使其具有气硬性。

答案： A

12-2-4　**解：** 石灰的凝结硬化过程包括结晶和碳化过程。

答案： A

12-2-5　**解：** 为了消除过火石灰的危害，石灰需要进行陈伏处理，陈伏期为两个星期以上。

答案： B

12-2-6　**解：** 陈伏的目的主要是消除过火石灰延迟水化膨胀产生的危害。过火石灰非常致密，水化速度很慢，同时水化形成氢氧化钙后体积显著膨胀，会导致开裂甚至直接破坏等危害。

答案： B

12-2-7 **解**：石灰是气硬性胶凝材料，不耐水，不宜用于屋面防水隔热层。但可以灰土或三合土的方式用于基础垫层，因为在灰土或三合土中可产生水硬性的产物，也可以用作砌筑砂浆，也是生产硅酸盐水泥的石灰质原料。

答案：D

12-2-8 **解**：通常可加入适量纤维材料（如麻刀、纸筋等）增强、防裂。

答案：B

12-2-9 **解**：通常采用建筑石膏配制石膏砂浆。

答案：A

12-2-10 **解**：建筑石膏硬化后体积微膨胀，吸湿性大，耐水性差，制品的强度比石灰高，但在长期 65℃ 以上高温中强度下降。

答案：B

12-2-11 **解**：建筑石膏凝结硬化快，硬化后表观密度小，强度低，导热性小，吸声性好，硬化后体积微膨胀。

答案：A

12-2-12 **解**：石膏硬化可产生微膨胀，其余三种则产生收缩或微收缩。

答案：D

12-2-13 **解**：石膏制品的主要成分是二水硫酸钙，在火灾时能释放出结晶水，在其表面形成水蒸气幕，进而阻止火势蔓延。

答案：B

12-2-14 **解**：建筑石膏耐水性差，因为在潮湿环境或水中，建筑石膏中的主要产物——二水硫酸钙会溶解在水中，使制品强度不断降低而破坏。

答案：B

12-2-15 **解**：水泥强度最高，石膏强度高于石灰。

答案：B

12-2-16 **解**：水玻璃俗称泡花碱，分为硅酸钠水玻璃和硅酸钾水玻璃两种，分子式分别为 $Na_2O \cdot nSiO_2$ 和 $K_2O \cdot nSiO_2$，其中 n 称为水玻璃的模数。所以水玻璃模数是二氧化硅/氧化钠或二氧化硅/氧化钾的比值。

答案：B

（三）水泥

12-3-1 硬化水泥浆体中的孔隙分为水化硅酸钙凝胶的层间孔隙、毛细孔隙和气孔，其中对材料耐久性产生主要影响的是毛细孔隙，其尺寸的数量级为：

　　　A. nm　　　　　　B. μm　　　　　　C. mm　　　　　　D. cm

12-3-2 水泥矿物水化放热最大的是：

　　　A. 硅酸三钙　　　B. 硅酸二钙　　　C. 铁铝酸四钙　　　D. 铝酸三钙

12-3-3 水泥熟料矿物中水化速度最快的熟料是：

　　　A. 硅酸三钙　　　B. 硅酸二钙　　　C. 铝酸三钙　　　D. 铁铝酸四钙

12-3-4 生产硅酸盐水泥，在粉磨熟料时，加入适量石膏的作用是：

　　　A. 促凝　　　　　B. 增强　　　　　C. 缓凝　　　　　D. 防潮

12-3-5　改变水泥各熟料矿物的含量，可使水泥性质发生相应的变化。如果要使水泥具有比较低的水化热，应降低以下哪种物质的含量？

  A. C_3S B. C_2S C. C_3A D. C_4AF

12-3-6　下列中的哪些材料属于活性混合材料？

  ①水淬矿渣；②黏土；③粉煤灰；④浮石；⑤烧黏土；

  ⑥慢冷矿渣；⑦石灰石粉；⑧煤渣。

  A. ①②③④⑤   B. ①③④⑤⑧

  C. ②③④⑤⑦   D. ①③④⑤⑥

12-3-7　不宜用于大体积混凝土工程的水泥是：

  A. 硅酸盐水泥   B. 矿渣硅酸盐水泥

  C. 粉煤灰水泥   D. 火山灰水泥

12-3-8　大体积混凝土施工应选用下列中的哪种水泥？

  A. 硅酸盐水泥   B. 矿渣水泥

  C. 铝酸盐水泥   D. 膨胀水泥

12-3-9　蒸汽养护效果最好的水泥是：

  A. 矿渣水泥   B. 快硬硅酸盐水泥

  C. 普通水泥   D. 铝酸盐水泥

12-3-10　喷射混凝土主要用于地下与隧道工程中，下列哪种水泥不宜用于喷射混凝土？

  A. 矿渣水泥   B. 普通水泥

  C. 高强水泥   D. 硅酸盐水泥

12-3-11　现有一座大体积混凝土结构并有耐热耐火要求的高温车间工程，可选用下列哪种水泥？

  A. 硅酸盐水泥或普通硅酸盐水泥   B. 火山灰硅酸盐水泥

  C. 矿渣硅酸盐水泥   D. 粉煤灰硅酸盐水泥

12-3-12　有耐磨性要求的混凝土，应优先选用下列哪种水泥？

  A. 硅酸盐水泥   B. 火山灰水泥

  C. 粉煤灰水泥   D. 硫铝酸盐水泥

12-3-13　与普通硅酸盐水泥相比，下列四种水泥的特性中哪一条是错误的？

  A. 火山灰水泥的耐热性较好   B. 粉煤灰水泥的干缩性较小

  C. 铝酸盐水泥的快硬性较好   D. 矿渣水泥的耐硫酸盐侵蚀性较好

12-3-14　有抗渗要求的混凝土不宜采用以下哪种水泥？

  A. 普通水泥   B. 火山灰水泥

  C. 矿渣水泥   D. 粉煤灰水泥

12-3-15　现浇水泥蛭石保温隔热层，夏季施工时应选用下列哪种水泥？

  A. 火山灰水泥   B. 粉煤灰水泥

  C. 硅酸盐水泥   D. 矿渣水泥

12-3-16　在下列水泥中，哪一种水泥的水化热最高？

  A. 硅酸盐水泥   B. 粉煤灰水泥

  C. 火山灰水泥   D. 矿渣水泥

12-3-17 最适宜在低温环境下施工的水泥是：

　　A. 复合水泥　　　　　　　　　　B. 硅酸盐水泥

　　C. 火山灰水泥　　　　　　　　　D. 矿渣水泥

12-3-18 在干燥环境下的混凝土工程，应优先选用下列中的哪种水泥？

　　A. 普通水泥　　　　　　　　　　B. 火山灰水泥

　　C. 矿渣水泥　　　　　　　　　　D. 粉煤灰水泥

12-3-19 由下列哪一种水泥制成的混凝土构件不宜用于蒸汽养护？

　　A. 普通水泥　　　　　　　　　　B. 火山灰水泥

　　C. 矿渣水泥　　　　　　　　　　D. 粉煤灰水泥

12-3-20 矿渣水泥不适用于以下哪一种混凝土工程？

　　A. 早期强度较高的　　　　　　　B. 抗碳化要求高的

　　C. 与水接触的　　　　　　　　　D. 有抗硫酸盐侵蚀要求的

12-3-21 混凝土长期处在硫酸盐的环境中，会引起较大的膨胀破坏，这是由于在硬化水泥石中生成了通常称为"水泥杆菌"的：

　　A. 水化碳酸钙　　　　　　　　　B. 水化铝酸三钙

　　C. 水化铁酸一钙　　　　　　　　D. 高硫型水化硫铝酸钙

12-3-22 水泥砂浆与混凝土在常温下能耐以下腐蚀介质中的哪一种？

　　A. 硫酸　　　　　　　　　　　　B. 磷酸

　　C. 盐酸　　　　　　　　　　　　D. 醋酸

12-3-23 硅酸盐水泥的下列性质及应用中，哪一项是错误的？

　　A. 水化放热量大，宜用于大体积混凝土工程

　　B. 凝结硬化速度较快，抗冻性好，适用于冬季施工

　　C. 强度等级较高，常用于重要结构中

　　D. 含有较多的氢氧化钙，不宜用于有水压作用的工程

12-3-24 细度是影响水泥性能的重要物理指标，以下哪一项叙述是错误的？

　　A. 颗粒越细，水泥早期强度越高

　　B. 颗粒越细，水泥凝结硬化速度越快

　　C. 颗粒越细，水泥越不易受潮

　　D. 颗粒越细，水泥成本越高

12-3-25 伴随着水泥的水化和各种水化产物的陆续生成，水泥浆的流动性发生较大的变化，其中水泥浆的初凝是指其：

　　A. 开始明显固化　　　　　　　　B. 黏性开始减小

　　C. 流动性基本丧失　　　　　　　D. 强度达到一定水平

12-3-26 确定水泥的标准稠度用水量是为了：

　　A. 确定水泥胶砂的水灰比以准确评定强度等级

　　B. 准确评定水泥的凝结时间和体积安定性

　　C. 准确评定水泥的细度

　　D. 准确评定水泥的矿物组成

12-3-27 引起硅酸盐水泥体积安定性不良的因素是下列中的哪几个？

①游离氧化钠；②游离氧化钙；③游离氧化镁；④石膏；⑤氧化硅。

A. ②③④　　　　　　　　　　　B. ①②④

C. ①②③　　　　　　　　　　　D. ②③⑤

12-3-28 水泥的强度是指下列四条中的哪一条？

A. 水泥净浆的强度　　　　　　　B. 其主要成分硅酸钙的强度

C. 混合材料的强度　　　　　　　D. 1：3 水泥胶砂试块的强度

12-3-29 普通水泥有多少个强度等级？

A. 4个　　　　B. 5个　　　　C. 6个　　　　D. 7个

12-3-30 测定水泥强度，是将水泥与标准砂按一定比例混合，再加入一定量的水，制成标准尺寸试件进行试验。水泥与标准砂应按下列中哪种比例进行混合？

A. 1：1　　　　B. 1：2　　　　C. 1：3　　　　D. 1：4

12-3-31 硅酸盐水泥的强度等级根据下列什么强度划分？

A. 抗压与抗折　　　　　　　　　B. 抗折

C. 抗弯与抗剪　　　　　　　　　D. 抗压与抗剪

12-3-32 如何用手感鉴别受潮严重的水泥？

A. 用手捏碾，硬块不动

B. 用手捏碾，不能变成粉末，有硬粒

C. 用手捏碾，无硬粒

D. 用手捏碾，有湿润感

12-3-33 水泥成分中抗硫酸盐侵蚀最好的是：

A. C_3S　　　　B. C_2S　　　　C. C_3A　　　　D. C_4AF

12-3-34 硅酸盐水泥的比表面积应大于：

A. $80m^2/kg$　　　　　　　　　B. $45m^2/kg$

C. $400m^2/kg$　　　　　　　　 D. $300m^2/kg$

12-3-35 我国颁布的通用硅酸盐水泥标准中，符号"P·F"代表：

A. 普通硅酸盐水泥　　　　　　　B. 硅酸盐水泥

C. 粉煤灰硅酸盐水泥　　　　　　D. 复合硅酸盐水泥

题解及参考答案

12-3-1 **解：** 水化硅酸钙凝胶的层间孔隙尺寸为 1~5nm；毛细孔尺寸为 10~1000nm，大小取决于水泥浆体的水化程度和水灰比，多数为 100nm 左右；而气孔尺寸为几毫米。

答案： A

12-3-2 **解：** 水泥熟料矿物中水化放热最大的是铝酸三钙，其次是铁铝酸四钙和硅酸三钙，放热量最小的是硅酸二钙。

答案： D

12-3-3 **解：** 水化速度最快的是铝酸三钙。

答案：C

12-3-4　**解：** 硅酸盐水泥中加入适量石膏的作用延缓铝酸三钙的水化速度，即缓凝。

答案：C

12-3-5　**解：** 四种水泥熟料矿物中 C_2S 的水化放热量最少，其次是 C_4AF 和 C_3S，放热量最大的是 C_3A，所以要使水泥具有比较低的水化热，应该降低 C_3A 的含量。

答案：C

12-3-6　**解：** 普通黏土、慢冷矿渣、石灰石粉不属于活性混合材料。

答案：B

12-3-7　**解：** 大体积混凝土要求控制水化热，硅酸盐水泥水化热高，不宜用于大体积混凝土中。

答案：A

12-3-8　**解：** 大体积混凝土施工应选用水化热低的水泥，如矿渣水泥等掺混合材料水泥。

答案：B

12-3-9　**解：** 掺混合材料的水泥早期强度低，最适合采用蒸汽养护等充分养护方式。快硬硅酸盐水泥、普通水泥和铝酸盐水泥水化快，早期强度高，蒸汽养护不利于后期强度发展。

答案：A

12-3-10　**解：** 掺混合材料水泥因水化速度慢而不宜用于喷射混凝土，所以矿渣水泥不宜用于喷射混凝土。

答案：A

12-3-11　**解：** 该工程要求水泥水化热低、能耐高温，矿渣水泥符合要求。

答案：C

12-3-12　**解：** 在六大通用水泥中，硅酸盐水泥的耐磨性最好。硫铝酸盐水泥虽具有快硬早强、微膨胀的特点，但在一般混凝土工程中较少采用。

答案：A

12-3-13　**解：** 与普通水泥相比，火山灰水泥的耐热性较差而抗渗性好。

答案：A

12-3-14　**解：** 矿渣水泥的抗渗性较差。

答案：C

12-3-15　**解：** 水泥蛭石保温隔热层的施工，应着眼于抗渗性较好，无长期收缩开裂危险，确保保温层的完整性与保温效果。夏季施工则要求水泥水化热低。综合各项要求，应选粉煤灰水泥。

答案：B

12-3-16　**解：** 掺混合材料的水泥水化热均较低，硅酸盐水泥的水化热高。

答案：A

12-3-17　**解：** 低温环境下施工应选择凝结硬化速度快的硅酸盐水泥。

答案：B

12-3-18　**解：** 干燥环境中的混凝土，应选普通水泥。

答案：A

12-3-19　**解：** 掺混合材料的水泥适宜进行蒸汽养护，普通水泥不宜进行蒸汽养护。

答案： A

12-3-20　解： 矿渣水泥的凝结硬化速度较慢，早期强度发展较慢，不适用于早期强度较高的混凝土工程。

答案： A

12-3-21　解： 在硫酸盐环境中，混凝土中的氢氧化钙与硫酸盐反应生成硫酸钙，然后与水化铝酸钙反应生成膨胀产物高硫型水化硫铝酸钙。

答案： D

12-3-22　解： 一般的酸如硫酸、盐酸、醋酸等能与 $Ca(OH)_2$ 反应生成溶解度大的产物（如 $CaCl_2$ 等）或膨胀性的钙盐（如 $CaSO_4·2H_2O$ 或硫铝酸钙）等而引起水泥砂浆与混凝土的腐蚀，但少数种类的酸如草酸、鞣酸、酒石酸、氢氟酸、磷酸等能与 $Ca(OH)_2$ 反应生成不溶且无膨胀的钙盐，对砂浆与混凝土没有腐蚀作用。

答案： B

12-3-23　解： 由于水化放热量大，硅酸盐水泥不宜用于大体积混凝土工程。

答案： A

12-3-24　解： 颗粒越细，水泥的化学活性越高，在存放中越容易受潮。

答案： C

12-3-25　解： 水泥浆的初凝是指浆体开始失去可塑性，即浆体开始出现明显的固化现象。而终凝是指浆体的可塑性全部失去，即浆体的流动性基本丧失。所以出现凝结现象时，浆体稠度增大，即浆体的黏度增大，但是强度还很低。

答案： A

12-3-26　解： 在测定水泥的凝结时间和体积安定性时，需要采用标准稠度的水泥净浆。所以确定水泥的标准稠度用水量是为了准确评定水泥的凝结时间和体积安定性。水泥胶砂的水灰比固定为 0.5，水泥的细度用比表面积或筛余法表示，水泥的矿物组成是由水泥生产过程和配料组成决定的。

答案： B

12-3-27　解： 引起硅酸盐水泥体积安定性不良的因素是由过量的游离氧化钙、游离氧化镁或石膏造成的。

答案： A

12-3-28　解： 水泥强度，是指水泥与标准砂按 1∶3 质量比混合，再加水制成水泥胶砂试件的强度。

答案： D

12-3-29　解： 普通水泥的强度等级有 42.5、42.5R、52.5、52.5R 四个。

答案： A

12-3-30　解： 现行国家标准规定，测定水泥强度，是将水泥与标准砂按 1∶3 质量比混合，制成水泥胶砂试件。

答案： C

12-3-31　解： 硅酸盐水泥的强度等级是根据 3d 和 28d 的抗压强度与抗折强度划分的。

答案： A

12-3-32　解： 水泥存放中受潮会引起水泥发生部分水化，出现部分硬化现象，随着受潮程度的加重，水泥粉末结成颗粒甚至硬块。如未受潮，水泥粉末手感细腻，有湿润感。

答案： A

12-3-33 **解**：水泥石中的氢氧化钙与硫酸盐反应生成硫酸钙，硫酸钙再与水化铝酸钙反应生成水化硫铝酸钙，最终导致水泥石破坏的现象为硫酸盐腐蚀。氢氧化钙为 C_3S 和 C_2S 的水化产物，水化铝酸钙是 C_3A 的水化产物，所以水泥成分中抗硫酸盐腐蚀最好的是 C_4AF。

答案：D

12-3-34 **解**：硅酸盐水泥的比表面积应大于 $300m^2/kg$。

答案：D

12-3-35 **解**：我国颁布的通用硅酸盐水泥标准中，普通硅酸盐水泥的代号为 P·O；硅酸盐水泥的代号为 P·Ⅰ 和 P·Ⅱ；粉煤灰硅酸盐水泥的代号为 P·F；复合硅酸盐水泥的代号为 P·C。

答案：C

（四）混凝土

12-4-1 在用较高强度等级的水泥配制较低强度的混凝土时，为满足工程的技术经济要求，应采用下列中的哪项措施？
A. 掺混合材料　　　　　　　　　B. 增大粗集料粒径
C. 降低砂率　　　　　　　　　　D. 提高砂率

12-4-2 我国有关反映混凝土砂子粗细程度的指标是：
A. 平均粒径　　　　　　　　　　B. 细度模数
C. 最小粒径　　　　　　　　　　D. 最大粒径

12-4-3 骨料的所有孔隙充满水但表面没有水膜，该含水状态被称为骨料的：
A. 气干状态　　　　　　　　　　B. 绝干状态
C. 潮湿状态　　　　　　　　　　D. 饱和面干状态

12-4-4 普通混凝土用砂的颗粒级配如不合格，则表明下列中哪项结论正确？
A. 砂子的细度模数偏大　　　　　B. 砂子的细度模数偏小
C. 砂子有害杂质含量过高　　　　D. 砂子不同粒径的搭配不适当

12-4-5 混凝土粗骨料的质量要求包括：
①最大粒径和级配；②颗粒形状和表面特征；③有害杂质；④强度；⑤耐水性。
A. ①③④　　　　　　　　　　　B. ②③④⑤
C. ①②④⑤　　　　　　　　　　D. ①②③④

12-4-6 压碎指标是表示下列中哪种材料强度的指标？
A. 砂子　　　　　B. 石子　　　　　C. 混凝土　　　　　D. 水泥

12-4-7 配制混凝土，在条件许可时，应尽量选用最大粒径的集料，是为了达到下列中的哪几项目的？
①节省集料；②减少混凝土干缩；③节省水泥；④提高混凝土强度。
A. ①②　　　　　B. ②③　　　　　C. ③④　　　　　D. ①④

12-4-8 骨料的性质会影响混凝土的性质，两者的强度无明显关系，但两者关系密切的性质是：
A. 弹性模量　　　　B. 泊松比　　　　C. 密度　　　　D. 吸水率

12-4-9 泵送混凝土施工选用的外加剂应是：
A. 早强剂　　　　B. 速凝剂　　　　C. 减水剂　　　　D. 缓凝剂

12-4-10 钢筋混凝土构件的混凝土，为提高其早期强度而掺入早强剂，下列哪一种材料不能用作早强剂？

  A. 氯化钠   B. 硫酸钠

  C. 三乙醇胺   D. 复合早强剂

12-4-11 三乙醇胺是混凝土的外加剂，属于以下哪一种外加剂？

  A. 加气剂   B. 防水剂   C. 速凝剂   D. 早强剂

12-4-12 下列关于外加剂对混凝土拌合物和易性影响的叙述，哪一项是错误的？

  A. 引气剂可改善拌合物的流动性   B. 减水剂可提高拌合物的流动性

  C. 减水剂可改善拌合物的黏聚性   D. 早强剂可改善拌合物的流动性

12-4-13 下列混凝土外加剂中，不能提高混凝土抗渗性的是哪一种？

  A. 膨胀剂   B. 减水剂

  C. 缓凝剂   D. 引气剂

12-4-14 最适宜冬季施工采用的混凝土外加剂是：

  A. 引气剂   B. 减水剂

  C. 缓凝剂   D. 早强剂

12-4-15 海水不得用于拌制钢筋混凝土和预应力混凝土，主要是因为海水中含有大量的盐，会造成下列中的哪项结果？

  A. 会使混凝土腐蚀   B. 会导致水泥快速凝结

  C. 会导致水泥凝结变慢   D. 会促使钢筋被腐蚀

12-4-16 影响混凝土拌合物流动性的主要因素是：

  A. 砂率   B. 水泥浆数量

  C. 集料的级配   D. 水泥品种

12-4-17 在不影响混凝土强度的前提下，当混凝土的流动性太大或太小时，调整的方法通常是：

  A. 增减用水量   B. 保持水灰比不变，增减水泥用量

  C. 增大或减少水灰比   D. 增减砂石比

12-4-18 确定混凝土拌合物坍落度的依据不包括下列中的哪一项？

  A. 粗集料的最大粒径   B. 构件截面尺寸大小

  C. 钢筋疏密程度   D. 捣实方法

12-4-19 我国使用立方体试件来测定混凝土的抗压强度，其标准立方体试件的边长为：

  A. 100mm   B. 125mm   C. 150mm   D. 200mm

12-4-20 测定混凝土强度用的标准试件是：

  A. 70.7mm×70.7mm×70.7mm   B. 100mm×100mm×10mm

  C. 150mm×150mm×150mm   D. 200mm×200mm×200mm

12-4-21 划分混凝土强度等级的依据是：

  A. 混凝土的立方体试件抗压强度值

  B. 混凝土的立方体试件抗压强度标准值

  C. 混凝土的棱柱体试件抗压强度值

  D. 混凝土的抗弯强度值

12-4-22 截面相同的混凝土的棱柱体强度（f_{cp}）与混凝土的立方体强度（f_{cu}），二者的关系为：

  A. $f_{cp} < f_{cu}$ B. $f_{cp} \leqslant f_{cu}$ C. $f_{cp} \geqslant f_{cu}$ D. $f_{cp} > f_{cu}$

12-4-23 在下列混凝土的技术性能中，正确的是：

  A. 抗剪强度大于抗压强度   B. 轴心抗压强度小于立方体抗压强度

  C. 混凝土不受力时内部无裂纹   D. 徐变对混凝土有害无利

12-4-24 混凝土强度的形成受到其养护条件的影响，主要是指：

  A. 环境温湿度   B. 搅拌时间

  C. 试件大小   D. 混凝土水灰比

12-4-25 普通混凝土的抗拉强度只有其抗压强度的：

  A. 1/2 ～ 1/5   B. 1/5 ～ 1/10

  C. 1/10 ～ 1/20   D. 1/20 ～ 1/30

12-4-26 影响混凝土强度的因素除水泥强度等级、集料质量、施工方法、养护龄期条件外，还有一个因素是：

  A. 和易性   B. 水灰比   C. 含气量   D. 外加剂

12-4-27 混凝土的强度受到其材料组成的影响，决定混凝土强度的主要因素是：

  A. 骨料密度   B. 砂的细度模数

  C. 外加剂种类   D. 水灰（胶）比

12-4-28 混凝土是：

  A. 完全弹性材料   B. 完全塑性材料

  C. 弹塑性材料   D. 不确定

12-4-29 影响混凝土徐变但不影响其干燥收缩的因素为：

  A. 环境湿度   B. 混凝土水灰比

  C. 混凝土骨料含量   D. 外部应力水平

12-4-30 混凝土材料在外部力学荷载、环境温湿度以及内部物理化学过程中发生变形，以下属于内部物理化学过程引起的变形是：

  A. 混凝土徐变   B. 混凝土干燥收缩

  C. 混凝土温度收缩   D. 混凝土自身收缩

12-4-31 混凝土的徐变是指：

  A. 在冲击荷载作用下产生的塑性变形

  B. 在震动荷载作用下产生的塑性变形

  C. 在瞬时荷载作用下产生的塑性变形

  D. 在长期静荷载作用下产生的塑性变形

12-4-32 抗冻等级是指混凝土28d龄期试件在吸水饱和后所能承受的最大冻融循环次数，其前提条件是：

  A. 抗压强度下降不超过 5%，质量损失不超过 25%

  B. 抗压强度下降不超过 10%，质量损失不超过 20%

  C. 抗压强度下降不超过 20%，质量损失不超过 10%

  D. 抗压强度下降不超过 25%，质量损失不超过 5%

12-4-33 下列有关混凝土碱-集料反应的叙述，有错误的是：

    A. 使用低碱水泥可以有效抑制碱-集料反应

    B. 掺加矿渣、粉煤灰等矿物掺和料也可抑制碱-集料反应

    C. 保持混凝土干燥可防止碱-集料反应发生

    D. 1kg 钾离子的危害与 1kg 钠离子的危害相同

12-4-34 混凝土的抗渗等级是按标准试件在下列哪一个龄期所能承受的最大水压来确定的？

    A. 7d   B. 15d   C. 28d   D. 36d

12-4-35 混凝土碱-集料反应是指下述中的哪种反应？

    A. 水泥中碱性氧化物与集料中活性氧化硅之间的反应

    B. 水泥中 $Ca(OH)_2$ 与集料中活性氧化硅之间的反应

    C. 水泥中 C_3S 与集料中 $CaCO_3$ 之间的反应

    D. 水泥中 C_3S 与集料中活性氧化硅之间的反应

12-4-36 为提高混凝土的抗碳化性，下列哪一条措施是错误的？

    A. 采用火山灰水泥   B. 采用硅酸盐水泥

    C. 采用较小的水灰比   D. 增加保护层厚度

12-4-37 下列关于混凝土碳化的叙述，哪一项是正确的？

    A. 碳化可引起混凝土的体积膨胀

    B. 碳化后的混凝土失去对内部钢筋的防锈保护作用

    C. 粉煤灰水泥的抗碳化能力优于普通水泥

    D. 碳化作用是在混凝土内、外部同时进行的

12-4-38 已知某混凝土工程所用的粗集料含有活性氧化硅，则以下抑制碱-集料反应的措施中哪一项是错误的？

    A. 选用低碱水泥   B. 掺粉煤灰或硅灰等掺和料

    C. 减少粗集料用量   D. 将该混凝土用于干燥部位

12-4-39 在沿海地区，钢筋混凝土构件的主要耐久性问题是：

    A. 内部钢筋锈蚀   B. 碱—骨料反应

    C. 硫酸盐反应   D. 冻融破坏

12-4-40 对混凝土抗渗性能影响最大的因素是：

    A. 水灰比   B. 骨料最大粒径

    C. 砂率   D. 水泥品种

12-4-41 确定施工所需混凝土拌合物工作性的主要依据是：

    A. 水灰比和砂率

    B. 水灰比和捣实方式

    C. 骨料的性质、最大粒径和级配

    D. 构件的截面尺寸、钢筋疏密、捣实方式

12-4-42 在混凝土配合比设计中，选用合理砂率的主要目的是：

    A. 提高混凝土的强度   B. 改善拌合物的和易性

    C. 节约水泥   D. 节约粗骨料

12-4-43 混凝土配合比设计中需要确定的基本变量不包括:

A. 混凝土用水量   B. 混凝土砂率

C. 混凝土粗骨料用量   D. 混凝土密度

12-4-44 已知某混凝土的实验室配合比是:水泥 300kg,砂 600kg,石子 1200kg,水 150kg。另知现场的砂含水率是 3%,石子含水率是 1%,则其施工配合比是:

A. 水泥 300kg,砂 600kg,石子 1200kg,水 150kg

B. 水泥 300kg,砂 618kg,石子 1212kg,水 150kg

C. 水泥 270kg,砂 618kg,石子 1212kg,水 150kg

D. 水泥 300kg,砂 618kg,石子 1212kg,水 120kg

12-4-45 混凝土配合比计算中,试配强度(配制强度)高于混凝土的设计强度,其提高幅度取决于下列中的哪几种因素?

①混凝土强度保证率要求;②施工和易性要求;③耐久性要求;

④施工控制水平;⑤水灰比;⑥集料品种。

A. ①②   B. ①③   C. ⑤⑥   D. ①④

12-4-46 加气混凝土用下列哪一种材料作为发气剂?

A. 镁粉   B. 锌粉   C. 铝粉   D. 铅粉

12-4-47 陶粒是一种人造轻集料,根据材料的不同,有不同的类型,以下哪一种陶粒不存在?

A. 粉煤灰陶粒   B. 膨胀珍珠岩陶粒

C. 页岩陶粒   D. 黏土陶粒

12-4-48 耐火混凝土是一种新型耐火材料,与耐火砖相比,不具有下列中的哪项优点?

A. 工艺简单   B. 使用方便

C. 成本低廉   D. 耐火温度高

12-4-49 防水混凝土的施工质量要求严格,除要求配料准确、机械搅拌、振捣器振实外,还尤其要注意养护,其浇水养护期至少要有多少天?

A. 3   B. 6   C. 10   D. 14

12-4-50 钢纤维混凝土能有效改善混凝土脆性性质,主要适用于下列哪一种工程?

A. 防射线工程   B. 石油化工工程

C. 飞机跑道、高速公路   D. 特殊承重结构工程

12-4-51 为防止混凝土保护层破坏而导致钢筋锈蚀,其 pH 值应大于:

A. 12.5~13.0   B. 11.5~12.5   C. 8.5~10.0   D. 10.5~11.5

12-4-52 混凝土温度膨胀系数是:

A. 1×10^{-4} B. 1×10^{-6} C. 1×10^{-5} D. 1×10^{-7}

12-4-53 减水剂是常用的混凝土外加剂,其主要功能是增加拌合物中的自由水,其作用原理是:

A. 本身产生水分   B. 通过化学反应产生水分

C. 释放水泥吸收水分   D. 分解水化产物

12-4-54 增大混凝土的骨料含量,混凝土的徐变和干燥收缩的变化规律为:

A. 都会增大   B. 都会减小

C. 徐变增大,收缩减小   D. 徐变减小,收缩增大

题解及参考答案

12-4-1 **解:** 在用较高强度等级的水泥配制较低强度的混凝土时,由于很少量水泥即可达到强度要求,而影响和易性,为满足工程的技术经济要求,应采用掺混合材料或掺和料的方法。

答案: A

12-4-2 **解:** 混凝土用砂粗细程度指标是细度模数。

答案: B

12-4-3 **解:** 通常骨料的含水状态有四种,分别是绝干状态、气干状态、饱和面干状态和潮湿状态,含水率依次增大。绝干状态是干燥、不含水的状态,含水率为零;气干状态是骨料内部孔隙中所含水分与周围大气湿度所决定的空气中水分达到平衡时的含水状态;饱和面干状态是骨料表面干燥但内部孔隙含水达到饱和的状态;潮湿状态是骨料内部孔隙含水达到饱和且表面附有一层水的状态。

答案: D

12-4-4 **解:** 砂的级配是指砂中不同粒径的颗粒之间的搭配效果,与细度模数或有害杂质含量无关。级配合格表明砂子不同粒径的搭配良好。

答案: D

12-4-5 **解:** 混凝土粗骨料的质量要求包括最大粒径和级配、颗粒形状和表面特征、有害杂质、强度等。

答案: D

12-4-6 **解:** 压碎指标是表示粗集料即石子强度的指标。

答案: B

12-4-7 **解:** 选用最大粒径的粗集料,主要目的是减少混凝土干缩,其次也可节省水泥。

答案: B

12-4-8 **解:** 混凝土按照其表观密度的大小分为重混凝土(表观密度大于 $2800kg/m^3$,一般采用重质骨料,如重晶石、铁矿石等),普通混凝土(表观密度为 $2000\sim2800kg/m^3$,采用普通砂石骨料)和轻混凝土(表观密度小于 $2000kg/m^3$,采用陶粒、页岩等轻质多孔骨料等)。由此可知,改变骨料的表观密度会导致混凝土的表观密度变化,即混凝土和骨料两者密切相关的性质是密度。

答案: C

12-4-9 **解:** 泵送混凝土的流动性很大,一般坍落度要大于 $160mm$,所以施工选用的外加剂应能显著提高拌合物的流动性,故应采用减水剂。

答案: C

12-4-10 **解:** 所用的早强剂不能对钢筋或混凝土有腐蚀性,氯化钠因含氯离子而对钢筋有腐蚀性,故不能采用。

答案: A

12-4-11 **解:** 三乙醇胺通常用做早强剂。

答案: D

12-4-12 **解:** 早强剂对混凝土拌合物的和易性包括流动性没有影响。减水剂主要是提高混凝土拌合物的流动性,其次对拌合物的黏聚性也有一定改善作用;引气剂形成的微小封闭气泡可以改善拌合物的流动性。

答案： D

12-4-13 **解：** 缓凝剂只改变凝结时间，通常对混凝土的抗渗性没有影响。膨胀剂补偿收缩和减水剂减少用水量都可提高混凝土的密实度，从而提高其抗渗性。引气剂形成微小封闭气泡可改善混凝土的孔隙结构从而提高其抗渗性。

答案： C

12-4-14 **解：** 冬季施工应尽量使混凝土强度迅速发展，故最适宜采用的混凝土外加剂是早强剂。

答案： D

12-4-15 **解：** 海水中的盐主要对混凝土中的钢筋有危害，促使其被腐蚀。

答案： D

12-4-16 **解：** 影响混凝土拌合物流动性的主要因素是水泥浆的数量和水泥浆的稠度，其次为砂率、集料级配、水泥品种等。

答案： B

12-4-17 **解：** 在不影响混凝土强度的前提下（即保持水灰比不变），可通过增减水泥用量来调整混凝土的流动性。

答案： B

12-4-18 **解：** 确定混凝土拌合物坍落度的依据包括构件截面尺寸大小、钢筋疏密程度、捣实方法，不包括粗集料的最大粒径。

答案： A

12-4-19 **解：** 我国使用立方体试件来测定混凝土的抗压强度，其标准立方体试件的边长为150mm。

答案： C

12-4-20 **解：** 测定混凝土强度的标准试件尺寸为 150mm×150mm×150mm。

答案： C

12-4-21 **解：** 混凝土的强度等级是根据混凝土立方体试件抗压强度标准值划分的。

答案： B

12-4-22 **解：** 由于环箍效应的影响，相同受压面时，混凝土试件的高度越大，测出的强度结果越小。相同截面时，棱柱体试件的高度大于立方体试件的高度，所以测出的棱柱体试件强度小于立方体试件的强度。

答案： A

12-4-23 **解：** 由于环箍效应的影响，混凝土的轴心抗压强度小于立方体抗压强度，混凝土的抗剪强度小于抗压强度。水化收缩、干缩等使得混凝土在不受力时内部存在裂缝。徐变可以消除大体积混凝土因温度变化所产生的破坏应力，但会使预应力钢筋混凝土结构中的预加应力受到损失。

答案： B

12-4-24 **解：** 混凝土强度的形成，受水灰比、水泥强度、骨料种类、搅拌均匀性、成型密实度、养护条件等因素的影响，养护条件指环境的温度和湿度。

答案： A

12-4-25 **解：** 普通混凝土的抗拉强度很低，一般为抗压强度的1/10～1/20。

答案： C

12-4-26 **解：** 影响混凝土强度的主要因素是水灰比。

答案：B

12-4-27 解：混凝土的密实度或孔隙率会影响混凝土的强度，而水灰（胶）比会影响混凝土的孔隙率，所以水灰（胶）比决定了混凝土的强度。

答案：D

12-4-28 解：混凝土是不均质材料，在荷载作用下产生弹塑性变形。

答案：C

12-4-29 解：徐变是指混凝土在固定荷载作用下，随着时间变化而发生的变形，即徐变的大小与外部应力水平有关。干燥收缩是由于环境湿度低于混凝土自身湿度引起失水而导致的变形。环境湿度越小，水灰比越大（表明混凝土内部的自由水分越多），骨料（混凝土中的骨料具有减少收缩的作用）含量越低时，干缩越大。干缩与外部应力水平无关。

答案：D

12-4-30 解：徐变是指在持续荷载作用下，混凝土随时间发生的变形，属于外部力学荷载引起的变形。干燥收缩和温度收缩是由于环境温湿度变化引起的变形。混凝土自身收缩，一方面是由于水泥水化过程中体积减小引起的，另一方面是由于水泥水化过程中消耗水分而产生的收缩，所以自身收缩属于混凝土内部物理化学过程引起的变形。

答案：D

12-4-31 解：徐变是指混凝土在长期固定荷载作用下的塑性变形。

答案：D

12-4-32 解：标准规定，混凝土的抗冻等级是指标准养护条件下 28d 龄期的立方体试件，在水饱和后，进行冻融循环试验，抗压强度下降不超过 25%，质量损失不超过 5%时的最大循环次数。

答案：D

12-4-33 解：碱-集料反应是指混凝土内水泥中的碱性氧化物（如 Na_2O 或 K_2O）与集料中的活性 SiO_2 发生反应生成吸水性碱-硅酸凝胶而膨胀导致混凝土破坏的反应。通过选择低碱水泥，掺活性混合材料（如矿渣、粉煤灰）或保持干燥等措施可以防止碱-集料反应。水泥中的碱表示为：$Na_2O+0.658K_2O$，即 1kg 钾离子的危害与 1kg 钠离子的危害并不相同。

答案：D

12-4-34 解：通常混凝土的强度或耐久性测定均是在 28d 龄期时进行的。

答案：C

12-4-35 解：混凝土碱-集料反应是指水泥中碱性氧化物（如 Na_2O 或 K_2O）与集料中活性氧化硅的反应。

答案：A

12-4-36 解：通过提高混凝土密实度（如较小的水灰比）、增加 $Ca(OH)_2$ 数量（采用硅酸盐水泥）、增加保护层厚度，可提高混凝土的抗碳化性。火山灰水泥的二次水化使 $Ca(OH)_2$ 含量降低，抗碳化性能降低。

答案：A

12-4-37 解：混凝土的碳化发生具有"由表及里、逐渐变慢"的特点，且会引起混凝土收缩。混凝土内发生碳化的部分，其原有的碱性条件将变成中性，因而失去对内部钢筋的防锈保护作用。粉煤灰水泥形成的 $Ca(OH)_2$ 少，抗碳化性能差。

答案：B

12-4-38 解：抑制碱-集料反应的三大措施是：选用不含活性氧化硅的集料，选用低碱水泥，提高混凝土的密实度。另外，采用矿物掺和料，或者将该混凝土用于干燥部位，也可控制碱-集料反应的发生。

答案：C

12-4-39 解：沿海地区钢筋混凝土构件主要考虑的耐久性是海水中所含氯盐对钢筋的锈蚀问题。

答案：A

12-4-40 解：影响混凝土抗渗性能的主要因素是混凝土的密实度和孔隙特征。其中水灰比是影响混凝土密实度的主要因素。

答案：A

12-4-41 解：混凝土拌合物工作性是指混凝土拌合物易于施工操作，并获得质量均匀、密实混凝土的性能。所以混凝土拌合物工作性应该依据施工要求确定，即浇筑构件的截面尺寸、配置钢筋的疏密程度和施工捣实方式。

答案：D

12-4-42 解：在混凝土配合比设计中，选用合理砂率可以降低骨料的空隙率和总表面积，因而在满足施工要求的和易性的前提下，节约水泥。

答案：C

12-4-43 解：混凝土配合比设计的目的是确定各组成材料的用量。所以需要确定的基本变量中不包括混凝土的密度。

答案：D

12-4-44 解：换算应使水泥用量不变，用水量应减少，砂、石用量均应增多。计算如下：

$$砂 = 600 \times (1 + 3\%) = 618kg$$

$$石子 = 1200 \times (1 + 1\%) = 1212kg$$

$$水 = 150 - (600 \times 3\% + 1200 \times 1\%) = 120kg$$

答案：D

12-4-45 解：试配强度：

$$f_{cu,o} = f_{cu,k} + t\sigma$$

式中：$f_{cu,o}$——配制强度；

$f_{cu,k}$——设计强度；

t——概率度（由强度保证率决定）；

σ——强度波动幅度（与施工控制水平有关）。

所以试配强度的提高幅度取决于强度保证率和施工控制水平。

答案：D

12-4-46 解：加气混凝土用铝粉作为发气剂。

答案：C

12-4-47 解：陶粒作为人造轻集料，具有表面密实、内部多孔的结构特征，可由粉煤灰、黏土或页岩等烧制而成。而膨胀珍珠岩在高温下膨胀生成的颗粒内外均为多孔，无密实表面。

答案：B

12-4-48 解：由于耐火混凝土与耐火砖材质的不同，耐火砖的耐火温度明显高于耐火混凝土。

答案：D

12-4-49 解：混凝土中水泥基本形成硬化产物的结构一般需要 2~4 周的时间。故防水混凝土宜至少养护 14 天，以便水泥充分水化，形成密实结构。

答案： D

12-4-50 **解：** 钢纤维混凝土能有效改善混凝土脆性性质，主要适用于飞机跑道、高速公路等抗裂性要求高的工程。

答案： C

12-4-51 **解：** 混凝土保护层发生碳化使 pH<10.5 后，钢筋表面的钝化膜开始脱钝，钢筋锈蚀。当有氯离子存在时，混凝土 pH<11.5 时，钢筋就开始脱钝。所以，综合氯离子和碳化对钢筋的锈蚀影响，为防止混凝土保护层破坏而导致钢筋锈蚀，其 pH 值应大于 11.5~12.5。

答案： B

12-4-52 **解：** 混凝土的温度膨胀系数约为 1×10^{-5}，即温度每升高 1℃，每 1m 混凝土膨胀 10μm。

答案： C

12-4-53 **解：** 减水剂是一种表面活性剂，其分子由亲水基团和憎水基团两部分组成。减水剂加入水泥浆体后，其中的憎水基团定向吸附于水泥质点表面，亲水基团指向水溶液，在水泥颗粒表面形成单分子或多分子吸附膜，使水泥颗粒表面带上相同的电荷（多数为负电荷），表现出斥力，将水泥加水后形成的絮凝结构打开并释放出被絮凝结构包裹的水，最终增加了拌合物中的自由水。

答案： C

12-4-54 **解：** 徐变是指混凝土在恒定荷载长期作用下，随时间而增加的变形。徐变是因为在外力作用下，混凝土中的凝胶体向毛细孔中迁移产生的收缩变形。干燥收缩是由于混凝土的毛细孔和凝胶孔因失水产生了收缩变形。骨料，特别是粗骨料的主要作用是抑制收缩，所以增大混凝土中的骨料含量，可以降低浆体的含量，最终使徐变和干缩减小。

答案： B

（五）建筑钢材

12-5-1 钢与生铁的区别在于钢的含碳量小于以下的哪一个数值？

A. 4.0%　　　　　B. 3.5%　　　　　C. 2.5%　　　　　D. 2.0%

12-5-2 钢材试件受拉应力-应变曲线上从原点到弹性极限点称为：

A. 弹性阶段　　　　　　　　　B. 屈服阶段

C. 强化阶段　　　　　　　　　D. 颈缩阶段

12-5-3 在钢结构设计中，低碳钢的设计强度取值应为：

A. 弹性极限　　　　　　　　　B. 屈服点

C. 抗拉强度　　　　　　　　　D. 断裂强度

12-5-4 衡量钢材的塑性高低的技术指标为：

A. 屈服强度　　　　　　　　　B. 抗拉强度

C. 断后伸长率　　　　　　　　D. 冲击韧性

12-5-5 表明钢材超过屈服点工作时的可能靠性的指标是：

A. 比强度　　　　　　　　　　B. 屈强比

C. 屈服强度　　　　　　　　　D. 条件屈服强度

12-5-6 钢材合理的屈强比数值应控制在什么范围内？

A. 0.3~0.45　　　B. 0.4~0.55　　　C. 0.5~0.65　　　D. 0.6~0.75

12-5-7 对钢材的冷弯性能要求越高，实验时采用的：

A. 弯心直径愈大，弯心直径对试件直径的比值越大

B. 弯心直径愈小，弯心直径对试件直径的比值越小

C. 弯心直径愈小，弯心直径对试件直径的比值越大

D. 弯心直径愈大，弯心直径对试件直径的比值越小

12-5-8 钢材中的含碳量提高，可提高钢材的：

A. 强度　　　　　　B. 塑性　　　　　　C. 可焊性　　　　　　D. 韧性

12-5-9 随着钢材中含碳量的增加：

A. 强度提高、塑性增大　　　　　　B. 强度降低、塑性减小

C. 强度提高、塑性减小　　　　　　D. 强度降低、塑性增大

12-5-10 要提高建筑钢材的强度并消除其脆性，改善其性能，一般应适量加入下列元素中的哪一种？

A. C　　　　　　B. Na　　　　　　C. Mn　　　　　　D. K

12-5-11 钢材经过冷加工、时效处理后，性能发生了下列哪项变化？

A. 屈服点和抗拉强度提高，塑性和韧性降低

B. 屈服点降低，抗拉强度、塑性和韧性提高

C. 屈服点提高，抗拉强度、塑性和韧性降低

D. 屈服点降低，抗拉强度提高，塑性和韧性都降低

12-5-12 钢材经冷加工后，性能会发生显著变化，但不会发生下列中的哪种变化？

A. 强度提高　　　　　　B. 塑性增大

C. 变硬　　　　　　D. 变脆

12-5-13 冷加工后的钢材进行时效处理，上升的性能中有下列中的哪几项？

①屈服点；②极限抗拉强度；③塑性；④韧性；⑤内应力。

A. ①④　　　　　　B. ④⑤　　　　　　C. ①②　　　　　　D. ②③

12-5-14 通常建筑钢材中含碳量增加，将使钢材性能发生下列中的哪项变化？

A. 冷脆性下降　　　　　　B. 时效敏感性提高

C. 可焊性提高　　　　　　D. 抗大气锈蚀性提高

12-5-15 我国碳素结构钢与低合金钢的产品牌号，是采用下列哪一种方法表示的？

A. 采用汉语拼音字母

B. 采用化学元素符号

C. 采用阿拉伯数字、罗马数字

D. 采用汉语拼音字母、阿拉伯数字相结合

12-5-16 以下四种钢筋中哪一种的强度较高，可自行加工成材，成本较低，发展较快，适用于生产中、小型预应力构件？

A. 热轧钢筋　　　　　　B. 冷拔低碳钢丝

C. 碳素钢丝　　　　　　D. 钢绞线

12-5-17 建筑工程中所用的钢绞线一般采用什么钢材？

A. 普通碳素结构钢　　　　　　B. 优质碳素结构钢

C. 普通低合金结构钢　　　　　　D. 普通中合金钢

12-5-18 钢材表面锈蚀的原因中，下列哪一条是主要的？

A. 钢材本身含有杂质

B. 表面不平，经冷加工后存在内应力

C. 有外部电解质作用

D. 电化学作用

12-5-19 在交变荷载作用下工作的钢材，需要特别检测：

A. 疲劳强度　　　　B. 冷弯性能　　　　C. 冲击韧性　　　　D. 延伸率

<h2 style="text-align:center">题解及参考答案</h2>

12-5-1　**解：** 钢与生铁的区别在于钢的含碳量小于 2.0%。

答案： D

12-5-2　**解：** 钢材试件受拉应力—应变曲线分为四个阶段，分别为弹性阶段、屈服阶段、强化阶段和颈缩阶段，其中从原点到弹性极限点称为弹性阶段。

答案： A

12-5-3　**解：** 低碳钢的设计强度取值通常为屈服点。

答案： B

12-5-4　**解：** 断后伸长率（即伸长率）是衡量钢材塑性变形的指标。屈服强度和抗拉强度是衡量钢材抗拉性能的指标，冲击韧性是衡量钢材抵抗冲击荷载作用能力的指标。

答案： C

12-5-5　**解：** 屈强比是指钢材屈服点与抗拉强度的比值，可以反映钢材使用时的可靠性和安全性。

答案： B

12-5-6　**解：** 钢材合理的屈强比数值应控制在 0.6~0.75。

答案： D

12-5-7　**解：** 实验时采用的弯心直径越小，弯心直径对试件直径的比值越小，说明对钢材的冷弯性能要求越高。

答案： B

12-5-8　**解：** 通常钢材的含碳量不大于 0.8%。含碳量提高，钢材的强度随之提高，但塑性、韧性和可焊性则随之下降。

答案： A

12-5-9　**解：** 含碳量增加，可以提高建筑钢材的强度，但是塑性降低。

答案： C

12-5-10　**解：** 通常合金元素可改善钢材性能，提高强度，消除脆性。Mn 属于合金元素。

答案： C

12-5-11　**解：** 钢材经过冷加工后，屈服点提高，抗拉强度不变，塑性、韧性和弹性模量降低；时效后屈服点和抗拉强度提高，塑性和韧性降低，弹性模量恢复。

答案： A

12-5-12　**解：** 钢材冷加工可提高强度，降低塑性和韧性。

答案： B

12-5-13 **解：**时效处理使钢材的屈服点、极限抗拉强度均得到提高，但塑性、韧性均下降。

答案： C

12-5-14 **解：**建筑钢材中含碳量增加，强度提高，塑性、韧性、可焊性和耐蚀性降低，增大冷脆性与时效倾向。

答案： B

12-5-15 **解：**我国碳素结构钢如 Q235 与低合金钢如 Q390 的牌号命名，采用屈服点字母 Q 与屈服点数值表示。

答案： D

12-5-16 **解：**冷拔低碳钢丝可在工地自行加工成材，成本较低，分为甲级和乙级，甲级为预应力钢丝，乙级为非预应力钢丝。

答案： B

12-5-17 **解：**建筑工程中所用的钢绞线一般采用优质碳素结构钢。

答案： B

12-5-18 **解：**钢材的腐蚀通常由电化学反应、化学反应引起，但以电化学反应为主。

答案： D

12-5-19 **解：**受交变荷载反复作用时，钢材在应力低于其屈服强度的情况下突然发生脆性断裂破坏的现象，称为疲劳破坏，以疲劳强度表示（选项 A 正确）。

钢材的冷弯性能是指在常温下承受静力弯曲时所容许的变形能力；冲击韧性指钢材抵抗冲击荷载作用的能力；延伸率指在拉力作用下断裂时，钢材伸长长度占原标距长度的百分率。

答案： A

（六）沥青及改性沥青

12-6-1 石油沥青的针入度指标反映了石油沥青的：
A. 黏滞性 B. 温度敏感性
C. 塑性 D. 大气稳定性

12-6-2 沥青是一种有机胶凝材料，以下哪一个性能不属于它？
A. 黏结性 B. 塑性
C. 憎水性 D. 导电性

12-6-3 针入度表示沥青的哪几方面性能？
①沥青抵抗剪切变形的能力；
②反映在一定条件下沥青的相对黏度；
③沥青的延伸度；
④沥青的黏结力。
A. ①② B. ①③ C. ②③ D. ①④

12-6-4 在测定沥青的延度和针入度时，需保持以下条件恒定：
A. 室内温度 B. 试件所处水浴的温度
C. 时间质量 D. 试件的养护条件

12-6-5 石油沥青的软化点反映了沥青的：
A. 黏滞性 B. 温度敏感性 C. 强度 D. 耐久性

12-6-6 评价黏稠石油沥青主要性能的三大指标是下列中的哪三项？
①延度；②针入度；③抗压强度；④柔度；⑤软化点；⑥坍落度。

A. ①②④   B. ①⑤⑥   C. ①②⑤   D. ③⑤⑥

12-6-7 下列关于沥青的叙述，哪一项是错误的？

A. 石油沥青按针入度划分牌号

B. 沥青针入度越大，则牌号越大

C. 沥青耐腐蚀性较差

D. 沥青针入度越大，则地沥青质含量越低

12-6-8 随着石油沥青牌号的变小，其性能有下述中的哪种变化？

A. 针入度变小，软化点降低

B. 针入度变小，软化点升高

C. 针入度变大，软化点降低

D. 针入度变大，软化点升高

12-6-9 石油沥青和煤沥青在常温下都是固态或半固态，均为黑色，而它们的性能却相差很大，它们之间可用直接燃烧法加以鉴别，石油沥青燃烧时：

A. 烟无色，基本无刺激性臭味   B. 烟无色，有刺激性臭味

C. 烟黄色，基本无刺激性臭味   D. 烟黄色，有刺激性臭味

12-6-10 适用于地下防水工程，或作为防腐材料的沥青材料是哪一种沥青？

A. 石油沥青   B. 煤沥青

C. 天然沥青   D. 建筑石油沥青

12-6-11 沥青中掺入一定量的磨细矿物填充料可使沥青的什么性能改善？

A. 弹性和延性   B. 耐寒性与不透水性

C. 黏结力和耐热性   D. 强度和密实度

12-6-12 我国建筑防水工程中，过去以采用沥青油毡为主，但沥青材料有以下哪些缺点？
①抗拉强度低；②抗渗性不好；③抗裂性差；④对温度变化较敏感。

A. ①③   B. ①②④

C. ②③④   D. ①③④

12-6-13 冷底子油在施工时对基面的要求是下列中的哪一项？

A. 平整、光滑   B. 洁净、干燥

C. 坡度合理   D. 除污去垢

12-6-14 为了获得乳化沥青，需要在沥青中加入：

A. 乳化剂   B. 硅酸盐水泥

C. 矿粉   D. 石膏

12-6-15 在环境条件长期作用下，沥青材料会逐渐老化，此时：

A. 各组成比例不变

B. 高分子量组成向低分子量组成转化

C. 低分子量组成向高分子量组成转化

D. 部分油分会蒸发，而树脂和地沥青质不变

题解及参考答案

12-6-1 **解：** 石油沥青的针入度反映其黏滞性（也称黏性）的大小，针入度越大，黏滞性越小。

答案： A

12-6-2 **解：** 沥青无导电性。

答案： D

12-6-3 **解：** 针入度表示沥青抵抗剪切变形的能力，或者在一定条件下的相对黏度。

答案： A

12-6-4 **解：** 沥青的针入度和延度对温度变化很敏感，试验时规定试件的温度，一般采取水浴的方式来控制温度。所以测定沥青针入度和延度时，需保持试件所处水浴的温度恒定。

答案： B

12-6-5 **解：** 石油沥青主要有黏滞性、塑性、温度敏感性、大气稳定性等技术性质。黏滞性以针入度表示，塑性以延度表示，温度敏感性以软化点表示，大气稳定性以蒸发损失和蒸发后针入度比表示。

答案： B

12-6-6 **解：** 评价黏稠石油沥青主要性能的三大指标是延度、针入度、软化点。

答案： C

12-6-7 **解：** 通常沥青具有良好的耐腐蚀性。石油沥青按其针入度划分牌号，牌号越大说明针入度越大，黏性越差，即其中地沥青质含量越少。

答案： C

12-6-8 **解：** 石油沥青随着牌号的变小，针入度变小，软化点升高，延度降低，即石油沥青的黏性增大，塑性降低，耐热性提高。

答案： B

12-6-9 **解：** 石油沥青燃烧时烟无色，略有松香或石油味，但无刺激性臭味。煤沥青燃烧时产生的烟较多，为黄色，有臭味且有毒。

答案： A

12-6-10 **解：** 煤沥青的防腐效果在各种沥青中最为突出。

答案： B

12-6-11 **解：** 沥青中掺入一定量的磨细矿物填充料可使沥青的黏结力和耐热性改善。

答案： C

12-6-12 **解：** 沥青材料有多项缺点，但其抗渗性尚好。

答案： D

12-6-13 **解：** 冷底子油在施工时对基面的要求是洁净、干燥。

答案： B

12-6-14 **解：** 乳化沥青是一种冷施工的防水涂料，是沥青微粒（粒径 1μm）分散在有乳化剂的水中而成的乳胶体。所以为了获得软化沥青，需要在沥青中加入乳化剂。

答案： A

12-6-15 **解：** 在环境条件长期作用下，沥青材料组分会发生递变，即低分子量组成向高分子量组成转化，最终地沥青质含量增加，使沥青逐渐老化，变硬变脆。

答案： C

（七）木材

12-7-1 导致木材物理力学性质发生改变的临界含水率是：

A. 最大含水率 　　　　　　　　　B. 平衡含水量

C. 纤维饱和点 　　　　　　　　　D. 最小含水率

12-7-2 干燥的木材吸水后，其变形最大的方向是：

A. 纵向 　　　　　　　　　　　　B. 径向

C. 弦向 　　　　　　　　　　　　D. 不确定

12-7-3 木材的力学性质各向异性，有下列中的哪种表现？

A. 抗拉强度，顺纹方向最大

B. 抗拉强度，横纹方向最大

C. 抗剪强度，横纹方向最小

D. 抗弯强度，横纹与顺纹方向相近

12-7-4 影响木材强度的因素较多，但下列哪个因素与木材强度无关？

A. 纤维饱和点以下的含水量变化

B. 纤维饱和点以上的含水量变化

C. 负荷持续时间

D. 疵病

12-7-5 木材从干燥到含水会对其使用性能有各种影响，下列叙述中哪个是正确的？

A. 木材含水使其导热性减小，强度减低，体积膨胀

B. 木材含水使其导热性增大，强度不变，体积膨胀

C. 木材含水使其导热性增大，强度减低，体积膨胀

D. 木材含水使其导热性减小，强度提高，体积膨胀

12-7-6 在工程中，对木材物理力学性质影响最大的因素是：

A. 质量 　　　　B. 变形 　　　　C. 含水率 　　　　D. 可燃性

12-7-7 木材在使用前应进行干燥处理，窑干木材的含水率是：

A. 12%~15% 　　　　　　　　　B. <12%

C. 15%~18% 　　　　　　　　　D. 18%~21%

12-7-8 木材加工前，应将其干燥至：

A. 绝对干燥状态 　　　　　　　　B. 标准含水状态

C. 平衡含水状态 　　　　　　　　D. 饱和含水状态

题解及参考答案

12-7-1 **解：** 纤维饱和点是指木材的细胞壁中充满吸附水，细胞腔和细胞间隙中没有自由水时的含水率。当含水率小于纤维饱和点时，木材强度随含水率降低而提高，而体积随含水率降低而收缩，

所以纤维饱和点是木材物理力学性能发生改变的临界含水率。

答案： C

12-7-2　解： 木材干湿变形最大的方向是弦向。

答案： C

12-7-3　解： 木材的抗拉强度，顺纹方向最大。

答案： A

12-7-4　解： 纤维饱和点以上的含水量变化，不会引起木材强度的变化。

答案： B

12-7-5　解： 在纤维饱和点以下范围内，木材含水使其导热性增大，强度减低，体积膨胀。

答案： C

12-7-6　解： 对木材物理力学性质影响最大的因素是含水率。

答案： C

12-7-7　解： 通常木材的纤维饱和点、平衡含水率、窑干含水率的数值依此递减，分别为 20%~35%、10%~18%、<12%。

答案： B

12-7-8　解： 木材含水率等于或接近零时的状态为绝对干燥状态；含水率和大气湿度相平衡时的状态称为平衡含水状态；木材孔隙含水达到饱和时的状态为饱和含水状态；因为含水率对木材强度影响很大，标准规定木材含水为 12% 的强度为标准强度，则含水率为 12% 时的状态为标准含水状态。为了避免木材含水率与环境湿度不同而产生体积胀缩变化，木材加工前应将其干燥至平衡含水状态。

答案： C

（八）石材

12-8-1 下列石材中，属于人造石材的有：
A. 毛石　　　　　B. 料石　　　　　C. 石板材　　　　　D. 铸石

12-8-2 石材吸水后，导热系数将增大，这是因为：
A. 水的导热系数比密闭空气大
B. 水的比热比密闭空气大
C. 水的密度比密闭空气大
D. 材料吸水后导致其中的裂纹增大

12-8-3 测定石材的抗压强度所用的立方体试块的尺寸为：
A. 150mm×150mm×150mm　　　　　B. 100mm×100mm×100mm
C. 70.7mm×70.7mm×70.7mm　　　　　D. 50.5mm×50.5mm×50.5mm

12-8-4 大理石属于下列中的哪种岩石？
A. 火成岩　　　　B. 变质岩　　　　C. 沉积岩　　　　D. 深成岩

12-8-5 大理石的主要矿物成分是：
A. 石英　　　　　B. 方解石　　　　C. 长石　　　　　D. 石灰石

12-8-6 大理石饰面板，适用于下列中的哪种工程？
A. 室外工程　　B. 室内工程　　C. 室内及室外工程　　D. 接触酸性物质的工程

题解及参考答案

12-8-1 **解**：毛石、料石和石制品属于天然石材。铸石是以天然岩石（玄武岩、辉绿岩等）或工业废渣（高炉矿渣、钢渣、铜渣、铬渣等）为主要原料，经配料、熔融、浇注、热处理等工序制成的晶体排列规整、质地坚硬、细腻的非金属工业材料，属于人造石材。

　　答案：D

12-8-2 **解**：水的导热系数比密闭空气大。

　　答案：A

12-8-3 **解**：测定石材抗压强度所用立方体的尺寸为 70.7mm×70.7mm×70.7mm。

　　答案：C

12-8-4 **解**：大理石属于变质岩。

　　答案：B

12-8-5 **解**：大理石的主要矿物成分是方解石与白云石。

　　答案：B

12-8-6 **解**：大理石的主要化学成分是 $CaCO_3$，呈弱碱性，故耐碱但不耐酸，易风化与溶蚀，耐久性差，不宜用于室外和接触酸性物质的工程中。

　　答案：B

（九）黏土

12-9-1 当土骨架中的孔隙全部被水占领时，这种土称为：

A. 湿土　　　　　　　B. 饱和土　　　　　　C. 过饱和土　　　　　D. 次饱和土

12-9-2 黏性土由半固态变成可塑状态时的界限含水率称为土的：

A. 塑性指数　　　　　B. 液限　　　　　　　C. 塑限　　　　　　　D. 最佳含水率

12-9-3 黏土塑限高，说明黏土有哪种性能？

A. 黏土粒子的水化膜薄，可塑性好

B. 黏土粒子的水化膜薄，可塑性差

C. 黏土粒子的水化膜厚，可塑性好

D. 黏土粒子的水化膜厚，可塑性差

12-9-4 下列关于土壤的叙述，正确的是哪一项？

A. 土壤压实时，其含水率越高，压实度越高

B. 土壤压实时，其含水率越高，压实度越低

C. 黏土颗粒越小，液限越低

D. 黏土颗粒越小，其孔隙率越高

题解及参考答案

12-9-1 **解**：当土骨架中的孔隙全部被水占领时，这种土称为饱和土；当土骨架中的孔隙仅含空

气时，称之为干土；当土固体颗粒、水和空气并存时，称之为湿土。

答案： B

12-9-2 **解：** 黏土由流态变成可塑态时的界限含水率称为土的液限，由可塑态变成半固态时的界限含水率称为土的塑限，由半固态变成固态时的界限含水率称为土的缩限。

答案： C

12-9-3 **解：** 塑限是黏土由可塑态向半固态转变的界限含水率。黏土塑限高，说明黏土粒子的水化膜厚，可塑性好。

答案： C

12-9-4 **解：** 对同一类土，级配良好，则易于压实。如级配不好，多为单一粒径的颗粒，则孔隙率反而高。

答案： D

第十三章 工程测量

复习指导

1. 测量基本概念

（1）重点及重点概念

重点：测定和测设，大地水准面，独立平面直角坐标系，绝对高程，相对高程，测量工作的原则，确定地面点位的三要素（基本要素）。

重点概念：测量学，测定、测设，水准面、大地水准面，相对高程、绝对高程，高斯平面直角坐标、独立平面直角坐标，测量工作的原则和程序，确定地面点位的三要素。

（2）难点

高斯平面直角坐标系，水平面代替水准面的范围。

2. 水准测量

（1）重点及重点概念

重点：水准测量原理、水准仪的构造及使用中涉及的基本概念，外业测量方法及测量数据的记录、成果计算。

重点概念：水准测量，水准点，前视、后视，转点，水准管零点、水准管轴、水准管分划值，圆水准器零点、圆水准器轴、圆水准器分划值，仪器竖轴，视准轴，视差，附合水准路线、闭合水准路线、支水准路线，高差闭和差。

（2）难点

水准仪的检验和校正方法，水准测量误差分析及其消除方法。

3. 角度测量

（1）重点及重点概念

重点：用经纬仪测量水平角、竖直角的基本原理，外业测量方法及测量数据的记录、成果计算，水平角、竖直角测量误差及其消除方法。

重点概念：水平角、竖直角，仪器横轴，经纬仪盘左、盘右位置，竖盘指标差。

（2）难点

经纬仪的检验和校正方法，角度测量误差分析及其消除方法。

4. 距离测量及直线定向

（1）重点及重点概念

重点：钢尺丈量的方法，视距测量的原理，光电测距的原理，直线定向的方法。

重点概念：直线定线，尺长方程式，视距测量，相位法测距，测距仪的标称精度，全站仪。

（2）难点

钢尺精密量距外业成果的改正，坐标方位角的计算。

5. 测量误差的基本知识

（1）重点及重点概念

重点：观测条件的含义，系统误差与偶然误差的含义以及偶然误差的特性，各种精度评定指标的含义与计算方法，误差传播定律的理解与应用。

重点概念：观测误差和观测条件，等精度观测和不等精度观测，系统误差和偶然误差，真误差、中误差、相对误差、极限误差、容许误差，误差传播定律，最或然值，改正数。

（2）难点

中误差的含义与计算方法，误差传播定律的应用，等精度直接观测平差最或然值的计算与精度评定的方法。

6. 控制测量

（1）重点及重点概念

闭合、附和导线的外业测量工作及内业计算。

（2）难点

闭合、附和导线的内业计算。

7. 地形图测绘

（1）重点及重点概念

重点：比例尺精度及其在测绘工作中的用途，等高线及其特性，经纬仪测绘法，全站仪数字化测图。

重点概念：地形图，地形图的比例尺，比例尺精度，等高线，等高距，等高线平距，坡度。

（2）难点

比例尺精度，经纬仪测绘法。

8. 地形图应用

（1）重点及重点概念

重点：地形图应用的基本内容，应用地形图求点的平面坐标的高程、求直线的坐标方位角、长度和坡度，量算图上某区域的面积。

重点概念：坡度，纵断面，汇水面积。

（2）难点

地形图在工程中的具体应用，按限制坡度在地形图上选最短线路，应用地形图绘制某一方向的纵断面图、确定汇水面积、绘出填挖边界线以及进行土地平整中的土石方量估算等。

9. 建筑工程测量

（1）重点

高程及点的平面位置的测设方法，建筑物的施工控制测量，民用建筑物的施工测量。

（2）难点

高程的测设，点的平面位置测设数据计算。

10. 全球定位系统（GPS）简介

重点：GPS 卫星定位系统的概念、特点，系统各个组成部分的功能，GPS 定位的原理，绝对定位和相对定位。

练习题、题解及参考答案

（一）测量基本概念

13-1-1　坐标正算中，下列何项表达了横坐标增量？

A. $\Delta X_{AB} = D_{AB} \cdot \cos \alpha_{AB}$　　　　B. $\Delta Y_{AB} = D_{AB} \cdot \sin \alpha_{AB}$

C. $\Delta Y_{AB} = D \cdot \sin \alpha_{BA}$　　　　D. $\Delta X_{AB} = D \cdot \cos \alpha_{BA}$

13-1-2　下列何项作为测量外业工作的基准面？

A. 水准面　　　　　　　　　　　B. 参考椭球面

C. 大地水准面　　　　　　　　　D. 平均海水面

13-1-3　水准面上任一点的铅垂线都与该面相垂直，大地水准面是由自由静止的海水面向大陆、岛屿内延伸而成的，形成下列中的哪一种面？

A. 闭合曲面　　　B. 水平面　　　C. 参考椭球体　　　D. 圆球体

13-1-4　某点到大地水准面的铅垂距离对该点称为：

A. 相对高程　　　B. 高差　　　C. 标高　　　D. 绝对高程

13-1-5　目前中国采用统一的测量高程是指：

A. 渤海高程系　　　　　　　　　B. 1956 高程系

C. 1985 国家高程基准　　　　　　D. 黄海高程系

13-1-6　北京某点位于东经116°28′、北纬39°54′，则该点所在6°带的带号及中央子午线的经度分别为：

A. 20、120°　　　B. 20、117°　　　C. 19、111°　　　D. 19、117°

13-1-7　已知M点所在6°带的高斯坐标值为，$x_m = 366712.48\text{m}$，$y_m = 21331229.75\text{m}$，则$M$点位于：

A. 21°带，在中央子午线以东　　　B. 36°带，在中央子午线以东

C. 21°带，在中央子午线以西　　　D. 36°带，在中央子午线以西

13-1-8　从测量平面直角坐标系的规定判断，下列中哪一项叙述是正确的？

A. 象限与数学坐标象限编号方向一致

B. X轴为纵坐标，Y轴为横坐标

C. 方位角由横坐标轴逆时针量测

D. 东西方向为X轴，南北方向为Y轴

13-1-9　测量工作的基本原则是从整体到局部，从高级到低级，还有下列中的哪一项原则？

A. 从控制到碎部　　　　　　　　B. 从碎部到控制

C. 控制与碎部并存　　　　　　　D. 测图与放样并存

13-1-10　下列何项作为野外测量工作的基准面？

A. 大地水准面　　　　　　　　　B. 旋转椭球面

C. 水平面　　　　　　　　　　　D. 平均水平面

13-1-11　高斯坐标系属于：

A. 空间坐标　　　　　　　　　　B. 相对坐标

C. 平面直角坐标　　　　　　　　D. 极坐标

题解及参考答案

13-1-1 **解：** 由测量平面直角坐标系及方位角的定义可知，横坐标增量为 $\Delta Y_{AB} = D_{AB} \sin \alpha_{AB}$。

答案： B

13-1-2 **解：** 测量外业工作的基准面是大地水准面。

答案： C

13-1-3 **解：** 大地水准面是由自由静止的海水面向大陆、岛屿延伸而形成的闭合曲面。

答案： A

13-1-4 **解：** 绝对高程是地面点到大地水准面的铅垂距离，相对高程是到任一水准面的铅垂距离。

答案： D

13-1-5 **解：** 目前国家采用的统一高程基准是指 1985 国家高程基准。

答案： C

13-1-6 **解：** 带号 $n = \text{Int}\left(\frac{L+3}{6} + 0.5\right) = \text{Int}\left(\frac{116°28'+3}{6} + 0.5\right) = 20$，中央子午线的经度 $L = 6n - 3 = 6 \times 20 - 3 = 117°$。

答案： B

13-1-7 **解：** 根据高斯坐标通用值定义，可知该点位于 21° 带，由于坐标西移 500km，因此，坐标自然值：$y_m = 331229.75 - 500000 = -168770.25 < 0$，坐标为负，可知该点位于中央子午线以西。

答案： C

13-1-8 **解：** 见测量平面直角坐标系的定义，x 轴为纵坐标，y 轴为横坐标。

答案： B

13-1-9 **解：** 测量工作的基本原则之一是先控制后碎部。

答案： A

13-1-10 **解：** 野外测量工作的基准面是大地水准面。

答案： A

13-1-11 **解：** 根据高斯坐标系的定义，说明它是平面直角坐标系，通过高斯投影把地球曲面变换成平面，然后规定直角坐标系的纵、横轴及原点。

答案： C

（二）水准测量

13-2-1 采用水准仪测量 A、B 两点间的高差，将已知高程点 A 作为后视，待求点 B 作为前视，先后在两尺上读取读数，得到后视读数 a 和前视读数 b，则 A、B 两点间的高差可以表示为：

A. $H_{BA} = a - b$ B. $h_{AB} = a - b$

C. $H_{AB} = a - b$ D. $h_{BA} = b - a$

13-2-2 进行往返路线水准测量时，从理论上说 $\sum h_{往}$ 与 $\sum h_{返}$ 之间应具备的关系是：

A. 符号相反，绝对值不等   B. 符号相同，绝对值相同

C. 符号相反，绝对值相等   D. 符号相同，绝对值不等

13-2-3 下列何项是利用仪器所提供的一条水平视线来获取两点之间高差的测量方法？

A. 三角高程测量   B. 物理高程测量

C. 水准测量   D. GPS 高程测量

13-2-4 M点高程H_M=43.251m，测得后视读数a=1.000m，前视读数b=2.283m。则N点对M点高差h_{MN}和待求点N的高程分别为：

A. 1.283m，44.534m   B. -3.283m，39.968m

C. 3.283m，46.534m   D. -1.283m，41.968m

13-2-5 水准管分划值的大小与水准管纵向圆弧半径的关系是：

A. 成正比   B. 成反比   C. 无关   D. 成平方比

13-2-6 水准测量是测得前后两点高差，通过其中一点的高程，推算出未知点的高程。测量是通过水准仪提供的什么来测量的？

A. 视准轴   B. 水准管轴线   C. 水平视线   D. 铅锤线

13-2-7 视准轴是指下列中哪两点的连线？

A. 目镜中心与物镜中心   B. 目镜中心与十字丝中央交点

C. 十字丝中央交点与物镜中心   D. 十字丝中央交点与物镜光心

13-2-8 进行三、四等水准测量，通常是使用双面水准尺，对于三等水准测量红黑面高差之差的限差是：

A. 3mm   B. 5mm   C. 2mm   D. 4mm

13-2-9 平整场地时，水准仪读得后视读数后，在一个方格的四个角M、N、O和P点上读得前视读数分别为 1.254m、0.493m、2.021m 和 0.213m，则方格上最高点和最低点分别是：

A. P、O B. O、P C. M、N D. N、M

13-2-10 水准仪有$DS_{0.5}$、DS_1、DS_3等多种型号，其下标数字 0.5、1、3 等代表水准仪的精度，为水准测量每公里往返高差中数的中误差值，单位为：

A. km   B. m   C. cm   D. mm

13-2-11 用望远镜观测中，当眼睛晃动时，如目标影像与十字丝之间有互相移动现象称为视差，产生的原因是：

A. 目标成像平面与十字丝平面不重合

B. 仪器轴系未满足几何条件

C. 人的视力不适应

D. 目标亮度不够

13-2-12 过圆水准器零点的球面法线称为：

A. 水准管轴   B. 铅垂线   C. 圆水准器轴   D. 水平线

13-2-13 水准仪置于A、B两点中间，A尺读数a=1.523m，B尺读数b=1.305m，仪器移至A点附近，尺读数分别为a'=1.701m，b'=1.462m，则有下列中哪项结果？

A. LL∥VV   B. LL 不平行 CC   C. L'L'∥VV   D. LL 不平行 VV

13-2-14 水准测量中要求前后视距距离大致相等的作用在于削弱地球曲率和大气折光的影响，还可削弱下述中的哪种影响？

A. 圆水准器轴与竖轴不平行的误差   B. 十字丝横丝不垂直于竖轴的误差

C. 读数误差   D. 水准管轴与视准轴不平行的误差

13-2-15 用于附合水准路线的成果校核的是下列中的哪个公式?

A. $f_h = \sum h$

B. $f_h = \sum h_测 - (H_终 - H_始)$

C. $f_h = \sum h_往 - \sum h_返$

D. $\sum h = \sum a - \sum b$

13-2-16 自水准点M（$H_M = 100.000\text{m}$）经4个测站至待定点A，得$h_{MA} = +1.021\text{m}$；再由A点经6个站测至另一水准点N（$H_N = 105.121\text{m}$），得$h_{AN} = +4.080\text{m}$。则平差后的A点高程为:

A. 101.029m　　　B. 101.013m　　　C. 101.031m　　　D. 101.021m

13-2-17 水准路线闭合差调整是对高差进行改正，方法是将高差闭合差按与测站数（或路线里程数）成下列中的哪种关系以求得高差改正数?

A. 正比例并同号

B. 反比例并反号

C. 正比例并反号

D. 反比例并同号

13-2-18 自动水准仪是借助安平机构的补偿元件、灵敏元件和阻尼元件的作用，使望远镜十字丝中央交点能自动得到下述中哪种状态下的读数?

A. 视线水平　　　B. 视线倾斜　　　C. 任意　　　D. B和C

题解及参考答案

13-2-1 **解**：按水准测量原理，依题意，A、B两点间的高差$h_{AB} = a - b$。小写h_{AB}表示A点到B点的高差。选项C，$H_{AB} = a - b$，大写H在工程测量中，通常表示高程。

答案：B

13-2-2 **解**：根据水准测量原理，往返水准测量高差理论上应绝对值相等，符号相反。

答案：C

13-2-3 **解**：根据水准测量原理，地面上两点的高差是利用水准仪提供的水平视线读取放置在该两点上的水准尺度数得到的。

答案：C

13-2-4 **解**：$h_{MN} = a - b = 1.000 - 2.283 = -1.283\text{m}$

$H_N = H_M + h_{MN} = 42.251 + (-1.283) = 41.968\text{m}$

答案：D

13-2-5 **解**：水准管分划值$= \dfrac{2}{R}\rho''$。式中，R为水准管纵向圆弧半径，可见水准管分划值的大小与水准管纵向圆弧半径成反比。

答案：B

13-2-6 **解**：水准仪的基本原理是通过水平视线，借助水准尺来测量两点间的高差。

答案：C

13-2-7 **解**：视准轴是指仪器十字丝中央交点与物镜光心的连线。

答案：D

13-2-8 **解**：三等水准测量红黑面高差之差的限值是±3mm，详见《国家三、四等水准测量规范》（GB/T 12898—2009）。

答案：A

13-2-9 **解**：读数越大，点的高程越低；反之，读数越小，点的高程越高。

答案：A

13-2-10 **解：** 表示水准仪精度指标中误差值的单位为 mm。

答案：D

13-2-11 **解：** 视差的形成原因是目标成像平面与十字丝平面不重合。

答案：A

13-2-12 **解：** 圆水准器轴的定义是指圆水准器零点的球面法线，用来指示竖轴是否竖直。

答案：C

13-2-13 **解：** $h_{ab} = a - b = 0.218$，$h'_{ab} = a' - b' = 0.239$，$h'_{ab} \neq h_{ab}$，所以视准轴不平行于水准管轴。本题中，LL 表示水准管轴，VV 表示仪器竖轴，CC 表示视准轴，L'L' 表示圆水准器轴。

答案：B

13-2-14 **解：** 前后视距相等可以在高差计算中消除水准管轴与视准轴不平行的误差。

答案：D

13-2-15 **解：** 见附合水准路线的检核公式：$f_h = \sum h_测 - (H_终 - H_始)$。

答案：B

13-2-16 **解：** 见水准测量闭合差分配方法：

$$f_h = \sum h_测 - (H_N - H_M) = 1.021 + 4.080 - (105.121 - 100.000) = -0.02\text{m}$$

$$改正后的 h'_{MA} = h_{MA} + \left(-\frac{f_h}{10} \times 4\right) = 1.021 + \left(-\frac{-0.02}{10} \times 4\right) = 1.029\text{m}$$

$$H_A = H_M + h'_{MA} = 101.029\text{m}$$

答案：A

13-2-17 **解：** 水准路线闭合差的调整是将高差闭合差按与测站数或路线长度成正比例且反符号进行的。

答案：C

13-2-18 **解：** 按自动安平水准仪补偿原理，望远镜十字丝交点能自动得到视线水平状态下的读数。

答案：A

（三）角度测量

13-3-1 光学经纬仪下列何种误差可以通过盘左盘右取均值的方法消除？

A. 对中误差　　　　　B. 视准轴误差　　　　　C. 竖轴误差　　　　　D. 照准误差

13-3-2 确定地面点位相对位置的三个基本观测量是水平距离及：

A. 水平角和方位角　　　　　　　　　　B. 水平角和高差

C. 方位角和竖直角　　　　　　　　　　D. 竖直角和高差

13-3-3 测站点与观测目标位置不变，但仪器高度改变，则此时所测得的：

A. 水平角改变、竖直角不变　　　　　　B. 水平角改变、竖直角也改变

C. 水平角不变、竖直角改变　　　　　　D. 水平角不变、竖直角也不变

13-3-4 工程测量中所使用的光学经纬仪的度盘刻画注记形式为：

A. 水平度盘均为逆时针注记　　　　　　B. 竖直度盘均为逆时针注记

C. 水平度盘均为顺时针注记　　　　　　D. 竖直度盘均为顺时针注记

13-3-5 光学经纬仪竖盘刻划的注记有顺时针方向与逆时针方向两种，若经纬仪竖盘刻划的注记为顺时针方向，则该仪器的竖直角计算公式为：

A. $\alpha_左 = 90° - L$，$\alpha_右 = 270° - R$　　　　B. $\alpha_左 = 90° - L$，$\alpha_右 = R - 270°$

C. $\alpha_左 = L - 90°$，$\alpha_右 = R - 270°$　　　　D. $\alpha_左 = L - 90°$，$\alpha_右 = 270° - R$

13-3-6 经纬仪主要几个轴线间应满足几个几何关系，试从下列几何关系中删掉一项：

A. 视准轴平行于水准管轴　　　　　　　B. 水准管轴垂直于竖轴

C. 视准轴垂直于横轴　　　　　　　　　D. 横轴垂直于竖轴

13-3-7 DJ$_6$型光学经纬仪有四条主要轴线：竖轴 VV，视准轴 CC，横轴 HH，水准管轴 LL。其轴线关系应满足：LL⊥VV，CC⊥HH，以及：

A. CC⊥HH　　　　　B. CC⊥LL　　　　　C. HH⊥LL　　　　　D. HH⊥VV

13-3-8 视距测量时，经纬仪置于高程为 162.382m 的S点，仪器高为 1.40m，上、中、下三丝读数分别为 1.019m、1.400m 和 1.781m，求得竖直角$\alpha = 3°12'10''$，则 SP 的水平距离和P点高程分别为：

A. 75.962m，158.125m　　　　　　　　B. 75.962m，166.633m

C. 76.081m，158.125m　　　　　　　　D. 76.081m，166.633m

13-3-9 测量学中所指的水平角是测站点至两个观测目标点的连线在什么平面上投影的夹角？

A. 水准面　　　　　　　　　　　　　　B. 水平面

C. 两方向构成的平面　　　　　　　　　D. 大地水准面

13-3-10 光学经纬仪有 DJ$_1$、DJ$_2$、DJ$_6$等多种型号，数字下标 1、2、6 表示的是以下哪种测量中误差的值（以秒计）？

A. 水平角测量一测回角度　　　　　　　B. 竖直方向测量一测回方向

C. 竖直角测量一测回角度　　　　　　　D. 水平方向测量一测回方向

13-3-11 检验经纬仪水准管轴是否垂直于竖轴，当气泡居中后，平转 180°时，气泡已偏离。此时用校正针拨动水准管校正螺丝，使气泡退回偏离值的多少即可？

A. 1/2　　　　　　　B. 1/4　　　　　　　C. 全部　　　　　　　D. 2 倍

13-3-12 如经纬仪横轴与竖轴不垂直，则会造成下述中的哪项后果？

A. 观测目标越高，对竖直角影响越大

B. 观测目标越高，对水平角影响越大

C. 水平角变大，竖直角变小

D. 竖直角变大，水平角变小

13-3-13 经纬仪观测中，取盘左、盘右平均值虽不能消除水准管轴不垂直于竖轴的误差影响，但能消除下述中的哪种误差影响？

A. 视准轴不垂直于横轴　　　　　　　　B. 横轴不垂直于竖轴

C. 度盘偏心　　　　　　　　　　　　　D. 选项 A、B 和 C

13-3-14 经纬仪对中是使仪器中心与测站点安置在同一铅垂线上；整平是使仪器具有下述哪种状态？

A. 圆气泡居中　　　　　　　　　　　　B. 视准轴水平

C. 竖轴铅直和水平度盘水平　　　　　　D. 横轴水平

13-3-15 水平角观测中，盘左起始方向OA的水平度盘读数为$358°12'15''$，终了方向OB的对应读数为154°18′19″，则∠AOB前半测回角值为：

    A. 156°06′04″　　　　　　　　　　　　B. −156°06′04″

    C. 203°53′56″　　　　　　　　　　　　D. −203°53′56″

13-3-16 全圆测回法（方向观测法）观测中应顾及的限差有下列中的哪几项？

    A. 半测回归零差　　　　　　　　　　　B. 各测回间归零方向值之差

    C. 两倍照准差　　　　　　　　　　　　D. 选项A、B和C

13-3-17 经纬仪如存在指标差，将使观测出现下列中的哪种结果？

    A. 一测回水平角不正确　　　　　　　　B. 盘左和盘右水平角均含指标差

    C. 一测回竖直角不正确　　　　　　　　D. 盘左和盘右竖直角均含指标差

13-3-18 电子经纬仪的读数系统采用下列中的哪种方式？

    A. 光电扫描度盘自动计数，自动显示　　B. 光电扫描度盘自动计数，光路显示

    C. 光学度盘，自动显示　　　　　　　　D. 光学度盘，光路显示

13-3-19 使用经纬仪观测水平角，角值计算公式 $\beta = b - a$，已知读数 a 为 296°23′36″，读数 b 为 6°17′12″，则角值 β 为：

    A. 110°06′24″　　　　　　　　　　　　B. 290°06′24″

    C. 69°53′36″　　　　　　　　　　　　D. 302°40′48″

13-3-20 放样水平角度时，采用盘左、盘右投点是为了消除：

    A. 目标倾斜　　　　　　　　　　　　　B. 气泡向两侧偏斜误差

    C. 旁折光影响　　　　　　　　　　　　D. 2C误差

题解及参考答案

13-3-1　**解：** 盘左、盘右观测取平均值可消除视准轴误差，但不能消除竖轴误差。

    答案： B

13-3-2　**解：** 测量工作的实质是通过测量地面点间的相对位置关系，即水平角（方向）、距离和高程三个基本观测量确定地面点的空间位置。

    答案： B

13-3-3　**解：** 竖直角是在同一竖直面内，某方向与过仪器中心的水平面之间的夹角，因此，水平角保持不变，竖直角发生改变。

    答案： C

13-3-4　**解：** 光学经纬仪的水平度盘均为顺时针注记。竖直度盘则有逆时针或顺时针两种不同的注记形式。

    答案： C

13-3-5　**解：** 若光学经纬仪竖盘刻划注记为顺时针方向，则该仪器的竖直角计算公式为：

$$\alpha_{左} = 90° - L, \quad \alpha_{右} = R - 270°$$

    答案： B

13-3-6　**解：** 经纬仪的主要轴线有水准管轴、竖轴、视准轴、横轴，它们之间应满足的几何关系为：水准管轴垂直于竖轴、视准轴垂直于横轴、横轴垂直于竖轴。

    答案： A

13-3-7 解：见题 13-3-6 解。

答案：D

13-3-8 解：根据视距测量原理，计算公式：

$$D_{SP} = kl\cos^2\alpha \, , \quad h_{SP} = D_{SP}\tan\alpha + i - v$$

代入数据：

$$D_{SP} = 76.2 \times \cos^2(3°12'10'') = 75.962\text{m}$$

$$h_{SP} = 75.962 \times \tan(3°12'10'') + 1.40 - 1.400 = 4.251\text{m}$$

则

$$H_P = H_S + h_{SP} = 162.382 + 4.251 = 166.633\text{m}$$

答案：B

13-3-9 解：水平角是测站点至两个观测目标点的连线在水平面上投影的夹角。

答案：B

13-3-10 解：下标 1、2、6 表示的是水平方向测量一测回的方向中误差，单位是秒。

答案：D

13-3-11 解：使气泡退回偏离值的 $\frac{1}{2}$，见经纬仪水准管轴垂直于竖轴的校验方法。

答案：A

13-3-12 解：横轴与竖轴不垂直的误差，观测目标越高，对水平角的影响越大。

答案：B

13-3-13 解：盘左、盘右平均值所能消除的误差包括视准轴不垂直于横轴、横轴不垂直于竖轴、度盘偏心差。

答案：D

13-3-14 解：经纬仪对中整平的作用是使仪器中心竖轴铅垂并与测站点重合，同时使仪器水平盘水平。

答案：C

13-3-15 解：根据经纬仪水平角测量原理：当 OB 减 OA 小于零时，应加 360°，即

$$\angle AOB = OB - OA + 360° = 154°18'19'' - 358°12'15'' + 360° = 156°06'04''$$

答案：A

13-3-16 解：方向观测法限差包括半测回归零差、两倍照准差及归零方向值之差。

答案：D

13-3-17 解：指标差的存在，将使盘左、盘右竖直角观测值含有指标差，见经纬仪指标差的定义。

答案：D

13-3-18 解：电子经纬仪读数系统采用光电扫描度盘自动计数、自动显示，见电子经纬仪的测角原理。

答案：A

13-3-19 解：根据经纬仪的水平度盘注记方式及其水平角测量原理，当读数 b 小于读数 a 时，要使 b 数值大于 a 同时方向又不变，b 应加 360° 再减 a。故：

$$\beta = a - b = 6°17'12'' + 360° - 296°23'26'' = 69°53'36''$$

答案：C

13-3-20 解：放样水平角度时，采用盘左、盘右投点是为了消除 $2C$ 误差。

答案：D

（四）距离测量及直线定线

13-4-1 测量坐标正算中，下列表达了纵坐标增量的是：

A. $\Delta X_{AB} = D_{AB} \cdot \cos\alpha_{AB}$ B. $\Delta Y_{AB} = D_{AB} \cdot \sin\alpha_{AB}$

C. $\Delta Y_{AB} = D \cdot \sin\alpha_{BA}$ D. $\Delta X_{AB} = D \cdot \cos\alpha_{BA}$

13-4-2 某双频测距仪，测程为 1km，设计了精、粗两个测尺，精尺为 10m（载波频率 $f_1 = 15$MHz），粗尺为 1000m（载波频率 $f_2 = 150$kHz），测相精度为1/1000，则下列哪项为仪器所能达到的精度？

A. m   B. dm   C. cm   D. mm

13-4-3 某电磁波测距仪的标称精度为±(3+3ppm)mm，用该仪器测得 500m 距离，如不顾及其他因素影响，则产生的测距中误差为：

A. ±18mm   B. ±3mm   C. ±4.5mm   D. ±6mm

13-4-4 磁偏角和子午线收敛角分别是指磁子午线、中央子午线与下列哪项的夹角？

A. 坐标纵轴   B. 指北线

C. 坐标横轴   D. 真子午线

13-4-5 钢尺量距时，加入下列哪项改正后，才能保证距离测量精度？

A. 尺长改正   B. 温度改正

C. 倾斜改正   D. 尺长改正、温度改正和倾斜改正

13-4-6 相对误差是衡量距离丈量精度的标准，以钢尺量距，往返分别测得 125.4687m 和 125.451m，则相对误差为：

A. ±0.016   B. |0.016|/125.459

C. 1/7100   D. 0.00128

13-4-7 某钢尺尺长方程式为 $l = 50.000m + 0.0044m + 1.25 \times 10^{-5} \times (t - 20) \times 50m$，在温度为31.4℃和标准拉力下量得均匀坡度两点间的距离为49.9062m，高差为−0.705m。则该两点间的实际水平距离为：

A. 49.904m   B. 49.913m

C. 49.923m   D. 49.906m

13-4-8 视距测量中，设视距尺的尺间隔为l，视距乘常数为k，竖直角为α，仪器高为i，中丝读数为v，则测站点与目标点间高差计算公式为：

A. $h_{测点-目标点} = kl\cos\alpha\tan\alpha + i - v$

B. $h_{测点-目标点} = kl\cos^2\alpha\tan\alpha - i + v$

C. $h_{测点-目标点} = kl\cos^2\alpha\tan\alpha + i - v$

D. $h_{目标点-测点} = kl\cos^2\alpha\tan\alpha - i + v$

13-4-9 视距测量时，经纬仪置于高程为 162.382m 的A点，仪器高为 1.40m，上、中、下三丝读数分别为 1.019m、1.400m 和 1.781m，求得竖直角$\alpha = 3°12'10''$，则AB的水平距离和B点的高程分别为：

A. 75.962m，158.131m   B. 75.962m，166.633m

C. 76.081m，158.125m   D. 76.081m，166.633m

13-4-10 确定一直线与标准方向夹角关系的工作称为：

A. 方位角测量   B. 直线定向

C. 象限角测量　　　　　　　　　　　　D. 直线定线

13-4-11 由标准方向北端起顺时针量到所测直线的水平角，该角的名称及其取值范围分别是：

A. 象限角、0°~90°　　　　　　　　　B. 象限角、0°~±90°

C. 方位角、0°~180°　　　　　　　　　D. 方位角、0°~360°

13-4-12 已知直线AB的方位角$\alpha_{AB} = 87°$，$\beta_{右} = \angle ABC = 290°$，则直线$BC$的方位角$\alpha_{BC}$为：

A. 23°　　　　　B. 157°　　　　　C. 337°　　　　　D. −23°

13-4-13 直线AB的正方位角$\alpha_{AB} = 255°25'48''$，则其反方位角$\alpha_{BA}$为：

A. −225°25'48''　　　　　　　　　　B. 75°25'48''

C. 104°34'12''　　　　　　　　　　　D. −104°34'12''

13-4-14 已知AB边的坐标方位角为α_{AB}，属于第III象限，则对应的象限角R_{AB}是：

A. α_{AB}　　　　　　　　　　　　B. $\alpha_{AB} - 180°$

C. $360° - \alpha_{AB}$　　　　　　　　　D. $180° - \alpha_{AB}$

13-4-15 已知坐标：$X_A = 500.00m$，$Y_A = 500.00m$，$X_B = 200.00m$，$Y_B = 800.00m$。则方位角α_{AB}为：

A. $\alpha_{AB} = 45°00'00''$　　　　　　B. $\alpha_{AB} = 315°00'00''$

C. $\alpha_{AB} = 135°00'00''$　　　　　　D. $\alpha_{AB} = 225°00'00''$

13-4-16 已知A、B两点坐标，其坐标增量$\Delta X_{AB} = -30.6m$，$\Delta Y_{AB} = 15.3m$，则AB直线坐标的方位角为：

A. 153°26'06''　　　　　　　　　　　B. 156°31'39''

C. 26°33'54''　　　　　　　　　　　　D. 63°26'06''

题解及参考答案

13-4-1　　**解**：按测量坐标系及坐标方位角定义，纵坐标增量为：

$$\Delta X_{AB} = D_{AB} \cdot \cos \alpha_{AB}$$

答案：A

13-4-2　　**解**：精测尺 10m，测量精度为1/1000，则测距精度为 10×0.001=0.01m，即仪器所能达到的精度为 cm。

答案：C

13-4-3　　**解**：标称精度±(3+3ppm)，ppm 为百万分之一，故测距中误差为$m_d = \pm(A + B \cdot D)$，即$m_d = \pm(3 + 3 \times 10^{-6} \times 500 \times 10^3) = \pm 4.5mm$。

答案：C

13-4-4　　**解**：磁偏角、子午线收敛角是磁子午线、中央子午线与真子午线间的夹角。

答案：D

13-4-5　　**解**：钢尺精密量距需加上尺长、温度及高差三项改正，才能保证水平距离的精度。

答案：D

13-4-6　　**解**：相对误差$= \dfrac{\left|D_{往} - D_{返}\right|}{D_{平均}} = \dfrac{|125.4687 - 125.451|}{(125.4687 + 125.451)/2} = \dfrac{1}{7100}$。

注：本题也可从选项中直接判定，即只有选项 C 符合测量相对误差的表达形式，其余不符合。

答案：C

13-4-7　　**解**：

$$\Delta l = \frac{0.0044}{50.000} \times 49.9062 = 0.0044 \text{m}$$

$$\Delta l_t = 1.25 \times 10^{-5} \times (31.4 - 20) \times 49.9062 = 0.0071 \text{m}$$

$$\Delta l_h = -\frac{(-0.705)^2}{2 \times 49.9062} = -0.0050 \text{m}$$

$$l = 49.9062 + 0.0044 + 0.0071 + (-0.0050) = 49.9127 \text{m} \approx 49.913 \text{m}$$

答案： B

13-4-8　**解：** 视距测量中，测点至目标点的高差计算公式为：

$$h_{测点-目标点} = kl\cos^2\alpha\tan\alpha + i - v$$

答案： C

13-4-9　**解：** AB 的水平距离 $D = kl\cos^2\alpha$

$$= 100 \times (1.781 - 1.019) \times \cos^2 3°12'10'' = 75.962 \text{m}$$

$$h_{AB} = D\tan\alpha + i - v$$

$$= 75.962 \times \tan 3°12'10'' + 1.400 - 1.400 = 4.251 \text{m}$$

$$H_B = H_A + h_{AB}$$

$$= 162.382 + 4.251 = 166.633 \text{m}$$

答案： B

13-4-10　**解：** 直线定向是确定直线与标准方向间的夹角。

答案： B

13-4-11　**解：** 方位角是自标准方向北端起顺时针方向量到直线的水平角，范围 0°~360°。

答案： D

13-4-12　**解：** $\alpha_{BC} = \alpha_{AB} - \beta_{右} + 180° = 87° - 290° + 180° = -23°$

当 $\alpha_{BC} < 0$ 时，加 360°，即 $\alpha_{BC} = -23° + 360° = 337°$。

答案： C

13-4-13　**解：** 根据正、反方位角之间的关系：$\alpha_{正} = \alpha_{反} \pm 180°$，得 $\alpha_{BA} = \alpha_{AB} - 180° = 75°25'48''$。

答案： B

13-4-14　**解：** 方位角位于第三象限，则象限角 $R_{AB} = \alpha_{AB} - 180°$，南偏西。

答案： B

13-4-15　**解：** 因为 $\Delta y_{AB} = 800 - 500 = 300 \text{m} > 0$，$\Delta x_{AB} = 200 - 500 = -300 \text{m} < 0$。
故知直线 AB 的象限角 R_{AB} 位于第二象限。即

$$R_{AB} = \arctan\left(\frac{\Delta y_{AB}}{\Delta x_{AB}}\right) = \arctan(-1) = 45°00'00''$$

$$\alpha_{AB} = 180° - R_{AB} = 135°00'00''$$

本题比较特殊，只要判定出直线 AB 象限角位于第二象限，即可知方位角在 90°00'00''~180°00'00'' 之间，由选项所给数据，也可得出正确答案为 C。

答案： C

13-4-16　**解：** 依题意 $\Delta x_{AB} < 0$，$\Delta y_{AB} > 0$，故直线 AB 的象限角位于第二象限，即：

$$R_{AB} = \arctan\frac{\Delta y_{AB}}{\Delta x_{AB}} = \arctan\frac{15.3}{-30.6} = 26°33'54''(南东)$$

故AB方位角：$\alpha = 180° - 26°33'54'' = 153°26'06''$

答案： A

（五）测量误差的基本知识

13-5-1 设v为一组同精度观测值改正数，则下列何项表示最或是值的中误差：

A. $m = \pm\sqrt{\dfrac{[vv]}{n(n-1)}}$

B. $m = \pm\sqrt{\dfrac{[vv]}{n}}$

C. $m = \pm\dfrac{1}{n}\sqrt{\dfrac{[vv]}{n-1}}$

D. $m = \pm\sqrt{\dfrac{[vv]}{n-1}}$

13-5-2 利用重复观测取平均值评定单个观测值中误差的公式是：

A. $m = \pm\sqrt{\dfrac{[vv]}{n-1}}$

B. $m = \pm\sqrt{\dfrac{[vv]}{n\times(n-1)}}$

C. $m = \pm\sqrt{[vv]}$

D. $m = \pm\dfrac{[vv]}{n}$

13-5-3 用钢尺往返丈量 120m 的距离，要求相对误差达到1/10000，则往返校差不得大于：

A. 0.048m　　　　B. 0.012m　　　　C. 0.024m　　　　D. 0.036m

13-5-4 测量误差按其性质分为下列中哪两种？

A. 中误差、极限误差　　　　　　B. 允许误差、过失误差

C. 平均误差、相对误差　　　　　D. 系统误差、偶然误差

13-5-5 有一长方形水池，独立地观测得其边长 $a = 30.000\text{m} \pm 0.004\text{m}$，$b = 25.000\text{m} \pm 0.003\text{m}$，则该水池的面积$S$及面积测量的精度$m_s$为：

A. 750m²±0.134m²　　　　　　B. 750m²±0.084m²

C. 750m²±0.025m²　　　　　　D. 750m²±0.142m²

13-5-6 量测了边长为a的正方形每条边，一次量测精度是m，则周长中误差m是：

A. $\pm m$　　　　B. $\pm 2m$　　　　C. $\pm 3m$　　　　D. $\pm 4m$

13-5-7 误差的来源为下列中的哪些？

A. 测量仪器构造不完善　　　　B. 观测者感觉器官的鉴别能力有限

C. 外界环境与气象条件不稳定　D. 选项 A、B 和 C

13-5-8 误差具有下列哪种特性？

A. 系统误差不具有累积性　　　　B. 取均值可消除系统误差

C. 检校仪器可消除或减弱系统误差　D. 理论上无法消除或者减弱偶然误差

13-5-9 等精度观测是指在下列中的哪种条件下观测的？

A. 允许误差相同　　　　　　B. 系统误差相同

C. 观测条件相同　　　　　　D. 偶然误差相同

13-5-10 测得两个角值及中误差为$\angle A = 22°22'10'' \pm 8''$和$\angle B = 44°44'20'' \pm 8''$。据此进行精度比较，结论是：

A. 两个角度精度相同　　　　B. A精度高

C. B精度高　　　　　　　　D. 相对中误差$K_{\angle A} > K_{\angle B}$

13-5-11 测得某六边形内角和为720°00'54''，则内角和的真误差和每个角的改正数分别为：

A. $+54''$、$+9''$　　　　B. $-54''$、$+9''$　　　　C. $+54''$、$-9''$　　　　D. $-54''$、$-9''$

13-5-12 对某一量进行n次观测，则根据公式$m = \pm\sqrt{\dfrac{[vv]}{n(n-1)}}$求得的结果为下列中的哪种误差？

　　A. 算术平均值中误差　　　　　　　　　B. 观测值误差

　　C. 算术平均值真误差　　　　　　　　　D. 一次观测中误差

13-5-13 丈量一段距离 4 次，结果分别为 132.563m，132.543m，132.548m 和 132.538m，则算术平均值中误差和最后结果的相对中误差分别为：

　　A. ± 10.8mm, 1/12200　　　　　　　B. ± 9.4mm, 1/14100

　　C. ± 4.7mm, 1/28200　　　　　　　D. ± 5.4mm, 1/24500

13-5-14 算术平均值中误差为观测值中误差的多少倍？

　　A. n　　　　　　B. $1/n$　　　　　　C. $\sqrt{n}$　　　　　　D. $1/\sqrt{n}$

13-5-15 用DJ_2和DJ_6观测一测回的中误差分别为：

　　A. $\pm 2''$、$\pm 6''$　　　　　　　　B. $\pm 2''\sqrt{2}$、$\pm 6''\sqrt{2}$

　　C. $\pm 4''$、$\pm 12''$　　　　　　　　D. $\pm 8''$、$\pm 24''$

13-5-16 n边形各内角观测值中误差均为$\pm 6''$，则内角和的中误差为：

　　A. $\pm 6''n$　　　　B. $\pm 6''\sqrt{n}$　　　　C. $\pm 6''/n$　　　　D. $\pm 6''/\sqrt{n}$

13-5-17 在$\triangle ABC$中，直接观测了$\angle A$和$\angle B$，其中误差分别为$m_{\angle A} = \pm 3''$和$m_{\angle B} = \pm 4''$，则$\angle C$的中误差$m_{\angle C}$为：

　　A. $\pm 8''$　　　　B. $\pm 7''$　　　　C. $\pm 5''$　　　　D. $\pm 1''$

13-5-18 水准路线每公里中误差为± 8mm，则 4km 水准路线的中误差为：

　　A. ± 32.0　　　　B. ± 11.3　　　　C. ± 16.0　　　　D. ± 5.6

13-5-19 已知三角形各角的中误差均为$\pm 4''$，若三角形角度闭合差的允许值为中误差的 2 倍，则三角形角度闭合差的允许值为：

　　A. $\pm 13.8''$　　　　B. $\pm 6.9''$　　　　C. $\pm 5.4''$　　　　D. $\pm 10.8''$

13-5-20 有一长方形游泳池，独立地观测得其边长$a = 60.000$m ± 0.002m，$b = 80.000$m ± 0.003m，则该游泳池的面积S及面积测量的精度m_S为：

　　A. 4800m$^2 \pm 0.27$m^2　　　　　　B. 4800m$^2 \pm 0.6$m^2

　　C. 4800m$^2 \pm 0.24$m^2　　　　　　D. 4800m$^2 \pm 5$m^2

13-5-21 某水平角以等精度观测 4 测回，观测值分别是$55°40'47''$、$55°40'40''$、$55°40'42''$、$55°40'47''$，则一测回观测值中误差m为：

　　A. $2.28''$　　　　B. $3.56''$　　　　C. $7.92''$　　　　D. $14.57''$

13-5-22 设在相同的观测条件下对某量进行了n次等精度观测，观测值的中误差为m，则算术平均值的中误差M为：

　　A. $M = n \times m$　　B. $M = \sqrt{n} \times m$　　C. $M = \dfrac{m}{\sqrt{n}}$　　D. $M = \dfrac{m}{\sqrt{n-1}}$

题解及参考答案

13-5-1　**解：**最或是值中误差：$M = \pm\dfrac{m}{\sqrt{n}}$

观测值中误差：$m = \pm\sqrt{\dfrac{[vv]}{n-1}}$

所以最或是值中误差：$M = \pm\sqrt{\dfrac{[vv]}{n(n-1)}}$

答案：A

13-5-2 **解**：在相同观测条件下，等精度重复观测取平均值评定单个观测值中误差计算公式为：

$$m = \pm\sqrt{\frac{[vv]}{n-1}}$$

答案：A

13-5-3 **解**：相对精度为 $K = \dfrac{|\Delta D|}{D} = \dfrac{1}{10000}$，则 $\Delta D = \dfrac{D}{10000} = \dfrac{120}{10000} = 0.012\text{m}$。

答案：B

13-5-4 **解**：测量误差的来源主要是仪器、观测者及外界条件，测量误差按其性质可分为系统误差、偶然误差。

答案：D

13-5-5 **解**：$S = a \times b = 30.000 \times 25.000 = 750.000\text{m}^2$

$\dfrac{\partial S}{\partial a} = b$，$\dfrac{\partial S}{\partial b} = a$

$m_s = \pm\sqrt{b^2 \cdot m_a^2 + a^2 \cdot m_b^2}$

$= \pm\sqrt{25.000^2 \times 0.004^2 + 30.000^2 \times 0.003^2} = \pm0.134\text{m}^2$

答案：A

13-5-6 **解**：正方形周长计算公式为：$S = a + a + a + a$

根据误差传播定律：$m_s = \pm\sqrt{4}m = \pm2m$

答案：B

13-5-7 **解**：测量误差的来源主要是测量仪器、观测者及外界条件三个方面。

答案：D

13-5-8 **解**：系统误差具有累积性，不能通过取平均值消除。检校仪器可以消除或减弱系统误差。偶然误差可以通过多次观测取平均值消除或减弱。

答案：C

13-5-9 **解**：等精度观测是在观测条件相同的情况下进行的观测。

答案：C

13-5-10 **解**：角度观测精度与所测角度的大小无关。

答案：A

13-5-11 **解**：真误差 Δ =观测值－真值，六边形内角和的真值为 720°，改正数为真误差的1/6反符号。

答案：C

13-5-12 **解**：观测值中误差 $m = \pm\sqrt{\dfrac{[vv]}{n-1}}$，算术平均值中误差 $M = \pm\dfrac{m}{\sqrt{N}} = \pm\sqrt{\dfrac{[vv]}{n(n-1)}}$。

答案：A

13-5-13 **解**：该距离的算术平均值为 132.548m，改正数分别为 0.015m、−0.005m、0.000m、−0.010m。

由 $m = \pm\sqrt{\dfrac{[vv]}{n-1}} = 0.0108\text{m}$，得出 $M = \dfrac{m}{\sqrt{n}} = \pm 0.0054\text{mm}$

相对中误差：$\dfrac{M}{D} = \dfrac{1}{D/M} = \dfrac{1}{132.548/0.0054} = \dfrac{1}{24545} = \dfrac{1}{24500}$

答案： D

13-5-14 解： $M = \dfrac{m}{\sqrt{n}}$，即算术平均值中误差是观测值中误差的 $\dfrac{1}{\sqrt{n}}$ 倍。

答案： D

13-5-15 解： DJ_2 和 DJ_6 下标 2、6 代表经纬仪的测角精度，指水平角测量一测回的方向中误差为 $\pm 2''$、$\pm 6''$，即 $m_{\text{方}}$ 分别为 $\pm 2''$ 和 $\pm 6''$，由于一测回角值为两方向观测值之差，即 $\beta = a - b$，故 $m_\beta = \pm\sqrt{2}m_{\text{方}}$。

答案： B

13-5-16 解： 内角和 $= \beta_1 + \beta_2 + \cdots + \beta_n$，由误差传播定律计算，得 $m_z = m_1 + m_2 + \cdots + m_n$，因 $m_1 = m_2 = \cdots = m_n = m = \pm 6''$，所以 $m_z = \pm 6''\sqrt{n}$。

答案： B

13-5-17 解： $\angle C = 180° - \angle A - \angle B$

根据误差传播定律，$m_{\angle C} = \sqrt{m_{\angle A}^2 + m_{\angle B}^2} = \sqrt{3^2 + 4^2} = \pm 5''$

答案： C

13-5-18 解： $M_L = m_l\sqrt{L} = \pm 8\sqrt{4} = \pm 16.0$。

答案： C

13-5-19 解： 闭合差 $f = \beta_1 + \beta_2 + \beta_3 - 180°$

用误差传播定律计算，得：$m_{\beta f} = \sqrt{3}\cdot m_\beta = \pm 6.9''$，$f_\beta < 2m_{\beta f}$，即 $\pm 13.8''$

答案： A

13-5-20 解： 面积 $S = a \times b = 60.000 \times 80.000 = 4800\text{m}^2$，根据误差传播定律得：

$$\frac{\partial S}{\partial a} = b, \quad \frac{\partial S}{\partial b} = a$$

$$m_s = \pm\sqrt{b^2 m_a^2 + a^2 m_b^2} = \pm\sqrt{80^2 \times 0.002^2 + 60^2 \times 0.003^2} = \pm 0.24\text{m}^2$$

答案： C

13-5-21 解： 一测回观测值中误差为

$$m = \pm\sqrt{\frac{[vv]}{n-1}} = \pm\sqrt{\frac{9'' + 16'' + 4'' + 9''}{4 - 1}} = \pm 3.56''$$

答案： B

13-5-22 解： 在相同观测条件下对某量进行了 n 次等精度观测，已知观测值的中误差 m，则算术平均值中误差 M 的计算公式为

$$M = \frac{m}{\sqrt{n}}$$

答案： C

（六）控制测量

13-6-1 在闭合导线和附合导线计算中，坐标增量闭合差的分配原则是怎样分配到各边的坐标增量中？

A.反符号平均   B.按与边长成正比反符号

C. 按与边长成正比同符号　　　　　　　　D. 按与坐标增量成正比反符号

13-6-2 闭合导线（n 段）角度（β_i）闭合差检验公式是：

A. $\sum\beta_i - 360° \leqslant$ 容许值　　　　　　B. $\sum\beta_i - (n-1)180° \leqslant$ 容许值

C. $\sum\beta_i - 180° \leqslant$ 容许值　　　　　　D. $\sum\beta_i - (n-2)180° \leqslant$ 容许值

13-6-3 一长度为 814.29m 的导线，坐标增量闭合差分别为 −0.2m、0.2m，则导线全长相对闭合差为：

A. 1/1000　　　　B. 1/1900　　　　C. 1/2879　　　　D. 1/3879

13-6-4 已知某直线的坐标方位角 120°5′，则可知该直线的坐标增量为：

A. $+\Delta X$，$+\Delta Y$　　　　　　　　　　B. $+\Delta X$，$-\Delta Y$

C. $-\Delta X$，$+\Delta Y$　　　　　　　　　　D. $-\Delta X$，$-\Delta Y$

13-6-5 闭合导线和附合导线在计算下列中哪些差值时，计算公式有所不同？

A. 角度闭合差、坐标增量闭合差

B. 方位角、坐标增量

C. 角度闭合差、导线全长闭合差

D. 纵坐标增量、横坐标增量

13-6-6 导线测量外业包括踏勘选点、埋设标志、边长丈量、转折角测量和下列中哪一项的测量？

A. 定向　　　　　　　　　　　　B. 连接边和连接角

C. 高差　　　　　　　　　　　　D. 定位

13-6-7 起讫于同一已知点和已知方向的导线称为：

A. 附合导线　　　　B. 结点导线网　　　　C. 支导线　　　　D. 闭合导线

13-6-8 导线坐标增量闭合差调整的方法是求出闭合差的改正数，以改正有关坐标的增量。闭合差改正数是将闭合差按与导线长度成下列中哪种关系求得的？

A. 正比例并同号　　　　　　　　　B. 反比例并反号

C. 正比例并反号　　　　　　　　　D. 反比例并同号

13-6-9 计算导线全长闭合差的公式是：

A. $f_D = \sqrt{f_x^2 + f_y^2}$　　　　　　　B. $K = f_D / \sum D = 1/M$

C. $f_x = \sum\Delta x - \left(x_终 - x_始\right)$　　　D. $f_y = \sum\Delta y - \left(y_终 - y_始\right)$

13-6-10 已知边长 $D_{MN} = 73.469$m，方位角 $\alpha_{MN} = 115°18'12''$，则 Δx_{MN} 和 Δy_{MN} 分别为：

A. +31.401m，+66.420m　　　　　　B. +31.401m，−66.420m

C. −31.401m，+66.420m　　　　　　D. −66.420m，+31.401m

13-6-11 平面控制加密中，由两个相邻的已知点 A、B 向待定点 P 观测水平角 $\angle PAB$ 和 $\angle ABP$。这样求得 P 点坐标的方法称为什么法？

A. 后方交会　　　B. 侧方交会　　　C. 方向交会　　　D. 前方交会

13-6-12 三角测量中，高差计算公式 $h = D\tan\alpha + i - v$，式中 v 的含义是：

A. 仪器高　　　　　　　　　　B. 初算高程

C. 觇标高（中丝读数）　　　　D. 尺间隔（中丝读数）

13-6-13 小地区控制测量中导线的主要布置形式有下列中的哪几种？

①视距导线；②附合导线；③闭合导线；

④平板仪导线；⑤支导线；⑥测距仪导线。

A.①②④　　　　B.①③⑥　　　　C.②③⑤　　　　D.②④⑥

13-6-14 解析加密控制点常采用的交会定点方法有下列中的哪几种？

①前方交会法；②支距法；③方向交会法；

④后方交会法；⑤侧方交会法；⑥方向距离交会法。

A.①④⑤　　　　B.②③④　　　　C.②④⑥　　　　D.①⑤⑥

13-6-15 地球曲率和大气折光对单向三角高程的影响是：

A.使实测高程变小　　　　　　　　B.使实测高程变大

C.没有影响　　　　　　　　　　　D.没有规律变化

13-6-16 三、四等水准测量，采取"后—前—前—后"的观测顺序，可减弱的误差影响为：

A.仪器下沉误差　　　　　　　　　B.水准尺下沉误差

C.仪器及水准尺下沉误差　　　　　D.水准尺的零点误差

13-6-17 三角高程测量，采取对向观测，可消除：

A.竖盘指标差　　　　　　　　　　B.地球曲率的影响

C.大气折光的影响　　　　　　　　D.地球曲率和大气折光的影响

题解及参考答案

13-6-1 **解：** 坐标增量闭合差的改正按与边长成正比、反符号改正。

答案： B

13-6-2 **解：** 闭合导线内角和闭合差计算公式：$\sum\beta_i - (n-2)\times180°$。

答案： D

13-6-3 **解：** 根据导线全长相对闭合差计算公式，计算得：

$$K = \frac{f_D}{D} = \frac{\sqrt{f_x^2 + f_y^2}}{D} = \frac{0.2828}{814.29} \approx \frac{1}{2879}$$

答案： C

13-6-4 **解：** 方位角120°05′对应的象限角为南东，位于测量坐标系的第二象限，所以$\Delta X < 0$，$\Delta Y > 0$。

答案： C

13-6-5 **解：** 闭合导线和附合导线在计算角度闭合差、坐标增量闭合差时计算公式不同。

答案： A

13-6-6 **解：** 导线测量外业包括踏勘选点、埋设标志、边长测量、转折角测量、连接边和连接角测量。

答案： B

13-6-7 **解：** 闭合导线是起讫于同一已知点和已知方向的导线，见闭合导线的定义。

答案： D

13-6-8 **解：** 将闭合差按与导线长度成正比例并反号进行改正，见导线测量的内业计算。

答案： C

13-6-9 **解：**导线全长闭合差的计算公式为：$f_{\mathrm{D}} = \sqrt{f_x^2 + f_y^2}$。

答案：A

13-6-10 **解：**$\Delta x_{\mathrm{MN}} = D_{\mathrm{MN}} \cos \alpha_{\mathrm{MN}} = 73.469 \times \cos 155°18'12'' = -31.401\mathrm{m}$

$\Delta y_{\mathrm{MN}} = D_{\mathrm{MN}} \sin \alpha_{\mathrm{MN}} = 73.469 \times \sin 155°18'12'' = -66.420\mathrm{m}$

答案：C

13-6-11 **解：**由两个相邻的已知点向待定点观测水平角求取待定点的坐标为前方交会，见前方交会法。

答案：D

13-6-12 **解：**v的含义是觇标高（中丝读数），见三角测量的高差计算公式中各字母的含义。

答案：C

13-6-13 **解：**小地区控制测量中导线的主要布置形式有附合导线、闭合导线和支导线。

答案：C

13-6-14 **解：**解析加密控制点常采用的交会定点方法有前方交会法、后方交会法和侧方交会法。

答案：A

13-6-15 **解：**顾及地球曲率和大气折光，改正的单向三角测量高差计算公式为：

$$h_{\mathrm{AB}} = D \tan \alpha + i - v + f$$

由此量化公式可排除题目中选项 C、D。

公式中 f 为地球曲率和大气折光对实测高差的改正数，其计算式为：

$$f = (1 - k) \frac{D}{2R}$$

式中，D 为两点间的距离，R 为地球半径，k 为大气折光系数，因为 $k < 1$，所以 f 恒大于零，根据 $h_{\mathrm{AB}} = D \tan \alpha + i - v + f$，可知 f 对单向三角高程测量的影响是使实测高差变小，故实测高程也变小（注意，当 α 为俯角时，初算高差 $h'_{\mathrm{AB}} = D \tan \alpha < 0$，为负值，其值减小表现为绝对值增大）。

答案：A

13-6-16 **解：**水准测量采取"后—前—前—后"的观测顺序可以消除仪器下沉误差。

答案：A

13-6-17 **解：**三角高程测量对向观测可以消除大气折光和地球曲率的影响，因为大气折光和地球曲率的影响，在正反两个方向对高程的影响是相反的，所以可以消除。

答案：D

（七）地形图测绘

13-7-1 下列何项描述了比例尺精度的意义：

A. 数字地形图上 0.1mm 所代表的实地长度

B. 传统地形图上 0.1mm 所代表的实地长度

C. 数字地形图上 0.3mm 所代表的实地长度

D. 传统地形图上 0.3mm 所代表的实地长度

13-7-2 $1:500$ 地形图上，量得 AB 两点间的图上距离为 25.6mm，则 AB 间实际长度为：

A. 51.2m   B. 5.12m   C. 12.8m   D. 1.25m

13-7-3 在 $1:500$ 地形图上量得某两点间的距离 $d = 234.5\mathrm{mm}$，下列何项表示了两点的实地水平距离*D*的值？

  A. 117.25m   B. 234.5m   C. 469.9m   D. 1172.5m

13-7-4 地形图上量得某草坪面积为632mm²，若此地形图的比例尺为1：500，则该草坪实地面积*S*为：

  A. 316m²   B. 31.6m²   C. 158m²   D. 15.8m²

13-7-5 大比例尺地形图测绘时，采用半比例符号表达的是：

  A. 旗杆   B. 水井   C. 楼房   D. 围墙

13-7-6 同一根等高线上的点具有相同的：

  A. 湿度   B. 坐标   C. 高程   D. 气压

13-7-7 山脊的等高线为一组：

  A. 凸向高处的曲线   B. 凸向低处的曲线

  C. 垂直于山脊的平行线   D. 间距相等的平行线

13-7-8 一幅地形图上，等高距是指下列中哪种数值相等？

  A. 相邻两条等高线间的水平距离   B. 两条计曲线间的水平距离

  C. 相邻两条等高线间的高差   D. 两条计曲线间的高差

13-7-9 一幅地形图上，等高线越稀疏，表示地貌的状态是：

  A. 坡度均匀   B. 坡度越小   C. 坡度越大   D. 陡峻

13-7-10 已知基本等高距为2m，则计曲线为：

  A. 1,2,3…   B. 2,4,6…   C. 10,20,30…   D. 5,10,15…

13-7-11 大比例尺地形图按矩形分隔时常采用的编号方法，是以图幅中的下列哪个数值来编号的？

  A. 西北角坐标公里数   B. 西南角坐标公里数

  C. 西北角坐标值米数   D. 西南角坐标值米数

13-7-12 地形图的检查包括图面检查、野外巡视和下列中的哪一项？

  A. 重点检查   B. 设站检查

  C. 全面检查   D. 在每个导线点上检查

13-7-13 既反映地物的平面位置，又反映地面高低起伏状态的正射投影图称为：

  A. 平面图   B. 断面图   C. 影像图   D. 地形图

13-7-14 地形图的等高线是地面上高程相等的相邻点的连线，它是一种什么形状的线？

  A. 闭合曲线   B. 直线   C. 闭合折线   D. 折线

13-7-15 地形图上0.1mm的长度相应于地面的水平距离称为：

  A. 比例尺   B. 数字比例尺   C. 水平比例尺   D. 比例尺精度

13-7-16 工程测量中，表示地面高低起伏状态时，一般用什么方法表示？

  A. 不同深度的颜色   B. 晕滃线   C. 等高线   D. 示坡线

13-7-17 山谷和山脊等高线分别为一组什么形状的等高线？

  A. 凸向低处、凸向高处   B. 以山谷线对称、以山脊线对称

  C. 凸向高处、凸向低处   D. 圆曲线、圆曲线

13-7-18 1/2000地形图和1/5000地形图相比，下列中哪个叙述是正确的？

  A. 比例尺大，地物与地貌更详细   B. 比例尺小，地物与地貌更详细

  C. 比例尺小，地物与地貌更粗略   D. 比例尺大，地物与地貌更粗略

13-7-19 要求地形图上能表示实地地物最小长度为 0.2m，则宜选择的测图比例尺为：

A. 1/500　　　　　B. 1/1000　　　　　C. 1/5000　　　　　D. 1/2000

13-7-20 表示地貌的等高线分类为下列中的哪几种线？

①首曲线；②计曲线；③间曲线；④示坡线；⑤助曲线；⑥晕滃线。

A. ①②③⑤　　　　B. ①③④⑥　　　　C. ②③④⑤　　　　D. ③④⑤⑥

13-7-21 地形测量中，地物点的测定方法有下列中的哪几种方法？

①极坐标法；②方向交会法；③内插法；

④距离交会法；⑤直角坐标法；⑥方向距离交会法。

A. ①②③④⑤　　　　　　　　　　　B. ①②④⑤⑥

C. ①③④⑤⑥　　　　　　　　　　　D. ②③④⑤⑥

13-7-22 根据比例尺的精度概念，测绘 1：1000 比例尺地图时，地面上距离小于下列何项在图上表示不出来？

A. 0.2m　　　　　B. 0.5m　　　　　C. 0.1m　　　　　D. 1m

13-7-23 绘制地形图时，为计算高程方便而加粗的等高线是：

A. 首曲线　　　　　B. 计曲线　　　　　C. 间曲线　　　　　D. 助曲线

13-7-24 1：1000 地形图的比例尺精度为：

A. 0.2m　　　　　B. 0.5m　　　　　C. 0.1m　　　　　D. 1m

题解及参考答案

13-7-1　**解：** 传统地形图上 0.1mm 所表示的实地水平距离。

答案： B

13-7-2　**解：** 根据地形图比例尺定义可得：

$$D = M \cdot d = 500 \times 25.6\text{mm} = 12800\text{mm} = 12.8\text{m}$$

答案： C

13-7-3　**解：** $D = M \cdot d = 500 \times 234.5 = 117250\text{mm} = 117.25\text{m}$

答案： A

13-7-4　**解：** $S_{实地} = S_{图} \times 500^2 = 632 \times 500^2 = 158000000\text{mm}^2 = 158.00\text{m}^2$

答案： C

13-7-5　**解：** 大比例尺地形图半比例符号为长度按比例、宽度或厚度不按比例绘制的符号。

答案： D

13-7-6　**解：** 根据等高线的特性，同一根等高线上的高程相等。

答案： C

13-7-7　**解：** 根据等高线及山脊线的定义，山脊线的等高线应为一组凸向低处的曲线。

答案： B

13-7-8　**解：** 同一幅地形图上，相邻两条等高线间的高差称为等高距。

答案： C

13-7-9　**解：** 根据等高线性质，等高线稀疏表示地面坡度平缓，起伏越小。

答案：B

13-7-10 **解**：计曲线为每隔四条基本等高距加粗绘制的等高线。其高差等于起始首曲线（基本等高距）的 5 倍，并顺序累加。

答案：C

13-7-11 **解**：按西南角坐标的公里数进行分幅，参见大比例尺地形图的图幅划分方法。

答案：B

13-7-12 **解**：地形图检查包括图面检查、野外巡视及设站检查，参见地形图的检查工作。

答案：B

13-7-13 **解**：地形图是反映块物的平面位置，地面高低起伏状态的正射投影图。

答案：D

13-7-14 **解**：等高线是闭合的曲线。

答案：A

13-7-15 **解**：比例尺精度是地形图上 0.1mm 的长度相应于地面的水平距离。

答案：D

13-7-16 **解**：工程测量中，用等高线表示地面的高低起伏状态。

答案：C

13-7-17 **解**：山谷线是一组凸向高处的曲线，山脊线是一组凹向低处的曲线。

答案：C

13-7-18 **解**：比例尺越大，地形图所表征的地物与地貌越详细。

答案：A

13-7-19 **解**：此题按照比例尺精度的概念求解，根据题意，应有：

$$0.1 \times 10^{-3} \times M = 0.2\text{m}, \quad \frac{1}{M} = \frac{0.1 \times 10^{-3}}{0.2} = \frac{1}{2000}$$

即比例尺应大于等于 2000。

答案：D

13-7-20 **解**：等高线分类有首曲线、计曲线、间曲线、助曲线。

答案：A

13-7-21 **解**：地物点的测定方法有极坐标法、方向交会法、距离交会法、直角坐标法和方向距离交会法。

答案：B

13-7-22 **解**：比例尺的精度是指传统地形图上 0.1mm 所代表的实地长度。1∶1000 比例尺精度为：

$$m_{比例尺精度} = 0.1 \times 1000 = 100\text{mm} = 0.1\text{m}$$

故地面上距离小于 0.1m 的地物在图上表示不出来。

答案：C

13-7-23 **解**：①首曲线：在同一幅地形图上,按规定的基本等高距描绘的等高线称为首曲线，也称基本等高线。首曲线用 0.15mm 的细实线描绘。

②计曲线：凡是高程能被 5 倍基本等高距整除的等高线称为计曲线，也称加粗等高线。计曲线要加粗描绘并注记高程。计曲线用 0.3mm 粗实线绘出。

③间曲线：为了显示首曲线不能表示出的局部地貌,按1/2基本等高距描绘的等高线称为间曲线,也称半距等高线。间曲线用 0.15mm 的细长虚线表示。

④助曲线：用间曲线还不能表示出的局部地貌,按1/4基本等高距描绘的等高线称为助曲线。助曲线用 0.15mm 的细短虚线表示。

答案：B

13-7-24　解：比例尺的精度是指传统地形图上 0.1mm 所代表的实地长度。1∶1000 地形图的比例尺精度为：

$$m_{比例尺精度} = 0.1 \times 1000 = 100\text{mm} = 0.1\text{m}$$

答案：C

（八）地形图应用

13-8-1　在1∶2000地形图上，量得某水库图上汇水面积为$P = 1.6 \times 10^4 \text{cm}^2$，某次降水过程雨量（每小时平均降雨量）$m = 50\text{mm}$，降水时间持续（$n$）为 2 小时 30 分钟，设蒸发系数$k = 0.5$，按汇水量$Q = P \cdot m \cdot n \cdot k$计算，本次降水汇水量为：

    A. $1.0 \times 10^{11}\text{m}^3$　　　B. $2.0 \times 10^4\text{m}^3$　　　C. $1.0 \times 10^7\text{m}^3$　　　D. $4.0 \times 10^5\text{m}^3$

13-8-2　在1∶500地形图上，量得某直线AB的水平距离$d = 50.5\text{mm}$，$m_d = \pm0.2\text{mm}$，AB的实地距离可按公式$s = 500 \cdot d$进行计算，则s的误差m_s等于：

    A. $\pm0.1\text{mm}$　　　B. $\pm0.2\text{mm}$　　　C. $\pm0.05\text{mm}$　　　D. $\pm0.1\text{m}$

13-8-3　已知某地形图的比例尺为 1∶500，则该图的比例尺精度为：

    A. 0.05mm　　　B. 0.1mm　　　C. 0.05m　　　D. 0.1m

13-8-4　在 1∶2000 地形图上量得M、N两点距离为$d_{MN} = 75\text{mm}$，高程为$H_M = 137.485\text{m}$、$H_N = 141.985\text{m}$，则该两点间的坡度i_{MN}为：

    A. +3%　　　B. −4.5%　　　C. −3%　　　D. +4.5%

13-8-5　汇水面积是一系列什么线与指定断面围成的闭合图形面积?

    A. 山谷线　　　B. 山脊线　　　C. 某一等高线　　　D. 集水线

13-8-6　1∶2000 图上量得A、B两点距离为 43.4cm，欲在两点间修一坡度不大于 3%的道路，则A、B两点高差最大应是：

    A. 2.6m　　　B. 26.0m　　　C. 1.2m　　　D. 10.8m

题解及参考答案

13-8-1　解：因为地形图比例尺为 1∶2000，所以$P = 2000^2 \times 1.6 \times 10^4 \text{cm}^2 = 6.4 \times 10^6 \text{m}^2$，又$m = 50\text{mm} = 0.05\text{m}$，故$Q = P \cdot m \cdot n \cdot k = 6.4 \times 10^6 \times 0.05 \times 2.5 \times 0.5 = 4.0 \times 10^5 \text{m}^3$。

答案：D

13-8-2　解：根据误差传播定律：$s = Md$，所以$m_s^2 = M^2 \cdot m_d^2$，$m_s = \pm500 \times 0.2 = \pm100\text{mm} = \pm0.1\text{m}$。

答案：D

13-8-3　解：比例尺精度是指地形图上 0.1mm 所代表的地面水平距离。即

$$0.1\text{mm} \times M = 0.1\text{mm} \times 500 = 50\text{mm} = 0.05\text{m}$$

答案：C

13-8-4　解：

$$\frac{75 \times 10^{-3}}{S_{MN}} = \frac{1}{2000} \Rightarrow S_{MN} = 150\text{m}$$

$$i_{MN} = \frac{H_N - H_M}{S_{MN}} = \frac{141.985 - 137.485}{150} = +3\%$$

答案： A

13-8-5　解： 汇水面积的确定是由一系列相关的分水线（山脊线）连接而成的闭合曲面的图形的面积。

答案： B

13-8-6　解： 由 $i = h/D$，可知

$$h = i \times D = i \times M \times d = 0.03 \times 2000 \times 43.4 = 2604\text{cm} \approx 26.0\text{m}$$

答案： B

（九）建筑工程测量

13-9-1 建筑物的沉降观测是依据埋设在建筑物附近的水准点进行的，为了相互校核并防止由于某个水准点的高程变动造成差错，一般至少埋设水准点的数量为：

A. 2个　　　　　　B. 3个　　　　　　C. 6个　　　　　　D. 10个以上

13-9-2 建筑场地较小时，采用建筑基线作为平面控制，其基线点数不应少于多少？

A. 2　　　　　　B. 3　　　　　　C. 4　　　　　　D. 5

13-9-3 建筑施工坐标系的坐标轴设置应与什么线平行？

A. 独立坐标系　　B. 建筑物主轴线　　C. 大地坐标系　　D. 建筑物红线

13-9-4 将设计的建筑物位置在实地标定出来作为施工依据的工作称为：

A. 测定　　　　　B. 测绘　　　　　C. 测设　　　　　D. 定线

13-9-5 建筑施工放样测量的主要任务是将图纸上设计的建筑物（构筑物）的位置测设到实地上。需要测设的是建筑物（构筑物）的下列哪一项？

A. 平面　　　　　B. 相对尺寸　　　　C. 高程　　　　　D. 平面和高程

13-9-6 拟测设距离 $D = 49.550\text{m}$，两点间坡度均匀，高差为 1.686m，丈量时的温度为 27℃，所用的钢尺的尺长方程式为 $l_t = 30\text{m} + 0.004\text{m} + 0.0000125(t - 20) \times 30\text{m}$，则测设时在地面上应量多少？

A. 49.546m　　　　B. 49.571m　　　　C. 49.531m　　　　D. 49.568m

13-9-7 两点坐标增量为 $\Delta x_{AB} = +42.567\text{m}$ 和 $\Delta y_{AB} = -35.427\text{m}$，则方位角 α_{AB} 和距离 D_{AB} 分别为：

A. $-39°46'10''$，55.381m　　　　　　B. $39°46'10''$，55.381m

C. $320°13'50''$，55.381m　　　　　　D. $140°13'50''$，55.381m

13-9-8 利用高程为 9.125m 的水准点，测设高程为 8.586m 的室内±0 地坪标高，在水准点上立尺后，水准仪瞄准该尺的读数为 1.462m，则室内立尺时，尺上读数为：

A. 0.539m　　　　B. 0.923m　　　　C. 2.001m　　　　D. 1.743m

13-9-9 两红线桩 A、B 的坐标分别为 $x_A = 1000.000\text{m}$、$y_A = 2000.000\text{m}$，$x_B = 1060.000\text{m}$、$y_B = 2080.000\text{m}$；欲测设建筑物上的一点 M，$x_M = 991.000\text{m}$、$y_M = 2090.000\text{m}$。则在 A 点以 B 点为后视点，用极坐标法测设 M 点的极距 D_{AM} 和极角 $\angle BAM$ 分别为：

A. 90.449m，$42°34'50''$　　　　　　B. 90.449m，$137°25'10''$

C. 90.000m，$174°17'20''$　　　　　　D. 90.000m，$95°42'38''$

13-9-10 建筑物变形观测主要包括下列中的哪些观测？

　　A. 沉降观测、位移观测　　　　　　　B. 倾斜观测、裂缝观测

　　C. 沉降观测、裂缝观测　　　　　　　D. 选项 A 和 B

13-9-11 施工测量中平面点位的测设方法有下列中的哪几种？

　　①激光准直法；②直角坐标法；③极坐标法；

　　④平板仪测设法；⑤角度交会法；⑥距离交会法。

　　A. ①②③④　　　　B. ①③④⑤　　　　C. ②③⑤⑥　　　　D. ③④⑤⑥

13-9-12 高层建筑竖向投测的精度要求随结构形式、施工方法和高度不同而异，其投测方法一般采用下列中的哪几种方法？

　　①经纬仪投测法；②光学垂准仪法；③极坐标法；

　　④前方交会法；⑤激光准直仪法；⑥水准仪高程传递法。

　　A. ①②④　　　　B. ①②⑤　　　　C. ②③⑤　　　　D. ③⑤⑥

13-9-13 高层建筑施工测量中，当建筑物总高 H 大于 150m，小于或等于 200m 时，下列可表示轴线竖向投测偏差控制精度的是：

　　A. 40mm　　　　B. 50mm　　　　C. 20mm　　　　D. 30mm

题解及参考答案

13-9-1　**解**：根据按《建筑变形测量规范》（JGJ 8—2007）要求，建筑物沉降监测基准点布设一般不少于 3 个。

　　答案：B

13-9-2　**解**：根据《工程测量标准》（GB 50026—2020）第 8.3.2 条，建筑基线点数应不少于 3 点。

　　答案：B

13-9-3　**解**：为方便于施工，通常施工坐标系的坐标轴设置应与建筑物主轴线平行。

　　答案：B

13-9-4　**解**：将地形图上设计的建筑物位置在实地上标定出来的工作称测设，见测设的定义。

　　答案：C

13-9-5　**解**：它的主要任务是将图纸上设计的平面和高程位置测设到实地上。

　　答案：D

13-9-6　**解：方法** 1，

30m 钢尺的实际长度：$l_t = 30 + 0.004 + 0.0000125 \times (27 - 20) \times 30 = 30.007 \text{m}$

地面上应丈量的距离为：$S_{地} = \sqrt{D^2 + h^2} = \sqrt{49.550^2 + 1.686^2} = 49.579 \text{m}$

地面上钢尺量距的读数为：$S_{尺} = \dfrac{30}{30.007} S_{地} = 49.568 \text{m}$

方法 2，

$$\Delta l_D = \frac{\Delta l}{l} \cdot D = \frac{0.004}{30} \times 49.550 = 0.007 \text{m}$$

$$\Delta l_t = l \cdot \alpha(t - t_0) = 49.550 \times 0.0000125 \times 7 = 0.004 \text{m}$$

$$\Delta l_h = -\frac{\Delta h^2}{2l} = -\frac{1.686^2}{2 \times 49.550} = -0.029 \text{m}$$

测设时应丈量 $l = D + (-\Delta l_{\text{D}}) + (-\Delta l_{\text{t}}) + (-\Delta l_{\text{h}})$

$$= 49.550 - 0.007 - 0.004 + 0.029 = 49.568\text{m}$$

答案： D

13-9-7　解： $R_{\text{AB}} = \arctan\left(\dfrac{\Delta y_{\text{AB}}}{\Delta x_{\text{AB}}}\right) = \arctan\left(\dfrac{-35.427}{42.567}\right) = 39°46'10''$（北西，第四象限）

$\alpha_{\text{AB}} = 360° - 39°46'10'' = 320°13'50''$

$D_{\text{AB}} = \sqrt{(\Delta x_{\text{AB}}^2 + \Delta y_{\text{AB}}^2)} = \sqrt{(-35.427)^2 + 42.567^2} = 55.381\text{m}$

答案： C

13-9-8　解： $H_i = H_{\text{水准点}} + a = 9.125 + 1.462 = 10.587\text{m}$（仪器视线高）

室内尺读数应为：$b = H_i - H_0 = 10.587 - 8.586 = 2.001\text{m}$

答案： C

13-9-9　解： $D_{\text{AM}} = \sqrt{\Delta x_{\text{AM}}^2 + \Delta y_{\text{AM}}^2} = \sqrt{(-9.000)^2 + 90.000^2} = 90.449\text{m}$

$\alpha_{\text{AB}} = \arctan\left(\dfrac{\Delta y_{\text{AB}}}{\Delta x_{\text{AB}}}\right) = \arctan\left(\dfrac{80.000}{60.000}\right) = 53°07'48''$（北东），$\Delta y_{\text{AB}} > 0$，$\Delta x_{\text{AB}} > 0$，在第一象限

$\alpha_{\text{AM}} = \arctan\left(\dfrac{\Delta y_{\text{AM}}}{\Delta x_{\text{AM}}}\right) = \arctan\left(\dfrac{90.000}{-9.000}\right) = 95°42'38''$（南东），$\Delta y_{\text{AM}} > 0$，$\Delta x_{\text{AM}} < 0$，在第二象限

故 $\alpha_{\text{AM}} = 95°42'38''$，则 $\angle BAM = \alpha_{\text{AM}} - \alpha_{\text{AB}} = 95°42'38'' - 53°07'48'' = 42°34'50''$

答案： A

13-9-10　解： 建筑物变形观测主要包括沉降观测、位移观测、倾斜观测、裂缝观测。

答案： D

13-9-11　解： 施工测量中平面点位的测设方法有直角坐标法、极坐标法、角度交会法和距离交会法。

答案： C

13-9-12　解： 高层建筑竖向投测一般采用经纬仪投测法、光学垂准仪法和激光准直仪法。

答案： B

13-9-13　解： 当建筑物总高 H 大于 150m，小于或等于 200m 时，建筑物轴线竖向投测偏差应控制的精度为 30mm。可参阅：《工程测量标准》（GB 50026—2020）。

答案： D

（十）全球导航卫星系统（GNSS）简介

13-10-1 GPS 精密定位测量中采用的卫星信号是：

A. C/A 测距码　　　　　　　　　　　　B. P 码

C. 载波信号　　　　　　　　　　　　　D. C/A、P 码和载波信号混合使用

题解及参考答案

13-10-1　解： GPS 使用 L 波段，两种载波对应波长分别为 $\lambda_1 = 19.03\text{cm}$ 和 $\lambda_2 = 24.42\text{cm}$，频率间隔为 347.82MHz，选择两个载波的目的在于测量出或消除掉由电离层引起的延迟误差。测距码目前包括 C/A 码（Coarse/Acquisition）和 P 码（Precise），在 GPS 系统中用于识别不同 GPS 卫星发出的信号，并提供无模糊度的测距数据。

答案： D

第十四章 土木工程施工与管理

复习指导

1.复习方法

土木工程施工与管理的内容可分为三大部分，即施工技术、施工组织和施工管理。在复习时，应针对这三部分内容的特点和要求进行。

（1）施工技术部分

此部分主要学习各分部分项工程的施工方法（包括施工工艺、施工的基本要求等）、不同施工方法的适用范围以及主要施工机械设备的类型和特点。

此部分题型以记忆类为多，但不宜死记硬背，应通过运用本专业的基础理论和专业知识加深对施工技术问题的理解和掌握。

（2）施工组织部分

此部分重点学习施工组织设计的概念、分类和应用范围以及流水施工、网络计划技术的基本概念和计算方法。该部分题型包括记忆类、基本概念类和计算类。

（3）施工管理部分

此部分主要针对大纲中的内容，掌握一些基本概念。

2.解题分析

（1）记忆类的试题：属于技术规范性的题目，主要是背过记住；属于施工工艺性的题目，通过熟悉工艺特点对其进一步理解后，加深记忆。

【例14-0-1】桩数为4~16根桩基中的桩，其打桩的桩位允许偏差为：

（H为桩基施工面至设计桩顶的距离，单位为mm）

  A.100mm+0.01H B.1/2桩径或边长+0.01H

  C.150mm+0.01H D.1/3桩径或边长+0.01H

解：依据《建筑地基基础工程施工质量验收规范》（GB 50202—2018）第5.1.2条表5.1.2的规定，桩数大于或等于4根桩基中的桩，其打桩的桩位允许偏差为1/2桩径或边长+0.01H。

答案：B

此类题属于技术规范性的题目，应熟悉规范，主要以记忆为主。

【例14-0-2】当基坑降水深度超过8m时，比较经济的降水方法是：

  A.轻型井点   B.喷射井点   C.管井井点   D.集水明排法

解：集水明排法适用的降水深度为3m，故不适用。一级轻型井点适宜的降水深度为6m，再深需要二级轻型井点，不经济。管井井点设备费用大。喷射井点设备轻型，而且降水深度可达8~20m。

答案：B

该题属于施工工艺性的习题。不同降水设备性能不一样，应用条件和范围也不一样，理解后，就不难记忆。

（2）基本概念类的试题：只有基本概念清楚，答题思路才清晰。

【例 14-0-3】 流水施工中，流水节拍是指下述中的哪一种？

    A.一个施工过程在各个施工段上的总持续时间

    B.一个施工过程在一个施工段上的持续工作时间

    C.两个相邻施工过程先后进入流水施工段的时间间隔

    D.流水施工的工期

解： 流水节拍的含义是指一个施工过程（或一个施工队）在一个施工段上的持续工作时间。

答案： B

【例 14-0-4】 全面质量管理要求哪个范围的人员参加质量管理？

    A.所有部门负责人   B.生产部门的全体人员

    C.相关部门的全体人员   D.企业所有部门和全体人员

解： 全面质量管理是企业为了保证和提高产品质量，综合运用一套质量管理体系、手段和方法而进行的系统管理活动，因此它要求企业全体人员和所有部门参加。

答案： D

例 14-0-3、例 14-0-4 两题题解中，什么是流水步距？什么叫流水节拍？什么是全面质量管理？只要基本概念清楚，问题就会迎刃而解。

（3）计算类的试题：此类题除熟悉计算程序外，仍然需要概念清楚，才能计算无误。

【例 14-0-5】 某工程按下表要求组织流水施工，相应流水步距 K_{I-II} 及 K_{II-III} 分别应为多少天？

例 14-0-5 表

施工过程	施工段			
	一	二	三	四
I	2	3	2	3
II	2	1	2	1
III	2	3	2	1

    A.2，2   B.2，3   C.3，3   D.5，2

解： 该工程组织为非节奏流水施工，相应流水步距 K_{I-II} 及 K_{II-III} 应按"节拍累加数列错位相减取大差"的方法计算。累加数列：

$$\begin{array}{lllll} I & 2, & 5, & 7, & 10 \\ -II & & 2, & 3, & 5, & 6 \\ \hline & 2 & 3 & 4 & 5 & -6 \end{array} \qquad \begin{array}{lllll} II & 2, & 3, & 5, & 6 \\ -III & & 2, & 5, & 7, & 8 \\ \hline & 2 & 1 & 0 & -1 & -8 \end{array}$$

取大值后：$K_{I-II}=5$，$K_{II-III}=2$。

答案： D

解此题的关键，一是要清楚非节奏流水施工的概念，二是要熟悉"节拍累加数列错位相减取大差"的计算程序。

【例 14-0-6】 某工程双代号网络图如图所示，工作①→③的自由时差应为：

    A.1d   B.2d   C.3d   D.4d

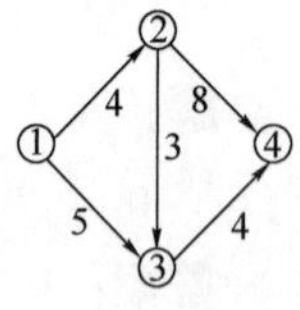

解： 经计算，工作①→③的紧后工作③→④的最早开始时间是 7d，工作①→③的最早完成时间为 5d。则工作①→③的自由时差＝紧后工作的最早开始时间－本工作的

例 14-0-6 图

最早完成时间=7−5=2d。

答案： B

此题数字计算很简单，关键是要明白"自由时差"的含义，以及"自由时差=紧后工作的最早开始时间-本工作的最早完成时间"的计算规则。只有概念清楚，计算答案才会正确。

练习题、题解及参考答案

（一）土石方工程与桩基础工程

14-1-1 场地平整前的首要工作是：

    A. 计算挖方量和填方量　　　　　　B. 确定场地的设计标高

    C. 选择土方机械　　　　　　　　　D. 拟定调配方案

14-1-2 在湿度正常的粉土及粉质黏土中开挖基坑或管沟，可做成直立壁不加支撑的深度规定是：

    A. ≤0.5m　　　B. ≤1.0m　　　C. ≤1.25m　　　D. ≤1.5m

14-1-3 某深基坑工程拟采用封闭降水方法进行开挖和基础施工，在下列支护结构的备选方案中可以排除的是：

    A. 地下连续墙　　　　　　　　　　B. 加设锚杆的复合土钉墙

    C. 密排桩间加旋喷桩　　　　　　　D. H 型钢水泥土墙

14-1-4 某基坑深度大、土质差、地下水位高，宜采用的土壁支护形式为：

    A. 水泥土墙　　　　　　　　　　　B. 土钉墙

    C. 钢筋混凝土护坡桩　　　　　　　D. 地下连续墙

14-1-5 在建筑物稠密且为淤泥质土的基坑支护结构中，其支撑结构宜选用：

    A. 自立式（悬臂式）　　　　　　　B. 锚拉式

    C. 土层锚杆　　　　　　　　　　　D. 钢结构水平支撑

14-1-6 基坑工程施工中，对地下水控制的方法不包括：

    A. 明排法　　　B. 降水法　　　C. 截水法　　　D. 防水法

14-1-7 某沟槽宽度为 10m，拟采用轻型井点降水，则其平面布置宜采用的形式为：

    A. 单排　　　B. 双排　　　C. 环形　　　D. U 形

14-1-8 当基坑降水深度超过 8m 时，比较经济的降水方法为：

    A. 轻型井点　　　B. 喷射井点　　　C. 管井井点　　　D. 集水明排法

14-1-9 在填方工程中，如采用透水性不同的土料分层填筑时，应将：

    A. 渗透系数大的填在上部　　　　　B. 渗透系数大的填在下部

    C. 渗透系数大的填在中部　　　　　D. 渗透系数不同的土间隔填筑

14-1-10 影响填土压实质量的主要因素之一是：

    A. 土颗粒大小　　　B. 土的含水率　　　C. 压实面积　　　D. 土的类别

14-1-11 具有"后退向下，强制切土"特点的单斗挖土机是什么挖土机？

    A. 正铲　　　B. 反铲　　　C. 抓铲　　　D. 拉铲

14-1-12 在要求有抗静电、抗冲击和传爆长度较大洞室爆破时，应采用的方法是：

　　A.电力起爆法　　　　B.脚线起爆法　　　　C.导爆管起爆法　　　　D.火花起爆法

14-1-13 按照施工方法的不同，桩基础可以分为：
　　①灌注桩；②摩擦桩；③钢管桩；④预制桩；⑤端承桩。
　　A.①④　　　　　　　B.②⑤　　　　　　　C.①③⑤　　　　　　　D.③④

14-1-14 当钢筋混凝土预制桩运输和打桩时，桩的混凝土强度应达到设计强度的：
　　A.50%　　　　　　　B.70%　　　　　　　C.90%　　　　　　　D.100%

14-1-15 预制桩用锤击打入法施工时，在软土中不宜选择的桩锤是：
　　A.落锤　　　　　　　B.柴油锤　　　　　　C.蒸汽锤　　　　　　D.液压锤

14-1-16 在打桩时，如采用逐排打设，打桩的推进方向应为：
　　A.逐排改变　　　　　　　　　　　　　　B.每排一致
　　C.每排从两边向中间打　　　　　　　　　C.对每排从中间向两边打

14-1-17 用锤击沉桩时，为了防止桩受冲击应力过大而损坏，其锤击方式应是：
　　A.轻锤重击　　　　　B.轻锤轻击　　　　　C.重锤轻击　　　　　D.重锤重击

14-1-18 对于基础工程中的摩擦桩，打桩的终止沉桩控制应采用：
　　A.控制贯入度　　　　　　　　　　　　　B.控制标高为主、贯入度为辅
　　C.控制标高　　　　　　　　　　　　　　D.控制贯入度为主、标高为辅

14-1-19 地下土层构造为砂土和淤泥质土，地下水位线距地面0.7m，采用桩基础应选择哪种灌注桩？
　　A.套管成孔灌注桩　　　　　　　　　　　B.泥浆护壁成孔灌注桩
　　C.人工挖孔灌注桩　　　　　　　　　　　D.干作业成孔灌注桩

14-1-20 泥浆护壁成孔过程中，泥浆的主要作用除了保护孔壁、防止塌孔外，还有：
　　A.提高钻进速度　　　　　　　　　　　　B.排出土渣
　　C.遇硬土层易钻进　　　　　　　　　　　D.保护钻机设备

14-1-21 为了防止沉管灌注桩发生缩颈现象，可采用哪种方法施工？
　　A.跳打法　　　　　　B.分段打设　　　　　C.复打法　　　　　　D.逐排打

14-1-22 若在流动性淤泥土层中做桩可能有颈缩现象，则可行又经济的施工方法是：
　　A.反插法　　　　　　B.复打法　　　　　　C.单打法　　　　　　D.选项A和B都可

题解及参考答案

14-1-1 **解：** 场地平整前，要确定场地的设计标高，计算挖方和填方的工程量，然后确定挖方和填方的平衡调配方案，再选择土方机械、拟定施工方案。故场地平整前的首要工作是确定场地的设计标高。

答案： B

14-1-2 **解：** 依据规定，开挖基坑或管沟可做成直立壁不加支撑，挖方深度宜为：①砂土和碎石土不大于1m；②粉土及粉质黏土不大于1.25m；③黏土不大于1.5m；④坚硬黏土不大于2m。题干所述"粉土及粉质黏土"，故选C。

答案： C

14-1-3 **解：** 封闭降水即截水法。采用该法时，土壁的支护结构挡墙必须具有可靠的截水功能。因

此，选项 A、C、D 均能满足要求，只有选项 B（加设锚杆的复合土钉墙）不具有截水功能。若需要土钉墙截水时，可采用再加设水泥土墙帷幕的复合土钉墙。

答案：B

14-1-4 解： 水泥土墙不适用过深的基坑；土钉墙不具备止水功能，且土质差、有地下水时易坍塌；一般钢筋混凝土桩不具备止水功能。故宜用地下连续墙。

答案：D

14-1-5 解： 自立式在淤泥质土中难以嵌固；锚拉式的锚桩或锚墙需设置在足够远的位置，不适于建筑稠密区；锚杆式在淤泥质土中难以达到足够的锚固力。故宜选用内撑式（包括钢结构水平支撑）。

答案：D

14-1-6 解： 基坑工程中，控制地下水的方法包括集水明排法、降低地下水水位法和截水疏干法。不包括防水法，故选 D。

答案：D

14-1-7 解： 采用轻型井点降水，进行平面布置时，对沟槽宽度不大于 6m，且降水深度不超过 5m 者，可采用单排井点；对沟槽宽度大于 6m 或土质不良者，宜采用双排井点。由于单排或双排布置时，其两端的延伸长度均不应小于沟槽的宽度，故对面积较大的基坑，则宜采用环形布置。可见，对宽度为 10m 的沟槽，宜采用双排布置。故选 B。需要注意的是，《建筑地基基础工程施工规范》（GB 51004—2015）表 7.3.1 的规定，轻型井点的排距不得大于 20m。

答案：B

14-1-8 解： 集水明排法适于较浅（深度不大于 3m）且土体较稳定的基坑；一级轻型井点适宜降水深度 6m，再深需要二级轻型井点，不经济。管井井点设备费用大。喷射井点设备轻型，而且降水深度可达 8~20m，最为经济适用。

答案：B

14-1-9 解： 当采用透水性不同的土料进行土方填筑时，不得混杂乱填，应将渗透系数较小的土填在上部，渗透系数大的填在下部，以避免蓄水和浸泡基础。故选 B。

答案：B

14-1-10 解： 影响填土压实质量的主要因素有机械的压实功（包括压实机械的吨位或冲击力、压实遍数）、土的含水率和每层填土厚度。故选 B。

答案：B

14-1-11 解： 正铲挖土机的工作特点是"前进向上，强制切土"，反铲挖土机的特点是"后退向下，强制切土"，拉铲挖土机的特点是"后退向下，自重切土"，抓铲挖土机的特点是"直上直下，自重切土"。题干所述为反铲挖土机的工作特点，故选 B。

答案：B

14-1-12 解： 导爆管起爆法有抗火、抗电、抗冲击、抗水和传爆安全等优点。故选 C。

答案：C

14-1-13 解： 基础桩按施工方法分为预制桩和灌注桩；按受力工作性质分为端承桩和摩擦桩；按材料分为混凝土桩、钢桩、钢管混凝土桩等。

答案：A

14-1-14 解： 根据《建筑地基基础工程施工规范》（GB 51004—2015）第 5.5.3 条规定，混凝土预制桩的混凝土强度达到设计强度等级值的 70%后方可起吊，达到 100%后方可运输。即在运输和打桩时，桩的混凝土强度应达到 100%。

答案：D

14-1-15　解： 在软土中不宜选择柴油锤，因为过软的土中贯入度过大，致使气缸内压力不足，燃油不易爆炸，往往桩锤反跳不起来，会使工作循环中断。

答案：B

14-1-16　解： 如采用逐排打设，打桩的推进方向应为逐排改变，避免向一侧挤压土体或难以打入。

答案：A

14-1-17　解： 当锤击沉桩时，桩锤轻质量小难以使桩下沉，重锤重击桩又因受冲击应力过大而易损坏，一般以采用重锤轻击为宜。

答案：C

14-1-18　解： 根据《建筑地基基础工程施工规范》（GB 51004—2015）第 5.5.24 条规定，锤击桩终止沉桩应以桩端标高控制为主、贯入度控制为辅。当桩端达到坚硬、硬塑的黏性土，中密以上粉土、砂土、碎石类土及风化岩时，可以贯入度控制为主、桩端标高控制为辅。显然，前者属摩擦桩、后者属端承桩的控制要求。

答案：B

14-1-19　解： 由于地下水位高且土层构造为砂土和淤泥质土，土质软、松散易坍塌，所以人工挖孔灌注桩和干作业及泥浆护壁成孔灌注桩方法都难以成孔；而套管成孔法由于有钢管保护则易于在地下水位高且为淤泥质土、砂土和人工填土等易于坍塌的土层中施工。

答案：A

14-1-20　解： 泥浆护壁成孔过程中，泥浆的主要作用是护壁、防止塌孔和通过正循环或反循环流动排出土渣。

答案：B

14-1-21　解： 当沉管灌注桩位于淤泥质土层时，由于土质软、流动挤压，造成拔管后局部桩身产生缩颈现象。通过复打，可以恢复并扩大桩身截面，防止发生缩颈现象。

答案：C

14-1-22　解： 该题所列选项为沉管灌注桩施工的三种工艺方法。

《建筑地基基础工程施工规范》（GB 51004—2015）第 5.8.1 条规定，"单打法可用于含水量较小的土层，且宜采用预制桩尖，复打法及反插法可用于饱和土层"。因流动性淤泥土层含水量极大（超饱和），故不能采用单打法，即排除选项 C。

反插法和复打法均可消除淤泥层中的颈缩现象，但该规范第 5.8.4 条第 4 款又规定，流动性淤泥土层、坚硬土层中不宜使用反插法。可见，仅有复打法可以采用，故选 B。

答案：B

（二）钢筋混凝土工程与预应力混凝土工程

14-2-1 钢筋进场时，质量检验的内容包括以下的几项：
　　①质量证明文件；②钢筋外观；③钢筋数量；④抽检力学性能；⑤抽检重量偏差。
　　A.①②③④　　　　B.②③④⑤　　　　C.①③④⑤　　　　D.①②④⑤

14-2-2 钢筋经冷拉后不得用作构件的：
　　A.箍筋　　　　　　B.预应力钢筋　　　C.吊环　　　　　　D.主筋

14-2-3 当受拉钢筋采用焊接或机械连接时，在 35 倍钢筋直径且不少于 500mm 的区段内，有接头钢筋截面面积占全部受拉钢筋截面面积的比值不宜大于：

A. 25%　　　　　　　B. 50%　　　　　　　C. 75%　　　　　　　D. 100%

14-2-4　焊接钢筋网片应采用什么焊接方法？

A. 闪光对焊　　　　B. 电阻点焊　　　　C. 电弧焊　　　　D. 电渣压力焊

14-2-5　根据钢筋电弧焊接头方式的不同，焊接可分为：

A. 搭接焊、帮条焊、坡口焊　　　　　　B. 电渣压力焊、埋弧压力焊

C. 对焊、点焊、电弧焊　　　　　　　　D. 电渣压力焊、埋弧压力焊、气压焊

14-2-6　箍筋直径为 6mm，不考虑抗震要求，$D=5d$，弯钩增长值为：

A. 37mm　　　　　　B. 52mm　　　　　　C. 96mm　　　　　　D. 104mm

14-2-7　图示直径为 $d=22$mm 的钢筋的下料长度为：

A. 8304mm　　　　　B. 8348mm　　　　　C. 8392mm　　　　　D. 8432mm

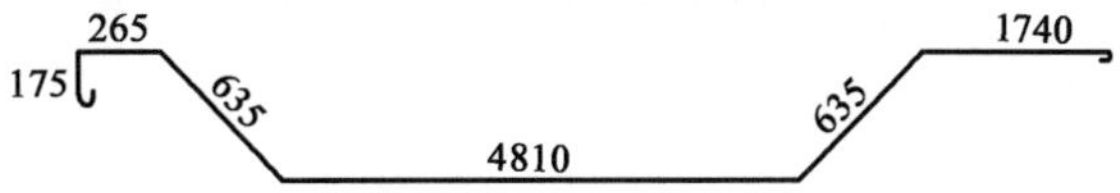

题 14-2-7 图

14-2-8　钢筋绑扎接头时，受压钢筋绑扎接头搭接长度是受拉钢筋绑扎接头搭接长度的：

A. 0.5 倍　　　　　B. 0.7 倍　　　　　C. 1 倍　　　　　D. 1.2 倍

14-2-9　钢筋绑扎接头的位置应相互错开，从任一绑扎接头中心至搭接长度的 1.3 倍区段范围内，有绑扎接头的受力钢筋截面面积占受力钢筋总截面面积的百分率，对于梁、板、墙类构件不宜超过：

A. 25%　　　　　　　B. 30%　　　　　　　C. 40%　　　　　　　D. 50%

14-2-10　下列有关钢筋代换说法正确的是：

A. 同强度等级钢筋之间的代换，按面积相等的原则代换

B. 构件按最小配筋率配筋时，按强度相等的原则代换

C. 构件配筋受强度控制时，按面积相等的原则代换

D. 仅受抗裂控制的构件，其钢筋可直接代换

14-2-11　现浇混凝土结构剪力墙施工应优先选择：

A. 组合钢模板　　　　　　　　　　　　B. 台模

C. 大模板　　　　　　　　　　　　　　D. 液压滑升模板

14-2-12　滑升模板由下列哪项组成？

①模板系统；②操作平台系统；③滑升系统；④液压系统；⑤控制系统。

A. ①②③　　　　　　B. ①④　　　　　　C. ③④⑤　　　　　　D. ②⑤

14-2-13　在滑升模板提升的过程中，将全部荷载传递到浇筑的混凝土结构上是靠什么设备？

A. 提升架　　　　　B. 支承杆　　　　　C. 千斤顶　　　　　D. 操作平台

14-2-14　滑升模板是由下列中哪几种系统组成的？

A. 模板系统、操作平台系统和液压滑升系统

B. 模板系统、支撑系统和操作平台系统

C. 模板系统、支撑系统和液压滑升系统

D. 支撑系统、操作平台系统和液压滑升系统

14-2-15　在模板和支架设计计算中，对梁模板的底板进行强度（承载力）计算时，其计算荷载组

合应为：

    A. 模板及支架自重、新浇筑混凝土的重量、钢筋重量、施工人员和浇筑设备、混凝土堆积料的重量

    B. 模板及支架自重、新浇筑混凝土的重量、钢筋重量、倾倒混凝土时产生的荷载

    C. 模板及支架自重、新浇筑混凝土的重量、钢筋重量、施工人员和浇筑设备、振捣混凝土时产生的荷载

    D. 新浇筑混凝土的侧压力、振捣混凝土时产生的荷载

14-2-16 关于梁模板拆除的一般顺序，下面所述哪个正确？

    ①先支的先拆，后支的后拆；

    ②先支的后拆，后支的先拆；

    ③先拆除承重部分，后拆除非承重部分；

    ④先拆除非承重部分，后拆除承重部分。

    A. ①③   B. ②④   C. ①④   D. ②③

14-2-17 跨度为 6m 的现浇钢筋混凝土梁，当混凝土强度达到设计强度等级值的多少时，方可拆除底模板？

    A. 50%   B. 60%   C. 75%   D. 100%

14-2-18 对于悬臂结构构件，底模拆模时要求混凝土强度大于或等于相应混凝土强度等级值的多少？

    A. 50%   B. 75%   C. 85%   D. 100%

14-2-19 水泥出厂日期超过三个月时，该水泥应如何处理？

    A. 不能使用   B. 仍可正常使用

    C. 降低等级使用   D. 进行复验，按复验结果使用

14-2-20 设计强度等级低于 C60 的混凝土强度标准值为 $f_{cu,k}$，施工单位的混凝土强度标准差为 σ，则混凝土的配制强度为：

    A. $0.95f_{cu,k} + \sigma$ B. $f_{cu,k}$

    C. $1.15f_{cu,k}$ D. $f_{cu,k} + 1.645\sigma$

14-2-21 下列混凝土中哪种不宜采用自落式混凝土搅拌机搅拌？

    A. 塑性混凝土   B. 粗骨料混凝土

    C. 重骨料混凝土   D. 干硬性混凝土

14-2-22 混凝土搅拌时间的确定与下列哪几项有关？

    ①混凝土的坍落度；②搅拌机的机型；③水泥品种；

    ④骨料的品种；⑤搅拌机的出料量。

    A. ①②⑤   B. ②④⑤   C. ①②③   D. ①③④⑤

14-2-23 混凝土运输、浇筑及间歇的全部时间，在温度不超过 25℃且掺缓凝剂的情况下，也不允许超过：

    A. 4h   B. 3.5h   C. 3h   D. 2.5h

14-2-24 在进行钢筋混凝土框架结构的施工过程中，对混凝土骨料的最大粒径的要求，下面正确的是：

    A. 不超过结构最小截面的1/4，钢筋间最小净距的1/2

    B. 不超过结构最小截面的1/4，钢筋间最小净距的3/4

C. 不超过结构最小截面的1/2，钢筋间最小净距的1/2

D. 不超过结构最小截面的1/2，钢筋间最小净距的3/4

14-2-25 钢筋混凝土框架结构施工过程中，混凝土的梁和板应同时浇筑。当梁高超过多少时，为了施工方便，也可以将板底以下的梁单独浇筑？

A. 0.8　　　　　　B. 1.0　　　　　　C. 1.2　　　　　　D. 1.4

14-2-26 浇筑粗骨料最大粒径大于 25mm 的混凝土时，其自由下落高度不能超过多少？

A. 1m　　　　　　B. 3m　　　　　　C. 5m　　　　　　D. 4m

14-2-27 为保证大体积混凝土结构构件的整体性，对面积及厚度均较大者，宜采用的浇筑方案是：

A. 全面分层　　　B. 斜面分层　　　C. 分段分层　　　D. 局部分层

14-2-28 浇筑混凝土单向板时，施工缝应留置在：

A. 中间1/3跨度范围内且平行于板的长边

B. 平行于板的长边的任何位置

C. 平行于板的短边的任何位置

D. 中间1/3跨度范围内

14-2-29 浇筑配筋特别稠密的钢筋混凝土剪力墙结构时，最好选用的振捣设备是：

A. 内部振动器　　　　　　　　　B. 表面振动器

C. 外部振动器　　　　　　　　　D. 人工振捣

14-2-30 当采用插入式振捣器时，混凝土浇筑层厚度应控制为：

A. 振捣器作用部分长度的 1.25 倍　　B. 150mm

C. 200mm　　　　　　　　　　　　D. 250mm

14-2-31 在浇筑混凝土时，施工缝应留设在结构受哪种力的最小处？

A. 拉力　　　　　　B. 压力　　　　　　C. 剪力　　　　　　D. 挤压力

14-2-32 混凝土浇筑后应及时加以覆盖和浇水。使用硅酸盐水泥拌制的混凝土，浇水养护时间不得少于多少天？

A. 3　　　　　　　B. 7　　　　　　　C. 9　　　　　　　D. 14

14-2-33 当室外最低温度低于多少时，不得采用浇水养护方法养护混凝土？

A. 5℃　　　　　　B. 4℃　　　　　　C. 0℃　　　　　　D. −5℃

14-2-34 为检查结构构件混凝土质量所留的试块，每拌制 100 盘且不超过多少立方米的同配合比的混凝土，其取样不得少于一次？

A. 50　　　　　　　B. 80　　　　　　C. 100　　　　　　D. 150

14-2-35 由普通硅酸盐水泥拌制的混凝土，其受冻临界强度为设计强度的：

A. 20%　　　　　　B. 25%　　　　　　C. 30%　　　　　　D. 40%

14-2-36 某工程在评定混凝土强度质量时，其中两组试块的试件强度分别为 28.0MPa、32.2MPa、33.1MPa 和 28.1MPa、33.5MPa、34.7MPa，则这两试块的强度代表值为：

A. 32.2MPa；33.5MPa　　　　　　B. 31.1MPa；34.1MPa

C. 31.1MPa；32.1MPa　　　　　　D. 31.1MPa；33.5MPa

14-2-37 关于先张法预应力混凝土施工，下列中哪个规定是正确的？

A. 混凝土强度不得低于 C15　　　　B. 混凝土必须一次浇灌完成

C. 混凝土强度达到 50%方可放张　　D. 不可成组张拉

14-2-38 先张法施工中，待混凝土强度达到设计强度的多少时，方可放松预应力筋？

  A. 60%   B. 75%   C. 80%   D. 90%

14-2-39 预应力筋的张拉程序中，超张拉到105%σ_{con}的目的是：

  A. 提高构件刚度   B. 提高构件抗裂度

  C. 减少锚具变形造成的应力损失   D. 减少预应力筋的松弛损失

14-2-40 后张法施工中，单根粗钢筋作预应力筋时，张拉端宜选用哪种锚具？

  A. 螺母锚具   B. 镦头锚具

  C. 夹片锚具   D. 锥形锚具

14-2-41 现浇框架结构中，厚度为150mm的多跨连续预应力混凝土楼板，其预应力施工宜采用：

  A. 先张法   B. 铺设无黏结预应力筋的后张法

  C. 预埋螺旋管预留孔道的后张法 D. 钢管抽芯预留孔道的后张法

14-2-42 后张法施工中，钢丝束做预应力筋时，张拉设备常选用哪种设备？

  A. 大孔径穿心式千斤顶   B. 拉杆式千斤顶

  C. 锥锚式千斤顶   D. 前卡式千斤顶

14-2-43 后张法施工时，浇筑构件混凝土的同时先预留孔道，待构件混凝土的强度达到设计强度等级的多少后，方可张拉钢筋？

  A. 50%   B. 60%   C. 75%   D. 80%

14-2-44 某C25混凝土在30℃时的初凝时间为210min，如果混凝土运输时间为60min，则其浇筑和间隔的最长时间应是：

  A. 120min   B. 150min   C. 180min   D. 90min

题解及参考答案

14-2-1　**解：**《混凝土结构工程施工质量验收规范》（GB 50204—2015）第5.2.1条和5.2.4条规定，钢筋进场时，应检查质量证明文件，全数检查钢筋外观，并抽样检验钢筋的力学性能（包括屈服强度、抗拉强度、伸长率、弯曲性能）和重量偏差。

  答案：D

14-2-2　**解：**钢筋冷拉可大幅度提高强度，但脆性增大，塑性和韧性大幅度降低。而吊环在构件起吊时可能受到冲击力，故其材料应具备很好的延性，不宜用冷加工或其他硬、脆钢材。规范规定，吊环应采用HPB300级钢筋制作。

  答案：C

14-2-3　**解：**《混凝土结构工程施工质量验收规范》（GB 50204—2015）第5.4.6条规定，当纵向受力钢筋采用机械接头或焊接接头时，同一连接区段（35d且不少于500mm）内纵向受力钢筋的接头面积百分率应符合设计要求，当无设计要求时，受拉接头不大于50%，受压接头可不受限制。

  答案：B

14-2-4　**解：**①闪光对焊主要用于直条粗钢筋下料前的接长或制作直径为6~16mm的闭口箍筋，不能焊接钢筋网片。

  ②电渣压力焊用于柱、墙等竖向钢筋的接长，不能焊接钢筋网片。

  ③电弧焊应用范围广，可用于焊接钢筋接头、焊制钢筋骨架等，但作业效率较低。

④电阻点焊主要用于钢丝或较细钢筋的交叉连接，焊接速度快、质量好，适用于制作钢筋网片或钢筋骨架。

答案：B

14-2-5　解：钢筋焊接方法包括对焊、点焊、电弧焊、电渣压力焊、埋弧压力焊和气压焊六种。其中，根据电弧焊钢筋接头方式的不同，又可分为搭接焊、帮条焊和坡口焊。

答案：A

14-2-6　解：不考虑抗震要求时，端部弯钩可为 90°，弯钩平直段可取 $5d$（见解图）。

当 $D = 5d$ 时，一个弯钩增加值为：

$$\pi(D/2 + d/2)/2 - (D/2 + d) + 平直段长$$
$$= \pi(2.5d + d/2)/2 - (2.5d + d) + 5d$$
$$= 1.5\pi d - 3.5d + 5d = 6.21d$$
$$= 37.26mm$$

答案：A

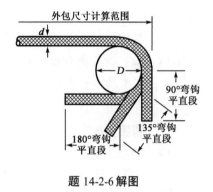

题 14-2-6 解图

14-2-7　解：钢筋的下料长度＝外包尺寸－中间弯折量度差值＋端部弯钩增加值

对于本题：

钢筋的下料长度＝175+265+2×635+4810+1740－4×0.5×22－2×22+2×5×22＝8392mm

（直径 20~28mm 钢筋，每个 180° 端头弯钩增加值，按经验取值为 $5d$）

需注意，钢筋下料长度计算中的有关数据较多，更难以将经验取值记全，故应牢记以下 3 个常用的计算值：1 个 45° 弯折扣减 0.5d，1 个 90° 弯折扣减 2d，1 个 180° 弯钩增加 6.25d。

答案：C

14-2-8　解：《混凝土结构工程施工规范》（GB 50666—2011）附录 C.0.4 规定：钢筋绑扎接头时，受压钢筋绑扎接头搭接长度取受拉钢筋绑扎接头搭接长度的 0.7 倍且不得少于 200mm。

答案：B

14-2-9　解：《混凝土结构工程施工规范》（GB 50666—2011）第 5.4.5 条规定，同一构件中相邻纵向受力钢筋的绑扎搭接接头宜相互错开。钢筋绑扎搭接接头连接区段的长度为搭接长度的 1.3 倍。同一连接区段内，纵向受拉钢筋搭接接头面积与全部纵向受力钢筋截面面积的百分率，当设计无具体要求时，对梁类、板类及墙类构件，不宜大于 25%。对柱及筏板，不宜大于 50%。

答案：A

14-2-10　解：钢筋代换时，对结构构件受强度控制者，应按强度相等的原则代换；当构件按最小配筋率控制时或同级别、同强度等级钢筋代换，应按面积相等的原则代换；受抗裂性要求控制的构件，需经抗裂性验算后再代换。钢筋代换必须征得设计单位同意。故选项 A 的说法正确。

答案：A

14-2-11　解：①组合式钢模板通用性强、周转率高、安装方便，可根据需要组合拼装成各种构件的模板，但安装效率低，且拼缝多、构件表面平整度较差。

②台模（或称飞模、桌模）是用来浇筑楼板的工具式模板；它由台面和台架组成，台架支腿底部带有轮子，一般一个房间设置一块台模；待混凝土浇筑且达到足够强度后，下落台面，向外推出，用塔式起重机吊至另一工作面。

③液压滑升模板是现浇高耸的构筑物和建筑物的工具式模板，适用于烟囱、水塔、筒仓、桥墩、

沉井等构筑物施工，也可用于剪力墙建筑的施工；但由于剪力墙结构有较多水平构件使滑模的效率不能发挥，且质量控制难度较大，故已很少使用。

④大模板是用于墙体施工的工具式模板，具有施工速度快、机械化程度高、混凝土表观质量好等优点，在剪力墙结构施工中应用最为广泛。故应优先选用大模板。

答案： C

14-2-12 **解：** 滑升模板由模板系统、操作平台系统及滑升系统组成。液压系统、控制系统均属于滑升系统。

答案： A

14-2-13 **解：** 液压滑升模板的提升，是由其千斤顶顺着支承杆向上爬升来进行的。而支承杆是埋设在混凝土结构中且随需要一节节向上接长的粗钢筋或钢管。因此，滑模提升时，全部荷载由支承杆传递到混凝土结构。

答案： B

14-2-14 **解：** 滑模常采用液压滑升模板，它由三大基本部分组成：模板系统、操作平台系统和液压滑升系统。液压滑升系统的液压千斤顶沿支撑杆向上爬行，承受着施工过程的全部荷载。模板系统通过围墙圈、提升架与液压滑升系统相连，用于成型混凝土。操作平台系统通过提升架与液压滑升系统相连，为操作人员和其他施工设备提供作业场地。

答案： A

14-2-15 **解：** 《混凝土结构施工规范》（GB 50666—2011）第4.3.7条规定，计算模板及支架承载力时需考虑的荷载组合参与项：

①对底面模板及其支架水平杆，需考虑：模板及支架自重、新浇混凝土的重量、钢筋重量、施工人员及施工设备产生的荷载（属可变荷载）；

②对侧面模板，需考虑：新浇混凝土的侧压力、混凝土下料产生的水平荷载（可变）。

③对支架立杆，需考虑：模板及支架自重、新浇混凝土的重量、钢筋重量、施工人员及施工设备产生的荷载（可变）、风荷载（可变）。

可见，选项C所列荷载组合参与项符合规范要求，其中振捣荷载属于"施工设备产生的荷载"，故选C。

需注意：①选项 A 所列"混凝土堆积料的重量"及选项 B 所列"倾倒混凝土时产生的荷载"，均不与"施工人员及施工设备产生的荷载"全部、同时存在。

②选项 D 所列内容属于侧面模板需考虑的组合参与项。但其中可变荷载"振捣混凝土时产生的荷载"与"混凝土下料产生的水平荷载"一般不同时存在且"振捣荷载"不会超过"下料荷载"，故现行规范规定只取"下料荷载"。

答案： C

14-2-16 **解：** 根据模板的施工工艺，拆模的顺序与支模的顺序相反，先支的后拆，后支的先拆。承重部位的模板，必须待结构混凝土达到一定强度后方可拆除，故先拆除非承重部分，后拆除承重部分。故选项B所列顺序正确。

答案： B

14-2-17 **解：** 《混凝土结构工程施工规范》（GB 50666—2011）第4.5.2条规定，现浇结构的底模及其支架应在混凝土强度达到设计要求后再拆除（见解表）；当设计无具体要求时，同条件养护的混凝土立方体试件抗压强度应符合本条表 4.5.2 的规定。可见，现浇钢筋混凝土梁，跨度≤8m 时，拆模时应达到设计混凝土强度等级值的 75% 及以上。

底模拆除时的混凝土强度要求　　　　　　　　　　　题 14-2-17 解表

构件类型	构件跨度（m）	达到设计混凝土强度等级值的百分率（%）
板	≤2	≥50
	>2，≤8	≥75
	>8	≥100
梁、拱、壳	≤8	≥75
	>8	≥100
悬臂结构		≥100

答案： C

14-2-18　解：《混凝土结构工程施工规范》（GB 50666—2011）第 4.5.2 条表 4.5.2（见上题）规定，悬臂结构构件，底模拆模时要求混凝土强度大于或等于相应混凝土强度等级值的 100%。

答案： D

14-2-19　解：《混凝土结构工程施工规范》（GB 50666—2011）第 7.6.4 条规定，当使用中水泥质量受不利环境影响或水泥出厂超过三个月（快硬硅酸盐水泥超过一个月）时，应进行复验，并按复验结果使用。

答案： D

14-2-20　解：《混凝土结构工程施工规范》（GB 50666—2011）第 7.3.2 条规定，当设计强度等级低于 C60 时，配制强度应按下式确定：

$$f_{cu,o} = f_{cu,k} + 1.645\sigma$$

式中：$f_{cu,o}$——混凝土施工配制强度（N/mm²）；

　　　$f_{cu,k}$——混凝土设计强度标准值（N/mm²）；

　　　σ——施工单位的混凝土强度标准差（N/mm²）。

答案： D

14-2-21　解：混凝土搅拌机按搅拌原理不同分为自落式和强制式两类。自落式搅拌机采用下落冲击、交流掺和原理，可以搅拌骨料较粗重的塑性（流动性好）混凝土；强制式搅拌机采用旋转推移、剪切掺和原理，搅拌效率高、效果好，适于搅拌各种混凝土。由于细、轻骨料下落时冲击力小，干硬性混凝土不易提起和下落，均难以通过自落冲击进行拌和，即不宜采用自落式搅拌机搅拌，故选 D。规范也曾规定，对于轻骨料、干硬性、高强度、高性能混凝土必须采用强制式搅拌机拌制。

答案： D

14-2-22　解：《混凝土结构工程施工规范》（GB 50666—2011）第 7.4.4 条规定，混凝土宜采用强制式搅拌机搅拌，并应搅拌均匀。混凝土搅拌的最短时间可按规范表 7.4.4（见解表）采用，当能保证搅拌均匀的情况下可适当缩短搅拌时间。搅拌强度等级 C60 及以上的混凝土时，搅拌时间应适当延长。

混凝土搅拌的最短时间（单位：s）　　　　　　　　　题 14-2-22 解表

混凝土坍落度（mm）	搅拌机机型	搅拌机出料量（L）		
		<250	250~500	>500
≤40	强制式	60	90	120
>40 且<100	强制式	60	60	90
≥100	强制式	60		

注：1.混凝土搅拌的最短时间系指全部材料装入搅拌筒中起，到开始卸料止的时间；

　　2.当掺有外加剂与矿物掺合料时，搅拌时间应适当延长；

3.采用自落式搅拌机时,搅拌时间宜延长30s;

4.当采用其他形式的搅拌设备时,搅拌的最短时间也可按设备说明书的规定或经试验确定。

可见,混凝土的搅拌时间主要取决于搅拌机的机型、出料量及混凝土的坍落度,也与混凝土的强度等级及是否掺有外加剂或矿物掺合料有关,故选A。

答案:A

14-2-23 解:《混凝土结构工程施工规范》(GB 50666—2011)第8.3.4条规定,混凝土运输、输送入模的过程应保证混凝土连续浇筑,从运输到输送入模的延续时间不宜超过规范表 8.3.4-1(解表左侧)的规定;从运输到输送入模及其间歇的总时间不应超过规范表 8.3.4-2(解表右侧)的限值(即延续时间+90min)。对掺早强剂、早强型减水剂混凝土或有特殊要求的混凝土,应通过试验确定允许时间。

运输到输送入模的延续时间及总时间限值(单位:min) 题 14-2-23 解表

条件	运输到输送入模的延续时间		运输、输送入模及其间歇总的时间限值	
	气温≤25℃	>25℃	≤25℃	>25℃
不掺外加剂	90	60	180	150
掺外加剂	150	120	240	210

可见,按题意,允许时间为240min,故选A。

答案:A

14-2-24 解:《混凝土结构工程施工规范》(GB 50666—2011)第7.2.3条第1款规定,混凝土粗骨料的最大粒径不得超过构件截面最小尺寸的1/4,钢筋最小净间距的3/4;对于实心板,则不宜超过板厚的1/3,且最大不得超过40mm。

答案:B

14-2-25 解:钢筋混凝土框架结构的梁和板,一般情况下同时浇筑可保证结构整体性能好。当梁高大于 1m 时,梁与板同时浇筑不太方便。可考虑先浇筑梁混凝土。施工缝应留设在板底面以下20~30mm 处。

答案:B

14-2-26 解:《混凝土结构工程施工规范》(GB 50666—2011)第8.3.6条规定,柱、墙模板内的混凝土浇筑不得发生离析,倾落高度应符合规范表 8.3.6(见解表)的规定,当不能满足规定时,宜加设串筒、溜管、溜槽等装置。

柱、墙模板内混凝土浇筑倾落高度限值(单位:m) 题 14-2-26 解表

条件	混凝土倾落高度
骨料粒径大于25mm	≤ 3
骨料粒径小于等于25mm	≤ 6

可见,应选B。

答案:B

14-2-27 解:为保证大体积混凝土的整体性,避免出现"冷缝",常用浇筑方案有全面分层、斜面分层和分段分层。全面分层适用于平面尺寸不太大的混凝土结构;分段分层适用于厚度不太大而面积较大的混凝土结构;斜面分层适用于厚度及面积均较大的混凝土结构。若结构宽度较大时,常采用多台机械分条同时同步斜面分层浇筑,使结构形成整体。

答案:B

14-2-28 解:《混凝土结构工程施工规范》(GB 50666—2011)第8.6.3条规定,垂直施工缝和后浇

带的留设位置应符合下列规定：

①有主次梁的楼板施工缝应留设在次梁跨度中间的1/3范围内；

②单向板施工缝应留设在与跨度方向平行（即平行于板短边）的任何位置；

③楼梯梯段施工缝宜设置在梯段板跨度端部的1/3范围内；

④墙的施工缝宜设置在门洞口过梁跨中1/3范围内，也可留设在纵横交接处；

⑤后浇带留设位置应符合设计要求；

⑥特殊结构部位留设垂直施工缝应征得设计单位同意。

可见，选项C所述位置正确。

答案：C

14-2-29　解： 内部振动器常用以振实梁、柱、墙等断面尺寸较小而深度大的构件和体积较大的混凝土。表面振动器仅适用于表面积大而平整、厚度小的结构或预制件。外部振动器适用于钢筋较密、厚度较小以及不宜使用内部振动器的结构和构件中，并要求模板有足够的刚度。所以钢筋特别稠密的剪刀墙混凝土振捣最好选用附着（又称外部）振捣器。

答案：C

14-2-30　解：《混凝土结构工程施工规范》（GB 50666—2011）第8.4.6条表8.4.6规定，当采用插入式振捣器时，浇筑层最大厚度为振捣器作用部分（振动棒）长度的1.25倍。

答案：A

14-2-31　解： 施工缝是混凝土结构的薄弱环节，使该部位混凝土的抗剪强度大大削弱，必须给予足够的重视。施工缝的位置在混凝土浇筑之前确定，并宜留置在结构受剪力较小且便于施工的部位。

答案：C

14-2-32　解：《混凝土结构工程施工规范》（GB 50666—2011）第8.5.1条规定，混凝土浇筑后应及时进行保湿养护。

第8.5.2条对养护时间规定：

①采用硅酸盐水泥、普通硅酸盐水泥或砂渣硅酸盐水泥配制的混凝土，不应少于7d；

②采用缓凝型外加剂、大掺量矿物掺合料配制的混凝土不得少于14d；

③抗渗混凝土、后浇带混凝土、强度等级C60及以上混凝土不得少于14d；

④地下室底层墙、柱和上部结构首层墙、柱宜适当增加养护时间。

答案：B

14-2-33　解：《混凝土结构工程施工规范》（GB 50666—2011）第8.5.3条第3款规定，当日最低温度低于5℃时，不应采用浇水养护。

答案：A

14-2-34　解：《混凝土结构工程施工质量验收规范》（GB 50204—2015）第7.4.1条规定，用于检查结构构件混凝土质量的试件，应在混凝土浇筑地点随机抽取制作；每拌制100盘且不超过100m³的同配合比的混凝土，取样不得少于一次；每工作班不足100盘时也不得少于一次；每一层现浇楼层，同配合比的混凝土，其取样也不得少于一次。

答案：C

14-2-35　解：《混凝土结构工程施工规范》（GB 50666—2011）第10.2.12条关于冬期浇筑的混凝土受冻临界强度之第1款规定，当采用蓄热法、暖棚法、加热法施工时，采用硅酸盐水泥、普通硅酸盐水泥配制的混凝土，不应低于设计混凝土强度等级值的30%；采用矿渣硅酸盐水泥、粉煤灰硅酸盐水泥、火山灰质硅酸盐水泥、复合硅酸盐水泥配制的混凝土，不应低于设计混凝土强度等级值的40%。

答案：C

14-2-36　解：混凝土试块试压时，一组三个试件的强度取平均值为该组试件的混凝土强度代表值，当两个试件强度中的最大值或最小值之一与中间值之差超过 15%时，取中间值。若均超过 15%，则该组试件作废。本题中，第一组：$(32.2 - 28.0)/32.2 = 13\%$，未超过 15%，取平均值为 31.1；第二组：$(33.5 - 28.1)/33.5 = 16\%$，已超过 15%，取中间值为 33.5。

答案：D

14-2-37　解：《混凝土结构设计规范》（GB 50010—2010）第 4.1.2 条规定，预应力混凝土结构的混凝土强度等级不宜低于C40，且不应低于C30。故选项 A 所述不正确。

《混凝土结构工程施工规范》（GB 50666—2011）第 6.4.3 条规定，施加预应力时，混凝土强度应符合设计要求，且同条件养护的混凝土立方体抗压强度不应低于设计混凝土强度等级值的 75%，采用消除预应力钢丝或钢绞线作为预应力筋的先张法构件尚不应低于 30MPa。故选项 C 所述不正确。

采用先张法制作预应力构件时，常采用三横梁、四横梁、梳筋板等对预应力筋进行成组张拉。《混凝土结构工程施工规范》（GB 50666—2011）第 6.3.5 条规定，当成组张拉长度不大于 10m 的钢丝时，同组钢丝长度的极差不得大于 2mm。可见，选项 D 所述不正确。

《混凝土结构工程施工规范》（GB 50666—2011）第 8.3.2 条规定，混凝土浇筑应保证混凝土的均匀性和密实性，混凝土宜一次连续浇筑。先张法用于制作构件，故对每一个构件的混凝土必须一次浇筑完成。故选 B。

答案：B

14-2-38　解：《混凝土结构工程施工规范》（GB 50666—2011）第 6.4.3 条规定，施加预应力时，混凝土强度应符合设计要求；且同条件下养护的混凝土立方体抗压强度，不应低于设计混凝土强度等级值的 75%。对先张法施工，放松钢筋即施加预应力。

答案：B

14-2-39　解：预应力筋的张拉程序中，超张拉至 105% σ_{con}的主要目的是减少预应力筋松弛造成的预应力损失。

答案：D

14-2-40　解：后张法施工中，张拉端锚具主要有以下几种：螺母锚具，主要用于单根螺纹钢筋；夹片锚具，主要用于钢绞线或钢绞线束；镦头锚具和锥型锚具，主要用于锚固钢丝束。预应力筋采用单根粗筋应为螺纹钢筋，故应选用螺母锚具。

答案：A

14-2-41　解：先张法不能用于现浇结构。钢管抽芯法只能用于预制构件时留直线孔道，故不适用。在多跨连续结构构件中预应力筋需曲线形设置，而楼板较薄，难以留设孔道和满足孔道至构件边 30mm 最小厚度要求，故宜采用铺设无黏结预应力筋的后张法施工。

答案：B

14-2-42　解：后张法施工采用的张拉设备主要有以下几种：拉杆式千斤顶，主要用于张拉单根螺纹钢筋；大孔径穿心式千斤顶与多孔夹片式锚具配套使用，用来张拉钢绞线束；锥锚式千斤顶主要用来与锥形锚具配套使用，张拉钢丝束。前卡式千斤顶，用于张拉单根钢绞线。

答案：C

14-2-43　解：《混凝土结构工程施工规范》（GB 50666—2011）第6.4.3 条规定，施加预应力时，混凝土强度应符合设计要求，且同条件下养护的混凝土立方体抗压强度不应低于设计强度等级值的 75%。

答案：C

14-2-44　解:《混凝土结构工程施工规范》(GB 50666—2011)第 8.3.3 条规定,"上层混凝土应在下层混凝土初凝之前浇筑完毕"。本题未提及有上层混凝土,故其运输、浇筑、间隔的总延续时间不超过初凝时间即可。则其浇筑和间隔的最长时间=初凝时间-运输时间= 210min - 60min = 150min。

需注意的是:规范第 8.3.4 条规定,混凝土运输、输送入模的过程应保证混凝土的连续浇筑,并给出了时间限值(见解表)。但本题所给条件不足,其目的在于要明确"初凝前浇筑完毕"的概念。

运输到输送入模的延续时间及总时间限值(单位:min)　　　题 14-2-44 解表

条件	运输到输送入模的延续时间		运输、输送入模及其间歇总的时间限值	
	气温≤ 25℃	气温> 25℃	气温≤ 25℃	气温> 25℃
不掺外加剂	90	60	180	150
掺外加剂	150	120	240	210

答案: B

(三)结构吊装工程与砌体工程

14-3-1 下列选项中,不是选用履带式起重机时要考虑的因素是:

A. 起重量　　　　　　　　　　B. 起重动力设备

C. 起重高度　　　　　　　　　D. 起重半径

14-3-2 对覆带式起重机各技术参数间的关系,以下描述中错误的是:

A. 当起重臂仰角不变时,随着起重臂长度的增加,起重半径和起重高度增加,而起重量减小

B. 当起重臂长度一定时,随着仰角的增加,起重量和起重高度增加,而起重半径减小

C. 当起重臂长度增加时,起重量和起重半径增加

D. 当起重半径增大时,起重高度随之减小

14-3-3 结构构件吊装的工艺过程一般为:

A. 绑扎、起吊、对位、临时固定、校正和最后固定

B. 绑扎、起吊、临时固定、对位、校正和最后固定

C. 绑扎、起吊、对位、校正、临时固定和最后固定

D. 绑扎、起吊、校正、对位、临时固定和最后固定

14-3-4 单机旋转法吊装钢筋混凝土牛腿柱要求三点共弧是:

A. 柱的绑扎点、柱脚中心和起重机回转中心在同一起重半径圆弧上

B. 柱的绑扎点、柱脚中心和柱基杯口中心在同一起重半径圆弧上

C. 柱的重心、柱脚中心和起重机回转中心在同一起重半径圆弧上

D. 柱的重心、柱脚中心和柱基杯口中心在同一起重半径圆弧上

14-3-5 单层工业厂房牛腿柱吊装临时固定后,需主要校正下述中哪一项?

A. 平面位置　　　　　　　　　B. 牛腿顶标高

C. 柱顶标高　　　　　　　　　D. 垂直度

14-3-6 屋架采用反向扶直时,起重机立于屋架上弦一边,吊钩对位上弦中心,则吊臂与吊钩满足下列关系:

A. 升臂升钩　　　B. 升臂降钩　　　C. 降臂升钩　　　D. 降臂降钩

14-3-7 屋架吊装时，吊索与水平面的夹角不应小于多少，以免屋架上弦杆受过大的压力？

A. 20°　　　　　　　B. 30°　　　　　　　C. 45°　　　　　　　D. 60°

14-3-8 起重机在厂房内一次开行就安装完一个节间内各种类型的构件，这种吊装方法称为：

A. 旋转法　　　　　　　　　　　　B. 滑行法

C. 分件吊装法　　　　　　　　　　D. 综合吊装法

14-3-9 关于砌砖工程使用的材料，下列哪条是不正确的？

A. 使用砖的品种、强度等级、外观符合设计要求，并有出厂合格证

B. 对强度等级小于 M5 的水泥混合砂浆，所用砂的含泥量在 15%以内

C. 石灰膏熟化时间已经超过了 15d

D. 水泥的品种与强度等级符合砌筑砂浆试配单的要求

14-3-10 砌筑砂浆应随拌随用，必须在拌成后多长时间内使用完毕？

A. 3h　　　　　　　B. 4h　　　　　　　C. 4h　　　　　　　D. 6h

14-3-11 砌筑地面以下砌体时，应使用的砂浆是：

A. 混合砂浆　　　　　　　　　　　B. 石灰砂浆

C. 水泥砂浆　　　　　　　　　　　D. 纯水泥浆

14-3-12 砌体施工质量控制等级可分为下述哪几个等级？

A. 1、2、3　　　　　　　　　　　B. A、B、C

C. 甲、乙、丙、丁　　　　　　　　D. 优、良、及格

14-3-13 砖砌体的水平防潮层应设在何处？

A. 室内混凝土地面垫层厚度范围内　　　B. 室内地坪下三皮砖处

C. 室内地坪上一皮砖处　　　　　　　　D. 室外地坪下一皮砖处

14-3-14 砌砖通常采用"三一砌筑法"，其具体指的是：

A. 一皮砖，一层灰，一勾缝　　　　　B. 一挂线，一皮砖，一勾缝

C. 一块砖，一铲灰，一挤揉　　　　　D. 一块砖，一铲灰，一刮缝

14-3-15 砌砖工程采用铺浆法砌筑和施工期间气温超过 30℃时，铺浆长度分别不得超过多少？

A. 700mm，500mm　　　　　　　B. 750mm，500mm

C. 500mm，300mm　　　　　　　D. 600mm，400mm

14-3-16 砖砌体工程中，设计要求的洞口宽度超过多少时，应设置过梁？

A. 300mm　　　　　　　　　　　B. 400mm

C. 500mm　　　　　　　　　　　D. 600mm

14-3-17 砌体工程中，下列墙体或部位中可以留设脚手眼的是：

A. 120mm 厚砖墙、空斗墙和砖柱

B. 宽度小于 2m，但大于 1m 的窗间墙

C. 门洞窗口两侧 200mm 和距转角 450mm 的范围内

D. 梁和梁垫下及其左右各 500mm 范围内

14-3-18 混合结构 240mm 厚承重墙的最上一皮砖，砖砌台阶水平面及砖砌体挑出层的外皮砖应如何砌筑？

A. 丁砖　　　　　B. 顺砖　　　　　C. 侧砖　　　　　D. 立砖斜砌

14-3-19 构造柱与砖墙接槎处,砖墙应砌成马牙槎,每一个马牙槎沿高度方向尺寸,不应超过:

    A. 100mm   B. 150mm   C. 200mm   D. 300mm

14-3-20 砖砌体工程在施工时,相邻施工段的砌筑高度差不得超过一个楼层,也不宜大于多少?

    A. 3m   B. 5m   C. 4m   D. 4.5m

14-3-21 正常施工条件下,砖墙的每日砌筑高度不宜超过:

    A. 1m   B. 1.2m   C. 1.5m   D. 1.8m

14-3-22 砖砌体砌筑时应做到"横平竖直、砂浆饱满、组砌得当、接槎可靠"。那么砖墙水平灰缝的砂浆饱满度应不小于:

    A. 80%   B. 85%   C. 90%   D. 95%

14-3-23 在砖砌体施工的质量检验中,对墙面垂直度偏差要求的允许值,每层是:

    A. 3mm   B. 5mm   C. 8mm   D. 10mm

14-3-24 砖墙砌体如需留槎时,应留斜槎,如墙高为 H,斜槎长度至少应为:

    A. H B. $2H/3$ C. $H/2$ D. $H/3$

14-3-25 砖墙砌体可留直槎时,应放拉结钢筋,对非抗震设防砌体,下列错误的是:

    A. 每道按每 120mm 墙厚放一根 $\phi6$ 钢筋且不少于 2 根

    B. 拉结钢筋沿墙高每 600mm 设一道

    C. 留槎处算起钢筋每边长大于 500mm

    D. 端部弯成 90°弯钩

14-3-26 在抗震烈度 6 度、7 度设防地区,砖砌体留直槎时,必须设置拉结筋。下列中哪条叙述不正确?

    A. 拉结筋的直径不小于 6mm

    B. 每 120mm 墙厚设置一根拉结筋

    C. 应沿墙高不超过 500mm 设置一道拉结筋

    D. 拉结筋埋入每边墙内长度不小于 500mm,末端有 90°弯钩

14-3-27 在检验砖砌体工程质量中,下列哪一条是符合标准要求的?

    A. 窗间墙的通缝皮数不超过 4 皮

    B. 每层砖砌体垂直度偏差小于 30mm

    C. 水平灰缝砂浆饱满度不小于 80%

    D. 拉结筋的直径不小于 10mm

14-3-28 同一验收批砂浆试块抗压强度平均值,按质量标准规定不得低于下述哪个强度?

    A. 0.75 倍设计强度   B. 设计强度

    C. 1.10 倍设计强度   D. 1.15 倍设计强度

14-3-29 施工时所用的小型砌块的产品的龄期不得小于多少天?

    A. 7   B. 14   C. 28   D. 30

14-3-30 多排孔小砌块墙体的搭砌长度不得小于块长的1/3,且不应小于多少?

    A. 80mm   B. 90mm   C. 100mm   D. 200mm

14-3-31 按规范规定,首层室内地面以下或防潮层以下的混凝土小型空心砌块,应用混凝土填实孔洞,混凝土的强度等级最低不能小于:

    A. C15   B. C20   C. C30   D. C25

14-3-32 在混凝土及钢筋混凝土芯柱施工中，待砌筑砂浆强度大于多少时，方可灌注芯柱混凝土？

    A. 0.5MPa   B. 1MPa   C. 1.2MPa   D. 1.5MPa

14-3-33 在卫生间、浴室用加气混凝土砌块砌筑墙体时，墙底部宜现浇混凝土坎台，其高度宜为：

    A. 100mm   B. 150mm   C. 180mm   D. 200mm

14-3-34 吊装中小型单层工业厂房的结构构件时，宜使用：

    A. 履带式起重机   B. 附着式塔式起重机

    C. 人字拔杆式起重机   D. 轨道式塔式起重机

题解及参考答案

14-3-1 **解：** 起重机型号选择需依据其技术性能参数。起重机的主要技术性能参数包括起重量、起重高度和起重半径。因此选用履带式起重机时，"起重动力设备"不是选用履带式起重机时要考虑的因素。

    答案： B

14-3-2 **解：** 为了保证起重机不倾覆，必须控制其起重力矩。当起重臂仰角不变时，随着起重臂长度增加则起重半径和起重高度增加，而起重量减小；当起重臂长度一定时，随着仰角的增加，起重量和起重高度增加而起重半径减小。

    答案： C

14-3-3 **解：** 结构构件吊装的工艺过程一般为绑扎、起吊、对位、临时固定、校正和最后固定。

    答案： A

14-3-4 **解：** 在吊装混凝土牛腿柱的过程中，只有在柱的绑扎点、柱脚中心和柱基杯口中心在同一起重半径圆弧上的条件下，吊机才能原地不动，只通过旋转就可把柱安放到柱基杯口中（见解图）。

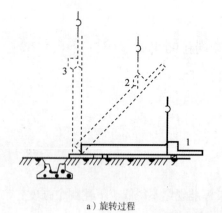 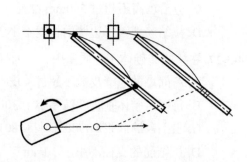

a）旋转过程   b）平面布置

题 14-3-4 解图 用旋转法吊柱

1-柱平放时；2-起吊中途；3-直立

    答案： B

14-3-5 **解：** 单层工业厂房牛腿柱的平面位置、牛腿顶标高、柱顶标高确定已在前期准备工作和临时固定中完成，临时固定后，需要校正的主要内容是柱子的垂直度。

    答案： D

14-3-6 **解：** 升钩是将上弦提起，降臂是增加起重机起吊半径而前推上弦，使屋架竖起、扶直（见解图）。

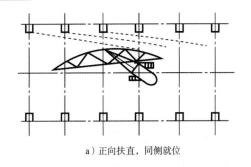

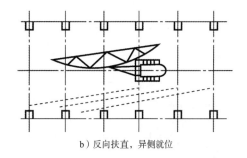

| a) 正向扶直，同侧就位 | b) 反向扶直，异侧就位 |

题 14-3-6 解图 屋架的正向扶直与反向扶直

答案：C

14-3-7 **解**：《混凝土结构工程施工规范》（GB 50666—2011）第 9.1.3 条规定，预制构件的吊运应采取保证起重设备的主钩位置、吊具及构件重心在竖直方向上重合的措施；吊索与构件水平夹角不宜小于 60°，不应小于 45°。其目的是避免受过大压力而损坏或平面外失稳。

答案：C

14-3-8 **解**：房屋结构的安装方法包括综合吊装法和分件吊装法。起重机一个节间一个节间地安装，在厂房内一次开行就完成一个跨度内全部构件安装，这种吊装方法称为综合吊装法；一次开行只安装一种构件，下次再安装另一种构件，经过多次开行完成一个跨度的安装，叫分件吊装法。而旋转法和滑行法仅为柱子的吊装方法。

答案：D

14-3-9 **解**：《砌体结构工程施工规范》（GB 50924—2014）第 4.3.3 条规定，水泥砂浆和强度等级不小于 M5 的水泥混合砂浆，砂中含泥量不应超过 5%；强度等级小于 M5 的水泥混合砂浆，砂中含泥量不应超过 10%。

答案：B

14-3-10 **解**：《砌体结构工程施工质量验收规范》（GB 50203—2011）第 4.0.10 条规定，砂浆应随拌随用，在 3h 内使用完毕；气温超过 30℃时，应在 2h 内使用完毕；否则，超过规定时间砂浆将达初凝，搅动后其黏结性及强度下降。

答案：A

14-3-11 **解**：由于水泥砂浆耐水性好且水泥属水硬性材料，因此对基础及处于潮湿环境的砌体，均应采用水泥砂浆砌筑。

答案：C

14-3-12 **解**：《砌体结构工程施工规范》（GB 50924—2014）第 A.0.1 条规定，施工前及施工中对承担砌体结构工程施工的总承包商及施工分包商的施工质量控制等级，应分别对其近期施工的工程及本工程施工情况按该规范附表 A.0.1（见解表）进行评定及检查。表中砌体工程施工质量控制等级评定按 A、B、C 三级划分。

砌体工程施工质量控制等级简表　　　　　　　　　题 14-3-12 解表

项目	施工质量控制等级		
	A	B	C
现场质量管理	监督检查制度健全，并严格执行； 施工方有在岗专业技术管理人员，人员齐全，并持证上岗	监督检查制度基本健全，并能执行； 施工方有在岗专业技术管理人员，人员齐全，并持证上岗	有监督检查制度； 施工方有在岗专业技术管理人员

项目	施工质量控制等级		
	A	B	C
砂浆、混凝土强度	试块按规定制作； 强度满足验收规定，离散性小	试块按规定制作； 强度满足验收规定，离散性较小	试块按规定制作； 强度满足验收规定，离散性大
砂浆拌和	机械拌和； 配合比计量控制严格	机械拌和； 配合比计量控制一般	机械或人工拌和； 配合比计量控制较差
砌筑工人	中级工以上。其中，高级工不少于30%	高、中级工不少于70%	初级工以上

答案： B

14-3-13　解： 因为高于或低于室内地坪的水平防潮层及室外地坪以下的防潮层，均不能挡住地下潮湿进入墙体，只有防潮层设在室内混凝土地面厚度范围内，形成整体防潮层，才能起到防潮作用。

答案： A

14-3-14　解： "三一砌筑法"是砌砖的一种操作工艺。具体操作时，工人一手操铲、一手操砖，先在砌筑面上铺一铲灰（即砂浆），随即放一块砖，并进行挤压揉搓，至砖块到位稳定、砂浆饱满，随手用大铲刮去挤出的砂浆。简称为"一铲灰、一块砖、一挤揉"。该种砌筑法较铺浆法砂浆饱满度高，是常用方法。

答案： C

14-3-15　解：《砌体结构工程施工质量验收规范》（GB 50203—2011）第5.1.7条规定，采用铺浆法砌筑砌体，铺浆长度不得超过750mm；当施工期间气温超过30℃时，铺浆长度不得超过500mm。

答案： B

14-3-16　解：《砌体结构工程施工质量验收规范》（GB 50203—2011）第3.0.11规定，设计要求的洞口应正确留出或预埋，不得打凿；宽度超过300mm的洞口上部，应设置钢筋混凝土过梁。

答案： A

14-3-17　解：《砌体结构工程施工规范》（GB 50924—2014）第3.3.13条规定，不得在下列墙体或部位设置脚手眼：①120mm厚墙、料石清水墙和独立柱；②过梁上与过梁成60°角的三角形范围及过梁净跨度1/2的高度范围内；③宽度小于1m的窗间墙；④砌体门窗洞口两侧200mm（石砌体为300mm）和转角处450mm（石砌体为600mm）范围内；⑤梁或梁垫下及其左右500mm范围内。

可见，选项A、C、D所述均在不得留设脚手眼范围内，只有选项B处允许。

答案： B

14-3-18　解：《砌体结构工程施工质量验收规范》（GB 50203—2011）第5.1.8条规定，240mm厚承重墙的每层墙的最上一皮砖，砖砌体的阶台水平面上及挑出层的外皮砖，应整砖丁砌。

答案： A

14-3-19　解：《砌体结构工程施工质量验收规范》（GB 50203—2011）第8.2.3条规定，构造柱与墙体的连接处，墙体应砌成马牙槎，马牙槎凹凸尺寸不宜小于60mn，高度不应超过300mm。

答案： D

14-3-20　解：《砌体结构工程施工规范》（GB 50924—2014）第3.3.15条规定，相邻施工段的砌筑高度差不得超过一个楼层的高度，也不宜大于4m。

答案： C

14-3-21　解：《砌体结构工程施工规范》（GB 50924—2014）第6.2.29条规定，正常施工条件下，砖砌体每日砌筑高度宜控制在 1.5m 或一步脚手架高度内。第 11.1.10 条、第 11.2.3 条规定，冬、雨期施工时，每日砌筑高度不宜超过 1.2m。

答案：C

14-3-22 解：《砌体结构工程施工规定》（GB 50924—2014）第 6.1.1 条规定，水平灰缝和垂直灰缝的厚度控制在 8~12mm。第 6.2.13 条规定，砖墙水平灰缝的砂浆饱满度不应低于 80%，竖向灰缝不得有瞎缝、假缝、透明缝。砖柱的水平、竖向灰缝砂浆饱满度均不应低于 90%。

还应注意：混凝土空心小砌块砌体的水平灰缝和竖向灰缝的砂浆饱满度，按净面积计算均不得低于 90%；砌块填充墙砌体的竖向、水平灰缝的饱满度均不得低于 80%。

答案：A

14-3-23 解：《砌体结构工程施工质量验收规范》（GB 50203—2011）第 5.3.3 条表 5.3.3 规定，墙面的垂直度偏差允许值为每层 5mm，可用托线板检查。

答案：B

14-3-24 解：《砌体结构工程施工质量验收规范》（GB 50203—2011）第 5.2.3 条规定，砖砌体的转角处和交接处应同时砌筑，严禁无可靠措施的内外墙分砌施工。在抗震设防烈度 8 度及以上地区，对不能同时砌筑而又必须留置的临时间断处应砌成斜槎，普通砖砌体斜槎水平投影长度不应小于高度的 2/3，多孔砖不应小于 1/2。斜槎高度不得超过一步脚手架的高度。

答案：B

14-3-25 解：砖墙砌体砌筑时，如条件所限不能留斜槎时，抗震设防烈度为 7 度及以下地区可留凸直槎，但需设拉结钢筋。

《砌体结构工程施工质量验收规范》（GB 50203—2011）第 5.2.4 条规定，要求拉结筋沿墙高不得超过 500mm 设置一道；每道按每 120mm 墙厚放一根 $\phi6$ 钢筋且不少于 2 根；钢筋每端压入墙内不小于 500mm，抗震设防者不小于 1000mm（见解图）。

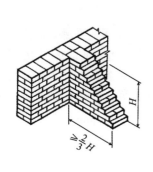

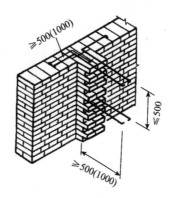

a）斜槎   b）凸直槎（括号内尺寸用于抗震设防烈度为 6 度、7 度地区）

题 14-3-25 解图 砖墙留槎要求

答案：B

14-3-26 解：《砌体结构工程施工质量验收规范》（GB 50203—2011）第 5.2.4 条规定，非抗震设防及抗震设防烈度为 6 度、7 度地区的临时间断处，当不能留斜槎时，除转角处外，可留直槎，但直槎必须做成凸槎，且应加设拉结钢筋，对抗震设防烈度 6 度、7 度的地区，拉结钢筋埋入长度从留槎处算起每边均不应小于 1000mm；末端应有 90°弯钩。

答案：D

14-3-27 解：除水平灰缝砂浆饱满度不小于 80% 一条符合标准要求外，其他均与质量标准不符。《砌体结构工程施工质量验收规范》（GB 50203—2011）第 5.3.1 条规定，清水墙、窗间墙无通缝；第

5.3.3 条规定，每层墙面垂直度允许偏差为 5mm；第 5.2.4 条规定，拉结筋的直径为 6mm。

答案： C

14-3-28 解： 《砌体结构工程施工质量验收规范》（GB 50203—2011）第 4.0.12 条第 1 款规定，同一验收批砂浆试块抗压强度平均值，应大于或等于设计强度等级值的 1.10 倍。其中，最小一组也不应低于设计强度等级值的 85%。

答案： C

14-3-29 解： 《砌体结构工程施工质量验收规范》（GB 50203—2011）第 6.1.3 条规定，施工用小砌块的产品龄期不应小于 28d，以避免因块体收缩而造成墙体开裂。

答案： C

14-3-30 解： 《砌体结构工程施工质量验收规范》（GB 50203—2011）第 6.1.9 条规定，小砌块墙体应孔对孔、肋对肋错缝搭砌。多排孔小砌块的搭接长度可适当调整，但不宜小于小砌块长度的 1/3，且不应小于 90mm。

答案： B

14-3-31 解： 《砌体结构工程施工质量验收规范》（GB 50203—2011）第 6.1.6 条规定，底层室内地面以下或防潮层以下的砌体，应采用强度等级不低于 C20（或 Cb20）的混凝土灌实小砌块的孔洞。

答案： B

14-3-32 解： 《砌体结构工程施工质量验收规范》（GB 50203—2011）第 6.1.15 条规定，芯柱混凝土宜选用专用小砌块灌孔混凝土。浇筑芯柱混凝土时，砌筑砂浆强度应大于 1MPa。

答案： B

14-3-33 解： 《砌体结构工程施工质量验收规范》（GB 50203—2011）第 9.1.6 条规定，在厨房、卫生间、浴室等处采用轻骨料混凝土小型空心砌块、蒸压加气混凝土砌块砌筑墙体时，墙底部宜现浇混凝土坎台，其高度宜为 150mm。

答案： B

14-3-34 解： 本题主要考查各种起重机的特点及适用范围。一般对 5 层以下的民用建筑或高度在 18m 以下的单层、多层工业厂房，可采用履带式、汽车式或轮胎式等自行杆式起重机；对于 10 层以下的民用建筑，宜采用轨道式塔式起重机；对于高层建筑，可采用附着式塔式起重机；对于超高层建筑，宜采用爬升式塔式起重机。拔杆式起重机因移动困难，不适于厂房的结构吊装。可见，本题中"履带式起重机"较宜。

答案： A

（四）施工组织设计

14-4-1 以特大型项目或群体工程为编制对象，用以指导其施工全过程各项施工活动的综合技术经济文件为：

    A. 分部工程施工组织设计   B. 分项工程施工组织设计

    C. 单位工程施工组织设计   D. 施工组织总设计

14-4-2 单位工程施工组织设计的核心是选择：

    A. 工期   B. 施工机械   C. 流水作业   D. 施工方案

14-4-3 确定建筑工程项目的施工程序时，不宜采取的是：

    A. 先地下后地上   B. 先设备后土建

    C. 先主体后围护   D. 先结构后装修

14-4-4 单位工程施工方案选择的内容应为下列中哪一项？

　　A.选择施工方法和施工机械，确定工程开展顺序

　　B.选择施工方法，确定施工进度计划

　　C.选择施工方法和施工机械，确定资源供应计划

　　D.选择施工方法，确定进度计划及现场平面布置

14-4-5 在安排各施工过程的施工顺序时，可以不考虑下列中的哪一项？

　　A.施工工艺的要求　　　　　　　　B.施工组织的要求

　　C.施工质量的要求　　　　　　　　D.施工人员数量的要求

14-4-6 编制单位工程施工进度计划时，应首先进行：

　　A.划分施工项目　　　　　　　　　B.查定额和计算工程量

　　C.确定搭接方式　　　　　　　　　D.确定计划工期

14-4-7 某施工过程采用了新技术，无现成定额。经专家估算，其最短、最长、最可能的施工持续时间分别为12d、22d、14d，则在编制进度计划时，该施工过程的持续时间可定为：

　　A.14d　　　　　　B.15d　　　　　　C.18d　　　　　　D.20d

14-4-8 下列中哪一项不是评价单位工程施工进度计划质量的指标？

　　A.工期　　　　　　　　　　　　　B.资源消耗的均衡性

　　C.主要施工机械的利用率　　　　　D.劳动消耗量

14-4-9 在单位工程施工平面图设计步骤中，首先应考虑下列中的哪一项？

　　A.运输道路的布置　　　　　　　　B.材料、构件仓库、堆场布置

　　C.起重机械的布置　　　　　　　　D.水电管网的布置

题解及参考答案

14-4-1　**解：**只有施工组织总设计是以一个特大型项目或若干个单位工程组成的群体工程为编制对象，用以指导其施工全过程各项活动的技术、经济综合性文件。单位工程施工组织设计的编制对象是单位工程（如一栋楼）。分部分项工程施工组织设计或施工方案，同理。

　　答案：D

14-4-2　**解：**施工部署与方案是施工组织设计的核心，只有施工部署与方案确定了，才能决定机械的使用和调配，采用的流水施工方法，从而确定工期长短。

　　答案：D

14-4-3　**解：**确定建筑工程项目的施工程序时，一般应遵循"先地下后地上、先土建后设备、先主体后围护、先结构后装修"的原则。

　　答案：B

14-4-4　**解：**单位工程施工方案选择的主要内容是选择施工方法和施工机械，确定工程施工顺序。而施工进度计划、资源供应计划和现场平面布置均为与施工部署及施工方案相平行的内容。故仅有选项A所述内容较符合题意。

　　答案：A

14-4-5　**解：**施工人员的数量与施工顺序关系不大，可在资源计划中按需配置。

　　答案：D

14-4-6 **解：**单位工程施工进度计划的编制步骤是：划分施工项目→计算工程量→计算劳动量和机械台班量→确定各项目的作业时间→编制初始计划→检查调整，编制正式计划。

答案： A

14-4-7 **解：**应采用三时估算法确定持续时间。即：

$$持续时间 = \frac{最短时间 + 最长时间 + 4 \times 最可能时间}{6} = \frac{12 + 22 + 4 \times 14}{6} = 15d$$

答案： B

14-4-8 **解：**劳动消耗量反映劳动力耗用情况，对一项工程而言，它是一个固定值，与单位工程施工进度计划的编制质量无关，不能作为评价指标。

答案： D

14-4-9 **解：**在单位工程施工平面图设计步骤中，首先应考虑起重机械的布置，只有重机械的位置、起吊半径范围确定了，道路及材料、构件仓库、堆场布置等才可确定，最后布置临时用房及水电管网。

答案： C

（五）流水施工原理

14-5-1 在有关流水施工的概念中，下列正确的是：

　　A. 对于无节奏专业流水施工，同一工作队在相邻施工段上的施工，可以间断

　　B. 有节奏专业流水的垂直进度图表中，各个相邻施工过程的施工进度线是相互平行的

　　C. 在组织搭接施工时，应先计算相邻施工过程的流水步距

　　D. 对于无节奏专业流水施工，各施工段上允许出现暂时没有工作队投入施工的现象

14-5-2 流水施工中，流水节拍是指下列叙述中的哪一种？

　　A. 一个施工队在各个施工段上的总持续时间

　　B. 一个施工队在一个施工段上的持续工作时间

　　C. 两个相邻施工队先后进入流水施工段的时间间隔

　　D. 流水施工的工期

14-5-3 某施工段的工程量为200单位，可安排的施工队人数为25人，每人每天完成0.8个单位，则该队在该段中的流水节拍应是：

　　A. 12d　　　　　　B. 8d　　　　　　C. 10d　　　　　　D. 6d

14-5-4 下列哪项不属于确定流水步距的基本要求？

　　A. 始终保持两个施工过程的先后工艺顺序

　　B. 保持各施工过程的连续作业

　　C. 始终保持各工作面不空闲

　　D. 使前后两施工过程施工时间有最大搭接

14-5-5 在施工段的划分中，下列中哪项要求是不正确？

　　A. 施工段的分界同施工对象的结构界限尽量一致

　　B. 各施工段上所消耗的劳动量尽量相近

　　C. 要有足够的工作面

　　D. 分层又分段时，每层施工段数应少于施工过程数

14-5-6 对有技术间歇的分层分段流水施工，最少施工段数与施工过程数相比，应：

    A. 小于   B. 等于   C. 大于   D. 小于、等于

14-5-7 某二层楼进行固定节拍专业流水施工，每层施工段数为 3，施工过程有 3 个，流水节拍为 2d，流水工期为：

    A. 16d   B. 10d   C. 12d   D. 8d

14-5-8 在加快成倍节拍流水中，任何两个相邻施工队间的流水步距应是所有流水节拍的？

    A. 最小值   B. 最小公倍数   C. 最大值   D. 最大公约数

14-5-9 某流水施工组织成加快成倍节拍流水，施工段数为 6，甲、乙、丙三个施工过程的流水节拍分别为 1d、2d 和 3d，其流水工期为：

    A. 8d   B. 10d   C. 11d   D. 16d

14-5-10 某工程按下表要求组织流水施工，相应流水步距 K_{I-II} 及 K_{II-III} 分别应为多少天？

题 14-5-10 表

施工过程	施工段			
	一	二	三	四
I	2	3	2	3
II	2	1	2	1
III	2	3	2	1

    A. 2，2   B. 2，3   C. 3，3   D. 5，2

14-5-11 上题中的流水工期为：

    A. 10d   B. 12d   C. 15d   D. 18d

14-5-12 已知某工程有五个施工过程，分成三段组织全等节拍流水施工，工期为 49 天，工艺间歇和组织间歇的总和为 7 天，则各施工过程之间的流水步距为：

    A. 6 天   B. 5 天   C. 8 天   D. 7 天

题解及参考答案

14-5-1 **解：**流水施工中：

①无节奏流水施工，一般要求工作队不间断；

②有节奏专业流水施工的垂直进度图表中，各个相邻施工过程的施工进度线不一定都平行；等节奏者平行，异节奏者不平行。如解图所示。

③搭接施工不需要计算相邻施工过程的步距，而是以工艺顺序先后为依据；

④对于无节奏专业流水施工，各施工段上允许出现暂时没有工作队投入施工的现象。

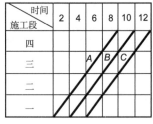  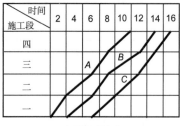

  a）等节奏流水   b）异节奏流水   c）无节奏流水

题 14-5-1 解图 不同节奏流水施工的垂直图表（A、B、C 指施工过程）

答案： D

14-5-2 **解：** 流水节拍的含义是指一个施工队在一个施工段上的持续工作时间。

答案： B

14-5-3 **解：** 流水节拍的大小与施工段的工程量、施工队人数及产量定额有关。

$$流水节拍 = \frac{施工段的工程量}{施工队人数 \times 产量定额} = \frac{200}{25 \times 0.8} = 10\text{d}$$

答案： C

14-5-4 **解：** 确定流水步距应考虑始终保持两个施工过程的先后工艺顺序、保持各施工过程的连续作业、使前后两施工过程施工时间有最大搭接，但是，允许有工作面空闲。

答案： C

14-5-5 **解：** 在施工段的划分中，要求施工段的分界同施工对象的结构界限尽量一致，各施工段上所消耗的劳动量尽量相近，施工段上要有足够的工作面；分层又分段时，每层施工段数应大于或等于施工过程数，以使每个施工过程的工作队都有自己的工作面，故少于施工过程数会产生窝工现象是不正确的。

答案： D

14-5-6 **解：** 对有技术间歇的分层分段流水施工，最少施工段数应大于施工过程数，以便为技术间歇留出适当空间。否则，会造成窝工。

答案： C

14-5-7 **解：** 固定节拍专业流水，取流水步距 $K = t = 2$

$$流水工期 = (rm + n - 1)K = (2 \times 3 + 3 - 1) \times 2 = 16\text{d}$$

答案： A

14-5-8 **解：** 在加快成倍节拍流水（也称成倍节拍流水）中，任何两个相邻施工队间的流水步距均等于各施工过程流水节拍的最大公约数。

答案： D

14-5-9 **解：** 加快成倍节拍流水，是根据各施工过程的流水节拍长短，来配备其施工队数目，以达到固定节拍流水的效果。首先，流水步距取各施工过程流水节拍的最大公约数，即 $K = 1$。再确定各施工队数：甲的施工队数为 $1/1 = 1$ 个，乙为 $2/1 = 2$ 个，丙为 $3/1 = 3$ 个。最后计算流水工期：

$$流水工期 = (m + \sum b_i - 1)K = (6 + 6 - 1) \times 1 = 11\text{d}$$

答案： C

14-5-10 **解：** 该工程组织为无节奏流水施工，相应流水步距 $K_{\text{I-II}}$ 及 $K_{\text{II-II}}$ 应按"节拍累加数列错位相减取大差"的方法计算。累加数列

I	2, 5, 7, 10		II	2, 3, 5, 6
−II	2, 3, 5, 6		−III	2, 5, 7, 8
	2 3 4 5 −6			2 1 0 −1 −8

取大值后

$$K_{\text{I-II}} = 5 \qquad\qquad K_{\text{II-III}} = 2$$

答案： D

14-5-11 **解：** 无节奏流水（即分别流水法）的工期为：

$$T = \sum K + \sum t_n + \sum S - \sum C = (5 + 2) + 8 + 0 - 0 = 15\text{d}$$

答案： C

14-5-12　解： 本题考查的是流水工期计算公式。全等节拍流水施工最重要的特点是各个施工过程的流水节拍全部相等，且流水步距等于流水节拍。

由题可知，施工过程数 $n=5$；施工段数 $m=3$；施工层数未给，即层数 $r=1$；流水工期 $T=49$ 天；施工过程间歇（包括一层内的工艺间歇和组织间歇总和）$\sum S=7$；无搭接，即 $\sum C=0$。

将数据代入全等节拍流水工期的计算公式 $T=(rm+n-1)K+\sum S-\sum C$，即：

$$49=(1\times 3+5-1)K+7-0$$

解得流水步距 $K=6$ 天。

注意：由于全等节拍流水施工最重要的特点是各个施工过程的流水节拍全部相等，且流水步距等于流水节拍，故若该题改为求各施工过程的流水节拍，则答案也相同。

答案： A

（六）网络计划技术

14-6-1 双代号网络计划的三要素是：

  A. 时差、最早时间和最迟时间　　　　　　B. 总时差、局部时差和计算工期

  C. 箭线、节点和线路　　　　　　　　　　D. 箭线、节点和关键线路

14-6-2 双代号网络计划中引入虚工作的一个原因是为了表达什么？

  A. 表达不需消耗时间的工作

  B. 表达不需消耗资源的工作

  C. 表达工作间的逻辑关系

  D. 节省箭线和节点

14-6-3 在网络计划中，下列哪项为零，则该工作必为关键工作？

  A. 自由时差　　　　B. 总时差　　　　C. 时间间隔　　　　D. 工作持续时间

14-6-4 某项工作有两项紧后工作 D 和 E，D 的最迟完成时间是 20d，持续时间是 13d；E 的最迟完成时间是 15d，持续时间是 10d。则本工作的最迟完成时间是：

  A. 20d　　　　B. 15d　　　　C. 5d　　　　D. 13d

14-6-5 某工程项目双代号网络计划中，混凝土浇捣工作 M 的最迟完成时间为第 25 天，其持续时间为 6 天。该工作共有三项紧前工作分别是钢筋绑扎、模板制作和预埋件安装，它们的最早完成时间分别为第 10 天、第 12 天和第 13 天，则工作 M 的总时差为：

  A. 9 天　　　　　　　　　　　　　　　　B. 7 天

  C. 6 天　　　　　　　　　　　　　　　　D. 10 天

14-6-6 某工程双代号网络计划如图所示，工作①→③的局部时差为：

  A. 1d　　　　　　　　　　　　　　　　　B. 2d

  C. 3d　　　　　　　　　　　　　　　　　D. 4d

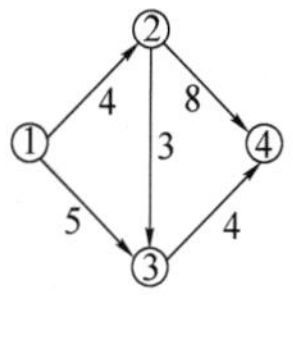

题 14-6-6 图

14-6-7 在网络计划中，若某工序的总时差为 5d，局部时差（自由时差）为 3d，则在不影响后续工作最早开始时间的前提下，该工序所具有的最大机动时间为：

  A. 2d　　　　　　B. 3d　　　　　　C. 5d　　　　　　D. 8d

14-6-8 双代号网络计划中，某非关键工作的拖延时间不超过自由时差，则应有下列中哪种结果？

  A. 后续工作最早可能开始时间不变

B. 仅改变后续工作最早可能开始时间

C. 后续工作最迟必须开始时间改变

D. 紧后工作最早可能开始时间改变

14-6-9 双代号网络计划中，某非关键工作被拖延了 2d，其自由时差为 1d，总时差为 3d，则会出现下列中哪项结果？

A. 后续工作最早可能开始时间不变

B. 将改变后续工作最早可能开始时间

C. 会影响总工期

D. 要改变紧前工作的最早可能开始时间

14-6-10 在单代号网络计划中，用下列中哪项表示工作之间的逻辑关系？

A. 虚箭线 　　　　　B. 实箭线 　　　　　C. 节点 　　　　　D. B 与 C

14-6-11 单代号网络计划中，某工作最早完成时间与其紧后工作的最早开始时间之差为：

A. 总时差 　　　　　B. 自由时差 　　　　　C. 虚工作 　　　　　D. 时间间隔

14-6-12 对工程网络计划进行优化的目的，以下说法不正确的是：

A. 使工期符合要求 　　　　　B. 寻求最低成本的工期

C. 使总资源用量最少 　　　　　D. 使资源强度最低

14-6-13 进行资源有限—工期最短优化时，当将某工作移出超过限量的资源时段后，计算发现工期增量小于零，以下说明正确的是：

A. 总工期会延长 　　　　　B. 总工期会缩短

C. 总工期不变 　　　　　D. 这种情况不会出现

14-6-14 网络计划与横道图计划相比，其优点不在于：

A. 工作之间的逻辑关系表达清楚

B. 易于各类工期参数计算

C. 适用于计算机处理

D. 通俗易懂

题解及参考答案

14-6-1　**解：** 箭线、节点组成了基本网络图形，由起点节点到终点节点又形成了多条线路，诸条线路中可找出一条关键线路。故箭线、节点、线路是网络图的最基本要素。

答案： C

14-6-2　**解：** 双代号网络图中的虚工作，一个重要的作用就是正确表达工作间的逻辑关系。

答案： C

14-6-3　**解：** 网络计划时间参数计算中，总时差为零（当零为总时差的最小值时）的工作必在关键线路上，则必为关键工作。

答案： B

14-6-4　**解：** 本工作的最迟完成时间等于各紧后工作最迟开始时间中取小值，经计算得：D 的最迟开始时间＝D 的最迟完成时间－D 的持续时间，即 20－13＝7d，E 的最迟开始时间＝E 的最迟完成时间

—E 的持续时间=15−10=5d，本工作的最迟完成时间为 7 与 5 的小值，等于 5d。

答案：C

14-6-5　解：工作 M 的最迟开始时间为：$LS_M = LF_M − D_M = 25 − 6 = 19$天

工作 M 的最早开始时间为：$ES_M = \max\{10,12,13\} = 13$天

所以，工作 M 的总时差为：$TF_M = LS_M − ES_M = 19 − 13 = 6$天

答案：C

14-6-6　解：双代号网络计划中，某工作的局部时差（又称自由时差）等于其紧后工作最早开始时间的最小值减去本工作最早完成时间。经计算，工作①→③的紧后工作只有③→④，它的最早开始时间是 7d（①→②加②→③=4d+3d=7d），工作①→③的最早完成时间为 5d。工作①→③的局部时差=紧后工作的最早开始时间（若有多项工作时，取小）−本工作的最早完成时间=7−5=2d。

答案：B

14-6-7　解：总时差是指在不影响工期的前提下，一项工作可以利用的机动时间。自由时差是指在不影响其紧后工作最早开始时间的前提下，该项工作可以利用的最大机动时间，应为局部时差 3d。

答案：B

14-6-8　解：非关键工作的拖延时间不超过自由时差，将不影响其他任何工作正常进行，即什么都不会改变。

答案：A

14-6-9　解：某非关键工作被拖延的天数，当不超过其自由时差时，其后续工作什么时间都不会改变；当超过其自由时差，却没超过其总时差，将改变后续工作最早可能开始时间，但不会影响总工期。

答案：B

14-6-10　解：在单代号网络图中，用节点表示工作，用箭线表示工作之间的逻辑关系，一般不需使用虚箭线。

答案：B

14-6-11　解：在网络图中，某工作最早完成时间与其紧后工作的最早开始时间之差，是它们之间的时间间隔。而与其各紧后工作最早开始时间的最小值之差才是自由时差。

答案：D

14-6-12　解：网络计划优化的目标包括工期、费用和资源。其中，工期优化的目的是使工期符合要求；费用优化主要是寻求最低成本时的工期及其进度安排；资源优化是使资源按时间分布合理，强度降低。而一项工程的资源用量相对固定，不可能通过进度计划的安排或优化而减少。

答案：C

14-6-13　解：资源有限—工期最短优化，是将超过资源限量时段内的一项或几项工作后移至使用相同资源工作完成之后进行。调整时需选择工期延长值最小的移动方案。当所计算的工期延长值为正值时，工期将延长该值；当所计算的工期延长值为负值或零时，则该调整方案对工期无影响，即总工期不变。

答案：C

14-6-14　解：网络计划的优点：①各项工作之间的逻辑关系表达清楚；②可以找出关键工作和关键线路；③可以进行各种时间参数的计算，找到计划的潜力，可以进行优化；④在计划执行过程中，对后续工作及总工期有预见性；⑤可利用计算机进行计算、优化、调整。缺点：①不能清晰地反映流水情况；②非时标的网络计划，不便于计算资源需求量。

横道图计划的优点：①形象直观（因为有时间坐标，各项工作的起止时间、作业持续时间、工作进度、总工期，以及流水作业状况都能一目了然），通俗易懂，易于编制，流水表达清晰；②便于叠加计算资源需求量。缺点：不能反映各工作间的逻辑关系，不能反映哪些是主要的、关键性的工作，看不出计划中的潜力所在，也不能使用计算机进行计算、优化、调整。

可见，各选项中仅"通俗易懂"不是网络计划的优点，故选 D。

答案： D

（七）施工管理

14-7-1　将职能原则和对象原则结合，使职能部门的优势和项目组织的优势均能发挥的施工组织形式是：

A. 部门控制式　　　B. 工作队式　　　C. 矩阵式　　　D. 事业部式

14-7-2　图纸会审工作是属于哪方面的管理工作？

A. 计划管理　　　B. 现场施工管理　　　C. 技术管理　　　D. 劳资管理

14-7-3　实施全面质量管理时，所开展的工作不包括：

A. 制定质量目标和质量计划　　　B. 制定工程质量检查及验收制度
C. 建立专职的质量管理部门　　　D. 建立质量责任制

14-7-4　检验批验收的项目包括：

A. 主控项目和一般项目　　　B. 主控项目和合格项目
C. 主控项目和允许偏差项目　　　D. 优良项目和合格项目

14-7-5　单位工程竣工验收的组织者是：

A. 施工单位　　　B. 建设单位　　　C. 设计单位　　　D. 质检单位

14-7-6　下列中哪种文件不是竣工验收的依据？

A. 施工图纸　　　B. 有关合同文件
C. 设计修改签证　　　D. 施工日志

题解及参考答案

14-7-1　**解：** 矩阵式组织管理形式吸收了部门控制式和工作队式的优点，发挥职能部门的纵向优势和项目组织的横向优势，把职能原则和对象原则结合起来，形成的一种纵向职能机构和横向项目机构相交叉的"矩阵"型组织形式。

答案： C

14-7-2　**解：** 图纸会审工作是属于技术管理方面的工作。在技术管理制度中，包括了施工图纸学习与会审制度。

答案： C

14-7-3　**解：** 实施全面质量管理时，所需开展的工作主要包括：①制定明确的质量目标和质量计划；②按 PDCA 循环组织质量管理的全部活动；③建立专职的质量管理部门；④建立质量责任制；⑤开展质量管理小组活动；⑥建立高效的质量信息反馈系统，实现质量管理业务的标准化等。而选项 B "制定工程质量检查及验收制度"属于技术管理的工作内容。

答案： B

14-7-4 **解：**《建筑工程施工质量验收统一标准》（GB 50300—2013）第 3.0.6 条第 3 款规定，检验批的质量应按主控项目和一般项目验收。

答案： A

14-7-5 **解：**《建筑工程施工质量验收统一标准》（GB 50300—2013）第 6.0.5 条规定，单位工程完工后，施工单位应组织有关人员进行自检。总监理工程师应组织各专业监理工程师对工程质量进行竣工预验收。存在施工质量问题时，应由施工单位整改。整改完毕后，由施工单位向建设单位提交工程竣工报告，申请工程竣工验收。第 6.0.6 条规定，建设单位收到工程竣工报告后，应由建设单位项目负责人组织监理、施工、设计、勘察等单位项目负责人进行单位工程验收。可见，单位工程竣工验收的组织者是建设单位项目负责人，选项 B 较符合题意。

答案： B

14-7-6 **解：**竣工验收的依据包括批准的计划任务书、初步设计、施工图纸、有关合同文件及设计修改签证等。施工日志仅为施工单位自己的记录，不作为竣工验收的依据。

答案： D

第十五章　结构力学

复习指导

1. 平面体系的几何组成分析

要能正确地认知和表述与组成分析有关的名词概念，掌握无多余约束几何不变体系的组成规则，对常见结构能进行几何构造性质的分析，理解结构的几何特性与静力特性的关系。

2. 静定结构的受力分析与特性

静定结构的受力分析与计算非常重要，一定要注重概念，多做练习，力求把基础打好。要注意理解静定结构的基本特征与一般性质，并能灵活运用。静定结构反力、内力计算的关键是恰当选取隔离体和平衡方程，结构受力分析时要与结构的组成分析相联系，从中找出计算的途径，一定要注意通过练习，提高恰当选取隔离体与灵活运用平衡方程的能力。熟练掌握静定梁与静定刚架反力、内力的计算与弯矩图的绘制，掌握静定桁架与组合结构的内力计算，理解三铰拱的力学特性及合理拱轴的概念。注意对称性的利用。

3. 结构的位移计算

结构位移计算的理论基础是虚功原理。要理解虚功、广义力、广义位移等概念，理解虚功原理的内容及应用条件，掌握用单位荷载法求位移的过程与方法，重点掌握应用图形相乘法计算梁和刚架指定截面的位移，会计算支座移动和温度变化引起的位移，注意对称性的利用，理解互等定理的内容及其应用。

4. 超静定结构的受力分析与特性

要注意理解超静定结构的基本特征与一般性质，会判断结构的超静定次数。掌握力法、位移法及力矩分配法，懂得其物理概念及求解过程，对于常见的各种系数如柔度系数、刚度系数（转动刚度系数、侧移刚度系数）、力矩分配系数、传递系数等，要懂得其物理概念并掌握计算方法，方法常用的有关数据要记住。注意对称性的利用，会取对称结构的半结构计算简图。

5. 结构的动力特性与动力反应

通过自由振动的研究掌握动力特性，注意分析影响动力特性的因素（质量与刚度）。掌握单自由度体系自振频率、周期的概念及计算；掌握在简谐荷载作用下动力系数的概念及计算，以及动位移、动内力的计算。了解阻尼对振动的影响。

练习题、题解及参考答案

（一）平面体系的几何组成分析

15-1-1 图示体系是几何：

　　A. 可变的体系　　　　　　　　　　　　B. 不变且无多余约束的体系

C. 瞬变的体系　　　　　　　　　　　D. 不变，有一个多余约束的体系

15-1-2 图示平面体系，多余约束的个数是：

A. 1 个　　　　　　B. 2 个　　　　　　C. 3 个　　　　　　D. 4 个

15-1-3 图示体系是几何：

    A. 不变，有两个多余约束的体系　　　B. 不变且无多余约束的体系

    C. 瞬变的体系　　　　　　　　　　　D. 不变，有一个多余约束的体系

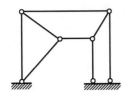

题 15-1-1 图　　　　　　　　　题 15-1-2 图　　　　　　　　　题 15-1-3 图

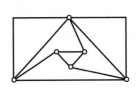

15-1-4 图示体系的几何组成为：

    A. 常变体系　　　　　　　　　　　　B. 瞬变体系

    C. 无多余约束的几何不变体系　　　　D. 有多余约束的几何不变体系

15-1-5 图示体系是几何：

    A. 不变的体系　　　　　　　　　　　B. 不变且无多余约束的体系

    C. 瞬变的体系　　　　　　　　　　　D. 不变，有一个多余约束的体系

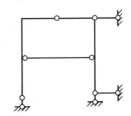

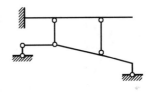

题 15-1-4 图　　　　　　　　　　　　　题 15-1-5 图

15-1-6 图示体系是几何：

    A. 不变的体系　　　　　　　　　　　B. 不变且无多余约束的体系

    C. 瞬变的体系　　　　　　　　　　　D. 不变，有一个多余约束的体系

15-1-7 图示体系是几何：

    A. 不变的体系　　　　　　　　　　　B. 不变且无多余约束的体系

    C. 瞬变的体系　　　　　　　　　　　D. 不变，有一个多余额约束的体系

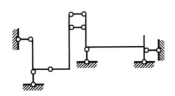

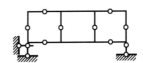

题 15-1-6 图　　　　　　　　　　　　　题 15-1-7 图

15-1-8 三个刚片用三个铰（包括虚铰）两两相互连接而成的体系是：

    A. 几何不变　　　　　　　　　　　　B. 几何常变

    C. 几何瞬变　　　　　　　　　　　　D. 几何不变或几何常变或几何瞬变

15-1-9 连接三个刚片的铰结点，相当于约束个数为：

A. 2 个   B. 3 个   C. 4 个   D. 5 个

15-1-10 在图示体系中，视为多余联系的三根链杆应是：

A. 5、6、9   B. 5、6、7   C. 3、6、8   D. 1、6、7

15-1-11 对图示体系作几何组成分析时，用三刚片组成规则进行分析。则三个刚片应是：

A. △143，△325，基础   B. △143，△325，△465

C. △143，杆6-5，基础   D. △352，杆4-6，基础

15-1-12 图示体系为几何不变体系，且其多余联系数目为：

A. 1   B. 2

C. 3   D. 4

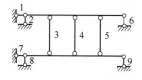   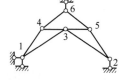   

题 15-1-10 图   题 15-1-11 图   题 15-1-12 图

15-1-13 判断下列各图所示体系的几何构造性质为：

A. 几何不变无多余约束   B. 几何不变有多余约束

C. 几何常变   D. 几何瞬变

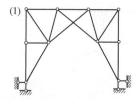   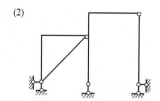   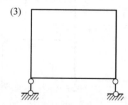

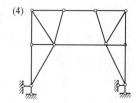   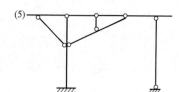   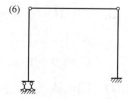

    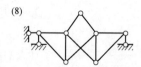   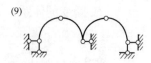

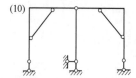   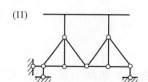   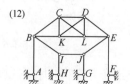

题 15-1-13 图

15-1-14 图示体系的几何构造性质是：

    A. 几何不变，无多余约束　　　　　　B. 几何不变，有多余约束

    C. 几何常变　　　　　　　　　　　　D. 瞬变

15-1-15 图示体系的几何构造性质是：

    A. 无多余约束的几何不变体系　　　　B. 有多余约束的几何不变体系

    C. 几何常变体系　　　　　　　　　　D. 几何瞬变体系

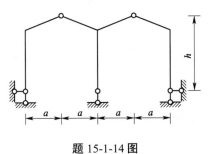

题 15-1-14 图

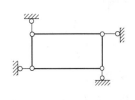

题 15-1-15 图

题解及参考答案

15-1-1　　**解：** 将两个水平链杆及地面分别作为刚片，用三刚片规则分析。找出连接上水平链杆与下水平链杆的虚铰，连接下水平链杆与地面的虚铰，及连接上水平链杆与地面的虚铰（无限远），三铰不共线，可知体系几何不变无多余约束。

    答案： B

15-1-2　　**解：** 若去掉两支座间的水平链杆即为三铰刚架，故原体系几何不变有一个多余约束。

    答案： A

15-1-3　　**解：** 此结构没有支座属可变体系，只能按"体系内部"求解。小铰接三角形与大铰接三角形用不交于一点的三链杆相连，组成内部几何不变体系且无多余约束。两边的折线杆件为多余约束。

    答案： A

15-1-4　　**解：** 见解图，先将刚片 I 用不交于一点的三链杆与基础连接，形成包含基础的大刚片，再用不交于一点的三链杆与刚片 II 连接。原体系为无多余约束的几何不变体系。

    答案： C

15-1-5　　**解：** 去掉左下边的二元体。水平杆与基础刚接组成一刚片（包括下边基础），与斜折杆刚片用一铰二杆（不过铰）连接，组成有一个多余约束的几何不变体系。

    答案： D

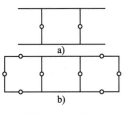

题 15-1-4 解图

15-1-6　　**解：** 右部为有一个多余约束的几何不变体系，再与左部按三刚片规则用不共线的三个铰两两连接。

    答案： D

15-1-7　　**解：** 图 a）用两刚片规则分析，有一个多余约束。再在左右端各加一个二元体形成图 b）。再与基础按两刚片规则连接。

    原题为几何不变体系，有一个多余约束。

题 15-1-7 解图

答案：D

15-1-8 解：需视三铰是否共线。

答案：D

15-1-9 解：相当于两个单铰。

答案：C

15-1-10 解：易知 1、7 为必要联系，可先排除选项 B、D。选项 A 为瞬变体系，亦应排除。

答案：C

15-1-11 解：△465 不能当成刚片，排除选项 B。三刚片规则要求刚片之间用铰（或虚铰）相互联结，选项 A、C 不符合，可排除。而选项 D 符合。

答案：D

15-1-12 解：若按下图所示去掉两个链杆即为静定结构，故原题有两个多余约束。

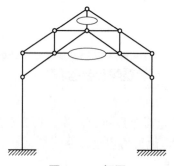

题 15-1-12 解图

答案：B

15-1-13 （1）解：由解图 1 可以看出，若去掉中间水平链杆即为符合三刚片规则组成的静定结构。故原体系为有一个多余约束的几何不变体系。

答案：B

（2）解：由解图 2 可以看出，若去掉右下斜链杆即为符合两刚片规则组成的静定结构。故原体系为有一个多余约束的几何不变体系。

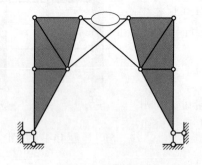

题 15-1-13 解图 1

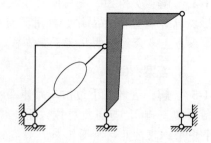

题 15-1-13 解图 2

答案：B

（3）解：上部闭合四方回路内部有三个多余约束，而与基础连接只有两个链杆，缺少一个必要约束，整体为一个自由度的可变体系。

答案：C

（4）解：由解图 3 按三刚片规则分析可以看出，连接左右两个刚片的两个水平链杆（形成无限远铰）与两个支座底铰连线平行，在无穷远相交，三铰共线，体系瞬变。

答案： D

（5）**解：** 由解图 4，先去掉左右两个二元体，再按解图 4 选出两个刚片，它们用一铰及不过铰的链杆相连，体系几何不变无多余约束。

答案： A

（6）**解：** 由解图 5 可以看出，两刚片用不交于一点的三链杆相连，组成无多余约束的几何不变体系。

答案： A

（7）**解：** 由解图 6 可以看出，三刚片用不共线的三铰（两个不在同一水平线上的底铰和两个水平链杆形成的无限远铰）两两相连，组成无多余约束的几何不变体系。

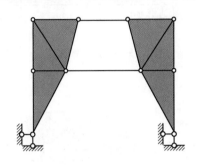

题 15-1-13 解图 3

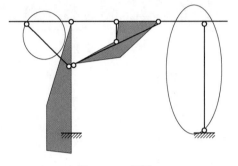

题 15-1-13 解图 4

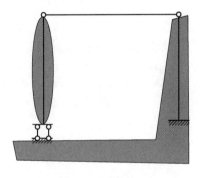

题 15-1-13 解图 5

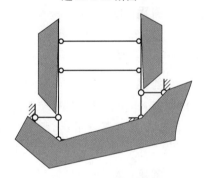

题 15-1-13 解图 6

答案： A

（8）**解：** 由解图 7 可以看出，若先去掉上面的二元体及简支支座，剩下的左右两个三角形刚片只有两个链杆相连，体系可变。

答案： C

（9）**解：** 由解图 8 可以看出，中间的曲线刚片与大地用不交于一点的三链杆相连，体系不变且无多余约束。

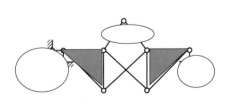

题 15-1-13 解图 7

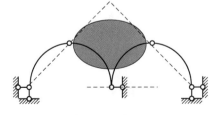

题 15-1-13 解图 8

答案： A

（10）**解：** 由解图 9 可以看出，左右部分各为有一个内部多余约束的刚片，再加地面，三个刚片相互连接只有 5 个约束，缺少一个必要约束，体系可变。

答案：C

（11）**解：**由解图10可以看出，上部为三个刚片用不共线的三个铰相互连接组成一个大刚片，再与地面用不交于一点的三个链杆相连，体系几何不变无多余约束。

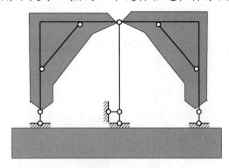

题 15-1-13 解图 9

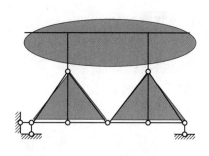

题 15-1-13 解图 10

答案：A

（12）**解：**由解图11可以看出，上部为有一个多余约束的刚片，与中间刚片 *IJ* 用两斜杆相交的虚铰相连，而与地面用两个铅直平行链杆形成的无限远铰相连，*IJ* 与地面也是用两个铅直平行链杆形成的无限远铰相连，三铰共线，体系瞬变。

答案：D

15-1-14　**解：**由解图可以看出，中间的刚片与大地用交于一点的三链杆相连，体系瞬变。

答案：D

15-1-15　**解：**由解图按三刚片规则分析。刚片 *AD* 与基础用铰 *A* 相连，刚片 *BC* 与基础用铰 *C* 相连，*AD* 与 *BC* 用两个铅直链杆 *AB* 与 *CD* 交于无限远的铰相连，三铰不共线，体系不变无多余约束。

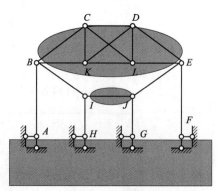

题 15-1-13 解图 11

答案：A

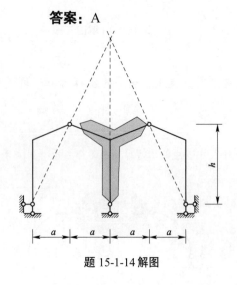

题 15-1-14 解图

题 15-1-15 解图

（二）静定结构的受力分析与特性

15-2-1　下面方法中，不能减小静定结构弯矩的是：

　　A. 在简支梁的两端增加伸臂段，使之成为伸臂梁

　　B. 减小简支梁的跨度

C. 增加简支梁的梁高，从而增大截面惯性矩

D. 对于拱结构，根据荷载特征，选择合理拱轴曲线

15-2-2 图示刚架中，M_{AC}等于：

A. 2kN·m（右拉）   B. 2kN·m（左拉）

C. 4kN·m（右拉）   D. 6kN·m（左拉）

15-2-3 图示结构M_{AC}和M_{BD}正确的一组为：

A. $M_{AC} = M_{BD} = Ph$（左边受拉）

B. $M_{AC} = Ph$（左边受拉），$M_{BD} = 0$

C. $M_{AC} = 0, M_{BD} = Ph$（左边受拉）

D. $M_{AC} = Ph$（左边受拉），$M_{BD} = 2Ph/3$（左边受拉）

15-2-4 图示桁架杆 1 的轴力为：

A. $2P$ B. $2\sqrt{2}P$ C. $-2\sqrt{2}P$ D. 0

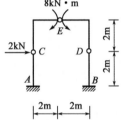   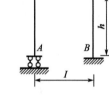   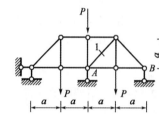

题 15-2-2 图   题 15-2-3 图   题 15-2-4 图

15-2-5 图示结构，A支座提供的约束力矩是：

A. 60kN·m，下表面受拉   B. 60kN·m，上表面受拉

C. 20kN·m，下表面受拉   D. 20kN·m，上表面受拉

15-2-6 桁架受力如图，下列杆件中，非零杆是：

A. 杆 4-5   B. 杆 5-7   C. 杆 1-4   D. 杆 6-7

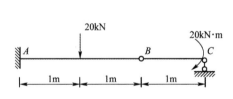   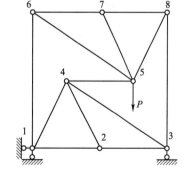

题 15-2-5 图   题 15-2-6 图

15-2-7 图示结构中M_{CA}和Q_{CB}为：

A. $M_{CA} = 0$，$Q_{CB} = \pm m/l$ B. $M_{CA} = m$（左边受拉），$Q_{CB} = 0$

C. $M_{CA} = 0$，$Q_{CB} = -m/l$ D. $M_{CA} = m$（左边受拉），$Q_{CB} = -m/s$

15-2-8 图示结构中杆 1 的轴力为：

A. 0 B. $-ql/2$ C. $-ql$ D. $-2ql$

15-2-9 图示刚架 DE 杆 D 截面的弯矩 M_{DE} 之值为：

A. qa^2　　　　　　　B. $2qa^2$　　　　　　　C. $4qa^2$　　　　　　　D. $1.5qa^2$

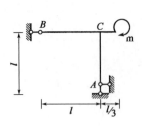
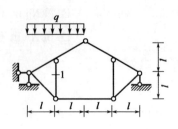
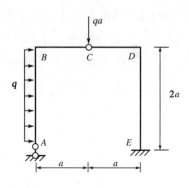

题 15-2-7 图　　　　　　　　　题 15-2-8 图　　　　　　　　　题 15-2-9 图

15-2-10 若荷载作用在静定多跨梁的基本部分上，附属部分上无荷载作用，则：

　　A. 基本部分和附属部分均有内力

　　B. 基本部分有内力，附属部分无内力

　　C. 基本部分无内力，附属部分有内力

　　D. 不经计算无法判定

15-2-11 图示桁架有几根零杆？

　　A. 3　　　　　　　　B. 9　　　　　　　　C. 5　　　　　　　　D. 6

15-2-12 图示梁截面 C 的弯矩为：

　　A. M/A　　　　　　B. $M/2$　　　　　　C. $3M/4$　　　　　　D. $3M/2$

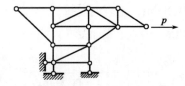
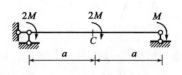

题 15-2-11 图　　　　　　　　　　　　　　　题 15-2-12 图

15-2-13 图示多跨梁剪力 Q_{DC} 为：

　　A. M/a　　　　　　B. $-M/a$　　　　　　C. $2M/a$　　　　　　D. $-2M/a$

15-2-14 图示结构 M_B 为：

　　A. $0.8M$（左边受拉）　　　　　　　　B. $0.8M$（右边受拉）

　　C. $1.2M$（左边受拉）　　　　　　　　D. $1.2M$（右边受拉）

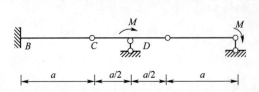
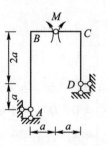

题 15-2-13 图　　　　　　　　　　　　　　题 15-2-14 图

15-2-15 图示多跨梁C截面的弯矩为：

A. $M/4$　　　　B. $M/2$　　　　C. $3M/4$　　　　D. $3M/2$

15-2-16 图示不等高三铰刚架M_{BA}等于：

A. $0.8Pa$（左侧受拉）　　　　　B. $0.8Pa$（右侧受拉）

C. $1.2Pa$（左侧受拉）　　　　　D. $1.2Pa$（右侧受拉）

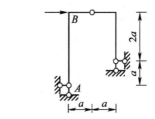

题 15-2-16 图

15-2-17 图示多跨梁截面C的弯矩为：

A. $M/2$（上侧受拉）　　　　　B. $M/2$（下侧受拉）

C. $3M/4$（上侧受拉）　　　　　D. $3M/4$（下侧受拉）

15-2-18 图示桁架几根零杆？

A. 1　　　　B. 3　　　　C. 5　　　　D. 7

15-2-19 在图示梁中，反力V_E和V_B的值应为：

A. $V_E = P/4, V_B = 0$　　　　　B. $V_E = 0, V_B = P$

C. $V_E = 0, V_B = P/2$　　　　　D. $V_E = P/4, V_B = P/2$

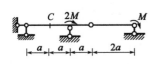

题 15-2-17 图

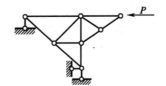

题 15-2-18 图

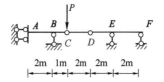

题 15-2-19 图

15-2-20 图示一结构受两种荷载作用，对应位置处的支座反力关系应为：

A. 完全相同　　　　　　　　　　B. 完全不同

C. 竖向反力相同，水平反力不同　　D. 水平反力相同，竖向反力不同

15-2-21 图示结构K截面弯矩值为：

A. $10\text{kN} \cdot \text{m}$（右侧受拉）　　　　　B. $10\text{kN} \cdot \text{m}$（左侧受拉）

C. $12\text{kN} \cdot \text{m}$（左侧受拉）　　　　　D. $12\text{kN} \cdot \text{m}$（右侧受拉）

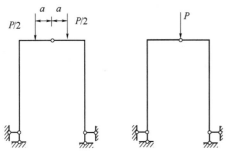

题 15-2-20 图

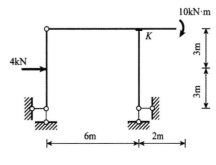

题 15-2-21 图

15-2-22 图示结构K截面弯矩值为：

A. 0.5kN·m（上侧受拉）　　　　B. 0.5kN·m（下侧受拉）

C. 1kN·m（上侧受拉）　　　　D. 1kN·m（下侧受拉）

15-2-23 图示结构K截面剪力为：

A. 0　　　　B. P　　　　C. $-P$　　　　D. $P/2$

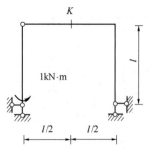

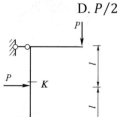

题 15-2-22 图　　　　　　　　题 15-2-23 图

15-2-24 图示结构A支座反力偶的力偶矩M_A为（下侧受拉为正）：

A. $-ql^2/2$　　　　B. $ql^2/2$　　　　C. ql^2　　　　D. $2ql^2$

15-2-25 图示结构K截面剪力为：

A. -1kN　　　　B. 1kN　　　　C. -0.5kN　　　　D. 0.5kN

15-2-26 图示结构A支座反力偶的力偶矩M_A为：

A. 0　　　　　　　　　B. 1kN·m，右侧受拉

C. 2kN·m，右侧受拉　　　　D. 1kN·m，左侧受拉

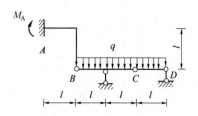　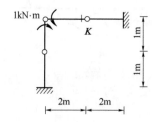　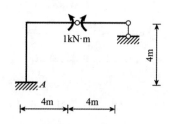

题 15-2-24 图　　　　　题 15-2-25 图　　　　　题 15-2-26 图

15-2-27 图示三铰拱结构K截面弯矩为：

A. $3ql^2/8$　　　　B. 0　　　　C. $ql^2/2$　　　　D. $ql^2/8$

15-2-28 图示桁架结构杆①的轴力为：

A. $3P/4$　　　　B. $P/2$　　　　C. $0.707P$　　　　D. $1.414P$

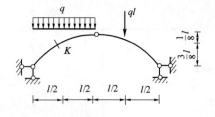

题 15-2-27 图　　　　　　　　题 15-2-28 图

15-2-29 图示桁架结构杆①的轴力为：

A. $-P/2$　　　　B. P　　　　C. $3/2\,P$　　　　D. $2P$

15-2-30 图示桁架结构杆①的轴力为：

  A. $-2P$ B. $-P$ C. $-P/2$ D. $\sqrt{5}P/2$

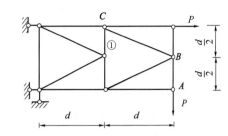

      题 15-2-29 图   题 15-2-30 图

15-2-31 图示两桁架结构杆AB的内力分别记为N_1和N_2。则两者关系为：

  A. $N_1 > N_2$ B. $N_1 < N_2$ C. $N_1 = N_2$ D. $N_1 = -N_2$

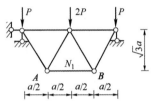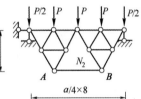

             题 15-2-31 图

15-2-32 图示结构当高度增加时，杆①的内力将：

  A. 增大   B. 减小

  C. 保持非零常数   D. 保持为零

15-2-33 图示结构杆①的轴力为：

  A. 0   B. P C. $-P$ D. 1.414P

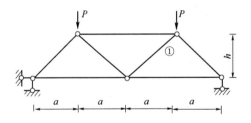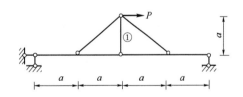

      题 15-2-32 图   题 15-2-33 图

15-2-34 图示结构杆①的受力状态是：

  A. 不受力   B. 受拉   C. 受压   D. 受弯

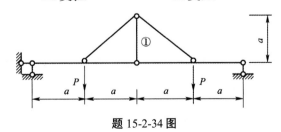

          题 15-2-34 图

15-2-35 图示结构杆①的轴力为：

  A. 0   B. $-P$ C. P D. $-P/2$

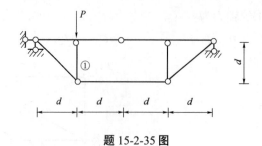

题 15-2-35 图

15-2-36 图示结构中，a 杆的轴力 N_a 为：

    A. 0　　　　　　　B. -10kN　　　　　　C. 5kN　　　　　　D. -5kN

15-2-37 图示结构中，a 杆的内力为：

    A. P　　　　　　　B. $-3P$　　　　　　C. $2P$　　　　　　D. 0

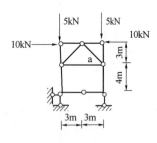

题 15-2-36 图

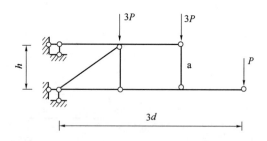

题 15-2-37 图

15-2-38 图示桁架中，a 杆的轴力 N_a 为：

    A. $+P$　　　　　　B. $-P$　　　　　　C. $+\sqrt{2}P$　　　　　　D. $-\sqrt{2}P$

15-2-39 图示三铰拱的水平推力 H 为：

    A. 50kN　　　　　B. 25kN　　　　　C. 22.5kN　　　　　D. 31.2kN

15-2-40 图示半圆弧三铰拱，半径为 r，$\theta = 60°$。K 截面的弯矩为：

    A. $\sqrt{3}\,Pr/2$

    C. $(1 - \sqrt{3})Pr/2$

              B. $-\sqrt{3}Pr/2$

              D. $(1 + \sqrt{3})Pr/2$

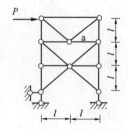

题 15-2-38 图

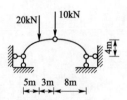

题 15-2-39 图

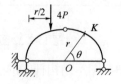

题 15-2-40 图

15-2-41 在给定荷载下，具有"合理拱轴"的静定拱，其截面内力的状况为：

    A. $M = 0$，$Q \neq 0$，$N \neq 0$　　　　　　B. $M \neq 0$，$Q = 0$，$N \neq 0$

    C. $M = 0$，$Q = 0$，$N \neq 0$　　　　　　D. $M \neq 0$，$Q \neq 0$，$N \neq 0$

15-2-42 图示结构 A 截面的弯矩（以下边受拉为正）M_{AC} 为：

    A. $-Pl$　　　　　　B. Pl　　　　　　C. $-2Pl$　　　　　　D. $2Pl$

15-2-43 静定结构内力图的校核必须使用的条件是：

A. 平衡条件　　　　B. 几何条件　　　　C. 物理条件　　　　D. 变形协调条件

15-2-44 图示结构中，梁式杆上 A 点右截面的内力（绝对值）为：

A. $M_A = Pd$，$Q_{A右} = P/2$，$N_A \neq 0$

B. $M_A = Pd/2$，$Q_{A右} = P/2$，$N_A \neq 0$

C. $M_A = Pd/2$，$Q_{A右} = P$，$N_A \neq 0$

D. $M_A = Pd/2$，$Q_{A右} = P/2$，$N_A = 0$

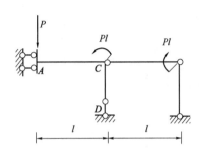
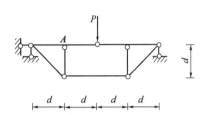

题 15-2-42 图　　　　　　　　　　　　题 15-2-44 图

15-2-45 图示结构杆件 1 的轴力为：

A. $-P$　　　　　　B. $-P/2$　　　　　　C. $\sqrt{2}P/2$　　　　　　D. $\sqrt{2}P$

15-2-46 图示结构杆 a 的轴力为：

A. $0.5F_P$　　　　B. $-0.5F_P$　　　　C. $1.5F_P$　　　　D. $-1.5F_P$

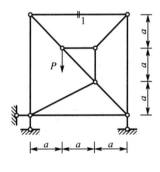
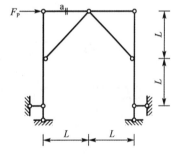

题 15-2-45 图　　　　　　　　　　　　题 15-2-46 图

题解及参考答案

15-2-1　　**解：** 给定荷载引起静定结构的弯矩与截面无关。

　　答案： C

15-2-2　　**解：** 结构上部 CEG 部分为对称结构，利用对称性可知铰 E 处剪力为零。由 CE 隔离体平衡求 C 截面剪力 $Q_C = -8/2 = -4\text{kN}$，再由 AC 隔离体平衡求得

$$M_{AC} = (2-4) \times 2 = -4\text{kN} \cdot \text{m}(\text{内部受拉})$$

或快速作弯矩图（见解图）求得答案。

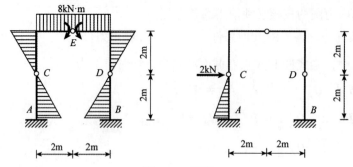

题 15-2-2 解图

答案： C

15-2-3 解： 按解图取隔离体平衡，可得正确答案 C。

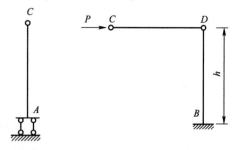

a)AC杆不受力   b)CDB局部平衡

题 15-2-3 解图

答案： C

15-2-4 解： 先由结点法求得解图所示三个杆的轴力。

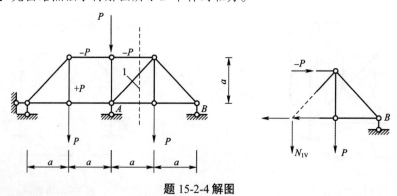

题 15-2-4 解图

再作截面取右部隔离体，由 $\sum M_B = 0$，可得 $N_1 = 0$。

答案： D

15-2-5 解： 先由BC部分隔离体平衡求得截面B的剪力 $Q_B = -20\text{kN}$，再由AB部分隔离体平衡求得 $M_A = 20 \times 2 - 20 \times 1 = 20\text{kN} \cdot \text{m}$(下面受拉)。

或速画弯矩图（见解图）可得正确答案。

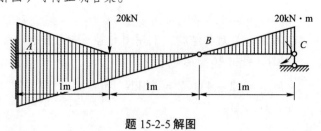

题 15-2-5 解图

答案：C

15-2-6　解： 先由结点 2、7 的平衡判断 24、57 两个杆件为零杆，再由截面法判断 45 为零杆，继而可知 14、43 两个杆件也是零杆，而 67 为非零杆。

答案：D

15-2-7　解： 由整体平衡可知，A 处的竖向反力为零，A、B 两处的水平反力组成力偶与荷载维持平衡。BC 杆剪力、弯矩为零，而 AC 杆的弯矩不会为零。

答案：B

15-2-8　解： 见解图，先由结构整体平衡，由 $\sum M_A = 0$，可得：$V_B = \dfrac{q(2l)l}{4l} = \dfrac{ql}{2}$

再取右半部隔离体平衡，由 $\sum M_E = 0$，可得：$V_{CD} = \dfrac{V_E(2l)}{2l} = V_E = \dfrac{ql}{2}$（拉力）

然后考虑结点 C 平衡，可得：$N_1 = \dfrac{ql}{2}$（压力）

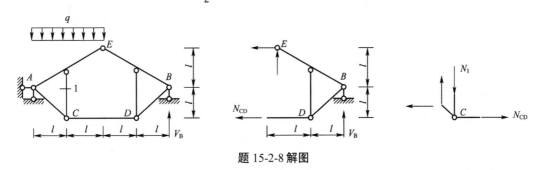

题 15-2-8 解图

答案：B

15-2-9　解： 见解图。先由左半部隔离体平衡 $\sum M_B = 0$ 求得 $Y_C = \dfrac{q(2a)a}{a} = 2qa$，再由右半部隔离体对 D 点取矩，求得 $M_{DC} = (Y_C - qa)a = qa^2$（内部受拉）。

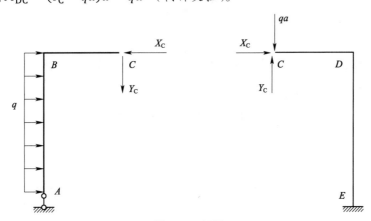

题 15-2-9 解图

答案：A

15-2-10　解： 基本部分上的荷载只使基本部分受力。

答案：B

15-2-11　解： 判断零杆。除解图所示杆外，其他都是零杆。

答案：B

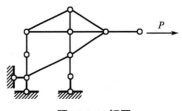

题 15-2-11 解图

15-2-12　解： 应需指明是 C 左截面还是 C 右截面。

先求反力再算指定截面弯矩。或应用叠加原理并心算弯矩图可得：

$$M_{C左} = M - M - \frac{M}{2} = -\frac{M}{2}$$

$$M_{C右} = M + M - \frac{M}{2} = \frac{3M}{2}$$

答案： D

15-2-13 **解：** 从连接铰处拆开，先算附属部分。或根据弯矩图求斜率。

答案： B

15-2-14 **解：** 由平衡条件可知，支座 A、D 全反力作用线为 AD 连线（见解图）。

$$\sum M_E = 0, \quad X_A = \frac{M}{\frac{5}{2}a}$$

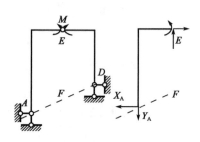

$$M_{BA} = \frac{M}{\frac{5}{2}a} \times 3a = \frac{6}{5}M(右侧受拉)$$

取左半刚架为隔离体，将支座 A 的反力移至 AD 连线的中点 F，可得：

答案： D

题 15-2-14 解图

15-2-15 **解：** 计算弯矩图易知 $M_C = M/4$。

答案： A

15-2-16 **解：** 以右底铰与中间铰连线和支座 A 竖向反力作用线的交点为矩心求支座 A 水平反力，再求 M_{BA}，可得 $M_{BA} = P \times \frac{2a}{5a} \times 3a = \frac{6}{5}Pa$(右侧受拉)。

答案： D

15-2-17 **解：** 分别计算两种荷载的影响叠加。

$$M_C = \frac{M}{4} - M = -\frac{3}{4}M$$

答案： C

15-2-18 **解：** 按 ABCDEC 的顺序逐步应用结点法，可判断解图所示零杆。

答案： D

15-2-19 **解：** 见解图，CDEF 为附属部分，没有荷载 $V_E = 0$，再由 AC 基本部分竖向力平衡可得 $V_B = P$。

答案： B

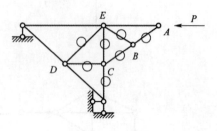

题 15-2-18 解图

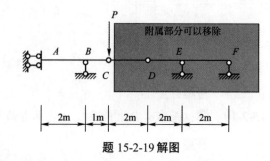

题 15-2-19 解图

15-2-20 **解：** 本题结构为等高三铰刚架，承受竖向荷载，左右两图只是荷载作了等效变化。其竖向反力都等于相应简支梁的竖向反力，不发生变化。而水平反力决定于顶铰的高度及相应简支梁的弯矩，当竖向荷载作等效变化时其水平反力要发生变化。

也可直接取整体隔离体平衡求竖向反力，铰一侧隔离体平衡求水平反力，选取正确答案。

答案： C

15-2-21　**解:** 见解图,从顶铰B处拆开取出左右两个隔离体。由左隔离体的平衡可得$X_B = 2$kN,再由右隔离体水平力平衡可得$X_C = 2$kN,再由K截面之下对K取矩得$M_K = 2 \times 6 = 12$kN·m,右侧受拉。

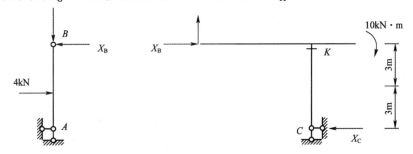

题 15-2-21 解图

答案: D

15-2-22　**解:** 见解图,先由整体平衡对右支座取矩,可得$V_A = 1/l$;然后从铰B处拆开由AB隔离体竖向力平衡,得$Y_B = V_A = 1/l$;再由右部分隔离体对K取矩,得$M_K = Y_B \times l/2 = 0.5$kN·m。

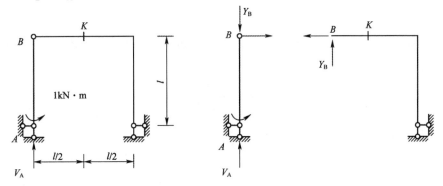

题 15-2-22 解图

答案: B

15-2-23　**解:** 见解图,考虑结构整体平衡对B取矩,可得$H_A = 0$,再由K截面之下水平力平衡求得K截面剪力为$-P$。

答案: C

15-2-24　**解:** 见解图,撤除铰B和铰C暴露相应约束力Y_B和Y_C,依次考虑CD和BC的平衡,可求得$Y_C = Y_B = ql/2$。再由AB段隔离体平衡求得$M_A = Y_B l = ql^2/2$(下部受拉)。

（BC之间荷载合力作用线与链杆轴线重合,产生相应反力,组成自平衡力系,分析时可以移除,不影响所求答案）

答案: B

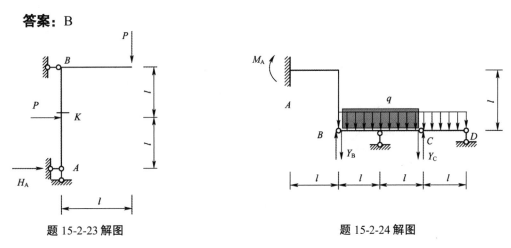

题 15-2-23 解图　　　　　　　　题 15-2-24 解图

15-2-25　**解：** 取出 K 截面所在的杆（见解图），对左端取矩可得 $Q_K = 0.5\text{kN}$。

　　答案： D

15-2-26　**解：** 速画弯矩图（水平杆弯矩图为一条斜直线，竖直杆纯弯其弯矩图为矩形）可得，$M_A = 2\text{kN} \cdot \text{m}$ 右侧受拉。或从铰处拆成两个隔离体由平衡计算求得答案。

　　答案： C

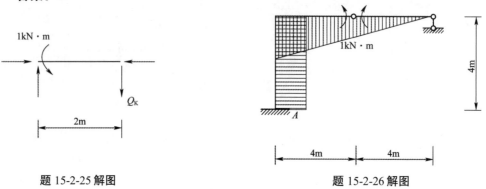

题 15-2-25 解图　　　　　　题 15-2-26 解图

15-2-27　**解：** 见解图。由整体平衡，可得 $V_A = V_B = ql$，再由半边隔离体平衡可知顶铰 C 截面剪力为零，轴力等于水平反力 H。

$$H = \frac{M_C^0}{f} = \frac{ql(l/2)}{l/2} = ql$$

由 KC 段的平衡可得：

$$M_K = H\frac{l}{8} - q\frac{l}{2}\frac{l}{4} = ql\frac{l}{8} - q\frac{l}{2}\frac{l}{4} = 0$$

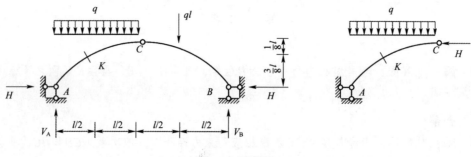

题 15-2-27 解图

　　答案： B

15-2-28　**解：** 先用结点法判断零杆，然后作截面取出解图所示隔离体。

$$\sum M_A = 0, \quad N_1 = \frac{P \times l}{2l} = \frac{P}{2} （拉力）$$

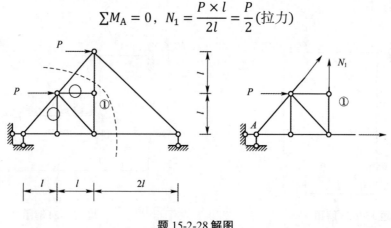

题 15-2-28 解图

答案： B

15-2-29 解： 作截面取出解图所示隔离体，可得：

$$\sum M_A = 0, \quad N_1 = \frac{P \times a}{a} = P(拉力)$$

答案： B

15-2-30 解： 按 $DABC$ 的顺序依次应用结点法，可得 $N_1 = -P/2$。

答案： C

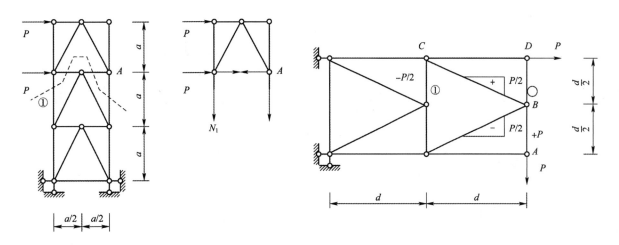

题 15-2-29 解图   题 15-2-30 解图

15-2-31 解： "当静定结构内某一几何不变的局部作构造变化时，其余部分的内力不变"，这是静定结构的一个特性。本题两个结构仅是在几何不变的铰接三角形内作构造变化，不影响 AB 杆的内力。这可从截面法求解过程得到证实。

答案： C

15-2-32 解： 本题水平反力为零。根据对称性可知杆①内力为零，而与桁架高度无关。

答案： D

15-2-33 解： 通过等效变化，本题可视为反对称受力状态，对称内力都应为零，所以杆①内力为零。

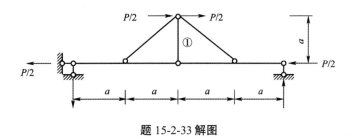

题 15-2-33 解图

答案： A

15-2-34 解： 图示组合结构承受向下的荷载，两个支座的反力向上。取 CB 隔离体（解图 b）对 E 取矩平衡可知，C 右截面剪力为正；同理知 C 左截面剪力为负。再取组合结点 C（解图 c）竖向力平衡，可知杆①受拉。

另一求解方法是，注意到水平杆为梁式受弯杆，作出其弯矩图的形状（解图 a），根据斜率判断相应剪力的正负，再由解图 c）求得答案。

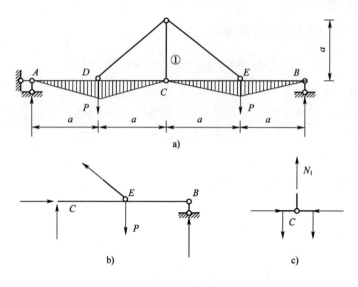

题 15-2-34 解图

答案：B

15-2-35　解：见解图，先由整体平衡求右支座反力

由$\sum M_A = 0$，可得：

$$V_B = \frac{Pd}{4d} = \frac{P}{4}$$

再由截面法取结构右半部为隔离体，求DE杆的轴力

由$\sum M_C = 0$，可得：

$$N_{DE} = \frac{V_B(2d)}{d} = \frac{P}{2}（拉力）$$

最后截取结点D，求得$N_1 = -P/2$（压力）

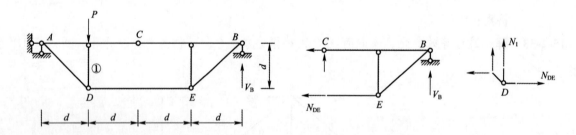

题 15-2-35 解图

答案：D

15-2-36　解：见解图，顶部一对平衡的水平荷载作用线与顶部水平杆件轴线重合，只引起这两个杆件受压；每个竖向荷载作用线与相应竖向杆件及竖向支座链杆轴线重合，只引起相应竖杆受压，其余杆件内力均为零。这是静定结构局部平衡特性的体现。

答案：A

15-2-37　解：作截图所示截面，取AB杆为隔离体，对A取矩平衡可得：

$$N_a = \frac{P \cdot 2d}{d} = 2P（拉力）$$

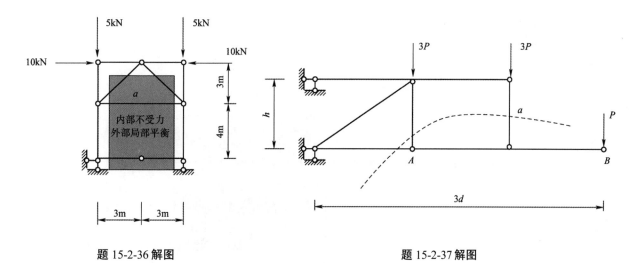

题 15-2-36 解图　　　　　　　　　　　　题 15-2-37 解图

答案： C

15-2-38　解： 先判断零杆（见解图），再作图示截面取上部为隔离体可得 $N_a = -P$（受压）。

答案： B

15-2-39　解： 见解图，由整体平衡求右支座竖向反力，再由右半部分平衡求水平反力。

$$V_B = \frac{20 \times 5 + 10 \times 8}{16} = \frac{45}{4} = 11.25 \text{kN}$$

$$H = \frac{V_B \times 8}{4} = \frac{45}{2} = 22.5 \text{kN}$$

答案： C

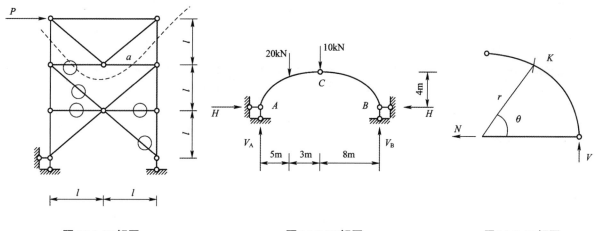

题 15-2-38 解图　　　　　　　　题 15-2-39 解图　　　　　　　　题 15-2-40 解图

15-2-40　解： 整体平衡求右支座竖向反力，再由右半部分平衡求水平杆拉力，然后取 K 截面之下隔离体求 M_K。

$$V = P$$

$$N = \frac{Vr}{r} = V = P$$

$$M_K = V \frac{r}{2} - N \frac{\sqrt{3}r}{2} = \frac{1 - \sqrt{3}}{2} Pr$$

答案： C

15-2-41　解： 合理拱轴是无弯矩状态，弯矩、剪力均为零，只受轴力。

答案：C

15-2-42　解：由于铰C处只能传递集中约束力，对左部基本部分的弯矩没有影响，分析时可以先去掉右部附属部分，对C点取矩平衡，根据基本部分ACD平衡，由$\sum M_C = 0$可得：

$$M_A = Pl + Pl = 2Pl(下部受拉)$$

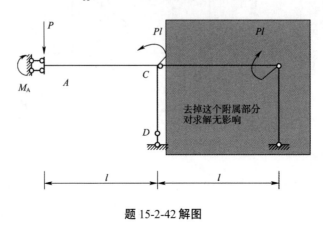

题 15-2-42 解图

答案：D

15-2-43　解：静定结构的反力内力满足平衡条件的解答是唯一确定的。

答案：A

15-2-44　解：本题水平反力为零，可视为对称受力状态，中间铰剪力为零，由解图可知$M_A = Pd/2$，$Q_{A右} = P/2$，N_A不为零。

答案：B

15-2-45　解：从结构中部作水平截面取上部为隔离体，由水平力平衡条件可知，中间三角形的斜杆为零杆，然后用节点法可求得杆 1 的轴力为$-P$。

答案：A

15-2-46　解：先由结构整体平衡，求得支座水平反力为$F_p/2$向左（也可利用对称性判断），然后取左边竖杆为隔离体（见解图），选杆中间铰为力矩中心建立力矩平衡方程，可求得杆 a 轴力为$3F_p/2$（压力）。

答案：D

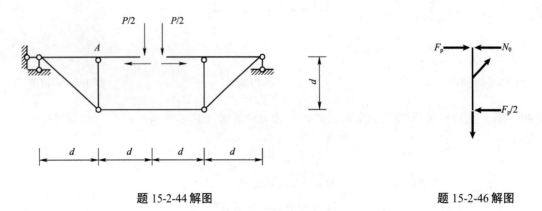

题 15-2-44 解图　　　　　　　　　　　　　　　　**题 15-2-46 解图**

（三）结构的位移计算

15-3-1　图示结构，EI =常数，截面高h =常数，线膨胀系数为α，外侧环境温度降低$t°$C，内侧环境温度升高t℃，引起的C点竖向位移大小为：

A. $\dfrac{3\alpha tL^2}{h}$ 　　　　B. $\dfrac{4\alpha tL^2}{h}$ 　　　　C. $\dfrac{9\alpha tL^2}{2h}$ 　　　　D. $\dfrac{6\alpha tL^2}{h}$

15-3-2 图示结构，EA =常数，杆BC的转角为：

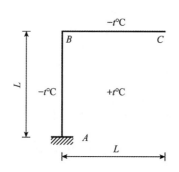

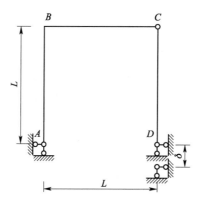

题 15-3-1 图 　　　　　　　　　　　　　　　　　　题 15-3-2 图

A. $P/(2EA)$ 　　　　B. $P/(EA)$ 　　　　C. $3P/(2EA)$ 　　　　D. $2P/(EA)$

15-3-3 在建立虚功方程时，力状态与位移状态的关系是：

A. 彼此独立无关

B. 位移状态必须是由力状态产生的

C. 互为因果关系

D. 力状态必须是由位移状态引起的

15-3-4 图示刚架，EI为常数，忽略轴向变形。当D支座发生支座沉降δ时，B点转角为：

A. δ/L 　　　　B. $2\delta/L$ 　　　　C. $\delta/(2L)$ 　　　　D. $\delta/(3L)$

题 15-3-4 图

15-3-5 图示结构，EI为常数。结点B处弹性支撑刚度系数$k = 3EI/L^3$，C点的竖向位移为：

A. $\dfrac{PL^3}{EI}$ 　　　　　　　　　　　　　　　B. $\dfrac{4PL^3}{3EI}$

C. $\dfrac{11PL^3}{6EI}$ 　　　　　　　　　　　　　D. $\dfrac{2PL^3}{EI}$

15-3-6 图示刚架支座A下移量为a，转角为α，则B端竖向位移为：

A. 与h、l、EI均有关 　　　　　　　B. 与h、l有关，与EI无关

C. 与l有关，与h、EI均无关 　　　　D. 与EI有关，与h、l均无关

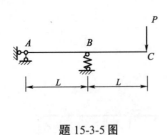

題 15-3-5 图　　　　　　　　　題 15-3-6 图

15-3-7　图示结构 A、B 两点相对水平位移（以离开为正）为：

A. $-\dfrac{2qa^4}{3EI}$ 　　　　B. $\dfrac{2qa^4}{3EI}$ 　　　　C. $-\dfrac{qa^4}{12EI}$ 　　　　D. $\dfrac{qa^4}{12EI}$

15-3-8　设 a、b 与 φ 分别为图示结构支座 A 发生的位移及转角，由此引起的 B 点水平位移（向左为正）Δ_{BH} 为：

A. $l\varphi - a$ 　　　　B. $l\varphi + a$ 　　　　C. $a - l\varphi$ 　　　　D. 0

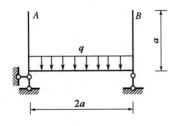　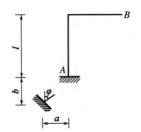　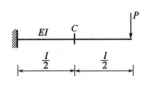

題 15-3-7 图　　　　　　題 15-3-8 图　　　　　　題 15-3-9 图

15-3-9　图示梁 C 点竖向位移为：

A. $\dfrac{5Pl^3}{48EI}$ 　　　　B. $\dfrac{Pl^3}{6EI}$ 　　　　C. $\dfrac{7Pl^3}{24EI}$ 　　　　D. $\dfrac{3Pl^3}{8EI}$

15-3-10　图示结构（$EI =$ 常数），A、B 两点的相对线位移之值为：

A. $\dfrac{4ml^2}{3EI}$（→←）　　B. $\dfrac{4ml^2}{3EI}$（←→）　　C. $\dfrac{2ml^2}{3EI}$（→←）　　D. $\dfrac{2ml^2}{3EI}$（←→）

15-3-11　图示结构各杆温度均升高 t℃，且已知 EI 和 EA 均为常数，线膨胀系数为 α，则点 D 的竖向位移 Δ_{DV}（以向下为正）为：

A. $-\alpha t a$ 　　　　B. $\alpha t a$ 　　　　C. 0 　　　　D. $2\alpha t a$

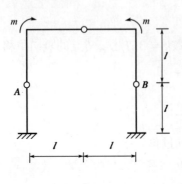　　　　　　　　　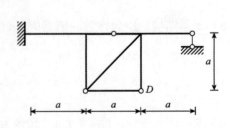

題 15-3-10 图　　　　　　　　　題 15-3-11 图

15-3-12 图示结构两个状态的反力互等定理$r_{12} = r_{21}$，r_{12}和r_{21}的量纲为：

A. 力　　　　　　　B. 无量纲　　　　　　C. 力/长度　　　　　　D. 长度/力

15-3-13 图示结构EI为常数，若B点水平位移为零，则P_1/P_2应为：

A. 10/3　　　　　　B. 9/2　　　　　　C. 20/3　　　　　　D. 17/2

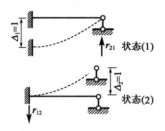

題 15-3-12 图　　　　　　　　　　題 15-3-13 图

15-3-14 图示结构A点的竖向位移（向下为正）为：

A. $\dfrac{22qa^4}{3EI}$

B. $\dfrac{18qa^4}{EI} + \dfrac{625qa}{EA}$

C. $\dfrac{22qa^4}{3EI} + \dfrac{625qa}{12EA}$

D. $\dfrac{22qa^4}{3EI} + \dfrac{625qa}{EA}$

15-3-15 图示结构杆长为l，$EI =$常数，C点两侧截面相对转角φ_C为：

A. $\dfrac{3Pl}{2EI}$　　　　　　B. $\dfrac{Pl^2}{12EI}$　　　　　　C. 0　　　　　　$\dfrac{Pl^3}{6EI}$

15-3-16 图示梁C截面的转角φ_C（顺时针为正）为：

A. $\dfrac{4Pl^2}{EI}$　　　　B. $\dfrac{2Pl^2}{EI}$　　　　C. $\dfrac{8Pl^2}{EI}$　　　　D. $\dfrac{4Pl^2}{3EI}$

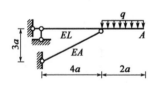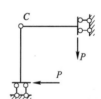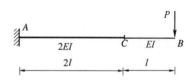

題 15-3-14 图　　　　　　題 15-3-15 图　　　　　　題 15-3-16 图

15-3-17 图示刚架B点水平位移Δ_{BH}为：

A. $\dfrac{qa^4}{4EI}(\rightarrow)$　　　　B. $\dfrac{7qa^4}{12EI}(\rightarrow)$　　　　C. 0　　　　D. $\dfrac{4qa^4}{12EI}(\rightarrow)$

15-3-18 图示为刚架在均布荷载作用下的M图，曲线为二次抛物线，横梁的抗弯刚度为 $2EI$，竖柱为EI，支座A处截面转角为：

A. $\dfrac{5qa^3}{12EI}$（顺时针）　B. $\dfrac{5qa^3}{12EI}$（逆时针）　C. $\dfrac{qa^3}{2EI}$（顺时针）　D. $\dfrac{qa^3}{2EI}$（逆时针）

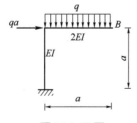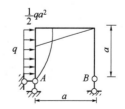

題 15-3-17 图　　　　　　題 15-3-18 图

15-3-19 求图示梁铰C左侧截面的转角时，其虚拟单位力状态应取：

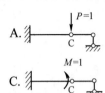

15-3-20 图示结构中AC杆的温度升高t℃，则杆AC与BC间的夹角变化是：

A. 增大

B. 减小

C. 不变

D. 不定

题 15-3-20 图

15-3-21 图示结构EI =常数，截面C的转角是：

A. $\frac{ql^3}{8EI}$（逆时针）

B. $\frac{5ql^3}{24EI}$（逆时针）

C. $\frac{ql^3}{24EI}$（逆时针）

D. $\frac{ql^3}{24EI}$（顺时针）

15-3-22 图示梁EI =常数，B端的转角是：

A. $\frac{5ql^3}{48EI}$（顺时针）

B. $\frac{5ql^3}{48EI}$（逆时针）

C. $\frac{7ql^3}{48EI}$（逆时针）

D. $\frac{9ql^3}{48EI}$（逆时针）

15-3-23 图示刚架，EI =常数，B点的竖向位移（↓）为：

A. $\frac{Pl^3}{6EI}$

B. $\frac{\sqrt{2}Pl^3}{3EI}$

C. $\frac{\sqrt{2}Pl^3}{6EI}$

D. $\frac{Pl^3}{3EI}$

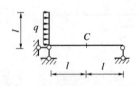

题 15-3-21 图

题 15-3-22 图

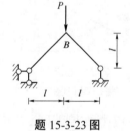

题 15-3-23 图

15-3-24 图示桁架B点竖向位移（向下为正）Δ_{BV}为：

A. $\frac{4+2\sqrt{2}}{EA}Pa$

B. $\frac{-4+2\sqrt{2}}{EA}Pa$

C. $\frac{2+2\sqrt{2}}{EA}Pa$

D. 0

15-3-25 图示结构A、B两点相对竖向位移Δ_{AB}为：

A. $\frac{2\sqrt{2}Pa}{EA}$

B. $\frac{3Pa}{EA}$

C. $\frac{8Pa}{EA}$

D. 0

15-3-26 设a、b及φ分别为图示结构A支座发生的移动及转动，由此引起的B点水平位移（向左为正）Δ_{BH}为：

A. $h\varphi - a$

B. $h\varphi + a$

C. $a - h\varphi$

D. 0

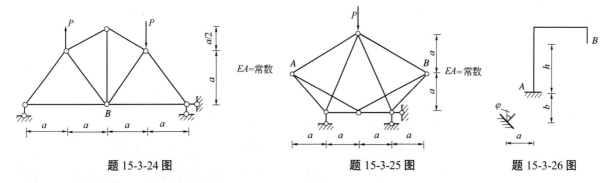

題 15-3-24 图　　　　　題 15-3-25 图　　　　　題 15-3-26 图

15-3-27 用图乘法求位移的必要应用条件之一是：

　　A. 单位荷载下的弯矩图为一直线

　　B. 结构可分为等截面直杆段

　　C. 所有杆件EI为常数且相同

　　D. 结构必须是静定的

15-3-28 功的互等定理的适用条件是：

　　A. 可适用于任意变形结构　　　　B. 可适用于任意线弹性结构

　　C. 仅适用于线弹性静定结构　　　D. 仅适用于线弹性超静定结构

15-3-29 图示弹性梁上，先加P_1，引起A、B两点挠度分别为Δ_1、Δ_2，再加P_2，挠度分别增加Δ_1'和Δ_2'，则P_1做的总功为：

　　A. $P_1\Delta_1/2$

　　B. $P_1(\Delta_1 + \Delta_1')/2$

　　C. $P_1(\Delta_1 + \Delta_1')$

　　D. $P_1\Delta_1/2 + P_1\Delta_1'$

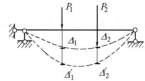

題 15-3-29 图

15-3-30 变形体虚位移原理的虚功方程中包含了力系与位移（及变形）两套物理量，其中：

　　A. 力系必须是虚拟的，位移是实际的

　　B. 位移必须是虚拟的，力系是实际的

　　C. 力系与位移都必须是虚拟的

　　D. 力系与位移两者都是实际的

15-3-31 图a）、b）两种状态中，图a）中作用于A截面的水平单位集中力$P = 1$引起B截面的转角为φ，图b）中作用于B截面的单位集中力偶$M = 1$引起A点的水平位移为δ，则φ与δ两者的关系为：

　　A. 大小相等，量纲不同

　　B. 大小相等，量纲相同

　　C. 大小不等，量纲不同

　　D. 大小不等，量纲相同

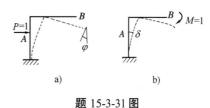

題 15-3-31 图

15-3-32 图a）、b）两种状态中，梁的转角φ与竖向位移δ间的关系为：

　　A. $\delta = \varphi$

　　B. δ与φ关系不定，取决于梁的刚度大小

　　C. $\delta > \varphi$

　　D. $\delta < \varphi$

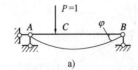 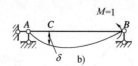

题 15-3-32 图

15-3-33 已知图示结构$EI=$常数，A、B两点的相对水平线位移为：

A. $\dfrac{9qa^4}{4EI}$ 　　　　B. $\dfrac{4qa^4}{3EI}$ 　　　　C. $\dfrac{5qa^4}{3EI}$ 　　　　D. $\dfrac{2qa^4}{EI}$

15-3-34 图示结构，当E点有$P=1$向下作用时，B截面产生逆时针转角φ，则当A点有图示荷载作用时，E点产生的竖向位移为：

A. $\varphi\uparrow$ 　　　　B. $\varphi\downarrow$ 　　　　C. $\varphi a\uparrow$ 　　　　D. $\varphi a\downarrow$

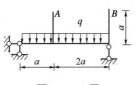 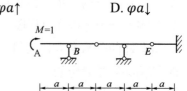

题 15-3-33 图 　　　　　　　　　　　　题 15-3-34 图

15-3-35 图 a）、b）为同一结构的两种状态，欲使图 a）状态在 1 点向下的竖向位移等于图 b）状态在 2 点向右的水平位移的 2 倍，则P_1和P_2的大小关系应为：

A. $P_2=0.5P_1$ 　　　B. $P_2=P_1$ 　　　C. $P_2=2P_1$ 　　　D. $P_2=-2P_1$

15-3-36 图示结构，各杆EI、EA相同，K、H两点间的相对线位移为：

A. $\dfrac{Pa^3}{6EI}(\leftarrow\rightarrow)$ 　　B. $\dfrac{Pa^3}{4EI}(\leftarrow\rightarrow)$ 　　C. $\dfrac{Pa^3}{3EI}(\leftarrow\rightarrow)$ 　　D. $\dfrac{Pa^3}{3EI}(\rightarrow\leftarrow)$

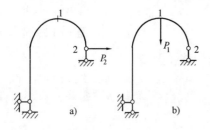 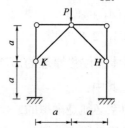

题 15-3-35 图 　　　　　　　　　　　　题 15-3-36 图

15-3-37 图示结构，$EA=$常数，C、D两点的水平相对线位移为：

A. $\dfrac{2Pa}{EA}$ 　　　　B. $\dfrac{Pa}{EA}$ 　　　　C. $\dfrac{3Pa}{2EA}$ 　　　　D. $\dfrac{Pa}{3EA}$

15-3-38 图示桁架在P作用下的内力如图所示，$EA=$常数，此时C点的水平位移为：

A. 0

C. $\dfrac{Pa}{2EA}(\rightarrow)$

B. $\dfrac{2.914Pa}{EA}(\rightarrow)$

D. $\dfrac{2.914Pa}{EA}(\leftarrow)$

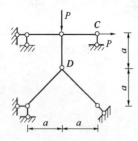 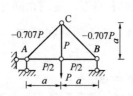

题 15-3-37 图 　　　　　　　　　　　　题 15-3-38 图

15-3-39 图示结构，截面*A*、*B*间的相对转角为：

A. $\dfrac{1}{24}\dfrac{ql^3}{EI}$　　　　B. $\dfrac{1}{18}\dfrac{ql^3}{EI}$　　　　C. $\dfrac{1}{12}\dfrac{ql^3}{EI}$　　　　D. $\dfrac{1}{8}\dfrac{ql^3}{EI}$

15-3-40 图示梁中点*C*的挠度等于：

A. $\dfrac{1}{12}\dfrac{Pl^3}{EI}$　　　　B. $\dfrac{1}{6}\dfrac{Pl^3}{EI}$　　　　C. $\dfrac{5}{24}\dfrac{Pl^3}{EI}$　　　　D. $\dfrac{5}{48}\dfrac{Pl^3}{EI}$

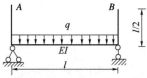

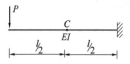

题 15-3-39 图　　　　　　　　　　　　　题 15-3-40 图

题解及参考答案

15-3-1　　**解：** 见解图，$\Delta t = 2t$，$t_0 = 0$，则：

$$\Delta_{Ct}^{V} = \frac{\alpha(2t)\left(\frac{1}{2}L \times L + L \times L\right)}{h} = \frac{3\alpha t L^2}{h}$$

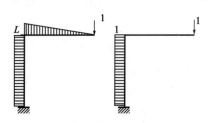

题 15-3-1 解图

答案： A

15-3-2　　**解：** 见解图。

$$\theta_{BC} = \frac{(-P)\left(-\frac{1}{L}\right)L}{EA} = \frac{P}{EA}$$

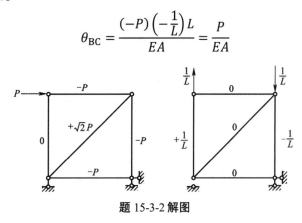

题 15-3-2 解图

答案： B

15-3-3　　**解：** 虚功原理中的力状态与位移状态彼此独立无关。

答案： A

15-3-4 **解：** 由几何关系（见解图a）可知B点转角为δ/l。也可用单位荷载法求解如下：

$$\varphi_B = -\sum \overline{R}c = -\left(-\frac{1}{l}\delta\right) = \frac{\delta}{l}$$

答案： A

15-3-5 **解：** 按单位荷载法，由解图图乘并叠加弹簧影响，可得

$$c = \frac{2}{EI}\left(\frac{PL}{2}\right)\frac{2}{3} + 2\left(\frac{2P}{k}\right) = \frac{2PL^3}{EI}(\downarrow)$$

答案： D

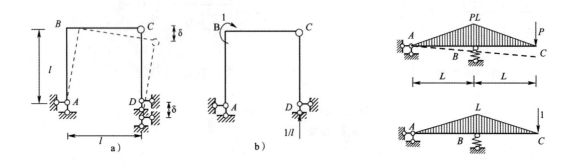

题 15-3-4 解图　　　　　　题 15-3-5 解图

15-3-6 **解：** 静定结构由于支座位移引起的位移是刚体位移，与EI无关，可排除选项 A、D。支座的竖向位移a引起各点相同的竖向位移a与尺寸无关，而支座的转动α引起B点的竖向位移为αl，与h无关，排除选项 B。

答案： C

15-3-7 **解：** 应用图乘法（见解图）求解。

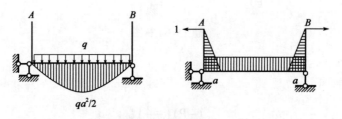

题 15-3-7 解图

$$\Delta_{AB} = -\frac{1}{EI}\left(\frac{2}{3}\frac{qa^2}{2}2a\right)a = -\frac{2qa^4}{3EI}$$

答案： A

15-3-8 **解：** 由几何关系判断。或（作解图）根据位移计算公式计算，可得：

$$\Delta_{BH} = -\sum \overline{R}c = -(-1 \times a + l\varphi) = a - l\varphi$$

答案： C

15-3-9 **解：** 应用图乘法（见解图）。

$$\Delta_C = \frac{1}{EI}\left(\frac{1}{2}\frac{l}{2}\frac{l}{2}\right)\left(\frac{5}{6}Pl\right) = \frac{5Pl^3}{48EI}(\downarrow)$$

答案： A

题 15-3-8 解图　　　　　　　　　题 15-3-9 解图

15-3-10 **解：**见解图。

$$\Delta_{AB} = \frac{2}{EI}\left(\frac{1}{2}ml\right)\left(\frac{2}{3}l\right) = \frac{2ml^2}{3EI}(\leftarrow\rightarrow)$$

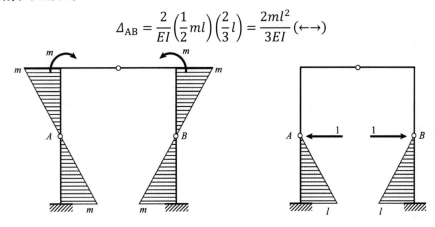

题 15-3-10 解图

答案： D

15-3-11 **解：**当温度均匀升高时，各杆均只产生伸长变形，D 点竖向位移不应为零或上移，可排除选项 A、C。竖向链杆温变伸长为 αta，排除选项 D。

答案： B

15-3-12 **解：**刚度系数 r 是单位位移引起的反力，其量纲是力的量纲除以位移的量纲。

答案： C

15-3-13 **解：**应用图乘法（见解图）。令

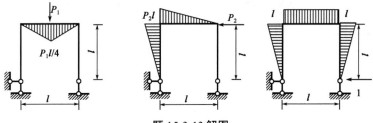

题 15-3-13 解图

$$\Delta_{BH} = -\frac{1}{2}\frac{P_1 l}{4}l \times l + \left(\frac{1}{2}P_2 l \times l\right)\left(l + \frac{2}{3}l\right) = 0$$

可得：$P_1/8 = 5P_2/6$。

答案： C

15-3-14 **解：**见解图。

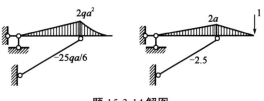

题 15-3-14 解图

$$\Delta_A = \frac{1}{EI}\left[\left(\frac{1}{3}\times 2qa^2\times 2a\right)\left(\frac{3}{4}\times 2a\right)+\left(\frac{1}{2}\times 2qa^2\times 4a\right)\left(\frac{2}{3}\times 2a\right)\right]+\frac{\left(-\dfrac{25qa}{6}\right)\left(-\dfrac{5}{2}\right)(5a)}{EA}$$

$$= \frac{22qa^4}{3EI}+\frac{625qa}{12EA}(\downarrow)$$

答案：C

15-3-15 **解**：本题对过铰45°斜轴结构对称、荷载反对称，只产生反对称位移和内力。所求C点两侧截面相对转角是对称位移，应为零。

答案：C

15-3-16 **解**：作荷载弯矩图及单位力偶弯矩图（见解图），图乘可得

$$\varphi_C = \frac{1}{2EI}\frac{(3Pl+Pl)2l}{2}\times 1 = \frac{2Pl^2}{EI}$$

答案：B

15-3-17 **解**：由单位荷载法，按解图图乘，可得

$$\Delta_{BH} = \frac{1}{EI}\left(\frac{1}{2}\frac{qa^2}{2}a\frac{a}{3}+\frac{1}{2}\frac{3qa^2}{2}a\frac{2a}{3}\right) = \frac{7qa^4}{12EI}(\rightarrow)$$

答案：B

15-3-18 **解**：作解图，按单位荷载法图乘，可得

$$\varphi_A = \frac{1}{EI}\frac{2}{3}\frac{qa^2}{2}a\times 1+\frac{1}{2EI}\frac{1}{2}\frac{qa^2}{2}a\frac{2}{3} = \frac{5qa^3}{12EI}(顺时针)$$

答案：A

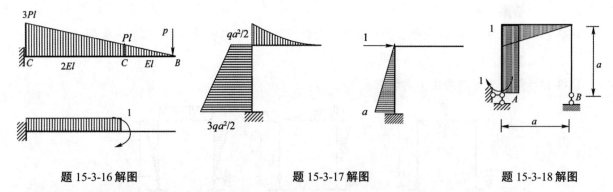

题15-3-16解图　　　　　题15-3-17解图　　　　　题15-3-18解图

15-3-19 **解**：按单位荷载法，欲求某项位移，需在所求位移地点沿所求位移方向施加单位荷载（两者相乘构成虚功）。本题要求C左侧截面转角，应在C左侧截面加单位集中力偶。

答案：C

15-3-20 **解**：按单位荷载法，为求杆AC与CB间夹角的增大值，作解图，即虚加一对反向单位力偶（化为结点力）。由于杆AC温度升高使杆变长，而图示虚力状态使杆AC受压，代入位移计算公式计算得负值，可知所求夹角的变化与所设虚力状态方向相反，即夹角变小。

答案：B

15-3-21 **解**：按单位荷载法，作解图，图乘可得

$$\varphi_C = \frac{1}{EI}\frac{1}{2}\frac{ql^2}{2}l\times\left(-\frac{1}{3}\times\frac{1}{2}\right) = -\frac{ql^3}{24EI}(逆时针)$$

答案：C

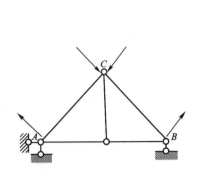

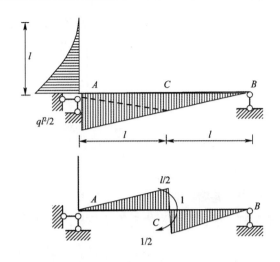

题 15-3-20 解图

题 15-3-21 解图

15-3-22　解： 按单位荷载法，作解图，图乘可得

$$\varphi_B = \frac{1}{EI}\left(\frac{1}{2}\frac{ql^2}{4}2l\frac{1}{2} + \frac{2}{3}\frac{ql^2}{8}l\frac{1}{4}\right) = \frac{7ql^3}{48EI}(逆时针)$$

答案： C

15-3-23　解： 按单位荷载法，作解图，图乘可得

$$\Delta_B^V = \frac{2}{EI}\frac{1}{2}\frac{Pl}{2}\sqrt{2}l\frac{2}{3}\frac{l}{2} = \frac{\sqrt{2}Pl^3}{6EI}$$

答案： C

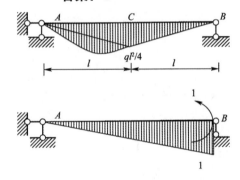

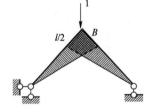

题 15-3-22 解图

题 15-3-23 解图

15-3-24　解： 本题水平反力为零，可去掉水平链杆分析其受力状态及竖向位移（有无水平链杆仅相差水平刚体位移）。这时可视为对称体系承受反对称荷载，只引起反对称的内力和位移，对称的内力和位移应为零。B 点在对称竖轴上，其竖向位移属对称，位移应为零。

答案： D

15-3-25　解： 本题水平反力为零，可去掉水平链杆分析其受力状态及竖向位移（有无水平链杆仅相差水平刚体位移）。这时可视为对称体系承受对称荷载，只引起对称的内力和位移，反对称的内力和位移应为零。A、B 两点的竖向相对位移属反对称，位移应为零。

答案： D

15-3-26　解： 可根据几何关系判断。也可在 B 点加向左的单位力（见解图）用求位移的单位荷载法公式计算，得

$$\Delta_{BH} = -\sum \overline{R}c = -(-1 \times a + h \times \varphi) = a - \varphi h$$

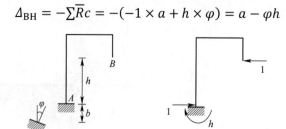

题 15-3-26 解图

答案：C

15-3-27　**解**：图乘法的应用条件是：直杆结构、分段等截面、相乘的两个弯矩图中至少有一个为直线型。

答案：B

15-3-28　**解**：在推导功的互等定理过程中引用了线弹性条件，它只能应用于各种线弹性结构。

答案：B

15-3-29　**解**：P_1 在 Δ_1 上做实功 $\frac{P_1\Delta_1}{2}$，在 Δ'_1 上做虚功 $P_1\Delta'_1$，合起来为 P_1 所做的功。

答案：D

15-3-30　**解**：虚位移原理是在虚设可能位移状态前提下的虚功原理，位移是虚拟的，力系是实际的。

答案：B

15-3-31　**解**：应用位移互等定理可知，φ 与 δ 大小相等，量纲相同。

答案：B

15-3-32　**解**：应用位移互等定理，$\delta = \varphi$。

答案：A

15-3-33　**解**：按单位荷载法作解图，图乘可得：

$$\Delta_{AB} = \frac{1}{EI}\left[\frac{1}{2}(qa^2)2a \times a + \frac{2}{3}\frac{q(2a)^2}{8}2a \times a\right] = \frac{5qa^4}{3EI}(\rightarrow\leftarrow)$$

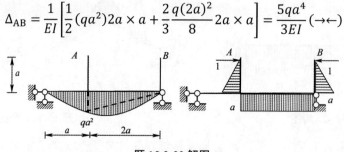

题 15-3-33 解图

答案：C

15-3-34　**解**：当 E 点有向下单位集中力作用引起 B 截面逆时针转角 φ（这时 A、B 两截面转角相同）时，应用位移互等定理可知，当 A 截面有顺时针单位力偶作用时，引起 E 点的竖向位移应为向上的 φ。

答案：A

15-3-35　**解**：见解图，设图 a）中 1 点向下的竖向位移为 Δ_{12}，图 b）中 2 点向右的水平位移为 Δ_{21}，应用功的互等定理，有 $P_1\Delta_{12} = P_2\Delta_{21}$。按题意要求 $\Delta_{12} = 2\Delta_{21}$，联立求解可得 $2P_1 = P_2$。

答案：C

15-3-36　**解**：作解图，用单位荷载法公式计算，可得

$$\Delta_{KH} = \frac{2}{EI} \cdot \frac{1}{2} \cdot \frac{Pa}{2} \cdot a \cdot \frac{2a}{3} = \frac{Pa^3}{3EI} (\rightarrow \leftarrow)$$

答案： C

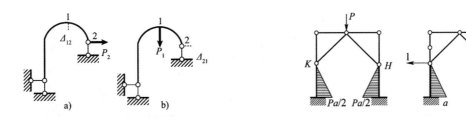

题 15-3-35 解图 　　　　　　　　　　　题 15-3-36 解图

15-3-37　解： 本题竖向荷载 P 仅使下面三个杆产生对称内力与变形，D 点无水平位移。水平荷载 P 仅使上面两个水平杆产生拉力 P，C 点水平位移为 $2Pa/(EA)$，即为所求位移。也可按单位荷载法作解图，由公式计算可得：$\Delta_{CD} = \frac{2Pa}{EA}$。

答案： A

15-3-38　解： 作解图，与题图一起，按求桁架位移的计算公式计算可得

$$\Delta_C^H = \frac{2}{EA}\left(\frac{P}{2} \cdot \frac{1}{2} a\right) = \frac{Pa}{2EA} (\rightarrow)$$

答案： C

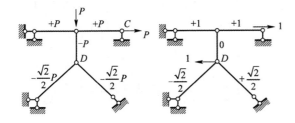

题 15-3-37 解图 　　　　　　　　　　　题 15-3-38 解图

15-3-39　解： 作解图，用单位荷载法公式计算，可得

$$\varphi_{AB} = \frac{1}{EI} \cdot \frac{2}{3} \cdot \frac{ql^2}{8} \cdot l \times 1 = \frac{ql^3}{12EI}$$

答案： C

15-3-40　解： 作解图，用单位荷载法公式计算，可得

$$\Delta_C = \frac{1}{EI}\left(\frac{1}{2} \cdot \frac{l}{2} \cdot \frac{l}{2}\right)\left(\frac{5}{6}Pl\right) = \frac{5Pl^3}{48EI} (\downarrow)$$

答案： D

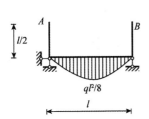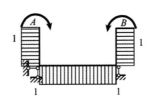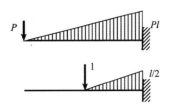

题 15-3-39 解图 　　　　　　　　　　　题 15-3-40 解图

（四）超静定结构的受力分析与特性

15-4-1 图示等截面梁正确的M图是：

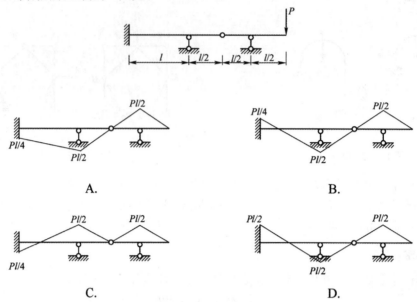

15-4-2 图示结构M_{BA}值的大小为：

A. $Pl/2$ B. $Pl/3$ C. $Pl/4$ D. $Pl/5$

15-4-3 欲使图示连续梁BC跨中点正弯矩与B支座负弯矩绝对值相等，则$EI_{AB}:EI_{BC}$应等于：

A. 2   B. 5/8   C. 1/2   D. 1/3

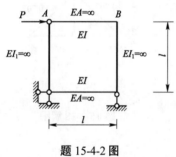

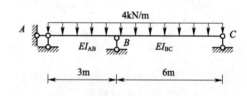

题 15-4-2 图   题 15-4-3 图

15-4-4 图示对称结构$M_{AD}=ql^2/36$（左拉），$F_{NAD}=5ql/12$（压），则M_{BC}为（以下侧受拉为正）：

A. $-ql^2/6$ B. $ql^2/6$ C. $-ql^2/9$ D. $ql^2/9$

15-4-5 图示结构用力矩分配法计算时，分配系数μ_{AC}为：

A. $\dfrac{1}{4}$ B. $\dfrac{4}{7}$ C. $\dfrac{1}{2}$ D. $\dfrac{6}{11}$

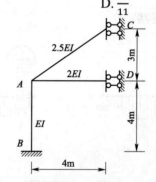

题 15-4-4 图   题 15-4-5 图

15-4-6 用力法求解图示结构（$EI =$ 常数），基本体系及基本未知量如图所示，力法方程中系数 Δ_{1P} 为：

A. $-\dfrac{5qL^4}{36EI}$　　　B. $\dfrac{5qL^4}{36EI}$　　　C. $-\dfrac{qL^4}{24EI}$　　　D. $\dfrac{qL^4}{24EI}$

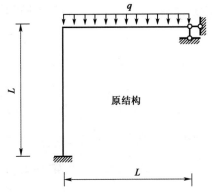
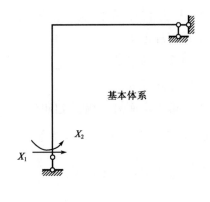

题 15-4-6 图

15-4-7 图示结构，D 支座沉降量为 a，用力法求解（$EI =$ 常数）基本体系及基本未知量如图，基本方程 $\delta_{11}X_1 + \Delta_{1C} = 0$，则 Δ_{1C} 为：

A. $-\dfrac{2a}{L}$　　　B. $-\dfrac{3a}{2L}$　　　C. $-\dfrac{a}{L}$　　　D. $-\dfrac{a}{2L}$

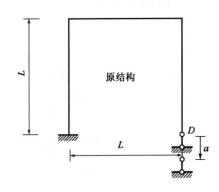
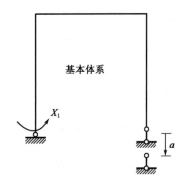

题 15-4-7 图

15-4-8 用位移法求解图示结构，独立的基本未知量个数为：

A. 1　　　　B. 2　　　　C. 3　　　　D. 4

15-4-9 图示结构 B 处弹性支座的弹簧刚度 $k = 6EI/l^3$，B 结点向下的竖向位移为：

A. $\dfrac{Pl^3}{12EI}$　　　B. $\dfrac{Pl^3}{6EI}$　　　C. $\dfrac{Pl^3}{4EI}$　　　D. $\dfrac{Pl^3}{3EI}$

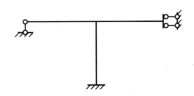
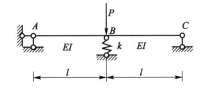

题 15-4-8 图　　　　　　　　　　题 15-4-9 图

15-4-10 若要保证图示结构在外荷载作用下，梁跨中截面产生负弯矩（上侧受拉）可采用：

A. 增大二力杆刚度且减小横梁刚度

B. 减小二力杆刚度且增大横梁刚度

C. 减小均布荷载 q

D. 该结构为静定结构，与构件刚度无关

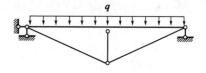

题 15-4-10 图

15-4-11 用位移法计算静定、超静定结构时，每根杆都视为：

　　A. 单跨静定梁

　　B. 单跨超静定梁

　　C. 两端固定梁

　　D. 一端固定而另一端铰支的梁

15-4-12 图示结构（E 为常数），杆端弯矩（顺时针为正）正确的一组为：

A. $M_{AB} = M_{AD} = \dfrac{M}{4}$，$M_{AC} = \dfrac{M}{2}$

B. $M_{AB} = M_{AC} = M_{AD} = \dfrac{M}{3}$

C. $M_{AB} = M_{AD} = 0.4M$，$M_{AC} = 0.2M$

D. $M_{AB} = M_{AD} = \dfrac{M}{3}$，$M_{AC} = \dfrac{2M}{3}$

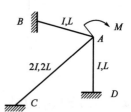

题 15-4-12 图

15-4-13 图示结构用位移法计算时，独立的结点线位移和结点角位移数分别为：

A. 2，3　　　　　B. 1，3　　　　　C. 3，3　　　　　D. 2，4

15-4-14 图示结构的超静定次数为：

A. 2　　　　　B. 3　　　　　C. 4　　　　　D. 5

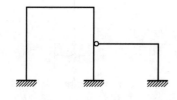

题 15-4-13 图

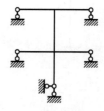

题 15-4-14 图

15-4-15 图示桁架 K 点的竖向位移为最小的图为：

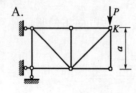

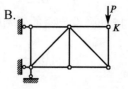

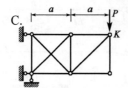

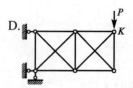

15-4-16 图示结构利用对称性简化后的计算简图为：

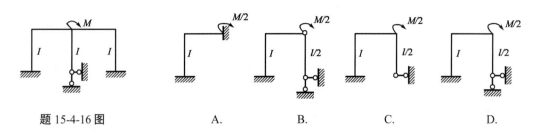

题 15-4-16 图   A.   B.   C.   D.

15-4-17 图示桁架的超静定次数是：

A. 1 次   B. 2 次   C. 3 次   D. 4 次

15-4-18 用力法求解图示结构（EI 为常数），基本体系及基本未知量如图所示，柔度系数 δ_{11} 为：

A. $\dfrac{2L^3}{3EI}$ B. $\dfrac{L^3}{3EI}$ C. $\dfrac{L^3}{2EI}$ D. $\dfrac{3L^3}{2EI}$

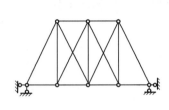

题 15-4-17 图

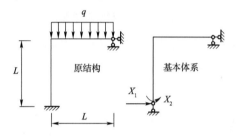

题 15-4-18 图

15-4-19 图示梁线刚度为 i，长度为 l，当 A 端发生微小转角 α，B 端发生微小位移 $\Delta = l\alpha$ 时，梁两端的弯矩（对杆端顺时针为正）为：

A. $M_{AB} = 2i\alpha$，$M_{BA} = 4i\alpha$ B. $M_{AB} = -2i\alpha$，$M_{BA} = -4i\alpha$

C. $M_{AB} = 10i\alpha$，$M_{BA} = 8i\alpha$ D. $M_{AB} = -10i\alpha$，$M_{BA} = -8i\alpha$

15-4-20 图示梁 AB，EI 为常数，支座 D 的反力 R_D 为：

A. $ql/2$ B. ql C. $3ql/2$ D. $2pl$

题 15-4-19 图

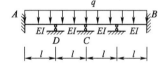

题 15-4-20 图

15-4-21 图示组合结构，梁 AB 的抗弯刚度为 EI，二力杆的抗拉刚度都为 EA。DG 杆的轴力为：

A. 0

B. P，受拉

C. P，受压

D. $2P$，受拉

15-4-22 用力矩分配法求解图示结构，分配系数 μ_{BD}、传递系数 C_{BA} 分别为：

A. $\mu_{BD} = 3/10$，$C_{BA} = -1$ B. $\mu_{BD} = 3/7$，$C_{BA} = -1$

C. $\mu_{BD} = 3/10$，$C_{BA} = 1/2$ D. $\mu_{BD} = 3/7$，$C_{BA} = 1/2$

15-4-23 图示结构的超静定次数为：

A. 7   B. 6   C. 5   D. 4

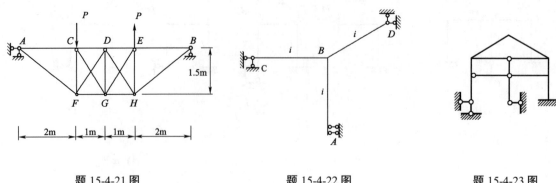

题 15-4-21 图　　　　　　　　　　题 15-4-22 图　　　　　　　　　题 15-4-23 图

15-4-24 力矩分配法中的传递弯矩为:

　　A. 固端弯矩　　　　　　　　　　　　B. 分配弯矩乘以传递系数

　　C. 固端弯矩乘以传递系数　　　　　　D. 不平衡力矩乘以传递系数

15-4-25 位移法典型方程中主系数r_{11}一定:

　　A. 等于零　　　　　　　　　　　　　B. 大于零

　　C. 小于零　　　　　　　　　　　　　D. 大于或等于零

15-4-26 图示结构EI为常数,用力矩分配法求得弯矩M_{BA}是:

　　A. $2kN \cdot m$　　　　　　B. $-2kN \cdot m$

　　C. $8kN \cdot m$　　　　　　C. $-8kN \cdot m$

15-4-27 位移法的理论基础是:

　　A. 力法

　　B. 胡克定律

　　C. 确定的位移与确定的内力之间的对应关系

　　D. 位移互等定理

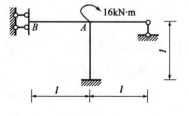

题 15-4-26 图

15-4-28 图示结构E为常数,在给定荷载作用下若使支座 A 反力为零,则应使:

　　A. $l_2 = I_3$　　　　　　　　　　B. $I_2 = 4I_3$

　　C. $I_2 = 2I_3$　　　　　　　　　　D. $I_3 = 4I_2$

15-4-29 图示结构用位移法计算时最少的未知数为:

　　A. 1　　　　　　B. 2　　　　　　C. 3　　　　　　D. 4

15-4-30 图示结构,弯矩正确的一组为:

　　A. $M_{BD} = Ph/4$,$M_{AC} = Ph/4$　　　　　B. $M_{BD} = -Ph/4$,$M_{AC} = -Ph/2$

　　C. $M_{BD} = Ph/2$,$M_{AC} = Ph/4$　　　　　D. $M_{BD} = Ph/2$,$M_{AC} = Ph/2$

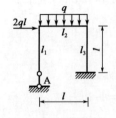　　　　　　　　　　　　　　　　　　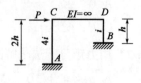

题 15-4-28 图　　　　　　　　　题 15-4-29 图　　　　　　　　　题 15-4-30 图

15-4-31 图示结构按对称性在反对称荷载作用下的计算简图为:

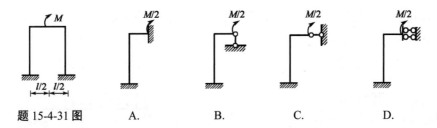

题 15-4-31 图　　A.　　　B.　　　C.　　　D.

15-4-32 图示刚架，各杆线刚度相同，则结点A的转角大小为：

A. $\dfrac{m_0}{9i}$　　　　B. $\dfrac{m_0}{8i}$　　　　C. $\dfrac{m_0}{11i}$　　　　D. $\dfrac{m_0}{4i}$

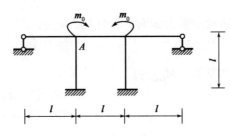

题 15-4-32 图

15-4-33 图示结构，各杆$EI = 13440\text{kN} \cdot \text{m}^2$，当支座B发生图示的支座移动时，结点E的水平位移为：

A. 4.357cm（→）　　B. 4.357cm（←）　　C. 2.643cm（→）　　D. 2.643cm（←）

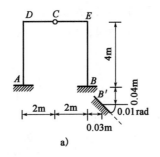

题 15-4-33 图

15-4-34 图示结构中，AB杆A端的分配弯矩M_{AB}^{μ}之值为：

A. $-6\text{kN} \cdot \text{m}$　　　B. $-12\text{kN} \cdot \text{m}$　　　C. $5\text{kN} \cdot \text{m}$　　　D. $8\text{kN} \cdot \text{m}$

15-4-35 图示连续梁，EI为常数，用力矩分配法求得结点B的不平衡力矩为：

A. $-20\text{kN} \cdot \text{m}$　　　B. $15\text{kN} \cdot \text{m}$　　　C. $-5\text{kN} \cdot \text{m}$　　　D. $5\text{kN} \cdot \text{m}$

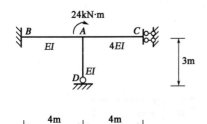

题 15-4-34 图

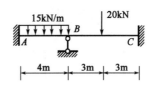

题 15-4-35 图

15-4-36 图示为超静定桁架的基本结构及多余未知力$\overline{X}_1 = 1$作用下的各杆内力，EA为常数，则δ_{11}为：

A. $d(0.5 + 1.414)/EA$　　　　　　B. $d(1.5 + 1.414)/EA$

C. $d(2.5 + 1.414)/EA$　　　　　　D. $d(1.5 + 2.828)/EA$

15-4-37 已知超静定梁的支座反 $X_1 = 3qL/8$，跨中央截面的弯矩值为：

A. $qL^2/8$（上侧受拉）　　　　　　　B. $qL^2/16$（下侧受拉）

C. $qL^2/32$（下侧受拉）　　　　　　D. $qL^2/32$（上侧受拉）

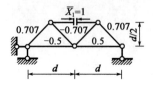

题 15-4-36 图　　　　　　　　　　　题 15-4-37 图

15-4-38 当杆件 AB 的 A 端的转动刚度为 $3i$ 时，杆件的 B 端为：

A. 自由端　　　　　B. 固定端　　　　　C. 铰支端　　　　　D. 定向支座

15-4-39 图示结构，各杆 EI 为常数，M_{CD} 为：

A. $3EI/(200l)$　　　　　　　　　　B. $3EI/(200l) + Pl/2$

C. $3EI/(400l)$　　　　　　　　　　D. $3EI/(100l) - Pl/2$

15-4-40 图示对称刚架，不计轴向变形，弯矩图为：

A. 两杆均内侧受拉　　　　　　　　　B. 两杆均外侧受拉

C. 两杆均部分内侧受拉　　　　　　　D. 两杆弯矩都为零

15-4-41 图示对称结构，在不计杆件轴向变形的情况下，各结点线位移：

A. $\Delta_1 = \Delta_2 = \Delta_3$　　　　　　　　　B. $\Delta_1 = \Delta_2 \neq \Delta_3$

C. $\Delta_1 \neq \Delta_2 \neq \Delta_3$　　　　　　　　　D. $\Delta_1 = \Delta_3 \neq \Delta_2$

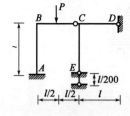 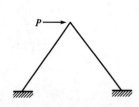 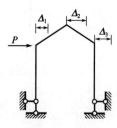

题 15-4-39 图　　　　　　　题 15-4-40 图　　　　　　　题 15-4-41 图

15-4-42 图示结构 $EI =$ 常数，在给定荷载作用下，水平反力 H_A 为：

A. P　　　　　　B. $2P$　　　　　　C. $3P$　　　　　　D. $4P$

15-4-43 图示连续梁中力矩分配系数 μ_{BC} 和 μ_{CB} 分别为：

A. 0.429，0.571　　B. 0.5，0.5　　C. 0.571，0.5　　D. 0.6，0.4

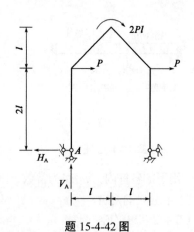 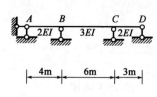

题 15-4-42 图　　　　　　　　　　　题 15-4-43 图

15-4-44 在力矩分配法中，转动刚度表示杆端对什么的抵抗能力？

  A. 变形   B. 移动

  C. 转动   D. 荷载

15-4-45 图示为两次超静定结构，下列图中，作为力法的基本结构求解过程最简便的是：

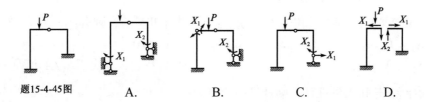

题15-4-45图   A.   B.   C.   D.

15-4-46 对超静定结构所选的任意基本结构上的力如何满足平衡条件？

  A. 仅在符合变形条件下才能   B. 都能

  C. 仅在线弹性材料情况下才能   D. 不一定都能

15-4-47 用力矩分配法计算图示梁时，结点B的不平衡力矩的绝对值为：

  A. 28kN·m   B. 24kN·m

  C. 4kN·m   D. 8kN·m

15-4-48 题图 b）是图 a）结构的力法基本体系，则力法方程中的系数和自由项为：

  A. $\Delta_{1P} > 0$，$\delta_{12} < 0$ B. $\Delta_{1P} < 0$，$\delta_{12} < 0$

  C. $\Delta_{1P} > 0$，$\delta_{12} > 0$ D. $\Delta_{1P} < 0$，$\delta_{12} > 0$

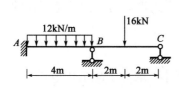

题 15-4-47 图

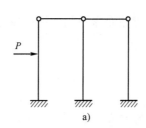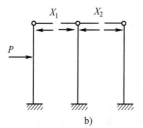

题 15-4-48 图

15-4-49 在力法方程$\sum\delta_{ij}X_j + \Delta_{1C} = \Delta_i$中，下列结论肯定出现的是：

  A. $\Delta_i = 0$ B. $\Delta_i > 0$

  C. $\Delta_i < 0$ D. 前三种答案都有可能

15-4-50 力法方程是沿基本未知量方向的：

  A. 力的平衡方程   B. 位移为零方程

  C. 位移协调方程   D. 力与位移间的物理方程

15-4-51 表示题图结构正确的弯矩图的是：

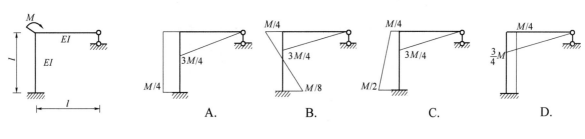

题 15-4-31 图

15-4-52 图示结构中，杆CD的轴力N_{CD}是：

A. 拉力

B. 零

C. 压力

D. 不定，取决于P_1与P_2的比值

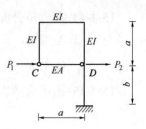

题 15-4-52 图

15-4-53 图示桁架取杆AC轴力（拉为正）为力法的基本未知量X_1，则有：

A. $X_1 = 0$　　　　　　　　　　　　B. $X_1 > 0$

C. $X_1 < 0$　　　　　　　　　　　　D. X_1不定，取决于A_1/A_2值及α值

15-4-54 图示桁架中AC为刚性杆，则杆件内力将为：

A. $N_{AD} = -2P$，$N_{AC} = N_{AB} = 0$　　　　B. $N_{AD} = -\sqrt{2}P$，$N_{AC} = -P$

C. $N_{AD} = -\sqrt{2}P$，$N_{AC} = -\sqrt{2}P$　　　　D. $N_{AD} = -P$，$N_{AC} = -\sqrt{2}P$

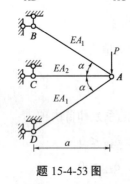

题 15-4-53 图

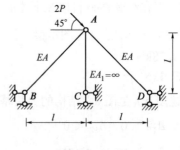

题 15-4-54 图

15-4-55 图示结构，若取梁B截面弯矩为力法的基本未知量X_1，当I_2增大时，则X_1绝对值的变化状况是：

A. 增大　　　　　　　　　　　　　B. 减小

C. 不变　　　　　　　　　　　　　D. 增大或减小，取决于I_2/I_1比值

15-4-56 图中取A支座反力为力法的基本未知量X_1，当I_1增大时，柔度系数δ_{11}的变化状况是：

A. 变大　　　　　B. 变小　　　　　C. 不变　　　　　D. 不能确定

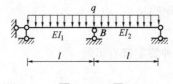

题 15-4-55 图

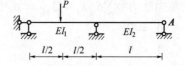

题 15-4-56 图

15-4-57 图 a）所示桁架，$EA =$常数，取图 b）为力法基本体系，则力法方程系数间的关系为：

A. $\delta_{11} = \delta_{22}$，$\delta_{12} > 0$　　　　　　　B. $\delta_{11} \neq \delta_{22}$，$\delta_{12} > 0$

C. $\delta_{11} \neq \delta_{22}$，$\delta_{12} < 0$　　　　　　　D. $\delta_{11} = \delta_{22}$，$\delta_{12} < 0$

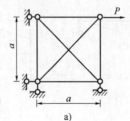
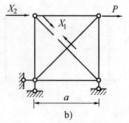

题 15-4-57 图

15-4-58 图示结构 EI =常数，在给定荷载作用下，剪力 Q_{BA} 为：

A. $P/2$ B. $P/4$ C. $-P/4$ D. 0

15-4-59 图示结构 EI =常数，在给定荷载作用下，剪力 Q_{AB} 为：

A. $\dfrac{1}{\sqrt{2}}P$ B. $\dfrac{3P}{16}$ C. $\dfrac{P}{2}$ D. $\sqrt{2}P$

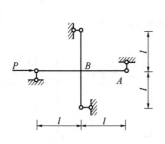

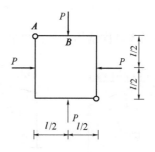

题 15-4-58 图　　　　　　　　　　　　　题 15-4-59 图

15-4-60 如图 a）所示结构，EI =常数，取图 b）为力法基本体系，则下述结果中错误的是：

A. $\delta_{23} = 0$ B. $\delta_{31} = 0$ C. $\Delta_{2P} = 0$ D. $\delta_{12} = 0$

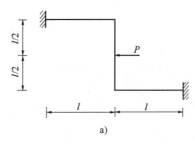

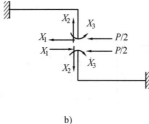

a)　　　　　　　　　　　　b)

题 15-4-60 图

15-4-61 图示结构（杆件截面为矩形）在温度变化时，已知 $t_1 > t_2$。若规定内侧受拉的弯矩为正，则各杆端弯矩为：

A. $M_{BC} = M_{BA} = M_{AB} > 0$ B. $M_{BC} = M_{BA} = M_{AB} < 0$

C. $M_{BC} = M_{BA} < 0,\ M_{AB} > 0$ D. $M_{BC} = M_{BA} > 0,\ M_{AB} < 0$

15-4-62 图示结构（杆件截面为矩形）在温度变化 $t_1 > t_2$ 时，其轴力为：

A. $N_{BC} > 0,\ N_{AB} = N_{CD} = 0$ B. $N_{BC} = 0,\ N_{AB} = N_{CD} > 0$

C. $N_{BC} < 0,\ N_{AB} = N_{CD} = 0$ D. $N_{BC} < 0,\ N_{AB} = N_{CD} > 0$

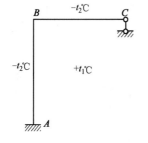

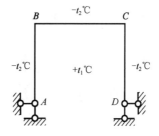

题 15-4-61 图　　　　　　　　　　　　题 15-4-62 图

15-4-63 在图示结构中，横梁的跨度、刚度和荷载均相同，各加劲杆的刚度和竖杆位置也相同，其中横梁的正弯矩最小或负弯矩最大的是哪个图示的结构?

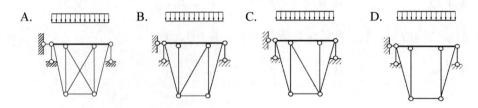

15-4-64 题图为对称结构,其正确的半结构计算简图四个图中的哪一个?

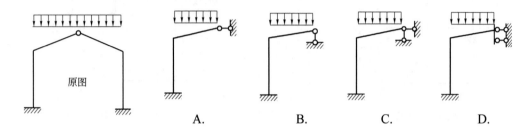

题 15-4-64 图

15-4-65 题图为对称刚架,具有两根对称轴,利用对称性简化后,正确的计算简图为四个图中的哪一个?

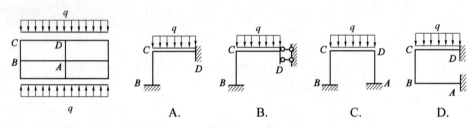

题 15-4-65 图

15-4-66 图示结构的超静定次数为:

A. 12 次 　　　　　　　　　　B. 15 次

C. 24 次 　　　　　　　　　　D. 35 次

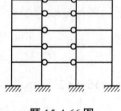

题 15-4-66 图

15-4-67 图示超静定刚架,用力法计算时,可选取的基本体系是:

A. 图 a)、b) 和 c) 　　　　B. 图 a)、b) 和 d)

C. 图 b)、c) 和 d) 　　　　D. 图 a)、c) 和 d)

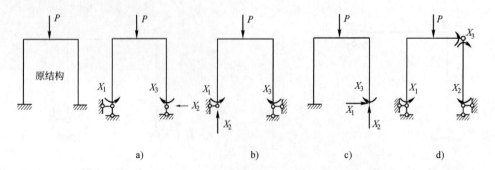

题 15-4-67 图

15-4-68 图示两刚架的EI均为常数,已知$EI_a = 4EI_b$,则图 a) 刚架各截面弯矩与图 b) 刚架各相

应截面弯矩的倍数关系为:

A. 2 倍   B. 1 倍   C. $\dfrac{1}{2}$ D. $\dfrac{1}{4}$

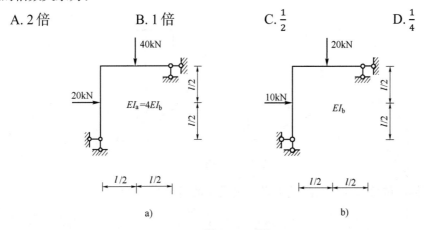

题 15-4-68 图

15-4-69 图示结构 $EI = $ 常数,A 点右侧截面的弯矩为:

A. $\dfrac{M}{2}$ B. M C. $\dfrac{M}{2} - Pa$ D. $\dfrac{M}{2} + Pa$

15-4-70 如图 a)所示结构,若将链杆撤去,取图 b)为力法基本体系,则力法方程及 δ_{11} 分别为:

A. $\delta_{11}X_1 + \Delta_{1P} = -\dfrac{\sqrt{2}lX_1}{EA}$,$\delta_{11} = \dfrac{l^3}{6EI}$

B. $\delta_{11}X_1 + \Delta_{1P} = \dfrac{\sqrt{2}lX_1}{EA}$,$\delta_{11} = \dfrac{l^3}{6EI}$

C. $\delta_{11}X_1 + \Delta_{1P} = -\dfrac{\sqrt{2}lX_1}{EA}$,$\delta_{11} = \dfrac{l^3}{3EI}$

D. $\delta_{11}X_1 + \Delta_{1P} = \dfrac{\sqrt{2}lX_1}{EA}$,$\delta_{11} = \dfrac{l^3}{3EI}$

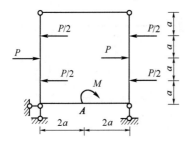

题 15-4-69 图

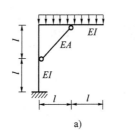

题 15-4-70 图

15-4-71 如图 a)所示结构,取图 b)为力法基本体系,相应力法方程为 $\delta_{11}X_1 + \Delta_{1C} = 0$,其中 Δ_{1C} 为:

A. $\Delta_1 + \Delta_2$ B. $\Delta_1 + \Delta_2 + \Delta_3$

C. $2\Delta_2 - \Delta_1$ D. $\Delta_1 - 2\Delta_2$

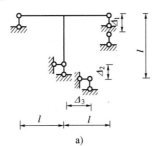

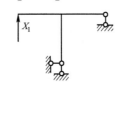

题 15-4-71 图

15-4-72 如图 a）所示结构，取图 b）为力法基本体系，则力法方程中的 Δ_{2C} 为：

A. $a + b$　　　　　B. $a + l\theta$　　　　　C. $-a$　　　　　D. a

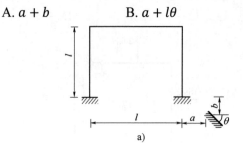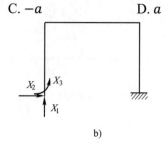

a)　　　　　　　　　　　b)

题 15-4-72 图

15-4-73 图示结构用位移法计算时的基本未知量最小数目为：

A. 10　　　　　B. 9　　　　　C. 8　　　　　D. 7

15-4-74 图示结构用位移法计算时，其基本未知量的数目为：

A. 3　　　　　B. 4　　　　　C. 5　　　　　D. 6

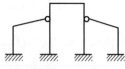

题 15-4-73 图　　　　　　　　　　　　题 15-4-74 图

15-4-75 图示连续梁，$EI =$ 常数，欲使支承 B 处梁截面的转角为零，比值 a/b 应为：

A. 1/2　　　　　B. 2　　　　　C. 1/4　　　　　D. 4

15-4-76 图示连续梁，$EI =$ 常数，欲使支承 B 处梁截面的转角为零，比值 a/b 应为：

A. $\dfrac{\sqrt{3}}{3}$　　　　　B. $\sqrt{3}$　　　　　C. $\dfrac{\sqrt{2}}{2}$　　　　　D. $\sqrt{2}$

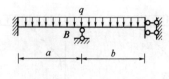

题 15-4-75 图　　　　　　　　　　　　题 15-4-76 图

15-4-77 图示结构，$EI =$ 常数，欲使结点 B 的转角为零，比值 P_1/P_2 应为：

A. 1.5　　　　　B. 2　　　　　C. 2.5　　　　　D. 3

15-4-78 图示连续梁，$EI =$ 常数，已知支承 B 处梁截面转角为 $-7Pl^2/(240EI)$（逆时针向），则支承 C 处梁截面转角 φ_C 应为：

A. $\dfrac{Pl^2}{60EI}$　　　　　B. $\dfrac{Pl^2}{120EI}$　　　　　C. $\dfrac{Pl^2}{180EI}$　　　　　D. $\dfrac{Pl^2}{240EI}$

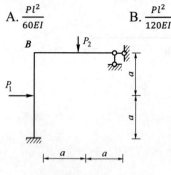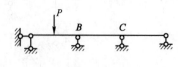

题 15-4-77 图　　　　　　　　　　　　题 15-4-78 图

15-4-79 图示结构，$EI =$ 常数，已知结点 C 的水平线位移为 $\Delta_{CH} = 7ql^4/(184EI)(\rightarrow)$，则结点 C 的角位移 φ_C 应为：

    A. $\dfrac{ql^3}{46EI}$（顺时针向）   B. $\dfrac{-ql^3}{46EI}$（逆时针向）

    C. $\dfrac{3ql^3}{92EI}$（顺时针向）   D. $\dfrac{-3ql^3}{92EI}$（逆时针向）

15-4-80 图示结构，$EI =$ 常数，当支座 B 发生沉降 Δ 时，支座 B 处梁截面的转角大小为：

    A. $\dfrac{6}{5}\dfrac{\Delta}{l}$ B. $\dfrac{6}{7}\dfrac{\Delta}{l}$ C. $\dfrac{3}{5}\dfrac{\Delta}{l}$ D. $\dfrac{3}{7}\dfrac{\Delta}{l}$

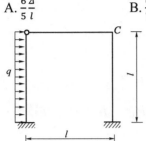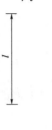

         题 15-4-79 图   题 15-4-80 图

15-4-81 图示结构各杆线刚度 i 相同，用力矩分配法计算时，力矩分配系数 μ_{BA} 应为：

    A. $\dfrac{1}{2}$ B. $\dfrac{4}{7}$ C. $\dfrac{4}{5}$ D. 1

15-4-82 图示结构各杆线刚度 i 相同，角 $\alpha \neq 0$，用力矩分配法计算时，力矩分配系数 μ_{AB} 应为：

    A. $\dfrac{1}{8}$ B. $\dfrac{3}{10}$ C. $\dfrac{4}{11}$ D. $\dfrac{1}{3}$

15-4-83 图示排架，已知各单柱柱顶有单位水平力时，产生柱顶水平位移为 $\delta_{AB} = \delta_{EF} = h/100D$，$\delta_{CD} = h/200D$，$D$ 为与柱刚度有关的给定常数，则此结构柱顶水平位移为：

    A. $\dfrac{5Ph}{200D}$ B. $\dfrac{Ph}{100D}$ C. $\dfrac{Ph}{200D}$ D. $\dfrac{Ph}{400D}$

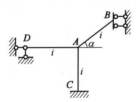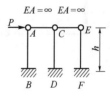

    题 15-4-81 图   题 15-4-82 图   题 15-4-83 图

15-4-84 图示两结构中，以下四种弯矩关系中正确的为：

    A. $|M_A| = |M_C|$ B. $|M_D| = |M_F|$

    C. $|M_A| = |M_D|$ D. $|M_C| = |M_F|$

15-4-85 图示结构（不计轴向变形）AB 杆轴力为（$EI =$ 常数）：

    A. $\dfrac{5\sqrt{2}ql}{8}$ B. $\dfrac{3\sqrt{2}ql}{8}$ C. $\dfrac{5ql}{16}$ D. $\dfrac{3ql}{16}$

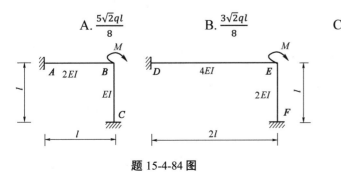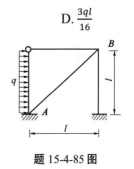

           题 15-4-84 图   题 15-4-85 图

15-4-86 图示铰接排架，如略去杆件的轴向变形，使A点发生单位水平位移的P值为：

A. $6\frac{EI}{h^3}$ B. $12\frac{EI}{h^3}$ C. $24\frac{EI}{h^3}$ D. $48\frac{EI}{h^3}$

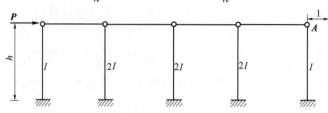

题 15-4-86 图

15-4-87 图示结构B点的竖向位移为：

A. $\frac{Pl^3}{15EI}$ B. $\frac{Pl^3}{25EI}$ C. $\frac{Pl^3}{51EI}$ D. $\frac{Pl^3}{72EI}$

15-4-88 图示结构，各杆EI=常数，截面C、D两处的弯矩值M_C、M_D（对杆端顺时针转为正）分别为（单位：kN·m）：

A. 1.0，2.0   B. 2.0，1.0

C. −1.0，−2.0   D. −2.0，−1.0

15-4-89 已知刚架的弯矩图如图所示，AB杆的抗弯刚度为EI，BC杆的为$2EI$，则结点B的角位移为：

A. $\frac{10}{3EI}$ B. $\frac{20}{EI}$

C. $\frac{20}{3EI}$ D. 由于荷载未给出，无法求出

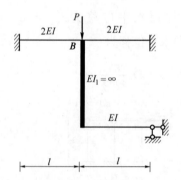

题 15-4-87 图

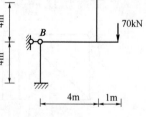

题 15-4-88 图

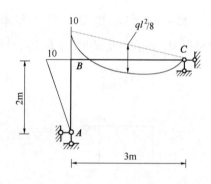

题 15-5-89 图

15-4-90 图示结构（EI=常数）支座B的水平反力R_B为：

A. 10kN（→）   B. 10kN（←）   C. 15kN（→）   D. 0

15-4-91 用位移法计算图示刚架时，位移法方程的主系数k_{11}为：

A. $4\frac{EI}{l}$ B. $6\frac{EI}{l}$ C. $10\frac{EI}{l}$ D. $12\frac{EI}{l}$

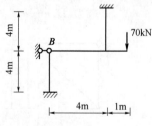

题 15-5-90 图

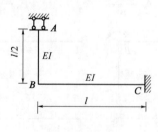

题 15-5-91 图

15-4-92 用位移法计算图示刚架时，位移法方程的自由项F_{1P}为：

    A. 10kN·m   B. 30kN·m   C. 40kN·m   D. 60kN·m

15-4-93 图示结构，各杆EI=常数，不计轴向变形，M_{BA}及M_{CD}的状况为：

    A. $M_{BA} \neq 0$，$M_{CD} = 0$ B. $M_{BA} = 0$，$M_{CD} \neq 0$

    C. $M_{BA} = 0$，$M_{CD} = 0$ D. $M_{BA} \neq 0$，$M_{CD} \neq 0$

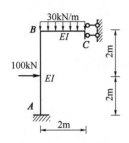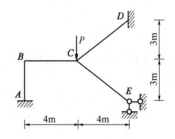

          题 15-4-92 图   题 15-4-93 图

15-4-94 图示各结构中，除特殊注明者外，各杆件EI＝常数。其中不能直接用力矩分配法计算的结构是：

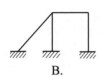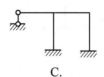

        A.   B.   C.   D.

15-4-95 图示对称刚架受同向结点力偶作用，弯矩图的正确形状为：

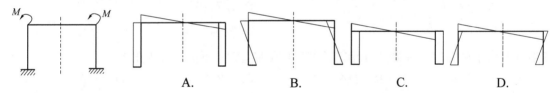

            A.   B.   C.   D.

题 15-4-95 图

15-4-96 图示结构用力矩分配法计算时，结点A的约束力矩（不平衡力矩）M_A为：

    A. $\dfrac{Pl}{6}$ B. $\dfrac{2Pl}{3}$ C. $\dfrac{17Pl}{24}$ D. $\dfrac{-4Pl}{3}$

15-4-97 图示结构EI＝常数，用力矩分配法计算时，分配系数μ_{A4}为：

    A. $\dfrac{4}{11}$ B. $\dfrac{1}{2}$ C. $\dfrac{1}{3}$ D. $\dfrac{4}{9}$

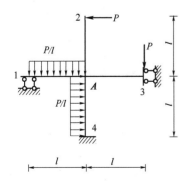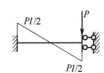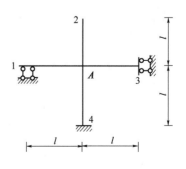

          题 15-4-96 图   题 15-5-97 图

15-4-98 图示各杆件的 E、I、l 均相同，在图 b）的四个图中，与图 a）杆件左端的转动刚度（劲度）系数相同的是：

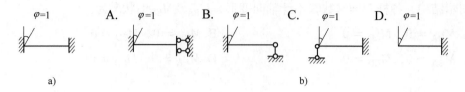

a)   b)

题 15-4-98 图

15-4-99 图示四个图中，不能直接用力矩分配法计算的是哪个图示结构？

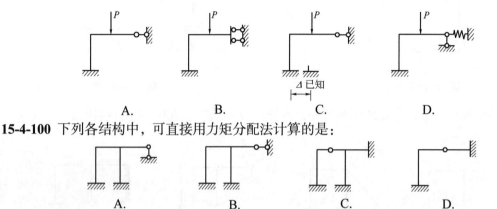

A.   B.   C.   D.

15-4-100 下列各结构中，可直接用力矩分配法计算的是：

A.   B.   C.   D.

15-4-101 图示结构各杆线刚度 i 相同，用力矩分配法计算时，力矩分配系数 μ_{BA} 及传递系数 C_{BC} 分别为：

A. $1/2$，0
B. $4/7$，0
C. $4/7$，$1/2$
D. $4/5$，-1

15-4-102 图示结构 $EI = $ 常数，在给定荷载作用下 M_{BA} 为（下侧受拉为正）：

A. $Pl/2$
B. $Pl/4$
C. $-Pl/4$
D. 0

15-4-103 图示结构 B 处弹性支座的弹簧刚度 $k = 6EI/l^3$，则结点 B 向下的竖向位移为：

A. $\dfrac{Pl^3}{3EI}$
B. $\dfrac{Pl^3}{6EI}$
C. $\dfrac{Pl^3}{9EI}$
D. $\dfrac{Pl^3}{12EI}$

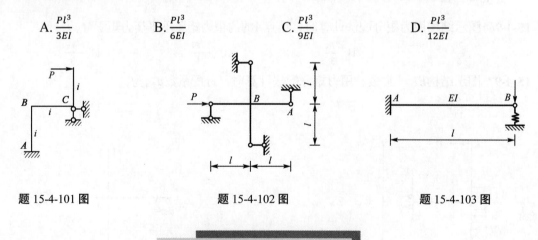

题 15-4-101 图   题 15-4-102 图   题 15-4-103 图

题解及参考答案

15-4-1　解： 此题左边第一跨为超静定梁，右边为静定梁。先求得右链杆支座处截面弯矩 $Pl/2$（上部受拉）及铰结点弯矩 0，连直线，即可得到静定部分的弯矩图，并求得中间链杆处截面弯矩

$Pl/2$（下部受拉），再按力矩分配法向远端（固定端）传递$1/2$，得全梁弯矩图，固定端截面弯矩为
$Pl/4$（上部受拉）。

答案： B

15-4-2 **解：** 用静力平衡条件求得反力后，利用对称性可作图示转化，从而求得：

$$M_{BA} = \frac{Pl}{2}$$

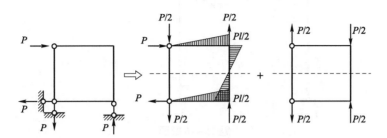

题 15-4-2 解图

15-4-3 **解：** 梁的弯矩图如解图所示。为满足题目条件，须有：

$$|M_{BC}| + \frac{1}{2}|M_{BC}| = \frac{4 \times 6^2}{8}$$

即$|M_{BC}| = 12$

按力矩分配法可得：

$$M_{BC} = \frac{I_{BC}}{2I_{AB} + I_{BC}}\left[-\frac{4 \times (3^2 - 6^2)}{8}\right] - \frac{4 \times 6^2}{8}$$

$$= \frac{1}{2\frac{I_{AB}}{I_{BC}} + 1}\left(\frac{27}{2}\right) - 18$$

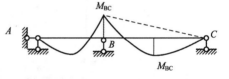

题 15-4-3 解图

注意M_{BC}为上部受拉的负弯矩，其绝对值需变号，可得：

$$|M_{BA}| = -\left[\frac{1}{2\frac{I_{AB}}{I_{BC}} + 1}\left(\frac{27}{2}\right) - 18\right] = 12$$

解得$I_{AB}/I_{BC} = 5/8$

答案： B

15-4-4 **解：** 此结构为双轴对称结构承受对称荷载，其内力分布
对称，可知杆AD及CF的中点剪力为零。

通过杆AD中点及点B作截面取出隔离体（见解图），对B取矩得：

$$M_{BA} = \frac{5ql}{12}l - \frac{ql^2}{36} - ql\frac{l}{2} = -\frac{ql^2}{9}$$

由于结构对称，故$M_{BC} = M_{BA} = -\frac{ql^2}{9}$

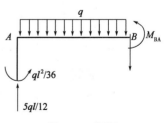

题 15-4-4 解图

答案： C

15-4-5 **解：**

$$\mu_{AC} = \frac{4 \times \frac{2.5}{5}}{4 \times \frac{1}{4} + \frac{2}{4} + 4 \times \frac{2.5}{5}} = \frac{4}{7}$$

答案：B

15-4-6 **解：**见解图。

$$\Delta_{1P} = \frac{1}{EI}\left(\frac{2}{3}\frac{qL^2}{8}L\right)\left(-\frac{1}{2}L\right) = -\frac{qL^4}{24EI}$$

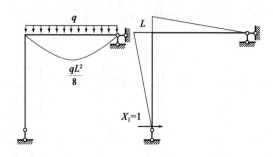

题 15-4-6 解图

答案：C

15-4-7 **解：**见解图，由几何直观，或由单位荷载法，可得$\Delta_{1C} = -\sum \overline{R}c = -\left(\frac{1}{L}a\right)$。

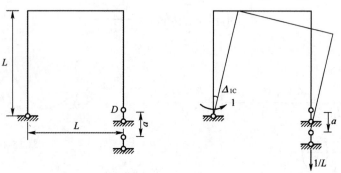

题 15-4-7 解图

答案：C

15-4-8 **解：**仅有一个独立结点角位移。

答案：A

15-4-9 **解：**根据对称性可知，当B点下沉Δ时截面B的转角为零，利用杆件的侧移刚度系数，建立结点B的竖向力平衡方程：

$$3\frac{EI}{l^3}\Delta + k\Delta + 3\frac{EI}{l^3}\Delta = P\left(\text{其中}k = 6\frac{EI}{l^3}\right)$$

解得：$\Delta = \frac{Pl^3}{12EI}$

题 15-4-9 解图

答案：A

15-4-10 **解：**本结构为超静定结构，可排除选项 D。减小均布荷载引起内力数值相应减小，不改变内力的性质，可排除选项 C。增大二力杆刚度且减小横梁刚度可使梁跨中截面弯矩减小，有可能使梁跨中截面弯矩由正变负。

答案：A

15-4-11 **解：**位移法基本结构一般可视为单跨超静定梁的组合体。

答案：B

15-4-12 **解：**三杆线刚度相同，远端均为固定端，故近端转动刚度、力矩分配系数相同。

答案：B

15-4-13　**解：** 每一横梁有一个独立线位移，每一刚结点有一个独立角位移（注意中柱中部为组合结点）。

　　　　答案： D

15-4-14　**解：** 去掉三个竖向链杆即成为静定结构。

　　　　答案： B

15-4-15　**解：** 刚度越大，位移越小。四个图中，选项 D 的杆数量多，刚度最大，位移最小。

　　　　答案： D

15-4-16　**解：** 本题为对称结构（将中柱视为刚度 $I/2$、相距为零的两个柱子）承受反对称荷载，见解图 a），其半边结构见解图 b）。

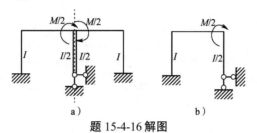

题 15-4-16 解图

　　　　答案： D

15-4-17　**解：** 内部 2 次，外部 1 次。

　　　　答案： C

15-4-18　**解：** 作解图，用图乘法可得

$$\delta_{11} = \frac{2}{EI} \frac{1}{2} LL \frac{2}{3} L \frac{2L^3}{3EI}$$

　　　　答案： A

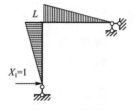

题 15-4-18 解图

15-4-19　**解：** 使用转角位移方程可得

$$M_{AB} = 4i\alpha - 6i\frac{l\alpha}{l} = -2i\alpha$$

$$M_{BA} = 2i\alpha - 6i\frac{l\alpha}{l} = -4i\alpha$$

　　　　答案： B

15-4-20　**解：** 利用对称性取半边结构简化，见解图，可知每跨都可视为两端固定梁，所以

$$R_D = \frac{ql}{2} + \frac{ql}{2} = ql$$

题 15-4-20 解图

　　　　答案： B

15-4-21　**解：** 本题只受竖向荷载作用，水平反力为零，去掉支座水平链杆可视为对称受力体系

（对称轴为 DG 轴线），由于荷载反对称，只产生反对称内力，则处于对称轴线上的 DG 杆的内力必为零。

答案： A

15-4-22 解： 注意支座 A 相当于固定端，传递系数 $C_{BA} = 1/2$，从而可排除选项 A、B。应用分配系数计算公式，可得

$$\mu_{BD} = \frac{3i}{4i + 3i + 3i} = \frac{3}{10}$$

答案： C

15-4-23 解： 首先去掉中间下部的二元体（见解图 a），然后依次去掉左铰支座、中部两个链杆及中间铰等 6 个多余约束（见解图 b、c、d）变为静定结构，故超静定次数为 6。

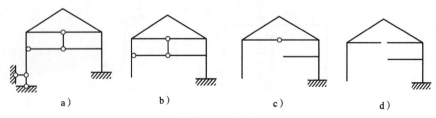

题 15-4-23 解图

答案： B

15-4-24 解： 传递弯矩是分配弯矩乘以传递系数。

答案： B

15-4-25 解： 主系数恒大于零。

答案： B

15-4-26 解： 用力矩分配法计算，可得：

$$M_{AB} = \frac{1}{1 + 4 + 3} \times 16 = 2\text{kN} \cdot \text{m}$$

$$M_{BA} = -1 \times M_{AB} = -2\text{kN} \cdot \text{m}$$

答案： B

15-4-27 解： 选项 C 只是位移法应用的一个先决条件，称为理论基础似欠妥。

答案： C

15-4-28 解： 根据力法（见解图），为使 $X_1 = -\dfrac{\Delta_{1P}}{\delta_{11}} = 0$，则有

$$\Delta_{1P} = \frac{1}{EI_3}\left[\left(\frac{1}{2} \times 2ql^2 \times l\right)l - \left(\frac{ql^2}{2} \times l\right)l\right] - \frac{1}{EI_2}\left(\frac{1}{3} \times \frac{ql^2}{2} \times l\right)\left(\frac{3}{4}l\right) = 0$$

解得： $I_3 = 4I_2$

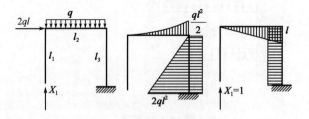

题 15-4-28 解图

答案： D

15-4-29 **解：** 水平杆右端刚结点有一个线位移和一个角位移，左端角位移可不作为基本未知量。

　　　　答案： B

15-4-30 **解：** 见解图，两个立柱均为两端固定侧移杆件，其侧移刚度为：

$$Q_1 = 12\frac{i}{h^2}$$

$$Q_2 = 12\frac{4i}{(2h)^2} = 12\frac{i}{h^2} = Q_1$$

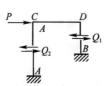

题 15-4-30 解图

由解图上部隔离体平衡，可得：$Q_1 + Q_2 = P$ 且 $Q_1 = Q_2$

则有：

$$Q_1 = Q_2 = \frac{P}{2}$$

杆端弯矩为：

$$M_{BD} = -Q_1\frac{h}{2} = -\frac{Ph}{4}$$

$$M_{AC} = -Q_2 h = -\frac{Ph}{2}$$

　　　　答案： B

15-4-31 **解：** 本题为对称结构承受反对称荷载，其内力及位移必为反对称，对称的内力及位移为零。据此可知横梁中点截面的弯矩、轴力及竖向位移应为零，而水平位移、转角及剪力不为零，取半跨结构应在此处加竖向链杆。

　　　　答案： B

15-4-32 **解：** 本题为对称结构承受对称荷载，取半边结构见解图，结点 A 的力矩平衡方程为：

$$(4i + 3i + 2i)\varphi_A = m_0$$

解得：$\varphi_A = \dfrac{m_0}{9i}$

　　　　答案： A

15-4-33 **解：** 应用求位移的单位荷载法计算（见解图及原题图）。

$$\Delta_{EH} = \frac{1}{13440}\left(\frac{1}{2}\times 4\times 4\right)\left(\frac{1}{3}\times 14.4 - \frac{2}{3}\times 73.8\right) - (-1\times 0.03 - 4\times 0.01) = 0.04357\text{m}$$

　　　　答案： A

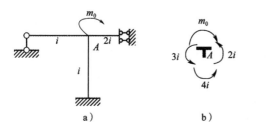

题 15-4-32 解图

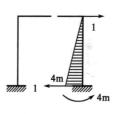

题 15-4-33 解图

15-4-34 **解：** 用力矩分配法，可得：

$$M_{AB}^{\mu} = \frac{4\dfrac{EI}{4}}{4\dfrac{EI}{4} + 3\dfrac{EI}{3} + \dfrac{4EI}{4}} \times 24\text{kN}\cdot\text{m} = 8\text{kN}\cdot\text{m}$$

答案：D

15-4-35 解： 结点的不平衡力矩是交于该结点各杆固端弯矩之和。

$$M_B = \frac{15 \times 4^2}{12} - \frac{20 \times 6}{8} = 5\text{kN} \cdot \text{m}$$

答案：D

15-4-36 解： 原题图有误，需在中间加一链杆支座（见解图）才能有如下解答。

$$\delta_{11} = \sum \frac{\overline{N_1}^2 l}{EA}$$
$$= \frac{1}{EA}\left[4\left(0.707^2\sqrt{2}\frac{d}{2}\right) + 2(0.5^2 d) + 1^2 d\right]$$
$$= \frac{1}{EA}(\sqrt{2} + 1.5)d$$

题 15-4-36 解图

答案：B

15-4-37 解： 跨中截面之右所有外力对跨中点取矩，可得：

$$M_{中} = \frac{3ql^2}{8}\frac{l}{2} - q\frac{l}{2}\frac{l}{4} = \frac{ql^2}{16}(\text{下侧受拉})$$

答案：B

15-4-38 解： 远端铰支，近端转动刚度为 $3i$。

答案：C

15-4-39 解： 铰 C 的约束力对右部不产生弯矩，所求与 P 无关，故可排除选项 B、D。

使用位移法，转角位移方程为：$M_{CD} = 3i\theta_C - 3i\left(-\frac{\frac{l}{200}}{l}\right)$，$M_{CE} = 3i\theta_C$

由结点 C 平衡：$M_{CD} + M_{CE} = 0$，即 $(3+3)i\theta_C + \frac{3i}{200} = 0$，得到 $\theta_C = -\frac{1}{400}$，则

$$M_{CD} = 3i\left(-\frac{1}{400}\right) - 3i\left(-\frac{\frac{l}{200}}{l}\right) = \frac{3}{400}i$$

答案：C

15-4-40 解： 集中力作用在不动的结点上，不引起弯矩。

答案：D

15-4-41 解： 对称结构受一般荷载引起一般位移，既不是对称位移，也不是反对称位移，而是二者的组合。

答案：C

15-4-42 解： 结构对称荷载反对称，其反力及内力必为反对称，可知两个水平反力等值同向，设方向向左，根据结构整体平衡有：

$$\sum X = 0, \ H_A + H_B = 2H_A = P + P$$
$$H_A = P$$

答案：A

15-4-43 解：

$$\mu_{BC} = \frac{4 \times \frac{1}{4}}{3 \times \frac{1}{2} + 4 \times \frac{1}{2}} = \frac{2}{7}, \ \mu_{CB} = \frac{4 \times \frac{1}{2}}{4 \times \frac{1}{2} + 3 \times \frac{1}{2}} = \frac{4}{7}$$

答案：C

15-4-44　解： 杆端转动刚度是使杆端产生单位转角所需杆端弯矩，表示杆端对转动的抵抗能力。

　　答案： C

15-4-45　解： 选项 D 图示结构为左右两个独立部分，基本结构弯矩图较易绘制，系数计算较简单。当立柱等高且结构对称时，可使副系数为零。

　　答案： D

15-4-46　解： 力法基本结构为静定结构，各种外力作用都能满足平衡条件。

　　答案： B

15-4-47　解： 求 B 点固端弯矩之和，可得

$$M_{B} = \frac{12 \times 4^{2}}{12} - \frac{3}{16} \times 16 \times 4 = 4\text{kN} \cdot \text{m}$$

　　答案： C

15-4-48　解： 图乘法求 Δ_{1P}、δ_{12} 时，同侧弯矩图相乘为正，异侧相乘为负。

　　答案： B

15-4-49　解： Δ_{i} 为原超静定结构沿基本未知量 X_{i} 方向的位移，与 X_{i} 同向、反向或为零都有可能。

　　答案： D

15-4-50　解： 力法方程是位移协调方程。

　　答案： C

15-4-51　解： 竖杆剪力为零，弯矩保持常数，可排除选项 B、C。选项 D 不能与结点力偶荷载维持平衡，亦应排除。

　　答案： A

15-4-52　解： 本题为一次超静定结构，按力法求解（见解图），其力法方程为：

$$\delta_{11}X_{1} + \Delta_{1P} = 0$$

由于图乘的两个弯矩图在同侧，故 $\Delta_{1P} > 0$，代入力法方程，求得 $X_{1} < 0$，故 CD 杆的轴力为压力。

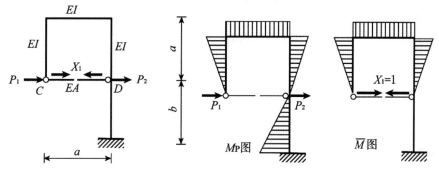

题 15-4-52 解图

　　答案： C

15-4-53　解： 本题为对称结构（对称轴为 AC 水平轴线）承受反对称荷载（将荷载 P 视为两个 $P/2$），只产生反对称内力，对称内力一定为零。AC 杆处于对称轴线上，其内力为零。

　　答案： A

15-4-54　解： 将荷载 $2P$ 分解为竖向分力 $\sqrt{2}P$ 及水平分力 $\sqrt{2}P$。竖向分力作用时，A 点无位移，两斜杆长度不变且无内力，AC 杆所受压力为 $\sqrt{2}P$。水平分力作用时，AC 杆不受力，$N_{AB} = -N_{AD} = \sqrt{2}\frac{\sqrt{2}}{2}P$。

　　答案： D

15-4-55 解： 与 X_1 对应的基本结构左右两跨各为简支梁，其荷载弯矩图、单位弯矩图分别左右对称且相同，当梁的刚度变化时，$X_1 = -\Delta_{1P}/\delta_{11}$ 不变。也可从力矩分配法的角度看，B 点的约束力矩为零，不需分配，X_1 相当于固端弯矩。

答案： C

15-4-56 解： 计算 δ_{11} 的表达式中 EI_1 在分母，当 EI_1 增大时 δ_{11} 减小。

答案： B

15-4-57 解： 解图给出了两个多余未知力分别作用在基本结构时的内力符号及零杆。根据桁架位移计算公式可看出，在计算主系数（自乘，恒为正）δ_{11} 及 δ_{22} 时需考虑贡献的杆数分别为 6 及 3，则 $\delta_{11} > \delta_{22}$，可排除选项 A、D；而两图相应非零杆内力符号相同，乘积为正，则有 $\delta_{12} = \delta_{21} > 0$。

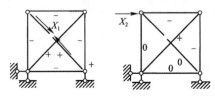

题 15-4-57 解图

答案： B

15-4-58 解： 本题可视为多轴对称结构。现考虑对 AB 水平轴结构对称、荷载对称，则反力应对水平轴对称，反对称的反力应为零，两个竖向链杆反力如果存在就是反对称力，必须为零，进而可知所求剪力为零。也可用力法选取支座 A 的反力为基本未知量 X_1，判断 $\Delta_{1P} = 0$（相乘的两个弯矩图一个对称另一个反对称，相乘求和为零），进而可知 X_1 及所求剪力为零。

答案： D

15-4-59 解： 本题对两个斜对角轴线结构对称、荷载对称，取半边结构，并利用对另一轴的对称性，知其受力如解图所示，进而可得：

$$Q_{AB} = \frac{\sqrt{2}}{2}P\frac{\sqrt{2}}{2} = \frac{P}{2}$$

答案： C

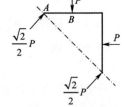

题 15-4-59 解图

15-4-60 解： 参照解图可知，图乘求系数时 $\delta_{12} \neq 0$。

答案： D

15-4-61 解： 按力法求解，去掉 C 处多余链杆，其力法基本结构如解图 a）所示，温度变化作用于基本结构时的变形如虚线所示，C 点上移。为满足支座 C 处的变形协调，C 处支座反力方向应向下。由此引起的弯矩图在降温侧，见解图 b），各截面弯矩均为负值。

答案： B

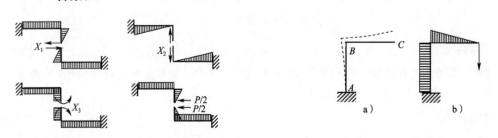

题 15-4-60 解图　　　　　　　　　题 15-4-61 解图

15-4-62 解： 由平衡条件可知两个竖向反力为零，竖杆无轴力，可排除选项 B、D。温度条件 $t_1 > t_2$，杆件轴线温度升高，为满足支座变形协调，两个水平反力方向向内，水平杆受压。

答案： C

15-4-63 解： 下部加劲杆对横梁起支托作用，其刚度愈大，横梁的挠度和弯矩愈小。四个图中，选项 A 图中加劲杆最多，刚度最大，横梁弯矩最小。

答案： A

15-4-64 解： 本题为对称结构承受对称荷载，只产生对称的内力和位移，反对称内力和位移应为零。据此可知中间铰处剪力及水平位移应为零，取半边结构应加水平链杆。

答案： A

15-4-65 解： 对称结构承受对称荷载，只产生对称的内力和位移，反对称内力和位移应为零。本题为双轴对称结构，依次对两个轴取半边结构，按对称性要求可知 B、D、A 三处无任何位移（忽略杆的轴向变形），需加固定端，其过程如解图所示。

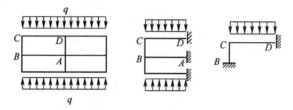

题 15-4-65 解图

答案： A

15-4-66 解： 超静定次数就是多余约束个数。左、右跨各为 5 层刚架，每一横梁做一切口（相当于去掉 3 个约束）；中跨每一链杆做一切口（相当于去掉 1 个约束），共去掉 35 个多余约束。

答案： D

15-4-67 解： 题图 b）为瞬变体系，不能维持平衡，无法计算，可排除选项 A、B、C。

答案： D

15-4-68 解： 线弹性结构在荷载作用下的内力值，取决于结构各部分刚度的相对比值，并与所受荷载值成正比。本题图 a）与图 b）自身刚度相对值不变，对内力无影响，而荷载变化为 2 倍，故内力变化亦为 2 倍。

答案： A

15-4-69 解： 本题水平反力为零，去掉支座水平链杆，可视为对称受力体系承受反对称荷载，只引起反对称的内力，故顶部链杆轴力为零。去掉顶部链杆后（见解图）可看出，两竖杆都承受自平衡力系，与所求无关，反对称力偶荷载引起所求截面弯矩为 $M/2$。

答案： A

15-4-70 解： 力法方程右端项应为负值，排除选项 B、D。作解图计算柔度系数：

$$\delta_{11} = \frac{2}{EI} \frac{1}{2} \frac{\sqrt{2}}{2} l \times l \left(\frac{2}{3} \frac{\sqrt{2}}{2} t \right) = \frac{l^3}{3EI}$$

答案： C

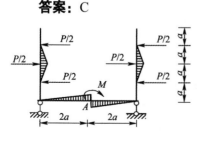

题 15-4-69 解图

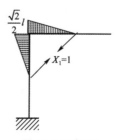

题 15-4-70 解图

15-4-71 **解：**Δ_{1C}为在基本结构上由于支座位移引起多余未知力X_1方向的位移，可根据几何关系直接判断。也可作解图用位移公式计算：

$$\Delta_{1C} = -\sum \overline{R}c = -(2\Delta_2 - 1 \times \Delta_1) = \Delta_1 - 2\Delta_2$$

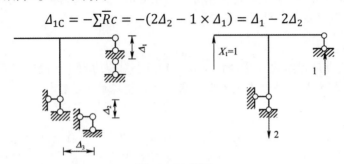

题 15-4-71 解图

答案：D

15-4-72 **解：**Δ_{2C}为在基本结构上由于支座位移引起多余未知力X_2方向的位移，可根据几何关系直接判断。也可作解图用位移公式计算。

$$\Delta_{1C} = -\sum \overline{R}c = -(-1 \times a) = a$$

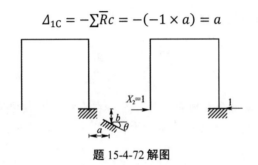

题 15-4-72 解图

答案：D

15-4-73 **解：**阻止全部结点位移所需附加约束的最小数目就是位移法基本未知量的数目。本题（忽略轴向变形）需加 6 个刚臂和 3 个链杆（见解图），所以位移法基本未知量的数目应为 9。

答案：B

15-4-74 **解：**阻止全部结点位移所需附加约束的最小数目就是位移法基本未知量的数目。本题（忽略轴向变形）需加 3 个刚臂和 1 个链杆（见解图），所以位移法基本未知量的数目应为 4。

答案：B

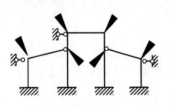

题 15-4-73 解图

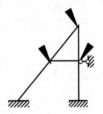

题 15-4-74 解图

15-4-75 **解：**当B截面转角为零时，左跨为两端固定梁，右跨为左端固定右端滑动梁，这相当于在B点加刚臂，要求刚臂的约束力矩为零，即：$\dfrac{qa^2}{12} - \dfrac{qb^2}{3} = 0$，则$\dfrac{a}{b} = 2$。

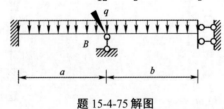

题 15-4-75 解图

答案: B

15-4-76 解: 支座B下沉时要求B截面转角为零,相当于在B点加刚臂,要求刚臂的约束力矩为零,即: $-6\frac{EI}{a}\frac{\Delta}{a} + 3\frac{EI}{b}\frac{\Delta}{b} = 0$,则$\frac{a}{b} = \sqrt{2}$。

答案: D

15-4-77 解: B截面转角为零,相当于在B点加刚臂,要求刚臂的约束力矩为零,即: $\frac{P_1(2a)}{8} - \frac{3P_2(2a)}{16} = 0$,则$\frac{a}{b} = \frac{3}{2}$。

答案: A

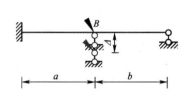

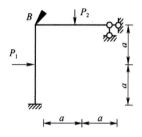

题 15-4-76 解图   题 15-4-77 解图

15-4-78 解: 按位移法建立结点C的平衡方程: $M_{CB} + M_{CD} = 0$

应用转角位移方程: $M_{CB} = 4i\varphi_C + 2i\varphi_B$,$M_{CD} = 3i\varphi_C$

已知$\varphi_B = -\frac{7Pl^2}{240EI}$

代入上式可得: $7i\varphi_C + 2i\left(-\frac{7Pl^2}{240EI}\right) = 0$

解得: $\varphi_C = \frac{7Pl^2}{240EI}$

答案: B

15-4-79 解: 按位移法建立结点C的力矩平衡方程: $3i\varphi_C + 4i\varphi_C - 6i\frac{\Delta_{CH}}{l} = 0$

已知$\Delta_{CH} = \frac{7ql^4}{184EI}$

解得: $\varphi_C = \frac{3ql^3}{92EI}$(顺时针)

答案: C

15-4-80 解: 按位移法建立结点C的力矩平衡方程: $4i\varphi_B - 6i\frac{\Delta}{l} + i\varphi_B = 0$

解得: $\varphi_B = \frac{6\Delta}{5l}$

答案: A

15-4-81 解: BC杆弯矩静定,其转动刚度$S_{BC} = 0$,故分配系数$\mu_{BA} = 1$。

答案: D

15-4-82 解: 用力矩分配系数公式计算(注意B处相当于固定端),可得:

$$\mu_{AB} = \frac{4}{4 + 4 + 3} = \frac{4}{11}$$

答案: C

15-4-83 解: 选取通过三柱头水平截面之上为隔离体(参见解图),建立水平力的平衡方程: $\left(\frac{100D}{h} + \frac{100D}{h} + \frac{200D}{h}\right)\Delta = P$

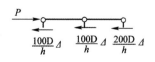

题 15-4-83 解图

解得：$\Delta = \dfrac{Ph}{400D}$

答案： D

15-4-84 **解：** 交于 E 点的两杆线刚度相同且远端都是固定端，用力矩分配法求解时，分配系数与转递系数相同，故 D 与 F 端弯矩相等。

答案： B

15-4-85 **解：** 去掉左上角的铰，左竖杆按力法求解得铰处水平约束力见解图。其他杆件只受轴力，由结点 B 的平衡可知斜杆 AB 轴力为 $3\sqrt{2}ql/8$（受拉）。

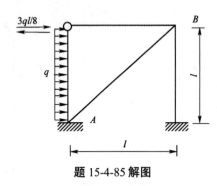

题 15-4-85 解图

答案： B

15-4-86 **解：** 由水平杆隔离体平衡（见解图）可知，P 值即为各柱头侧移刚度之和，即：

$$P = 3 \times (1 + 3 \times 2 + 1)\frac{EI}{h^3} = 24\frac{EI}{h^3}$$

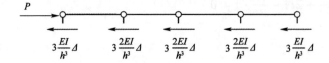

题 15-4-86 解图

答案： C

15-4-87 **解：** 取中部刚性杆为隔离体（见解图），利用杆件的侧移刚度，建立平衡方程：

$$(24 + 24 + 3)\frac{EI}{l^3}\Delta = P$$

解得：$\Delta = \dfrac{Pl^3}{51EI}(\downarrow)$

答案： C

15-4-88 **解：** 用力矩分配法计算（仅给出了竖杆），见解图。

答案： B

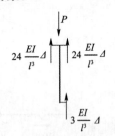

题 15-4-87 解图

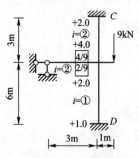

题 15-4-88 解图

15-4-89 解：根据所给弯矩图，应用转角位移方程，可得：$M_{BA} = 3\dfrac{EI}{2}\theta_B = 10$

解得：$\theta_B = \dfrac{20}{3EI}$

答案：C

15-4-90 解：先用力矩分配法计算上竖杆的弯矩（见解图 a），再由上竖杆隔离体平衡求杆端剪力（见解图 b），最后由水平杆隔离体平衡求得支座B的反力（见解图 c）。

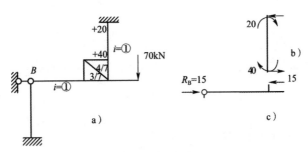

题 15-4-90 解图

答案：C

15-4-91 解：刚度系数k_{11}表示第一附加约束产生单位位移时引起第一附加约束中的反力。本题就是在B点附加刚臂产生单位转角时在附加刚臂中产生的反力偶（见解图 a）。截取结点B为隔离体，由平衡条件可得（见解图 b）：

$$k_{11} = (2+4)\frac{EI}{l} = 6\frac{EI}{l}$$

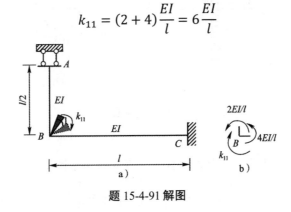

题 15-4-91 解图

答案：B

15-4-92 解：见解图，由结点B的平衡，可得：

$$F_{1P} = M_{BA}^g + M_{BC}^g = \frac{1}{8} \times 100 \times 4 - \frac{1}{3} \times 30 \times 2^2 = 10\text{kN} \cdot \text{m}$$

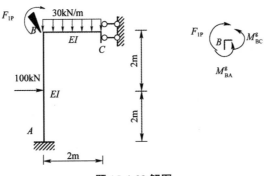

题 15-4-92 解图

答案：A

15-4-93　**解：** 忽略轴向变形，各结点无位移，集中力作用在不动的结点上，各杆只受轴力，弯矩为零。

答案： C

15-4-94　**解：** 力矩分配法只能直接用于无结点线位移（或线位移已知）的结构。选项 A、B、D 图示结构均无结点线位移，可用力矩分配法计算。而选项 C 图示结构有未知结点线位移，不能直接用力矩分配法计算。

答案： C

15-4-95　**解：** 由结点平衡可排除选项A、B（结点有力偶荷载对弯矩应突变）。由截面（切断双柱）平衡可排除选项 B、D（本题为对称结构承受反对称荷载，只产生反对称内力，双柱剪力无法同时满足非零和反对称两个条件）。

答案： C

15-4-96　**解：** 见解图，由结点A的平衡，可得：

$$F_{1P} = M_{A1}^g + M_{A2}^g + M_{A3}^g + M_{A4}^g = \frac{1}{12}\left(\frac{P}{l}\right)l^2 + Pl - \frac{Pl}{2} + \frac{1}{12}\left(\frac{P}{l}\right)l^2 = +\frac{2Pl}{3}$$

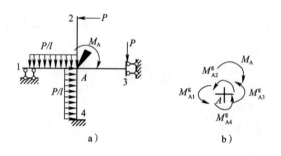

题 15-4-96 解图

答案： B

15-4-97　**解：** 用力矩分配系数公式计算（注意支座 1 相当于固定端），可得：

$$\mu_{A4} = \frac{4}{4+0+1+4} = \frac{4}{9}$$

答案： D

15-4-98　**解：** 杆件近端转动刚度是使近端产生单位转角（无线位移）所对应的近端弯矩，取决于杆件的线刚度及远端的支承形式。本题右端为固定端，可排除选项 A、B；而选项 D 左端有线位移，亦应排除。

答案： C

15-4-99　**解：** 力矩分配法只能直接用于无结点线位移（或线位移已知）的结构。选项 D 有未知结点线位移，不能直接用力矩分配法计算。

答案： D

15-4-100　**解：** 选项 A、C、D 都有未知结点线位移，不能直接用力矩分配法，可排除；而选项 B 无结点线位移，可用。

答案： B

15-4-101　**解：** 用力矩分配系数公式计算（注意上面的悬臂竖杆为静定，C为铰支座），可得：

$$\mu_{BA} = \frac{4}{4+3} = \frac{4}{7}$$

答案： B

15-4-102　解： 对称结构在对称荷载作用下，只产生对称的反力和内力，反对称的反力和内力一定为零。图示结构对水平及竖直两条杆件轴线均对称。图示荷载对水平杆轴对称，只产生对称力，反对称力为零，故知竖向链杆反力为零，水平杆弯矩为零。

答案： D

15-4-103　解： 当 B 点下沉 Δ 时，截面 B 的剪力为 $Q_{BA} = 3\dfrac{EI}{l^3}\Delta$，作解图所示隔离体，建立竖向力平衡方程，可得：

$$Q_{BA} + k\Delta = (3 + 6)\frac{EI}{l^3}\Delta = P$$

$$\Delta = \frac{Pl^3}{9EI}$$

题 15-4-103 解图

答案： C

（五）影响线及应用

15-5-1　在图示移动荷载（间距为 0.2m、0.4m 的三个集中力，大小为 6kN、10kN 和 2kN）作用下，结构 A 支座的最大弯矩为：

    A. 26.4kN·m　　　　B. 28.2kN·m　　　　C. 30.8kN·m　　　　D. 33.2kN·m

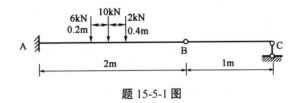

题 15-5-1 图

15-5-2　图示静定梁及 M_C 的影响线，当梁承受全长向下均布荷载作用时，则弯矩 M_C 的值为：

    A. $M_C > 0$　　　　　　　　　　　　B. $M_C < 0$

    C. $M_C = 0$　　　　　　　　　　　　D. M_C 不定，取决于 a 值

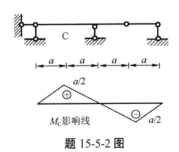

题 15-5-2 图

15-5-3　图示结构 M_A 影响线（$P = 1$ 在 BE 上移动，M_A 右侧受拉为正）在 B、D 两点纵标（单位：m）分别为：

    A. 4，4　　　　　B. -4，-4　　　　　C. 0，-4　　　　　D. 0，4

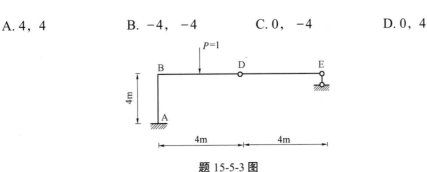

题 15-5-3 图

15-5-4 图示圆弧曲梁M_K（内侧受拉为正）影响线在 C 点的竖标为：

A. 0

B. 4m

C. $(8 - 4 \times 1.732)$m

D. $4 \times (1 - 1.732)$m

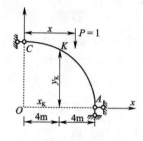

题 15-5-4 图

15-5-5 如图 a）所示结构剪力$Q_{C右}$的影响线正确的是：

15-5-6 图示支座反力R_C的影响线形状正确的是：

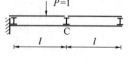

题 15-5-5 图

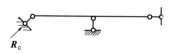

题 15-5-6 图

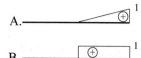

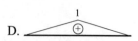

15-5-7 若使图示支座 B 截面出现弯矩最大值M_{Bmax}，梁上均布荷载的布置应为：

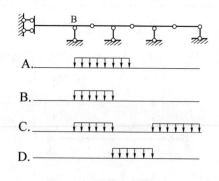

题 15-5-7 图

15-5-8 单位力$P = 1$沿图示桁架下弦移动，杆①内力影响线应为：

15-5-9 图示梁中支座反力R_A的影响线，正确的是：

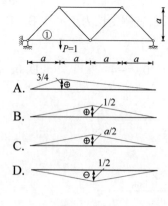

题 15-5-8 图

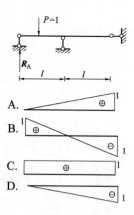

题 15-5-9 图

15-5-10 图示梁在给定移动荷载作用下，支座 B 反力的最大值为：

    A. 100kN   B. 110kN   C. 120kN   D. 160kN

15-5-11 图示梁在给定移动荷载作用下，使截面 C 弯矩达到最大值的临界荷载为：

    A. 50kN   B. 40kN   C. 60kN   D. 80kN

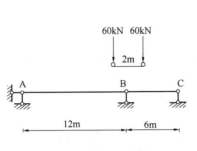

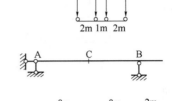

题 15-5-10 图　　　　　　题 15-5-11 图

15-5-12 图示结构中截面 E 弯矩影响线形状应为：

15-5-13 图示结构支座 A 右侧截面剪力影响线形状应为：

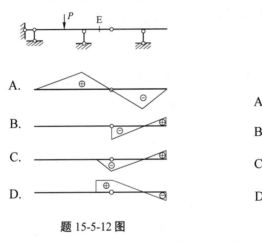

题 15-5-12 图　　　　　　题 15-5-13 图

题解及参考答案

15-5-1   **解：** 作 M_A 影响线，布置荷载最不利位置，见解图，则：

$$M_A = 10 \times (-2) + 6 \times (-1.8) + 2 \times (-1.2) = -33.2 \text{kN} \cdot \text{m}$$

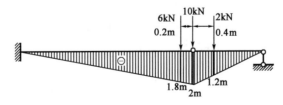

题 15-5-1 解图

  答案： D（按绝对值）

15-5-2   **解：** 由于 M_C 影响线在全梁面积总和为零，故当全梁布置均布荷载时，$M_C = 0$。

  答案： C

15-5-3   **解：** 按影响线定义由平衡条件计算可知，当 $P = 1$ 在 B 点时 $M_A = 0$，当 $P = 1$ 在 D 点时

$M_A = -4\text{m}_\circ$

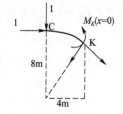

题 15-5-4 解图

答案： C

15-5-4　解： 所求即为当单位移动荷载行至 C 点（$x = 0$）时 K 截面的弯矩，此时三个反力值均为 1，取 CK 隔离体（见解图）用平衡条件计算可得：

$$M_K = (8 - 4\sqrt{3})\text{m} - 4\text{m} = 4(1 - \sqrt{3})\text{m}$$

答案： D

15-5-5　解： 按影响线定义由平衡条件计算可知，当 $P = 1$ 在 C 左时 $Q_{C右} = 0$，当 $P = 1$ 在 C 右时，左端（C 点）$Q_{C右} = 0$，右端（自由端）$Q_{C右} = 1$。

答案： A

15-5-6　解： 按影响线定义由平衡条件可知，当 $P = 1$ 在梁中间竖向链杆支座时 $R_A = 0$，可排除选项 C 和 D；当 $P = 1$ 在全梁左或右端时 $R_A \neq 0$，可排除选项 B。

答案： A

15-5-7　解： 作 M_B 影响线，在正号影响线面积上布满荷载（见解图），得 M_B 最大值。

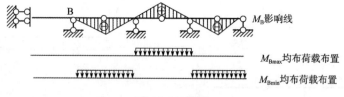

题 15-5-7 解图

答案： D

15-5-8　解： 桁架影响线只考虑节点荷载，可排除备选项 A；所求内力为轴力，备选项 C 量纲不对，可排除；移动荷载向下，杆①受拉，可排除备选项 D。

答案： B

15-5-9　解： 用静力法或机动法判断。当单位力在中间链杆支座时 $R_A = 0$，只有选项 B 符合。

答案： B

15-5-10　解： 作 R_B 影响线并布置移动荷载的不利位置（将一个集中力放在影响线顶点，另一个放在影响线缓侧）（见解图），计算可得：

$$R_B = 60 \times \left(1 + \frac{5}{6}\right) = 110\text{kN}$$

答案： B

15-5-11　解： 三角形影响线行列荷载时，其临界荷载的判断标准是：将该荷载放在影响线顶点哪边，哪边平均荷载大。由解图易知荷载 80kN 符合此要求。

答案： D

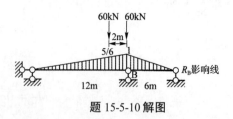

题 15-5-10 解图

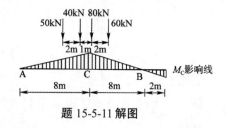

题 15-5-11 解图

15-5-12　解： 用机动法作 M_E 影响线，见解图。

答案： C

15-5-13 **解:** 可按静力法先作直接荷载影响线，再将结点的投影点连成直线。或用机动法作，见解图。

答案: B

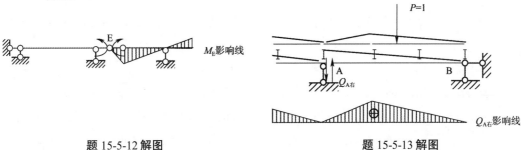

题 15-5-12 **解图**   题 15-5-13 **解图**

（六）结构的动力特性与动力反应

15-6-1 如图，梁 $EI =$ 常数，弹簧刚度为 $k = \dfrac{48EI}{l^3}$，梁的质量忽略不计，自振频率为:

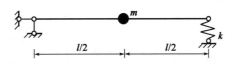

题 15-6-1 **图**

A. $\sqrt{\dfrac{32EI}{ml^3}}$ B. $\sqrt{\dfrac{192EI}{5ml^3}}$ C. $\sqrt{\dfrac{192EI}{9ml^3}}$ D. $\sqrt{\dfrac{96EI}{9ml^3}}$

15-6-2 图示体系杆的质量不计，$EI_1 = \infty$，则体系的自振频率 ω 等于:

A. $\sqrt{\dfrac{3EI}{ml}}$ B. $\dfrac{1}{h}\sqrt{\dfrac{3EI}{ml}}$ C. $\dfrac{2}{h}\sqrt{\dfrac{EI}{ml}}$ D. $\dfrac{1}{h}\sqrt{\dfrac{EI}{3ml}}$

15-6-3 图示结构，质量 m 在杆件中点，$EI = \infty$，弹簧刚度为 k。该体系自振频率为:

A. $\sqrt{\dfrac{9k}{4m}}$ B. $\sqrt{\dfrac{2k}{m}}$ C. $\sqrt{\dfrac{9k}{2m}}$ D. $\sqrt{\dfrac{4k}{m}}$

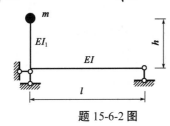 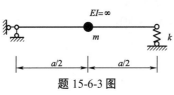

题 15-6-2 **图**   题 15-6-3 **图**

15-6-4 已知无阻尼单自由度体系的自振频率 $\omega = 60 \text{s}^{-1}$，质点的初位移 $y_0 = 0.4\text{cm}$，初速度 $v_0 = 15\text{cm/s}$，则质点的振幅为:

     A. 0.65cm B. 4.02cm C. 0.223cm D. 0.472cm

15-6-5 图示三根梁的自振周期按数值由小到大排列，其顺序为:

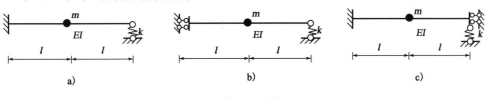

题 15-6-5 **图**

A. a）, b）, c）   B. c）, a）, b）

C. a）, c）, b）   D. b）, c）, a）

15-6-6　结构自振周期T的物理意义是：

A. 每秒振动的次数　　　　　　　　B. 干扰力变化一周所需秒数

C. 2π内秒振动的次数　　　　　　D. 振动一周所需秒数

15-6-7　无阻尼单自由度体系的自由振动方程的通解为$y(t) = C_1 \sin \omega t + C_2 \cos \omega t$，则质点的振幅为：

A. $y_{\max} = C_1$　　　　　　　　B. $y_{\max} = C_2$

C. $y_{\max} = C_1 + C_2$　　　　　　D. $y_{\max} = \sqrt{C_1^2 + C_2^2}$

15-6-8　图示体系（不计梁的分布质量）作动力计算时，内力和位移动力系数相同的体系为：

A.
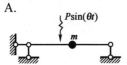

B.
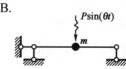

C.
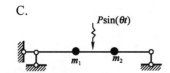

D.
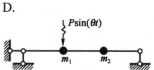

15-6-9　图示刚架的自振频率为：

A. $\omega = \sqrt{\dfrac{51EI+kl^3}{3ml^3}}$

B. $\omega = \sqrt{\dfrac{17EI+kl^3}{ml^3}}$

C. $\omega = \sqrt{\dfrac{48EI+kl^3}{3ml^3}}$

D. $\omega = \sqrt{\dfrac{16EI+kl^3}{ml^3}}$

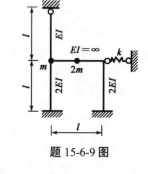

题 15-6-9 图

15-6-10　无阻尼单自由度体系的自由振动是：

A. 简谐振动　　　　　　　　　　　B. 若干简谐振动的叠加

C. 衰减周期振动　　　　　　　　　D. 难以确定

15-6-11　图示梁自重不计，在集中重量W作用下，C点的竖向位移$\Delta_C = 1\text{cm}$，则该体系的自振周期为：

A. 0.032s　　　　　　　　　　　　B. 0.201s

C. 0.319s　　　　　　　　　　　　D. 2.007s

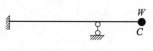

题 15-6-11 图

15-6-12　结构的自振频率反映结构固有的动力特性，它只取决于结构的：

A. 类型与超静定次数　　　　　　　B. 刚度和柔度

C. 刚度和质量　　　　　　　　　　D. 类型和质量

15-6-13　单自由度动力体系，当质点受简谐荷载作用时，其动力系数：

A. 一定为正值　　　　　　　　　　B. 一定为负值

C. 正负值都有可能　　　　　　　　D. 正负与荷载大小有关

15-6-14　单自由度体系的其他参数不变，只有刚度增大到原来刚度的两倍，则其周期与原周期之比为：

A. 1/2　　　　　　B. $1/\sqrt{2}$　　　　　　C. 2　　　　　　D. $\sqrt{2}$

15-6-15 若要减小结构的自振频率，可采用的措施是：

A. 增大刚度，增大质量　　　　　　　B. 减小刚度，减少质量

C. 减小刚度，增大质量　　　　　　　D. 增大刚度，减少质量

15-6-16 单自由度体系自由振动的振幅仅取决于体系的：

A. 质量及刚度　　　　　　　　　　　B. 初位移及初速度

C. 初位移、初速度及质量　　　　　　D. 初位移、初速度及自振频率

15-6-17 图示结构，不计杆件分布质量，当EI_2增大时，结构自振频率：

A. 不变　　　　　　　　　　B. 增大

C. 减少　　　　　　　　　　D. 不能确定

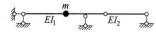

题 15-6-17 图

15-6-18 体系的跨度、约束、质点位置不变，下列四种情况中自振频率最小的是：

A. 质量小，刚度小　　　　　　　　　B. 质量大，刚度大

C. 质量小，刚度大　　　　　　　　　D. 质量大，刚度小

15-6-19 单自由度体系运动方程为$m\ddot{y} + c\dot{y} + ky = P(t)$，其中未包含质点重力，这是因为：

A. 重力包含在弹性力ky中

B. 重力与其他力相比，可略去不计

C. 以重力作用时的静平衡位置为y坐标零点

D. 体系振动时没有重力

15-6-20 图 a）体系的自振频率ω_a与图 b）体系的自振频率ω_b的关系是：

A. $\omega_a < \omega_b$　　　B. $\omega_a > \omega_b$　　　C. $\omega_a = \omega_b$　　　D. 不能确定

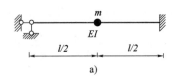 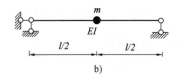

题 15-6-20 图

15-6-21 图示体系，质点的运动方程为：

A. $y = \dfrac{7l^3}{768EI}\left[P\sin(\theta t) - m\ddot{y}\right]$　　　　B. $m\ddot{y} + \dfrac{192EI}{7l^3}y = P\sin(\theta t)$

C. $m\ddot{y} + \dfrac{384EI}{7l^3}y = P\sin(\theta t)$　　　　D. $y = \dfrac{7l^3}{96EI}\left[P\sin(\theta t) - m\ddot{y}\right]$

15-6-22 图示体系不计阻尼的稳态最大动位移$y_{\max} = 4Pl^3/(9EI)$，其最大动力弯矩为：

A. $7Pl/3$　　　B. $4Pl/3$　　　C. Pl　　　D. $Pl/3$

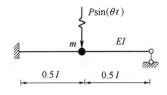 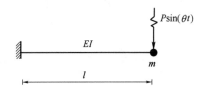

题 15-6-21 图　　　　　　　　　题 15-6-22 图

15-6-23 不计阻尼，不计杆重时，图示体系的自振频率为：

A. $\sqrt{\dfrac{3EI}{4ml^3}}$　　　　B. $\sqrt{\dfrac{3EI}{ml^3}}$　　　　C. $\sqrt{\dfrac{12EI}{ml^3}}$　　　　D. $\sqrt{\dfrac{6EI}{ml^3}}$

15-6-24 图示体系的自振频率为 $\omega = \sqrt{\dfrac{3EI}{ml^3}}$，其稳态最大动力弯矩幅值为：

A. $3Pl$　　　　B. $4.5Pl$　　　　C. $8.54Pl$　　　　D. $2Pl$

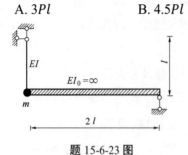
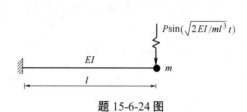

题 15-6-23 图　　　　　　题 15-6-24 图

15-6-25 设 $\theta = 0.5\omega$（ω 为自振频率），则图示体系的最大动位移为：

A. $\dfrac{Pl^3}{40EI}$　　　　B. $\dfrac{4Pl^3}{18EI}$　　　　C. $\dfrac{Pl^3}{3EI}$　　　　D. $\dfrac{4Pl^3}{36EI}$

15-6-26 图示体系，设弹簧刚度系数 $k = \dfrac{2EI}{l^3}$，则体系的自振频率为：

A. $\sqrt{\dfrac{3EI}{ml^3}}$　　　B. $\sqrt{\dfrac{5EI}{ml^3}}$　　　C. $\sqrt{\dfrac{6EI}{5ml^3}}$　　　D. $\sqrt{\dfrac{5EI}{6ml^3}}$

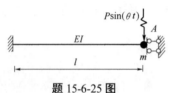
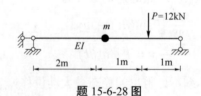

题 15-6-25 图　　　　　　题 15-6-26 图

15-6-27 图示体系的自振频率（不计竖杆自重）为：

A. $\sqrt{\dfrac{6EI}{ml^3}}$　　　B. $\sqrt{\dfrac{3EI}{ml^3}}$　　　C. $\sqrt{\dfrac{12EI}{ml^3}}$　　　D. $\sqrt{\dfrac{8EI}{ml^3}}$

15-6-28 无阻尼等截面梁承受一静力荷载 P，设在 $t = 0$ 时把这个荷载突然撤除，质点 m 的位移为：

A. $y(t) = \dfrac{11}{EI}\cos\sqrt{\dfrac{3EI}{4m}}\,t$　　　　　　B. $y(t) = \dfrac{4mg}{3EI}\cos\sqrt{\dfrac{3EI}{4m}}\,t$

C. $y(t) = \dfrac{11}{EI}\cos\sqrt{\dfrac{4EI}{3mg}}\,t$　　　　　　D. $y(t) = \dfrac{4mg}{3EI}\cos\sqrt{\dfrac{EI}{11}}\,t$

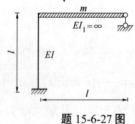

题 15-6-27 图　　　　　　题 15-6-28 图

15-6-29 图示三种单自由度动力体系自振周期的关系为：

A. $T_a = T_b$　　　　B. $T_a = T_c$　　　　C. $T_b = T_c$　　　　D. 都不相等

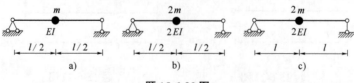

题 15-6-29 图

15-6-30 图示三种单自由度动力体系中，质量 m 均在杆件中点，各杆 EI、l 相同。其自振频率的大小排列次序为：

A. a）>b）>c）   B. c）>b）>a）   C. b）>a）>c）   D. a）>c）>b）

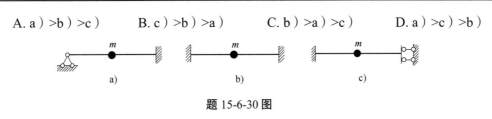

题 15-6-30 图

15-6-31 图示结构的动力自由度数（忽略受弯杆的轴向变形）为：

A. 2   B. 3   C. 4   D. 5

15-6-32 图示桁架结构的动力自由度数为：

A. 2   B. 3   C. 4   D. 5

题 15-6-31 图

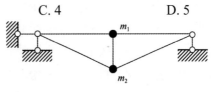

题 15-6-32 图

15-6-33 图示结构的动力自由度数（忽略受弯杆的轴向变形）为：

A. 2   B. 3   C. 4   D. 5

15-6-34 图示组合结构的动力自由度数（忽略受弯杆的轴向变形）为：

A. 2   B. 3   C. 4   D. 5

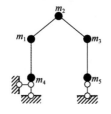

题 15-6-33 图

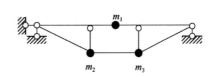

题 15-6-34 图

15-6-35 图示结构（忽略受弯杆的轴向变形）的质量矩阵是：

A. $\begin{bmatrix} m_1 & 0 \\ 0 & m_2 \end{bmatrix}$ B. $\begin{bmatrix} m_2 & 0 \\ 0 & m_1 \end{bmatrix}$

C. $\begin{bmatrix} m_1+m_2 & 0 \\ 0 & m_2 \end{bmatrix}$ D. $\begin{bmatrix} m_1 & 0 \\ 0 & m_1+m_2 \end{bmatrix}$

15-6-36 图示振动体系（忽略受弯杆的轴向变形）的刚度矩阵是：

A. 二阶对称满阵   B. 三阶对称满阵

C. 二阶对角阵   D. 三阶对角阵

题 15-6-35 图

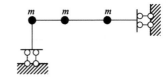

题 15-6-36 图

15-6-37 图示结构（忽略受弯杆的轴向变形）主阵型的数目是：

A. 1   B. 2   C. 3   D. 4

15-6-38 图示结构（忽略受弯杆的轴向变形），下列说法正确的是：

A. 有两个自振频率，两个主阵型

B. 有两个自振频率，三个主阵型

C. 有三个自振频率，两个主阵型

D. 有三个自振频率，三个主阵型

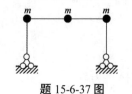
题 15-6-37 图

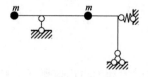
题 15-6-38 图

15-6-39 图示对称振动结构（忽略受弯杆的轴向变形），下列说法正确的是：

A. 有两个自振频率，按第一频率振动时左右两个质点同向运动

B. 有两个自振频率，按第一频率振动时左右两个质点反向运动

C. 有三个自振频率，按第一频率振动时左右两个质点同向运动

D. 有三个自振频率，按第一频率振动时左右两个质点反向运动

15-6-40 已知图示结构的刚度矩阵为 $[K] = \frac{48EI}{7l^3}\begin{bmatrix} 16 & -5 \\ -5 & 2 \end{bmatrix}$，第一主阵型为 $\begin{bmatrix} 1 \\ 3 \end{bmatrix}$，设第二主阵型为 $\begin{bmatrix} 1 \\ x \end{bmatrix}$，则 x 等于：

A. 1　　　　　　B. -1　　　　　　C. 2　　　　　　D. -2

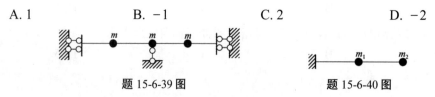
题 15-6-39 图　　　　　　题 15-6-40 图

15-6-41 设 μ_a 和 μ_b 分别表示图 a）和图 b）两结构的位移动力系数，则：

A. $\mu_a = \frac{1}{2}\mu_b$　　　　　　　　B. $\mu_a = -\frac{1}{2}\mu_b$

C. $\mu_a = \mu_b$　　　　　　　　D. $\mu_a = -\mu_b$

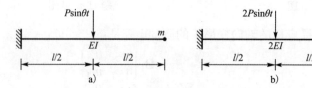
题 15-6-41 图

题解及参考答案

15-6-1　**解：** 沿振动方向加单位力，可求得：

$$\delta = \frac{l^3}{48EI} + \frac{1}{2}\frac{1}{2k} = \frac{5l^3}{192EI}$$

$$\omega = \sqrt{\frac{1}{m\delta}} = \sqrt{\frac{192EI}{5ml^3}}$$

答案： B

15-6-2　**解：** 沿振动方向加单位力求柔度系数，代入频率计算公式，可得：

$$\delta = \frac{1}{EI}\frac{1}{2}hl \times \frac{2}{3}h = \frac{h^2l}{3EI}$$

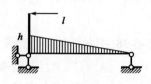
题 15-6-2 解图

$$\omega = \sqrt{\frac{3EI}{mh^2l}} = \frac{1}{h}\sqrt{\frac{3EI}{ml}}$$

答案： B

15-6-3　解： 沿振动方向加单位力求柔度系数δ（解图 b），代入频率计算公式，可得：

$$\delta = \frac{1}{2}\frac{1}{2k} = \frac{1}{4k}, \omega = \sqrt{\frac{1}{\delta m}} = \sqrt{\frac{4k}{m}}$$

也可按解图 c）沿振动方向给以单位位移，求相应的刚度系数$K = 4k$，代入频率计算公式。

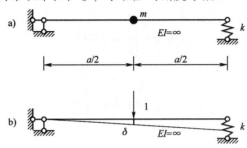

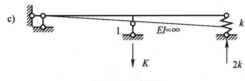

题 15-6-3 解图

答案： D

15-6-4　解： 振幅$a = \sqrt{0.4^2 + \left(\frac{15}{60}\right)^2} = 0.472$cm。

答案： D

15-6-5　解： 刚度愈大，自振周期值愈小。

答案： B

15-6-6　解： 周期的定义为振动一个循环所需时间。

答案： D

15-6-7　解： 令$C_1 = a\cos\alpha, C_2 = a\sin\alpha$，通解可表达为$y(t) = a\sin(\omega t + \alpha)$

$a = \sqrt{C_1^2 + C_2^2}$即为振幅

答案： D

15-6-8　解： 当简谐荷载作用在单自由度体系振动质点上时，其内力与位移具有相同的动力系数。

答案： B

15-6-9　解： 沿振动方向给以单位位移（见解图），求得刚度系数：

$$K = 51\frac{EI}{l^3} + k$$

代入频率计算公式$\omega = \sqrt{\frac{k}{m}} = \sqrt{\frac{51EI + kl^3}{3ml^3}}$

题 15-6-9 解图

答案： A

15-6-10　解： 无阻尼单自由度体系的自由振动是简谐振动。

答案：A

15-6-11　解：按题意$\Delta_C = 1\text{cm}$，即W引起的静位移Δ_{st}，代入公式：

$$\omega = \sqrt{\frac{1}{\delta m}} = \sqrt{\frac{g}{\delta mg}} = \sqrt{\frac{g}{\omega W}} = \sqrt{\frac{g}{\Delta_{st}}}$$

$$T = \frac{2\pi}{\omega} = 2\pi\sqrt{\frac{\Delta_{\text{st}}}{g}}$$

可得：

$$T = 2\pi\sqrt{\frac{1}{g}} = 2.007\text{s}$$

答案：D

15-6-12　解：由$\omega = \sqrt{\frac{k}{m}}$可知，结构的自振频率取决于结构的刚度$k$和质量$m$。

答案：C

15-6-13　解：由动力系数的表达式$\beta = \dfrac{1}{1-\left(\frac{\theta}{\omega}\right)^2}$，可以看出：当频率比值$\frac{\theta}{\omega} < 1$时，$\beta > 0$；当$\theta/\omega > 1$时，$\beta < 0$。正负都有可能，与荷载大小无关。

答案：C

15-6-14　解：分别将两个刚度代入公式$T = 2\pi\sqrt{\frac{m}{k}}$，可求得所求比值为$1/\sqrt{2}$。

答案：B

15-6-15　解：由$\omega = \sqrt{\frac{k}{m}}$可知，减小刚度$k$、增大质量$m$，均可减小结构的自振频率。

答案：C

15-6-16　解：由$A = \sqrt{y_0^2 + \left(\frac{v_0}{\omega}\right)^2}$可知，单自由度体系自由振动的振幅仅取决于初位移$y_0$、初速度$v_0$及自振频率$\omega$。

答案：D

15-6-17　解：质点振动方向的刚度（或柔度）系数与EI_2无关。

答案：A

15-6-18　解：由$\omega = \sqrt{\frac{k}{m}}$可知，四个选项中，质量$m$大、刚度$k$小，自振频率最小。

答案：D

15-6-19　解：动位移从静平衡位置算起。

答案：C

15-6-20　解：结构的自振频率取决于结构的刚度和质量，刚度大自振频率就高。比较 a）、b）两图，图 a）的约束强于图 b），所以图 a）的自振频率应大于图 b）。

答案：B

15-6-21　解：本题为无阻尼单自由度超静定梁强迫振动，其运动方程的建立可使用刚度法（用刚度系数k），也可使用柔度法（用柔度系数δ）。四个备选选项的不同仅在于δ（或k）不同。按解图求柔度系数δ，对比备选选项，选 A。

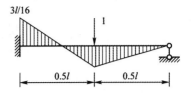

$$\delta = \frac{1}{EI}\left(\frac{l^3}{48} - \frac{1}{2}\frac{l}{4}l\frac{3l}{32}\right) = \frac{7l^3}{768EI}$$

答案： A

15-6-22 解： 先求出发生于自由端的最大静位移y_{st}和发生于固定端的最大静弯矩M_{st}，再求动力系数β和固定端的最大动弯矩M_{max}。

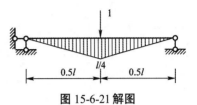

图 15-6-21 解图

$$y_{st} = \frac{3Pl^3}{EI} \quad M_{st} = Pl$$

$$\beta = \frac{y_{max}}{y_{st}} = \frac{4Pl^3}{9EI}\frac{3EI}{Pl^3} = \frac{4}{3}$$

$$M_{max} = \beta M_{st} = \frac{4}{3}Pl$$

答案： B

15-6-23 解： 由解图给水平杆以单位位移，求相应的刚度系数k，代入频率计算公式：

$$k = \frac{3EI}{l^3}$$

$$\omega = \sqrt{\frac{k}{m}} = \sqrt{\frac{3EI}{ml^3}}$$

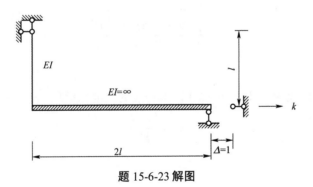

题 15-6-23 解图

答案： B

15-6-24 解： 根据题目给出的干扰力频率θ及自振频率ω求动力系数β，再求最大动弯矩M_{max}。

$$\theta = \sqrt{\frac{2EI}{ml^3}} \quad \omega = \sqrt{\frac{3EI}{ml^3}}$$

$$\beta = \frac{1}{1-\left(\frac{\theta}{\omega}\right)^2} = \frac{1}{1-\frac{2}{3}} = 3$$

$$M_{max} = 3Pl$$

答案： A

15-6-25 解： 根据题目给出θ及ω的关系求动力系数β，并按解图图乘求最大静位移y_{st}，再求最大动位移y_{max}。

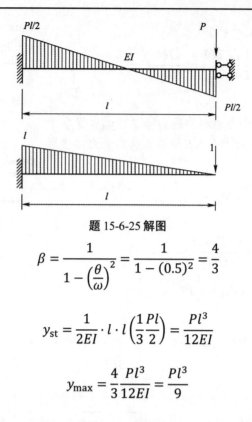

题 15-6-25 解图

$$\beta = \frac{1}{1-\left(\frac{\theta}{\omega}\right)^2} = \frac{1}{1-(0.5)^2} = \frac{4}{3}$$

$$y_{st} = \frac{1}{2EI} \cdot l \cdot l \left(\frac{1}{3}\frac{Pl}{2}\right) = \frac{Pl^3}{12EI}$$

$$y_{max} = \frac{4}{3}\frac{Pl^3}{12EI} = \frac{Pl^3}{9}$$

答案： D

15-6-26 解： 可求出悬臂梁自由端沿振动方向的刚度系数为$3EI/l^3$，再与题目所给弹簧刚度系数相加，代入频率计算公式可得：

$$\omega = \sqrt{\frac{(3+2)EI}{ml^3}} = \sqrt{\frac{5EI}{ml^3}}$$

答案： B

15-6-27 解： 由解图给水平杆以单位位移，求相应的刚度系数k，代入频率计算公式：

$$k = \frac{12EI}{l^3}$$

$$\omega = \sqrt{\frac{k}{m}} = \sqrt{\frac{12EI}{ml^3}}$$

题 15-6-27 解图

答案： C

15-6-28 解： 本题为无阻尼单自由度体系，以初速为零、初位移为y_0引起的自由振动，其位移表达式应为$y(t) = y_0 \cos\omega t$，初位移y_0与重力加速度g无关，可排除选项 B 和 D；自振频率 ω 也与g无关，可排除选项 C。可知选项 A 正确。

答案：A

15-6-29　解：自振频率及周期决定于刚度系数k与质量m的比值，比较图 a）与图 b）可知其比值k/m相同，其他都不同。

答案：A

15-6-30　解：自振频率决定于体系的刚度与质量。比较三图，其质量、跨度相同，只是支座约束不同，约束越多刚度越强。图 b）支座约束最强，自振频率最大。

答案：C

15-6-31　解：可直观判断，m_1只能水平动，m_2只能竖向动，而m_3可两个方向动，共 4 个自由度。也可用阻止质点运动所需增加链杆数目来判断。

答案：C

15-6-32　解：由于桁架杆可伸缩，故每个质点都有 2 个自由度。

答案：C

15-6-33　解：可用阻止质点运动所需增加链杆数目来判断。

答案：B

15-6-34　解：可用阻止质点运动所需增加链杆数目来判断。

答案：D

15-6-35　解：该体系有 2 个自由度，其质量矩阵为二阶对角阵。m_1和m_2沿 1 方向作同步振动。

答案：C

15-6-36　解：该体系有 2 个自由度，其刚度矩阵为二阶对称满阵。

答案：A

15-6-37　解：该体系有 2 个动力自由度，对应有 2 个主阵型。

答案：B

15-6-38　解：该体系有 3 个动力自由度。振动体系的自由度数、自振频率数以及主阵型数相等。

答案：D

15-6-39　解：本题为 2 个自由度对称振动体系，有对称及反对称两个主阵型，其第一主阵型为反对称。

答案：B

15-6-40　解：按两个不同主阵型需满足的刚度正交性条件计算：

$$(1 \quad x)\begin{bmatrix} 16 & -5 \\ -5 & 2 \end{bmatrix}\begin{bmatrix} 1 \\ 3 \end{bmatrix} = 0$$

解得$x = -1$

答案：B

15-6-41　解：两图荷载的干扰频率相同，结构自振频率相同，荷载虽未直接作用在振动质点上，计算动力反应需作适当转换，但位移动力系数计算公式仍然为$\beta = \dfrac{1}{1 - \frac{\theta^2}{\omega^2}}$，故两图动力系数相同。

答案：C

第十六章 结构设计

复习指导

结构设计是一级注册结构工程师基础考试下午段的考试内容，共 12 题，24 分，占下午段考试分数的 20%。其内容包括了工业与民用建筑专业的三门主干课程——混凝土结构、钢结构和砌体结构，所涉及的规范包括《混凝土结构设计规范》（GB 50010—2010）（2015 年版）、《钢结构设计标准》（GB 50017—2017）、《砌体结构设计规范》（GB 50003—2011）、《建筑结构荷载规范》（GB 50009—2012）、《建筑结构可靠度设计统一标准》（GB 50068—2018）、《建筑抗震设计规范》（GB 50011—2010）（2016 年版）和《高层建筑混凝土结构技术规程》（JGJ 3—2010）。

参加考试的结构工程师应首先熟悉"考试大纲"的要求，通过学习《教程》，对基本概念、基本原理和基本知识有一个整体把握，并在此基础上对每节的重点、难点进行重点复习、重点掌握。根据基础考试命题的特点，复习时不要偏重难度大、过于繁杂的知识，而应注重对基本知识的理解和掌握。

结构设计包括了三类不同的结构，每一类结构基本由三部分组成：①材料性能，包括基本物理、力学性能及其影响因素，不同受力状态下材料强度的取值等；②基本计算方法，包括计算公式建立的依据、基本假定及适用条件；③构造，包括构件设计中的构造要求和构造设计。不同类型的结构之间，或同一类结构的不同受力构件之间存在着相同点与不同点，应善于比较分析，找出规律性的东西。比如，我国规范采用以概率理论为基础的极限状态设计法，并用多个分项系数表达的设计公式进行设计，对于三类结构构件承载能力的设计采用的是相同的基本公式，但其中的个别系数（如材料的分项系数）取值不同；再如，不同受力情况下钢筋混凝土基本构件的设计，一般是根据某一破坏形态并在一些假定基础上建立的计算公式，因此设计计算时应注意其适用条件，保证不发生其他类型的破坏。

结构设计的命题类型为选择性考题。选择性考题可分为记忆性选择题、比较类选择题、组合类选择题、最佳类选择题和计算类选择题等。考生可结合自身的实际情况总结出适合自己特点的解题技巧。考试时，应结合各类结构的基本概念和基本原理，分清题型，选择出正确的答案。

记忆性选择题要求考生熟记结构的基本原理及基本构造规定。许多知识必须通过记忆才能掌握，而有些知识在记忆的同时又要理解，通过理解可以帮助记忆。这类题目考查的是理解记忆，当对题目没有把握时，可利用已掌握的知识采用排除法进行选择。

比较类选择题要求在几种类似的情况或数量下进行选择。这就要求考生对一些基本概念必须完全掌握。解题时可先将不可能的选项剔除，然后对剩余选项进行比较，选出正确答案。

组合类选择题要求对题目给出的几组约定组合进行判断。对于给定的条件，题目将若干小题进行适当组合，也可能所有小题均为正确。解题时应首先分析每个小题的正误性，然后结合选项所给出的约定组合，进行正确判断。

最佳类选择题中所给出的几个选项都有可能是正确的，但只有一个是最佳的。解题时应结合基本理论、基本概念和基本构造规定，从若干选项中选出最佳的一个作为正确解答。

计算类选择题是在给定条件下，经过结构计算，选择答案。考生应掌握各种结构、各种受力构件的计算方法、计算公式的适用条件及相应的构造要求。解题时根据已知条件，按题目要求，通过结构计算选择正确的答案。

练习题、题解及参考答案

（一）钢筋混凝土结构材料性能

16-1-1 下列不能提高钢筋混凝土构件中钢筋与混凝土之间黏结强度的处理措施是：

    A. 减小钢筋净距　　　　　　　　　　B. 提高混凝土的强度等级

    C. 由光圆钢筋改为变形钢筋　　　　　D. 配置横向钢筋

16-1-2 对于无明显屈服点的钢筋，规范规定的条件屈服点为：

    A. 最大应变对应的应力　　　　　　　B. 0.9 倍的极限抗拉强度

    C. 0.85 倍的极限抗拉强度　　　　　　D. 0.8 倍的极限抗拉强度

16-1-3 对于无明显屈服点的钢筋，进行钢筋质量检验的主要指标是下列中哪几项？

    ①极限强度；②条件屈服强度；③伸长率；④冷弯性能。

    A. ①③④　　　　　　　　　　　　　B. ①②④

    C. ①②③　　　　　　　　　　　　　D. ①②③④

16-1-4 混凝土强度等级是由边长为 150mm 的立方体抗压试验后得到的下列哪个数值确定的？

    A. 平均值 μ_f　　　　　　　　　　　　B. $\mu_f - 2\sigma$

    C. $\mu_f - 1.645\sigma$　　　　　　　　　D. 试体中最低强度值

16-1-5 混凝土双向受力时，何种情况下强度降低最大？

    A. 两向受拉　　　　　　　　　　　　B. 两向受压

    C. 一拉一压　　　　　　　　　　　　D. 两向受拉，且两向拉应力值相等时

16-1-6 变形钢筋比光圆钢筋的黏结力提高很多的原因主要是下列中的哪一个？

    A. 提高了混凝土中水泥凝胶体与钢筋表面的化学胶结力

    B. 提高了钢筋与混凝土接触面的摩擦力

    C. 提高了混凝土与钢筋之间的机械咬合力

    D. 全面提高了以上三种力

16-1-7 下列关于光圆钢筋与混凝土黏结作用的说法中，错误的是：

    A. 钢筋与混凝土接触面上的摩擦力

    B. 钢筋与混凝土接触面上产生的库仑力

    C. 钢筋表面与水泥胶结产生的机械咬合力

    D. 混凝土中水泥胶体与钢筋表面的化学胶着力

16-1-8 混凝土内部最薄弱的是：

    A. 砂浆的受拉强度　　　　　　　　　B. 水泥石的受拉强度

    C. 砂浆与骨料接触面间的黏结　　　　D. 水泥石与骨料接触面间的黏结

题解及参考答案

16-1-1 **解：** 钢筋与混凝土之间的黏结强度随混凝土强度等级的提高而提高；变形钢筋的黏结力比光面钢筋高 2~3 倍；配置横向钢筋（如梁中的箍筋）可以延缓径向劈裂裂缝的发展或限制裂缝的宽度，从而可以提高黏结强度。减小钢筋净距对提高黏结强度没有作用，相反，当钢筋净距过小时，将可能出现混凝土水平劈裂而导致保护层剥落，从而使黏结强度显著降低，规范对钢筋的最小净距有明确的规定。

答案： A

16-1-2 **解：**《混凝土结构设计规范》（GB 50010—2010）（2015 年版）条文说明第 4.2.2 条规定：在钢筋标准中一般取 0.002 残余应变所对应的应力作为其条件屈服强度标准值。对传统的预应力钢丝、钢绞线，条文说明第 4.2.3 条规定，取抗拉强度 σ_b 的 0.85 倍作为条件屈服点。

答案： C

16-1-3 **解：** 有明显屈服点钢筋的质量检验指标包括屈服强度、极限抗拉强度、伸长率和冷弯性能。没有明显屈服点钢筋的检验指标包括极限抗拉强度、伸长率和冷弯性能。条件屈服强度是人为定义的强度指标，不作为钢筋检验的内容。

答案： A

16-1-4 **解：** 混凝土强度等级是按立方体抗压强度标准值确定的。立方体抗压强度标准值是指按标准方法制作养护的边长为 150mm 的立方体试块，在 28d 或设计规定的龄期用标准试验方法测得的具有 95%保证率的抗压强度。$\mu_f - 1.645\sigma$ 的保证率为 95%，其中 μ_f 为平均值，σ 为均方差。

答案： C

16-1-5 **解：** 混凝土一个方向受拉，一个方向受压时，其抗压和抗拉强度均比单轴抗压或抗拉强度低。这是由于异号应力加速变形的发展，使其较快达到极限应变值。

答案： C

16-1-6 **解：** 混凝土与钢筋之间的机械咬合力约占总黏结力的 50%以上，变形钢筋较光圆钢筋的机械咬合力提高很多。

答案： C

16-1-7 **解：** 钢筋与混凝土之间的黏结作用不包括选项 B。

答案： B

16-1-8 **解：** 在混凝土凝结的初期，由于水泥胶块的收缩、泌水、骨料下沉等原因，在粗骨料与水泥胶块的接触面上以及水泥胶块内部将形成微裂缝（黏结裂缝），是混凝土内最薄弱的环节。在荷载作用下，微裂缝将继续发展，对混凝土的强度和变形产生重要影响。

答案： D

（二）基本设计原则

16-2-1 进行砌体结构设计时，就下面所给出的要求，其中必须满足的有：

①砌体结构必须满足承载能力极限状态；

②砌体结构必须满足正常使用极限状态；

③一般工业与民用建筑中的砌体构件，可靠指标$\beta \geqslant 3.2$；

④一般工业与民用建筑中的砌体构件，可靠指标$\beta \geqslant 3.7$。

A.①②③   B.①②④   C.①④   D.①③

16-2-2 我国规范规定的设计基准期为：

A. 50 年   B. 70 年   C. 100 年   D. 25 年

16-2-3 下列情况属于超出正常使用极限状态但未达到承载力极限状态的是哪一项？

A. 雨篷倾倒   B. 现浇双向楼板在人行走时振动较大

C. 简支板跨中出现塑性铰   D. 钢筋锚固长度不够而被拔出

16-2-4 安全等级为二级的延性结构构件的可靠性指标为：

A. 4.2   B. 3.7   C. 3.2   D. 2.7

16-2-5 可变荷载的准永久值是可变荷载在设计基准期内被超越一段时间的荷载值，一般建筑此被超越的时间是多少年？

A. 10 年   B. 15 年   C. 20 年   D. 25 年

16-2-6 钢筋混凝土梁中，钢筋的混凝土保护层厚度是指下列中的哪个距离？

A. 箍筋外表面至梁表面的距离   B. 主筋内表面至梁表面的距离

C. 主筋截面形心至梁表面的距离   D. 主筋外表面至梁表面的距离

16-2-7 钢筋混凝土受弯构件挠度验算采用的荷载组合为：

A. 荷载标准组合

B. 荷载效应准永久组合并考虑荷载长期作用影响

C. 荷载频遇组合

D. 荷载准永久组合

16-2-8 混凝土材料的分项系数为：

A. 1.25   B. 1.35   C. 1.4   D. 1.45

16-2-9 结构在设计使用年限超过设计基准期后，对结构的可靠度如何评价？

A. 立即丧失其功能   B. 可靠度降低

C. 不失效则可靠度不变   D. 可靠度降低，但可靠指标不变

16-2-10 结构设计时，应根据各种极限状态的设计要求采用不同的荷载代表值。其中，可变作用的代表值应采用：

A. 标准值、平均值或准永久值   B. 标准值、频偶值或平均值

C. 标准值、频遇值或准永久值   D. 平均值、频遇值或准永久值

16-2-11 两端固定的钢筋混凝土梁，仅承受均布荷载q，梁跨中可承受的正弯矩为$80kN \cdot m$，支座处可承受的负弯矩为$120kN \cdot m$，该梁的极限荷载q_u为：

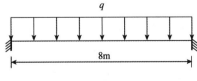

题 16-2-11 图

A. 10kN/m   B. 15kN/m   C. 20kN/m   D. 25kN/m

题解及参考答案

16-2-1 **解：**《建筑结构可靠性设计统一标准》（GB 50068—2018）第 4.3.1 条规定，建筑结构均应进行承载能力极限状态设计，尚应进行正常使用极限状态设计。一般工业与民用建筑中的砌体构件，安全等级为二级，且呈脆性破坏特征。第 3.2.6 条规定，安全等级为二级的结构构件，脆性破坏的可靠指标 $\beta \geqslant 3.7$。

答案： B

16-2-2 **解：**《建筑结构可靠性设计统一标准》（GB 50068—2018）第 3.3.1 条规定的设计基准期为 50 年。

答案： A

16-2-3 **解：**除选项 B 外，其余均超出了承载能力极限状态。

答案： B

16-2-4 **解：**《建筑结构可靠性设计统一标准》（GB 50068—2018）第 3.2.6 条表 3.2.6 规定，安全等级为二级的延性结构构件可靠性指标为 3.2，一级为 3.7，三级为 2.7。

答案： C

16-2-5 **解：**根据《建筑结构荷载规范》（GB 50009—2012）第 2.1.9 条，可变荷载在设计基准期内，其超越的总时间约为设计基准期一半的荷载值为可变荷载的准永久值；根据《建筑结构可靠性设计统一标准》（GB 50068—2018）第 3.3.1 条，建筑结构的设计基准期应为 50 年。所以答案应为 25 年，选择 D。

答案： D

16-2-6 **解：**依据《混凝土结构设计规范》（GB 50010—2010）（2015 年版）第 8.2.1 条条文说明第 2 款，混凝土保护层厚度以最外层钢筋（包括箍筋、构造筋、分布筋等）的外缘计算。

答案： B

16-2-7 **解：**收缩、徐变随时间而增长，导致构件的刚度下降，挠度增大。根据《混凝土结构设计规范》（GB 50010—2010）（2015 年版）第 7.2.2 条，钢筋混凝土受弯构件的挠度，可按荷载准永久组合并考虑长期作用影响的效应计算。

答案： B

16-2-8 **解：**《混凝土结构设计规范》（GB 50010—2010）（2015 年版）条文说明第 4.1.4 条规定，混凝土的材料分项系数 γ_c 取为 1.40。

答案： C

16-2-9 **解：**结构的使用年限超过设计基准期后，并非立即丧失其使用功能，只是可靠度降低。

答案： B

16-2-10 **解：**《建筑结构可靠性设计统一标准》（GB 50068—2018）第 4.3.3 条规定，进行正常使用极限状态设计时，宜采用下列作用组合：①对于不可逆正常使用极限状态设计，宜采用作用的标准组合；②对于可逆正常使用极限状态设计，宜采用作用的频遇组合；③对于长期效应是决定性因素的正常使用极限状态设计，宜采用作用的准永久组合。

答案： C

16-2-11 解： 两端固定梁，在均布荷载作用下，支座负弯矩 $M = ql^2/12$，跨中正弯矩 $M = ql^2/24$。根据已知条件，可知梁受力由支座截面处控制，支座处可承受的负弯矩为 120kN·m，则 $q = 12 \times 120/8^2 = 22.5$kN/m，作用的分项系数取 1.5，则 $q_u = 22.5/1.5 = 15$kN/m。

［据《建筑结构可靠性设计统一标准》（GB 50068—2018）第 8.2.9 条，永久作用的分项系数 $\gamma_G = 1.3$，可变作用的分项系数 $\gamma_Q = 1.5$］

答案： B

（三）钢筋混凝土构件承载能力极限状态计算

16-3-1 除了截面形式和尺寸外其他均相同的单筋矩形截面和 T 型截面，当截面等高度及单筋矩形截面宽度与 T 型截面的翼缘计算宽度相同时，正确描述它们的正截面极限承载能力的情况是：

A. 当受压区高度 x 小于 T 型截面翼缘厚度 h_f' 时，单筋矩形截面的正截面上的承载力 M_u 与 T 型截面的 M_u^T 相同

B. 当 $x < h_f'$ 时，$M_u > M_u^T$

C. 当 $x < h_f'$ 时，$M_u < M_u^T$

D. 当 $x > h_f'$ 时，$M_u > M_u^T$

16-3-2 钢筋混凝土受扭构件随受扭箍筋配筋率的增加，将发生的受扭破坏形态是：

A. 少筋破坏   B. 适筋破坏

C. 超筋破坏   D. 部分超筋破坏或超筋破坏

16-3-3 下列哪种情况是钢筋混凝土适筋梁达到承载能力极限状态时不具有的：

A. 受压混凝土被压溃   B. 受拉钢筋达到其屈服强度

C. 受拉区混凝土裂缝多而细   D. 受压区高度小于界限受压区高度

16-3-4 计算钢筋混凝土偏心受压构件时，判别大、小偏心受压构件的条件是：

A. 受拉钢筋屈服（大偏心）；受压钢筋屈服（小偏心）

B. 受拉钢筋用量少（大偏心）；受压钢筋用量大（小偏心）

C. $e \geqslant e_0 = \dfrac{M}{N}$（大偏心）；$e \leqslant e_0 = \dfrac{M}{N}$（小偏心）

D. $\xi \leqslant \xi_b$（大偏心）；$\xi > \xi_b$（小偏心）

16-3-5 当构件截面尺寸和材料强度等相同时，钢筋混凝土受弯构件正截面承载力 M_u 与纵向受拉钢筋配筋率 ρ 的关系是：

A. ρ 越大，M_u 亦越大

B. M_u 随 ρ 按线性关系增大

C. 当 $\rho_{min} \leqslant \rho \leqslant \rho_{max}$ 时，M_u 随 ρ 按线性关系增大

D. 当 $\rho_{min} \leqslant \rho \leqslant \rho_{max}$ 时，M_u 随 ρ 按非线性关系增大

16-3-6 钢筋混凝土受弯构件，当受拉纵筋达到屈服强度时，受压区边缘的混凝土也同时达到极限压应变，称为哪种破坏？

A. 少筋破坏   B. 界限破坏   C. 超筋破坏   D. 适筋破坏

16-3-7 一矩形截面梁，$b \times h = 200\text{mm} \times 500\text{mm}$，混凝土强度等级 C20（$f_c = 9.6$MPa），受拉区配有 4$\underline{\Phi}$20（$A_s = 1256\text{mm}^2$）的 HRB335 级钢筋（$f_y = 300$MPa）。该梁沿正截面的破坏为下列中哪种破坏？

A. 少筋破坏   B. 超筋破坏   C. 适筋破坏   D. 界限破坏

16-3-8 设计双筋矩形截面梁，当A_s和A'_s均未知时，使用钢量接近最少的方法是：

A. 取$\xi = \xi_b$ B. 取$A_s = A'_s$

C. 使$x = 2a'_s$ D. 取$\rho = 0.8\% \sim 1.5\%$

16-3-9 若钢筋混凝土双筋矩形截面受弯构件的正截面受压区高度小于受压钢筋混凝土保护层厚度，表明：

A. 仅受拉钢筋未达到屈服

B. 仅受压钢筋未达到屈服

C. 受拉钢筋和受压钢筋均达到屈服

D. 受拉钢筋和受压钢筋均未达到屈服

16-3-10 钢筋混凝土受弯构件斜截面承载力的计算公式是根据哪种破坏状态建立的？

A. 斜拉破坏   B. 斜压破坏

C. 剪压破坏   D. 锚固破坏

16-3-11 受弯构件斜截面抗剪设计时，限制其最小截面尺寸的目的是：

A. 防止发生斜拉破坏   B. 防止发生斜压破坏

C. 防止发生受弯破坏   D. 防止发生剪压破坏

16-3-12 无腹筋钢筋混凝土梁沿斜截面的抗剪承载力与剪跨比的关系是：

A. 随剪跨比的增加而提高

B. 随剪跨比的增加而降低

C. 在一定范围内随剪跨比的增加而提高

D. 在一定范围内随剪跨比的增加而降低

16-3-13 钢筋混凝土纯扭构件应如何配筋？

A. 只配与梁轴线成 45°的螺旋筋

B. 只配抗扭纵向受力钢筋

C. 只配抗扭箍筋

D. 既配抗扭纵筋又配抗扭箍筋

16-3-14 在钢筋混凝土纯扭构件中，当受扭纵筋与受扭箍筋的强度比$\zeta = 0.6 \sim 1.7$时，则受扭构件的受力会出现下述哪种状态？

A. 纵筋与箍筋的应力均达到了各自的屈服强度

B. 只有纵筋和箍筋配得不过多或过少时，才能使两者都达到屈服强度

C. 构件将会发生超筋破坏

D. 构件将会发生少筋破坏

16-3-15 弯矩、剪力和扭矩共同作用的弯剪扭混凝土构件，剪力与扭矩、弯矩与扭矩均存在相关性，规范在设计这类构件时采取的方法是下列中的哪一项？

A. 只考虑剪扭的相关性，而不考虑弯扭的相关性

B. 只考虑弯扭的相关性，而不考虑剪扭的相关性

C. 剪扭和弯扭的相关性均不考虑

D. 剪扭和弯扭的相关性均考虑

16-3-16 钢筋混凝土受压短柱在持续不变的轴向压力作用下，经过一段时间后，量测钢筋和混凝土的应力，与加载时相比会出现下述哪种情况？

　　　　A. 钢筋的应力减小，混凝土的应力增加

　　　　B. 钢筋的应力增加，混凝土的应力减小

　　　　C. 钢筋和混凝土的应力均未变化

　　　　D. 钢筋和混凝土的应力均增大

16-3-17 配置螺旋式或焊接环式间接钢筋可提高钢筋混凝土轴心受压构件的承载能力。对此以下哪一个表述是错误的？

　　　　A. 要求长细比$l_0/d \leqslant 8$

　　　　B. 考虑间接配筋计算出的承载能力应大于按普通配筋的轴心受压构件的承载能力，否则应按后者确定其抗压承载能力

　　　　C. 间接钢筋的换算截面面积应大于纵向钢筋全部截面面积的 25%

　　　　D. 间接钢筋的间距不应大于 80mm 和$d_{cor}/5$（d_{cor}为按间接钢筋内表面确定的核心截面直径），且不宜小于 40mm

16-3-18 对钢筋混凝土大偏心受压构件破坏特征的描述，下列中哪一个是正确的？

　　　　A. 远离轴向力一侧的钢筋先受拉屈服，随后另一侧钢筋压屈，混凝土压碎

　　　　B. 远离轴向力一侧的钢筋应力不定，随后另一侧钢筋压屈，混凝土压碎

　　　　C. 靠近轴向力一侧的钢筋和混凝土应力不定，而另一侧钢筋受压屈服，混凝土压碎

　　　　D. 靠近轴向力一侧的钢筋和混凝土先屈服和压碎，而另一侧钢筋随后受拉屈服

16-3-19 在钢筋混凝土双筋梁、大偏心受压和大偏心受拉构件的正截面承载力计算中，要求受压区高度$x \geqslant 2a_s'$是为了保证下述哪项要求？

　　　　A. 保证受压钢筋在构件破坏时能达到其抗压强度设计值

　　　　B. 防止受压钢筋压屈

　　　　C. 避免保护层剥落

　　　　D. 保证受压钢筋在构件破坏时能达到其极限抗压强度

16-3-20 矩形截面对称配筋的偏心受压构件，发生界限破坏时的N_b值与ρ值有何关系？

　　　　A. 将随配筋率ρ值的增大而增大

　　　　B. 将随配筋率ρ值的增大而减小

　　　　C. N_b与ρ值无关

　　　　D. N_b与ρ值无关，但与配箍率有关

16-3-21 某矩形截面柱，截面尺寸为400mm × 400mm，混凝土强度等级为 C20（$f_c = 9.6$MPa），钢筋采用 HRB335 级，对称配筋。在下列四组内力组合中，哪一组为最不利组合？

　　　　A. $M = 30$kN·m，$N = 200$kN　　　　　B. $M = 50$kN·m，$N = 300$kN

　　　　C. $M = 30$kN·m，$N = 205$kN　　　　　D. $M = 50$kN·m，$N = 305$kN

16-3-22 轴向压力N对受弯构件抗剪承载力V_u的影响符合下列哪项所述？

　　　　A. 不论N的大小，均可提高构件的V_u

　　　　B. 不论N的大小，均会降低构件的V_u

　　　　C. N适当时可提高构件的V_u

　　　　D. N大时可提高构件的V_u，N小时则降低构件的V_u

16-3-23 钢筋混凝土适筋梁正截面受力全过程分为三个阶段，其中第三阶段，即破坏阶段末的表现是：

A. 受拉区钢筋先屈服，随后受压区混凝土压碎

B. 受拉区钢筋未屈服，受压区混凝土已压碎

C. 受拉区钢筋和受压区混凝土的应力均不定

D. 受压区混凝土先压碎，然后受拉区钢筋屈服

16-3-24 影响斜截面抗剪承载力的主要因素有：

A. 剪跨比、箍筋强度、纵向钢筋长度

B. 剪跨比、混凝土强度、箍筋及纵向钢筋的配筋率

C. 纵向钢筋强度、混凝土强度、架立钢筋强度

D. 混凝土强度、箍筋及纵向钢筋的配筋率、架立钢筋强度

16-3-25 钢筋混凝土受弯构件斜截面抗剪承载力计算公式中，没有体现以下哪项的影响因素？

A. 材料强度   B. 配箍率

C. 纵筋数量   D. 截面尺寸

16-3-26 某对称配筋的大偏心受压构件，在承受四组内力中，最不力的一组内力为：

A. $M = 218kN \cdot m$，$N = 396kN$

B. $M = 218kN \cdot m$，$N = 380kN$

C. $M = 200kN \cdot m$，$N = 396kN$

D. $M = 200kN \cdot m$，$N = 380kN$

16-3-27 钢筋混凝土构件在剪力和扭矩共同作用下的承载力计算：

A. 不考虑两者之间的相关性

B. 混凝土不考虑相关作用，钢筋考虑相关作用

C. 混凝土考虑相关作用，钢筋不考虑相关作用

D. 考虑钢筋和混凝土的相关作用

16-3-28 有配筋不同的三种梁（梁1：$A_s = 350mm^2$；梁2：$A_s = 500mm^2$；梁3：$A_s = 550mm^2$），其中梁1是适筋梁，梁2和梁3为超筋梁，则破坏相对受压区高度的大小关系为：

A. $\xi_3 > \xi_2 > \xi_1$ B. $\xi_1 > \xi_2 = \xi_3$

C. $\xi_2 > \xi_3 > \xi_1$ D. $\xi_3 = \xi_2 > \xi_1$

16-3-29 对于钢筋混凝土偏心受拉构件，下列说法错误的是：

A. 如果 $\zeta > \zeta_b$，说明是小偏心受拉破坏

B. 小偏心受拉构件破坏时，混凝土裂缝全部裂通，全部拉力由钢筋承担

C. 大偏心受拉构件存在局部受压区

D. 大小偏心受拉构件的判断是依据轴向拉力的作用位置

16-3-30 下列关于钢筋混凝土双筋矩形截面构件受弯承载力计算的描述，正确的是：

A. 增加受压钢筋面积会使受压区高度增大

B. 增加受压钢筋面积会使受压区高度减小

C. 增加受拉钢筋面积会使受压高度区减小

D. 增加受压钢筋面积会使构件超筋

16-3-31 下列关于受弯构件斜截面抗剪的说法，正确的是：

　　　A. 为施加预应力可以提高斜截面抗剪承载力

　　　B. 防止发生斜压破坏应提高配箍率

　　　C. 避免发生斜拉破坏的有效办法是提高混凝土强度

　　　D. 对无腹筋梁，剪跨比越大其斜截面承载力越高

16-3-32 当一单筋矩形截面梁的截面尺寸、材料强度及弯矩设计值确定后，计算时发现超筋，那么采取以下哪项措施对提高其正截面承载力最有效？

　　　A. 增大纵向受拉钢筋的数量　　　　　B. 提高混凝土强度等级

　　　C. 加大截面宽度　　　　　　　　　　D. 加大截面高度

题解及参考答案

16-3-1　　**解：**由于受压区位于 T 型截面的翼缘内，则 $b = b_f'$，$f_c b x = f_c b_f' x$，二者正截面受弯承载力相同。

　　　答案：A

16-3-2　　**解：**受扭钢筋包括受扭纵筋和受扭箍筋，当受扭纵筋和受扭箍筋配筋适当时，两者应力均可以达到屈服强度，为延性破坏。随着箍筋的配筋率增加，可能导致破坏时箍筋达不到屈服，此类构件为部分超筋构件，也具有一定的延性。

　　　答案：D

16-3-3　　**解：**当正截面混凝土受压区高度 $x \leqslant \xi_b h_0$，$\rho = \dfrac{A_s}{b h_0} \geqslant \rho_{min}$ 时，构件纵向受拉钢筋先达到屈服，然后受压区混凝土被压碎，呈塑性破坏，有明显的塑性变形和裂缝预示，这种破坏形态是适筋破坏。

　　　答案：C

16-3-4　　**解：**大偏心受压构件的破坏特征为受拉破坏，类似于适筋的双筋梁。因此，相对界限受压区高度 ξ_b 是判别大、小偏心受压构件的唯一条件。

　　　答案：D

16-3-5　　**解：**只有在适筋情况下，ρ 越大，M_u 越大，但不是线性关系，因为 $\xi = \rho \dfrac{f_y}{\alpha_1 f_c}$，$M_u = \alpha_1 f_c b h_0^2 \xi(1 - 0.5\xi)$。

　　　答案：D

16-3-6　　**解：**适筋破坏与超筋破坏的界限。

　　　答案：B

16-3-7　　**解：**相对界限受压区高度

$$\xi_b = \frac{\beta_1}{1 + f_y/(E_s \varepsilon_u)} = \frac{0.8}{1 + 300/(2.0 \times 10^5 \times 0.0033)} = 0.55$$

根据已知条件

$$\xi = \frac{f_y A_s}{\alpha_1 f_c b h_0} = \frac{300 \times 1256}{1.0 \times 9.6 \times 200 \times 465} = 0.422 < \xi_b$$

故不会发生超筋破坏。

　　　配筋率

$$\rho = \frac{A_s}{bh_0} = \frac{1256}{200 \times 465} = 1.35\% > \rho_{min} = 0.2\%$$

也不会发生少筋破坏。

答案： C

16-3-8 **解：** 此时有三个未知量，而方程只有两个，需补充一个条件。为了充分利用混凝土的抗压强度，取 $\xi = \xi_b$。

答案： A

16-3-9 **解：** 设计中规定，当混凝土受压区高度 x 小于 $2a_s'$ 时，取 $x = 2a_s'$，其目的是为了满足破坏时受压区钢筋的应力等于其抗压强度设计值（未达到屈服）的假定。

答案： B

16-3-10 **解：** 斜截面的三种破坏形态中，剪压破坏具有一定延性，且材料强度充分利用。

答案： C

16-3-11 **解：** 限制截面尺寸是为了防止截面尺寸过小，发生斜压破坏，而防止发生斜拉破坏是通过规定最小配箍率来保证的。

答案： B

16-3-12 **解：** 由公式 $V \leq \frac{1.75}{\lambda+1} f_t bh_0$，当 $\lambda < 1.5$ 时，取 $\lambda = 1.5$；当 $\lambda > 3$ 时，取 $\lambda = 3$，所以只有当 $1.5 \leq \lambda \leq 3$ 时，抗剪承载力随剪跨比 λ 的增加而降低。

答案： D

16-3-13 **解：** 钢筋混凝土受扭构件的扭矩应由抗扭纵筋和抗扭箍筋共同承担。

答案： D

16-3-14 **解：** $\zeta = 0.6 \sim 1.7$ 时，可能出现纵筋达不到屈服，或箍筋达不到屈服的部分超筋情况。

答案： B

16-3-15 **解：** 弯扭的相关性较复杂，规范中未考虑，而只考虑了剪扭的相关性。

答案： A

16-3-16 **解：** 由于混凝土的徐变，使混凝土出现卸载（应力减小）现象，而钢筋应力相应增加。

答案： B

16-3-17 **解：** 根据《混凝土结构设计规范》（GB 50010—2010）（2015 年版）第 6.2.16 条注 2，当遇到下列情况时，不应计入间接钢筋的影响，而应按普通配筋受压构件计算：①当 $l_0/d > 12$ 时；②考虑间接钢筋计算的受压承载力小于普通配筋的受压承载力时；③当间接钢筋的换算截面面积 A_{ss0} 小于纵向普通钢筋的全部截面面积的 25% 时。故选项 A 错误，选项 B、C 正确。

规范第 9.3.2 条第 6 款，在配有螺旋式或焊接环式箍筋的柱中，如在正截面受压承载力计算中考虑间接钢筋的作用，则箍筋间距不应大于 80mm 及 $d_{cor}/5$，且不宜小于 40mm，d_{cor} 为按箍筋内表面确定的核心截面直径。选项 D 正确。

答案： A

16-3-18 **解：** 大偏心受压构件为受拉破坏，破坏始于受拉区，其特点是远离轴心力一侧的纵向钢筋先受拉屈服，然后另一侧混凝土达到极限压应变（压碎），受压钢筋达到屈服（或达到其抗压强度设计值）。

答案： A

16-3-19 **解：** 为了满足破坏时受压区钢筋等于其抗压强度设计值的假定，混凝土受压区高度 x 应

不小于 $2a'_s$。

答案：A

16-3-20　解： 对称配筋时，$N_b = \alpha_1 f_c b h_0 \xi_b$，而 ξ_b 只与材料的力学性能有关，与配筋率及配箍率均无关。

答案：C

16-3-21　解： $\xi_b = 0.55$，则 $N_b = \alpha_1 f_c b h_0 \xi_b = 1.0 \times 9.6 \times 400 \times 365 \times 0.55 = 770.88\text{kN}$，$N < N_b$，为大偏心受压。根据大偏心受压构件 M 与 N 的相关性，当 M 不变时，N 越小越不利，剔除选项 C 和 D。接下来比较选项 A 和 B，$e_0 = M/N$ 越大，对大偏心受压构件越不利。

答案：B

16-3-22　解： 由公式 $V_u \leqslant \dfrac{1.75}{\lambda+1} f_t b h_0 + 0.07N$，当 $N > 0.3 f_c A$ 时，取 $N = 0.3 f_c A$，所以 N 适当时可提高构件的 V_u。

答案：C

16-3-23　解： 根据适筋梁正截面受力过程第三阶段的受力特点，梁的破坏始于受拉钢筋的屈服，然后受压区混凝土压碎。

答案：A

16-3-24　解： 影响受弯构件斜截面抗剪性能的主要因素包括剪跨比、混凝土强度等级、纵筋的配筋率、箍筋的强度、配箍率、截面尺寸及荷载形式等。在抗剪承载力计算公式中并未反映纵向钢筋的作用，但纵筋的受剪产生了销栓力，它能限制斜裂缝的扩展，从而加大了剪压区高度，间接提高了抗剪能力。

答案：B

16-3-25　解： 由受弯构件斜截面抗剪承载力计算公式，$V \leqslant 0.7 f_t b h_0 + f_{yv} \dfrac{A_{sv}}{s} h_0$ 可知，抗剪承载力与纵向受力钢筋无关。

答案：C

16-3-26　解： 根据偏心受压构件 M-N 承载力相关性，大偏心受压构件的破坏形态为受拉破坏，当弯矩 M 相同时，轴力 N 越小越不利，故选项 B、D 较不利。当轴力 N 相同时，弯矩 M 越大，偏心矩越大，则越不利。

答案：B

16-3-27　解： 根据《混凝土结构设计规范》（GB 50010—2010）（2015 年版）第 6.4.8 条，在剪力与扭矩共同作用下的剪扭构件，是通过剪扭构件混凝土受扭承载力降低系数 β_t 来考虑混凝土的相关作用。

答案：C

16-3-28　解： 适筋梁配筋率越高，受压区高度越大。对于超筋梁，当相对受压区高度等于相对界限受压区高度时，即发生破坏；由于梁 2 和梁 3 为超筋梁，即使纵向受拉钢筋的面积不同，破坏时的受压区高度均等于相对界限受压区高度。

答案：D

16-3-29　解： 根据偏心受拉构件的受力特点，小偏心受拉构件全截面受拉，破坏时，混凝土裂缝全截面贯通，全部拉力由钢筋承担；大偏心受拉构件截面上有局部压应力存在。判别大小偏心受拉构件的依据是轴向拉力的作用位置，当 $e_0 \leqslant h/2 - a_s$ 时，为小偏心受拉构件；当 $e_0 > h/2 - a_s$ 时，为大偏心受拉构件。故选项 A 错误。

答案：A

16-3-30 解：增加受压钢筋面积，可使更多的钢筋分担混凝土的压力，从而可减小混凝土的受压区高度。

答案：B

16-3-31 解：根据《混凝土结构设计规范》（GB 50010—2010）（2015 年版）第 6.3.4 条公式（6.3.4-1），施加预应力可以提高斜截面抗剪承载力设计值，选项 A 正确。

当截面尺寸过小或配箍率过高时，将发生斜压破坏，选项 B 错误。

当箍筋的配置数量过少时，将发生斜拉破坏。所以防止发生斜拉破坏最有效的方法是增加配箍量，选项 C 错误。

根据规范第 6.3.4 条公式（6.3.4-2），在一定范围内，剪跨比 λ 越大，混凝土的抗剪承载力越低，选项 D 错误。

答案：A

16-3-32 解：提高混凝土强度等级，加大截面宽度、高度均可以减小混凝土的受压区高度（满足适筋梁的要求），但加大截面高度不仅可减小混凝土的受压区高度，使其满足适筋梁的要求，同时也增加了内力臂，对提高正截面承载力最有效。

答案：D

（四）正常使用极限状态验算

16-4-1 进行混凝土构件抗裂验算时，荷载和材料强度应如何取值？

A. 荷载和材料强度均采用标准值

B. 荷载和材料强度均采用设计值

C. 荷载采用设计值，材料强度采用标准值

D. 荷载采用标准值，材料强度采用设计值

16-4-2 正常使用下的钢筋混凝土受弯构件正截面受力工作状态为：

A. 混凝土无裂缝且纵向受拉钢筋未屈服

B. 混凝土有裂缝且纵向受拉钢筋屈服

C. 混凝土有裂缝且纵向受拉钢筋未屈服

D. 混凝土无裂缝且纵向受拉钢筋屈服

16-4-3 关于钢筋混凝土简支梁挠度验算的描述，不正确的是：

A. 作用荷载应取其标准值

B. 材料强度应取其标准值

C. 对带裂缝受力阶段的截面弯曲刚度按截面平均应变符合平截面假定计算

D. 对带裂缝受力阶段的截面弯曲刚度按截面开裂处的应变分布符合平截面假定计算

16-4-4 受弯构件减小受力裂缝宽度最有效的措施之一是：

A. 增加截面尺寸

B. 提高混凝土的强度等级

C. 增加受拉钢筋截面面积，减小裂缝截面的钢筋应力

D. 增加钢筋的直径

16-4-5 控制钢筋混凝土构件因碳化引起的沿钢筋走向裂缝最有效的措施是：

A. 减小钢筋直径　　　　　　　　　　B. 提高混凝土的强度等级

C. 选用合适的钢筋保护层厚度　　　　D. 增加钢筋的截面面积

16-4-6 提高受弯构件抗弯刚度（减小挠度）最有效的措施是：

A. 提高混凝土的强度等级　　　　　　B. 增加受拉钢筋的截面面积

C. 加大截面的有效高度　　　　　　　D. 加大截面宽度

16-4-7 进行简支梁挠度计算时，用梁的最小刚度$B_{\min}$代替材料力学公式中的EI。$B_{\min}$值的含义是：

A. 沿梁长的平均刚度

B. 沿梁长挠度最大处截面的刚度

C. 沿梁长内最大弯矩处截面的刚度

D. 梁跨度中央处截面的刚度

16-4-8 以下对最大裂缝宽度没有影响的是：

A. 钢筋应力　　　　　　　　　　　　B. 混凝土强度等级

C. 配箍率　　　　　　　　　　　　　D. 保护层厚度

16-4-9 以下对最大裂缝宽度没有明显影响的是：

A. 钢筋应力　　　　　　　　　　　　B. 混凝土强度等级

C. 钢筋直径　　　　　　　　　　　　D. 保护层厚度

题解及参考答案

16-4-1 **解：** 抗裂验算为正常使用极限状态的验算，荷载和材料强度均采用标准值。

答案： A

16-4-2 **解：** 普通钢筋混凝土梁允许带裂缝工作；只有达到承载能力极限状态时，纵向受拉钢筋才达到屈服。所以正常使用情况下，钢筋混凝土梁可以有裂缝，但纵向受拉钢筋未屈服。

答案： C

16-4-3 **解：** 挠度验算为正常使用阶段，荷载和材料强度均应取标准值（荷载效应为荷载准永久组合）。对于带裂缝工作的混凝土梁，裂缝截面处与裂缝间截面，受拉钢筋的拉应变与受压区边缘混凝土的压应变是不均匀的，截面的弯曲刚度B_s是根据各水平纤维的平均应变沿截面高度的变化符合平截面假定建立的。故不正确的应为选项 D。

答案： D

16-4-4 **解：** 增加受拉钢筋截面面积，不仅可以降低裂缝截面的钢筋应力，同时也可提高钢筋与混凝土之间的黏结应力，对减小裂缝宽度十分有效。

答案： C

16-4-5 **解：** 根据构件类型和环境条件，采用规范规定的最小保护层厚度是最有效的措施。

答案： C

16-4-6 **解：** 钢筋混凝土受弯构件的刚度与截面有效高度h_0的平方成正比，因此加大截面的有效高度对提高抗弯刚度最有效。

答案： C

16-4-7 解： 弯矩越大，截面的抗弯刚度越小，最大弯矩截面处的刚度，即为最小刚度。

答案： C

16-4-8 解： 由《混凝土结构设计规范》（GB 50010—2010）（2015 年版）第 7.1.2 条混凝土构件最大裂缝宽度的计算公式可以看出，最大裂缝宽度与箍筋无关。

答案： C

16-4-9 解： 根据《混凝土结构设计规范》（GB 50010—2010）（2015 年版）第 7.1.2 条公式（7.1.2-1~7.1.2-4），最大裂缝宽度与四个选项均有关系，其中混凝土强度等级（f_{tk}）的影响不显著。

答案： B

（五）预应力混凝土

16-5-1 关于预应力混凝土受弯构件的描述，正确的是：

A. 受压区设置预应力钢筋的目的是增强该受压区的强度

B. 预应力混凝土受弯构件的界限相对受压区高度计算公式与钢筋混凝土受弯构件相同

C. 承载力极限状态时，受拉区预应力钢筋均能达到屈服，且受压区混凝土被压溃

D. 承载力极限状态时，受压区预应力钢筋一般未能达到屈服

16-5-2 关于预应力混凝土轴心受拉构件的描述，下列说法不正确的是：

A. 即使张拉控制应力、材料强度等级、混凝土截面尺寸及预应力钢筋和截面面积相同，后张法构件的有效预压应力值也比先张法高

B. 对预应力钢筋超张拉，可减少预应力钢筋的损失

C. 施加预应力不仅能提高构件抗裂度，也能提高其极限承载能力

D. 裂缝控制等级为一级的构件在使用阶段前始终处于受压状态，发挥了混凝土受压性能

16-5-3 关于先张法和后张法预应力混凝土构件传递预应力方法的区别，下列中哪项叙述是正确的？

A. 先张法是靠钢筋与混凝土之间的黏结力来传递预应力，后张法是靠锚具来保持预应力

B. 先张法是靠锚具来保持预应力，后张法是靠钢筋与混凝土之间的黏结力来传递预应力

C. 先张法是靠传力架来保持预应力，后张法是靠千斤顶来保持预应力

D. 先张法和后张法均是靠锚具来保持预应力，只是张拉顺序不同

16-5-4 条件相同的钢筋混凝土和预应力混凝土轴心受拉构件相比较，两者的区别是：

A. 前者的承载力高于后者

B. 前者的抗裂性比后者差

C. 前者与后者的承载力和抗裂性相同

D. 在相同外荷载作用下，两者截面混凝土的应力相同

16-5-5 条件相同的先、后张法预应力混凝土轴心受拉构件，当 σ_{con} 及 σ_l 相同时，先、后张法的混凝土预压应力 σ_{pc} 的关系是：

A. 后张法大于先张法

B. 两者相等

C. 后张法小于先张法

D. 谁大谁小不能确定

16-5-6 下列预应力损失中，不属于先张法的是：

A. 管道摩阻预应力损失

B. 锚具的变形预应力损失

C. 钢筋的松弛预应力损失

D. 混凝土收缩、徐变预应力损失

16-5-7 预应力混凝土受弯构件与普通混凝土受弯构件相比，增加了：

A. 正截面承载力计算   B. 斜截面承载力计算

C. 正截面抗裂验算   D. 斜截面抗裂验算

16-5-8 混凝土施加预应力的目的是：

A. 提高承载力   B. 提高抗裂度及刚度

C. 提高承载力和抗裂度   D. 增加安全性

16-5-9 后张法预应力构件中，第一批预应力损失的是：

A. 张拉端锚具变形和钢筋内缩引起的损失、摩擦损失、钢筋应力松弛损失

B. 张拉端锚具变形和钢筋内缩引起的损失、摩擦损失

C. 张拉端锚具变形和钢筋内缩引起的损失、温度损失、钢筋应力松弛损失

D. 摩擦损失、钢筋应力松弛损失、混凝土徐变损失

16-5-10 预应力混凝土轴心受拉构件，拉裂荷载 N_{cr} 等于：

A. 先张法、后张法均为 $(\sigma_{pcII} + f_{tk})A_0$

B. 先张法、后张法均为 $(\sigma_{pcII} + f_{tk})A_n$

C. 先张法为 $(\sigma_{pcII} + f_{tk})A_0$，后张法为 $(\sigma_{pcII} + f_{tk})A_n$

D. 先张法为 $(\sigma_{pcII} + f_{tk})A_n$，后张法为 $(\sigma_{pcII} + f_{tk})A_0$

题解及参考答案

16-5-1 **解：** 受压区（预拉区）设置预应力钢筋是为了减小预拉区的拉应力，减小构件的反拱值，选项 A 错误。

由于预应力筋预拉应力的存在，预应力混凝土受弯构件的相对界限受压区高度 ξ_b 的计算公式与普通钢筋混凝土受弯构件不同，选项 B 错误。

承载能力极限状态时，预应力混凝土受弯构件与钢筋混凝土受弯构件相似，当 $\xi \le \xi_b$ 时，受拉区的预应力钢筋先达到屈服，而后受压区混凝土被压碎使构件破坏，当不满足 $\xi \le \xi_b$ 时，选项 C 错误。

受压区的预应力钢筋初始应力为拉应力，承载能力极限状态时，预应力钢筋的应力为拉应力或压应力，但一般不能达到其受压屈服强度，选项 D 正确。

答案： D

16-5-2 **解：** 完成全部预应力损失后混凝土的有效预压应力，先张法：$\sigma_{pc} = (\sigma_{con} - \sigma_l)A_p/A_0$，后张法：$\sigma_{pc} = (\sigma_{con} - \sigma_l)A_p/A_n$，其中 A_0 为换算截面面积，A_n 为净截面面积，$A_0 > A_n$，故选项 A 正确。

根据《混凝土结构设计规范》（GB 50010—2010）（2015 年版）第 10.1.3 条，要求部分抵消由于应力松弛、摩擦、钢筋分批张拉以及预应力筋与张拉台座之间的温差等因素产生的预应力损失时，张拉控制应力限值可相应提 $0.05f_{ptk}$ 或 $0.05f_{pyk}$，所以对预应力筋超张拉可减小预应力损失，选项 B 正确。

施加预应力后，可以减小构件在使用荷载作用下的开裂，甚至不开裂，提高了构件的抗裂性；但消压后即可视为普通钢筋混凝土构件，并不能提高构件的承载能力，选项 C 错误。

根据《混凝土结构设计规范》（GB 50010—2010）（2015 年版）第 3.4.4 条，裂缝控制等级一级，为严格要求不出现裂缝的构件，按荷载标准组合计算时，构件受拉边缘混凝土不应产生拉应力（处于受压状态），选项 D 正确。

答案: C

16-5-3　解: 先张法的工序: 在台座上张拉钢筋→浇筑混凝土→混凝土达到设计强度后切断钢筋, 预应力钢筋在回缩时挤压混凝土, 使混凝土获得预压力。所以先张法预应力混凝土构件中, 预应力是靠钢筋与混凝土之间的黏结力来传递。

后张法的工序: 先浇筑混凝土构件, 并在构件中预留孔道, 混凝土达到设计强度后, 将预应力钢筋穿入孔道, 利用构件本身作为台座, 在张拉预应力钢筋的同时, 使混凝土受到预压, 当预应力钢筋的张拉力达到设计值后, 在张拉端用锚具将钢筋锚住, 使构件保持预压状态。

答案: A

16-5-4　解: 预应力混凝土轴心受拉构件在外荷载作用下, 首先要抵消截面上的预压应力, 所以可显著提高其抗裂荷载。

答案: B

16-5-5　解: 完成第二批预应力损失后混凝土中的预压应力, 先张法: $\sigma_{pc} = (\sigma_{con} - \sigma_l)A_p/A_0$, 后张法: $\sigma_{pc} = (\sigma_{con} - \sigma_l)A_p/A_n$, 其中 A_0 为换算截面面积, A_n 为净截面面积, $A_0 > A_n$, 故答案为 A, 后张法大于先张法。

答案: A

16-5-6　解: 孔道摩阻预应力损失只属于后张法预应力混凝土。

答案: A

16-5-7　解:《混凝土结构设计规范》(GB 50010—2010)(2015 年版) 第 7.1.6 条规定, 预应力混凝土受弯构件应分别对截面上的混凝土主拉应力和主压应力进行验算。较普通混凝土受弯构件增加了斜截面抗裂验算。

答案: D

16-5-8　解: 施加预应力后, 可以减小构件在使用荷载作用下的开裂, 甚至不开裂, 提高了构件的抗裂度及刚度。

答案: B

16-5-9　解: 根据《混凝土结构设计规范》(GB 50010—2010)(2015 年版) 第 10.2.1 条表 10.2.1、第 10.2.7 条表 10.2.7, 后张法预应力混凝土构件中, 混凝土预压前 (第一批) 预应力损失包括张拉端锚具变形和钢筋内缩引起的损失、摩擦损失。

答案: B

16-5-10　解: 在使用阶段, 先张法和后张法预应力混凝土轴心受拉构件的开裂荷载 N_{cr} 的计算公式相同, 均采用换算截面面积 A_0。

答案: A

(七) 钢筋混凝土梁板结构

16-7-1　在均布荷载作用下, 下列图形中, 必须按照双向板计算的钢筋混凝土板是:

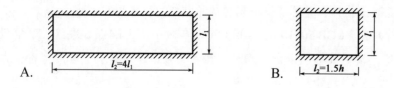

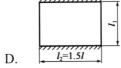

C. $l_2=4l_1$

D. $l_2=1.5l$

16-7-2 关于钢筋混凝土塑性铰，以下说法错误的是：

A. 塑性铰只能沿弯矩作用方向有限转动

B. 塑性铰能承受定值的弯矩

C. 塑性铰集中于一点

D. 塑性铰的转动能力与材料的性能有关

16-7-3 混凝土梁板按塑性理论方法计算的基本假定与弹性理论的不同点是：

A. 假定钢筋混凝土是各向同性的匀质体

B. 不考虑钢筋混凝土的弹性变形

C. 考虑钢筋混凝土的塑性变形，假定构件中存在塑性铰和塑性绞线

D. 考虑钢筋混凝土有裂缝出现

16-7-4 按塑性理论计算现浇单向板肋梁楼盖时，对板和次梁应采用换算荷载进行计算，这是因为：

A. 考虑到在板的长向也能传递一部分荷载

B. 考虑到板塑性内力重分布的有利影响

C. 考虑到支座转动的弹性约束将减小活荷载布置对内力的不利影响

D. 荷载传递时存在拱的作用

16-7-5 在钢筋混凝土连续梁活荷载的不利布置中，若求支座的最大剪力，则下列对活荷载布置方法的叙述正确的是：

A. 在该支座的左跨布置活荷载，并隔跨布置

B. 在该支座的右跨布置活荷载，并隔跨布置

C. 在该支座的相邻两跨布置活荷载，并隔跨布置

D. 所有跨布置活荷载

16-7-6 钢筋混凝土连续梁不考虑塑性内力重分布，下列哪些结构是按弹性理论计算的？

①直接承受动力荷载的结构；②承受活荷载较大的结构；

③要求不出现裂缝的结构；④处于侵蚀环境下的结构。

A. ①③

B. ①③④

C. ①②③

D. ①④

题解及参考答案

16-7-1 **解：**根据《混凝土结构设计规范》（GB 50010—2010）（2015年版）第9.1.1条第2款1），当四边支承的板，长边与短边之比不大于2.0时，应按双向板计算。

答案：B

16-7-2 **解：**塑性铰是有一定长度的，故选项C错误。

答案：C

16-7-3 解： 钢筋混凝土多跨连续梁板按塑性理论方法计算，考虑了塑性内力重分布（塑性铰或塑性铰线形成后）。

答案： C

16-7-4 解： 计算时，假定支座为铰支。当活荷载隔跨布置时，由于板与次梁（或次梁与主梁）整浇在一起，当板受荷弯曲在支座发生转动时，将带动次梁一起转动。由于次梁具有一定的抗扭刚度，将阻止板自由转动，使板的跨中弯矩有所降低，支座弯矩相应地有所增加。考虑支承构件对跨中弯矩有所减小的有利影响，在设计中一般采用增大恒荷载和减小活荷载的方法。

答案： C

16-7-5 解： 根据多跨连续梁活荷载布置原则，要想求得某一支座处的最大剪力（或最大弯矩），该支座相邻两跨应布置活荷载，且隔跨也应布置。

答案： C

16-7-6 解： 根据《混凝土结构设计规范》（GB 50010—2010）（2015 年版）第 5.4.2 条，①③④情况的结构构件不应采用考虑塑性内力重分布的分析方法。

答案： B

（八）单层厂房

16-8-1 关于钢筋混凝土单层厂房柱牛腿说法正确的是：

    A. 牛腿应按照悬臂梁设计

    B. 牛腿的截面尺寸根据斜裂缝控制条件和构造要求确定

    C. 牛腿设计仅考虑斜截面承载力

    D. 牛腿部位可允许带裂缝工作

16-8-2 钢筋混凝土排架结构中承受和传递横向水平荷载的构件是：

    A. 吊车梁和柱间支撑

    B. 吊车梁和山墙

    C. 柱间支撑和山墙

    D. 排架柱

16-8-3 关于钢筋混凝土单层厂房结构布置与功能，下列说法不正确的是：

    A. 支撑体系分为屋盖支撑和柱间支撑，主要作用是加强厂房结构的整体性和刚度，保证构件稳定性，并传递水平荷载

    B. 屋盖分为有檩体系和无檩体系，起到承重和围护双重作用

    C. 抗风柱与圈梁形成框架，提高了结构整体性，共同抵抗结构所遭受的风荷载

    D. 排架结构、刚架结构和折板结构等均适用于单层厂房

16-8-4 单层工业厂房设计中，若需将伸缩缝、沉降缝、抗震缝合成一体时，下列对其设计构造做法的叙述中哪一条是正确的?

    A. 在缝处从基础底至屋顶把结构分成相互独立的两部分，其缝宽应按沉降缝要求设置

    B. 在缝处只需从基础顶以上至屋顶将结构分成两部分，缝宽取三者中的最大值

    C. 在缝处从基础底至屋顶把结构分成两部分，其缝宽取三者的最大值

    D. 在缝处从基础底至屋顶把结构分成两部分，其缝宽按抗震缝要求设置

题解及参考答案

16-8-1　**解：** 牛腿分为长牛腿和短牛腿，长牛腿的受力特点与悬臂梁相似，可按悬臂梁设计。支承吊车梁等构件的牛腿均为短牛腿（以下简称"牛腿"），实质上是一变截面深梁，选项 A 错误。

根据《混凝土结构设计规范》（GB 50010—2010）（2015 年版）第 9.3.10 条，牛腿的截面尺寸应符合裂缝控制要求和构造要求，选项 B 正确。

牛腿的受力特征可以用由顶部水平的纵向受力钢筋作为拉杆和牛腿内的混凝土斜压杆组成的简化三角桁架模型描述。牛腿要求不致因斜压杆压力较大而出现斜压裂缝，其截面尺寸通常以不出现斜裂缝为控制条件。故选项 C、D 错误。

　　　　答案： B

16-8-2　**解：** 吊车梁承受吊车横向水平制动力，并传递纵向水平制动力；柱间支撑是为保证建筑结构整体稳定、提高侧向刚度和传递纵向水平力而在相邻两柱之间设置的连系杆件。承受和传递横向水平荷载的构件是排架柱。

　　　　答案： D

16-8-3　**解：** 抗风柱是承受风荷载的主体构件，设置抗风柱间的圈梁只是为了提高结构的整体性。

　　　　答案： C

16-8-4　**解：** 沉降缝应从基础底至屋顶把结构分成两部分。当伸缩缝、沉降缝、抗震缝三缝合一时，其缝宽应满足三种缝中最大缝宽的要求。

　　　　答案： C

（九）钢筋混凝土多层及高层房屋

16-9-1 框架结构与剪力墙结构相比，下列论述正确的是：

　　A. 框架结构的延性差，但抗侧刚度好

　　B. 框架结构的延性好，但抗侧刚度差

　　C. 框架结构的延性和抗侧刚度都好

　　D. 框架结构的延性和抗侧刚度都差

16-9-2 框架-剪力墙结构中，纵向剪力墙宜布置在结构单元的中间区段，当建筑平面纵向较长时，不宜集中在两端布置，其原因是：

　　A. 减小结构扭转的影响　　　　　　　　B. 减小温度、收缩应力的影响

　　C. 减小水平地震影响　　　　　　　　　D. 选项 B 和 C

16-9-3 关于高层建筑结构的受力特点，下列叙述正确的是：

　　A. 竖向荷载和水平荷载均为主要荷载

　　B. 水平荷载为主要荷载，竖向荷载为次要荷载

　　C. 竖向荷载为主要荷载，水平荷载为次要荷载

　　D. 不一定

16-9-4 钢筋混凝土高层建筑结构的最大适用高度分为 A 级和 B 级，关于两个级别的主要区别，下列叙述正确的是：

A. B级高度建筑结构的最大适用高度较A级适当放宽

B. B级高度建筑结构的最大适用高度较A级加严

C. B级高度建筑结构较A级的抗震等级、有关的计算和构造措施适当放宽

D. 区别不大

16-9-5　某一钢筋混凝土框架-剪力墙结构为丙类建筑，高度为60m，设防烈度为8度，II类场地，其剪力墙的抗震等级为：

　　　　A. 一级　　　　　　B. 二级　　　　　　C. 三级　　　　　　D. 四级

16-9-6　与钢筋混凝土框架-剪力墙结构相比，钢筋混凝土筒体结构所特有的规律是：

　　　　A. 弯曲型变形与剪切型变形叠加　　　　　B. 剪力滞后

　　　　C. 是双重抗侧力体系　　　　　　　　　　D. 水平荷载作用下是延性破坏

16-9-7　建筑高度、设防烈度、场地类别等均相同的两幢建筑，一个采用框架结构体系，另一个采用框架-剪力墙结构体系。关于两种体系中框架抗震等级的比较，下列叙述正确的是：

　　　　A. 必定相等　　　　　　　　　　　　　　B. 后者的抗震等级高

　　　　C. 后者的抗震等级低　　　　　　　　　　D. 前者的抗震等级高，也可能相等

16-9-8　已经按框架计算完毕的框架结构，后来再加上一些剪力墙，结构的安全性将有什么变化？

　　　　A. 更加安全

　　　　B. 不安全

　　　　C. 框架的下部某些楼层可能不安全

　　　　D. 框架的顶部楼层可能不安全

16-9-9　当采用简化方法按整体小开口计算剪力墙时，应满足下列哪个条件？

　　　　A. 剪力墙孔洞面积与墙面面积之比大于0.16

　　　　B. $\alpha \geqslant 10$，$I_{n}/I \leqslant \zeta$

　　　　C. $\alpha < 10$，$I_{n}/I \leqslant \zeta$

　　　　D. $\alpha \geqslant 10$，$I_{n}/I > \zeta$

题解及参考答案

16-9-1　**解：**框架结构比剪力墙结构延性要好，但抗侧刚度较差，所以房屋的最大适用高度前者明显小于后者。

　　　　答案：B

16-9-2　**解：**当建筑较长时，两端布置的剪力墙会限制结构的温度变形，不利于减小混凝土的收缩应力。

　　　　答案：B

16-9-3　**解：**随着建筑物高度的增加，水平荷载对结构影响越来越大，除内力增加之外，侧向变形也增加，所以对于高层建筑，竖向荷载和水平荷载均为主要荷载。

　　　　答案：A

16-9-4　**解：**根据《高层建筑混凝土结构技术规程》（JGJ 3—2010）第3.3.1条，B级高度建筑结

构的最大适用高度较 A 级适当放宽，但应遵守本规程规定的更严格的计算和构造措施；抗震设计的 B 级高度的高层建筑，按有关规定应进行超限高层建筑的抗震设防专项审查复核。

答案： A

16-9-5 **解：** 根据《建筑抗震设计规范》(GB 50011—2010)(2016 年版) 第 6.1.2 条表 6.1.2，框架为二级，剪力墙为一级。

答案： A

16-9-6 **解：** 钢筋混凝土筒体结构是由四片密柱深梁框架所组成的立体结构。在水平荷载作用下，四片框架同时参与工作。水平剪力主要由平行于荷载方向的"腹板框架"承担，倾覆力矩则由垂直于荷载方向的"翼缘框架"和"腹板框架"共同承担。由于"翼缘"和"腹板"是由密柱深梁的框架所组成，相当于墙面上布满洞口的空腹筒体。尽管深梁的跨度很小，截面高度很大，深梁的竖向弯剪刚度仍然是有限的，因此出现剪力滞后现象，使得柱的轴向力越接近角柱越大，框筒的"翼缘框架"和"腹板框架"的各柱轴向力分布均呈现曲线变化。

答案： B

16-9-7 **解：** 根据《建筑抗震设计规范》(GB 50011—2010)(2016 年版) 第 6.1.2 条表 6.1.2，纯框架结构的抗震等级一般较框架-剪力墙中的框架抗震等级高，也有个别相同的情况。

答案： D

16-9-8 **解：** 框架-剪力墙结构在水平荷载作用下，其侧向变形曲线既不同于框架的剪切型曲线，也不同于剪力墙的弯曲型曲线，而是两者的协调变形，其下部主要呈弯曲型，而上部主要呈剪切型。因此按框架计算完毕后再加上一些剪力墙对上部结构可能是不安全的。

答案： D

16-9-9 **解：** 采用简化计算时，剪力墙分为不同的类型，并采用不同的方法计算。当剪力墙孔洞面积与墙面面积之比不大于 0.16 时，为整体悬臂墙；当 $\alpha \geq 10$，$I_n/I \leq \zeta$ 时，为整体小开口墙；当 $\alpha < 10$，$I_n/I \leq \zeta$ 时，为连肢剪力墙；当 $\alpha \geq 10$，$I_n/I > \zeta$ 时，为壁式框架。其中，α 为整体系数，I_n 为扣除墙肢惯性矩后剪力墙的惯性矩，I 为剪力墙对组合截面形心的惯性矩，ζ 为与 α 和层数有关的系数。

答案： B

（十）抗震设计要点

16-10-1 钢筋混凝土结构抗震设计时，要求"强柱弱梁"是为了防止：

A. 梁支座处发生剪切破坏，从而造成结构倒塌

B. 柱较早进入受弯屈服，从而造成结构倒塌

C. 柱出现失稳破坏，从而造成结构倒塌

D. 柱出现剪切破坏，从而造成结构倒塌

16-10-2 我国《建筑抗震设计规范》的抗震设防标准是下列中哪一条？

A. "二水准"，小震不坏，大震不倒

B. "二水准"，中震可修，大震不倒

C. "三水准"，小震不坏，中震可修，大震不倒

D. "三水准"，小震不坏，中震可修，大震不倒且可修

16-10-3 三水准抗震设防标准中的"小震"是指：

A. 6 度以下的地震

B. 设计基准期内，超越概率大于 63.2%的地震

C. 设计基准期内，超越概率大于 10%的地震

D. 6 度和 7 度的地震

16-10-4 设计计算时，地震作用的大小与下列哪些因素有关？

①建筑物的质量；②场地烈度；

③建筑物本身的动力特性；④地震的持续时间。

A. ①③④　　　　　　　　　　　　B. ①②④

C. ①②③　　　　　　　　　　　　D. ①②③④

16-10-5 抗震等级为二级的框架结构，一般情况下柱的轴压比限值为：

A. 0.7　　　　　B. 0.8　　　　　C. 0.75　　　　　D. 0.85

16-10-6 高度为 24m 的框架结构，抗震设防烈度为 8 度时，防震缝的最小宽度为：

A. 100mm　　　　B. 160mm　　　　C. 120mm　　　　D. 140mm

16-10-7 对构件进行抗震验算时，以下哪几条要求是正确的？

①结构构件的截面抗震验算应满足 $S \leqslant R/\gamma_{RE}$；

②框架梁端混凝土受压区高度（计入受压钢筋）的限值：一级 $x \leqslant 0.25h_0$，二、三级 $x \leqslant 0.35h_0$；

③框架梁端纵向受拉钢筋的配筋率不宜大于 2.5%；

④在进行承载能力极限状态设计时不考虑结构的重要性系数。

A. ①③④　　　　　　　　　　　　B. ①②④

C. ①②③　　　　　　　　　　　　D. ①②③④

题解及参考答案

16-10-1 **解：** 地震作用下，框架柱的破坏一般均发生在柱的上下端，对于一般的框架结构，柱内弯矩以地震作用产生的弯矩为主，"强柱弱梁"就是为了防止柱先于梁进入受弯屈服，导致整体结构破坏。

答案： B

16-10-2 **解：** 我国的抗震设防目标是"小震不坏、中震可修、大震不倒"。

答案： C

16-10-3 **解：** 在设计基准期内，"小震"（多遇地震）的超越概率为 63.2%，"中震"（基本设防烈度）的超越概率为 10%，"大震"（罕遇地震）的超越概率为 2%~3%。

答案： B

16-10-4 **解：** 设计计算时，地震对结构作用的大小与地震的持续时间无关。

答案： C

16-10-5 **解：** 根据《建筑抗震设计规定》（GB 50011—2010）第 6.3.6 条表 6.3.6，二级框架结构柱的轴压比限值为 0.75。

答案： C

16-10-6 **解：**《建筑抗震设计规范》（GB 50011—2010）（2016 年版）规定，框架结构房屋的防震缝宽度，当高度不超过 15m 时，可采用 100mm；超过 15m 时，抗震设防烈度分别为 6 度、7 度、8 度和 9 度相应每增加高度 5m、4m、3m、2m，宜加宽 20mm。高度超过 24 - 15 = 9m，8 度时防震缝宜

加宽 60mm，选项 B 正确。

答案：B

16-10-7　解：根据《建筑抗震设计规范》（GB 50011—2010）（2016 年版）第 5.4.2 条，结构构件的截面抗震验算应满足 $S \leq R/\gamma_{RE}$。第 6.3.3 条第 1 款规定，梁端计入受压钢筋的混凝土受压区高度和有效高度之比，一级不应大于 0.25，二、三级不应大于 0.35。第 6.3.4 条第 1 款规定，梁端纵向受拉钢筋的配筋率不宜大于 2.5%。《混凝土结构设计规范》（GB 50010—2010）（2015 年版）第 3.3.2 规定，对地震设计状况下的承载能力极限状态，结构的重要性系数 γ_0 应取 1.0。因此①、②、③、④项项均正确。

答案：D

（十一）钢结构钢材性能

16-11-1 随着钢板厚度增加，钢材的：
A. 强度设计值下降　　　　　　　　　B. 抗拉强度提高
C. 可焊性提高　　　　　　　　　　　D. 弹性模量降低

16-11-2 结构钢材牌号 Q345C 和 Q345D 的主要区别在于：
A. 抗拉强度不同　　　　　　　　　　B. 冲击韧性不同
C. 含碳量不同　　　　　　　　　　　D. 冷弯角不同

16-11-3 建筑钢结构经常采用的钢材牌号是 Q345，其中 345 表示的是：
A. 抗拉强度　　　　　　　　　　　　B. 弹性模量
C. 屈服强度　　　　　　　　　　　　D. 合金含量

16-11-4 结构钢材的主要力学性能指标包括：
A. 屈服强度、抗拉强度和伸长率　　　B. 可焊性和耐候性
C. 碳、硫和磷含量　　　　　　　　　D. 冲击韧性和屈强比

16-11-5 下面四种因素中，对钢材的疲劳强度影响不显著的是：
A. 应力集中的程度　　　　　　　　　B. 应力循环次数
C. 钢材强度　　　　　　　　　　　　D. 最大最小应力的比值

16-11-6 以下关于钢材的硬化影响，叙述正确的是：
①时效硬化是指钢材随时间增长，强度提高，塑性和韧性降低的现象；
②应变硬化是指应变随时间增长而增长的现象；
③应变时效是指时效硬化与应变硬化的综合影响；
④应变硬化不会降低钢材的塑性。
A. ①③④　　　　B. ①②　　　　C. ①③　　　　D. ①②③

16-11-7 起重量为 75t 的中级工作制吊车梁（焊接），处于 −20℃ 的露天料场，应采用的钢号为：
A. Q235A. F　　　　　　　　　　　B. Q235B. b
C. Q235C　　　　　　　　　　　　D. Q235D

16-11-8 钢材的疲劳破坏属于哪种性质的破坏？
A. 弹性　　　　B. 塑性　　　　C. 脆性　　　　D. 弹塑性

16-11-9 设计寒冷地区的钢结构体育场时，不应采用的钢号为：
A. Q420C　　　　　　　　　　　　B. Q345B
C. Q345A-F　　　　　　　　　　　D. Q390B

题解及参考答案

16-11-1 **解：** 随着钢板厚度或直径的增加，其强度设计值下降。见《钢结构设计标准》（GB 50017—2017）第 4.4.1 条。

答案： A

16-11-2 **解：** 钢材牌号最后的字母代表冲击韧性合格保证，其中 A 级为不要求 V 型冲击试验，B 级为具有常温冲击韧性合格保证。对于 Q235 和 Q345 钢，C 级为具有 0℃（工作温度−20℃ < t ≤0℃）冲击韧性合格保证，D 级为具有−20℃（工作温度 t ≤ − 20℃）冲击韧性合格保证，选项 B 正确。

答案： B

16-11-3 **解：** 碳素结构钢的牌号由代表屈服点的字母、屈服强度、质量等级符号、脱氧方法四个部分组成。如 Q235B·F，Q 为钢材屈服强度，235 为屈服点为235N/mm²，B 为质量等级，F 代表沸腾钢。

答案： C

16-11-4 **解：** 钢材的主要力学指标包括屈服强度、抗拉强度、伸长率和冷弯性能。对于低温条件下的结构钢材，还应有冲击韧性的合格保证。

答案： A

16-11-5 **解：** 钢材的疲劳强度取决于应力循环中的最大应力值、应力幅值、应力循环次数，以及钢材本身的应力集中，而与钢材的静力强度关系不大。

答案： C

16-11-6 **解：** 在高温时溶于铁中的少量氮和碳，随着时间的增长逐渐从固溶体中析出，生成氮化物和碳化物，散存在铁素体晶粒的滑动界面上，对晶粒的塑性滑移起到抑制作用，从而使钢材的强度提高，塑性和韧性下降，这种现象称为时效硬化。应变硬化是钢材经过塑性变形后，强度提高，塑性和韧性降低的现象。所以①、③正确。

答案： C

16-11-7 **解：**《钢结构设计标准》（GB 50017—2017）规定：对于需要验算疲劳强度的受拉和受弯的焊接结构钢材，应具有冲击韧性的合格保证；当结构工作温度不高于 0℃，但高于−20℃时，Q235 钢应具有 0℃冲击韧性的合格保证，质量等级为 C 级；当结构工作温度等于或低于−20℃ 时，Q235 钢应具有−20℃冲击韧性的合格保证，质量等级为 D 级。根据题意，该吊车梁应进行疲劳验算，且工作温度等于−20℃，故应选用 Q235D 钢。

答案： D

16-11-8 **解：** 钢材在疲劳破坏之前，并不出现明显的变形和局部收缩，是一种突然发生的断裂，属于脆性破坏。

答案： C

16-11-9 **解：** 根据《钢结构设计标准》（GB 50017—2017）第 4.3.3 条第 1 款，A 级钢仅可用于结构工作温度高于 0℃的不需要验算疲劳强度的结构。所以寒冷地区不应采用 Q345A 钢。

答案： C

（十二）钢结构基本构件

16-12-1 钢结构轴心受拉构件的刚度设计指标是：

A. 荷载标准值产生的轴向变形

B. 荷载标准值产生的挠度

C. 构件的长细比

D. 构件的自振频率

16-12-2 计算有侧移多层框架时，柱的计算长度系数取值：

A. 应小于 1.0   B. 应大于 1.0

C. 应小于 2.0   D. 应大于 2.0

16-12-3 设计一悬臂钢架（见图），最合理的截面形式是：

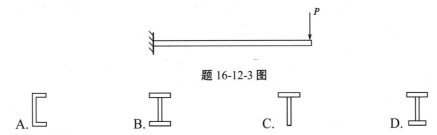

题 16-12-3 图

16-12-4 提高钢结构工字形截面压弯构件腹板局部稳定性的有效措施是：

A. 限制翼缘板最大厚度   B. 限制腹板最大厚度

C. 设置横向加劲肋   D. 限制腹板高厚比

16-12-5 钢结构构件的刚度是通过容许长细比[λ]来保证的，以下关于容许长细比的规定哪一项是错误的？

A. 桁架和天窗架中受压的杆件，[λ] = 150

B. 受压的支撑杆件，[λ] = 180

C. 一般建筑结构中的桁架受拉杆件，[λ] = 350

D. 受拉构件在永久荷载与风荷载组合作用下受压时，[λ] = 250

16-12-6 钢结构轴心受拉构件按强度计算的极限状态是：

A. 净截面的平均应力达到钢材的抗拉强度

B. 毛截面的平均应力达到钢材的抗拉强度

C. 净截面的平均应力达到钢材的屈服强度

D. 毛截面的平均应力达到钢材的屈服强度

16-12-7 钢结构轴心受压构件的整体稳定性系数φ与下列哪个因素有关？

A. 构件的截面类别和构件两端的支承情况

B. 构件的截面类别、长细比及构件两个方向的长度

C. 构件的截面类别、长细比和钢材的钢号

D. 构件的截面类别和构件计算长度系数

16-12-8 钢结构轴心受压构件应进行下列哪些计算？

①强度；②整体稳定性；③局部稳定性；④刚度。

A. ①③④   B. ①②   C. ①②③   D. ①②③④

16-12-9 关于重级工作制焊接工字形吊车梁，以下说法中哪一种是错误的？

A. 腹板与上翼缘板的连接可采用角焊缝

B. 腹板与下翼缘板的连接可采用角焊缝

C. 横向加劲肋应在腹板两侧成对布置

D. 腹板或翼缘板可采用焊接拼接

16-12-10 双轴对称工字形简支梁，有跨中荷载作用于腹板平面内，作用点位于哪个位置时整体稳定性最好？

A. 形心位置

B. 上翼缘

C. 下翼缘

D. 形心与上翼缘之间

16-12-11 承受动力荷载作用的焊接工字形截面简支梁，在验算翼缘局部稳定性时，对受压翼缘自由外伸宽度b与其厚度t比值的要求是：

A. $b/t \leqslant 13\varepsilon_k$

B. $b/t \leqslant 18\varepsilon_k$

C. $b/t \leqslant 40\varepsilon_k$

D. $b/t \leqslant 15\varepsilon_k$

16-12-12 配置加劲肋是提高焊接组合梁腹板局部稳定性的有效措施，当$h_0/t_w > 170\varepsilon_k$时，可能发生何种情况？相应采取什么措施？

A. 可能发生剪切失稳，应配置横向加劲肋

B. 可能发生弯曲失稳，应配置纵向加劲肋

C. 剪切失稳与弯曲失稳均可能发生，应同时配置横向加劲肋和纵向加劲肋

D. 可能发生剪切失稳，应配置纵向加劲肋

16-12-13 组合梁的塑性设计与弹性设计相比较，受压翼缘的自由外伸长度b与其厚度t之比的限值有何不同？

A. 不变

B. 前者大于后者

C. 后者大于前者

D. 不一定相等

16-12-14 弯矩绕虚轴（x轴）作用的格构式压弯构件，除计算级材外，还应进行下列哪些计算？

A. 强度、弯矩作用平面内稳定性，弯矩作用平面外稳定性、刚度

B. 强度、弯矩作用平面内稳定性，分肢稳定性、刚度

C. 弯矩作用平面内稳定性，分肢稳定性

D. 强度、弯矩作用平面内稳定性，弯矩作用平面外稳定性

16-12-15 钢结构在计算疲劳和正常使用极限状态的变形时，荷载的取值为下列中的哪一项？

A. 均采用设计值

B. 疲劳计算采用设计值，变形验算采用标准值

C. 疲劳计算采用标准值，变形验算采用标准值并考虑长期作用的影响

D. 均采用标准值

16-12-16 计算钢结构桁架下弦受拉杆时，需计算构件的：

A. 净截面屈服强度

B. 净截面稳定性

C. 毛截面屈服强度

D. 净截面刚度

题解及参考答案

16-12-1 解： 钢结构轴心受拉构件的轴向变形一般不需要计算，选项 A 错误。荷载标准值产生的挠度为受弯构件的一个刚度设计指标，选项 B 错误。自振频率为构件的固有动态参数，选项 D 错误。钢结构轴心受拉构件除了应进行强度计算外，还应进行刚度验算，对不同的受拉构件，《钢结构设计标准》（GB 50017—2017）第 7.4.7 条表 7.4.7 规定了受拉构件的容许长细比来满足刚度要求。

答案： C

16-12-2 解： 根据《钢结构设计标准》（GB 50017—2017）附录 E 表 E. 0.2，有侧移多层框架柱的计算长度系数应大于 1.0。

答案： B

16-12-3 解： 根据悬臂梁的受力特点可知，上翼缘承受拉应力，下翼缘承受压应力，钢材的抗拉、抗压强度相同，当不考虑构件的稳定性时，应选择上、下翼缘面积相同，双轴对称的工字形截面。

答案： B

16-12-4 解：《钢结构设计标准》（GB 50017—2017）第 8.4.1 条规定了工字形截面压弯构件腹板高厚比的限值，其目的是保证腹板的局部稳定性。

答案： D

16-12-5 解： 根据《钢结构设计标准》（GB 50017—2017）第 7.4.6 条表 7.4.6，桁架和天窗架中的压杆，允许长细比为 150，支撑压杆为 200，故选项 A 正确，选项 B 错误。

规范第 7.4.7 条表 7.4.7，一般建筑结构桁架的受拉杆件，允许长细比为 350，故选项 C 正确。

规范第 7.4.7 条第 4 款，受拉构件在永久荷载与风荷载组合作用下受压时，其长细比不宜超过 250，故选项 D 正确。

答案： B

16-12-6 解： 轴心受拉构件的极限状态为强度控制，计算时应采用净截面面积，并且截面应力达到钢材的屈服强度。

答案： C

16-12-7 解： 轴心受压构件的整体稳定性系数 φ 是根据构件的长细比、钢材屈服强度和截面类别（a、b、c、d 四类）确定的。

答案： C

16-12-8 解： 轴心受压构件除了要进行强度和整体稳定性计算外，还必须满足板件宽厚比和高厚比要求（局部稳定），以及长细比（刚度）的要求。

答案： D

16-12-9 解：《钢结构设计标准》（GB 50017—2017）第 11.1.6 条规定：对于重级工作制吊车梁，腹板与上翼缘板的连接应采用焊透的 T 形接头对接与角接组合焊缝，选项 A 错误。

答案： A

16-12-10 解： 根据《钢结构设计标准》（GB 50017—2017）附录 C，受弯构件的整体稳定性系数 φ_b 与梁整体稳定的等效弯矩系数 β_b 成正比，根据表 C. 0.1，系数 β_b 与荷载作用位置有关，通常荷载作用在下翼缘较上翼缘的系数 β_b 大，φ_b 也大，整体稳定性好，故答案为选项 C。

答案： C

16-12-11 解： 对于需要计算疲劳强度的梁，宜不考虑截面的塑性发展，按弹性设计，$r_x = r_y = 1.0$，此时 $b/t \leqslant 15\varepsilon_k$。

答案： D

16-12-12 解： 当 $h_0/t_w \leqslant 80\varepsilon_k$ 时，腹板不会发生剪切失稳，一般不配置加劲肋；

当 $80\varepsilon_k < h_0/t_w \leqslant 170\varepsilon_k$ 时，腹板会发生剪切失稳但不会发生弯曲失稳，应配置横向加劲肋；

当 $h_0/t_w > 170\varepsilon_k$ 时，腹板会发生剪切失稳和弯曲失稳，应配置横向加劲肋和在受压区配置纵向加劲肋。

答案： C

16-12-13 解： 当考虑截面的塑性发展时，$b/t \leqslant 13\varepsilon_k$；

如按弹性设计，即 $\gamma_x = \gamma_y = 1.0$ 时，$b/t \leqslant 15\varepsilon_k$。

答案： C

16-12-14 解： 根据《钢结构设计标准》（GB 50017—2017）第 8.2.2 条第 2 款，弯矩作用平面外的稳定性可不计算，但应计算分肢的稳定性。所以计算内容包括强度、平面内稳定性、分肢稳定性和刚度（长细比）。

答案： B

16-12-15 解： 钢结构构件的疲劳和变形验算均采用荷载标准值，并且变形不考虑荷载长期作用的影响。

答案： D

16-12-16 解： 受拉构件一般为强度控制，根据《钢结构设计标准》（GB 50017—2017）第 7.1.1 条第 1 款，轴心受拉构件的截面强度应计算毛截面屈服强度：$\sigma = N/A \leqslant f$ 和净截面断裂强度：$\sigma = N/A_n \leqslant 0.7 f_u$（$f_u$ 为钢材的抗拉强度最小值）。

答案： D

（十三）钢结构的连接设计计算

16-13-1 高强度螺栓摩擦型连接中，螺栓的抗滑移系数主要与：

  A. 螺栓直径有关   B. 螺栓预拉力值有关

  C. 连接钢板厚度有关   D. 钢板表面处理方法

16-13-2 钢框架柱拼接不常用的是：

  A. 全部采用坡口焊缝   B. 全部采用高强度螺栓

  C. 翼缘用焊缝而腹板用高强度螺栓   D. 翼缘用高强度螺栓而腹板用焊缝

16-13-3 设计螺栓连接的槽钢柱间支撑时，应计算支撑构件的：

  A. 净截面惯性矩   B. 净截面面积

  C. 净截面扭转惯性矩   D. 净截面扇性惯性矩

16-13-4 计算拉力和剪力同时作用的高强度螺栓承压型连接时，螺栓的：

  A. 抗剪承载力设计值取 $N_v^b = 0.9 k n_f \mu P$

  B. 抗拉承载力设计值取 $N_t^b = 0.8P$

  C. 承压承载力设计值取 $N_c^b = d\sum t f_c^b$

  D. 预拉力设计值应进行折减

16-13-5 计算图示高强度螺栓摩擦型连接节点时，假设螺栓 A 所受的拉力为：

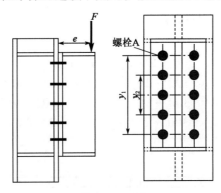

题 16-13-5 图

A. $\dfrac{Fey_1}{5.5y_1^2+y_2^2}$ 　　B. $\dfrac{Fey_1}{2y_1^2+2y_2^2}$ 　　C. $\dfrac{F}{10}$ 　　D. $\dfrac{F}{5}$

16-13-6 影响焊接钢构件疲劳强度的主要因素是：

    A. 应力比　　　　　　　　　　　B. 应力幅

    C. 计算部位的最大拉应力　　　　D. 钢材强度等级

16-13-7 与普通螺栓连接抗剪承载力无关的是：

    A. 螺栓的抗剪强度　　　　　　　B. 连接板件的孔壁承压强度

    C. 连接板件间的摩擦系数　　　　D. 螺栓的受剪面数量

16-13-8 两种不同强度等级钢材采用手工焊接时选用：

    A. 与低强度等级钢材相匹配的焊条

    B. 与高强度等级钢材相匹配的焊条

    C. 与两种不同强度等级钢材中任一种相匹配的焊条

    D. 与任何焊条都可以

16-13-9 可以只做外观检查的焊缝质量等级是：

    A. 一级焊缝　　　B. 二级焊缝　　　C. 三级焊缝　　　D. 上述三种焊缝

16-13-10 图中所示的拼接，主板为—240×12，两块拼板为—180×8，采用侧面角焊缝连接，钢材 Q235，焊条 E43 型，角焊缝的强度设计值 $f_t^w = 160\text{MPa}$，焊脚尺寸 $h_f = 6\text{mm}$。此焊缝连接可承担的静载拉力设计值的计算式为：

    A. $2 \times 0.7 \times 6 \times 160 \times 350$ 　　　　B. $4 \times 0.7 \times 6 \times 160 \times (380 - 12)$

    C. $4 \times 0.7 \times 6 \times 160 \times (60 \times 6 - 12)$ 　　D. $0.99 \times 4 \times 0.7 \times 6 \times 160 \times (380 - 12)$

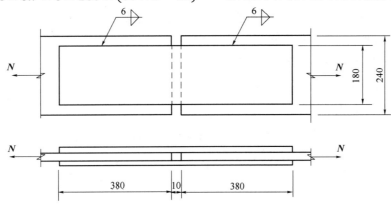

题 16-13-10 图（尺寸单位：mm）

16-13-11 图中所示的拼接，板件分别为—240×8和—180×8，采用三面角焊缝连接，钢材Q235，焊条E43型，角焊缝的强度设计值$f_t^w = 160MPa$，焊脚尺寸$h_f = 6mm$。此焊缝连接可承担的静载拉力设计值的计算式为：

A. $4 \times 0.7 \times 6 \times 160 \times 300 + 2 \times 0.7 \times 6 \times 160 \times 180$

B. $4 \times 0.7 \times 6 \times 160 \times (300 - 10) + 2 \times 0.7 \times 6 \times 160 \times 180$

C. $4 \times 0.7 \times 6 \times 160 \times (300 - 10) + 1.22 \times 2 \times 0.7 \times 6 \times 160 \times 180$

D. $4 \times 0.7 \times 6 \times 160 \times (300 - 2 \times 6) + 1.22 \times 2 \times 0.7 \times 6 \times 160 \times 180$

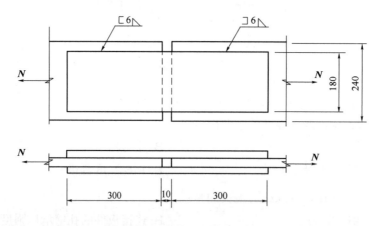

题 16-13-11 图（尺寸单位：mm）

16-13-12 以下关于直角角焊缝的构造要求，下列哪几项是正确的？

①承受动力荷载时，角焊缝焊脚尺寸不宜小于 5mm；

②角焊缝的计算长度不得小于$8h_f$或 40mm；

③母材厚度$t ≤ 6mm$时，最小焊脚尺寸$h_f = 3mm$；

④角焊缝的计算长度不得大于$60h_f$。

A.①②   B.①②③   C.①②③④   D.①③④

16-13-13 普通螺栓受剪连接可能的破坏形式有五种：

①螺栓杆剪断；②板件孔壁挤压破坏；③板件被拉坏或压坏；

④板件端部剪坏；⑤螺栓弯曲破坏。

其中哪几种形式是通过计算来保证的？

A.①②⑤   B.①②③⑤

C.①②③   D.①②③④

16-13-14 摩擦型与承压型高强度螺栓连接的主要区别是什么？

A.高强度螺栓的材料不同

B.摩擦面的处理方法不同

C.施加的预加拉力不同

D.抗剪承载力不同

16-13-15 在螺栓杆轴方向受拉的连接中，采用摩擦型高强度螺栓或承压型高强度螺栓，两者承载力设计值大小的区别是：

A.后者大于前者   B.前者大于后者

C.相等   D.不一定相等

16-13-16 采用高强度螺栓的双盖板钢板连接节点如图所示，计算节点受轴心压力*N*作用时，假设螺栓*A*所承受的：

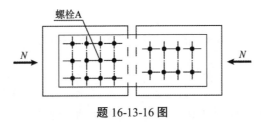

题 16-13-16 图

A. 压力为*N*/8　　B. 剪力为*N*/8　　C. 压力为*N*/12　　D. 剪力为*N*/12

题解及参考答案

16-13-1 **解：** 连接处构件接触面的处理方法不同，其抗滑移系数也不同。

答案： D

16-13-2 **解：** 框架柱安装拼接接头宜采用高强度螺栓和焊接组合节点或全焊缝节点。采用高强度螺栓和焊缝组合节点时，腹板应采用高强度螺栓连接，翼缘板应采用单面 V 形坡口加衬垫全焊透焊缝连接；采用全焊缝节点时，翼缘板应采用单面 V 形坡口加衬垫全焊透焊缝，腹板宜采用 K 形坡口双面部分焊透焊缝。故不常用的为选项 D。

答案： D

16-13-3 **解：** 支撑一般按拉杆设计，所以应取净截面面积计算其抗拉强度设计值。

答案： B

16-13-4 **解：** 见《钢结构设计标准》（GB 50017—2017）第 11.4.3 条。承压型连接的高强度螺栓的预拉力 *P* 与摩擦型连接相同，抗剪、抗拉和承压承载力设计值的计算方法与普通螺栓相同。

答案： C

16-13-5 **解：** 螺栓群的转动中心（形心）为中间一排螺栓，受力为零，形心以上螺栓受拉，形心以下螺栓受压。螺栓受力大小与其到形心的距离成正比，有 $\dfrac{N_1}{y_1/2} = \dfrac{N_2}{y_2/2}$，则 $N_2 = \dfrac{N_1 y_2}{y_1}$。

根据弯矩平衡，有 $Fe = 2N_1 y_1 + 2N_2 y_2$，螺栓 A 所受的拉力 $N_1 = \dfrac{Fey_1}{2y_1^2 + 2y_2^2}$。

答案： B

16-13-6 **解：** 根据《钢结构设计标准》（GB 50017—2017）第 16.1.3 条，疲劳计算应采用基于名义应力的容许应力幅法，即构件或连接的应力幅值只要小于或等于容许应力幅，则满足疲劳强度的要求。

答案： B

16-13-7 **解：** 普通螺栓连接的抗剪承载力不考虑板件间的摩擦力。

答案： C

16-13-8 **解：** 根据《钢结构设计标准》（GB 50017—2017）第 11.1.5 条第 6 款，焊缝连接宜选择等强匹配，当不同强度的钢材连接时，可采用与低强度钢材相匹配的焊接材料。

答案： A

16-13-9 **解：** 焊缝质量检验一般可采用外观检查及无损检测。焊缝质量检验和质量标准分为三级，一级焊缝的检验项目是外观检查和超声波探伤（或射线探伤），探伤比例100%；二级焊缝的检验项目是外观检查和超声波探伤，探伤比例不低于20%；三级焊缝的检查项目是对全部焊缝做外观检查。所以只做外观检查的是三级焊缝。

答案：C

16-13-10 解： 侧面角焊缝的计算长度$l_w = 380 - 2 \times 6 = 368 > 60h_f = 360mm$，焊缝的承载力设计值折减系数$\alpha_f = 1.5 - \frac{l_w}{120h_f} = 1.5 - \frac{368}{120 \times 6} = 0.99$。

答案：D

16-13-11 解： 考点：①角焊缝的计算长度l_w，对每条焊缝取其实际长度减去$2h_f$；②对承受静力荷载和间接承受动力荷载的结构，正面角焊缝的强度设计值增大系数$\beta_f = 1.22$；③角焊缝的搭接焊缝连接中，如果焊缝计算长度l_w超过$60h_f$时，焊缝的承载力设计值应乘以折减系数$\alpha_f = 1.5 - \frac{l_w}{120h_f}(\alpha_f \geq 0.5)$（本题$l_w$未超过$60h_f$）。

答案：D

16-13-12 解：《钢结构设计标准》（GB 50017—2017）第11.2.6条规定，角缝焊的搭接焊接连接中，当焊缝的计算长度l_w超过$60h_f$时，焊缝的承载力设计值应乘以折减系数$\alpha_f = 1.5 - \frac{l_w}{120h_f}(\alpha_f \geq 0.5)$。

答案：B

16-13-13 解： 前三种破坏可通过计算防止，而后两种破坏是通过构造措施来避免的。

答案：C

16-13-14 解： 摩擦型高强度螺栓受剪连接是以摩擦力被克服作为承载能力极限状态的，承压型高强度螺栓连接是以栓杆剪切或孔壁承压破坏作为受剪的极限状态。

答案：D

16-13-15 解： 在杆轴方向受拉的连接中，每个摩擦型高强度螺栓的承载力设计值为：$N_t^b = 0.8P$；而承压型高强度螺栓承载力设计值的计算公式与普通螺栓相同，即$N_t^b = \frac{\pi d_e^2}{4}f_t^b$，两公式的计算结果相近，但并不完全相等。

答案：D

16-13-16 解： 此连接节点螺栓受剪力作用，假设螺栓群均匀受力，则节点左侧12个螺栓，每个螺栓承受的剪力为$N/12$，右侧8个螺栓，每个螺栓承受的剪力为$N/8$。

答案：D

（十四）钢屋盖结构

16-14-1 设计采用钢桁架的屋盖结构时，必须：

A. 布置纵向支撑和刚性系杆

B. 采用梯形桁架

C. 布置横向支撑和垂直支撑

D. 采用角钢杆件

16-14-2 单层厂房屋盖结构设计，当考虑风吸力的荷载组合时，永久荷载的荷载分项系数取：

A. 1.2　　　　　B. 1.35　　　　　C. 1.0　　　　　D. 1.4

16-14-3 当屋架杆件在风吸力作用下由拉杆变为压杆时，其允许长细比应为：

A. 150　　　　　B. 200　　　　　C. 250　　　　　D. 350

16-14-4 用填板连接而成的双角钢或双槽钢，可按实腹构件进行计算，关于填板以下哪几条叙述是正确的?

①对于受压构件,填板的间距不应超过 $40i$(i为截面回转半径);

②对于受拉构件,填板的间距不应超过 $80i$;

③对于双角钢组成的十字形截面,i取一个角钢的最小回转半径;

④受拉和受压构件两个侧向支撑点之间的填板数不得少于两个。

A. ①②   B. ①②③

C. ①②③④   D. ①③④

16-14-5 为保证屋盖结构的空间刚度和空间整体性,为屋架弦杆提供必要的侧向支撑点,承受和传递水平荷载以及保证在施工和使用阶段屋盖结构的空间几何稳定性,钢屋盖结构必须设置哪些支撑系统?

A. 屋架上弦横向水平支撑、下弦横向水平支撑和纵向水平支撑

B. 屋架上弦横向水平支撑、竖向支撑和系杆

C. 屋架下弦横向水平支撑、纵向水平支撑和系杆

D. 屋架下弦横向水平支撑、纵向水平支撑和竖向支撑

16-14-6 在进行钢屋架内力计算时,采用全跨永久荷载加半跨可变荷载的组合是为了求得哪种最大内力?

A. 弦杆的最大内力

B. 腹杆的最大内力

C. 屋架端腹杆的最大内力

D. 屋架跨中附近的斜腹杆内力可能变号或内力增大

16-14-7 一座无吊车的厂房,屋架间距为 6m,屋架柔性系杆的断面应选择下列中的哪一种?

A. ∠56×5,$i_x = 1.72$cm,$i_{min} = 1.10$cm

B. ∠63×5,$i_x = 1.94$cm,$i_{min} = 1.25$cm

C. ∠70×5,$i_x = 2.16$cm,$i_{min} = 1.39$cm

D. ∠75×5,$i_x = 2.32$cm,$i_{min} = 1.50$cm

16-14-8 有重级工作制吊车的厂房,屋架间距和支撑节间均为 6m,屋架下弦交叉支撑的断面应选择以下哪一种?

A. ∠63×5,$i_x = 1.94$cm   B. ∠70×5,$i_x = 2.16$cm

C. ∠75×5,$i_x = 2.32$cm   D. ∠80×5,$i_x = 2.43$cm

16-14-9 钢屋盖桁架结构中,腹杆和弦杆直接连接而不采用节点板,则腹杆的计算长度系数为:

A. 1   B. 0.9   C. 0.8   D. 0.7

16-14-10 确定桁架弦杆的长细比λ时,其计算长度l_0的取值为下列中的哪几项?

①在桁架平面内的弦杆,$l_0 = l$(l为构件的几何长度);

②在桁架平面内的支座斜杆和支座腹杆,$l_0 = l$;

③在桁架平面内的其他腹杆,$l_0 = 0.8l$;

④在桁架平面外的其他腹杆,$l_0 = 0.9l$。

A. ①②   B. ①②③

C. ①②③④   D. ①③④

16-14-1 解：钢桁架屋盖结构必须设置横向水平支撑和竖向支撑，纵向水平支撑只是在某些特定情况下需要设置。

答案：C

16-14-2 解：永久荷载当其效应对结构有利时，一般情况下荷载分项系数取 1.0。

答案：C

16-14-3 解：《钢结构设计标准》（GB 50017—2017）第 7.4.7 条第 4 款规定，受拉构件在永久荷载与风荷载组合作用下受压时，其长细比不宜超过 250。

答案：C

16-14-4 解：根据《钢结构设计标准》（GB 50017—2017）第 7.2.6 条，用填板连接而成的双角钢或双槽钢构件，可按实腹式构件进行计算，但受压构件填板间的距离不应超过 $40i$，受拉构件填板间的距离不应超过 $80i$。对双角钢十字形截面，i 取一个角钢的最小回转半径。受压构件的两个侧向支承点之间的填板数不应少于 2 个。第①、②、③项正确，第④项错误。

答案：B

16-14-5 解：所有屋盖必须设置上弦横向水平支撑、竖向支撑和系杆，是否设置下弦横向水平支撑和纵向水平支撑则视情况而定。

答案：B

16-14-6 解：在这种荷载组合下，屋架跨中附近个别腹杆可能会出现内力变号（拉力变压力）或内力增大的情况。

答案：D

16-14-7 解：《钢结构设计标准》（GB 50017—2017）第 7.4.7 条规定，计算单角钢受拉构件的长细比时，应采用最小回转半径，$\lambda \leqslant 400$，$l_0 = 600\text{cm}$，则 $i_{\min} = 600/400 = 1.5\text{cm}$。

答案：D

16-14-8 解：根据《钢结构设计标准》（GB 50017—2017）第 7.4.7 条表 7.4.7，$\lambda \leqslant 350$，计算长度 $l_0 = 600\sqrt{2} = 849\text{cm}$，$i_x = 849/350 = 2.43\text{cm}$。

答案：D

16-14-9 解：《钢结构设计标准》（GB 50017—2017）第 7.4.1 条规定，除钢管结构外，无节点板的腹杆计算长度在任意平面内均应取其几何长度。

答案：A

16-14-10 解：根据《钢结构设计标准》（GB 50017—2017）第 7.4.1 条表 7.4.1-1，在桁架平面外的其他腹杆，$l_0 = l$。④项错误，其他均正确。

答案：B

（十五）砌体结构材料性能

16-15-1 关于砂浆强度等级 M0 的说法正确的是：

①施工阶段尚未凝结的砂浆；②抗压强度为零的砂浆；

③用冻结法施工解冻阶段的砂浆；④抗压强度很小接近零的砂浆。

  A. ①③   B. ①②   C. ②④   D. ②

16-15-2 砌体轴心受压时，块体的受力状态为：

  A. 压力   B. 剪力、压力

  C. 弯矩、压力   D. 弯矩、剪力、压力、拉力

16-15-3 砌体抗压强度恒比块材强度低的原因是：

  ①砌体受压时块材处于复杂应力状态；

  ②砌体中有很多竖缝，受压后产生应力集中现象；

  ③砌体受压时砂浆的横向变形大于块材的横向变形，导致块材在砌体中受拉；

  ④砌体中块材相互错缝咬结，整体性差。

  A. ①③   B. ②④   C. ①②   D. ①④

16-15-4 砌体的抗拉强度主要取决于：

  A. 块材的抗拉强度   B. 砂浆的抗压强度

  C. 灰缝厚度   D. 块材的整齐程度

16-15-5 施工阶段的新砌体，砂浆尚未硬化时，砌体的抗压强度：

  A. 按砂浆强度为零确定   B. 按零计算

  C. 按设计强度的 30% 采用 D. 按设计强度的 50% 采用

16-15-6 关于砖砌体的抗压强度与砖、砂浆抗压强度的关系，下列叙述正确的是：

  A. 砌体的抗压强度将随块体和砂浆强度等级的提高而提高

  B. 砌体的抗压强度与砂浆的强度及块体的强度成正比例关系

  C. 砌体的抗压强度小于砂浆和块体的抗压强度

  D. 砌体的抗压强度比砂浆的强度大，而比块体的强度小

16-15-7 下面关于砌体抗压强度的说法，正确的是：

  A. 砌体的抗压强度随砂浆和块体的强度等级的提高按一定比例增加

  B. 块体的外形越规则、越平整，则砌体的抗压强度越高

  C. 砌体中灰缝越厚，则砌体的抗压强度越高

  D. 砂浆的变形性能越大、越容易砌筑，砌体的抗压强度越高

16-15-8 砌体轴心抗拉、弯曲抗拉和抗剪强度主要取决于下列中的哪个因素？

  A. 砂浆的强度   B. 块体的抗拉强度

  C. 砌筑方式   D. 块体的形状和尺寸

题解及参考答案

16-15-1 **解：**《砌体结构设计规范》（GB 50003—2011）第 3.2.4 条规定，施工阶段砂浆尚未硬化的新砌砌体的强度和稳定性，可按砂浆强度为零进行验算。用冻结法施工时，砂浆砌筑后即冻结，天气回暖后砂浆解冻尚未凝结时的强度等级为 M0。

  答案： A

16-15-2 **解：**灰缝厚度不均匀性导致块体受弯、受剪；块体与灰浆的弹性模量及横向变形系数不

同使得块体内产生拉应力。

答案： D

16-15-3　解： 由于砂浆灰缝厚度不均匀导致块材受弯、受剪，处于复杂应力状态；块材与砂浆的弹性模量及横向变形系数不同，使得块材在砌体内产生拉应力。

答案： A

16-15-4　解： 见《砌体结构设计规范》（GB 50003—2011）第 3.2.2 条第 1 款，由表 3.2.2 可以看出，砌体的抗拉强度与砂浆的强度等级（抗压强度）有关。

答案： B

16-15-5　解：《砌体结构设计规范》（GB 50003—2011）第3.2.4条规定，施工阶段砂浆尚未硬化的新砌体的强度和稳定性，可按砂浆强度为零进行验算。

答案： A

16-15-6　解： 根据《砌体结构设计规定》（GB 50003—2011）第 3.2.1 条，砖砌体的抗压强度随砖块体和砂浆的强度等级提高而提高，但并非线性关系。

答案： A

16-15-7　解： 块体的强度等级和砂浆的强度等级越高，砌体的抗压强度越高，但并非按比例增加，选项 A 错误。

块体的形状越规则、表面越平整，则块体的受弯、受剪作用越小，可推迟块体内竖向裂缝的出现，因而砌体的抗压强度得到提高，选项 B 正确。

灰缝过厚，会使块体受到的横向拉应力增大，导致砌体抗压强度降低；灰缝过薄，不易铺抹均匀，会加剧块体在砌体中的复杂应力状态，同样降低砌体抗压强度，选项 C 错误。

砂浆的弹性模量决定其变形率，砂浆的弹性模量越小，在压力作用下其横向变形越大，导致块体受到拉、剪应力越大，使砌体的抗压强度降低，选项 D 错误。

答案： B

16-15-8　解： 题中三种受力状态砌体结构的强度，均与砂浆强度等级有关。见《砌体结构设计规范》（GB 50003—2011）第 3.2.2 条表 3.2.2。

答案： A

（十六）砌体结构设计基本原则

16-16-1 砌体结构房屋，当梁跨度大到一定程度时，在梁支承处宜加设壁柱。对砌块砌体而言，现行规范规定的该跨度限值是：

A. 4.8m　　　　B. 6.0m　　　　C. 7.2m　　　　D. 9m

16-16-2 根据施工质量控制等级，砌体结构材料性能的分项系数 γ_f 取为：

A. B级 $\gamma_f = 1.6$，C级 $\gamma_f = 1.8$　　　　B. B级 $\gamma_f = 1.5$，C级 $\gamma_f = 1.6$

C. B级 $\gamma_f = 1.5$，C级 $\gamma_f = 1.8$　　　　D. B级 $\gamma_f = 1.6$，C级 $\gamma_f = 1.7$

题解及参考答案

16-16-1　解： 构造要求，见《砌体结构设计规范》（GB 50003—2011）第 6.2.8 条，对砌块、料石墙为 4.8m，对 240mm 厚的砖墙为 6m，对 180mm 厚的砖墙为 4.8m。

答案： A

16-16-2 解： 设计规定，根据《砌体结构设计规范》（GB 50003—2011）第 4.1.5 条，施工质量控制等级为 B 级时，材料性能分项系数 $\gamma_f = 1.6$，当为 C 级时 $\gamma_f = 1.8$，当为 A 级时 $\gamma_f = 1.5$。

答案： A

（十七）砌体墙、柱的承载力计算

16-17-1 砌体局部受压强度的提高，是因为：

    A. 局部砌体处于三向受力状态

    B. 非局部受压砌体有起拱作用而卸载

    C. 非局部受压面积提供侧压力和力的扩散的综合影响

    D. 非局部受压砌体参与受力

16-17-2 对于截面尺寸、砂浆和块体强度等级均相同的砌体受压构件，下面哪些说法是正确的？

    ①承载力随高厚比的增大而减小；②承载力随偏心距的增大而减小；

    ③承载力与砂浆的强度等级无关；④承载力随相邻横墙间距的增加而增大。

    A. ①②   B. ①②③   C. ①②③④   D. ①③④

16-17-3 截面尺寸为 240mm×370mm 的砖砌短柱，轴向压力的偏心距如图所示，其抗压承载力的大小顺序是：

    A. ①>②>③>④   B. ③>①>②>④

    C. ④>②>③>①   D. ①>③>④>②

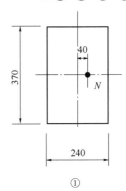 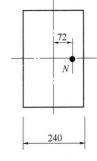 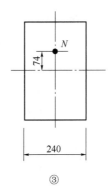 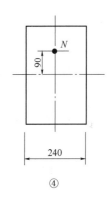

题 16-17-3 图（尺寸单位：mm）

16-17-4 某带壁柱砖墙及轴向压力的作用位置如图所示，设计时，轴向压力的偏心距 e 不应大于多少毫米？

    A. 161   B. 193   C. 225   D. 321

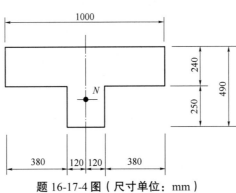

题 16-17-4 图（尺寸单位：mm）

题解及参考答案

16-17-1　解： 砌体的局部受压，按受力特点的不同，可以分为局部均匀受压和梁端局部受压两种。由于局部受压砌体有套箍作用与应力扩散的存在，所以砌体抵抗压力的能力有所提高，在计算砌体局部抗压承载力时，用局部抗压提高系数γ来修正。

答案： C

16-17-2　解： 砌体受压构件承载力的计算公式$N \leqslant \varphi f A$，其中φ为高厚比β和轴向力偏心距e对受压构件承载力的影响系数，β和e越大，φ越小，承载力N越低，①、②项正确；同时φ还与砂浆的强度等级有关，③项错误；受压构件的承载力与横墙间距关系不大，④项错误。

答案： A

16-17-3　解： 抗压承载力与e/h成反比，其中e为偏心距，h为偏心方向的截面尺寸。①、②、③、④项的e/h分别为 0.17、0.3、0.2、0.24。

答案： D

16-17-4　解： 《砌体结构设计规范》（GB 50003—2011）第 5.1.5 条规定：$e \leqslant 0.6y$，y为截面重心到轴向力所在偏心方向截面边缘的距离。经计算，$y = 321\text{mm}$，则$e \leqslant 193\text{mm}$。

答案： B

（十八）混合结构房屋设计

16-18-1 关于砌块砌体房屋的构造措施，下述正确的是：

　　A. 对于三层和三层以上的房屋，长高比L/H宜小于或等于 3.5

　　B. 小型空心砌块，在常温施工时，宜将块体浇水湿润后再进行砌筑

　　C. 圈梁宜连续地设置在同一水平面上，在门窗洞口处不得断开

　　D. 多层砌块房屋，对外墙及内纵墙，屋盖处应设置圈梁，底层也应设置

16-18-2 关于伸缩缝的说法不正确的是：

　　A. 伸缩缝应设在温度和收缩变形可能引起应力集中的部位

　　B. 伸缩缝应设在高度相差较大或荷载差异较大处

　　C. 伸缩缝的宽度与砌体种类，屋盖、楼盖类别、保温隔热层是否设置有关

　　D. 伸缩缝只将楼体及楼盖分开，不必将基础断开

16-18-3 影响砌体结构房屋空间工作性能的主要因素是下面哪一项？

　　A. 房屋结构所用块材和砂浆的强度等级

　　B. 外纵墙的高厚比和门窗洞口的开设是否超过规定

　　C. 圈梁和构造柱的设置是否满足规范的要求

　　D. 房屋屋盖、楼盖的类别和横墙的距离

16-18-4 在相同荷载、相同材料、相同几何条件下，用弹性方案、刚弹性方案和刚性方案计算砌体结构的柱（墙）底端弯矩，结果分别为$M_弹$、$M_{刚弹}$和$M_刚$，三者的关系是：

　　A. $M_{刚弹} > M_刚 > M_弹$　　　　　　　　B. $M_弹 < M_{刚弹} < M_刚$

　　C. $M_弹 > M_{刚弹} > M_刚$　　　　　　　　D. $M_{刚弹} < M_刚 < M_弹$

16-18-5 在设计砌体结构房屋时，就下列所述概念，哪项是完全正确的？

A. 无山墙的房屋，应按弹性方案考虑

B. 房屋的静力方案分别为刚性方案和弹性方案

C. 房屋的静力计算方案是依据横墙的间距来划分的

D. 对于刚性方案多层砌体房屋的外墙，如洞口水平的截面面积不超过全截面面积的2/3，则作静力计算，可不考虑风载影响

16-18-6 《砌体结构设计规范》对砌体结构为刚性方案、刚弹性方案或弹性方案的判别因素是下列中的哪一项？

A. 砌体的材料和强度

B. 砌体的高厚比

C. 屋盖、楼盖的类别与横墙的刚度及间距

D. 屋盖、楼盖的类别与横墙的间距，而与横墙本身条件无关

16-18-7 下列计算简图错误的是：

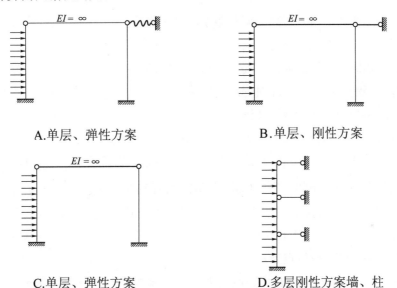

A.单层、弹性方案   B.单层、刚性方案

C.单层、弹性方案   D.多层刚性方案墙、柱

16-18-8 对多层砌体房屋进行承载力验算时，"墙在每层高度范围内可近似视作两端铰支的竖向构件"所适用的荷载是：

A. 风荷载   B. 水平地震作用

C. 竖向荷载   D. 永久荷载

16-18-9 刚性和刚弹性方案房屋的横墙应符合下列中哪几项要求？

①墙的厚度不宜小于 180mm；

②横墙中开有洞口时，洞口的水平截面面积不应超过横墙截面面积的 25%；

③单层房屋的横墙长度不宜小于其高度；

④多层房屋的横墙长度不宜小于横墙总高的1/2。

A. ①②   B. ①②③   C. ②③④   D. ①③④

16-18-10 刚性方案多层房屋的外墙，在静力计算时不考虑风荷载的影响，应符合以下哪些要求？

①洞口水平截面面积不超过全截面面积的1/2；

②屋面自重不小于0.8kN/m²；

217

③基本风压值为0.4kN/m²时，层高≤4.0m，房屋总高≤28m；

④基本风压值为0.7kN/m²时，层高≤3.5m，房屋总高≤18m。

A.①②　　　　　B.①②③　　　　　C.②③④　　　　　D.①③④

16-18-11 对于底部需要较大空间的房屋，一般应选择以下哪种结构体系？

    A.横墙承重体系　　　　　　　　　　B.纵墙承重体系

    C.纵横墙承重体系　　　　　　　　　D.底部框架承重体系

16-18-12 下列几种情况中，可以不进行局部抗压承载力计算的是哪一种？

    A.支承梁的砌体柱　　　　　　　　　B.窗间墙下的砌体墙

    C.支承墙或柱的基础面　　　　　　　D.支承梁的砌体墙

16-18-13 经验算，某砌体房屋墙体的高厚比不满足要求，可采取下列哪几项措施？

    ①提高块体的强度等级；②提高砂浆的强度等级；

    ③增加墙的厚度；④减小洞口面积。

A.①③　　　　　B.①②③　　　　　C.②③④　　　　　D.①③④

16-18-14 关于圈梁的作用，下列中哪几条说法是正确的？

    ①提高楼盖的水平刚度；

    ②增强纵、横墙的连接，提高房屋的整体性；

    ③减轻地基不均匀沉降对房屋的影响；

    ④承担竖向荷载，减小墙体厚度；

    ⑤减小墙体的自由长度，提高墙体的稳定性。

A.①②③　　　　B.①②③⑤　　　　C.①②③④　　　　D.①③⑤

16-18-15 圈梁必须是封闭的，当砌体房屋的圈梁被门窗洞口截断时，应在洞口上部增设相同截面的附加圈梁，附加圈梁与原圈梁的搭接长度不应小于其中到中垂直距离的多少倍（且不得小于1m）？

A.1　　　　　　　B.1.5　　　　　　　C.2　　　　　　　D.1.2

16-18-16 刚性房屋的主要特点为：

    A.空间性能影响系数η大，刚度大　　B.空间性能影响系数η小，刚度小

    C.空间性能影响系数η小，刚度大　　D.空间性能影响系数η大，刚度小

题解及参考答案

16-18-1 **解：**根据《建筑地基基础设计规范》（GB 50007—2011）第7.4.3条，对于三层和三层以上的房屋，其长高比L/H_f宜小于或等于2.5，因此选项A不正确。根据《砌体结构工程施工质量验收规范》（GB 50203—2011）第6.1.7条规定：常温时小型空心砌块砌筑前不需浇水，选项B不正确。《砌体结构设计规范》（GB 50003—2011）第7.1.5条规定：圈梁可在门窗洞口断开，但应在洞口上部增设相同截面的附加圈梁，选项C不正确。

根据《建筑抗震设计规范》（GB 50011—2010）（2016年版）第7.3.3条表7.3.3，选项D正确。

答案：D

16-18-2 **解：**选项B是沉降缝的设置要求。

答案：B

16-18-3 解： 砌体结构房屋静力计算时，根据房屋的空间工作性能分为刚性方案、刚弹性方案和弹性方案。影响房屋空间工作性能的主要因素有屋盖或楼盖的类别和横墙的间距。见《砌体结构设计规范》（GB 50003—2011）第 4.2.1 条表 4.2.1。

      答案： D

16-18-4 解： 上端约束越小，变形越大，柱（墙）底弯矩越大。

      答案： C

16-18-5 解： 根据《砌体结构设计规范》（GB 50003—2011）第 4.2.1 条表 4.2.1 注 3，对无山墙或伸缩缝处无横墙的房屋，应按弹性方案考虑。

      答案： A

16-18-6 解： 根据《砌体结构设计规范》（GB 50003—2011）第 4.2.1 条表 4.2.1，判断砌体结构房屋静力计算方案的因素包括屋盖或楼盖的类别和横墙的间距；第 4.2.2 条对刚性和刚弹性方案房屋的横墙有明确的要求（对横墙刚度的要求），选项 C 正确。

      答案： C

16-18-7 解： 选项 A 为单层，刚弹性方案的计算简图。

      答案： A

16-18-8 解： 根据《砌体结构设计规范》（GB 50003—2011）第 4.2.5 条第 2 款，刚性方案多层砌体房屋在竖向荷载作用下，墙、柱在每层高度范围内，可近似视作两端铰支的竖向构件；在水平荷载作用下，墙、柱可视作竖向连续梁。

      答案： C

16-18-9 解： 根据《砌体结构设计规范》（GB 50003—2011）第 4.2.2 条，洞口的水平截面面积不应超过横墙截面面积的 50%，②项错误，其他要求均正确。

      答案： D

16-18-10 解： 根据《砌体结构设计规范》（GB 50003—2011）第 4.2.6 条第 2 款，第①项的 1/2 应为 2/3，其他要求均正确。

      答案： C

16-18-11 解： 底部框架结构可以满足较大空间的使用要求。

      答案： D

16-18-12 解： 只有窗间墙下的砌体墙不需进行局部抗压承载力计算。

      答案： B

16-18-13 解： 根据《砌体结构设计规范》（GB 50003—2011）第 6.1.1 条，块体的强度等级对墙体高厚比没有影响。

      答案： C

16-18-14 解： 圈梁是按构造要求设置的，不应承担竖向荷载，也不会减小墙体厚度，故第④项错误。第①、②、③、⑤项均为圈梁的作用。

      答案： B

16-18-15 解： 根据《砌体结构设计规范》（GB 50003—2011）第 7.1.5 条第 1 款，圈梁宜连续设在同一水平面上，并形成封闭状；当圈梁被门窗洞口截断时，应在洞口上部增设相同截面的附加圈梁。附加圈梁与圈梁的搭接长度不应小于其中到中垂直距离的 2 倍，且不得小于 1m。

答案：C

16-18-16 解：房屋的侧向刚度越大，变形越小，空间性能影响系数就越小。

答案：C

（十九）砌体结构房屋部件

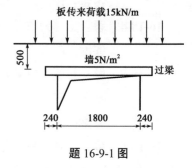

题 16-9-1 图

16-19-1 如图所示砖砌体中的过梁（尺寸单位为 mm），作用在过梁上的荷载为：

A. 20kN/m

B. 18kN/m

C. 17.5kN/m

D. 2.5kN/m

16-19-2 对于跨度较大的梁，应在其支承处的砌体上设置混凝土或钢筋混凝土垫块，但当墙中设有圈梁时，垫块与圈梁宜浇成整体，对砖砌体而言，现行规范规定的梁跨度限值是：

A. 6.0m   B. 4.8m   C. 4.2m   D. 3.6m

16-19-3 墙梁设计时，正确的概念是下述哪几条？

①施工阶段，托梁应按偏心受拉构件计算；

②使用阶段，托梁支座截面应按钢筋混凝土受弯构件计算；

③使用阶段，托梁斜截面抗剪承载力应按钢筋混凝土受弯构件计算；

④承重墙梁的支座处应设置落地翼墙。

A. ①②③   B. ①②③④

C. ②③④   D. ①③④

16-19-4 墙梁计算高度范围内的墙体，在不加设临时支撑的条件下，每天砌筑高度不应超过多少？

A. 1.2m   B. 1.5m

C. 2m   D. $l_0/3$（l_0为墙梁计算跨度）

16-19-5 作用在过梁上的荷载有砌体自重和过梁计算高度范围内的梁板荷载，但可以不考虑高于l_n（l_n为过梁净跨）的墙体自重及高度大于l_n以上的梁板荷载，这是因为考虑了下述哪种作用？

A. 应力重分布   B. 起拱而产生的卸载

C. 梁与墙之间的相互作用   D. 应力扩散

16-19-6 砖砌体墙上有 1.2m 宽的门洞，门洞上设钢筋砖过梁，若梁上墙高为 1.5m，则计算过梁上的墙重时，应取墙高为：

A. 0.4m   B. 0.5m   C. 1.2m   D. 0.6m

16-19-7 关于挑梁的说法，下列中哪几条是正确的？

①挑梁抗倾覆力矩中的抗倾覆荷载，应取挑梁尾端上部 45°扩散角范围内本层的砌体与楼面恒载标准值之和；

②挑梁埋入砌体的长度与挑出长度之比宜大于 1.2，当挑梁上无砌体时，宜大于 2；

③在进行挑梁下砌体的局部抗压承载力验算时，挑梁下的支承压力取挑梁的倾覆荷载设计值；

④挑梁本身应按钢筋混凝土受弯构件设计。

A. ②③   B. ①②③   C. ①②④   D. ①③

16-19-8　圈梁必须是封闭的，当砌体房屋的圈梁被门窗洞口切断时，洞口上部应增设附加圈梁与原圈梁搭接，搭接长度不应小于 lm，且不小于其垂直间距的多少？

A. 1 倍　　　　　　　B. 1.5 倍　　　　　　C. 2 倍　　　　　　D. 2.5 倍

题解及参考答案

16-19-1　**解：** 根据《砌体结构设计规范》（GB 50003—2011）第 7.2.2 条第 1 款，当梁、板下的墙体高度 h_w 小于过梁的净跨 l_n 时，过梁应计入梁、板传来的荷载。第 7.2.2 条第 2 款，对砖砌体，当过梁上的墙体高度 $h_w < l_n/3$（l_n 为过梁净跨）时，应按墙体的均布自重采用；当墙体高度 $h_w \geqslant l_n/3$ 时，应按高度为 $l_n/3$ 墙体的均布自重采用。所以作用在过梁上的荷载为：$15 + 5 \times 0.5 = 17.5$kN/m。

　　　　答案： C

16-19-2　**解：**《砌体结构设计规范》（GB 50003—2011）第 6.2.7 条规定，跨度大于下列数值的梁，应在支承处砌体上设置混凝土或钢筋混凝土垫块，对砖砌体为 4.8m，对砌块和料石砌体为 4.2m，对毛石砌体为 3.9m。

　　　　答案： B

16-19-3　**解：** 根据《砌体结构设计规范》（GB 50003—2011）第 7.3.6 条、第 7.3.8 条，使用阶段，墙梁的托梁跨中截面应按混凝土偏心受拉构件计算，托梁支座截面、托梁斜截面应按混凝土受弯构件计算；规范第 7.3.11 条，托梁应按混凝土受弯构件进行施工阶段的受弯、受剪承载力验算，故第①项错误，第②、③项正确。

　　规范第 7.3.12 条第 6 款，承重墙梁的支座处应设置落地翼墙，当不能设置翼墙时，应设置落地且上、下贯通的混凝土构造柱，故第④项正确。

　　　　答案： C

16-19-4　**解：**《砌体结构设计规范》（GB 50003—2011）第 7.3.12 条第 8 款规定，墙梁计算高度范围内的墙体，每天砌筑高度不应超过 1.5m，否则应加设临时支撑。

　　　　答案： B

16-19-5　**解：** 试验表明，当在砖砌体高度等于过梁跨度的 0.8 倍左右的位置施加荷载时，过梁挠度变化极微。可以认为，在高度等于或大于过梁跨度的砌体上施加荷载时，由于过梁与砌体的组合作用，荷载将通过组合深梁（墙梁）传给砖墙，而不是单独通过过梁传给砖墙，故对过梁内应力增大不多。

　　　　答案： C

16-19-6　**解：** 根据《砌体结构设计规范》（GB 50003—2011），对砖砌体，当过梁上的墙体高度 $h_w < l_n/3$（l_n 为过梁净跨）时，应按墙体的均布自重采用；当墙体高度 $h_w \geqslant l_n/3$ 时，应按高度为 $l_n/3$ 墙体的均布自重采用。$h_w = 1.5$m $> 1.2/3 = 0.4$m，所以应按 0.4m 高计算墙体自重。

　　　　答案： A

16-19-7　**解：** 根据《砌体结构设计规范》（GB 50003—2011）第 7.4.3 条，挑梁抗倾覆力矩中的抗倾覆荷载，应取挑梁尾端上部 45° 扩散角范围内本层的砌体与楼面恒载标准值之和，故选项 D 正确。

　　规范第 7.4.4 条，挑梁下砌体的局部受压承载力验算时，挑梁下的支承压力应取 2 倍的挑梁倾覆荷载设计值，故选项 C 错误。

规范第7.4.6条第2款规定，挑梁埋入砌体的长度与挑出长度之比宜大于1.2，当挑梁上无砌体时，宜大于2，故选项B正确。

挑梁本身为一悬臂构件，应按钢筋混凝土受弯构件设计，故选项A正确。

答案： C

16-19-8 解： 根据《砌体结构设计规范》（GB 50003—2011）第7.1.5条第1款，附加圈梁与原圈梁的搭接长度不应小于其中到中垂直间距的2倍，且不得小于1m。

答案： C

（二十）配筋砖砌体构件

16-20-1 下列关于网状配筋砖砌体的概念，正确的是：

A. 轴向力的偏心距超过规定限值时，宜采用网状配筋砖砌体

B. 网状配筋砖砌体的配筋率越大，砌体强度越高，应尽量增大配筋率

C. 网状配筋砖砌体抗压强度较无筋砌体提高的主要原因，是由于砌体中配有钢筋，钢筋的强度较高，可与砌体共同承担压力

D. 网状配筋砖砌体在轴向压力作用下，钢筋对砌体有横向约束作用，因而间接提高了砖砌体的抗压强度

16-20-2 下列符合网状砌体配筋率要求的是：

A. 不应小于0.1%，且不应大于1%　　　　B. 不应小于0.2%，且不应大于3%

C. 不应小于0.2%，且不应大于1%　　　　D. 不应小于0.1%，且不应大于3%

题解及参考答案

16-20-1 解： 根据《砌体结构设计规范》（GB 50003—2011）第8.1.1条第1款，偏心距超过截面核心范围（对于矩形截面即$e/h > 0.17$），或构件的高厚比$\beta > 16$时，不宜采用网状配筋砖砌体构件，故选项A错误。

规范第8.1.3条第1款，网状配筋砖砌体中的体积配筋率，不应小于0.1%，并不应大于1%。配筋率过大不能发挥钢筋的作用，故选项B错误。

网状配筋砖砌体是在砖砌体中每隔几皮砖在其水平灰缝中设置边长为3~4mm的方格网式钢筋网片。水平钢筋网能约束网片间无筋砌体的横向变形，使该段砌体处于三向受力状态，间接提高了砖砌体的抗压强度。所以选项C错误，选项D正确。

答案： D

16-20-2 解： 根据《砌体结构设计规范》（GB 50003—2011）第8.1.3条第1款，网状配筋砖砌体中的体积配筋率，不应小于0.1%，并不应大于1%。

答案： A

（二十一）砌体结构抗震设计要点

16-21-1 下列哪种情况对抗震不利？

A. 楼梯间设在房屋尽端

B. 采用纵横墙混合承重的结构布置方案

C. 纵横墙布置均匀对称

D. 高宽比为 1：2

16-21-2 考虑抗震设防时，多层砌体房屋在墙中设置圈梁的目的是：

A. 提高墙体的抗剪承载能力   B. 增加房屋楼（屋）盖的水平刚度

C. 减少墙体的允许高厚比   D. 提高砌体的抗压强度

16-21-3 关于多层砖砌体房屋钢筋混凝土构造柱的说法，正确的是：

A. 设置构造柱是为了加强砌体构件抵抗地震作用时的承载力

B. 设置构造柱是为了提高墙体的延性、加强房屋的抗震能力

C. 构造柱必须在房屋每个开间的四个转角处设置

D. 设置构造柱后砌体墙体的抗侧刚度有很大的提高

16-21-4 关于构造柱的作用，下列说法正确的是：

①提高砌体房屋的抗剪能力；

②构造柱对砌体起到约束作用，使其变形能力有较大提高；

③提高了墙体高厚比限值；

④大大提高了砌体承受竖向荷载的能力。

A. ①②③   B. ①③④   C. ①②④   D. ①③

16-21-5 对于砌体结构房屋，以下哪一项措施对抗震不利？

A. 采用纵横墙承重的结构体系

B. 纵横墙的布置宜均匀对称

C. 楼梯间宜设置在房屋的尽端

D. 不应采用无锚固的钢筋混凝土预制挑檐

16-21-6 砌体房屋有下列哪几种情况之一时，宜设置防震缝？

①房屋立面高差在 6m 以上；

②符合弹性设计方案的房屋；

③各部分结构刚度、质量截然不同；

④房屋有错层，且楼板高差较大。

A. ①②③   B. ①③④   C. ①②④   D. ①③

题解及参考答案

16-21-1 **解：** 根据《建筑抗震设计规范》（GB 50011—2010）（2016 年版）第 7.1.7 条第 4 款，楼梯间不宜设在房屋的尽端或转角处。

答案： A

16-21-2 **解：** 多层砌体房屋中设置圈梁是一种抗震构造措施，不考虑其对砌体承载力的提高作用，也不考虑对墙体允许高厚比的影响，但可以增加房屋的水平刚度。

答案： B

16-21-3 **解：** 构造柱不能够提高砌体的承载能力，选项 A 错误。构造柱应按规范要求进行设置，但并不需要在房屋每个开间的四角处设置，选项 C 错误。设置构造柱后并不能较大提高砌体墙体的抗

侧刚度，选项 D 错误。设置构造柱后可以提高墙体的延性，提高房屋的抗震能力，选项 B 正确。

答案：B

16-21-4 解：构造柱不会提高砌体承受竖向荷载的能力，可以间接提高砌体房屋的抗剪能力，第②③项均为构造柱的作用。

答案：A

16-21-5 解：《建筑抗震设计规范》（GB 50011—2010）（2016 年版）第 7.1.7 条第 4 款规定：楼梯间不宜设置在房屋的尽端和转角处。

答案：C

16-21-6 解：根据《建筑抗震设计规范》（GB 50011—2010）（2016 年版）第 7.1.7 条第 3 款，房屋有下列情况之一时宜设置防震缝，缝两侧均应设置墙体，缝宽应根据抗震设防烈度和房屋高度确定，可采用 70~100mm：①房屋立面高差在 6m 以上；②房屋有错层，且板高差大于层高的1/4；③各部分结构刚度、质量截然不同。所以第①、③、④项需要设置防震缝。防震缝的设置与房屋的静力计算方案无关。

答案：B

第十七章　土力学与地基基础

复习指导

应根据"考试大纲"的要求，着重对大纲涉及内容的基本概念、基本理论、基本计算方法和公式、基本计算步骤、相关的试验方法、基本知识的应用等内容进行有系统、有条理地重点掌握。明白其中的道理和关系，掌握分析问题的方法。在了解基本计算原理的基础上，学会使用为减小计算工作量或简化、方便计算所制的相关表格。就本章的选择题类型而言，也不允许有很长的答题时间，因此不必过分追求复杂的原始计算公式和过于繁杂、难度大的题目。从多年考试内容和本科教学要求进行重点分析，认为应掌握以下重点内容：

1. 土的物理性质和工程分类

（1）应熟练掌握土的三相组成、结构及级配等有关概念，土的三相物理性质指标的定义及其计算。

（2）无黏性土的分类方法及定名，无黏性土的特性、密实度指标及标准贯入锤击试验方法。

（3）黏性土的分类方法及定名，黏性土的状态指标、塑性指数、液性指数的概念与计算。

2. 土中应力与地基变形

地基沉降问题是在工程建设中要考虑和解决的地基变形问题之一。对于地基沉降问题，应首先了解地基变形的机理、地基土体产生变形的原因及影响因素、基本计算方法与公式。

（1）土体的变形是由于荷载作用下土体内部孔隙减小所致（孔隙内水和气排出、封闭气泡被压缩）。掌握土粒骨架所承受的有效应力与土体沉降变形的关系。

（2）地基土体承受附加应力引起地基变形。一般情况下我们接触的多是正常固结状态地基土体，地基的变形是由于建筑物荷载作用下产生的附加应力所致。所谓附加应力：即地基土体在自身自重应力作用下已完成固结沉降，在建筑物荷载作用下，土体在承受自重应力的基础上净增加的那部分应力。应该掌握基底压力、基底附加应力的计算方法和公式，常用荷载作用面积和不同荷载分布的土中附加应力的查表方法。

（3）土的自重应力计算。掌握分层土、有地下水位、有隔水层土的竖向自重应力计算。

（4）地基的超固结、欠固结基本概念及其对地基沉降的影响。固结度的概念、一维平均固结度的计算方法和公式。

（5）土的压缩试验方法、压缩性指标的确定及在土的沉降变形计算中的应用。

（6）地基的最终沉降量和沉降与时间的关系。在掌握土中应力计算的基础上，掌握大纲要求的计算最终沉降量的分层总和法和弹性理论法的基本计算方法和公式。掌握一维固结理论的基本原理、基本概念和简化计算方法。

3. 土的抗剪强度

（1）土的抗剪强度是由土的抗剪强度指标c、φ值决定的，即由颗粒之间的黏聚力、摩擦阻力以及连锁作用决定。要了解抗剪强度指标的测定方法及影响因素。

（2）掌握土的强度理论、极限平衡条件、抗剪强度的测定方法和公式的应用。

4. 土压力、地基承载力与边坡稳定

（1）要熟练掌握静止土压力、主动土压力和被动土压力的基本概念、基本计算公式的应用，掌握重力式挡土墙的设计、验算方法。

（2）掌握确定地基承载力特征值的方法（载荷试验、公式计算、工程经验等方法）。掌握载荷试验确定地基承载力特征值的方法和标准，理论公式计算方法、按规范修正公式确定修正后的地基承载力特征值的计算方法。

（3）了解土坡稳定的基本概念及基本计算原理。

5. 地基勘察

（1）工程地质勘察的基本方法、适用性及优缺点。

（2）勘察报告的目的、用途、主要内容。要会运用设计、施工勘察报告和图表对勘察成果进行综合分析，对资料的合理性与可靠性作出判断，以便为工程选择正确的参数。

6. 浅基础

（1）常见的浅基本结构类型有独立基础、条形基础、十字交叉基础、筏板基础、箱形基础。这些基础对地基的要求由高到低；基础刚度、基底面积和所适应的荷载由小到大；对不均匀沉降的适应性由弱到强。

（2）地基承载力是指地基在同时满足强度和变形两个条件时，地基单位面积上所能承受的最大荷载。应掌握影响地基承载力的因素及确定地基承载力的常用方法。

（3）应熟练掌握浅基础设计方法、设计步骤及其之间的关系。浅基础设计前期，必须对场地的地基情况进行勘探调查，确定地基承载力及有关物理、力学性质指标。根据上部结构资料计算作用在基础上的荷载，确定基础埋深，并按地基承载力确定基础底面尺寸，然后进行必要的验算（包括地基承载力及变形验算），最后根据作用在基础底面上的地基反力和材料强度等级确定基础的剖面各部分尺寸。

（4）在软弱地基上建造建筑物时，可以在建筑、结构、设计和施工中采取相应的措施，以减轻不均匀沉降对建筑物的危害，措施得当可以达到减少甚至不必对地基进行处理的效果。对这些必要的措施应系统地加以了解。

（5）掌握地基、基础与上部结构相互作用的基本概念将有助于了解各类基础的性能，正确选择地基基础方案，评价常规理论分析与相互作用理论之间可能存在的差异，认识与理解地基特征变形允许值的影响因素和帮助采取防止不均匀沉降损害的措施等。地基、基础与上部结构共同工作是指地基、基础和上部结构三者相互联系成整体来承担荷载并发生变形。这三部分都将按各自的刚度对整体变形产生制约作用，从而使整个体系的内力和变形发生变化。

7. 深基础

（1）常见的深基础结构类型有：桩基础、大直径桩墩基础、沉井基础、地下连续墙、桩箱基础等，应特别注意对应用最广、适用面宽的桩基础和其他常见类型深基础特点的了解。

（2）桩与桩基础有不同的分类方法。掌握桩基础最基本的分类方法，不同分类方法反映了不同桩基础某些方面的特点。按受力情况可分为端承型桩、摩擦型桩，按所用材料可分为混凝土桩、钢筋混凝土桩、钢桩、木桩，按施工方法可分为预制桩与灌注桩，按承台位置的高低可分为高桩承台基础、低桩承台基础，按桩的使用功能可分为竖向抗压桩、竖向抗拔桩、水平受荷桩，按成桩方法可分为非挤土桩、部分挤土桩、挤土桩，按桩径大小可分为小直径桩、中等直径桩、大直径桩。应了解各类桩基础的特点、设计与施工方法。

（3）桩的承载力问题是桩基础设计的重要内容。目前我国确定桩承载力的规范有《建筑地基基础设计规范》（GB 50007—2011）（以下简称《地基规范》）和《建筑桩基技术规范》（JGJ 94—2008）。桩的承载力，包括单桩竖向承载力、群桩竖向承载力和桩的水平承载力。不同承载性状、不同使用功能、不同桩周土与桩端土质、不同桩的数量使桩承载力的设计变得较为复杂，特别是两个规范中桩的承载力有多种计算方法和公式，给这部分内容的复习带来了难度。我们教程是基于《地基规范》进行介绍的。应注意将各种桩的承载力计算方法和公式加以分析、比较、归类与总结，搞清楚每个公式的适用条件，以达到灵活掌握与应用。对两规范中单桩轴向承载力计算公式应能熟练应用。

（4）桩基础设计包括：确定桩的类型、规格、尺寸与单桩竖向承载力，计算桩的数量并进行桩的平面布置、桩基础验算、桩承台设计。应掌握桩基础的设计步骤，重点掌握桩基础的受力验算。

8. 地基处理

（1）应了解最常用地基的处理方法及计算公式。

（2）地基处理的每一种方法都有它的适用范围、局限性和优缺点。应全面分析、综合考虑工程的复杂程度、工程对地基的具体要求、工程费用等以确定合适的地基处理方法。

练习题、题解及参考答案

（一）土的物理性质和工程分类

17-1-1　盛放在金属容器中的土样连同容器总质量为454g，经烘箱干燥后，总质量变为391g，空的金属容器质量为270g，那么用百分比表示的土样的初始含水量为：

  A. 52.07%   B. 34.23%   C. 62.48%   D. 25.00%

17-1-2　关于土的塑性指数，下面说法正确的是：

  A. 可以作为黏性土工程分类的依据之一

  B. 可以作为砂土工程分类的依据之一

  C. 可以反映黏性土的软硬情况

  D. 可以反映砂土的软硬情况

17-1-3　同一种土的密度ρ，ρ_{sat}，ρ'和ρ_d的大小顺序可能为：

  A. $\rho_d < \rho' < \rho < \rho_{sat}$ B. $\rho_d < \rho < \rho' < \rho_{sat}$

  C. $\rho' < \rho_d < \rho < \rho_{sat}$ D. $\rho' < \rho < \rho_d < \rho_{sat}$

17-1-4　某土样液限$w_L = 25.8\%$，塑限$w_p = 16.1\%$，含水率（含水量）$w = 13.9\%$，可以得到其液性指数I_L为：

  A. $I_L = 0.097$ B. $I_L = 1.23$

  C. $I_L = 0.23$ D. $I_L = -0.23$

17-1-5　某土样液限$w_L = 24.3\%$，塑限$w_p = 15.4\%$，含水率（含水量）$w = 20.7\%$，可以得到其塑性指数I_p为：

  A. $I_p = 0.089$ B $I_p = 8.9$ C. $I_p = 0.053$ D. $I_p = 5.3$

17-1-6　关于土的灵敏度，下面说法正确的是：

  A. 灵敏度越大，表明土的结构性越强

  B. 灵敏度越小，表明土的结构性越强

  C. 灵敏度越大，表明土的强度越高

  D. 灵敏度越小，表明土的强度越高

17-1-7 某饱和土体，土粒相对密度$d_s = 2.70$，含水率（含水量）$w = 30\%$，取水的重度$\gamma_w = 10kN/m^3$，则该土的饱和重度为：

  A. 19.4kN/m³   B. 20.2kN/m³   C. 20.8kN/m³   D. 21.2kN/m³

17-1-8 在体积为$1m^3$的完全饱和土体中，水的体积占$0.6m^3$，该土的孔隙比等于：

  A. 0.40   B. 0.60   C. 1.50   D. 2.50

17-1-9 最容易发生冻胀现象的土是：

  A. 碎石土   B. 砂土   C. 粉土   D. 黏土

17-1-10 当黏性土含水量减小，土体积不再发生变化时，土样应处于哪种状态？

  A. 固体状态   B. 可塑状态   C. 半固体状态   D. 流动状态

17-1-11 结构为蜂窝状的土是：

  A. 粉粒   B. 砂粒   C. 粘粒   D. 碎石

17-1-12 级配良好的砂土应满足的条件是（C_u为不均匀系数，C_c为曲率系数）：

  A. $C_u < 5$ B. $C_u < 10$

  C. $C_u > 5$且$C_c = 1\sim3$ D. $C_u < 5$且$C_c = 1\sim3$

17-1-13 判别黏性土软硬状态的指标是：

  A. 塑性指数   B. 液限   C. 液性指数   D. 塑限

17-1-14 亲水性最强的黏土矿物是：

  A. 高岭石   B. 蒙脱石   C. 伊利石   D. 方解石

17-1-15 土的三相比例指标中可直接测定的指标是下列中的哪三项？

  A. 含水率、孔隙比、饱和度

  B. 密度、含水率、孔隙比

  C. 土粒相对密度、含水率、密度

  D. 密度、含水率、干密度

17-1-16 黏性土可根据下列哪个指标进行工程分类？

  A. 塑性指数   B. 液性指数   C. 液限   D. 塑限

17-1-17 不能传递静水压力的土中水是：

  A. 毛细水   B. 重力水   C. 自由水   D. 结合水

17-1-18 随着击实功的增大，土的最大干密度ρ_d及最佳含水率w_{op}将发生的变化是：

  A. ρ_d增大，w_{op}减小   B. ρ_d减小，w_{op}增大

  C. ρ_d增大，w_{op}增大   D. ρ_d减小，w_{op}减小

17-1-19 下列指标中，哪一数值越大，表明土体越松散？

  A. 孔隙比   B. 相对密度

  C. 标准贯入锤击数   D. 轻便贯入锤击数

17-1-20 土的含水率是指下列中哪个比值？

  A. 土中水的质量与土的质量之比   B. 土中水的质量与土粒质量之比

  C. 土中水的体积与土的体积之比   D. 土中水的体积与土粒体积之比

17-1-21 土的饱和度是指下列中的哪个比值?

    A. 土中水的体积与孔隙体积之比   B. 土中水的体积与气体体积之比

    C. 土中水的体积与土的体积之比   D. 土中水的体积与土粒体积之比

17-1-22 土由半固态转入可塑状态的界限含水率被称为:

    A. 液限   B. 塑限   C. 缩限   D. 塑性指数

17-1-23 某土样的天然含水率 $w = 25\%$,液限 $w_L = 40\%$,塑限 $w_p = 15\%$,其液性指数 I_L 为:

    A. 2.5   B. 0.6   C. 0.4   D. 1.66

17-1-24 按土的工程分类,黏土是指下列中的哪种土?

    A. 塑性指数大于 17 的土   B. 塑性指数大于 10 的土

    C. 粒径小于 0.005mm 的土   D. 粒径小于 0.05mm 的土

17-1-25 回填一般黏性土时,在下述哪种情况下压实效果最好?

    A. 土的含水率接近液限   B. 土的含水率接近塑限

    C. 土的含水率接近缩限   D. 土的含水率接近天然含水率

17-1-26 某土样的重度 $\gamma = 17.1\text{kN/m}^3$,含水率 $w = 30\%$,土粒相对密度 $d_s = 2.7$,土的干密度 ρ_d 为:

    A. 13.15kN/m^3 B. 1.31g/cm^3 C. 16.2kN/m^3 D. 1.62g/cm^3

17-1-27 土的级配曲线越平缓,则:

    A. 不均匀系数越小   B. 不均匀系数越大

    C. 颗粒分布越均匀   D. 级配不良

17-1-28 某原状土的液限 $w_L = 46\%$,塑限 $w_p = 24\%$,天然含水率 $w = 40\%$,则该土的塑性指数为:

    A. 22   B. 22%   C. 16   D. 16%

17-1-29 对填土,要保证其具有足够的密实度,就要控制填土的:

    A. 土粒密度 ρ_s B. 土的密度 ρ

    C. 干密度 ρ_d D. 饱和密度 ρ_{sat}

17-1-30 松砂受振时土颗粒在其跳动中会调整相互位置,土的结构趋于:

    A. 松散   B. 稳定和密实   C. 液化   D. 均匀

17-1-31 以下说法错误的是:

    A. 对于黏性土,可用塑性指数评价其软硬程度

    B. 对于砂土,可用相对密度来评价其松密状态

    C. 对于同一种黏性土,天然含水率反映其相对软硬程度

    D. 对于黏性土,可用液性指数评价其软硬状态

17-1-32 粒径大于 0.075mm 的颗粒含量不超过全重的 50%,且 $I_p > 17$ 的土称为:

    A. 碎石土   B. 砂土   C. 粉土   D. 黏土

17-1-33 在一定压实功作用下,土样中粗粒含量越多,则该土样的:

    A. 最佳含水率和最大干重度都越大

    B. 最大干重度越大,而最佳含水率越小

    C. 最佳含水率和最大干重度都越小

    D. 最大干重度越小,而最佳含水率越大

17-1-34 表征黏性土软硬状态的指标是:

A. 塑限　　　　　　B. 液限　　　　　　C. 塑性指数　　　　　D. 液性指数

17-1-35 下面哪一个土的指标可以直接通过室内试验测试出来？

A. 天然密度　　　　B. 有效密度　　　　C. 孔隙比　　　　　D. 饱和度

17-1-36 通常情况下，土的饱和重度 γ_{sat}，天然重度 γ 和干重度 γ_d 之间的关系为：

A. $\gamma_{sat} < \gamma < \gamma_d$ 　　　　　　　　　B. $\gamma_{sat} > \gamma > \gamma_d$

C. $\gamma < \gamma_{sat} < \gamma_d$ 　　　　　　　　　D. $\gamma > \gamma_{sat} > \gamma_d$

17-1-37 下列有关颗粒级配的说法，错误的是：

A. 土的颗粒级配曲线越平缓，则土的颗粒集配越好

B. 只要不均匀系数 $C_u \geq 5$，就可判定级配良好

C. 土中颗粒大小越均匀，土就越不容易压实

D. 级配良好的土，必然颗粒大小不均匀

17-1-38 液性指数 I_L 为 1.25 的黏性土，应判定为：

A. 硬塑状态　　　　B. 可塑状态　　　　C. 软塑状态　　　　D. 流塑状态

17-1-39 孔隙率可以用于评价土体的：

A. 软硬程度　　　　B. 干湿程度　　　　C. 松密程度　　　　D. 轻重程度

题解及参考答案

17-1-1 **解：** 土的含水率 $w = \frac{m_w}{m_s} \times 100\% = \frac{454-391}{391-270} \times 100\% = 52.07\%$。

答案： A

17-1-2 **解：** 细颗粒土可以按塑性指数分类。塑性指数 $I_p = w_L - w_p$。液限与塑限之差值（省去%），反映在可塑状态下土的含水率变化范围，此值可作为黏性土分类的指标。

答案： A

17-1-3 **解：** 同一种土的饱和密度 ρ_{sat} 大于天然密度 ρ，大于干密度 ρ_d，大于浮密度 ρ'。

答案： C

17-1-4 **解：** $I_L = \frac{w-w_p}{w_L-w_p} = \frac{13.9\%-16.1\%}{25.8\%-16.1\%} = -0.23$。

答案： D

17-1-5 **解：** $I_p = w_L - w_p = 24.3\% - 15.4\% = 8.9\%$。

答案： A

17-1-6 **解：** 土的灵敏度越高，其结构性越强，受扰动后土的强度降低就越多。

答案： A

17-1-7 **解：** 土的三项比例指标换算，$\gamma_{sat} = \frac{d_s+\theta}{1+\theta}\gamma_w$，$e = \frac{wd_s}{S_r}$。饱和土体，取 $S_r = 1$，则 $e = 27 \times 30\% = 0.81$，$\gamma_{sat} = \frac{2.7+0.81}{1+0.81} \times 10 = 19.4kN/m^3$。

答案： A

17-1-8 **解：** 完全饱和土体，即孔隙中全部充满水，$e = \frac{V_v}{V_s} = \frac{0.6}{1-0.6} = 1.5$。

答案： C

17-1-9 **解：** 冻胀现象通常发生在细粒土中，特别是粉质土具有较显著的毛细现象，具有较通畅的水源补给通道，且土粒的矿物成分亲水性强，能使大量水迁移和积聚。相反，黏土因其毛细孔隙很小，

对水分迁移阻力很大，所以冻胀性较粉质土小。

答案：C

17-1-10　解：黏性土随含水量的增大呈现固态、半固态、可塑状态、流动状态，从半固态到流动状态，随着含水率增大，土的体积增大，但当黏性土由半固态转入固态，其体积不再随含水率减少而变化。

答案：A

17-1-11　解：砂粒、碎石等粗粒土的结构为单粒结构，粉粒的结构为蜂窝结构，粘粒的结构为絮凝结构。

答案：A

17-1-12　解：$C_u > 10$的砂土，土粒不均匀，级配良好；$C_u < 5$的砂土，土粒均匀，级配不良；当$C_u > 5$且$C_c = 1\sim3$，土为级配良好的土。

答案：C

17-1-13　解：液性指数$I_L = \frac{w-w_p}{w_L-w_p}$，天然含水率$w$越大，其液性指数$I_L$数值越大，表明土体越软；天然含水率$w$越小，其液性指数$I_L$数值越小，表明土体越坚硬。

答案：C

17-1-14　解：黏土矿物的亲水性强是指其吸水膨胀、失水收缩性强。三种主要黏土矿物中，亲水性最强的是蒙脱石，最弱的是高岭石，伊利石居中。

答案：B

17-1-15　解：土的三相比例指标中可直接测定的指标被称为基本指标，包括土粒相对密度、土的重度和含水率（量）。土的孔隙比、干密度、饱和度等六个指标都可以用基本指标表示。

答案：C

17-1-16　解：黏性土进行工程分类的依据是塑性指数，无黏性土进行工程分类的依据是粒度成分。

答案：A

17-1-17　解：土中结合水包括强结合水、弱结合水，它们不能传递静水压力。土中自由水包括重力水和毛细水，能传递静水压力。

答案：D

17-1-18　解：同一种土，当击实功增大时，根据试验结果可知，其最大干密度ρ_d增大，而最佳含水率w_{op}减小。

答案：A

17-1-19　解：土的相对密实度$D_r = \frac{e_{max}-e}{e_{max}-e_{min}}$，式中$e$为天然孔隙比，$e_{max}$、$e_{min}$分别为土处于最松散、最密实状态的孔隙比，$D_r$值越大，土体越密实，标准贯入锤击数、轻便贯入锤击数数值越大，土体越密实，而孔隙比越大，土体越松散。

答案：A

17-1-20　解：土是由土粒、土中水、土中气组成的三相体，土中气的质量很小，一般忽略不计，土的质量为土粒质量与土中水质量之和，含水率的定义是土中水的质量与土粒质量之比，一般用百分数表示。

答案：B

17-1-21　解：土的体积为土粒体积与孔隙体积之和，孔隙体积为土中水的体积与土中气的体积之和。土的饱和度是表示土中孔隙充满水的程度，为土中水的体积与孔隙体积之比。

答案： A

17-1-22 解： 黏性土的界限含水率有三个，分别是缩限、塑限和液限。土由固态转入半固态的界限含水率为缩限，土由半固态转入可塑状态的界限含水率为塑限，土由可塑状态转入流动状态的界限含水率为液限。

答案： B

17-1-23 解： 液性指数 $I_L = \frac{w-w_p}{w_L-w_p} = \frac{25\%-15\%}{40\%-15\%} = 0.4$

答案： C

17-1-24 解： 黏性土是指 $I_p > 10$ 的土，其中，$I_p > 17$ 的土被称为黏土，$10 < I_p \leqslant 17$ 的土被称为粉质黏土。

答案： A

17-1-25 解： 为达到良好的压实效果，填土的含水率一般控制为 $w_{op} \pm 2\%$，w_{op} 为最优含水率，而 w_{op} 一般为 $w_p + 2\%$，w_p 为塑限。

答案： B

17-1-26 解： 土的干重度 $\gamma_d = \gamma/1 + w = 17.1/1 + 30\% = 13.15 \text{kN/m}^3$

干密度 $\rho_d = \gamma_d/10 = 13.15/10 = 1.315 \text{g/cm}^3$

答案： B

17-1-27 解： 颗粒级配曲线是根据颗分试验成果绘制的曲线，采用对数坐标表示，横坐标为粒径，纵坐标为小于或等于某粒径的土重占土的总重百分比（累计百分含量）。曲线平缓说明土中不同大小颗粒都有，颗粒大小不均匀，不同大小颗粒分布均匀，则土的级配曲线越平缓，颗粒级配良好，不均匀系数 C_u 越大。

答案： B

17-1-28 解： 塑性指数 $I_p = $ 液限 $w_L - $ 塑限 $w_p = 46 - 24 = 22$，塑性指数是用液限减去塑限，用不带%的数值表示。塑性指数是黏土最基本的物理指标，表示黏性土可塑状态含水率的变化范围，也间接反映黏土中黏性土矿物质的多少，广泛应用于土的分类和评价。

答案： A

17-1-29 解： 土的干密度越大，土的密实度越大。填土的密实度标准应根据工程的要求来确定，一般用土的压实系数来控制，而决定压实系数大小的就是土的干密度。

答案： C

17-1-30 解： 松砂受震时，土体具有减缩性，土的结构就趋于密实和稳定。

答案： B

17-1-31 解： 塑性指数是黏性土的可塑状态含水量的变化范围，是评价黏性土可塑性大小的指标。

相对密度是反映砂土密实程度的指标。

天然含水率能反映同一种黏性土的相对软硬程度。

液性指数是反映黏性土物理状态的指标。

答案： C

17-1-32 解： $I_p > 17$ 的为黏土。粗颗粒土主要按照粒度成分分类,细颗粒土主要按照塑性指数分类。

答案： D

17-1-33 解： 在击数（压实功）一定时，粗颗粒含量越多，最大干重（密）度就越大，最佳含水率就越小。

　　答案：B

17-1-34　解：液性指数是反映黏性土物理（软硬程度）状态的指标。

　　答案：D

17-1-35　解：土的天然密度、含水率（量）和土粒相对密度是基本量测指标，可以通过实验室试验测出。称土的有效密度、干密度、饱和密度、孔隙比、孔隙率和饱和度是换算指标（导出指标），即都可以用基本量测指标表示。

　　答案：A

17-1-36　解：根据不同重度的定义，三个重度的条件是土粒的重量均相同，但区别是：饱和重度是土的孔隙充满水，天然重度是孔隙有部分水，干重度是孔隙没有水，三种含水情况下土的重度大小不同。

　　答案：B

17-1-37　解：土的颗粒级配曲线越平缓，说明土中大小颗粒都有，土的级配越好，则土越容易被压实。一般$C_u \geqslant 10$，可判定级配良好；$C_u < 5$为均粒土，级配不良。

　　答案：B

17-1-38　解：$I_L < 0$为坚硬半坚硬状态，$0 \leqslant I_L < 1$为可塑状态，$I_L \geqslant 1$为流塑状态。液性指数I_L为1.25的黏性土，应判定为流塑状态。

　　答案：D

17-1-39　解：孔隙率是土中孔隙总体积与土的总体积之比。孔隙体积越小，土就越密实。因此孔隙率可以用于评价土体的松密程度，但不能反映土中水的情况，因此也不能用于评价土体的干湿状态。评价黏性土的软硬程度是液性指数。

　　答案：C

（二）地基中的应力

17-2-1　均匀地基中地下水位埋深为 1.40m，不考虑地基中的毛细效应，地下水位上土重度为15.8kN/m³，地下水位以下土体的饱和重度为 19.8kN/m³，则地面下 3.6m 处的竖向有效应力为：

　　A. 64.45kPa　　　　　　　　　　　B. 34.68kPa

　　C. 43.68kPa　　　　　　　　　　　D. 71.28kPa

17-2-2　在相同的地基上，甲、乙两条形基础的埋深相等，基底附加压力相等，基础甲的宽度是基础乙的 2 倍。在基础中心以下相同深度Z（$Z > 0$）处基础甲的附加应力σ_A与基础乙的附加应力σ_B相比：

　　A. $\sigma_A > \sigma_B$，且$\sigma_A > 2\sigma_B$

　　B. $\sigma_A > \sigma_B$，且$\sigma_A < 2\sigma_B$

　　C. $\sigma_A > \sigma_B$，且$\sigma_A = 2\sigma_B$

　　D. $\sigma_A > \sigma_B$，但σ_A与$2\sigma_B$的关系尚要根据深度Z与基础宽度的比值确定

17-2-3　关于附加应力，下面说法正确的是：

　　A. 土中的附加应力会引起地基的压缩，但不会引起地基的失稳

　　B. 土中的附加应力除了与基础底面压力有关外，还与基础埋深等有关

　　C. 土中的附加应力主要发生在竖直方向，水平方向上则没有附加应力

　　D. 土中的附加应力一般小于土的自重应力

17-2-4　均布载荷作用下，矩形基底下地基中同样深度处的竖向附加应力的最大值出现在：

  A. 基底中心以下   B. 基底的角点上

  C. 基底点外   D. 基底中心与角点之间

17-2-5 饱和土中总应力为 200kPa，孔隙水压力为 50kPa，孔隙率 0.5，那么土中的有效应力为：

  A. 100kPa   B. 25kPa   C. 150kPa   D. 175kPa

17-2-6 关于土的自重应力，下列说法正确的是：

  A. 土的自重应力只发生在竖直方向上，在水平方向上没有自重应力

  B. 均质饱和地基的自重应力为$\gamma_{sat}h$，其中γ_{sat}为饱和重度，h为计算位置到地表的距离

  C. 表面水平的半无限空间弹性地基，土的自重应力计算与土的模量没有关系

  D. 表面水平的半无限空间弹性地基，自重应力过大也会导致地基土的破坏

17-2-7 关于有效应力原理，下列说法正确的是：

  A. 土中的自重应力属于有效应力

  B. 土中的自重应力属于总应力

  C. 地基土层中水位上升不会引起有效应力的变化

  D. 地基土层中水位下降不会引起有效应力的变化

17-2-8 某黏性土层厚为 2m，室内压缩试验结果如表所示。已知该土层的平均竖向自重应力$\sigma_c =$ 50kPa，平均竖向附加应力$\sigma_z = 150$kPa，问该土层由附加应力引起的沉降为多少？

题 17-2-8 表

p（kPa）	0	50	100	200	400
e	0.951	0.861	0.812	0.753	0.740

  A. 65.1mm   B. 84.4mm   C. 96.3mm   D. 116.1mm

17-2-9 宽度均为b，基底附加应力均为p_0的基础，附加应力影响深度最大的是：

  A. 矩形基础   B. 方形基础

  C. 圆形基础（b为直径）   D. 条形基础

17-2-10 按平面问题求解地基中附加应力的是哪种基础？

  A. 独立基础   B. 条形基础

  C. 墩台基础   D. 片筏基础

17-2-11 土中附加应力起算点位置为：

  A. 天然地面   B. 基础底面

  C. 室外设计地面   D. 室内设计地面

17-2-12 土中自重应力起算点位置为：

  A. 天然地面   B. 基础底面   C. 室外设计地面   D. 室内设计地面

17-2-13 地下水位下降将使土中自重应力增大的是什么位置的土层？

  A. 原水位以下   B. 变动后水位以下

  C. 地面以下   D. 不透水层以下

17-2-14 深度相同时，随着离基础中心点距离的增大，地基中竖向附加应力将如何变化？

  A. 斜线增大   B. 斜线减小   C. 曲线增大   D. 曲线减小

17-2-15 单向偏心的矩形基础，当偏心距$e < L/6$（L为偏心一侧基底边长）时，基底压应力分布图

简化为：

    A. 矩形　　　　　　B. 三角形　　　　　　C. 梯形　　　　　　D. 抛物线

17-2-16 宽度为3m的条形基础,偏心距$e = 0.7$m,作用在基础底面中心的竖向荷载$N = 1000$kN/m,基底最大压应力为：

    A. 800kPa　　　　　　B. 833kPa　　　　　　C. 417kPa　　　　　　D. 400kPa

17-2-17 埋深为d的浅基础，一般情况下基底压应力p与基底附加应力p_0大小的关系为：

    A. $p > p_0$　　　　　　　　　　　　B. $p = p_0$

    C. $p < p_0$　　　　　　　　　　　　D. $p > 2p_0$

17-2-18 下列有关地基土自重应力的说法中，错误的是：

    A. 自重应力随深度的增加而增大

    B. 在求地下水位以下的自重应力时，应取其有效重度计算

    C. 地下水位以下的同一土的自重应力按直线变化，或按折线变化

    D. 土的自重应力分布曲线是一条折线，拐点在土层交界处和地下水位处

17-2-19 与地基中附加应力计算无关的量是：

    A. 基础尺寸　　　　　　　　　　　B. 所选点的空间位置

    C. 土的抗剪强度指标　　　　　　　D. 基底埋深

17-2-20 如图所示，宽度为b的条形基础上作用偏心荷载F，当偏心距$e > b/6$时，下列说法正确的是：

    A. 基底左侧出现拉应力区

    B. 基底右侧出现拉应力区

    C. 基底左侧出现 0 应力区

    D. 基底右侧出现 0 应力区

17-2-21 地基附加应力是指：

    A. 建筑物修建以前，地基中由土体本身的有效重量所产生的压力

    B. 基础底面与地基表面的有效接触应力

    C. 基础底面增加的有效应力

    D. 建筑物修建以后，建筑物重量等外荷载在地基内部引起的有效应力

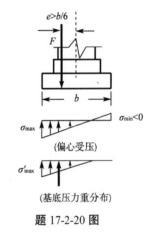

题 17-2-20 图

题解及参考答案

17-2-1 **解：** $\sigma = \sum_{i=1}^{n} \gamma_i h_i = 15.8 \times 1.4 + (19.8 - 10) \times (3.6 - 1.4) = 43.68$kPa（地下水位以下取有效重度$\gamma_i'$进行计算）。

    答案： C

17-2-2 **解：** 根据土中附加应力计算公式：$\sigma_z = \alpha p_0$，基底附加应力p_0不变，只要比较两基础的土中附加应力系数α_A和α_B即可。

    沿条形基础长度方向取 1m 作为研究对象，即$b = 1$m。由题意可知，基础埋深相同，即$Z_A = Z_B$，故$Z_A/b = Z_B/b$。根据矩形面积受均布荷载作用时角点下应力系数表，当$l_A = 2l_B$时，$l_A/2/b$与Z_A/b所

确定的附加应力系数 α_A 小于 2 倍的附加应力系数 α_B［根据 $l_B/2/b$ 与 Z_B/b 所确定］，即 $\alpha_A < 2\alpha_B$。

17-2-3　**解**：A 项，土中的附加应力是使地基产生变形，导致土体强度破坏和失去稳定的重要原因；C 项，土的附加应力不只发生在竖直方向，还有作用在水平方向；D 项，当上部荷载过大时，土中的附加应力将大于土的自重应力。

答案：B

17-2-4　**解**：通过典型点附加应力系数叠加值可验算。

答案：A

17-2-5　**解**：$\sigma' = \sigma - u = 200 - 50 = 150\text{kPa}$。

答案：C

17-2-6　**解**：A 项，土的自重应力不只发生在竖直方向，还有作用在水平方向上的自重应力；B 项，饱和地基土应采用浮重度计算其有效自重应力；C 项，土的自重应力计算与土的重度及地面以下深度有关，与土的模量无关；D 项，土体在自重应力作用下，各点应力不会超过土体的抗剪强度。

答案：C

17-2-7　**解**：B 项，饱和土体中的总应力包括孔隙水压力和有效应力；C、D 项，在计算有效应力时通常取用浮重度，故水位的上升或下降会引起有效应力的减小或增大。

答案：A

17-2-8　**解**：查表，该土层在平均竖向自重应力 $\sigma_c = 50\text{kPa}$ 作用下，$e_1 = 0.861$；在平均总应力 $\sigma_2 = \sigma_c + \sigma_z = 50 + 150 = 200\text{kPa}$ 作用下，$e_2 = 0.753$。

压缩系数为：

$$a = \frac{e_1 - e_2}{\sigma_2 - \sigma_c} = \frac{0.861 - 0.753}{200 - 150} = 7.2 \times 10^{-4}$$

沉降量为：

$$\Delta s = \frac{a\sigma_z}{1 + e_1}h_1 = \frac{7.2 \times 10^{-4} \times 150}{1 + 0.861} \times 2 = 0.1161\text{m} = 116.1\text{mm}$$

答案：D

17-2-9　**解**：宽度相同，附加应力 p_0 相同的基础，条形荷载的影响深度最大，若附加应力达到 $0.1p_0$，方形荷载的影响深度为 $z = 2b$，而条形荷载的影响深度为 $z = 6b$。

答案：D

17-2-10　**解**：当基底的长边尺寸与短边尺寸之比大于或等于 10 时，地基中附加应力可以按平面问题求解；否则，应按空间问题求解。条形基础的长短边之比通常大于 10。

答案：B

17-2-11　**解**：土中附加应力计算时，附加应力系数是 z 的函数，z 坐标的原点为基础底面，所以附加应力起算点位置为基础底面。

答案：B

17-2-12　**解**：土中自重应力是指由原土层自身重力引起的土中应力，所以起算点位置为天然地面。

答案：A

17-2-13　**解**：因地下水位以下透水层中，自重应力应采用有效重度计算，所以地下水位下降后，使原水位以下自重应力增大；地下水位上升后，使变动后水位以下自重应力减小。

答案：A

17-2-14 解：地基中附加应力分布有如下规律：在离基础底面不同深度z处各个水平面上，离中心点下轴线越远，附加应力越小；在荷载分布范围内任意点沿铅垂线的附加应力，深度越大其值越小。且均为非线性变化。

答案：D

17-2-15 解：根据基底压应力的简化计算方法，当偏心距$e > L/6$时，基底最大、最小压应力均大于0，而土中应力的正负号规定为：压力为正，拉力为负，所以分布图为梯形。

答案：C

17-2-16 解：当条形基础的偏心距$e > b/6$时，基底压应力将重分布。为简化计算，条形基础底边的长度取1m，$p_{max} = 2N/3a$，$a = 0.5b - e$，b基础宽度。

答案：B

17-2-17 解：基底附加应力p_0与基底压应力p之间存在的关系为：$p_0 = p - \gamma_0 d$，γ_0为埋深d范围内土的加权平均重度。

答案：A

17-2-18 解：地下水位以下的同一种土中自重应力随深度按直线变化。

注：在不透水层的表面，土的自重应力有突变。

答案：C

17-2-19 解：与地基中附加应力计算无关的量是土的抗剪强度指标。其他如基础尺寸、所选点的空间位置、基底埋深都与地基中附加应力的计算有关。

答案：C

17-2-20 解：基底作用合力大偏心时，按偏心受压公式计算出基底反力分布，出现所谓的拉力区，这是在假设基底与土之间存在拉力情况下的计算结果。实际情况是，基底与土之间不会存在拉应力，故应按基底压力重分布条件计算地基反力。根据地基反力合力与基底作用合力大小相等、方向相反且作用在同一条直线上的条件，偏心合力作用下偏心方向另一侧基底将出现0应力区。

答案：D

17-2-21 解：地基附加应力有基底附加应力和地基附加应力。地基附加应力是指地基土中在原自重应力作用的基础上，由于施加建筑物荷载（外荷载）的作用净增加的应力。

答案：C

（三）地基变形

17-3-1 下面哪一个可以作为固结系数的单位？

A. 年/m　　　　B. m²/年　　　　C. 年　　　　D. m/年

17-3-2 先修高的、重的建筑物，后修矮的、轻的建筑物能够达到下面哪一种效果？

A. 减小建筑物的沉降量

B. 减小建筑物的沉降差

C. 改善建筑物的抗震性能

D. 减小建筑物以下土层的附加应力分布

17-3-3 下面哪一种措施无助于减小不均匀沉降对建筑物的危害？

  A. 增大建筑物的长高比   B. 增强结构的整体刚度

  C. 设置沉降缝   D. 采用轻型结构

17-3-4 关于分层总和法计算沉降的基本假定，下列说法正确的是：

  A. 假定土层只发生侧向变形，没有竖向变形

  B. 假定土层只发生竖向变形，没有侧向变形

  C. 假定土层中只存在竖向附加应力，不存在水平附加应力

  D. 假定土层中只存在水平附加应力，不存在竖向附加应力

17-3-5 对现行《建筑地基基础设计规范》规定建筑物地基变形允许值下列说法正确的是：

  A. 考虑了地基的承载能力要求

  B. 考虑了上部结构对地基变形的适应能力和建筑物的使用要求

  C. 考虑了上部结构的承载力要求

  D. 考虑了基础结构抗变形能力要求

17-3-6 采用分层总和法计算软土地基沉降量时，压缩层下限确定的根据是：

  A. $\sigma_{cz}/\sigma_z \leq 0.2$ B. $\sigma_z/\sigma_{cz} \leq 0.2$

  C. $\sigma_z/\sigma_{cz} \leq 0.1$ D. $\sigma_{cz}/\sigma_z \leq 0.1$

17-3-7 在相同荷载作用下，相同厚度的单面排水土层渗透固结速度最快的是什么土质的地基？

  A. 黏土地基   B. 碎石土地基

  C. 砂土地基   D. 粉土地基

17-3-8 在下列压缩性指标中，数值越小，压缩性越大的指标是：

  A. 压缩系数   B. 压缩模量   C. 压缩指数   D. 孔隙比

17-3-9 两个性质相同的土样，现场载荷试验得到的变形模量E_0和室内压缩试验得到的压缩模量E_s之间存在的相对关系是：

  A. $E_0 > E_s$ B. $E_0 = E_s$ C. $E_0 < E_s$ D. $E_0 \geq E_s$

17-3-10 土体压缩变形的实质是：

  A. 孔隙体积的减小   B. 土粒体积的压缩

  C. 土中水的压缩   D. 土中空气的压缩

17-3-11 对于某一种特定的土来说，压缩系数a_{1-2}大小符合下列哪种规律？

  A. 随竖向压力p增大而增大

  B. 是常数

  C. 随竖向压力p增大而曲线减小

  D. 随竖向压力p增大而线性减小

17-3-12 用规范法计算地基最终沉降量时，若无相邻荷载影响，压缩层下限确定可根据下列哪个条件？

  A. $z_n = b(2.5 - 0.4\ln b)$ B. $\sigma_z/\sigma_{cz} \leq 0.2$

  C. $\sigma_z/\sigma_{cz} \leq 0.1$ D. $\Delta s_n \leq 0.025\sum\Delta s_i$

17-3-13 当土为欠固结状态时，其先期固结压力p_c与目前土的上覆压力γh的关系为：

  A. $p_c < \gamma h$ B. $p_c > \gamma h$ C. $p_c = \gamma h$ D. $p_c = 0$

17-3-14 土在有侧限条件下测得的模量称为：

  A. 变形模量   B. 回弹模量   C. 弹性模量   D. 压缩模量

17-3-15 根据超固结比OCR可将沉积土层分类，当OCR = 1时，土层属于哪类固结土？

    A. 超固结土   B. 欠固结土   C. 正常固结土   D. 老固结土

17-3-16 饱和黏土的总应力σ、有效应力σ'、孔隙水压力u之间存在的关系为：

    A. $\sigma = u - \sigma'$ B. $\sigma = \sigma' + u$

    C. $\sigma' = \sigma + u$ D. $\sigma' = u - \sigma$

17-3-17 某饱和黏性土，在某一时刻，有效应力图面积为总应力图面积的一半，则固结度为：

    A. 100%   B. 33%   C. 67%   D. 50%

17-3-18 确定建筑物场地时优先选择的是由下列哪种土形成的地基？

    A. 超固结土   B. 欠固结土   C. 正常固结土   D. 未固结土

17-3-19 固结排水试验结果适用的条件是：

    A. 快速加荷排水条件良好地基   B. 快速加荷排水条件不良地基

    C. 慢速加荷排水条件良好地基   D. 慢速加荷排水条件不良地基

17-3-20 土体具有压缩性的主要原因是：

    A. 因为水被压缩引起的   B. 由孔隙的减少引起的

    C. 由土颗粒的压缩引起的   D. 土体本身压缩模量较小引起的

17-3-21 下列因素中，与水在土中的渗透速度无关的是：

    A. 渗流路径   B. 水头差   C. 土的渗透系数   D. 土重度

17-3-22 其他条件相同，以下选项错误的是：

    A. 排水路径越长，固结完成所需时间越长

    B. 渗透系数越大，固结完成所需时间越短

    C. 压缩系数越大，固结完成所需时间越长

    D. 固结系数越大，固结完成所需时间越短

17-3-23 用分层总和法计算地基变形时，由于假定地基土在侧向不发生变形，故不能采用下列哪一个压缩性指标？

    A. 压缩系数   B. 压缩指数   C. 压缩模量   D. 变形模量

17-3-24 关于固结度，下列说法正确的是：

    A. 一般情况下，随着时间的增加和水的排出，土的固结度会逐渐减小

    B. 对于表面受均布荷载的均匀地层，单面排水情况下不同深度的固结度相同

    C. 对于表面受均布荷载的均匀地层，不同排水情况下不同深度的固结度相同

    D. 如果没有排水通道，即边界均不透水，则固结度将不会变化

17-3-25 下列土的变形参数中，无侧限条件下定义的参数是：

    A. 压缩系数α B. 侧限压缩模量E_s

    C. 变形模量E D. 压缩指数C_c

17-3-26 下列有关孔隙水压力的特点，说法正确的是：

    A. 一点各方向不相等

    B. 垂直指向所作用物体表面

    C. 处于不同水深处的土颗粒受到同样的压力

    D. 土体因为受到孔隙水压力的作用而变得密实

17-3-27 砂土液化现象是指：

  A. 非饱和的密实砂土在地震作用下呈现液体的特征

  B. 非饱和的疏松砂土在地震作用下呈现液体的特征

  C. 饱和的密实砂土在地震作用下呈现液体的特征

  D. 饱和的疏松砂土在地震作用下呈现液体的特征

题解及参考答案

17-3-1　**解：** 一般使用单位为 cm^2/s，与选项 B 量纲相同。

  答案： B

17-3-2　**解：** 先修高的、重的建筑物，基础将产生较大的沉降量，再修矮的、轻的建筑物，则后者将产生较小的沉降量，对前者的影响也较小，从而减少两者的沉降差。但两者施工顺序的不同，对建筑物沉降量、建筑物的抗震性能及建筑物以下土层的附加应力分布无明显影响。

  答案： B

17-3-3　**解：** A 项，建筑物基础尺寸越长，刚度越小，不均匀沉降现象越严重；B、C、D 项均有助于减少不均匀沉降对建筑物的危害。

  答案： A

17-3-4　**解：** 一般是采用完全侧限条件下的压缩性指标计算的沉降量。

  答案： B

17-3-5　**解：**《建筑地基基础设计规范》（GB 50007—2011）第 5.3.3 条 1 款规定，关于地基变形，对于砌体承重结构应由局部倾斜值控制；对于框架结构和单层排架结构应由相邻柱基的沉降差控制；对于多层或高层建筑和高耸结构应由倾斜值控制。可见基础变形允许值是为了保证上部结构对地基变形的适应性能力和建筑物的使用要求。既要求满足结构对变形的适应能力，也要求沉降不能过大，影响结构的正常使用。

  答案： B

17-3-6　**解：** 采用分层总和法计算地基最终沉降量时，其压缩层下限是根据附加应力 σz 与自重应力 σc_z 的比值确定的，一般土层要求 $\sigma_z/\sigma_{cz} \leqslant 0.2$，软土要求 $\sigma_z/\sigma_{cz} \leqslant 0.1$。

  答案： C

17-3-7　**解：** 渗透系数大的土层渗透固结速度快，粒径越大，其渗透系数数值越大。

  答案： B

17-3-8　**解：** 土的压缩性指标包括压缩系数 a、压缩指数 C_c 和压缩模量 E_s，其中 $a = \frac{\Delta e}{\Delta p}$，$C_c = \frac{\Delta e}{\lg \frac{p_2}{p_1}}$，$E_s = \frac{1+e_1}{a}$。$a$ 及 C_c 的数值越大，土的压缩性越大，E_s 数值越小，土的压缩性越大。

  答案： B

17-3-9　**解：** 土在无侧限条件下通过现场载荷试验测得的变形模量 E_0 比有侧限条件下通过室内压缩试验测得的压缩模量 E_s 的数值小。

  答案： C

17-3-10　**解：** 土体在压缩过程中，土粒、土中水和土中空气本身的压缩量微小，可以忽略不计。

  答案： A

17-3-11 解: 压缩系数$a_{1\text{-}2}$是由压应力$p_1 = 100\text{kPa}$和$p_2 = 200\text{kPa}$求出的压缩系数,用来评价土的压缩性高低。当$a_{1\text{-}2} < 0.1\text{MPa}^{-1}$时,属低压缩性土;$0.1\text{MPa}^{-1} \leqslant a_{1\text{-}2} < 0.5\text{MPa}^{-1}$时,属中压缩性土;$a_{1\text{-}2} \geqslant 0.5\text{MPa}^{-1}$时,属高压缩性土。

答案: B

17-3-12 解: 规范法计算地基最终沉降量时,压缩层下限可根据$\Delta s_n \leqslant 0.025\sum\Delta s_i$确定;若无相邻荷载影响,基础宽度在 1~50m 范围内时,压缩层下限可根据$z_n = b(2.5 - 0.4\ln b)$确定。式中,b为基底宽度,$\sum\Delta s_i$为压缩层厚度z_n范围内的变形量,Δs_n为z_n向上取计算厚度Δz_n计算的变形量。

答案: A

17-3-13 解: 先期固结压力p_c是指土层在历史上所受的最大固结压力,根据其与目前上覆压力$p = \gamma h$的关系,将土层分为超固结土,正常固结土及欠固结土。超固结土是指$p_c > p$的土层,正常固结土是指$p_c = p$的土层,欠固结土是指$p_c < p$的土层。

答案: A

17-3-14 解: 室内压缩试验时,土体处于有侧限条件下,所测得的模量被称为压缩模量;现场载荷试验时,土体处于无侧限条件下,所测得的模量被称为变形模量。

答案: D

17-3-15 解: 超固结比 OCR 为先期固结压力p_c与目前土的上覆压力p_1之比,正常固结土是指$p_c = p_1$的土层。

答案: C

17-3-16 解: 饱和黏土的有效应力原理为:土的总应力为有效应力(粒间接触应力)与孔隙水压力之和。

答案: B

17-3-17 解: 固结度为某一时刻沉降量与最终沉降量之比,也可以表示为某一时刻有效应力图形面积与总应力图形面积之比。总应力图面积为有效应力图面积与孔隙水压力所围面积之和。

答案: D

17-3-18 解: 超固结土是指$p_c > p_1$的土层,其沉降量比正常固结土和欠固结土小。

答案: A

17-3-19 解: 三轴压缩试验分为固结排水、不固结不排水和固结不排水三种剪切试验方法。固结排水是在施加周围压力时允许排水固结,待固结完成后,再在排水条件下施加竖向压力至试样剪切破坏。由此可见,慢速加荷排水条件良好地基与固结排水试验条件接近。

答案: C

17-3-20 解: 土体具有压缩性是由土体受力,土中孔隙减小引起的。

答案: B

17-3-21 解: 选项 A、B、C 均影响水在土中的渗透速度。

答案: D

17-3-22 解: 排水路径越长,需要的孔隙压力越大,排水时间越长,固结完成所需时间越长。

渗透系数越大,固结时间越短。

压缩系数越大,固结系数越小,固结完成所需时间越长。

固结系数与固结时间成反比。

答案：B

17-3-23 解：带"压缩"的变形指标都是通过有侧限的压缩试验得出的，而变形模量是在无侧限实验条件下得出的变形指标，故其不可以用于分层总和法计算地基的变形。

答案：D

17-3-24 解：土的变形量与最终变形量的比值称为固结度。随着土的压缩变形的增大，固结度增大。单面排水情况下，同一时间，不同深度；不同时间，同一深度的固结度不同。双面排水情况下也是如此。而没有排水通道，即饱和土体不能排水固结，固结度不会变化。

答案：D

17-3-25 解：压缩系数 α、侧限压缩模量 E_s 和压缩模量 C_c 都是有侧限条件下压缩试验得出的压缩性指标。只有变形模量 E 是在侧向无约束、允许侧向变形的条件下试验得到的。

答案：C

17-3-26 解：水在各方向传递的压强相等；土粒位于水位以下越深，作用于土颗粒上的水压力就越大；孔隙水压力不会使土的孔隙变小，因此也不会使土体密实。

答案：B

17-3-27 解：由于地震时疏松砂土具有剪缩性，其在饱和状态下震动，孔隙水压力增大，砂粒处于悬浮状态，则易发生砂土震动液化。

答案：D

（四）土的抗剪强度和地基承载力

17-4-1　在黏性土地基上进行浅层平板载荷试验，采用 $0.5\text{m} \times 0.5\text{m}$ 载荷板，得到结果为：压力与沉降曲线（p-s 曲线）初始段为线性，其板底压力与沉降的比值为 25kPa/mm，方形载荷板形状系数取 0.886，黏性土的泊松比取 0.4，则地基土的变形模量为：$\left[E_0 = \omega(1-\mu^2) \cdot \dfrac{p}{s} \cdot b\right]$

    A. 9303kPa　　　　B. 9653kPa　　　　C. 9121kPa　　　　D. 8243kPa

17-4-2　在相同的砂土地基上，甲、乙两基础的底面均为正方形，且埋深相同。基础甲的面积为基础乙的 2 倍，根据载荷试验得到的承载力进行深度和宽度修正后，有：

    A. 基础甲的承载力大于基础乙

    B. 基础乙的承载力大于基础甲

    C. 两个基础的承载力相等

    D. 根据基础宽度不同，基础甲的承载力可能大于或等于基础乙的承载力，但不会小于基础乙的承载力

17-4-3　对于相同的场地，下面哪种情况可以提高地基承载力并减少沉降？

    A. 加大基础埋深，并加做一层地下室

    B. 基底压力 p（kPa）不变，加大基础宽度

    C. 建筑物建成后，抽取地下水

    D. 建筑物建成后，填高室外地坪

17-4-4　饱和砂土在振动下液化，主要原因是：

    A. 振动中细颗粒流失

    B. 振动中孔压升高，导致土的强度丧失

    C. 振动中总应力大大增加，超过了土的抗剪强度

D. 振动中孔隙水流动加剧，引起管涌破坏

17-4-5 直剪试验中快剪的试验结果最适用于下列哪种地基？

A. 快速加荷排水条件良好地基   B. 快速加荷排水条件不良地基

C. 慢速加荷排水条件良好地基   D. 慢速加荷排水条件不良地基

17-4-6 确定地基土的承载力的方法中，下列哪个原位测试方法的结果最可靠？

A. 载荷试验   B. 标准贯入试验

C. 轻型动力触探试验   D. 旁压试验

17-4-7 关于地基承载力特征值的宽度修正公式$\eta_b\gamma(b-3)$，下列说法不正确的是：

A. $\eta_b\gamma(b-3)$的最大值为$3\eta_b\gamma$

B. $\eta_b\gamma(b-3)$总是大于或等于 0，不能为负值

C. η_b可能等于 0

D. γ取基底以上土的加权平均重度，地下水以下取浮重度

17-4-8 已知地基土的有效应力抗剪强度指标$c = 20kPa$，$\varphi = 32°$，问当地基中基点的孔隙压力$u = 50$，小主应力$\sigma_3 = 150kPa$，而大主应力σ_1为多少，该点刚好发生剪切破坏？

A. 325.5kPa   B. 375.5kPa   C. 397.6kPa   D. 447.6kPa

17-4-9 对淤泥或淤泥质土地基，通常采用以下何种方法检测其抗剪强度：

A. 旁压试验   B. 室内压缩试验

C. 静载荷试验   D. 十字板剪切试验

17-4-10 当摩尔应力圆与抗剪强度线相离时，土体处于下列哪种状态？

A. 破坏状态   B. 极限平衡状态

C. 安全状态   D. 主动极限平衡状态

17-4-11 采用三轴压缩试验，土样破坏面与水平面的夹角为：

A. $45° + \varphi/2$ B. $90° + \varphi$

C. $45° - \varphi/2$ D. $90° - \varphi$

17-4-12 分析地基的长期稳定性一般采用：

A. 固结排水试验确定的总应力参数

B. 固结不排水试验确定的总应力参数

C. 不固结排水试验确定的有效应力参数

D. 固结不排水试验确定的有效应力参数

17-4-13 某土样的排水剪指标$c' = 20kPa$，$\varphi' = 30°$，当所受总应力$\sigma_1 = 500kPa$，$\sigma_3 = 120kPa$时，土样内尚存在孔隙水压力为 50kPa，则土样处于什么状态？

A. 安全状态   B. 极限平衡状态

C. 破坏状态   D. 静力平衡状态

17-4-14 直径为 38mm 的干砂样品，进行常规三轴试验，围压恒定为 24.33kPa，竖向加载杆的轴向力为 45.3N，则该样品的内摩擦角为：

A. 20.8°   B. 22.3°   C. 24.2°   D. 26.8°

17-4-15 现场测定土的抗剪强度指标可采用哪种试验方法？

A. 固结试验   B. 平板载荷试验

C. 标准贯入试验   D. 十字板剪切试验

17-4-16 所谓临塑荷载，就是指地基土出现某种状态时所受的荷载。即：

    A. 地基土将出现塑性区时的荷载

    B. 地基土中出现连续滑动面时的荷载

    C. 地基土中出现某一允许大小塑性区时的荷载

    D. 地基土中即将发生整体剪切破坏时的荷载

17-4-17 地基破坏时滑动面未延续到地表的破坏形式称为什么破坏？

    A. 整体剪切破坏   B. 刺入式破坏

    C. 局部剪切破坏   D. 冲剪式破坏

17-4-18 一般而言，软弱黏性土地基发生的破坏形式为：

    A. 整体剪切破坏   B. 刺入式破坏

    C. 局部剪切破坏   D. 连续式破坏

17-4-19 土体破坏有明显三个阶段的地基破坏形式为：

    A. 整体剪切破坏   B. 刺入式破坏

    C. 局部剪切破坏   D. 连续式破坏

17-4-20 考虑荷载偏心及倾斜影响的极限承载力计算公式是：

    A. 太沙基公式   B. 普朗特尔公式

    C. 魏锡克公式   D. 赖纳斯公式

17-4-21 临塑荷载 P_{cr} 是指塑性区最大深度 z_{max} 为下列哪一个所对应的荷载？

    A. $z_{max} = 1/3$ B. $z_{max} = b/3$（b 为基础底面宽度）

    C. $z_{max} = 0$ D. $z_{max} = L/3$（L 为基础底面长度）

17-4-22 采用条形荷载导出的地基界限荷载计算公式用于矩形底面基础设计时，其结果如何？

    A. 偏于安全   B. 偏于危险

    C. 安全度不变   D. 不能采用

17-4-23 标准贯入锤击试验不能判别下列哪种情况？

    A. 黏性土的密实度   B. 无黏性土的密实度

    C. 砂土液化   D. 粉土液化

17-4-24 某点土体处于极限平衡状态时，在 $\tau - \sigma$ 坐标系中，抗剪强度直线和莫尔应力圆的关系为：

    A. 相切   B. 相割   C. 相离   D. 不确定

17-4-25 当以下哪项数据发生改变，土体强度也发生变化？

    A. 总应力   B. 有效应力   C. 附加应力   D. 自重应力

17-4-26 季节性冻土的设计冻深 z_d 由标准冻深 z_0 乘以影响系数而得到，就环境对冻深的影响系数来说，下列影响系数最小的是：

    A. 村   B. 旷野   C. 城市近郊   D. 城市市区

17-4-27 实验室测定土的抗剪强度指标的试验方法有：

    A. 直剪、三轴压缩和无侧限压缩试验

    B. 直剪、无侧限压缩和十字板剪切试验

    C. 直剪、三轴压缩和十字板剪切试验

　　D. 三轴压缩、无侧限压缩和十字板剪切试验

17-4-28 影响地基承载力的主要因素中不包括：

　　A. 基础的高度　　　　　　　　　　B. 地基土的强度

　　C. 基础的埋深　　　　　　　　　　D. 地下水位

题解及参考答案

17-4-1 **解：** 荷载试验的变形模量 $E_0 = \omega(1-\mu_2) \cdot \dfrac{p}{s} \cdot b$。其中，$\omega$ 为方形载荷板形状系数，μ 为黏性土的泊松比，$\dfrac{p}{s}$ 为底板压力与沉降之比，b 为方形承压板宽度。

　　答案： A

17-4-2 **解：** 增大基础宽度和埋深可以提高地基承载力。根据《建筑地基基础设计规范》（GB 50007—2011），可对基础宽度在 3~6m 范围内的基础地基承载力进行提高修正。据题意，影响两基础地基承载力的因素只有基础宽度。

　　答案： D

17-4-3 **解：** A 项，增大基础埋深可减小基底附加应力，进而减小基础沉降，且由地基承载力特征值计算公式：$f_a = f_{ak} + \eta_b\gamma(b-3) + \eta_d\gamma_m(d-0.5)$ 可知，埋深 d 值增大，可适当提高地基承载力；B 项，加大基础宽度可提高地基承载力，但当基础宽度过大时，基础的沉降量会增加；C 项，抽取地下水会增大土的自重应力，进而增大基础沉降量；D 项，提高室外地坪，增大基底附加应力，进而增大基础沉降量。

　　答案： A

17-4-4 **解：** 饱和砂土在振动作用下，土中孔隙水压力增大，当孔隙水压力增大到与土的总应力相等时，土的有效应力为零，土颗粒处于悬浮状态，表现出类似水的性质而完全丧失其抗剪强度，土即发生液化。

　　答案： B

17-4-5 **解：** 快剪是在试验施加垂直压力后，立即施加水平剪力。剪切过程是模拟不排水的排水条件。

　　答案： B

17-4-6 **解：** 地基承载力确定的基准方法为载荷试验。

　　答案： A

17-4-7 **解：** 基础底面宽度，当基础宽度小于 3m 时，按 3m 取值；大于 6m 时，按 6m 取值。淤泥和淤泥质土、人工填土等，$\eta_b\gamma$ 等于 0，不进行宽度修正。γ 取基底以下持力层土的重度，地下水以下取浮重度。

　　答案： D

17-4-8 **解：** 有效应力 $\sigma_3' = \sigma_3 - u = 150 - 50 = 100\text{kPa}$

$$\sigma_1' = \sigma_3'\tan^2\left(45° + \frac{\varphi}{2}\right) + 2c\tan\left(45° + \frac{\varphi}{2}\right)$$

$$= 100 \times \tan^2\left(45° + \frac{32°}{2}\right) + 2 \times 20 \times \tan\left(45° + \frac{32°}{2}\right) = 397.6\text{kPa}$$

$$\sigma_1 = \sigma_1' + u = 397.6 + 50 = 447.6\text{kPa}$$

　　答案： D

17-4-9　解：十字板剪切试验为原位测试，适用于软黏土地基，故适用于淤泥或淤泥质土地基。

答案： D

17-4-10　解：当摩尔应力圆与抗剪强度线相离时，说明土体中任一面上所受剪应力均小于土的抗剪强度，土体处于安全状态；当摩尔应力圆与抗剪强度线相切时，说明土体在切点所对应的面上所受剪应力等于土的抗剪强度，土体处于极限平衡状态；当摩尔应力圆与抗剪强度线相交时，土体处于破坏状态。

答案： C

17-4-11　解：土样破坏面与最大主应力作用面的夹角为$45° + \varphi/2$，与最小主应力作用面的夹角为$45° - \varphi/2$。而三轴压缩试验时的水平面即为最大主应力作用面。

答案： A

17-4-12　解：一般认为，由三轴固结不排水试验确定的有效应力强度参数c'和φ'宜用于土坡的长期稳定分析，估计挡土墙的长期土压力，软土地基的长期稳定分析。

答案： D

17-4-13　解：土的极限平衡条件：$\sigma_1' = \sigma_3' \tan^2(45° + \varphi'/2) + 2c' \tan(45° + \varphi'/2)$

土样中的孔隙水压力为50kPa，实际有效主应力：$\sigma_3' = 120 - 50 = 70\text{kPa}$

代入上式得：$\sigma_1' = 70 \times \tan^2(45° + 30°/2) + 2 \times 20 \times \tan(45° + 30°/2) = 279.3\text{kPa}$

实际的最大有效主应力为$\sigma_1' = 500 - 50 = 450\text{kPa}$，大于计算值，土体处于破坏状态。

答案： C

17-4-14　解：试样面积$A = \frac{1}{4}\pi d^2 = \frac{1}{4} \times 3.14 \times 0.038^2 = 0.00113354\text{m}^2$

$F = 45.3\text{N}$，干砂$c = 0$，竖向应力增量为$\Delta\sigma_1 = \frac{F}{A} = \frac{45.3}{0.00113354} = 39.96\text{kPa}$

据题已知围压即σ_3为24.33kPa

则$\sigma_1 = \Delta\sigma_1 + \sigma_3$，根据极限平衡条件$\sigma_3 = \sigma_1 \tan^2(45° - \varphi/2) = (\Delta\sigma_1 + \sigma_3)\tan^2(45° - \varphi/2)$

该样品的内摩擦角$\varphi = 26.8°$

答案： D

17-4-15　解：室内的抗剪强度测试一般为直剪试验、三轴压缩试验，两种方法要求取得原状土样，对于软黏土等难以获得原状土样时，可采用十字板剪切试验进行现场原位测试。

答案： D

17-4-16　解：临塑荷载p_{cr}是指地基土即将出现剪切破坏（塑性区）时的基底压力，极限荷载p_u是指地基中即将发生整体剪切破坏时的基底压力。临界荷载$p_{1/4}$为塑性区深度$z_{max} = 1/4$基底宽度对应的基底压力。

答案： A

17-4-17　解：地基破坏主要有三种形式，其中，整体剪切破坏的滑动面延续到地表面，局部剪切破坏的滑动面未延续到地表面，冲剪式破坏的地基没有出现明显的连续滑动面。

答案： C

17-4-18　解：地基破坏形式主要与地基土的性质、基础埋深及加荷速率有关。对于压缩性较低的土，一般发生整体剪切破坏；对于压缩性较高的土，一般发生刺入式破坏。

答案： B

17-4-19　解：整体剪切破坏有三个破坏阶段，而局部剪切破坏和刺入式剪切破坏无明显三个破坏阶段。

答案： A

17-4-20 解： 魏锡克公式在普朗特尔理论基础上，综合考虑了基底形状、偏心和倾斜荷载、基础两侧覆盖层的抗剪强度、基底和地面倾斜，土的压缩等影响。

答案： C

17-4-21 解： P_{cr}是指塑性区最大深度$z_{max} = 0$对应的荷载，$P_{1/3}$是指塑性区最大深度$z_{max} = b/3$对应的荷载。

答案： C

17-4-22 解： 临塑荷载、临界荷载公式是在均布条形荷载的情况下导出的，对于矩形和圆形基础借用这个公式计算，其结果偏于安全。

答案： A

17-4-23 解： 由标准贯入试验测得的锤击数N，可用于确定地基土的承载力、估计土的抗剪强度和黏性土的变形指标、判别黏性土的稠度和砂土的密实度以及估计砂土液化的可能性。

答案： D

17-4-24 解： 抗剪强度直线和摩尔应力圆相切，土体处于极限平衡状态。

答案： A

17-4-25 解： 土体的强度一般指抗剪强度。有效应力大小决定了土体的抗剪强度大小。一般用土的抗剪强度指标（内摩擦角和黏聚力）来判断土体的抗剪强度。

总应力指作用在土体上的单位面积总压力。对于饱和土，即为孔隙水压力与有效应力之和。

有效应力是指通过组成土骨架颗粒间接触面传递的平均法向应力，又叫粒间应力。其大小决定了土体的抗剪强度。

附加应力是指荷载引起地基的应力增量，是使地基压缩变形的主要因素，与土的自身强度无直接关系。

自重应力是岩、土体内由自身重量产生的一种应力状态，与土的重度、深度有关，重度又与含水量有关。

答案： B

17-4-26 解： 村、镇、旷野影响系数为1.0、城市近郊影响系数为0.95、城市市区影响系数为0.90。故城市市区最小。

答案： D

17-4-27 解： 十字板试验是现场试验，故可排除选项B、C、D。

答案： A

17-4-28 解： 基础高度与地基承载力无关。地基土的强度、基础的埋深和地下水位都会影响地基承载力。

答案： A

（五）土压力和边坡稳定

17-5-1 对于图中的均质堤坝，上下游的边坡坡度相等，稳定渗流时哪一段边坡的安全系数最大？

A. AB　　　　　B. BC　　　　　C. DE　　　　　D. EF

17-5-2 如果其他条件保持不变，墙后填土的下列哪些指标的变化，会引起挡土墙的主动土压力增大？

A. 填土的内摩擦角φ减小　　　　　　B. 填土的重度γ减小

C. 填土的压缩模量E增大　　　　　　D. 填土的黏聚力c增大

17-5-3　对于图示挡土墙，墙背倾角为α，墙后填土与挡土墙的摩擦角为δ，墙后填土中水压力E_w的方向与水平面的夹角Ψ为：

A. $\alpha + \delta$　　　　B. $90° - (\alpha + \delta)$　　　C. α　　　　　D. δ

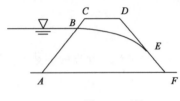　　　　　　　　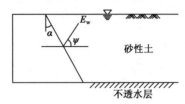

題 17-5-1 图　　　　　　　　　　　　題 17-5-3 图

17-5-4　高度为 5m 的挡土墙，墙背直立，光滑，墙后填土面水平，填土的重度$\gamma = 17.0 \text{kN/m}^3$，黏聚力$c = 25 \text{kPa}$，内摩擦角$\varphi = 28°$，主动土压力合力值$E_a$为：

A. 32.5kN/m　　　　B. 49.6kN/m　　　　C. 51.8kN/m　　　　D. 62.4kN/m

17-5-5　挡土墙后填土的内摩擦角φ、黏聚力c变化，对被动土压力E_p大小的影响是：

A. φ、c越大，E_p越大　　　　　　B. φ、c越大，E_p越小

C. φ越大、c越小，E_p越大　　　　D. φ越大、c越小，E_p越小

17-5-6　朗肯土压力理论的适用条件为下列中哪一项？

A. 墙背光滑、垂直，填土面水平　　　　B. 墙后填土必为理想散粒体

C. 墙背光滑、俯斜，填土面水平　　　　D. 墙后填土必为理想黏性体

17-5-7　均质黏性土沿墙高为H的桥台上的被动土压力分布图为：

A. 矩形　　　　　B. 三角形　　　　　C. 梯形　　　　　D. 倒梯形

17-5-8　墙高为 6m，填土内摩擦角为30°、黏聚力为8.67kPa、重度为20kN/m³的均质黏性土，应用朗肯土压力理论计算作用在墙背上的主动土压力合力为：

A. 120kN/m　　　　B. 67.5kN/m　　　　C. 60kN/m　　　　D. 75kN/m

17-5-9　某墙背倾角α为 10°的仰斜挡土墙，若墙背与土的摩擦角δ为 10°，则主动土压力合力与水平面的夹角为：

A. 20°　　　　　B. 30°　　　　　C. 10°　　　　　D. 0°

17-5-10　某墙背倾角α为 10°的俯斜挡土墙，若墙背与土的摩擦角δ为 10°，则被动土压力合力与水平面的夹角为：

A. 20°　　　　　B. 30°　　　　　C. 10°　　　　　D. 0°

17-5-11　一挡土墙高 4m，墙背垂直、光滑，墙后填土面水平，填土为均质，$c = 10 \text{kPa}$，$\varphi = 20°$，$K_0 = 0.66$，$\gamma = 17 \text{kN/m}^3$。若挡土墙没有位移，则作用在墙背上的土压力合力及其作用点位置为：

A. $h = 1.33 \text{m}$，$E_0 = 89.76 \text{kN/m}$

B. $h = 1.33 \text{m}$，$E_0 = 52.64 \text{kN/m}$

C. $h = 1.33 \text{m}$，$E_0 = 80.64 \text{kN/m}$

D. $h = 2.67 \text{m}$，$E_0 = 52.64 \text{kN/m}$

17-5-12　增加重力式挡土墙抗倾覆稳定性的措施是：

A. 基底做成逆坡　　　　　　　　　　B. 墙趾加设台阶

C. 减小挡土墙自重　　　　　　　　　　　　D. 墙背做成俯斜

17-5-13 如在开挖临时边坡以后砌筑重力式挡土墙，合理的墙背形式是：

A. 直立　　　　　　B. 俯斜　　　　　　C. 仰斜　　　　　　D. 背斜

17-5-14 重力式挡土墙的回填土最好采用：

A. 膨胀土　　　　　B. 耕植土　　　　　C. 黏性土　　　　　D. 砂土

17-5-15 重力式挡土墙除了进行稳定性验算外，还应验算哪些项目？

A. 地基承载力和墙身强度　　　　　　　　　B. 抗倾覆和地基承载力

C. 抗滑移和地基承载力　　　　　　　　　　D. 抗倾覆和墙身强度

17-5-16 若土的内摩擦角 $\varphi = 5°$，坡角 β 与稳定因数 N_s 的关系如表所示，当现场土坡高度 $H = 4.6\text{m}$，黏聚力 $c = 10\text{kPa}$，土的重度 $\gamma = 20\text{kN/m}^3$，基坑的极限坡角为：

题 17-5-16 表

β（°）	50	40	30	20
N_s	7.0	7.9	9.2	11.7

A. $\beta = 40°$　　　B. $\beta = 50°$　　　C. $\beta = 30°$　　　D. $\beta = 20°$

17-5-17 分析砂性土坡稳定性时，假定的滑动面是：

A. 斜平面　　　　　B. 坡脚圆　　　　　C. 坡面圆　　　　　D. 中点圆

17-5-18 由下列哪一种土构成的土坡进行稳定性分析时一般采用条分法？

A. 粗砂土　　　　　B. 碎石土　　　　　C. 细砂土　　　　　D. 黏性土

17-5-19 分析均质黏性土坡稳定性时，稳定安全系数 K 按下列哪个公式计算？

A. $K = \dfrac{\text{抗滑力}}{\text{滑动力}}$　　　　　　　　　　　　B. $K = \dfrac{\text{抗滑力矩}}{\text{滑动力矩}}$

C. $K = \dfrac{\text{滑动力}}{\text{抗滑力}}$　　　　　　　　　　　　D. $K = \dfrac{\text{滑动力矩}}{\text{抗滑力矩}}$

17-5-20 土坡高度为 8m，土的内摩擦角 $\varphi = 10°$（$N_s = 9.2$），$c = 25\text{kPa}$，$\gamma = 18\text{kN/m}^3$ 的土坡，其稳定安全系数为：

A. 1.5　　　　　　B. 0.7　　　　　　C. 1.6　　　　　　D. 1.4

17-5-21 挡墙后填土为粗砂，墙后水位上升，墙背所受的侧向压力：

A. 增大　　　　　　B. 减小　　　　　　B. 不变　　　　　　D. 0

17-5-22 一般情况下，在相同的墙高和填土条件下，挡土墙静止土压力 E_0、主动土压力 E_a、被动土压力 E_p 三者之间的关系是：

A. $E_0 > E_a > E_p$　　　　　　　　　　　B. $E_0 > E_p > E_a$

C. $E_p > E_0 > E_a$　　　　　　　　　　　D. $E_p > E_a > E_0$

17-5-23 针对简单条分法和简化毕肖普法，下面说法错误的是：

A. 简化毕肖普法忽略了条间切向力的作用，结果更经济

B. 简化毕肖普法忽略了条间法向力的作用，结果更经济

C. 简单条分法忽略了全部条间力的作用，结果更保守

D. 简单条分法获得的安全系数低于简化毕肖普法获得的结果

题解及参考答案

17-5-1　解： AB段静水压力垂直于坡面，渗流方向和动水力有利于边坡稳定，安全系数最大。BC、DE段渗流对边坡没有影响。EF段由于动水压力作用方向与边坡方向相同，不利于边坡稳定，安全系数最低。

答案： A

17-5-2　解： 主动土压力强度$\sigma_a = \gamma z K_a - 2c\sqrt{K_a}$，其中$K_a = \tan^2\left(45° - \dfrac{\varphi}{2}\right)$。

可知，填土内摩擦角φ减小，重度γ增大，黏聚力c减小，都会引起挡土墙的主动土压力增大；压缩模量对其没有直接影响。

答案： A

17-5-3　解： 水压力同墙后填土与墙背之间的摩擦角无关，水在各个方向传递的压强相等，都是$p_w = \gamma_w h_w$，合力为$E_w = 0.5\gamma_w h_w^2$，其中h_w为墙高，墙后填土中水压力方向（与墙背垂直的水压力合力）与水平面的夹角Ψ为α。

答案： C

17-5-4　解： 主动土压力系数$K_a = \tan^2(45° - \varphi/2) = \tan^2(45° - 28°/2) = 0.361$

主动土压力合力$E_a = \dfrac{1}{2}\gamma H^2 K_a - 2cH\sqrt{K_a} + 2c^2/\gamma$

$$= \dfrac{1}{2} \times 17 \times 5^2 \times 0.361 - 2 \times 2.5 \times 5 \times \sqrt{0.361} + 2 \times 2.5^2/17$$
$$= 62.4\text{kN/m}$$

答案： D

17-5-5　解： 被动土压力强度$\sigma_p = \gamma z\tan^2(45° + \varphi/2) + 2c\tan(45° + \varphi/2)$，$E_p$为$\sigma_p$分布图的面积。

答案： B

17-5-6　解： 朗肯土压力理论的假设为：墙背光滑，墙背与土的摩擦角等于零，墙背垂直，墙背与铅垂线夹角为零度，填土面与水平面夹角为零度。

答案： A

17-5-7　解： 均质黏性土在挡土墙顶面、底面处的被动土压力强度σ_p均为压力，因此被动土压力分布图为梯形。

答案： C

17-5-8　解： $E_a = 0.5\gamma H^2\tan^2(45° - \varphi/2) - 2cH\tan(45° - \varphi/2) + 2c^2/\gamma$，或根据主动土压力强度图形面积计算。

答案： B

17-5-9　解： 主动土压力合力与水平面的夹角为$\delta + \alpha$，墙背仰斜时，α取负值，墙背俯斜时，α取正值。

答案： D

17-5-10　解： 被动土压力合力与水平面的夹角为$\delta - \alpha$，墙背俯斜时，α取正值，墙背仰斜时，α取负值。

答案： D

17-5-11　解： 若挡土墙没有位移，则作用在墙背上的土压力为静止土压力，$E_0 = 0.5\gamma H^2 K_0$，均质黏性土的静止土压力沿墙高的分布为三角形，三角形形心即为土压力合力作用点位置。

答案： A

17-5-12　解： 基底做成逆坡、增加挡土墙自重可以提高挡土墙的抗滑移稳定性，墙趾加设台阶可以减小基底压应力，同时对抗倾覆稳定有利。

答案： B

17-5-13　解： 先开挖临时边坡后砌筑挡土墙，因仰斜墙背上土压力最小，所以选择仰斜墙背合理。若先砌筑挡土墙后填土，为使填土密实，最好选用直立或俯斜的墙背形式。

答案： C

17-5-14　解： 挡土墙回填土最好采用透水性好的土。

答案： D

17-5-15　解： 挡土墙稳定性验算包括抗倾覆与抗滑移验算，除此之外，挡土墙还应进行地基承载力和墙身强度验算，地震区，还应进行抗震验算。

答案： A

17-5-16　解： 将 $\gamma = 20\text{kN/m}^3$，$c = 10\text{kPa}$，$H = 4.6\text{m}$，代入稳定因数 $N_s = \gamma H_{cr}/c$，得到 $N_s = 9.2$，查表知 $\beta = 30°$。

答案： C

17-5-17　解： 分析砂性土坡稳定性时，假设滑动面为斜平面，分析黏性土坡稳定性时，为简化计算，假设滑动面为圆筒面。

答案： A

17-5-18　解： 黏性土由于剪切破坏的滑动面大多数为一曲面，理论分析时近似地假设为圆弧面，为便于计算，一般采用条分法进行土坡稳定分析。

答案： D

17-5-19　解： 分析无黏性土坡稳定性时，安全系数为抗滑力与滑动力之比；分析黏性土坡稳定性时，安全系数为抗滑力矩与滑动力矩之比。

答案： B

17-5-20　解： 土坡稳定安全系数 $K =$ 极限土坡高度 $H_{cr}/$实际土坡高度 H，而 $H_{cr} = cN_s/\gamma = 25 \times 9.2/18 = 12.78$，代入上式得 $K = 12.78/8 = 1.6$。

答案： C

17-5-21　解： 采用水土分算法计算，土侧压力由于采用浮重度减小了，多了静水压力，而且静水压力的侧压力系数为1，比土的侧压力系数小于1，所以总压力增大。

答案： A

17-5-22　解： 主动土压力是挡土墙背离墙后填土方向产生位移，达到土体极限平衡状态时土对墙的土压力，主动土压力是土体极限平衡时的小主应力，土的自重应力是大主应力；被动土压力是挡土墙向着墙后填土方向产生位移，达到土体极限平衡状态时土对墙的土压力，被动土压力是极限平衡状态时的大主应力，土的自重应力是小主应力。

静止土压力不是极限平衡状态下的土压力，是土对挡土墙在静止状态下的土压力，相当于侧向土的自重应力，其小于土的竖向自重应力。故被动土压力大于静止土压力、大于主动土压力。

答案： C

17-5-23 **解**：简单条分法忽略了全部条间力的作用，结果更趋于安全。

答案：C

（六）地基勘察

17-6-1 岩石工程勘察等级分为：

A. 两个等级　　　　B. 三个等级　　　　C. 四个等级　　　　D. 五个等级

17-6-2 对技术钻孔的土样按哪种要求采取？

A. 按不同地层和深度采取的原状土样

B. 按不同地层和深度采取的扰动土样

C. 按相同地层和深度采取的原状土样

D. 按相同地层和深度采取的扰动土样

17-6-3 地基勘察中的触探是指下列中的哪一项？

A. 静力触探与轻便贯入锤击试验

B. 动力触探与静力触探

C. 静力触探与标准贯入锤击试验

D. 动力触探与标准贯入锤击试验

17-6-4 标准贯入试验中，当锤击数已达 50 击，而实际贯入深度为 25cm 时，则相当于 30cm 的标准贯入试验锤击数 N 为：

A. 60　　　　B. 40　　　　C. 50　　　　D. 80

题解及参考答案

17-6-1 **解**：《岩土工程勘察规范》（GB 50021—2001）（2009 年版）第 3.1.4 条规定：岩石工程勘察分为甲、乙、丙三个等级。

答案：B

17-6-2 **解**：布置于建筑场地内的钻孔，一般分技术钻孔和鉴别钻孔两类，技术钻孔应在不同地层和深度用原状土样取土器获取原状土样，鉴别钻孔可为扰动土样。

答案：A

17-6-3 **解**：触探包括动力触探及静力触探，动力触探又分为标准贯入锤击试验和轻便贯入锤击试验。

答案：B

17-6-4 **解**：根据《岩土工程勘察规范》（GB 50021—2001）关于标准贯入试验的规定，相当于 30cm 的标准贯入试验锤击数 N 为：

$$N = 30 \times \frac{50}{\Delta s} = 30 \times \frac{50}{25} = 60 \, 击$$

答案：A

（七）浅基础

17-7-1 条形基础埋深 3m、宽 3.5m，上部结构传至基础顶面的竖向力为 200kN/m，偏心弯矩为 50kN·m/m，基础自重和基础上的土重可按综合重度 20kN/m³ 考虑，则该基础底面边缘的最大压力值为。

　　　　A. 141.6kPa　　　　B. 212.1Pa　　　　C. 340.3Pa　　　　D. 180.5Pa

17-7-2　如果扩展基础的冲切验算不能满足要求，可以采取以下哪种措施？

　　　　A. 降低混凝土强度等级　　　　　　B. 加大基础底板的配筋

　　　　C. 增大基础的高度　　　　　　　　D. 减小基础宽度

17-7-3　下面哪种措施有利于减轻不均匀沉降的危害？

　　　　A. 建筑物采用较大的长高比　　　　B. 复杂的建筑物平面形状设计

　　　　C. 增强上部结构的整体刚度　　　　D. 增大相邻建筑物的高差

17-7-4　如果无筋扩展基础不能满足刚性角的要求，可以采取以下哪种措施？

　　　　A. 增大基础高度　　　　　　　　　B. 减小基础高度

　　　　C. 减小基础宽度　　　　　　　　　D. 减小基础埋深

17-7-5　无筋扩展基础需要验算下面哪一项？

　　　　A. 冲切验算　　　　　　　　　　　B. 抗弯验算

　　　　C. 斜截面抗剪验算　　　　　　　　D. 刚性角

17-7-6　关于地基承载力特征值的深度修正式$\eta_d\gamma_m(d-0.5)$，下面说法不正确的是：

　　　　A. $\eta_d\gamma_m(d-0.5)$的最大值为$5.5\eta_d\gamma_m$

　　　　B. $\eta_d\gamma_m(d-0.5)$总是大于或等于0，不能为负值

　　　　C. η_d总是大于或等于1

　　　　D. γ_m取基底以上土的重度，地下水以下取浮重度

17-7-7　扩展基础的抗弯验算主要用于哪一项设计内容：

　　　　A. 控制基础的高度　　　　　　　　B. 控制基础的宽度

　　　　C. 控制基础的长度　　　　　　　　D. 控制基础的配筋

17-7-8　下面哪一种措施无助于减小建筑物的沉降差？

　　　　A. 先修高的、重的建筑物，后修矮的、轻的建筑物

　　　　B. 进行地基处理

　　　　C. 采用桩基础

　　　　D. 建筑物建成后在周边均匀地堆土

　　17-7-9　某矩形基础埋深为1.5m，底面尺寸为2m×3m，柱作用于基础的轴心荷载$F=900kN$，弯矩$M=310kN\cdot m$（沿基础长边方向作用），基础和基础台阶上土的平均重度$\gamma=20kN/m^3$，试问基础底面边缘最大的地基反力接近于下列哪个值？

　　　　A. 196.7kPa　　　　B. 283.3kPa　　　　C. 297.0kPa　　　　D. 506.7kPa

　　17-7-10　当采用矩形的绝对刚性基础时，在中心荷载作用下，基础底面的沉降特点主要表现为：

　　　　A. 中心沉降大于边缘的沉降　　　　B. 边缘的沉降是中心沉降的1.5倍

　　　　C. 边缘的沉降是中心沉降的2倍　　D. 各点的沉降量相同

　　17-7-11　某基础置于粉质黏土持力层上，基础埋深1.5m，基础宽度2.0m，持力层的黏聚力标准值$c_k=10kPa$，据持力层的内摩擦角标准值求得的承载力系数分别为$M_b=0.43$，$M_d=2.72$，$M_c=5.31$。地下水位埋深1.0m，浅层地基天然重度分布情况为0~1.0m，$\gamma_1=17kN/m^3$，1.0~5.0m，$\gamma_2=18.0kN/m^3$，按现行《建筑地基基础设计规范》计算，基础持力层土的地基承载力特征值接近下列哪个值：

A. 139.0kPa　　　　B. 126.0kPa　　　　C. 120.5kPa　　　　D. 117.0kPa

17-7-12 多层砌体结构应控制的地基主要变形特征为：

A. 沉降量　　　　B. 倾斜　　　　C. 沉降差　　　　D. 局部倾斜

17-7-13 下列基础中，适宜宽基浅埋的是：

A. 混凝土基础　　　　　　　　B. 砖基础

C. 钢筋混凝土基础　　　　　　D. 毛石基础

17-7-14 下列基础中，整体刚度最大的是：

A. 条形基础　　　　　　　　　B. 独立基础

C. 箱形基础　　　　　　　　　D. 十字交叉基础

17-7-15 基础底面尺寸大小取决于哪些因素？

A. 仅取决于持力层承载力　　　　B. 取决于持力层和下卧层承载力

C. 仅取决于下卧层承载力　　　　D. 取决于地基承载力和变形要求

17-7-16 柱截面边长为h，基底长度为L、宽度为B的矩形刚性基础，其最小埋深的计算式为：

A. $\dfrac{L-h}{2\tan\alpha}$　　　　　　　　B. $\dfrac{L-h}{2\tan\alpha}+0.1\mathrm{m}$

C. $\dfrac{B-h}{2\tan\alpha}$　　　　　　　　D. $\dfrac{B-h}{2\tan\alpha}+0.1\mathrm{m}$

17-7-17 墙体宽度为b，基底宽度为B的刚性条形基础，基础最小高度的计算式是：

A. $\dfrac{B-b}{2\tan\alpha}$　　　　　　　　B. $\dfrac{B-b}{2\tan\alpha}+0.1\mathrm{m}$

C. $\dfrac{B-b}{\tan\alpha}$　　　　　　　　D. $\dfrac{B-b}{\tan\alpha}+0.1\mathrm{m}$

17-7-18 在进行地基基础设计时，哪些级别的建筑需验算地基变形？

A. 甲级、乙级建筑　　　　　　B. 甲级、乙级、部分丙级建筑

C. 所有建筑　　　　　　　　　D. 甲级、部分乙级建筑

17-7-19 需按地基变形进行地基基础设计的建筑等级为：

A. 甲级、乙级建筑　　　　　　B. 甲级、部分乙级建筑

C. 所有建筑　　　　　　　　　D. 甲级、乙级、部分丙级建筑

17-7-20 根据《建筑地基基础设计规范》（GB 50007—2011），12层以上建筑的梁板式筏型基础，底板厚度不应小于：

A. 300mm　　　　B. 500mm　　　　C. 400mm　　　　D. 600mm

17-7-21 平板式筏型基础，当筏板厚度不足时，可能发生什么破坏？

A. 弯曲破坏　　　　　　　　　B. 剪切破坏

C. 冲切破坏　　　　　　　　　D. 剪切破坏和冲切破坏

17-7-22 完全补偿性基础设计应满足的条件是下列中哪一项？

A. 基底实际平均压力大于原有土的自重应力

B. 基底实际平均压力小于原有土的自重应力

C. 基底实际平均压力等于原有土的自重应力

D. 基底实际附加压力小于原有土的自重应力

17-7-23 软弱下卧层承载力验算应满足的要求为：

A. $p_z \leqslant f_{az}$　　　　　　　　B. $p_z + p_{cz} \leqslant f_{az}$

C. $p_z \geqslant f_{az}$　　　　　　　　D. $p_z + p_{cz} \geqslant f_{az}$

17-7-24 地基承载力特征值需要进行宽度、深度修正的条件是：

    A. $b \leqslant 3m$，$d \leqslant 0.5m$ B. $b > 3m$，$d \leqslant 0.5m$

    C. $b \leqslant 3m$，$d > 0.5m$ D. $b > 3m$，$d > 0.5m$

17-7-25 绝对柔性基础在均布压力作用下，基底反力分布图形为：

    A. 矩形   B. 抛物线形   C. 钟形   D. 马鞍形

17-7-26 刚性基础在中心受压时，基底的沉降分布图形可简化为：

    A. 矩形   B. 抛物线形   C. 钟形   D. 马鞍形

17-7-27 高度超过 100m 的高层建筑，其整体倾斜允许值为：

    A. 0.001   B. 0.002   C. 0.003   D. 0.004

17-7-28 在天然地基上进行基础设计时，基础的埋深宜考虑：

    A. 在冻结深度范围内   B. 小于相邻原有基础埋深

    C. 在地下水位以下   D. 大于相邻原有基础埋深

17-7-29 柱下钢筋混凝土的基础高度一般由什么条件控制？

    A. 抗冲切条件   B. 抗弯条件

    C. 抗压条件   D. 抗拉条件

17-7-30 柱下钢筋混凝土基础底板配筋根据什么内力进行计算？

    A. 剪力   B. 拉力   C. 压力   D. 弯矩

17-7-31 柱下钢筋混凝土基础底板中的钢筋如何布置？

    A. 双向均为受力筋   B. 长向为受力筋，短向为分布筋

    C. 双向均为分布筋   D. 短向为受力筋，长向为分布筋

17-7-32 地基净反力包括下列哪种荷载引起的基底应力？

    A. 上覆土自重   B. 基础自重

    C. 上部结构传来荷载   D. 基础及上覆土自重

17-7-33 在软土地基开挖基坑时，为不扰动原状土结构，坑底保留的原状土层厚度一般为：

    A. 100mm   B. 300mm   C. 400mm   D. 200mm

17-7-34 无助于减少地基不均匀沉降的措施是：

    A. 减轻建筑物自重   B. 减小基底附加应力

    C. 设置圈梁   D. 不设地下室

17-7-35 若混合结构外纵墙上产生正八字形裂缝，则地基的沉降特点是：

    A. 中间大，两端小   B. 均匀

    C. 中间小，两端大   D. 波浪形

17-7-36 计算基底净反力时，不需要考虑的荷载是下列中的哪一项？

    A. 建筑物自重   B. 上部结构传来轴向力

    C. 基础及上覆土自重   D. 上部结构传来弯矩

17-7-37 为使联合基础的基底压应力分布均匀，设计基础时应尽量做到下列中的哪一项要求？

    A. 基底形心接近荷载合力作用点   B. 基础应有较小的抗弯刚度

    C. 基底形心远离荷载合力作用点   D. 基底形心与建筑物重心重合

17-7-38 地基、基础、上部结构三者相互作用中起主导作用的是下列中哪一项？

A. 地基的性质　　　　　　　　　　　　B. 基础的刚度

C. 上部结构形式　　　　　　　　　　　D. 基础形式

17-7-39 现行《建筑地基基础设计规范》规定，在抗震设防区，除岩石地基外，天然地基上的箱基埋深不宜小于建筑物高度的比例是：

A. 1/18　　　　　　B. 1/20　　　　　　C. 1/12　　　　　　D. 1/15

17-7-40 沉降差是指下列中的哪个差值？

A. 相邻两基础边缘点沉降量之差　　　　B. 基础长边两端点沉降量之差

C. 相邻两基础中心点沉降量之差　　　　D. 基础短边两端点沉降量之差

17-7-41 地基的稳定性可采用圆弧滑动面法进行验算，现行《建筑地基基础设计规范》规定抗滑力矩与滑动力矩之比应满足的条件是：

A. $M_r/M_s \geq 1.5$　　　　　　　　　B. $M_r/M_s \leq 1.5$

C. $M_r/M_s \geq 1.2$　　　　　　　　　D. $M_r/M_s \leq 1.2$

17-7-42 现行《建筑地基基础设计规范》规定，冻胀地基的建筑物，其室外地坪高出自然地面至少应为：

A. 300~500mm　　　　　　　　　　　B. 500~800mm

C. 100~300mm　　　　　　　　　　　D. 200~400mm

17-7-43 下面对基础的刚性角有要求的基础类型是：

A. 扩展基础　　　　　　　　　　　　　B. 无筋扩展基础

C. 筏形基础　　　　　　　　　　　　　D. 箱形基础

17-7-44 桩基础雨台设计无需验算下面哪一项？

A. 柱对承台的冲切　　　　　　　　　　B. 角桩对承台的冲切

C. 刚性角验算　　　　　　　　　　　　D. 抗弯

题解及参考答案

17-7-1 **解：**偏心距为$e = \frac{M_k}{F_k+G_k}$，基础地面边缘的最大压力为：$P_{max} = \frac{F_k+G_k}{b}\left(1+\frac{6e}{b}\right)$，$b$为条基宽度。

答案： A

17-7-2 **解：**增大基础高度即增大基础抗冲切面积。

答案： C

17-7-3 **解：**增大建筑物上部结构的整体刚度有利于减轻不均匀沉降的危害。选项 A、B、D 都不利于减轻不均匀沉降的危害。

答案： C

17-7-4 **解：**刚性角可用$\tan\alpha = b/h$表示（b为基础挑出墙外宽度，h为基础放宽部分高度），需满足$\alpha < \alpha_{max}$，故当无筋扩展基础不能满足刚性角的要求时，可采取增大基础高度和减小基础挑出宽度来调整α大小，使其满足要求，其代替了抗弯验算。

答案： A

17-7-5 **解：**无筋扩展基础即刚性基础，在设计时，基础尺寸如若满足刚性角，则基础截面弯曲拉应力和剪应力不超过基础施工材料的强度限值，故不必对基础进行抗弯验算和斜截面抗剪验算，也不必进行抗冲切验算。

答案：D

17-7-6 解：《建筑地基基础设计规范》（GB 50007—2011）规定："d为基础埋深，宜为室外地面标高算起"。规范中并未对基础埋深最大值作出限值。

答案：A

17-7-7 解：扩展基础的设计计算主要包括基础底面积确定（与无筋扩展基础相似）、抗冲切验算、抗弯验算、局部受压验算（当基础的混凝土强度等级小于柱的混凝土强度等级）。基础底板的配筋，应按抗弯计算确定。

答案：D

17-7-8 解：建筑物建成后在周边均匀堆土可增加建筑物的绝对沉降量，无助于减小建筑物的沉降差。（沉降差是指相邻两基础沉降的差值）。

答案：D

17-7-9 解：$e = \dfrac{M_k}{F_k + G_k} = \dfrac{310}{900 + 20 \times 1.5 \times 2 \times 3} = 0.29 < \dfrac{l}{6} = 0.5$

$\sigma = \dfrac{F_k + G_k}{A} + \dfrac{M_k}{W} = \dfrac{900 + 20 \times 1.5 \times 2 \times 3}{2 \times 3} + \dfrac{310}{\frac{1}{6} \times 2 \times 3^2} = 283.3\text{kPa}$

答案：B

17-7-10 解：绝对刚性基础刚度无限大，在中心荷载作用下，基础底面各点无相对位移，各点沉降量相同。

答案：D

17-7-11 解：$f_a = M_b \gamma b + M_d \gamma_m d + M_c c_k$

$\gamma = 18 - 10 = 8\text{kN/m}^3$，$\gamma_m = \dfrac{17 \times 1 + 8 \times 0.5}{1.5} = 14\text{kN/m}^3$

$f_a = 0.43 \times 8 \times 2 + 2.72 \times 14 \times 1.5 + 5.31 \times 10 = 117.1\text{kPa}$

答案：D

17-7-12 解：地基变形一般分为沉降量、沉降差、倾斜和局部倾斜。多层砌体结构应控制的地基主要变形特征为局部倾斜，框架结构应控制的地基主要变形为沉降差，高耸结构应控制的变形为倾斜，必要时尚应控制平均沉降量。

答案：D

17-7-13 解：除钢筋混凝土基础外，其他材料建造的基础均为刚性基础，而刚性基础台阶的宽高比均不能超过其允许值，所以基础高度较大。而钢筋混凝土基础的高度较小。

答案：C

17-7-14 解：下列基础中，整体刚度由大到小的排列顺序为：箱形基础>十字交叉基础>条形基础>独立基础。

答案：C

17-7-15 解：地基基础设计除了满足承载力要求外，还要满足变形要求。

答案：D

17-7-16 解：矩形刚性基础在两个方向均应满足台阶允许宽度比要求，宽度B方向其最小高度计算式为$\dfrac{B-h}{2\tan\alpha}$，长度L方向其最小高度计算式为$\dfrac{L-h}{2\tan\alpha}$，基础高度应为上述两式中的较大者。而基础顶面距室外地坪的最小距离为0.1m，所以最小埋深等于基础最小高度加0.1m。

　　　　答案：B

17-7-17 解：刚性条形基础仅在基础宽度方向满足台阶允许宽高比要求，其最小高度计算式为 $\frac{B-b}{2\tan\alpha}$。

　　　　答案：A

17-7-18 解：《建筑地基基础设计规范》（GB 50007—2011）第3.0.2条规定：

1. 所有建筑物的地基计算均应满足承载力计算的有关规定。

2. 设计等级为甲级、乙级的建筑物，均应按地基变形设计。

3. 设计等级为丙级的建筑物有下列情况之一时应做变形验算：

　　1）地基承载力特征值小于130kPa，且体型复杂的建筑；

　　2）在基础上及其附近有地面堆载或相邻基础荷载差异较大，可能引起地基产生过大的不均匀沉降时；

　　3）软弱地基上的建筑物存在偏心荷载时；

　　4）相邻建筑距离近，可能发生倾斜时；

　　5）地基内有厚度较大或厚薄不均的填土，其自重固结未完成时。

　　　　答案：B

17-7-19 解：所有建筑物的地基计算均应满足承载力计算的有关规定，设计等级为甲级、乙级的建筑物，均应按地基变形设计。

　　　　答案：A

17-7-20 解：《建筑地基基础设计规范》（GB 50007—2011）第8.4.12条规定，当底板板格为单向板时，其斜截面受剪承载力应按本规范第8.2.10条验算，其底板厚度不应小于400mm。

　　　　答案：C

17-7-21 解：平板式筏型基础的板厚除应满足受冲切承载力的要求外，尚应验算距内筒边缘或柱边缘 h_0 处筏板的抗剪承载力。

　　　　答案：D

17-7-22 解：完全补偿性基础是假设基础有足够埋深，使得基底的实际压力等于该处原有土体的自重压力。

　　　　答案：C

17-7-23 解：软弱下卧层承载力验算应满足的条件是：软弱下卧层顶面的自重应力 p_{cz} 与附加应力 p_z 之和不超过它经修正后的软弱层承载力特征值 f_a。

　　　　答案：B

17-7-24 解：当基础宽度大于3m或埋深大于0.5m时，从载荷试验或其他原位测试、经验值等方法确定的地基承载力特征值，尚应按下式进行修正：

$$f_a = f_{ak} + \eta_b\gamma(b-3) + \eta_d\gamma_m(d-0.5)$$

　　　　答案：D

17-7-25 解：柔性基础的基底反力分布与作用于基础上的荷载分布完全一致。均布荷载作用下柔性基础的基底沉降是中部大，边缘小。

　　　　答案：A

17-7-26 解：中心荷载作用下刚性基础基底反力的分布是边缘大、中部小，但基底沉降均匀。

　　　　答案：A

17-7-27 解：《建筑地基基础设计规范》（GB 50007—2011）第 5.3.4 条规定，建筑物的地基变形允许值应按表 5.3.4 规定采用，高度超过 100m 的高层建筑，其整体倾斜允许值为 0.002。

答案： B

17-7-28 解： 当存在相邻建筑物时，新建建筑物的基础埋深不宜大于原有建筑基础，当埋深大于原有建筑物的基础时，两基础间应保持一定的净距。

答案： B

17-7-29 解： 柱下钢筋混凝土基础高度不够，会产生冲切破坏，所以确定基础高度时，要进行抗冲切验算。

答案： A

17-7-30 解： 柱下钢筋混凝土基础底板两个方向的纵向受拉钢筋面积是分别根据两个方向的最大弯矩，按受弯构件正截面承载力进行计算的。

答案： D

17-7-31 解： 柱下钢筋混凝土基础底板在两个方向均存在弯矩，所以沿基础底板两个方向都为受力筋，均应进行受拉钢筋配筋计算。

答案： A

17-7-32 解： 钢筋混凝土基础底板厚度及配筋计算均需使用地基净反力，地基净反力不包括基础及上覆土自重。

答案： C

17-7-33 解： 因黏性土灵敏度均大于 1，即黏性土扰动后的强度均低于原状土的强度，所以要尽量减少基坑土原状结构的扰动，通常可在坑底保留 200mm 厚的原土层，待敷设垫层时才临时铲除。

答案： D

17-7-34 解： 见《建筑地基基础设计规范》（GB 50007—2011）第 7.4.1 条，为减少建筑物沉降和不均匀沉降，可采用下列措施：

（1）选用轻型结构，减轻墙体自重，采用架空地板代替室内填土；

（2）设置地下室或半地下室，采用覆土少、自重轻的基础形式；

（3）调整各部分的荷载分布、基础宽度或埋置深度；

（4）对不均匀沉降要求严格的建筑物，可选用较小的基底压力。

答案： D

17-7-35 解： 斜裂缝的形态特征是朝沉降较大的那一方倾斜地向上延伸，若地基的沉降中间大，两端小，则在外纵墙上产生正八字形裂缝，若地基的沉降中间小，两端大，则在外纵墙上产生倒八字形裂缝。

答案： A

17-7-36 解： 基底净反力为地基土层反向施加于基础底面上的压力，不需考虑基础及上覆土自重。

答案： C

17-7-37 解： 为使联合基础的基底压力分布均匀，应使基底形心接近荷载合力作用点，同时基础还宜具有较大的刚度。

答案： A

17-7-38 解： 地基、基础、上部结构三者相互作用中起主导作用的是地基，其次是基础，而上部结构则是在压缩性地基上基础整体刚度有限时起重要作用。

答案：A

17-7-39 解：《建筑地基基础设计规范》（GB 50007—2011）第 5.1.4 条规定，在抗震设防区，除岩石地基外，天然地基上的箱形和筏形基础其埋置深度不宜小于建筑物高度的1/15，桩箱或桩筏基础的埋置深度（不计桩长）不宜小于建筑物高度的1/18。

答案：D

17-7-40 解：沉降量是指基础某点的沉降值，沉降差是指基础两点或相邻柱基中点的沉降量之差。

答案：C

17-7-41 解：《建筑地基基础设计规范》（GB 50007—2011）第 5.4.1 条规定，地基稳定性可采用圆弧滑动面法进行验算。最危险的滑动面上诸力对滑动中心所产生的抗滑力矩与滑动力矩应符合下式要求：$M_r/M_s \geqslant 1.2$。

答案：C

17-7-42 解：《建筑地基基础设计规范》（GB 50007—2011）第 5.1.9 条规定，宜选择地势高、地下水位低、地表排水条件好的建筑场地。对低洼场地，建筑物的室外地坪标高应至少高出自然地面300~500mm，其范围不宜小于建筑四周向外各一倍冻结深度距离的范围。

答案：A

17-7-43 解：为保证无筋扩展（刚性）基础悬出部分在基底反力作用下所产生的弯曲拉应力和剪应力不超过基础圬工的强度限值，在设计时应使无筋扩展（刚性）基础每个台阶宽度与厚度的比值保持在一定的比例范围内，这个最大的夹角即所谓刚性角 α_{max}。符合这一要求的无筋扩展（刚性）基础，不必对基础进行弯曲拉应力和剪应力的验算。

答案：B

17-7-44 解：刚性角验算是刚性基础验算的内容，不用于雨台设计验算。

答案：C

（八）深基础

17-8-1 下面哪种情况下的群桩效应比较突出？

    A. 间距较小的端承桩   B. 间距较大的端承桩

    C. 间距较小的摩擦桩   D. 间距较大的摩擦桩

17-8-2 复合地基中桩的直径为 0.36m，桩的间距（中心距）为 1.2m，当桩按正方形布置时，面积置换率为：

    A. 0.142   B. 0.035   C. 0.265   D. 0.070

17-8-3 对混凝土灌注桩进行载荷试验，从成桩到开始试验的间歇时间为：

    A. 7 天   B. 15 天

    C. 25 天   D. 桩身混凝土达到设计强度

17-8-4 复合地基中桩的直径为 0.36m，桩的间距（中心距）为 1.2m，当桩按梅花形（等边三角形）布置时，面积置换率为：

    A. 12.25   B. 0.082   C. 0.286   D. 0.164

17-8-5 下面哪种测试方法不能用于预估和判定单桩竖向承载力？

    A. 载荷试验   B. 静力触探   C. 标准贯入试验   D. 十字板剪切试验

17-8-6 挤密桩的桩孔中，下面哪一种可以作为填料？

    A. 黄土   B. 膨胀土

    C. 含有有机质的黏性土   D. 含有冰屑的黏性土

17-8-7 下面哪种情况对桩的竖向承载力有利？

    A. 建筑物建成后在桩基附近堆土

    B. 桩基周围的饱和土层发生固结沉降

    C. 桥梁桩基周围发生淤积

    D. 桩基施工完成后在桩周注浆

17-8-8 下面不能用作挤密桩填料的是：

    A. 黄土   B. 膨胀土   C. 水泥土   D. 碎石

17-8-9 按现行《建筑地基基础设计规范》规定，在确定单桩竖向承载力时，以下叙述不正确的是：

    A. 单桩竖向承载力值应通过单桩竖向静载荷试验确定

    B. 地基基础设计等级为丙级的建筑物，可采用静力触探及标准贯入试验参数确定

    C. 初步设计时可按桩侧阻力、桩端承载力经验参数估算

    D. 采用现场静载荷试验确定单桩竖向承载力时，在同一条件下的试桩数量不宜小于总桩数的 2%，且不应少于 3 根

17-8-10 基础刚性承台的群桩基础中，角桩、边桩、中央桩的桩顶反力分布规律为：

    A. 角桩>边桩>中央桩   B. 中央桩>边桩>角桩

    C. 中央桩>角桩>边桩   D. 边桩>角桩>中央桩

17-8-11 桩侧产生负摩阻力的条件是：

    A. 桩相对于土产生向上的位移   B. 桩产生的位移为零

    C. 桩相对于土产生向下的位移   D. 桩产生向下的位移

17-8-12 群桩竖向承载力等于各基桩相应单桩竖向承载力之和的是：

    A. 端承桩   B. 桩数大于 3 根的摩擦桩

    C. 桩数大于 3 根的端承摩擦桩   D. 桩数大于 3 根的摩擦端承桩

17-8-13 下列基础中，不属于深基础的是：

    A. 沉井基础   B. 地下连续墙   C. 桩基础   D. 片筏基础

17-8-14 现行《建筑地基基础设计规范》规定承台的最小厚度为：

    A. 300mm   B. 400mm   C. 500mm   D. 600mm

17-8-15 现行《建筑地基基础设计规范》规定承台的最小宽度为：

    A. 300mm   B. 400mm   C. 500mm   D. 600mm

17-8-16 扩底灌注桩的扩底直径不应大于桩身直径的多少倍？

    A. 4   B. 2   C. 1.5   D. 3

17-8-17 工程桩进行竖向承载力检验的试桩数量不宜少于多少？

    A. 总桩数的 1%且不少于 3 根

    B. 总桩数的 2%且不少于 3 根

    C. 总桩数的 1%且不少于 2 根

    D. 总桩数的 2%且不少于 5 根

17-8-18 嵌入完整硬岩直径为 400mm 的钢筋混凝土预制桩，桩端阻力特征值$q_{\mathrm{pa}} = 3000\mathrm{kPa}$。初步设计时，单桩竖向承载力特征值$R_{\mathrm{a}}$为：

  A. 377kN   B. 480kN   C. 754kN   D. 1508kN

17-8-19 下列哪种情况下将在桩侧产生负摩阻力？

  A. 地下水位上升   B. 桩顶荷载过大

  C. 地下水位下降   D. 桩顶荷载过小

17-8-20 摩擦型桩的中心距不宜小于桩身直径的多少倍？

  A. 4   B. 2   C. 1.5   D. 3

17-8-21 现行《建筑地基基础设计规范》规定嵌岩灌注桩桩底进入微风化岩体的最小深度为：

  A. 300mm   B. 400mm   C. 500mm   D. 600mm

17-8-22 现行《建筑地基基础设计规范》规定桩顶嵌入承台的长度不宜小于：

  A. 30mm   B. 40mm   C. 50mm   D. 60mm

17-8-23 布置桩位时，宜符合下列中的哪条要求？

  A. 桩基承载力合力点与永久荷载合力作用点重合

  B. 桩基承载力合力点与可变荷载合力作用点重合

  C. 桩基承载力合力点与所有荷载合力作用点重合

  D. 桩基承载力合力点与准永久荷载合力作用点重合

17-8-24 偏心竖向力作用下，单桩竖向承载力应满足的条件是：

  A. $Q_{\mathrm{k}} \leqslant R_{\mathrm{a}}$ B. $Q_{ik\max} \leqslant 1.2R_{\mathrm{a}}$

  C. $Q_{\mathrm{k}} \leqslant R_{\mathrm{a}}$且$Q_{ik\max} \leqslant 1.2R_{\mathrm{a}}$ D. $Q_{ik\max} \geqslant 0$

17-8-25 桩数为 4 根的桩基础，若作用于承台底面的水平力$H_{\mathrm{k}} = 200\mathrm{kN}$，承台及上覆土自重$G_{\mathrm{k}} = 200\mathrm{kN}$，则作用于任一单桩的水平力$H_{ik}$为：

  A. 200kN   B. 50kN   C. 150kN   D. 100kN

17-8-26 桩数为 4 根的桩基础，若作用于承台顶面的轴心竖向力$F_{\mathrm{k}} = 200\mathrm{kN}$，承台及上覆土自重$G_{\mathrm{k}} = 200\mathrm{kN}$，则作用于任一单桩的竖向力$Q_{ik}$为：

  A. 200kN   B. 50kN   C. 150kN   D. 100kN

17-8-27 可不进行沉降验算的桩基础是：

  A. 地基基础设计等级为甲级的建筑物桩基

  B. 摩擦型桩基

  C. 嵌岩桩

  D. 体型复杂、荷载不均匀或桩端以下存在软弱土层、设计等级为乙级的建筑物桩基

17-8-28 柱下桩基承台的弯矩计算公式$M_x = \sum N_i y_i$中，当考虑承台效应时，N_i不包括下列哪一部分荷载引起的竖向力？

  A. 上覆土自重   B. 承台自重

  C. 上部结构传来荷载   D. 上覆土及承台自重

17-8-29 单桩桩顶作用轴向力时，桩身上轴力分布规律为：

  A. 由上而下直线增大   B. 由上而下曲线增大

  C. 由上而下直线减小   D. 由上而下曲线减小

17-8-30 预制桩、灌注桩、预应力桩混凝土强度等级分别不应低于：

A. C20、C30、C40　　　　　　　　　　B. C20、C40、C30

C. C40、C30、C20　　　　　　　　　　D. C30、C25、C40

17-8-31 对拉拔桩，下列对桩基总的拉拔力有利的措施是：

A. 在桩基附近开挖

B. 混凝土用量不变，增大桩径，减少桩的数量

C. 混凝土用量不变，增大桩径，减少桩长

D. 桩基施工完成后在桩周注浆

题解及参考答案

17-8-1 **解：** 当摩擦型群桩桩距较小时，群桩效应显著，破坏时接近实体基础破坏形式。

答案： C

17-8-2 **解：** 圆形桩直径 $d = 0.36\text{m}$，桩间距 $B = 1.2\text{m}$

正方形布置时的等效直径：$d_e = 1.13B = 1.356\text{m}$

复合地基面积置换率：

$$m = \frac{A_p}{A_e} = \frac{\pi\left(\frac{d}{2}\right)^2}{\pi\left(\frac{e}{2}\right)^2} = \frac{\pi \times 0.18^2}{\pi \times 0.678^2} = 0.070$$

答案： D

17-8-3 **解：**《建筑地基基础设计规范》（GB 50007—2011）第 Q.0.4 条规定，开始试验的时间：预制桩在砂土中入土 7d 后。黏性土不得少于 15d。对于饱和软黏土不得少于 25d。灌注桩应在桩身混凝土达到设计强度后，才能进行。

答案： D

17-8-4 **解：** 面积置换率

$$m = \frac{\frac{\pi}{8}d^2}{\frac{\sqrt{3}}{4}s^2} = \frac{\frac{\pi}{8} \times 0.36^2}{\frac{\sqrt{3}}{4} \times 1.2^2} = 0.082$$

答案： B

17-8-5 **解：** 十字板剪切试验用于野外测定地基土抗剪强度。

答案： D

17-8-6 **解：** B 项，膨胀土含有蒙脱石、伊利石等亲水性黏土矿物，有较强的胀缩性；C 项，黏性土中含有有机质会减弱桩与周围土体的黏结作用；D 项，黏性土中含有冰屑将降低挤密桩的密实度。以上三种土质均不宜作为挤密桩桩孔中的填料。

答案： A

17-8-7 **解：** 桩所承受的轴向荷载是通过作用于桩周土层的桩侧摩阻力和桩端地层的桩端阻力来支承的。桩基施工完成后在周边注浆可以增加桩侧摩阻力。

答案： D

17-8-8 **解：** 膨胀土主要由亲水性强的黏土矿物组成，具有显著的吸水膨胀性和失水收缩性。

答案： B

17-8-9　解：根据《建筑地基基础设计规范》（GB 50007—2011）第8.5.6条1、3、4款，可知选项A、B、C均正确，第1款中还规定：在同一条件下的试桩数量，不宜小于总桩数的1%，且不应少于3根。

答案：D

17-8-10　解：刚性承台会使桩做同步沉降，同时会使各桩的桩顶荷载发生由承台向中部向外围转移，所以刚性承台下的桩顶荷载分配一般是角桩最大，中心桩最小，边桩居中。

答案：A

17-8-11　解：在土层相对于桩侧向下位移时，产生于桩侧的向下摩阻力称为负摩阻力。

答案：A

17-8-12　解：对于端承桩基和桩数不超过3根的非端承桩基，由于桩群、土、承台的相互作用甚微，因而基桩承载力可不考虑群桩效应，即群桩承载力等于各基桩相应单桩承载力之和。桩数超过3根的非端承桩基的基桩承载力往往不等于各基桩相应单桩承载力之和。

答案：A

17-8-13　解：深基础是指埋深大于5m，用特殊施工方法建造的基础，常见的有桩基础、沉井基础、地下连续墙等。

答案：D

17-8-14　解：《建筑地基基础设计规范》（GB 50007—2011）第8.5.17条规定，承台的最小厚度不应小于300mm。

答案：A

17-8-15　解：《建筑地基基础设计规范》（GB 50007—2011）第8.5.17条规定，承台的宽度不应小于500mm。

答案：C

17-8-16　解：《建筑地基基础设计规范》（GB 50007—2011）第8.5.3条规定，扩底灌注桩的扩底直径，不应大于桩身直径的3倍。

答案：D

17-8-17　解：《建筑地基基础设计规范》（GB 50007—2011）第10.2.16条规定，复杂地质条件下的工程桩竖向承载力的检验应采用静载荷试验，检验桩数不得少于同条件下总桩数的1%，且不得少于3根。

答案：A

17-8-18　解：嵌岩桩的单桩竖向承载力特征值$R_a = q_{pa}A_p$，A_p为桩截面面积。

答案：A

17-8-19　解：在土层相对于桩侧向下位移时，产生于桩侧的向下摩阻力称为负摩阻力，一方面可能是由于桩周土层产生向下的位移，另一方面可能是打桩时使已设置的邻桩抬升。当地下水位下降时，会引起地面沉降，在桩周产生负摩阻力。

答案：C

17-8-20　解：《建筑地基基础设计规范》（GB 50007—2011）第8.5.3条规定，摩擦型桩的中心距不宜小于桩身直径的3倍。

答案：D

17-8-21　解：《建筑地基基础设计规范》（GB 50007—2011）第8.5.3条规定，嵌岩灌注桩周边嵌入完整和较完整的未风化、微风化、中风化硬质岩体的最小深度，不宜小于 0.5m。

答案：C

17-8-22 解：《建筑地基基础设计规范》（GB 50007—2011）第 8.5.3 条规定，桩顶嵌入承台内的长度不应小于 50mm。

答案：C

17-8-23 解：《建筑地基基础设计规范》（GB 50007—2011）第 8.5.3 条规定，布置桩位时宜使桩基承载力合力点与竖向永久荷载合力作用点重合。

答案：A

17-8-24 解：轴心竖向力作用下，单桩竖向承载力应满足的条件是 $Q_k \leqslant R_a$；偏心竖向力作用下，单桩竖向承载力应满足的条件是 $Q_k \leqslant R_a$ 且 $Q_{ikmax} \leqslant 1.2R_a$。

答案：C

17-8-25 解：单桩的水平力 $H_{ik} = H_k/n$，n 为桩数。

答案：B

17-8-26 解：单桩的竖向力 $Q_{ik} = (F_k + G_k)/n$，n 为桩数。

答案：D

17-8-27 解：《建筑地基基础设计规范》（GB 50007—2011）第 8.5.13 条规定：对以下建筑物的桩基应进行沉降验算：

（1）地基基础设计等级为甲级的建筑物桩基；

（2）体形复杂、荷载不均匀或桩端以下存在软弱土层的设计等级为乙级的建筑物桩基；

（3）摩擦型桩基。

答案：C

17-8-28 解：N_i 为扣除承台和承台上土自重后，相应于荷载效应基本组合时的第 i 根桩竖向力设计值。

答案：D

17-8-29 解：桩顶轴力沿桩身向下通过桩侧摩阻力逐步传给桩周土，因此轴力就随深度增加而曲线减小。

答案：D

17-8-30 解：《建筑地基基础设计规范》（GB 50007—2011）第 8.5.3 条规定，设计使用年限不少于 50 年时，非腐蚀环境中预制桩的混凝土强度等级不应低于 C30，预应力桩的混凝土强度等级不应低于 C40，灌注桩的混凝土强度等级不应低于 C25。

答案：D

17-8-31 解：桩基施工完成后在桩周注浆可以增大拉拔桩所需要的负摩阻力，提高抗拉拔效果。其他选项均对拉拔桩提高抗拉拔效果不利。

答案：D

（九）地基处理

17-9-1 按地基处理作用机理，强夯法属于：

A. 土质改良   B. 土的置换

C. 土的补强   D. 土的化学加固

17-9-2 在进行地基处理时，淤泥和淤泥质土的浅层处理宜采用下面哪种方法？

    A. 换土垫层法   B. 砂石桩挤密法

    C. 强夯法   D. 振冲挤密法

17-9-3 采用真空预压法加固地基，计算表明在规定时间内达不到要求的固结度，加快固结进程时，下面哪种措施是正确的？

    A. 增加预压荷载   B. 减小预压荷载

    C. 减小井径比   D. 将真空预压法改为堆载预压

17-9-4 对软土地基采用真空预压法进行加固后，下面哪一项指标会减小？

    A. 压缩系数   B. 抗剪强度

    C. 饱和度   D. 土的重度

17-9-5 采用堆载预压法加固地基时，如果计算表明在规定时间内达不到要求的固结度，为加快固结进程时，不宜采取下面哪种措施？

    A. 加快堆载速率   B. 加大砂井直径

    C. 减少砂井间距   D. 减小井径比

17-9-6 对软土地基采用真空预压法进行加固后，下面哪一项指标会增大？

    A. 压缩系数   B. 抗剪强度

    C. 渗透系数   D. 孔隙比

17-9-7 关于堆载预压法加固地基，下面说法正确的是：

    A. 砂井除了起加速固结的作用外，还作为复合地基提高地基的承载力

    B. 在砂井长度相等的情况下，较大的砂井直径和较小的砂井间距都能够加速地基的固结

    C. 堆载预压时控制堆载速度的目的是让地基发生充分的蠕变变形

    D. 为了防止预压时地基失稳，堆载预压通常要求预压荷载小于基础底面的设计压力

17-9-8 经过深层搅拌法处理后的地基属于：

    A. 天然地基   B. 人工地基   C. 桩基础   D. 其他深基础

17-9-9 关于预压加固法，下面哪种情况有助于减小达到相同固结度所需的时间：

    A. 增大上部荷载   B. 减小上部荷载

    C. 增大井径比   D. 减小井径比

17-9-10 对于湿陷性黄土地基，可有效消除或部分消除黄土湿陷性的方法为：

    A. 强夯法   B. 预压法   C. 砂石桩法   D. 振冲法

17-9-11 确定砂垫层的底部宽度应满足的条件之一是：

    A. 持力层强度   B. 基础底面应力扩散要求

    C. 软弱下卧层强度   D. 地基变形要求

17-9-12 为缩短排水固结处理地基的工期，最有效的措施是下列中的哪一项？

    A. 用高能量机械压实   B. 加大地面预压荷重

    C. 增设水平向排水砂层   D. 减小地面预压荷重

17-9-13 砂井堆载预压加固饱和软黏土地基时，砂井的主要作用是：

    A. 置换   B. 加速排水固结

    C. 挤密   D. 改变地基土级配

17-9-14 下列中哪一种土受水浸湿后，土的结构迅速破坏，强度迅速降低？

    A. 膨胀土   B. 冻土   C. 红黏土   D. 湿陷性黄土

17-9-15 适用于处理浅层软弱地基、膨胀土地基、季节性冻土地基的一种简易而被广泛应用的地基处理方法是：

    A. 换土垫层   B. 碾压夯实   C. 胶结加固   D. 挤密振冲

17-9-16 下列地基处理方法中，不宜在城市中采用的是哪一种？

    A. 换土垫层   B. 碾压夯实   C. 强夯法   D. 挤密振冲

17-9-17 下列地基处理方法中，能形成复合地基的是哪一种？

    A. 换土垫层   B. 碾压夯实   C. 强夯法   D. 高压注浆

17-9-18 砌体承重结构的地基在主要持力层范围内，填土的压实系数至少为：

    A. 0.96   B. 0.97   C. 0.95   D. 0.94

17-9-19 为满足填方工程施工质量要求，填土的控制含水率应为：

    A. $w_{op} \pm 2\%$ B. $w_p \pm 2\%$ C. $w_L \pm 2\%$ D. $w_s \pm 2\%$

17-9-20 压实系数 λ_c 为：

    A. 最大密度与控制密度之比   B. 最大干密度与控制干密度之比

    C. 控制密度与最大密度之比   D. 控制干密度与最大干密度之比

17-9-21 为满足填方工程施工质量要求，填土的有机质含量应控制为：

    A. ≤5%   B. ≥5%   C. ≤10%   D. ≥10%

17-9-22 非自重湿陷性黄土具有下列哪种性质？

    A. 在土自重应力下浸湿湿陷   B. 在土自重应力下浸湿不湿陷

    C. 在土自重应力下不浸湿陷落   D. 在土自重应力下不浸湿不湿陷

17-9-23 强夯法的夯锤上往往开几个孔，开孔的目的是：

    A. 降低噪音   B. 减小对附近建筑物的振动

    C. 用于排气，减少气垫效应   D. 便于运输和起吊

17-9-24 在加筋土边坡中，计算筋材的锚固长度时涉及以下哪一项指标？

    A. 抗压强度   B. 握持强度   C. 撕裂强度   D. 抗拉拔摩擦系数

题解及参考答案

17-9-1 **解：** 强夯法使土密实，属于改良土壤。

    答案： A

17-9-2 **解：** 换土垫层法主要应用于浅层地基处理。砂石桩挤密法适用于挤密松散砂土、粉土、黏性土、素填土、杂填土等地基。强夯法适用于处理碎石土、砂土、低饱和度的粉土与黏性土、湿陷性黄土、杂填土和素填土等地基。振冲挤密法适用于处理砂土和粉土等地基。

    答案： A

17-9-3 **解：** 井径比为砂井的有效排水直径 d_e 与砂井的直径 d_w 之比。加大砂井直径、增加砂井数量（即减少砂井间距）或减小井径比可加快地基固结进程。

    答案： C

17-9-4 解： 对软土地基进行真空预压法加固后，孔隙水排出，孔隙减小，其孔隙比减小，压缩系数减小，渗透系数减小，黏聚力增大，土的重度增大，抗剪强度增加。真空预压法主要是将孔隙中的水排出，土体固结所产生的沉降量主要是孔隙中水的体积减小引起的。即使固结中饱和度有变化也很小，因为软土地基接近饱和。

答案：A

17-9-5 解： 采用堆载法预压加固地基时，如果计算在规定时间内达不到要求的固结度，加快固结进程时，可采用减小砂井间距或增大砂井直径来减小井径比。加快堆载速率有可能造成土体因加载速率过快而发生结构破坏。

答案：A

17-9-6 解： 软土地基采用真空预压法进行加固后，其孔隙比减小，压缩系数减小，渗透系数减小，黏聚力增大，抗剪强度增加。

答案：B

17-9-7 解： A项，砂井仅起到加速固结的作用；C项，在预压过程中控制加载速率，可防止因加载速率过快而导致土体结构破坏；D项，堆载预压荷载的大小应根据设计要求确定，宜使得预压荷载下受压土层各点的有效竖向应力大于建筑物荷载引起的相应点的附加应力。

答案：B

17-9-8 解： 天然地基如不能承受基础传递的全部荷载，需采用人工处理的方式对天然地基进行加固，经过加固处理后的天然地基称为人工地基。地基处理方法有换填法、预压法、强夯法、振冲法、砂石桩法、石灰桩法、柱锤冲扩桩法、土挤密桩法、水泥土搅拌法等（含深层搅拌法、粉体喷搅法。深层搅拌法简称湿法，粉体喷搅法简称干法）。

答案：B

17-9-9 解： 预压加固法是对地下水位以下的天然地基或设置有砂井等竖向排水设施的地基，通过加载使地基土中的孔隙水压力增大，加速孔隙水的排出和土的固结的方法。

答案：A

17-9-10 解： 可采用强夯法破坏湿陷性黄土的大孔结构，以便全部或部分消除黄土的湿陷性。

答案：A

17-9-11 解： 砂垫层的厚度应使作用在垫层底面的压力不超过软弱下卧层的承载力，砂垫层底部宽度一方面要满足应力扩散的要求，另一方面要防止砂垫层向两侧挤出。

答案：B

17-9-12 解： 在地基中增设砂层，相当于增加了水平向排水通道，缩短渗径，加速地基的固结。

答案：C

17-9-13 解： 在地基中设砂井，增加了竖向排水通道，缩短渗径，加速地基固结及强度增长。

答案：B

17-9-14 解： 在土层自重应力或自重应力与附加应力共同作用下，受水浸湿，使土的结构迅速破坏而发生显著的附加下沉，强度迅速降低的黄土为湿陷性黄土。

答案：D

17-9-15 解： 换土垫层法适用于处理浅层软弱地基、不均匀地基等，施工简便，应用广泛。

答案：A

17-9-16 解： 强夯法进行地基处理时因其噪声太大，所以不宜在城市中采用。

答案： C

17-9-17 解： 复合地基是指由两种刚度不同的材料组成，共同承受上部荷载并协调变形的人工地基。

答案： D

17-9-18 解： 砌体承重结构和框架结构的地基在主要持力层范围内，压实系数 $\lambda_c \geqslant 0.97$；在主要持力层范围以下，压实系数 $\lambda_c \geqslant 0.95$。排架结构的地基在主要持力层范围内，压实系数 $\lambda_c \geqslant 0.96$；在主要持力层范围以下，压实系数 $\lambda_c \geqslant 0.94$。

答案： B

17-9-19 解： 为满足填方工程施工质量要求，填土的控制含水率为 $w_{op} \pm 2\%$，w_{op} 为最优含水率。

答案： A

17-9-20 解：《建筑地基基础设计规范》（GB 50007—2011）第 6.3.7 条规定，压实系数为填土的实际干密度与最大干密度之比。

答案： D

17-9-21 解： 压实填土的填料不得使用淤泥、耕土、冻土、膨胀土以及有机质含量大于 5% 的土。

答案： A

17-9-22 解： 湿陷性黄土是指在一定压力作用下受水浸湿，产生附加沉陷的黄土。湿陷性黄土分为自重湿陷性黄土和非自重湿陷性黄土两种，非自重湿陷性黄土在土自重应力下受水浸湿后不发生沉陷；自重湿陷性黄土在土自重应力下受水浸湿后则发生沉陷。

答案： B

17-9-23 解： 用于排气，减少气垫效应。气垫效应会降低强夯效果。

答案： C

17-9-24 解： 涉及筋与土之间的抗拉拔摩擦系数。

答案： D

第十八章 结构试验

复习指导

结构试验是以结构、构件为研究对象,用仪表、加载设备、试验方法和数据处理来获得结构、构件的一些技术性能。复习这门课程时应注意:

(1)《教程》把本课程的主要内容进行了简要介绍,然而结构试验的实际内容比《教程》中的内容更为丰富。因此,练习题范围适当扩展,解题内容也较《教程》内容丰富。

(2)结构试验的试件有三种情况:①模型试件需用相似原理进行设计;②小结构试件,试件的形状、尺寸、数量需进行专门的设计;③实际结构或构件。

(3)结构试验用仪表测量相关的参数,不同的参数用不同的仪表,仪表有机、电之分,仪表有技术性能、使用前标定、正确的使用方法等。

(4)加载方案中涉及荷载设计、加载设备、加载程序等,并有静、动之分,以及各种参数的测试方法。

(5)试验数据的分析有单一参数,如挠度、应力、应变、裂缝宽度、延性等。也有两个参数在直角坐标系内的曲线,以及试验点进行回归分析等。

(6)非破损结构试验是现场进行结构和构件性能评定的主要方法,应用非常广泛,应予以充分的重视。

需要指出的是:结构试验是一门实践性很强的学科,涉及结构、构件、仪表、加载设备、试验方法以及数据处理等,内容丰富、涉及面广、不断发展并具有一定的灵活性。因此,有些问题解答不是唯一的,但有比较合理的答案。

练习题、题解及参考答案

(一)试件设计、荷载设计、观测设计与材料试验

18-1-1 下列试件的尺寸比例,哪一项不符合一般试验要求?

    A. 屋架采用原型试件或足尺模型

    B. 框架节点采用原型比例的1/2~1/4

    C. 砌体的墙体试件为原型比例的1/4~1/2

    D. 薄壳等空间结构采用原型比例的1/5~1/20

18-1-2 采用$L_4(2^3)$、$L_8(2^7)$和$L_{16}(2^{15})$三种正交表进行试验时,下列阐述哪一个正确?

    A. 试验次数不同、因素不同、水平不同

    B. 试验次数不同、因素不同、水平相同

    C. 试验次数不同、因素相同、水平不同

D. 试验次数相同、因素相同、水平不同

18-1-3 有一均布荷载作用的简支梁,进行研究性试验时,在短期荷载作用下,实测梁的挠度曲线,其等效荷载采用下列哪种方法加载是正确的?

A. 二集中力四分点加载   B. 二集中力三分点加载

C. 四集中力八分点加载   D. 八集中力十六分点加载

18-1-4 一般结构静载试验有预加载,下列关于预加载目的的论述哪一项是没有必要的?

A. 检查试件和试验装置设计是否合理

B. 检查试验装置、量测仪表工作是否正常

C. 减少试件和各支承装置间的接触变形

D. 检查现场的组织工作和试验人员加载、仪表观测是否正确

18-1-5 混凝土和预应力混凝土结构构件试验,预加载应分级加载,加载值不宜超过构件开裂荷载的比例是:

A. 30%   B. 50%   C. 70%   D. 90%

18-1-6 设计混凝土结构构件时,用下列试验荷载值来验算构件的承载力、变形、抗裂性和裂缝宽度时,哪一项是不正确的?

A. 对构件的刚度进行试验时,应确定承载力极限状态的试验荷载值

B. 对构件的裂缝宽度进行试验时,应确定正常使用极限状态的试验荷载值

C. 对构件的抗裂性进行试验时,应确定开裂试验荷载值

D. 对构件进行承载能力试验时,应确定承载能力试验荷载值

18-1-7 进行结构试验时,观测设计不应包括以下哪一项内容?

A. 按照试验的目的和要求,确定试验的观测项目

B. 按照试验的观测项目,布置测点位置

C. 选择测试仪器和数据采集方法

D. 按照试验的目的和要求,确定试验的加载方案

18-1-8 下列结构静力试验的观测项目中,哪一个反映结构的局部变形?

A. 挠度   B. 位移   C. 裂缝   D. 转角

18-1-9 在梁的试验观测项目中,首先应该考虑梁的整体变形。对梁的整体变形,最基本的测试项目是:

A. 裂缝   B. 应变   C. 挠度   D. 转角

18-1-10 对试件进行各种参数测量时,其测点布置应遵循一定的原则。下列中哪一条阐述不够准确?

A. 测点布置宜少不宜多

B. 测点位置要有代表性

C. 应布置一定数量的校核性测点

D. 测点布置要便于测读和安全

18-1-11 结构试验对测试仪器进行选择时,下列哪一种选择是正确的?

A. 仪器的最小刻度值不大于 3% 的最大被测值

B. 仪器的精确度要求,相对误差不超过 5%

C. 一般最大被测值不宜大于仪器最大量程的 70%

D. 最大被测值宜在仪器满量程的1/2范围内

18-1-12 结构试验时，要正确估计结构的承载力、挠度等，应采用混凝土的下列哪一个力学性能指标？

A. 材料的平均值

B. 材料的标准值

C. 材料的设计值

D. 材料实际的力学性能

18-1-13 结构静力试验，确定观测项目时，应如何考虑？

A. 首先考虑整体变形测量，其次考虑局部变形测量

B. 首先考虑局部变形测量，其次考虑整体变形测量

C. 考虑整体变形测量

D. 考虑局部变形测量

题解及参考答案

18-1-1 **解：** 框架节点一般为原型比例的$\frac{1}{2}$~1。屋架、砌体的墙体和薄壳等空间结构试件采用的比例，均符合一般试验的要求。

答案： B

18-1-2 **解：** 正交表中"L"代表正交表，L下角的数字表示试验次数，括号内的数字"2"表示水平数，2上角的数字表示因素的数量。三种正交表试验次数和因素数均不同，但水平数相同。

答案： B

18-1-3 **解：** 一均布荷载简支梁，在短期荷载作用下，梁的挠度曲线采用等效荷载八集中力十六分点加载时，实测挠度值的修正系数为1.0。当采用等效荷载二集中力四分点加载时，实测挠度值应乘修正系数0.91；采用二集中力三分点加载时，应乘修正系数0.98；而采用四集中力八分点加载时，修正系数为0.97。均不能直接用实测数据。

答案： D

18-1-4 **解：** 试件和试验装置设计是否合理，用预加载的方法是不能解决的。

答案： A

18-1-5 **解：** 混凝土和预应力混凝土构件的开裂荷载比较低，预加载一般为一级、二级，最多为三级，加载值不宜超过70%的开裂荷载。若预加载为开裂荷载的30%或50%，有时会觉得偏低；但若达到90%的开裂荷载，则由于混凝土强度的离散性，可能会导致构件开裂。

答案： C

18-1-6 **解：** 对构件的刚度进行试验时，应确定正常使用极限状态的试验荷载值。

答案： A

18-1-7 **解：** 试验的加载方案属于结构试验的荷载设计内容，不在观测设计项目之内。其余三项内容均为结构试验的观测设计项目。

答案： D

18-1-8 **解：** 结构静力试验观测项目，反映结构局部变形的有应变、裂缝、钢筋滑移等。而挠度、位移、转角和支座偏移等，均为结构静力试验观测中反映结构整体变形的项目。

答案： C

18-1-9 解： 对梁通过挠度的测量，不仅能了解构件的刚度、构件所处的弹性或非弹性状态，而且也能反映出混凝土梁是否有开裂的局部变形。而裂缝和应变反映的是构件的局部变形；转角虽能反映构件的整体变形，但不是最基本的。

答案： C

18-1-10 解： 试件试验时，布置一些测点对一些参数进行量测，要求在满足试验目的的前提下，测点宜少不宜多。不能片面强调测点的多或少。其余三条阐述是正确的。

答案： A

18-1-11 解： 选择仪器时，仪器的精确度要求相对误差不超过 5%。而仪器的最小刻度值要求不大于 5% 的最大被测值；一般最大被测值不宜大于仪器量程的 80%；被测值宜在仪器量程的 $\frac{1}{5} \sim \frac{2}{3}$ 范围内。

答案： B

18-1-12 解： 根据《混凝土结构试验方法标准》（GB/T 50152—2012）第 4.0.1 条，混凝土结构试验中用于计算和分析的有关材料性能的参数应通过实测确定，选项 D 正确。

答案： D

18-1-13 解： 在结构静力试验前，进行观测项目设计时，不能仅考虑整体变形或局部变形测量；而是首先考虑如何进行试件的整体变形测量，再考虑局部变形量测问题。

答案： A

（二）结构试验的加载设备和量测仪器

18-2-1 在选择试验荷载和加载方法时，下列哪一项要求不全面？

A. 试验加载设备和装置应满足结构设计荷载图式的要求

B. 荷载的传递方式和作用点要明确，荷载的数值要稳定

C. 荷载分级的分度值要满足试验量测的精度要求

D. 加载装置安全可靠，满足强度要求

18-2-2 在进行构件试验时，加载设备必须有足够的强度和刚度，其主要目的是：

A. 避免加载过程加载设备因强度不足而破坏

B. 避免加载过程影响试件强度

C. 避免加载过程加载设备因强度不足产生过大的变形，影响试件的变形

D. 避免加载过程由于加载设备变形不稳定，影响加载值的稳定

18-2-3 结构静力试验时，下列四项试验的加载方法设计中，哪一项不够妥当？

A. 采用水作重力荷载，对钢筋混凝土水箱做承载力和抗渗试验

B. 采用螺旋千斤顶和弹簧等机具加载，做钢筋混凝土梁的持久试验

C. 采用气压加载的负压法，对薄壳结构模型做均布荷载加载试验

D. 采用松散状建筑材料（黄砂）或不装筐不分垛作为重力荷载直接施加于大型屋面板，做均布荷载试验

18-2-4 结构试验中，能够将若干个加载点的集中荷载转换成均布荷载施加于试件端面的装置是：

A. 杠杆   B. 分配梁   C. 卧梁   D. 反力架

18-2-5 杠杆加载试验中，杠杆制作方便，荷载值稳定不变，当结构有变形时，荷载可以保持恒定，对于下列何种试验尤为适用？

A. 动力荷载   B. 循环荷载   C. 持久荷载   D. 较大的短期荷载

18-2-6 支座的形式和构造与试件的类型和下列何种条件的要求等因素有关？

A. 力的边界条件　　　　　　　　　B. 位移的边界条件

C. 边界条件　　　　　　　　　　　D. 平衡条件

18-2-7 下列几项对滚动铰支座的基本要求，哪一项是不正确的？

A. 保证结构在支座处力的传递

B. 保证结构在支座处能自由转动

C. 结构在支承处有钢垫板

D. 滚轴的直径需进行强度验算

18-2-8 结构试验时，固定铰支座可以使用于：

A. 连续梁结构的一端　　　　　　　B. 简支梁的两端

C. 悬臂梁结构的一端　　　　　　　D. 柱或墙板构件的两端

18-2-9 试件支承装置中，各支墩的高差不宜大于试件跨度的比例是：

A. 1/50　　　　　B. 1/100　　　　　C. 1/150　　　　　D. 1/200

18-2-10 为检验已建结构性能，需在现场唯一使用的荷载试验方法是：

A. 反位试验　　　　B. 原位试验　　　　C. 正位试验　　　　D. 异位试验

18-2-11 选择仪表量测各种参数时，下列哪一种仪表不满足测量要求？

A. 量程为 10mm 的百分表，最小分度值为 0.01mm

B. 位移传感器的准确度不应低于 1.0 级，示值误差应为 $\pm 1.0\%$F.S.

C. 静态应变仪的精确度不应低于 B 级，最小分度值不宜大于 10×10^{-5}

D. 用刻度放大镜量测裂缝宽度时，其最小分度值不宜大于 0.05mm

18-2-12 结构试验前，对所使用的仪器进行标定（率定）。下列几种仪器标定正确的是？

A. 测定仪器的最小分度值　　　　　B. 测定仪器的量程

C. 测定仪器的灵敏度和精确度　　　D. 测定仪器的分辨率

18-2-13 一般静载试验，应使仪表的最小刻度值不大于最大被测值的比例是：

A. 1%　　　　　B. 3%　　　　　C. 5%　　　　　D. 7%

18-2-14 按图示测点布置，电桥桥路连接时的桥臂系数是：

A. $2(1 + \nu)$　　　　B. $1 - \nu$　　　　C. $2(1 - \nu)$　　　　D. $1 + \nu$

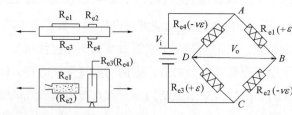

题 18-2-14 图

18-2-15 标距 $L = 250$mm 的手持式应变仪，用千分表进行量测，读数为 3 小格，测得应变值为：

A. 4με　　　　　　　　　　　　　B. 12με

C. 40με　　　　　　　　　　　　　D. 120με

18-2-16 图示四种应变片的布置和连接，应变片 $R_1 = R_2$，$K_1 = K_2$。对消除温度效应而言，哪一种布置是不正确的？

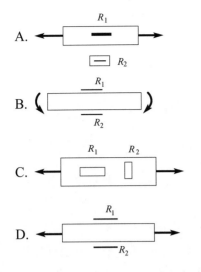

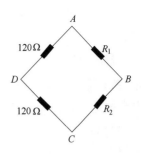

题 18-2-16 图

18-2-17 图示一个受拉试件，在受力方向粘贴工作片 R_1，在试件的旁边粘贴补偿片 R_2。为消除环境温度变化而产生的温度应力，下列几项要求中哪一项是不必要的？

    A. 工作片 R_1 和补偿片 R_2 采用相同标距

    B. 工作片 R_1 和补偿片 R_2 阻值相同，即 $R_1 = R_2$

    C. 工作片 R_1 和补偿片 R_2 灵敏系数相同，即 $K_1 = K_2$

    D. 工作片 R_1 和补偿片 R_2 粘贴在相同的材料上

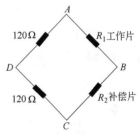

题 18-2-17 图

18-2-18 选择测量仪器时，最大被测值一般不宜大于选用仪器最大量程的比例是：

    A. 70%   B. 80%   C. 90%   D. 100%

题解及参考答案

18-2-1 **解：** 试验加载装置要安全可靠，不仅要满足强度要求，还必须按变形满足刚度要求，不能影响结构的自由变形和因刚度不足对试件卸荷而降低实际施加在结构上的荷载。

    答案： D

18-2-2 **解：** 加载设备应具有足够的强度和刚度，主要是由于加载过程中加载设备也有变形。如果加载设备刚度不足，变形不稳定，就会对试件产生卸荷作用而降低实际施加在试件上的荷载。加载设备一般为刚度控制，不可能破坏。

    答案： D

18-2-3 **解：** 当使用砂石等松散材料加载时，将材料直接堆放在屋面板板面上，将会造成荷载材料本身的起拱，对试件产生卸荷作用。

    答案： D

18-2-4 **解：** 卧梁上有几个加载点，通过卧梁将集中力扩散在试件的上端面，形成均布荷载。而杠杆对试件施加集中力；分配梁将集中力通过分配梁对试件施加两个或多个集中力；反力架用于对试件施加水平力。

    答案： C

18-2-5 解： 杠杆制作方便，有足够的强度、刚度时，荷载值稳定不变，当结构有变形时，荷载可以保持恒定，对于做持久荷载试验比较合适。而杠杆加载不能做动力荷载和循环加载试验；荷载值较大时不宜用杠杆加载。

答案： C

18-2-6 解： 支座的形式和构造与试件的类型和边界条件等因素有关。边界条件既考虑力又考虑变形。仅考虑力的边界条件或位移的边界条件不够全面。

答案： C

18-2-7 解： 对滚动铰支座，必须保证结构在支座处既能自由转动，也能水平移动。

答案： B

18-2-8 解： 对于两跨连续梁，梁的一端为固定铰支座，另外两个支座为滚动铰支座。而简支梁一端为固定铰支座，另一端应为滚动铰支座；悬臂梁为固定端支座，由固定铰支座加拉杆共同组成；柱两端为刀铰支座，墙板上端为自由端，下端为固定端。

答案： A

18-2-9 解： 根据《混凝土结构试验方法标准》（GB/T 50152—2012）第 5.1.10 条第 3 款，单向试件两个铰支座高度的允许偏差为试件跨度的 1/200。支墩高差过大，试件不水平，会产生水平分力，对试验结果产生一定的误差。

答案： D

18-2-10 解： 结构建成后，通常无法将结构放在某一种试验装置上进行检验，而只能采取在原位施加荷载的方法检验，通常荷载为重力荷载。

答案： B

18-2-11 解： 静态电阻应变仪精确度不应低于 B 级，最小分度值不宜大于 10×10^{-6}。

答案： C

18-2-12 解： 在使用前，对仪器进行标定，确定其灵敏度和精确度，以确定试验数据的误差。

答案： C

18-2-13 解： 一般的静载试验，要求测量结果的相对误差不超过 5%。因此，要求仪表的最小刻度值不大于 5% 的最大被测值。

答案： C

18-2-14 解： 当惠斯登电桥四个桥臂不平衡时，B、D 两端有输出电压 V_0，$V_0 = \frac{1}{4} V_i K(\varepsilon_1 - \varepsilon_2 + \varepsilon_3 - \varepsilon_4) = \frac{1}{4} V_i k[\varepsilon - (-\nu\varepsilon) + \varepsilon - (-\nu\varepsilon)] = \frac{1}{4} V_i k \times 2(1 + \nu)\varepsilon$。

答案： A

18-2-15 解： 用手持式应变仪测量的应变为标距 L 范围内的平均应变。$\varepsilon = \frac{\Delta l}{l} = \frac{3 \times 0.001}{250} = 12 \times 10^{-6}$，$1 \times 10^{-6} = 1\mu\varepsilon$，所以应变 $\varepsilon = 12\mu\varepsilon$。

答案： B

18-2-16 解： 拉伸构件上下应变片 $R_1 = R_2$，$K_1 = K_2$，$\varepsilon_1 = \varepsilon_2$，则 $V_0 = \frac{1}{4} V_i K(\varepsilon_1 - \varepsilon_2) = 0$。

答案： D

18-2-17 解： 用半桥连接消除工作片 R_1 的温度效应，应满足以下要求：补偿片 R_2 与工作片 R_1 是同一批应变片，即 $K_1 = K_2$；标距相同。电阻值可不完全相同，但阻值差 $(R_1 - R_2) < 0.5\Omega$，避免测量时应变仪无法初始平衡；R_2 与 R_1 粘贴在相同材料上，具有相同的线膨胀系数，处在同一个温度场。

答案：B

18-2-18 解：选择测量仪表时，最大被测值一般不宜大于仪表量程的 80%。根据《混凝土结构试验方法标准》（GB/T 50152—2012）第 6.1.3 条，仪表的预估试验量程宜控制在仪表满量程的 30%~80% 范围内。

答案：B

（三）结构静力（单调）加载试验

18-3-1 柱子试验中铰支座是一个重要的试验设备，比较可靠灵活的铰支座是：

　　A. 圆球形铰支座　　B. 半球形铰支座　　C. 可动铰支座　　D. 刀口铰支座

18-3-2 结构静载试验时量测仪器精度要求为下列哪一项？

　　A. 测量最大误差不超过 5%　　　　　　B. 测量最大误差不超过 2%

　　C. 测量误差不超过 5%　　　　　　　　D. 测量误差不超过 2%

18-3-3 下列几种在不同受力状态下的混凝土构件破坏标志，哪一个是不正确的？

　　A. 大偏心受压构件受压区混凝土压坏

　　B. 小偏心受压构件混凝土受压破坏

　　C. 轴心受拉构件主筋处垂直裂缝宽度达 1.5mm

　　D. 受剪构件钢筋末端相对于混凝土的滑移值为 0.3mm

18-3-4 确定钢筋混凝土构件开裂荷载时，下列几种方法中，哪一种是不正确的？

　　A. 加载过程中构件开裂，取本级荷载和前一级荷载的平均值为开裂荷载

　　B. 加载持续时间后构件开裂，取本级荷载为开裂荷载

　　C. 荷载挠度曲线上首次发生突变时的荷载

　　D. 连续布置应变片法，取任一应变片应变增量有突变时的荷载

18-3-5 测量混凝土受弯构件最大裂缝宽度，关于测量位置，下列哪一项是正确的？

　　A. 取受拉主筋处的一条宽度大的裂缝进行测量

　　B. 取受弯构件底面的一条宽度大的裂缝进行测量

　　C. 取受拉主筋处三条宽度大的裂缝（包括第一条裂缝和宽度最大的裂缝）进行测量

　　D. 取受弯构件底面三条宽度大的裂缝（包括第一条裂缝和宽度最大的裂缝）进行测量

18-3-6 钢筋混凝土梁在各种受力情况下，用位移计（百分表或千分表）进行下列各种参数测量时，哪一个参数测量有困难？

　　A. 受弯构件顶面的应变　　　　　　　　B. 简支梁支座的转角

　　C. 受弯构件的曲率　　　　　　　　　　D. 纯扭构件（梁）的应变

18-3-7 简支混凝土梁，采用两个集中力三分点加载，关于应变测点的布置，下列中哪一项是不合理的？

　　A. 纯弯段顶面底面布置应变片，测平截面假定

　　B. 在剪弯段沿梁的侧面，布置一排（5 个以上）45° 应变片，测主应力轨迹线

　　C. 研究梁的抗剪承载力，在剪弯区的箍筋和弯起筋上布置应变测点

　　D. 在梁的支座顶部布置校核性应变测点

18-3-8 下列几种对构件挠度测点的布置，哪一种布置方法是不正确的？

A. 在简支构件挠度最大处截面的顶面或底面任何位置上布置挠度测点

B. 简支构件测最大挠度时，可在支座和跨中最大挠度处布置挠度测点

C. 测偏心受压短柱的纵向弯曲时，在柱子侧面布置 5 个以上测点，其中两个在柱子的两端

D. 屋架在上、下弦节点处和支座处布置挠度测点

18-3-9 钢筋混凝土简支梁正截面强度试验时（见图），下列几种仪表布置组合中，哪一种组合是不需要的？

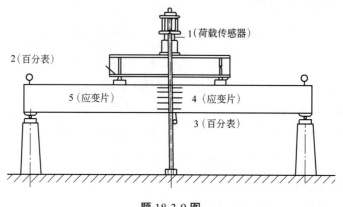

题 18-3-9 图

A. 1、2、3　　　　B. 2、3、4　　　　C. 3、4、5　　　　D. 3、4、1

18-3-10 对图示截面进行内力测量，按试验要求布置应变计测点，哪一种布置不当？

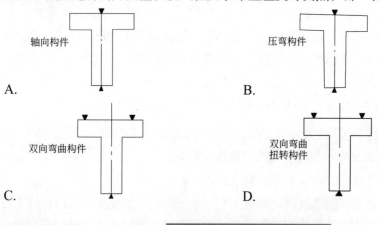

题解及参考答案

18-3-1 **解：** 柱子试验通常放在长柱试验机上进行试验，柱子上下两端设刀口铰支座，保证受力点位置的准确。

答案： D

18-3-2 **解：** 量测仪表的精度一般用最大误差描述，最大误差不超过±5%。

答案： A

18-3-3 **解：** 根据《混凝土结构试验方法标准》（GB/T 50152—2012）第 7.3.3 条表 7.3.3，选项 A、B、C 均为混凝土构件出现的承载力标志，即达到承载能力极限状态。规范规定，受拉主筋端部滑移达到 0.2mm，锚固失效，达到承载力标志，故选项 D 错误。

答案： D

18-3-4 **解：** 钢筋混凝土构件，加载过程中开裂，取前一级荷载值为构件开裂荷载实测值。

答案： A

18-3-5 解： 裂缝宽度的测量，由于肉眼不易判断，通常取三条较宽的裂缝，用读数显微镜进行测读，并取最大值；混凝土构件裂缝过宽会导致钢筋锈蚀，因此裂缝宽度的测读位置应在受拉主筋处。

答案： C

18-3-6 解： 纯扭构件（梁）在扭矩的作用下，构件发生扭转，通常沿梁表面粘贴 45°的应变片量测梁的应变。而用位移计（百分表或千分表），可以测量梁顶面的应变、梁支座的转角和梁的曲率。

答案： D

18-3-7 解： 混凝土简支梁为验证纯弯段的平截面假定，需在同一截面上布置 5 个以上水平方向的应变测点。

答案： A

18-3-8 解： 简支构件，在挠度最大截面处的顶面或底面应布置挠度测点，测点应在形心主轴上，可减小量测误差。

答案： A

18-3-9 解： 进行钢筋混凝土梁正截面强度试验时，用荷载传感器 1 测力的大小，支座处和跨中用百分表 2、3 测挠度，纯弯段布置一排应变片 4 验证平截面假定并量测混凝土拉、压应变，因此选项 A、B、D 三种组合都是需要的。在剪弯区布置应变片，对正截面强度试验是不必要的，因此选项 C 组合是不需要的。

答案： C

18-3-10 解： 双向弯曲扭转构件，需在截面顶面和底面各布置两个测点，在底面布置一个测点是不当的（选项 D）。轴向受拉构件和压弯构件顶面和底面各布置一个测点；双向弯曲构件顶面布置两个测点、底面布置一个测点均是正确的。

答案： D

（四）结构低周反复加载试验

18-4-1 下列哪一点不是低周反复加载试验的优点？

A. 在试验过程中可以随时停下来观察结构的开裂和破坏状态

B. 便于检验数据和仪器的工作情况

C. 可按试验需要修正和改变加载历程

D. 试验的加载历程由研究者按力或位移对称反复施加

18-4-2 下列不是低周反复加载试验目的的是：

A. 研究结构动力特性

B. 研究结构在地震作用下的恢复力特性

C. 判断或鉴定结构的抗震性能

D. 研究结构的破坏机理

18-4-3 下列哪一点不是拟静力试验的特点？

A. 不需要对结构的恢复力特性作任何假设

B. 可以考察结构动力特性

C. 加载的时间周期近乎静态，便于观察和研究

D. 能进行地震模拟振动台不能胜任的大比例尺模型试验

18-4-4 对结构构件进行低周反复加载试验，对模拟地震作用时其不足之处是：

A. 对结构构件施加低周反复作用的力或位移，模拟地震作用

B. 可以评定结构构件的抗震性能

C. 加载历程是主观确定的，与实际地震作用历程无关

D. 试验过程中可以停下来观测试件的开裂和破坏形态

18-4-5 研究结构构件的强度降低率和刚度退化率，可采用下列哪一种低周反复加载制度？

A. 控制作用力加载法　　　　　　　　B. 等幅位移加载法

C. 控制作用力和位移混合加载法　　　D. 变幅、等幅位移混合加载

18-4-6 在进行低周反复加载试验，判断结构是否具有良好的恢复力特性时，下列哪一个参数不能用？

A. 延性　　　　　B. 裂缝宽度　　　　　C. 退化率　　　　　D. 能量耗散

18-4-7 用砖、石砌筑的墙体，进行低周反复加载试验，延性系数用 $\mu = \dfrac{\Delta u}{\Delta y}$ 表示。下列四种情况中，哪一种是实际中采用的？

A. Δy 取开裂荷载时的变形，Δu 取极限荷载时的变形

B. Δy 取屈服荷载时的变形，Δu 取极限荷载时的变形

C. Δy 取屈服荷载时的变形，Δu 取下降段 0.85 极限荷载时的变形

D. Δy 取开裂荷载时的变形，Δu 取下降段 0.85 极限荷载时的变形

18-4-8 以剪切变形为主的砖石墙体，进行低周反复加载试验时，以下哪一项不能满足试验要求？

A. 墙的顶面加竖向均布荷载

B. 墙的侧面顶部加低周反复的推、拉水平力

C. 墙体底部为固定的边界条件

D. 墙体顶部为能平移的边界条件

18-4-9 对砌体墙进行低周反复加载试验时，下列哪一项做法是不正确的？

A. 水平反复荷载在墙体开裂前采用荷载控制

B. 墙体开裂后按位移进行控制

C. 通常以开裂位移为控制参数，按开裂位移的倍数逐级加载

D. 按位移控制加载时，应使骨架曲线出现下降段，下降到极限荷载的 80%，试验结束

18-4-10 钢筋混凝土框架节点，进行低周反复加载设计时，采用十字形试件，试件尺寸与实际物件的比例一般不小于：

A. $\dfrac{1}{2}$　　　　　B. $\dfrac{1}{3}$　　　　　C. $\dfrac{1}{4}$　　　　　D. $\dfrac{1}{5}$

18-4-11 对于低周反复加载试验的数据资料整理，下列哪一项做法不正确？

A. 无明显屈服点的试件，可用内力变形曲线中能量等效面积法确定屈服强度

B. 在荷载变形滞回曲线中，取每一级荷载峰点连接的包络线为骨架曲线

C. 在骨架曲线上，结构破坏时的极限变形与屈服变形之比为延性系数

D. 结构构件吸收能量的好坏，用等效粘滞阻尼系数 h_c 表示，h_c 越低，结构构件耗能越高

18-4-12 下列几种对建筑物或结构构件施加的荷载，哪一种不是动力荷载？

A. 地震作用　　　　　　　　　　　　B. 机械设备冲击荷载

C. 低周反复加载　　　　　　　　　　D. 高层建筑风载

题解及参考答案

18-4-1 解： 采用低周反复加载试验的优点是，在试验过程中可以随时停下来观察结构的开裂和破坏状态；便于检验校核试验数据和仪器的工作情况，并可按试验需要修正和改变加载历程。其不足之处在于，试验的加载历程是事先由研究者主观确定的，与地震记录不发生关系；由于荷载是按力或位移对称反复施加的，因此与任一次确定性的非线性地震反应相差很远，不能反映加载速率对结构的影响。

答案： D

18-4-2 解： 低周反复加载试验的目的，首先是研究结构在地震荷载作用下的恢复力特性，确定结构构件恢复力的计算模型。通过低周反复加载试验所得的滞回曲线和曲线所包围的面积求得结构的等效阻尼比，衡量结构的耗能能力。从恢复力特性曲线可得到骨架曲线、结构的初始刚度和刚度退化等重要参数。其次是通过试验可以从强度、变形和能量等三个方面判别和鉴定结构的抗震性能。第三是通过试验研究结构构件的破坏机理，为改进现行抗震设计方法和修改设计规范提供依据。

结构的动力特性是结构本身的固有参数，研究结构动力特性的试验一般包括自由振动法、共振法、脉动法。

答案： A

18-4-3 解： 拟静力试验即低周反复加载试验。结构动力特性是指结构物的自振频率、阻尼系数、振型等基本参数。试验方法主要有人工激振法和环境随机振动法。

答案： B

18-4-4 解： 由于低周反复加载试验是对结构构件施加反复作用的力或位移，这种加载历程是在试验前预定的，试验过程也可以改变，与实际地震作用的历程无关。

答案： C

18-4-5 解： 用等幅位移加载时，每加一周荷载后强度和刚度降低，反复增加次数可得到结构构件强度降低率和刚度退化率。

答案： B

18-4-6 解： 结构构件的延性、强度或刚度退化率和耗能能力均是判断结构构件是否具有良好恢复力特性的重要参数。只有裂缝宽度不是判断结构恢复力特性的参数。

答案： B

18-4-7 解： 砖、石砌体结构属于脆性材料，Δy一般取开裂荷载时的变形值，破坏荷载及极限变形Δu取试件在荷载下降至最大荷载的85%时的荷载和相应的变形。

答案： D

18-4-8 解： 以剪切变形为主的砖石墙体，进行低周反复加载试验时，使墙体出现交叉斜裂缝的破坏现象，反复加载的水平力应作用在墙体高度的1/2处。墙顶部加水平力，墙体属剪、弯型构件。

答案： B

18-4-9 解： 用砌体砌筑的墙体，进行低周反复加载试验时，为便于发现墙体开裂和开裂荷载，开裂前按荷载控制，开裂后按开裂位移的倍数逐级增加进行控制，直到骨架曲线出现下降段，荷载下降到85%的极限荷载，试验结束。

答案： D

18-4-10 解： 为了反映钢筋混凝土材料的特性，试件尺寸比例一般不小于实际构件的1/2。

答案： A

18-4-11 解： 结构构件吸收能量的好坏称能量耗散。能量耗散的大小用等效粘滞系数 h_c 表示，h_c 用滞回环面积求得。滞回环面积越大，h_c 越大，构件的耗能也越高。

答案： D

18-4-12 解： 低周反复加载试验又称伪静力试验或拟静力试验，其实质仍为静力荷载试验。

答案： C

（五）结构动力试验

18-5-1 要测定动力荷载的特性，下列哪一项是没有必要测定的？

  A. 作用力的大小　　　　　　　　　　B. 作用力的方向

  C. 动力系数　　　　　　　　　　　　D. 作用频率及其规律

18-5-2 下列有关结构动力特性的说法中哪一项是正确的？

  A. 在振源的作用下产生的　　　　　　B. 与外荷载无关

  C. 可以用静力试验法测定　　　　　　D. 可以按结构动力学的理论精确计算

18-5-3 结构动力试验方法中，下列不能用于测得高阶频率的方法是：

  A. 自由振动法　　　B. 强迫振动　　　C. 主谐量法　　　D. 谐量分析法

18-5-4 图示四处实测波形，哪一种是瞬时冲击荷载产生的？

A. 　　　　　　　　　　B.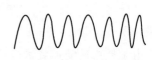

C. 　　　　　　　　　　D.

18-5-5 下列几种试验方法中，哪一种不属于结构动力特性试验方法？

  A. 环境随机振动法　　　　　　　　　B. 自由振动法

  C. 疲劳振动试验　　　　　　　　　　D. 强迫振动法

18-5-6 将拾振器布置在结构物上，用记录仪测得各点的脉动记录曲线（见图），其基频（第一频率）为：

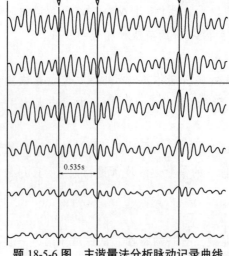

题 18-5-6 图　主谐量法分析脉动记录曲线

A. 10.7Hz   B. 9.07Hz   C. 10.35Hz   D. 9.35Hz

18-5-7 对结构构件动力响应参数的测量，下列测量项目中，哪一项是不需要的？

A. 构件某特定点的动应变

B. 构件代表性测点的动位移

C. 构件的动力系数

D. 动荷载的大小、方向、频率

18-5-8 离心力加载是根据旋转质量产生的离心力对结构施加下列哪种荷载？

A. 自由振动   B. 简谐振动

C. 阻尼振动   D. 弹性振动

题解及参考答案

18-5-1 解：动力荷载的特性包括力的大小、力的方向、作用频率及其规律，不包括动力系数。

答案：C

18-5-2 解：结构的动力特性包括结构的自振频率、阻尼系数（阻尼比）、振型等基本参数，这些参数与结构的形式、质量分布、结构刚度、材料性质和构造等因素有关，与外荷载无关。

答案：B

18-5-3 解：自由振动法设法（如突加荷载或突卸荷载）使结构产生自由振动，通过仪器记录下有衰减的自由振动曲线，由此可求出结构的基本频率和阻尼系数，但无法测得结构的高阶频率。

答案：A

18-5-4 解：A 图是瞬时冲击荷载产生的波形，瞬时振幅大，由于受空气中阻尼影响，振幅逐渐减小，是一种有阻尼的自由衰减振动。B 图的波形为简谐振动；C 图波形为随机振动；D 图波形为两个频率接近的简谐振动拍振。

答案：A

18-5-5 解：疲劳振动试验是研究结构在多次重复或反复荷载作用下的结构性能，不是结构动力特性的试验方法。

答案：C

18-5-6 解：频率 $f = \frac{1}{T}$，周期 T 是振动一次所需的时间。由脉动记录曲线可以看出，5 个波形所经历的时间为 0.535s，周期 $T = 0.535/5 = 0.107s$，则 $f = 1/0.107 = 9.35Hz$。

答案：D

18-5-7 解：动应变、动位移和动力系数为结构构件的动力响应。而动荷载的大小、方向、频率为动力荷载特性，动力响应参数不需量测。

答案：D

18-5-8 解：用离心力加载，根据旋转质量产生的离心力，对结构施加简谐振动荷载。垂直分力为 $P_V = m\omega^2 r \sin\omega t$，水平分力为 $P_H = m\omega^2 r \cos\omega t$。

答案：B

（六）模型试验

18-6-1 用力[F]、长度[L]和时间[T]为基本物理量，下列物理量的量纲错误的是：

A. 质量m，量纲$[FL^{-1}T^2]$　　　B. 刚度k，量纲$[FL^{-1}]$

C. 阻尼C，量纲$[FL^{-2}T]$　　　D. 加速度a，量纲$[LT^{-2}]$

18-6-2 当模型结构和原型结构有集中力（外荷载P）和分布荷载（结构自重M）同时作用时，要求有统一的荷载相似常数，相似常数间的关系为：

A. $S_p = S_\rho S_l^{-3} S_g$　　　　　B. $S_p = S_\rho S_l^3 S_g$

C. $S_p = S_l^{-3} S_g$　　　　　D. $S_p = C_l^3 S_g$

18-6-3 在静力模型试验中，若长度相似常数$S_l = \frac{[L_m]}{[L_p]} = \frac{1}{4}$，线荷载相似常数$S_q = \frac{[q_m]}{[q_p]} = \frac{1}{10}$，则原型结构和模型结构材料弹性模量$S_E$为：

A. $\frac{1}{40}$　　　B. $\frac{1}{2.5}$　　　C. 2.5　　　D. $\frac{1}{1.6}$

18-6-4 图示集中力作用下简支梁模型设计$\sigma_1 = \frac{P_1 a_1 b_1}{l_1 w_1}$，当$C_l = \frac{a_1}{a_2} = \frac{b_1}{b_2} = \frac{1}{5}$，$\sigma_1 = \sigma_2$时，$P_2 = 100kN$，则$P_1$为：

A. 4kN　　　B. 20kN　　　C. 40kN　　　D. 2kN

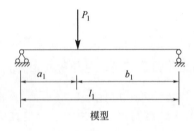 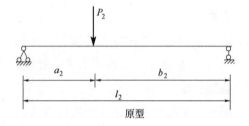

题 18-6-4 图

18-6-5 模型和原型结构，对各种物理参数相似的要求，以下哪一项是不正确的？

A. 几何相似要求模型和原型结构之间所有对应部分尺寸成比例

B. 荷载相似要求模型和原结构各对应点荷载大小成比例

C. 质量相似要求模型和原型结构对应部分质量成比例

D. 时间相似要求模型和原型结构对应时间成比例

18-6-6 对模型和原型结构边界条件相似的要求，以下哪一项是不需要的？

A. 支承条件相似　　　　　B. 约束情况相似

C. 边界上受力情况相似　　　D. 初始条件相似

18-6-7 在进行模型设计时，下列哪一项是不正确的？

A. 根据模型与原型结构相似常数之间的关系，求得模型与原型结构之间的相似条件（相似指标）

B. 根据模型与原型结构相似条件和模型试验得到的数据来推算原型结构的数据

C. 模型设计时，首先确定S_l（几何相似常数）和S_E（弹性模型相似常数）

D. 当材料的弹性模量E_m（模型）$<E_p$（原型）时，材料的密度应选择ρ_m（模型）$>\rho_p$（原型）。

题解及参考答案

18-6-1 **解：** 阻尼C的量纲为$[FL^{-1}T]$。

答案： C

18-6-2　**解：** 当集中力 P 和分布荷载 M 同时作用，要求有统一的相似常数，则 $S_P = S_M$，$S_M = S_m S_g$，$S_m = S_\rho S_l^3$，所以 $S_P = S_\rho S_l^3 S_g$。

　　　　答案： B

18-6-3　**解：** $S_E = S_q / S_l = \frac{1}{10} / \frac{1}{4} = \frac{1}{2.5}$。

　　　　答案： B

18-6-4　**解：** 简支梁模型设计 $\sigma_1 = \frac{P_1 a_1 b_1}{l_1 w_1}$，相似条件（相似指标）$\frac{S_\sigma S_l^2}{S_P} = 1$，$S_P = S_\sigma S_l^2 = 1 \times \left(\frac{1}{5}\right)^2 = \frac{1}{25}$，$P_1 = S_P \times P_2 = \frac{1}{25} \times 100 = 4 \mathrm{kN}$。

　　　　答案： A

18-6-5　**解：** 荷载相似要求模型和原型结构各对应点所受荷载方向一致，荷载大小成比例。所以，B 项阐述不全面。

　　　　答案： B

18-6-6　**解：** 初始条件包括几何位置、质点位移、速度和加速度，为结构的动力问题，与结构的边界条件无关。而支承条件、约束情况和受力情况是结构边界条件相似中需要的。

　　　　答案： D

18-6-7　**解：** 在进行模型设计时，A、B、C 三项均是正确的，由于重力加速度 $S_g = 1$，所以 $S_E / S_\rho = S_l$，而几何相似常数通常 $S_l < 1$，模型材料 $E_m < E_p$，而模型材料 $\rho_m > \rho_p$ 很难满足，一般采用在模型上附加分布质量的方法来解决。

　　　　答案： D

（七）结构试验的非破损检测技术

18-7-1　钢筋锈蚀的检测可采用下列哪一种方法？

　　　　A. 电位差法　　　　B. 电磁感应法　　　　C. 声音发射法　　　　D. 射线法

18-7-2　非破损检测技术可应用于混凝土、钢材和砖石砌体等各种材料组成的结构构件的结构试验中，下列对该技术的叙述中，正确的是：

　　　　A. 对结构整体工作性能仅有轻微影响

　　　　B. 对结构整体工作性能有较为严重的影响

　　　　C. 测定与结构设计有关的影响因素

　　　　D. 测定与结构材料性能有关的各种物理量

18-7-3　非破损检测技术，不能完成下列哪一项要求？

　　　　A. 评定结构构件的施工质量

　　　　B. 处理工程中的事故，进行结构加固

　　　　C. 检验已建结构的可靠性和剩余寿命

　　　　D. 确定结构构件的承载能力

18-7-4　下列几种条件下的混凝土构件，不适于用回弹法检测混凝土强度的是：

　　　　A. 自然养护，龄期为 730d　　　　　　　B. 混凝土强度不大于 60MPa

　　　　C. 环境温度-4~50℃　　　　　　　　　　D. 表面受潮混凝土，经风干后

18-7-5　混凝土有下列情况，采取相应措施后，拟用回弹法测试其强度，哪种措施是正确的？

　　　　A. 测试部位表面与内部质量有明显差异或内部存在缺陷，内部缺陷经补强

B. 硬化期间遭受冻伤的混凝土，待其解冻后即可测试

C. 蒸汽养护的混凝土，在构件出池经自然养护 7d 后可测试

D. 测试部位厚度小于 100mm 的构件，设置支撑固定后测试

18-7-6 对回弹仪进行率定（标定）时，下列要求错误的是：

A. 室内、干燥的环境　　　　　　　B. 室温20℃±5℃

C. 弹击杆每旋转90°向下弹击三次　　D. 平均回弹值80±2

18-7-7 对相同强度等级的混凝土，用回弹仪测定混凝土强度时，下列说法正确的是：

A. 自然养护的混凝土构件回弹值高于标准养护的混凝土

B. 自然养护的混凝土构件回弹值等于标准养护的混凝土

C. 自然养护的混凝土构件回弹值小于标准养护的混凝土

D. 自然养护的混凝土构件回弹值近似于标准养护的混凝土

18-7-8 超声-回弹综合法检测混凝土强度时，下列叙述正确的是：

A. 既能反映混凝土的弹塑性，又能反映混凝土的内外层状态

B. 测量精度稍逊于超声法或回弹法

C. 先进行超声测试，再进行回弹测试

D. 依据固定的$f_{cu}^c - v - R_m$关系曲线推定混凝土强度

18-7-9 用超声-回弹综合法测试构件混凝土强度时，下列因素对强度有显著影响的是：

A. 水泥品种（普通水泥、矿渣水泥）及水泥用量（250~450kg/m³）

B. 混凝土的碳化深度

C. 砂子的品种（山砂、细砂、中砂）及砂率

D. 石子的品种（卵石、碎石）及含石量

18-7-10 用非破损法和微破损法检测混凝土强度时，下列要求不合理的是：

A. 用回弹法，每个构件 10 个测区，每个测区 16 个回弹点、一个碳化测量点

B. 用回弹法，环境温度不得低于-4℃、高于 40℃

C. 用钻芯法，对均布荷载受弯构件，芯柱从距支座1/3跨度范围内中和轴部位取样

D. 用钻芯法，芯柱直径取 10cm，芯样数量对一般构件不少于 3 个

18-7-11 一多层框架结构，主体结构验收后停建四年，继续施工时使用单位提出增加一层，需实测梁、柱混凝土强度，应采用下列哪一种检测方法？

A. 钻芯法　　　　　　　　　　　B. 超声法

C. 超声-回弹综合法　　　　　　　D. 回弹法

18-7-12 用非破损检测技术检测混凝土强度时，下列对混凝土强度的推定，错误的是：

A. 该批构件混凝土强度平均值小于 25MPa，且混凝土强度标准差$S_{f_{cu}^c} > 4.5$MPa时，按单个构件检测推定

B. 超声法批量构件，抽样数不少于同批构件数的 30%，且不少于 10 件，每个构件测区数不少于 10 个

C. 钻芯法推定混凝土强度时，取芯样试件混凝土强度的最小值$f_{cu,min}^c$来推定结构混凝土强度

D. 回弹法单个构件，取构件最小测区强度值作为该构件混凝土强度推定值

18-7-13 用下列检测方法得到的检测值，不需要修正的是：

A. 回弹法非水平方向的回弹值

B. 回弹法非混凝土浇筑侧面的回弹值

C. 超声法混凝土侧面测试的声速值

D. 钻芯法高径比大于 1.0 的强度换算值

18-7-14 下列几种方法中，不能测定砌体或砂浆强度的是：

A. 回弹法测砂浆的抗压强度　　　　B. 推出法测砂浆的抗压强度

C. 扁顶法测砂浆的抗压强度　　　　D. 原位法测砌体的抗剪强度

题解及参考答案

18-7-1　解： 钢筋锈蚀可用电位差法测定，钢筋混凝土结构中钢筋的位置、直径和保护层厚度可采用电磁法测定。声发射法、射线法可用于检测结构的缺陷。

答案： A

18-7-2　解： 非破损检测技术是在不破坏不影响结构整体工作性能的前提下，测定与结构材料性能有关的各种物理量，来推定结构材料强度和检测内部缺陷的一种检测技术。而认为该技术对结构整体工作性能有轻微影响或有较为严重影响，以及测定与结构设计有关的影响因素都是不正确的。

答案： D

18-7-3　解： 要正确定出结构构件的承载能力，需要对结构构件进行破坏性试验。

答案： D

18-7-4　解： 用回弹法检测构件混凝土强度时，环境温度应为−4~40℃。要求条件为：自然养护龄期为 14~1000d，混凝土强度为 10~60MPa，干燥状态的混凝土。

答案： C

18-7-5　解： 厚度小于 100mm 的构件，为了保证回弹时无颤动，需设置支撑固定后进行测试。而其他情况如：测试部位表面与内部质量有明显差异，硬化期间受冻伤的混凝土，以及蒸汽养护的混凝土出池后经自然养护 7d 后，表面未干燥等均不能用回弹法检测混凝土强度。

答案： D

18-7-6　解： 根据《回弹法检测混凝土强度技术规程》（JGJ/T 23—2011)第 3.2.2 条，回弹仪的率定试验应符合下列要求：率定试验应在室温 5~35℃的条件下进行，选项 B 错误；钢砧表面应干燥、清洁，选项 A 正确；率定试验应分四个方向进行，且每个方向弹击前，弹击杆应旋转90°，回弹值应取连续向下弹击三次的稳定回弹结果的平均值，每个方向的回弹平均值应为80±2，选项 C、D 正确。

答案： B

18-7-7　解： 对相同等级的混凝土，混凝土在潮湿、水中养护时，由于水化作用比较好，早期、后期混凝土强度比在干燥条件下养护的混凝土强度要高，但表面硬度由于被水软化，反而降低。因此，标准养护的混凝土回弹值要低于自然养护的回弹值。

答案： A

18-7-8　解： 超声波穿透被测的材料，它反映了混凝土内部的状态；回弹法能确切反映混凝土表层约 3cm 厚度的状态。因此，采用超声-回弹综合法，既能反映混凝土的弹塑性，又能反映混凝土内外层状态。超声-回弹综合法的精度要高于超声或回弹单一方法。超声-回弹综合法在同一测区内，先进行回弹测试，再进行超声测试。超声-回弹综合法f_{cu}^c、v和R_m之间有相关性，按事先建立的f_{cu}^c-v-R_m关系曲线来推定混凝土强度。

答案：A

18-7-9 解：试验结果表明，石子品种对f_{cu}^c-v-R_m综合关系有十分明显的影响。声速和回弹值均随含石量的增加而增加。而水泥品种对f_{cu}^c-v-R_m关系无显著影响。水泥用量在250~450kg/m³范围内变化时，也无显著的影响。混凝土碳化深度，使超声波速稍有下降，回弹值稍有上升，综合影响可不考虑。用山砂、中河砂及细砂配制的C10~C40混凝土，砂品种对f_{cu}^c-v-R_m无显著影响。砂率在常用的30%上下波动时，也无明显影响。

答案：D

18-7-10 解：用钻芯法钻取芯柱时，应在结构构件受力较小的部位。均布荷载的受弯构件，离支座1/3跨度范围内为剪弯区，不宜从中和轴部位取芯样。

答案：C

18-7-11 解：由于主体结构停建时间长，又要增加一层，用钻芯法取圆柱体试件进行抗压强度测试，可直接作为混凝土强度的换算值。用超声法、超声-回弹综合法和回弹法来推定混凝土的强度，只可作为结构混凝土强度的参考值。

答案：A

18-7-12 解：《钻芯法检测混凝土强度技术规程》（JGJ/T 384—2016）第6.3.4条规定，钻芯法确定单个构件混凝土抗压强度推定值时，芯样试件的数量不应少于3个；钻芯对结构工作性能影响较大的小尺寸构件，芯样试件的数量不得少于2个。单个构件的混凝土抗压强度推定值不再进行数据的舍弃，而应按芯样试件混凝土抗压强度值中的最小值确定。所以只有对于单个构件的混凝土抗压强度推定值取芯样试件最小值。

答案：C

18-7-13 解：超声法在混凝土浇筑顶面及底面测试声速时，修正系数$\beta = 1.034$，在混凝土侧面$\beta = 1.0$。回弹法水平方向的回弹值不需修正，非水平方向回弹值需修正；回弹法混凝土浇筑侧面回弹值不需修正，非浇筑侧面需修正；钻芯法高径比$h/d = 1.0$，强度换算值不需修正，$h/d = 1.0$需修正。

答案：C

18-7-14 解：扁顶法可测砌体的抗压强度，而不是砂浆的抗压强度。回弹法可根据砂浆的回弹值和碳化深度，计算砂浆强度的换算值；推出法依据推出力和砂浆饱满度来计算砂浆强度；原位法根据试验时抗剪破坏荷载得到砌体沿通缝截面的抗剪强度。

答案：C

一级注册结构工程师执业资格考试
专业基础考试大纲

十、土木工程材料

10.1 材料科学与物质结构基础知识

材料的组成：化学组成　矿物组成及其对材料性质的影响

材料的微观结构及其对材料性质的影响：原子结构　离子键金属键　共价键和范德华力　晶体与无定形体（玻璃体）

材料的宏观结构及其对材料性质的影响

建筑材料的基本性质：密度　表观密度与堆积密度　孔隙与孔隙率

特征：亲水性与憎水性　吸水性与吸湿性　耐水性　抗渗性　抗冻性　导热性　强度与变形性能　脆性与韧性

10.2 材料的性能和应用

无机胶凝材料：气硬性胶凝材料　石膏和石灰技术性质与应用

水硬性胶凝材料：水泥的组成　水化与凝结硬化机理　性能与应用

混凝土：原材料技术要求　拌和物的和易性及影响因素　强度性能与变形性能

耐久性-抗渗性、抗冻性、碱-骨料反应　混凝土外加剂与配合比设计

沥青及改性沥青：组成、性质和应用

建筑钢材：组成、组织与性能的关系　加工处理及其对钢材性能的影响　建筑钢材和种类与选用

木材：组成、性能与应用

石材和黏土：组成、性能与应用

十一、工程测量

11.1 测量基本概念

地球的形状和大小　地面点位的确定　测量工作基本概念

11.2 水准测量

水准测量原理　水准仪的构造、使用和检验校正　水准测量方法及成果整理

11.3 角度测量

经纬仪的构造、使用和检验校正　水平角观测　垂直角观测

11.4 距离测量

卷尺量距视　距测量　光电测距

11.5 测量误差基本知识

测量误差分类与特性 评定精度的标准 观测值的精度评定 误差传播定律

11.6 控制测量

平面控制网的定位与定向 导线测量 交会定点 高程控制测量

11.7 地形图测绘

地形图基本知识 地物平面图测绘 等高线地形图测绘

11.8 地形图应用

地形图应用的基本知识 建筑设计中的地形图应用 城市规划中的地形图应用

11.9 建筑工程测量

建筑工程控制测量 施工放样测量 建筑安装测量 建筑工程 变形观测

十二、职业法规

12.1 我国有关基本建设、建筑、房地产、城市规划、环保等方面的法律法规

12.2 工程设计人员的职业道德与行为准则

十三、土木工程施工与管理

13.1 土石方工程 桩基础工程

土方工程的准备与辅助工作 机械化施工 爆破工程 预制桩、灌注桩施工 地基加固处理技术

13.2 钢筋混凝土工程与预应力混凝土工程

钢筋工程 模板工程 混凝土工程 钢筋混凝土预制构件制作 混凝土冬、雨季施工 预应力混凝土施工

13.3 结构吊装工程与砌体工程

起重安装机械与液压提升工艺 单层与多层房屋结构吊装 砌体工程与砌块墙的施工

13.4 施工组织设计

施工组织设计分类 施工方案 进度计划 平面图 措施

13.5 流水施工原则

节奏专业流水 非节奏专业流水 一般的搭接施工

13.6 网络计划技术

双代号网络图 单代号网络图 网络计划优化

13.7 施工管理

现场施工管理的内容及组织形式 进度、技术、全面质量管理 竣工验收

十四、结构设计

14.1 钢筋混凝土结构

材料性能：钢筋 混凝土 黏结

基本设计原则：结构功能 极限状态及其设计表达式 可靠度

承载能力极限状态计算：受弯构件 受扭构件 受压构件 受拉构件 冲切 局压 疲劳

正常使用极限状态验算：抗裂　裂缝　挠度

预应力混凝土：轴拉构件　受弯构件　构造要求

梁板结构：塑性内力重分布　单向板肋梁楼盖　双向板肋梁楼盖　无梁楼盖

单层厂房：组成与布置　排架计算　柱　牛腿　吊车梁　屋架基础

多层及高层房屋：结构体系及布置　框架近似计算　叠合梁剪力墙结构　框-剪结构　框-剪结构设计要点　基础

抗震设计要点：一般规定　构造要求

14.2　钢结构

钢材性能：基本性能　影响钢材性能的因素　结构钢种类　钢材的选用

构件：轴心受力构件　受弯构件（梁）　拉弯和压弯构件的计算和构造

连接：焊缝连接　普通螺栓和高强度螺栓连接　构件间的连接

钢屋盖：组成　布置　钢屋架设计

14.3　砌体结构

材料性能：块材　砂浆　砌体

基本设计原则：设计表达式

承载力：抗压　局压

混合结构房屋设计：结构布置　静力计算　构造

房屋部件：圈梁　过梁　墙梁　挑梁

抗震设计要求：一般规定　构造要求

十五、结构力学

15.1　平面体系的几何组成

名词定义　几何不变体系的组成规律及其应用

15.2　静定结构受力分析与特性

静定结构受力分析方法　反力、内力的计算与内力图的绘制　静定结构特性及其应用

15.3　静定结构的位移

广义力与广义位移　虚功原理　单位荷载　法荷载下静定结构的位移计算　图乘法　支座位移和温度变化引起的位移　互等定理及其应用

15.4　超静定结构受力分析及特性

超静定次数　力法基本体系　力法方程及其意义　等截面直杆刚度方程　位移法基本未知量　基本体系　基本方程及其意义　等截面直杆的转动刚度　力矩分配系数与传递系数　单节点的力矩分配　对称性利用　半结构法　超静定结构位移超静定结构特性

15.5　影响线及应用

影响线概念　简支梁、静定多跨梁、静定桁架反力及内力影响线　连续梁影响线形状　影响线应用　最不利荷载位置　内力包络图概念

15.6　结构动力特性与动力反应

单自由度体系周期、频率、简谐荷载与突加荷载作用下简单结构的动力系数、振幅与最大动内力　阻尼对振动的影响　多自由度体系自振频率与主振型　主振型正交性

十六、结构试验

16.1 结构试验的试件设计、荷载设计、观测设计　材料的力学性能与试验的关系

16.2 结构试验的加载设备和量测仪器

16.3 结构静力（单调）加载试验

16.4 结构低周反复加载试验（伪静力试验）

16.5 结构动力试验

　　结构动力特性量测方法、结构动力响应量测方法

16.6 模型试验

　　模型试验的相似原理　模型设计与模型材料

16.7 结构试验的非破损检测技术

十七、土力学与地基基础

17.1 土的物理性质及工程分类

　　土的生成和组成　土的物理性质　土的工程分类

17.2 土中应力

　　自重应力　附加应力

17.3 地基变形

　　土的压缩性　基础沉降　地基变形与时间关系

17.4 土的抗剪强度

　　抗剪强度的测定方法　土的抗剪强度理论

17.5 土压力、地基承载力和边坡稳定

　　土压力计算　挡土墙设计　地基承载力理论　边坡稳定

17.6 地基勘察

　　工程地质勘察方法　勘察报告分析与应用

17.7 浅基础

　　浅基础类型　地基承载力设计值　浅基础设计　减少不均匀沉降损害的措施　地基、基础与上部结构共同工作概念

17.8 深基础

　　深基础类型　桩与桩基础的分类　单桩承载力　群桩承载力　桩基础设计

17.9 地基处理

　　地基处理方法　地基处理原则　地基处理方法选择

一级注册结构工程师执业资格考试专业基础试题
配置说明

土木工程材料	7 题
工程测量	5 题
职业法规	4 题
土木工程施工与管理	5 题
结构设计	12 题
结构力学	15 题
结构试验	5 题
土力学与地基基础	7 题

注：试卷题目数量合计 60 题，每题 2 分。考试时间为 4 小时。